U0290159

INTRODUCTION TO

MATERIALS

材料学概论

田民波 著

清华大学出版社
北京

内容简介

《材料学概论》和《创新材料学》作为材料学组合教材，系统鸟瞰学科概况。《材料学概论》按10条横线讨论绪论、元素周期表、金属、粉体、玻璃、陶瓷、聚合物、复合材料、磁性材料、薄膜材料，说明每一类材料从原料到成品的全过程、相关性能及应用，推荐作为本科新生入门教材，以《创新材料学》为辅；《创新材料学》按10条纵线介绍各类材料在半导体集成电路、微电子封装、平板显示器（包括触控屏和3D电视）、白光LED固体照明、化学电池、太阳电池、核能利用、能量及信号转换、电磁屏蔽、环境保护等领域的应用，推荐作为研究生新生教材，以《材料学概论》为辅。纵横交叉，旁及上下左右，共涉及百余个重要知识点，力图以快捷、形象的方式把读者领入材料学知识的浩瀚海洋。

本材料学组合材料既不是海阔天空的漫谈，也不是《材料科学基础》课程的压缩，更不是甲、乙、丙、丁开中药铺。在内容上避免深、难、偏、窄、玄，强调浅、宽、新、活、鲜。在占有大量资料的前提下，采用图文并茂的形式，全面且简明扼要地介绍各类材料的新进展、新性能、新应用，力求深入浅出，通俗易懂。千方百计使知识新起来、动起来、活起来，做到有声有色，栩栩如生。

本书可作为材料、机械、精密仪器、化工、能源、汽车、环境、微电子、计算机、物理、化学、光学等学科本科生及研究生教材，对于从事相关行业的科技工作者和工程技术人员，也具有极为难得的参考价值。

图书在版编目(CIP)数据

材料学概论 / 田民波著 . -- 北京 : 清华大学出版社 , 2015（2024.8 重印）
ISBN 978-7-302-40652-5

Ⅰ. ①材…　Ⅱ. ①田…　Ⅲ. ①材料科学－高等学校－教材　Ⅳ. ① TB3

中国版本图书馆 CIP 数据核字（2015）第 153204 号

责任编辑： 宋成斌
封面设计： 傅瑞学
责任校对： 刘玉霞
责任印制： 刘　菲

出版发行： 清华大学出版社
　网　　址： https://www.tup.com.cn，https://www.wqxuetang.com
　地　　址： 北京清华大学学研大厦A座　　**邮　　编：** 100084
　社 总 机： 010-83470000　　**邮　　购：** 010-62786544
　投稿与读者服务： 010-62776969, c-service@tup.tsinghua.edu.cn
　质量反馈： 010-62772015, zhiliang@tup.tsinghua.edu.cn
印 装 者： 三河市铭诚印务有限公司
经　　销： 全国新华书店
开　　本： 210mm × 297mm　　**印　　张：** 28.5　　**字　　数：** 1317 千字
版　　次： 2015 年 8 月第 1 版　　**印　　次：** 2024 年 8 月第 7 次印刷
定　　价： 120.00 元

产品编号： 057415-02

前　言

材料、信息技术与能源称为现代人类文明的三大支柱。材料又是基础中的基础，作为先导和支柱产业，起着不可替代的作用。

材料是人类进步时代划分的标志、文明社会的骨架、各类产业的基础、技术创新的源泉、国家核心竞争力的体现、日常生活的陪伴。试想，如果没有当代丰富多彩、各式各样的材料，说不定人类要返回到原始社会之前。

世界各国对新材料的研究与开发莫不予以足够重视。美国、欧盟、日本和韩国等在其最新国家计划中，都把新材料及其制备技术列为国家关键技术之一加以重点支持。例如，美国国家研究理事会（National Research Council,NRC）确定的“未来30年十大研究方向”中与材料直接和间接相关的就有8项；美国国家关键技术委员会把新材料列为影响经济繁荣和国家安全的6大类关键技术的首位。20世纪90年代初确定的22项关键技术中材料占了5项。

我国“十五”期间确定的8个对增强综合国力最具战略影响的高技术领域，分别是信息技术、生物技术、新材料技术、制造与自动化技术、资源环境技术、航空航天技术、能源技术、先进防御等领域；我国于2010年确定，2012年再次强调，将节能环保、新一代信息技术、生物、高端设备制造、新能源、新材料、新能源汽车等产业作为战略性新兴产业重点培育和发展。

当今世界正处于新科技革命的前夜，新技术革命和产业革命初现端倪，一些重要科技领域显现出发生革命性突破的先兆。物质科学、能源资源科技、信息科技、材料科技、生命科学与生物科技、生态环保科技、海洋与空天科技等领域，都酝酿着激动人心的重大突破，并将深化我们对人类自身和宇宙自然的认识，提升人们的科学理性，开辟生产力发展的新空间，创造新的社会需求，深刻影响人类的生产方式、生活方式、思维方式，从根本上改变21世纪人类社会发展面貌，催生以知识文明为特征的新型人类文明。

以上所述关于国家和世界发展的战略性方针和决策，无一不与材料相关，足见材料是何等重要。材料的重要性无论怎样强调也不为过。

目前内地从事新材料及高技术研究、开发和生产的企业和单位数不胜数。据不完全统计，从事新材料研究开发的部门所属的研究机构就有200余家，全国有300所以上的高等学校设有与材料相关的院系和专业，还有数以千家的企业从事新材料的生产。从目前与材料相关的教学、科研、生产、经营等方面看，一般涉及下述几种类型。

（1）学院型——按材料的类型划分院系和专业　依照构成材料的结合键，材料一般分为金属、陶瓷、聚合物、复合材料，再加上面向功能应用的电子材料，共涉及五大类工程材料。目前内地大学的相关院系，也以此设置专业。这样，可以有效组织力量，配置资源，便于交流，易于管理，也是基于历史原因，积重难返。

（2）学者型——着眼于材料宏观性能与微观结构之间的关系　比较典型的是一般材料院系所开设的专业基础课程《材料科学基础》《X射线衍射分析》等。经过归纳和演绎，从特殊到一般，再从一般到特殊，符合人类的认识规律，可高效率地获取知识。

（3）研究院、研究所型——集中力量，不惜成本，追求最高性能　由于有人才密集、知识密集、资金密集等得天独厚的条件，再加上设备条件的保证等，可以较快地做出成果，以便发表文章、申请专利、获奖等。

（4）工厂、企业型——强调材料的综合运用，以便实现整体功能　不管采用什么材料，以满足性能、功能要求为目的。这就需要材料及构成件的设计者、使用者熟悉各种材料的性能、价格、资源状况、环境影响等，选择最合适的材料，实现最佳功能。

（5）经营型——在激烈的竞争环境中，追求最高经济效益　需要及时了解国内外动态，科学决策，开发新产品，抢占先机，打造品牌，开拓市场，建立、维护上下游，国内外客户的关系。

企业作为生产经营的市场主体，直接参与市场竞争，对产业和产品新技术发展创新最为敏感。只有企业主导技术研发和创新，才能加快技术创新成果转化应用，才能有效整合产学研力量，以企业为主体、产学研相结合的技术创新体系才能真正建立起来，也才能有效解决科技与经济“两张皮”问题。

文明、高效、创新型社会要求公平、道德、社会责任、环保、社会效益等，对材料领域更迫切需要改变增长模式，树立科学发展观；强调创新，低碳，可持续发展，增强综合国力等。

科班出身的大学生，本专业的教科书读得不少，但往往熟悉上述的（1）、（2）、（3），掌握更多的是孤立的、静止的、死板的知识，但对于（4）、（5）则训练不多。一出校门，面对现实，特别是激烈的竞争，活跃的创新，眼花缭乱的新产品，显得无能为力，无所适从。如何做到从课堂到现场，从书本到产业，从理论到实践，从基础到创新，一直是需要认真解决，特别是在当前更为突出的问题。

我们培养的学生从一进校门就应该逐渐了解、不断适应、主动关注上述各种不同知识和研究材料的方式。应特别强调上述（4）和（5）开阔眼界，扩大视野，了解国内外最新进展，增加综合的、动态的、鲜活的知识，让学生学的知识活起来，动起来，做到有滋有味，栩栩如生。

《材料学概论》和《创新材料学》作为材料学组合教材，试图在这方面作些尝试。面对初次接触材料科学与工程的新同学，本教材的主要目的有：

(1) 在大一同学现有知识与材料科学知识之间搭建桥梁，并为后续课程作必要准备。做到承上启下，融会贯通。

(2) 建立材料科学与工程学科的总体印象，使同学登高望远，开阔眼界。

(3) 使同学了解材料成分，组织与结构，合成与加工，性能与价格四者之间的关系，作为本学科的主线，加深同学的印象。

(4) 介绍材料科学与工程学科的最新进展，特别是新材料在高科技发展、自主创新中的作用。

(5) 使学生感受到材料科学与工程的知识无处不在，作为其他学科和产业的基础，大有可为，前途无量，可以大显身手。

《材料学概论》按 10 条横线讨论绪论、元素周期表、金属、粉体、玻璃、陶瓷、聚合物、复合材料、磁性材料、薄膜材料，说明每一类材料从原料到成品的全过程、相关性能及应用，推荐作为本科新生入门教材，以《创新材料学》为辅；《创新材料学》按 10 条纵线介绍各类材料在能量及信号转换、半导体集成电路、微电子封装、平板显示器（包括触控屏和 3D 电视）、白光 LED 固体照明、化学电池、太阳电池、核能利用、电磁屏蔽、环境保护等领域的应用，推荐作为研究生新生教材，以《材料学概论》为辅。每章涉及一个相对独立的领域，自成体系，内容全面，系统完整。全书在选材上尽量做到内容新、形式新、论述新、应用新，各章内容纵横交叉，旁及上下左右，共涉及百余个重要知识点，力图以快捷、形象的方式把读者领入材料学知识的浩瀚海洋。帮助初学者从一跨入材料学领域开始，便建立起立体化、网络化的知识架构。

本材料学组合教材既不是海阔天空的漫谈，也不是《材料科学基础》课程的压缩，更不是甲、乙、丙、丁开中药铺。在内容上避免深、难、偏、窄、玄，强调浅、宽、新、活、鲜。在占有大量资料的前提下，采用图文并茂的形式，全面且简明扼要地介绍各类材料的新进展、新性能、新应用，力求深入浅出，通俗易懂。千方百计使知识新起来、动起来、活起来，做到有声有色，栩栩如生。帮助初学者从跨入材料学领域开始，便建立起立体化、网络化的知识体系。本书除了用于本科生、研究生的入门教材之外，还可以作为毕业生所学知识的总结，参加工作前自我测试的试题汇编。

本书可作为材料、机械、精密仪器、化工、能源、汽车、环境、微电子、计算机、物理、化学、光学等学科本科生及研究生教材，对于从事相关行业的科技工作者和工程技术人员，也具有极为难得的参考价值。

本书得到清华大学“985”名优教材立项资助并受到清华大学材料学院的全力支持。刘伟、陈娟、程利霞、吴微微博士参加了本书的部分辅助工作。在此一并表示衷心感谢。

作者水平有限，不妥或谬误之处在所难免，恳请读者批评指正。

田民波

2015 年 6 月

目　录

第1章　材料的支柱和先导作用

第 2 章　材料就在元素周期表中

第3章 金属及合金材料

第 4 章　粉体和纳米材料

第 5 章 陶瓷及陶瓷材料

第 6 章 玻璃及玻璃材料

第 7 章　高分子及聚合物材料

第 8 章　复合材料和生物材料

第 10 章 薄膜材料及薄膜制备技术

第1章 材料的支柱和先导作用

1.1 材料的定义和分类

1.2 材料是人类社会进步的标志

1.3 材料是当代文明社会的根基

1.4 材料是各类产业的基础

1.5 先进材料是高新技术的核心

1.6 新材料是国家核心竞争力的体现

1.7 材料可以“点石成金，化腐朽为神奇”

1.8 “制造材料者制造技术”，材料可以“以不变应万变”

1.9 复合材料和功能材料大大扩展了材料的应用领域

1.10 材料科学与工程的定义和学科特点

1.11 材料科学与工程四要素

1.12 重视材料的加工和制造

1.13 提高材料的性能永无止境

1.14 关注材料的最新应用——强调发展，注重创新

1.15 “9·11”恐怖袭击事件中世贸大厦垮塌和“3·11”福岛核事故都涉及材料

1.16 新材料如何适应技术创新和产业创新

1.1 材料的定义和分类

1.1.1 材料的定义——材料、原料、物质之间的关系

材料一般指具有特定性质，能用于制造结构和构件、机器、仪表和元器件以及各种产品的物质。美国材料科学与工程调查委员会将材料定义为：**在机器、结构件、器件和产品中因其性能而成为有用的物质**。这样看来，金属、陶瓷、玻璃、塑料、半导体、超导体、介电体、纤维、木头，甚至沙子、石头等物质都可以看作是材料。

可见，**材料**（materials）和**物质**（substance）是既紧密联系又含义不同的两个概念。材料是物质，但并非所有的物质都可以称为材料。宇宙是由物质组成的，但宇宙中的许多物质就不能称为材料。物质更强调的是客观存在，相对于意识而言，物质是第一性的；原料往往相对于制成品而言，原料的用途主要体现在制成品的制造工艺上。而材料更强调两个方面，一是具有特定性质，二是其特性主要体现在制成品的功能和用途上。关于材料的定义，需要注意下述几个方面。

（1）材料要能为人类所利用。材料经过再加工，应达到某些性能和功能要求，这是材料区别于一般物质的最主要特征。当然，对于不同的应用领域，例如航空航天和日用消耗品，性能和功能要求差异是很大的。

（2）材料的获得离不开人的劳动。我们日常生活须臾不可离开的阳光、空气和水一般就不算作是材料。随着环境的恶化，说不定有一天，人类为获得温暖的阳光、洁净的空气、清澈的水，需要付出艰苦的劳动，届时这些物质也会“升格”为材料。

（3）材料，包括获得它的资源，其重要性难分伯仲。例如，作为今天手机、平板电脑等不可或缺的 ITO 膜中使用的铟（In），因共生于铅锌矿，以前作为废泥而抛弃，而今天已成为紧缺资源，今后说不定会成为平板显示器及光伏产业发展的瓶颈。

1.1.2 判断物质是否为材料的判据

目前，国内普遍认同的材料的定义为：材料是人类社会所能接受的、可经济地用于制造有用器件的物质，是人类赖以生存和发展的物质基础。判断物质是否为材料有**五条判据：资源、能源、环保、经济性及性能**。具体说来：

（1）“人类社会所能接受的”，反映资源、能源、环保的考虑与要求，为战略性判据；

（2）“可经济地”，反映了经济性指标，经济效益与社会效益，为经济性判据；

（3）“有用器件”，反映了各种性能要求，如力学性能、物理性能、化学性能等，为质量性判据。

因此，材料与物质间的关系可归纳为以下三方面内容，即材料是有用的并能用来制造物品（件）的物质；材料一般指固态的、可用于工程上的物质；作为材料科学的研究对象，主要是那些制造器件或物品的人造物质。

1.1.3 材料的分类

材料除了具有重要性和普遍性以外，还具有多样性。由于材料多种多样，人们对材料分类的出发点不同，分类方法也就各不一样，至今没有一个统一标准。世界各国和不同的科学家对材料的分类方法不尽相同，常见的有以下几种分类方法（参照下表）。

（1）按原子结合键类型，或者说从物理化学属性来分类可分为**金属材料、无机非金属材料、有机高分子材料**和由不同类型材料组合而成的**复合材料**（如图 1 所示）。

（2）按材料的来源进行分类　将材料分为**天然材料**和**人造材料**两大类。

（3）按材料的发展进行分类　一般将材料分为**传统材料**（traditional material）和**新型材料**（advanced material）两大类。

（4）按材料的功能和用途进行分类　根据材料用途或者对性能的要求特点，一般将材料分为**结构材料**（structural material）和**功能材料**（functional material）两大类。

（5）按原子的排列方式进行分类　即使由同样的组元、同样的结合键组成，只是由于原子排列周期性的不同，也可以形成具有不同性质的材料。按原子排列周期性的不同，材料可分为**单晶体、多晶体、非晶体、准晶体**和**液晶**等。

从不同角度对材料的分类

分类角度	材料
① 按化学成分特点（或工程特点）	金属材料、聚合物材料（高分子材料）、无机非金属材料（陶瓷材料）、复合材料
② 按使用性能用途	结构材料、功能材料
③ 按结晶状态	单晶材料、多晶材料、非晶材料、准晶材料、液晶材料等
④ 按物理性能	高强度材料、绝缘材料、高温材料、超硬材料、导电材料、磁性材料、半导体材料、透光材料等
⑤ 按物理效应	压电材料、光电材料、热电材料、声光材料、铁电材料、磁光材料、电光材料、激光材料等
⑥ 从应用角度	结构材料、电子材料、航天航空材料、汽车材料、核材料、建筑材料、包装材料、能源材料、生物医学材料、信息材料
⑦ 从化学角度	无机材料、有机材料
⑧ 按开发与应用时期	传统材料、新型材料（先进材料或现代材料）

1.1.4 材料生命周期的循环

按照长期以来所形成的传统思维，或按传统产业的“资源开发—生产加工—消费使用—废物丢弃”的物质单向运动模式（即图中所示的“动脉过程”），必然会带来地球有限资源的紧缺和破坏，同时带来能源浪费，并且造成人类生存环境的污染。

进入 21 世纪，人们开始认真思考材料、能源和环境的密切关系，越来越重视材料的可持续发展。认识到现有的“消耗资源能源—制造产品—排放废物”这一单向生产模式已无法持续下去，而应当代之以仿效自然生态过程物质循环的模式，即在**材料生命周期的循环**中增加图中所示的“静脉过程”。建立起“废物”（包括废原料、废电、废热、下脚料，还有已完成服役的产品等）能在不同生产过程中多次循环，多产品共生的工业模式，即所谓的**双向循环模式**，或图中所示的**“动脉、静脉循环”模式**。

材料的循环可借鉴解决环境问题的 3R 原则：一是**减量**（reduce），其特点是尽可能减少材料生命周期各阶段排放的废弃物；二是**再利用**（reuse），其特点是将废弃物中材料或零件不进行再加工和分离，直接作为产品使用；三是**再循环**（recycle），其特点是对废弃物进行加工处理，作为原料来使用（再资源化）。

本节重点

（1）试说明材料与物质、原料的区别。
（2）按结合键类型对材料进行分类。
（3）何谓结构材料和功能材料？各举出两个实例。

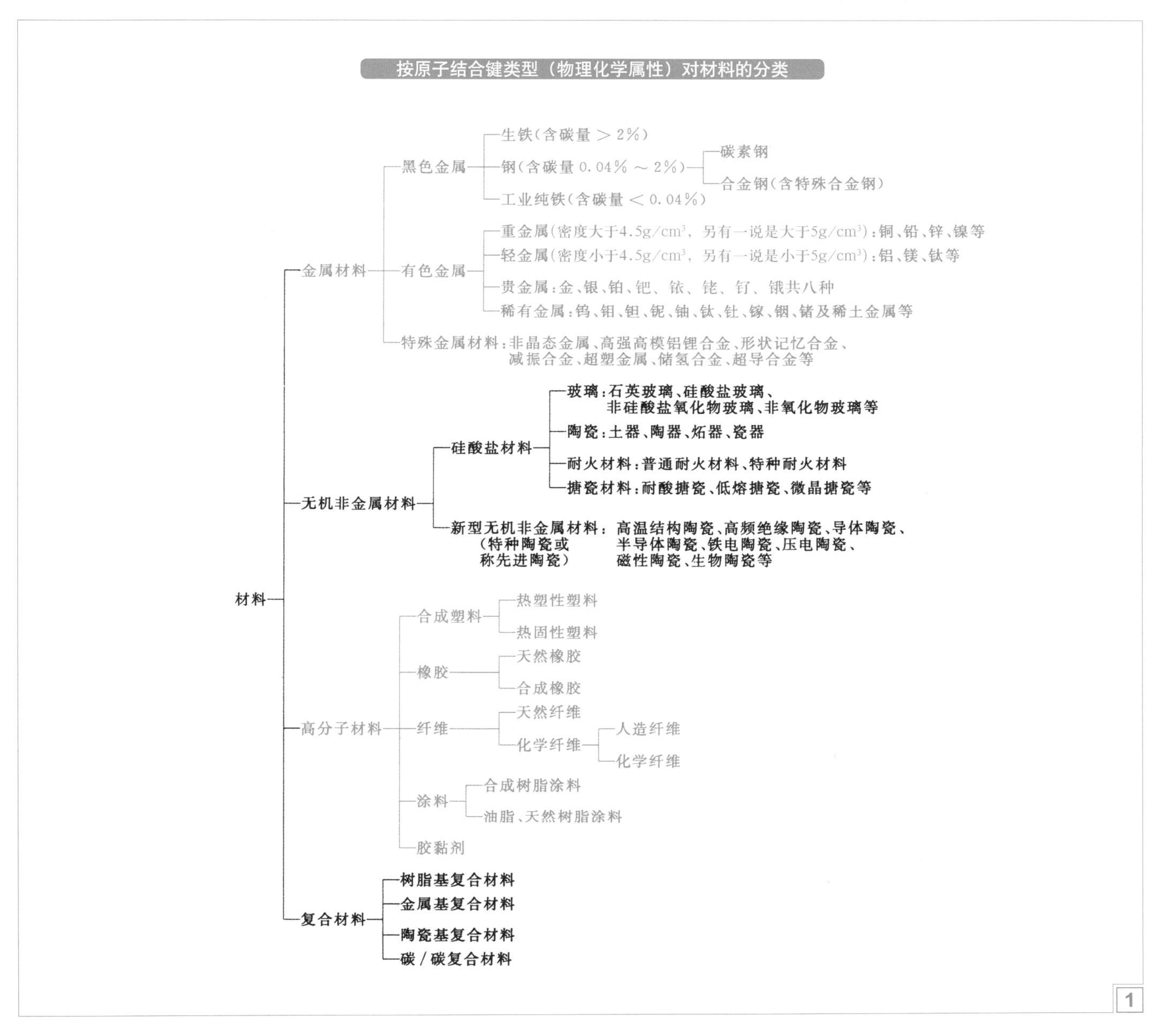

按原子结合键类型（物理化学属性）对材料的分类
材料
金属材料
黑色金属
生铁（含碳量 > 2%）
钢（含碳量 0.04% ～ 2%）
碳素钢
合金钢（含特殊合金钢）
工业纯铁（含碳量 < 0.04%）
有色金属
重金属（密度大于4.5g/cm³，另有一说是大于5g/cm³）：铜、铅、锌、镍等
轻金属（密度小于4.5g/cm³，另有一说是小于5g/cm³）：铝、镁、钛等
贵金属：金、银、铂、钯、铱、铑、钌、锇共八种
稀有金属：钨、钼、钽、铌、铀、钛、钍、镓、铟、锗及稀土金属等
特殊金属材料：非晶态金属、高强高模铝锂合金、形状记忆合金、减振合金、超塑金属、储氢合金、超导合金等
无机非金属材料
硅酸盐材料
玻璃：石英玻璃、硅酸盐玻璃、非硅酸盐氧化物玻璃、非氧化物玻璃等
陶瓷：土器、陶器、炻器、瓷器
耐火材料：普通耐火材料、特种耐火材料
搪瓷材料：耐酸搪瓷、低熔搪瓷、微晶搪瓷等
新型无机非金属材料（特种陶瓷或称先进陶瓷）：高温结构陶瓷、高频绝缘陶瓷、导体陶瓷、半导体陶瓷、铁电陶瓷、压电陶瓷、磁性陶瓷、生物陶瓷等
高分子材料
合成塑料
热塑性塑料
热固性塑料
橡胶
天然橡胶
合成橡胶
纤维
天然纤维
化学纤维
人造纤维
化学纤维
涂料
合成树脂涂料
油脂、天然树脂涂料
胶黏剂
复合材料
树脂基复合材料
金属基复合材料
陶瓷基复合材料
碳/碳复合材料
1

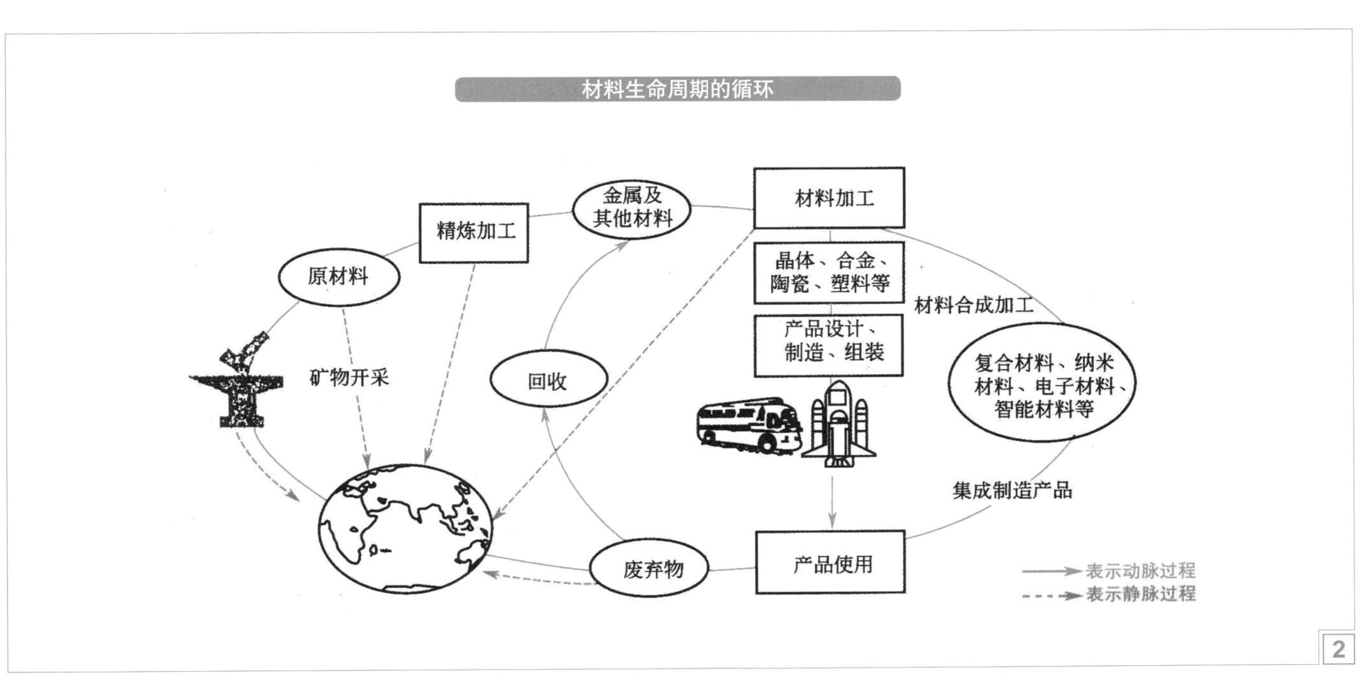

材料生命周期的循环
材料加工
金属及其他材料
精炼加工
原材料
矿物开采
晶体、合金、陶瓷、塑料等
材料合成加工
产品设计、制造、组装
复合材料、纳米材料、电子材料、智能材料等
回收
集成制造产品
废弃物
产品使用
表示动脉过程
表示静脉过程
2

1.2 材料是人类社会进步的标志

1.2.1 石器时代

材料是人类一切生产和生活活动的物质基础，是生产力的体现，被看成是人类社会进步的标志。在人类发展的历史长河中，材料发挥着举足轻重的作用。对材料的认识和利用的能力，决定着社会的形态和人类生活的质量，历史学家往往用制造工具的原材料来作为历史分期的标志。一部人类文明史，从某种意义上说，也可以称为世界材料发展史。

材料的使用和发展与生产力和科学技术水平密切相关。人类的文明史可按使用材料的种类划分，如**石器时代**（Stone Ages，史前—公元前 10000 年）、**青铜器时代**（Bronze Ages，公元前 4000—前 1000 年）、**铁器时代**（Iron Ages，公元前 1000—公元 1620 年）、**钢铁时代**（Steel and Iron Ages，公元 1620 年至现代）和**高功能材料时代**。足见材料对人类社会进步的影响之深，涉及面之广。

古代的石器、青铜器、铁器等的兴起和广泛利用，极大地改变了人们的生活和生产方式，对社会进步起到了关键性的推动作用。这些具体的材料被历史学家作为划分某一个时代的重要标志。只要考察一下从石器时代、青铜器时代、铁器时代、钢铁时代，直到目前的信息时代的历史发展轨迹，就可以明显地看出材料在社会进步中的巨大作用。

早在一百万年以前，人类开始使用竹、木、骨、牙、皮、毛、石等天然材料，这些材料在自然界当中大量存在，人类可以直接从自然当中获取，并且经过比较简单的加工就可以为人类所利用，这就是历史上的旧石器时代，由于生产工具极其落后，所以社会发展极其缓慢。

大约一万年以前，人类开始对石头进行加工，进入了新石器时代。今天人们从考古学家挖掘的人类当年所使用的各种用途的锋利石片，可以想象人类远祖的艰苦和聪明。他们能够区别、选用各种石头创造出各种用具，用于生产、生活和战争。

有人认为，石器时代跨越原始社会。

1.2.2 陶器时代

在新石器时代后期，人类就发明了用粘土做原料烧制陶器。陶器是由粘土或以粘土、长石、石英等为主的混合物，经成型、干燥、烧制（烧制温度低于 1200℃）而成的制品的总称。陶土可塑性强，可以获得人们希望形状的器物。陶的出现，使蒸煮食物更为方便，人们得到了丰富的养分，增强了体能，促进人类的健康发展。陶俑的出现，代替了以人殉葬的野蛮做法。那时的陶器不但用于器皿，而且也是装饰品，这无疑对人类文明是一大推进。

陶器可以说是人类创造的首例无机非金属材料。这个划时代的发明不仅意味着使用材料的变化，而且比这更深远重要的是人类第一次有意识地创造发明了自然界没有的，并且性能全新的“新”材料。从此人类能离开上天的赐予而进入自主创造材料的时代。

1.2.3 青铜器时代

在新石器时代，人类也已经发现了自然铜和天然金，但由于它们数量有限、分散细小，没有对人类社会产生明显影响。但人们在烧制陶器过程中，却发现了在高温下被炭还原的金属铜和锡，随后又发明了色泽鲜艳、能浇注成型的青铜，人类进入了青铜器时代。

青铜即铜锡合金，其冶炼温度较低，制作器具的成形性好，是人类最早大规模利用的金属材料。我国青铜的冶炼在公元前 2140 年至前 1711 年开始。晚于埃及和西亚（伊朗、伊拉克），但发展快、水平高，到殷、西周已经发展到鼎盛时期。青铜逐步取代部分石器、木器、骨器和红铜器，成为生产工具的重要组成部分，在生产力的发展上起了划时代的作用。

青铜的历史贡献不仅体现在对生产力的推动，还体现在社会秩序的建立。西周中晚期有着严格的列鼎制度，即用形状花纹相同而大小依次递减的奇数组鼎来代表贵族的身份。《春秋公羊传》记载，天子用 9 鼎，诸侯用 7 鼎，卿大夫用 5 鼎，士用 3 鼎或 1 鼎。

青铜的另一个重要用途就是用来铸造武器，如钺、戈、矛、戟、刀、剑、弩、镞、盔等。青铜武器相对于石制和纯铜武器来说，其威力如同枪炮对刀戟，当军队和战争成为一个国家的暴力机器和手段的时候，青铜以它 4.7 倍于纯铜的硬度频频向统治贵族领取赫赫战功。

有人认为，陶器、青铜器时代跨越奴隶制社会。

1.2.4 铁器时代

公元前 3500 年，埃及人首次熔炼铁（或许是作为铜精炼的一种副产品），揭开了钢铁成为世界主导冶金材料的第一个制备秘密。公元前 8 世纪已出现用铁制造的犁、锄等农具，使生产力提高到一个新的水平。中国在春秋（公元前 770—前 476 年）末期，冶铁技术有很大突破，遥遥领先于世界其他地区，如利用生铁经过退火制造韧性铸铁以及生铁制钢技术的发明，标志着中国生产力的重大进步，这成为促进中华民族统一和发展的重要因素之一。这些技术从战国至汉代相继传到朝鲜、日本、西亚和欧洲地区，推动了整个世界文明的发展。

铁是地球上储存量居于第三的固体元素（前两位为硅、铝），资源比铜更加丰富。铁的冶炼温度比铜高，但铁碳合金的硬度大于各种铜合金。铁的价格便宜，铁制农具易于大面积推广应用；铁的耐磨性能高于青铜，铁制农具更加耐用，对农业生产有更大的促进作用，铁制农具迅速占领了生产材料市场。铁的密度比铜小，强度和硬度比铜高，铁制盔甲比铜制盔甲轻得多，增加了战士的灵活性；铁制兵器也比铜制兵器锋利、耐用。所以，铁制武器装备大大提高了军队的战斗力。

近现代历史表明，材料与社会经济发展、地区开发乃至国家振兴是休戚相关的。英国和美国早在 1830 年就尝试以蒸汽为动力并用于铁路运输，然而当时的铁轨仅仅是软钢带钉在厚木板上，故急需一种便宜、具有所需性能的金属。倘若没有凯利（Kelley，美国）和贝西默（Bessemer，英国）制钢技术的发展，铁路事业不可能发展，那么美国就不可能开发西部，英国也不可能工业化。反过来，若无工业、农业对交通运输的需求，那么对钢铁工业发展的刺激以及资本投入就会缺乏，当然钢铁制造技术进步的机会也就失去。

有人认为，铁器时代跨越封建社会。

本节重点

（1）陶器的发明在人类文明社会进步中的重大意义。
（2）何谓青铜？说明青铜器在人类文明社会进步中的重大意义。
（3）铁器与青铜器相比有什么优缺点？

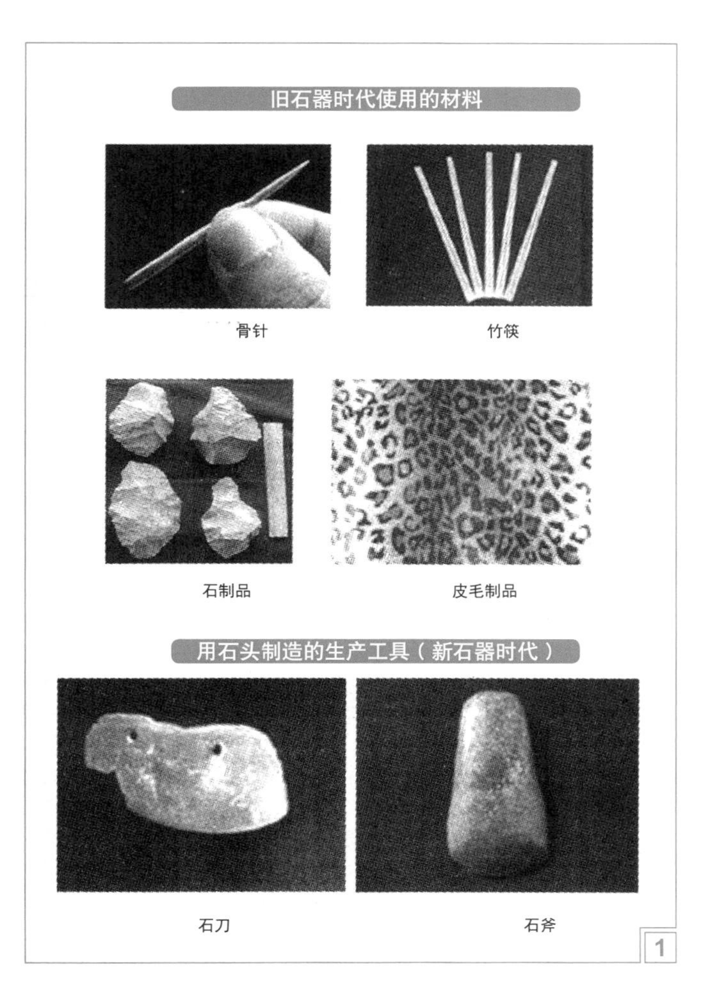

旧石器时代使用的材料

骨针　竹筷

石制品　皮毛制品

用石头制造的生产工具（新石器时代）

石刀　石斧

1

陶制器皿及装饰品

猪纹陶盆　半坡人面网纹陶盆

带釉陶瓷片

秦兵马俑　唐三彩

2

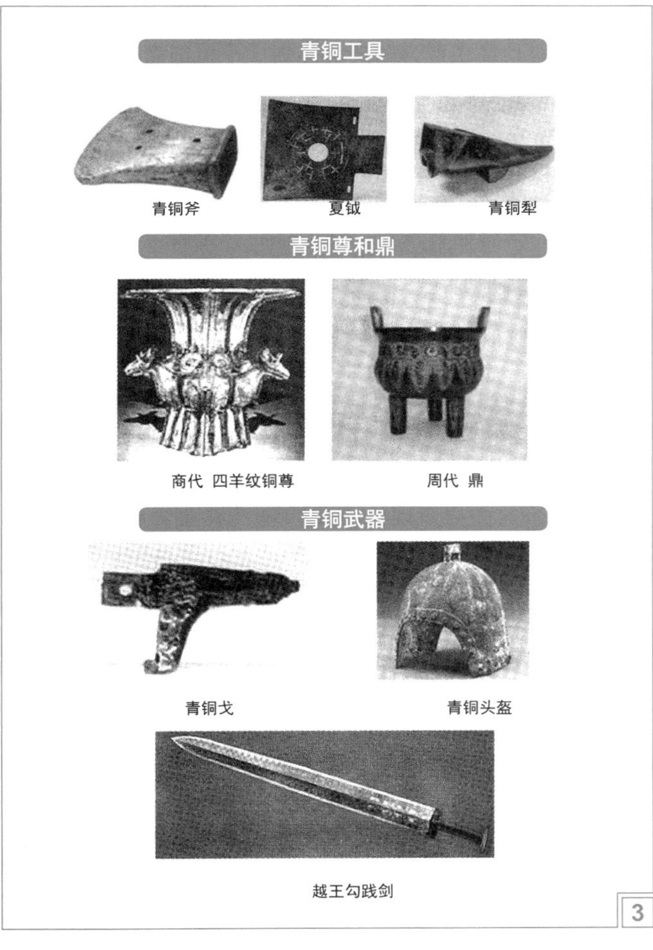

青铜工具

青铜斧　夏钺　青铜犁

青铜尊和鼎

商代 四羊纹铜尊　周代 鼎

青铜武器

青铜戈　青铜头盔

越王勾践剑

3

铁制工具及铸铁件

汉代铁农具　山西晋祠铁人

湖北当阳铁塔　甘露寺铁塔

燕下都铁兵器

4

1.3 材料是当代文明社会的根基

1.3.1 水泥的发明和使用

水泥的发明是一个渐进的过程，并不是一蹴而就的。公元前7世纪，周朝出现了用蛤壳烧制而成的石灰材料，其主要成分是碳酸钙。当时已发现它具有良好的吸湿防潮性能和胶凝性能。到秦汉时代，除木结构建筑外，砖石结构建筑占重要地位。砖石结构需要用优良性能的胶凝材料进行砌筑，这就促使石灰制造业迅速发展。到汉代，石灰的应用已很普遍，采用石灰砌筑的砖石结构能建造多层楼阁，并大量用于修筑长城。在公元5世纪的中国南北朝时期，出现一种名叫"三合土"的建筑材料，它由石灰、粘土和细砂所组成，一般用作地面、屋面、房基和地面垫层，是最初的混凝土。中国古代建筑凝胶材料有过自己辉煌的历史，在与西方古代建筑胶凝材料基本同步发展的过程中，由于广泛采用石灰与有机物相结合的胶凝材料而显得略高一筹。然后，到清朝乾隆末期，中国的胶凝材料停滞不前，与西方的差距越来越大。西方建筑胶凝材料朝着现代水泥的方向不断提高，最终发明水泥。

1.3.2 钢铁时代

公元前300年，南印度的金属业劳动者发展了坩埚炼钢，生产出几百年后成为著名的"大马士革"刀用的"乌兹钢"，激发了数代工匠、铁匠和冶金学家。1856年贝西默（H Bessemer）申请了底吹酸性炉衬炼钢过程的专利，引领出廉价、大吨位炼钢时代，为运输业、建筑业和通用工业带来巨大进步。

18世纪，钢铁工业的发展，使之成为产业革命的重要内容和物质基础。19世纪中叶，现代平炉和转炉炼钢技术的发明使世界钢产量从1850年的6万吨突增到1900年的2800万吨，使人类真正进入了钢铁时代，推动了机器制造、铁路交通各项事业的飞速发展，为20世纪的物质文明奠定了基础。与此同时，铜、铅、锌也大量得到应用，铝、镁、钛等有色金属相继问世也并得到应用。直到20世纪中叶，金属材料在材料工业中一直占有主导地位。

有人认为，钢铁时代跨越资本主义社会。

1.3.3 以硅为代表的半导体时代

随着科学技术的发展，与以上结构材料相对应，功能材料越来越重要，特别是半导体材料单晶硅的出现和对其属性的认识，促进了现代文明的加速发展，开启了信息时代。1947年巴丁（J. Bardeen）、布拉顿（W. Brattain）和肖克利（W. Shockley）发明了晶体管，成为所有现代电子学的基石和微芯片与计算机的基础。10年后仙童（fairchild）公司罗伯特•诺依斯（Robert Noyce）、德州仪器公司（Ti）、杰克•基尔比（Jack Kilby）又先后研制成功集成电路，使计算机的功能不断提高、体积不断缩小、价格不断下降，加之高性能的磁性材料不断涌现、激光材料与光导纤维的问世，使人类社会真正进入"信息时代"。

20世纪70年代，材料与能源、信息一道被公认为现代社会发展的三大基础支柱。20世纪80年代开始，历史进入新技术革命时代，以高技术群为代表的新技术革命把新材料技术、信息技术和生物技术并列为新技术革命的重要标志。

硅（Si）在地壳表面的储量占27.72%，仅次于氧（占46.60%），在所有元素中排行第二。在路边随手捡起一块石头，里面就含有相当量的硅。可惜的是，这种硅并不是硅单质，而是与氧和其他元素结合在一起而存在的。材料制备技术中的改良西门子法就能将顽石中的硅提纯到99.999999999%（11个9），再拉制成单晶硅，用于集成电路芯片制作，可谓"点石成金，化腐朽为神奇"。自1947年12月23日，由美国的巴丁、布拉顿、肖克利三位科学家合作利用半导体材料锗制成了世界上第一个双极型晶体管起，硅就成为微电子产业最重要的半导体材料。直至今天，硅器件仍占据95%以上的半导体器件市场。怪不得人们常说"硅是上帝赐给人的宝物"，"硅材料是根，根深才能叶茂"，"拥硅者为王，得硅者得天下"，"我们不能捧着金（硅）碗要饭吃"。

有人认为，以硅为代表的半导体时代使人类跨入当代社会。

1.3.4 高分子和先进陶瓷时代

20世纪中叶以后，科学技术迅猛发展，曾经"在历史上起过革命性作用的"钢铁，已经远远无法满足人类日益增长的物质和文化生活的需要，作为发明之母和产业粮食的新材料又出现了划时代的变化。首先是人工合成高分子材料问世，并得到广泛应用。仅半个世纪时间，高分子材料已与有上千年历史的金属材料并驾齐驱，并在年产量的体积上已超过了钢，成为国民经济、国防尖端科学和高科技领域不可缺少的材料。其次是陶瓷材料的发展。陶瓷是人类用自然界所提供的原料制造而成的材料。20世纪50年代，合成化工原料和特殊制备工艺的发展，使陶瓷材料产生了一个飞跃，出现了从传统陶瓷向先进陶瓷的转变，许多新型功能陶瓷形成了产业，满足了电力、电子技术和航天技术的发展和需要。20世纪50年代以硅、锗单晶材料为基础的半导体器件和集成电路技术的突破，使人类跨越了现代信息生活，对社会生产力的提高起到了不可估量的推动作用。

由此可见，每一种新材料的发现，每一项新材料技术的应用，都会给社会生产和人类的生活带来巨大改变，把人类文明推向前进。材料工业始终是世界经济的重要基础和支柱，随着社会的进步，材料的内容正在发生重大变化，一些新材料和相应技术正在不断替代或局部替代传统材料。材料既古老又年轻，既普通又深奥。说"古老"，是因为它的历史和人类社会的历史同样悠久；说"年轻"，是因为时至今日，它依然保持着蓬勃发展的生机；说"普通"，是因为它与每一个人的衣食住行信息相关；说"深奥"，是因为它包含着许多让人充满希望又充满困惑的难解之谜。可以毫不夸张地说，世界上的万事万物，就其和人类社会生存与发展关系密切的程度而言，没有任何东西堪与"材料"相比。

材料的发展创新已是各个高新技术领域发展的突破口，新材料的进步在很大程度上决定新兴产业的进程。先进是现代社会经济的先导、现代工业和现代农业发展的基础，也是国防现代化的保证，深刻地影响着世界经济、军事和社会的发展。材料科学的发展不仅是科技进步、社会发展的物质基础，同时也改变着人们在社会活动中的实践方式和思维方式，由此极大地推动社会进步。当今世界各国政府对材料科学技术发展日趋重视，新材料作为新技术革命的先锋，其发展对经济、科技、国防以及综合国力的增强都具有特别重要的作用。

本节重点

（1）水泥的原料、制作及凝结中的反应。
（2）作为人类文明进步时代划分标志的新材料应具备何种特征？
（3）针对图中所示桥梁的进步史，分别指出每种代表性桥梁所使用的是何种材料？

材料作为文明社会进步的标志

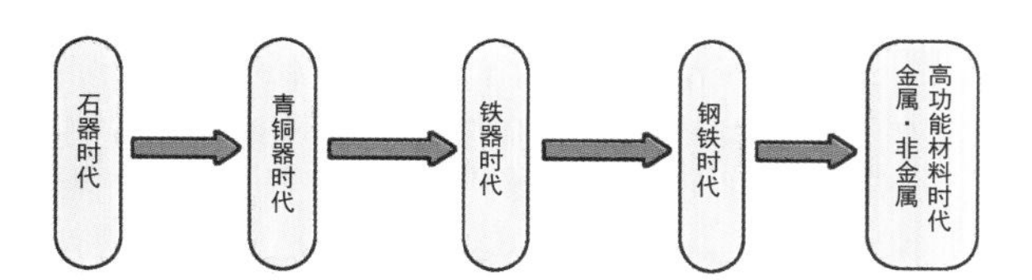

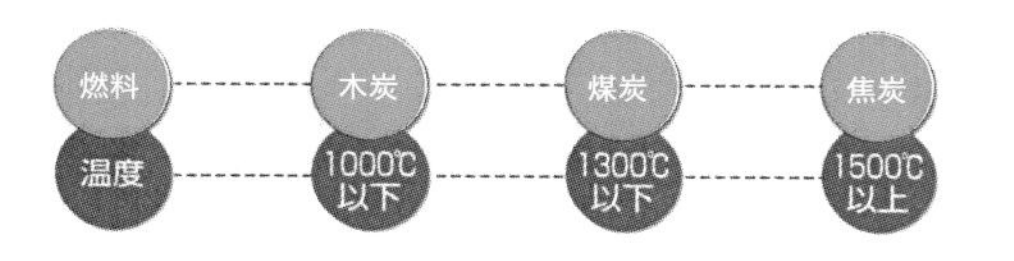

人们一般不说存在低熔点的铝的时代。这是由于，电发明之后，将作为铝矿石的矾土矿利用电流作用下的还原，即可制成金属铝

人类使用材料的七个时代的开始时间

开始时间	时 代	开始时间	时 代
公元前 100 万年	石器时代	公元 1800	钢铁时代
公元前 5000 年	青铜器时代	公元 1950	硅时代
公元前 3500 年	铁器时代	公元 1990	新材料时代
公元 0 年	水泥时代		

1

位于剑桥王后学院的**木质结构桥**，始建于 1749，由 William Etheidge's 设计，并于 1902 年重建

始建于 1640 年的 Clare 桥是剑桥河上现存最古老的**土石结构桥**，因其经受时间的磨难与剑桥大学共同屹立而素负盛誉。中国的赵州桥建于隋代大业元年至十一年（605—616）

2

始建于 1823 年跨越剑桥河位于古 Saxon bridge 的 Magdalene 桥。即使到今天，该**铸铁拱形结构桥**的负荷都远远超过设计者当年的构想

一座典型的 20 世纪**中碳钢桥**，方便地跨越 Fort st George 饭店

3

位于 Garret Hostel Lane 的**钢筋混凝土步行桥**

中国的钱塘江大桥（由茅以升设计并主持建造）

4

1.4 材料是各类产业的基础

1.4.1 五大类工程材料

依照构成材料的**结合键**，或者说从**物理化学属性**来分，可分为**金属及合金材料、无机非金属材料、有机高分子材料**和由不同类型材料组合而成的**复合材料**；再加上面对功能应用的**电子材料**（半导体材料），共涉及五大类工程材料。这五大类工程材料涵盖了材料应用的各个领域。

金属材料的结合键主要是金属键；无机非金属材料的结合键主要是共价键；而高分子材料，其结合键主要是共价键、分子键和氢键。随着科学技术的发展，人类已从合成材料的时代步入了复合材料时代。因为要想合成一种新的单一材料使之满足各种高要求的综合指标是非常困难的，但如果把现有的金属材料、无机非金属材料和高分子材料通过复合工艺组成复合材料，则可以利用它们所特有的复合效应使之产生原组成材料不具备的性能，而且还可以通过材料设计达到预期的性能指标，并起到节约材料的作用。

1.4.2 使用中更关注材料的性能和功能

当把材料的“强度”作为主要功能时，即要求某种材料制成的成品能保持其形状，不发生变形或断裂，这种材料称为**结构材料**（structural material）。结构材料是以力学性能为基础，用于制造受力构件的材料，当然，结构材料对物理或化学性能也有一定要求，如光泽、热导率、抗辐射、抗腐蚀、抗氧化等。这些材料是机械制造、建筑、交通运输、航空航天等工业的物质基础。注意，并非所有考虑到力学性能的材料都称为结构材料。有些使用的是其特殊的力学性能，这样的材料称为力学功能材料，如减振合金、超塑性合金、弹性合金等。

若主要要求的材料性能为其化学性能和物理性能时，这些材料被称之为**功能材料**（functional material）。功能材料主要是利用物质的独特物理、化学性质或生物功能等而形成的一类材料。如考虑其化学性能的功能材料有储氢材料、生物材料、环境材料等；考虑其物理性能的功能材料有：导电材料、磁性材料、光学材料等。电子、激光、能源、通信、生物等许多新技术的发展都必须有相应的功能材料。可以认为，没有许多功能材料，就不可能有现代科学技术的发展。

无论是功能材料还是结构材料所关注的都是**材料的可用性**。我们接受科研任务，确定开发目标，获得市场认可，取得经济效益和社会效益等无一不强调材料的可用性，或者说，使用中更关注材料的性能和功能。但作为产业，无论是水平分业型还是垂直分业型，都会遇到各种类型的材料——不仅种类繁多，而且涉及不同的学科领域。

1.4.3 “泰坦尼克号”海难——环境和其他影响因素

“泰坦尼克号”（RMS Titanic）是一艘奥林匹克级邮轮，于1912年4月处女航时撞上冰山后沉没。“泰坦尼克号”由位于爱尔兰岛贝尔法斯特的哈兰德与沃尔夫造船厂兴建，是当时最大的客运轮船。在她的处女航中，“泰坦尼克号”从英国南安普顿出发，途经法国瑟堡—奥克特维尔以及爱尔兰昆士敦，计划中的目的地为美国纽约。1912年4月14日，船上夜里11点40分，“泰坦尼克号”撞上冰山，2小时40分钟后，即4月15日凌晨2点20分，船裂成两半后沉入大西洋。“泰坦尼克号”上2208名船员和旅客中只有705人生还。“泰坦尼克号”海难是和平时期死伤人数最为惨重的海难之一，同时也是最为人所知的海上事故之一。

这艘偌大的邮轮究竟为什么会沉于海底呢？由于技术上的原因，直至1991年，科学考察队才开始到水下对残骸进行考察，并收集了残骸的金属碎片供科研用。这些碎片以及沉船在海底的状况使人们终于解开了巨轮“泰坦尼克号”罹难之谜。考察队员们发现导致“泰坦尼克号”沉没重要细节。造船工程师只考虑到要增加钢的强度，而没有想到增加其韧性。把残骸的金属碎片和如今的造船钢材做了对比试验，发现在“泰坦尼克号”船头残骸沉没地点的水温中，如今的造船钢材在受到撞击时可弯成V形，而残骸的钢材则因韧性不够而很快断裂。由此发现了钢材的冷脆性，即在$-40\sim0$℃的温度下，钢材的力学行为由韧性变成脆性，从而导致灾难性的脆性断裂。而用现代技术炼的钢只有在-70℃~-60℃的温度下才会变脆。不过不能责怪当时的工程师，因为当时谁也不知道，为了增加钢的强度而往炼钢原料中增加大量硫化物会大大增加钢的脆性，以致酿成了“泰坦尼克号”沉没的悲剧。另据美国《纽约时报》报道，一个海洋法医专家小组对打捞起来的“泰坦尼克号”船壳上的铆钉进行了分析，发现固定船壳钢板的铆钉里含有异常多的玻璃状渣粒，因而使铆钉变得非常脆弱，容易断裂。这一分析表明：在冰山的撞击下，可能是铆钉断裂导致船壳解体，最终使“泰坦尼克号”葬身于大西洋海底。

1.4.4 选择材料的原则

（1）选择材料首先应满足性能和功能要求，称此为**功能优先原则**。

（2）选择材料要考虑**可加工性**。金属及合金之所以应用得如此广泛，除了其具有很多优良的性能之外，能随心所欲地加工成各种形状（从航空母舰到手表零件等），也是重要原因之一。陶瓷在烧结成型之后，很难进行再加工，再加上它的脆性，从而大大限制了它的用途。在选择无铅焊料时，只有那些能同时加工成焊条、焊丝、焊片、焊球，用于焊膏的焊粉的材料才能为业内所接受。

（3）选择材料要考虑**经济性**。比如金刚石很硬，一般硬度越大的材料越耐磨，但由于它的稀有和昂贵就不适于作为耐磨材料，在满足性能和功能要求的前提下，当然要选择便宜的而不选择昂贵的材料。材料的生产和科研必须进行成本分析和经济核算，从而计算经济效果，这便是材料经济学。

（4）选择材料要考虑**环境友好**。材料应该是环境友好的，起码是无毒的，不污染环境的。例如，砷（As）、铍（Be）、铊（Tl）及许多放射性元素有剧毒，其使用自然严格受限。即使原先已成熟使用的材料，随着环境保护规制的严格化，其使用也可能受到限制。例如，2006年欧盟颁布的RoHS指令就对铅（Pb）、汞（Hg）、六价铬（Cr^{6+}）、镉（Cd）、PBB（多溴联苯）、PBDE（多溴二苯醚）等六种物质的使用加以限制。

（5）选择材料要考虑**资源因素**。合金钢的大量使用，致使钨（W）、钼（Mo）、钴（Co）等金属成为战略物资；激光、催化、磁性等领域的广泛应用使稀土资源更加紧缺；平板显示器的出现使制作透明导电膜的铟（In）的价格飞腾；白光LED固体照明和薄膜太阳电池的普及使铟（In）、镓（Ga）、碲（Te）成为稀有资源。在考虑材料的资源因素时，应考察其绝对储量，储量与用量是否匹配，能否再生和循环再利用，能否替代等。

本节重点

（1）五大类工程材料中各举出两个具体实例，说明其主要用途。
（2）从材料角度分析“泰坦尼克号”海难发生的原因。
（3）指出选择材料的五个基本原则。

五大类工程材料

TABLE 1-1 *Representative examples, applications, and properties for each category of materials*

	Examples of Applications	Properties
Metals and Alloys		
Copper	Electrical conductor wire	High electrical conductivity, good formability
Gray cast iron	Automobile engine blocks	Castable, machinable, vibration-damping
Alloy steels	Wrenches, automobile chassis	Significantly strengthened by heat treatment
Ceramics and Glasses		
SiO_2-Na_2O-CaO	Window glass	Optically transparent, thermally insulating
Al_2O_3, MgO, SiO_2	Refractories (i.e., heat-resistant lining of furnaces) for containing molten metal	Thermally insulating, withstand high temperatures, relatively inert to molten metal
Barium titanate	Capacitors for microelectronics	High ability to store charge
Silica	Optical fibers for information technology	Refractive index, low optical losses
Polymers		
Polyethylene	Food packaging	Easily formed into thin, flexible, airtight film
Epoxy	Encapsulation of integrated circuits	Electrically insulating and moisture-resistant
Phenolics	Adhesives for joining plies in plywood	Strong, moisture resistant
Semiconductors		
Silicon	Transistors and integrated circuits	Unique electrical behavior
GaAs	Optoelectronic systems	Converts electrical signals to light, lasers, laser diodes, etc.
Composites		
Graphite-epoxy	Aircraft components	High strength-to-weight ratio
Tungsten carbide-cobalt (WC-Co)	Carbide cutting tools for machining	High hardness, yet good shock resistance
Titanium-clad steel	Reactor vessels	Low cost and high strength of steel, with the corrosion resistance of titanium

1. 金属与合金；
2. 陶瓷，玻璃，和玻璃－陶瓷
3. 聚合物（塑料）；
4. 半导体；
5. 复合材料

（图中保留英文用于课堂讨论和课后作业。以下同）

1

基于其中金属，塑料，陶瓷都被分在不同的类别里面功能的材料分类

Classification of Functional Materials

Aerospace
C-C composites, SiO_2, Amorphous silicon, Al-alloys, Superalloys, Zerodur™

Biomedical
Hydroxyapatite, Titanium alloys, Stainless steels, Shape-memory alloys, Plastics, *PZT*

Electronic Materials
Si, GaAs, Ge, $BaTiO_3$, *PZT*, $YBa_2Cu_3O_{7-x}$, Al, Cu, W, Conducting polymers

Energy Technology and Environmental
UO_2, Ni-Cd, ZrO_2, $LiCoO_2$, Amorphous Si:H

Magnetic Materials
Fe, Fe-Si, NiZn and MnZn ferrites, Co-Pt-Ta-Cr, γ-Fe_2O_3

Optical Materials
SiO_2, GaAs, Glasses, Al_2O_3, *YAG*, *ITO*

Smart Materials
PZT, Ni-Ti shape-memory alloys, MR fluids, Polymer gels

Structural
Steels, Aluminum alloys, Concrete, Fiberglass, Plastics, Wood

也可以根据一种材料最重要的使用性能对材料进行分类，如机械性、生物性、电子性、磁性或者光学性能。

2

失事前的奥林匹克级豪华邮轮“泰坦尼克号”(RMS Titanic)

泰坦尼克号用钢的显微组织

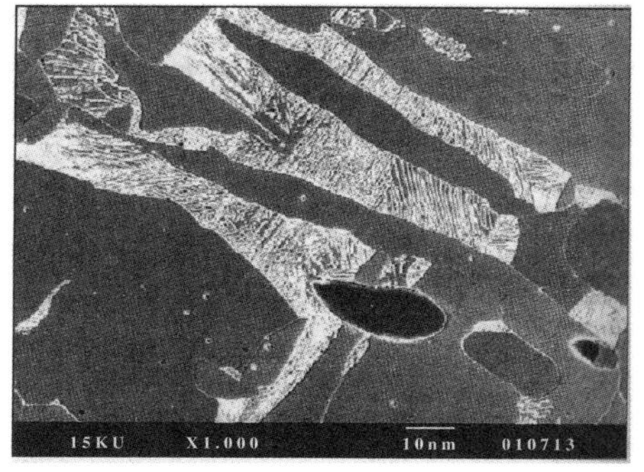

灰色为铁素体晶粒，亮的薄片为珠光体团，深色为MnS晶粒。

3

航天飞机在不同部位使用不同材料

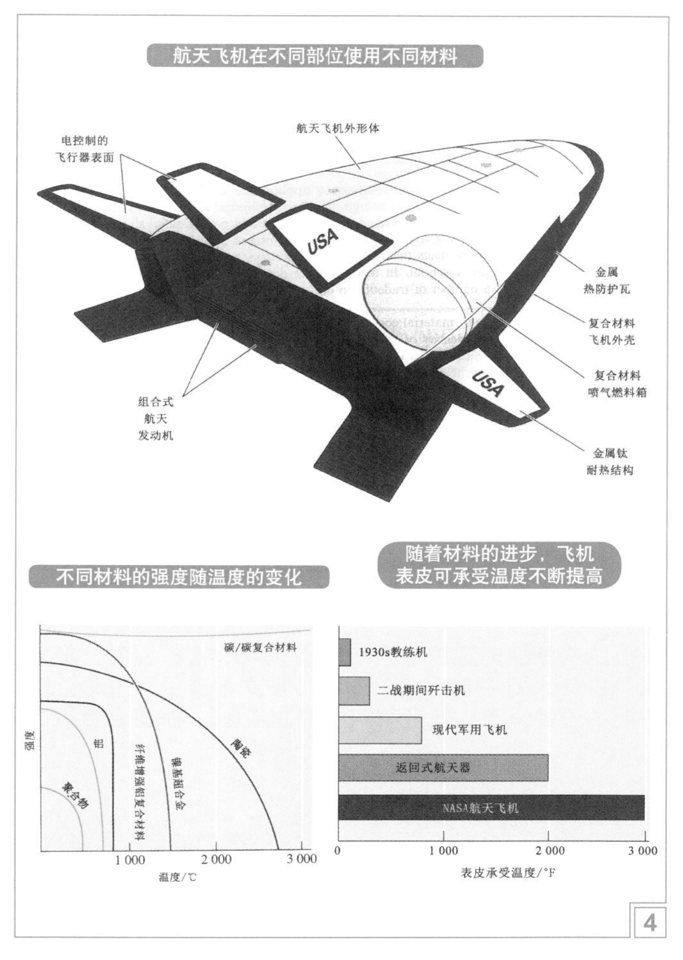

4

1.5 先进材料是高新技术的核心

1.5.1 航空燃气涡轮发动机的构造及对材料的要求

航空燃气涡轮发动机是喷气式飞机的主要动力装置，为飞机提供推进力。其分为四种类型，即涡轮喷气发动机、涡轮风扇发动机、涡轮螺旋桨发动机、涡轮轴发动机。这些发动机中均有压气机、燃烧室和驱动压气机的燃气涡轮，因此称之为燃气涡轮发动机。

工作时，进入发动机的空气经压气机压缩提高压力、减小体积后进入燃烧室，并与喷入的燃油（航空煤油）混合后燃烧，形成高温高压燃气，再进入驱动压气机的燃气涡轮中膨胀做功，使涡轮高速旋转并输出驱动压气机及发动机附件所需要的功率。

现代航空发动机中的总压比越来越大，高压压气机出口处的空气温度已高达 500~600℃或更高，一般钛合金已经不能承受。为此，在绝大多数发动机中，压气机的后几级轮盘均采用高温合金——镍基超级合金制作。

1.5.2 镍基超级合金的出现迎来了喷气式飞机

镍基合金是指在 650~1000℃高温下有较高的强度与一定的抗氧化腐蚀能力等综合性能的一类合金。按照主要性能它们又细分为镍基耐热合金，镍基耐蚀合金，镍基耐磨合金，镍基精密合金与镍基形状记忆合金等。高温合金按照基体的不同，分为：铁基高温合金，镍基高温合金与钴基高温合金。其中镍基高温合金简称镍基合金。

镍基合金中主要合金元素有铬、钨、钼、钴、铝、钛、硼、锆等。其中 Cr，Ti 等主要起抗氧化作用，其他元素有固溶强化，沉淀强化与晶界强化等作用。

英国于 1941 年首先生产出镍基合金 Nimonic-75(Ni-20Cr-0.4Ti)；为了提高蠕变强度又添加铝，研制出 Nimonic -80(Ni-20Cr-2.5Ti-1.3Al)。美国于 20 世纪 40 年代中期，苏联于 40 年代后期，中国于 50 年代中期也研制出镍基合金。镍基合金的发展包括两个方面：合金成分的改进和生产工艺的革新。50 年代初，真空熔炼技术的发展，为炼制含高铝和钛的镍基合金创造了条件。初期的镍基合金大都是变形合金。50 年代后期，由于涡轮叶片工作温度的提高，要求合金有更高的高温强度，但是合金的强度高了，就难以变形，甚至不能变形，于是采用熔模精密铸造工艺，发展出一系列具有良好高温强度的铸造合金。60 年代中期发展出性能更好的定向结晶和单晶高温合金以及粉末冶金高温合金。为了满足舰船和工业燃气轮机的需要，60 年代以来还发展出一批抗热腐蚀性能较好、组织稳定的高铬镍基合金。在从 40 年代初到 70 年代末大约 40 年的时间内，镍基合金的工作温度从 700℃提高到 1100℃，平均每年提高 10℃左右。

1.5.3 大型客机处处离不开复合材料

由于复合材料具有高比强度、高比刚度、较好的抗疲劳性和耐腐蚀性等优点，它在大型客机的结构设计中应用越来越广泛。波音 787 客机把巡航时座舱的压力提高到有利于乘客健康的相当于海拔 1800m 高度的压力（而不是现在一般客机的相当于海拔 2400m 高度的压力），从而，使机身座舱结构承受的压差增大（比现有客机大）。同时，加大了机身窗口达到 483mm×279mm，使乘客有更大视野。由此引起的设计增重，复合材料机身为 70kg，而铝合金机身则要 1000kg，充分体现了复合材料性能的可设计性和优异的疲劳性能带来的效益。

空中客车集团研究试制的超大型客机 A380 有双层客舱，载客 550~650 人，于 2004 年实现首飞，2006 年交付航线使用。在 A380 机上就大量应用了各种复合材料。机翼，包括中央翼盒和部分外翼。该翼盒重 8.8t，用复合材料 5.3t，较金属翼盒可减重 1.5t。垂直尾翼和水平尾翼、地板梁和后承压框，采用碳纤维增强复合材料的硬壳式结构。固定机翼前缘和机身上的某些次加强件，采用热塑性复合材料制造。各种翼身整流罩、襟翼滑轨整流罩、操纵面和起落架舱门等处，采用复合材料夹层面板结构制造。机翼后缘处的襟、副翼，使用碳纤维增强复合材料。机身蒙皮壁板大规模采用一种名为 Glare 层板的超混杂复合材料结构。空客 380 上仅碳纤维复合材料的用量已达 32t 左右，占结构总重的 15%，再加上其他种类的复合材料，估计其总用量可达结构总重的 25% 左右。

波音 787-8 型飞机是空客 A380 的竞争机型，最大载客量为 467 人。波音 747 型飞机上采用的复合材料用量已达结构重量 50%，人性化设计的全复合材料机身使乘坐舒适性和便利性得到显著改善。

1.5.4 高温陶瓷的出现催生了航天飞机

航天飞机是一种垂直起飞、水平降落的载人航天器，它以火箭发动机为动力发射到太空，能在轨道上运行，且可以往返于地球表面和近地轨道之间，可部分重复使用。它由轨道器、固体燃料助推火箭和外储箱三大部分组成。

航天飞机在进行空间飞行时，要经受上升阶段和重返大气层时的气动力加热。因此其防热系统在整个结构重量中占有很大比重。如水星飞船和阿波罗飞船的防热系统占整个飞船载人时重量的 12% 和 13.9%。作为可以重复使用的空间飞行器，对防热系统的要求是重复使用 100 次以上，且飞行后的检修保养要简便易行、安全可靠且成本低。

理论分析表明，航天飞机表面将受到 317~1652℃的高温，其中以头锥和机翼前缘的温度最高，机身上的表面温度最低。

通常航天飞机在返回大气层时，要经受因与大气剧烈摩擦所产生的 3000℃左右的高温，这一气动加热温度在航天飞机返航、着地前 16min 左右（距地面约 60km）时变得最大。航天飞机要经受如此炽热高温烧烤，其外表采用的防热瓦必须能够耐高温且在高温下性能稳定。目前，能够在 2000℃以上使用的超高温材料主要有难熔金属、C/C 复合材料以及超高温陶瓷等，其中，超高温陶瓷材料被认为是未来超高温领域潜力巨大的应用材料。

航天飞机的底部部分，会受到 649~1260℃的高温，因此胶接一层高温重复使用表面隔热材料（HRSI）制成的隔热瓦。隔热瓦表面涂有具有高辐射特性的黑色陶瓷涂层，并提高了其防水、防潮、耐磨性能。

再如乘员舱、机身侧面和垂直尾翼等部位，要经受 398~649℃高温。以上部位仍胶接隔热瓦，但采用白色陶瓷涂层，即低温重复使用隔热材料（LRSI），起到反射太阳光的作用。

本节重点

（1）涡轮风扇航空发动机中，何处工作温度最高，需要选用什么材料？
（2）以复合材料对于大型客机，高温陶瓷对于航天飞机为例，说明先进材料在高新技术中的核心地位。
（3）运行中的国际空间站伸出的“翅膀”是什么，它是何种材料制成的，对其性能有何要求？

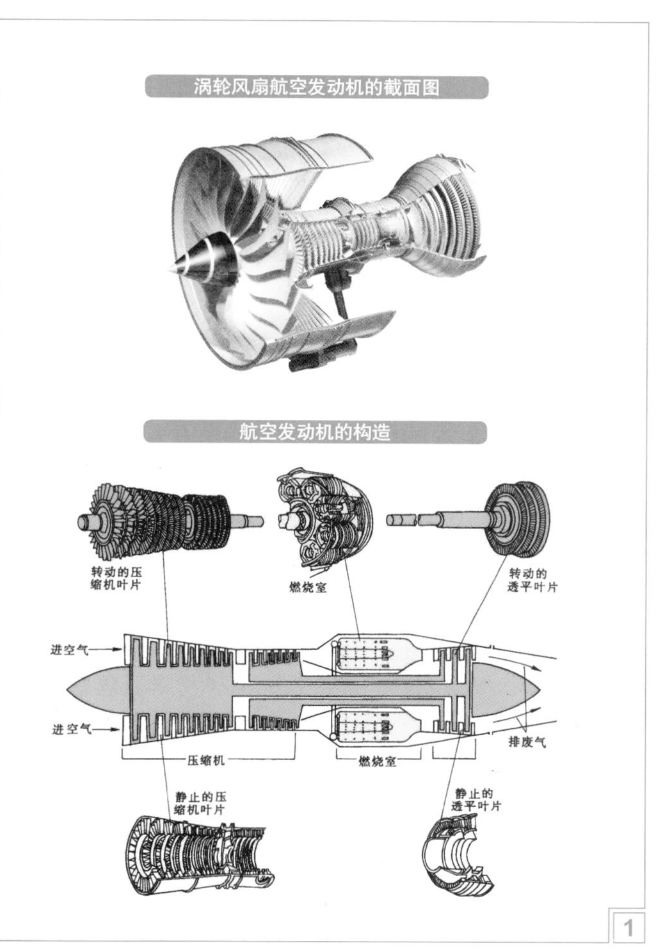
涡轮风扇航空发动机的截面图
航空发动机的构造
转动的压缩机叶片
燃烧室
转动的透平叶片
进空气
进空气
排废气
压缩机
燃烧室
静止的压缩机叶片
静止的透平叶片
1

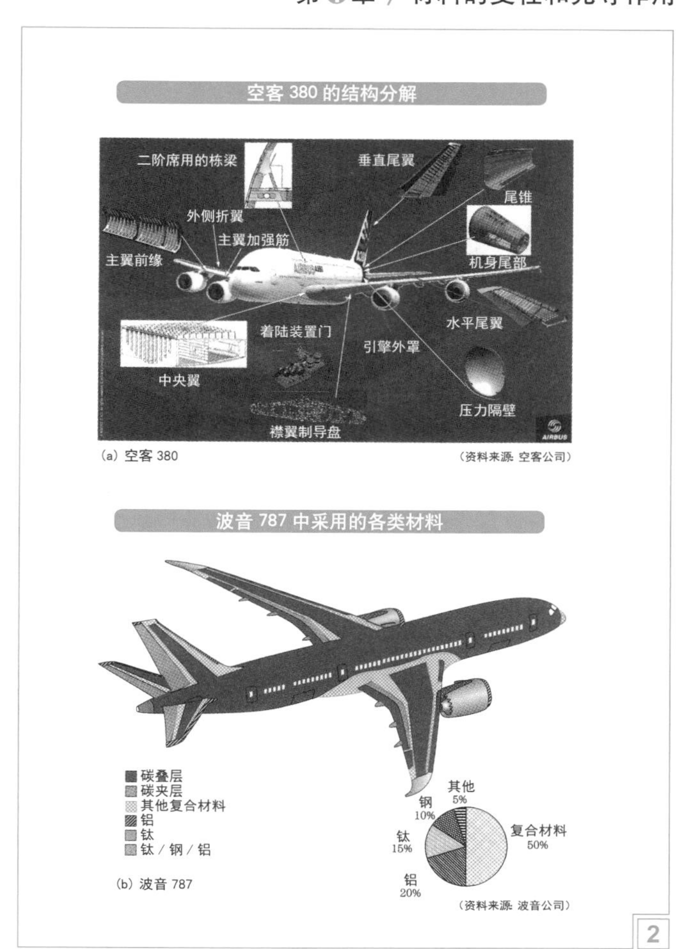
空客 380 的结构分解
二阶席用的栋梁
垂直尾翼
尾锥
外侧折翼
主翼加强筋
主翼前缘
机身尾部
水平尾翼
着陆装置门
引擎外罩
中央翼
压力隔壁
襟翼制导盘
(a) 空客 380
(资料来源: 空客公司)
波音 787 中采用的各类材料
碳叠层
碳夹层
其他复合材料
铝
钛
钛 / 钢 / 铝
其他 5%
钢 10%
钛 15%
复合材料 50%
铝 20%
(b) 波音 787
(资料来源: 波音公司)
2

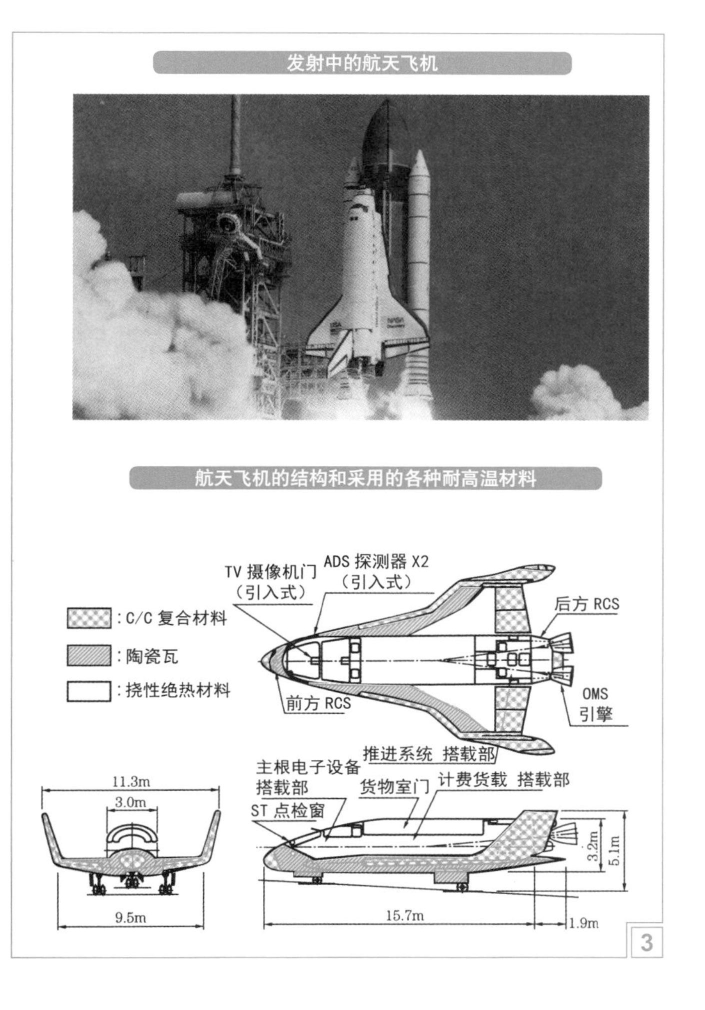
发射中的航天飞机
航天飞机的结构和采用的各种耐高温材料
TV 摄像机门
(引入式)
ADS 探测器 X2
(引入式)
后方 RCS
:C/C 复合材料
:陶瓷瓦
:挠性绝热材料
前方 RCS
OMS
引擎
推进系统 搭载部
主根电子设备
搭载部
货物室门
计费货载 搭载部
ST 点检窗
11.3m
3.0m
9.5m
15.7m
1.9m
3.2m
5.1m
3

运行中的国际空间站
4

1.6 新材料是国家核心竞争力的体现

1.6.1 “材料科学”这一名词诞生于 1957 年以后

“材料”这一名词已沿用了很长时间，但“材料科学”的提出仅是 20 世纪 60 年代初的事。1957 年苏联人造卫星首先发射成功，美国朝野上下为之震惊，剖析自己落后的原因之一乃是先进材料的落后，因此从 20 世纪 60 年代初，一些大学相继成立“材料科学研究中心”或“材料科学系”，这标志着人们开始把材料的研究作为自然科学的一个分支，事实上“材料科学”的形成是科学技术发展的必然结果。材料科学是一门应用科学，研究和发展材料的目的在于为经济建设服务，即通过合理的工艺流程制备出具有实际应用价值的材料，并通过批量生产才能成为工程材料，投入实际使用中去。

因此，在“材料科学”这一名称出现不久，就提出了“材料科学与工程”的名称。由美国麻省理工学院的科学家们主编的《材料科学与工程百科全书》对材料科学与工程做了如下定义：材料科学与工程是研究有关材料组成与结构、材料的合成与加工、材料使用性能和性质的关系及其知识的产生与运用。这四要素之间的密切结合决定了材料科学的发展方向。性质是确定材料功能特性和应用的基准；组成与结构是构成任何一种材料的基础；而材料的合成、加工与使用性能则是其能否发展的最关键的环节。所以材料科学与工程既包括基础研究和应用研究两个方面，同时还具有许多学科交叉的特点。通常，将成分、结构和组织、合成与加工、性质及使用性能称为材料科学与工程的四要素（参阅 1.11 节）。

1.6.2 材料科学的形成与内涵

“材料科学”的形成是科学技术发展的必然结果。

(1) 固体物理、无机化学、有机化学、物理化学等学科的发展，对物质结构和物性的深入研究，推动了对材料本质的了解；冶金学、金属学、陶瓷学、高分子科学等的发展导致对材料本身的研究大大增强；从而对材料的制备、结构与性能以及它们之间的关系的研究也越来越深入。这就为材料科学的形成打下了坚实的基础。

(2) 在“材料科学”这个名词出现之前，金属材料、高分子材料与陶瓷材料都已自成体系，目前，复合材料也正在形成学科体系。但它们之间存在颇多相似之处，不同类型的材料可以相互借鉴，从而促进本学科的发展。

(3) 各类材料研究所需的设备与生产手段有颇多的共同之处。如显微镜、电子显微镜、表面测试及物性与力学性能测试设备等。再如挤压机，对金属材料可以用来成型及冷加工以提高强度；而对于某些高分子材料，采用挤压成丝，可使有机纤维的比强度和比刚度大幅度提高。研究设备和生产设备的通用不但节约资金，更重要的是相互得到启发和借鉴，加速材料的发展。

(4) 当代社会不可缺少的许多设备，比如飞机、汽车、计算机等，无一不是由各种不同材料组合而成的。许多不同类型的材料可以相互代替和补充，能更充分发挥各种材料的优越性，达到物尽其用的目的。这必然要求各种材料互相匹配，更要求设计者、制造者具有材料科学的综合知识。

(5) 复合材料在多数情况下是不同类型材料的组合，特别是出现超混杂复合材料以来更是如此。如果对不同类型材料没有一个全面的了解，复合材料的发展必然受到影响。而复合材料又是今后新材料发展重点之一。要发展材料科学，必须对各种类型材料有更深入的了解。

1.6.3 新材料在各先进工业国的战略地位

新材料是指新出现或已在发展中的，具有传统材料所不具备的优异性能和特殊功能的材料。新材料的发展包括两方面的内容：一是通过新思想、新技术、新工艺、新装备等的应用，使传统材料性能有明显提高或产生新功能；二是设计开发出传统材料所不具备的优异性能和特殊功能的材料。

世界各先进工业国家都把材料作为优先发展的领域。如美国国防部于 1991 年所提出的 20 项关键技术中，有 5 项以材料为主，在其他项目中，有 2/3 与材料有关；同年，美国白宫发布了美国国家关键技术项目，共 6 个领域 22 项关键技术，其中，材料是领域之一，材料合成与加工、电子和光子材料、陶瓷、复合材料以及高性能金属与合金等 5 项为关键技术。日本一向对材料十分重视，在 20 世纪末期以前，他们以超导材料、高性能陶瓷、用于苛刻环境中的高性能材料、光敏材料、非线性光电子材料及硅基高分子材料为重点。

目前，中国在技术创新、产业创新和增强国防实力方面就遇到新材料的高门槛和技术壁垒。例如，为研究和生产第五代战斗机，就缺乏所需要的特定高级合金和复合材料，包括高端铝合金产品、芳纶纤维、高性能钢材、硝化纤维、钛合金和钨合金等。只有少数中国公司能提供高性能材料生产所需的技术，且产品质量不稳定。因此需要在新材料方面花大力量开发。

1.6.4 极端环境对材料提出更苛刻的要求

航天飞机上的部件常处于极端环境中，这对于部件的材料选择提出了苛刻的要求。由两次航天飞机失事看新型材料的重要性。

1.“挑战者号”航天飞机爆炸悲剧的起因

1986 年 1 月 28 日，“挑战者号”航天飞机第 10 次发射。然而航天飞机升空后突然发生爆炸，机上 7 名宇航员全部丧生。悲剧缘于该航天飞机的右侧一枚固体火箭助推器上一个 O 形橡胶密封圈在低温下老化失效而出现了一条裂缝，几千度高温的烈焰从裂缝中向外喷液氢和液氧，燃料箱膨胀爆裂，氢氧相遇，剧烈燃烧引起爆炸，造成这起航天史上的最大悲惨事故。

2.“哥伦比亚号”航天飞机解体的原因

“哥伦比亚号”航天飞机是美国航空和航天局建造的第一架航天飞机，于 1981 年 4 月 12 号首航，它是美国使用次数最多的航天飞机。2003 年 2 月 1 日，当“哥伦比亚号”结束了为期 16 天的太空之旅返回地球时，在 6300m 的高空发生解体。“哥伦比亚号”航天飞机机毁人亡的技术原因是这架飞机发射升空 81.7s 后，外部燃料箱外表面一块泡沫塑料脱离，撞击机身而使左翼前缘的热保护系统形成裂孔，最终导致返回大气层时的解体。

两次航天飞机失事的惨痛教训，再次提醒人们新型材料在高科技发展中的重要性。

本节重点

（1）说明“材料科学”这一名词产生的时代背景并介绍“材料科学”的形成和内涵。
（2）为什么“新材料”被我国列为战略性新兴产业？
（3）说明美国“挑战者号”航天飞机爆炸和“哥伦比亚号”航天飞机解体的材料原因。

北京奥运会主体育馆——鸟巢

北京奥运游泳馆——水立方

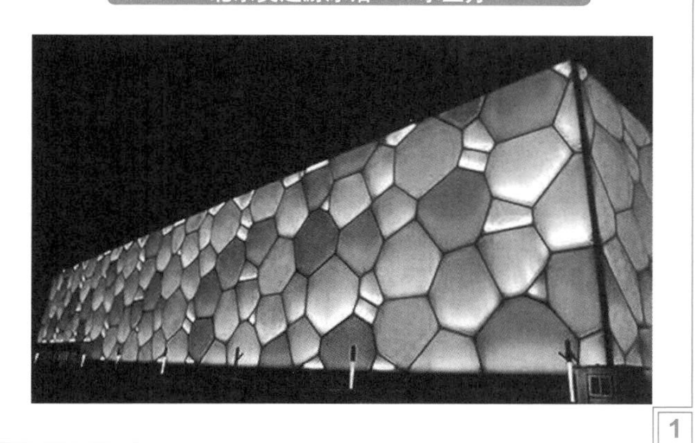

1

飞驰在祖国大地上的高铁

甬温线“7·23”追尾事故

2

初建于20世纪50年代的首座武汉长江大桥

武汉长江大桥已有7座

3

已正式在中国海军服役的辽宁号航空母舰

美国航空母舰——里根号

4

1.7 材料可以“点石成金，化腐朽为神奇”

1.7.1 炭、石墨和金刚石“本是同根生”

碳是一种非金属元素，位于元素周期表的第二周期IVA族。拉丁语为Carbonium，意为“煤、木炭”。汉字“碳”字由木炭的“炭”字加石字旁构成，从“炭”字音。碳是一种很常见的元素，它以多种形式广泛存在于大气和地壳之中。碳单质很早就被人认识和利用，碳的一系列化合物——有机物更是生命的根本。碳是生铁、熟铁和钢的成分之一。碳能在化学上自我结合而形成大量化合物，在生物上和商业上是重要的材料。构成生物体的大多数分子都含有碳元素。

钻石和石墨都是碳的晶体。伟大的科学家牛顿、罗蒙诺索夫等人都曾揣测过钻石的化学成分和它的成因，但都找不到满意的答案。在18世纪末，法国著名化学家拉瓦锡曾经指出钻石和碳有很大的关系，但却不敢宣布他的论文。拉瓦锡去世几十年，意大利佛罗伦萨科学院的几位院士，在阳光下用放大镜观察一小块钻石结构的时候，发现在放大镜焦点下的小钻石突然着火燃烧，后来经过反复试验，终于证明了钻石正是拉瓦锡提出过的碳的晶体。

石墨和钻石都是由碳组成的，但石墨不透光，是黑色，而钻石却透光，因为它们互为同素异形体。结构决定性质。金刚石（钻石）的空间构型是正四面体结构，而石墨是平面型结构。简单地说就是结构不同，所以表现出来的性质不同。

1.7.2 从“心忧炭贱愿天寒”的炭到价值连城的钻石

唐代大诗人白居易《卖炭翁》中“心忧炭贱愿天寒”的诗句，生动地描述了穷苦人辛辛苦苦烧制的炭，只是作为富人取暖之用，值不了几个价钱。晶莹剔透的钻石不仅用作高贵的装饰品，无与伦比的硬度可以用作刀具，而且钻石因其高稳定性和大禁带宽度还可能成为下一代“硬电子学”半导体材料的首选。

关于金刚石和石墨，史前人类就有所认识。同位素碳14由美国科学家马丁·卡门和塞缪尔·鲁宾于1940年发现，六角型金刚石由美国科学家加利福德·荣迪尔和尤苏拉·马温于1967年发现。单斜型超硬碳由美国科学家邦迪和卡斯伯于1967年实验发现，其晶体结构由吉林大学李全博士和导师马琰铭教授于2009年理论确定。

1985年9月初，克罗托三人在美国的实验室里，用大功率激光束轰击石墨，再用100万帕压强的氦气产生超声波，使被激光束气化的石墨通过一个小喷嘴进入真空，发生膨胀，并迅速冷却形成新的碳分子，沉积在水冷反应器的内壁上。对沉积物进行分离，发现了类似“太空分子”的多原子团簇，那是一些稳定的深红色微晶粒。克罗托从美国建筑师富勒于1967年为加拿大世博会设计的一个“网格球顶”结构建筑受到了启发，与斯莫利一起解开了碳60的结构之谜——那是一个有60个顶点，由12个五边形和20个六边形构成的“足球”，并将其命名为“富勒烯”或“足球烯”。

1991年，日本NEC公司的饭岛澄男发现了碳纳米管，2002年他发现并阐明了多壁和单壁碳纳米管的原子结构及螺旋特性。碳纳米管可以看做是石墨烯片层卷曲而成，因此按照石墨烯片的层数可分为：单壁碳纳米管（或称单层碳纳米管，single-walled carbon nanotubes，SWCNTs）和多壁碳纳米管（或多层碳纳米管，multi-walled carbon nanotubes，MWCNTs）。

2004年，英国曼彻斯特大学的安德烈·K.海姆（Andre K Geim）等制备出了石墨烯。海姆和他的同事偶然发现了一种简单易行的新途径。他们强行将石墨分离成较小的碎片，从碎片中剥离出较薄的石墨薄片，然后用一种特殊的塑料胶带粘住薄片的两侧，撕开胶带，薄片也随之一分为二。不断重复这一过程，就可以得到越来越薄的石墨薄片，而其中部分样品仅由一层碳原子构成——他们制得了石墨烯。

无论是富勒烯、碳纳米管还是石墨烯，在力学性质、导热性及导电性质方面都具有区别于通常材料的特殊性能，可望在新的技术革命中发挥关键作用。

1.7.3 步入科学殿堂的二氧化硅

随着科学技术的发展，特别是材料科学的进步，昔日的黄沙已能“点石成金”，成为高新技术产业中不可或缺的新宠。二氧化硅（SiO_2）具有密度低、不吸潮、光学性能好、化学性能稳定、耐酸碱腐蚀、硬度高、热膨胀系数低、介电常数低、高绝缘特性、耐热性好、导热性较好、环境友好、对硅芯片无污染等特性，除了传统用途之外，在环氧塑封料（EMC）、石英坩埚、光导纤维、高温多晶硅（HTPS）液晶显示器、化学机械抛光（CMP）磨料等方面具有不可替代的用途。

石英玻璃是二氧化硅（SiO_2）单一组分的特种工业技术玻璃，它是用天然二氧化硅含量最高的水晶或经特殊工艺提纯的高纯砂（实际上也是小颗粒水晶）做原料，在2000℃高温下熔融制成的玻璃，SiO_2含量高达99.995%~99.998%。石英玻璃具有一系列优良的物理化学性能：它有极良好的透光性能，在紫外、可见、红外全波段都有极高的透过率（90%以上）；它的耐高温性能很好，是透明的耐火材料，使用温度可高达1100℃，比普通玻璃高700℃。它的膨胀系数极低，为5×10^{-7}/℃，相当于普通玻璃的1/20，所以热稳定性特别好，3mm厚的石英玻璃加热到1100℃投入到20℃水中不会炸裂。它的电真空性能也特别好，可以容易地实现10^{-6}Pa的真空度。它的电学性能，化学稳定性也特别好，如电阻率：20℃为$1\times10^{18}\Omega\cdot$cm，800℃时为$5\times10^{6}\Omega\cdot$cm，是一般玻璃无法比拟的。因此，石英玻璃被人们誉称为“玻璃王”。

1.7.4 高锟发明的光纤是当今电子通信产业的“根”

1870年的一天，英国物理学家丁达尔到皇家学会的演讲厅讲解光的全反射原理，他做了一个简单的实验：在装满水的木桶上钻个孔，然后用灯在桶边把水照亮。结果使观众们大吃一惊。人们看到，发光的水从水桶的小孔里流了出来，水流弯曲，光线也跟着弯曲，光居然被弯弯曲曲的水俘获了。这是因为光线全反射的作用，即光从水中射向空气，当入射角大于等于某一角度时，光线就像撞到墙壁的皮球一样，全部都反射回水中，光线经过多次全反射向前传播。

从1963年开始，华裔科学家高锟就着手对玻璃纤维进行理论和实用方面的研究，并设想利用一种玻璃纤维传送激光脉冲以代替金属电缆。1966年高锟教授发表了利用极高纯度的玻璃纤维作为媒介传送光波，这项成果最终促使光纤通信系统问世，而正是光纤通信为当今互联网的发展铺平了道路，高锟“光纤之父”的美誉也传遍世界，并荣获2009年诺贝尔物理学奖。

本节重点

（1）石墨有哪些独特的性质，解释产生这些独特性质的原因。
（2）金刚石有哪些独特的性质，解释产生这些独特性质的原因。
（3）与普通苏打石灰玻璃相比，石英玻璃有哪些优点？

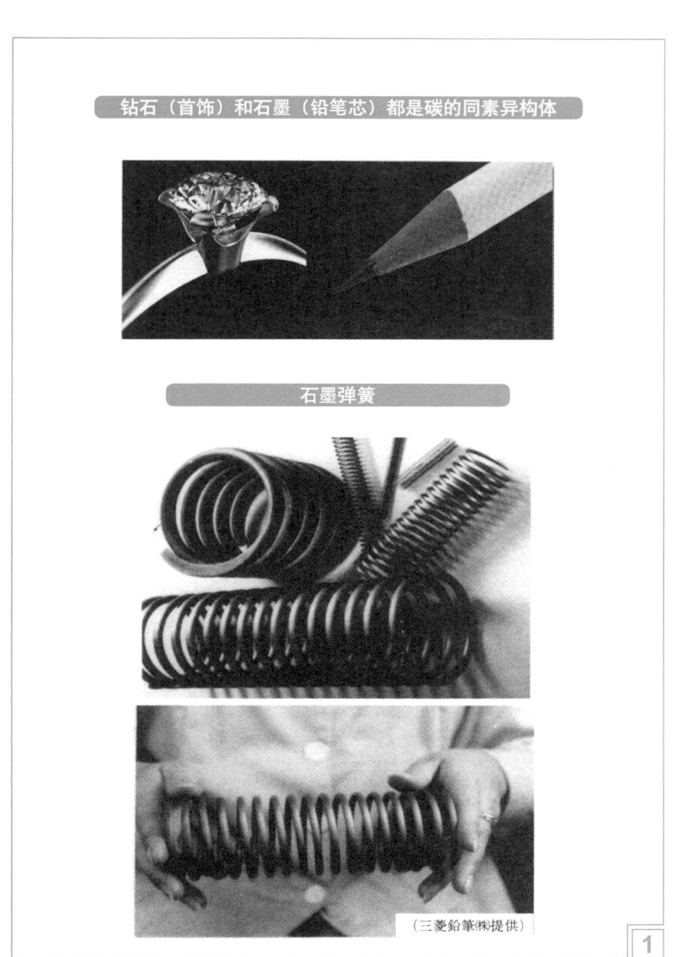
钻石（首饰）和石墨（铅笔芯）都是碳的同素异构体
石墨弹簧
（三菱鉛筆㈱提供）
1

使用碳纤维增强型塑料（CFRP）制作的体育用品
（三菱レイヨン㈱提供）
由 C/C 复合材料制作的碳制品
(a) 螺栓及螺母
(b) 发热体
(c) 坩埚
（東洋炭素㈱提供）
2

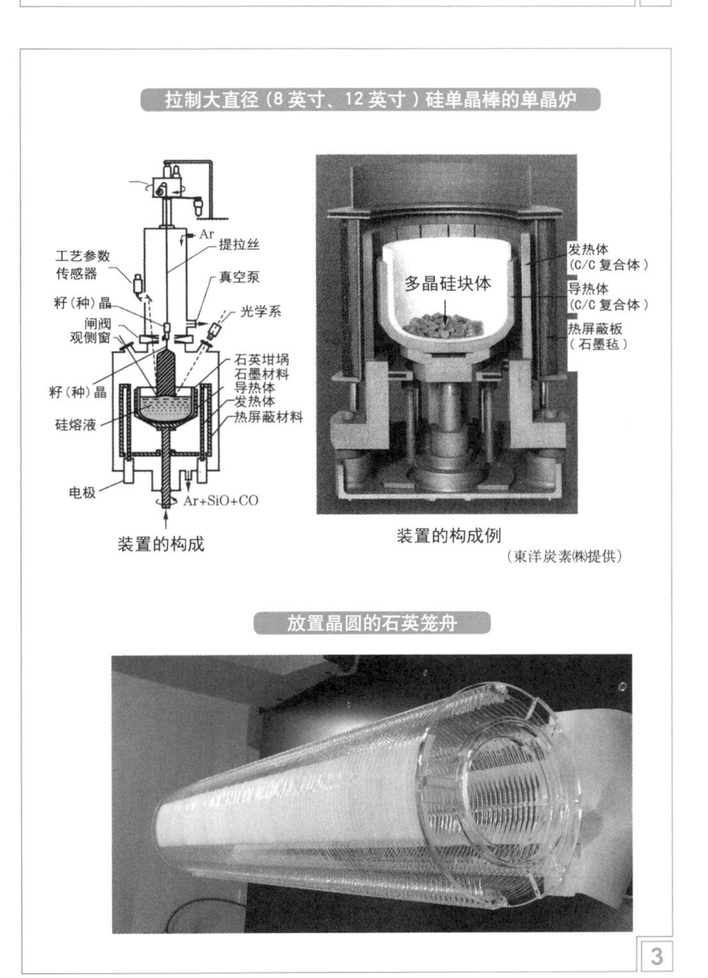
拉制大直径（8 英寸、12 英寸）硅单晶棒的单晶炉
Ar
提拉丝
工艺参数
传感器
真空泵
籽（种）晶
光学系
闸阀
观侧窗
石英坩埚
石墨材料
导热体
发热体
热屏蔽材料
籽（种）晶
硅熔液
电极
Ar+SiO+CO
装置的构成
多晶硅块体
发热体
(C/C 复合体)
导热体
(C/C 复合体)
热屏蔽板
(石墨毡)
装置的构成例
（東洋炭素㈱提供）
放置晶圆的石英笼舟
3

由 Czochralski 法拉制的长 2m，直径 12 英寸的硅单晶棒
S_MCO
1 英寸＝25.4mm。
用于半导体产业的大口径石英玻璃管
4

1.8 “制造材料者制造技术”，材料可以“以不变应万变”

1.8.1 反复验证的“制造材料者制造技术”的现象

在半导体材料的发展中，有一种很奇妙而又突出的现象，就是每一种新材料出现后，都会带来许多独特的半导体器件发明。1947 年锗材料研究成熟后，锗晶体管开始大量生产并应用，促成了半导体工业的出现；20 世纪 50 年代硅材料成熟后，1958 年，仙童（Fairchild）公司罗伯特·诺伊斯（Robert Noyce）、德州仪器公司（Ti）杰克·基尔比（Jack Kilby）先后在晶体管的基础上制成了集成电路，使小型化、集成化成为电子计算机和电子设备的发展趋势；砷化镓半导体投入使用后，发明了微型半导体激光器和体效应器；锑化铟等半导体材料则带来了红外线探测器的发明；非晶硅薄膜三极管的出现为 TFT LCD 平板电视的普及创造了条件；氮化镓系蓝光二极管的发明为白光 LED 固体照明提供了基础；IGZO（铟镓锌氧化物半导体）薄膜三极管的出现为大屏幕 AM-OLED（有源矩阵驱动有机发光二极管显示器）的问世创造了条件；碲化镉（CdTe）和铜铟镓锡（CIGS）化合物半导体材料的研制成功加速了薄膜太阳能电池的普及。以上几种半导体由于各有不同的微观结构，因此形成了各自独特的重要应用，相互之间不能取代。

人们将这种新材料引发技术和产业创新的现象称为“制造材料者制造技术”。这种现象并非半导体产业独有，而是普遍存在于各个新兴产业中。

1.8.2 摩尔定律继续有效的支撑是材料

许多技术的突破、完善与成功往往决定于材料，材料问题解决了，技术问题便随之迎刃而解。典型实例是摩尔定律。

1965 年，作为美国英特尔（Intel）公司最初创始人之一的戈登·摩尔（Gordon Moore）预言：单位芯片面积上存储器（或晶体管）的数目每隔 18~24 个月就将翻一番，业界称其为摩尔定律。近半个世纪以来，人们对摩尔定律是否继续有效的怀疑不绝于耳，但时至今日，摩尔定律继续有效。与 IC 产业的摩尔定律相类似，还有 TFT LCD 产业的摩尔定律、LED 产业的摩尔定律、太阳电池产业的摩尔定律等。

20 世纪 90 年代后半期，仅靠微影光刻技术（lithography）的改良已难以有效地提高密度。而 IBM 从 1998 年起，成功地将铝布线改为铜布线（copper wiring），使性能和密度两个方面都得到改良，从而摩尔定律得以延续。现在，各个半导体厂家正逐步将低介电常数（low-*k* dielectric）或超低介电常数（ultra low-*k* dielectric）材料实用化，此外还有在布线层中配置三极管的 SOI（silicon on insulator）技术，使硅产生应变以期实现高速化的应变硅（strained silicon）技术，在上述栅极中使用高介电常数（high-*k* dielectric）材料以抑制漏电流的 high-*k* 栅技术，使栅垂直化布置以提高密度的 FinFET 技术，使 n-FET 与 p-FET 交互配置以实现高速化的 HOT（hybrid orientation technology，混合取向技术），藉由磁致电阻效应存储数据的 MRAM（magneto-registive RAM）技术，以及采用作为最终手段的多芯（multicore）并行处理等，在这些技术开发（主要体现为材料的开发）的支持下，摩尔定律不断延续。正因为如此，在过去十年中，半导体芯片的密度提高了 100 倍。

1.8.3 中国古代四大发明之一——指南针采用的就是磁性材料

中国是世界上最先发现物质磁性现象和应用磁性材料的国家。早在战国时期就有关于天然磁性材料（如磁铁矿）的记载。

司南，产生于战国时期，最迟创制于汉代。司南是由整块天然磁石琢制而成。将 S 极琢磨成勺柄，其余部分琢制成勺形，使勺的重心恰好落到勺底的正中，将其置于光滑的地盘上，勺柄便指向南方。

指南鱼，产生于宋代，包括木刻指南鱼和铁片指南鱼。铁片指南鱼的制作是将薄铁片剪成鱼形，用火烧至通红后夹出，放入水中，入水时使鱼尾指向正北方向，并稍向下倾斜。使用时将其放到水面上，鱼头指向南方。木刻指南鱼的制作是用一块木头刻成鱼状，在鱼嘴中挖一个洞放入一条磁铁，使它的 S 极朝外，用蜡封好口。再用一根针从鱼口里插进去。将其放到水面上，鱼嘴里的针指南。

指南针，至迟出现在宋代。用天然磁石摩擦缝衣针，使针带上磁性即可制成指南针。指南针的制造运用了摩擦法人工磁化，比之用天然磁石琢制成的司南和用地磁法人工磁化的铁片指南鱼效果更好。使用时可以放在水面上（水浮法），也可以用细丝线悬挂起来（缕悬法）。

指南龟，亦创于宋代。其制作方法与木刻指南鱼类似，只是磁针插于尾部，腹下留孔。使用时放在光滑的竹钉上，让它自由转动，尾部磁针所指即为南方。

指南针配合上固定的方位盘便形成了罗盘。

1.8.4 高档乘用车中由磁性材料制作的电机不下几十台

汽车离不开各种电机，如启动电机、雨刮器电机、燃油泵电机等。中低档轿车要用到 30 多台电机，豪华轿车使用 70 多台，有的甚至多达 100 多台。永磁材料在电机中的应用非常广泛，特别是在汽车永磁电机中的应用占总产量的比重较大（如发达国家 50% 左右铁氧体永磁材料用于电机磁瓦，其中 70% 用于汽车电机），这主要是因为永磁电机比励磁电机结构紧凑、体小量轻、效率高、工作可靠等。

永磁体性能对永磁电机的性能、体积有很大的影响。用作永磁电机的磁体，一般要求有高的磁性能，从而产生较大的气隙磁场；磁性能稳定性好，温度系数小；有较高的工作温度，以防止高温下退磁；有较好的机械性能和较低廉的价格。现在汽车上用的永磁材料一般有永磁铁氧体、钕铁硼（NdFeB）永磁、钐钴（SmCo）永磁和铝镍钴（AlNiCo）永磁等。

汽车用永磁电机，一般从价格上考虑较多，故多选用铁氧体磁体和高性能的稀土 NdFeB 磁体。由于后者的磁性能高，磁体的体积就相应地做得较小，随着稀土永磁价格不断下降，越来越多的汽车电机采用 NdFeB 稀土永磁材料。

本节重点

（1）有人说“硅是上帝赐给人的宝物”，这样说的根据何在？
（2）注意二氧化硅（silica，silicon dioxide）和硅（silicon）的区别。
（3）以汽车为例，尽量完全地列出其中所采用的材料。

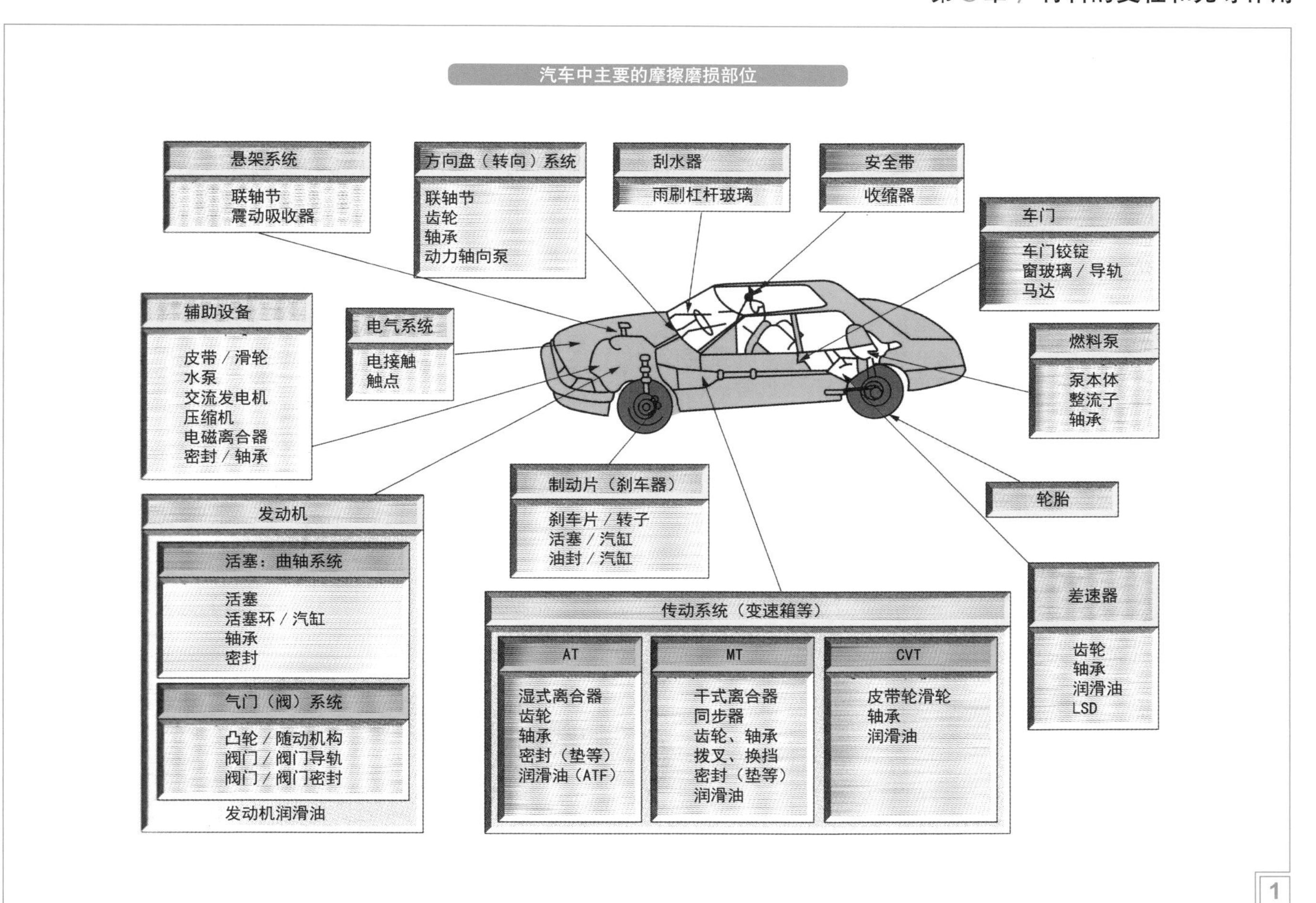
汽车中主要的摩擦磨损部位
悬架系统
联轴节
震动吸收器
方向盘（转向）系统
联轴节
齿轮
轴承
动力轴向泵
刮水器
雨刷杠杆玻璃
安全带
收缩器
车门
车门铰锭
窗玻璃 / 导轨
马达
辅助设备
皮带 / 滑轮
水泵
交流发电机
压缩机
电磁离合器
密封 / 轴承
电气系统
电接触
触点
燃料泵
泵本体
整流子
轴承
轮胎
制动片（刹车器）
刹车片 / 转子
活塞 / 汽缸
油封 / 汽缸
发动机
活塞：曲轴系统
活塞
活塞环 / 汽缸
轴承
密封
气门（阀）系统
凸轮 / 随动机构
阀门 / 阀门导轨
阀门 / 阀门密封
发动机润滑油
传动系统（变速箱等）
AT
湿式离合器
齿轮
轴承
密封（垫等）
润滑油（ATF）
MT
干式离合器
同步器
齿轮、轴承
拨叉、换挡
密封（垫等）
润滑油
CVT
皮带轮滑轮
轴承
润滑油
差速器
齿轮
轴承
润滑油
LSD
1

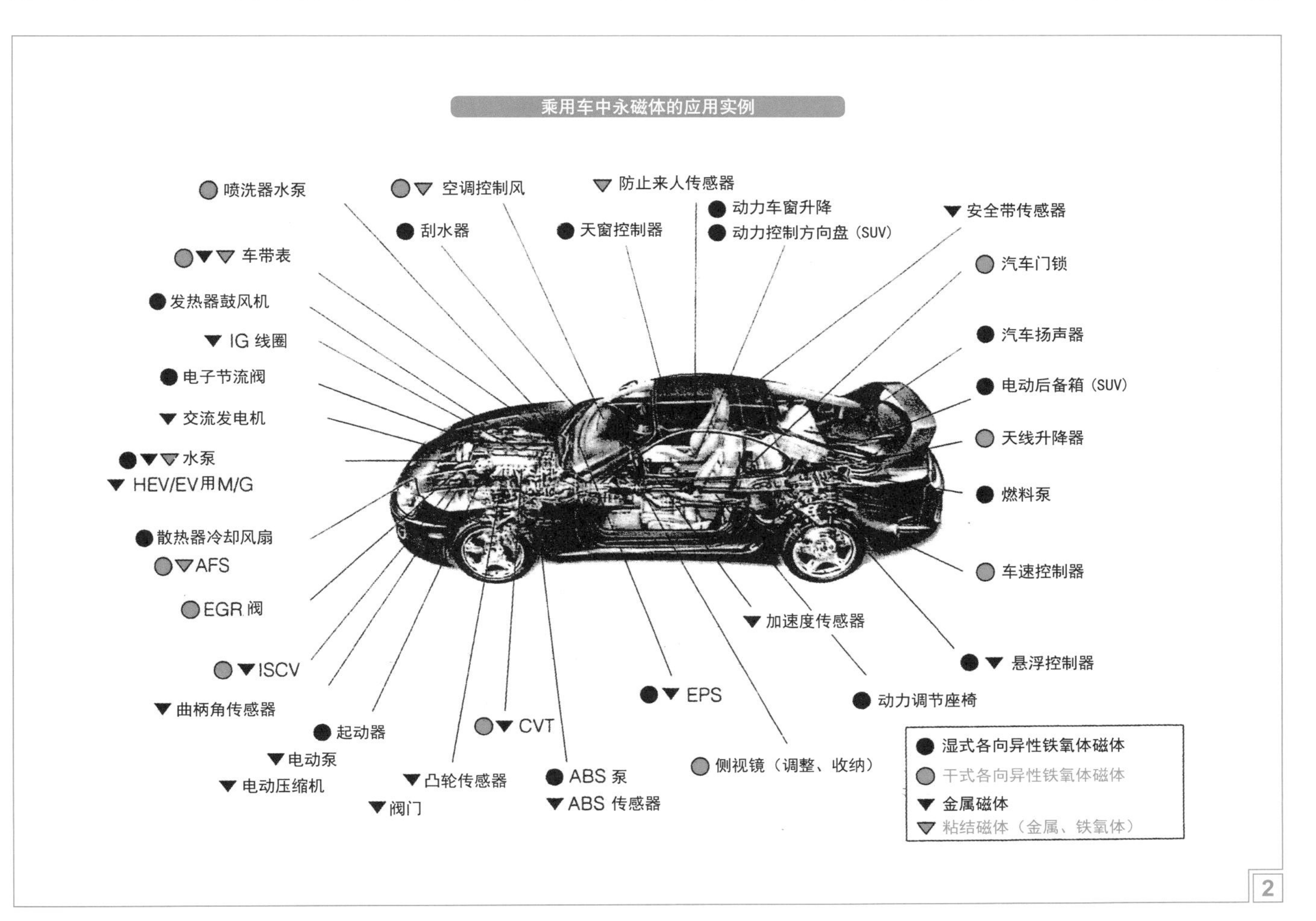
乘用车中永磁体的应用实例
喷洗器水泵
空调控制风
防止来人传感器
动力车窗升降
动力控制方向盘（SUV）
安全带传感器
刮水器
天窗控制器
车带表
汽车门锁
发热器鼓风机
IG 线圈
汽车扬声器
电子节流阀
电动后备箱（SUV）
交流发电机
天线升降器
水泵
HEV/EV用M/G
燃料泵
散热器冷却风扇
AFS
车速控制器
EGR 阀
加速度传感器
ISCV
悬浮控制器
EPS
动力调节座椅
曲柄角传感器
起动器
CVT
电动泵
侧视镜（调整、收纳）
电动压缩机
凸轮传感器
ABS 泵
ABS 传感器
阀门
湿式各向异性铁氧体磁体
干式各向异性铁氧体磁体
金属磁体
粘结磁体（金属、铁氧体）
2

1.9 复合材料和功能材料大大扩展了材料的应用领域

1.9.1 各类工程材料的屈服强度对比

屈服强度是材料的重要力学性能之一，标志着材料在承受载荷时抵抗塑性变形的能力。各类材料的屈服强度范围如图所示。

常用工程陶瓷的屈服强度都很高，SiC、Si_3N_4、Al_2O_3及各种碳化物的强度值高于所有金属，但它们塑性极低，断裂应变值几乎为零。

纯金属的屈服强度很低，且强度随着材料纯度及合金成分的不同可在很大范围内变化。超纯金属的屈服强度仅为1~20MPa，而工业纯金属的强度可提高一个数量级，加入合金元素后强度又可再提高一个数量级。与陶瓷不同的是金属常具有良好的延性，这一优点为材料的冷成型提供了必要条件，同时冷成型时的加工硬化又显著提高了金属材料的强度。此外，不少金属可以进行热处理，热处理也能大幅度改变材料的强度和塑性。

聚合物的强度一般比金属低得多，即使是强度最高的聚合物，其强度仍低于金属中强度较低的铝合金。然而用聚合物制成复合材料后，其强度可大幅度地提高，如用碳纤维增强的聚合物，其强度已经明显地超过铝合金的水平，若以比强度来考虑，复合材料更优于金属。

1.9.2 不同材料的比强度和比模量

材料的比强度是指抗拉强度除以其单位体积质量。选用高比强度材料可设计出重量轻的机械构件。在工程中，弹性模量用于表征材料对弹性变形的抗力，即材料的刚度，其值越大，则在相同应力下产生的弹性变形就越小。在机械构件或建筑结构设计时，为了保证不产生过大的弹性变形，都要考虑所选用材料的弹性模量。因此，弹性模量是结构材料的重要力学性能之一。在某些情况下，例如选择空间飞行器用的材料，为了既保证结构的刚度，又要求有较轻的质量，就要使用“比弹性模量”的概念来作为衡量材料弹性性能的指标。**比弹性模量是指材料的弹性模量与其单位体积质量的比值，亦称为“比模量”或“比刚度”。**

在结构材料中，具有共价键、离子键或金属键的陶瓷材料和金属材料都有较高的弹性模量，一般陶瓷的比弹性模量都比金属材料的大；而在金属材料中，大多数金属的比弹性模量相差不大，只有铍的比弹性模量显得特别突出。高分子聚合物由于分子键结合力弱，因而其比弹性模量较低。

复合材料由于结构的特点，其比拉伸强度比金属明显提高，许多复合材料的比拉伸模量更是远高于金属。几种单一材料与聚合物基复合材料的比拉伸强度比拉伸模量如图所示。

1.9.3 复合材料可以做到“1+1>2”

复合材料可定义为：用经过选择的、一定数量比的、两种或两种以上的组分（或称组元），通过人工复合，组成多相、三维结合且各相之间有明显界面的、具有特殊性能的材料。

复合材料的特点有：①复合材料的组分和其相对含量是经人工选择和设计的；②复合材料是经人工制造而非天然形成的（区别于具有某些复合材料特征的天然物质）；③组成复合材料的某些组分复合后仍保持其固有的物理和化学性质（区别于化合物和合金）；④复合材料的性能取决于各组分相性能的协同。复合材料具有新的性能，这些性能是单个组分材料性能所不及或不同的，而且，复合材料可以做到“1+1>2”；⑤复合材料是各组分之间被明显界面区分的多相材料。

由不同的基体材料和增强体材料可组成品种繁多的复合材料。以聚合物基复合材料为例，基体材料可以是环氧树脂、聚酰亚胺、BT树脂、A-PPE树脂、氟树脂、液晶高分子、聚醚醚酮、聚醚砜等，增强纤维可以是玻璃纤维、玄武岩纤维、芳纶纤维、聚酯纤维、聚苯硫醚纤维、碳纤维、碳纳米管、石墨烯等。应性质和使用要求，由不同基体材料和不同增强材料可以构成各种各样的组合。按复合材料的主要用途，可分为结构复合材料、功能复合材料与智能复合材料。

1.9.4 没有吸波材料就谈不到隐形飞机

吸波材料按其对电磁波损耗类型，分为电阻损耗型、介电损耗型和磁损耗型；按材料成型工艺和承载能力分涂敷型和结构型；按吸波工作原理分于涉型、吸收型、散射型、复合吸波型等。

吸波材料的吸波性能取决于吸收剂的损耗吸收能力，因此吸收剂的研究一直是吸波材料的研究重点。目前最受重视的吸收剂主要有：

（1）铁氧体系列吸收剂　铁氧体系列吸收剂包括镍锌铁氧体、锰锌铁氧体和钡系铁氧体等，是发展最早、应用最广泛的吸收剂。由于强烈的铁磁共振吸收和磁导率的频散效应，铁氧体吸波材料具有吸收强、吸收频带宽的特点，被广泛用于隐身领域。铁氧体材料在高频下具有较高的磁导率，且其电阻率亦高（$10^8 \sim 10^{12}\Omega\cdot cm$），电磁波易于进入并得到有效的衰减。

（2）多晶铁纤维系列吸收剂　多晶铁纤维系列包括铁纤维、镍纤维、钴纤维及其合金纤维。多晶铁纤维以其独特的形状特征和复合损耗机理（磁损耗和介电损耗）而具有重量轻、频带宽的优点。藉由调节纤维的长度、直径及排列方式，可方便地调节吸波涂层的电磁参数。

（3）导电高聚物　导电高聚物吸波材料是利用某些具有共轭π电子的高分子聚合物的线形或平面形构型与高分子电荷转移络合物作用，设计其导电结构，实现阻抗匹配和电磁损耗，从而吸收雷达波。

（4）手征性材料　研究表明，手征性材料能够减少入射电磁波的反射并能吸收电磁波。手征性材料在实际应用中主要可分为本征手征性材料和结构手征性材料，前者自身的几何形状（如螺旋线等）就使其成为手征性物体，后者是通过其各向异性的某些部分与其他部分形成一定角度关系，从而产生手征性行为，而使其成为手征性材料。手征性材料与一般吸波材料相比，具有吸波频率高、吸收频带宽的优点，并可通过调节旋波参量来改善吸波特性。

（5）磁性金属纳米粒子吸收剂　这种材料具有强烈的表面效应，在电磁场辐射下原子、电子运动加剧，促使磁化，使电磁能转化为热能，从而可以很好地吸收电磁波（包括可见光、红外光），因而可用于毫米波隐身及可见光-红外隐身。

本节重点

（1）举出采用复合材料的几个体育用品的实例。
（2）何谓材料的比强度和比模量，以几种材料为例对其加以比较。
（3）作为吸波材料，目前最受重视的吸收剂主要有哪几类？

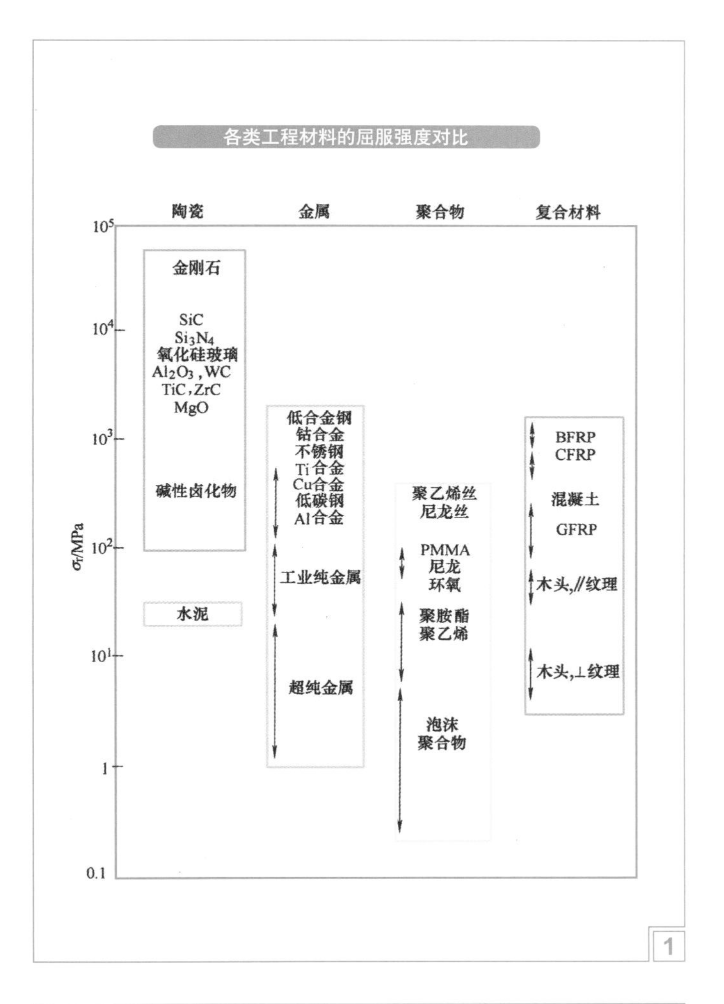

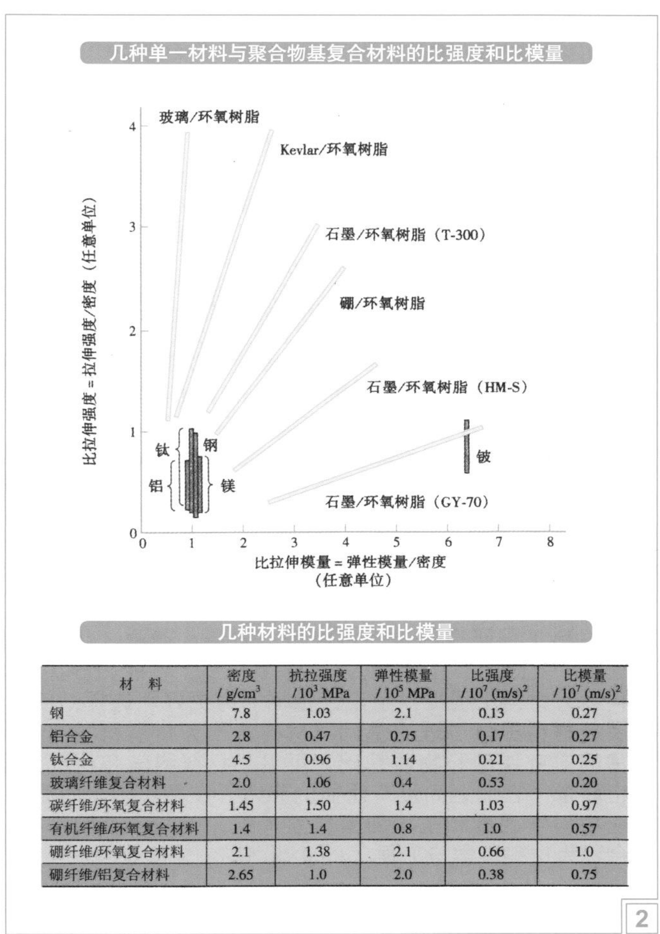

几种材料的比强度和比模量

材　料	密度 / g/cm^3	抗拉强度 / 10^3 MPa	弹性模量 / 10^5 MPa	比强度 / 10^7 $(m/s)^2$	比模量 / 10^7 $(m/s)^2$
钢	7.8	1.03	2.1	0.13	0.27
铝合金	2.8	0.47	0.75	0.17	0.27
钛合金	4.5	0.96	1.14	0.21	0.25
玻璃纤维复合材料	2.0	1.06	0.4	0.53	0.20
碳纤维/环氧复合材料	1.45	1.50	1.4	1.03	0.97
有机纤维/环氧复合材料	1.4	1.4	0.8	1.0	0.57
硼纤维/环氧复合材料	2.1	1.38	2.1	0.66	1.0
硼纤维/铝复合材料	2.65	1.0	2.0	0.38	0.75

2

使用 CFRP 复合材料制作船体和桅杆的赛艇

（三菱レイヨン㈱提供）

3

屡屡在巴基斯坦偷袭，并被伊朗“捕获”的美国一种隐形无人驾驶机

在击毙拉登行动中海豹突击队在巴基斯坦坠毁的直升机

4

1.10 材料科学与工程的定义和学科特点

1.10.1 材料科学与工程的定义

1986 年，英国 Pergamon 公司出版的《材料科学与工程百科全书》中对材料科学与工程的定义为：**材料科学与工程研究的是有关材料组织、结构、制备工艺流程与材料性能和用途的关系及其应用。或者说，材料科学与工程的研究对象是材料组成（成分、组织与结构）、性能、合成或生产流程（工艺）和使用性能以及它们之间的关系，简称材料的四要素。**

材料科学的核心内容一方面是研究材料的组织结构与性能之间的关系，具有"研究为什么"的性质；另一方面，材料又是面向实际、为经济建设服务的。它是一门应用学科，研究和发展材料的目的在于应用，而人类又必须通过合理的工艺流程才能制备出具有实用价值的材料，通过批量生产才能使之成为工程材料。所以，在"材料科学"这个名词出现后不久，就提出了"材料工程"和"材料科学与工程"。材料工程是指研究材料在制备、处理加工过程中的工艺和各种工程问题，具有"解决怎样做"的性质。

材料工程研究的是提供经济、质量、资源、环保、能源等五个方面能被社会所接受的材料结构、性能和形状。材料科学为材料工程提供了设计依据，为更好地选择、使用、发展新材料提供了理论基础；材料工程为材料科学提供了丰富的研究课题和物质基础。可见，材料科学和材料工程紧密联系，它们之间没有明显的界线。在解决实际问题中，不能将科学因素和工程因素独立考虑。因此，人们常将两者合称为材料科学与工程。

1.10.2 材料科学与工程是学科的融合与交叉

材料科学与工程具有物理学、化学、冶金学、陶瓷学、高分子学、计算机科学、医学、生物学等多学科相互融合与交叉的特点，并且与实际应用结合得非常密切，具有鲜明的工程性。实验室的研究成果必须经过工程研究与开发以确定合理的工艺流程，通过中试试验后才能生产出符合要求的材料。各种材料在信息、交通运输、能源及制造业的使用中，可能会暴露出问题，需经反馈、再研究与开发，进行改进后再回到各应用领域。只有通过多次反复的应用与改进，才能成为成熟的材料。即使是成熟的材料，随着科学技术的发展与需求的推动，还要不断加以改进。因此，在材料的基础与应用研究中，涉及材料的研究、工艺改进、试验测试、中试试验、推广应用以及完善改进等各阶段的研究还有大量工作要做。

1.10.3 材料科学与工程技术有着不可分割的关系

材料科学研究的是材料的组织结构与性能的关系，从而发展新型材料，合理有效地使用材料，并要使材料经过一定经济合理的工艺流程能够制成并商品化，这就是材料工程；反之，工程要发展，也需要研制出新的材料才能实现。在材料科学与工程这个整体中，相对而言，科学侧重于发现和揭示材料四要素之间的关系，提出新概念、新理论；材料工程则侧重于寻求新手段以实现新材料的设计思想并使之投入应用，两者相辅相成。这里举一个简单的例子。尼龙是大家熟知的一种合成纤维，目前已广泛用于工业和日常生活中。1928 年杜邦公司开始对尼龙进行基础研究，但并无明确的产品目标。当时人们对于天然纤维成纤机理的认识还不足，虽然已经发现它们是由相对分子质量很大的聚合物组成的，而且也已观察到蚕丝是蚕从唾液腺中分泌出的一种液体遇到空气后凝固而成的，但当时的人造丝所用的原料实际上也还是天然纤维素。后来，在著名高分子科学家 Carother 的率领下，相关的基础研究才有所突破且成果卓著。有机化学家们成功地合成了一系列高相对分子质量的聚合物，如聚酯、聚酰胺（尼龙）、聚酐等；物理化学家们在性能研究中发现，用玻璃棒能把聚酯熔体拉成线，这种线在冷拉中能延伸好几倍，得到的细纤维远远比未拉伸时强得多。

与此同时，物理学家在 X 射线衍射研究中又发现，拉伸聚酯纤维中的晶粒取向与蚕丝中的相同，纤维的高强度源自分子链的高度取向排列。科学家们因此看到了制备和应用合成纤维的可能性。只是由于当时的聚酯熔点较低，又比较容易溶于溶剂，一时忽略了它作为织物纤维的前景。19 世纪 30 年代，Carother 等人集中研究了尼龙，提出了熔融纺纤的新概念，并在一批制造人造丝方面富有经验的工程师们的努力下，发明了尼龙熔融纺纤的技术。首批合成尼龙纤维产品终于在 1938 年推出，此后可大量生产，并成为半个世纪以来最重要的合成纤维之一。

诸如此类的例子还有很多。纵观新材料的发展史，可以看到，对晶体位错的理解和对位错的控制，带来了一批高强度结构材料；对半导体电子结构，特别是对杂质影响的理解，导致超纯单晶硅的问世等。

1.10.4 材料科学与工程有很强的应用目的和明确的应用背景

图中表示材料与人类文明发展轨迹图，横坐标为年代且时间为非线性的，分为石器时代、青铜器时代、铁器时代、科学技术时代和未来时代；纵坐标为相对重要性，通过金属材料、高分子聚合物材料、无机非金属材料和复合材料在纵坐标上所占比例的大小，来衡量其相对重要性。从图中可以看出，在远古时代，无机非金属材料（包括石器、陶器）占主导地位，天然复合材料（木材、动物骨骼等）和高分子材料（动物毛皮、植物纤维等）也占一定的比例，而金属材料（可能为陨铁等）所占比例极小。

20 世纪中期，特别是第二次世界大战前后，金属材料所占比例呈压倒性优势。这一方面是适应了工业化需求和战争的需要，另一方面，以金属与合金材料为核心，大大丰富了材料科学与工程的内涵，奠定了坚实的基础。到 21 世纪，已形成四大类工程材料平分秋色的局面。发展材料科学与工程的目的是开发新材料，为发展新材料提供新技术、新方法或新流程，或者降低成本和减少污染等，更好地使用已有材料，以充分发挥其作用，进而能对使用寿命做出正确的估计。材料科学与工程在这一点与材料化学及材料物理有重要区别。

本节重点

（1）指出中国古代四大发明及诞生年代，各自涉及哪些材料？
（2）随着时代的进展，各类材料的相对重要性此消彼长，描述该过程，解释其原因。
（3）当今社会，陶瓷材料、复合材料、聚合物材料发展更快，举实例说明这些材料快速发展的理由。

材料与人类文明发展轨迹图

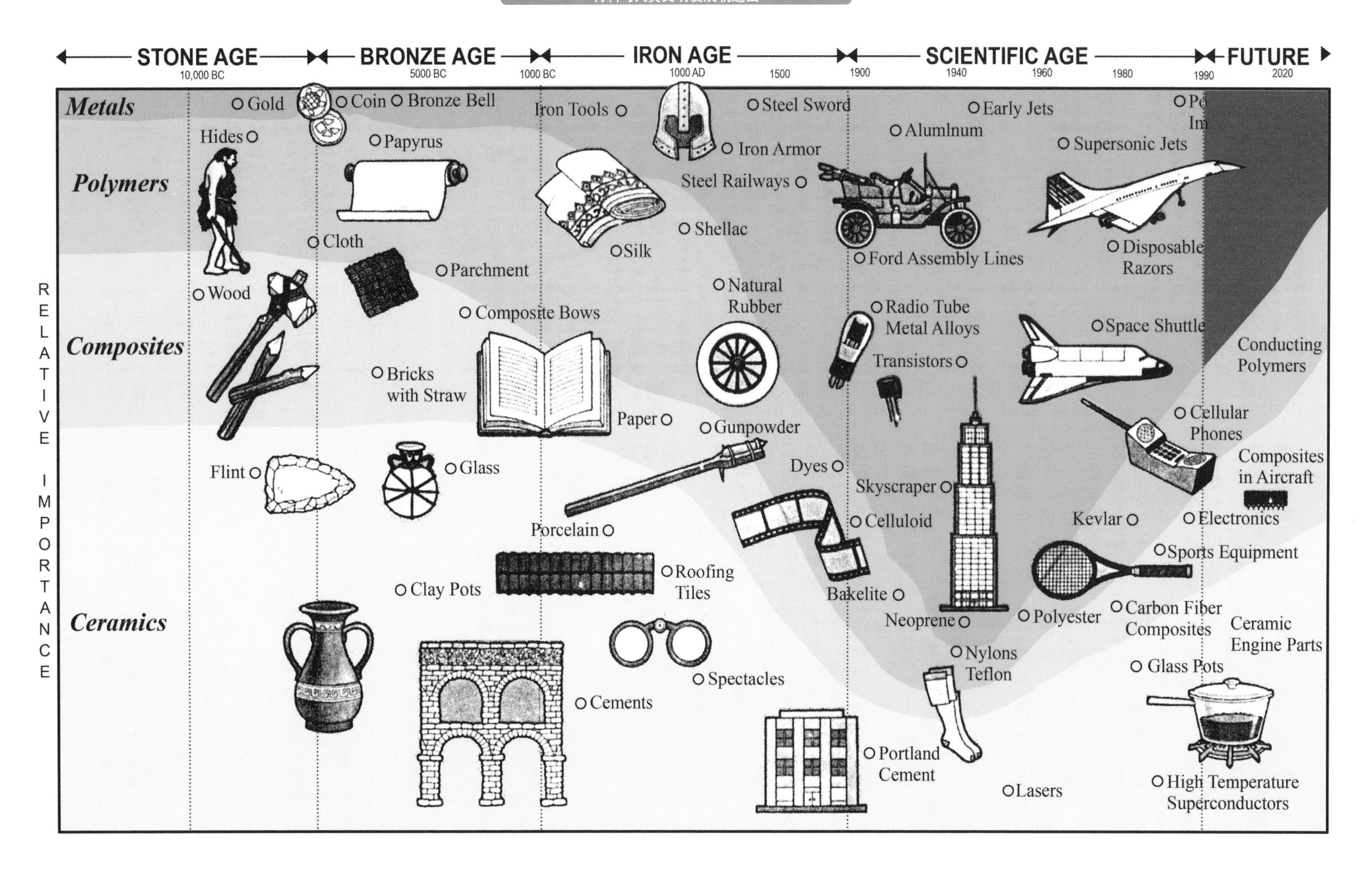

1.11 材料科学与工程四要素

1.11.1 成分

材料的**成分、结构和组织、合成与加工、功能或性能价格比**称为**材料科学与工程四要素**，上述四个要素的关系可由表征其间关系的**材料科学与工程四面体**来表示。

"巧妇难为无米之炊"，成分是构成材料的最基本要素。一提到成分，应马上想到两个概念，一是**组元**（component，constituent），二是**成分**（composition）。前者指组成合金的元素，有时也将稳定的（高温下不分解）化合物看成是组元；后者指合金中组元的含量，又有**原子百分数**（摩尔分数）和**质量百分数**之分。当选择一种材料或分析表征某种材料的结构和性能时，必须要考虑：为什么要采用这种成分，合金的结构和性能与组元的哪些因素相关，每种组元的存在形态是什么，对合金的结构有什么影响，对合金的性能有什么影响等因素。

1.11.2 结构和组织

英文中的 structure（通常翻译成"结构"），对应于汉语中的两个词，一个是结构，一个是组织（英语中很难找到对应的词）。**结构**一般包含四个层次：电子层次、原子或分子排列（特别是晶体结构）层次、显微层次和宏观层次；**组织**指固体材料中的相（包括相的种类、数量、大小、形状与分布等）、晶粒（大小和形状）、缺陷（种类、密度和分布），以及织构（texture）的总和。用肉眼和低倍显微镜可观察到的称为**宏观组织**，用高倍显微镜可观察到的称为**微观组织**。不同尺度的结构层次都会对性能产生影响。上图表示由成熟的合成与加工方法所获得的不同尺度范围内的重要的微观结构特征，以及这些特征对材料乃至整机性能的影响。

图中表示**铸造铝合金**（用于汽车发动机外壳）原子的、纳米的、微观和宏观尺度的结构与性能，以及对整机性能的影响。表示这种方法的材料科学与工程（MSE）四面体示于右上角的图中。

左边起第一个图表示宏观尺度的结构——**发动机外壳**：尺寸达 1m，其性能指标为可发出的功率、发动机效率、耐用年限、价格；第二个图表示微观组织——**晶粒**：尺度 1~10mm，影响的性能有高周疲劳特性、延展性、韧性；第三个图表示微观组织——**树枝晶和相**：尺度范围 50~500μm，影响的性能有屈服强度、极限拉伸强度、高周疲劳特性、低周疲劳特性、晶粒热长大、延展性、韧性；第四个图表示纳米组织结构——**沉淀或析出**：尺度范围 3~100nm，影响的性能有屈服强度、极限拉伸强度、低周疲劳特性、延展性、韧性；第五个图表示原子尺度的结构——**晶胞**：尺度范围 0.1~10nm，影响的性能有杨氏模量、晶粒热长大等。

当前，材料的性质和使用性能越来越多地取决于材料的纳米结构，介于宏观尺度和微观尺度之间的纳米尺度的探究已成为材料科学与工程的新重点。

1.11.3 合成（制备）与加工（工艺）

合成与加工是指建立原子、分子与分子聚集体的新排列，在原子尺度到宏观尺度上对结构进行控制以及高效而有竞争力地制造材料和零件的演变过程。合成（制备）通常是指原子和分子组合在一起制造新材料所采用的物理和化学方法。加工（工艺）（这里指成型加工）除了为生产有用材料对原子、分子控制外，还包括在较大尺度上的改变，有时也包括材料制造等工程方面的问题。材料加工涉及许多学科，是科学、工程以及经验的综合，是制造技术的一部分，也是整个技术发展的关键一步。必须指出，现在合成与加工间的界限已经变得越来越模糊，这是因为选择各种合成反应往往必须考虑由此得到的材料是否适合于进一步加工。

合成（制备）与加工（工艺）的方法和性能的影响随材料种类的不同而异。

研究表明，材料的固有性能和使用性能取决于它的组成和各个层次上的结构，后者又取决于合成与加工。因此，材料科学家与工程师们的任务就是研究这四种要素以及它们之间的相互关系，并在此基础上创造新材料，以满足社会需要，推动社会发展。

1.11.4 性质（或固有性能）和使用特性（或服役效能）

关于材料的性质（property）、功能（function）和效能（performance）存在以下区别：

性质泛指材料所固有的特性，或说是本性。效能是指材料对外界刺激（外力、热、电、磁、化学刺激、药品）的反应的抵抗（被动的响应）。"效能"又称为"表现行为"，performance 有时也译作"性能"。功能是指物质（材料）对应于某种输入信号时，所发生质或量的变化，或其中有某些变化会产生其他性能的输出，即能感生出另一种效应。

这样看来，强度、电阻（电导）耐热性、透明度、耐化学药品性等均属于行为或表现，即性能；而光电或电光效应、热电效应、压电效应、分离和吸附等则属于功能。

使用特性是材料在使用条件下有用度的量度，或者说是材料在使用条件下的表现，如使用环境、受力状态对材料性能和寿命的影响等。量度使用特性的指标有：可靠性、有效寿命、安全性和成本等综合因素，利用物理性能时还包括能量转换率、灵敏度等。使用效能是材料的性质、产品设计、工程应用能力的综合反映，也是决定材料能否得到发展和大量使用的关键。有些材料在实验室的测量值相当乐观，而在实际使用中却表现很差，以至于难以推广，只有采取有效措施改进材料，才能使之具有真正的使用价值。

事实上，每当创造、发展一种新材料，人们首先关注的是材料表现出来的基本性能及其使用特性，建立材料基本性能与使用特性相关联的模型，对了解失效模式、发展合理的仿真试验程序、开展可靠性研究、以最低代价延长使用期，以及先进材料的研制、设计和工艺是至关重要的。

有人采用略有差异的材料科学与工程四面体，其底面三角形的三个顶角分别为**成分**和**结构**、**制备**和**加工**、**性能**，顶角为**使用效能**；还有人进一步发展为材料科学与工程六面体：中间等边三角形的三个顶角分别为**成分、组织结构**、**制备和加工**，三角形的中心是**理论、材料设计与工艺设计**，上顶角为**性能**，下顶角为**使用效能**。不过意思大同小异。

顺便指出，现代高新技术产品无一不是各类不同材料的最佳集成。因此，作者认为，传统意义上的材料科学与工程四面体应发展为：底面三角形的三个顶角分别为"**材料多样性**"、"**集成化**"、"**协调、互补性**"，顶角为"**性能最佳化**"。这种四面体更有新意。

本节重点

（1）画出"材料科学与工程四面体"，并在四个顶角上标出材料科学与工程四要素。
（2）指出材料科学与工程中，研究宏观性能与微观结构关系的几个尺寸层次。
（3）将"材料科学与工程四面体"用于汽车工业和陶瓷高温超导体。

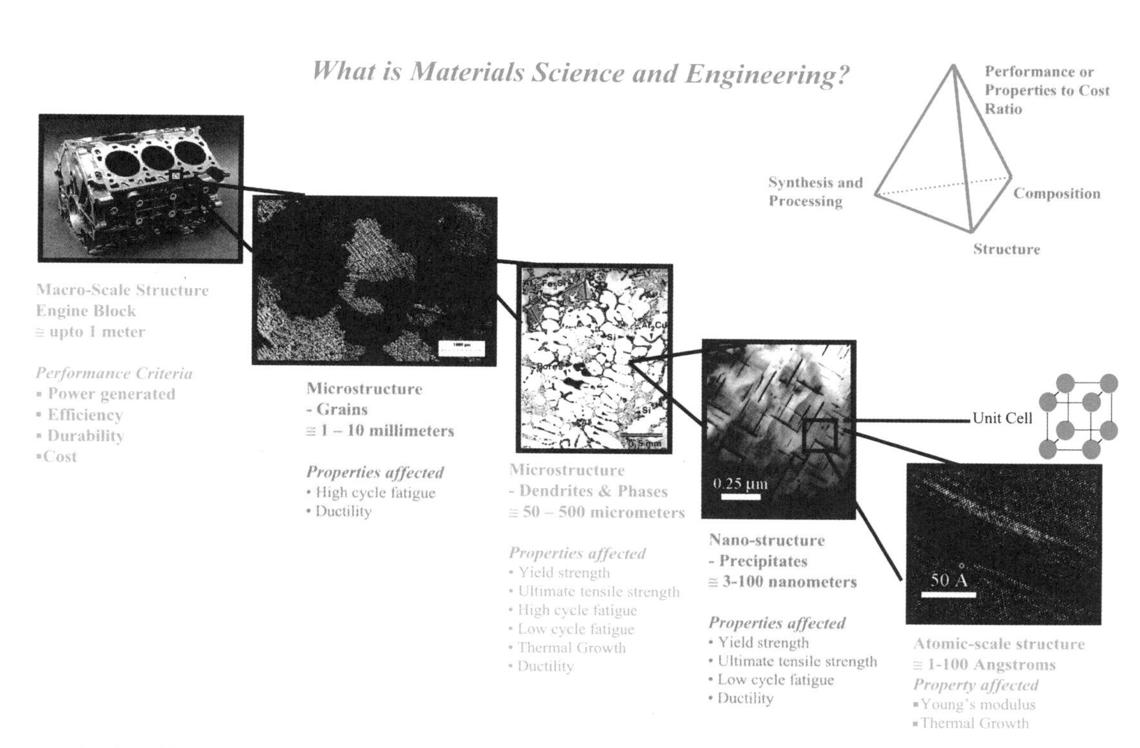

A real-world example of important microstructural features at different length-scales, resulting from the sophisticated synthesis and processing used, and the properties they influence. The atomic, nano, micro,and macro-scale structures of cast aluminum alloys (for engine blocks) in relation to the properties affected and performance are shown. The materials science and engineering (MSE) tetrahedron that represents this approach is shown in the upper right corner.

(Illustrations Courtesy of John Allison and William Donlon, Ford Motor Company)

1

将"材料科学与工程四面体"用于汽车工业

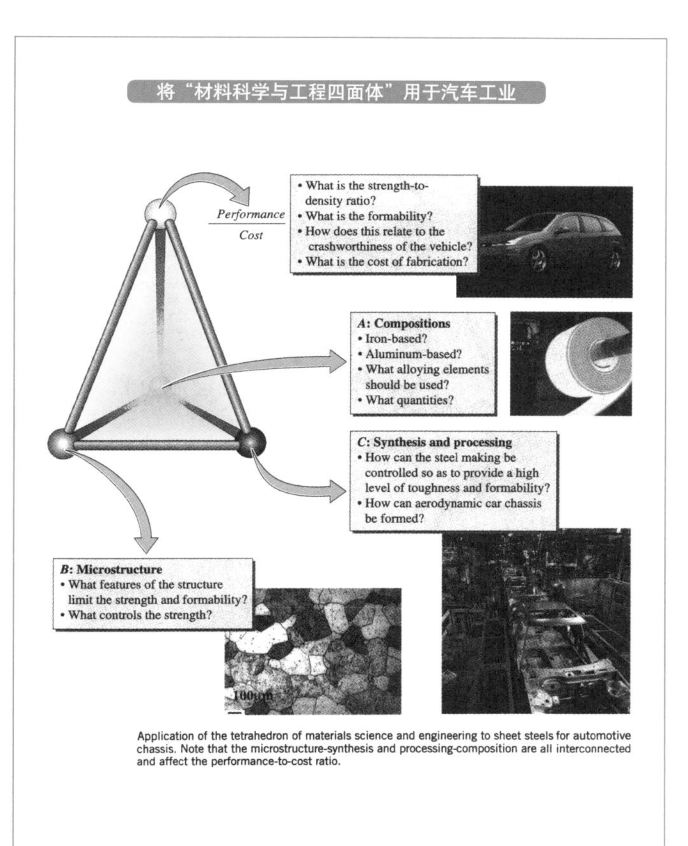

Application of the tetrahedron of materials science and engineering to sheet steels for automotive chassis. Note that the microstructure-synthesis and processing-composition are all interconnected and affect the performance-to-cost ratio.

2

将"材料科学与工程四面体"用于陶瓷高温超导体

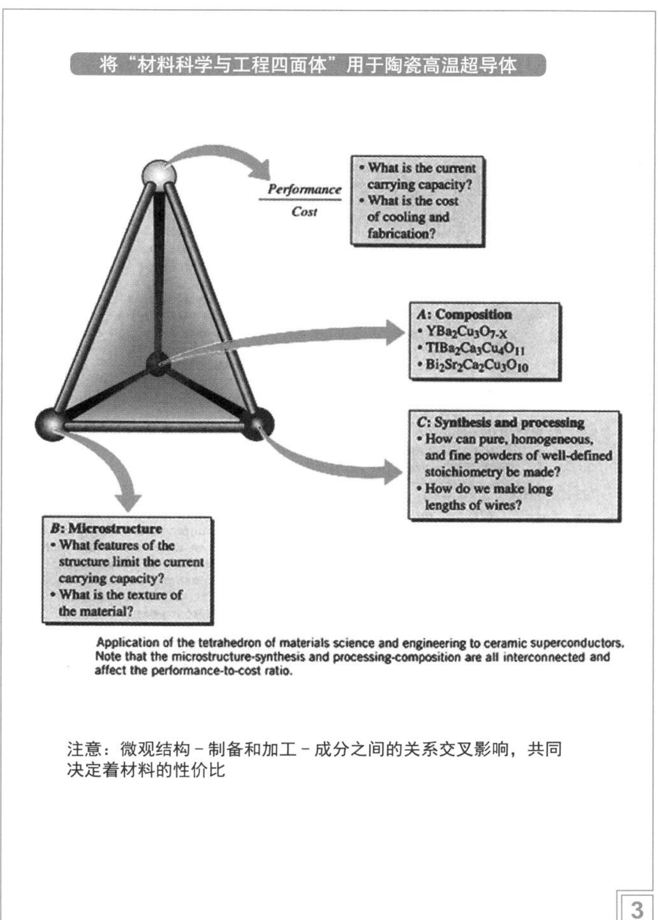

Application of the tetrahedron of materials science and engineering to ceramic superconductors. Note that the microstructure-synthesis and processing-composition are all interconnected and affect the performance-to-cost ratio.

注意：微观结构－制备和加工－成分之间的关系交叉影响，共同决定着材料的性价比

3

1.12 重视材料的加工和制造

1.12.1 加工成材是实现材料应用的第一步

在词典里，“加工”的定义是：①通过特殊处理，使原材料、半成品变得合用或达到某种要求；②为改善外观、味道、用途或其他性能而进行的工作。

而在制造学中，“加工”就是按照一定的组织程序或者规律对转变物质进行符合目的的改造过程。加工可能是化学过程，也可能是物理过程，还可能是复合过程。加工既可以是人力完成的，即人工的；也可以是自然力进行的。它们只是反应物质的一种自组织和他主的变化过程。

加工前，材料都还只是一堆混乱的无用的原料，不能应用于具体的工程。而加工后，不仅它们的形状变得符合人们的需求，它们的组织结构也发生改变，从而获得更有利于工业应用的性能。

1.12.2 材料不同，加工方法各异

首先，材料不同，获得材料的方法各不相同。为便于初学者区分和理解，请读者记住下面几个短句：

金属是冶炼成的，陶瓷是烧结成的；玻璃是熔凝成的，粉体是粉碎成的；高分子是聚合成的，复合材料是叠压成的；单晶体是拉制成的，半导体是掺杂成的；薄膜是沉积成的，异质半导体是外延成的。

利用材料的加工工艺可以将未经过成型的坯料加工成零件所要求的形状。其中金属的加工方法很多：有将液体金属注入模子中的方法（铸造），有将分离的金属连接在一起的方法（焊接，胶接），有在高压下将固体金属加工成有用形状的方法（锻、拉、挤、轧、弯），有将金属粉末压制成固体的方法（粉末冶金），或去除多余材料将固体金属加工成所需形状的方法（机械加工）。同样地，采用相应的工艺方法，如通常在湿态下进行铸造、成型、拉挤或压制加工可以使陶瓷坯料成型。将软化的塑料注入模具（类似铸造）、采用注塑和挤出等成型方法，可以形成高分子聚合物制品。为了使材料的组织结构发生合乎要求的变化，往往在其熔点以下的某个温度对材料进行热处理，热处理工艺依材料种类、工件大小、组织结构不同而异，为了获得所需要的性能，需选择最合适的热处理工艺。

1.12.3 材料加工的创新任重道远

加工并不仅仅限于改变材料的形状，而且常常还会影响材料的组织结构，从而改变材料的性能。例如，当用锥形模口拉制丝材时，随着直径的缩小，材料强化变硬，这种硬化效应对于导电用的铜丝是不希望的，然而，工程技术人员凭借此方法制成高强度钢丝，其用途包括钢丝绳、弹簧、自行车辐条等。再如，使用铸造方法生产出来的铜棒，其内部组织与成型工艺制造的铜棒完全不同，晶粒的形状、尺寸和取向可能不同。铸造组织可能还有收缩或气泡生长的空洞，而且组织内部可能夹带着非金属夹杂物；变形的材料一般含有被拉长的非金属夹杂物和内部原子排列的缺陷。铸造的组织和相应的最终性能与加工成型产品的组织和性能也是完全不同的。因此，不论人们愿意与否，只要材料的制造工艺过程改变了材料的内部结构，那么性能肯定会改变。同样，材料的热处理过程也会改变材料的内部结构（但一般不改变材料的形状与尺寸），这个加工过程包括退火，高温淬火以及许多别的热处理。我们的目的是要懂得材料在加工过程中的结构变化规律，从而确定适合的加工方法与步骤，获得所需要的材料性能。

另一方面，原始组织和性能又决定着采用何种方法将材料加工成所需要的形状。含有大缩孔的铸件，在随后的压力加工过程中可能开裂；通过增加微观结构缺陷而强化的合金，在成型过程中也会变脆和破裂；金属中被拉长的晶粒在以后的成型过程中有可能获得不均匀的形状。热固性塑料不能通过一般方法成型，而热塑性塑料则很容易成型。

1.12.4 镁合金的加工和应用

镁合金（magnesium alloy）是以镁为基加入其他元素组成的合金。其特点是：密度小（$1.8g/cm^3$ 左右），比强度高，弹性模量大，散热好，消震性好，承受冲击载荷能力比铝合金大，耐有机物和碱的腐蚀性能好。主要合金元素有铝、锌、锰、铈、钍以及少量锆或镉等。目前使用最广的是镁铝合金，其次是镁锰合金和镁锌锆合金。镁合金主要用于航空、航天、运输、化工、火箭等工业部门。

镁的化学性质活泼、易氧化、耐蚀性差，熔炼、铸造以及加热时，必须采取防护措施，并要注意安全。在加工过程中，坯料和所获得的产品表面要氧化处理，涂油包装。除镁锂合金外，大多数镁合金为密排六方结构，在室温下，塑性变形能力差，但在200℃以上加工，由于滑移系增加以及发生回复、再结晶软化，使镁及镁合金具有较高的塑性，所以一般要用热加工或温加工工艺。镁合金在加工时易形成粗大晶粒，会使力学性能变差，熔炼时，必须采用细化晶粒措施。

主要加工工艺：①熔炼。常用反射炉和坩埚炉，须用熔剂覆盖炉料。镁合金精炼主要是去除非金属夹杂物。熔炼时应加入变质剂以改善和调整晶粒组织，并消除少量熔点高的铁、铜、锰金属夹杂物；②铸造。常用半连续铸造的方法，在保护气氛下或在封闭系统内进行；③轧制。通常用平辊轧制板材。主要工序为：热轧、粗轧、中轧和精轧；④挤压。有正向挤压、反向挤压、润滑挤压和无润滑挤压，可生产各种断面的型材、棒材、管材和空心制品。挤压温度、速度和变形率都会显著影响制品的性能；⑤热处理。镁合金的加工制品的晶粒大小对性能有明显影响。为防止晶粒粗化，一般退火温度为350~370℃，加热速度越快越好。加工硬化的镁合金在160~210℃之间进行低温退火，可提高合金的延伸率和耐蚀性。

主要应用：①镁合金具有较高的抗震能力和良好的吸热性能，在汽油、煤油和润滑油中很稳定，在旋转和往复运动中产生的惯性力较小。故民用机和军用飞机，尤其是轰炸机都广泛使用镁合金制品；②镁合金在汽车上的应用零部件主要为壳体类和支架类；③在内部产生高温的电脑和投影仪等的外壳和散热部件上使用镁合金。电视机的外壳上使用镁合金可做到无散热孔；④在硬盘驱动器的读出装置等的振动源附近的零件上使用镁合金；⑤为了在汽车受到撞击后提高吸收冲击力和轻量化，在方向盘和座椅上使用镁合金；⑥镁合金由于密度低、强度较高，具有一定的防腐性能，常用来做单反相机的骨架。

本节重点

（1）指出金属镁的特性及应用，目前制约其应用推广的主要因素是什么？
（2）材料的成型加工和机械加工具有不同的含义。
（3）解释金属的冶炼、陶瓷的烧结、玻璃的熔凝三者不同的含义。

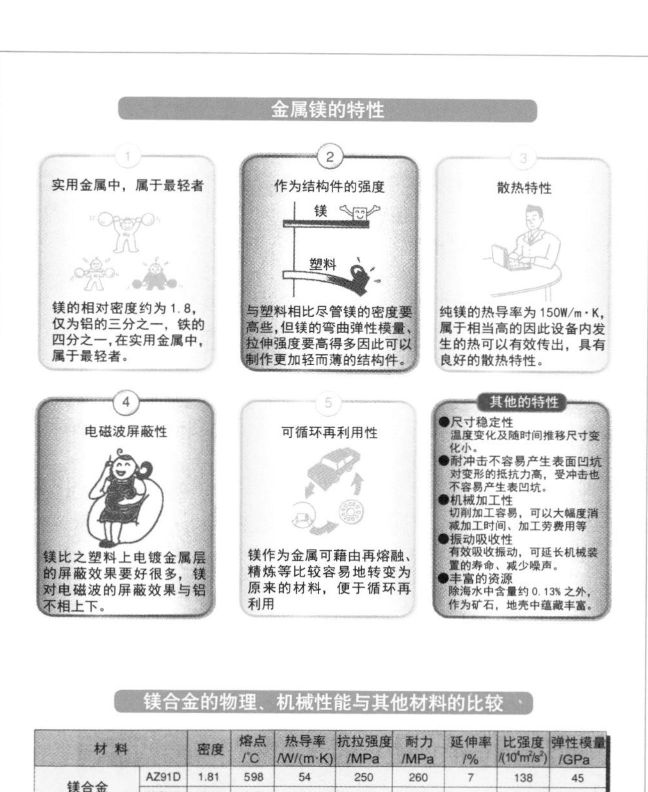

金属镁的特性
1
实用金属中，属于最轻者
镁的相对密度约为1.8，仅为铝的三分之一，铁的四分之一，在实用金属中，属于最轻者。
2
作为结构件的强度
镁
塑料
与塑料相比尽管镁的密度要高些，但镁的弯曲弹性模量、拉伸强度要高得多因此可以制作更加轻而薄的结构件。
3
散热特性
纯镁的热导率为150W/m·K，属于相当高的因此设备内发生的热可以有效传出，具有良好的散热特性。
4
电磁波屏蔽性
镁比之塑料上电镀金属层的屏蔽效果要好很多，镁对电磁波的屏蔽效果与铝不相上下。
5
可循环再利用性
镁作为金属可藉由再熔融、精炼等比较容易地转变为原来的材料，便于循环再利用
其他的特性
●尺寸稳定性
温度变化及随时间推移尺寸变化小。
●耐冲击不容易产生表面凹坑
对变形的抵抗力高，受冲击也不容易产生表面凹坑。
●机械加工性
切削加工容易，可以大幅度消减加工时间、加工劳费用等
●振动吸收性
有效吸收振动，可延长机械装置的寿命、减少噪声。
●丰富的资源
除海水中含量约0.13%之外，作为矿石，地壳中蕴藏丰富。

镁合金的物理、机械性能与其他材料的比较

材料		密度	熔点 /℃	热导率 /W/(m·K)	抗拉强度 /MPa	耐力 /MPa	延伸率 /%	比强度 /($10^4m^2/s^2$)	弹性模量 /GPa
镁合金	AZ91D	1.81	598	54	250	260	7	138	45
	AM608	1.8	615	61	240	130	13	133	45
镁合金	A380	2.70	595	100	315	180	3	116	71
钢 铁	碳素钢	7.86	1520	42	517	400	22	80	200
塑 料	ABS	1.003	*	0.9	96	*	60	93	*
	PC	1.23	*	*	118	*	2.7	95	*

1

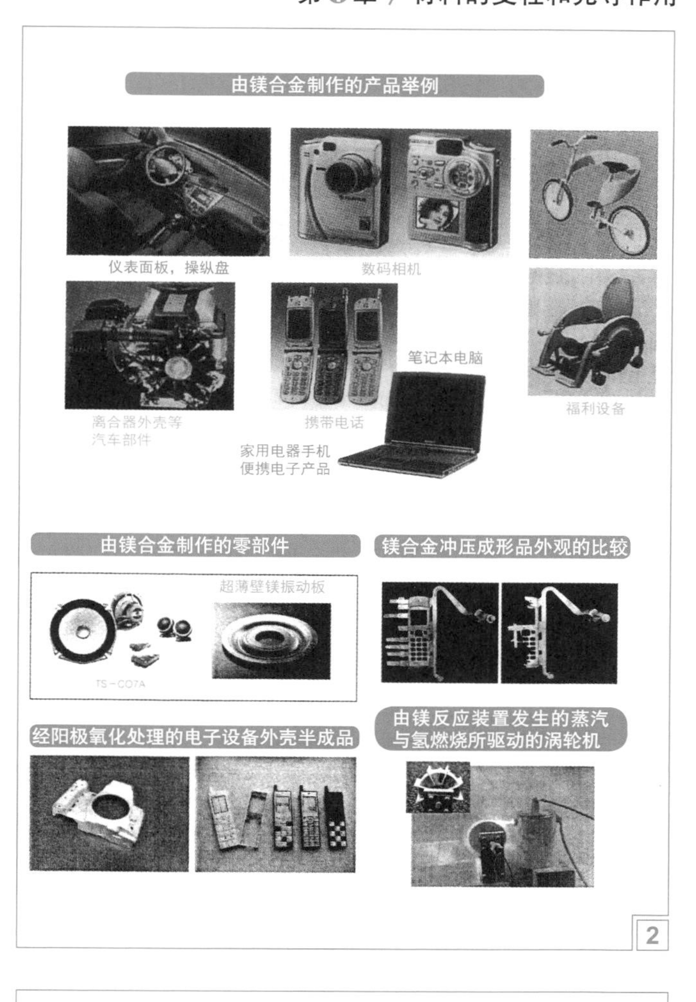

2

不经和经高温退火处理的AZ31镁合金板的冷深冲加工件

开裂

(a) 不经高温退火　　(b) 经高温退火

由镁合金AJ62制作的引擎

3

典型的材料加工工艺

材料类别	工艺方法	工艺原理
金属材料	铸造：砂型、压铸、永久铸型、连续铸造	将液态金属浇入或注入固体模中得到所要求的形状
	成型：锻造、拉丝、深冲、弯曲	通常在热状态下用高压力将固体金属变形为有用形状
	连接：气焊、接触焊、纤焊、氩弧焊、摩擦焊、扩散焊	采用液态金属、变形或高压、高温将几块金属连接在一起
	机械加工：车、钻、磨等	切削加工去掉多余金属，获得成品件
	粉末冶金	先在高温下将金属粉末压制成需要的形状，然后进行高温加热，使微粒连接成整体
陶瓷材料	铸造：包括涂泥釉	将液体陶瓷或液体加固体的陶瓷泥浆浇注成所需形状
	压制：挤压、压制、等静压成型	将液体陶瓷或液体加固体的陶瓷泥浆压制成有用形状
	烧结：	将压制成的固体陶瓷进行高温加热，使之粘连成块
聚合物	模制：注模法、转移注模法	将热的甚至液态的聚合物压入模具中，其类似铸造
	成型：旋压、挤压、真空成型	将受热的聚合物强迫通过模孔或包裹在模胎上，以获得某种形状
复合材料	铸造：包括渗透	液体组分包围着另一种组分，以获得完整的复合材料
	成型：	用强力迫使一个软质组分围绕复合材料的第二个组分发生变形
	连接：胶粘剂粘结、爆炸连接、扩散连接	通过胶接、变形或高温过程将两种组分连接在一起
	压制或烧结：	将粉末状组分压制成型，然后加热使粉末连接在一起

4

1.13 提高材料的性能永无止境

1.13.1 材料的应用基于其特性和功能

任何有关材料的研究，其终极目标都是应用。材料在服役过程中，为了保持设计要求的外形和尺寸，保证在规定的期限内安全地运行，要求材料的某一方面（或某几方面）的性能达到规定要求，这种性能通常称为使用性能。例如，受力机械零件需要刚度、强度、塑性较高的材料；接触零件需要耐磨性高的材料；刀具需要高硬度和一定韧性的材料；桥梁、锅炉等大型构件需要韧性高的材料；在高温环境下工作的机件需要抗蠕变性能高和抗氧化性好的材料；电子封装材料需要高热导率和低热膨胀系数的材料；加热炉既需要发热率高的加热元件材料，也需要阻止热散失的低热导材料等。

材料的使用性能（简称性能）是表征材料在"给定外界物理场刺激"下产生的响应行为或表现。例如，在力的作用下，材料会发生变形（弹性变形、粘性变形、粘弹性变形、塑性变形、粘塑性变形等）甚至断裂（拉伸断裂、压缩断裂、冲击断裂、疲劳断裂、韧性断裂、脆性断裂等）等力学行为；在热（或温度变化）作用下，材料会发生吸热、热传导、热膨胀、热疲劳、热辐射等热学行为；在电场作用下，材料会发生正常导电、半导电、超导电、介电等电学行为；在光波作用下，材料会发生对光的折射、反射、散射、吸收以及发光等光学行为；在磁场作用下，材料会发生导磁，磁致伸缩等磁学行为。

所谓"给定外界物理场刺激"，既可以是一种场，也可以是两种或两种以上场的叠加；对一些特定的材料，在一种外界物理场刺激下，也可能同时发生两种或两种以上不同的行为。

1.13.2 材料的热膨胀系数及不同材料热膨胀系数的匹配

温度升高 1℃ 引起的固体长度变化率定义为材料的热膨胀系数，用公式表示为：$\alpha = \mathrm{d}l/(l_0\,\mathrm{d}T)$。热膨胀系数与材料的键合强度有关，键合强度低的聚合物材料、低熔点金属有较大的热膨胀系数，而键合强度高的高熔点金属、陶瓷、特别是金刚石等有较小的热膨胀系数。在原子堆积致密度相似的材料中，熔点越高，热膨胀系数越低。例如，汞、铅、铝、铜、铁、钨的熔点分别是 −39、327、660、1083、1539、3410℃，对应的热膨胀系数分别为 40、29、22、17、12、4.2×10^{-6}m/(m·℃)。

当几种材料组合在一起使用时，必须注意相互间热膨胀系数的匹配。试想，两种热膨胀系数差异很大的材料贴合在一起，在温度变化时不仅会产生热应力，而且在升温时构件会向着低热膨胀系数材料侧弯曲，降温时则相反。

以封装硅半导体芯片用的环氧塑封料（EMC）为例，硅单晶的热膨胀系数（3.0×10^{-6}）小，环氧树脂的热膨胀系数（6.2×10^{-5}）大。若直接组合二者使用，必然出现上述问题。若在环氧树脂中加入热膨胀系数（6.0×10^{-7}）更小的二氧化硅，二者的热膨胀系数按比例平均，达到与硅不相上下的水平。当然，在 EMC 中加入二氧化硅还有减小介电常数、提高热导率、提高绝缘特性、提高强度、减少吸潮、降低价格等作用。加入的粉体二氧化硅一般为球形的，而且对其纯度、粒度、吸油性等都有很高要求。

1.13.3 材料的热导率及如何提高系统的导热效果

热导率又称热导系数，它是表征物体热传导速度的物理量，数值上等于：当温度梯度为 1 时，单位时间内通过垂直于热传导方向的单位面积的热量，以 $K=qx/A\cdot\Delta T$ 表示。式中 K 为热导率，q 为热流速率，$q=\mathrm{d}Q/\mathrm{d}t$，$x$ 为样品厚度，A 为横截面积，ΔT 为温差。热导率的单位是 W/m·K。

固体中的导热主要是由晶格振动的格波和自由电子的运动来实现。在金属材料中，由于大量自由电子的存在，一般说来，热导率较高。特别是，电导率高的金属，其热导率也高。例如，Ag、Cu、Al、Fe 的热导率分别为 420、390、203、132W/m·K 等。

但对于非金属材料，如一般的离子键或共价键晶体，由于晶格中自由电子极少，所以晶格振动是其主要的导热机制。对于实际应用来说，一个特别值得注意的事实是，这类晶体的结构越完整，特别是，构成这类晶体的原子质量越小，则热导率越高。例如，金刚石、AlN、Al_2O_3、SiO_2 的热导率分别为 2000、270~100、30~20、2~3 W/m·K 等，依次有一个数量级的变化。一般聚合物材料的热导率要低得多，一般分布在 0.04~0.3W/m·K 范围内。

1.13.4 低介电常数材料和高介电常数材料各有各的用处

介电常数是表征介质在外电场中极化程度的一个宏观物理量。绝对介电常数用 ε 表示，是电位移 D 与电场强度 E 的比值。即 $\varepsilon=D/E$。介电常数 ε 等于真空介电常数 ε_0 和相对介电常数 ε_r 的乘积。

在外电场作用下，呈电中性的电介质由于正、负电荷重心不重合会产生感应电偶极矩，从而造成电介质的极化。电介质极化有三种典型极化机制：电子位移极化、离子位移极化和固有电矩的取向极化。在任何电介质中都存在电子位移极化，其他两种机制只分别存在于离子晶体和极性电介质中并起主要作用。在非均匀电介质中，内部还会出现体极化电荷。

处于交变电场内的电介质，由于电介质滞后现象会产生能量损耗。它是表征介质特性的一个重要参数。电介质在交变电场下的取向极化过程中，也与电场发生能量交换，发生松弛损耗。频率越高，介电损耗越大。常用电介质损耗角正切 $\tan\delta$ 衡量介质损耗的大小，称其为介电损耗因子。

随着无线通信进入 GHz 领域，由于信号传输电路中寄生电容的存在，信号延迟、信号失真以及串扰（cross talk，又称交叉噪声）日趋严重。而降低介质的介电常数是减少这些有害影响的有力的措施之一。

用于 DRAM 存储器的电容，为了减小体积，就需要采用高介电常数材料，如经特殊边界处理的 $BaTiO_3$ 陶瓷，介电常数高达 20000~80000。

高新技术产品（乃至整个产业）往往是各种**新材料**的集成，在关注**材料的成分，组织结构，材料的制备与加工，材料的性能和应用行为**这**四个基本要素**基础上，目前更强调**材料的多样性，集成化，材料性能的协调性、互补性**，以达到**系统最佳化**这**四个新基本要素**。

本节重点

（1）何谓材料的热膨胀系数，其大小主要取决于何种因素？
（2）不同类型固体的热传导基于何种机制？热导率的大小主要取决于何种因素？
（3）针对各类常用材料，按不同性能从高到低排队。

材料使用性能的分类、表现行为及相应的性能指标

性能类别	基本性能	响应行为	性 能 指 标
力学性能	弹性	弹性变形	弹性模量、比例极限、弹性极限等
	塑性	塑性变形	延伸率、断面收缩率、屈服强度、应变硬化指数
	硬度	表明局部塑性变形	硬度
	韧性	静态断裂	抗拉强度、断裂强度、静力韧度、断裂韧度
	强度	磨损	稳定磨损速率、耐磨性等
		冲击	冲击韧度、冲击功、多冲寿命等
		疲劳	疲劳极限、疲劳寿命、裂纹扩展速率等
		高温变形及断裂	蠕变速率、蠕变极限、持久强度、松弛稳定性等
		低温变形及断裂	韧脆转变温度、低温强度等
		应力腐蚀	应力腐蚀应力、应力腐蚀裂纹扩展速率等
物理性能	热学性能	吸热、放热	比热容
		热胀冷缩	线膨胀系数、体膨胀系数等
		热传导	导热系数、导温系数
		急冷、急热及热循环	抗热振断裂因子、抗热振损伤因子等
	磁学性能	磁化	磁化率、磁导率、剩磁、矫顽力、饱和磁化强度、居里温度等
		磁各向异性	磁各向异性常数等
		磁致伸缩	磁致伸缩系数、磁弹性能等
	电学性能	导电	电阻率、电阻温度系数等
		介电(极化)	介电常数、介质损耗、介电强度等
		热电	热电系数
		压电	压电常数、机电耦合系数等
		铁电	极化率、自发极化强度等
		热释电	热释电系数
	光学性能	折射	折射率、色散系数等
		反射	反射系数
		吸收	吸收系数
		散射	散射系数
		发光	发光寿命、发光效率
	声学性能	吸收	吸收因子
		反射	反射因子、声波阻抗等
化学性能	耐蚀性	表面腐蚀	标准电极电位、腐蚀速率、腐蚀强度、耐蚀性等
	老化	性能随时间下降	各种性能随时间变化的稳定性，如老化时间、脆点时间等

1

超轻的金属结构可以置于蒲公英上，后者却安然无恙

蚕茧重量轻、强度大、多孔，是开发仿生复合材料的理想参照物

2

各种常用基板材料的三个主要特征的比较

陶瓷基板　有机印制线路板　树脂绝缘层

介电常数

碳化硅　氧化铝　氮化铝　低温共烧陶瓷　氧化铍　莫来石　金刚石（合成）　玻璃环氧树脂　玻璃聚酰亚胺　玻璃BT　聚砜树脂　聚四氟乙烯复合物　聚酰亚胺　BCB

(a) 介电常数

热导率/[W/(m·K)]

金刚石（合成）　氧化铍　氮化铝　硅单晶　氧化铝　低温共烧陶瓷　金属基复合基板　印制线路板

(b) 热导率

热膨胀系数(10^{-6}/℃)

金刚石（合成）　(Si) 2.8　（芳酰胺基材聚酰亚胺）　（包覆铜的聚酰亚胺）　（加入石英纤维的聚酰亚胺）　（铜·碳复合材料）　4.4（氮化铝）　6.4（94% 氧化铝 99.4% 氧化铍）　10（芳酰胺基材环氧树脂）　13（玻璃聚酰亚胺）　16（玻璃环氧树脂）　−2（碳纤维 芳酰胺树脂）

随组成及结构的变化，可控制制品性能在实线范围内变化

(c) 热膨胀系数（常温~150℃）

材料科学与工程四面体（1）

performance or Properties to cost ratio　composition　synthesis and processing　structure

材料科学与工程四面体（2）

系统性能最佳化　协调、互补性　材料多样性　集成化

3

1.14 关注材料的最新应用——强调发展，注重创新

1.14.1 新型电子材料

进入21世纪，在市场需求的驱动下，电子材料呈现出向两个极端发展的趋势。

一个趋势是功能材料与器件相组合，并趋向**小型化**和**多功能化**。特别是外延技术与超晶格理论的发展，使材料与器件的制备可以控制在原子尺度甚至电子尺度（如自旋电子学），将成为今后发展的重点。其他信息功能材料如半导体、激光、光电子、液晶、敏感（智能）及磁性材料、超导材料等发展也很快。特别是作为Ⅳ-Ⅳ族半导体材料的SiGe在制造高电子迁移率新型器件，Ⅲ-Ⅴ、Ⅱ-Ⅵ、Ⅰ-Ⅲ-$Ⅵ_2$、$Ⅰ_2$-Ⅱ-Ⅳ-$Ⅵ_4$族化合物半导体在LED固体照明和太阳能光伏发电，有机半导体在OLED、太阳电池应用方面已构建起新兴产业。

另一个趋势是，为适应平板显示器、太阳电池等"**大电子学**"（Large Electronics）的要求，电子材料表现出大面积、薄型化、挠性化、多功能、复合化、制作工艺简朴化等特征。以TFT LCD液晶电视为例，所用到的关键零组件及材料（key components），从后至前就包括：背光源单元（反射板、导光板、增辉膜、散射板）、偏光板、液晶玻璃基板、TFT薄膜三极管阵列基板制作所用的相关材料、取向膜、隔离子、液晶材料、密封胶、彩色滤光片、各种光学膜层（位相补偿膜、扩大视角膜、防眩膜、防反射膜、防划伤膜、防指纹膜、触控膜等）。其中大部分部件及材料除了面积大而且薄之外，性能要求极高，且要协调互补，价格要便宜。

1.14.2 低维材料和亚稳材料

低维材料包括零维的纳米点、一维的纳米线、二维的纳米膜、三维的纳米管以及球形颗粒、杆、梳状物、角状物、以及其他非特指的几何构造等。低维材料在过去的十年里成为基础研究和应用研究中的前沿课题，它的一个重要特点是在基础科学的原子和分子尺度与工程和制造的微观尺度之间，搭建起至关重要的尺度桥梁。

低维材料具有目前主体材料所不具备的性质。如作为零维的纳米级金属颗粒是电的绝缘体及吸光的黑体；以纳米微粒制成的陶瓷具有较高的韧性和超塑性；纳米级金属铝的硬度为块体铝的8倍等。这些都是待开发的领域。作为一维材料碳纤维、SiC纤维、高强度有机纤维、光导纤维，作为二维材料的金刚石薄膜、超导薄膜都已显示出广阔的前景。

由微米、纳米或微/纳米复合结构组成的薄膜，因为其新奇的表面性质和潜在的重要应用而吸引人们越来越大的关注，这些潜在应用包括催化、传感器、电池、表面增强拉曼散射（SERS）、数据存储、超疏水性或超亲水性薄膜、光子晶体、光电子学、微电子学、光学器件、电化学电解质等。开发这种薄膜在某些器件，比如染料敏化太阳电池，锂离子电池和电化学超级电容器，储氢器件，以及化学、气体、生物传感器中新的应用更是人们梦寐以求，并始终为之奋斗的目标。非晶材料是亚稳材料的一种，具有很多优异性能，将会得到很大发展。

1.14.3 生物材料和智能材料

生物医学材料的目标是对人体组织的矫形、修复、再造、充填以维持其原有功能。它要求材料不仅具有相应的性能（强度、硬度），还必须与人体组织有相容性以及一定的生物活性。

人们比较熟悉的有活性羟基磷灰石和微晶玻璃，这些是牙根种植体，牙槽矫形，颌骨再造等牙科用的材料；高强度的氧化铝和氧化锆以及带有陶瓷涂层的钛系合金，往往选作承受负荷部位的生物矫形复合材料。聚乳酸与羟基磷灰石、磷酸钙的复合材料，以及加入钛纤维或玻璃纤维组成的复合材料也是矫形固定器、组织再造等的有效材料。此外还有基本研制成功了的用作人造心瓣膜的碳基复合材料。生物医学材料有广阔的前景，需要材料科学家和医学家密切配合。

智能材料是具有感知和驱动双重功能的材料，它能对外界环境进行观测（感觉）并做出反应（驱动），从另一个角度来看，这是一种仿生物（生命）系统的材料。

智能材料有一系列特殊功能，它们的英文名字都是以S开头：选择性（selectivity）、自调节性（self-tuning）、灵敏性（sensitivity）、可变形性（shapeability）、自恢复（self-recovery）、简化性（simplicity）、自修复（self-repair）、稳定性与多元稳定性（stability and multistability）、候补现象（stand-by phenomena）、免毁能力（survivability）和开关性（swichability）等。因此，称为"S行为材料"。以上的一些S行为有些比较接近，如自恢复、候补现象、自修复等，所以只要具备几个S特性就可以认为是智能材料了。

Smart和Intelligent两个词都有智能的意思，但程度有所不同。Smart是灵巧的意思，目前的智能材料大都是Smart型材料而不是智能（Intelligent）材料。PTC热敏电阻、压敏电阻、灵巧窗等是大家熟知的Smart元件；电流变体（材料粘度会受到电场影响的一类物质，它们随外电场的大小，可发生固态与液态间的可逆变化）是一种新型的Smart材料。

1.14.4 新能源材料

包括可再生能源材料，新型储能材料和节能、高效光源材料等。例如：各类太阳电池材料，锂离子电池、镍-氢电池、燃料电池（包括储能）、金属-空气电池材料，超级电容器材料以及LED、OLED光源材料等。

20世纪80年代C_{60}富勒烯以及此后碳纳米管（1991）和石墨烯（2004）的出现为发展新材料开辟了一个崭新的途径。这些原子量级的低维材料在力学性能、导热性、导电性（包括半导体性、超导性）等方面都具有超越普通材料的表现，其应用最有可能首先在信息和能源领域获得突破。新发现的多孔硅在光学方面具有明显的特征，在发展可见硅光源、硅光电器件、太阳电池等方面都可能找到用武之地，是一种正待开发的新材料。

新材料的开发，有些是理论突破的结果，有些是经验的总结，有些是偶然的新发现。如1986年氧化物超导体的出现，20世纪90年代初C_{60}的合成，以及多孔硅的发现，都属于后一种。这些都是难以预料的，但其影响却很深远。

本节重点

（1）何谓纳米材料？指出其目前的应用状况及发展前景。
（2）何谓生物材料？指出其目前的应用状况及发展前景。
（3）何谓智能材料？指出其目前的应用状况及发展前景。

高性能电子产品的心脏——MOS FET

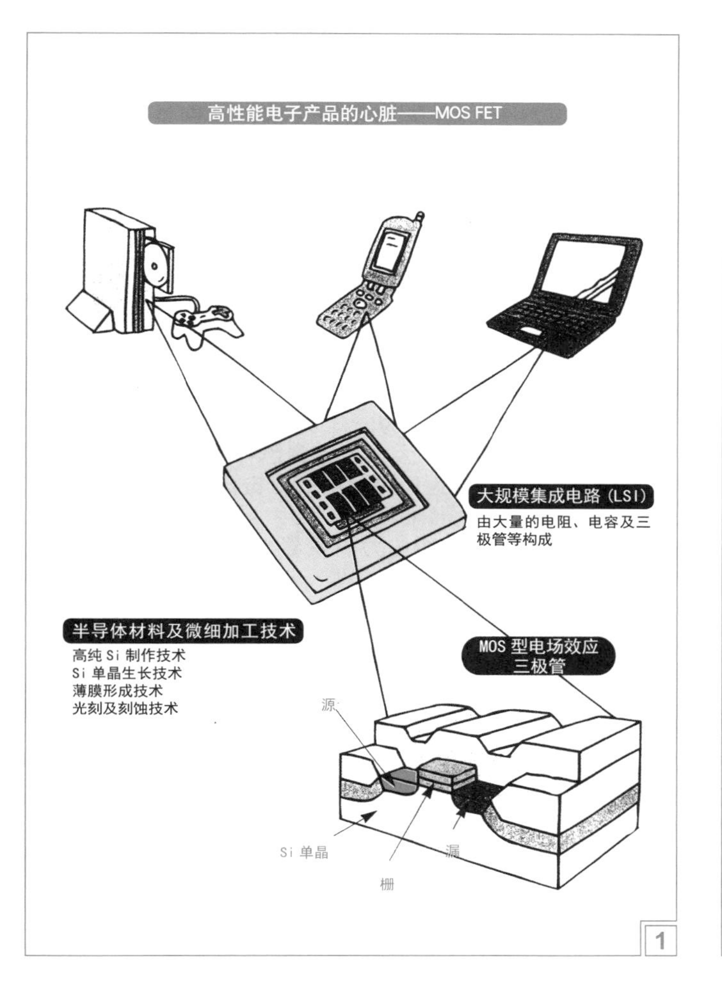

1

碳纳米管和富勒烯的结构模型

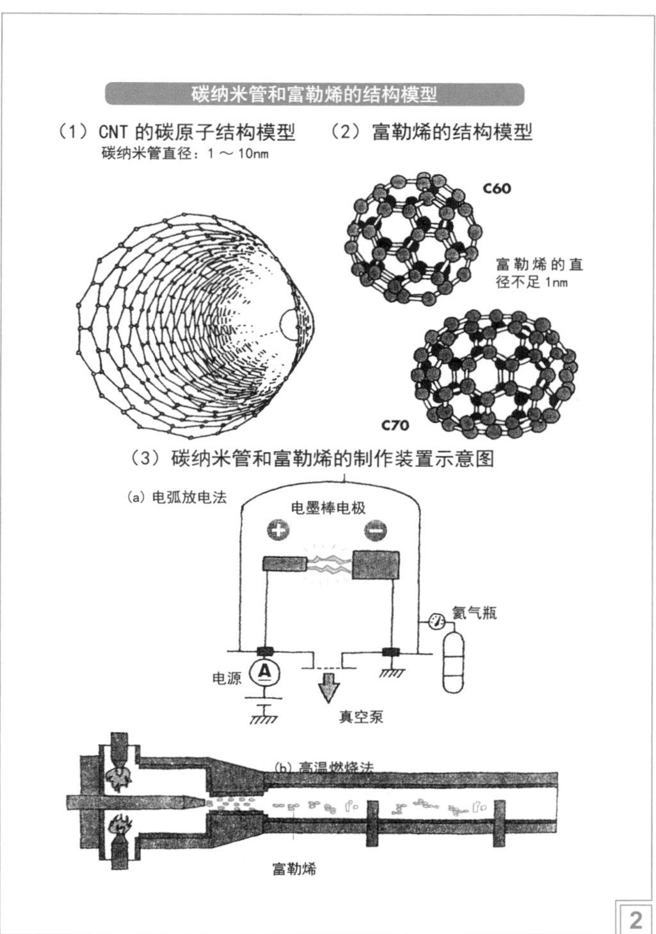

2

自扩张型金属支架实例——血管内金属支架

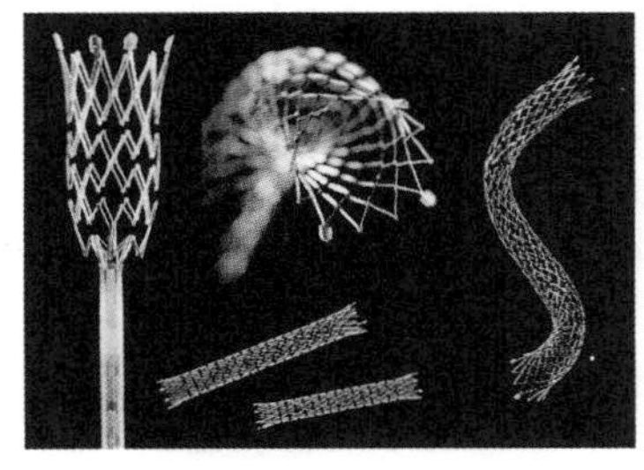

对心肌梗死以及与狭心症相伴的冠状动脉闭塞、狭窄病变，与闭塞性动脉硬化症相伴的肾动脉及下肢动脉的闭塞、狭窄病变的患者有治疗和防止突危患的功效。本例中的支架由 Ni-Ti 合金制作，兼具自扩张性和柔软性

人造心脏瓣膜

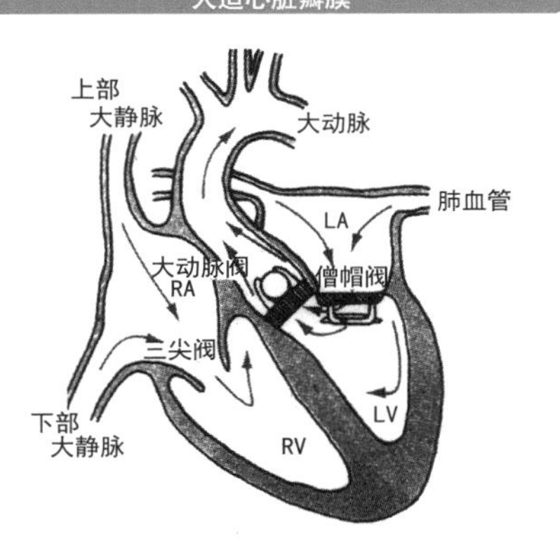

3

摩擦化学处理的原理

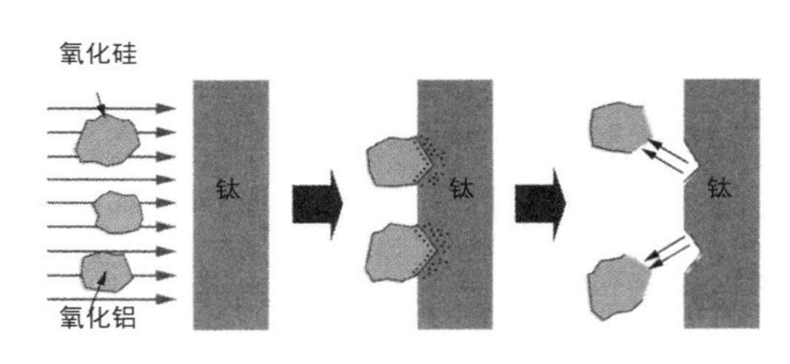

钛牙冠的制作过程

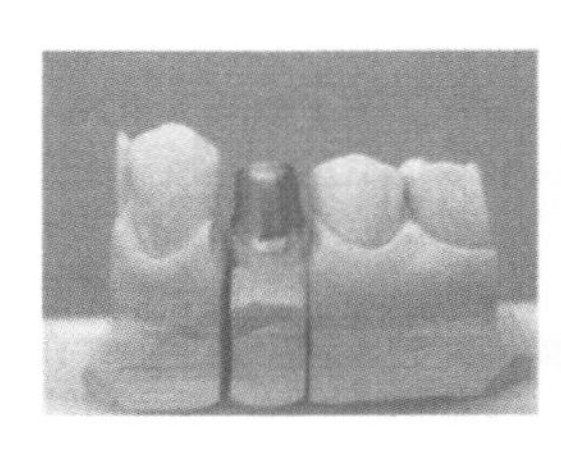

由 CAD/CAM 制作的钛制金属框架

摩擦化学处理

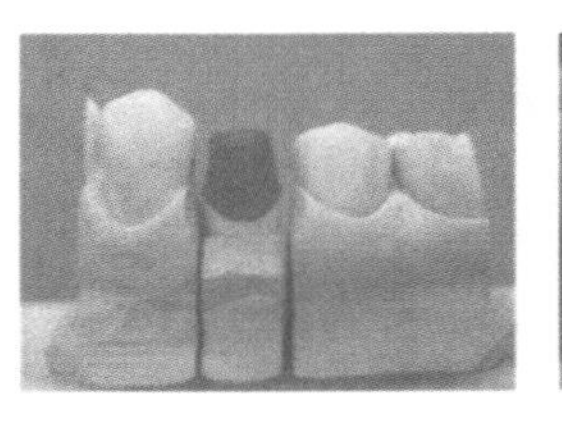

摩擦化学处理后的钛制金属框架

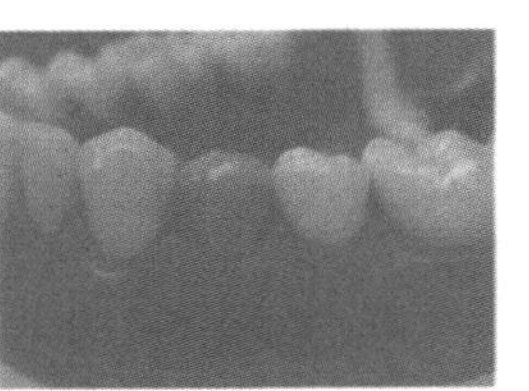

制成的前装硬质树脂的钛牙冠

4

1.15 “9·11”恐怖袭击事件中世贸大厦垮塌和“3·11”福岛核事故都涉及材料

1.15.1 结构材料从原始到现代的进步

作为材料，在青铜器、铁器应用以前，木材、石材、骨及皮等自古就多有采用。但作为结构材料，金属材料，特别是钢铁，有得天独厚的优势。

石材、纤维、布匹、木材，还有金属，统统都是材料。但金属以外的材料，尽管也有一定承担载荷的能力，但在某些方向上施力，却几乎无强度而言，这是其致命弱点。

例如石材，自古就在建筑物中使用，承载压缩应力非常强。中国的长城、埃及的金字塔、罗马水道等都成功使用了石材。但一有较大的拉应力作用，建筑结构就会突然崩塌。布匹是由纤维编织而成的，对于拉伸，它具有相当不错的强度，但对于压缩，却全然无强度可言。

而金属既耐压缩又耐拉伸，且可实现二者的良好平衡。特别是钢铁，即使在金属材料中，其可实现的强度范围也是最广的。

若对材料做大的分类，可分为非金属材料和金属材料。金属材料还可以进一步分为非铁材料（有色金属）和钢铁材料（黑色金属）。

非金属材料可以进一步分为木材、砖瓦、石、骨、玻璃等耐压缩强度强而耐拉伸强度非常弱的一类，和皮革、麻绳、绢布等耐拉伸强度强而耐压缩强度弱的另一类。大部分的非金属材料只有 100MPa 上下较低的拉伸强度。

非铁（有色金属）材料，通过材质选择，如钛合金，拉伸强度可达到接近 1GPa，但大部分有色金属的强度在软钢以下。

从 270MPa 的软钢到 3GPa 的钢琴丝，钢铁材料强度的变化范围极宽。

1.15.2 钢筋混凝土使世界上的高楼大厦拔地而起

混凝土是水泥（通常硅酸盐水泥）与骨料的混合物。当加入一定量水分的时候，水泥水化形成微观不透明晶格结构，从而包裹和结合骨料成为整体结构。通常混凝土结构拥有较强的抗压强度（大约 3000psi，21MPa）。但是混凝土的抗拉强度较低，通常只有抗压强度的 1/10 左右，任何显著的拉弯作用都会使其微观晶格结构开裂和分离，从而导致结构的破坏。而绝大多数结构构件内部都有受拉应力作用的需求，故未加钢筋的混凝土极少被单独使用于工程。相较混凝土而言，钢筋抗拉强度非常高，一般在 200MPa 以上，故通常要在混凝土中加入钢筋等加筋材料与之共同工作，由钢筋承担其中的拉力应力，由混凝土承担压应力部分。

钢筋混凝土之所以协调共同工作是由其自身材料性质决定的。首先钢筋与混凝土有着近似相同的线膨胀系数，不会由环境不同产生过大的应力。其次钢筋与混凝土之间有良好的粘结力，有时钢筋的表面也被加工成有间隔的肋条（称为变形钢筋）来提高混凝土与钢筋之间的机械咬合，当此仍不足以传递钢筋与混凝土之间的拉力时，通常将钢筋的端部弯起 180° 的弯钩。此外混凝土中的氢氧化钙提供的碱性环境，在钢筋表面形成了一层钝化保护膜，使钢筋在中性与酸性环境下更不易腐蚀。

钢筋混凝土结构的发明成就了世界上令人惊叹的高楼大厦。哈利法塔（世界最高建筑，高 828m）总共使用 33 万立方米混凝土、3.9 万吨钢材，多伦多国家电视塔（高 553m）共由 40.524m^3 混凝土浇注而成。可以说，没有钢筋混凝土，现代建筑就不可能如此美观实用。

1.15.3 “9·11”世贸大厦垮塌——高温下材料失效是内因，巨大的冲击力是外因

2001 年 9 月 11 日这一天，四架民航客机在美国上空飞翔，然而这 4 架飞机却被劫机犯无声无息地劫持，当美国人刚刚准备开始一天的工作之时，举世闻名的美国纽约世贸中心大厦遭受恐怖袭击，20 世纪 70 年代全球建筑经典“双子塔”轰然倒塌，瞬时化为一片废墟，3000 多人不幸丧生。

高耸入云的现代摩天大厦受到恐怖袭击为何轻易地倒塌？坚固挺拔的高楼为何如此不堪一击？关键是材料变质、失效，由于不堪重负而破坏。

民航客机的巨大冲击力引发着火，油箱“火上浇油”，火借风势，风助火威，迅速蔓延，先是窗玻璃熔化破损，氧气由四周源源不断提供，“双子座”变成“冲天炉”，温度迅速升高，100℃、300℃、500℃、700℃，最终达到上千度。在高温下，钢筋和钢梁的强度降低，迅速软化。

与此同时，在高温受热下，混凝土中的毛细孔会逐渐地失去水分，水泥的水化产物会脱水导致组织硬化，脱水加剧，混凝土收缩、出现裂纹，并且骨料开始膨胀，水泥骨架开始遭到破坏，导致强度和弹性模量下降，最终造成普通混凝土的大面积裂纹以及坍塌。一旦某一层结构破坏，重物下落，自上而下的巨大冲击力就会使世贸中心大厦垮塌。

1.15.4 “3·11”福岛核事故——裂变余热和衰变产生的热量足以使燃料元件熔化

2011 年 3 月 11 日东日本发生的空前大地震（里氏 9 级），以及由地震引发的大海啸（达 15m），导致了东京电力福岛第一核电站 1~4 号反应堆的大事故。1 号堆、3 号堆发生氢爆炸，致使反应堆上方的建筑物破损；1~3 号堆中发生燃料的破损、熔化，造成反应堆压力壳、安全壳的损坏；4 号堆使用过的乏燃料池中储藏的燃料，因冷却失效，发生燃料的破损、熔融。这样，从 1~4 号反应堆中便有燃料的泄漏。特别是 1 号堆发生全堆芯熔融，流落到压力容器下部的高温燃料（UO_2 核燃料的熔点高达 2800℃）使反应堆压力壳局部熔化穿透。

“3·11”福岛核事故的原因，是作为辅助外部电源的非常状态用柴油发电机全部不能运转，致使冷却反应堆的电源全部丧失。若反应堆在 100% 功率输出的运行状态下停止运转，当时即有相当于满功率输出 10% 的衰变热发生。由于冷却功能的丧失，对于核工厂不可缺少的三个功能——“停堆”、“冷却”、“封闭”中的“冷却”失效，进而发生燃料的损毁、熔融，致使反应堆压力容器下方被熔融燃料穿孔，反应堆安全壳也发生破损。封闭放射性物质的五道防护壁中，作为最后一道防护壁的反应堆上方的建筑物也在 1、3、4 号反应中发生破坏，“封闭”功能丧失殆尽，从而酿成“3.11”福岛核事故。

本节重点

（1）钢筋混凝土材料的发展史。
（2）“9·11”恐怖袭击事件中，世贸大厦垮塌和“3·11”福岛核事故在哪些方面涉及材料？
（3）请注意电磁辐射和核辐射的不同。

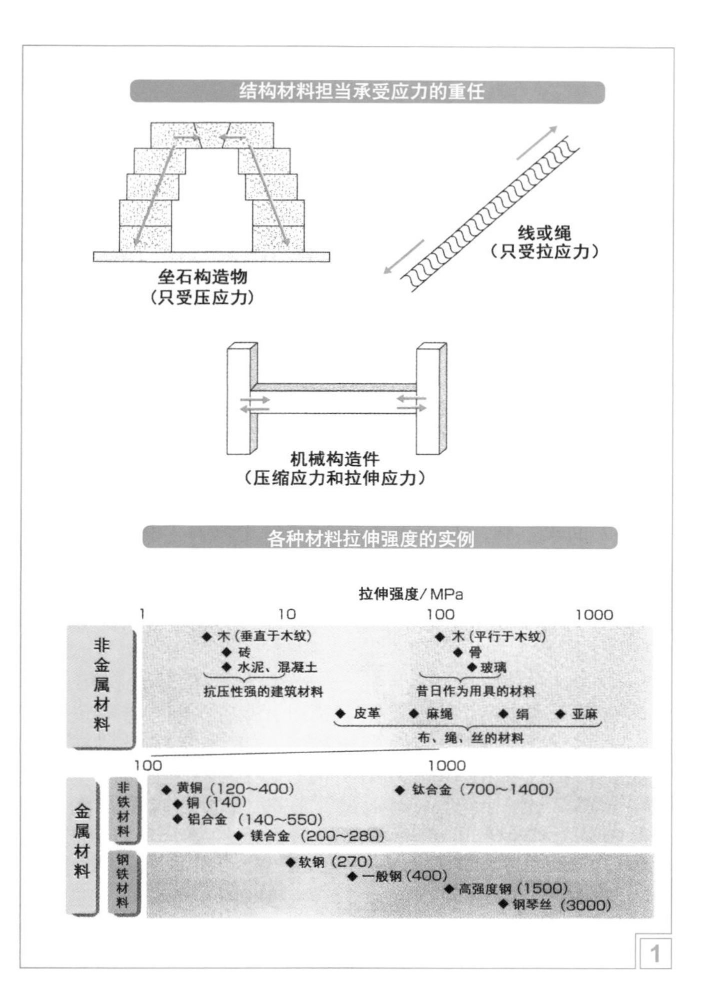
结构材料担当承受应力的重任
垒石构造物
（只受压应力）
线或绳
（只受拉应力）
机械构造件
（压缩应力和拉伸应力）
各种材料拉伸强度的实例
拉伸强度/MPa
1
10
100
1000
非金属材料
◆木（垂直于木纹）
◆砖
◆水泥、混凝土
抗压性强的建筑材料
◆木（平行于木纹）
◆骨
◆玻璃
昔日作为用具的材料
◆皮革
◆麻绳
◆绢
◆亚麻
布、绳、丝的材料
100
1000
金属材料
非铁材料
◆黄铜（120~400）
◆铜（140）
◆铝合金（140~550）
◆镁合金（200~280）
◆钛合金（700~1400）
钢铁材料
◆软钢（270）
◆一般钢（400）
◆高强度钢（1500）
◆钢琴丝（3000）
1

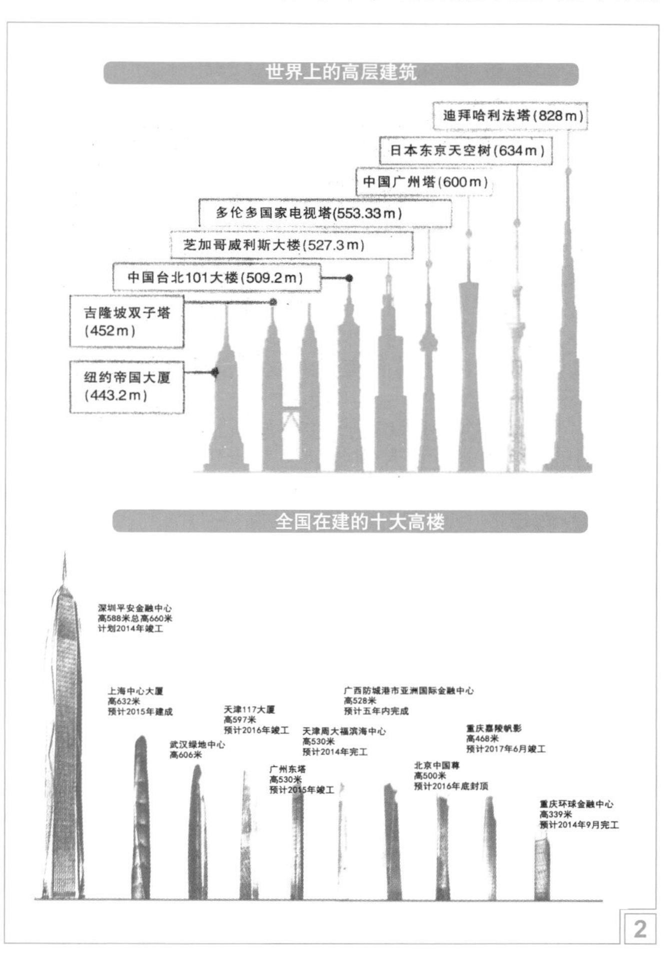
世界上的高层建筑
迪拜哈利法塔(828 m)
日本东京天空树(634 m)
中国广州塔(600 m)
多伦多国家电视塔(553.33 m)
芝加哥威利斯大楼(527.3 m)
中国台北101大楼(509.2 m)
吉隆坡双子塔
(452 m)
纽约帝国大厦
(443.2 m)
全国在建的十大高楼
深圳平安金融中心
高588米总高660米
计划2014年竣工
上海中心大厦
高632米
预计2015年建成
武汉绿地中心
高606米
天津117大厦
高597米
预计2016年竣工
广州东塔
高530米
预计2015年竣工
天津周大福滨海中心
高530米
预计2014年完工
广西防城港市亚洲国际金融中心
高528米
预计五年内完成
北京中国尊
高500米
预计2016年底封顶
重庆嘉陵帆影
高468米
预计2017年6月竣工
重庆环球金融中心
高339米
预计2014年9月完工
2

2001 年 9 月 11 日纽约世贸双塔楼被飞机撞毁的瞬间
3

反应堆堆芯的结构
高温熔体穿透压力壳致使核燃料大量泄漏
4

1.16 新材料如何适应技术创新和产业创新

1.16.1 新材料的主要特征

新材料是指新出现或已在发展中的、具有传统材料所不具备的优异性能和特殊功能的材料。新材料一般具有以下特点：

(1) 具有一些优异性能或特定功能。如超高强度、超高硬度、超塑性等力学性能，超导性、磁致伸缩、能量转换、形状记忆等特殊物理或化学性能。

(2) 新材料的发展与材料科学理论的关系比传统材料更为密切。相对传统材料而言，新材料的制备更多的是在理论指导下进行的。

(3) 新材料的制备和生产往往与新技术、新工艺紧密相关。如用机械合金化技术制备纳米晶材料、非晶态合金材料，用溅射技术、激光技术或离子注入技术制备具有特殊性质的薄膜材料等。

(4) 新材料是多种学科相互交叉和相互渗透的结果，种类多变、更新换代快。如手机电池所采用的能源材料，在比较短的时间内便经历了 Ni-Cd，Ni-H、锂电池材料的变化。

(5) 新材料大多是知识密集、技术密集、附加值高的一类高科技材料，而传统材料通常为资源性或劳动集约型材料。

1.16.2 新材料的应用领域

人类进入 21 世纪后，世界各发达国家都把材料科学与工程作为重大科学研究领域之一，并且根据材料及其在各领域的应用划分为以下几大部分：与信息的获得、传输、存储、显示及处理有关的材料，即信息功能材料；与航空航天事业的发展、地面运输工具的要求相适应的高温、高比刚度和高比强度的高性能工程结构材料及先进的陶瓷材料；与能源领域有关的能源结构材料、功能材料与含能材料；以纳米材料为代表的作为当前材料科学技术前沿的低维材料；与医学、仿生学以及生物工程相关的生物材料；与信息产业相关的智能化材料；与环境工程相关的环境材料，也称绿色材料。

纵观人类利用材料的历史，可以清楚地看到，每一种重要材料的发现和利用，都会把人类支配和改造自然的能力提高到一个新的水平。给社会生产力和人类生活带来巨大的变化，把人类物质文明和精神文明向前推进一步。因此，材料是人类赖以生存的基础，材料的发展和进步伴随着人类文明发展和进步的全过程。

1.16.3 可持续发展对新型材料的要求

① 结构与功能相结合　要求材料不仅能作为结构材料使用，而且具有特殊功能，正开发研制的生物医学材料即属于此。

② 材料的智能化　要求材料本身具有感知、自我调节、自修复和反馈能力。

③ 减少污染　为了人们的健康和生存，要求材料的制作和废弃过程中对环境产生的污染尽可能少。

④ 材料的可再生性　指一方面可保护和充分利用自然资源，另一方面又不在地球上积存太多的废物，而且能再次利用。如正在研制开发中的自降解塑料。

⑤ 节省能源　制造材料时耗能尽可能少，同时又可利用新开发的能源。

⑥ 长寿命　要求材料能长期保持其基本特性，稳定可靠，用来制造的设备和元器件能少维修或不维修。

当前，人类经济社会发展面临能源、资源、环境等重大挑战，新型材料研究和使用必须充分关注其全寿命成本，即既要使材料易于制造和加工，要使材料具有更好的性能，又要减少对资源和能源的依赖，减少对环境的污染和破坏。因此材料的全寿命成本及其控制技术是材料领域最具广泛性、紧迫性和前瞻性的重大命题，是影响全国未来发展和近代化进程的重大科技问题。

1.16.4 新型材料的发展方向

21 世纪，新型材料的发展趋势有下列几方面。

① 继续重视高性能的新型金属结构材料　新型金属材料仍是 21 世纪的主导材料。这种发展主要是采用高新技术和新工艺，大幅度提高材料的性能（同时提高材料的强度和塑韧性）。

② 结构材料趋于复合化——先进的多相复合材料　单一材料存在难以克服的某些缺点，所以把不同材料进行复合以得到优于原组元的新型材料，就成为结构材料发展的一重要趋势。如玻璃钢为第 1 代、碳纤维增强树脂基复合材料是第 2 代，而第 3 代则是正在发展的金属基、陶瓷基以及碳基复合材料。通过不同材料之间的复合化或集成化，优化材料性能或探索高性能新材料体系的研究层出不穷。

③ 低维（零维如纳米材料，一维如纤维材料，二维如薄膜材料）材料正扩大应用　这些材料也是近年来发展最快的一类新材料，可用作结构材料和功能材料。特别是纳米材料及纳米结构的研究开发被部署为材料科学研究战略的首位。

④ 非晶材料日益受到重视　非晶材料具有合金化程度高、高强、耐磨、耐蚀、良好的磁学性能等，具有良好的开发前景。非晶薄膜材料在平板显示器、太阳能电池方面的应用也备受关注。

⑤ 功能材料迅速发展　功能材料是当代新技术中能源、空间、信息和计算机技术的物质基础，所以发展特别迅速。如生物医学材料不仅具有相应的性能（强度、硬度），还必须与人体组织有良好的相容性以及一定的生物活性。特别是与信息技术、生物技术、能源技术相关的材料技术得到迅速发展，并日益受到重视。

⑥ 特殊条件下应用的材料　在低温、高压、高真空、高温以及辐照条件下，材料的结构和组织将会转变，并由此引起性能变化。研究这些变化规律，将有利于创制和改善材料。特别是材料深层次的微结构表征测定、超精细组装加工的新原理、新技术已经成为推动材料科学开拓性发展的重要动力。

⑦ 材料的设计及选用计算机化　由于计算机及应用技术的高度发展，人们可按指定性能进行材料设计正逐步成为现实。通过电子计算机的应用及量子力学、系统工程和统计学的运用，可在微观与宏观相结合的基础上进行材料设计和选用，使之最佳化。

本节重点

（1）指出 TFT LCD 液晶电视中所采用的五种关键材料。
（2）指出 PDP 电视中所采用的五种关键材料。
（3）指出白光 LED 固体照明器件中所采用的五种关键材料。

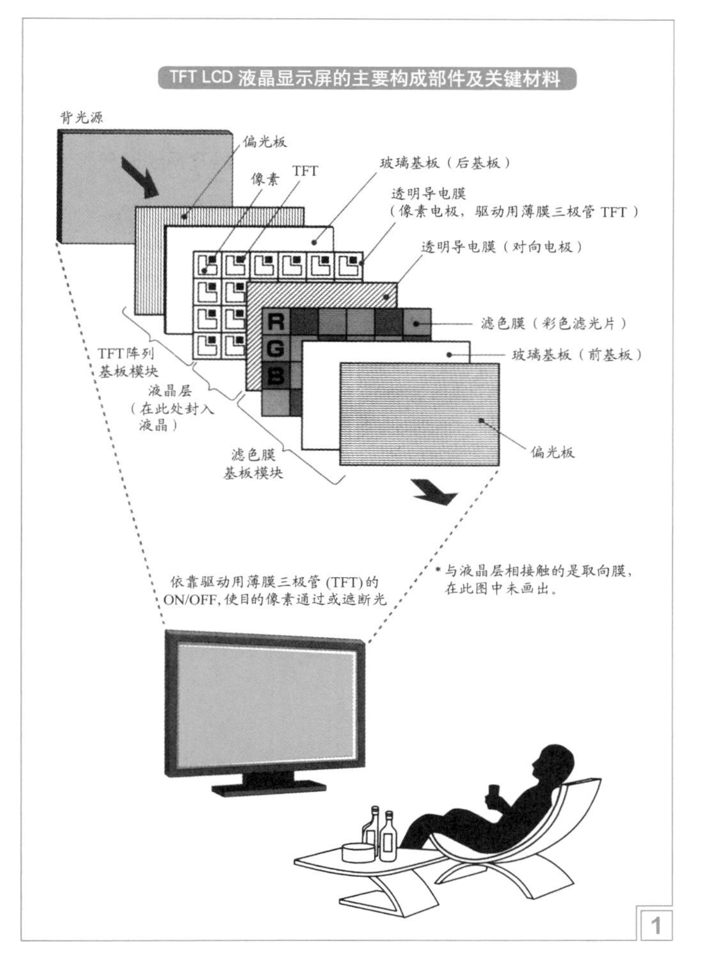

TFT LCD 液晶显示屏的主要构成部件及关键材料
背光源
偏光板
像素
TFT
玻璃基板（后基板）
透明导电膜
（像素电极，驱动用薄膜三极管 TFT）
透明导电膜（对向电极）
R
G
B
滤色膜（彩色滤光片）
玻璃基板（前基板）
TFT阵列
基板模块
液晶层
（在此处封入
液晶）
滤色膜
基板模块
偏光板
依靠驱动用薄膜三极管(TFT)的
ON/OFF，使目的像素通过或遮断光
*与液晶层相接触的是取向膜，
在此图中未画出。

1

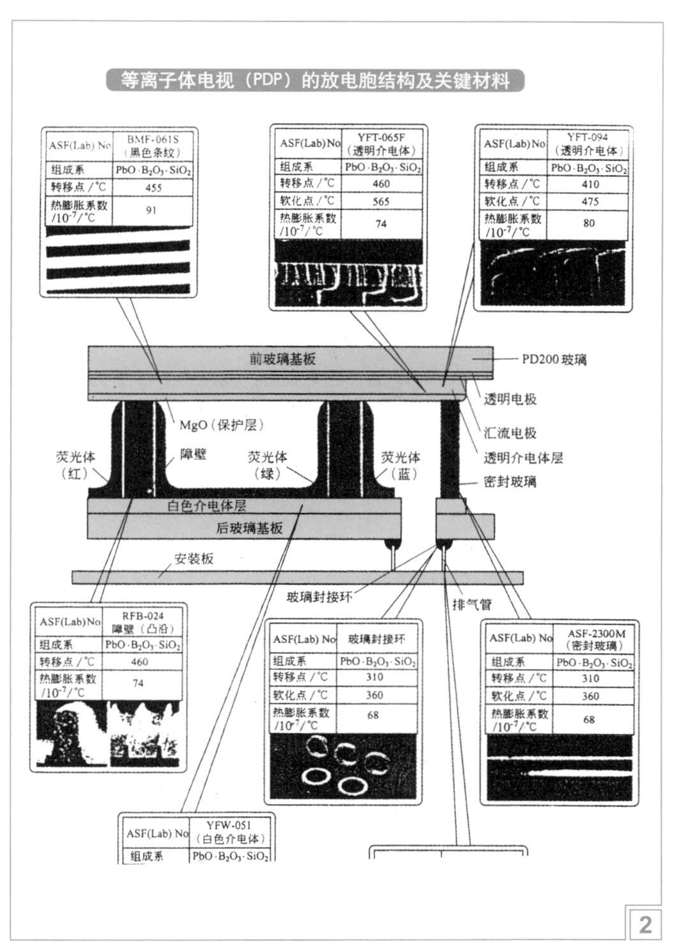

等离子体电视（PDP）的放电胞结构及关键材料
ASF(Lab) No | BMF-061S（黑色条纹）
组成系 | PbO·B2O3·SiO2
转移点/℃ | 455
热膨胀系数 /10-7/℃ | 91
ASF(Lab) No | YFT-065F（透明介电体）
组成系 | PbO·B2O3·SiO2
转移点/℃ | 460
软化点/℃ | 565
热膨胀系数 /10-7/℃ | 74
ASF(Lab) No | YFT-094（透明介电体）
组成系 | PbO·B2O3·SiO2
转移点/℃ | 410
软化点/℃ | 475
热膨胀系数 /10-7/℃ | 80
前玻璃基板
PD200 玻璃
透明电极
汇流电极
透明介电体层
密封玻璃
MgO（保护层）
荧光体（红）
障壁
荧光体（绿）
荧光体（蓝）
白色介电体层
后玻璃基板
安装板
玻璃封接环
排气管
ASF(Lab) No | RFB-024 障壁（凸台）
组成系 | PbO·B2O3·SiO2
转移点/℃ | 460
热膨胀系数 /10-7/℃ | 74
ASF(Lab) No | 玻璃封接环
组成系 | PbO·B2O3·SiO2
转移点/℃ | 310
软化点/℃ | 360
热膨胀系数 /10-7/℃ | 68
ASF(Lab) No | ASF-2300M（密封玻璃）
组成系 | PbO·B2O3·SiO2
转移点/℃ | 310
软化点/℃ | 360
热膨胀系数 /10-7/℃ | 68
ASF(Lab) No | YFW-051（白色介电体）
组成系 | PbO·B2O3·SiO2

2

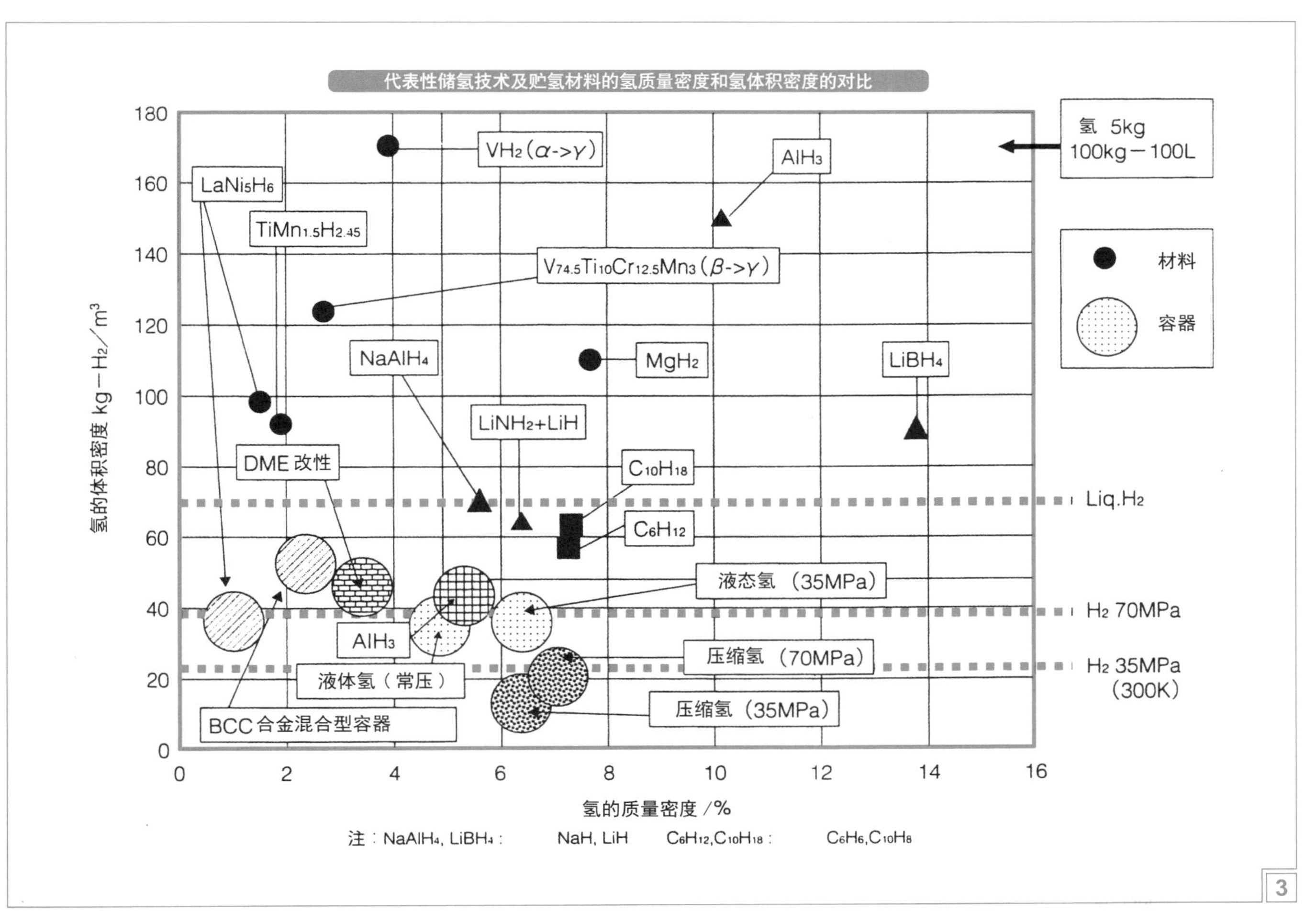

代表性储氢技术及贮氢材料的氢质量密度和氢体积密度的对比
氢的体积密度 kg－H2／m3
氢的质量密度／%
180
160
140
120
100
80
60
40
20
0
0
2
4
6
8
10
12
14
16
VH2（α->γ）
AlH3
LaNi5H6
TiMn1.5H2.45
V74.5Ti10Cr12.5Mn3（β->γ）
NaAlH4
MgH2
LiBH4
LiNH2+LiH
DME 改性
C10H18
C6H12
液态氢（35MPa）
AlH3
压缩氢（70MPa）
液体氢（常压）
压缩氢（35MPa）
BCC 合金混合型容器
氢 5kg
100kg－100L
材料
容器
Liq.H2
H2 70MPa
H2 35MPa
（300K）
注：NaAlH4, LiBH4： NaH, LiH C6H12,C10H18： C6H6,C10H8

3

名词术语和基本概念

材料，物质，原料，循环，动脉流程和静脉流程，旧石器时代，新石器时代，陶瓷时代，青铜器时代，铁器及钢铁时代，中国古代四大发明，新材料时代

结构材料，功能材料，结合键，五大工程材料，金属材料，无机非金属材料，高分子材料，复合材料，半导体材料

材料科学，材料科学与工程，材料科学与工程四要素，成分与结构，合成与加工，性能，使用效能，力学性能，物理性能，化学性能

冶炼，烧结，熔凝，合成，掺杂，叠压，沉积，外延，结构与组织，宏观组织，微观结构，原子结构，晶体结构，相结构，金相组织

摩尔定律，Si 单晶，石英光纤，金刚石，石墨，超级合金，新型电子材料，新能源材料，生物材料和智能材料，纳米材料，镁合金，储氢材料。

思考题及练习题

1.1 给出材料的定义，说明材料与物质、材料与原料的区别。
1.2 为什么说材料的发展是人类文明的里程碑？分别举例说明。
1.3 按组成、化学键及属性等通常共涉及哪五大类工程材料？分别举例说明。
1.4 何谓新材料？举例说明先进材料是高新技术的核心。
1.5 如何理解“硅是上帝赐予人类的宝物”这句话？
1.6 试举 SiO_2 不可替代的重要用途。
1.7 列出乘用车上所用的各种材料，并说明其主要功能。
1.8 将本书第 21 页的图译成中文，在恰当位置填入中国古代四大发明，并说明每种发明所涉及的材料。
1.9 何谓材料科学与工程，什么是材料科学与工程四要素？
1.10 材料从尺度上可分为哪几个层次？这些层次是如何决定材料的组织和性能的？
1.11 将“金属是冶炼成的，陶瓷是烧结成的，玻璃是熔凝成的，高分子是聚合成的，单晶是拉制成的，半导体是掺杂成的，复合材料是叠压成的，薄膜是沉积成的”译成英语。
1.12 金属镁作为结构材料有什么优势和劣势？评价镁合金的应用背景。
1.14 试对新材料的发展和最新应用进行评价和展望。
1.15 请调查与材料科学（偏重物理）相关的诺贝尔奖获得者，分别写出他们的简历（一）。

参考文献

[1] Donald R.Askeland, Pradeep P.Phulé.The Science and Engineering of Materials.4th ed.Brooks/Cole, Thomson Learning, Inco.,2003
材料科学与工程（第 4 版）. 北京：清华大学出版社，2005 年
[2] Michael F Ashby, David R H Jones. Engineering Materials 1——An Introduction to Properties, Applications and Design. 3rd ed. Elsevier Butterworth-Heinemann, 2005
工程材料（1）——性能、应用、设计引论（第 3 版）. 北京：科学出版社，2007 年
[3] William F. Smith, Javad Hashemi. Foundations of Materials Science and Engineering. 5th ed. New York, McGraw-Hill, Inco. Higher Education, 2010
材料科学与工程基础（第 5 版）. 北京：机械工业出版社，2011 年
[4] 潘金生，仝健民，田民波 . 材料科学基础（修订版）. 北京：清华大学出版社，2011 年
[5] 杜双明，王晓刚 . 材料科学与工程概论 . 西安：西安电子科技大学出版社，2011 年 8 月
[6] 王高潮 . 材料科学与工程导论 . 北京：机械工业出版社，2006 年 1 月
[7] 周达飞 . 材料概论（第二版）. 北京：化学工业出版社，2009 年 2 月
[8] 施惠生 . 材料概论（第二版）. 上海：同济大学出版社，2009 年 8 月
[9] 杨瑞成，张建斌，陈奎，居春艳 . 材料科学与工程导论 . 北京：科学出版社，2012 年 8 月
[10] 李恒德，刘伯操，韩雅芳，周瑞发，王祖法 . 现代材料科学与工程辞典 . 济南：山东科学技术出版社，2001 年 8 月
[11] 平井 平八郎，犬石 嘉雄，成田 賢仁，安藤 慶一，家田 正之，浜川 圭弘 . 電気電子材料，Ohmsha，2008 年
[12] 澤岡 昭 . 電子材料：基礎から光機能材料まで . 森北出版株式会社，1999 年 3 月
[13] Donald R Askland,Wendelin J Wright.The Science and Engineering of Materials.7th ed.SI EDITION.CENGAGE Learning. 2014

第2章 材料就在元素周期表中

2.1 门捷列夫元素周期表——最伟大的材料事件

2.2 120种元素综合分析

2.3 原子的核外电子排布（1）——量子数和电子轨道

2.4 原子的核外电子排布（2）——电子排布的三个准则

2.5 核外电子排布的应用（1）——碳的 sp^3、sp^2、sp 杂化

2.6 核外电子排布的应用（2）——四面体键的奇妙之处

2.7 原子的核外电子排布（3）——电子授受及元素氧化数的变化

2.8 原子的核外电子排布（4）——过渡族元素和难熔金属

2.9 原子半径、离子半径和元素的电负性

2.10 原子的电离能和可能的价态表现

2.11 原子的核外电子排布（5）——稀土元素和锕系元素

2.12 日常生活中须臾不可离开的元素

2.13 材料性能与化学键类型的关系

2.14 材料性能与微观结构的关系

2.15 铁的晶体结构

2.16 材料性能与组织的关系

2.17 从轨道能级到能带——绝缘体、导体和半导体的能带图

2.18 化合物半导体和荧光体材料

2.1 门捷列夫元素周期表——最伟大的材料事件

2.1.1 人类发展史上最伟大的材料事件

2006年9月，美国《金属杂志》(Journal of Metals, JOM)发起了旨在弘扬材料科学在人类历史发展进程中的影响力的"最伟大的材料事件"(the Greatest Moment)活动，表中所列是按事件重要性大小顺序排列的部分"最伟大的材料事件"及其意义。**"最伟大的材料事件"被定义为：一项人类的观测或者介入，导致人类对材料行为的理解产生标准性进展的关键或决定性事件，它开辟了材料利用的新纪元，或者产生了由材料引起的社会经济重大变化。**可以据此来描述材料及相关科学与技术的发展对人类文明、社会进步和科学技术发展所做出的巨大贡献。

在"最伟大的材料事件"中，有新材料、新器件和先进仪器的发明，有材料的新原理、新规律与揭示新结构的提出，有材料制备技术及工艺的发展，等等。中国古代开发的铁铸造工艺和使用高岭土制备首批精细陶瓷，榜上有名。

元素周期表是由俄国科学家门捷列夫(Дмитрий Иванович Менделеев (Dmitrij Lvanovich Mendelejev)，1834—1907)于1864年首创的，后来又经过多名科学家多年的修订才形成当代的形式。门捷列夫由于周期表的发明成为1906年诺贝尔化学奖的最终候选人，但因为一票之差败给从事氟及其分离研究的法国化学家Moissan。但是门捷列夫发明周期表的伟大功绩永不磨灭。

材料是由元素之间相互作用构成的。因此，元素周期表及其基本规律是材料科学的主要基础之一。元素周期表所蕴藏的物质(远不止元素)的规律，直到今天人们仍在挖掘中。从中得到的启示，无论是对材料构成的本质和材料行为与本质的认识，还是研制和开发新材料，都具有不可估量的价值。

2.1.2 周期和族

到2014年，已发现120种元素(118种已确认并命名)。每一种元素都有一个编号，其数值恰好等于该元素原子的核内电荷数，这个编号称为原子序数。元素的物理性质、化学性质随原子序数呈周期性变化的规律称为**元素周期律**。

按原子序数递增排列，将电子层数相同的元素放在同一行，将最外(以及次外)层电子数相同的元素放在同一列。由于原子的电子结构，即核外电子排布的周期性变化，与电子层结构有关的元素的基本性质如**原子半径、电离能、电子亲和能、电负性**等，也呈明显的周期性变化(参照2.8节图2(上))。

在周期表中，元素是以元素的原子序数排列，原子序数最小的排行最先。表中一横行称为一个**周期**，一列称为一个**族**。周期表中有7个横行，表示7个周期：1个超短周期，2个短周期，2个长周期，1个超长周期，1个不完全周期。第一周期仅有两个元素，称为超短周期；第二、第三周期各有8个元素，称为短周期；第四、第五周期各有18个元素，称为长周期；第六周期有32种元素，称为超长周期；而第七周期至今尚未填完，称不完全周期。周期表中共有18个纵行，每一纵行表示一个族，而族又有主族和副族之分。其中ⅠA至ⅦA为第一至第七主族，标有ⅠB至ⅦB为第一到第七副族，标有Ⅷ的为第八族，标有0的为零族。第八族有时称为0，亦称为零族。

2.1.3 主族和副族

主族(He除外)以及ⅠB、ⅡB族的族序数等于最外层电子数；ⅢB~ⅦB族的族序数等于最外层电子数与次外层d亚层(轨道)电子数之和。上述规律不适用于第ⅧB族。

同族元素原子的最外层电子构型基本一致，只是壳层数不同。正是因为同族元素原子具有相似的电子构型，才具有相似的化学性质和物理性质。

周期表中的元素除了按周期和族划分外，还可按元素的原子在哪一亚层增加电子而将它们划分为s、p、d、ds、f五个区，详见2.10.4节。

元素周期表中各主族的元素，其原子的电子层除最外层外，都具有稳定的结构。价电子都在最外层上，参与反应时，仅这层电子发生变化。同一主族的元素，其原子的最外层电子数相同，且数目与族序数相同，因此常具有相同的化合价。随着原子电子层数增加，它们的金属性逐渐增强，非金属性逐渐减弱。主族元素共有38种。其中22种是金属元素，16种是非金属元素。

副族元素失电子多少不像主族元素那么简单，其化合价往往不止一种，但也有一些规律可循，这与原子的核外电子排布规律有关，这可由核外电子排布规律之一——"洪特规则"(当电子亚层处于全空、半满和全满时较稳定)来解释。此外，副族元素的最高正价一般也等于它的族序数，这一点和主族元素一样。元素周期表中各副族的元素，大多数的原子的电子层结构不仅外层不稳定，次外层也不稳定(铜族、锌族除外)。价电子分布在外层或次外层中，因此参加反应时，不仅外层而且次外层电子也可能发生变化。同一副族的元素，一般具有相同的化合价。但性质的递变规律不及主族明显，大体上随着原子序数增加，金属性减弱(钪族例外)。副族元素迄今已有50余种，它们都是金属元素。

2.1.4 材料就在元素周期表中

元素周期表是一座材料知识的宝库，里面蕴藏着很多重要的材料规律，主要表现为元素性质按周期律变化，位置靠近的元素性质相似，启发着人们在某个区域内寻找新的物质，为指导新材料的合成、预测新材料的结构和性质提供了重要线索和依据。

例如：①特种合金：周期表中从ⅣB到ⅦB的过渡元素，如钛、钽、钼、钨、铬，具有耐高温、耐腐蚀等特点，它们是制作耐高温、耐腐蚀特种合金的优良材料，是制造导弹、火箭、宇宙飞船等不可缺少的金属。②半导体：以Si、Ge为代表的元素半导体均为Ⅳ族，位于金属与非金属分界线附近，而Ⅳ-Ⅳ族、Ⅲ-Ⅴ族、Ⅱ-Ⅵ族、Ⅰ-Ⅲ-$Ⅵ_2$、$Ⅰ_2$-Ⅱ-Ⅳ-$Ⅵ_4$族化合物半导体都要配成外层八电子层结构。③过渡族元素：发展过渡元素结构、镧系(稀土元素)和锕系(放射性元素)结构理论等在实际生产中具有广泛应用。④矿物寻找：元素在地球上的分布跟它们在周期表中的位置密切相关，如相对原子质量较小的元素在地壳中含量较多，相对原子质量较大的元素含量较少；原子序数为偶数的元素较多，原子序数为奇数的元素较少；处于地球表面的元素多数呈现高价，处于岩石深处的元素多数呈现低价；熔点、离子半径、得失电子能力相近的元素往往共生在一起，处于同一种矿石中。⑤催化剂：过渡元素对许多化学反应有良好的催化性能，可在过渡元素(包括稀土元素)中寻找各种优良催化剂。⑥农药：多数是含F、Cl、P、S等元素的化合物，主要在周期表的右上部。

本节重点

(1) 元素周期表中包括多少个周期，说出每个周期的特点。
(2) 元素周期中共包括多少个族，说出每个族中元素的特点及变化规律。
(3) 举创新实例说明，元素周期表今天仍有无穷尽的应用价值。

最伟大的材料事件

排序	年代	材料事件	意义、贡献
1	1864 年	门捷列夫（D.Mendeleev）设计出元素周期表	成为材料科学家和工程师普遍使用的参考工具
2	公元前 3500 年（推测）	埃及人首次熔炼铁（或许是铜精炼的副产品），微量的铁主要用于装饰或礼仪	揭开了钢铁成为世界主导冶金材料的第一个制备秘密
3	1948 年	巴丁（J Bardeen）、布拉顿（W Brattain）和肖克利（W Shockley）发明晶体管	成为所有现代电子学的基石和微芯片与计算机技术的基础
4	公元前 2200 年（推测）	伊朗西北部人发明了玻璃	成为第二种伟大的非金属工程材料（继陶瓷之后）
5	1668 年（推测）	列文虎克（A Leeuwenhoek）制出超过 200 倍的光学显微镜	能够研究肉眼无法看到的自然界及其结构
6	1755 年	斯米顿（J Smeaton）发明了现代混凝土（水凝水泥）	成为当代的主导建筑材料
7	公元前 300 年（推测）	南印度的金属业劳动者发展了坩埚炼钢	生产出几百年后成为著名的“大马士革”刀的“乌兹钢”（Wootz），激发了数代工匠和冶金学家
8	公元前 500 年（推测）	在土耳其周边发现可以从孔雀石和兰铜矿中萃取液体铜以及熔融的金属，可铸成不同的形状	成为冶金提取术——开发地球矿物宝藏的手段
9	1912 年	劳厄（M Laue）发现晶体的 X 射线衍射	创建表征晶体结构方法，启发布拉格父子发展晶体衍射理论，深化对晶体结构与材料性能关系的理解
10	1856 年	贝西默（H Bessemer）申请了底吹酸性炉炼钢过程专利	引领出廉价、大吨位炼钢时代，为运输业、建筑物和通用工业带来巨大进步
11	1876 年	吉布斯（J W Gibbs）发表《论非均相物质之平衡》著名论文	成为现代热力学和物理化学的基础
12	1913 年	玻尔（N Bohr）发表了原子结构模型的理论	提出电子环绕原子核做轨道运动，较外层电子数决定了元素的化学性质

1

元素周期表（Periodic Table of the Elements）

图例：金属（主族）；金属（过渡族）；金属（内过渡族）；类金属；非金属

主族元素（IA–IIA；IIIA–VIIIA）；过渡族元素（IIIB–IIB）

周期	IA (1)	IIA (2)	IIIB (3)	IVB (4)	VB (5)	VIB (6)	VIIB (7)	VIIIB (8)	VIIIB (9)	VIIIB (10)	IB (11)	IIB (12)	IIIA (13)	IVA (14)	VA (15)	VIA (16)	VIIA (17)	VIIIA (18)
1	1 H 1.008																	2 He 4.003
2	3 Li 6.941	4 Be 9.012											5 B 10.81	6 C 12.01	7 N 14.01	8 O 16.00	9 F 19.00	10 Ne 20.18
3	11 Na 22.99	12 Mg 24.31											13 Al 26.98	14 Si 28.09	15 P 30.97	16 S 32.07	17 Cl 35.45	18 Ar 39.95
4	19 K 39.10	20 Ca 40.08	21 Sc 44.96	22 Ti 47.88	23 V 50.94	24 Cr 52.00	25 Mn 54.94	26 Fe 55.85	27 Co 58.93	28 Ni 58.69	29 Cu 63.55	30 Zn 65.39	31 Ga 69.72	32 Ge 72.61	33 As 74.92	34 Se 78.96	35 Br 79.90	36 Kr 83.80
5	37 Rb 85.47	38 Sr 87.62	39 Y 88.91	40 Zr 91.22	41 Nb 92.91	42 Mo 95.94	43 Tc (98)	44 Ru 101.1	45 Rh 102.9	46 Pd 106.4	47 Ag 107.9	48 Cd 112.4	49 In 114.8	50 Sn 118.7	51 Sb 121.8	52 Te 127.6	53 I 126.9	54 Xe 131.3
6	55 Cs 132.9	56 Ba 137.3	57 La 138.9	72 Hf 178.5	73 Ta 180.9	74 W 183.9	75 Re 186.2	76 Os 190.2	77 Ir 192.2	78 Pt 195.1	79 Au 197.0	80 Hg 200.6	81 Tl 204.4	82 Pb 207.2	83 Bi 209.0	84 Po (209)	85 At (210)	86 Rn (222)
7	87 Fr (223)	88 Ra (226)	89 Ac (227)	104 Rf (261)	105 Db (262)	106 Sg (266)	107 Bh (262)	108 Hs (265)	109 Mt (266)	110 Uun (269)	111 Uuu (272)	112 Uub (277)	113	114 Uug (285)	115	116 Uuh (289)	117	118 Uuo

内过渡族元素

周期															
6	* 镧系	58 Ce 140.1	59 Pr 140.9	60 Nd 144.2	61 Pm (145)	62 Sm 150.4	63 Eu 152.0	64 Gd 157.3	65 Tb 158.9	66 Dy 162.5	67 Ho 164.9	68 Er 167.3	69 Tm 168.9	70 Yb 173.0	71 Lu 175.0
7	** 锕系	90 Th 232.0	91 Pa (231)	92 U 238.0	93 Np (237)	94 Pu (242)	95 Am (243)	96 Cm (247)	97 Bk (247)	98 Cf (251)	99 Es (252)	100 Fm (257)	101 Md (258)	102 No (259)	103 Lr (260)

最新的元素周期表给出 7 个周期，8 个主族元素、过渡族元素和内过渡族元素。注意大多数元素是按金属和非金属分类的。

2

2.2 120 种元素综合分析

2.2.1 金属、半金属

通常使用的含 112 种元素的元素周期表中，金属元素共 90 种，位于“硼 - 砹分界线”的左下方，在 s 区、p 区、d 区、ds 区、f 区等 5 个区域都有金属元素，过渡元素全部是金属元素。金属是一种具有光泽（即对可见光强烈反射）、富有延展性、容易导电、导热等性质的物质。金属的上述特质都跟金属晶体内含有自由电子有关。金属之间的连接是金属键，因此随意更换位置都可再重新建立连接，这也是金属伸展性良好的原因。金属元素在化合物中通常只显正价。

半金属（semi-metals，又称类金属）这个名词起源于中世纪的欧洲，用来称呼铋，因为它缺少正常金属的延展性，只算得上“半”金属。目前则指导电电子浓度远低于正常金属的一类金属。正常金属的载流子浓度都在 $10^{22}cm^{-3}$ 以上。而半金属的载流子浓度在 $10^{22}\sim10^{17}cm^{-3}$ 之间。半金属元素在周期表中处于金属向非金属过渡位置，若沿元素周期表ⅢA 族的硼和铝之间到 ⅥA 族的碲和钋之间画一锯齿形斜线，则贴近这条斜线的元素（除铝外）都是半金属，通常包括硼 B、硅 Si、砷 As、碲 Te、硒 Se、钋 Po 和砹 At，锗 Ge、锑 Sb 也可归入半金属。半金属一般性脆，呈金属光泽。电负性在 1.8~2.4 之间，大于金属，小于非金属。

2.2.2 黑色金属、有色金属，轻金属、重金属

工业上把金属及其合金分成两大部分：

（1）黑色金属：主要是指铁、锰、铬及其合金（钢、生铁、铸铁和铁合金等）。黑色金属又称铁类金属（ferrous alloys）。

黑色金属应用最广，以铁为基的合金材料占整个结构材料和工具材料的 90% 以上，包括含铁 99.98% 以上的工业纯铁，含碳 2%~4% 的铸铁，含碳小于 2% 的碳钢，以及各种用途的结构钢、不锈钢、耐热钢、高温合金、精密合金等。黑色金属的工程性能比较优越，价格也比较便宜。另外，铁族金属一般是指 Fe、Co、Ni 等。

（2）有色金属：黑色金属之外的所有金属及其合金。有色金属又称非铁金属（nonferrous alloys）。

有色金属种类繁多，侧重点不同，分类方法各异。通常分为轻金属、重金属、贱金属、贵金属、半金属、稀有金属、稀散金属、稀土金属等。

按照性能特点，有色金属大致可分成：

轻金属：Be、Mg、Al 等密度小于 $4.5g/cm^3$（或 $5g/cm^3$）的金属，密度更高的称为重金属；

碱金属及碱土金属：Li、Na、K、Rb、Cs、Fr、Ca、Sr、Ba、Ra。

易熔金属：Zn、Ga、Ge、Cd、In、Sn、Sb、Hg、Pb、Bi；

难熔金属：Ti、V、Cr、Zr、Nb、Mo、Tc、Hf、Ta、W、Re；

贵金属：Ru、Rh、Pd、Ag、Os、Ir、Pt、Au 等共八种；

稀土金属：Sc、Y、镧系（57~71 号）；

铀金属：Ac、锕系（90~103 号）；

铀及超铀元素：锕系（89~103 号），一般具有放射性；U（包括）之前为天然元素，U 之后为人造元素。

主要的有色金属包括铝、铜、镍、镁、钛和锌。这六种金属的合金占了有色金属总量的 90%。每年使用的铝、铜和镁有 30% 得到了回收利用，这就进一步增加了它们的用量。

2.2.3 贱金属、贵金属

在化学中，贱金属一词是指比较容易被氧化或腐蚀的金属，通常情况下用稀盐酸（或盐酸）与之反应可形成氢气。比如铁，镍，铅和锌等。铜也被认为是贱金属，尽管它不与盐酸反应，但因为它比较容易氧化。在矿业和经济领域，贱金属是指工业非铁金属（不含贵金属）。贱金属相对比较便宜。

贵金属主要是指金、银和铂族金属（钌、铑、钯、锇、铱、铂）等 8 种金属元素。这些金属大多数拥有美丽的色泽，对化学药品的抵抗力相当大，在一般条件下不易引起化学反应。在古代，钱币主要是用贵金属制成，而现代大多数硬币都是由贱金属制成。贵金属被用来制作珠宝和纪念品，而且还有广泛的工业用途。

一般所说的特种金属材料包括不同用途的结构金属材料和功能金属材料。其中有通过快速冷凝工艺获得的非晶态金属材料，以及准晶、微晶、纳米晶金属材料等；还有隐身、抗氢、超导、形状记忆、耐磨、减振阻尼等特殊功能合金，以及金属基复合材料等。从这种意义上讲已无黑色、有色，轻、重，贵、贱，丰富、稀缺之分。

2.2.4 稀有金属、稀散金属、稀土金属

稀有金属，通常指在自然界中含量较少或分布稀散的金属，它们难于从原料中提取，在工业上制备和应用较晚，但在现代工业中有广泛的用途。中国稀有金属资源丰富，如钨、钛、稀土、钒、锆、钽、铌、锂、铍等已探明的储量，都居于世界前列，中国正在逐步建立稀有金属工业体系。

稀散金属通常是指由镓（Ga）、铟（In）、铊（Tl）、锗（Ge）、硒（Se）、碲（Te）和铼（Re）7 个元素组成的一组化学元素。但也有人将铷、铪、钪、钒和镉等包括在内。这 7 个元素从 1782 年发现碲以来，直到 1925 年发现铼才被全部发现。这一组元素之所以被称为稀散金属，一是因为它们之间的物理及化学性质等相似，划为一组；二是由于它们常以类质同象形式存在有关的矿物当中，难以形成独立的、具有单独开采价值的稀散金属矿床；三是它们在地壳中平均含量较低，以稀少分散状态伴生在其他矿物之中，只能随开采主金属矿床时在选冶中加以综合回收、综合利用。稀散金属具有极为重要的用途，是当代高科技新材料的重要组成部分。

稀土一词是历史遗留下来的名称。稀土元素从 18 世纪末开始陆续发现，当时人们常把不溶于水的固体氧化物称为土。稀土一般是以氧化物状态分离出来的，又很稀少，因而得名为稀土。我国用“RE”表示稀土的符号。实际上它们在地壳内的含量相当高，最高的铈是地壳中第 25 丰富的元素，比铅还要高。而最低的“稀土金属”铥在地壳中的含量比金甚至还要高出 200 倍。因此国际纯粹与应用化学联合会现在已经废弃了“稀土金属”这个称呼。通常把镧、铈、镨、钕、钷、钐、铕称为轻稀土或铈组稀土；把钆、铽、镝、钬、铒、铥、镱、镥、钇称为重稀土或钇组稀土。也有的根据稀土元素物理化学性质的相似性和差异性，除钪之外（有的将钪划归稀散元素），划分成三组，即轻稀土组为镧、铈、镨、钕、钷；中稀土组为钐、铕、钆、铽、镝；重稀土组为钬、铒、铥、镱、镥、钇。

本节重点

（1）何谓半金属，在元素周期表中如何确定半金属？请列出半金属的名称和元素符号。
（2）何谓黑色金属、有色金属、轻金属、重金属、贱金属、贵金属？
（3）何谓稀有金属和稀散金属？写出稀散金属的名称和元素符号。

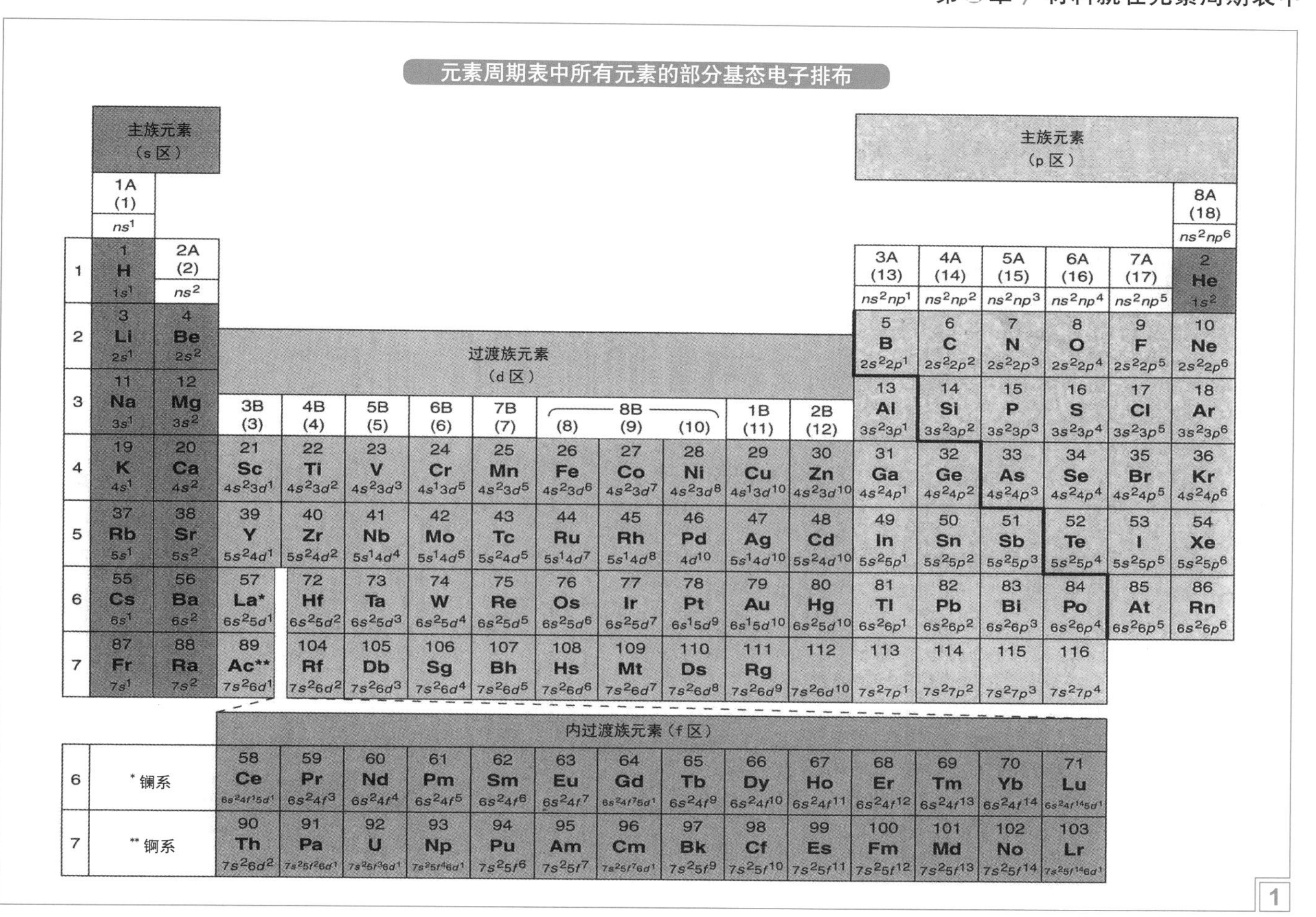

1

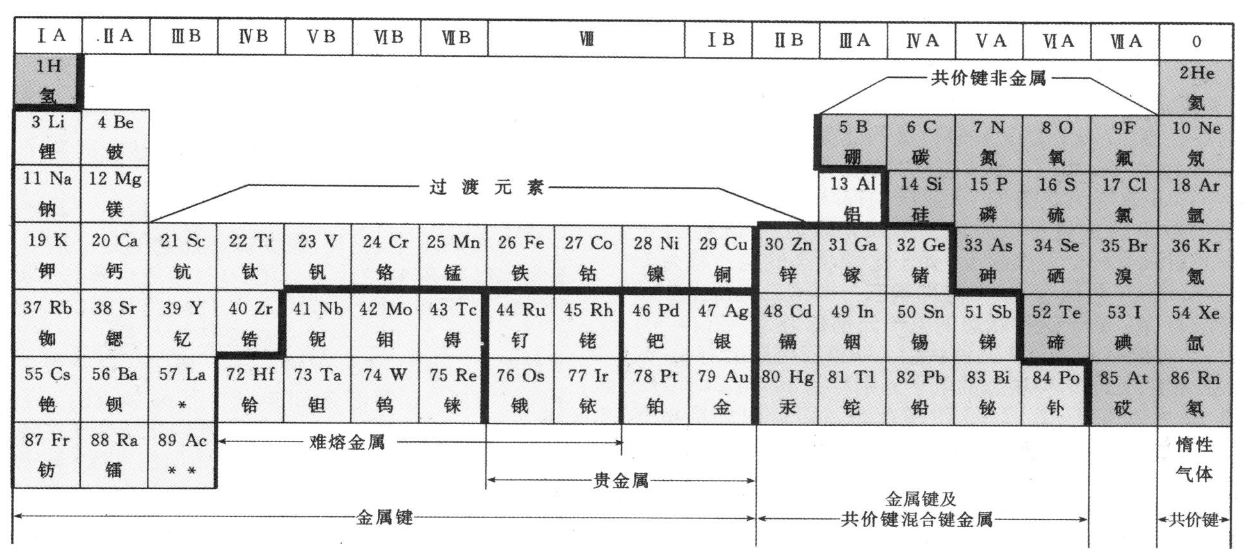

*57～71 镧系　　　*89～103 锕系

- 碱金属中不含 H；
- 碱土金属一般指：Ca，Sr，Ba；
- 硫属（族）元素中不含 O；
- 贵金属共八种：钌（Ru）　铑（Rh）　钯（Pd）　银（Ag）　锇（Os）　铱（Ir）　铂（Pt）　金（Au）；
- 过渡元素包括：稀土元素（内过渡族），钛族，钒族，铬族，锰族，铁族（Fe，Co，Ni），白金族等。

2

2.3 原子的核外电子排布（1）——量子数和电子轨道

2.3.1 主量子数 n

在结构上，原子由原子核及分布在核周围的电子构成。原子核内有质子和中子，核的体积很小，却集中了原子的绝大部分质量。电子绕着原子核在确定的轨道上旋转，它们的质量虽可忽略，但电子的分布却是原子结构中最重要的问题。原子之间的差异以及表现在力学、物理、化学性能方面的不同，主要是由于各种原子的电子的分布不同造成的。本节介绍的原子结构就是指电子的运动轨道和排列方式。

量子力学的研究发现，电子的旋转轨道不是任意的，但它的运动途径或确切位置却是不确定（早年称为“测不准”的）。薛定谔方程成功地解决了电子在核外的运动状态的变化规律，方程中引入了波函数的概念，以取代经典物理学中电子绕核的（圆形）固定轨道，解得的波函数（由于历史的原因人们习惯上称之为原子轨道）描述了电子在核外空间各处位置出现的几率，相当于给出了电子运动的“轨道”。要描述原子中各电子的“轨道”或运动状态（例如电子所在的原子轨道离核远近、原子轨道形状、伸展方向、自旋状态），需要引入四个量子数，它们分别是主量子数、角量子数、磁量子数和自旋量子数。在此对这四个量子数及其意义以及薛定谔方程的求解结果作一说明。

主量子数 n（n=1，2，3，…）是描述电子离核远近和能量高低的主要参数，换句话说，是用它来描述原子中电子出现几率最大的区域离核的远近，或者说 n 决定了电子的层数，因此在四个量子数中是最重要的。n 的数值越小，电子离核的平均距离越近，能量越低。在临近原子核的第一壳层上，n=1，按光谱学的习惯称为 K 壳层，该壳层上电子受核引力最大，能量值最负，故能量最低，而 n=2，3，…分别代表电子处于第二、第三、第四……壳层上，依次称为 L、M、N、O、P、Q…，其能量也依次增加。

2.3.2 轨道角量子数 l

角量子数 l 既反映了原子轨道（或电子云）的形状，也反映了同一电子层中具有不同形状的亚层。在同一主层上（主量子数 n）的电子，可以根据角量子数 l 分成若干个能量不同的亚壳层，l=0, 1, 2, …, $n-1$，这些亚壳层按光谱学的习惯分别称为 s、p、d、f、g 状态，其 s 亚层为球形，p 亚层为哑铃形，d 亚层为花瓣形，f 亚层的形状复杂。各主层上亚壳层的数目随主量子数不同，例如 n=1 时，l 只能为 0，即第一壳层只有一个亚壳层 s，处于这种状态的电子称为 1s 电子；n=2 时，l 可以有 0、1 两种状态，即第二壳层上由两个亚壳层 s、p，处于这种状态的电子分别称为 2s、2p 电子；n=3 时，l 可以有 0、1、2 三种状态，即第三壳层上有 s、p、d 三个亚壳层，处于这种状态的电子分别称为 3s、3p、3d 电子；n=4 时，l 可以有 0、1、2、3 四种状态，即第四壳层上有 s、p、d、f 四个亚壳层，处于这种状态的电子分别称为 4s、4p、4d、4f 电子。决定电子轨道能量水平的主要因素是主量子数 n 和角量子数 l。总体规律为：n 不同而 l 相同时，其能量水平按 1s、2s、3s、4s 顺序依次升高；n 相同而 l 不同时，其能量水平按 s、p、d、f 顺序依次升高；n 和 l 均不同时，有时出现能级交错现象。例如，4s 的能量水平反而低于 3d，5s 的能级水平也低于 4d、4f；n 和 l 相同时，原子轨道相等（等价），如 2p 亚层中的 3 个在空间相互垂直的轨道（$2p_x$、$2p_y$、$2p_z$）是等价轨道，3d 亚层中的 5 个在空间取向不同的轨道也是等价轨道。需要注意的是，在有外磁场时，这些处于同一亚层而空间取向不同的轨道能量会略有差别。

对于氢原子和类氢离子，其能量只与 n 有关，而对其他多原子体系，能量与 n、l 有关。在磁场中，m 不同角动量不同，能量也会产生差异。

2.3.3 轨道磁量子数 m

磁量子数 m 确定了原子轨道在空间的伸展方向。m 的取值为 0，±1，±2，…，±l，共 $2l$+1 个取值，即原子轨道共有 $2l$+1 个空间取向。我们常把电子主层、电子亚层和空间取向都已确定（即 n、m、l 都确定）的运动状态称为原子轨道。s 亚层（l=0）有 1 个原子轨道（对应 m=0）；p 亚层（l=1）有 3 个原子轨道（对应 m=0，±1）；d 亚层（l=2）有 5 个原子轨道（对应 m=0，±1，±2），以此类推，同时轨道磁量子数 m 决定了轨道角动量在外磁场方向的投影值。值得注意的是，m 与能量无关。

综上所述，n、l、m 一组量子数可以决定一个原子轨道的离核远近、形状和伸展方向。一般将 n、l、m 都确定的运动状态称为原子轨道。

2.3.4 自旋量子数 m_s

自旋量子数 m_s 是描写电子自旋运动的量子数，是电子运动状态的第四个量子数。原子中电子不仅绕核高速旋转，还做自旋运动。电子有两种不同方向的自旋，即顺时针方向和逆时针方向，所以 m_s 有两个取值 ±1/2，表示在每个状态下可以存在自旋方向相反的两个电子，一般用向上和向下的箭头表示。

于是在 s、p、d、f 的各个亚层中可以容纳的最大电子数分别为 2，6，10，14。由四个量子数所确定的各壳层及亚壳层中的电子状态，每一电子层中，原子轨道的总数为 n^2，各主层总电子数为 $2n^2$。自旋方向相反的两个电子只是在磁场下的能量会略有差别。

电子壳层、分层、原子轨道、运动状态同量子数间的关系如图所示。

左图表示 n=7 以下所有电子的轨道能级。各轨道按同样的严格次序填充电子。需要提起注意的是，按电子能级的高低，3d 排在 4s 之上，这是 3d 过渡族金属的情况；4f 排在 5s、5p 甚至 6s 以上，这是镧系（稀土）元素的情况；5f 排在 6s、6p 甚至 7s 以上，这是锕系元素的情况 。

右图表示从钪（Sc）到锌（Zn），原子的电子排布。随原子序数的增加，逐渐填充 3d 电子，而 4s 轨道的电子数不变（除 Cr 和 Cu 之外均为 2）。由于元素的化学性质主要取决于最外层电子，因此这些元素都具有相似的性质（属于过渡族元素）。

本节重点

（1）说明量子数 n、l、m、m_s 所代表的物理意义及其数值的大小。
（2）K、L、M、N、O、P 每个壳层可容纳的电子数分别是多少？
（3）按顺序画出 n=7 以下的所有电子的轨道能级。

电子结构中的量子数

量子数

量子数是表征原子中电子所属离散能级的数值表现。

每个电子所属的能级由四个量子数决定。

- 主量子数 n
- 角量子数 l
- 磁量子数 m_l
- 自旋量子数 m_s

- n 表示电子所属的量子壳层。

n = 1 2 3 4 5 6 7

壳层 = K L M N O P Q

- 每个量子壳层的能级数量取决于角量子数 l 和磁量子数 m_l。

l = 0, 1, 2, 3, ⋯, n-1

亚层 = s, p, d, f, ⋯

(或：轨道，或：次能级)

- 磁量子数 m_l 给出每个角量子数下的能级数，或轨道数

$m_l = -l, \cdots, 0, \cdots, l$ （共有 $2l+1$ 个）

- $m_s = \pm\frac{1}{2}$

m_l 对电子的能级几乎没有影响，
m_s 对电子的能级只有非常小的影响。

1

每个壳层中最多可容纳的电子数

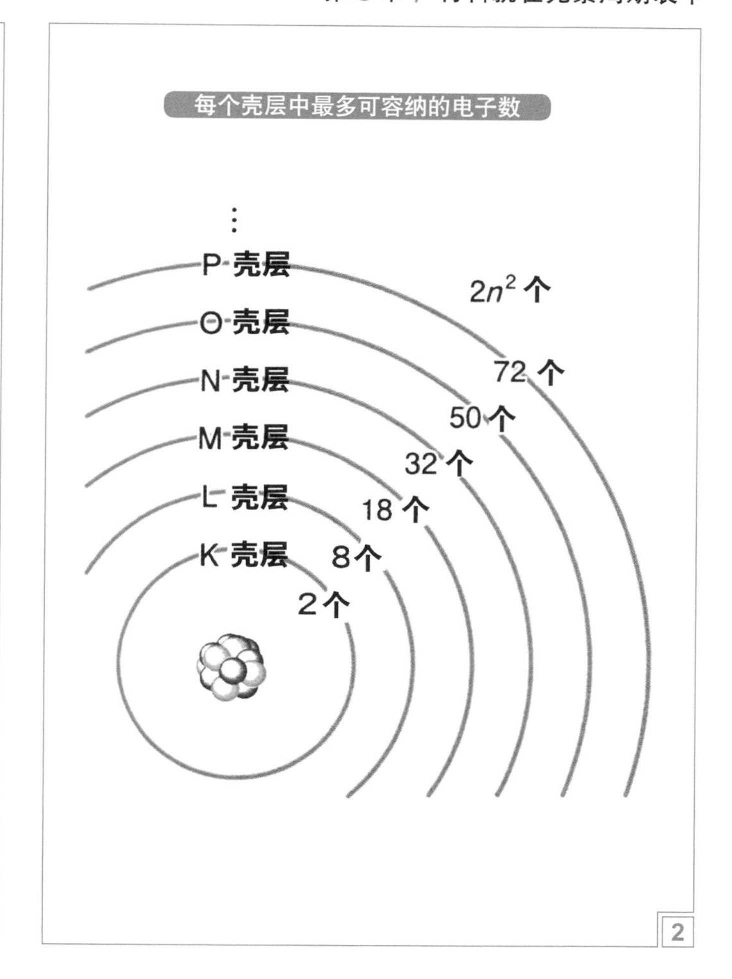

2

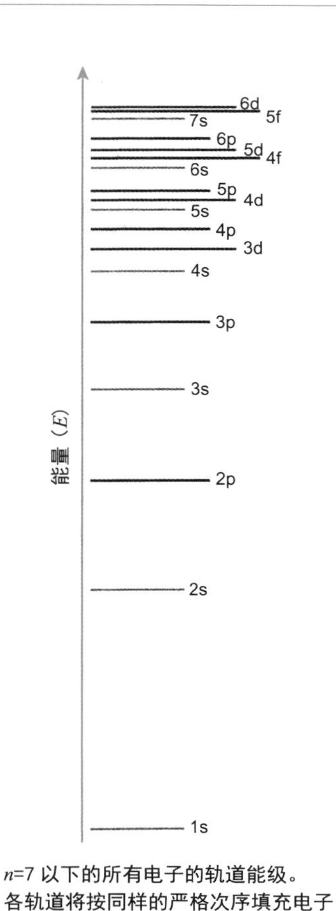

n=7 以下的所有电子的轨道能级。
各轨道将按同样的严格次序填充电子

原子的电子排布

电子的能级

能级从低向高

1s 2s 2p 3s 3p 3d 4s 4p 4d 5s 5p 4f 5d 6s 6p 5f 6d 7s 7p 8s

能级从低到高的顺序

1s<2s<2p<3s<3p<4s<3d<4p<5s<4d<5p<6s<4f<5d<6p<7s<5f<6d<7p<8s⋯

从钪（Sc）到锌（Zn），原子的电子排布

从钪（Sc）原子到锌（Zn）原子，随原子序数的增加，逐渐填充 3d 电子，而 4s 轨道的电子数不变（除 Cr 和 Cu 之外均为 2）。由于元素的化学性质主要决定于最外层电子，因此这些元素都具有相似的性质（属于过渡族元素）。

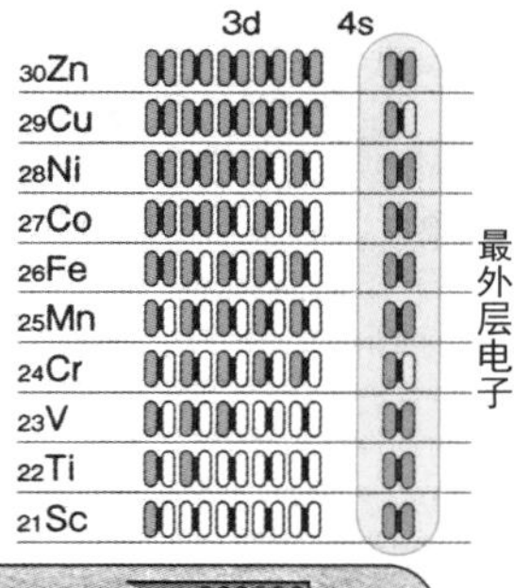

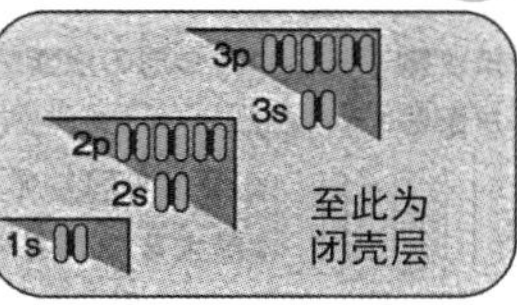

3

2.4 原子的核外电子排布（2）——电子排布的三个准则

2.4.1 电子轨道排布的三个准则

原子核外电子的分布与四个量子数有关，且符合以下三个基本原则：

（1）**泡利不相容原理。**在同一原子中，不可能有运动状态（即4个量子数）完全相同的两个电子存在。或表述为：在同一原子轨道中最多只能容纳两个自旋方向相反的电子。

（2）**能量最低原理。**核外电子优先占有能量最低的轨道。电子先从最低能集，依次向较高能级排布，以保证系统能量最低。

（3）**洪德规则（也称最多轨道原则）。**同一亚层（角量子数）的电子排布总是尽可能分占不同的轨道，且自旋方向相同。在能量相等的轨道（等价轨道，例如3个p轨道，5个d轨道，7个f轨道）上分布的电子，将尽可能分占不同的轨道，且自旋方向相同。

另外，作为洪德规则的特例，等价轨道的全填满、半填满或全空的状态一般比较稳定。例如，29号元素Cu的电子分布式不是$1s^22s^22p^63s^23p^63d^94s^2$，而是$1s^22s^22p^63s^23p^63d^{10}4s^1$；$_{24}Cr$的电子分布式不是$1s^22s^22p^63s^23p^63d^44s^2$，而是$1s^22s^22p^63s^23p^63d^54s^1$；此外，$_{79}Au$、$_{42}Mo$、$_{64}Gd$、$_{96}Cm$、$_{47}Ag$也有类似的情况。

根据原子轨道能级顺序和核外电子分布的三个规则，可以写出不同原子序数原子中的电子排布方式。

例2.1 写出Ni的核外电子排列式。

解 步骤如下：

①写出原子轨道能级顺序，即1s2s2p3s3p4s3d4p5s4d5p。

②按核外电子排布的三个基本原则在每个轨道上排布电子。由于Ni的原子序数为28，共有28个电子直至排完为止，即$1s^22s^22p^63s^23p^64s^23d^8$。

③将相同主量子数的各亚层按s、p、d等顺序整理好，即得Ni原子的电子排列式$1s^22s^22p^63s^23p^63d^84s^2$。

例2.2 写出Ni^{2+}的核外电子排列式。

解 光谱实验表明，原子失去电子而变成阳离子时，一般失去的是能量较高的最外层的电子，而往往会引起电子层数的减少，即阳离子的轨道能级一般不存在交错现象。因此Ni原子失去的两个电子是4s上的，而不是3d上的，即Ni^{2+}的核外电子排列式为$1s^22s^22p^63s^23p^63d^8$，简写为[Ar]$3d^8$或$3d^8$。

2.4.2 电子的轨道能级分布

原子中的电子，均带有一定的能量在原子核的周围旋转，该能量按能级从低到高的顺序分别 命名为1s、2s、2p、3s、3p、3d、…。1s、2s、3s等的s能级的能量，分别可由2个电子所具有，而这2个电子的自旋（spin）方向必须是相反的。而且，2p、3p等的p能级的能量，分别合计由6个电子所据有，按相互自旋方向的不同，分成3组，分别位于3个所谓p轨道。s能级中有一个轨道，故称其为s轨道。

图中以Na的$1s^22s^22p^63s^1$核外电子排布为例，给出其电子的轨道能级分布。

2.4.3 金属最集中的三类元素

过渡元素（transition elements）是元素周期表中从ⅢB族到Ⅷ族的化学元素。这些元素在原子结构上的共同特点是价电子依次充填在次外层的d轨道上，因此，有时人们也把镧系元素和锕系元素包括在过渡元素之中。另外，ⅠB族元素（铜、银、金）在形成+2和+3价化合物时也使用了d电子；ⅡB族元素（锌、镉、汞）在形成稳定配位化合物的能力上与传统的过渡元素相似，因此，也常把ⅠB和ⅡB族元素列入过渡元素之中。

因此，过渡元素一般指外层有电子，而次外层并未完全填满的一组化学元素。共计67个，按结构特点分为三类：①主过渡元素或d区元素，包括f壳层有电子而d壳层仅部分填满的元素及锌族元素，共37个；②镧系元素，从镧到镥的15个元素，壳层结构为$4f^{0\sim14}5d^{0\sim16}s^2$，再加上钇，钪，17个元素被称为稀土元素；③锕系元素，从锕开始的15个元素，壳层结构为$5f^{0\sim14}6d^{0\sim17}s^{0\sim2}$，其同位素均为放射性。

2.4.4 为什么Fe、Co、Ni是铁磁性的？

第四周期过渡元素包括Sc、Ti、V、Cr、Mn、Fe、Co、Ni、Cu、Zn。它们核外电子排布有一定共性，内层电子排布均为$1s^22s^22p^63s^23p^6$，闭壳层；外层电子排布随原子核电荷数增加而变化，表现在3d壳层上电子数依次增多。以Fe为例，其$3d^6$轨道有6个电子占据，但$3d^6$轨道有10个位置（轨道数5），为非闭壳层；$4s^2$轨道2个电子满环，闭壳层。

可见，3d轨道为非闭壳层，尚有4个空余位置。3d轨道上，最多可以容纳自旋磁矩方向向上的5个电子和向下的5个电子，但电子的排布要服从泡利不相容原理和洪德准则，即一个电子轨道上可以同时容纳一个自旋方向向上的电子和一个自旋方向向下的电子，但不可以同时容纳2个自旋方向相同的电子，同一亚层（角量子数）的电子排布总是尽可能分占不同的轨道，且自旋方向相同。对于Fe来说，为了满足洪德规则，电子可能的排布方式是，5个同方向的自旋电子和一个不同方向的电子相组合，二者相抵，剩余的4个自旋磁矩对磁化产生贡献。

a/d是某些3d过渡族元素的平衡原子间距与其3d电子轨道直径之比，通过a/d的大小，可计算得知两个近邻电子接近距离（即$r_{ab}-2r$）的大小，进而由Bethe-Slater曲线得出交换积分J及原子磁交换能E_{ex}的大小。

在此基础上，奈尔总结出各种3d，4d及4f族金属及合金的交换积分J与两个近邻电子接近距离的关系，即Bethe-Slater曲线。当电子的接近距离由大减小时，交换积分为正值并有一个峰值，Fe，Ni，Ni-Co，Ni-Fe等铁磁性物质正处于这一段位置。但当接近距离再减小时，则交换积分变为负值，Mn，Cr，Pt，V等反铁磁物质正处于该段位置。当$J>0$时，各电子自旋的稳定状态（E_{ex}取极小值）是自旋方向一致（平行）的状态，因而产生了自发磁矩。这就是铁磁性的来源。当$J<0$时，则电子自旋的稳定状态是近邻自旋方向相反（反平行）的状态，因而无自发磁矩。这就是反铁磁性。

本节重点

（1）核外电子排布要遵循哪三个准则？
（2）何谓开壳层和闭壳层，内层电子轨道是否均为闭壳层？请举出实例。
（3）写出Fe原子的电子排布情况。

量子数与电子能级

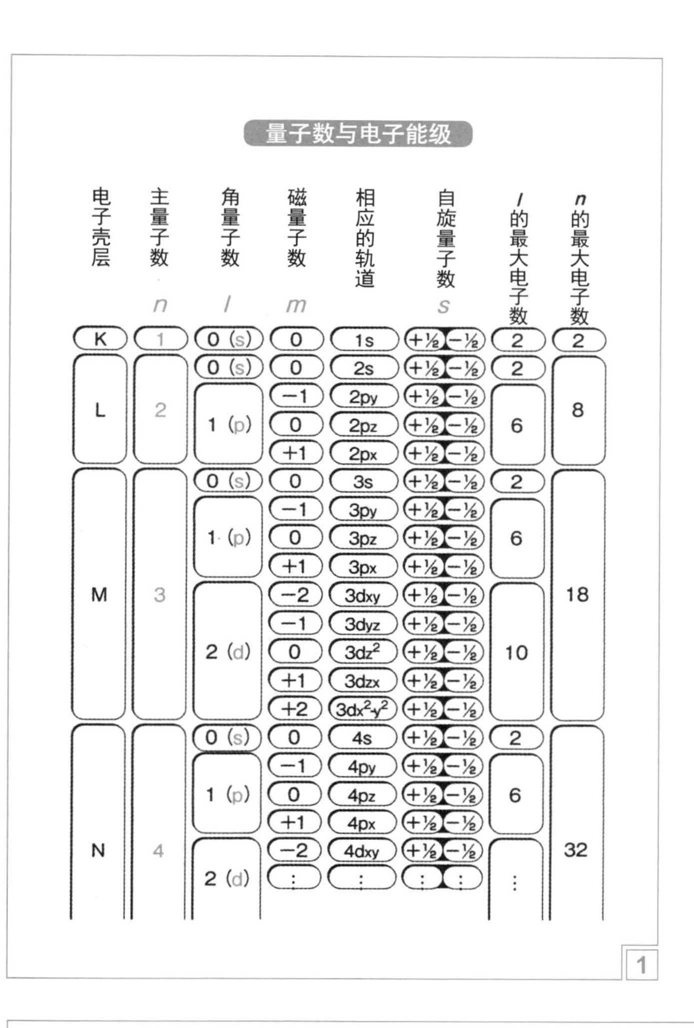

电子壳层	主量子数 n	角量子数 l	磁量子数 m	相应的轨道	自旋量子数 s	l的最大电子数	n的最大电子数
K	1	0 (s)	0	1s	+½ −½	2	2
L	2	0 (s)	0	2s	+½ −½	2	8
		1 (p)	−1	2py	+½ −½	6	
			0	2pz	+½ −½		
			+1	2px	+½ −½		
M	3	0 (s)	0	3s	+½ −½	2	18
		1 (p)	−1	3py	+½ −½	6	
			0	3pz	+½ −½		
			+1	3px	+½ −½		
		2 (d)	−2	3dxy	+½ −½	10	
			−1	3dyz	+½ −½		
			0	3dz²	+½ −½		
			+1	3dzx	+½ −½		
			+2	3dx²-y²	+½ −½		
N	4	0 (s)	0	4s	+½ −½	2	32
		1 (p)	−1	4py	+½ −½	6	
			0	4pz	+½ −½		
			+1	4px	+½ −½		
		2 (d)	−2	4dxy	+½ −½	⋮	
			⋮	⋮	⋮ ⋮		

1

电子排布的三个准则

①泡利不相容原理：在同一原子中，不可能有运动状态（即4个量子数）完全相同的两个电子存在。

或表述为：在同一原子轨道中最多只能容纳两个自旋方向相反的电子。

Na原子中11个电子的所有量子数

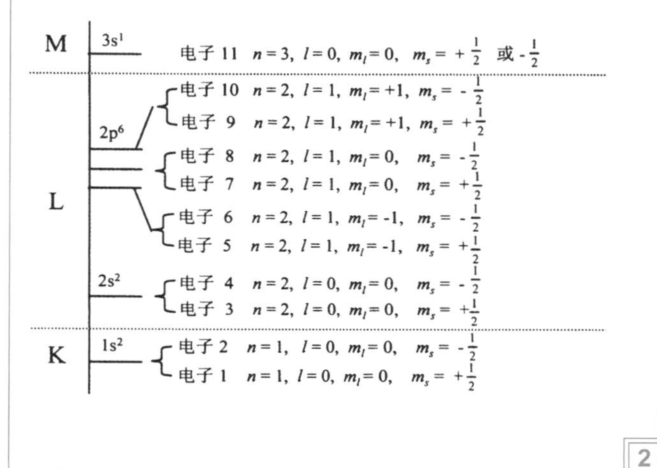

2

各能级中的电子分布

轨道 / 壳层	l=0 (s)	l=1 (p)	l=2 (d)	l=3 (f)	l=4 (g)	l=5 (h)	
n=1(K)	2						2
n=2(L)	2	6					8
n=3(M)	2	6	10				18
n=4(N)	2	6	10	14			32
n=5(O)	2	6	10	14	18		50
n=6(P)	2	6	10	14	18	22	72
注：2，6，10，14，… 指的是能级中的电子数。							$2n^2$

②能量最低原理：电子先从最低能级，依次向较高能级排布，以保证系统能量最低。

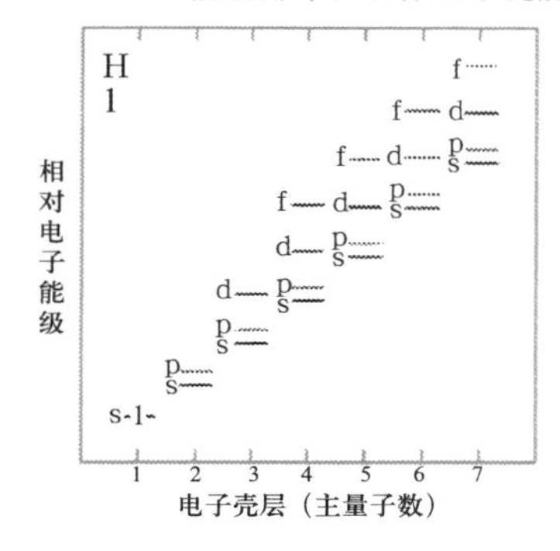

③洪德规则：同一亚层（角量子数）的电子排布总是尽可能分占不同的轨道，且自旋方向相同。

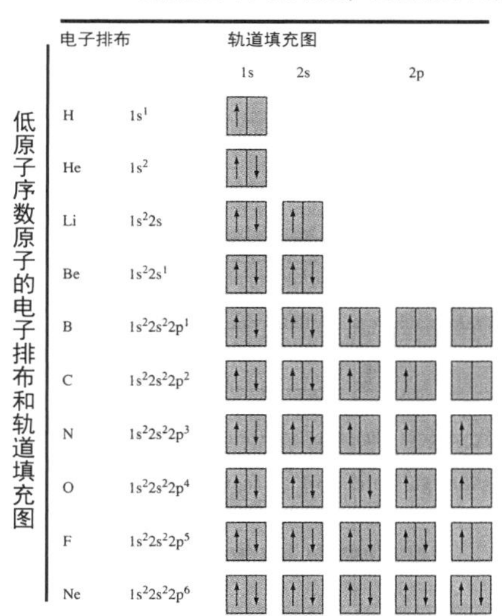

低原子序数原子的电子排布和轨道填充图
电子排布
轨道填充图
1s 2s 2p
H 1s¹
He 1s²
Li 1s²2s
Be 1s²2s¹
B 1s²2s²2p¹
C 1s²2s²2p²
N 1s²2s²2p³
O 1s²2s²2p⁴
F 1s²2s²2p⁵
Ne 1s²2s²2p⁶

例：利用轨道填充图，请表示原子钛（Ti）的电子结构

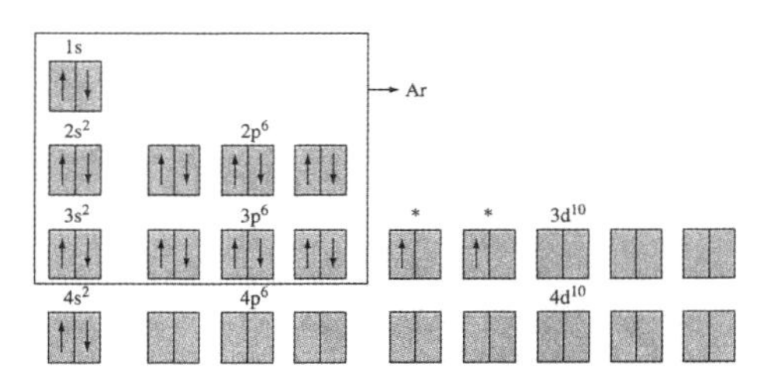

3

2.5 核外电子排布的应用（1）——碳的 sp^3、sp^2、sp 杂化

2.5.1 碳的 sp^3、sp^2、sp 杂化

尽管核外电子处于不停的运动中，但为了描述其存在的几率，多数情况是描出一个电子存在可能性最高的轨迹，称其为**电子轨道**（又称原子轨道）。2s 电子绕球形轨道旋转，而 2p 电子在以原子核为中心沿三个方向伸出的轨道上运动，这三个轨道以 $2p_x$、$2p_y$、$2p_z$ 加以区别，每个轨道可以容纳 2 个电子。原子的各种各样的性质，与原子核外电子数及其能量状态密切相关，一般来说，特别是由最外层（能量最高层）电子（最外壳层电子）的能量状态决定的。

设想仅一个碳原子存在于真空中的情况（称其处于**基态**），属于碳原子的 6 个电子分别处于：1s 能级 2 个，2s 能级 2 个，2p 能级 2 个，写作：$1s^22s^22p^2$。当该碳原子处于与其他原子（含碳原子）相结合的状态时（称其为**激发状态**），存在于能级彼此接近的 2s 和 2p 轨道的电子**混合杂化**，形成所谓**杂化轨道**。在由碳原子构成的杂化轨道中，共分下述三种：

（1）2s 轨道与 3 种 2p 轨道全部杂化，形成所谓的 **sp^3 杂化轨道**；

（2）2s 轨道与 2 种 2p 轨道杂化，余下的一个轨道继续保持其原有的 2p 轨道能量，形成所谓的 **sp^2 杂化轨道**；

（3）2s 轨道与 1 种 2p 轨道杂化，余下的二个轨道继续保持其原有的 2p 轨道能量，形成所谓的 **sp 杂化轨道**。

2.5.2 碳材料的键特性

对于由一个 2s 轨道和 3 个 2p 轨道全部杂化的 sp^3 杂化轨道的情况，会产生互成 109.5° 角的四个轨道。当与其他的原子结合时，上述每个轨道与其他原子的电子轨道相重叠，分属每个电子轨道的各一个电子形成电子对（自旋方向不同的两个电子），通过共享电子对，实现原子结合。

若全部 sp^3 杂化轨道都为了与碳原子结合而使用，则碳原子就实现互成 109.5° 角的三维结合。大量碳原子若都以这种方式结合，便构成**金刚石单晶**。其中，对于每个碳原子来说，都有四组电子对与其相邻的碳原子共享（共价键），结合强固，方向也互成 109.5°，是固定的。这便造就金刚石最强、最硬、熔点最高，而且晶莹剔透。

若只有 2 个碳原子藉由 sp^3 杂化轨道实现结合，每个碳原子中余下的 3 个 sp^3 杂化轨道若与氢相结合，则形成乙烷（C_2H_6）。

对于由 2s 轨道与 2p 轨道杂化，形成 3 个杂化轨道（sp^2 杂化轨道）的情况，3 个 sp^2 杂化轨道在平面的 xy 平面上相互成 120° 而存在。余下的一个电子属于 $2p_z$ 轨道，存在于垂直于 xy 平面的 z 轴上。sp^2 杂化轨道之间藉由其轴上的重叠共享电子对。与此同时，$2p_z$ 轨道藉由侧面之间的重叠产生电子对。这种 p_z 轨道，是沿 z 轴上下伸出的轨道，而 sp^2 杂化轨道是在轴上形成包围藉由重叠而产生键合的轨道。因此，利用 sp^2 杂化轨道藉由轴上重叠而产生的键合，与 p_z 轨道利用侧面重叠而产生的键合相比较，在强度及方向性上都是不同的，称前者 **σ 键**，称后者为 **π 键**。这样两个碳原子间的键合也称为由 σ 键合 π 键两种键组合而成的**二重键合**。若余下的 sp_z 杂化轨道与氢键合，便构成乙烯（C_2H_4）。

2.5.3 富勒烯、碳纳米管和石墨烯

（1）**富勒烯**：若 5 个碳原子利用 sp^2 杂化轨道实现键合，也可以构成 5 碳环。这种情况下，由于 3 个杂化轨道互成 120° 的角度，要形成平面是很难的，故要形成略带弯曲的曲面。使 12 个 5 碳环和 20 个 6 碳环交互键和，可得到封闭的壳层，它便是**富勒烯**（Fullerenes）C_{60} 分子。

（2）**碳纳米管**：1991 年，日本的饭岛（Iijima）教授在用电弧法制备 C_{60} 的过程中首次在电镜下观察到碳纳米管。碳纳米管可看成是由石墨片层绕中心轴按一定的螺旋度卷曲而成的管状物，管子两端一般也是由含五边形的半球面网格封口。碳纳米管中每个碳原子和相邻的三个碳原子相连，形成六角形网络结构，碳原子以 sp^2 杂化为主；同时六角形网络结构会产生一定的弯曲，形成空间拓扑结构，其中可形成一定程度的 sp^3 杂化键。根据构成管壁碳原子的层数不同，碳纳米管又分为单壁碳纳米管（SWCNT）和多壁碳纳米管（MWCNT）。前者的直径一般在几纳米以内，长度为几十微米至 100 多微米；后者的直径为几纳米到十纳米，长度能达到几毫米，层与层之间保持固定的间距，与石墨的层间距相当，约为 0.34nm。

（3）**石墨烯**：石墨烯（graphene）是在 2004 年被曼彻斯特大学 A.K.Geim 领导的研究组发现的，现已成为碳材料研究中的热点。石墨烯是碳的一种存在形式。以性状类似铅笔芯的石墨为实验对象，最初使用普通胶带，以“粘取”方法剥离出一片石墨烯。石墨烯几乎完全透明，却极为致密，即使原子尺寸最小的氦气也无法穿透。微观尺度上，单片石墨烯厚度为 0.335nm，20 万片石墨烯叠加才可以与一丝人体头发相比。石墨烯不仅最薄、最强，而且导电性能类似金属铜，导热性能超过所有已知材料。

2.5.4 藉由 3 种不同的碳 - 碳键合构成的有机化合物

如前所述，碳原子可取 sp^3、sp^2、sp^1 三种杂化轨道中的任何一种。藉由这三种杂化轨道的组合可以形成数量庞大的有机化合物。

藉由 sp^2 杂化轨道，可形成碳原子的平面 6 碳环，进而形成苯、蒽、卵苯等的芳香族碳氢化合物。余下的一个电子（p_z 电子）与相邻的 p_z 电子形成 π 键合，π 键除了可增强由 sp^2 杂化轨道形成的 σ 之外，还沿着六碳环两面形成 π 电子云。另外，利用 sp^2 杂化轨道形成的五碳环不呈平面状而略有弯曲。藉由在这种五碳环周围配以六碳环，就可以形成碗烯（五圈烯）分子。另一方面，利用 sp^3 杂化轨道形成的碳 - 碳键合是方向完全确定的 σ 键，除了形成甲烷、乙烷、丙烷等饱和脂肪族碳氢化合物之外，藉由三维的碳 - 碳键合网络还可形成金刚烷分子。

此外，还能构成 2 个 sp^1 杂化轨道。这种 sp^1 杂化轨道位于直线上（x 轴上），余下的 2 个 p 电子位于 y 及 z 轴上。2 个碳原子如果利用这种 sp^1 杂化轨道中的 1 个实现键合，则 p_y 及 p_z 轨道会相互在侧面重叠，形成两个 π 键。在余下的 sp 杂化轨道中，若与氢键合，便是乙炔（C_2H_2），其中，碳原子间由一个 σ 键，2 个 π 键连接，故也称之为三键键合（记作 H—C ≡ C—H）。多数碳原子相互间利用 sp^1 杂化轨道而键合的物质称为双键碳链（carbyl），其中又分为由 2 个 π 键将一个碳 - 碳键合局域化的情况和所有的碳 - 碳键合都一致形成的情况。前者单键与三键往复出现（—C ≡ C—C ≡ C—），称其为聚炔烃（polyyne）；后者双键往复出现（═C═C═C═C═），称其为累接双键烃（cumurene）。

本节重点

（1）碳的 sp、sp^2、sp^3 杂化分别表示什么意思？

（2）请解释碳纳米管中碳原子的结合键处于金刚石和石墨结合键的中间状态。

（3）藉由 3 种不同的碳 – 碳结合，可以构成各种有机物及派生的各种碳材料。

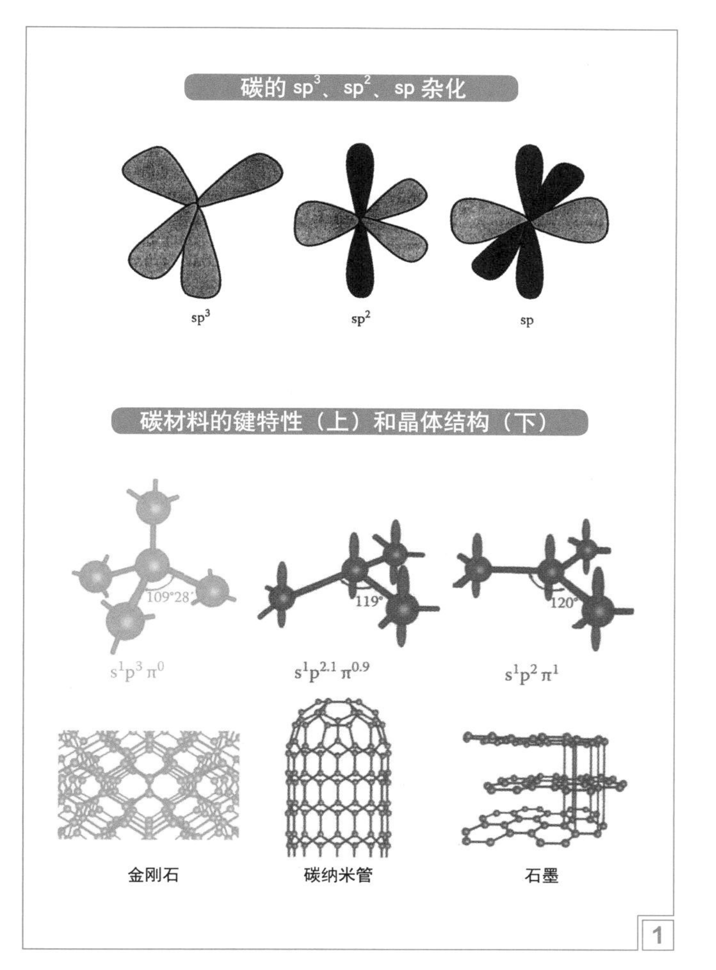
碳的 sp³、sp²、sp 杂化
sp³
sp²
sp
碳材料的键特性（上）和晶体结构（下）
109°28′
119°
120°
s¹p³π⁰
s¹p^2.1π^0.9
s¹p²π¹
金刚石
碳纳米管
石墨
1

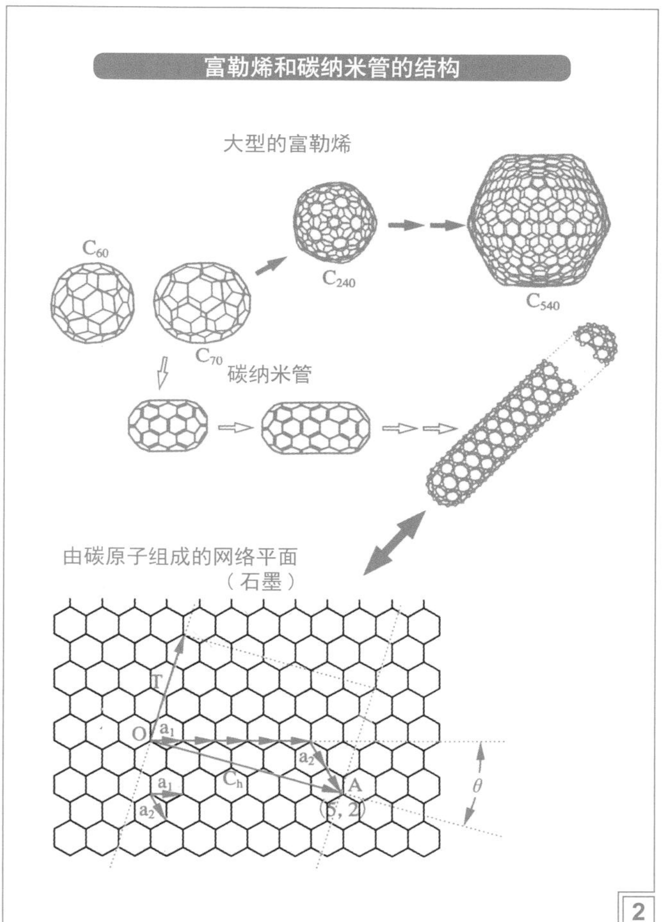
富勒烯和碳纳米管的结构
大型的富勒烯
C60
C70
C240
C540
碳纳米管
由碳原子组成的网络平面
（石墨）
T
O
a1
a2
Ch
A
(5, 2)
θ
2

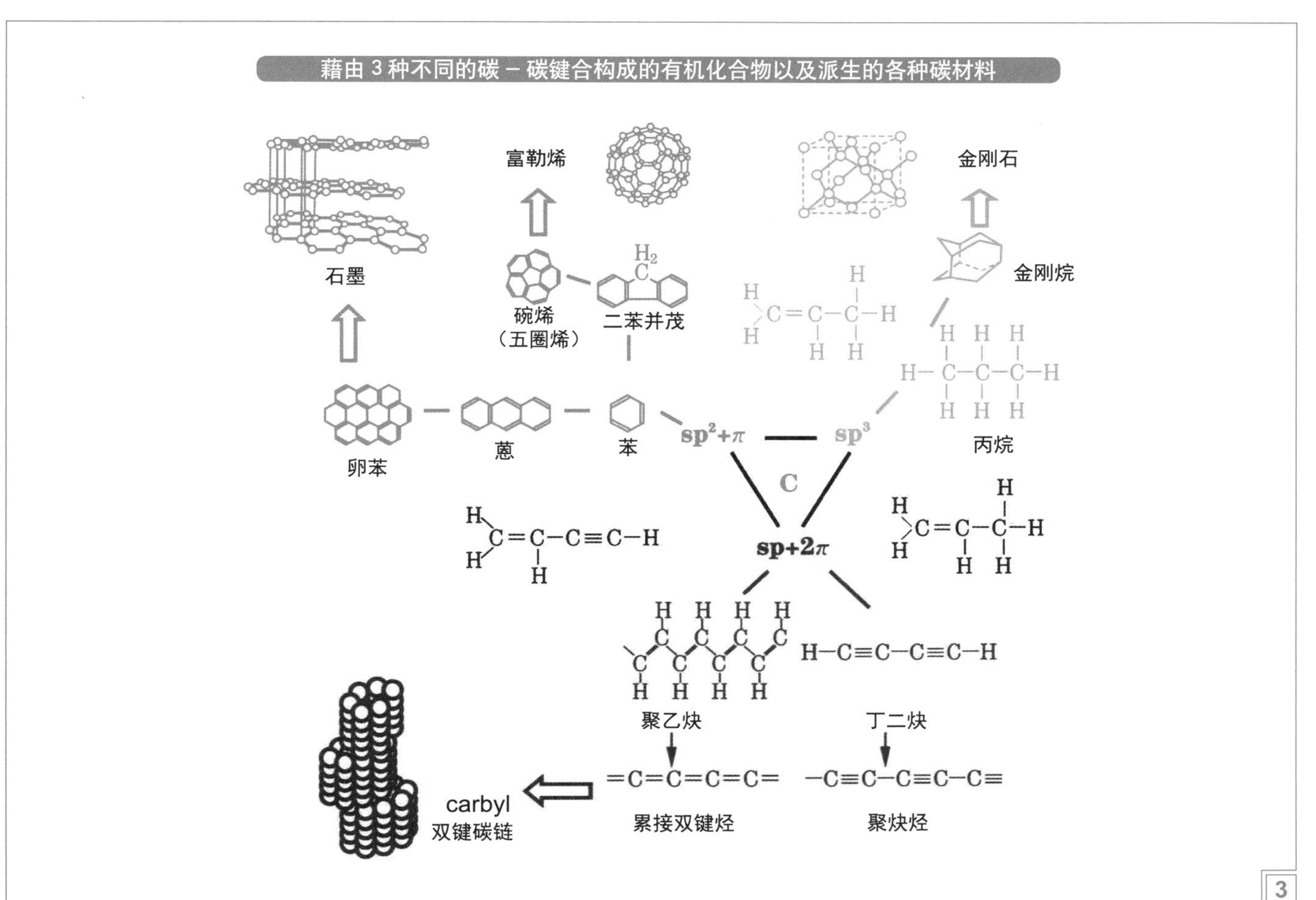
藉由 3 种不同的碳 – 碳键合构成的有机化合物以及派生的各种碳材料
石墨
富勒烯
金刚石
金刚烷
碗烯
（五圈烯）
二苯并茂
卵苯
蒽
苯
丙烷
sp²+π
sp³
C
sp+2π
H−C≡C−C≡C−H
聚乙炔
丁二炔
=C=C=C=C=
−C≡C−C≡C−C≡
carbyl
双键碳链
累接双键烃
聚炔烃
3

2.6 核外电子排布的应用（2）——四面体键的奇妙之处

2.6.1 碳材料的多样性

碳在宇宙富有的元素中排行第四，位于三个气体元素，氢、氦、氧之后。因此，它形成了宇宙中体积最庞大的固体。碳原子形成有机化合物的骨架，致使有机化合物的多样性远甚于所有其他元素的组合。碳也是生物细胞（例如，形成DNA和蛋白质）和活性生命的精髓。碳在形成有机化合物时表现出的富于多样性的功能是基于其独特的形成线型（sp）、面型（sp^2）、体型（sp^3）键的能力，特别是金刚石的刚性结构。

碳材料的多样性起因于处于激发状态的碳原子所取的杂化轨道，并可分为金刚石、石墨、石墨烯、双键碳链这四大家族。在碳材料的多样性图示中，对各家族的多样性进行了汇总。

金刚石和石墨中的碳原子都呈规则排列，构成确定的晶体结构，二者都是碳的同素异构体。但是，实际上我们所使用的碳材料，例如人造石墨中所看到的那样，尽管具有与石墨相同的六角形网状平面，但其积层的规则性及大小却各式各样。另外，还有类金刚石（DLC），尽管DLC采用与金刚石同样的sp^3杂化轨道，但其中的碳原子并不呈规则性排列（称其为非晶态）。进一步，富勒烯的情况，存在从C_{60}经由C_{70}、C_{78}、C_{82}，到称之为巨大富勒烯的一系列构形。因此，并非所有的碳材料都可以按热力学平衡相（稳定的结构）来处理，其中有些处于准稳定相，即，在人类日常生活的常压、常温下，在其寿命范围内完全不发生变化。

这样看来，不采用传统的基于取不同晶体结构的同素异构体的概念，而是根据作为碳材料根基的碳-碳键合，将碳材料分类为金刚石、石墨、富勒烯以及双键碳链四个家族更为妥当。

2.6.2 碳原子的堆垛方式——四面体键的奇妙之处

金刚石是如何获得冠压所有材料的高贵品质的？秘密在于其原子具有形成约束最小三维体积（通过四个共价键）的能力。一般说来，一个晶格中的每个原子可以被0，1，2，3，4，6，8和12个最近邻原子所包围，称其为**配位数**（kissing number或coordination number）。配位数的增加趋势标志着组成一个晶胞的这一群原子有序性的增加，意味着由焓决定的自由能和由熵决定的自由能向相反方向变化，因此，二者的折中会允许多样性和复杂性。金刚石四面体键的多样化丰富了有机化学，而它的复杂性促进了生物学的诞生。

配位数在4以下对应着“**点**”（例如气体）、“**线**”（例如聚合物分子）、或“**面**”（例如片状分子）结合状态。这些组态或对应着**结构的缺失**或构建成一个**松散连接的结构**。一个低配位数突出了**局域关系**，因此对应的结构表现为相互隔绝的特性。另一方面，配位数大于4时，**固态结构**变得更突出，因此金属的无方向性特性成为主导地位。松散和紧密结构间的折中正好位于配位数4，正因为此，它很好地说明了金刚石四面体键的**柔韧性**（flexibility）。金刚石位于绝缘体和金属之间，因此它是半导体。

另外，松散的和紧密的结构之间的装填（packing）允许原子位置有一定的**柔韧度**（flexibility），这在绝缘体和金属之中是不可能的。因此，碳原子有能力形成四面体**金刚石键**（例如，甲烷和它的聚合物）和平面状的**石墨键**（例如，苯和它的派生物），这些已成为有机化学的基石。开放的四面体键也成为许多类半导体的构建模块，而这些半导体构成了日用计算机和其他装置（如太阳电池、LED、激光器等）。另外，多用途的四面体键可以与其他较紧密排列金属相耦合形成最先进的复合材料用于微电子机械（MEM）。

尽管四面体键是所有半导体的共同特征，但金刚石具有最小的原子，因此，在所有半导体（实际上是所有材料）中，它有最高的原子密度（176atoms/nm^3）。最高的原子密度与最大的共价键数（4）相组合，获得高度集中的键能（7.4eV）。

2.6.3 石墨的结构类型

若6个碳原子各自分别利用2个sp^2杂化轨道形成键合构成6碳环，余下的6个sp^2杂化轨道与氢发生s键合，便形成苯分子（C_6H_6）。在这种情况下，每个碳原子的p_z轨道与两侧相邻的2个碳原子的p_z轨道由侧面形成π键。因此，藉由形成6碳环而产生π键的3组电子对，相对于6个碳原子呈均等分布（称其为发生**π键共振**）。

若sp^2杂化轨道全部用于与碳原子的键合，因此形成的6碳环的无限重复便是石墨的六角形网络平面。由p_z电子构成的π键在六角形网络平面的上下全部布设，均匀分布，并称其为**π电子云**。六角形网络平面像卡片重叠那样累积重复，藉由属于上下网络平面的π电子云间的相互作用（范德瓦尔斯力）按ABAB…或ABCABC…的规则性累积重叠，便构成石墨晶体。按ABAB…规则性累积重叠的属于**六方点阵**，而按ABCABC…规则性累积重叠的属于**菱方点阵**。

常见的石墨晶体属于六方点阵，点阵常数a=2.4612Å，c=6.7079Å，空间群为D6h。石墨具有强的层中σ键和弱的层间范德瓦尔斯键。单片石墨是零带隙半导体，而三维石墨表现为各向异性金属特性。

2.6.4 各种各样的碳（石墨）制品

（1）电器电子设备用材料　电机碳刷，电车动力线滑块，电炉冶炼用石墨电极，高温电加热材料，各种电池用集流体，拉制硅单晶的石墨坩埚（作为石英坩埚的外衬，兼作加热、隔热用），燃料电池用隔离膜。

（2）机械、润滑、密封材料　碳纤维增强复合材料，汽车用复合材料，体育用品（球拍，赛艇，自行车等），残疾人用具，医疗用器具补强材料，生物材料（心脏瓣膜，齿根材料等），铅笔芯，耐高温密封材料。

（3）耐热复合材料　火箭头、尾部件，航空航天材料，人造卫星用结构材料，高温、高压设备加热、保压用材料。

（4）石墨插层化合物　一次电池、二次电池用负极材料，储能器件用材料，膨胀石墨等（用于耐酸、耐碱、耐高温、耐高压的垫片、密封圈等）。

（5）碳纳米管　电子发射源，纳米器件导体，电气二重层电容器电极材料，储氢、储甲烷材料。

（6）核石墨　石墨作为核材料有不可替代的优势：碳的质量数低，中子吸收截面小，以石墨形式出现的碳具有较高的密度，中子慢化和反射性能好；在常压下不熔化，升华点达3620K；高温机械强度好，弹性模量低，热膨胀系数小，导热性好；在惰性气体中化学稳定；耐辐照性能好。石墨的这些特性使它在核工业中赢得重要的地位。石墨是生产堆和气冷动力堆的慢化、反射和结构材料；石墨也是石墨慢化-水冷却动力堆的关键材料；在试验堆中，石墨是获得热中子的热柱材料。在核科学与工程应用中，一般要求高密度、高纯度、高强度的所谓“三高”石墨，有的对各向同性要求也很高。

本节重点

（1）如何理解“碳在元素周期表中处于王者之位”。
（2）金刚石有哪些独特的性质，请解释原因。
（3）石墨有哪些独特的性质，请解释原因。

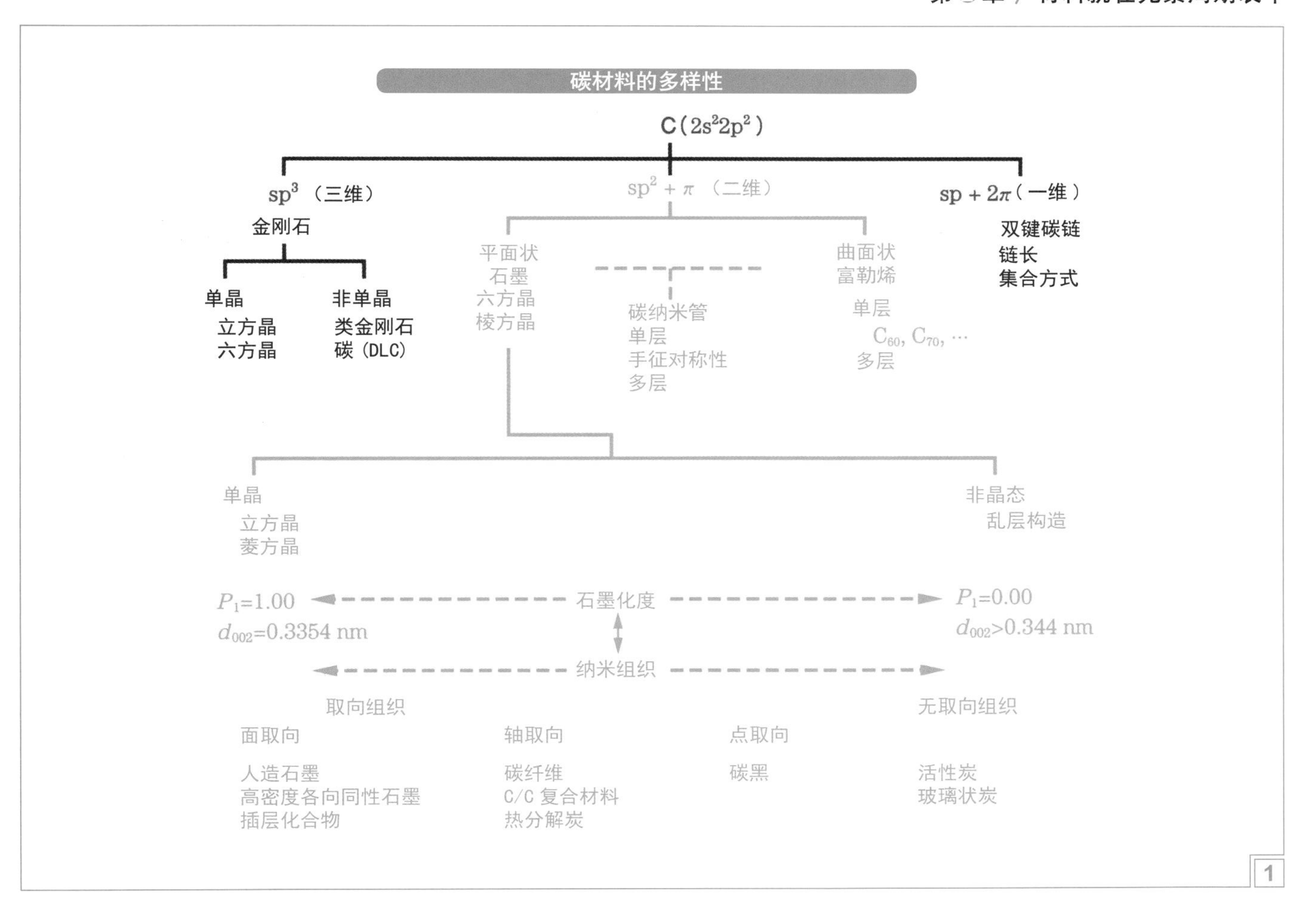

碳材料的多样性
C(2s²2p²)
sp³ (三维)
金刚石
单晶
立方晶
六方晶
非单晶
类金刚石
碳 (DLC)
sp² + π (二维)
平面状
石墨
六方晶
棱方晶
碳纳米管
单层
手征对称性
多层
曲面状
富勒烯
单层
C60, C70, …
多层
sp + 2π (一维)
双键碳链
链长
集合方式
单晶
立方晶
菱方晶
非晶态
乱层构造
P1=1.00
d002=0.3354 nm
石墨化度
P1=0.00
d002>0.344 nm
纳米组织
取向组织
无取向组织
面取向
人造石墨
高密度各向同性石墨
插层化合物
轴取向
碳纤维
C/C 复合材料
热分解炭
点取向
碳黑
活性炭
玻璃状炭
1

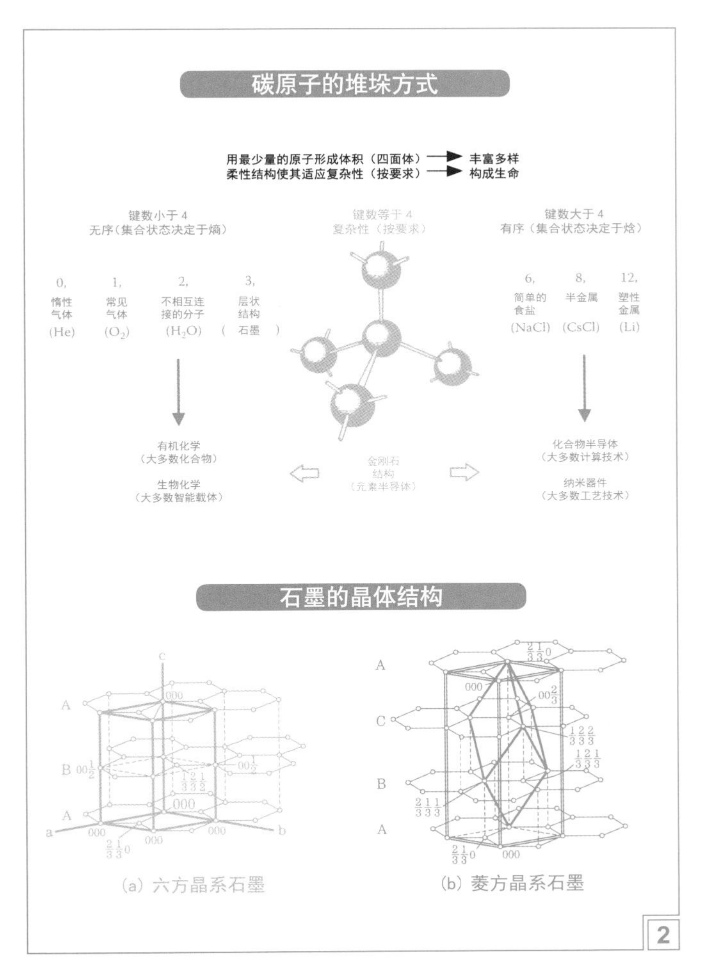

碳原子的堆垛方式
用最少量的原子形成体积（四面体） 丰富多样
柔性结构使其适应复杂性（按要求） 构成生命
键数小于 4
无序（集合状态决定于熵）
键数等于 4
复杂性（按要求）
键数大于 4
有序（集合状态决定于焓）
0, 惰性气体 (He)
1, 常见气体 (O2)
2, 不相互连接的分子 (H2O)
3, 层状结构 (石墨)
6, 简单的食盐 (NaCl)
8, 半金属 (CsCl)
12, 塑性金属 (Li)
有机化学
（大多数化合物）
生物化学
（大多数智能载体）
金刚石
结构
（元素半导体）
化合物半导体
（大多数计算技术）
纳米器件
（大多数工艺技术）
石墨的晶体结构
(a) 六方晶系石墨
(b) 菱方晶系石墨
2

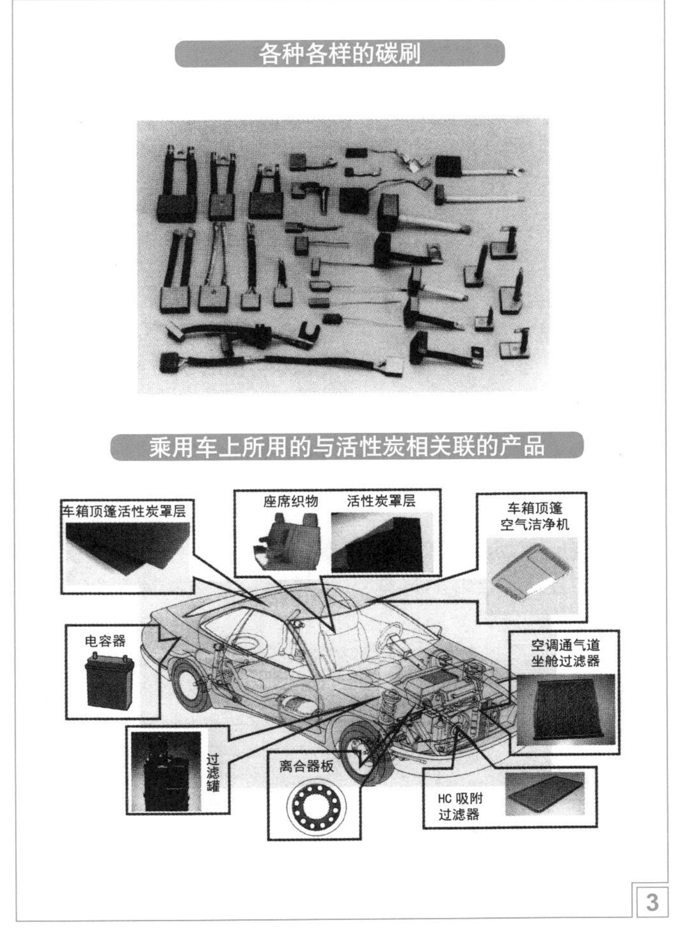

各种各样的碳刷
乘用车上所用的与活性炭相关联的产品
车箱顶篷活性炭罩层
座席织物
活性炭罩层
车箱顶篷
空气洁净机
电容器
空调通气道
坐舱过滤器
过滤罐
离合器板
HC 吸附
过滤器
3

2.7 原子的核外电子排布（3）——电子授受及元素氧化数的变化

2.7.1 元素核外电子的排布方式

为理解元素的化学特性及在化学反应中表现的性质，了解原子中电子的排布就显得极为重要。尽管电子的排布按元素的周期性周而复始，但属于一个原子的每个电子却都有确定的壳层和轨道。电子壳层按次序从里向外分别为K、L、M、N壳层，每个壳层中又包含若干个电子轨道，如属于K壳层的只有s轨道，属于L壳层的有s、p轨道、属于M壳层的有s、p、d轨道，属于N壳层的有s、p、d、f轨道等。由于轨道中可能存在不同的亚层，且电子可能存在自旋正负相反的两种状态，因此K壳层可以容纳2个，L壳层可以容纳8个，M壳层可以容纳18个，N壳层可以容纳32个电子。电子轨道排布与元素一一对应。下面针对实际的原子进行讨论。

原子序数为1的氢具有一个电子（1s），它是最轻的原子。由于1s轨道未占满，因此具有很高的活性，通常以分子（H_2）的形式存在；原子序数为2的氦具有两个1s电子（$1s^2$），由于1s轨道占满，因此它是不参与反应的原子。

原子序数为3的锂K壳层1s轨道填满两个电子，L壳层2s轨道填入一个电子；原子序数为4的铍L壳层2s轨道填满两个电子；原子序数为5的硼L壳层2p轨道填入1个电子……

以此类推，2p轨道填满的原子是原子序数为10的氖（Ne），它也是不参与反应的原子。重复操作，直至3p轨道填满应该是原子序数为18的氩（Ar），它同样是不参与反应的原子。

这些不参与反应的原子在常温下是气体，由于不发生反应故称其为非活性（惰性或稀有）气体。而且不会形成He_2形式的气体，只能以原子单体的形式存在。

2.7.2 氧化还原反应中的电子授受及元素氧化数的变化

藉由使用所谓氧化数的数值，可以统一而容易地理解各种原子间的氧化还原反应。所谓氧化数，是表征被氧化的程度的数值。假如不被氧化则为零（0），被氧化且有一个电子放出则用（+1），有两个电子放出则用（+2）表示。被还原且得到一个电子则用（−1），得到两个电子则用（−2）表示。

因此，原子单体的氧化数为零（0），由这种单体的原子所构成的分子也为零（0）。离子与其所带的电荷数相同，电中性的化合物整体是基于发生变为零的反应。化合物中的氢原子为（+1），氧原子为（−2）。

在上述氧和氢的反应中，变为化合物的水由于由两个氢离子和一个氧离子化合而成，故其氧化数是零（0）。在生成铁锈的反应中，氧（−2）三个的氧化数是（−6），铁为两个，故铁的氧化数是（+3）。

在氧化还原反应中，同一种元素的氧化数会发生变化。现以二氧化锰与盐酸反应生成氯化锰和氯气以及水的反应为例加以说明。

MnO_2中Mn的氧化数是（+4），$MnCl_2$中Mn的氧化数是（+2）。HCl中Cl的氧化数是（−1），Cl_2中Cl的氧化数是（0）。

2.7.3 电子填充轨道的先后规则——违反先后“次序”的d、f轨道电子

至此所讨论的，原子核周围电子的排布都符合一定的规则。但是，随着电子数目的增加，会出现不符合上述规则的情况。

最初违反规则的是d轨道电子。3p之前符合先后次序，但下一个电子应该落入3d轨道，再落入4s轨道。这种情况最早的是钾（K）。而电子在4s满席后，再进入3d轨道。这种情况最早的是钪（Sc）。处于从钪（Sc）到铜（Cu）之间位置的原子，是3d轨道逐渐填满的原子，称这些为过渡族元素。

由于过渡族元素存在违反电子填充轨道的先后次序的3d电子，因此表现出有别于普通原子的性质。参与反应的电子除了离原子核最远的4s电子之外还有3d电子。其结果，依周围的状况，参与反应的电子数会发生变化。

由于过渡族元素会发生很多富有意义的反应，因此一直是人们研究的热门课题，近年来在二次电池中它们可以作为触媒功能。

另一个违反轨道填充次序的是铷（Rb）。越过4d、4f，先填充5s，在逐渐填满4d的过程中从钇（Y）到银（Ag）。它们也是过渡族元素。逐渐填满4f电子的元素称为镧系元素（稀土元素），它们具有更为特殊的性质，对其特性至今仍未完全搞明白。看来，当核外电子数量很多时，仅靠基本规则难以解释清楚。

2.7.4 电子授受及在化学电池中的应用

下面进一步从氧化还原反应的角度进行分析。

为了制作实用的二次电池，仅能引起氧化还原反应还是不够的。还必须解决所发生的能量大、出力密度高、安全性好、价格便宜等多方面的问题。

首先，应该考虑那些具有确认的反应过程，而且作为材料，可能性高的原子。在氧化还原反应中，最初发生的是放出电子的反应。授受电子的前提是供给电子。因此首先选择那些容易供给电子的原子。作为目标的原子当然是周期表最左列附近的原子，如锂（Li）、钠（Na）、钾（K）等、第二列的原子，如铍（Be）、镁（Mg）、钙（Ca）等。

接受电子侧的原子，应该是比p轨道满席状态少若干个电子的原子。与之相对，还有一个，这便是放出电子的原子。二者的正负电荷相互吸引、结合，成为电中性的，而达到自然的状态。

锂离子电池便是按上面的模式而工作的。锂在负极失去电子变为锂离子，并在电解液中移动到达正极，与此同时，电子经由外电路到达正极，锂离子在此获得电子变为锂而完成反应过程。

为了实现电池的大容量化，可以有效地利用上述的配置，正探讨锂·空气（氧）、锂·硫等二元素系统。

作为放出电子的材料，钠、钾、铍等也在考虑之中。氢也属于同一族的原子，但由于常温下是气体，更常用于燃料电池而非二次电池。

本节重点

（1）锂离子电池供电的电路中，流经外电路做功的载流子和电池内部传送电流的载流子各为何？
（2）锂离子电池中选用锂的理由是什么？
（3）写出容易放出电子和容易接受电子的元素各5个。

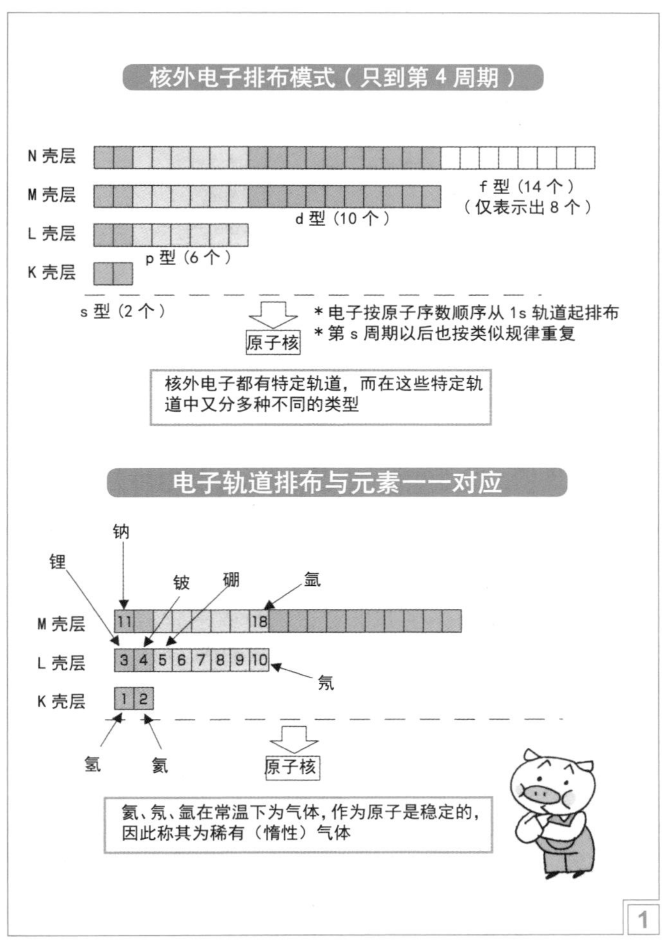

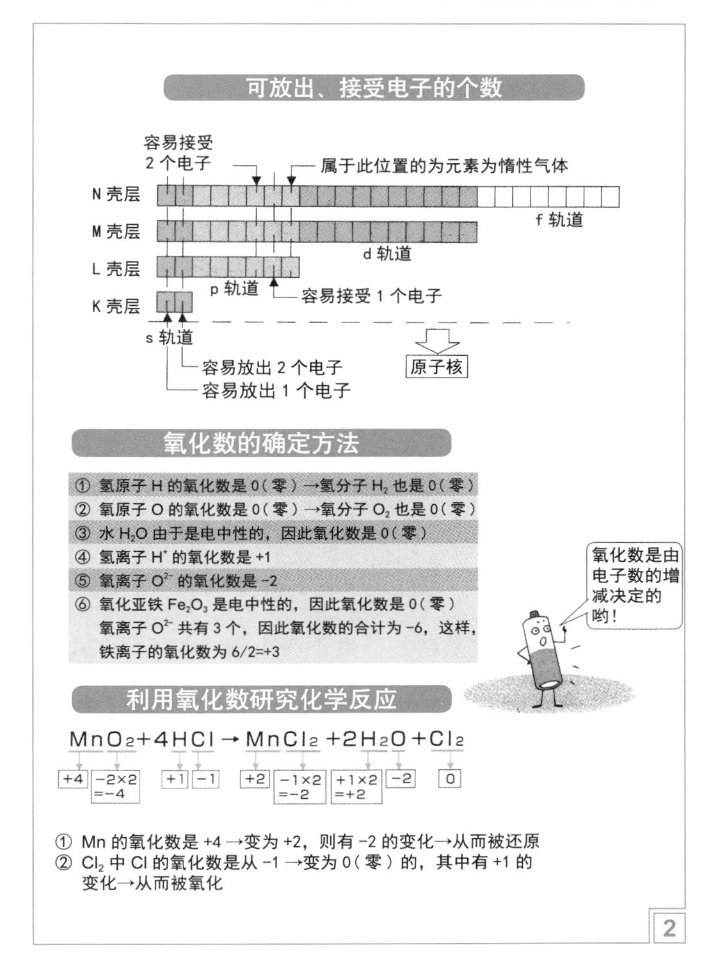

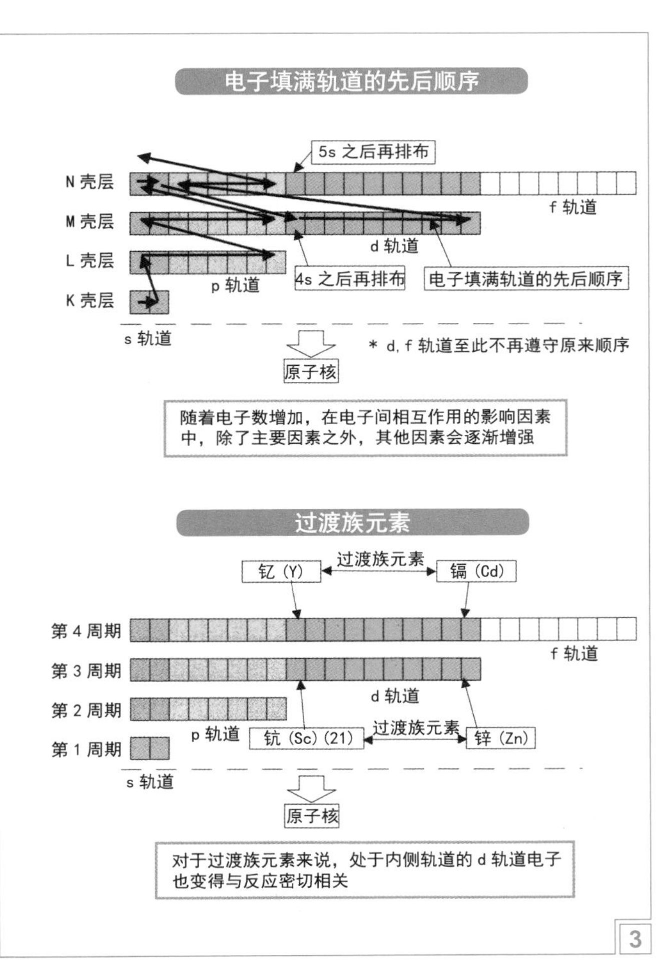

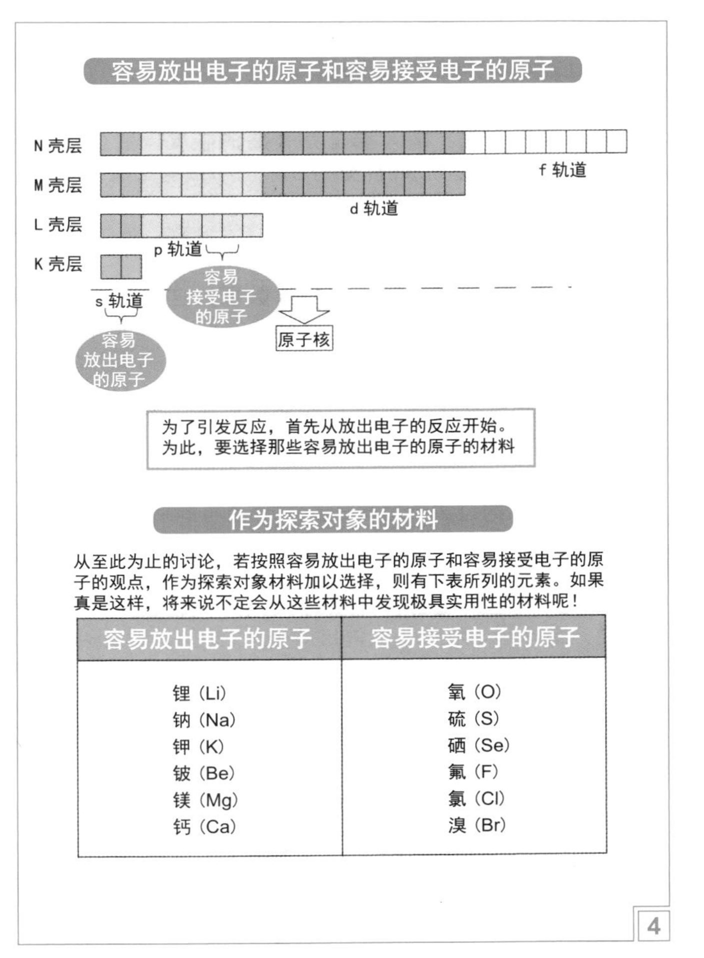

容易放出电子的原子	容易接受电子的原子
锂（Li）	氧（O）
钠（Na）	硫（S）
钾（K）	硒（Se）
铍（Be）	氟（F）
镁（Mg）	氯（Cl）
钙（Ca）	溴（Br）

2.8 原子的核外电子排布（4）——过渡族元素和难熔金属

2.8.1 过渡族元素——d 或 f 亚层电子未填满的元素

过渡元素位于周期表中部，原子中 d 或 f 亚层电子未填满。这些元素都是金属，也称为过渡金属。根据电子结构特点，过渡元素又可分为：外过渡元素（又称 d 区元素）及内过渡元素（又称 f 区元素）两大组。外过渡元素包括镧、锕和除镧系锕系以外的其他过渡元素，它们的 d 轨道并没有全部填满电子，f 轨道为全空（四、五周期）或全满（第六周期）。内过渡元素指镧系和锕系元素，它们的电子部分填充到 f 轨道。d 区过渡元素可按元素所处的周期分成三个系列：①位于周期表中第 4 周期的 Sc~Ni 称为第一过渡系元素；②第 5 周期中的 Y~Pd 称为第二过渡系元素；③第 6 周期中的 La~Pt 称为第三过渡系元素，是周期表中从ⅢB 族到Ⅷ B 族的元素。共有三个系列的元素（钪到镍、钇到钯和镧到铂），电子逐个填入它们的 3d、4d 和 5d 轨道。

过渡元素原子电子构型的特点是它们的 d 轨道上的电子未充满（Pd 例外），最外层仅有 1~2 个电子，它们的价电子构型为 $(n-1)\,d^{1\sim9}ns^{1\sim2}$（Pd 为 $4d^{10}$）。多电子原子的原子轨道能量变化是比较复杂的，由于在 4s 和 3d、5s 和 4d、6s 和 5d 轨道之间出现了能级交错现象，能级之间的能量差值较小，所以在许多反应中，过渡元素的 d 电子可以部分或全部参加成键。过渡元素最外层 s 电子和次外层 d 电子可参加成键，所以过渡元素常有多种氧化态。一般可由 +Ⅱ 依次增加到与族数相同的氧化态（Ⅷ B 族除 Ru、Os 外，其他元素尚无 +Ⅷ氧化态）。

同一周期从左到右，氧化态首先逐渐升高，随后又逐渐降低；过渡元素与同周期的ⅠA、ⅡA 族元素相比较，原子半径较小；各周期中随原子序数的增加，原子半径依次减小，而到铜副族前后，原子半径增大；离子半径变化规律与原子半径变化相似。

2.8.2 过渡族元素的一般特征

过渡族元素的一般特征为：①最外层电子不超过两个，易失去，属于金属；②大都是具有高的硬度、强度、熔点及沸点的金属；③易形成合金；④除钯和铂电位值 $E_0>0$ 外，其余 $E_0<0$，一般属于活泼金属；⑤均表现出变价性；⑥水合离子大多数有颜色；⑦易形成配价化合物；⑧大多数化合物为顺磁性。

过渡族元素的熔点高而压缩系数低，这表明这些金属的结合强度比ⅠA 族和ⅠB 族金属都大。人们对此的解释是：d 轨道的结合电子也参与了（sp）和（spd）杂化轨道，形成所谓的共振金属键。

过渡族元素的原子半径和压缩系数较小，这是因为这些元素的离子半径和原子半径非常接近（故被称为“封闭金属”）。虽然一般金属的原子半径是随周期数而增加，但从ⅣB 族到ⅠB 族的过渡族金属的原子半径与周期数关系不大，这种现象叫做“镧系收缩”，它是由于经过稀土系元素后核电荷大大增加所致。

过渡元素的物理性质：①过渡元素一般具有较小的原子半径，最外层 s 电子和次外层 d 电子都可以参与形成金属键，使键的强度增加。②过渡金属一般呈银白色或灰色（锇呈灰蓝色），有金属光泽。③除钪和钛属轻金属外，其余都是重金属。④大多数过渡元素都有较高的熔点和沸点，有较大的硬度和密度。如，钨是所有金属中最难熔的，铬是金属中最硬的。

2.8.3 难熔金属的特征

难熔金属是指熔点很高的金属。典型难熔金属是ⅤA 族的 V、Nb、Ta，ⅥA 族的 Cr、Mo、W 以及它们的合金。这些金属和合金的熔点都在 1550℃以上。也有将 Ni（熔点约 1450℃）、Co（熔点约 1500℃）和石墨（3227℃升华）归于难熔金属。典型的难熔金属有以下特点：①熔点很高；②体心立方结构；③外层电子填充在 d 电子壳层；④强度高而塑性差；⑤易氧化。其中ⅤA 族和ⅥA 族金属又有较大的区别，ⅤA 族的塑性和导电性都明显优于ⅥA 族。原因是前者对间隙原子的溶解度比后者大很多，因而在ⅤA 族金属中间隙原子处于固溶状态，而在ⅥA 族金属中间隙原子和金属形成化合物，且往往偏聚于晶界，因而非常脆，导电率也非常高。

以难熔金属 Ta、Re、W、Mo、Nb 等为基体并添加合金元素制成的合金。在 1200℃以上具有一定持久、蠕变和抗氧化性能。这类合金熔点高、高温强度好、密度大、膨胀系数低、易氧化、熔炼与加工困难，需表面涂覆后应用。可采用粉末冶金法制坯，经热加工变形成材；或通过真空电弧、电子束熔炼法制坯，再经热加工变形成材。

2.8.4 难熔金属的应用

20 世纪 40 年代中期以前，主要是用粉末冶金法生产难熔金属的。40 年代后期至 60 年代初，由于航天技术和原子能技术的发展，自耗电弧炉、电子轰击炉等冶金技术的应用，推动了包括难熔金属在内的、能在 1093~2360℃或更高温度下使用的耐高温材料的研制工作。这是难熔金属及其合金生产发展较快的时期。60 年代以后，难熔金属虽然有韧性、抗氧化性不良等缺陷，在航天工业中应用受到限制，但在冶金、化工、电子、光源、机械工业等部门，仍得到广泛应用。主要用途有：①用作钢铁、有色金属合金的添加剂，钼和铌在这方面的用量约占其总用量的 4/5；②用作制造切削刀具、矿山工具、加工模具等硬质合金，钨在这方面的用量约占其总用量的 2/3，钽、铌和钼也是硬质合金的重要组分；③用作电子、电光源和电气等部门的灯丝、阴极、电容器、触头材料等，其中钽在电容器中的用量占其总用量的 2/3。此外，还用于制造化工部门耐蚀部件、高温高真空的发热体和隔热屏、穿甲弹芯、防辐射材料、仪表部件、热加工工具和焊接电极等。中国在 50 年代已用粉末冶金工艺生产难熔金属制品。60 年代起已能生产多种规格的难熔金属及其合金产品。

铼的再结晶温度 1627℃，在过渡族金属中有高的固溶度，制成 W-Re、Mo-Re 系合金可提高强度、塑性、可焊性，降低脆性转变温度。添加 ThO_2、ZrO_2 或 HfC 颗粒，可提高难熔合金的高温强度、再结晶温度。典型合金 Ta-10W、TZM、W-HfC 在 1600℃的抗强度分别为 400、90、467MPa。W-Re-HfC 合金在 1200℃ /100h 的持久强度达 900MPa，经表面涂覆后可制作 1300~1700℃工作的发动机燃烧室、喷嘴，飞行器隔板及航天器高度控制仪阀体等。广泛用于航空航天领域。

本节重点

（1）何谓过渡族元素？
（2）过渡族元素有哪些共同特征？这是特性的决定性因素是什么？
（3）难熔金属包括哪些元素，它们有哪些共同特征？

部分非富有元素在地壳中的存在质量比

元素	存在质量比/ppm	元素	存在质量比/ppm	元素	存在质量比/ppm
Ti	4400	Y	33	Sm	6
Mn	950	La	30	Gd	5.4
Ba	425	Nd	25	Dy	4.8
C	200	Co	25	Sn	2
Zr	165	Nb	20	Mo	1.5
V	135	Li	20	W	1.5
Cr	100	Ga	15	Ta	1.2
Ni	75	Pb	13	Tb	0.8
Zn	70	B	10	In	0.1
Ce	60	Pr	8.2	Pt	0.01
Cu	55	Th	7.2	Au	0.004

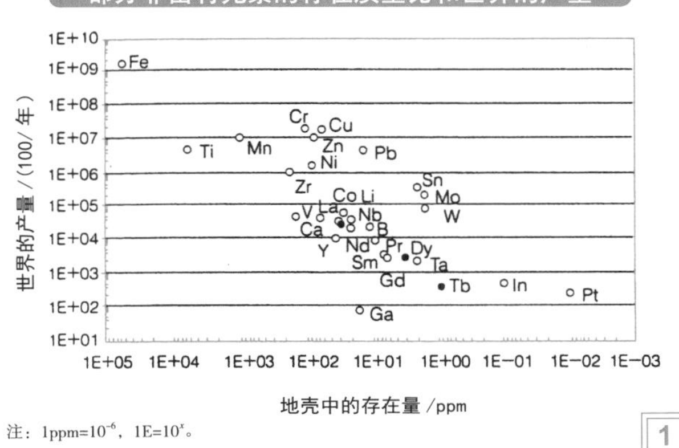

注：1ppm=10^{-6}，1E=10^{x}。

1

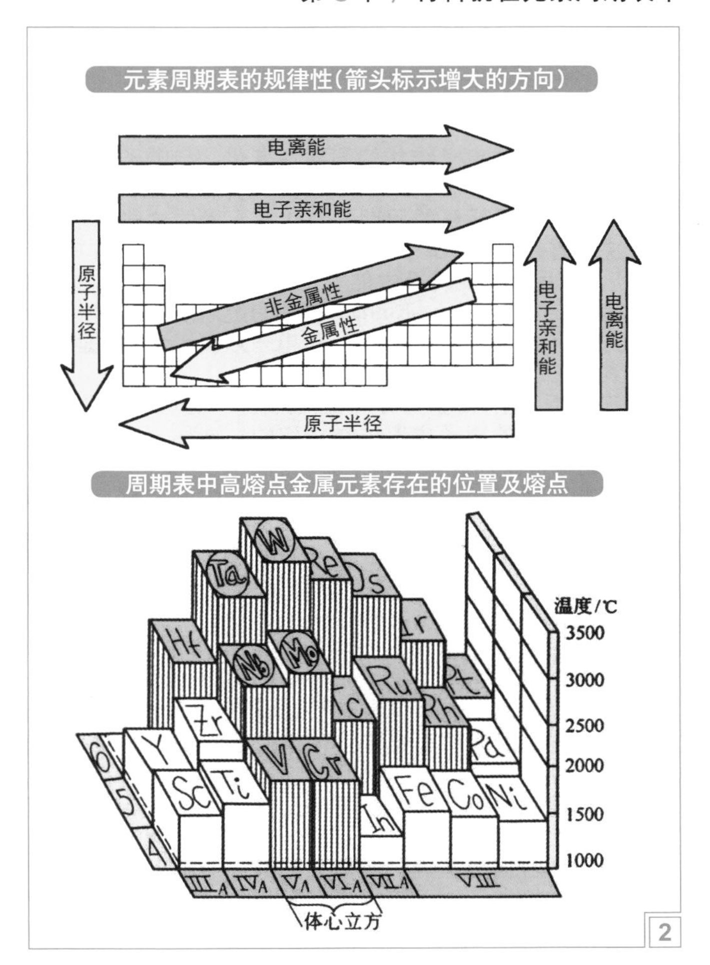

2

难熔金属的基本特性

	Nb	Ta	Mo	W	Re
结构和原子性能					
原子序数	41	73	42	74	75
原子质量	92.906	180.95	95.94	183.85	186.31
密度(20℃)/g·cm^{-3}	8.57	16.6	10.22	19.25	21.04
晶体结构	bcc	bcc	bcc	bcc	hcp
晶格常数/nm	0.3294 —	0.3303 —	0.3147 —	0.3165 —	0.2761 0.4583
热性能					
熔点/℃	2468	2996	2610	3410	3180
沸点/℃	4927	5427	5560	5700	5760
膨胀系数(20℃)/K^{-1}	7.6×10^{-6}	6.5×10^{-6}	4.9×10^{-6}	4.6×10^{-6}	6.7×10^{-6}
热传导系数(20℃)/W·(m·K)$^{-1}$	52.7	54.4	142	155	71
热传导系数(500℃)/W·(m·K)$^{-1}$	63.2	66.6	123	130	—
电特性					
电导率(18℃)	13.2	13.0	33.0	30.0	8.1
电阻率(18℃)/μΩ·cm	160	135	52	53	193
电化学当量/mg·C^{-1}	0.1926	0.375	0.166	0.318	0.276
磁特性					
磁化率(25℃)	28×10^{-6}	10.4×10^{-6}	1.17×10^{-6}	4.1×10^{-6}	0.37×10^{-6}
其他特性					
弹性模量/GPa	103	185	324	400	469
泊松比(25℃)	0.38	0.35	0.32	0.28	0.49
韧性脆性转变温度/℃	−250	< −25	0	275	—
高温氧化行为	在1370℃以上出现Nb_2O_5升华现象	在1370℃以上出现Ta_2O_5升华现象	在795℃以上出现MoO_3升华现象	在1000℃以上出现WO_3升华现象	—

3

2.9 原子半径、离子半径和元素的电负性

2.9.1 原子半径

由于原子的电子结构的周期性变化，与电子层结构有关的元素的基本性质，如原子半径、电离能、电子亲和能、电负性等，也呈明显的周期性变化。元素的这些基本性质不仅决定着元素的基本属性，而且对该元素（包括与其他元素）所构成固体的结构及性能等也起着决定作用。例如，决定合金相结构的 Hume-Rothery 规则就包括尺寸因素（原子半径）、电化学因素（电负性）、价电子浓度因素（价键）、结构因素（组元结构）等四大因素。

在分析合金结构时，人们往往将原子看成是刚性小球，并假定最近邻的原子或离子是相切的，这样，最近邻原子或离子之间的距离就等于两个原子的半径之和。

影响原子半径的因素有三个：一是核电荷数，核电荷数越多，其对核外电子的引力越大（使电子向核收缩），则原子半径越小；二是核外电子数，因电子运动要占据一定的空间，则电子数越多，原子半径越大；三是电子层数（电子的分层排布与离核远近空间大小以及电子云之间的相对排斥有关），电子层越多，原子半径越大。

原子半径大小由上述一对矛盾因素决定。核电荷增加使原子半径缩小，而电子数增加和电子层数增加使原子半径增加。当这对矛盾因素相互作用达到平衡时，原子就具有了一定的半径。

值得注意的是，即使是同一元素，其原子半径也未必是一个确定值。例如，对共价晶体来说，原子半径就取决于原子间的结合键是单键、双键或三键。不难想象，同一元素的单键共价半径大于双键或三键的共价半径，因为后者的结合力比前者强，因而原子靠得更近。对金属来说，原子半径与配位数有关。以 Fe 为例，利用 X 光测定 α-Fe 和 γ-Fe 的点阵常数就可发现，α-Fe 中的原子半径比 γ-Fe 中的原子半径小 3%。

2.9.2 离子半径

离子半径是描述离子大小的参数，取决于离子所带电荷、电子分布和晶体结构类型。设 $r_{阳}$ 为阳离子半径，$r_{阴}$ 为阴离子半径。$r_{阳}+r_{阴}$ = 键长。$r_{阳}/r_{阴}$ 与晶体类型有关。可由键长计算离子半径。一般采用 Goldschmidt 半径和 Pauling 半径，皆是 NaCl 型结构配位数为 6 的数据。Shannon 考虑了配位数和电子自旋状态的影响，得到两套最新数据，其中一套数据，参考电子云密度图，阳离子半径比传统数据大 14pm，阴离子小 14pm，更接近晶体实际。

离子半径同时也是反映离子大小的一个物理量。离子可近似视为球体，离子半径的导出以正、负离子半径之和等于离子键键长这一原理为基础，从大量 X 射线晶体结构分析实测键长值中推引出离子半径。离子半径的大小主要取决于离子所带电荷和离子本身的电子分布，但还要受离子化合物结构型式（如配位数等）的影响，离子半径一般以配位数为 6 的氯化钠晶体为基准，配位数为 8 时，半径值约增加 3%；配位数为 4 时，半径值下降约 5%。负离子半径一般较大，约为 1.3~2.5Å；正离子半径较小，约为 0.1~1.7Å。根据正、负离子半径值可导出正、负离子的半径和及半径比，这是阐明离子化合物性能和结构型式的两项重要因素。

2.9.3 元素的电负性

元素的电负性又称为相对电负性，简称电负性。在综合考虑了电离能和电子亲和能的基础上，莱纳斯·卡尔·鲍林首先于 1932 年引入电负性的概念，用来表示两个不同原子形成化学键时吸引电子能力的相对强弱。鲍林给电负性下的定义为“电负性是元素的原子在化合物中吸引电子能力的标度”。元素电负性数值越大，表示其原子在化合物中吸引电子的能力越强；反之，电负性数值越小，相应原子在化合物中吸引电子的能力越弱（稀有气体原子除外）。由于电负性是相对值，所以没有单位。而且电负性的计算方法有很多种（即采用不同的标度），因而每一种方法的电负性数值都不同，所以利用电负性值时，必须是同一套数值进行比较。比较有代表性的电负性计算方法有 3 种：

① L.C. 鲍林提出的标度。根据热化学数据和分子的键能，指定氟的电负性为 4.0，锂的电负性 1.0，计算其他元素的相对电负性。一般情况下，多采用这种相对电负性。

② R.S. 密立根从电离势和电子亲和能计算的绝对电负性。

③ A.L. 阿莱提出的建立在核和成键原子的电子静电作用基础上的电负性。

元素电负性的大小可以衡量元素的金属性和非金属性的相对强弱。一般来说，金属元素的电负性在 2.0 以下，非金属元素的电负性在 2.0 以上。元素的电负性也是呈周期性变化的，在同一周期中，从左到右电负性递增，元素的非金属性逐渐增强；同一主族元素尽管具有相同的外壳电子数，从而具有非常相似的化学性能，但从上到下电负性逐渐递减，元素的金属性逐渐增强，非金属性逐渐减弱。同一周期中，ⅠB 和ⅡB 族元素的外壳层价电子数分别为 1 和 2，这一点与ⅠA 和ⅡA 族元素相似，但ⅠA 和ⅡA 族的内壳层电子尚未填满，而ⅠB 和ⅡB 族的内壳层已填满，因此在化学性能上，ⅠB、ⅡB 族元素不如ⅠA、ⅡA 族活泼。如ⅠA 族的 K（钾）的电子排列为…$3p^6 4s^1$，而同周期的ⅠB 族元素 Cu 的电子排列为…$3p^6 3d^{10} 4s^1$，两者相比，K 的化学性质更活泼，更容易失去电子，电负性更低。

2.9.4 价电子浓度

价电子浓度（或简称电子浓度）是指合金中每个原子平均的价电子数，用 e/a 表示。对于由 1，2，…，m 组元合金，价电子浓度可以表示为：

$$e/a = Z_1C_1 + Z_2C_2 + \cdots + Z_mC_m$$

式中，Z_i（i =1~m）为组元 i 的原子价电子数，C_i 为组元 i 的原子分数（$C_1+C_2+\cdots+C_m=1$）。对于第Ⅷ族组元，规定其价电子数为零（Z=0），而对其他组元，价电子数就等于它在周期表中的族数（Z=N）。例如，对 60at%Cu+40at%Zn 这个二元合金，e/a= 1×0.60+2×0.40=1.40。

在判断某种合金相是固溶体（包括间隙式固溶体和置换式固溶体等）还是化合物（包括离子化合物、正常价或价化合物、电子化合物、尺寸化合合物等）时，必须综合考虑还原电子半径、离子半径、电负性、价电子浓度等多种因素。

本节重点

（1）同一周期元素从左至右（过渡族元素除外），原子半径变化有何规律，请解释原因。
（2）同一族元素从上至下（过渡族元素除外），原子半径变化有何规律，请解释原因。
（3）过渡族金属元素的原子半径有何特点，请解释原因。

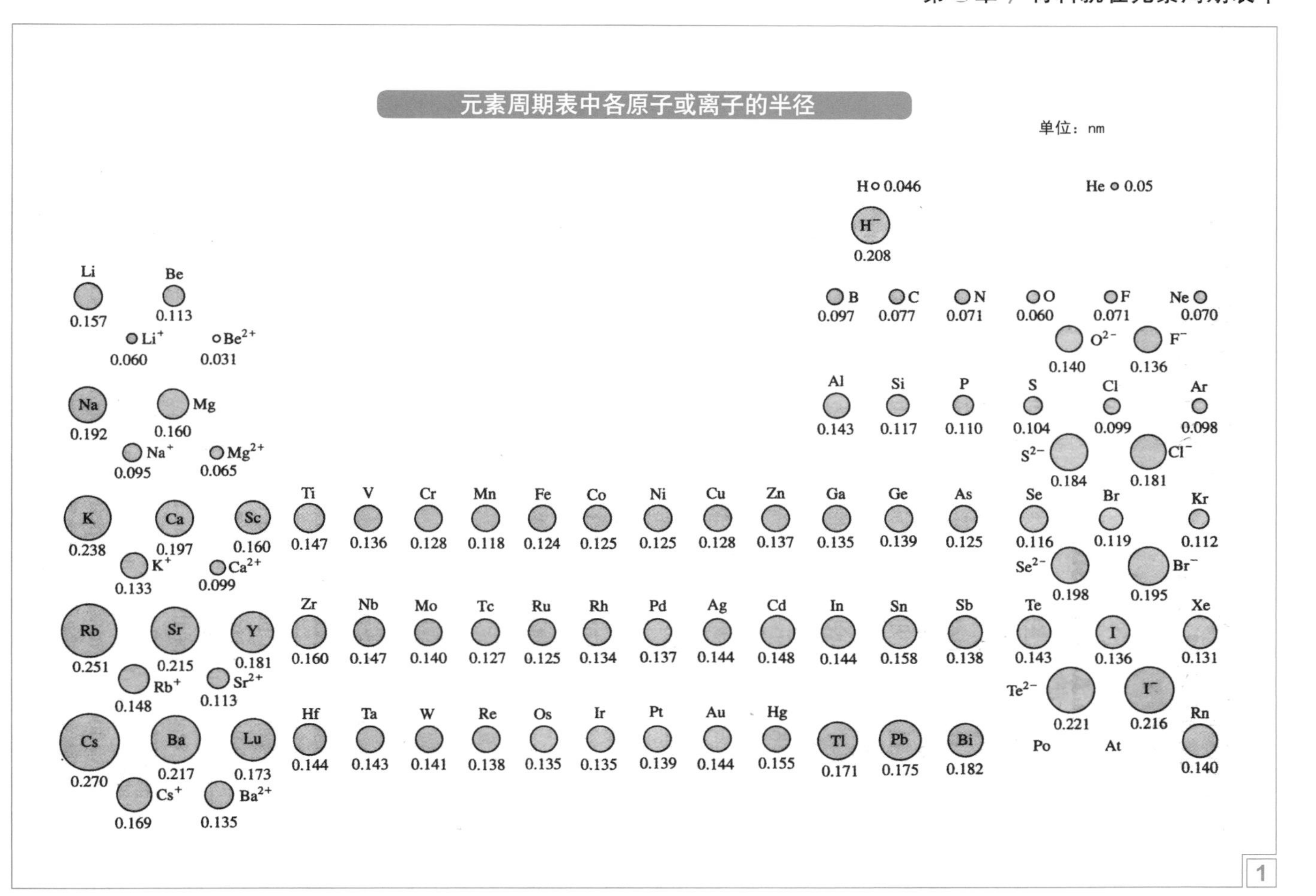
元素周期表中各原子或离子的半径
单位：nm
H 0.046
He 0.05
H⁻ 0.208
Li 0.157
Be 0.113
Li⁺ 0.060
Be²⁺ 0.031
B 0.097
C 0.077
N 0.071
O 0.060
F 0.071
Ne 0.070
O²⁻ 0.140
F⁻ 0.136
Na 0.192
Mg 0.160
Na⁺ 0.095
Mg²⁺ 0.065
Al 0.143
Si 0.117
P 0.110
S 0.104
Cl 0.099
Ar 0.098
S²⁻ 0.184
Cl⁻ 0.181
K 0.238
Ca 0.197
Sc 0.160
K⁺ 0.133
Ca²⁺ 0.099
Ti 0.147
V 0.136
Cr 0.128
Mn 0.118
Fe 0.124
Co 0.125
Ni 0.125
Cu 0.128
Zn 0.137
Ga 0.135
Ge 0.139
As 0.125
Se 0.116
Br 0.119
Kr 0.112
Se²⁻ 0.198
Br⁻ 0.195
Rb 0.251
Sr 0.215
Y 0.181
Rb⁺ 0.148
Sr²⁺ 0.113
Zr 0.160
Nb 0.147
Mo 0.140
Tc 0.127
Ru 0.125
Rh 0.134
Pd 0.137
Ag 0.144
Cd 0.148
In 0.144
Sn 0.158
Sb 0.138
Te 0.143
I 0.136
Xe 0.131
Te²⁻ 0.221
I⁻ 0.216
Cs 0.270
Ba 0.217
Lu 0.173
Cs⁺ 0.169
Ba²⁺ 0.135
Hf 0.144
Ta 0.143
W 0.141
Re 0.138
Os 0.135
Ir 0.135
Pt 0.139
Au 0.144
Hg 0.155
Tl 0.171
Pb 0.175
Bi 0.182
Po
At
Rn 0.140
1

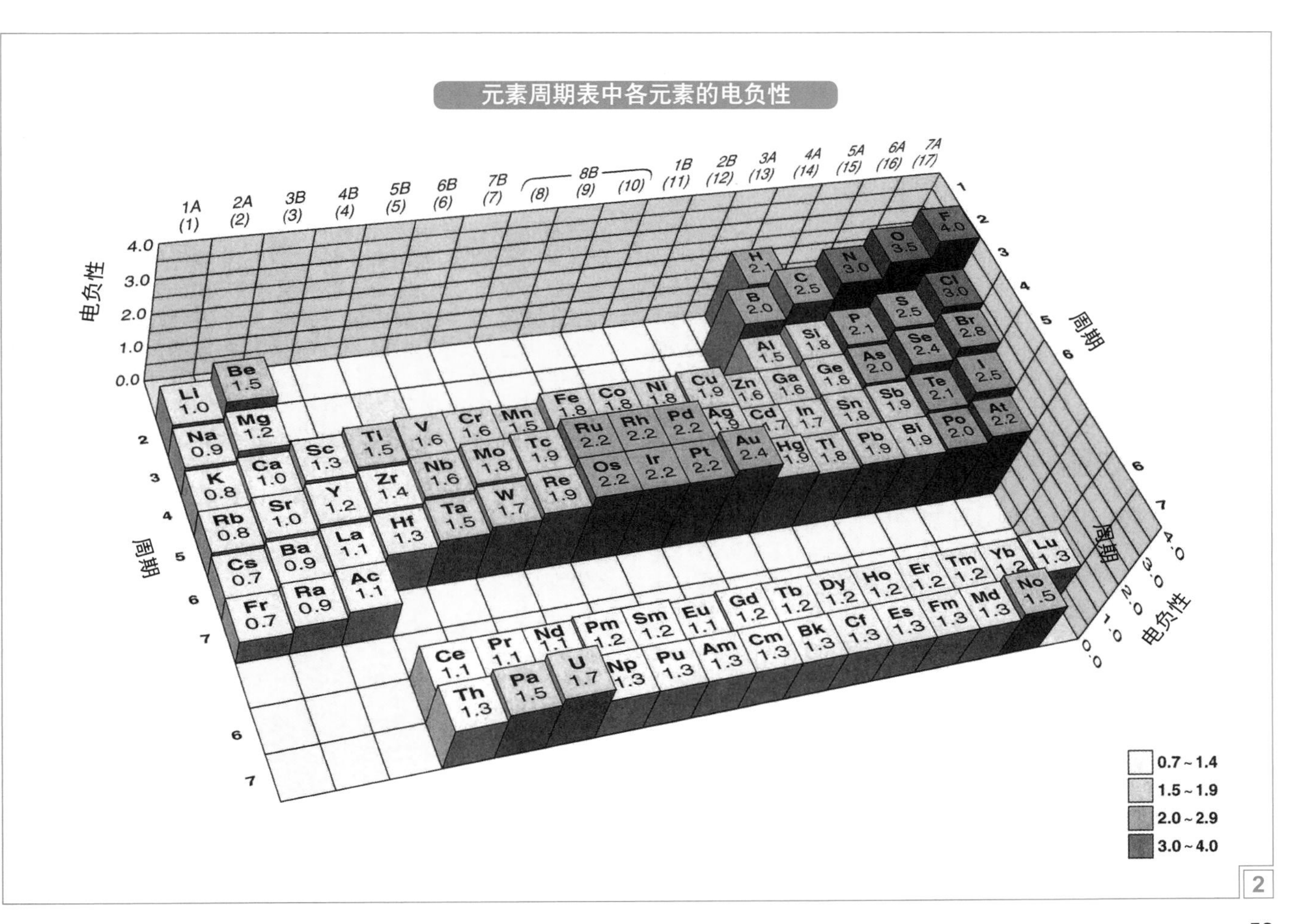
元素周期表中各元素的电负性
1A (1)
2A (2)
3B (3)
4B (4)
5B (5)
6B (6)
7B (7)
8B (8) (9) (10)
1B (11)
2B (12)
3A (13)
4A (14)
5A (15)
6A (16)
7A (17)
电负性
4.0
3.0
2.0
1.0
0.0
周期
H 2.1
B 2.0
C 2.5
N 3.0
O 3.5
F 4.0
Al 1.5
Si 1.8
P 2.1
S 2.5
Cl 3.0
Ga 1.6
Ge 1.8
As 2.0
Se 2.4
Br 2.8
In 1.7
Sn 1.8
Sb 1.9
Te 2.1
I 2.5
Tl 1.8
Pb 1.9
Bi 1.9
Po 2.0
At 2.2
Li 1.0
Be 1.5
Na 0.9
Mg 1.2
K 0.8
Ca 1.0
Sc 1.3
Ti 1.5
V 1.6
Cr 1.6
Mn 1.5
Fe 1.8
Co 1.8
Ni 1.8
Cu 1.9
Zn 1.6
Rb 0.8
Sr 1.0
Y 1.2
Zr 1.4
Nb 1.6
Mo 1.8
Tc 1.9
Ru 2.2
Rh 2.2
Pd 2.2
Ag 1.9
Cd 1.7
Cs 0.7
Ba 0.9
La 1.1
Hf 1.3
Ta 1.5
W 1.7
Re 1.9
Os 2.2
Ir 2.2
Pt 2.2
Au 2.4
Hg 1.9
Fr 0.7
Ra 0.9
Ac 1.1
Ce 1.1
Pr 1.1
Nd 1.1
Pm 1.2
Sm 1.2
Eu 1.1
Gd 1.2
Tb 1.2
Dy 1.2
Ho 1.2
Er 1.2
Tm 1.2
Yb 1.2
Lu 1.3
Th 1.3
Pa 1.5
U 1.7
Np 1.3
Pu 1.3
Am 1.3
Cm 1.3
Bk 1.3
Cf 1.3
Es 1.3
Fm 1.3
Md 1.3
No 1.5
0.7～1.4
1.5～1.9
2.0～2.9
3.0～4.0
2

2.10 原子的电离能和可能的价态表现

2.10.1 原子的电离能

基态的气体原子失去最外层的第一个电子而成为气态 +1 价阳离子所吸收的能量称为第一电离能 I_1，再失去一个电子而成为气态 +2 价离子所需的能量称为第二电离能 I_2，以此类推，还可以有第三电离能 I_3、第四电离能 I_4。同一元素的各个能级电离能依次升高。如果没有特殊说明，通常电离能指的就是第一电离能。电离能都是正值，因为原子失去电子需要消耗能量来克服核对电子的吸引力。电离能的变化规律如下：

在同一周期中，从左到右，总趋势是电离能增大；在同一族（主要指主族）中，从上到下，总趋势是电离能减小。在同一周期中，具有半满、全填满和全空电子构型的元素原子比较稳定，具有较大的电离能。

第一电离能的大小反映了原子失去电子的难易程度，体现了元素金属活泼性的强弱。原子的第一电离能越小，相应元素的金属性就越强，亦即金属越活泼；相反，原子的第一电离能越大，相应元素的非金属性越强。电离能常用符号 I 表示，单位为 $J \cdot mol^{-1}$。

由 +1 价气态阳离子再失去一个电子形成 +2 价气态阳离子时所需能量称为元素的第二电离能 (I_2)。第三、四电离能依此类推，且一般地 $I_1 < I_2 < I_3 \cdots$。

利用电离能可以定量地比较气态原子失去电子的难易，电离能越大，原子越难失去电子，其金属性越弱；反之金属性越强。所以它可以比较元素的金属性强弱。影响电离能大小的因素是：有效核电荷、原子半径、和原子的电子构型。

电离能的大小可以用来衡量原子失去电子的难易，也可以用来判断原子失去电子的数目和形成的阳离子所带的电荷。如果 $I_2 \gg I_1$，则原子易形成 +1 价阳离子而不易形成 +2 价阳离子；如果 $I_3 \gg I_2 \gg I_1$，即 I 在 I_2 和 I_3 之间突然增大，则元素 R 可以形成 R^+ 或 R^{2+} 而难以形成 R^{3+}。

可归纳为：如果 $I_{(n+1)}/I_n \gg I_n/I_{(n-1)}$，即电离能在 I_n 与 $I_{(n+1)}$ 之间发生突变，则元素的原子易形成 $+n$ 价离子而不易形成 $+(n+1)$ 价离子。多数非金属元素原子的 I_1 较大，难以失去电子形成阳离子而易于得到电子形成阴离子或与其他原子形成共用电子对。

2.10.2 原子的电子亲和能

电子亲和能是指气态原子在基态时得到一个电子形成气态 −1 价阴离子所放出的能量。原子的电子亲和能绝对值越大，表示原子越易获得电子，相应元素非金属性越强。电子亲和能的变化规律与电离能基本相同，即如果元素的原子的电离能高，则其电子亲和能（绝对值）也高。元素的第一电子亲和能一般为正值，第二电子亲和能为负值，因为一价电子排斥外来电子，若再结合电子必须供给能量以克服电子的斥力。

电子亲和能的大小取决于原子的有效核电荷、原子半径和原子的电子构型。周期表中，同一周期从左到右，电子亲和能逐渐增大，以卤族元素数值最大；同族元素从上到下电子亲和能呈递减变化。但第二周期 N、O、F 三元素反而比第三周期的 P、S、Cl 电子亲和能要小。

2.10.3 原子能级的实验测定

当一个处于基态的自由原子受到高速电子（或其他粒子）的轰击时，根据入射电子的能量，可能发生以下各种情况：

（1）原子的外层电子由基态的能级 E_1 跃迁到更高的（激发态）能级 E_2。当电子由能级 E_2 返回能级 E_1 时，原子就发出一定频率 ν 的可见光。ν 由 $E_2-E_1=h\nu$ 确定。

（2）当入射电子的能量更高时，可以将外层电子击出而脱离原子，这就是上述电离现象。

（3）当入射电子的能量足够高时，可以将内层电子击出，随后在它外层的电子跃迁到该层，并发出波长为 0.1nm 左右的 X 光，其频率 ν 也由 $E_2-E_1=h\nu$ 确定（此时 E_1 是内层电子的能级，E_2 是该层外面跃迁电子的能级）。

无论是发射可见光还是发射 X 光，只要测定辐射线的频率和强度，就可推知原子的各电子的能级，以及从一个状态向另一个状态跃迁的几率。

2.10.4 元素可能的价态表现

周期表中的元素除了按周期和族划分外，还可按元素的原子在哪一亚层增加电子而将它们划分为 s、p、d、ds、f 五个区（参照 2.1 节下图）。

（1）s 区元素：包括 ⅠA 和 ⅡA 族元素，最外层电子构型为 $ns^{1\sim2}$。

（2）p 区元素：包括 ⅢA～ⅦA 元素，最外层电子构型为 $ns^2np^{1\sim6}$（He 除外）。

（3）d 区元素：包括 ⅢB～ⅧB 元素，外层电子构型为 $(n-1)d^{1\sim8}ns^2$（第 ⅥB 族的 Cr、Mo 及第发 ⅧB 族的 Pd、Pt 例外）。该区对应着内壳层电子逐渐填充的过程，把这些内壳层未填满的元素称为过渡元素，由于外壳层电子状态没有改变，都只有 1～2 个价电子，因此这些元素都有典型的金属性。

（4）ds 区元素：包括 ⅠB 和 ⅡB 族元素，外电子层构型为 $(n-1)d^{10}ns^{1\sim2}$。

（5）f 区元素：包括镧系元素和锕系元素，电子层结构在 f 亚层上增加电子，外电子层构型为 $(n-2)f^{1\sim14}(n-1)d^{0\sim2}ns^2$。

右页下图表示元素周期表中各元素可能的价态表现，可以看出金属元素均有正价态，非金属元素一般均有负价态表现。这是由于金属元素的原子最外层电子数少于 4 个，故在化学反应中易失去最外层电子而表现出正价，即金属元素的化合价一般为正（极少数金属能显示负化合价，如锑，在锑化铟 InSb 中为 −3 化合价）。非金属元素跟金属元素相化合时，通常得电子，化合价为负。但是，大部分过渡族金属和非金属元素表现出复杂的正价态。这是由于过渡族金属元素的 4s 和 3d 电子都可能参与价态表现，而当几种非金属元素化合时，电负性较低的就会表现出正化合价。比如氧是电负性第二高的元素，通常显示 −2 化合价。但当它遇到电负性最高的氟元素时，就会显示 +2 化合价，形成二氟化氧 OF_2。

本节重点

（1）元素周期表中，电负性最高和最低者分别是哪个元素，其电负性相对值各是多大？
（2）元素电离能（离化能）的定义。
（3）试解释一些过渡族金属元素和大部分分非金属元素价态较多的原因。

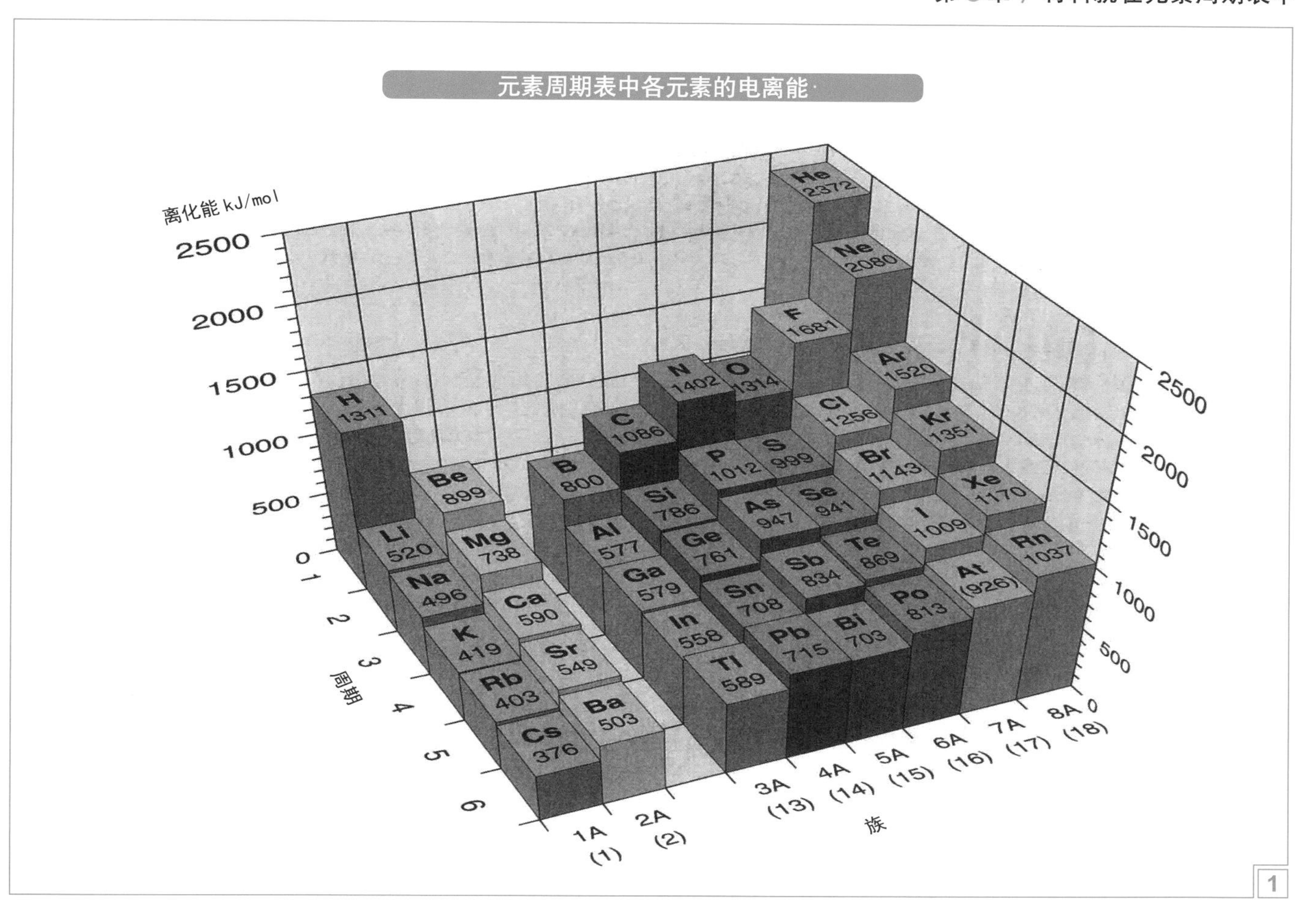

1

元素周期表中各元素可能的价态表现

	2A	3B		4B	5B	6B	7B		8B		1B	2B	3A	4A	5A	6A		
1 H +1 −1																	1 H +1 −1	2 He
3 Li +1	4 Be +2												5 B +3	6 C +4 +2 −4	7 N +5 +4 +3 +2 +1 −3	8 O −1 −2	F −1	Ne
11 Na +1	12 Mg +2												13 Al +3	14 Si +4 −4	15 P +5 +3 −3	16 S +6 +4 +2 −2	17 Cl +7 +5 +3 +1 −1	18 Ar
19 K +1	20 Ca +2	21 Sc +3		22 Ti +4 +3 +2	23 V +5 +4 +3 +2	24 Cr +6 +3 +2	25 Mn +7 +6 +4 +3 +2	26 Fe +3 +2	27 Co +3 +2	28 Ni +2	29 Cu +2 +1	30 Zn +2	31 Ga +3	32 Ge +4 −4	33 As +5 +3 −3	34 Se +6 +4 −2	35 Br +5 +3 +1 −1	36 Kr +4 +2
37 Rb +1	38 Sr +2	39 Y +3		40 Zr +4	41 Nb +5 +4	42 Mo +6 +4 +3	43 Tc +7 +6 +4	44 Ru +8 +6 +4 +3	45 Rh +4 +3 +2	46 Pd +4 +2	47 Ag +1	48 Cd +2	49 In +3	50 Sn +4 +2	51 Sb +5 +3 −3	52 Te +6 +4 −2	53 I +7 +5 +3 +1 −1	54 Xe +6 +4 +2
55 Cs +1	56 Ba +2	57 La +3	58 Ce → 71 Lu +3	72 Hf +4	73 Ta +5	74 W +6 +4	75 Re +7 +6 +4	76 Os +8 +4	77 Ir +4 +3	78 Pt +4 +2	79 Au +3 +1	80 Hg +2 +1	81 Tl +3 +1	82 Pb +4 +2	83 Bi +5 +3	84 Po +2	85 At −1	86 Rn

2

2.11 原子的核外电子排布（5）——稀土元素和锕系元素

2.11.1 稀土元素——4f 亚层电子未填满的元素

稀土就是元素周期表中镧系元素——镧（La）、铈（Ce）、镨（Pr）、钕（Nd）、钷（Pm）、钐（Sm）、铕（Eu）、钆（Gd）、铽（Tb）、镝（Dy）、钬（Ho）、铒（Er）、铥（Tm）、镱（Yb）、镥（Lu），以及与镧系的 15 个元素密切相关的两个元素——钪（Sc）和钇（Y），即周期系ⅢB 族中原子序数为 21、39 和 57~71 的 17 种化学元素的统称。

实际上，稀土既不“稀”，又不“土”，其名称来自瑞典，是历史遗留下来的。稀土元素从 18 世纪开始陆续发现，当时人们常把不溶于水的固体氧化物称为“土”。稀土一般是以氧化物状态分离出来的，当时又很稀少，因此得名为稀土。我国用“RE”（rare earth）表示稀土的符号。实际上它们在地壳内的含量并不低，最高的铈是地壳中第 25 丰富的元素，比铅还要高。而最低的“稀土金属”铥在地壳中的含量比金甚至还要高出 200 倍。因此，国际纯粹与应用化学联合会现在已经废弃了“稀土金属”这个称呼。

稀土元素具有一系列有别于其他元素特点的根本原因在于它的电子层结构。稀土元素的 5p、6p 轨道的电子数不变，但具有不同的 4f 轨道电子。由于具有未填满的 4f 电子层结构，由此可以产生多种多样的电子能级。

稀土元素有多种分组方法，目前最常用的有两种。

两分法：铈族稀土，La~Eu，亦称轻稀土（LREE）；钇族稀土，Gd~Lu+Y，亦称重稀土（HREE）。两分法分组以 Gd 划界的原因是：从 Gd 开始在 4f 亚层上新增加电子的自旋方向改变了。而 Y 归入重稀土组主要是由于 Y^{3+} 离子半径与重稀土相近，化学性质与重稀土相似，它们在自然界密切共生。

三分法：轻稀土为 La~Nd；中稀土为 Pm~Ho；重稀土为 Er~Lu+Y。

2.11.2 稀土元素的特征

稀土元素的共性是：①它们的原子结构相似；②离子半径相近（REE^{3+} 离子半径 1.06×10^{-10}m~0.84×10^{-10}m，Y^{3+} 为 0.89×10^{-10}m）；③它们在自然界密切共生，但稀土矿物缺少硫化物和硫酸盐，说明稀土元素具有亲氧性。

稀土元素是典型的金属元素，活泼性仅次于碱金属和碱土金属。易与氧、硫、锰等元素化合成熔点高的化合物，运用这个性质，将稀土加入钢水中可以起到净化的效果。由于稀土元素的原子半径比铁的原子半径大，很容易填充于铁晶体的缺陷中及晶粒间，形成能阻碍晶粒继续生长的晶界，从而可以细化晶粒，提高钢的性能。

稀土元素的原子半径和离子半径都远大于常见金属，因此稀土金属在过渡族金属中的固溶度很低，几乎不能形成固溶体合金，但能形成一系列金属间化合物。这些金属间化合物经过一定工艺处理可制成稀土永磁材料如 $SmCo_5$，储氢材料如 $LaNi_5$，磁致伸缩材料如 $SmFe_2$、$Tb(CoFe)_2$ 及其他功能材料。

某些稀土元素中子俘获截面积大，如钐、铕、钆、镝和铒，可用做原子能反应堆的控制材料和减速剂。铈、钇的中子俘获截面积小，则可作为反应堆燃料的稀释剂。

2.11.3 稀土元素的矿产分布及稀土元素的应用

地球上稀土资源很丰富，但分布不均，主要集中在中国、美国、印度、苏联、南非、澳大利亚、加拿大、埃及等国家，其中中国的占有率最高，我国的稀土资源非常丰富。美国《国防供应链中的稀土原料》报告显示：2009 年，中国稀土储量为 3600 万吨，占世界 36%；产量则为 12 万吨，占世界产量的 97%。我国稀土资源比较集中的地方是内蒙古、江西、四川、山东、广东等，形成“北轻南重”的特点，即北方以轻稀土为主，南方以重稀土为主。

稀土作为基体元素能制造出具有特殊“光、电、磁”性能的功能材料，如稀土永磁材料、荧光发光材料、贮氢储能材料、催化剂材料、激光材料、超导材料、光导材料、功能陶瓷材料、生物工程材料和半导体材料等。稀土永磁材料钕铁硼是当今磁性能最强的永磁材料，被称作“一代磁王”。稀土永磁材料用于电机，可使同等功率的电机体积和重量可减少 30% 以上。用稀土永磁同步电机代替工业上耗能最多的异步电机，节电率达 12%~15%。

稀土作为改性添加元素也已广泛应用于冶金、机械、石油、化工、玻璃、陶瓷、纺织、皮革、农牧养殖等传统产业领域。在钢铁和有色金属中加入千分之几甚至万分之几的稀土就能明显改善金属材料性能，提高钢材的强度、耐磨性和抗腐蚀性能。稀土分子筛催化剂用于石油加工的催化裂化，可使汽油产出率提高 5%，提高装置裂化能力 30%。稀土离子与羟基或磺酸基等形成结合物，可广泛用于印染业。稀土植物助长剂用于农业，可使粮食作物平均增产 7%，油料作物平均增产 10%，瓜果蔬菜增产 10%~20%，还能使含糖作物的含糖量明显提高，并能增强农作物的抗灾害能力。

2.11.4 锕系元素——5f 亚层电子未填满的元素

锕系元素包括了铀以后人工合成的 11 种超铀元素。前四种锕系元素锕、钍、镤、铀存在自然界。镎至铹 11 种锕系元素则全部用人工核反应合成（镎、钚在含铀矿物中也有发现，但其量极微），合成的方式有在反应堆或核爆炸中辐照重元素靶及在加速器上用带电粒子轰击重元素靶等。

按照原子核外的电子能级，元素周期表第七周期内锕以后的元素逐次充填 5f 内层电子，直到充满 14 个 5f 内层电子为止。由于原子的最外层电子构型基本相同，只在 5f 内层更迭电子，所以这些元素组成了自成系列的锕系元素。

由于镧系和锕系两个系列的元素随着原子序数的增加都只在内层轨道，相应地 6s、5d、和 7s、6d 轨道的电子排布基本相同，因此不仅镧系元素和锕系元素的化学性质相似，而且每个系列内元素之间的化学性质也是相近的。大多数锕系元素都有以下性质：能形成络合离子和有机螯合物的三价阳离子；生成三价的不溶性化合物，如氢氧化物、氟化物、碳酸盐和草酸盐等，生成三价的可溶性化合物，如硫酸盐、硝酸盐、高氯酸盐和某些卤化物等。在水溶液中多数锕系元素为 +3 氧化态，前面几个和最后几个锕系元素还有不同的氧化态，如镤有 +5 氧化态；铀、镎、镅有 +5 和 +6 氧化态，镎、钚还有 +7 氧化态，（镧系元素中最高氧化态为 +4）；锕、锿、镄、钔和锘等元素都有 +2 氧化态。锕系和镧系的这种差别是因为轻的锕系元素中 5f 电子激发到 6d 轨道所需能量比相应的镧系元素中 4f 电子激发到 5d 轨道的能量要小，使得锕系元素比镧系元素有更多的成键电子，因而出现较高的氧化态；而重的锕系元素却正好相反。

本节重点

（1）请写出 15 种稀土元素的名称及元素符号。
（2）稀土元素外层电子排布的特征。
（3）稀土元素具有哪些共同特征，试举出稀土元素的几种典型应用。

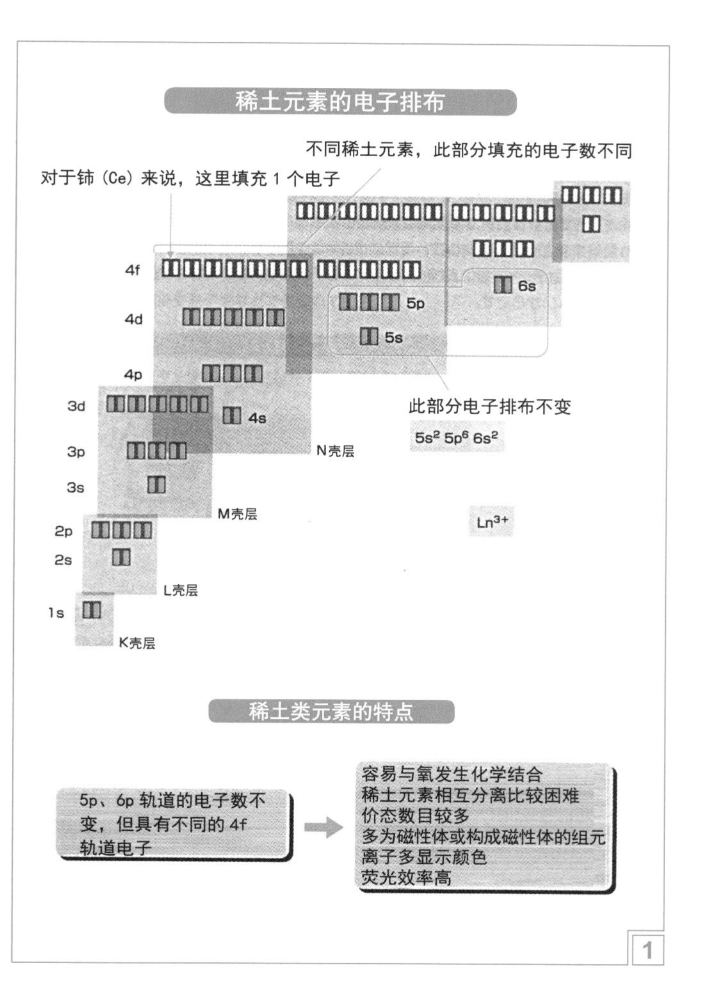

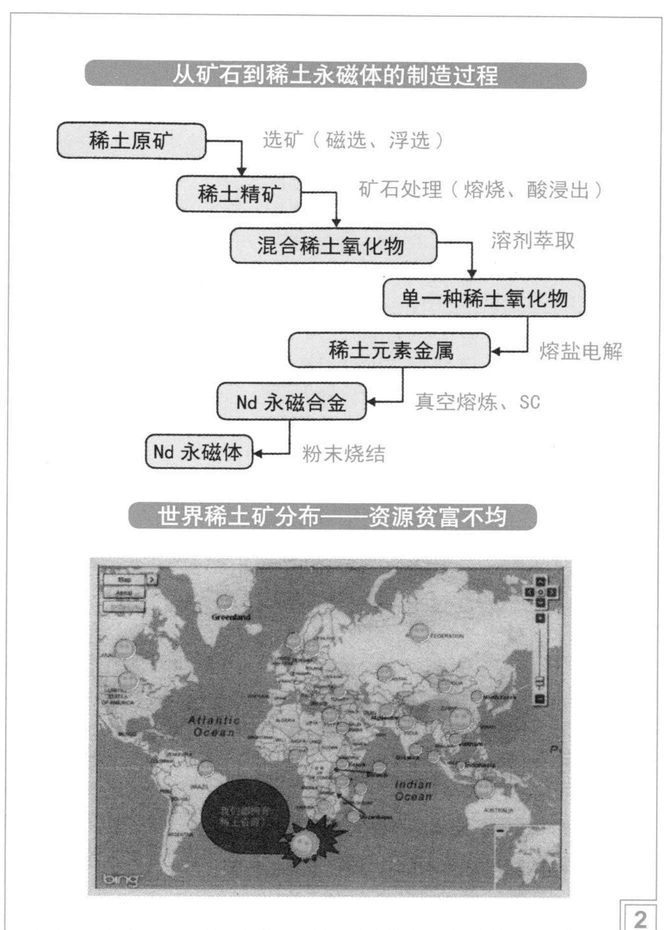

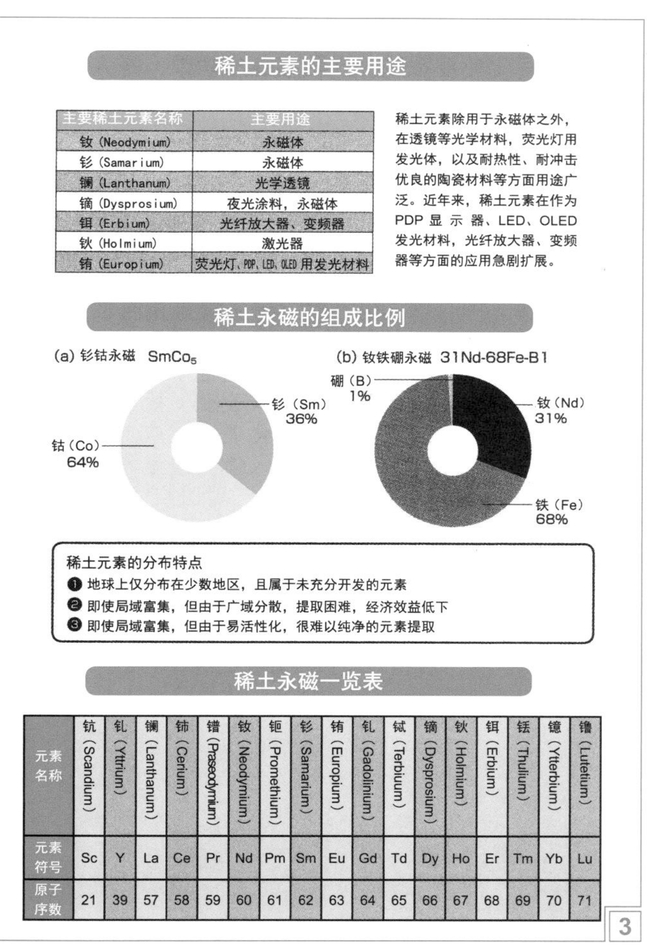

稀土元素的主要用途

主要稀土元素名称	主要用途
钕 (Neodymium)	永磁体
钐 (Samarium)	永磁体
镧 (Lanthanum)	光学透镜
镝 (Dysprosium)	夜光涂料，永磁体
铒 (Erbium)	光纤放大器、变频器
钬 (Holmium)	激光器
铕 (Europium)	荧光灯、PDP、LED、OLED 用发光材料

稀土元素除用于永磁体之外，在透镜等光学材料，荧光灯用发光体，以及耐热性、耐冲击优良的陶瓷材料等方面用途广泛。近年来，稀土元素在作为 PDP 显示器、LED、OLED 发光材料，光纤放大器、变频器等方面的应用急剧扩展。

稀土永磁的组成比例

稀土元素的分布特点
❶ 地球上仅分布在少数地区，且属于未充分开发的元素
❷ 即使局域富集，但由于广域分散，提取困难，经济效益低下
❸ 即使局域富集，但由于易活性化，很难以纯净的元素提取

稀土永磁一览表

元素名称	钪 (Scandium)	钇 (Yttrium)	镧 (Lanthanum)	铈 (Cerium)	镨 (Praseodymium)	钕 (Neodymium)	钷 (Promethium)	钐 (Samarium)	铕 (Europium)	钆 (Gadolinium)	铽 (Terbium)	镝 (Dysprosium)	钬 (Holmium)	铒 (Erbium)	铥 (Thulium)	镱 (Ytterbium)	镥 (Lutetium)
元素符号	Sc	Y	La	Ce	Pr	Nd	Pm	Sm	Eu	Gd	Td	Dy	Ho	Er	Tm	Yb	Lu
原子序数	21	39	57	58	59	60	61	62	63	64	65	66	67	68	69	70	71

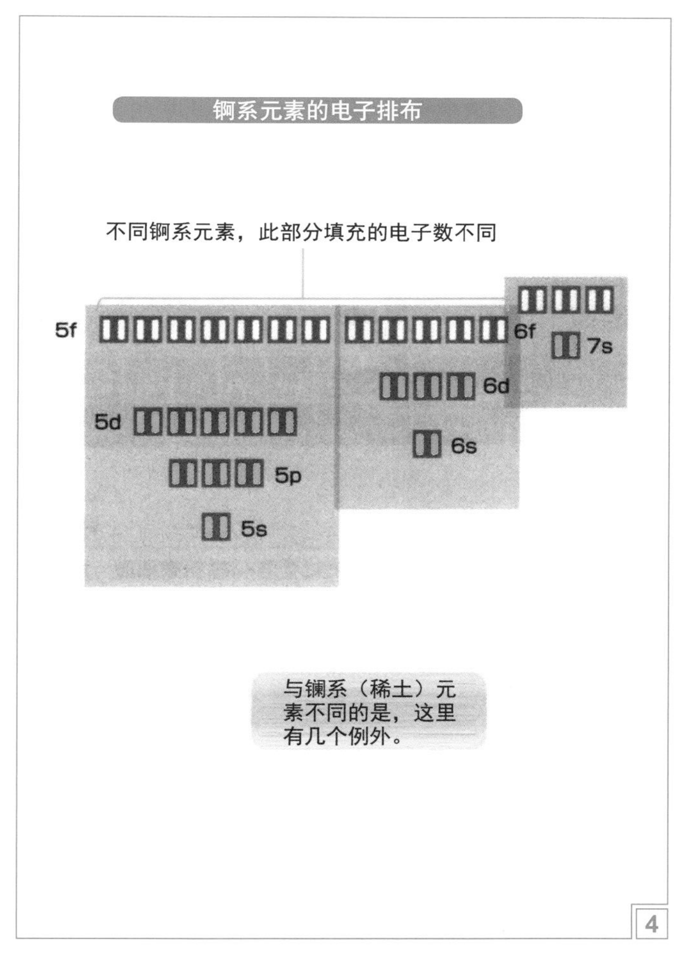

2.12 日常生活中须臾不可离开的元素

2.12.1 地壳中的八种含量最多的元素

随着资源、能源、环境、可持续发展等观念日益深入人心，今天在应用材料（这里仅讨论元素，特别是金属元素）时，需要关注它在地壳中的含量（即克拉克数），从矿石获得1吨金属所消耗的能量，该元素是否对人体有害，在制作、使用、回收再处理过程中是否会对环境造成危害等。

表中列出地壳中的八种含量最多的元素。其中第一位是氧（46.60%），第二位是硅（27.72%），第三位是铝（8.13%）。由于这些元素多以化合物的形式（如，氧以水，硅以硅酸盐）存在，因此更显得无时、无处不在。正因为生物与这些元素长期共生共存，且得益于其所构成的营养，不仅人体能与这些元素良好相容，而且成为人们日常生活须臾不可离开的物质。

2.12.2 组成人体的四种主要物质

右页下图（上）表示构成人体的四大类物质及主要矿物质和微量矿物质。人体重量的96%是有机物和水分，4%为无机元素组成。人体内约有50多种矿物质，在这些无机元素中，已发现有20种左右的元素是构成人体组织、维持生理功能、生化代谢所必需的，除C、H、O、N主要以有机化合物形式存在外，其余均称为无机盐或矿物质。大致可分为常量元素和微量元素两大类。

右页下图（下）表示人体内元素的分类，依元素含量多少，按最基本元素、基本元素、主要元素、大量元素和微量元素给出。

2.12.3 人体不可缺少的矿物质

人体必需的矿物质有钙、磷、钾、钠、氯等需要量较多的宏量元素，铁、锌、铜、锰、钴、钼、硒、碘、铬等需要量少的微量元素。但无论哪种元素，与人体所需蛋白质相比，都是非常少量的。

几种常见的食物中的矿物质：

钙：钙矿物质在我们身体中约占体重的5%，钙约占体重的2%。身体中的钙大多分布在骨骼和牙齿中，约占总量的99%，其余1%分布在血液、细胞间液及软组织中。缺钙会造成人体生理障碍，进而引发一系列严重疾病。

磷：磷是人体中第二种最丰富的矿物质（仅次于钙），约占人体重的1%，成人体内可含有600~900g的磷，它不但构成人体成分，且参与生命活动中非常重要的代谢过程。磷是构成骨骼和牙齿的重要原料。磷也构成细胞，作为核酸、蛋白质、磷酸和辅酶的组成成分，参与非常重要的代谢过程。几乎所有的生物或细胞的功能都直接或间接地与磷有关。

铜：铜主要来源于核仁、豆类、蜜糖、提子干、各种水果及蔬菜的茎、根。铜是血、肝、脑等铜蛋白的组成部分，是几种胺氧化酶的必需成分。缺铜导致动物中出现的血管弹性硬蛋白、结缔组织和骨骼胶元蛋白的合成障碍，就是由于组织中胺氧化酶活性下降的结果。在铜缺乏后期，肝脏、肌肉和神经组织中，细胞色素氧化酶的活性显著减弱。

碘：碘的生理功能其实就是甲状腺素的生理功能。它促进能量代谢：促进物质的分解代谢，产生能量，维持基本生命活动；维持垂体的生理功能；促进发育：发育期儿童的身高、体重、骨骼、肌肉的增长发育和性发育都有赖于甲状腺素，如果这个阶段缺少碘，则会导致儿童发育不良；促进大脑发育：在脑发育的初级阶段（从怀孕开始到婴儿出生后2岁），人的神经系统发育必须依赖于甲状腺素，如果这个时期饮食中缺少了碘，则会导致婴儿的脑发育落后，严重的在临床上面称为“呆小症”，而且这个过程是不可逆的，以后即使再补充碘，也不可能恢复正常。

铁：铁作为载体及酶的组分，参与了血红蛋白与肌红蛋白的组成，担负着运载体内氧和二氧化碳的重要作用，参与蛋白质合成和能量代谢，生理防卫与免疫机能。

镁：镁是人体细胞内的主要阳离子，在细胞外液仅次于钠和钙，居第三位。正常成人体内总镁含量约25g，其中60%~65%存在于骨骼、牙齿中，27%分布于软组织。Mg主要分布于细胞内（99%），细胞外不超过1%。镁溶液经过十二指肠时，可以打开胆囊的开关促使胆汁排出，所以镁有良好的利胆作用。通过适量补充镁元素，可改善胰岛素的生物活性。

总的来说，矿物质参与构成人体组织结构，维持细胞内外水平的平衡，有助细胞功能正常地发挥，维持体液酸碱度的稳定与平衡，有助保持健康状态。参与遗传物质的代谢。协助多种营养素发挥作用。目前人体所必需的矿物质有22种之多，而这些矿物质摄取后，多会留存在我们的骨骼与肌肉组织中。

锌是人体必需的微量元素之一，在人体生长发育过程中起着极其重要的作用，常被人们誉为“生命之花”和“智力之源”。处于生长发育期的儿童如果缺锌，会导致味觉下降，出现厌食、偏食甚至异食。缺乏严重时，将会导致“侏儒症”和智力发育不良。

硒和维生素E都是抗氧剂，二者相辅相成，可防止因氧化而引起的衰老、组织硬化，减慢其变化的速度，并且它还具有活化免疫系统，预防癌症的功效，是人体必需的微量元素。

2.12.4 重金属污染成为重要的环境问题

重金属对于人类社会的发展不可或缺。从人类最早使用的铜，到目前航空航天上大量使用的镍及其合金，以及在能源工业上使用的汞、镉、铅等，为人类发现和使用新材料、促进工业技术的发展立下了汗马功劳。

汞、镉、砷、铜、铅、铬、锌、镍等重金属元素对人类和环境的危害正日益受到人们的关注。重金属对生物体的危害，一方面是因为它们与酶的活性中心或活性蛋白的硫基结合，导致生物大分子的构象改变，扰乱了细胞正常的生理和代谢；另一方面通过氧化还原反应，产生自由基而导致细胞氧化损伤。重金属在人体内过量积累，会导致癌症（铬、镍）、染色体损伤（铅、镉）、肾脏疾病（镉、铬、汞、镍、铅、铀）、智力下降（铅）等。世界“八大公害事件”中的富山骨痛病事件（1931年，日本，镉污染）和熊本水俣病事件（1953年，日本，汞污染）就直接与重金属（或类重金属）污染有关。因此，重金属污染已经成为人类可持续发展所面临的环境问题之一。

本节重点

（1）记住地壳中八种主要元素的含量与分布。
（2）构成人体的主要矿物质有哪些元素？
（3）构成人体的重要微量矿物质有哪些元素？

地壳中八种主要元素的含量与分布情况

元　素	质量分数/%	原子分数/%(质量%被相对原子质量除)	体积分数/%
O	46.60	62.55	93.77
Si	27.72	21.22	0.86
Al	8.13	6.47	0.47
Fe	5.00	1.92	0.43
Mg	2.09	1.84	0.29
Ca	3.36	1.94	1.03
Na	2.83	2.64	1.32
K	2.59	1.42	1.83

一些重要的矿石及其所含金属量

金　属	矿物学名称	含金属的氧化物及其他化合物	矿石中金属实际含量/%(质量分数)
铁	赤铁矿	Fe_2O_3	40～60
	磁铁矿	Fe_3O_4	45～70
	褐铁矿	$2Fe_2O_3 \cdot 3H_2O$ 和类似化合物	30～35
	菱铁矿	$FeCO_3$	25～40
铝	铝土矿	$Al(OH)_3$	20～30
铜	辉铜矿，黄铜矿	Cu_2S，$CuFeS_2$	0.5～5
钛	金红石	TiO_2	40～50

1

构成人体的四大类物质以及主要矿物质和微量矿物质

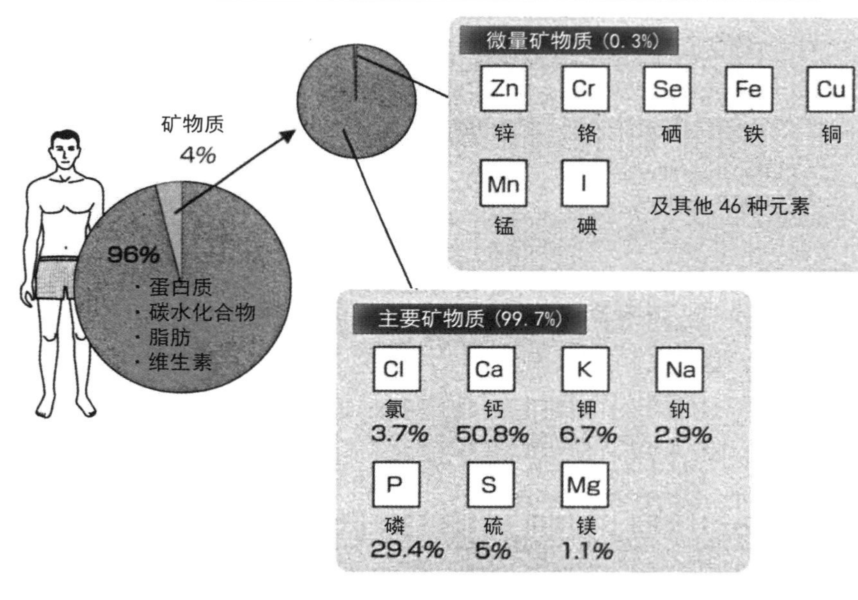

人体内元素的分类

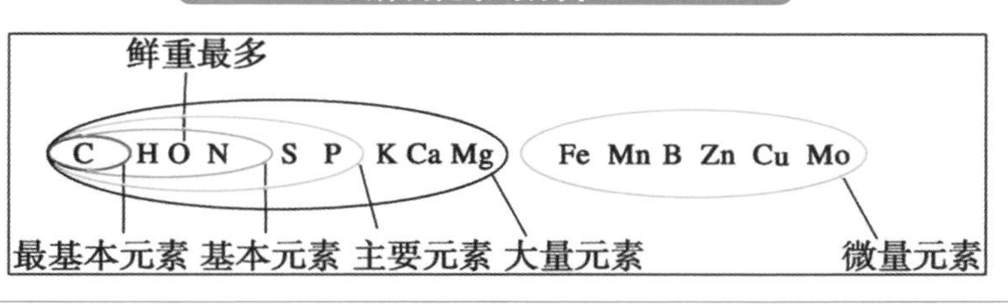

2

2.13 材料性能与化学键类型的关系

2.13.1 化学键的类型及特点

分子或晶体中的原子并非简单地堆砌在一起，而是存在着强烈的相互作用。化学上把这种分子或晶体中原子间（有时原子得失电子转变成离子）的强烈作用力叫做化学键。键的实质是一种力。所以有的又叫键力，或就叫键。

（1）离子键（ionic bond）又称为盐键，是通过两个或多个原子或化学基团失去或获得电子而成为离子后形成。带相反电荷的离子之间存在静电作用，当两个带相反电荷的离子靠近时，表现为相互吸引，而电子和电子、原子核与原子核之间又存在着静电排斥作用，当静电吸引与静电排斥作用达到平衡时，便形成离子键。因此，离子键是阳离子和阴离子之间由于静电作用所形成的化学键。

此类化学键往往在金属与非金属间形成。失去电子的往往是金属元素的原子，而获得电子的往往是非金属元素的原子。通常，活泼金属与活泼非金属形成离子键，离子既可以是单离子，如 Na^+、Cl^-，也可以由原子团形成，如 SO_4^{2-}、NO_3^- 等。离子键结合力大，无方向性和饱和性。一般说来，离子化合物熔点和沸点较高，硬度较大，质脆，难以压缩，难挥发。

（2）共价键（covalent bond）是两个或多个原子共用它们的外层电子，在理想情况下达到电子饱和的状态，由此组成比较稳定的化学结构叫做共价键。共价键的本质是原子轨道重叠后，高概率地出现在两个原子核之间的电子与两个原子核之间的电相互作用。需要指出：氢键虽然存在轨道重叠，但通常不算做共价键，而属于分子间力。共价键与离子键之间没有严格的界限，通常认为，两元素电负性差值远大于 1.7 时，成离子键；远小于 1.7 时，成共价键；在 1.7 附近，它们的成键具有离子键和共价键的双重特性，离子极化理论可以很好地解释这种现象。

（3）金属键（metallic bond）主要在金属中存在。由自由电子及排列成晶格状的金属离子之间的静电吸引力组合而成。由于电子的自由运动，金属键没有固定的方向，因而是非极性键。金属键有金属的很多特性。例如一般金属的熔点、沸点随金属键的强度而升高。其强弱通常与金属离子半径成逆相关，与金属内部自由电子密度成正相关（便可粗略看成与原子外围电子数成正相关）。

2.13.2 材料中的多种键合

金属材料主要以金属键结合为主，利用金属键可以解释金属材料的各种特征：①良好延展性：当金属受力变形，原子之间的相互位置发生改变时，金属正离子始终被包围在电子云中，金属键不被破坏；②良好的导电性：在电场作用下，自由电子沿电场方向作定向运动，形成电流；③良好的导热性：为自由电子导热，一般来说，导电性好的金属导热性亦优；④金属不透明：金属中的自由电子可以吸收可见光的能量，被激发、跃迁到较高能级；⑤金属光泽：当电子跳回到原来能级时，将所吸收的能量重新辐射出来。

常见的共价键材料有：金刚石、单质硅以及 SiC、SiO_2 等陶瓷材料。该类材料的特性：①共价键的结合力很大，所以共价键材料具有强度高、硬度大、熔点高、脆性大、结构稳定等特点；②导电性差：为使电子运动产生电流，必须破坏共价键，需加高温、高压，因此共价键材料具有很好的绝缘性；③为晶格振动（声子）导热，一般来说，原子质量小且结晶性完整的材料热导率高。

大多数盐类、碱类和金属氧化物主要以离子键的方式结合。如盐类 NaCl、KCl，陶瓷材料 MgO、Al_2O_3、ZrO_2。该类材料的特性：①一般离子晶体中正负离子静电引力较强，结合力很大。因此离子晶体的强度高、硬度大、熔点高、热膨胀系数小、脆性大；②在离子晶体中很难产生可以自由运动的电子，因而离子晶体低温时是良好的绝缘体，高温时可以导电。

聚合物（塑料、橡胶）通常链内是共价键，而链与链之间是分子键。由于分子键很弱，所以在外力作用下易滑动变形，其熔点、硬度也很低。在高分子材料中氢键特别重要，如纤维素、尼龙和蛋白质等分子中都含有氢键。

2.13.3 物理吸附和化学吸附

物理吸附（physical absorption）是由二次键力引起的吸附，也称范德瓦耳斯吸附。吸附剂表面的分子由于作用力没有平衡而保留有自由的力场来吸引吸附质，由于它是分子间的吸力所引起的吸附，一般不需要激活，吸附热较小，所以结合力较弱，吸附和解吸速度也都较快。被吸附物质也较容易解吸出来，所以物理吸附是可逆的。如：活性炭对许多气体的吸附，被吸附的气体很容易解脱出来而不发生性质上的变化。

化学吸附（chemical absorption）是由一次键力引起的吸附，由于吸附质分子与固体表面原子（或分子）发生电子的转移、交换或共有，形成吸附化学键的吸附。由于固体表面存在不均匀力场，表面上的原子往往还有剩余的成键能力，当气体分子碰撞到固体表面上时便与表面原子间发生电子的交换、转移或共有，形成吸附化学键的吸附作用。化学吸附一般需要激活，放出的吸附热较大，所以化学吸附是不可逆的。为了在基体上获得附着力良好的薄膜，应该设法实现化学吸附。

2.13.4 根据结合键比较材料的性能

根据组成材料的结合键可以比较材料的某些性能，例如弹性模量、热膨胀系数、电导率、热导率等。强硬的键对应更高的弹性模量和更低的热膨胀系数；金属中自由电子的存在意味良好的电导率和热导率，多数离子化合物在固态（或晶态）时不能导电，而它的水溶液或熔化状态则能导电；精细陶瓷的导热取决于晶格振动，因此，原子质量越低的陶瓷，热导率越高。

一般说来，借助结合键只能定性比较不同种类材料的性能，而难以对其性能做出精准的判断。例如，同属金属键的不同金属，它们的晶体结构、熔点、电导、热导性、强度、塑性形变性能可能会有很大的不同；金刚石、硅、锗都为共价键晶体，但它们的硬度、禁带宽度、载流子迁移率却有很大差异。这说明，仅有结合键的知识，对于材料研究是远远不够的，必须从多角度入手才能奏效。最基本研究路径是本书第 23 页所示的材料科学与工程四面体。

本节重点

（1）请指出物理吸附和化学吸附的区别。
（2）金属材料和陶瓷材料的热传导分别靠何种机制？
（3）决定固体热膨胀系数大小的主要因素是什么？

各种结合键主要特点的比较

结合键类型	实例	结合能/(J/mol)	主要特征	
			原子结合	晶体的结构与性能
离子键	LiCl	199	电子转移；正离子，正负离子间的库仑引力；结合力大，无方向性和饱和性	离子晶体。配位数高，低温不导电，高温离子导电，熔点高，硬度高，脆性大
	NaCl	183		
	KCl	166		
	RbCl	159		
共价键	金刚石	170	电子共用，相邻原子价电子各处于相反的自旋状态，原子核间的库仑引力；结合力大，有方向性和饱和性	原子晶体。熔点高，配位数低，密度低，导电性差，强度高、硬度高、脆性大
	Si	108		
	Ge	80		
	Sn	72		
金属键	Li	37.7	电子逸出共有，自由电子与正离子之间的库仑引力；结合力较大，无方向性和饱和性	金属晶体。密度高，导电性、导热性、延展性好，熔点较高
	Na	25.7		
	K	21.5		
	Rb	19.6		
分子键	Ne	0.46	电子云偏移，原子间瞬时电偶极矩的感应作用(色散力)；固有偶极与固有偶极间的感应作用(取向力)；固有偶极对非极性分子的诱导作用(诱导力)。结合力很小，无方向性和饱和性。	分子晶体。熔点和沸点低，压缩系数大，保留了分子的性质
	Ar	1.79		
	Kr	2.67		
	Xe	3.92		
氢键	H_2O(冰)	12	氢原子核与极性分子间的库仑引力，X—H…Y(氢键结合)，有方向性和饱和性	结合力高于无氢键的类似分子
	HF	7		

1

不同材料中各种化学键所占比例

原子间力与原子间距的关系（净结合力是吸引力与排斥力平衡的结果）

物理吸附与化学吸附

E_a：化学吸附的激活能

E_d：$=E_c+E_a$，化学吸附的脱附激活能

H_p：物理吸附热

H_c：化学吸附热

2

根据结合键的性质和强弱判断材料的某些性能

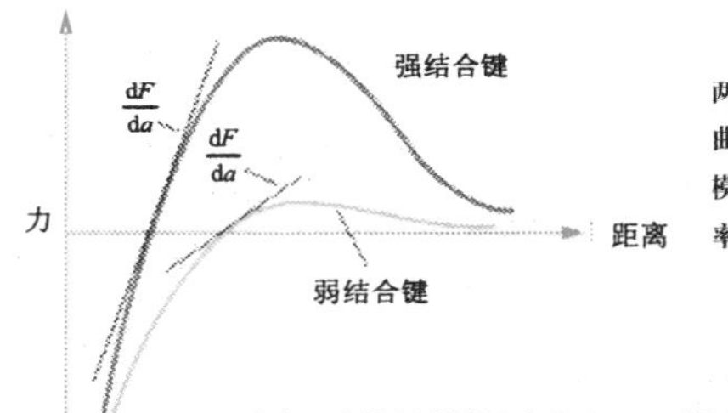

两种材料的原子间力–距离曲线显示了原子键和弹性模量间的关系。陡峭的斜率$\frac{dF}{da}$对应着高模量。

（a）两种材料的原子力——距离曲线对比

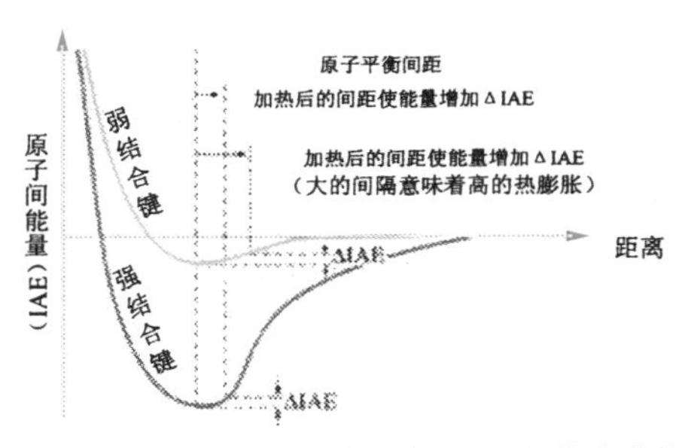

（b）两种材料的原子间能量（IAE）距离曲线对比显示陡峭而有深底曲线的材料具有低的线性热膨胀系数

注意，屈服强度与此不同，它是一种对微观结构敏感的性能。也就是说，与E（弹性模量）及α(膨胀系数)相比，屈服强度强烈地依赖于微观结构。

3

2.14 材料性能与微观结构的关系

2.14.1 组织敏感特性和组织非敏感特性

材料结构从微观到宏观，即按研究的层次，大致可分为：①组成材料的原子的结构，包括原子的电子结构，原子半径大小，电负性的强弱，电子浓度的高低等；②组成材料的原子（或离子，分子）之间的结合方式，它们之间依靠一种或几种键力（金属键，离子键，共价键，分子键和氢键）相互结合起来；③组成材料的粒子（原子，离子，分子）的排列结构或聚集状态结构，包括晶体结构与晶体缺陷（空位，杂质和溶质原子，位错，晶界等）；④显微组织结构，即借助光学显微镜和电子显微镜观察到的晶粒或相的集合状态；例如金属铸锭经外压加工或热处理后，晶粒（或相区）变细。⑤宏观组织结构是指人们用肉眼或放大镜所能观察到的晶粒或相的集合状态。

尽管英语教科书中通常将上述层次统称为结构（structure），但中文叙述中一般将①、②、③归类为结构，而将④和⑤归类为组织。材料的性能一般都与上述的结构和组织相关，但不同性能之间与每种结构和组织的相关度差异很大。例如，材料的许多力学性能，如强度、断裂韧性是组织敏感性的，但弹性模量却是组织非敏感特性的。

2.14.2 常温下元素的晶体结构

自然界中的晶体有成千上万种，它们的晶体结构各不相同，正像世界上没有面貌完全相同的两个人一样。但若根据单位晶胞中六个参数（$a,b,c,\alpha,\beta,\gamma$）对晶体进行分类，则可分为七个晶系，属于14种布拉斐点阵。以元素周期表中的元素（均以固体形式）而论，它们的晶体结构按其位置可分为图中所示的三大类：

（Ⅰ）包括位于周期表左半部的大部分金属，其晶体取面心立方（fcc）、体心立方（bcc）、密排六方（hcp）、三种较为简单的结构。

（Ⅱ）包括Ⅱb、Ⅲb、Ⅳb族的部分元素，它们的晶体结构兼具第（Ⅰ）类和第（Ⅲ）类的一些特征。

（Ⅲ）包括位于周期表右边的大部分非金属元素，原子间由共价键合，每个节点的原子数符合 $8-N$ 规则，N 代表该原子所属的族数。显然，$8-N$ 规则是原子通过共价键达到八电子层结构的必然结果。该类元素的晶体多取菱方结构。

2.14.3 常见金属晶体结构类型

在已发现的近120种元素中，有近100种是金属，而90%以上金属的晶体属于立方晶系。最常见的金属晶体结构有以下三种。

（1）体心立方（bcc）结构　它的晶胞是一个立方体，在立方体的八个顶角和立方体的中心，各排列一个原子。属于这种晶格类型的金属有α-Fe，W，Mo，Cr，V等。其单位晶胞的原子数 $n=2$，配位数是8，原子密堆系数为0.68，密排方向为体对角线，密排面为包括体对角线的等分斜切面。

（2）面心立方（fcc）结构　它的晶胞是一个立方体，在立方体八个顶角和六个面的中心，各排列一个原子。属于这种晶格类型的金属有γ-Fe，Al，Cu，Ni，Pb等。其单位晶胞的原子数 $n=4$，配位数是12，原子密堆系数为0.74，密排方向为面对角线，密排面为由三条面对角线组成的斜切面。

（3）密排六方（hcp）结构　它的晶胞是一个正六方棱柱，在柱体的每个顶角上，以及上，下底的中心各排列一个原子，在晶胞内部还排列有三个原子。属于这种晶格类型的金属有Mg，Zn，Be等。其单位晶胞的原子数 $n=6$，配位数是12（理想的hcp），原子密堆系数为0.74，密排方向为底面正六边形的每条边，密排面为底面。

2.14.4 晶体中的缺陷

在实际应用的金属及合金中，总是不可避免地存在不完整性，即原子的排列都不是完美无缺的。实际金属中原子排列的不完整性称为晶体缺陷。按照晶体缺陷的几何形态特征，可以将其分为以下三类：

（1）点缺陷　为零维缺陷，其特征是任何方向上的尺寸都很小，例如空位，间隙原子，置换原子等。①空位：在实际晶体的晶格中，并不是每个平衡位置都为原子所占据，总有极少数位置是空着的，这就是空位；②间隙原子：间隙原子就是处于晶格空隙中的原子。晶格中原子间的空隙是很小的，一个原子硬挤进去，必然使周围的原子偏离平衡位置，造成晶格畸变，因此间隙原子也是一种点缺陷；③置换原子：许多异类原子溶入金属晶体时，如果占据在原来基体原子的平衡位置上，则称为置换原子。

（2）线缺陷　为一维缺陷，其特征是在两个方向上的尺寸很小，另一个方向上的尺寸相对很大，属于这一缺陷的主要是位错。①刃型位错：当一个完整晶体某晶面以上的某处多出半个原子面，该晶面像刀刃一样切入晶体，这个多余原子面的边缘就是刃型空位；②螺型位错：晶体的上半部分已经发生了局部滑移，左边是未滑移区，右边是已滑移区，原子相对移动了原子间距。在已滑移区和未滑移区之间，有一个很窄的过渡区，在过渡区中，原子都偏离了平衡位置，使原子面畸变成一串螺旋面。在这螺旋面的轴心处，晶格畸变最大，这就是一条螺型错位；③混合位错：位错线与滑移矢量既不垂直（垂直的为刃型）又不平行（平行的为螺型）的为混合位错。

（3）面缺陷　为二维缺陷，其特征是在一个方向上的尺寸很小，另两个方向上的尺寸相对很大，例如晶界，亚晶界孪晶界面、表面等。①晶界：在多晶体中，由于各晶粒之间存在着位向差，故在不同位向的晶粒之间存在着原子无规则排列的渡层，这个过渡层是晶界。晶界处的原子排列极不规则使晶格产生畸变，这就使晶粒内部有着许多不同的特性；②亚晶界：在电镜下观察晶粒，可以看出除晶界外，每个晶粒也是有一些小晶块所组成的，这种小晶块称为亚晶粒，亚晶粒的边界称为亚晶界；③孪晶界面：孪晶和基体的取向不同，但二者有特定的位向关系，由于孪晶和基体的晶体结构相同，故孪生面是共格界面，因此界面能很小；④表面：三维晶体中一维不连续所造成的二维状态，表面原子偏离原来三维状态下的平衡位置，因此表面结构和性质与晶体内部不同，表现为能量升高，化学活性增强，表面扩散增强，会产生物理吸附和化学吸附等。

本节重点

（1）何谓材料的微观组织和宏观组织？分别举例加以说明。
（2）材料性能有组织（结构）敏感型和组织（结构）非敏感型之分，分别举例加以说明。
（3）了解常见金属晶体结构及晶体缺陷类型。

材料中的微观组织和宏观组织

结构、组织				主要构成	实　例
微观结构（组织）	晶体结构		聚集组织	金属、无机物、有机物	金属、微晶玻璃、结晶高分子等
	非晶态结构		聚集组织	无机物、有机物	玻璃、玻璃态塑料、橡胶等
宏观组织（结构）	单一组织（晶粒、晶界）		致密组织	金属、无机物、有机物	型钢、棒钢、钢板、石材、塑料板、塑料棒等等
			纤维（细丝）组织	金属、无机物、有机物（链状高分子）	金属纤维、玻璃纤维、石棉纤维、羊毛、棉花、丝绢、尼龙、维尼纶等单纤维
	复合组织	聚集组织	纤维聚集组织	无机、有机纤维的聚集体（+空气）	毛毡、垫料、织布等
			多孔组织	无机物、有机物+空气	泡沫混凝土、加气混凝土、泡沫塑料、木材等
			复合聚集组织	无机物、有机物复合聚集体（多是同结合料粘接成一个整体）	灰砂浆、混凝土、纤维增强混凝土、木纤维水泥板、石棉水泥板、玻璃钢、涂料、金属陶瓷
		叠合组织		两种以上材料的叠合	胶合板、石膏板、蜂窝板等

1

常温下元素的晶体结构

图例：面心立方；体心立方；密排六方；金刚石结构；正方结构；菱方结构；斜方结构；复杂立方；mono：单斜结构

周期	Ⅰa	Ⅱa	Ⅲa	Ⅳa	Ⅴa	Ⅵa	Ⅶa	Ⅷ			Ⅰb	Ⅱb	Ⅲb	Ⅳb	Ⅴb	Ⅵb	Ⅶb	
1	1H																	2He
2	3Li 体心立方	4Be 密排六方											5B	6C	7N	8O	9F	10Ne
3	11Na 体心立方	12Mg 密排六方											13Al 面心立方	14Si 金刚石结构	15P	16S	17Cl	18Ar
4	19K 体心立方	20Ca 面心立方	21Sc 密排六方	22Ti 密排六方	23V 体心立方	24Cr 体心立方	25Mn 复杂立方	26Fe 体心立方	27Co 密排六方	28Ni 面心立方	29Cu 面心立方	30Zn 密排六方	31Ga 斜方结构	32Ge 金刚石结构	33As 菱方结构	34Se	35Br	36Kr
5	37Rb 体心立方	38Sr 面心立方	39Y 密排六方	40Zr 密排六方	41Nb 体心立方	42Mo 体心立方	43Tc	44Ru 密排六方	45Rh 面心立方	46Pd 面心立方	47Ag 面心立方	48Cd 密排六方	49In 正方结构	50Sn 正方结构	51Sb 菱方结构	52Te	53I	54Xe
6	55Cs 体心立方	56Ba 体心立方	57-71	72Hf 密排六方	73Ta 体心立方	74W 体心立方	75Re 密排六方	76Os 密排六方	77Ir 面心立方	78Pt 面心立方	79Au 面心立方	80Hg	81Tl 密排六方	82Pb 面心立方	83Bi 菱方结构	84Po	85At	86Rn
7	87Fr	88Ra	89Ac	90Th 面心立方	91Pa	92U 斜方结构	93Np 斜方结构	94Pu mono	95Am	（Ⅰ）		（Ⅱ）			（Ⅲ）			

注：表中第2、3周期Ⅰa、Ⅱa为“金属元素”，Ⅲb～Ⅶb为“半金属元素　非金属元素”，Ⅲa～Ⅱb为“金属元素”。

周期表中元素（固体）的晶体结构按其位置可以分为三大类：

（Ⅰ）包括位于周期表左半部的大部分金属，其晶体取面心立方（fcc）、体心立方（bcc）、密排六方（hcp）三种较为简单的结构。

（Ⅱ）兼具第Ⅰ类和第Ⅲ的一些特征。

（Ⅲ）包括位于周期表右边的大部分非金属，原子间由共价键合，每个节点原子数符合 $8-N$ 规律，晶体多取菱方结构。

2

常见金属晶体结构类型

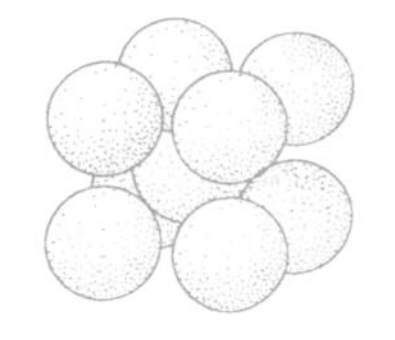
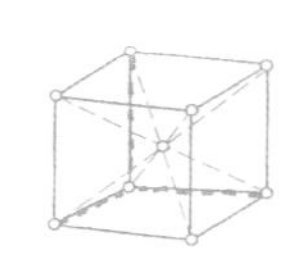
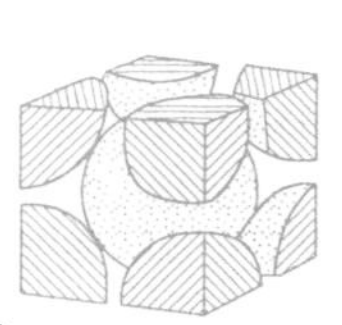

（a）体心立方（BCC）

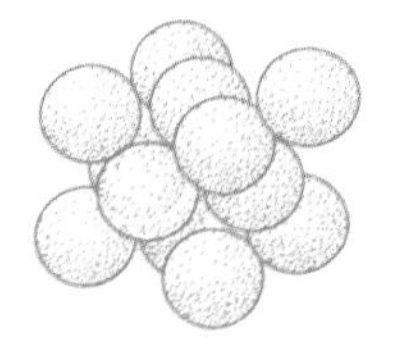
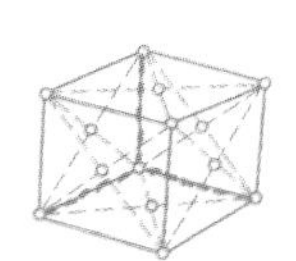
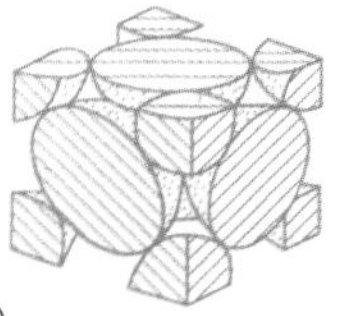

（b）面心立方（FCC）

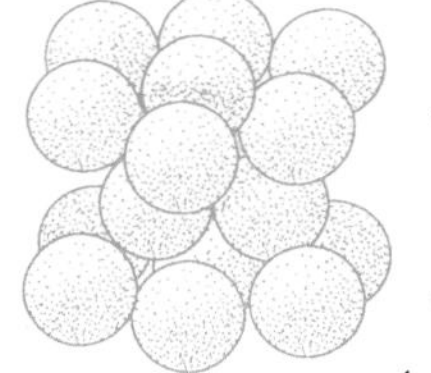
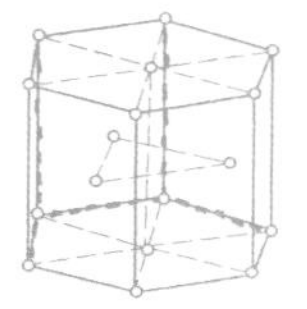
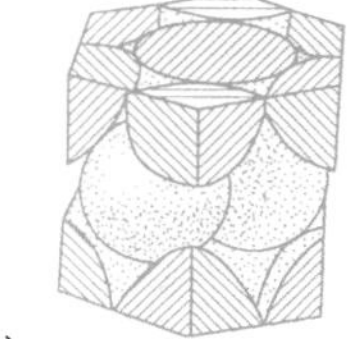

（c）密排六方（HCP）

固溶体结构示意图

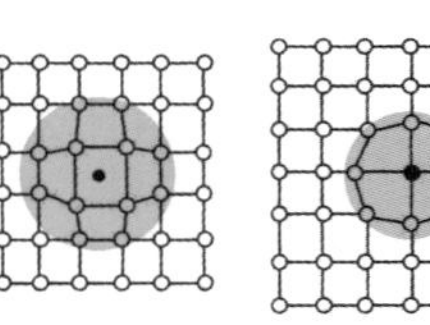

（a）间隙固溶体

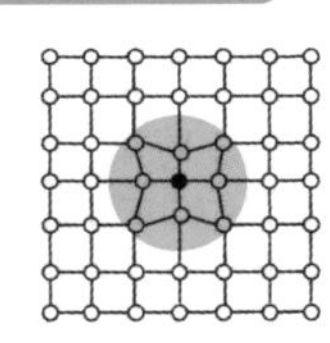

（b）置换固溶体

点缺陷示意图

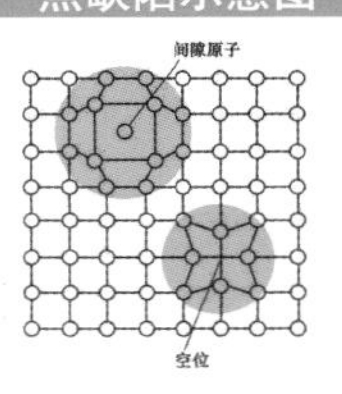

线缺陷示意图

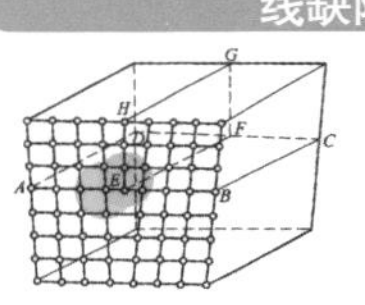

（a）位错立体图

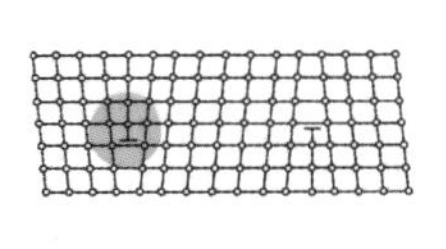

（b）位错平面图

3

2.15 铁的晶体结构

2.15.1 钢铁缘何具有最广泛用途?

钢铁制品种类繁多，用途数不胜数。钢铁何缘具有如此广泛的用途呢？这是由于它能提供应用所要求的材质及尺寸的产品，而且还可廉价、大批量地供应规格化的产品。

为获得钢铁制品所需要的材质，通过控制其化学成分和组织结构即可完成。具体来说，通过控制钢铁制品的碳浓度和合金成分，藉由化学成分即可调整材质；而后，再通过加工热处理即可获得目的所需求的组织。

钢铁制品的另一大优势是便于形成所要求的形状和尺寸。尽管有几种材料的材质也能满足要求，但不能形成所需求的形状和尺寸也难当重任。为要控制形状，由于加工应变，材质发生变化的情况屡见不鲜。但为了获得最终产品所需要的材质，需要同样进行组织控制和形状控制。即使为了达到同样的材质要求，比如针对板厚不同的情况，也需要对化学成分和钢的组织进行异样的调整。

相对于其他材料，钢铁材料可以在更宽广的范围内，通过改变、调整和合理设计成分、组织及加工方法等各种因素，易于制作出不同种类的制品。在保证材质统一的前提下，因制作工艺不同便于制作出形形色色，种类繁多的产品。

得益于钢铁材料成分、组织及加工方法的多样性，使得它能满足多种多样特性及形形色色规格的要求。

2.15.2 铁的同素异构转变

所谓同素异构（allotropy）转变是指同一种元素在某些条件（温度、压力等）下发生结构的转变（相变）；若是化合物，则称为多形性（polymorphic）转变。二者均指：相同成分但在不同条件下具有不同的晶体结构。

若作大的划分，铁存在四种状态，即四种相。从高温侧开始，依次为熔体、δ- 铁、γ- 铁和 α- 铁。对于纯铁来说，1536℃以上为熔体，称此温度为熔点。从熔点至 A4 点的 1392℃，为体心立方结构的 δ- 铁。在 A4 点，从 δ- 铁变为面心立方结构的 γ- 铁。γ- 铁存在于从 A4 点至 A3 点的 911℃之间。在 A3 点以下，变为体心立方结构的 α- 铁。

铁在固态下具有三种相。从这种意义上讲，铁是十分珍奇且与众不同的金属。

考察一下主要金属的晶体结构随温度变化发生何种变化，则可分为完全不发生变化的金属和发生变化的金属两大类。前者包括铬、镍、铜等，由于这些金属在其固相的整个温度范围内均不发生同素异构转变，因此很难通过热处理大幅度地提高其力学性能，这也就是为什么这些金属不能广泛用作结构材料的原因吧；后者包括钛、铁、钴等，由于这些金属在特定的温度下会发生同素异构转变（特别是铁），为其热处理改性提供了条件，故常作为结构材料而使用。

钛在高温为体心立方晶格，而在低温为密排六方晶格。钴在高温为密排六方晶格，而在低温为面心立方晶格。与铁同样，这些金属也能够藉由多样化的组织而获得富于变化的材质。

铁的特异点在于，在高温变为面心立方晶格而容易加工（塑性好），而在低温变为体心立方晶格而不易变形（强度高）。顺便指出，一般来说，具有体心立方晶格的金属在低温下的韧性并不是很好。

具有同素异构转变的金属，无论哪个，只要通过加热冷却控制，就能使之形成各种不同的组织。而金属的固有特性与组织相结合，就可以进一步实现性能的多样化。

2.15.3 铁的典型晶体结构

铁的典型晶体结构有体心立方结构的 α- 铁及 δ- 铁和面心立方结构的 γ- 铁。分析铁的典型晶体结构，可以了解钢铁产生各种特有性质的原因。

铁存在 α- 铁、γ- 铁、δ- 铁三种相。α- 铁称为铁素体，δ- 铁称为高温铁素体。二者都具有体心立方结构。γ- 铁称为奥氏体，奥氏体具有面心立方结构。

上述两种相的晶体结构大不相同，而在相变温度附近，其晶体结构在短时间内发生变化，称此为同素异构（allotropy）转变。特别是 γ- 铁与 α- 铁间的同素异构转变是铁的极重要性质之一。

在体心立方结构中，晶胞中心和八个顶角分别配置有铁原子；而在面心立方结构中，晶胞的六个面心和八个顶角分别配置有铁原子。将原子看作球形，可以计算原子充填率（即一个晶胞中所含原子体积与晶胞体积之比），体心立方结构为 68%。而面心立方结构为 74%。这意味着，当面心立方结构（γ- 铁）发生向体心立方结构（α- 铁）的同素异构转变时，原子充填率变小。由于同素异构转变前后总原子数并未发生变化，仅是充填率变小意味着体积膨胀。

而且，从 γ- 铁向 α- 铁的同素异构转变标志着原子间最大间隙尺寸会发生大的变化。这意味着进入铁晶体结构间隙中元素（间隙型固溶元素）的溶解度会发生大的变化。碳等间隙型元素易于在奥氏体中固溶而难于在铁素体中固溶，因此后一种情况会以铁碳化合物（渗碳体 Fe_3C）的形式析出。

由于从 γ- 铁转变为 α- 铁体积发生膨胀，往往给人造成其晶体结构中的间隙也会扩张的错觉，但实际上间隙却变窄了。这主要是由于后者间隙数量变多以及间隙形状不规则所造成的。

2.15.4 置换型固溶体和间隙型固溶体

所谓铁的合金，一般指在铁的晶体结构中固溶有溶质元素的状态。通常温度下铁为体心立方结构。在这种晶体结构中，溶质元素的存在形态有两种。一种是溶质原子替换铁原子的位置，称其为置换型固溶；另一种是溶质原子进入铁晶体结构的间隙，称其为间隙型固溶。实际上往往是这两种固溶形态的组合。

与铁构成合金的元素，依其原子半径不同而固溶形态各异。与铁的原子直径相近的元素形成置换型固溶。一般是原子直径相差 ±20% 以内的元素。超过此范围，不能与铁置换型固溶。钠、钾等碱金属及碱土金属的原子半径大，故与铁几乎不相溶。

另一方面，原子直径非常小的元素，一般为间隙型固溶。这些元素包括碳、氮及硼等。无论哪种固溶形态的元素，都是对铁合金的材质产生重要影响的元素。

本节重点

（1）试从成分、结构、组织等方面解释钢铁为什么有最广泛的用途。
（2）何谓同素异构转变？试说明钛、铁、钴的同素异构转变。
（3）解释碳钢从 γ－相转变为 α－相而发生碳化物析出的原因。

铁及与其相变相关的三大特征

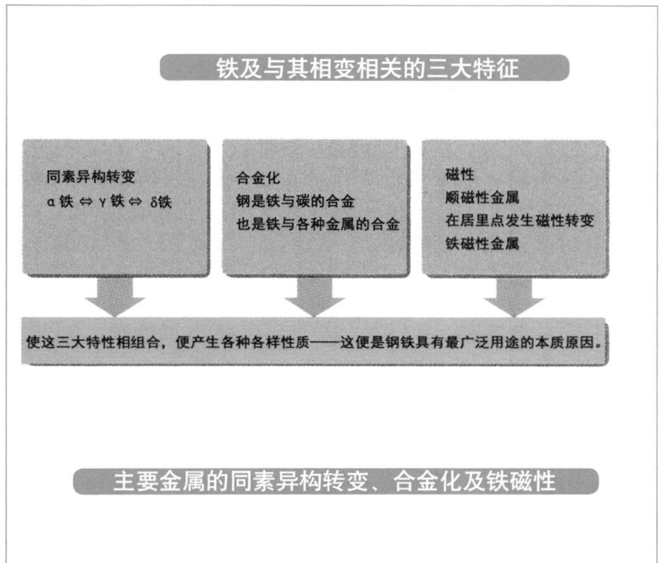

主要金属的同素异构转变、合金化及铁磁性

主要金属		同素异构转变	合金化基础金属	铁磁性
钛	Ti	◎	◎	×
锰	Mn	◎	○	×
铁	Fe	◎	◎	○
钴	Co	◎	○	◎
镍	Ni	×	◎	◎
铜	Cu	×	◎	×
锌	Zn	×	○	×
铝	Al	×	◎	×
锡	Sn	◎	◎	×

1

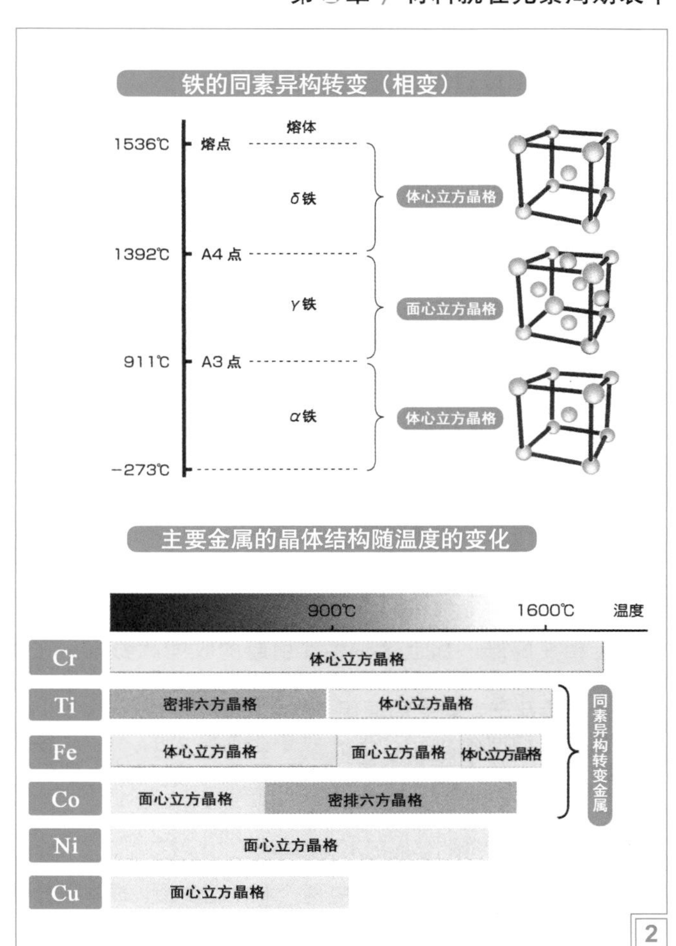

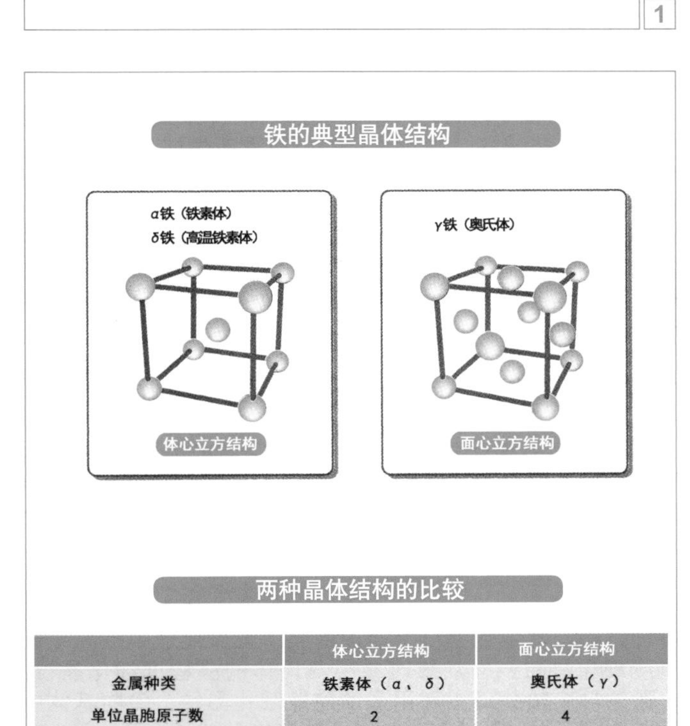

		体心立方结构	面心立方结构
金属种类		铁素体（α、δ）	奥氏体（γ）
单位晶胞原子数		2	4
配位数	最近邻原子数	8	12
	次近邻原子数	6	6
原子间距	最近邻原子间距	$(\sqrt{3}/2)a$	$(\sqrt{2}/2)a$
原子充填率		68%	74%
原子间最大间隙		八面体间隙：0.154r 四面体间隙：0.291r	正八面体间隙：0.414r 正四面体间隙：0.225r

a：点阵常数　r：铁的原子半径

3

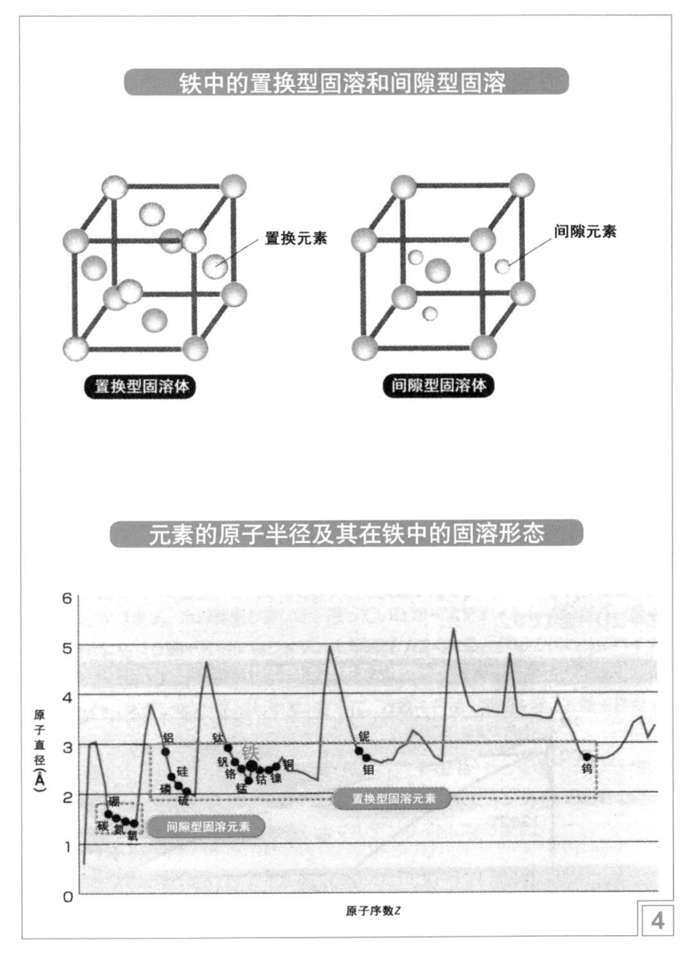

2.16 材料性能与组织的关系

2.16.1 铁的同素异构转变及其结构、性能变化

铁发生同素异构转变时晶体结构发生大的变化，进而体积变化、溶质元素的固溶度发生变化，从而性质发生大的变化。

铁在高温为 γ- 铁（奥氏体），随着温度下降，在低温为 α- 铁（铁素体），在其间的 911℃ 发生晶体结构变化的同素异构转变（相变）。在转变的瞬间，体积膨胀，固溶的溶质元素被排出晶格而析出。作为铁碳化合物的渗碳体，就在晶体结构中分散析出的。

铁的同素异构转变，是赋予铁各种各样性质之源。铁与间隙型固溶元素的碳构成合金。碳浓度达到 2% 之前的铁碳合金称为钢，即一般说的碳钢。它是金属学中最重要的合金。钢的性质由碳含量和热处理工艺共同决定。

若铁的温度从高温下降，则先从 δ- 铁转变为 γ- 铁，进一步变为 α- 铁。随着温度下降，铁晶格中原子间距离逐渐缩短，从整体上看如图 1（下）所示。

从 δ- 铁变为 γ- 铁要加上相变收缩；从 γ- 铁变为 α- 铁要加上相变膨胀。加上这种相变引起的收缩和膨胀，在铁的晶格中会产生拉伸应力和压缩应力。这便是铁的晶体结构发生破断及产生畸变的原因。

晶格中的间隙尺寸，在 γ- 铁中是非常大的。在 γ- 铁中宽宽绰绰溶入的大部分溶质，一旦晶格变为 α- 铁，便会一起析出。

2.16.2 晶体材料的组织和晶体组织的观察

所谓组织，就是指材料中两个相（或多相）的体积分数为多少，各个相的尺寸、形状及分布特征如何。

以肉眼或借助于放大镜观察到的组织称为宏观组织，也称低倍组织。宏观组织的分析方法简单方便，观察前只需要对金属和合金的金相磨面经过适当处理，常用于观察和分析金属及合金的铸件、焊接接头中的微裂纹、气孔、缩孔等宏观组织缺陷。

在光学显微镜或电子显微镜下观察到的组织称为显微组织，显微组织分析主要涉及晶粒形状显示和晶粒度大小等问题。

光学显微镜是在微米尺度下观察材料组织（形貌）最常用的方法。由于金属不透明，观察组织前，首先把样品待观察面经过反复磨光和抛光，制成光滑如镜的平面，然后经过一定化学浸蚀。化学浸蚀的目的是将金属晶界显示出来，由于晶界处原子往往处于错配位置，它们的能量较晶内高，因此在化学浸蚀下，晶界比晶内容易腐蚀，形成沟槽，进入沟槽区的光线以很大的角度反射，因而不能进入显微镜，于是沟槽在显微镜下成为黑色的晶界轮廓。把多晶体内所有的晶界显示出来就相当于勾画出一幅组织图像，这便于研究材料的组织。

2.16.3 单相与多相组织，冷加工变形与退火再结晶组织

具有单一相的组织称为单相组织，即所有晶粒的化学成分相同、晶体结构也相同。显然，纯组元如 Fe、Al 或纯 Al_2O_3 等的组织一定是单相组织。此外，有些合金元素可以完全溶解到基体中形成均匀的合金相，也可形成单相固溶体组织，如不锈钢 1Cr18Ni9Ti 的室温组织就是单相奥氏体，工业纯铁也可视为单相铁素体组织。

单相组织因凝固时生长条件不同，晶粒有等轴晶（晶粒在空间三维方向上的尺度相当）和柱状晶（沿空间某一方向的生长条件明显优于其他两个方向，为拉长的晶粒）。单相组织经过冷加工，其晶粒和晶界都会沿加工方向延伸。

单相多晶材料的强度一般很低，因此在工程上更多应用的是两相或两相以上的晶体材料，各个相具有不同的成分和晶体结构。两相（或两种组织组成物）的晶粒尺度相当或属于同一数量级，两相的晶粒各自成为等轴状，两相晶粒均匀地交替分布，此时合金的力学性能取决于两个相或两种组织组成物的相对量及各自的性能，即符合混合定律。

在更多的情况下，组织中两个相晶粒尺度相差甚远，其中较细的相以球状、点状、片状或针状等形态弥散分布于另一相的基体中。如果弥散相的硬度明显高于基体相，则将显著提高材料的强度，与此同时，其塑性与韧性下降。

另一种常见的组织特征是第二相分布在基体相的晶界上。如果第二相不连续地分布于晶界，它对性能的影响并不大。一旦第二相连续分布于晶界并呈网状，则会对性能产生非常不利的影响。

随着金属冷变形程度的增加，金属材料的强度和硬度都有所提高，但塑性会同时下降，这种现象称为冷变形强化。变形后，金属的晶格畸变严重，变形金属的晶粒被压扁或被拉长，甚至形成纤维组织，如图 3 所示。此时，金属的位错密度提高，变形阻力加大。

将冷变形后的金属加热到较低温度，点缺陷显著减少，晶格畸变减轻，晶内残余应力大大减少，这个过程称为回复。但由于回复过程中，位错密度未显著下降，故加工硬化并未消除。冷拔弹簧钢丝绕制弹簧后常进行定型处理（250~300℃低温退火），其实质就是利用回复保持冷拔钢丝的高强度，消除冷卷弹簧时产生的内应力。

当加热温度较高时，塑性变形后的纤维组织发生了显著的变化，破碎的、被拉长了的晶粒重新生核，变为细小、均匀的等轴晶粒，消除了全部冷变形强化的现象，这个过程称为再结晶。

已形成纤维组织的金属，通过再结晶一般都能得到均匀细小的等轴晶粒。但是如果加热温度过高或加热时间过长，则晶粒会明显长大，成为粗晶粒组织，从而使金属的可锻性变差。

2.16.4 藉由 γ → α 相变实现 α 相晶粒微细化的各种方法

按照细晶强化的 Hall-Petch 公式 $\sigma_{ys}=\sigma_0+kd^{-1/2}$，材料的屈服强度与晶粒尺寸倒数的平方根成正比。晶粒细化既能提高材料的强度，又能改善材料的塑性和韧性。因此细化晶粒是控制金属材料组织最重要、最基本的方法，目前人们采用各种措施来细化晶粒。

图中所示为藉由 γ→α 相变，实现 α 相晶粒微细化的各种方法。其中包括：①通过退火、正火处理中提高冷却速度细化晶粒；②加热时减小奥氏体的晶粒度细化晶粒；③通过形变热处理，利用形变储能细化晶粒；④向基体中添加合金元素以形成第二相来抑制基体晶粒长大，等等。

本节重点

（1）请解释单晶和多晶、单相和多相材料在结构和性能上的主要差别。
（2）用光学显微镜观察亚共析钢、共析钢、过共析钢试样的全部组织，写出试样制备步骤和观察方法。
（3）说明藉由 γ → α 相变实现 α 相晶粒微细化的各种方法。

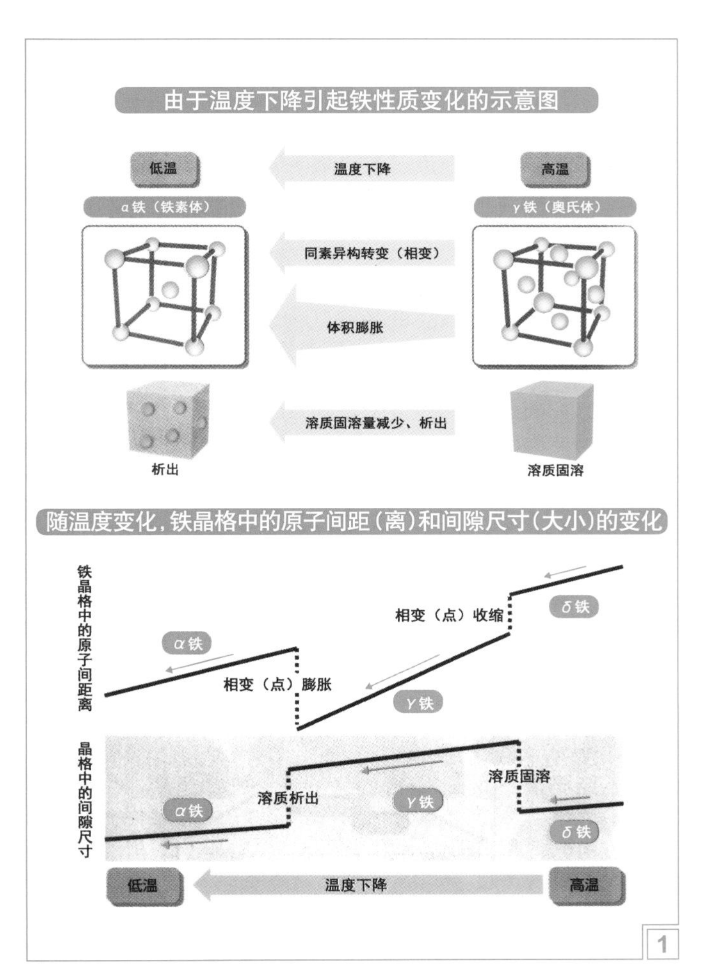
由于温度下降引起铁性质变化的示意图
低温
温度下降
高温
α铁（铁素体）
γ铁（奥氏体）
同素异构转变（相变）
体积膨胀
溶质固溶量减少、析出
析出
溶质固溶
随温度变化，铁晶格中的原子间距（离）和间隙尺寸（大小）的变化
铁晶格中的原子间距离
相变（点）收缩
δ铁
α铁
相变（点）膨胀
γ铁
晶格中的间隙尺寸
溶质固溶
溶质析出
α铁
γ铁
δ铁
低温
温度下降
高温
1

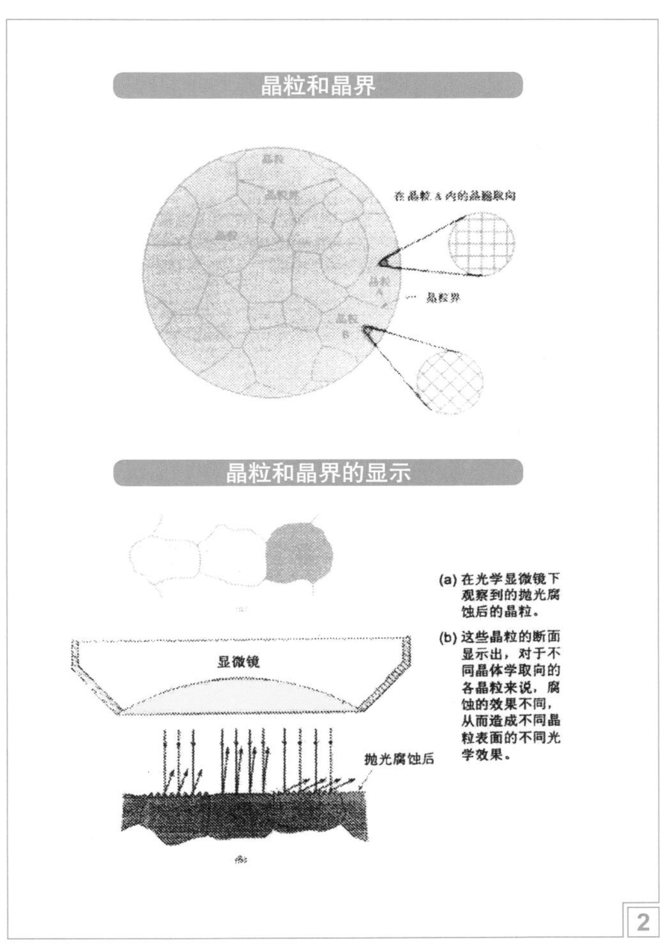
晶粒和晶界
晶粒和晶界的显示
(a) 在光学显微镜下观察到的抛光腐蚀后的晶粒。
(b) 这些晶粒的断面显示出，对于不同晶体学取向的各晶粒来说，腐蚀的效果不同，从而造成不同晶粒表面的不同光学效果。
显微镜
抛光腐蚀后
2

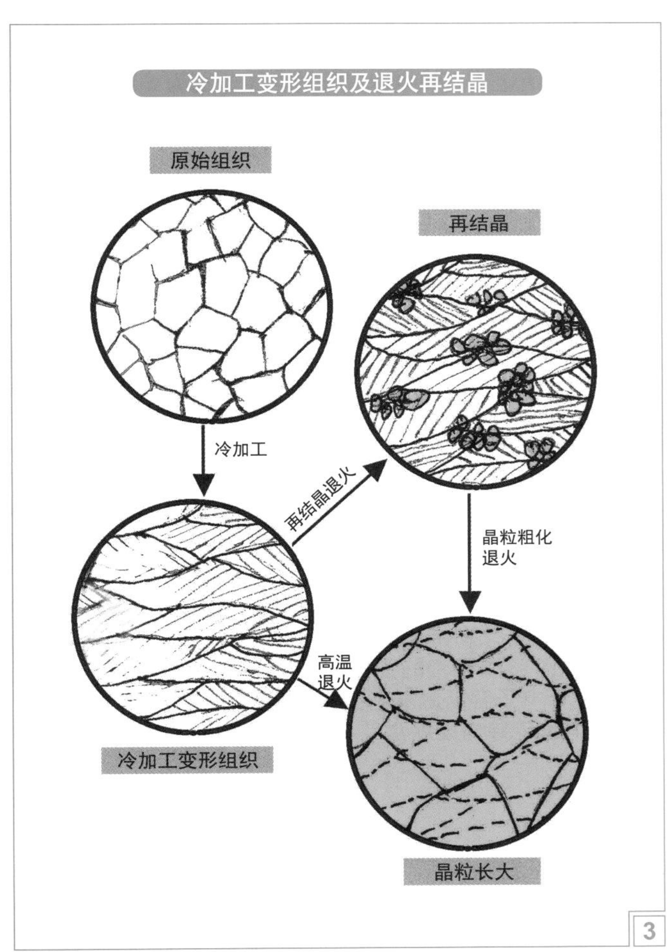
冷加工变形组织及退火再结晶
原始组织
再结晶
冷加工
再结晶退火
晶粒粗化
退火
高温
退火
冷加工变形组织
晶粒长大
3

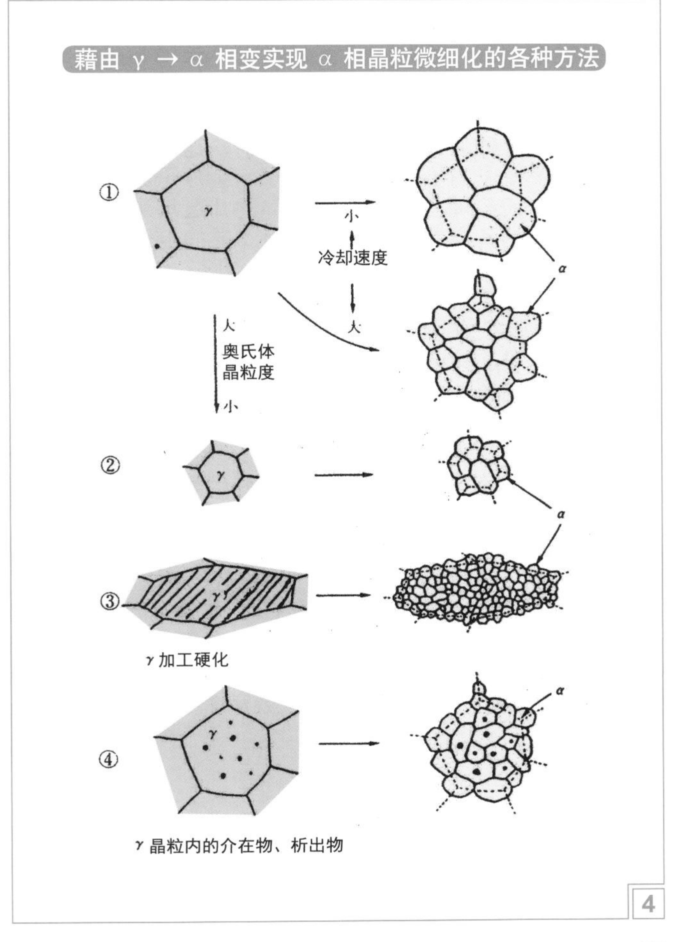
藉由 γ → α 相变实现 α 相晶粒微细化的各种方法
①
②
③
④
γ
α
小
冷却速度
大
大
奥氏体
晶粒度
小
γ 加工硬化
γ 晶粒内的介在物、析出物
4

2.17 从轨道能级到能带——绝缘体、导体和半导体的能带图

2.17.1 固体能带的形状

固体能带的形成是通过原子之间的相互作用实现的。对单个原子来说，电子处在不同的分能级上。例如，一个原子有一个2s能级、三个2p能级、五个3d能级。每个能级上可容纳两个自旋方向相反的电子。但当大量原子组成晶体后，各个原子的能级会因电子云的重叠而产生分裂现象。理论计算表明：在由N个原子组成的晶体中，每个原子的能级将分裂成N个，每个能级上的电子数不变。这样，由N个原子组成晶体之后，2s态上有$2N$个电子，2p态上有$6N$个电子，3d态上有$10N$个电子等。能级分裂后，其最高与最低能级之间的能量差只有几十个电子伏，组成晶体的原子数对它影响不大。但是实际晶体中，即使体积小到只有$1mm^3$，所包含的原子数也有10^{19}个左右，当分裂成的10^{19}个能级只分布在几十个电子伏的范围内时，每一能级的范围非常小，电子的能量或能级可以看成是连续变化的，这就形成了能带。因此，对固体来说，主要讨论的是能带而不是能级，2s能级、2p能级、3d能级相应地就是2s能带、2p能带、3d能带。在这些能带之间，存在着一些无电子能级的能量区域，称为禁带。

2.17.2 金属的能带结构与导电性

从本质上讲，固体材料导电性的大小是由其内部的电子结构决定的。对于碱金属，位于周期表中ⅠA族，其外层只有一个价电子。例如，锂中的2s电子，钠中的3s电子，钾中的4s电子。这些作为单个碱金属的s能级，在形成固体时将分裂成很宽的能带，而且电子是半填满的。在钠的能带结构中，阴影区为电子完全填满能级的部分。在3s能带上只有下半部分的所有能级是被电子占据的，因此称其为导带，且由于价电子位于该能带，又称其为价带。在外电场的作用下，电子可在导带内跃迁从而形成电流，这就是导电性的由来。因此，只有那些电子未填满能带的材料才有导电性。

贵金属Cu、Ag、Au位于周期表ⅠB族，它们和碱金属一样，原子的最外层只有1个电子。铜原子的价电子为4s电子，银原子的价电子为5s电子，金原子的价电子为6s电子。但它们与碱金属不同，内部的d层填满了电子，而碱金属内部的d层完全空着，填满d层的电子与原子核间有强烈的交互作用，使s层的价电子和原子核的作用大大减弱，因而贵金属中的价带电子更容易在外加电场下参与导电，故具有极好的导电性。

碱土金属从其电子结构来看，似乎能带已被电子填满，如镁的电子结构为$1s^22s^22p^63s^2$，理应是绝缘体，但大量原子结合成固体时，除了能级分裂形成能带外，还会产生能带重叠。例如镁的3p能带与3s能带重叠，3s能带上的电子可跃迁到3p能带上，因而也有较好的导电性，所以能带的重叠实际可容纳的电子数已变为$8N$。

过渡族金属元素的特点是具有未填满的d电子层。它可分为三组，分别对应着3d、4d和5d电子层未填满的情况。以第一组过渡元素铁为例，电子在$4s^2$填满后，再填充3d，3d层本可填充10个电子，但只有6个可用，在铁原子形成晶体时，其4s能带和3d能带重叠。由于价电子和内层电子有强的交互作用，因此铁的导电性就稍差一些。

2.17.3 绝缘体、导体和半导体的能带图

实际上，当N个原子集合在一起组成晶体时，孤立原子的一个能级在能带中扩展的样子因晶体不同而异。最简单的情况，孤立原子时的一个的能级，与晶体的一个一个的能带相对应的场合，从某一s能级产生的容许能带中产生N个能级，这些能级中可以容纳$2N$个电子。

进入这些能带中的电子服从泡利不相容原理，从低能量的能级按顺序向上排布，表现为图中所示的两种形式。

图(a)表示某一容许能带直到其最高能级都被电子全部占满，其上的容许能带中不存在电子的场合。被电子占满的容许能带称为满带(filled band)，没有电子进入的容许能带称为空带(empty band)。最上方的满带又称为价带(valence band)。具有这种带结构的固体称为绝缘体，如氩(Ar)这样的分子型晶体及食盐(NaCl)这样的离子型晶体与此相当。

图(b)表示某一容许能带中的电子能级一部分被电子完全占据，该带中由此以上的能级，以及由此能带以上的容许能带中不存在电子的场合。在电子部分占据的容许能带中，电子可以被电场简单地加速，因此这种固体称为导体。钠(Na)这样的一价金属与此相当。因此，在其一部分存在电子的容许能带称为导带(conduction band)。

在周期表ⅣA族中的C、Si、Ge、Sn为半导体元素。从原子结构看，例如C为$1s^22s^22p^2$，初看起来，由于p轨道电子远未填满，这些元素似乎有良好的导电性，但由于它们是共价键结合的，2s轨道与2p轨道杂交，形成了两个sp^3杂化轨道(带)，每个sp^3杂化带可容纳$4N$个电子，而两个sp^3杂化带之间有较大的能隙E_g。C、Si等是4价元素，可用的电子数就是$4N$，当完全填满1个sp^3杂化带之后，中间隔开一个较大的能隙E_g，上面才是另一个sp^3杂化带。这样，对上面的杂化带已没有电子可填充。由于电场和温度的影响，电子能否由价带跃迁到空的导带中，主要取决于能隙的大小。C、Si、Ge、Sn的能隙分别为5.4eV、1.1eV、0.67eV、0.08eV，这决定了金刚石为绝缘体，Si和Ge为半导体，而Sn为导电性弱的导体。

2.17.4 半导体的能带结构与导电性

n型半导体的能带如左图所示。在绝对零度，如图(a)所示，由于杂质而产生的禁带中的电子能级(位于导带底附近)全部被电子所占据。随着温度上升，如图(b)所示，占据该能级的电子逐渐被激发而脱离，上升至导带。如果将杂质考虑为晶体外的体系，可以看作由其向完整的结晶体系供应电子，因此这种杂质成为施主(donor)。

p型半导体如右图所示。在绝对零度，如图(a)所示，源于杂质而产生的禁带中的电子能级(位于价带顶附近)不存在电子。随着温度上升，如图(b)所示，位于价带的电子逐渐被激发至该能级，致使价带的空穴增加。如果将杂质考虑为晶体外的体系，可以看作由其接受源于完整结晶体系的价电子，因此这种杂质成为受主(acceptor)。

综上所述，具有导带，或满带与空带重叠而形成导带的为导体；只有满带和空带，且带隙宽，满带电子难以激发到空带以形成导带的为绝缘体；只有满带和空带，且带隙窄，满带电子容易激发到空带，从而产生由满带空穴传导，和导带电子传导构成混合电导。

本节重点

(1) 解释固体中能带的形成原因。
(2) Cu、Ag、Au的电导率为什么比其他金属高得多?
(3) 解释半导体中的施主掺杂和受主掺杂以及施主能级和受主能级的作用。

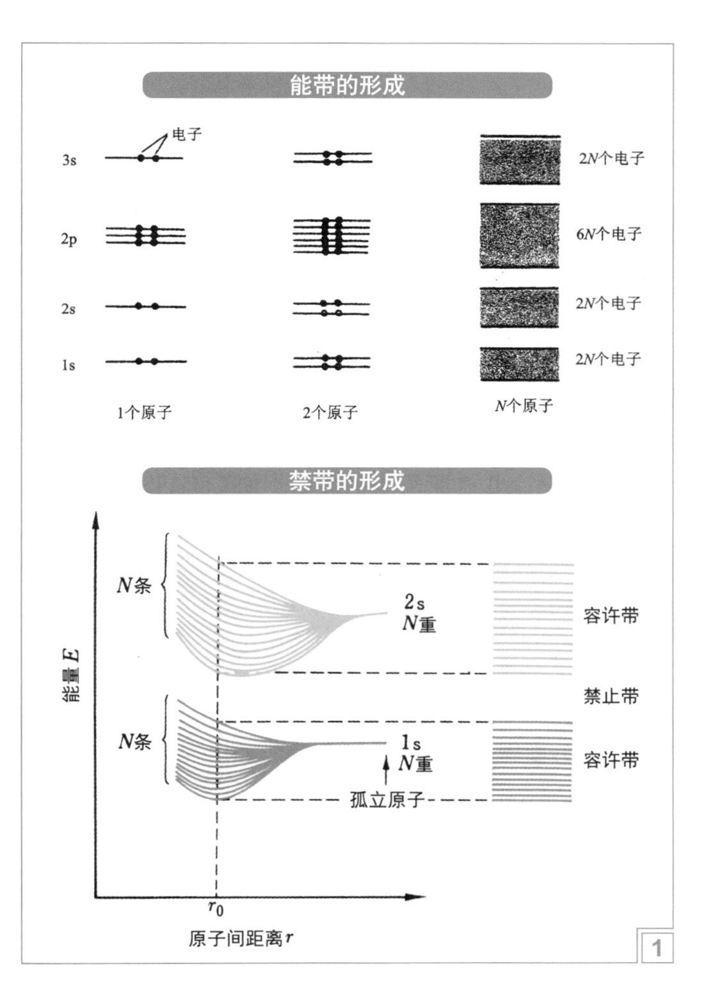

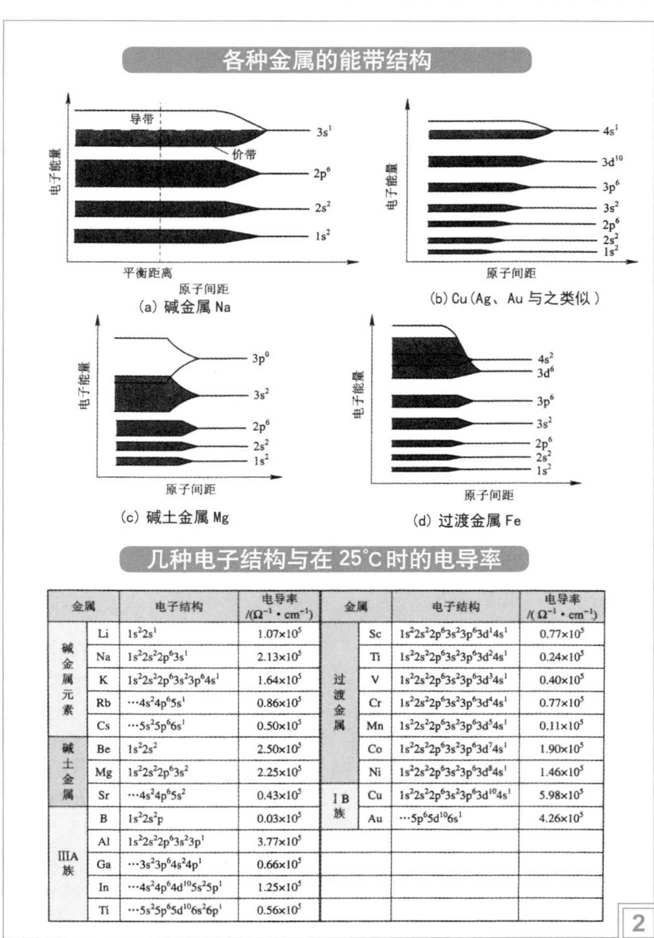

(a) 碱金属 Na

(b) Cu（Ag、Au 与之类似）

(c) 碱土金属 Mg

(d) 过渡金属 Fe

几种电子结构与在 25°C 时的电导率

金属		电子结构	电导率 /($\Omega^{-1}\cdot cm^{-1}$)	金属		电子结构	电导率 /($\Omega^{-1}\cdot cm^{-1}$)
碱金属元素	Li	$1s^22s^1$	1.07×10^5	过渡金属	Sc	$1s^22s^22p^63s^23p^63d^14s^1$	0.77×10^5
	Na	$1s^22s^22p^63s^1$	2.13×10^5		Ti	$1s^22s^22p^63s^23p^63d^24s^1$	0.24×10^5
	K	$1s^22s^22p^63s^23p^64s^1$	1.64×10^5		V	$1s^22s^22p^63s^23p^63d^34s^1$	0.40×10^5
	Rb	$\cdots4s^24p^65s^1$	0.86×10^5		Cr	$1s^22s^22p^63s^23p^63d^44s^1$	0.77×10^5
	Cs	$\cdots5s^25p^66s^1$	0.50×10^5		Mn	$1s^22s^22p^63s^23p^63d^54s^1$	0.11×10^5
碱土金属	Be	$1s^22s^2$	2.50×10^5		Co	$1s^22s^22p^63s^23p^63d^74s^1$	1.90×10^5
	Mg	$1s^22s^22p^63s^2$	2.25×10^5		Ni	$1s^22s^22p^63s^23p^63d^84s^1$	1.46×10^5
	Sr	$\cdots4s^24p^65s^2$	0.43×10^5	I B族	Cu	$1s^22s^22p^63s^23p^63d^{10}4s^1$	5.98×10^5
IIIA族	B	$1s^22s^2p$	0.03×10^5		Au	$\cdots5p^65d^{10}6s^1$	4.26×10^5
	Al	$1s^22s^22p^63s^23p^1$	3.77×10^5				
	Ga	$\cdots3s^23p^64s^24p^1$	0.66×10^5				
	In	$\cdots4s^24p^64d^{10}5s^25p^1$	1.25×10^5				
	Ti	$\cdots5s^25p^65d^{10}6s^26p^1$	0.56×10^5				

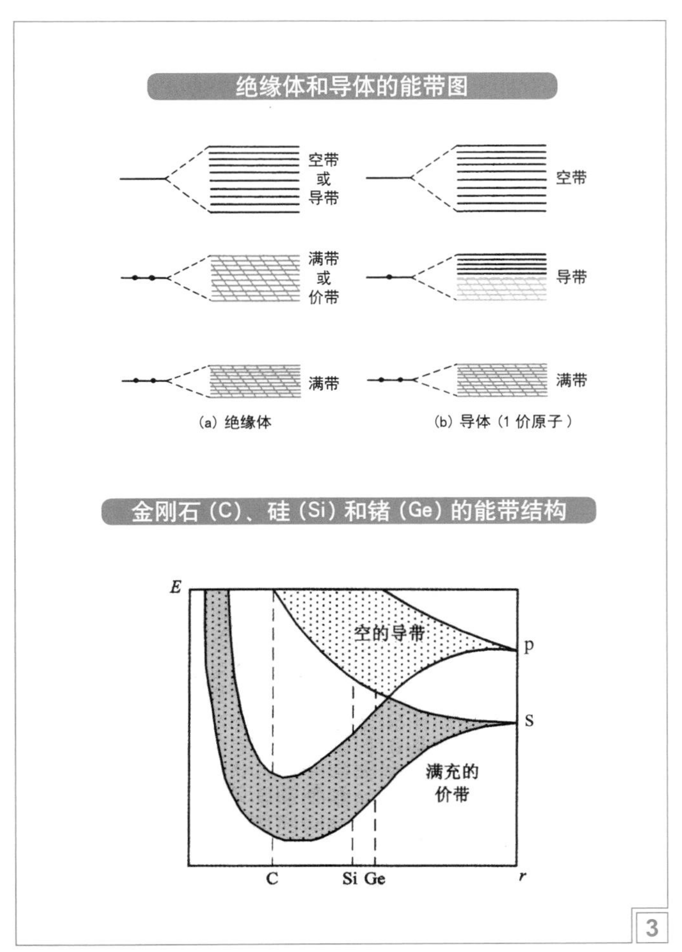

(a) 绝缘体

(b) 导体（1价原子）

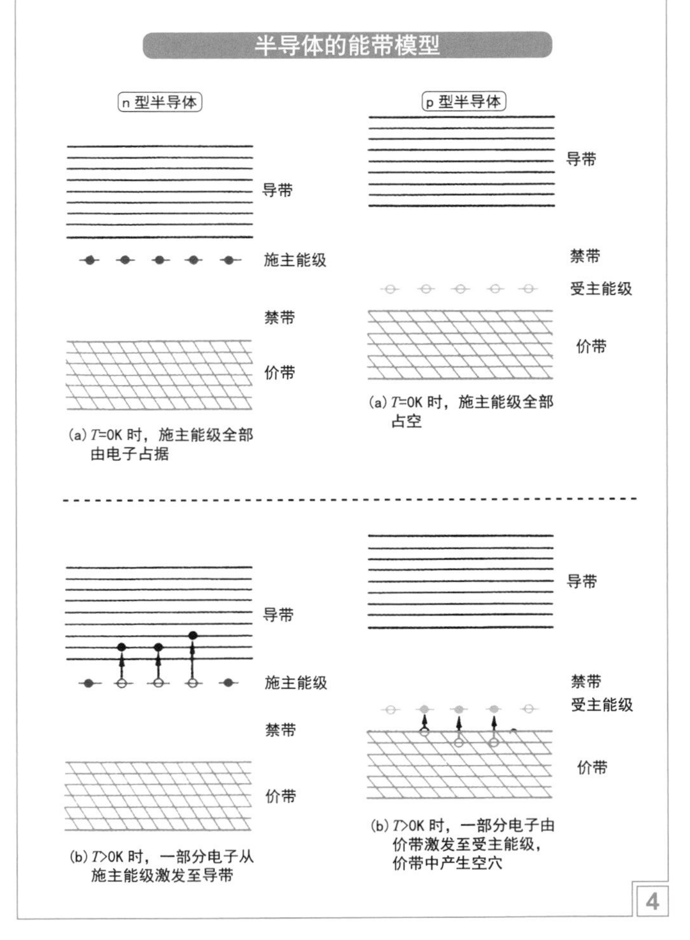

(a) T=0K 时，施主能级全部由电子占据

(a) T=0K 时，施主能级全部占空

(b) T>0K 时，一部分电子从施主能级激发至导带

(b) T>0K 时，一部分电子由价带激发至受主能级，价带中产生空穴

2.18 化合物半导体和荧光体材料

2.18.1 元素半导体和化合物半导体

半导体指电阻率 ρ 在导体和绝缘体之间的固体材料。导体的 $\rho \approx 10^{-6}\Omega\cdot cm$ 量级，绝缘体的 $\rho \approx 10^{14} \sim 10^{22}\Omega\cdot cm$，而半导体的 $\rho \approx 10^{-2} \sim 10^{9}\Omega\cdot cm$。半导体材料的另一个特点是它的 ρ 并不随温度升高而单调增加，这与金属不同。从能带角度看，半导体的能隙（即价带顶部与导带底部之间的能量差 ΔE）在导体和绝缘体之间（导体没有能隙，绝缘体有很大的能隙，半导体则有较小的能隙）。

半导体材料的种类繁多，从单质到化合物，从无机物到有机物，从单晶体到非晶体，都可以作为半导体材料。根据材料的化学组成和结构，可以将半导体划分为：元素半导体，如硅（Si）、锗（Ge）；二元化合物半导体，如砷化镓（GaAs）、锑化铟（InSb）；三元化合物半导体，如 GaAsAl、GaAsP；固溶体半导体，如 Ge-Si、GaAs-GaP；玻璃半导体（又称非晶态半导体），如非晶硅、玻璃态氧化物半导体；有机半导体，如酞菁、酞菁铜、聚丙烯腈等。

2.18.2 化合物半导体的组成和特长

所谓多元混晶化合物，是指由不同元素构成的化合物单晶体。以Ⅲ-Ⅴ族化合物半导体单晶为例，Ⅲ族元素所占的 A 位可以是 Al、Ga、In，Ⅴ族元素所占的 B 位可以是 N、P、As。如果仅考虑由 A 位构成的**亚点阵**，每个阵点上不是由 Al 就是由 Ga 或 In 占据，即三者之间具有“**置换性**”；Al、Ga 或 In 所占据的位置是不确定的，因此具有“**无序性**”；而 Al、Ga 或 In 在某一阵点占据的几率可以从零到 1，因此具有“**无限性**”。由 B 位构成的亚点阵也有类似的情况。由两种亚点阵按一定的平衡关系嵌套在一起，即组成混晶（单晶体）。随化合物半导体混晶中组元、成分的不同，禁带宽度不同，从而所发出光的波长，即颜色不同。因此，通过控制混晶的组元及组元间比例（成分），便可获得所需要颜色的光。

图中表示各种化合物半导体的点阵常数、禁带宽度与发光波长的关系。无论从占据 A 位的 Al、Ga、In、Mg、Zn、Cd 看，还是从占据 B 位的 N、P、As、Sb、S、Se、Te 看，可以发现元素的原子序数越小，则构成单晶体的点阵常数越小，禁带宽度越大。这可以从构成化合物的组元原子半径、电负性、电子浓度等因素得到解释。

在使大多数的化合物半导体异质外延生长时，一个基本要求是选用与其点阵常数尽可能相近的基板，否则由于晶格失配太大而难以获得高质量的单晶膜。

2.18.3 Ⅳ-Ⅳ 族、Ⅲ-Ⅴ 族、Ⅱ-Ⅵ 族、Ⅰ-Ⅲ-Ⅵ$_2$ 族和 Ⅰ$_2$-Ⅱ-Ⅳ-Ⅵ$_2$ 族化合物半导体

Ⅱ-Ⅵ 族化合物半导体主要是指由ⅡB 族元素 Zn，Cd，Hg 和Ⅵ 族元素 O，S，Se，Te 组成的二元和三元化合物半导体。常见的Ⅱ-Ⅵ 半导体包括 ZnO，ZnSe，ZnS，ZnTe，CdSe，CdTe，CdS，HgSe，HgTe，HgS，ZnCdSe，ZnSSe，HgCdTe，CdZnTe，它们通常具有立方闪锌矿结构和六方纤锌矿结构。带隙范围可从微小的负值到达约 3.9eV（ZnS）；这些材料大多都能实现直接带隙，且通过能带工程几乎能实现任何指定的能隙值，能隙覆盖了从远红外到紫外的光谱范围，这就注定了该类材料会表现出丰富的光学和电子学性质，在未来以光电子、光子为基础的信息时代并定会得到更广泛的研究和应用。也有将ⅡA 族元素：Mg，Ca，Sr，Ba 与Ⅵ族元素组成化合物称为Ⅱ-Ⅵ 族化合物，诸如 MgS，MgSe，MgTe，CaS，CaSe，SrS，SrSe，SrTe，BaS，BaSe，BaTe 等。

Ⅱ-Ⅵ 族化合物半导体是一类重要的半导体，由于其具有较宽的带隙和较大的激子束缚能，被公众推为短波长光发射及激光器件的理想候选材料。尤其是三元化合物半导体，如 CdZnTe, CdZnS 和 CdZnSe 等，随着组分的调整，其发光可以覆盖整个可见光光谱范围，甚至达到紫外和红外区。较大的（与室温对应的 26meV 可比拟）激子束缚能可以使材料的激子特性一直延续至室温以上，为常温工作的器件奠定基础，宽带Ⅱ-Ⅵ 半导体被认为是短波长激光器的最重要候选材料之一。

Ⅰ-Ⅲ-Ⅵ$_2$ 族化合物是由一个Ⅰ族和一个Ⅲ族原子替代Ⅱ-Ⅵ族中两个Ⅱ族原子所构成的，如 $CuGaSe_2$、$AgInTe_2$、$AgTlTe_2$、$CuInSe_2$、$CuAlS_2$ 等。

Ⅲ-Ⅴ族化合物半导体是元素周期表中ⅢA 族元素 B、Al、Ga、In 和ⅤA 族元素 N、P、As、Sb 所化合相成的 15 种化合物 BN、BP、BAs、AlN、AlAs、AlP、AlSb、GaN、GaAs、InAs、GaP、GaSb、InN、InP 和 InSb。自 1952 年德国科学家威克尔（Welker）指出，Ⅲ-Ⅴ族化合物半导体具有与 Si、Ge 相类似的半导体性质以来，对它们的性质、制备工艺和器件应用研究都取得了巨大进展，在微电子学和光电子学方面得到日益重要和广泛的应用。

2.18.4 荧光体材料重现光辉——同一类材料会渗透到高新技术的各个领域

日光灯的原理大家并不生疏，在真空玻璃管中充入水银蒸气，施加电压，发生气体放电并产生等离子体。由等离子体产生的紫外线照射预先涂覆在玻璃管内侧由红（R）、绿（G）、蓝（B）三色荧光体配合好的白色发光材料，使其发光照明。

大约十年前每家使用的几乎都是 CRT 彩色电视，它是由 30kV 的高压电子枪（三枪）产生电子，分别对着涂覆有红（R）、绿（G）、蓝（B）荧光体材料的亚像素进行扫描，再由红、绿、蓝三色相组合，显示所需要的电视画面。

日光灯与 CRT 彩色电视所用两种荧光体材料的最大区别是，前者由紫外线照射激发，而后者由电子束照射激发。

等离子体电视（PDP）显示与日光灯照明都是利用紫外线照射荧光体，使后者受激发光，但二者有下述几点区别：①前者激发采用的是由氖氙气体放电发出的 147nm 波长的紫外线，而后者激发采用的是由汞蒸气放电发出的 245nm 波长的紫外线；②前者每个亚像素采用的都是单色荧光体，或红，或绿，或蓝，而后者采用的是由三波长荧光体配合而成的白光荧光体；③前者所用荧光体材料更强调单色发光的色调和色纯度，如发光波长、半高宽等，而后更强三波长荧光体发白光的综合效应。

1993 年，采用蓝宝石基板的 GaN 系 DH 结构蓝光 LED 的出现，为荧光体材料的应用扩展了新的领域。1996 年，将 GaN 系蓝光 LED 与 YAG ：Ce（添加 Ce 的钇铝石榴石（yttrium aluminum））黄光荧光体相组合，实现了白光的 LED。因为在蓝光 LED 方面的成就，赤山奇勇、天野浩和中村修二获得 2014 年诺贝尔物理学奖。

除了靠蓝光 LED 激发发光的 YAG 系之外，还对包括近紫外光激发的荧光体在内的其他荧光体，如硫化物系、硫镓酸盐系、硅酸盐系、铝酸盐系等，进行了广泛的研究开发。

本节重点

（1）LED 中半导体的禁带宽度 E_g(eV) 与其发光波长 λ(nm) 有何定量关系？
（2）以Ⅲ－Ⅴ族化合物半导体 LED 为例，如何调节其发光波长，以实例加以比较。
（3）荧光体发光分为电子（束）激发和光激发两大类，请各举出几个应用实例。

化合物半导体中使用的元素与周期表

周期	I（A B）	II（A B）	III（A B）	IV（A B）	V（A B）	VI（A B）	VII（A B）	O / VIII
1	^{1}H							^{2}He
2	^{3}Li	^{4}Be	^{5}B	^{6}C	^{7}N	^{8}O	^{9}F	^{10}Ne
3	^{11}Na	^{12}Mg	**^{13}Al**	^{14}Si	**^{15}P**	^{16}S	^{17}Cl	^{18}Ar
4	^{19}K ^{29}Cu	^{20}Ca ^{30}Zn	^{21}Sc **^{31}Ga**	^{22}Ti ^{32}Ge	^{23}V **^{33}As**	^{24}Cr ^{34}Se	^{25}Mn ^{35}Br	^{26}Fe ^{27}Co ^{28}Ni ^{36}Kr
5	^{37}Rb ^{47}Ag	^{38}Sr ^{48}Cd	^{39}Y **^{49}In**	^{40}Zr ^{50}Sn	^{41}Nb ^{51}Sb	^{42}Mo ^{52}Te	^{43}Tc ^{53}I	^{44}Ru ^{45}Rh ^{46}Pd ^{54}Xe
6	^{55}Cs ^{79}Au	^{56}Ba ^{80}Hg	57~71 镧系 ^{81}Tl	^{72}Hf ^{82}Pb	^{73}Ta ^{83}Bi	^{74}W ^{84}Po	^{75}Re ^{85}At	^{76}Os ^{77}Ir ^{78}Pt ^{86}Rn
7	^{87}Fr	^{88}Ra	89~ 锕系					

化合物半导体按其构成组元数也可称为二元系、三元系等，当然，相应半导体的特性也会有很大的变化。

已实现商品化（产品化）的各种 LED 的特性

光色	半导体材料和荧光体	发光波长/nm	光度/cd	外部量子效率/%	发光效率/(lm/W)
红	GaAlAs	660	2	30	20
黄	AlInGaP	610～650	10	50	96
橙	AlInGaP	595	2.6	＞20	80
绿	InGaN	520	12	＞20	80
蓝	InGaN	450～475	＞2.5	＞60	35
近紫外	InGaN	382～400		＞50	
紫外	AlInGaN	360～371		＞40	
拟似白色	InGaN 蓝光＋黄光荧光体	465,560	＞10		＞100
三波长白光	InGaN 近紫外＋RGB 荧光体	465,530,612～640	＞10		＞80

1

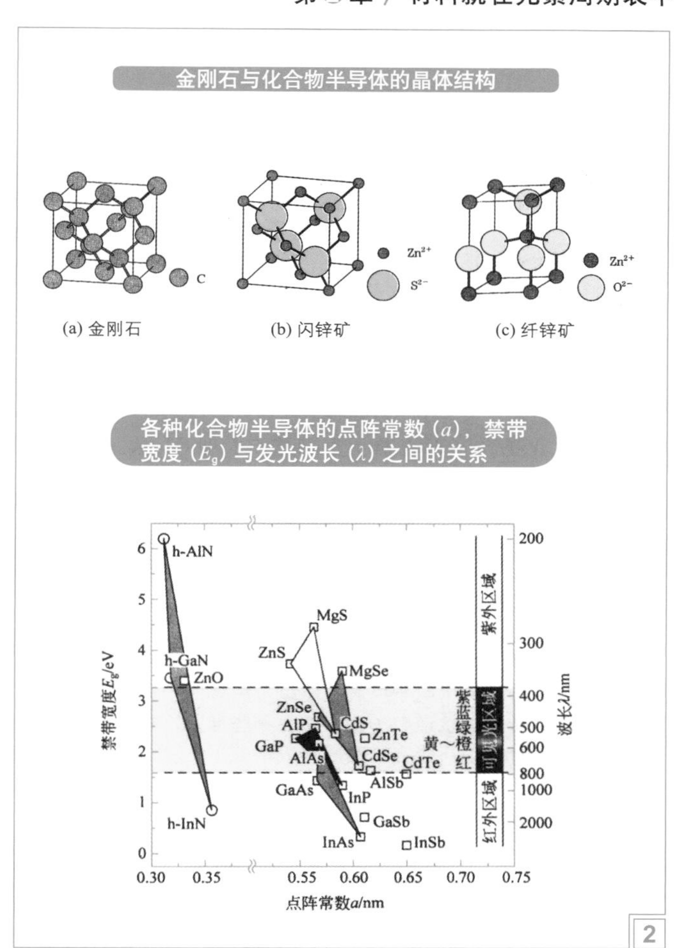

2

荧光材料的用途实例（同一类材料会透到高新技术的各个领域）

序号	用途		激发方法	代表性的荧光材料	荧光颜色
1	彩色电视机（CRT）		18k ～ 27kV 电子束	ZnS:Ag, Cl ZnS:Cu, Ag, Cl Y_2O_2S:Eu	蓝 绿 红
2	观测用阴极射线管（CRT）		1.5k ～ 10kV 电子束	Zn_2SiO_4:Mn	绿
3	电子显微镜（SEM）		50k ～ 3000kV 电子束	(Zn, Cd)S:Cu, Al	绿
4	荧光管显示器（VFD）		150kV 喷淋状电子束	ZnO:Zn	绿
5	无机 EL	第一代荧光体	150V 以上的电压	ZnS:Mn, ZnS:Tb	黄橙色（包括从绿到红的成分）
		第二代荧光体		SrS:Ce, SrS:Cu	蓝绿光，蓝色发光
		第三代荧光体		$BaAl_2S_4$:Eu	蓝光发光
6	场发射显示器（FED）		200 ～ 400V，～ 7kV 电子束	参照 CRT 和 VED	单色或多色
7	荧光灯		254nm 紫外线	$Ca_{10}(PO_4)_6(F, Cl)_2$:Sb, Mn	白
8	PDP	红亚像素	147nm 真空紫外线	$(Y, Gd)BO_3$:Eu^{3+}	红
		绿亚像素		Zn_2SiO_4:Mn	绿
		蓝亚像素		$BaMgAl_{14}O_{23}$:Eu^{2+}	蓝
9	白光 LED（蓝光激发）	黄光荧光体	460nm 蓝光	$Y_3Al_5O_{12}$:Ce	黄（与蓝光组合为白）
		红光荧光体		$(Sr, Ca)_2Si_5N_8$:Eu	红
		绿光荧光体		$Ca_8MgSi_4O_{16}Cl_2$:Eu	绿
10	白光 LED（近紫外线）	红光荧光体	365 ～ 420nm 近紫外	$BaMgAl_{10}O_{13}$:Eu	蓝
		绿光荧光体		$Ba_3S_{16}O_{12}N_2$:Eu	绿
		蓝光荧光体		$CaAlSiN_3$-Si_2N_2O:Eu	红
11	荧光水银灯		365nm 紫外线	$Y(V, P)O_4$:Eu	红
12	复写用灯		254nm 紫外线	Zn_2SiO_4:Mn	绿
13	X 射线增感纸		X 射线	$CaWO_4$ Gd_2O_2S:Tb	蓝白 黄绿
14	固体激光		光（近紫外～近红外）	$Y_3Al_{15}O_{12}$:Nd (YAG)	红外

3

名词术语和基本概念

元素，元素周期表，周期、族，主族和副族，超短周期、短周期，长周期、超长周期，不完全周期，碱金属、碱土金属，过渡族金属，贵金属，黑色金属，有色金属，半金属，硫属元素，卤族元素，惰性气体

壳层，轨道，能级，主量子数，角量子数，磁量子数，自旋量子数，泡利不相容原理，能量最低原理，洪特规则，成键轨道、反键轨道，杂化，σ电子、π电子，四面体键，金刚石，石墨，无定形炭，富勒烯，碳纳米管（CNT），氧化、还原，氧化数，3d电子，4f电子，5f电子，稀土元素，轻稀土、重稀土，锕系元素

原子半径，电负性，电离能，难熔金属，地壳中八种主要元素，构成人体的四大类物质以及主要矿物质和微量矿物质，能带，绝缘体，导体，半导体，施主掺杂，受主掺杂

化学键，一次键，离子键、共价键、金属键，二次键，氢键、范德瓦尔斯键，葛生力、德拜力、伦敦力，物理吸附、化学吸附，结合键与材料性能，结构敏感特性、结构非敏感特性

Ⅳ-Ⅳ族、Ⅲ-Ⅴ族、Ⅱ-Ⅵ族、Ⅰ-Ⅲ-Ⅵ_2族、Ⅰ_2-Ⅱ-Ⅳ-Ⅵ_4族化合物半导体，荧光体，光激发型荧光体、电子激发型荧光体

思考题及练习题

2.1 元素周期表中包括哪些周期和族？何谓主族和副族？
2.2 原子中每个电子所属的能级可由哪四个量子数决定？说出它们的取值范围。
2.3 原子中的轨道电子排布遵循哪些准则？据此表示原子铁（Fe）的电子排布。
2.4 为什么说“碳在元素周期表中处于王者之位”？解释碳材料（包括化合物）多样性的原因。
2.5 比较金刚石和石墨的特性，说明二者性能差异的原因。
2.6 容易放出电子的原子和容易接受电子的原子各有哪些？说出它们的潜在应用价值。
2.7 何谓过渡族金属，它们有什么共同特点？写出难熔金属和贵金属的元素名称和元素符号。
2.8 同一周期中从左至右、同一主族中从上至下，原子半径变化有什么特点，请解释原因。
2.9 何谓元素的电负性和电离能，按元素在周期表中的位置，二者有什么变化规律？
2.10 何谓稀土元素，共包括哪些元素？稀土元素有哪些共同特性，指出它们的应用。
2.11 试比较物理吸附和化学吸附。
2.12 材料的哪些性能属于非结构敏感性的，哪些性能属于结构敏感性的？
2.13 画出n型掺杂和p型掺杂的能带结构，分别写出载流子浓度的表达式。
2.14 以Ⅲ-Ⅴ族化合物半导体为例，说明如何通过调整组元及含量来调整其禁带宽度？
2.15 请调查与材料科学（偏重化学）相关的诺贝尔奖获得者，分别写出他们的简历（二）。

参考文献

[1] 富永 裕久．図解雑学：元素．ナツメ社，2005年12月
[2] 山口 潤一郎．最新元素の基本と仕組み．秀和システム，2007年3月
[3] James A Jacobs, Thomas F Kilduff. Engineering Materials Technology——Structure, Processing, Properties, and Selection. 5th ed. Pearson Prentice Hall Inco, 2005
[4] Smith W F, Hashemi J. Foundations of Materials Science and Engineering. 5th ed. New York: McGraw-Hill Inco, Higher Education, 2008
[5] Van Vlack L H. Elements of Materials Science and Engineering. 6th ed. Addison-Wesley Publishing Co, 1989
[6] 杨瑞成，张建斌，陈奎，居春艳．材料科学与工程导论．北京：科学出版社，2012年8月
[7] 潘金生，仝健民，田民波．材料科学基础（修订版）．北京：清华大学出版社，2011年
[8] 杜双明，王晓刚．材料科学与工程概论．西安：西安电子科技大学出版社，2011年8月
[9] 王周让，王晓辉，何西华．航空工程材料．北京：北京航空航天大学出版社，2010年2月
[10] 胡静．新材料．南京：东南大学出版社，2011年12月
[11] 齐宝森，吕宇鹏，徐淑琼.21世纪新型材料．北京：化学工业出版社，2011年7月
[12] 王修智，蒋民华．神奇的新材料．济南：山东科学技术出版社，2007年4月
[13] 稲垣 道夫．カーボン——古くて新しい材料．工業調査会，2009年3月
[14] 岩本 正光．よくわかる電気電子物性.Ohmsha，1995年
[15] 澤岡 昭．電子材料：基礎から光機能材料まで．森北出版株式会社，1999年3月

第3章

金属及合金材料

3.1 从矿石到金属制品（1）——高炉炼铁

3.2 从矿石到金属制品（2）——转炉炼钢

3.3 晶态和非晶态，单晶体和多晶体

3.4 相、相图、组织和结构

3.5 凝固中的形核与长大

3.6 铸锭组织和连续铸造

3.7 钢的各种组织形态

3.8 钢的强化机制及合金钢

3.9 应用最广的碳钢

3.10 金属的热变形

3.11 金属的冷变形

3.12 由铜锭到铜箔的压延加工

3.13 热处理的目的和热处理温度的确定

3.14 钢的退火

3.15 钢的正火

3.16 钢的淬火（1）——加热和急冷的选择

3.17 钢的淬火（2）——增加淬透性和防止淬火开裂

3.18 钢的回火

3.19 恒温转变

3.20 表面处理（1）——表面淬火及渗碳淬火

3.21 表面处理（2）——表面渗碳、氮化及喷丸处理

3.22 合金钢（1）——强韧钢、可焊高强度钢和工具钢

3.23 合金钢（2）——高速钢、不锈钢、弹簧钢和轴承钢

3.24 铸铁及轻金属的减振应用

3.1 从矿石到金属制品（1）——高炉炼铁

3.1.1 钢材的传统生产流程

2014 年全世界的钢产量预计将达到 16.55 亿吨，其中中国近 8.3 亿吨（实际产量能逾 10 亿吨），约占 50.2%。中国已成为名副其实的钢铁大国。

钢铁是文明社会的骨架，现代工业的基础，国家实力的体现。各种机器设备、交通运输工具、房屋建筑、武器装备、农机具、日常用品等都离不开钢铁。据统计，在结构类材料中，90% 所使用的都是钢铁。钢材的冶金过程可分为炼铁、炼钢和钢的成型加工等三个阶段。

3.1.2 高炉炼铁中的化学反应

炼铁的目的是从铁矿石（磁铁矿 Fe_3O_4、赤铁矿 Fe_2O_3、菱铁矿 $FeCO_3$、褐铁矿（$2Fe_2O_3 \cdot 3H_2O$ 和类似化合物）等）中还原出生铁。需要在高温下由还原剂（一般是焦炭）对铁矿石进行下述还原反应得到液态铁：

$$Fe_3O_4+2C \longrightarrow 3Fe+2CO_2+(\Delta G_R-\Delta G_M) \tag{3-1}$$

式中，ΔG_M 是被还原氧化物形成的自由能；ΔG_R 是还原剂与还原氧化合所释放的能量。

上述还原反应得以持续进行的条件是供给的能量相当于（大于）氧化物形成自由能 ΔG_M 的能量。提供能量成了矿石还原过程的主要技术问题和能量经济问题。一般是利用化学还原剂和利用电能解决该问题。利用还原剂“R”的基本原则是，还原剂与被还原氢化物中的氧化合放出的能量 ΔG_R 要大于 ΔG_M，即

$$\Delta G_R-\Delta G_M>0$$

若还原剂的来源充足且价格又便宜，则上述还原过程在工业上就很有价值。对于氧化铁来说，理想的来源充足的还原剂便是煤，即焦炭（是将天然煤经过焦化而产生的）

实际上，藉由矿石与焦炭直接接触的还原反应，在温度低于 1100℃ 时难于进行。这是因为，一旦在矿石外表面产生了金属铁，它就立即把还原反应的双方隔开，使反应无法继续进行下去。实际的还原反应是一个分两步的气 - 固反应，CO/CO_2 混合气体起着把氧从金属“M”传递给还原剂“R”的作用：

$$Fe_3O_4+4CO \longrightarrow 3Fe+2CO_2 \tag{3-2a}$$

$$2CO_2+2C \longrightarrow 4CO \tag{3-2b}$$

这两步反应的总和就是反应式（3-1）。通过部分 CO_2 与固体煤发生反应，将不断产生气体 CO（“煤的气化”）供给总反应的需要。因此，对于用固体炭进行矿石还原反应过程来说，焦炭与 CO_2 的反应能力和矿石与 CO 的反应能力具有同等重要意义。所以，焦炭的空隙度、粒度大小，还有它的催化作用等都起着重要作用。反应式（3–2a/b）的复合反应称为矿石与煤炭的间接还原反应。

3.1.3 高炉的构造

高炉冶炼是一个复杂的物理化学反应过程。在冶炼过程中，炉料与煤气作相对运动，其中上升的煤气流为高炉生产的能源（热能、化学能），下降的炉料为高炉生产的物源。

高炉是炼铁厂的主体设备，按容积的大小可分为大（$>850m^3$）、中（$100\sim850m^3$）、小（$<100m^3$）三种。现代炼铁厂的设备主要由高炉炉体、炉顶装料、热风机和鼓风机、高炉煤气除尘、渣铁处理设备所构成。

高炉是根据逆流反应器原理建造的竖式鼓风炉，高炉炉体从上到下由炉喉、炉身、炉腰、炉腹、炉缸等组成。炉体周围配以炉顶装料、热风机和鼓风机、高炉煤气除尘、渣铁处理等辅助设备。

高炉炉体由以下五部分组成。①炉缸：在炉子下部呈圆柱形，用来储存铁水和炉渣，缸内温度高达 1700℃；②炉腹：位于炉缸上面，呈向上扩张的截头圆锥形，适应于炉料熔化体积收缩和煤气温度升高体积增大的特点；③炉腰：炉子中呈圆柱形部分，造渣区主要在这里形成，也是炉腹和炉身的缓冲带；④炉身：在炉子上部呈上小下大的截头圆锥形，在高炉中容积最大，适应于炉料下降受热膨胀和煤气流上升收缩的特点；⑤炉喉：炉子最上部呈圆柱形，其作用是调剂炉料的分布和封闭煤气流。

3.1.4 高炉炼铁运行过程

炉料在下降过程中与上升的高温煤气流发生作用，不断被加热而放出游离水和结晶水以及其他易挥发的物质。随着温度的升高，石灰石开始分解放出 CO_2 并与脉石进行造渣反应。实际上，在较低温度下（例如 400~500℃），铁矿石还原反应已经开始，高温下继续进行，直到液态生铁的形成。高炉的构造、冶炼原理及发生的主要反应见图（3）及 P77 的图（1）、图（2）。

高炉炼铁的简要运行过程如下：

（1）固体物料（矿石、焦炭、添加剂）由高炉上部（顶部）加入，并由上部向下沉降，完成反应后由炉底排出。

（2）气体（CO/CO_2，来自燃烧空气中的氮）从高炉下部向上运动，完成反应后作为高炉煤气排出并予应用。

（3）在高炉下部导入预热空气（“热风”），使焦炭燃烧产生热量并供给还原反应所需的 CO。

（4）这里所产生的热量，一方面是熔化并分离所产生的金属铁所必需的，另一方面则是为了使矿石 - 焦炭混合物温度达到还原反应在动力学上得以实现的程度。

（5）按 Fe-C 相图（见 3.4 节），在高炉底部，焦炭与铁的直接接触导致熔融 Fe 的渗碳量达 $4.3w_C$%(17at.%)，由此使铁的熔点从 1530℃ 降至 1150℃，对“炼铁”而言，这无疑有很大好处，但得到的“生铁”难当大用。

（6）由于密度较大，饱和渗碳的铁水集中在高炉的底部。从高炉底部间隙式地排放出铁水。生铁中的主要杂质除了 C 之外，还有 Mn、Si、P、S 等。

（7）矿石中的矿渣和其他杂质与适当选择的添加剂（为了降低冶炼温度，所加入的相当数量的石灰石和白云石），一起形成熔点低达 1000℃ 左右的熔渣（类似熔岩）。它浮在生铁的上部，由出渣口排出并加以利用（绝缘材料、铺路材料、水泥等）。

本节重点

（1）从铁矿石还原出生铁的两步气 - 固反应。
（2）高炉炼铁所用原料及高炉炼铁运行过程。
（3）从高炉流出生铁的含碳量一般为多少？说明原因。

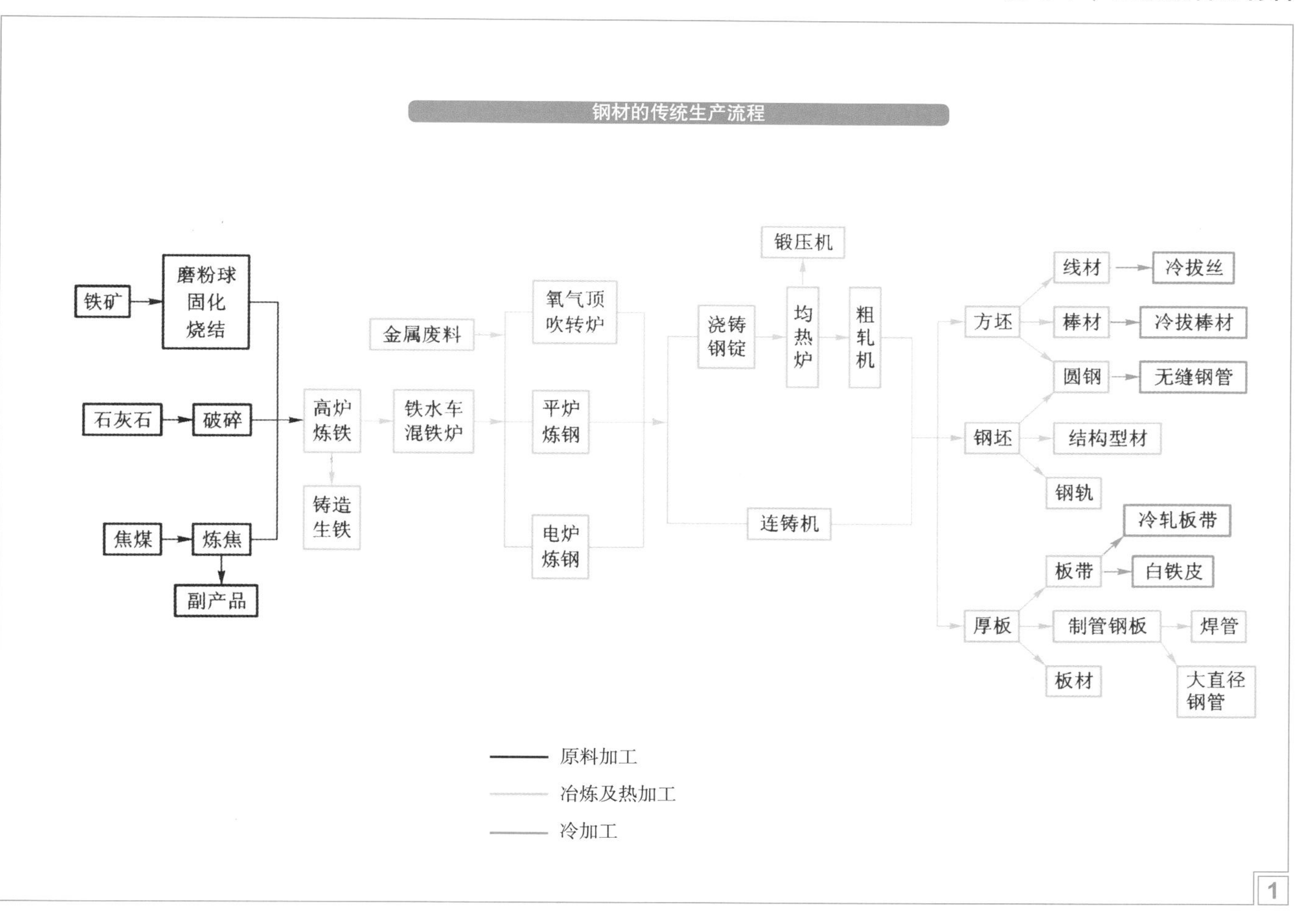
钢材的传统生产流程
铁矿
磨粉球固化烧结
石灰石
破碎
焦煤
炼焦
副产品
高炉炼铁
铸造生铁
金属废料
铁水车混铁炉
氧气顶吹转炉
平炉炼钢
电炉炼钢
浇铸钢锭
锻压机
均热炉
粗轧机
连铸机
方坯
钢坯
厚板
线材
冷拔丝
棒材
冷拔棒材
圆钢
无缝钢管
结构型材
钢轨
冷轧板带
板带
白铁皮
制管钢板
焊管
板材
大直径钢管
原料加工
冶炼及热加工
冷加工
1

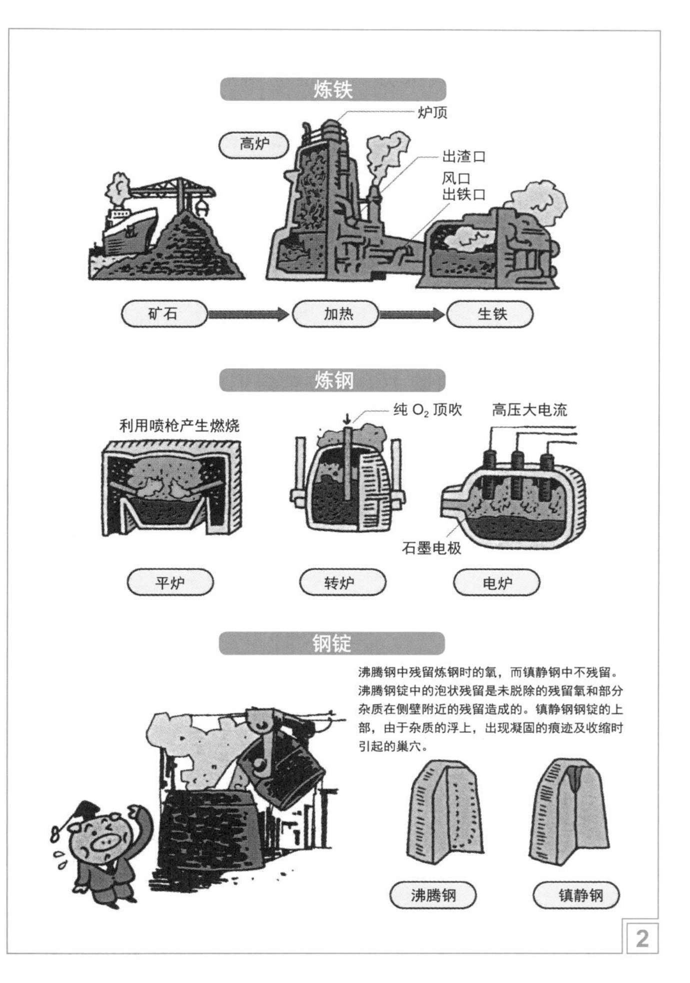
炼铁
炉顶
高炉
出渣口
风口
出铁口
矿石
加热
生铁
炼钢
利用喷枪产生燃烧
纯 O₂ 顶吹
高压大电流
石墨电极
平炉
转炉
电炉
钢锭
沸腾钢中残留炼钢时的氧，而镇静钢中不残留。沸腾钢锭中的泡状残留是未脱除的残留氧和部分杂质在侧壁附近的残留造成的。镇静钢钢锭的上部，由于杂质的浮上，出现凝固的痕迹及收缩时引起的巢穴。
沸腾钢
镇静钢
2

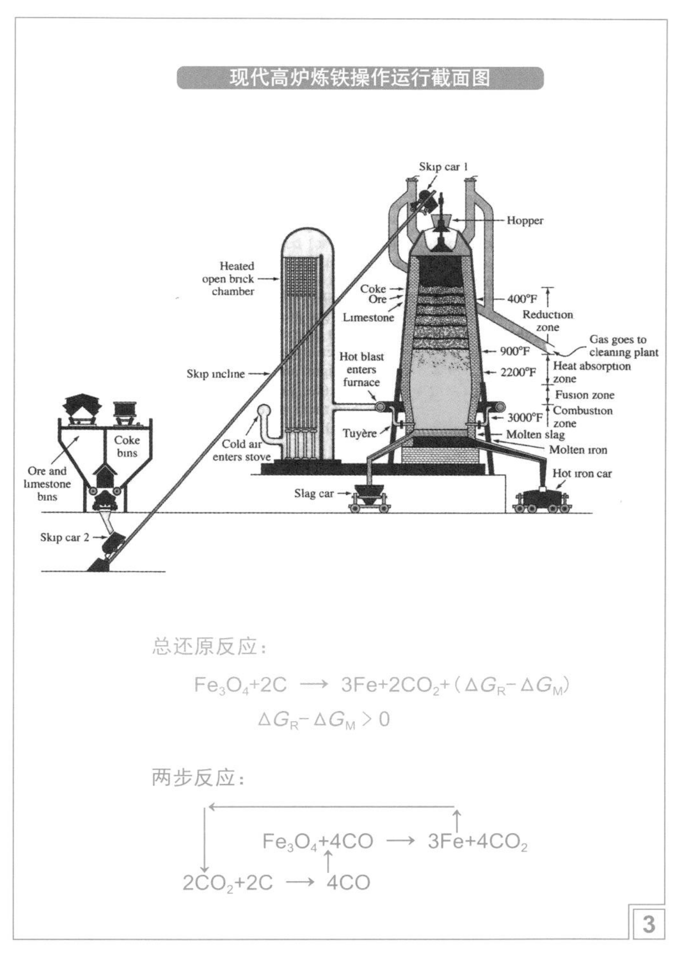
现代高炉炼铁操作运行截面图
Skip car 1
Hopper
Heated open brick chamber
Coke
Ore
Limestone
400°F
Reduction zone
Gas goes to cleaning plant
900°F
2200°F
Heat absorption zone
Fusion zone
Combustion zone
3000°F
Molten slag
Molten iron
Hot iron car
Skip incline
Hot blast enters furnace
Tuyère
Cold air enters stove
Coke bins
Ore and limestone bins
Slag car
Skip car 2
总还原反应：
$Fe_3O_4+2C \longrightarrow 3Fe+2CO_2+(\Delta G_R-\Delta G_M)$
$\Delta G_R-\Delta G_M>0$
两步反应：
$Fe_3O_4+4CO \longrightarrow 3Fe+4CO_2$
$2CO_2+2C \longrightarrow 4CO$
3

3.2 从矿石到金属制品（2）——转炉炼钢

3.2.1 炼钢的目的

炼钢的目的主要有三条：① 去除生铁中的杂质，主要是Mn、Si、P、S；②降低、调整碳含量；③加入合金元素，实现所需要的性能。

按冶炼方法可分为平炉钢、转炉钢和电炉钢三大类，每一类还可以根据炉衬材料的不同，分为碱性和酸性两类。现代炼钢方法主要有转炉炼钢法和电炉炼钢法。

3.2.2 氧气转炉炼钢的设备及原料

氧气顶吹转炉于1952年首先在奥地利liny厂和Donawity厂投入使用，由于该炼钢方法具有生产效率高，产品成本低，质量好以及建厂投资少、速度快等优点，目前已成为世界上广泛采用的炼钢方法。氧气顶吹转炉由炉体及倾动设备、吹氧设备、废气处理设备及供料设置四部分组成。氧气顶吹转炉体以其中心线为对称形，外壳为钢板焊接结构，内衬由氧化镁砖、焦油白云石硅或焦油氧化镁砖砌成。炼钢是靠插入炉内的喷枪向熔池喷吹高纯度高压氧气进行的，炼钢过程包括装料、吹炼、测温、取样及出钢四个阶段。

氧气转炉炼钢的原料主要有：金属（铁水、废钢和生铁块），冷却剂（废钢、铁矿石、氧化铁皮、生铁块），造渣剂（石灰、萤石和白云石），氧化剂（氧气、铁矿石和氧化铁皮），脱氧剂（硅、锰、铝及铁合金）。原料中以铁水和石灰的质量对炼钢过程的影响最大。

钢与生铁的主要差别是含碳量不同，钢中碳的质量分数小于2.11%（生铁中碳的质量分数一般在3.5%~4.5%）。碳钢的成分以Fe、C元素为主，另外，还有少量的Si、Mn、S、P、H、O、N等非特意加入的杂质元素，它们主要来自炼钢时所加的废钢、铁矿石、脱氧剂等。其中，S、P是杂质元素，对钢的性能有不良影响，需在冶炼时加以控制，其他元素的含量则需要在炼钢时通过各种化学反应来调整，使钢的成分最终达到技术要求。

3.2.3 氧气转炉炼钢中的主要化学反应

氧气顶吹转炉炼钢的主要化学反应说明如下。

（1）元素的氧化顺序　在炼钢的高温下，一般是硅、锰先被氧化，随后是碳和磷，这是由于各元素与氧的亲和力不同。由于钢液的大量存在，因此铁在开始时就已经大量氧化。

（2）硅、锰的氧化反应　炼钢过程中，硅、锰会发生直接氧化反应：

$$Si+O_2 = SiO_2 \quad (3\text{-}3a)$$

$$2Mn+O_2 = 2MnO \quad (3\text{-}3b)$$

由于在吹氧开始，Fe即被大量氧化成FeO，因此，硅、锰发生的主要是间接氧化反应：

$$Si+2FeO = SiO_2+2Fe \quad (3\text{-}4a)$$

$$Mn+FeO = MnO+Fe \quad (3\text{-}4b)$$

以上反应都是放热反应，所以在低温下就可进行。并且SiO_2与FeO反应，MnO与SiO_2反应形成硅酸铁（$FeSiO_3$）和硅酸锰（$MnO \cdot SiO_2$）炉渣：

$$SiO_2+2FeO = 2FeO \cdot SiO_2 \quad (3\text{-}5a)$$

$$SiO_2+2MnO = 2MnO \cdot SiO_2 \quad (3\text{-}5b)$$

而且，由于吹炼中石灰的分解，硅酸铁又与CaO作用生成正硅酸盐（$2CaO \cdot SiO_2$），把FeO置换出来。

（3）脱碳反应　脱碳反应贯穿于炼钢的全过程，钢液中的碳可同气体接触而直接氧化：

$$C+O_2 = CO_2 \quad (3\text{-}6)$$

碳也与溶解于钢渣中的氧发生间接氧化反应：

$$C+FeO = CO\uparrow +Fe \quad (3\text{-}7)$$

炼钢熔池中的脱碳反应是一个复杂的多相反应动力学过程，包括扩散、化学反应及气泡生成和排除等环节。脱碳反应产生的CO气泡有助于钢液的搅动“沸腾”，使成分均匀化，并能有效清除钢液中的气体和非金属夹杂。

（4）脱磷、脱硫反应　磷在钢中以磷化铁（Fe_2P）形态存在，在炼钢过程中与炉渣的FeO和CaO化合生成磷酸钙：

$$2Fe_2P+5FeO+4CaO = 4CaO \cdot P_2O_5+9Fe \quad (3\text{-}8)$$

这个反应是放热反应，所以低温有利于脱磷。由于高碱度和强氧化性的炉渣也是脱磷的重要条件，因此酸性炉内去磷较难。

硫在钢中是以硫化亚铁（FeS）形式存在。若在渣中加入碳，则反应为：

$$FeS+CaO+C = Fe+CaS+CO\uparrow \quad (3\text{-}9)$$

由于上述反应的平衡常数与温度成正比，因此炼钢过程中高温有利于脱硫。

3.2.4 沸腾钢和镇静钢

炼钢生产中，大部分时间是向熔池供氧，通过氧化精炼去除金属原料中的硅、碳、锰、磷等杂质。随炼钢过程的进行，金属液体中碳、磷的质量分数不断降低，含氧量逐渐提高，在氧化精炼完成后，金属液体中的含氧量高于成分钢的允许值。

当浇铸和凝固时，钢水温度下降，因此氧溶解度降低。这导致CO的生成（$C+O_2 \longrightarrow CO\uparrow$），CO形成气泡猛烈排除——使正凝固的钢水变得“沸腾”。从而使这种“非镇定”铸钢件的均匀性和质量都受到损害。为了抑制沸腾，应采用“镇静”钢生产工艺，铸造前藉由加入Al或Si的脱氧反应将钢水中的溶解氧除去，反应结果形成固态的Al_2O_3或液态的SiO_2。

在钢液中脱氧元素与氧结合的能力顺序为：Al > Ca > Si > Mn，这几种元素是目前广泛使用的脱氧元素。此外，脱氧剂的熔点必须低于钢液温度，脱氧产物应较易上浮排出，或残留在钢中的脱氧元素对钢性能应无损害等。

本节重点

（1）炼钢的目的。
（2）炼钢的原料及每类原料的用途。
（3）转炉炼钢的主要化学反应。

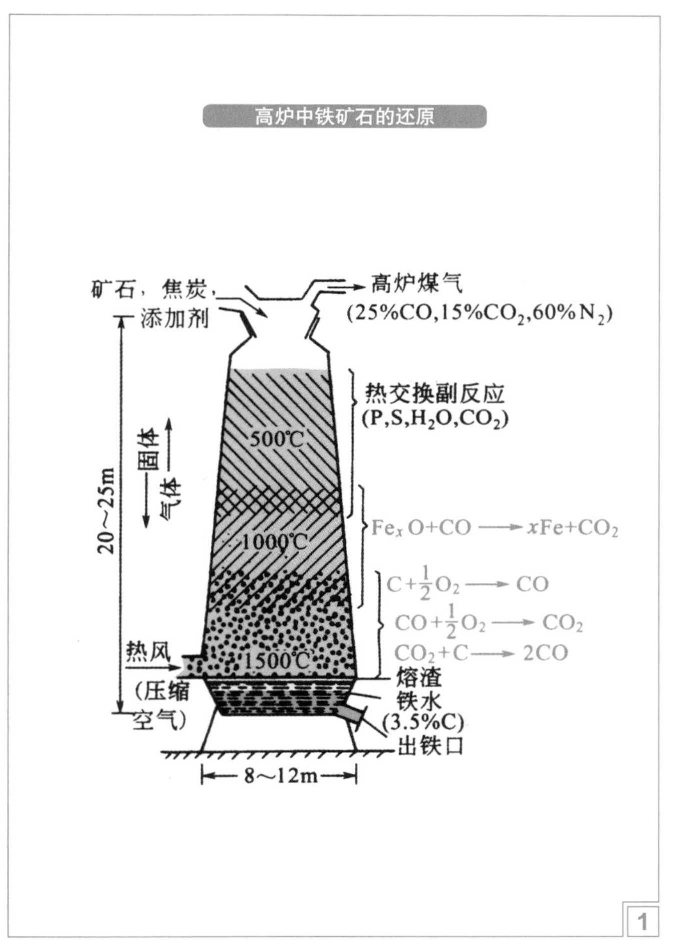

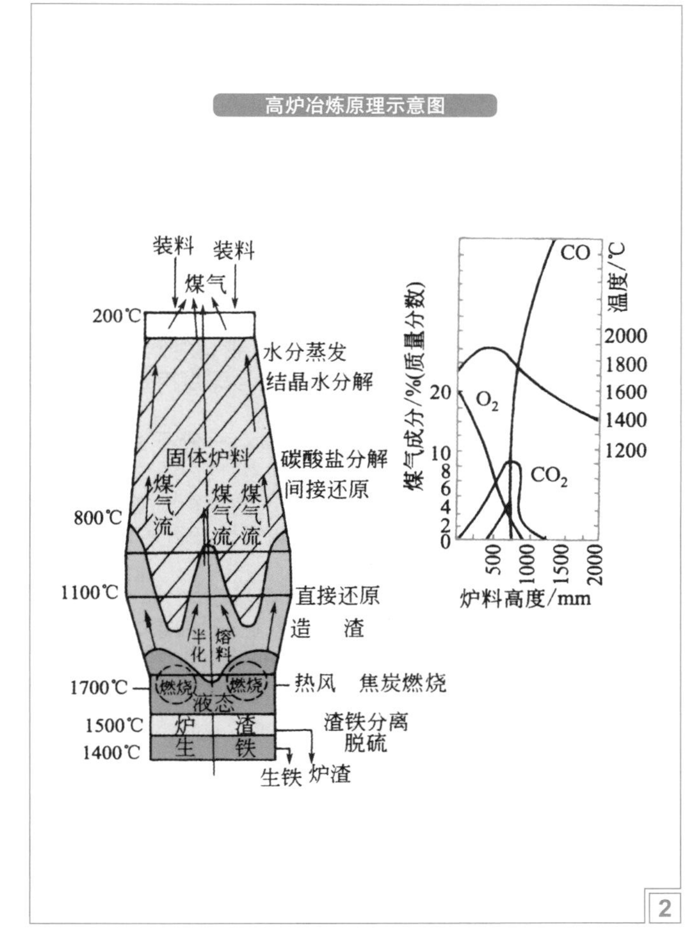

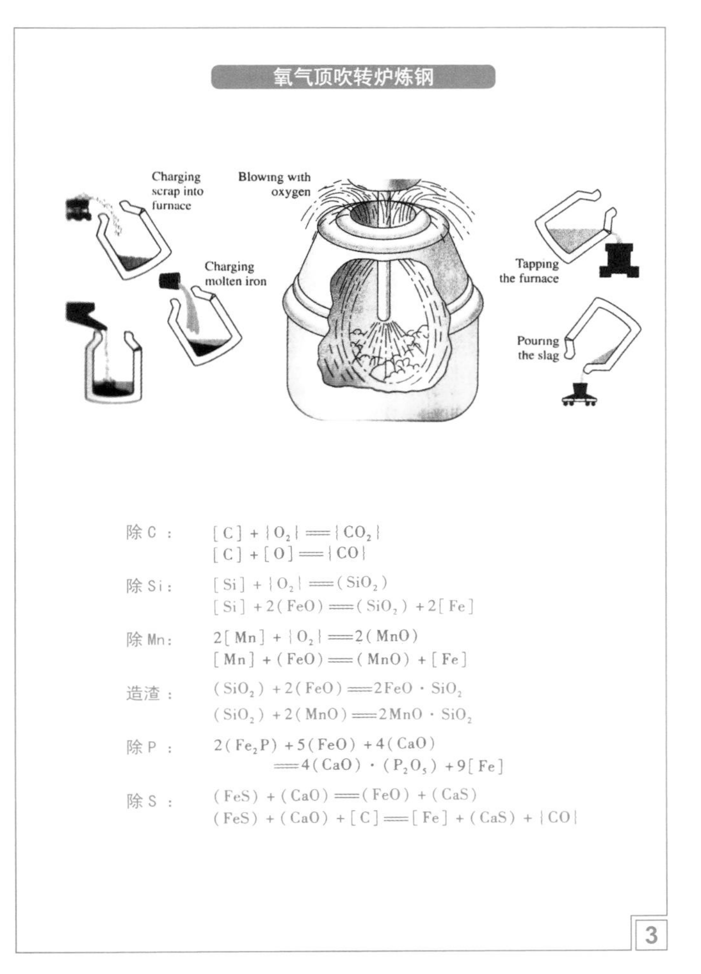

除C： $[C]+\{O_2\}=\{CO_2\}$
$[C]+[O]=\{CO\}$

除Si： $[Si]+\{O_2\}=(SiO_2)$
$[Si]+2(FeO)=(SiO_2)+2[Fe]$

除Mn： $2[Mn]+\{O_2\}=2(MnO)$
$[Mn]+(FeO)=(MnO)+[Fe]$

造渣： $(SiO_2)+2(FeO)=2FeO\cdot SiO_2$
$(SiO_2)+2(MnO)=2MnO\cdot SiO_2$

除P： $2(Fe_2P)+5(FeO)+4(CaO)=4(CaO)\cdot(P_2O_5)+9[Fe]$

除S： $(FeS)+(CaO)=(FeO)+(CaS)$
$(FeS)+(CaO)+[C]=[Fe]+(CaS)+\{CO\}$

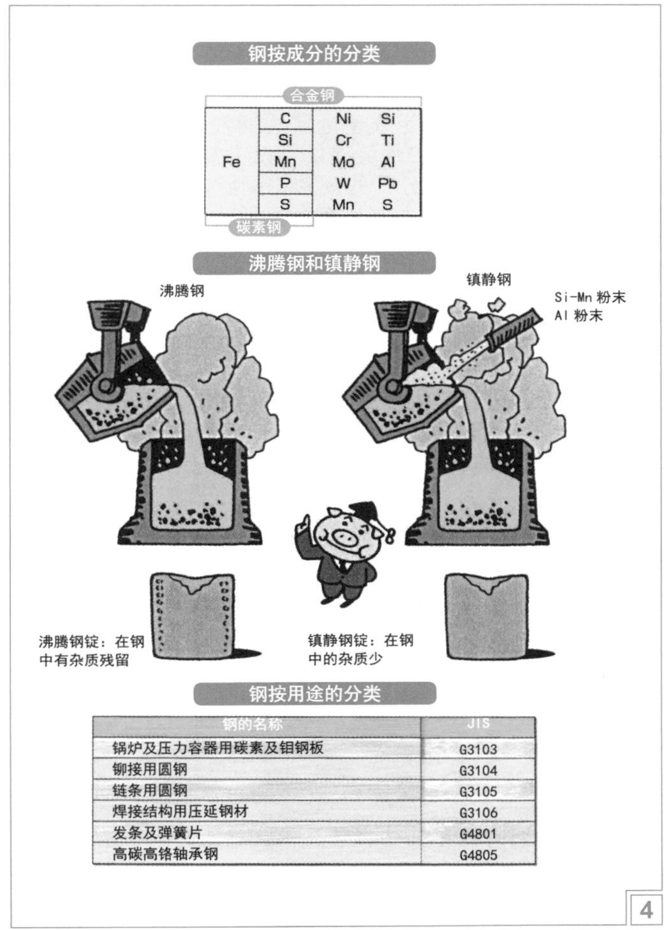

钢的名称	JIS
锅炉及压力容器用碳素及钼钢板	G3103
铆接用圆钢	G3104
链条用圆钢	G3105
焊接结构用压延钢材	G3106
发条及弹簧片	G4801
高碳铬轴承钢	G4805

3.3 晶态和非晶态，单晶体和多晶体

3.3.1 晶态和非晶态

物质一般以气态、液态、固态这三种状态存在。

理想气体是分子除弹性碰撞之外，彼此不相互作用的气体。描述理想气体热力学参数关系的是状态方程。气体无表面，无宏观外形，几乎无粘度，内部无应力，可自由流动，无孔不入，充满其所在整个空间等。

在液体中，分子无固定位置，但其所在位置却处于瞬时受力（分子间的引力和斥力）平衡状态。液体有表面，其宏观外形决定于盛载它的容器，可以从高处向低处流动，液体有粘度但无硬度，液体中的压强仅与深度有关但与方向无关等。

显然，处于气态或液态下的物质，一般不适于结构材料来使用。

在固体中，原子或分子处于固定的平衡位置。固体有确定的形状和硬度，其外形不容易随意改变，承载能力强。因此，结构材料几乎都选用固体。

从微观结构讲，固体有晶态和非晶态之分。所谓晶态是指构成物质的原子、分子或原子团（一般抽象为几何学的节点）呈三维规则有序的排列状态，即节点排列具有周期性和等同性。与之相反，不存在上述规则排列特征的物质，例如玻璃，则呈非晶态（amorphous）。

3.3.2 单晶体和多晶体

在晶态中又有单晶体和多晶体之分。前者中的原子在宏观尺度上均保持同样的三维规则有序排列，而后者以晶粒为单位保持相同的三维规则有序排列，晶粒与晶粒间的排列方位不同，或说彼此存在位向差，且晶粒与晶粒之间存在晶粒边界，即晶界。

固体金属一般呈多晶态。这一方面是由于多晶材料容易得到，另一方面是多晶材料的各向同性对于加工和使用既必要又方便。

特别是，晶界可以对金属起到强化作用，细化晶粒既能提高金属的强度又能改善金属的韧性。多晶材料为通过加工热处理改善合金的性能提供了先决条件。

晶体中，原子或分子的规则排列状态构成点阵（晶格）或晶体结构。原子很小，其直径一般为埃（Å，1Å=0.1nm）量级，用显微镜难以观察到。但是，利用X射线照射具有特定结构的晶格，藉由晶格对X射线的衍射（回折）现象，则可以观测到晶格特征尺寸的大小及结构等。称这种方法为X射线衍射。布拉格父子因X射线衍射技术的发明而双双获得诺贝尔奖。

为什么要用X射线进行晶体衍射分析（XRD）呢？这是因为电子束照射靶材所产生的X射线波长（例如Cu靶为1.54A）与晶体的低指数晶面间距不相上下，从而衍射峰很强。

3.3.3 固溶体和金属间化合物

由同一种元素构成的为纯金属，而由两种及两种以上元素相组合便构成合金。在两种元素组合的情况下，因浓度不同而异，以液相、固相而存在的温度会发生变化。也就是说，纯金属除了熔点之外，某一温度下到底是以固相还是液相存在是确定的，而合金多数情况下则是以两种以上的相平衡共存。

在合金相中，存在固溶体和金属间化合物两大类。后二者在液相下合二为一，而在固相下则以各自的形式存在。

所谓固溶体是指，以合金某一组元为溶剂，在其晶格中溶入其他组元（溶质）原子后所形成的一种合金相，其特征是仍保持溶剂晶格类型，节点或间隙中含有其他组元原子。简单地说，是溶质共享溶剂的晶格。当观察固溶体的组织时已不能区分原来的两种金属，因为溶质金属已溶入溶剂金属的晶格中。即使溶质原子是非金属元素也称得到的合金相为固溶体。

根据固溶体的不同特点，可进行下述分类：

（1）根据溶质原子在溶剂晶格中所占据的位置，固溶体可分为置换式固溶体和间隙式固溶体。

置换式固溶体是溶剂原子晶格的一部分被溶质原子所置换，多见于二者原子大小相差较小的情况。当然，固溶度的大小还与二者原子的电负性、价电子浓度以及晶体结构等相关。

间隙式固溶体是溶剂原子的晶格保持不变，而溶质原子进入溶剂晶格的间隙中，多见于溶质原子相对较小的情况。

无论是置换式固溶体还是间隙式固溶体，溶质原子的溶入一般都会引起溶剂原子晶格的畸变。

（2）根据溶质原子在溶剂中的固溶能力，固溶体可分为有限固溶体和无限固溶体。

（3）根据溶质原子在固溶体中的分布是否有规律，固溶体又分为无序固溶体和有序固溶体。

金属间化合物要求组合金属间的组成比为简单的整数关系，由二者化合并形成不同于前二者的晶体结构。一般来说，所形成化合物的性质与原来的金属完全不同，例如具有高硬度，塑性、韧性低而脆，电阻率高等。

3.3.4 钢的组织和结构

由于合金的成分及加工、处理等条件不同，其合金相将以不同的类型、形态、数量、大小与分布相组合，构成不同的合金组织状态。所谓组织，是指可用肉眼或显微镜观察到的不同组成相的形状、分布及各相之间的组合状态，常称之为具有特征形态的微观形貌。相是组织的基本组成部分，而组织是决定材料性能的一个重要因素。在工业生产中，通常是藉由控制和改变合金的组织来改变和提高合金性能。

顺便提出，组织和结构对应同一英文名词——structure，只是组织相对宏观些，规则性差些，如珠光体组织，马氏体组织等；而结构相对微观些，规则性相对更强些，如晶体结构等。

在相图中，从某一位置在保持平衡状态下冷却到室温时，可以看到与平衡相图对应的组织。称此为标准组织或平衡组织。与之相对，在不保持平衡而急速冷却条件下得到的组织，是平衡相图中不存在的特殊组织或非平衡组织（有些相图中用虚线表示）。

本节重点

（1）举出身边单晶体、多晶体、非晶态固体各一例，比较三者结构和性能的差异。
（2）金属的典型晶体结构有面心立方、体心立方、密排六方三种。所谓相变是指不同晶体结构之间的变化。
（3）合金有固溶体和金属间化合物、固溶体有置换型和间隙型之分；金属间化合物的组成之间保证整数比。

从气体到凝雾态，原子排列有序性越来越高

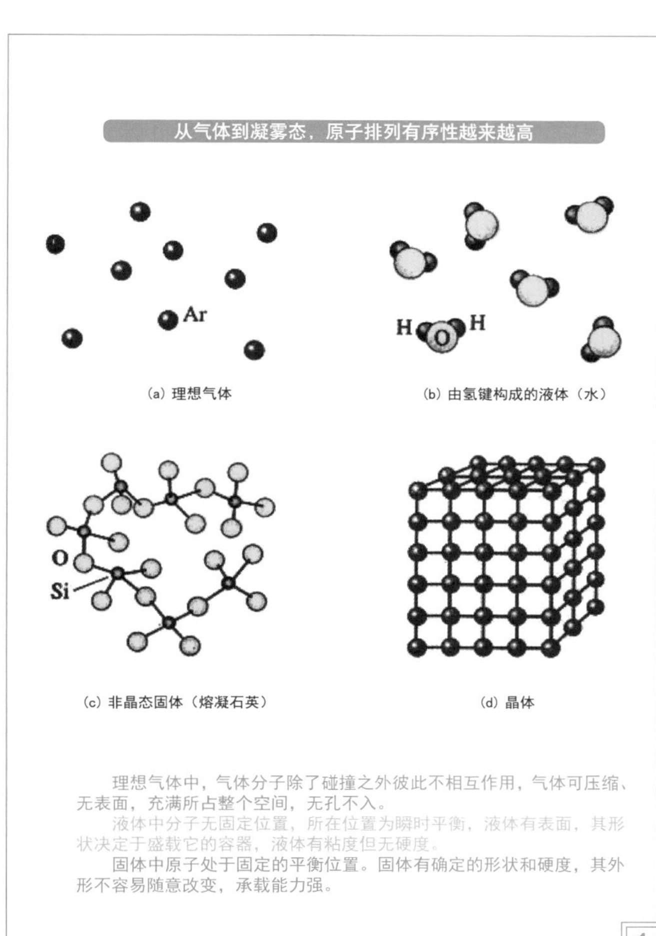

(a) 理想气体　(b) 由氢键构成的液体（水）

(c) 非晶态固体（熔凝石英）　(d) 晶体

理想气体中，气体分子除了碰撞之外彼此不相互作用，气体可压缩、无表面，充满所占整个空间，无孔不入。

液体中分子无固定位置，所在位置为瞬时平衡，液体有表面，其形状决定于盛载它的容器，液体有粘度但无硬度。

固体中原子处于固定的平衡位置。固体有确定的形状和硬度，其外形不容易随意改变，承载能力强。

1

Fe 的晶体结构

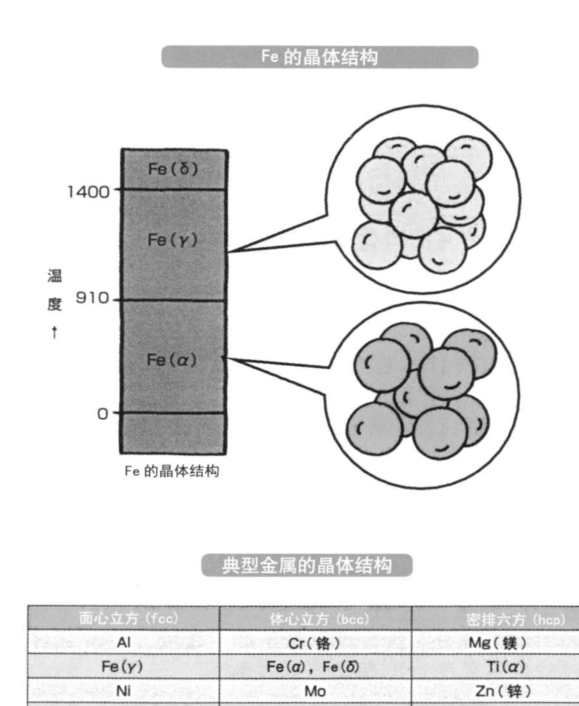

Fe 的晶体结构

典型金属的晶体结构

面心立方（fcc）	体心立方（bcc）	密排六方（hcp）
Al	Cr(铬)	Mg(镁)
Fe(γ)	Fe(α)，Fe(δ)	Ti(α)
Ni	Mo	Zn(锌)
Cu	W	Cd(镉)
Pt		
Au		

需要注意的是，有些金属发生同素异构转变，如 Fe、Ti、Mg 等，有些金属不发生同素异构转变，如 Al、Ni、Cu、Pt、Au、Cr、Mo、W 等。

2

合金的分类

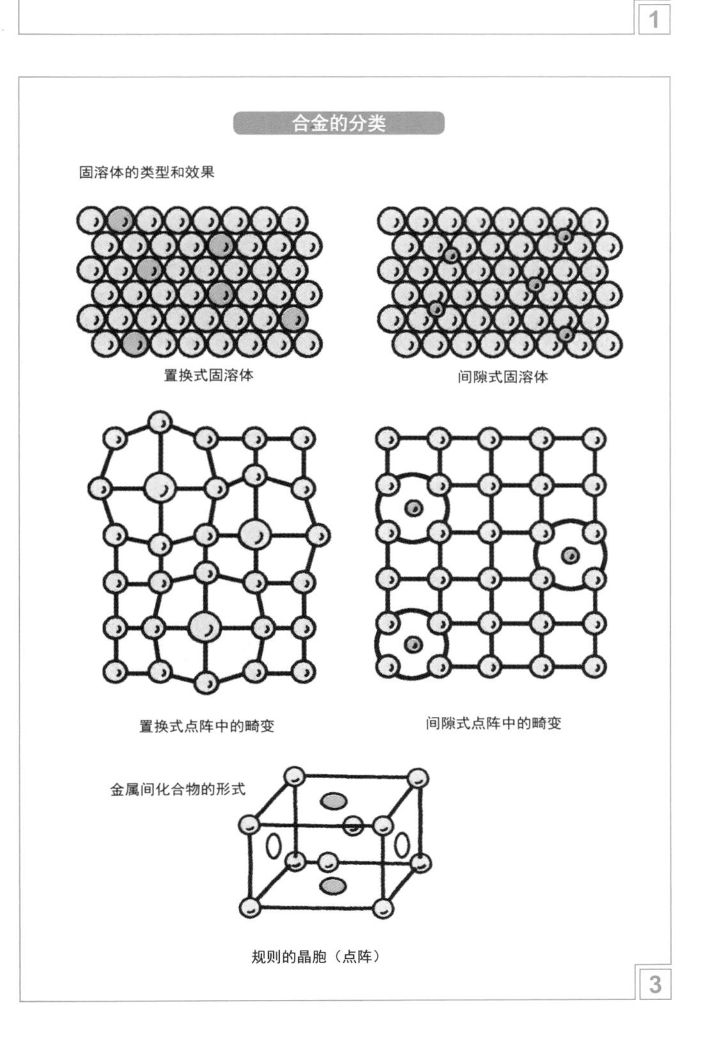

3

铁的组织模式

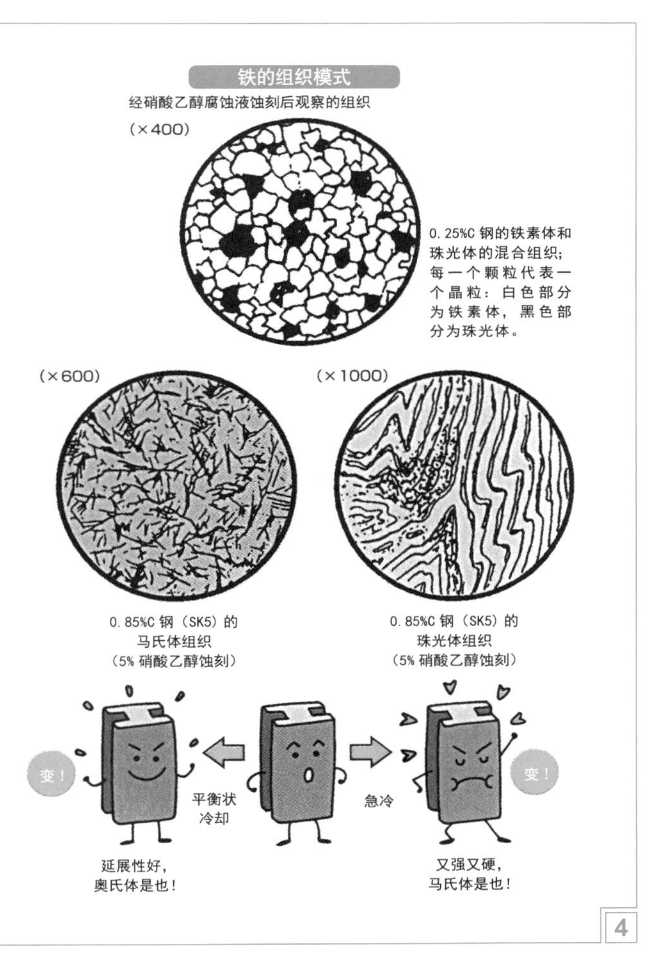

经硝酸乙醇腐蚀液蚀刻后观察的组织
(×400)
0.25%C 钢的铁素体和珠光体的混合组织；每一个颗粒代表一个晶粒：白色部分为铁素体，黑色部分为珠光体。
(×600)
(×1000)
0.85%C 钢（SK5）的马氏体组织（5% 硝酸乙醇蚀刻）
0.85%C 钢（SK5）的珠光体组织（5% 硝酸乙醇蚀刻）
变！
平衡状冷却
急冷
变！
延展性好，奥氏体是也！
又强又硬，马氏体是也！

4

3.4 相、相图、组织和结构

3.4.1 相和相图

在日常生活中，我们经常听到真相、相貌、照相这些词语。所谓相（phases），泛指呈现在外部的姿态和形象。以此，表述物质三态的分别为气相、液相和固相。

严格地讲，所谓**相**，是指**合金中具有同一聚集状态、同一晶体结构、成分基本相同（不发生突变）、并有明确界面与其他部分分开的均匀组成分布**。

金属和合金到底处于何种状态，是由取决于气压、温度、成分间相互关系的，被称作**相律**的规则决定的。而且要求这种状态在长时间内不发生变化，称这种状态为**平衡态**。

例如，纯铁（Fe）在 1539℃ 以下为固相，超过此温度为液相。当 Fe 中溶有其他物质时，随温度变化，固相—液相分界的温度（熔点）会发生变化。一般来说，纯金属比其合金的熔点要高。而且，当混入 Fe 中的合金元素为某一浓度时，固相和液相可以**平衡共存**。

材料的**相图**是综合表示平衡状态下材料系统中成分、温度和相状态关系的图形，或者说是将一个系统中相的存在形式，表示在表征该系统热力学参数的坐标系中。这些热力学参数有温度、压力、组元成分等。若压力为常压，二元系统相图为成分 - 温度坐标系下的平面图，三元系统相图则是以成分三角形为平面坐标的立体图。

3.4.2 Fe-C 相图

在 Fe-C 相图中，纵轴表示温度，横轴表示 C 浓度的变化，其左端的 C 浓度为 0。图中所示的各个区域，分别表示不同相平衡存在的范围。Fe-C 相图中存在五种相：

① 液相 L，是铁和碳的液溶体；

② δ 相，又称高温铁素体，是碳在 δ-Fe 中的间隙固溶体，呈体心立方（BCC）结构；

③ α 相，也称铁素体，用符号 F 或 α 表示，是碳在 α-Fe 中的间隙固溶体，呈体心立方（BCC）结构；

④ γ 相，常称为奥氏体，用符号 A 或 γ 表示，是碳在 γ-Fe 中的间隙固溶体，呈面心立方（FCC）结构；

⑤ Fe_3C 相，是一个化合物相，又称渗碳体（用符号 Cm 表示）。渗碳体根据生成条件不同有条状、网状、片状、粒状等形态，渗碳体的形态对铁碳合金的机械性能有很大影响。

照理说，在 Fe-C 相图中，C 浓度应该表示到 100%。但 C 浓度达到 6.67% 时就会形成金属间化合物（Fe_3C 渗碳体），在此以上的 C 浓度下所产生的相并无实用意义。因此，在一般的 Fe-C 相图中，以 C 浓度 6.67% 为限。

纯铁随温度不同，其晶体结构会发生变化，从室温~910℃ 范围内为体心立方（BCC），称其为 α-Fe；超过 910℃ 立即转变为面心立方（FCC），称其为 γ-Fe；再进一步升温至 1400℃，又转变为体心立方（BCC），称其为 δ-Fe。像这样，在某一温度下晶体结构发生变化的现象称为相变，对应的温度为相变点。

C 在 α-Fe 中的固溶度随温度升高而增加，最大固溶度为 0.02%；同样，C 在 γ-Fe 中的最大固溶度为 2.06%。

在 Fe-Fe_3C 相图中，随着 C 浓度增加，在达到 4.3% 之前，完全转变为液相的温度逐渐降低，这由液相线来表示，而表示完全转变为固相的线称为固相线。

3.4.3 利用 Fe-C 相图分析钢的平衡组织

在上述的 Fe-Fe_3C 系相图中，当 C 的浓度达到大约 0.8% 时，合金为称作**共析钢**的碳素钢。C 浓度在此以下为**亚共析钢**，而在此以上为**过共析钢**。

为观察标准组织，要采用光学显微镜。但若仅把样品表面抛光、去除凹凸，则什么也观察不到。因此，需要对样品表面进行腐蚀。用于铁合金的腐蚀液一般采用硝酸乙醇腐蚀液（nital，在乙醇中加入微量硝酸）等。如此，藉由试样表面不同部位耐蚀性的差异，可观察到不同的组织。C 浓度小时为 α-Fe，其组织为**铁素体**，质地软而塑性好。用显微镜对其观察时，由于耐腐蚀而呈白色。

共析钢和过共析钢的 C 浓度变高，利用显微镜观察时，呈现黑色的部分越来越多。该组织是称为**珠光体**（用符号 P 表示），它是由铁素体（α-Fe）和**渗碳体**（Fe_3C）组成的层片状机械混合物。其中渗碳体更容易被腐蚀。

莱氏体（Ledeburite）是铁碳合金共晶反应产物。是含碳量为 4.3% 的 Fe-Fe_3C 共晶组织，共晶温度为 1130℃。由奥氏体及渗碳体组成。在铸铁和高碳合金钢中，凡液体达到该合金的共晶成分，并在冷却过程达到共晶温度，就会形成莱氏体。含莱氏体的钢称莱氏体钢，因含碳量很高一般有很高耐磨性和良好切削性，可用作工具、模具钢。

在 Fe-Fe_3C 相图中，除了上述组织之中，还有称作 γ-Fe 的**奥氏体**，其耐蚀性强，只在高温时存在，故在室温时不可见。它是硬度稍高、具有较高韧性（抗断裂能力）的组织。

急冷得到的是与标准组织不同的**非平衡组织**。其典型代表是**马氏体**。马氏体组织有板条状（片层状）和透镜状（竹片状）之分，是非常强固的组织。

如此，通过对金属材料进行组织观察，可以按种类和性质对其进行分类。

3.4.4 相图的应用

相图可反映不同成分的材料在不同温度下的平衡组织，而成分和组织决定材料的性能。因此，相图与具有平衡组织的材料的性能之间存在着一定的对应关系。利用相图可以研制开发新材料，确定材料成分；制定材料生产和处理工艺；预测材料性能；指导材料生产过程中的故障分析；分析平衡态的组织和推断非平衡态可能的组织变化等。例如，Fe-Fe_3C 相图在钢铁材料选用，铸造工艺，热轧、热锻工艺，热处理工艺等方面都被广泛应用。

在运用 Fe-Fe_3C 相图时应注意以下两点：

（1）Fe-Fe_3C 相图只反映铁碳二元合金中相的平衡状态，如含有其他元素，相图将发生变化。

（2）Fe-Fe_3C 相图反映的是平衡条件下铁碳合金中相的状态，如冷却或加热速度较快时，其组织转变就不能只用相图来分析了。

本节重点

（1）所谓标准组织是对应于平衡相图的组织。

（2）铁素体、奥氏体、珠光体等是典型的标准组织。

（3）含碳量低于 0.0218% 的为纯铁，超过 0.0218% 低于 2.11% 的为钢，超过 2.11% 低于 6.67% 的为铸铁。

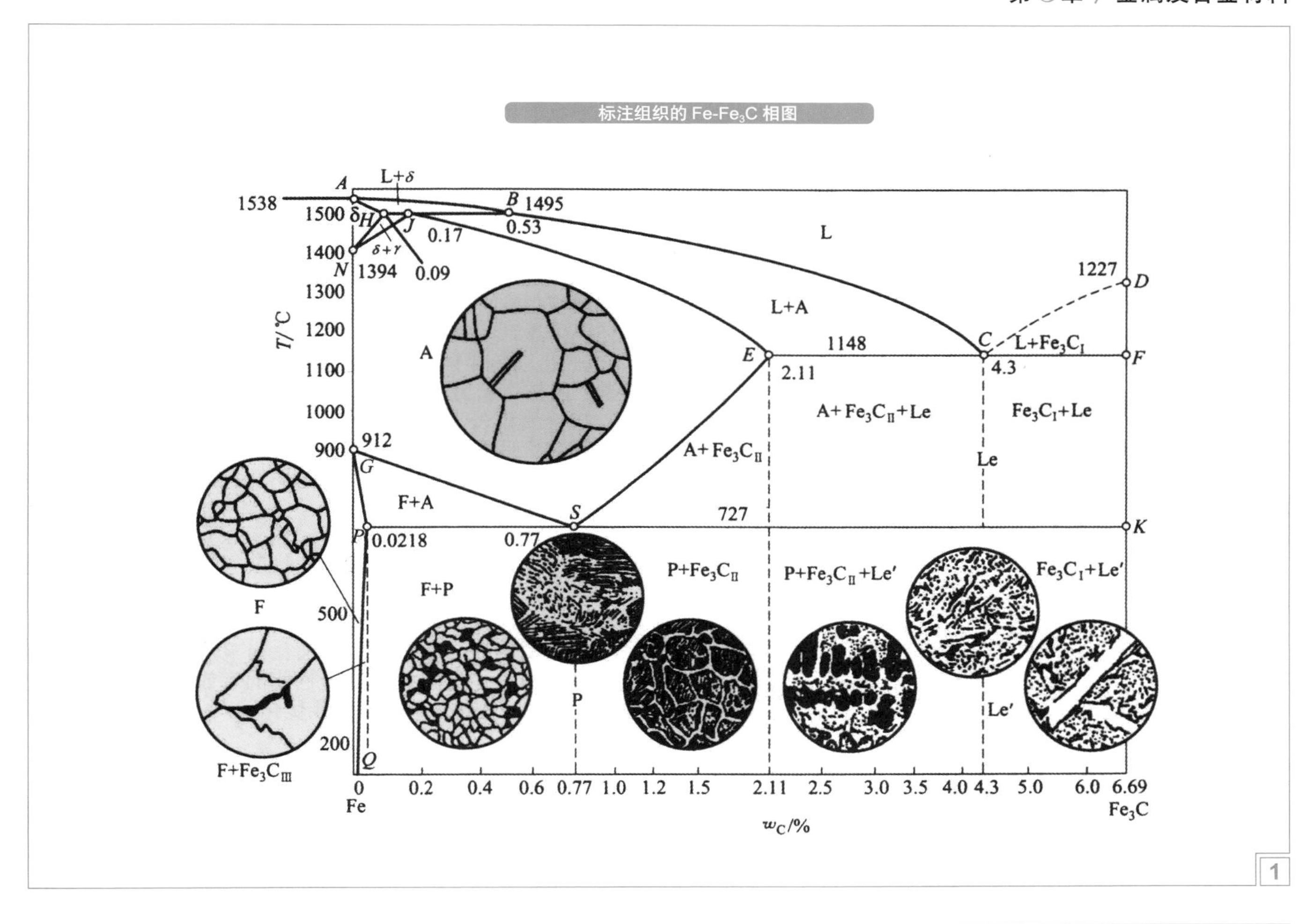

1

铁碳合金各组织区与成分的关系

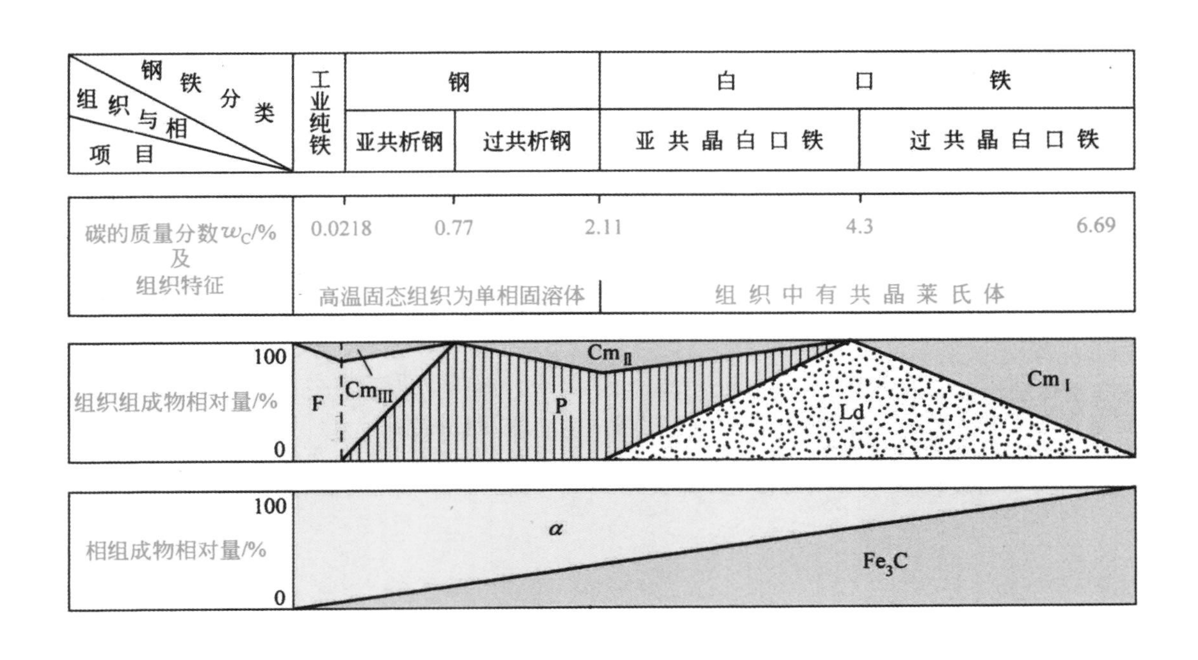

2

3.5 凝固中的形核与长大

3.5.1 金属的熔化与凝固

金属以熔点（熔融温度）为分界，在此以下为固态，以上为熔融态。由熔融态转变为固态称为**凝固**，而由固态转变为熔融态称为**熔解或熔化**。

在材料学中，一般将固体、液体、气体分别称为固相、液相、气相。相是物质所呈现的相貌和状态。作为晶体材料的特征之一，每种金属都有其特定的熔点，例如，纯铝（Al）为 659℃，纯铁（Fe）为 1539 ℃，纯金（Au）为 1083℃等。

金属的凝固是从熔融状态冷却时，在某一温度开始变为固体的过程。该温度称为凝固点。在平衡状态下，熔点和凝固点处于同一温度。金属并非整体地由熔融状态瞬间转变为固相，而是维持凝固点的状态下经过一定时间才转变为固相。在平衡凝固过程中，首先在液相开始产生固相，液相与固相共存，随着固相的容积比率增加，直至全部转变为固相。

理论上讲，若在凝固点保持平衡状态，熔液要经过无限长的时间才能完成凝固。因此，实际的凝固过程都要提供一定的**过冷度**，以打破平衡状态，提供足够的驱动力。

所谓过冷度是平衡凝固（结晶）温度与实际凝固（结晶）温度之差。

在提供一定过冷度的实际结晶温度下，液相转变为固相时，其化学自由能会降低，这便是凝固的驱动力。

3.5.2 形核与长大

在一定过冷度下的结晶凝固过程，包括晶体核心的形成（**形核**）和晶核的生长（**长大**）两个基本过程。这两个基本过程不是截然分开，而是同时进行，即在已经形成晶核长大的同时，又形成新的晶核，直至结晶完了，由晶核长成的晶体相互接触为止，并由此形成多晶。

金属凝固时的形核有两种方式，一是在金属液体中依靠自身的结构均匀自发地形成核心，二是依靠外来夹杂所提供的异相界面非自发不均匀地形核。前者叫做**均匀形核**，后者叫做**不均匀形核**。

以均匀形核为例，设在液相中以半径为 r 的球形颗粒形核，形核时系统吉布斯自由能的变化为

$$\Delta G=\frac{4}{3}\pi r^{3}\cdot\Delta G_{v}+4\pi r^{2}\cdot\gamma_{SL} \qquad (3\text{-}10)$$

式中，ΔG_v（<0）为单位体积吉布斯自由能差；γ_{SL} 为液 - 固相的界面能。

由上式可以看出，当 r 很小时，第二项起支配作用，ΔG 随 r 增大；r 增大至一定数值后，第一项起支配作用，ΔG 随 r 增大而降低。故 ΔG 随 r 变化的曲线为一有极大值点的曲线。在 $r=r^*$ 处，ΔG 有极大值。

3.5.3 多晶体的形成

均匀形核是液体结构中不稳定的近程排列的原子集团（晶胚）在一定条件下转变为稳定的固相晶核的过程。形核开始往往需要局部的**成分涨落**、**温度涨落**和**能量涨落**等。

当晶核半径小于临界晶核半径，即 $r<r^*$ 时，当 r 增大时，ΔG 随之增大，系统吉布斯自由能增加；相反，r 减小，系统吉布斯自由能降低。故半径小于 r^* 的原子集团在液相中不能稳定存在，它被溶解而消失的几率大于它继续长大而超越 r^* 的几率。半径小于 r^* 的原子集团可称为**晶胚**。当 $r>r^*$ 时，随着 r 增大，ΔG 减少，系统吉布斯自由能下降，故大于 r^* 的原子集团可以稳定存在（继续长大的几率大于被溶解而消失的几率），作为晶核而长大。因此，$r=r^*$ 的晶核叫临界晶核，r^* 叫临界晶核尺寸。形成临界晶核所需克服的能垒还要依靠系统的能量起伏（涨落）来提供。

开始，液相中彼此分离的形核长大过程是独立进行的；接着，晶核生长为小晶体，每个小晶体都有各自的晶体学取向；随着晶粒长大，小晶体结合在一起构成晶粒组合，晶粒与晶粒之间形成晶界。注意每个晶粒是随机取向的，由于构成多晶体的各个晶粒的位向不同，因此造就了多晶体各向同性的特征。

普通的结构材料（如钢铁等）都不采用单晶而是采用多晶体，主要理由有：①多晶体容易获得，合金凝固和陶瓷烧结所形成的都是多晶体；②多晶体的各向同性便于作为结构材料的应用，而单晶体的各向异性大大限制了其作为结构材料的用途；③晶界作为强化因素可以提高材料的强度，晶粒细化是提高材料综合性能的有效途径；④多晶材料可以通过加工热处理进行性能优化。

3.5.4 铸锭细化晶粒的措施

铸锭组织对材料性能有重要影响，细小晶粒有好的强韧性能，粗大晶粒使性能变坏。晶区分布也影响性能，柱状晶纯净、致密，但在其交界处结合差，聚集杂质，形成弱面，热加工时容易开裂，故应防止柱晶穿透的穿晶组织。等轴晶粒间结合紧密，不形成弱面，有好的热加工性。铸锭组织（晶粒大小和晶区分布）可通过凝固时的冷却条件来控制。

1. 提高冷却速度，增加过冷度

冷却速度决定于实际的浇注条件——锭模材料、锭模预热情况、浇注温度和浇注速度。如金属模比砂模冷却快，厚模比薄模冷却快，不预热的冷模比预热的热模冷却快；同样锭模条件下，低的浇注温度、慢的浇注速度比高的浇温、快的浇速冷却快；相应在较快冷却的浇注条件下可以得到较大的过冷度，形成细小的晶粒。

2. 加入形核剂

实际铸锭凝固，主要依靠非均匀形核。因此，人为加入形核剂，可增加非自发晶核的形核数目。由于与晶粒生长相比，形核占主导地位，这样，晶粒就难以长到很大，从而有利于细化晶粒。

3. 液体金属的振动

采用机械振动、超声波振动和电磁搅拌等措施，使液体金属在锭模中运动，可促使依附在模壁上的细晶脱落，或使柱晶局部折断，藉由增加晶核的数目而使晶粒细化。

本节重点

（1）过冷度，均匀形核，不均匀形核，临界形核半径。
（2）多晶体由取向不同的晶粒组成，晶粒与晶粒之间存在晶粒边界，即晶界。
（3）非晶态材料和微晶材料。

几种常见金属的熔点、熔化热、表面能和最大过冷度的数值

金属	熔点 /°C	熔点 /K	熔化热 /(J/cm³)	表面能 /(J/cm²)	观测到的最大过冷度 ΔT/°C
Pb	327	600	280	33.3×10^{-7}	80
Al	660	933	1066	93×10^{-7}	130
Ag	962	1235	1097	126×10^{-7}	227
Cu	1083	1356	1826	177×10^{-7}	236
Ni	1453	1726	2660	255×10^{-7}	319
Fe	1535	1808	2098	204×10^{-7}	295
Pt	1772	2045	2160	240×10^{-7}	332

Source: B. Chalmers, "Solidification of Metals," Wiley, 1964.

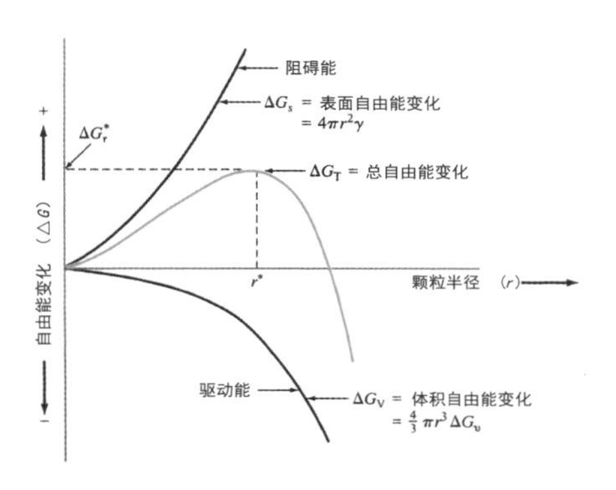

纯金属凝固过程中晶胚或晶核的自由能变化 ΔG 与其半径的关系。如果颗粒半径大于 r^*，则稳定晶核将连续生长。

1

金属从熔液形成多晶体的全过程

(a) 形核　(b) 晶核长大

(c) 晶界形成　(d) 形成多晶体

单晶体（左）和多晶体（右）结构的对比

2

表示金属凝固过程中几个阶段的示意图

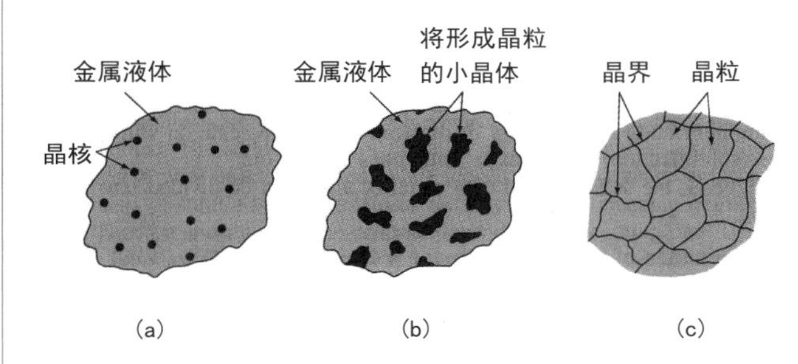

(a) 晶核的形成；(b) 晶核生长为小晶体；(c) 小晶体结合在一起构成晶粒组合，晶粒与晶粒之间形成晶界。注意每个晶粒是随机取向的

在锤子敲打下，一个晶粒组合从某一电弧熔铸合金锭中分离。从该晶粒组合可明显看出原始铸造结构中每个晶粒的真实结合面

3

薄膜太阳电池中的非晶硅和微晶硅

(a) 非晶态　(b) 微晶态

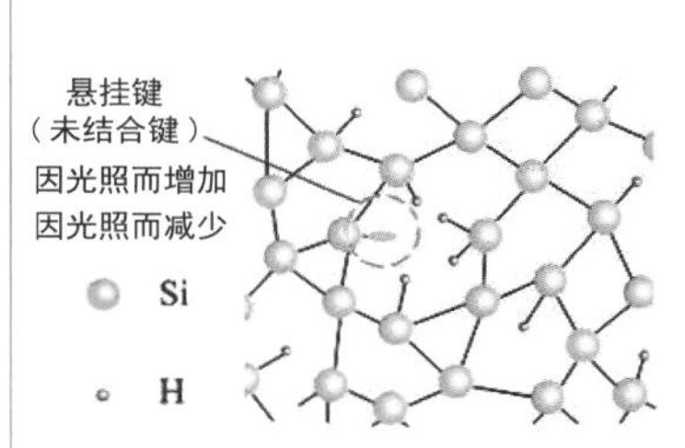

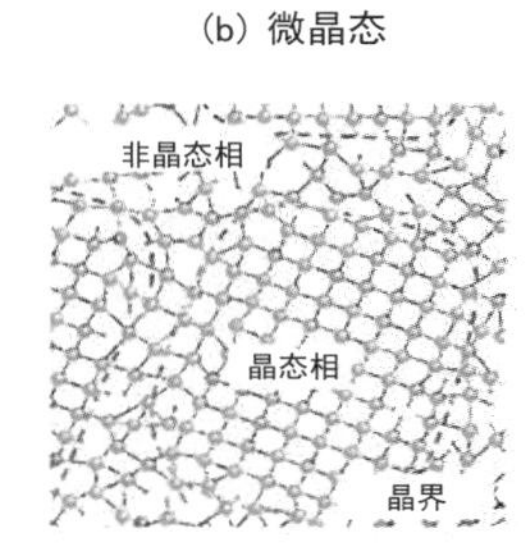

不具有晶体中原子排列的周期性　晶态相与非晶态相混合存在

天然矿物中的晶体——每个晶粒就是一个小单晶

(a) 天青石($SrSO_4$)　(b) 黄铁矿(FeS_2)　(c) 紫水晶(SiO_2)　(d) 岩盐(NaCl)

4

3.6 铸锭组织和连续铸造

3.6.1 铸锭典型的三区组织

纯金属及单相合金在铸型中凝固后获得铸锭。典型的铸锭组织由三区组成：第 1 区为紧靠模型表面的细晶区；第 2 区为垂直模型表面生长的柱状晶区；第 3 区为铸锭中部的等轴晶系。

1. 表面细晶区

表面细晶区是与模壁接触的液体薄层在强烈过冷条件下结晶而形成的。强烈过冷的液体以及模壁及其上的杂质可作为非均匀形核的基底，促使形成大量的核心，同时由于细晶区处于过冷的液体中，晶核可以树枝状向各个不同方向长大，因而形成细小、等轴晶粒。由于细晶区结晶很快，放出的结晶潜热来不及散失，而使液 - 固界面的温度急剧升高，使细晶区很快便停止了发展，得到一层很薄的细晶区壳层。

2. 柱晶区

细晶区形成后，模壁温度升高，散热减慢，液体冷速降低，过冷度减小，不再生核；细晶区中生长速度快的晶体可沿垂直模壁的散热反方向发展，其侧向生长因相互干扰而受阻，因而形成一级主轴发达的柱状晶区。

3. 中心等轴晶区

柱状晶长大中，由于结晶潜热的放出致使铸锭层温度升高，而中心液体温度逐渐降低至熔点以下，达到一定的过冷度。在中心过冷液体中，依靠外来夹杂可以非均匀形核。此外，由于浇注时液体金属的流动、冲刷，可将细晶区的小晶体推至铸锭中心，或将柱状晶枝晶的分枝冲断，或树枝晶局部重熔、脱落，飘移到中心液体中，成为晶核。这些晶核在过冷液体中的生长没有方向性，而形成等轴晶体，等轴晶体生长到与柱状晶相遇便停止生长，最终形成中心等轴晶区。

3.6.2 枝晶的形成和铸锭组织的控制

在液体具有正温度梯度分布的情况下，晶体以平界面方式推移长大。界面上任何偶然的、小的凸起，伸入液体，使其过冷度减少，则长大速率降低或停止长大，而被周围部分赶上，因而能保持平界面的推移。长大中晶体沿平行于温度梯度的方向生长，或沿散热的反方向生长，而其他方向的生长则受到抑制。

在液体具有负温度梯度的情况下，界面上偶然的凸起将伸入过冷的液体，液体有更大的过冷度，有利于晶体长大和凝固潜热的散失，从而形成树枝的一级轴，一个枝晶的形成，其潜热使邻近液体温度升高，过冷度降低，因此，类似的枝晶只在相邻一定间距的界面上形成，相互平行分布。在一次枝晶处的温度比枝晶间温度要高，这种负温度梯度使一级轴上又长出二级轴分枝，以及多级的分枝。枝晶生长的最后阶段，由于凝固潜热放出，使枝晶周围的液体温度升高至熔点以上，液体中出现正温度梯度，此时晶体长大依靠平面方式推进，直至枝晶间隙全部被填满为止。

3.6.3 定向凝固和连铸连轧

(1) 定向凝固　柱状晶组织具有纯净、致密的特点，当其排列方向与受力方向一致时，有高的强度。例如，定向凝固的汽轮机叶片，就具有高的高温强度。

定向凝固的方法在于创造单向散热的冷却条件。一般是将过热液体置于预热至金属熔点以上温度的坩埚中，再将其放在保温炉中，并加保温盖，坩埚下部为水冷底板，以此形成温度梯度。将坩埚以一定速度向下退出炉膛，则凝固从底盘开始，自下而上定向进行，形成柱状晶。

(2) 连铸连轧　传统的金属材料加工工艺是在铸造厂铸锭，在初轧厂开坯轧制成型。这种工艺生产效率低，难以保证质量及制作大型构件，特别是浪费能源，因此逐渐被连铸连轧工艺所取代。图中表示连铸连轧的总体布置和模具布置近视图。

3.6.4 单晶制造

单晶体是制作集成电路、半导体、固体发光器件、半导体激光器不可缺少的关键材料，制备单晶体的原理是使液体结晶时只形成一个核心晶核并长大成单晶体。晶核可以从液体中自发形成，也可以外来引入（称其为籽晶）。同时为防止在液体中形核，要求提高液体材料的纯度（例如，集成电路用单晶硅的纯度要达到 99.999999999%）。制备单晶的方法很多，从晶体生长角度看，常用的有以下两种。

(1) 外加籽晶法　材料放入坩埚熔化后，保持在比熔点稍低的温度，籽晶被夹持在籽晶杆上，使籽晶杆下降到与液面接触，籽晶杆通水冷却创造单向散热的条件，使液体在籽晶上结晶，结晶时引晶杆以一定速度向上提拉，提拉速度与晶体生长速度相协调，逐渐形成单晶体，过程中坩埚与引晶杆以不同方向旋转，并在真空或惰性气氛保护下进行。

(2) 尖端形核法　材料在底部为尖端的容器中熔化后，缓慢自炉中退出，结晶自容器底部开始，在尖端底部开始只形成一个核心，并逐渐生长成一个单晶体。与第一种方法不同，尖端形核是在液体内部自发生核，容器下移的速度与晶体长大的速度应相适应，以保持连续生长。

制作半导体器件往往需要在单晶基板上生长单晶膜层，由于薄层与基板保持连续的晶体学关系，故称此为外延。如果生长的膜层与基板的材质相同，称其为同质外延（homoepitaxy），材质不同则称为异质外延（heteroepitaxy）。依外延生长环境不同，有液相外延和气象外延之分。后者一般采用有机金属化学气象沉积（MOCVD）、分子束外延（MBE）、原子层外延（ALE）等。为提高外延质量，首先需要薄膜单晶与基板单晶的晶体学关系要尽量匹配，基板表面要清洁，基板温度要高，环境真空度要高，沉积速度要慢等。

本节重点

(1) 铸锭典型的三区组织及其成因。
(2) 铸锭组织（晶粒大小和晶区分布）可通过凝固时的冷却条件来控制。
(3) 连续铸造的优点。

钢锭组织的示意图

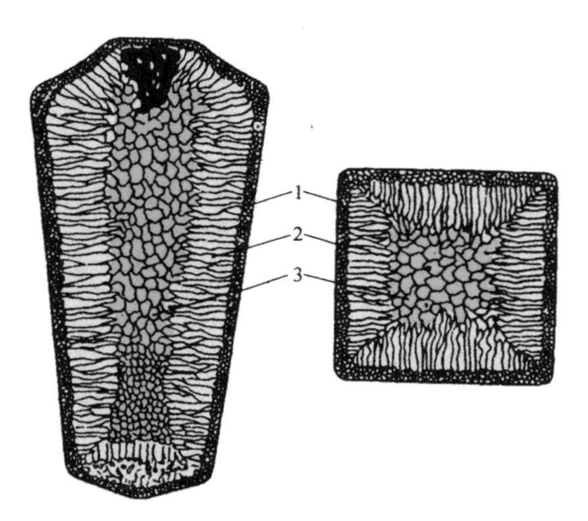

1—表面细晶区：铸模温度低，传热快，外层液体激冷，由于大过冷度而大量形核；加上模壁提供大量非均匀形核中心，致使形成表面细晶区。

2—柱状晶粒区：结晶潜热的释放使模壁升温，散热减慢，液体冷速降低，过冷度减小，不再生核；细晶区中生长速度快的晶体可沿垂直模壁的散热反方向发展，其侧向生长因相互干扰而受阻，因而形成一级主轴发达的柱状晶区。

3—中心等轴粗晶粒区：铸锭中心冷速降低，结晶潜热的释放使过冷度减小，各处温度趋于一致，进而使散热失去方向性，许多晶粒沿各个方向长大，最终形成晶粒较大的中心等轴晶区。

1

晶体的枝状晶生长

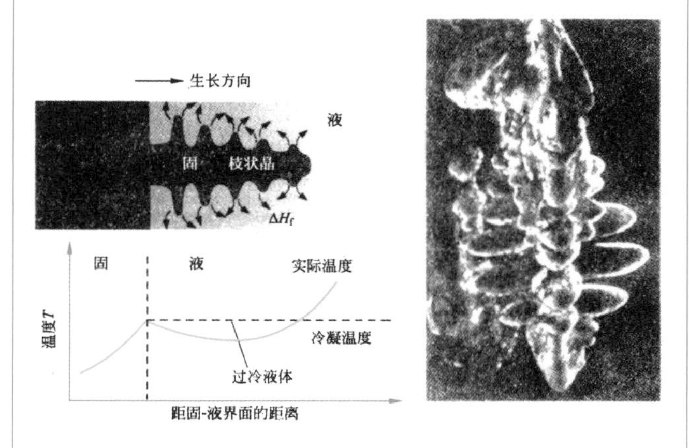

（a）枝状晶形成及相应的温度分布　(b) 钢中枝状晶的扫描电镜照片（x15）

在负温度梯度下，液相过冷，固－液界面上偶然的凸起而伸入到过冷液体中时，有利于此突出尖端向液体中生长。首先长出的晶枝称为一次晶轴。在一次轴成长变粗的同时，由于潜热释放使晶轴侧的液体中也呈现负温度梯度，于是在一次轴上，以一定间隔，又会长出小枝来，称为二次轴，在二次轴上再长出三次轴……由此而形成枝状骨架，故称树枝晶（简称枝晶）。每一个枝晶长成一个晶粒。

2

四种典型的铸造工艺

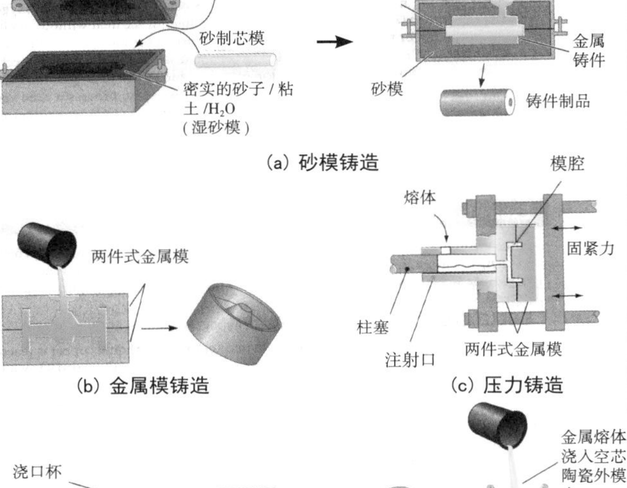

(a) 砂模铸造

(b) 金属模铸造　(c) 压力铸造

(d) 失蜡铸造

3

钢锭的连续铸造

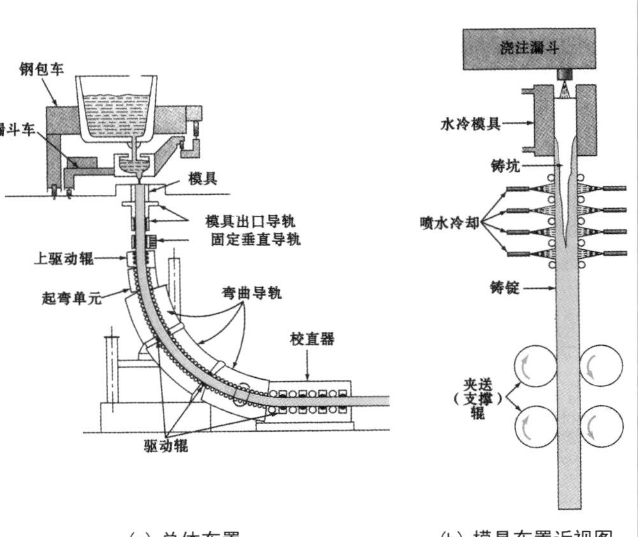

(a) 总体布置　(b) 模具布置近视图

与先在铸造厂铸锭，再在初轧厂开坯轧制成型的传统工艺路线相比，连续铸造节能、高效，便于制作大型构件，并可保证构件质量，目前已被越来越多地采用。

4

3.7 钢的各种组织形态

3.7.1 钢从铸造前直到冷轧制品的一系列组织变化

钢的实际晶体结构和组织形态依合金成分及凝固状态、加工条件及热处理工艺等不同而异。特别是藉由碳素钢，可以方便地观察到各种典型的组织形态。

钢的组织，从铸造件直到制成品，要持续地经历一系列大的变化：从钢液到铸件形成铸造组织；将其在加热炉中加热，变为加热的γ-晶粒；再经热加工变成混合组织；经冷加工变成冷加工组织；再经退火变为再结晶组织。

各种组织均受合金成分及此前的铸造、加热、冷热加工等加工热处理履历的影响。也就是说，最终工程所获得的组织可以通过成分及加工热处理等一系列工序进行控制，以便达到所需要的组织和性能。

3.7.2 铸造组织、加热组织和压延组织

钢的实际凝固组织是由各种不同的铸造组织构成的。铸造的凝固是从四周向内部逐渐进行的。

在铸片的表层，由于凝固以非常快的速度进行，因此形成称为激冷（chill）晶的微细晶粒致密层。在稍稍进入内部的凝固初期，凝固的进行方向与传热方向正好相反，呈树枝状晶（dendrite）生长。进一步在内部的凝固中期，作为传热动力的热（温度）梯度变小，从而逐渐过渡到等轴晶。在凝固末期，钢液残存于凝固组织的间隔中，由于溶质浓度的变高而发生所谓中心偏析现象。

铸造是钢铁加工的最初期操作，若观察铸件的断面，可发现其组织各不相同且富于变化，这往往成为最终制品的材质参差不齐的重要原因。

钢铸件的实际加热组织与原始铸造组织的差别在于前者产生另外的加热γ-晶粒。如果观察加热后的铸造组织，在表面存在加热中发生的标度，还可以看到激冷细晶及树枝晶。若对奥氏体晶界进行腐蚀，则可以更鲜明地看到。加热γ-晶粒是向奥氏体转变中发生的，加热温度越高、保温时间越长，则晶粒越大。

加热γ-晶粒的大小决定了其后热加工所得组织的形态。因此要综合考虑合金成分及想要得到的压延组织，合理决定铸件的加热温度。

钢的压延组织有热压延和冷压延之分。所谓压延（通常称为加工），是指要变形的钢材在上下两个圆柱状的轧辊间通过的同时被压扁的操作。微观看，钢材厚度减薄的操作是使钢的组织一个一个变薄且延展的过程。

铸件的热压延，表现为加热γ-晶粒的延伸。在高温区域，延伸的组织立即发生再结晶（回复再结晶）。在低温区域难以再结晶，γ-晶粒变薄为扁平的盘状并被固定。若进一步冷却，从这种γ-晶粒会析出α-晶粒（铁素体）及珠光体等。这便是热压延组织。

所谓冷压延，是指将上述组织进一步变薄延伸的操作。压延时，赋予钢的加工能除了作为热而发散之外，还有一部分作为铁素体等的加工应变能而残留。因此，冷压延组织是包含加工应变能而被延伸的α-晶粒的纤维状组织。

3.7.3 TTT曲线和CCT曲线

为分析钢经由热处理得到的组织，离不开相变曲线。相变曲线是在时间 t（横轴）和温度 T（纵轴）坐标系中，表征不同相存在范围的曲线。钢的实际组织是在温度下降过程中，由奥氏体（γ-铁）变为不同组织而形成的。

在温度保持不变的条件下，表征何种相变发生的曲线为TTT（time-temperature transformation，等温转变）曲线。这条曲线要从左向右阅读。若在纵轴的某一确定温度下（沿水平线），从左侧开始移动，则先后存在相变开始的时间和相变终了的时间。分别将不同温度下的这两点连接起来，便构成相变开始曲线和相变终了曲线。进一步也可以知道在保持该温度下所生成的组织。左图中A1温度以上不发生相变。M_s 和 M_f 分别表示马氏体相变的开始温度和终了温度。如果将温度迅速下降至该区域，则生成的组织是含马氏体的组织。图中还给出珠光体及贝氏体的形成温度。

表示温度连续下降时所发生相变的曲线为CCT（continuous cooling transformation，连续冷却转变）曲线。图中从左上方到右下方所描绘的曲线是，分别是按例如1℃/s的等温度下降曲线，均是相对于横轴（时间）取对数的曲线。不同冷却速度下得到的组织在每条曲线下标出。

3.7.4 珠光体、贝氏体和马氏体

珠光体是钢共析反应结果所得到的组织。所谓共析，是单一固相分解（分离）为两种不同固相的现象。珠光体是由铁素体（α-铁）和渗碳体（铁碳化合物 Fe_3C）所构成的层状机械混合物，以彼此相间的层片状相互分隔。不同碳含量的碳钢所得组织随碳浓度不同而异。碳浓度0.8%的共析钢为珠光体单相组织，碳浓度低时会有铁素体初生相（初析铁素体），碳浓度高时会有渗碳体初生相（初析渗碳体），并分别与珠光体形成混合组织。

贝氏体是从奥氏体相直接析出的。在具有同样析出特性的组织中，还有马氏体。

贝氏体的组织形态，依冷却速度及析出温度的不同而异。在较高温度析出的情况，为羽毛状贝氏体；在较低温度析出的情况，为针状贝氏体。贝氏体的析出起点晶界多，一般是从奥氏体晶界向着晶粒内生长。

马氏体即使在实际的晶体结构中也属于十分特殊的结构。因为在理想的平衡相变中只有γ-铁与α-铁之间的转变。而马氏体相变属于非平衡相变，当然不属于这种理想的相变举动。

冷却速度一旦超过某一阈值，且冷却终止温度过低时，碳原子难以发生扩散，则只能发生晶体结构不发生很大变化的拟似相变，这便是马氏体相变。它并非面心立方结构与体心立方结构间的相变，而是面心立方经切变畸变而发生的非平衡相变。在马氏体组织中有针状、板条状以及透镜状之分。不同形态主要受马氏体相变的温度履历影响。

实际的晶体结构取决于从奥氏体开始的相变是在何种温度下进行的。若取50%相变完成的温度为横轴，则650℃以上得到的是珠光体组织，450℃以上至650℃为贝氏体组织，450℃以下为马氏体组织。这些组织分别对应着特征强度等特性。

钢的实际晶体结构决定钢的大致强度。珠光体组织的强度大致在400MPa左右，贝氏体在1GPa以下，而马氏体在1GPa以上。

本节重点

（1）纯铁随温度下降从结晶开始到室温，画出其晶体结构及体积随温度变化的曲线。
（2）以亚共析钢产品实际生产为例，说明从铸锭直到冷轧钢板的一系列组织变化。
（3）何谓钢的TTT曲线和CCT曲线，如何分别根据这两条曲线分析相变组织？

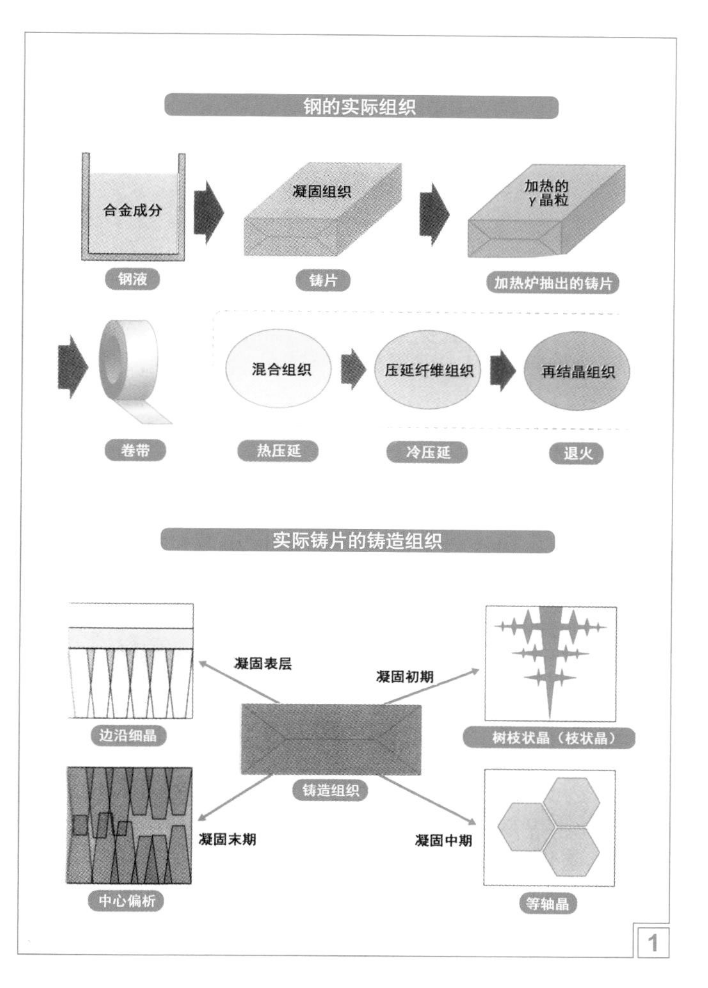
钢的实际组织
合金成分
钢液
凝固组织
铸片
加热的
γ晶粒
加热炉抽出的铸片
卷带
混合组织
热压延
压延纤维组织
冷压延
再结晶组织
退火
实际铸片的铸造组织
凝固表层
凝固初期
边沿细晶
树枝状晶（枝状晶）
铸造组织
凝固末期
凝固中期
中心偏析
等轴晶
1

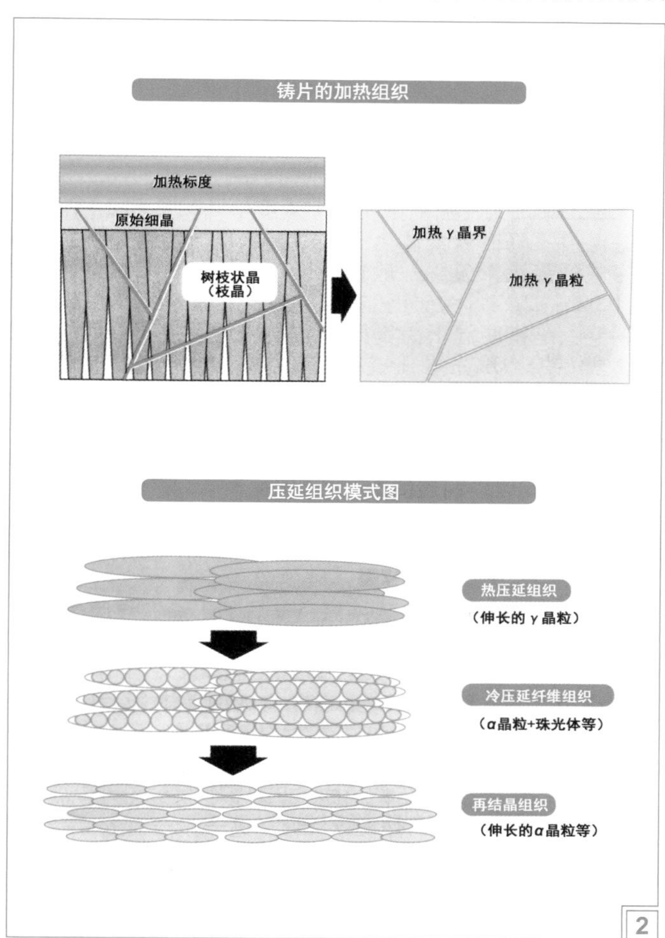
铸片的加热组织
加热标度
原始细晶
树枝状晶
（枝晶）
加热γ晶界
加热γ晶粒
压延组织模式图
热压延组织
（伸长的γ晶粒）
冷压延纤维组织
（α晶粒+珠光体等）
再结晶组织
（伸长的α晶粒等）
2

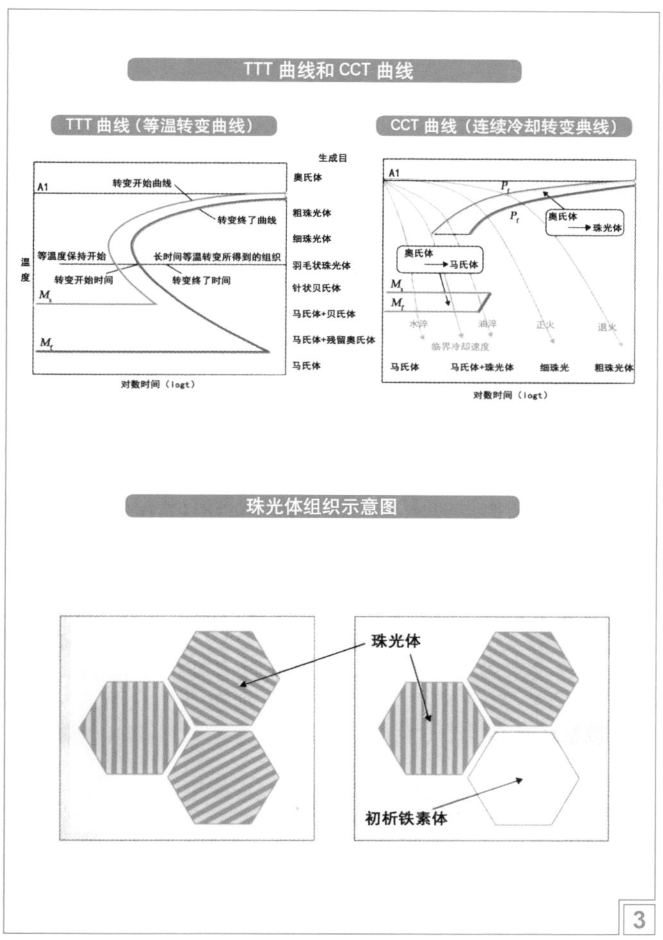
TTT 曲线和 CCT 曲线
TTT 曲线（等温转变曲线）
CCT 曲线（连续冷却转变典线）
生成目
A1
转变开始曲线
转变终了曲线
奥氏体
粗珠光体
细珠光体
羽毛状珠光体
针状贝氏体
马氏体+贝氏体
马氏体+残留奥氏体
马氏体
等温度保持开始
长时间等温转变所得到的组织
转变开始时间
转变终了时间
温度
对数时间（logt）
奥氏体
→珠光体
奥氏体
→马氏体
临界冷却速度
马氏体
马氏体+珠光体
细珠光
粗珠光体
对数时间（logt）
珠光体组织示意图
珠光体
初析铁素体
3

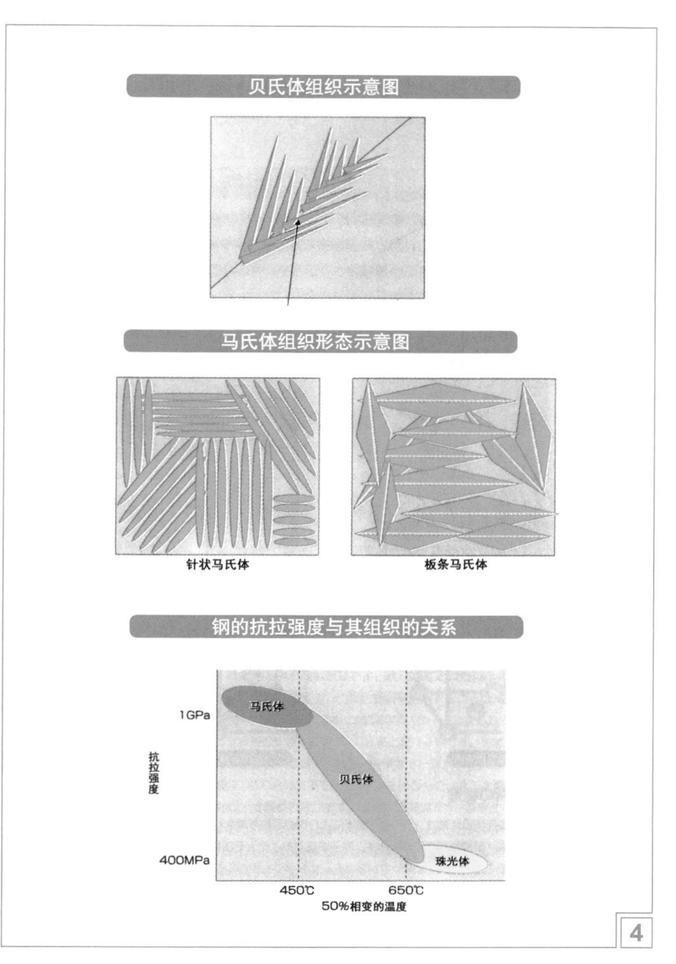
贝氏体组织示意图
马氏体组织形态示意图
针状马氏体
板条马氏体
钢的抗拉强度与其组织的关系
1GPa
抗拉强度
400MPa
马氏体
贝氏体
珠光体
450℃
650℃
50%相变的温度
4

3.8 钢的强化机制及合金钢

3.8.1 碳钢中的各种组织

铁碳合金在铁合金中最为重要。在其二元相图中可以发现共晶、共析这两种典型相变。

铁-碳二元相图中重要的碳浓度是0.02%和2.14%。前者是温度下降时铁素体生成的最大浓度，后者是奥氏体单相生成的最大浓度。一般情况下，碳浓度0.02%以下为软铁，0.02%~2.14%为碳钢（亦简称为钢），2.14%以上为铸铁。所谓钢，是指高温下为奥氏体（γ-铁），温度下降时析出铁素体（α-铁）、珠光体（α-铁与渗碳体的共析组织）或渗碳体（Fe_3C）的铁碳合金。碳浓度0.8%的位置是共析点。在0.02%到0.8%之间，渗碳体以珠光体组织的形式析出，它与渗碳体为单相的铁组织不同，并非第二相。钢的多一半都是碳浓度在0.8%以内利用的。

从相图可以看出，纯铁的熔点在1536℃，而加入碳形成的铁碳合金的熔点则会下降。从相图中可以发现，随碳浓度上升，合金熔点呈逐渐下降的趋势。

铁碳合金的组织由碳浓度及其后加工热处理履历决定。组织几乎都不是单一相，而是由各种不同的实际晶体结构组合而成的。

碳浓度在0.8%以下时，首先生成铁素体（α-铁）。称此为初析铁素体。若冷却速度慢，残留奥氏体（γ-铁）转变为珠光体（P相），并形成α-铁+P相；若冷却速度较快，则析出贝氏体（B）而非珠光体。依冷却速度不同，还可生成奥氏体残留的残留奥氏体（残留γ-相）。进一步还有α-铁+P相+残留γ-相、α-铁+P相+B相等各种不同的组织。

若碳浓度超过0.8%，初析相为珠光体（P）相或贝氏体相。在该浓度区域，还可形成P相+渗碳体、B相+渗碳体等组织的组合。若冷却速度再快，则生成马氏体。

碳浓度超过2%，则形成铸铁组织。铸铁分白口铸铁、灰口铸铁、球墨铸铁等。灰口铸铁还可进一步分为铁素体铸铁、珠光体铸铁。对灰口铸铁进行热处理，还可得到铸造后可加工的可锻铸铁。可锻铸铁中还有白心可锻铸铁和黑心可锻铸铁之分。

综上所述，实际的晶体结构（组织），取决于合金成分和加工热处理履历，极富多样性。

3.8.2 钢的强化机制

提高材料的强度意味着相同截面可以承受更大的载荷，相同重量可以制作更多的构件，不仅节约效果明显，而且对于自重成为关键因素的许多应用，例如车辆、舰船、飞行器以及大跨度桥梁等，采用高强度材料不仅量轻、安全、高效，经济效益、社会效益显著，而且也是体现技术先进性的重要标志。因此，提高强度一直是材料工作者始终不懈的奋斗目标。

钢一般藉由五种机制加以强化，以提高其抗拉强度。除了固溶强化、加工强化、细晶强化之外，还有弥散（析出）强化和马氏体强化。

铁的抗拉强度并不很高，超低碳素钢充其量在200MPa左右。细晶粒低碳钢在300MPa，珠光体组织最高达500MPa，而利用组织强化的铁素体、珠光体以及采用固溶强化及组织强化的超高强度钢达1GPa，由马氏体进行组织强化的马氏体钢最高达2GPa。

铁的理想（理论）强度极高，对铁晶须等无缺陷的单晶进行拉伸，得到的强度甚至高达77GPa。目前一般钢铁制品的强度，仅利用了铁理想强度的5%。钢铁可以提高强度的余地还很大，这种神奇的金属的秘密有待于进一步挖掘。

3.8.3 合金钢及合金元素的作用

铁首先是与碳相组合，构成铁碳合金的碳钢。而合金钢实际上是以钢铁为基，与其他金属所构成的合金。合金钢按用途，主要有机械结构材料、不锈钢、工具钢及耐磨损钢等特殊用途钢、采用微合金的低合金高强度钢，以及耐热钢等。

从图中元素的种类可以看出，大部分合金元素的原子半径与铁原子半径之差在20%以内，一般作为置换型元素，有的还进一步形成金属间化合物。

正是基于合金钢与碳钢所具有的不同组织的组合，得以产生满足各种要求的特性，致使钢铁成为用途最广的结构材料。

合金添加元素对钢的影响，大致可以分为组织控制和钢的材质改善两大类。前者通过改善淬透性、晶粒细化、碳化物形成而体现；后者表现在耐腐蚀性、耐磨损、易切削、高温强度、低温韧性等方面的改善。

改善淬透性，是通过所加合金元素，达到控制生成马氏体的冷却速度的目的；晶粒细化是依据Hall-Petch公式（$\sigma_{ys}=\sigma_0+kd^{-1/2}$），材料的屈服强度与晶粒直径的平方根成反比，因此是提高材质的有效手段，特别是它对韧性的改善也有效果；碳化物的形成，是藉由析出强化而提高强度的手段。

耐腐蚀性主要是藉由不锈钢来改善，不锈钢一般指含铬量大于12%的合金钢，1Cr18Ni9Ti是其典型代表；耐磨损性能一般通过组织强化和形成硬的碳化物加以改善；易切削性是通过添加元素达到切削时切削面的改善及切屑的改善、降低切削时的阻抗来实现的；高温强度是通过置换型固溶强化和金属间化合物使性能提高来实现的；低温韧性的改善是与Ni形成合金的独角戏。

3.8.4 铁的磁性

铁具有铁磁性——将铁置于磁场中便被磁化。若外磁场取消，磁化仍存在，则称其为硬磁材料；取消外磁场，磁化便消失，则称其为软磁材料。通过调整成分和结构（组织），钢铁既可以制成硬磁材料，又可以制成软磁材料。

铁磁性（硬磁性）是在常温一经磁化，磁性便可以保留的性质，这种性质通过制成永磁体便可以利用。铁的另一个性质是，一旦加热超过一定温度，便丧失磁性。这一温度在770℃，称其为居里温度。

常见的铁磁性金属元素很少，只有铁、钴、镍三种。它们都属于过渡金属中的3d族元素。如果居里温度高，则在高温也能保持磁性。钴的居里温度为1393K（1120℃），可保留磁化的温度最高，其次是铁1043K（770℃），最低为镍631K（358℃）。

在铁磁性金属中，铁的磁晶各向异性最小。所谓磁晶各向异性是指不同晶体学方向的磁化程度各不相同的现象。常温下α-铁为体心立方结构。在体心立方结构中，不同晶向的原子线密度及不同晶面的原子面密度相差较小，而Ni（面心立方）、Co（密排六方）这种差别较大，从而造成磁晶各向异性的差异。

本节重点

（1）以过共析钢为例，说明在不同冷却速度下可能得到的组织。
（2）钢铁材料可采用哪几种强化机制加以强化？
（3）试分析各类合金钢中合金元素的作用。

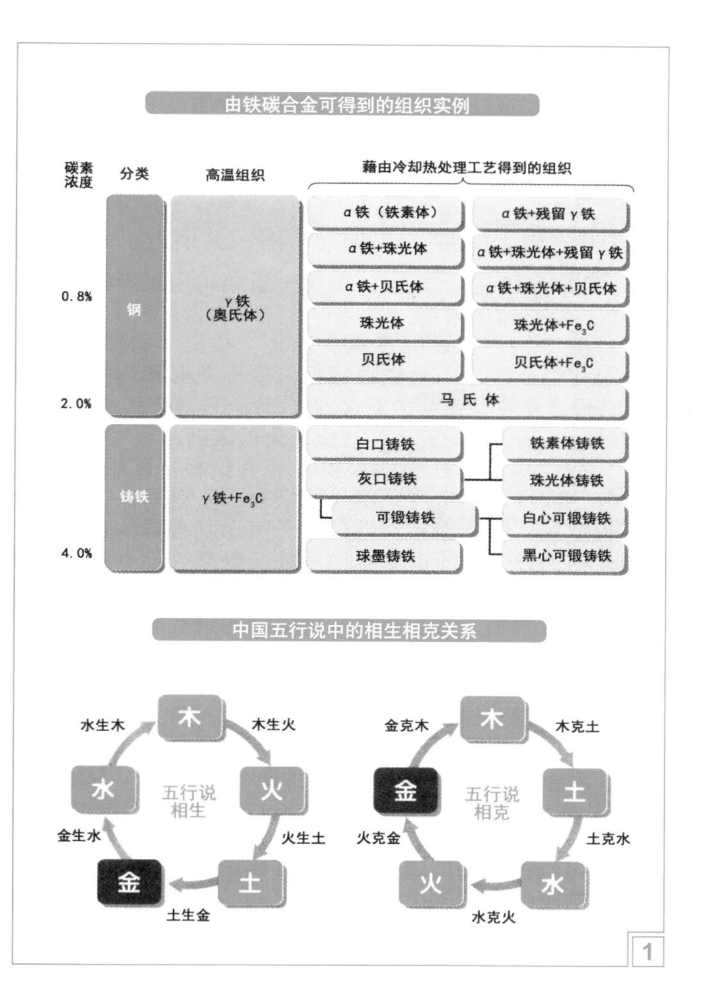

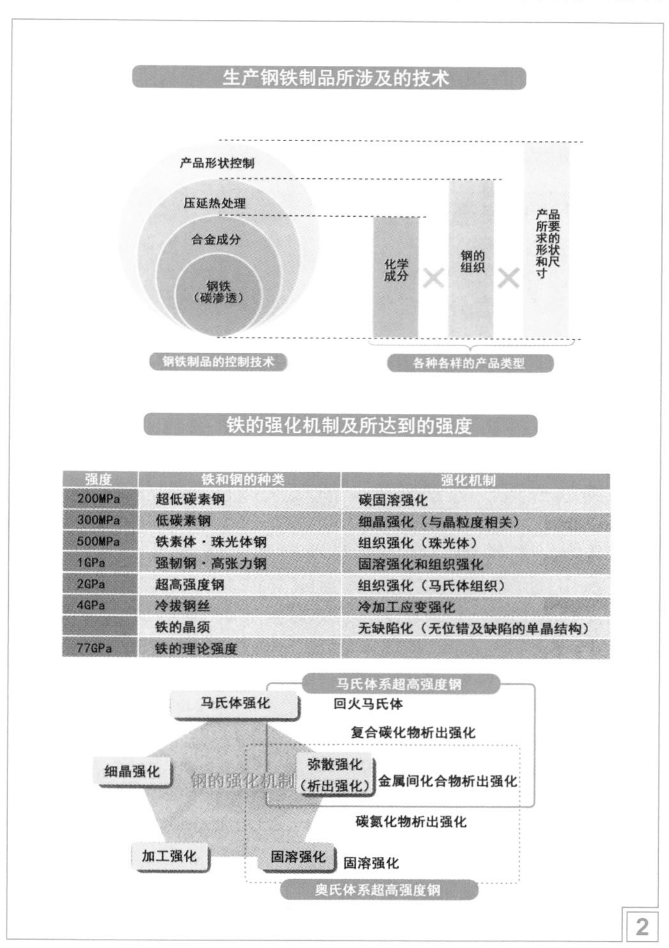

强度	铁和钢的种类	强化机制
200MPa	超低碳素钢	碳固溶强化
300MPa	低碳素钢	细晶强化（与晶粒度相关）
500MPa	铁素体・珠光体钢	组织强化（珠光体）
1GPa	强韧钢・高张力钢	固溶强化和组织强化
2GPa	超高强度钢	组织强化（马氏体组织）
4GPa	冷拔钢丝	冷加工应变强化
	铁的晶须	无缺陷化（无位错及缺陷的单晶结构）
77GPa	铁的理论强度	

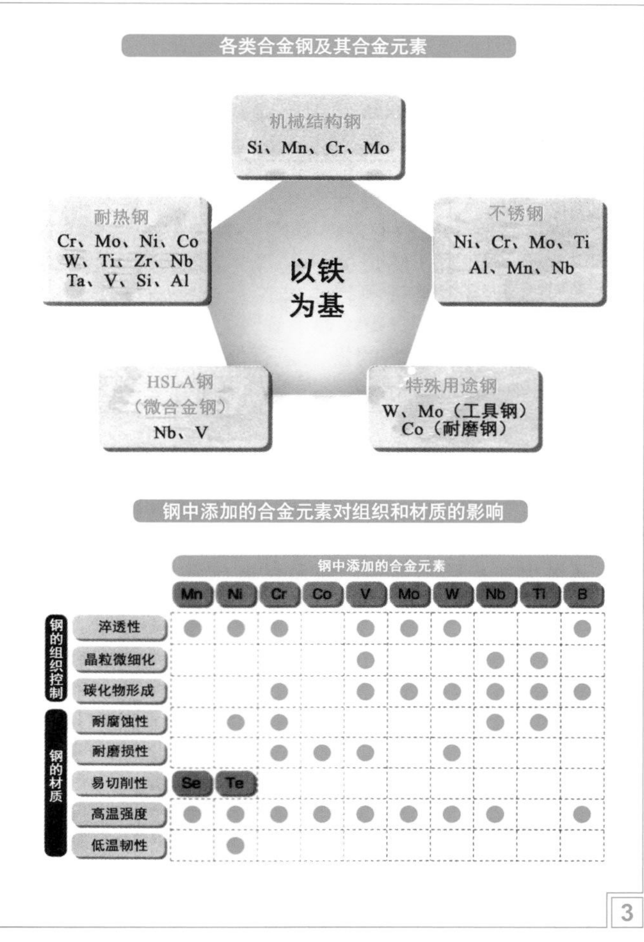

	钢中添加的合金元素	Mn	Ni	Cr	Co	V	Mo	W	Nb	Ti	B
钢的组织控制	淬透性	●	●	●		●	●	●			●
	晶粒微细化					●			●	●	
	碳化物形成			●		●	●	●	●	●	●
钢的材质	耐腐蚀性		●	●					●	●	
	耐磨损性			●	●	●		●			
	易切削性	Se	Te								
	高温强度	●	●	●	●	●	●	●	●		●
	低温韧性		●								

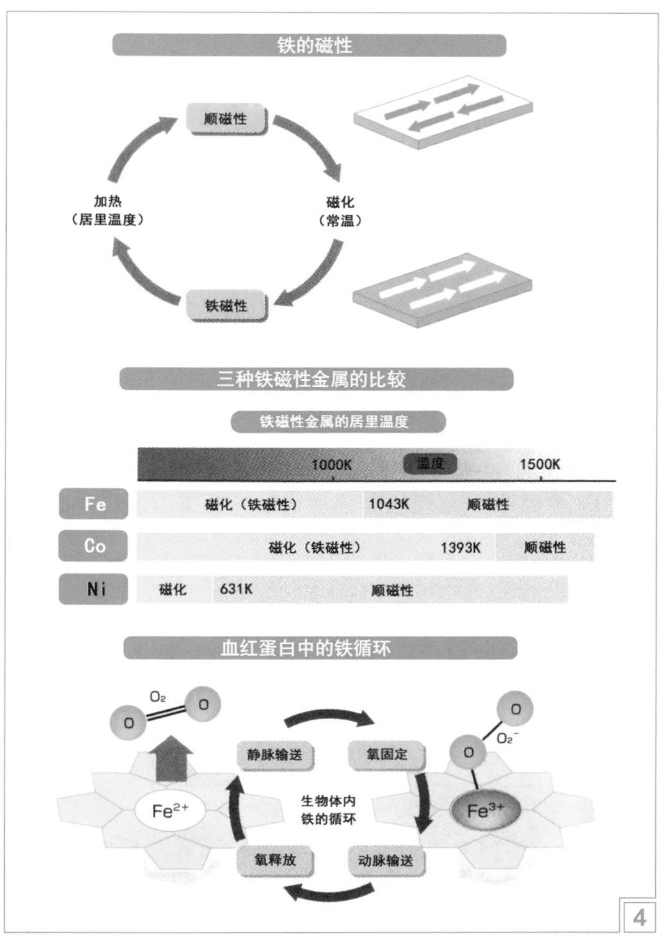

3.9 应用最广的碳钢

3.9.1 钢铁按 C 浓度的分类

钢铁一般按其组成来分类。所谓组成，指铁中固溶成分的浓度，一般用质量分数（有时也用摩尔分数）来表示。通常，铁中所固溶的元素以 C、Si、Mn、P、S 为多，被称为铁中的 5 元素。其中，由于 C 对铁性能的影响最大，因此，铁一般按 C 浓度来分类。

铁按 C 浓度分为三大类：纯铁（一般简称为铁）、钢和铸铁。

固溶于 Fe 中的 C 浓度由 Fe-C 相图可以看出。理论上讲，纯铁的 C 浓度应为 0%，但低于 0.02% 的都称为铁。C 浓度超过 0.02% 低于 2.06% 的为钢，铸铁可固溶 C 的浓度极限为 6.67%。铁中固溶 C 越多，硬度越高，强度也相应增加。

纯铁的组织为铁素体，质软从而便于塑性变形，可以加工成薄板、箔及细丝等。例如，薄板可以进一步制成各种包装盒、易拉罐、装饰品甚至日历、邮票等。

钢中则固溶较多的 C。其组织为铁素体和珠光体的混合，而珠光体由硬的渗碳体和较软的铁素体按层片状重叠的方式构成。C 浓度高则渗碳体增加，因此硬度增加。

由于钢具有较高的强度，因此在与生活关联的商品及产业界得到最广泛的应用。实际上，相对于纯铁和铸铁而言，热处理更多的是以钢为对象。钢中仅以含量不多的碳浓度的差异，就会对其性质产生重大影响，并以碳浓度高低，进一步将其细分为更具实用意义的低碳钢、中碳钢、高碳钢。

铸铁中 C 浓度是极高的（2.06%~6.67%），C 除了在铁中固溶之外还单独存在。也就是说，铸铁的组织是由铁素体、珠光体、石墨（单独存在）构成的。铸铁的特性硬而脆，一般由铸造法制作。我们身边常见的铸造品有人孔盖板和门栅栏等。

3.9.2 钢的强度和碳的作用

除了钢铁的种类，钢铁的机械性能也与 C 浓度密切相关。在低碳钢区域，钢的强度（这里指拉伸强度）随碳含量的增加而逐渐增加，并达到一定的数值，特别是在中碳钢和高碳钢区域，钢的强度随 C 含量增加而急剧增加。

这是因为，随着 C 浓度增加，在铁素体和珠光体的混合组织中，铁素体的组织比率变小，而珠光体增加所致。珠光体中有较硬的渗碳体，其比率和量的增加，必然导致强度升高。但是，尽管在 C 浓度增加的同时强度变高，但含碳量超过 1%，则强度增加的趋势变小，在大约超过 1.2%，直到 2.06% 之前，强度只有较小的升高。

以上是以拉伸强度为例来讨论的（详见 3.11.1 节）。在钢的力学性质中还有延伸率和断面收缩率等，延伸率数值较小，但一般与拉伸强度呈反比。另外，钢的硬度与拉伸强度具有近似的变化规律。

Fe 中固溶 C 致使拉伸强度增加，组织上渗碳体的增加是理由之一。此外，C 在 Fe 中的固溶为间隙型，致使 Fe 的晶格发生较大的畸变，抵抗外力变形的能力增加，从而拉伸强度升高。

铸铁的典型种类是灰口铸铁，因外观灰色而得名。其组织有单独的石墨部分存在。这种具有石墨的铸铁的拉伸强度低而脆，但由于石墨所具的特性，致使铸铁具有钢所不具备的特性，例如吸音、耐振特性，而且具有优良的耐热性和耐磨性等。

3.9.3 结构用压延钢和机械结构用碳素钢

实用碳素钢的代表，一类为一般结构用压延钢，另一类为机械结构用碳素钢。

一般结构用压延钢多用于建筑、桥梁、船舶、机车、铁塔等构造物。由于含碳量较低，易于变形和焊接。这种钢材只规定对拉伸强度的要求，在成分上只对 P 和 S 有要求，尽管对碳含量不作规定，但须保证为低碳钢。

一般结构用压延钢的提供形式有钢板、平钢、型钢、棒钢等。钢板是幅宽而长度长的板材。平钢是比钢板幅度宽而长度长的带状钢板。型钢有断面形状各异的数种，可供使用前选择。其断面形状、尺寸、壁厚等都有规定，供选择的范围很广。棒钢包括圆钢、方钢、方角钢等，每种都有不同的规格。这些都是从镇静钢的钢锭利用大型变形装置经由锻造等热加工及热轧、冷轧等加工，在改善力学性能的同时达到所需要的规格尺寸。

由镇静钢获得的机械构造用碳素钢，与一般结构用压延钢比较，品质可靠性要求更高，多用于精密机械构件及强度要求高的母材。一般包括 C 含量 在 0.01%~0.58% 范围内的 20 余种，其他四种元素（Si、Mn、P、S）的含量也较低。

对于碳含量低于 0.25% 的低碳钢，热处理多采用退火。此范围内的碳素钢拉伸强度低，延伸率大，因此多用于那些延伸率比强度更为优先考虑的场合，例如矿山内安保构件等的应用。

与压延钢材良好的焊接性能相比，机械结构用碳素钢中含碳量 0.3% 以下的低碳钢尽管可以焊接，但一般来说，含碳量高于中碳钢以上的钢材焊接较难。

3.9.4 藉由火花鉴别钢种

当用高速旋转的砂轮磨削钢时，会发生火花。藉由观察发生火花的方向、飞散情况及消失的瞬间，可以对钢种进行鉴别。

在火花试验中，对瞬间发生火花的观察极为关键。要仔细观察该瞬间火花的形状、彩度、亮度、飞散的状态、消失时间、流线轨迹、燃烧的经过等，在充分认识其特性的基础上，进行综合整理再得出结论。当然，操作者的经验极为重要。

由于碳素钢 C 火花的发生只有燃烧，因此鉴别比较容易。而且，可以以此时的火花特性为基准。含碳量多时，火花会逐渐显示出更多分叉的特征。

合金元素的火花鉴别比较困难。代表性的 Si、Ni、Mo 等会出现断开及变化的火花。对于不锈钢和高速钢等特殊钢种，火花还会出现分割、断续、波动等特征。火花的鉴别除了人工操作进行确认之外，还可利用摄像机摄像。

通过火花检验若能进行钢种的判定和异种材料的鉴别，则对于处理材料的机械加工及热处理等是十分方便的。

本节重点

（1）钢材的力学性能与钢中的碳含量关系极大。低碳钢、中碳钢和高碳钢是如何按含碳量划分的？
（2）普遍碳素钢、优质碳素钢、高级碳素钢，碳素结构钢、碳素工具钢是如何划分的？
（3）经验丰富的师傅用火花法瞬间即可确定钢材的种类。

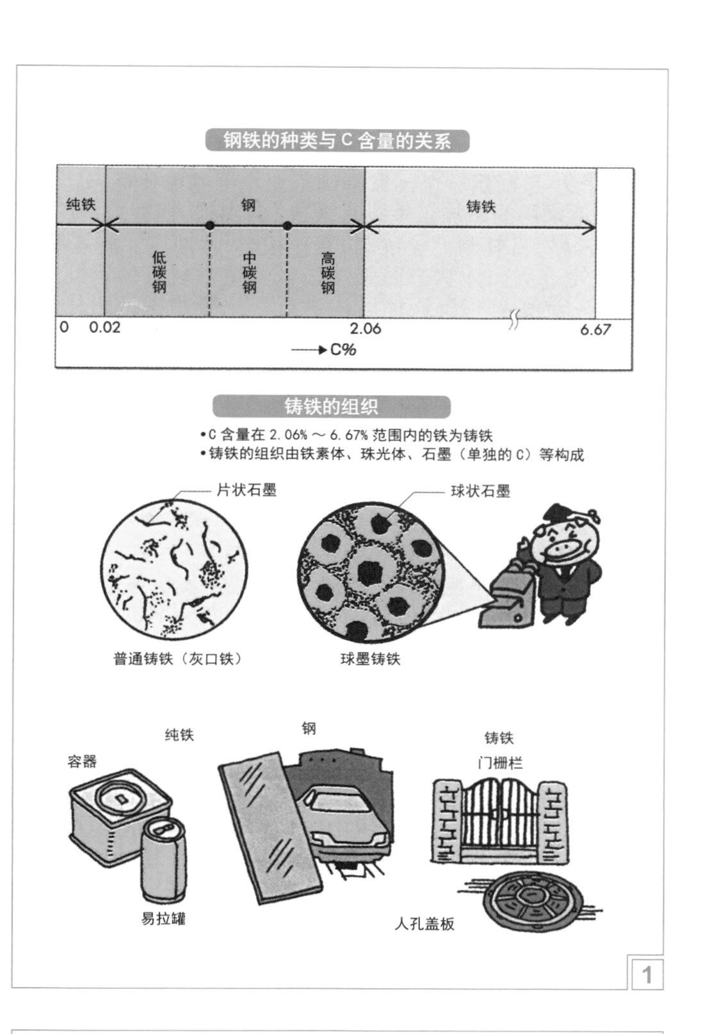

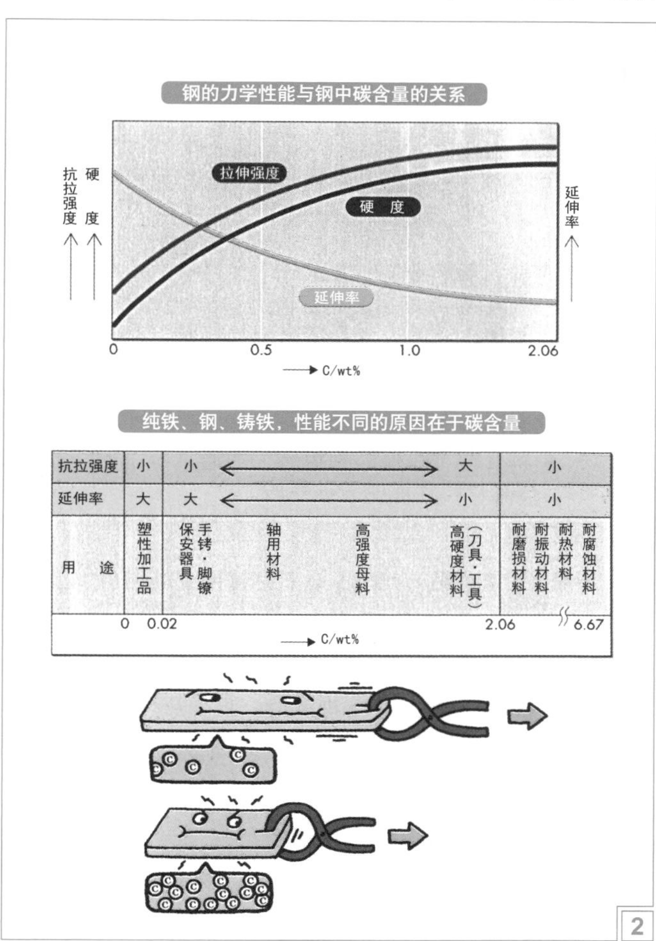

抗拉强度	小	小 ←→ 大	小
延伸率	大	大 ←→ 小	小
用途	塑性加工品	保安器具、手铸·脚镣、轴用材料、高强度母料、高硬度材料（刀具·工具）	耐磨损材料、耐振动材料、耐热材料、耐腐蚀材料
	0 0.02	2.06	6.67

碳素钢的种类

C/%	种类
～ 0.1	极软钢
0.1 ～ 0.3	软 钢
0.3 ～ 0.4	半硬钢
0.4 ～ 0.5	硬 钢
0.5 ～	超硬钢

一般结构用压延钢（JIS G 3101）

记 号	成分 /%		参考抗拉强度 /MPa
	P	S	
SS 330	0.050>	0.050>	33~44
SS 400	〃	〃	40~52
SS 490	〃	〃	49~62
SS 540	0.040>	0.040>	54<

机械结构用碳素钢（JIS G 4051）

JIS 记号（20 种）	成分 /%				
	C	Si	Mn	P	S
S10C	0.08~0.13	0.15~0.35	0.30~0.60	0.030>	0.035>
12	0.10~0.15				
30	0.27~0.33		0.60~0.90		
40	0.37~0.43				
50	0.47~0.53				
58	0.55~0.61				

各种钢材

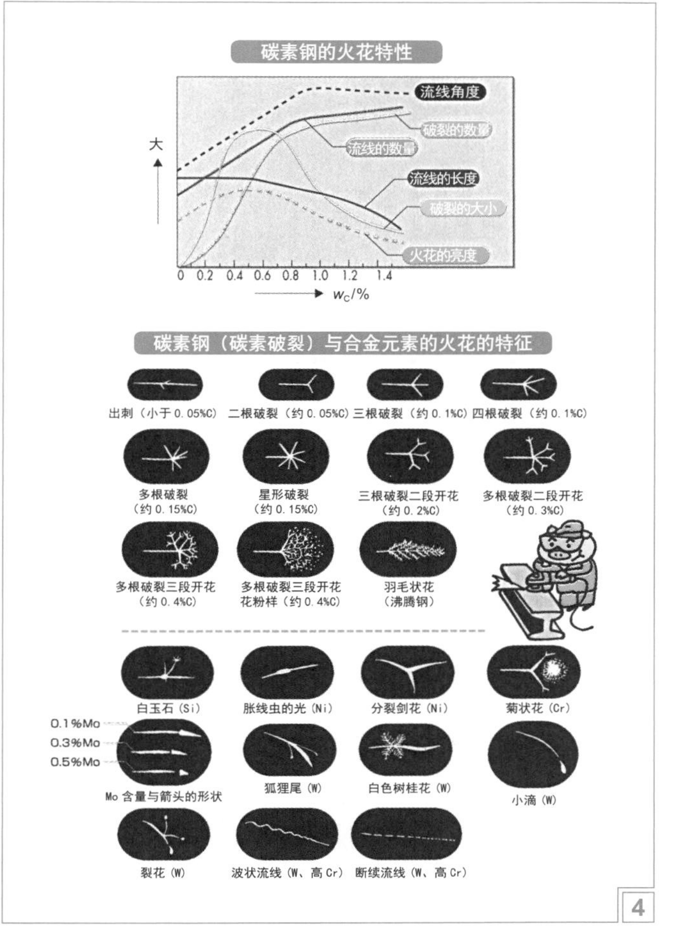

3.10 金属的热变形

3.10.1 金属变形的目的

从一个大型钢锭变成一个个的小物件，小到10号订书钉、薄到刮脸刀片，细到注射针头，都是由金属变形来实现的。这里所说的变形是指金属在外力作用下所发生的不可恢复的塑性变形，而并非像弹簧那样所发生的外力取消便可恢复原样的弹性变形。

金属变形主要有下述几个目的：

(1) 由原来的坯体改变为所需要的形状，有些物件是全部，有些物件是最终要由塑性变形来完成的。

(2) 改善原始坯体的缺陷和组织结构，例如热变形改善铸件内组织缺陷，冷变形提高构件的强度等。

(3) 金属变形与热处理相组合，即通常所说的"形变热处理"，是提高材料性能的有效手段。

3.10.2 何谓金属的热变形和冷变形

热变形（如热锻、热轧）是在金属再结晶温度以上进行的加工、变形，对于钢材来说，热轧是指把钢锭加热到单相固溶体的温度后进行压力加工，在再结晶温度之上终止变形；低于再结晶温度的加工称为冷变形或温变形，对于钢材来说，冷轧则是钢锭不预加热，直接用冷料进行轧制。冷轧制品表面光洁，尺寸精确，具有加工硬化效应和较高的强度和硬度。但冷料的变形抗力大，适用于轧制塑性好，尺寸小的线性、薄板等。

再结晶开始温度 T_r 可利用包奇瓦尔经验公式估算：

$$T_r=(0.35\sim0.40)T_m[K] \qquad (3\text{-}11)$$

式中，T_m 是金属的熔点；T_r、T_m 都采用绝对温度。

因此，冷、热变形不能以温度的绝对高、低来区分，而需看变形温度与金属再结晶温度的相对关系。低熔点金属（如Pb,Sn等）再结晶温度低于室温，室温下加工实际为热加工；难熔金属，如钨，再结晶温度在1200℃，因此，在1000℃加工也算不上热变形，而是"温"变形。

热变形实质上是在变形中变形硬化与动态软化同时进行的过程，形变硬化为动态软化所抵消，因而不显示加工硬化作用。

3.10.3 热变形方式

在热变形温度下，被变形材料的塑性好，变形抗力低，便于大工件、大变形量变形，特别适合模锻、反冲挤等成型加工。特别是，热加工一般不会产生热应力，不需要加工道次之间的退火以消除应力，大变形量也不会引起开裂等。特别适合于大型钢锭的开坯、大马力机轴的锻造、中厚板的热轧、型钢的初轧等。

热加工设备吨位大，耗能高，设备使用、维修都有一定难度，终轧制品尺寸精度和表面质量差，需要冷变形或机加工与之配合。

实际上，热变形设备（如油压机、水压机、初轧机等）能力的大小是衡量一个国家基础工业水平的重要标志。

通常采用的热加工手段有锻造（自由锻，模锻）、挤压（正挤，反冲挤）、轧制、拉拔（拉管、拔丝）、冲压、旋压等。

钢处于奥氏体状态时强度较低，塑性较好。因此，锻造或热轧选在单相奥氏体区内进行。一般始锻、始轧温度控制在固相线以下100~200℃范围内。温度高，钢的变形抗力小，节约资源，设备要求的吨位低，但温度不能过高，以防止钢材严重烧损或发生晶界熔化（过烧）。

终煅、终轧温度不能过低，以免钢材因塑性差而发生锻裂或轧裂。亚共析钢热加工终止温度多控制在略高于 *GS* 线（参照3.4节的 $Fe\text{-}Fe_3C$ 相图），以避免变形时出现大量铁素体，形成带状组织而使韧性降低。过共析钢变形终止温度应控制在略高于 *PSK* 线，以便把呈网状析出的二次渗碳体打碎。终止温度不能太高，否则，再结晶后奥氏体晶粒粗大，使热加工后的组织也粗大。一般始锻温度为1150~1250℃，终锻温度为750~850℃。

3.10.4 热变形引起的组织、性能变化

(1) 改善锻造状态的组织缺陷　铸造材料的某些缺陷（如气孔、疏松）在热变形时大部分可被焊合，使组织致密性增加，铸态粗大的柱状晶通过变形和再结晶被破坏，形成细小的等轴晶；铸态组织中的偏析通过热变形中的高温加热和变形使原子扩散加速而减少或消除。其结果使材料的致密性和机械性能有所提高，因此材料经热变形后较铸态有较佳的机械性能。

(2) 热变形形成流线，出现各向异性　铸态组织中夹杂物一般沿晶界分布。热加工时晶粒变形，晶界夹杂物也承受变形，塑性夹杂被拉长，脆性夹杂被打碎成链状，都沿着变形方向分布。晶粒发生再结晶，形成不同于铸态的新的等轴晶粒，而夹杂仍沿变形方向呈现纤维状分布，形成流线状的夹杂分布。流线的形成使热变形金属性能出现各向异性，沿变形方向（纵向）和垂直变形方向（横向）性能不同。

(3) 带状组织的形成　热变形后亚共析钢中的铁素体和珠光体成条带状分布，称其为带状组织。带状组织也使材料的机械性能产生方向性，当带状组织伴随夹杂的流线分布，横向的塑性和韧性显著降低。带状组织也使材料的切削性能变差。为防止和消除带状组织，一是不在两相区温度下变形，二是减少夹杂元素含量，三是采用高温扩散退火，消除元素偏析；对已出现带状组织的材料，可在单相区加热，进行正火处理，予以消除或改善。

(4) 热变形冷却后的晶粒变化　采用低的变形终止温度、大的最终变形量和快的冷却速度，可得到细小晶粒；加入微量合金元素，阻碍热变形后发生的静态再结晶和晶粒长大，也是得到细小晶粒的有效措施。

本节重点

(1) 冷、热变形不能以温度的绝对高、低来区分。
(2) 金属塑性加工为什么一般先要采用热变形？热变形会引起组织、性能的哪些变化？
(3) 热变形温度——初煅、初轧，终煅、终轧温度的确定。

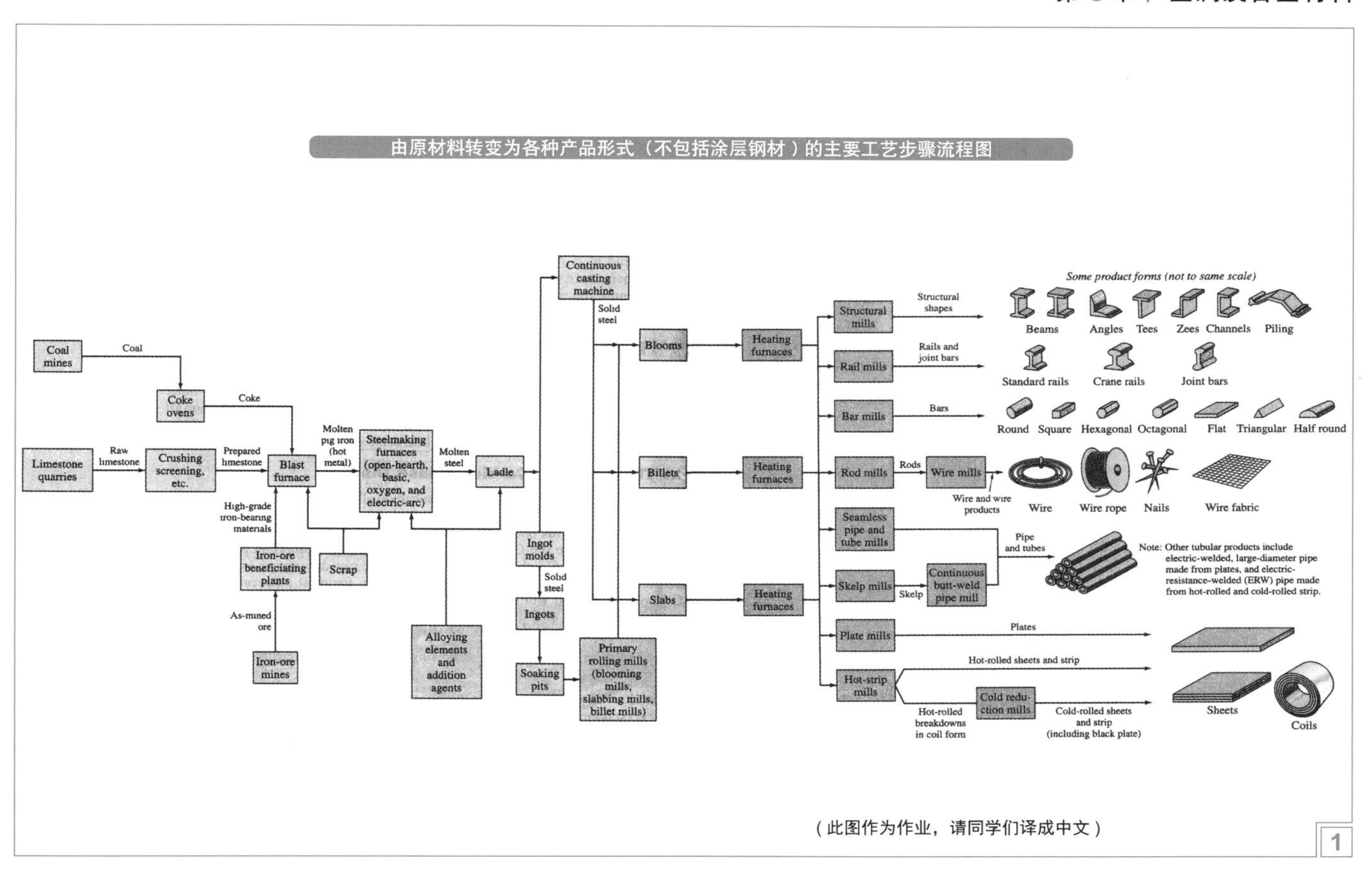

由原材料转变为各种产品形式（不包括涂层钢材）的主要工艺步骤流程图

（此图作为作业，请同学们译成中文）

1

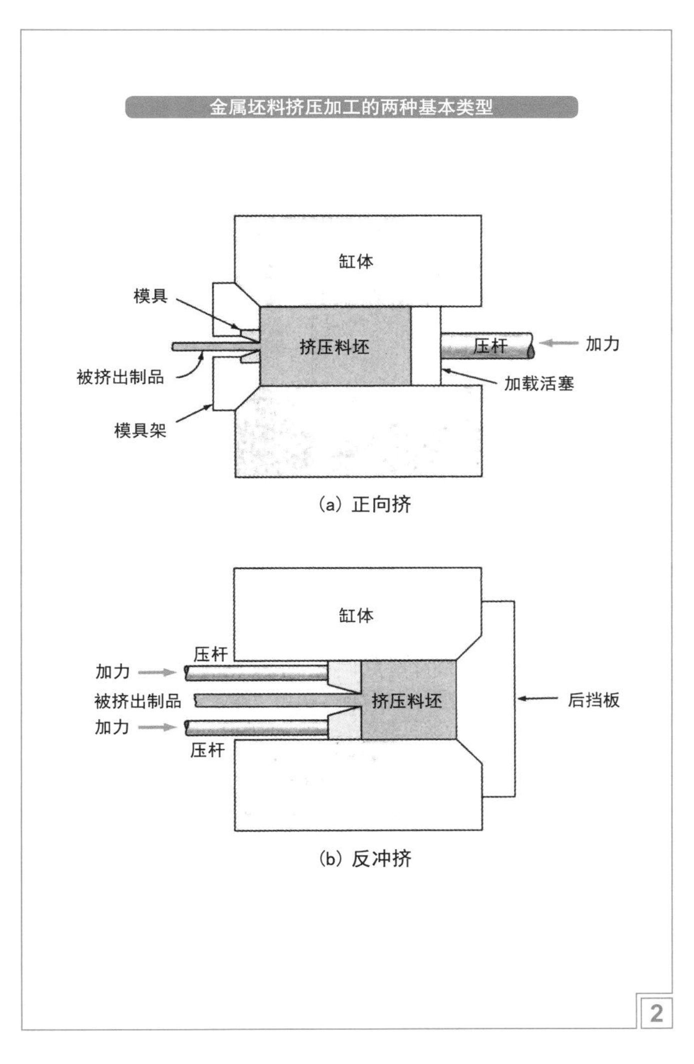

金属坯料挤压加工的两种基本类型

(a) 正向挤

(b) 反冲挤

2

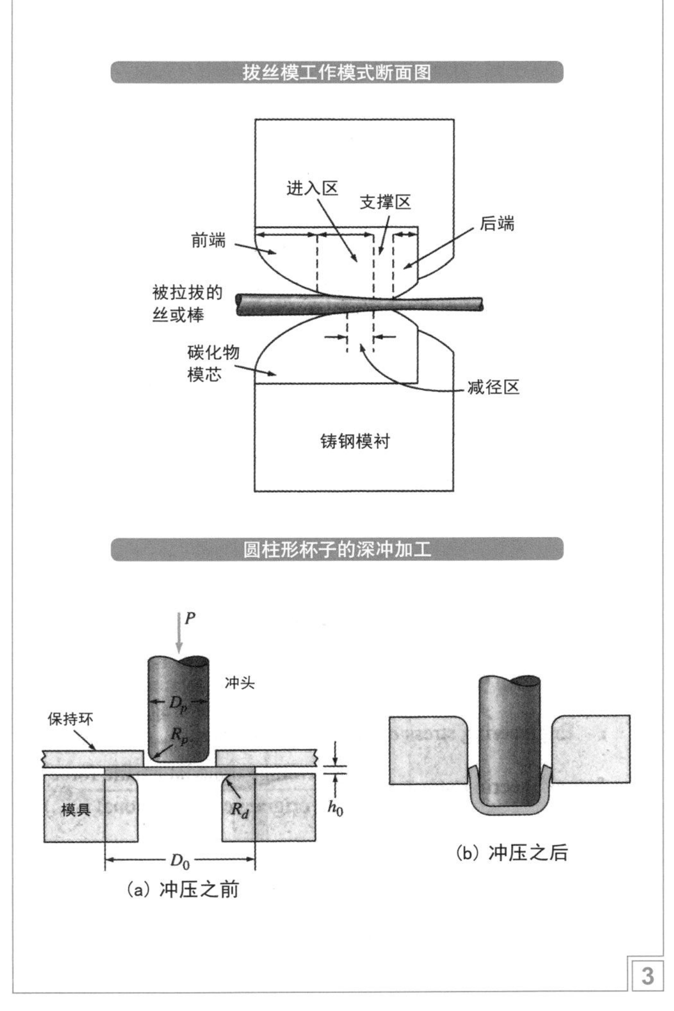

拔丝模工作模式断面图

圆柱形杯子的深冲加工

(a) 冲压之前

(b) 冲压之后

3

3.11 金属的冷变形

3.11.1 金属样品拉伸的应力 - 应变曲线

实际的金属构件，如大桥的钢梁、反应堆的压力壳、航空母舰的船体等，受力状态极为复杂，难以用有限的试样模拟材料在这些构件中的所有应力状态。

单轴拉伸应力 - 应变试验采用统一的试样，标准的方法，利用简单的方式能得到材料的基本特性。这些特性不仅可用于材料间的对比，而且可以用于结构设计的依据。

由单轴拉伸应力 - 应变曲线，可获得材料的下述性能：

（1）弹性模量 $E=\Delta\sigma/\Delta\varepsilon$；

（2）弹性极限（强度）；

（3）屈服强度；

（4）拉伸强度；

（5）破坏（断裂）强度；

（6）破坏（断裂）延伸率；

（7）断裂（破坏）延伸率；

（8）断面收缩率。

请读者在图中所示的应力 - 应变曲线中分别找出与上述性能相对应的英文名称。

不同类型材料的单轴应力 - 应变曲线有不同特征，分别对应材料硬而脆，硬而强，强而韧，软而韧，韧而弱的特征。从中反应材料成分、组织结构以及加工热处理履历的不同。

3.11.2 单晶体和多晶体的塑性变形

大家可能听说过“泥人张”、“面人汤”，一块泥团或面团，在他们手中须臾就能变成活灵活现的人物和栩栩如生的动物。泥团或面团的变形是不可恢复的永久变形，称其为塑性变形。

单晶体的塑性变形的基本方式有两种：滑移和孪生。二者都是晶体在切应力的作用下，晶体的一部分沿一定的晶面（滑移面或孪生面）上的一定方向（滑移方向或孪生方向）相对于另一部分发生滑动。只要外加应力在滑移面上的投影（分切应力）达到由单晶体本身决定的临界分切应力，单晶体便会发生滑移变形。滑移面通常为单晶体的密排面，而滑移方向总是滑移面上的密排方向。孪生与滑移不同的是，孪生的临界分切应力更大，切变量的大小与距孪生面的距离成正比，孪生后形成孪晶的位向与基体呈镜面对称关系；滑移切变量的大小任意，滑移后晶体位向关系不变。

多晶体是由许多微小的单个晶粒随机组合而成的，其塑性变形过程可以看成是许多单个晶粒塑性变形的总和；另外，多晶体塑性变形过程中还存在着晶粒与晶粒之间的滑移和转动，晶间变形需要良好的协同性。每个晶粒内部存在很多滑移面，因此整块金属的变形量可以比较大。金属的晶粒越细，其强度越高，而且塑性、韧性也越好。一般在生产中都尽量获得细晶组织，以达到强化金属的目的。

3.11.3 冷加工引起的组织、性能变化

1. 塑性变形后组织结构的变化

（1）晶粒变形　除了每个晶粒内部出现大量的滑移带和孪晶带外，随着变形度的增加，原来的等轴晶粒将逐渐沿其变形方向伸长。当变形量很大时，晶粒变得模糊不清，晶粒已难以分辨而呈现出一片如纤维状的条纹，称为纤维组织。

（2）形变织构　在冷变形时，不同位向的晶粒随着变形程度的增加，在先后进行滑移过程中，其滑移系逐渐趋于受力方向转动。而当变形达到一定程度后各晶粒的取向趋于一致，该过程称为择优取向；而变形金属产生择优取向的结构，称为形变织构。

2. 塑性变形对性能的影响

随着金属冷变形程度的增加，金属材料的强度和硬度都有所提高，但塑性有所下降，这种现象称为冷变形强化。变形金属的晶粒被压扁或拉长，甚至形成纤维组织。此时，金属晶体中的位错密度提高，变形阻力增大。

3. 塑性变形与内应力

残余内应力是指外力去除之后，残留于金属内部且平衡于金属内部的应力，它主要是金属在外力作用下，内部变形不均匀造成的，通常可将其分为三类。

第一类内应力：又称宏观残余应力，由宏观变形不均匀引起；

第二类内应力为晶间内应力；

第三类内应力为晶格畸变内应力，第二、第三类内应力又称微观残余应力，由微观变形不均匀引起。

三类残余内应力之比约为 1 : 10 : 100。总体来说，残余内应力是有害的，将导致材料及工件的变形、开裂和产生应力腐蚀；但当表面存在承受压应力的一薄层时，反而会增加使用寿命。

随着金属冷变形程度的增加，金属内部的缺陷（点缺陷、位错等）增加，内部储存的能量（各种内应力等）增大。若继续加工，不仅变形抗力加大，还会引起金属开裂等。因此，常要通过退火（见 3.14 节）消除缺陷、释放能量，使金属软化正像运动员运动过量造成肌肉拉伤，需要理疗、按摩，进行治疗、恢复一样。

3.11.4 钢铁结构材料的主要强化方式

钢铁结构材料约占钢铁材料的 90%，强韧化是结构材料的基本发展方向。钢铁材料提高强度的途径主要有四条：

（1）通过合金元素和间隙元素原子溶解于基体组织产生固溶强化，它是点缺陷的强化作用。

（2）通过加工变形增加位错密度，造成钢材承载时位错运动困难（位错强化），它是线缺陷的强化作用。

（3）通过晶粒细化使位错穿过晶界受阻产生细晶强化，它是面缺陷的强化作用。

（4）通过第二相（一般为 $M_x(C,N)_y$）析出相或弥散相，使位错发生弓弯（奥罗万机制）和受阻产生析出强化，它是体缺陷的强化作用。

这四种强化机制中，细晶强化在普通结构钢中强化效果最明显，也是唯一的强度与韧性同时增加的机制。其他三种强化机制表现为强度增加、塑性（有时韧性）下降。

本节重点

（1）由单轴拉伸应力 - 应变曲线，可获得材料的哪些性能信息？
（2）为什么汽车钢板最终多为冷轧成形？
（3）退火对冷加工金属的组织结构及力学性能变化有什么影响？

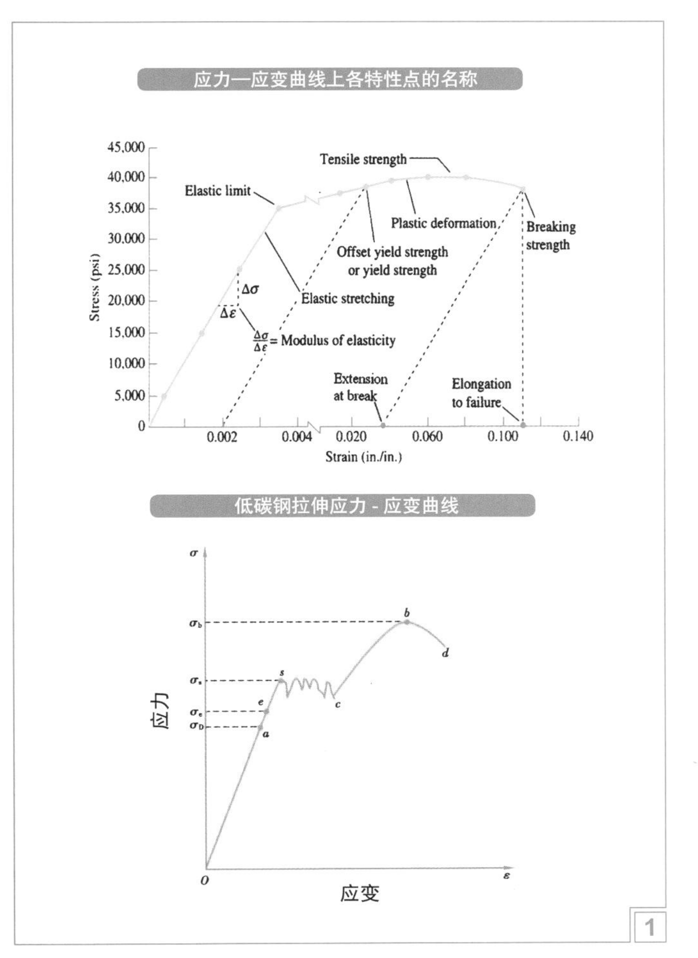
应力—应变曲线上各特性点的名称
Tensile strength
Elastic limit
Plastic deformation
Breaking strength
Offset yield strength or yield strength
Elastic stretching
= Modulus of elasticity
Extension at break
Elongation to failure
Stress (psi)
Strain (in./in.)
低碳钢拉伸应力 - 应变曲线
应力
应变

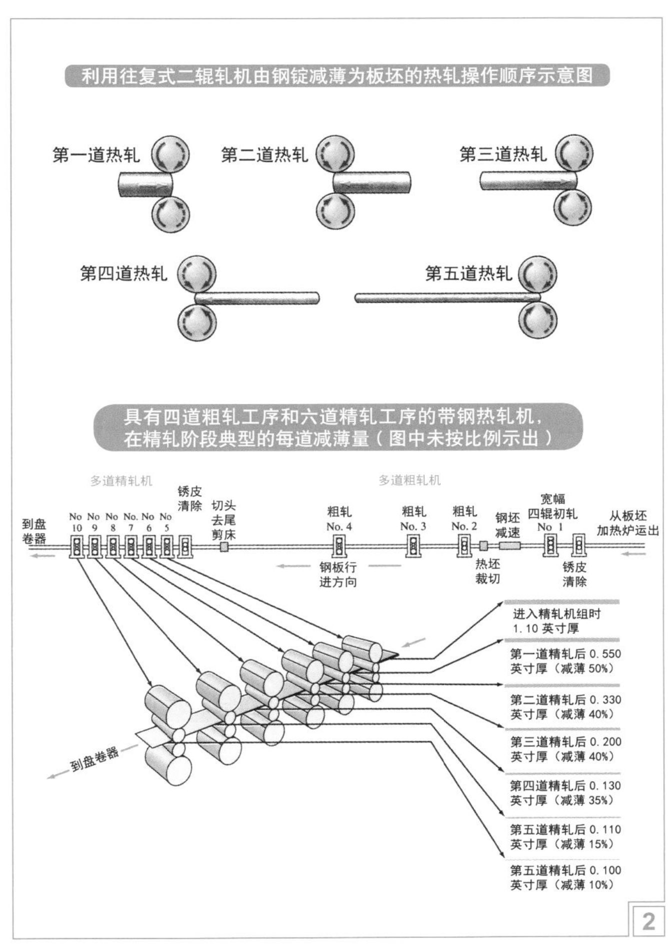
利用往复式二辊轧机由钢锭减薄为板坯的热轧操作顺序示意图
第一道热轧
第二道热轧
第三道热轧
第四道热轧
第五道热轧
具有四道粗轧工序和六道精轧工序的带钢热轧机，
在精轧阶段典型的每道减薄量（图中未按比例示出）
多道精轧机
多道粗轧机
到盘卷器
锈皮清除
切头去尾剪床
粗轧 No. 4
粗轧 No. 3
粗轧 No. 2
钢坯减速
宽幅四辊初轧 No 1
从板坯加热炉运出
钢板行进方向
热坯裁切
锈皮清除
进入精轧机组时 1.10 英寸厚
第一道精轧后 0.550 英寸厚（减薄 50%）
第二道精轧后 0.330 英寸厚（减薄 40%）
第三道精轧后 0.200 英寸厚（减薄 40%）
第四道精轧后 0.130 英寸厚（减薄 35%）
第五道精轧后 0.110 英寸厚（减薄 15%）
第五道精轧后 0.100 英寸厚（减薄 10%）
到盘卷器

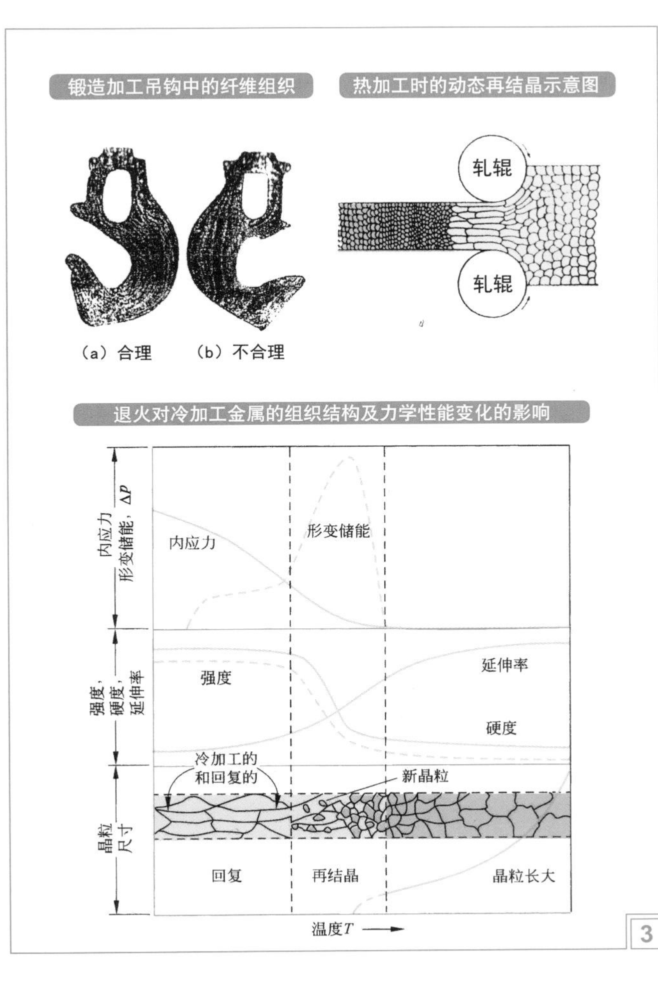
锻造加工吊钩中的纤维组织
热加工时的动态再结晶示意图
轧辊
轧辊
（a）合理
（b）不合理
退火对冷加工金属的组织结构及力学性能变化的影响
内应力，形变储能，ΔP
内应力
形变储能
强度，硬度，延伸率
强度
延伸率
硬度
晶粒尺寸
冷加工的和回复的
新晶粒
回复
再结晶
晶粒长大
温度T

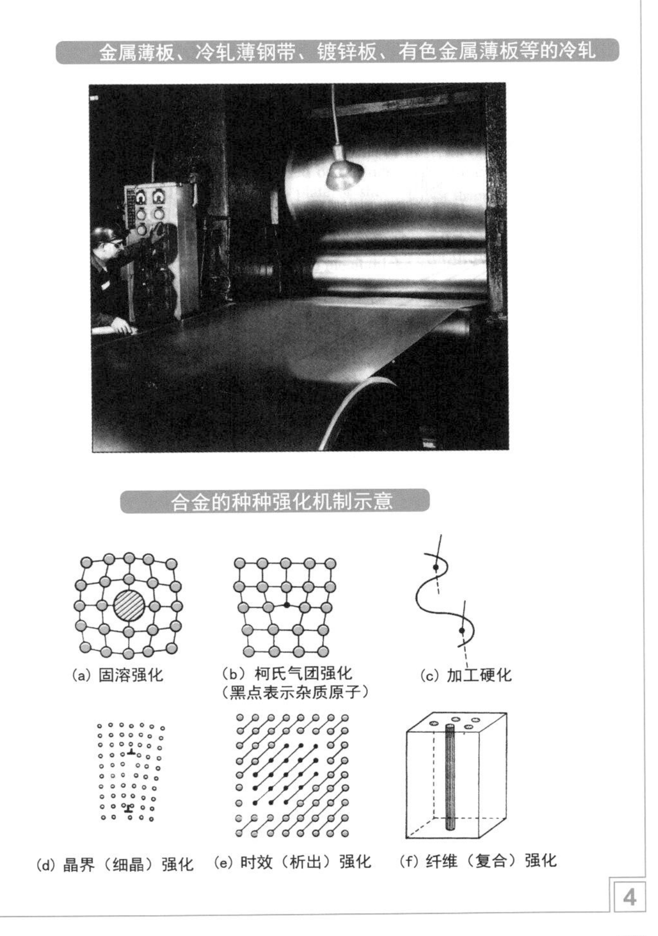
金属薄板、冷轧薄钢带、镀锌板、有色金属薄板等的冷轧
合金的种种强化机制示意
(a) 固溶强化
(b) 柯氏气团强化（黑点表示杂质原子）
(c) 加工硬化
(d) 晶界（细晶）强化
(e) 时效（析出）强化
(f) 纤维（复合）强化

3.12 由铜锭到铜箔的压延加工

3.12.1 电解铜箔和压延铜箔

铜的电阻率低（1.55μΩ · cm），仅高于银（1.49μΩ · cm），加工性能好，利用压延和电解法都可以获得高质量的铜箔。铜箔在各类印制线路板、计算机、手机等便携设备、锂离子电池等领域有广泛应用。

按电路基板材料所用铜箔的不同工艺制法，可分为电解铜箔（electrode deposited copper foil，ED）和压延铜箔（rolled copper foil）两大类，分别称为 E 类和 W 类。

（1）电解铜箔　电解铜箔厚度一般在 70~12μm，它是通过专用电解机连续生产出初产品（称为毛箔），毛箔再经表面处理（单面或双面处理），得到最终产品。其中对毛箔所要进行的耐热层钝化处理，可按不同的处理方式分为：镀黄铜处理（TC 处理）、呈灰色的镀锌处理（TS 处理或称 TW 处理）、处理面呈红色的镀镍和镀锌处理（GT 处理）、压制后处理面呈黄色的镀镍和镀锌处理（GY 处理）等种类。

（2）压延铜箔　压延铜箔厚度一般在 35~9μm，它是将铜材经辊轧而成的，（如图所示）。一般的制造过程是：原铜材→熔融 / 铸造→铜锭加热→回火韧化→刨削去垢→在重冷轧机中冷轧→连续回火韧化及去垢→逐片焊合→最后轧薄→处理→回火韧化→切边→收卷成毛箔产品。毛箔生产后，还要进行粗化处理。

3.12.2 压延铜箔的最新应用

挠性基板在使用中经常弯曲（例如翻盖手机等），作为导体而使用的铜箔也应具备柔韧性。虽然挠性基板中也采用刚性基板中所使用的电解铜箔，但对于特别关注频繁往返弯曲的用途，则更趋向使用耐弯曲性优良的压延铜箔。压延铜箔的表面平滑性也更为优良，这对于提高最近需求量大的微细回路刻蚀加工工程的良率十分有效。但是，表面平滑也并非都是优点，在粘结性方面，压延铜箔就逊于电解铜箔，为了克服这种不足，已开发出各种表面处理技术。

关于价格，与一般压延铜箔越薄价格越高相对，电解铜箔越厚越贵。但是厚度 10μm 以下的铜箔，无论哪种类型，价格都十分昂贵，且工艺难度极高。尽管如此，若以标准的 35μm 厚度的铜箔做比较，压延铜箔比电解铜箔约贵一倍。最近，已开发出价格比压延铜箔便宜，耐弯曲性比传统电解铜箔更优良的高耐弯曲性电解铜箔。

近年，国外还推出了一些压延铜箔的新品种：加入微量 Nb、Ti、Ni、Zn、Mn、Ta、S 等元素的合金压延铜箔（以提高、改善挠性、弯曲性、导电性等），超纯压延铜箔（纯度在 99.9999% 以上），高韧性压延铜箔（如：三井金属的 FX-BSH，BDH，BSO 等牌号），具有低温结晶特性的压延铜箔等。

除了以上介绍的铜箔之外，还有在有机膜片上直接溅镀及电镀（化学镀）而形成铜导体层的方法。

3.12.3 电解铜箔的制作过程

电解铜箔是 PCB 基材用量最大的一类铜箔（约占 98% 以上）。近几年适于 PCB 制作微精细图形、处理面为低轮廓度的电解铜箔产品，无论在技术上，还是市场上都得到迅速发展。它已成为基板材料所采用的，具有更高技术含量、有广阔发展前景的新型电解铜箔。

电解铜箔生产工艺流程为：①造液（生成硫酸铜液）→②电解（生成毛箔）→③表面处理（粗化处理、耐热钝化层形成、光面处理）。

造液过程，是在造液槽中，通过加入硫酸和铜料，在加热条件（一般在 70~90℃）下进行化学反应，并通过多道工序的过滤，而生成硫酸铜液。再用专用泵打入电解液储槽中。

电解机中通过大电流的电解而连续产生出初产品——毛箔。电解机由阴极辊筒、铅锌阳极板及可装硫酸铜的电解槽等组成。随着电解过程的进行，辊筒表面形成铜结晶核心质点，并逐渐成为均匀、细小的等轴晶体。待电沉积达到一定厚度，形成牢固的金属相铜层时，随着辊筒向电解液液面以外滚动，将所形成的毛箔连续地从阴极辊上剥离而出。再经烘干、切边、收卷，生产出毛箔产品。这种毛箔，靠阴极辊一侧为毛箔的光面（S 面），另一侧为毛面（M 面）。

3.12.4 铜箔的表面处理

（1）预处理　铜箔由于在运输和存储过程中容易受到油脂、汗迹等污染，而且表面活性大，容易在表面生成氧化层，所以铜箔在粗化处理前必须进行除油、酸洗处理，除油时可以用碱性除油剂（主要由 NaOH 等组成），酸洗则一般采用质量分数低于 20% 的稀硫酸。

（2）粗化固化处理　预处理后的铜箔，如果直接与绝缘树脂基板压合，铜箔与基板的粘结强度不高，容易脱落。为了增加铜箔与基板的粘结力，必须对铜箔与基板结合的毛面进行粗化固化处理。粗化处理就是在铜箔毛面电镀一层瘤状的铜颗粒，不仅能增加铜箔毛面的表面积，还能与绝缘树脂基板材料产生紧固作用。但是，若直接用于压板生产，由于瘤状的铜颗粒比较松散，粗化层往往会与毛箔基体分离。所以，粗化处理后的铜箔还要进行固化处理。固化处理就是在粗化层的瘤状颗粒间隙中沉积一层致密的金属铜，增大粗化层与毛箔基体的接触面，降低粗化层表面的粗糙度。

（3）表面钝化和涂硅烷偶联剂处理　镀阻挡层后的铜箔用铬酸盐（或铬酸盐和锌盐）溶液进行表面钝化，使铜箔表面形成以铬（或铬锌）为主体的结构复杂的膜层，使铜箔不会因直接与空气接触而氧化变色，同时也提高了铜箔的耐热性，保证了铜箔的可焊性及对油墨的亲和性。为进一步提高铜箔防氧化能力、提高铜箔与基板的浸润性和粘结强度，往往还要在钝化后的铜箔上均匀喷涂硅烷偶联剂等有机试剂而形成一层有机膜。

（4）烘干　为防止残留水分对铜箔的危害，最后还必须在不低于 100℃ 下烘干，烘干时温度不能太高。

本节重点

（1）请介绍由铜锭到铜箔的压延加工工艺过程。
（2）针对压延铜箔的制作过程，比较热加工（热轧）和冷加工（冷轧）工艺。
（3）介绍铜箔在高新技术领域的应用。

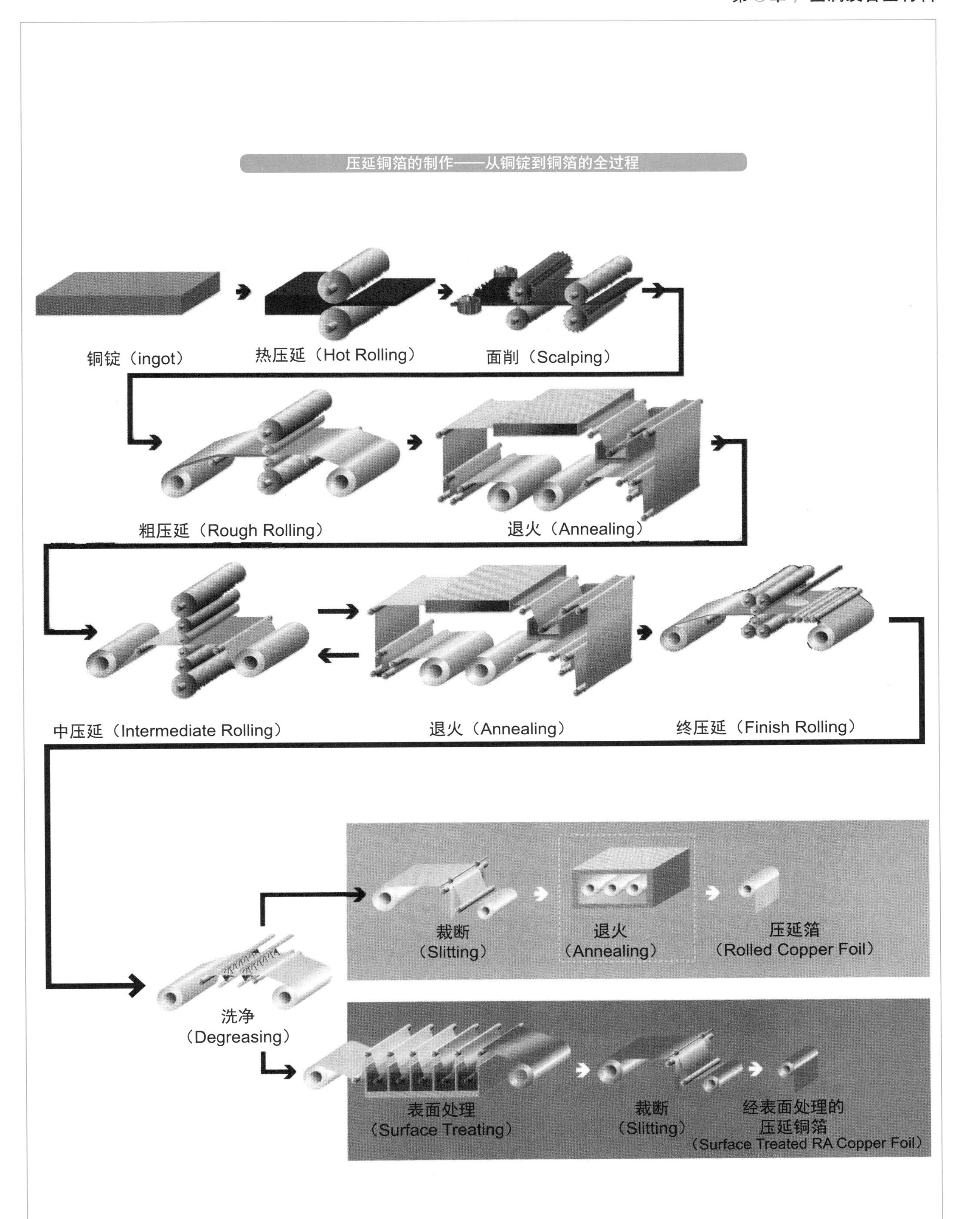
压延铜箔的制作——从铜锭到铜箔的全过程
铜锭（ingot）
热压延（Hot Rolling）
面削（Scalping）
粗压延（Rough Rolling）
退火（Annealing）
中压延（Intermediate Rolling）
退火（Annealing）
终压延（Finish Rolling）
裁断
（Slitting）
退火
（Annealing）
压延箔
（Rolled Copper Foil）
洗净
（Degreasing）
表面处理
（Surface Treating）
裁断
（Slitting）
经表面处理的
压延铜箔
（Surface Treated RA Copper Foil）

3.13 热处理的目的和热处理温度的确定

3.13.1 热处理的概念和目的

钢铁依成分特别是碳含量及加工方法、加工度等不同，其性质会随之而异。特别是，对钢进行一系列的加热冷却处理会使钢的性能发生明显变化。

材料是人类进步的标志。从世界文明的发祥地看，生产活动中使用的工具、战争中所用的武器的优劣，决定着兴衰和成败，并不断推动人类社会向前发展。人类社会先后经历了石器时代、青铜器时代、铁器时代、钢铁时代、金属 - 非金属 - 高分子材料时代。

为了制造铁器，高加热温度是必要条件。与制造青铜所采用的木炭燃料相比，煤炭燃料的使用可以获得更高的温度，再加上还原铁矿石技术（know-how）的确立，使人类跨入铁器、钢铁时代

从人类发展的历史看，战争用的武器相对于生产生活用具来讲往往采用更先进的材料。锋利的刀剑和箭头就是由优良的铁矿石经高温还原成铁，再经调整 C 浓度加锻造制成的。

但是，至此，制造工程并未完结。要想真正做到锋利无比、"削铁如泥"、富于弹性等，一般都要进行热处理，使材料性质发生变化，以得到更坚硬、更强韧、更牢固的武器和用具。

热处理（heat treatment）是一种重要的金属处理工艺，它主要是把金属材料在固态下加热到预定的温度，保温一定的时间，然后以特定的方式冷却，通过一系列的加热及冷却操作，获得所要求性能的工艺过程。

通过热处理，可以改变金属材料内部的组织结构，并消除钢材经铸造、锻造、焊接等热加工工艺造成的各种缺陷，细化晶粒、消除偏析、降低应力，使组织和性能更加均匀，从而使工件的性能发生预期的变化。

钢铁通过热处理其性能可发生重大变化，这是钢铁的特点也是重要优点之一。

热处理一般可分为四大类，即退火（annealing）、正火（normalizing）、淬火（quenching）、回火（tempering）。

在详细讨论这些热处理工艺之前，为了方便后面进行比较，先认识对应 Fe-C 相图的平衡转变组织。

3.13.2 对应 Fe-C 相图的平衡转变组织

根据对不同 C 含量的 Fe-C 合金结晶过程的分析，可将组织标注在 Fe-C 相图中（参照 p81 中的图示）。从图中可以看出，铁碳合金在室温下的平衡组织皆由铁素体（F）和渗碳体（Fe_3C）两相组成，两相的相对质量分数可由杠杆定律确定。随碳质量分数的增加，F 的量逐渐变少，由 100% 按直线关系变至 0%（(w_c)=6.69%C）时，Fe_3C 的量则逐渐增多，相应地，由 0% 按直线关系变至 100%。具体来说：

小于 0.0218%C 合金，为工业纯铁，其组织为 $F+Cm_{III}$。

含碳量超过 0.0218%，但小于 0.77% 的合金为亚共析钢，组织为 F+P。

含碳量 0.77% 为共析钢，组织为 P。

含碳量大于 0.77%，至 2.11% 为过共析钢，其组织为 $P+C_{m\,II}$。

含碳量大于 2.11%，小于 4.3% 的合金为亚共析钢铸铁，组织为 $P+C_{m\,II}+L'_d$。

含碳量 4.3% 合金为共晶铸铁，其组织为 L'_d。含碳量大于 4.3% 合金为过共晶铸铁，组织为 $L'_d+C_{m\,I}$。

综上所述，$Fe\text{-}Fe_3C$ 合金随碳质量分数增大，组织一般按下列顺序变化：

$F \rightarrow F+C_{m\,III} \rightarrow P+C_{m\,II} \rightarrow P+C_{m\,I} \rightarrow P+C_{m\,II}+L'_d \rightarrow L'_d \rightarrow L'_d+C_{m\,II}+C_{m\,I}$。

3.13.3 钢在加热时的组织转变

加热是热处理的第一道工序，大多数情况下是要将钢加热到相变点以上，获得奥氏体组织。相变点也称为临界点（或临界温度），在热处理中，通常将铁碳相图中的 *PSK* 线称为 A_1 线，将 *GS* 线称为 A_3 线，将 *ES* 线称为 A_{cm} 线（亦参照 3.4 节的 $Fe\text{-}Fe_3C$ 相图）。这些线上每一合金的相变点，也称 A_1 点、A_3 点、A_{cm} 点。

实际热处理生产中，加热和冷却都是在非平衡状态下进行，因此组织转变温度都偏离平衡相变点，此时分别用 A_{c1}、A_{c3}、A_{ccm}、和 A_{r1}、A_{r3}、A_{rcm} 表示加热和冷却时的临界温度。图中表示临界温度在铁碳相图上的位置示意。

共析钢在室温时的平衡组织全部为珠光体，当加热到 A_{c1} 线以上温度时，转变为奥氏体晶粒。这一组织转变的过程可表示为：生成的奥氏体相不仅晶格类型与铁素铁和渗碳体相不同，而且含碳量也有很大的区别。由此可见，奥氏体化的过程必然进行着铁原子的晶格改组和铁、碳原子的扩散，其转变过程也是遵循形核和长大基本规律，并通过以下四个阶段来完成：①奥氏体晶核的形成；②奥氏体的长大；③残余渗碳体的溶解；④奥氏体成分的均匀化。

亚共析钢和过共析钢的奥氏体形成需要加热到 A_{c3} 或 A_{ccm} 以上，才能获得单一的奥氏体组织。

3.13.4 影响奥氏体晶粒长大的因素

奥氏体晶粒的大小将影响冷却转变后钢的组织和性能。奥氏体晶粒越细小，冷却转变后钢组织的晶粒也与细小，其力学性能也越高；奥氏体晶粒粗大，冷却转变后钢组织的晶粒也越粗大，力学性能变差，特别是冲击韧性下降较多。因此，钢在热处理加热过程中，加热温度和保温时间必须限制在一定的范围内，以便获得细小而均匀的奥氏体晶粒。

影响奥氏体晶粒大小的因素有：加热温度、保温时间、加热速度、含碳量和合金元素等。

按照晶粒度标准的评级，1~3 级晶粒度（直径为 250~125μm）为粗晶，4~6 级（直径为 88~44μm）为中等晶粒，7~8 级（直径为 31~22μm）为细晶。若纯铁在铁素体晶粒尺寸为 20μm 时，普通钢材的屈服强度 σ_s 为 200MPa 级，若细化在 5μm 以下，σ_s 就能翻番；具有低碳贝氏体或针状铁素体的钢材，若显微组织细化至 2μm 以下，强度就能翻番；具有回火马氏体的合金钢或贝 / 马复相钢，若显微组织细化至 5μm 以下，强度就能翻番。因此超细晶钢是将目前细晶钢的基体组织细化至微米数量级。

本节重点

（1）何谓热处理？热处理的目的是什么？
（2）对碳钢热处理中的退火、正火、淬火和回火加以解释。
（3）在 Fe-C 相图上标出热处理的操作范围。

热处理关系到人们的衣食住行
石器时代，人类为了食物与野兽拼死搏斗
各种各样的工具大都是经热处理的钢铁制成的
随着金属材料在各领域应用的普及，热处理技术也在不断发展
1

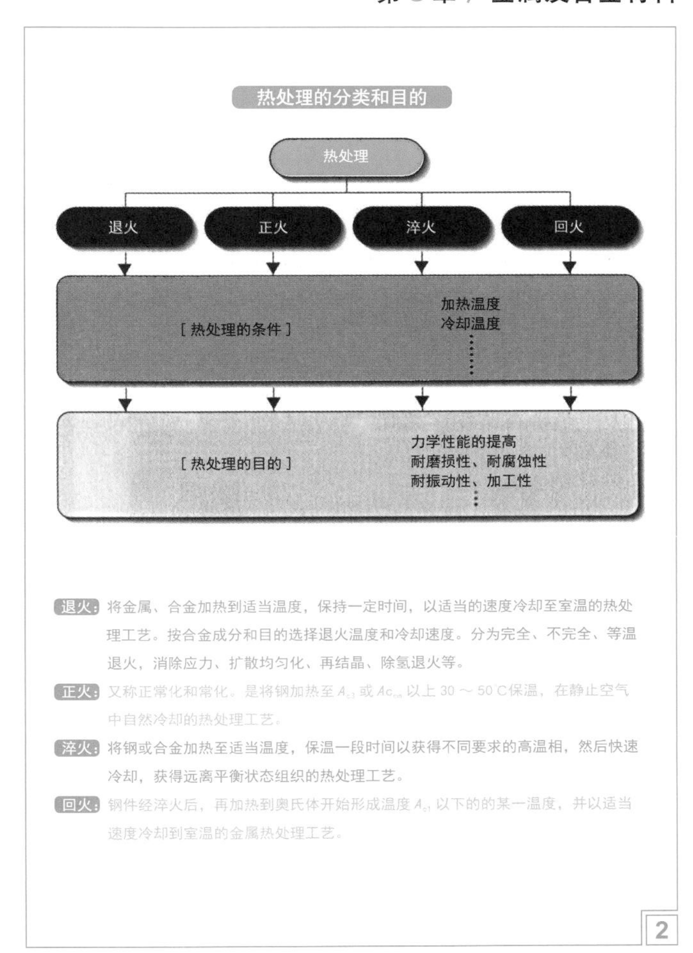
热处理的分类和目的
热处理
退火
正火
淬火
回火
[热处理的条件]
加热温度
冷却温度
[热处理的目的]
力学性能的提高
耐磨损性、耐腐蚀性
耐振动性、加工性
退火：将金属、合金加热到适当温度，保持一定时间，以适当的速度冷却至室温的热处理工艺。按合金成分和目的选择退火温度和冷却速度。分为完全、不完全、等温退火，消除应力、扩散均匀化、再结晶、除氢退火等。
正火：又称正常化和常化。是将钢加热至 A_{c3} 或 Ac_{cm} 以上 30～50℃保温，在静止空气中自然冷却的热处理工艺。
淬火：将钢或合金加热至适当温度，保温一段时间以获得不同要求的高温相，然后快速冷却，获得远离平衡状态组织的热处理工艺。
回火：钢件经淬火后，再加热到奥氏体开始形成温度 A_{c1} 以下的的某一温度，并以适当速度冷却到室温的金属热处理工艺。
2

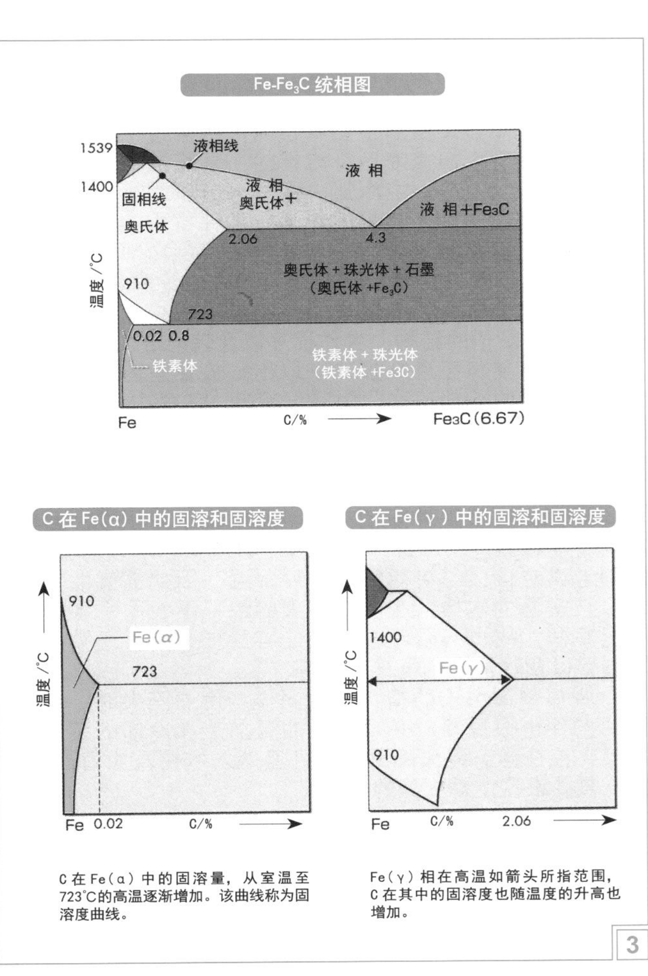
Fe-Fe$_3$C 统相图
1539
1400
液相线
固相线
液 相
液 相
奥氏体+
奥氏体
液 相+Fe3C
2.06
4.3
温度 /℃
910
奥氏体 + 珠光体 + 石墨
（奥氏体 +Fe$_3$C）
723
0.02 0.8
铁素体
铁素体 + 珠光体
（铁素体 +Fe3C）
Fe
C/%
Fe3C (6.67)
C 在 Fe(α) 中的固溶和固溶度
910
Fe(α)
723
温度 /℃
Fe 0.02
C/%
C 在 Fe(γ) 中的固溶和固溶度
1400
Fe(γ)
910
温度 /℃
Fe
C/%
2.06
C 在 Fe(α) 中的固溶量，从室温至723℃的高温逐渐增加。该曲线称为固溶度曲线。
Fe(γ) 相在高温如箭头所指范围，C 在其中的固溶度也随温度的升高也增加。
3

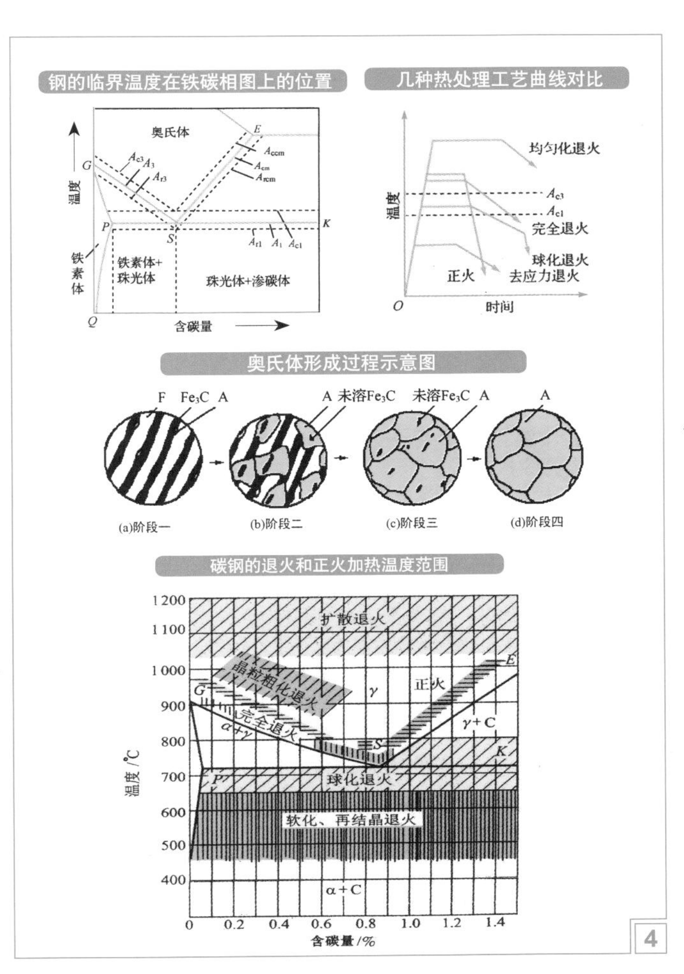
钢的临界温度在铁碳相图上的位置
奥氏体
温度
G
E
P
S
K
Q
铁素体
铁素体+珠光体
珠光体+渗碳体
含碳量
几种热处理工艺曲线对比
均匀化退火
温度
完全退火
球化退火
去应力退火
正火
O
时间
奥氏体形成过程示意图
F Fe$_3$C A
A 未溶Fe$_3$C
未溶Fe$_3$C A
A
(a)阶段一
(b)阶段二
(c)阶段三
(d)阶段四
碳钢的退火和正火加热温度范围
1200
1100
1000
900
800
700
600
500
400
扩散退火
晶粒粗化退火
完全退火
正火
γ
γ+C
α+γ
球化退火
软化、再结晶退火
α+C
温度/℃
0 0.2 0.4 0.6 0.8 1.0 1.2 1.4
含碳量/%
4

3.14 钢的退火

3.14.1 退火的定义和目的

将钢加热到临界点 A_{c1} 以上或以下的一定温度，保温一定时间，然后缓慢冷却，以获得接近平衡状态的组织，这种热处理工艺称之为退火（annealing）。退火可以达到下述目的：

（1）消除钢锭的成分偏析，使成分均匀化；

（2）消除铸、锻件存在的带状组织，细化晶粒、改善组织，使组织均匀化；

（3）释放与消除内应力，降低硬度，便于切削加工并保证工件的稳定性；

（4）改善高碳钢中碳化物形态和分布。

3.14.2 完全退火和中间退火

退火的典型代表为"完全退火"。这种方法对于亚共析钢加热到 A_{c3} 点以上 50℃，对于过共析钢加热到 A_{c1} 点以上 50℃，再缓慢冷却。由于钢的内部必须加热到相同的温度，因此必须维持在设定的温度范围。保温时间尽管依炉子的加热容量增减不一，但相对于被处理物的壁厚而言，以每英寸 1 小时为适。

退火的冷却为缓冷，一般是在切断电源的情况下随炉冷却。被退火件在炉内开始冷却到取出炉外要花费相当长的时间。为减少冷却时间、降低成本，加热结束后可将工件移至冷却炉或将工件置于隔热剂（发热的炭灰等）中。

完全退火一般有两大目的，一是使热加工钢件中的组织微细化，二是使材质软化。

另外，由于完全退火花费的时间长，热量消耗大，若仅以软化为目的，也可以由"中间退火"（或低温退火）来完成。采用的方法是，将工件加热到靠近 A_{c1} 点的下方，取出炉外进行空冷。钢可由此进行充分软化，提高切削性和加工性。

3.14.3 球化退火和均匀化退火

对于含 C 量较高的过共析钢（高碳钢）而言，珠光体中的渗碳体（Fe_3C）比率较高。由于渗碳体硬度高，是工具钢及轴承钢中常见的组织。在制作钢时，由于组织内渗碳体的大小及形状等各式各样，希望通过退火，使其向小尺寸集中，而且由异形或板状形状向球形变化。这种使渗碳体的尺寸变小并使其球形化的操作便是"球化退火"。球化退火的结果，使工具更锋利，使轴承更具耐磨性。

当加热到 A_{c1} 点前后时，板状渗碳体被分割为一段一段的小段，尽管其形状各异，但在表面张力作用下转变为小球，最终实现球形化。

球化退火可由下述方法实现：

（1）升温至 A_{c1} 点下方 50℃，长时间加热保温，而后炉冷（或空冷）；

（2）升温至 A_{c1} 点上方 50℃，加热保温；冷却至 A_{c1} 点下方 50℃，加热保温；重复该过程 2~3 个循环。

渗碳体的组织形貌可藉由光学显微镜来确认。

均匀化退火主要是针对铸造件。铸造件是熔融态钢经铸型浇注制造的。尽管熔融态钢中各种各样的成分相互熔合，但即使在完善的浇注条件下，仍然会存在部分的不能相互固溶的情况。这可能是由于成分间固溶难易不同，也可能是由成分间相对密度的差异引起。在这种状态下进行浇注，冷却后当然也会出现局部的成分差异。而且，有些铸件形状还会助长这种情况的发生。

成分上的浓度差异称为偏析。若能使铸件的成分更均匀地互溶，减少偏析，则可明显改善铸钢的质量。而均匀化退火就是有效对策之一。

对于铸钢件来说，均匀化退火是将其升温至 1100~1150℃的高温，加热保温，通过扩散使钢铸件内部的各种成分和杂质等均匀化。

3.14.4 热处理的加热炉和冷却装置

为进行热处理，加热必不可少。工业用加热一般要采用各种形式的加热炉。为能承受炉内的高温，炉衬采用耐火砖（主成分为 Al_2O_3、MgO、SiC 等），外侧围以隔热层。炉外壁由钢板围成炉壳，外面多涂以耐火性银白色涂料。

加热炉从结构形式上可分为据置式和连续式热处理炉（隧道炉）两大类。

单侧开门据置式加热炉在炉前设门，用于工件的装入、取出。门的开闭有手动的、电动的。大型的批量式加热炉以这种方式居多，为了装入、取出方便，还有将工件载于台车上一起加热。

为防止炉内热量逃逸，炉内要采用密封结构。而且，为使加热炉与其他装置相连，有的还在炉后设门。

连续式热处理炉是将加热炉与其他装置组合而成的长形隧道构造，装入的工件在输送链上运动的同时，完成一系列的热处理操作，特别适用于汽车产业等大批量生产领域。

加热炉按热源可分为电加热和燃油加热两大类。

电加热发热体多采用 Ni-Cr 合金丝或矽碳（SiC）棒。电加热控温容易，温度可精确恒定，但电阻发热体的加热温度以 1200℃左右为限，由于长时间高温劣化，需要定期检查和更换。

由重油、煤油燃烧加热方式与电加热方式相比，更适用于大型加热炉，可获得更高温度，但温度调整和控制较难，且对环境有污染。

冷却装置与加热装置一样，对于热处理来说也是必不可少的，尽管前者要简约些。

冷却中需要考虑的是每单位时间的温度下降，即冷却速度。当需要冷却速度尽可能慢时，是将被加热工件在停止加热的情况下在炉中冷却，称此为随炉冷却（炉冷）。此时的冷却速度依炉内蓄积的热量、工件蓄积的热量、向炉外逃逸的热量等而变化。在需要严格控制冷却速度的情况下，当温度下降过快时，还必须阶段性地途中加热。但是，如果冷却速度比目的速度更慢，则是不能控制的，必须在此前调整好炉子的结构、操作程序以及装料等。

有时需要将工件从加热炉取出，放在室内使其发生温度自然下降的冷却，称此为空气冷却（空冷）。这种方法依工件的质量及表面积大小的不同，每次的温度下降的速度也各不相同。空冷的场所即使在放置高温加热工件的情况下，也必须确保地基及基础不发生问题。

大型、重型工件即使空冷，温度也下降很慢。此时要用大型喷雾器进行冷却。称此为喷雾冷却。淬火需要急冷。原则上讲应该以尽可能快的速度降温，因此需要能将工件急冷至室温的水槽。在多次淬火的情况下，因水温升高而不能冷却，故也必须考虑水槽的容量。必要时还需外加水冷装置以及水槽内的搅拌装置等。

冷却剂采用油的情况也是同样。用油淬火时，设计油温的条件也很重要，必须附设油温加热和冷却的装置。每次淬火往往会有淬火碎屑从工件篮落入水槽及油槽的底部，因此需要设置定期去除的装置。

本节重点

（1）何谓内应力？材料中内应力产生的原因。
（2）完全退火的目的和实现方式。
（3）球化退火的目的和实现方式。

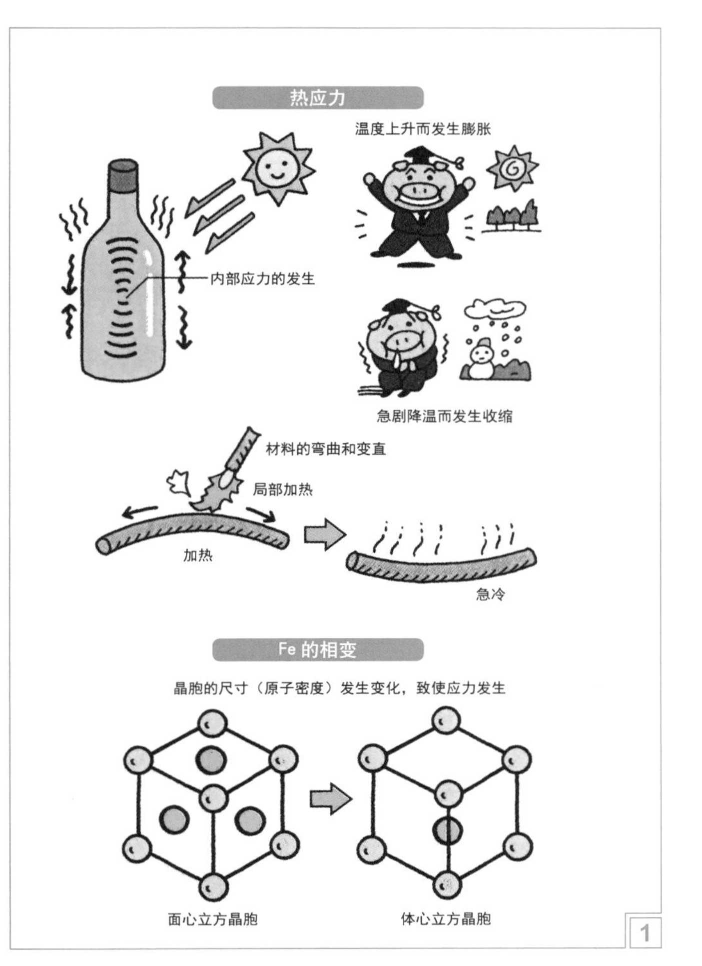
热应力
温度上升而发生膨胀
内部应力的发生
急剧降温而发生收缩
材料的弯曲和变直
局部加热
加热
急冷
Fe 的相变
晶胞的尺寸（原子密度）发生变化，致使应力发生
面心立方晶胞
体心立方晶胞
1

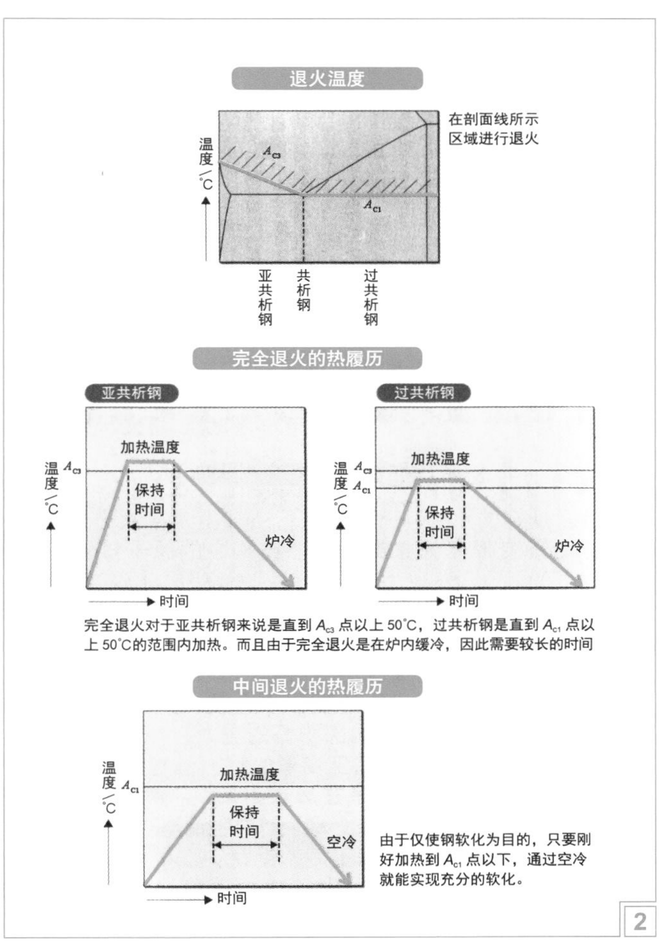
退火温度
在剖面线所示区域进行退火
温度/℃
亚共析钢
共析钢
过共析钢
完全退火的热履历
亚共析钢
过共析钢
加热温度
保持时间
炉冷
时间
完全退火对于亚共析钢来说是直到 A_{c3} 点以上 50℃，过共析钢是直到 A_{c1} 点以上 50℃的范围内加热。而且由于完全退火是在炉内缓冷，因此需要较长的时间
中间退火的热履历
加热温度
保持时间
空冷
由于仅使钢软化为目的，只要刚好加热到 A_{c1} 点以下，通过空冷就能实现充分的软化。
2

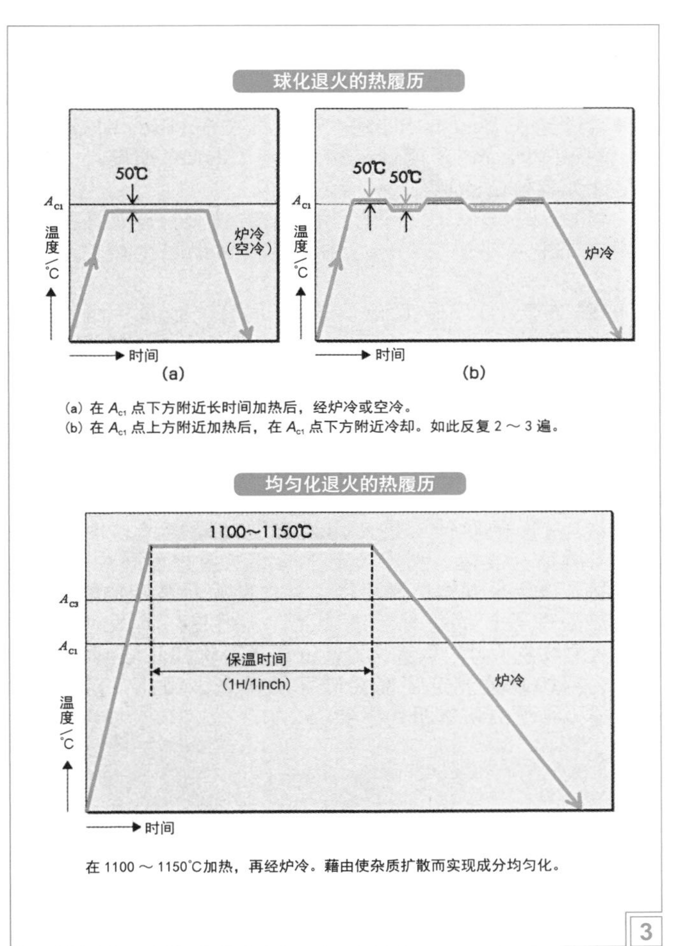
球化退火的热履历
50℃
炉冷（空冷）
炉冷
温度/℃
时间
(a)
(b)
(a) 在 A_{c1} 点下方附近长时间加热后，经炉冷或空冷。
(b) 在 A_{c1} 点上方附近加热后，在 A_{c1} 点下方附近冷却。如此反复 2～3 遍。
均匀化退火的热履历
1100～1150℃
保温时间
(1H/1inch)
炉冷
在 1100～1150℃加热，再经炉冷。藉由使杂质扩散而实现成分均匀化。
3

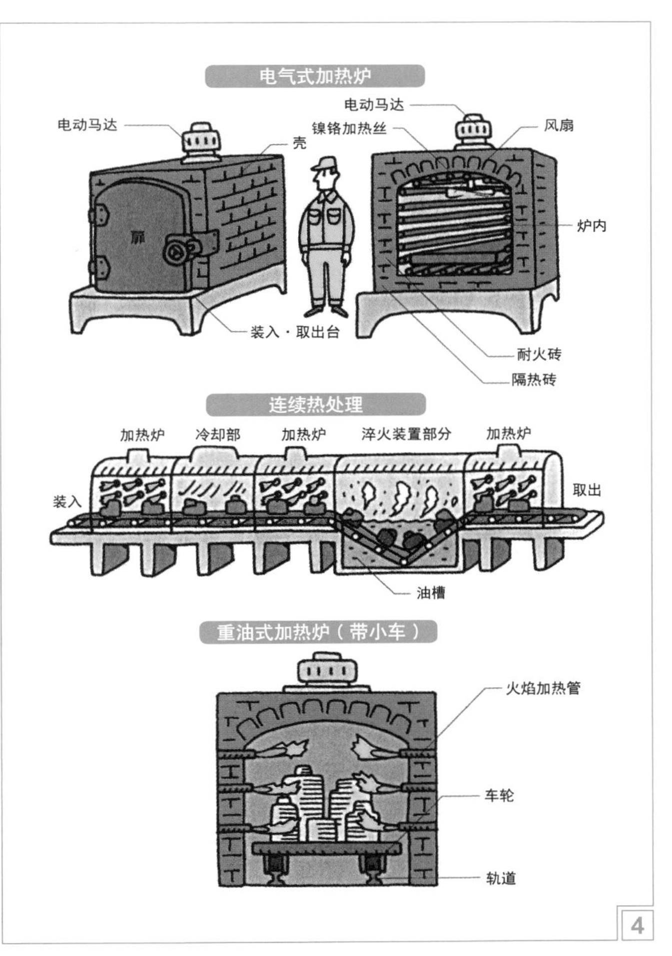
电气式加热炉
电动马达
镍铬加热丝
壳
风扇
扉
炉内
装入・取出台
耐火砖
隔热砖
连续热处理
加热炉
冷却部
加热炉
淬火装置部分
加热炉
装入
取出
油槽
重油式加热炉（带小车）
火焰加热管
车轮
轨道
4

3.15 钢的正火

3.15.1 正火的定义和目的

正火（normalising）是将钢加热到 A_{c3} 或 A_{ccm} 以上 30～50℃，在维持内外温度一定条件下，保温足够时间，然后从加热炉取出，在空气中冷却（空冷）的热处理工艺。与完全退火相比，正火的冷却速度更快。正火多用于亚共析钢加工件的最终热处理。

钢正火处理的主要目的有：

（1）钢中内应力的释放、消除；

（2）使钢的晶粒度细化，提高硬度，改善切削加工性；

（3）改善钢的材质，提高综合力学性能；

（4）对于大型锻件、压延加工的钢材，正火可以消除塑性变形造成的带状或纤维组织，细化晶粒，使组织均匀化。

其中，（1）与（4）也是相互关联的。为了将钢加工成各种形状及规定的尺寸，一般要进行热加工。尽管称其为热加工，但由于变形度大，钢中结晶结构中的原子排列会发生较大程度的混乱，表现为原子偏差平衡位置、出现点阵畸变、甚至点阵常数的变化等，进而产生应力。正如我们身体受外力磕碰感觉到疼痛一样，这实际上是内应力在起作用。

在存在内应力的情况下，经过一段时间，在内应力的作用下晶格返回原始状态的过程中会使试样外形尺寸发生变化。因此需要消除工件内部积蓄的应力。

关于（2），在高温下加工变形的钢，晶粒尺寸过大。这是因为，钢在高温，特别是被加热到 A_{c3} 点以上时，晶粒与晶粒会发生合并，并进一步长大。大晶粒钢与小晶粒钢相比，力学性能变差。因此，热加工后的钢材，必须使其晶粒细化。

关于（3），对于某些中碳钢或中碳低合金钢，通过改善析出物的形貌，对于过共析钢，通过消除网状碳化物等，以提高其综合力学性能。

关于（4），由于在压延变形等热加工后，在加工方向产生纤维组织。在显微镜下观察，可以看到白色基体的铁素体以及呈黑色的珠光体都呈被拉长的纤维化显微组织。如果整个工件中都呈这种不均匀组织，则耐磨损性差，而且，力学性能沿顺着纤维方向和垂直纤维方向也不相同，即呈现各向异性，从而不能确保相同的强度。这些需要由正火处理达到组织均匀性。

3.15.2 正火操作

正火加热温度高，操作不当会引起晶粒生长而粗大化；处于高温的工件从炉中直接取出置于空气中冷却，对周围环境和人员都可能造成危害和影响，对这些都必须严加注意。

与完全退火之后的显微组织为铁素体和珠光体（铁素体和渗碳体的层状混合物）相对，正火之后可以观察到索氏体组织。这种索氏体基本上与珠光体相同，只是晶粒更小，组织更微细而已。前者的硬度、强度更高，强韧性更好，多在弹簧及线材等的制造中采用。

进行正火处理的工件各式各样。大型工件由于热容量大，从加热炉取出之后难以快速冷却。这样就难以形成索氏体组织，晶粒也难以变小。作为对策，可进行喷雾冷却。通过向自来水管中压入空气形成气泡，强力喷射在所需要冷却的范围内。

对于体积更大的重型工件，上述操作亦受到限制。可以将从加热炉取出的整个工件直接浸入水槽之中，以使表面温度快速下降。在水开始沸腾时将工件取出，由于内部热量导出会使表面重新返回红色，但对于整个工件来说，可达到相当高的冷却速度。

3.15.3 热处理中所需要的其他装置

热处理炉除了加热之外，还应具备加热温度设定，温度上升速度、保温时间等调节、控制功能，因此常要配备温度计、温度调节器以及可进行程序控制的设备。在简单的可手动操控的情况下，仅设有温度计，只需目测即可正确读取炉内温度，上述辅助设备可以简化。

温度测量通常是利用设备中加热炉内的热电偶作为传感器（检测元件），通过导线将热电信号引到外设的温度管理室。最近还开发出不使用导线，而利用电波方式进行温度计测的方式。对于热电偶和各类温度计要定期维护检测，调节并确认其零点准确无误。

将大量热处理工件装入、取出加热炉离不开操作人员的体力劳动。为此，需要在热处理车间准备吊车。吊车除考虑行走范围和起吊吨位之外，还应考虑不同工序的连接，对于需要快速冷却的情况，应即时将工件送到急冷装置。为此，吊车的吊起、下降速度以及行走速度必须要快。

在将工件装入加热炉时，一般不采用一个接一个的顺序方式，而是利用吊篮成批装入。吊篮的形状、大小、材质需要严格选择。从寿命及价格考虑，多选用不锈钢制作，或外购或自制。

热处理结束后需要对工件进行各种检查。光学显微镜是必不可少的仪器。热处理正确与否要通过材料的组织检查来判定。除此之外还需要几个配套设备，如气体压缩机、储气装置、清洗装置、硬度计及非破坏检查装置等。

3.15.4 如何测量硬度

不同钢种，特别是经过不同的热处理，硬度变化很大。因此，硬度测量必不可少。常使用的代表性硬度测量计有四种：（1）洛氏（Rockwell）硬度计，（2）布氏（Brinell）硬度计，（3）维氏（Vickers）硬度计，（4）肖氏（Shore）硬度计。每种硬度计都有各自的特征。

（1）洛氏（HR）硬度计　用钢球对被测物施加压力，使被测物发生局部塑性变形，由计测仪读出阻止塑性变形的能力。

（2）布氏（HS）硬度计　与（1）同样，也是用钢球对被测物施加压力，由此产生同样的塑性变形而形成球面凹坑。通过测量凹坑的直径而换算成硬度。凹坑的直径越大，被测材料越软。

（3）维氏（HV）硬度计　用菱形金刚石压头对被测物施压，使其产生菱形压痕。通过计测菱形对角线的长度换算成硬度。

（4）肖氏硬度计　是使用最方便的硬度计。使被测物与计量器垂直放置，利用锁定于内部的重锤落下并被反弹。由计测器显示重锤的反弹高度，并由此表示被测物的硬度。

热处理工厂都备有上述硬度计。但是，不同硬度计依被测对象物的大小、重量、测量位置各有优势和限制。而且，工件内部的硬度测定还需要破坏性检查。因此，重复性试验数据和经验的积累极为重要。

本节重点

（1）对正火和退火进行对比。

（2）正火操作的注意事项。

（3）常用于硬度测量的代表性硬度计有哪几种？分别做简要介绍。

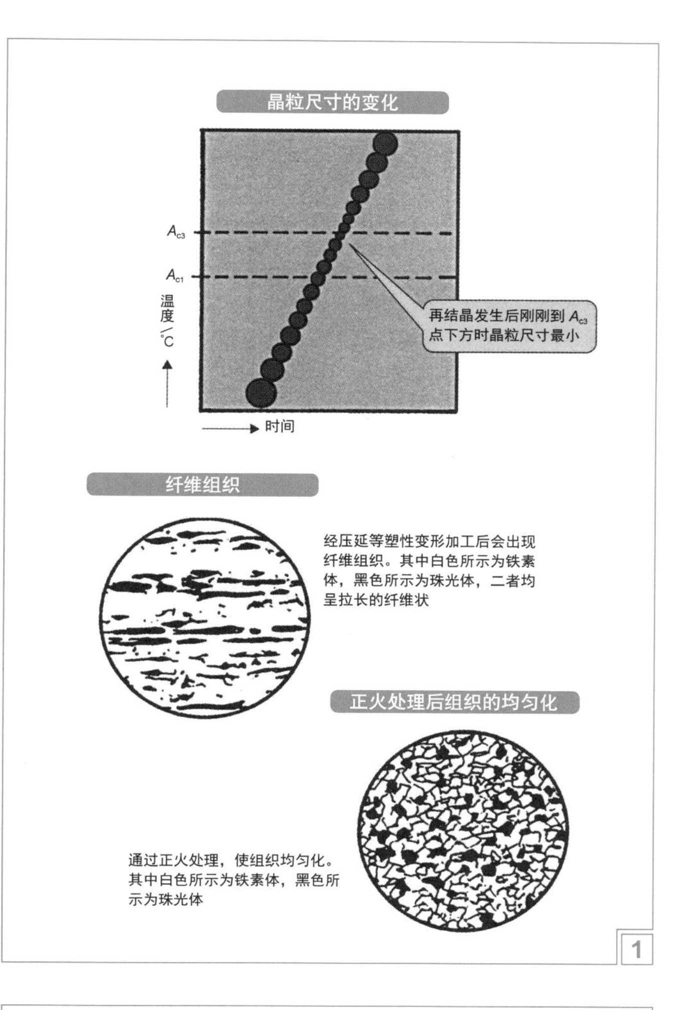
晶粒尺寸的变化
A_{c3}
A_{c1}
温度/℃
时间
再结晶发生后刚刚到A_{c3}点下方时晶粒尺寸最小
纤维组织
经压延等塑性变形加工后会出现纤维组织。其中白色所示为铁素体，黑色所示为珠光体，二者均呈拉长的纤维状
正火处理后组织的均匀化
通过正火处理，使组织均匀化。其中白色所示为铁素体，黑色所示为珠光体
1

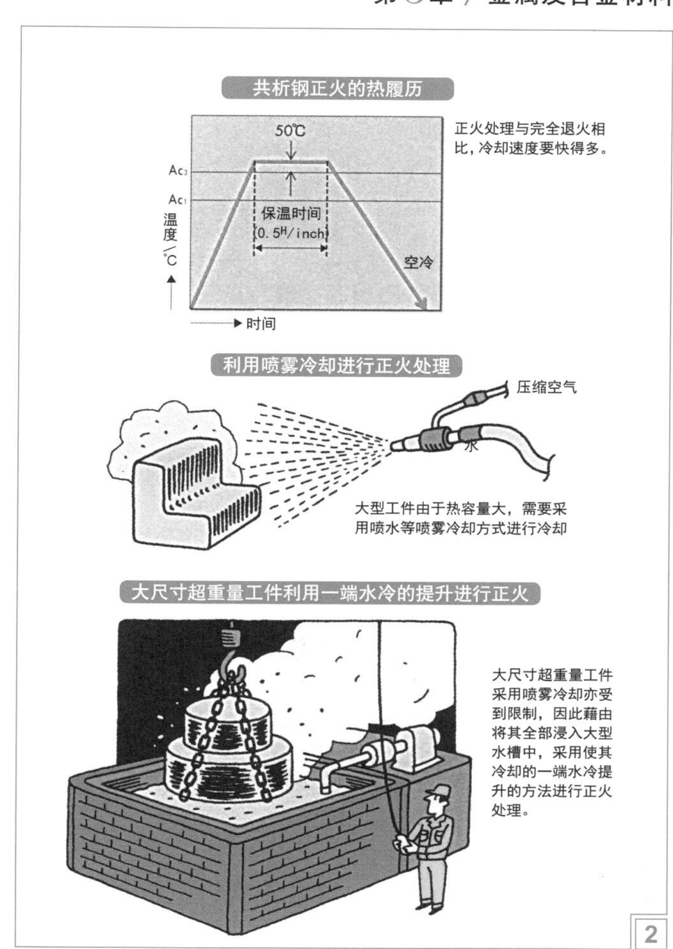
共析钢正火的热履历
50℃
Ac3
Ac1
温度/℃
保温时间
(0.5H/inch)
空冷
时间
正火处理与完全退火相比，冷却速度要快得多。
利用喷雾冷却进行正火处理
压缩空气
水
大型工件由于热容量大，需要采用喷水等喷雾冷却方式进行冷却
大尺寸超重量工件利用一端水冷的提升进行正火
大尺寸超重量工件采用喷雾冷却亦受到限制，因此藉由将其全部浸入大型水槽中，采用使其冷却的一端水冷提升的方法进行正火处理。
2

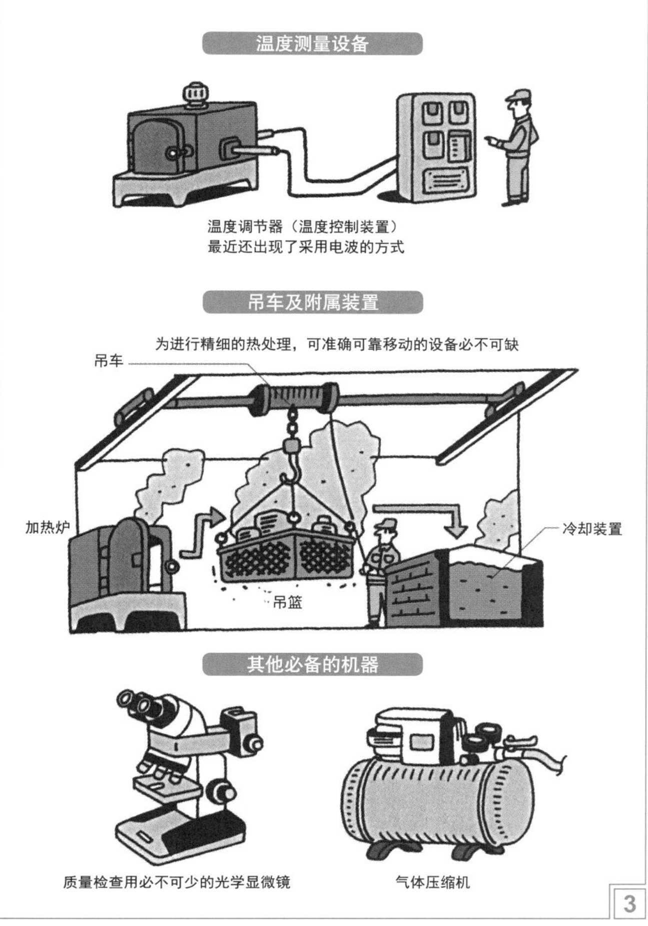
温度测量设备
温度调节器（温度控制装置）
最近还出现了采用电波的方式
吊车及附属装置
为进行精细的热处理，可准确可靠移动的设备必不可缺
吊车
加热炉
吊篮
冷却装置
其他必备的机器
质量检查用必不可少的光学显微镜
气体压缩机
3

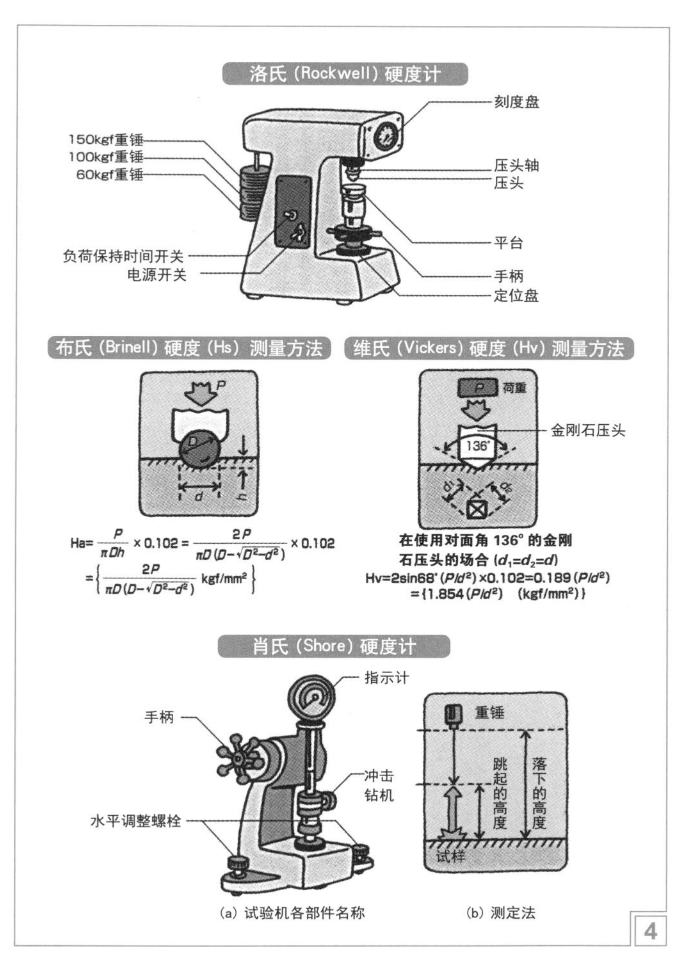
洛氏（Rockwell）硬度计
刻度盘
150kgf重锤
100kgf重锤
60kgf重锤
压头轴
压头
平台
负荷保持时间开关
电源开关
手柄
定位盘
布氏（Brinell）硬度（Hs）测量方法
维氏（Vickers）硬度（Hv）测量方法
P
D
d
h
$Hs=\frac{P}{\pi Dh}\times 0.102=\frac{2P}{\pi D(D-\sqrt{D^2-d^2})}\times 0.102$
$=\left\{\frac{2P}{\pi D(D-\sqrt{D^2-d^2})}\ \mathrm{kgf/mm^2}\right\}$
荷重
金刚石压头
136°
d_1
d_2
在使用对面角136°的金刚石压头的场合（$d_1=d_2=d$）
$Hv=2\sin 68°(P/d^2)\times 0.102=0.189(P/d^2)$
$=\{1.854(P/d^2)\ \ (\mathrm{kgf/mm^2})\}$
肖氏（Shore）硬度计
指示计
手柄
冲击钻机
水平调整螺栓
重锤
跳起的高度
落下的高度
试样
(a) 试验机各部件名称
(b) 测定法
4

3.16 钢的淬火 (1) ——加热和急冷的选择

3.16.1 加热温度的选择

所谓淬火 (quenching，俗称蘸火)，是将钢加热至高温变成奥氏体组织之后而进行急冷的处理。

本来，若从奥氏体组织缓慢冷却，则像退火那样，到室温会转变成铁素体和珠光体组织。但在急冷的情况下，没有足够的时间转变为平衡相图所对应的组织，而形成相图上不存在的非平衡组织，这种非平衡组织即为马氏体。

马氏体是非常硬的组织，在作为耐磨损材料、切削刀具、强度要求高的材料等而使用的钢种中利用淬火产生。马氏体组织经适当回火后，可获得所需要的优良综合力学性能。

淬火工艺要根据具体材质和工件大小、形状而定，主要考虑因素包括加热温度的选择，冷却速度的选择，如何增加淬透性以及防止淬火开裂等。

淬火加热温度的选择应以得到均匀细小的奥氏体晶粒为原则，以便淬火后获得细小的马氏体组织。淬火加热温度主要根据钢的临界点来确定，对于亚共析钢的淬火加热温度一般为 A_{c3}+(30~50℃)，共析钢和过共析钢为 A_{c1}+(30~50℃)。这是因为，如果亚共析钢在 A_{c1} 至 A_{c3} 温度之间加热，加热时组织为奥氏体和铁素体两相，淬火冷却之后，组织中除马氏体外，还保留一部分铁素体，将严重降低钢的强度和硬度。因此，需要采用完全淬火。但淬火温度亦不能超过 A_{c3} 过高，否则会引起奥氏体晶粒粗大，淬火后得到粗大的马氏体，使钢的韧性降低。所以，一般在原则上规定淬火温度为 A_{c3} 以上 30~50℃。由于这一温度处于奥氏体单相区，故又称为完全淬火。

至于过共析钢，淬火加热温度应在 A_{c1}~A_{cm} 之间。这是因为，工件在淬火之前都要进行球化退火，以得到粒状珠光体组织。这样，淬火加热的组织便为细小奥氏体和未溶的粒状碳化物，从而淬火后可得到隐晶马氏体和均匀分布在马氏体基体上的细小粒状碳化物组织。这种组织不仅具有高强度、高硬度、高耐磨性，而且具有较好的韧性。如果淬火加热温度超过 A_{cm}，加热时碳化物将完全溶入奥氏体中，使奥氏体碳的质量分数增加，使 M_s 和 M_f 点降低，淬火后残余奥氏体量增加，钢的硬度和耐磨性降低，同时奥氏体晶粒粗化，淬火后容易得到含有显微裂纹的粗片状马氏体，使钢的脆性增大。

3.16.2 冷却速度的选择

冷却速度对于转变为马氏体的效果 (相变) 也有较大的影响。图中的试验结果是由冷却速度决定的马氏体相变的界限由组织含量所表示的关系。称该速度为上临界冷却速度，是完全转变为马氏体的界限。若比该速度慢，则只有一部分转变为马氏体，其他部分以称作屈氏体的组织出现。屈氏体与前述的索氏体即细珠光体组织类似，只是比索氏体组织更微细，硬度也高些。

如果冷却速度过慢，则不能形成马氏体，也不会出现屈氏体组织而全部转变为珠光体，这与相图表示的组织相类似。称这一界限速度下临界冷却速度。

上、下临界冷却速度并非对所有钢种都相同，因钢种和淬火条件不同而异。

3.16.3 淬火用冷却剂

淬火时所用的冷却剂有各种不同的种类，最便宜且最方便利用的是水，其冷却效果也极佳。但用水做冷却剂时，它的状态极为重要。

首先，适当的水温是 15℃，不一定要求是 0℃。尽管淬火时以 15℃上下为宜，但水槽在短时间内经多次连续淬火，水温势必上升。这种情况下，应附设水的冷却装置，或循环加入新水。

其次是水的状态。当水中混入肥皂等泡沫剂时，对淬火对象的冷却效果变差；当工件表面存在膜层时也会妨碍冷却效果。此外，当水中混入固相杂质时会影响冷却效果；而当水中添加盐等溶质时会提高冷却效果。但采用后一种手段会使淬火工件生锈，给后续工序带来麻烦。

在将淬火工件投入之后，可以观测冷却温度的时经变化。假设 Ni 球为淬火样品，在其中心插入热电偶，将其加热保持在淬火温度下，投入试验用冷却剂中。温度随时间而下降，下降的情况随冷却剂的种类不同而各异。冷却过程中淬火工件及其周围的状况，出现图中所示的各种现象。

其他的冷却剂有液态的油脂。总体上可分为矿物油和植物油两大类。前者由石油制作，不仅价格便宜，而且应不同用途目的要求可开发出多种产品，因此用量很大。也有可溶于水的溶剂与水混合做成的冷却剂。

植物油的代表是菜籽油。其特性和冷却效果俱佳，但产量受限，因此价高。

3.16.4 不完全淬火

淬火是使奥氏体急冷发生转变为马氏体的相变，若不是所有的奥氏体都转变为马氏体，则称为不完全淬火。实际上，产生 100% 的马氏体相变是相当困难的，发生 50% 的淬火就可以认为产生了淬火效应。

不完全淬火的组织，首先是马氏体，其余是铁素体及珠光体 (索氏体和屈氏体) 和残余奥氏体。尽管残余奥氏体经回火前的亚零 (深冷) 处理可以完成马氏体相变，但铁素体和珠光体却保持原样。

其结果，由于钢的不完全淬火，本来要完全转变为马氏体时应该达到的硬度不能达到，从而不能产生淬火应有的效果。

工程设计对于热处理提出的要求是，应达到规定的钢的调质 (淬火加高温回火) 和硬度指标。虽说热处理工厂无一不进行淬火处理，但如果判定未达到足够的硬度，则必须再度退火后重新淬火，再通过高温回火调整硬度，由于工程反复，费工费力，应极力避免。

最不能容忍的是以不完全淬火的处理冒充调质处理，这将为工件的使用带来后患和危险。

本节重点

（1）淬火是将钢加热至高温变成奥氏体组织之后进行急冷，将其转变为非常硬的马氏体组织的热处理过程。
（2）淬火处理中加热温度和冷却速度的选择原则。
（3）根据共析钢的不同冷却曲线判断所得材料的组织。

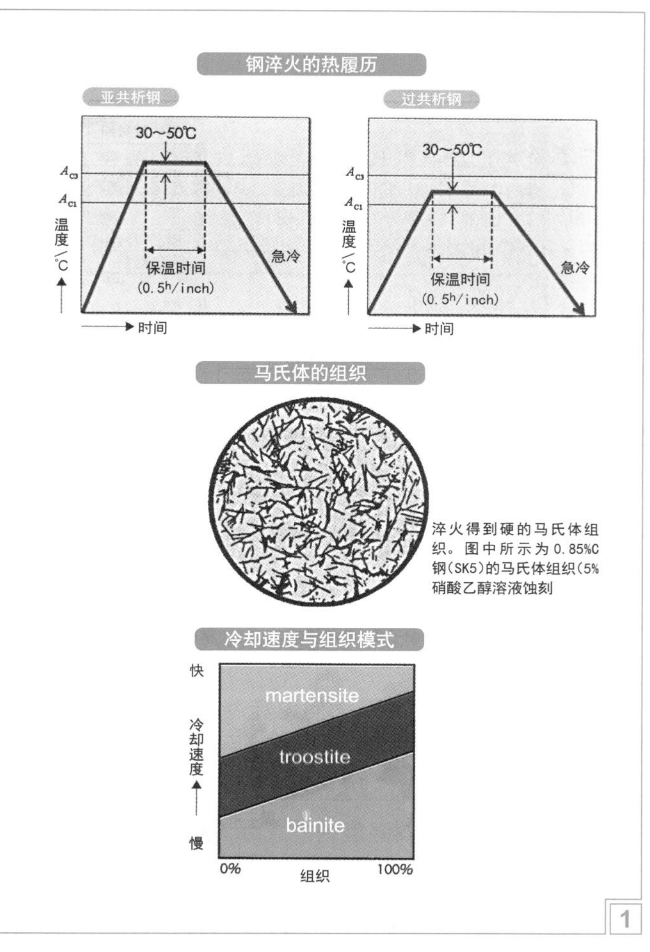
钢淬火的热履历
亚共析钢
过共析钢
30～50℃
保温时间
(0.5h/inch)
急冷
温度/℃
时间
马氏体的组织
淬火得到硬的马氏体组织。图中所示为0.85%C钢(SK5)的马氏体组织(5%硝酸乙醇溶液蚀刻
冷却速度与组织模式
快
冷却速度
慢
martensite
troostite
bainite
0%
组织
100%

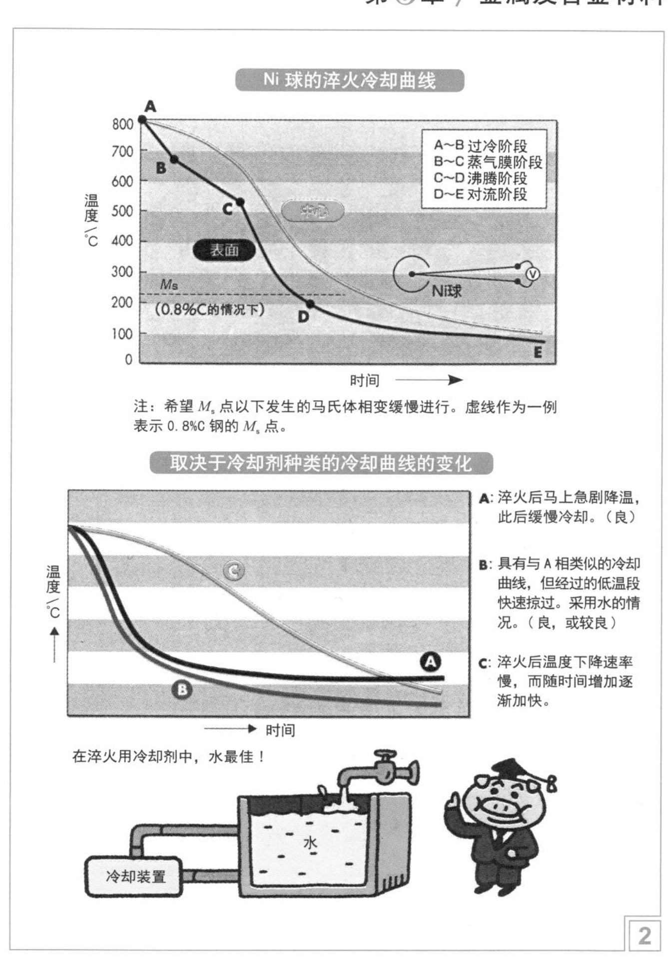
Ni球的淬火冷却曲线
A~B 过冷阶段
B~C 蒸气膜阶段
C~D 沸腾阶段
D~E 对流阶段
表面
Ni球
Ms
(0.8%C的情况下)
温度/℃
时间
注：希望Ms点以下发生的马氏体相变缓慢进行。虚线作为一例表示0.8%C钢的Ms点。
取决于冷却剂种类的冷却曲线的变化
A: 淬火后马上急剧降温，此后缓慢冷却。（良）
B: 具有与A相类似的冷却曲线，但经过的低温段快速掠过。采用水的情况。（良，或较良）
C: 淬火后温度下降速率慢，而随时间增加逐渐加快。
温度/℃
时间
在淬火用冷却剂中，水最佳！
水
冷却装置

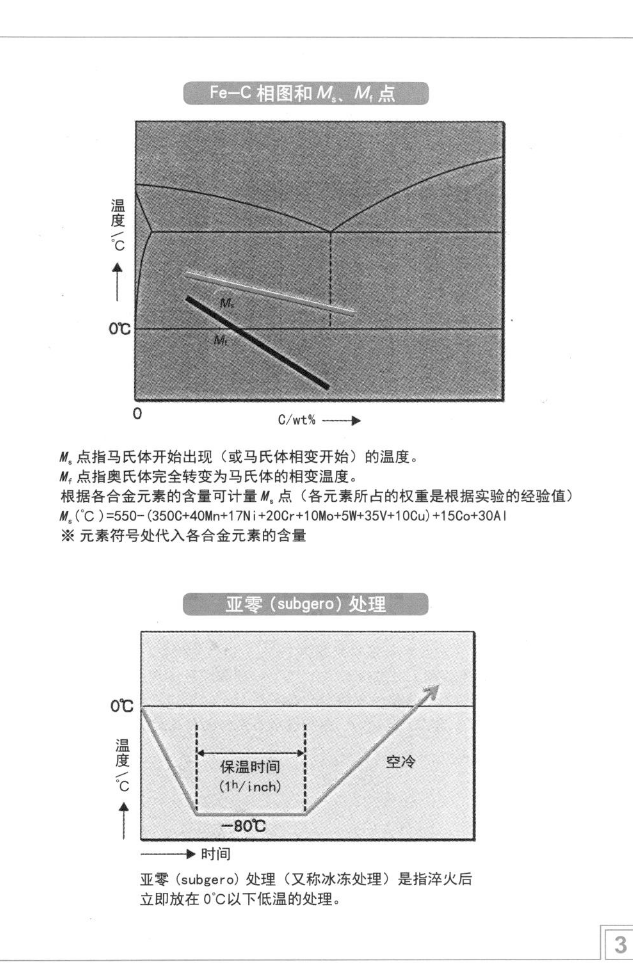
Fe–C相图和Ms、Mf点
温度/℃
0℃
Ms
Mf
0
C/wt%
Ms点指马氏体开始出现（或马氏体相变开始）的温度。
Mf点指奥氏体完全转变为马氏体的相变温度。
根据各合金元素的含量可计量Ms点（各元素所占的权重是根据实验的经验值）
Ms(℃)=550-(350C+40Mn+17Ni+20Cr+10Mo+5W+35V+10Cu)+15Co+30Al
※ 元素符号处代入各合金元素的含量
亚零(subgero)处理
0℃
温度/℃
保温时间
(1h/inch)
-80℃
空冷
时间
亚零(subgero)处理（又称冰冻处理）是指淬火后立即放在0℃以下低温的处理。

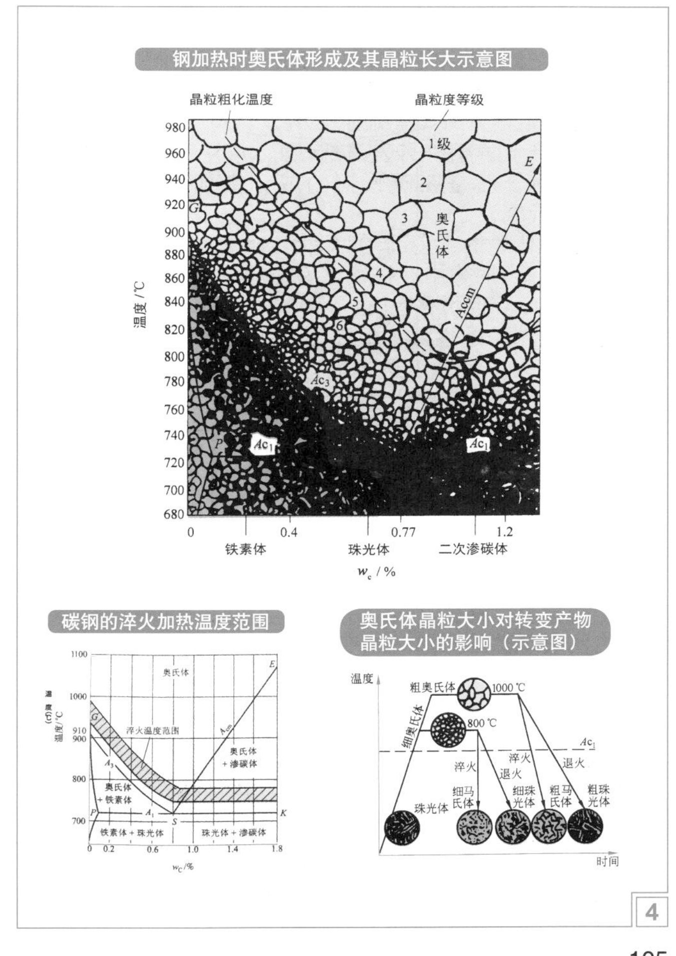
钢加热时奥氏体形成及其晶粒长大示意图
晶粒粗化温度
晶粒度等级
1级
奥氏体
温度/℃
Accm
Ac3
Ac1
铁素体
珠光体
二次渗碳体
wc/%
碳钢的淬火加热温度范围
奥氏体
淬火温度范围
奥氏体+渗碳体
奥氏体+铁素体
铁素体+珠光体
珠光体+渗碳体
奥氏体晶粒大小对转变产物晶粒大小的影响（示意图）
温度
粗奥氏体
细奥氏体
1000℃
800℃
淬火
退火
细马氏体
细珠光体
粗马氏体
粗珠光体
珠光体
时间

3.17 钢的淬火 (2)—— 增加淬透性和防止淬火开裂

3.17.1 淬透性

工件经淬火，表面硬度会提高。但只要是淬火，就不能保证整个工件处处硬度一致。

淬火后的表面硬度，因被淬火工件的质量（大小）不同而异。一般来说，质量大的工件比质量小的工件硬度低。

被淬火工件表面面积的差异也会对表面硬度产生影响。在工件质量等相同的条件下，改变表面面积进行淬火，表面积越大的工件表面硬度越高。这是因为宽广的表面积更容易充分冷却所致。

另外，被淬火工件内部的淬火硬度也会随着表面深度的不同而变化。

对构成机械、装置及结构件等的材料进行淬火，目的是提高硬度，以便获得所需要的强度、耐磨性等种种特性。但仅仅有表面的高硬度，效果有限。希望工件内部硬度与表面硬度相同的深度尽量深。

也就是说，淬火后不仅要求表面硬度高，内部尽可能深的部位具有高硬度也是重要的，并将其定义为淬透性。一般来说，所希望的硬度能达到的深度越深，则淬透性越好。即使整体的硬度处于低位，但直到内部很深的部位也能达到淬火效果，也被认为淬透性很好。

淬透性随钢的性质不同而异，**淬透性好的条件一般有三条：① C 浓度很高；②钢的晶粒大；③钢中所含合金元素的种类及其含量较高。**

另外，如前所述，工件质量越大，淬透性越低。称其为**淬透性的质量效应**。

将钢的开发说成是提高淬透性的历史毫不为过。使用淬透性好的钢材制作机械、装置及结构件，经淬火后使用，即使质量小也能担当重任。

3.17.2 合金钢与淬透性

碳素钢依碳浓度的不同要做适当的热处理。一般，低碳钢做正火，中碳钢以上做淬火处理。由于碳素钢淬透性较差，当质量很大时淬火效应变小。

为此，人们一直在开发淬透性好、质量效应小的合金钢。这些合金钢一般是在碳素钢的成分中加入 Ni、Cr、Mn、Mo 等合金元素。

在应用普遍的合金钢，如 Cr 钢、Cr-Mo 钢、Ni-Cr-Mo 钢、Mn 钢、Mn-Cr 钢等中，往往含有多种合金元素。合金钢比碳钢的性能好，但价格也贵。

合金钢的淬透性好，但因合金元素的种类和含量不同，效果差异很大。计算淬透性的方法之一，是按这些合金元素的影响度（作为经验公式的系数）叠加。但是，仅使用这些系数大的合金元素，钢的其他性质往往不能兼顾。

淬透性好的合金钢工件，质量很大时，其内部也能淬透。因此，多在大型工件及强韧性要求高的构件中采用。

3.17.3 淬火引发的制品变形

钢从奥氏体开始冷却，若用热膨胀仪测量尺寸变化，便可了解相变过程。

右图表示热膨胀曲线的变化。图中的符号 A_{c1} 表示 Fe-C 相图中的相变点 723℃，下标 c 表示加热时的温度，r 表示冷却时的温度。本来，在平衡状态下，曲线应该重合，但由于加热冷却的速度变化，从而产生差异。(a) 表示在徐冷情况下，相变发生在 A_{c1} 点附近。(b) 表示在空冷情况下，A_{r1} 点向低温侧移动。(c) 表示油冷情况下，尽管相变 $A_{r'}$ 在 500~400℃ 间发生，但由于冷却仍在进行，200℃ 以下表现出膨胀的相变 $A_{r''}$。$A_{r'}$ 相变对应托（屈）氏体组织，$A_{r''}$ 相变对应马氏体组织。也就是说，$A_{r''}$ 相变产生长度膨胀。(d) 表示在油冷情况下，由于急冷只发生马氏体相变，因此仅有马氏体组织。

由于 $A_{r''}$ 相变产生长度膨胀，因此从奥氏体向马氏体相变时会造成体积增加。在淬火过程中，由于这种体积膨胀，会造成制品尺寸的变化，一般表现为尺寸的增加。

马氏体相变时由于尺寸变化引起的制品变形是一个令人头痛的问题。由于有的部位表现为膨胀，有的部位表现为收缩，且数量大小各不相同，制品变形可能表现为弯曲、翘曲、扭曲、非圆化等。为了消除这种令人讨厌的变形，淬火后的制品往往需要修正加工。

3.17.4 淬火开裂及防止

淬火处理中遇到的最大问题莫过于淬火开裂。经过多道加工、变形工序，费了九牛二虎之力制成的工件，由于淬火开裂而毁于一旦，令人可惜。

淬火开裂原因各式各样。其中一个原因是淬火对象由于受到超过其所用材料强度的内应力，从而开裂。

内应力又称残余应力，它是卸去外载后在材料内部仍然存在的应力。内应力的基本特点是零，部件内部相邻区域的相互作用力，而在整体范围内的合内力为零。产生内应力的基本原因是卸载后零部件各部分不能自由变形而恢复其初始尺寸和形状（或者是由于变形受到约束）。

钢受高温加热时热膨胀，体积增大；由此急冷，尺寸收缩。此时就会产生热应力。当工件不能承受此应力时，便会开裂。正像玻璃那样，耐热性差的玻璃加热后急冷，往往会炸裂。

其次是由相变应力引起的开裂。从奥氏体向马氏体相变会引起体积膨胀。而这种膨胀对于淬火工件的内外、形状各部位等，并不是造成相同的应力，而是大小各异，极为复杂的。

在淬火中，热应力和相变应力同时发生，势必造成尺寸、形状变化，进而引起开裂。实际上，淬裂可以利用规定的试验片加以预测，实际制品数据的积累和操作经验也可以作为对策加以运用。

例如，轴上的燕尾槽，由于断面看上去是缺失的部分，故在此部位易发生淬裂，因此多采用带圆角 *R* 的应力集中缓和对策。对淬裂这类工艺事故必须认真预测，严加防止。

淬火后不立即回火，容易造成开裂。在冬季的深夜，室温降得很低时，由于残留奥氏体变为马氏体所引发的现象中，开裂还伴随大的声响。

本节重点

（1）何谓淬透性？
（2）影响钢工件淬透性的原因。
（3）解释淬火开裂原因并提出防止措施。

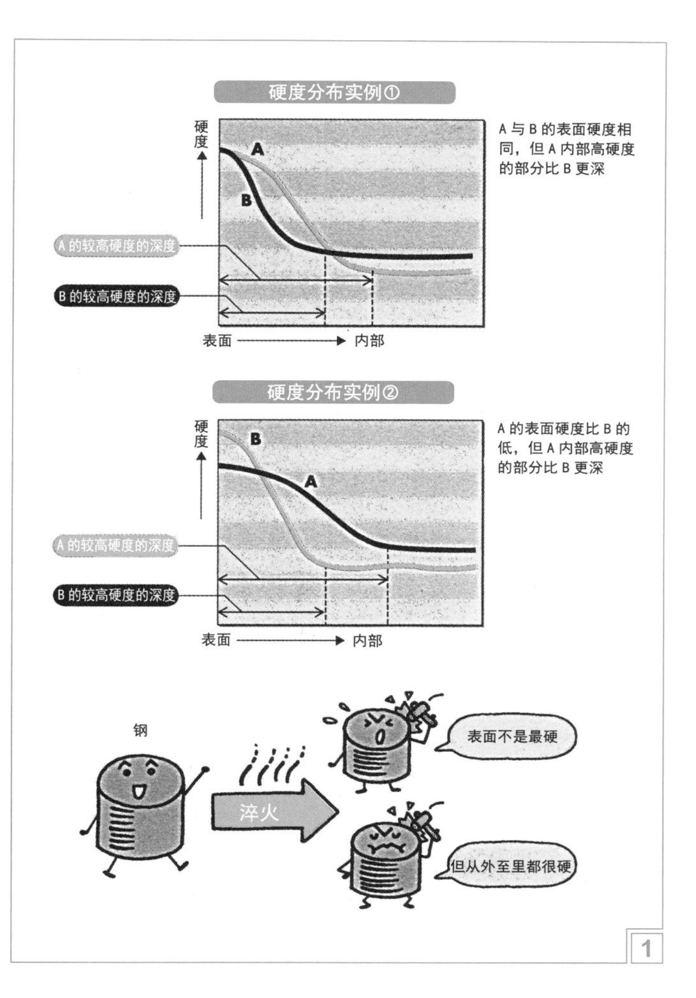
硬度分布实例①
硬度
A
B
A 与 B 的表面硬度相同，但 A 内部高硬度的部分比 B 更深
A 的较高硬度的深度
B 的较高硬度的深度
表面
内部
硬度分布实例②
A 的表面硬度比 B 的低，但 A 内部高硬度的部分比 B 更深
钢
淬火
表面不是最硬
但从外至里都很硬
1

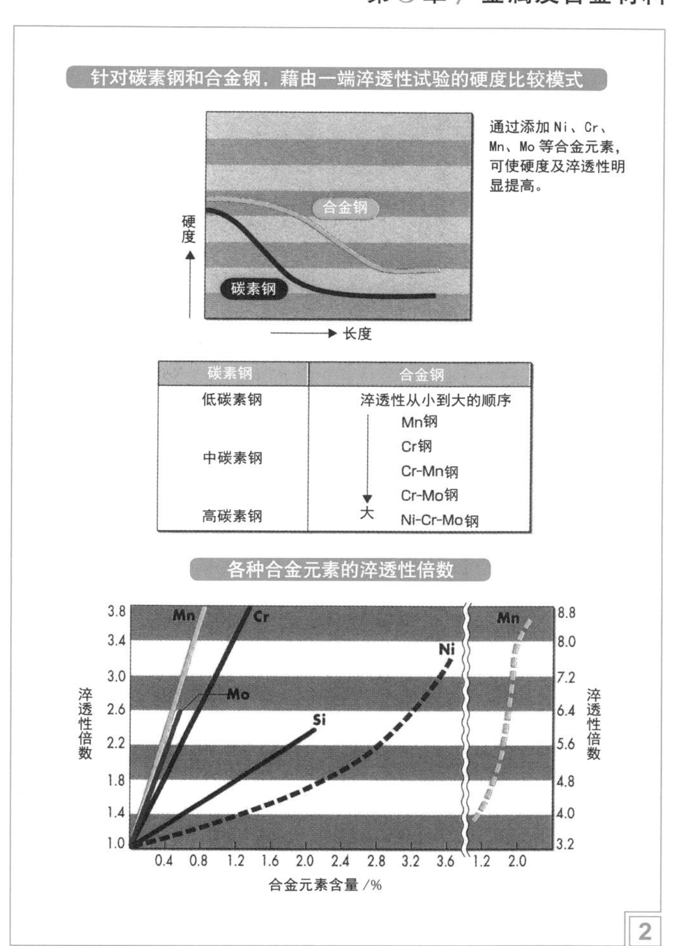
针对碳素钢和合金钢，藉由一端淬透性试验的硬度比较模式
通过添加 Ni、Cr、Mn、Mo 等合金元素，可使硬度及淬透性明显提高。
硬度
合金钢
碳素钢
长度
各种合金元素的淬透性倍数
淬透性倍数
合金元素含量 /%
Mn
Cr
Mo
Si
Ni
2

碳素钢	合金钢
低碳素钢	淬透性从小到大的顺序 Mn钢
中碳素钢	Cr钢 Cr-Mn钢
高碳素钢	大 Cr-Mo钢 Ni-Cr-Mo钢

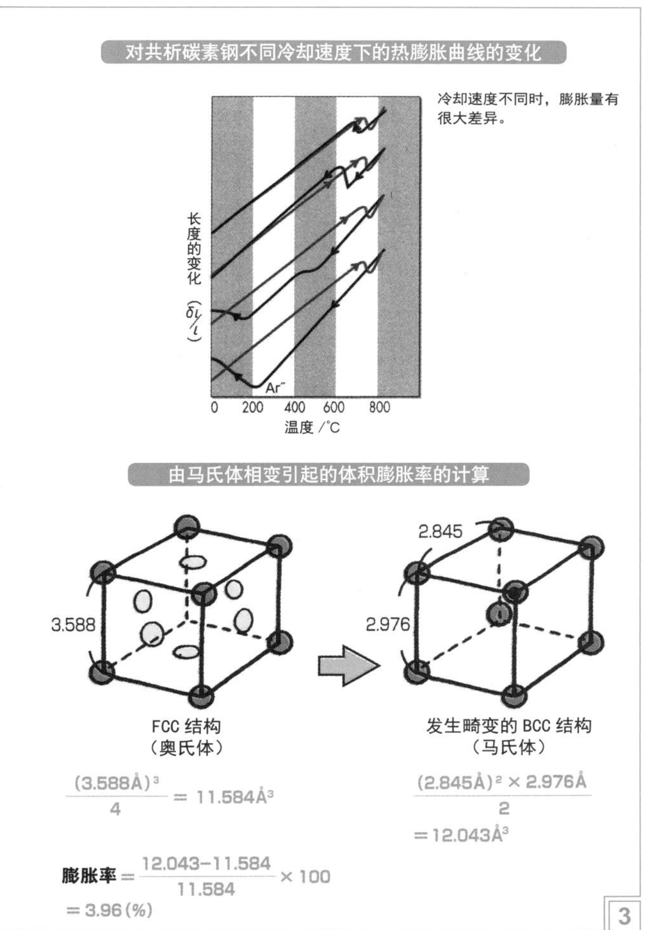
对共析碳素钢不同冷却速度下的热膨胀曲线的变化
冷却速度不同时，膨胀量有很大差异。
长度的变化（δl/l）
温度 /℃
由马氏体相变引起的体积膨胀率的计算
3.588
2.845
2.976
FCC 结构
（奥氏体）
发生畸变的 BCC 结构
（马氏体）
3

$$\frac{(3.588Å)^3}{4}=11.584Å^3$$

$$\frac{(2.845Å)^2\times 2.976Å}{2}=12.043Å^3$$

$$\textbf{膨胀率}=\frac{12.043-11.584}{11.584}\times 100=3.96(\%)$$

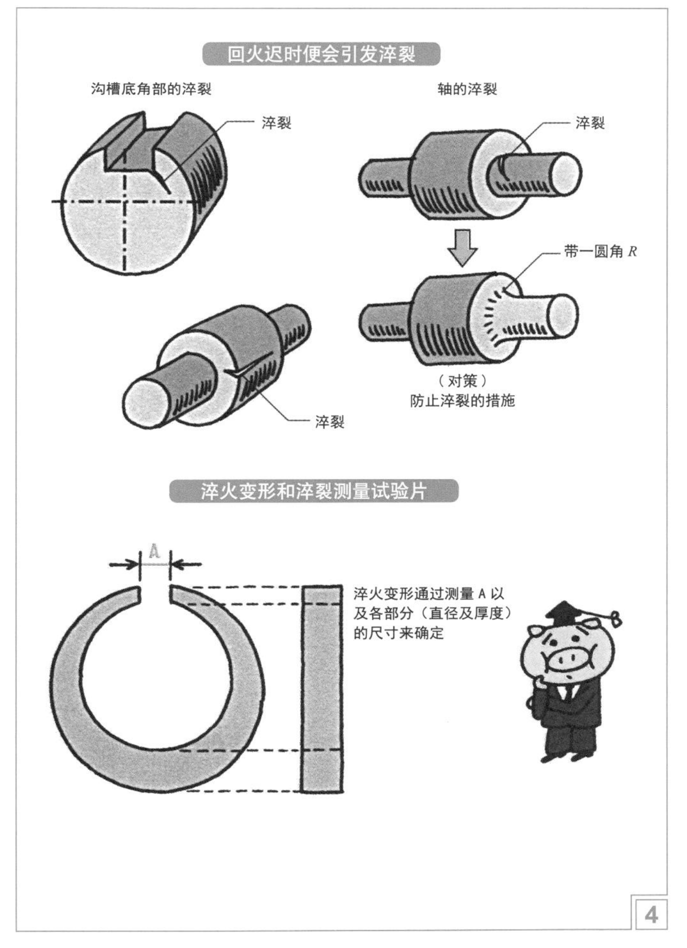
回火迟时便会引发淬裂
沟槽底角部的淬裂
轴的淬裂
淬裂
带一圆角 R
（对策）
防止淬裂的措施
淬火变形和淬裂测量试验片
A
淬火变形通过测量 A 以及各部分（直径及厚度）的尺寸来确定
4

3.18 钢的回火

3.18.1 回火的定义和目的

回火（tempering）是将淬火后的钢在 A_{c1} 温度以下加热，使之转变为稳定的回火组织的热处理工艺。回火是为了调整淬火钢的性能，主要目的是：①调整硬度；②去除内应力；③增加韧性（断裂强度）。

随回火的进行，上述目的同时达到。由于回火过程不仅保证组织转变，而且要消除应力，故应有足够的保温时间，一般为 1~2h。

淬火所产生的马氏体是硬而脆（脆性）的组织，由于急冷会蓄积内应力，藉由回火对此进行改善。回火在 150~723℃（实际上到 680℃左右）的温度区间内进行。723℃是钢的奥氏体转变温度。

回火有“低温回火”和“高温回火”之分。随着回火温度的上升，硬度逐渐减小；与此同时，与韧性相关的延伸率和断面收缩率逐渐增加。相对于低温回火的主要目的是消除内应力而言，高温回火的主要目的是提高材料的韧性。

3.18.2 回火组织和回火脆性

淬火所生成的马氏体为不稳定组织，因此淬火后需要回火以形成稳定的组织。

200℃以下的回火，尽管不改变针状马氏体组织的形貌，却转变为易受腐蚀的基体。将回火温度升至 400℃左右，会形成非常细微的粒状碳化物。此为屈氏体组织，但不同于淬火时形成的屈氏体，称前者为回火屈氏体（或二次屈氏体）。

超过 400℃，碳化物析出显著，可从显微镜明显观察到。回火温度进一步提高，则屈氏体长大，变为珠光体，且形状为粒状的。这种珠光体不同于由奥氏体缓冷而获得的层状组织，二者很容易区分。粒状珠光体又称为球状渗碳体，与层状珠光体组织相比，韧性显著增加，这是回火的效果。

回火一般会使硬度降低，韧性提高。但回火温度是决定回火组织和性能的最重要因素。在选择回火温度时，应避开低温回火脆性区（250~300℃）。进行高温回火时，对于具有高温回火脆性的合金钢，尽量采用 600℃以上回火，保温后采用水冷或油冷，避免出现高温（450~500℃或略高）回火脆性。

3.18.3 低温、高温和中温回火

回火可以在从 150~723℃（实际上到 680℃左右）的宽广范围内进行。注意 723℃是奥氏体转变温度。按回火温度，通常分为低温、中温和高温回火。随着回火温度升高，硬度降低，但与韧性相关的延伸率和断面收缩率提高。

低温回火在 150~200℃之间进行，回火后组织为回火马氏体和残留奥氏体。低温回火的目的，相对于提高韧性来说，保证高硬度更重要。在去除内应力的同时应使残留奥氏体稳定化，否则，因经时变化，它会转变为珠光体等其他组织，造成工件尺寸和硬度的变化。由于低温回火温度低，仅造成硬度的少许降低，多用于工具、刀具及量具等硬度要求高的回火处理。

高温回火在 550~650℃进行。在此温度下回火，硬度明显下降，而韧性显著提高。高温回火以提高韧性为首要目的。习惯上把淬火加高温回火的双重处理称为**调质处理**（quenching and tempering）。调质处理后工件兼具高的强度和韧性。多用于齿轮、各种轴和经常受冲击载荷的结构件。

中温回火是在低温回火和高温回火温度之间，一般在 450~500℃进行的，以调整硬度和确保弹性（韧性）为目的的回火。其主要应用对象是各类弹簧（线圈弹簧、卷绕弹簧、器皿弹簧、板簧）和钢锯锯条等。

在热加工中，放入模具中的被加工物要加热到奥氏体，以便于塑性变形，达到所需要的变形量和最终形状。但与此同时，模具受被加工物的传导、辐射传热，温度会升得很高。如果模具不能在此温度下维持较高的硬度，反复使用，则会发生严重磨损、产生龟裂，大大影响模具寿命。

为此，要采用即使温度达 500℃也能维持较高硬度的热加工用合金钢模具。

3.18.4 二次硬化现象

很多机械、装置、设备等工作在高温环境下，常要在保证强度的前提下正常可靠的运行。这些机器的材料用钢需要经过调制处理（淬火加高温回火）以达到所要求的强韧性。

在热加工过程中，插入模具中的被加工件要加热到奥氏体以便发生塑性变形，达到所定的加工度及所要求的形状。这对所用模具会受到工件温度的传导及辐射而被加热。原来的模具在反复进行塑性加工时虽然具有足够的耐磨性，但为了能承受更高的温度，必须制作表面不发生龟裂的模具。普通模具为达到足够的强度要进行低温回火。但由于塑性加工时模具的温度变高，低温回火所确保的硬度由于在模具所处的高温下回火而硬度变低，从而引发快速磨损等而失去使用价值。

因此，热加工模具必须采用耐热钢，即具有高耐热温度，即使加热到 5000℃上下仍维持足够硬度和耐磨性的合金钢。

经调质处理后的合金钢为什么兼具强韧性呢？

热加工用模具钢是在传统碳素钢中添加 Cr、Mo、V 等合金元素，这些合金元素容易与碳结合形成碳化物，此类碳化物的硬度极高，而且在高温下也不容易分解。

热加工用模具钢经淬火，为了达到所要求的硬度，按通常的工艺是进行低温回火，但这里却要在 500~550℃回火，在此回火温度下，上述碳化物析出，致使高温硬度上升，这种高温回火硬化相对于淬火时变硬的一次硬化来说，称为**二次硬化**。二次硬化效应可以使工具钢保持高的红硬性，耐热钢维持高温强度，结构钢、不锈钢改善机械性能。

像模具这样，即使受热达到很高温度，也需要维持一定硬度的机械构件大量存在，例如内燃机构件等，也要采用这种二次硬化的模具钢。

本节重点

（1）回火的定义和三个主要目的。
（2）淬火碳钢经低温回火、中温回火、高温回火后的组织、性能及应用对象。
（3）何谓调质处理？调质处理后工件的性能特点，该处理多用于哪类构件？

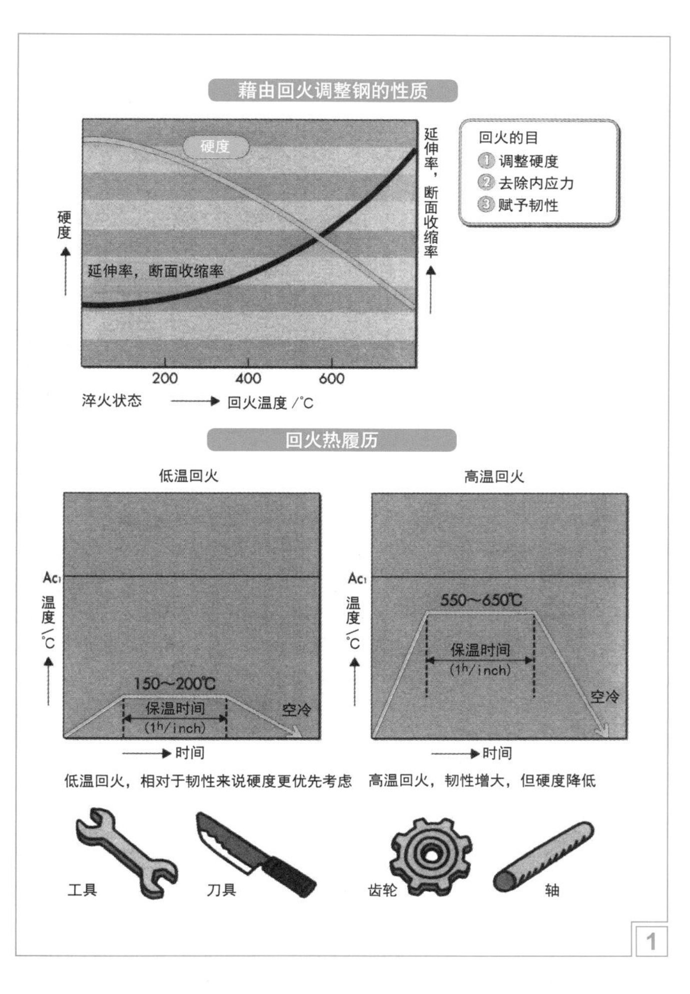
藉由回火调整钢的性质
硬度
延伸率，断面收缩率
硬度
延伸率，断面收缩率
回火的目
① 调整硬度
② 去除内应力
③ 赋予韧性
200
400
600
淬火状态
回火温度 /°C
回火热履历
低温回火
高温回火
Ac1
温度/°C
150~200℃
保温时间
(1h/inch)
空冷
时间
550~650℃
低温回火，相对于韧性来说硬度更优先考虑
高温回火，韧性增大，但硬度降低
工具
刀具
齿轮
轴
1

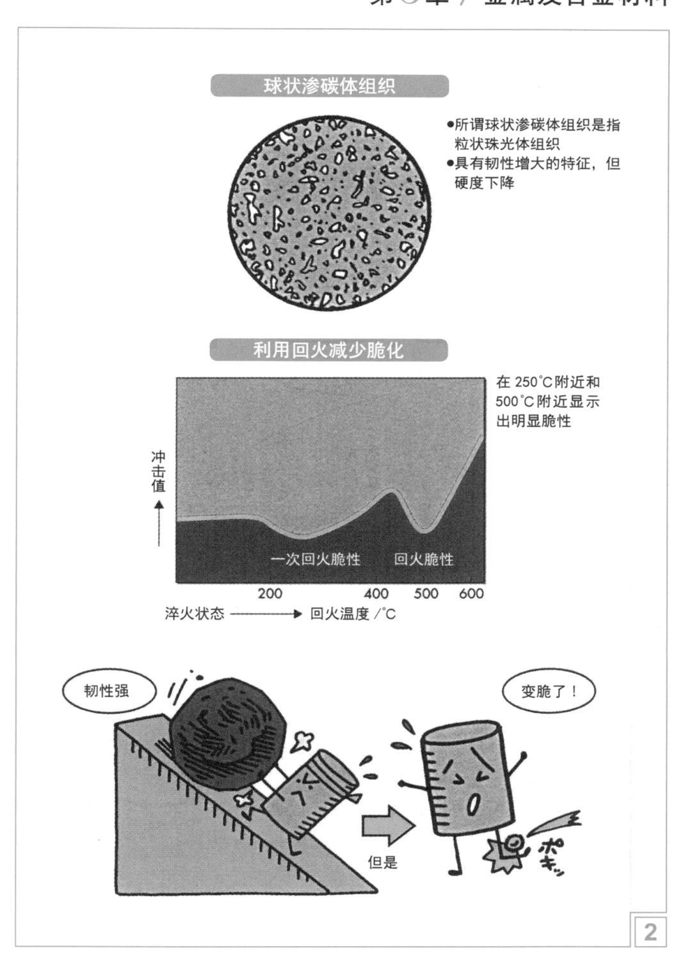
球状渗碳体组织
●所谓球状渗碳体组织是指粒状珠光体组织
●具有韧性增大的特征，但硬度下降
利用回火减少脆化
在250°C附近和500°C附近显示出明显脆性
冲击值
一次回火脆性
回火脆性
200
400
500
600
淬火状态
回火温度 /°C
韧性强
变脆了！
但是
2

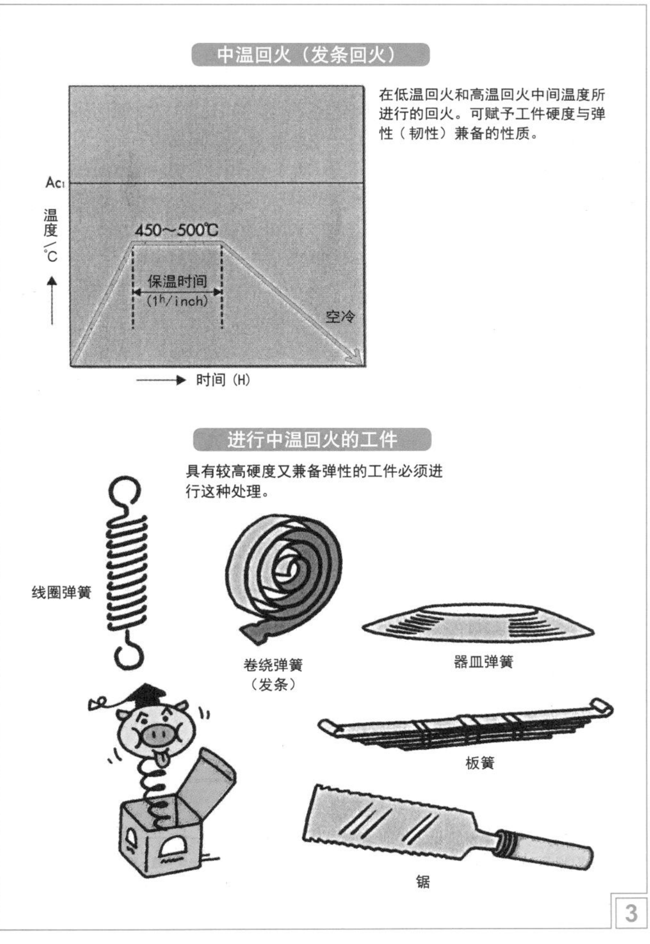
中温回火（发条回火）
在低温回火和高温回火中间温度所进行的回火。可赋予工件硬度与弹性（韧性）兼备的性质。
Ac1
温度/°C
450~500℃
保温时间
(1h/inch)
空冷
时间 (H)
进行中温回火的工件
具有较高硬度又兼备弹性的工件必须进行这种处理。
线圈弹簧
卷绕弹簧
(发条)
器皿弹簧
板簧
锯
3

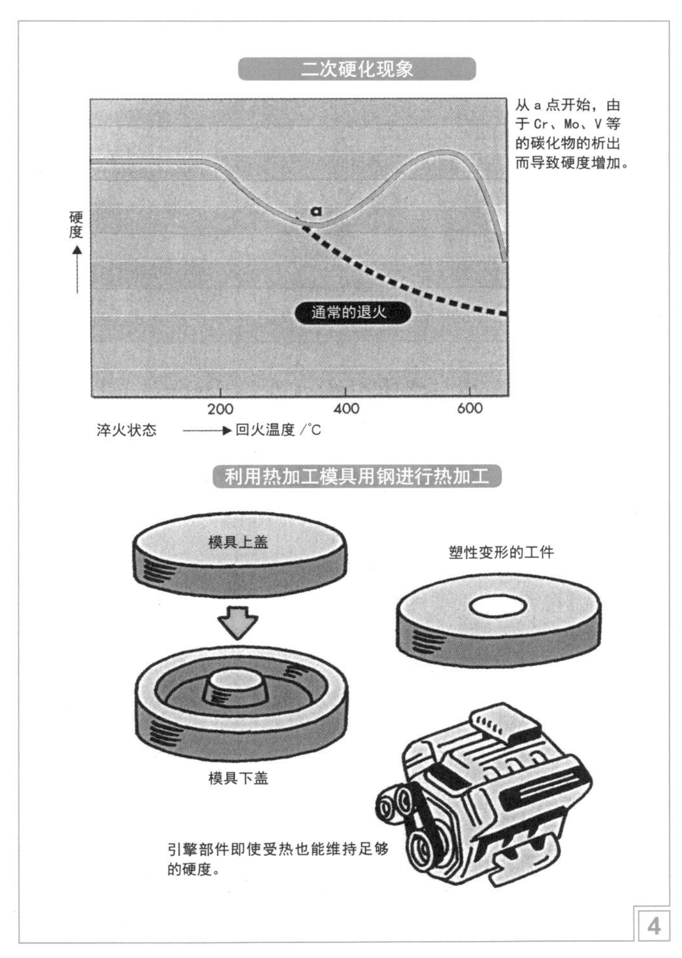
二次硬化现象
从a点开始，由于Cr、Mo、V等的碳化物的析出而导致硬度增加。
硬度
a
通常的退火
200
400
600
淬火状态
回火温度 /°C
利用热加工模具用钢进行热加工
模具上盖
模具下盖
塑性变形的工件
引擎部件即使受热也能维持足够的硬度。
4

3.19 恒温转变

3.19.1 恒温转变和恒温转变曲线

将钢加热到奥氏体，急冷至 A_{c1} 点以下的某一温度，在保持不变的温度下相变开始，经过一定时间相变结束。相对于淬火的急冷为在连续冷却条件下的相变而言，保持温度不变的相变为恒温转变。

由于恒温相变是保持某一温度不变的相变，钢件的内外温差小，因此可获得均匀的组织。

恒温转变如图中所示，纵轴表示温度，横轴表示时间。将钢加热至奥氏体，使其急冷至各个保持不变的温度下分别发生相变。将各个不变温度下相变的开始时间和终了时间分别描点，将描点相连得到两条平滑的曲线，称之为恒温转变曲线（time-temperature transformation curve），左边一条为转变开始曲线，右边一条为转变终了曲线。

这种曲线取英文字头称为 **TTT 曲线**，或按曲线的形状，与字母 S 相似的称为 **S 曲线**，与字母 C 相似的称为 **C 曲线**。恒温转变曲线的形状依钢的种类不同，温度及相变开始时间、相变终了时间各不相同。

曲线中部靠近温度轴而凸出的部位称为曲线的鼻尖。若鼻尖的位置靠左，则相变开始所用的时间短；若鼻尖靠右，则相变开始所用的时间长。

发生恒温相变所产生的组织，在比鼻尖高的位置温度下相变时，依从上到下的温度次序，分别为珠光体、索氏体、屈氏体。如果鼻尖位置碰到温度轴，说明即使急冷也不能避开鼻尖，所获得的组织就会变成软的基体。

在鼻尖以下的温度会形成贝氏体，贝氏体比马氏体组织略软，但它是兼有高硬度和强韧性的微细针状组织。

3.19.2 共析钢在不同温度下的恒温转变产物

共析钢在 723℃ 与大约 550℃ 之间的等温转变会生成珠光体微观结构。随着转变的温度在此范围内降低，珠光体会从粗大组织向微细组织转变。若对共析钢从高于 723℃ 的温度（此时它处于奥氏体）淬火（急冷），它将从奥氏体转变为马氏体，正如我们之前讨论过的。

如果处于奥氏体条件下的共析钢在 550~250℃ 的温度范围内进行“热淬火”并发生等温转变则会形成一种介于珠光体和马氏体之间的组织，称其为贝氏体。Fe-C 合金中的贝氏体可以定义为奥氏体的一种分成产物，它具有由 α 铁素体和渗碳体（Fe_3C）构成的非层片状共析组织。对于共析普通碳钢来说，贝氏体有上贝氏体和下贝氏体之分，前者在 550~350℃ 温度范围的等温转变形成，后者在 350~250℃ 温度范围的等温转变形成。电子显微镜照片表明，上贝氏体具有大的，枝条状的渗碳体区域，而下贝氏体具有许多细小的渗碳体颗粒。随着转变温度降低，碳原子将不能自如的扩散，因此下贝氏体组织中含有较小的渗碳体颗粒。

3.19.3 恒温退火和奥氏体等温淬火

（1）恒温退火　在利用恒温相变的热处理中，还有恒温退火。如曲线所表示，恒温退火是从奥氏体放入维持某一温度的冷却剂中的淬火。通常不是维持在途中的温度，而是由此温度直线冷却至室温，但在某一温度冷却之后，会维持在冷却剂的温度下发生恒温相变。由于钢的温度维持在不变的温度下，因此表面与芯部温度是相同的。

钢在维持不变的温度下，经过相变开始曲线时相变开始，经过一定时间，越过相变终了曲线时相变结束。相变生成的组织决定于所维持的温度。

在维持温度高时，会产生珠光体。按温度下降，生成的组织依次是索氏体、屈氏体。无论哪种情况的温度都在鼻尖温度以上。到底使之生成何种组织，由所维持的温度来控制。

恒温退火与完全退火相比有什么优点呢？尽管二者获得的组织相同，但所经历的时间不同。连续冷却的完全退火是加热后在炉内冷却，因此冷却到室温要用很长的时间；相比之下，恒温退火直到相变终了只用很短的时间，此后为空冷。

（2）奥氏体等温淬火　在利用恒温相变的热处理中，还有奥氏体等温淬火，它是特指钢在稍高于 M_s 点的等温淬火。奥氏体等温淬火与恒温退火的操作相同，但热履历中要维持的温度在鼻尖下方。相变终了后的组织会出现贝氏体。贝氏体是兼具强韧性的微细针状组织。由于是在维持温度下钢的表面与芯部温度一致的相变，因此变形小且不会出现淬火开裂，而且淬火后不需要回火，因此节能效果显著。此外，维持温度的冷却剂一般采用盐浴。

这种处理的缺点是，对于大尺寸、大质量的工件，要想通过冷却使芯部达到需要维持的温度，很难冷却到这种温度。在这种情况下，芯部发生的是珠光体转变。

3.19.4 马氏体等温淬火和马氏体分级淬火

钢的普通淬火是从奥氏体急冷进行连续冷却。在这种情况下，往往发生弯曲、翘曲等变形，淬裂的情况也时有发生。

可以与淬火达到相同的效果，而避免上述问题和缺点的热处理方法有马氏体等温淬火和马氏体分级淬火。

（1）马氏体等温淬火　马氏体等温淬火在操作上与恒温退火及奥氏体等温淬火相类似。即，从奥氏体避开相变开始的鼻尖进行淬火（如果不避开鼻尖则生成珠光体等组织），在某一温度下维持芯部与表面的温度相同。所维持的温度在 M_s 和 M_f 之间。过冷奥氏体钢在 M_s 点以下冷却时会产生马氏体组织。温度下降到距 M_s 点和 M_f 点间的距离之比，决定从奥氏体向马氏体所发生相变的数量比。残留的奥氏体维持一定温度时开始相变，在生成贝氏体的情况下相变终了。最终的组织为马氏体和贝氏体相混合的硬度高且兼有良好的韧性的组织。而且，钢在维持 M_s 点以下的温度时，由于芯部与表面处于相同温度，因此热应力小，可防止变形及淬裂。

难以进行马氏体等温淬火的等温转变曲线，是鼻尖位置很靠左侧，淬火时不能回避鼻尖的情况。但是，符合这种处理的钢的曲线也是存在的。

（2）马氏体分级淬火　马氏体分级淬火如图中所示，将奥氏体急冷至靠近 M_s 点的上方，维持该温度以使内外温度均匀化之后，将其冷却至 M_s 点以下。在 M_s 点以下马氏体相变开始，冷却到 M_f 点完全相变终了。此后温度上升进行回火。

这种处理的优点是，由于是在表面和芯部温度保持均匀的情况下发生相变，因此不容易发生变形及淬裂等，适用于形状复杂的工件及厚薄相差悬殊的工件等。

本节重点

（1）恒温转变是指保持恒定温度下的相变，转变开始和转变结束对应的曲线称为 TTT 曲线或 C 曲线。
（2）奥氏体等温退火与普通的完全退火有何不同？
（3）马氏体等温淬火和分级淬火的操作和所得组织、性能的特征。

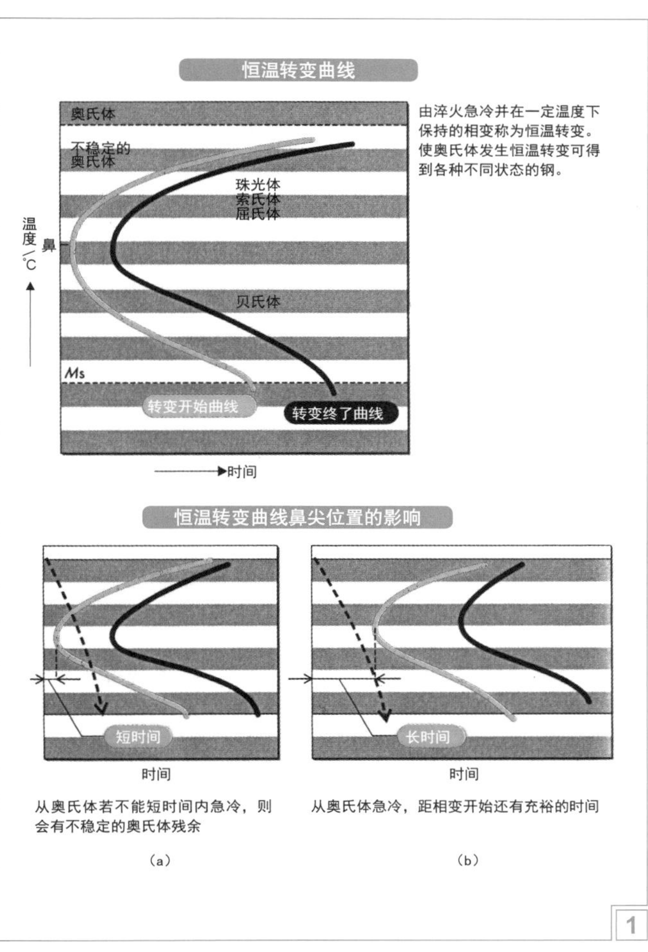
恒温转变曲线
奥氏体
不稳定的奥氏体
珠光体
索氏体
屈氏体
鼻
贝氏体
温度/℃
Ms
转变开始曲线
转变终了曲线
时间
由淬火急冷并在一定温度下保持的相变称为恒温转变。使奥氏体发生恒温转变可得到各种不同状态的钢。
恒温转变曲线鼻尖位置的影响
短时间
长时间
时间
从奥氏体若不能短时间内急冷，则会有不稳定的奥氏体残余
从奥氏体急冷，距相变开始还有充裕的时间
(a)
(b)

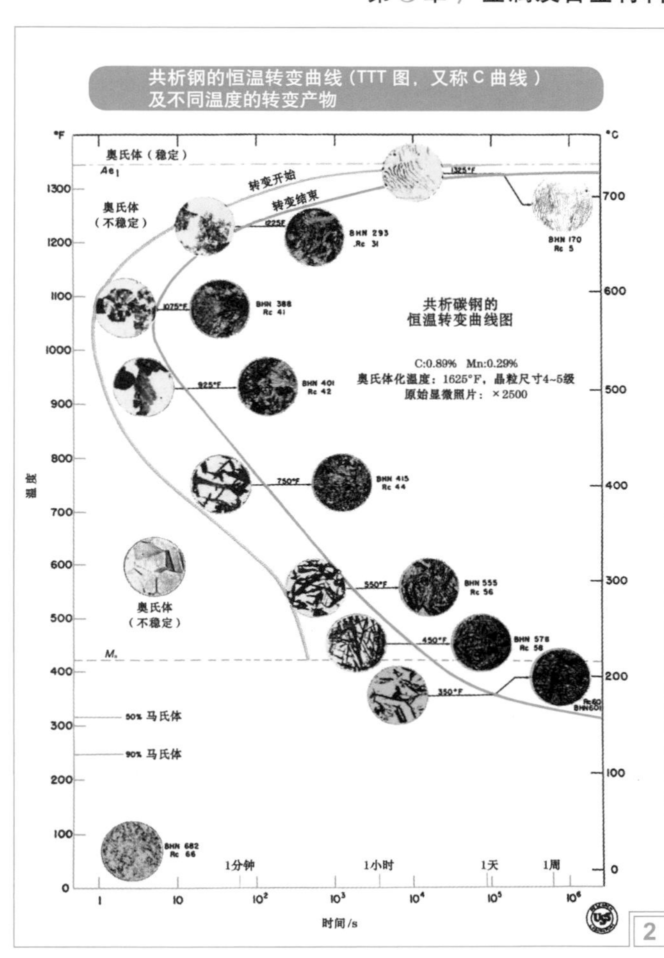
共析钢的恒温转变曲线（TTT 图，又称 C 曲线）及不同温度的转变产物
奥氏体（稳定）
奥氏体（不稳定）
转变开始
转变结束
共析碳钢的恒温转变曲线图
C:0.89% Mn:0.29%
奥氏体化温度：1625°F，晶粒尺寸4~5级
原始显微照片：×2500
奥氏体（不稳定）
50% 马氏体
90% 马氏体
1分钟
1小时
1天
1周
时间/s

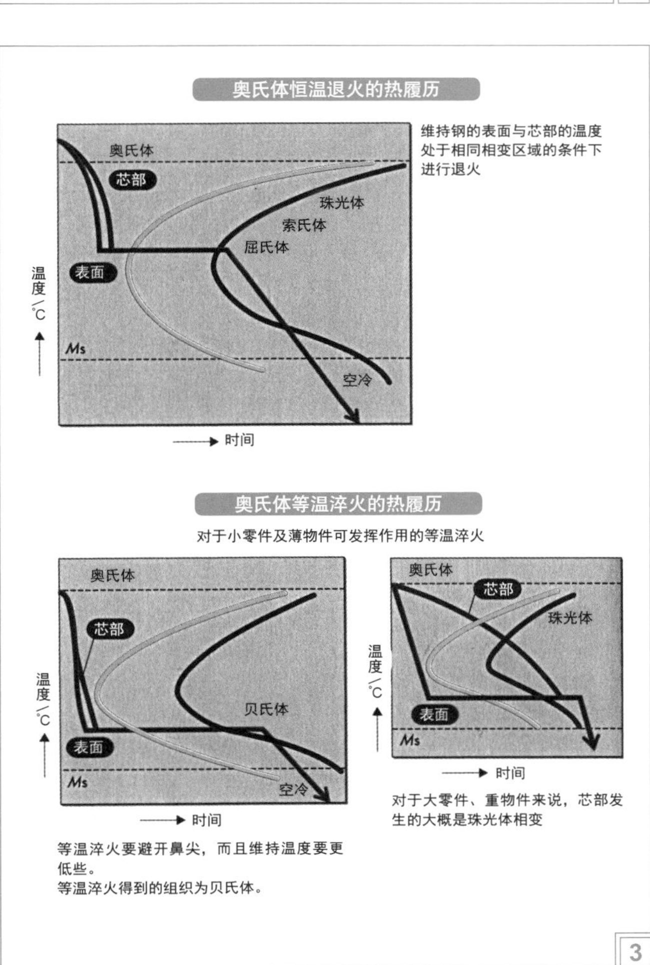
奥氏体恒温退火的热履历
奥氏体
芯部
珠光体
索氏体
屈氏体
表面
温度/℃
Ms
空冷
时间
维持钢的表面与芯部的温度处于相同相变区域的条件下进行退火
奥氏体等温淬火的热履历
对于小零件及薄物件可发挥作用的等温淬火
奥氏体
芯部
贝氏体
表面
Ms
空冷
珠光体
时间
对于大零件、重物件来说，芯部发生的大概是珠光体相变
等温淬火要避开鼻尖，而且维持温度要更低些。
等温淬火得到的组织为贝氏体。

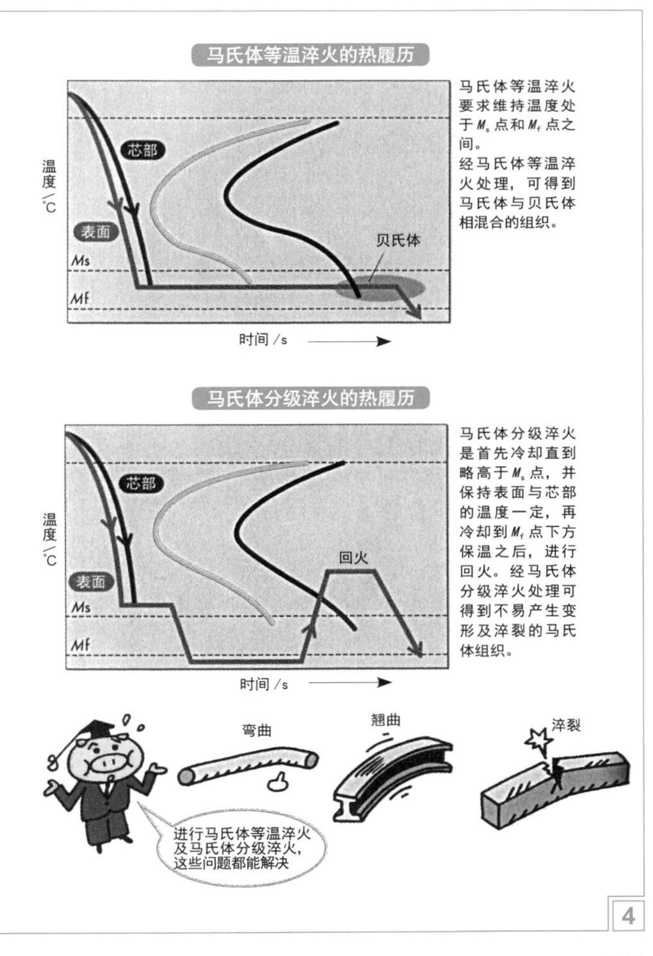
马氏体等温淬火的热履历
芯部
表面
贝氏体
Ms
Mf
时间/s
马氏体等温淬火要求维持温度处于Ms点和Mf点之间。
经马氏体等温淬火处理，可得到马氏体与贝氏体相混合的组织。
马氏体分级淬火的热履历
芯部
回火
表面
Ms
Mf
时间/s
马氏体分级淬火是首先冷却直到略高于Ms点，并保持表面与芯部的温度一定，再冷却到Mf点下方保温之后，进行回火。经马氏体分级淬火处理可得到不易产生变形及淬裂的马氏体组织。
弯曲
翘曲
淬裂
进行马氏体等温淬火及马氏体分级淬火，这些问题都能解决

3.20 表面处理（1）——表面淬火及渗碳淬火

3.20.1 表面淬火

大多数情况下的淬火是对整个工件加热、急冷。实际上，部分地只对表面淬火的情况也是有的。这主要是适应那些不需要整个工件硬化，而仅需要所使用的表面部分硬化的要求。

表面淬火的实际例子是冲头（针）。冲头前端对准工件冲孔或打印，后端用铁锤击打。冲头前端不仅要硬，而且要更耐磨损。但是，如果冲头从上到下都硬而脆，强力打击之下容易折断。

对冲头前端短时间加热，使其达到奥氏体后进行急冷，即可达到目的。但如果加热时间过长，整个冲头由于热传导导致均匀升温，仅端部加热的目的难以实现。

简单的加热方法是氧气—乙炔火焰枪。由于需要急速加热，必须使用加热范围广、容量大的火焰枪。急速加热后在温度下降前（从奥氏体）进行急冷。多数情况下用水冷却。这种方法称为火焰淬火，是表面淬火的代表。

火车铁轨的踏面（表面）也要进行表面淬火。像铁轨这种细而长的工件，若整体淬火，不仅需要的炉子长，操作复杂，而且铁轨容易弯折和断裂。仅对所需要的部位淬火是最佳选择。

铁轨的表面淬火是利用喷火口与轨面相匹配的喷枪，在移动的同时加热，由紧跟其后的喷水枪喷水急冷，在连续的移动过程中完成表面淬火。

表面淬火的结果，使表面部分达到甚至超过整体淬火时所能获得的硬化效果。表面淬火除了使表面部分变硬之外，急热、急冷会随之产生压应力。压应力的存在，相对于其对提高硬度的效果而言，在提高耐磨性、改善耐疲劳性方面效果更显著。

3.20.2 高频淬火

表面淬火除了靠火焰加热之外还有其他方式。

所谓高频淬火就是利用电磁能加热的方式。高频电磁波的加热原理本质上是感应加热。利用变压器由一次线圈外加电压，即使在二次线圈无负载时，变压器的温度也会上升。这是由于一次侧铁芯中产生的磁通，随一次线圈供给电流的交流而交变，铁芯中造成磁滞回线损失，感应电流引起涡流损失，即因铁损而发热。

图中所示为在圆钢的周围卷绕线圈，当线圈中有电流通过时，钢表面部分产生磁通，由电磁感应产生二次电流（涡流）的状况。金属体（铁）为铁磁性体，从而形成磁滞回线，并可由公式所示的关系计算磁滞损失。感应加热正是利用了这种铁损对铁进行加热。由于导线主要采用的是铜（Cu），它属于抗磁性体，因此不能被感应所加热。

铁中流过的涡电流在断面上并非均匀分布，而是更集中于表面，越向里越小，称其为电流的集肤效应。集肤效应显示高频感应加热的特征。利用这一特征，可以对钢的表面在短时间内进行快速加热。

对钢内部产生影响的高频电流的浸入深度可以由公式求出。即浸入深度在钢的相对磁导率及电阻率不变的条件下，由频率所决定，因此要加以选择。但是，浸透深度并非像公式所表示的那样是严格确定的，实际上，钢的发热引起的电导率变化也会起作用，因此，依加热时间不同需要若干调整。借由高频感应加热，在对钢的表面直到某一深度处急速加热之后，用冷却剂急冷的过程，与火焰表面淬火效果相同。

进行高频淬火的现场，为了与形状各式各样的淬火工件表面相匹配，并考虑感应加热的效率，必须准备各种不同的高频淬火线圈。

3.20.3 硬化层深度

表面淬火之后，钢材变硬的部分达到多深呢？而它的分布又是如何呢？

机械及装置用的部件经表面淬火后，表面即使很硬，假如内部的硬度急剧变软，表现出夹芯那样的效果，则不能实现作为部件的效果和功能，反而会成为故障的原因。外部的负载若达到部件内部的一定深度，而该部分的硬度（认为硬度与拉伸强度成正比，硬度与材料的强度同等的场合下）低，不仅会发生塌陷，还可能发生剥离。

对机械及装置用部件表面淬火的要求是，表面硬度和硬度的分布（深度）都要合格。评价方法是测量硬化层的深度。关于硬化层深度的定义，有图中所示的两个：①全硬化层深度；②有效硬化层深度。

全硬化层深度是表面淬火硬度所涉及的范围，即达到材料原来硬度处距表面的深度（距离）。可以表示从表面到芯部的硬度及其分布。利用该定义时，只是评价表面的硬度和全硬化层深度，不能进行硬度分布的评价。

另一方面，有效硬化层深度表示从表面的硬度到某一有效硬度（界限硬度）的范围。有效硬化层深度比全硬化层深度浅。界限硬度是依钢的含碳量按有关标准确定的。利用有效硬化层深度，可以作为界限硬度的基准，也能评价直到芯部的硬度梯度。

3.20.4 渗碳淬火的方法

在使钢的表面硬化的方法中，渗碳淬火应用最广。渗碳淬火是由渗碳和淬火两个工序组成的。可采用不同的方式向钢的表面渗碳。

（1）固体渗碳：自古有之，碳源为固体，实际上多采用木炭。直到现在仍有用木炭粉末来渗碳的。将工件密闭于耐热容器中，工件周围充填碳粉，加盖后在超过900℃的高温下长时间保持，木炭中的碳原子依次从钢的表面渗入，并向着芯部扩散。固体渗碳只能采用批量式，能效低、劳动强度大，再加上炭粉飞散，环境条件差，目前用的越来越少。

（2）液体渗碳：采用含碳的化合物，如碳酸钠（Na_2CO_3）、碳酸钾（K_2CO_3）等。将这些化合物以不同的比率混合，并在500℃左右的温度下熔融。这些熔融液体中的碳从钢的表面渗入。与固体渗碳相比，液体渗碳在短时间内即可完成。但废液处理存在问题。

（3）气体渗碳：渗碳气体以一氧化碳（CO）为主成分，为了调整C的浓度，还要混入氢气（H_2）和二氧化碳等。将工件置于加热炉中，在900℃以上的高温长时间渗碳，则碳从表面渗入向里扩散。气体渗碳操作方便，便于连续操作，生产效率高，目前应用最多。

渗碳的方法尽管很多，但碳渗入钢中是有条件的。要求钢原有的碳含量要低，如果碳含量高，则碳不能从表面渗入。渗碳多以低碳钢为对象，一般以含碳量0.25%以下的钢作为渗碳钢。

钢渗碳后，下一个工序是淬火。渗碳与淬火组合，构成渗碳淬火工艺。

本节重点

（1）何谓表面淬火？表面淬火的效果有哪些？
（2）何谓集肤效应？高频淬火时高频电流侵入深度与哪些因素有关？
（3）在固体渗碳、液体渗碳、气体渗碳三种渗碳方法中，哪种最好，为什么？

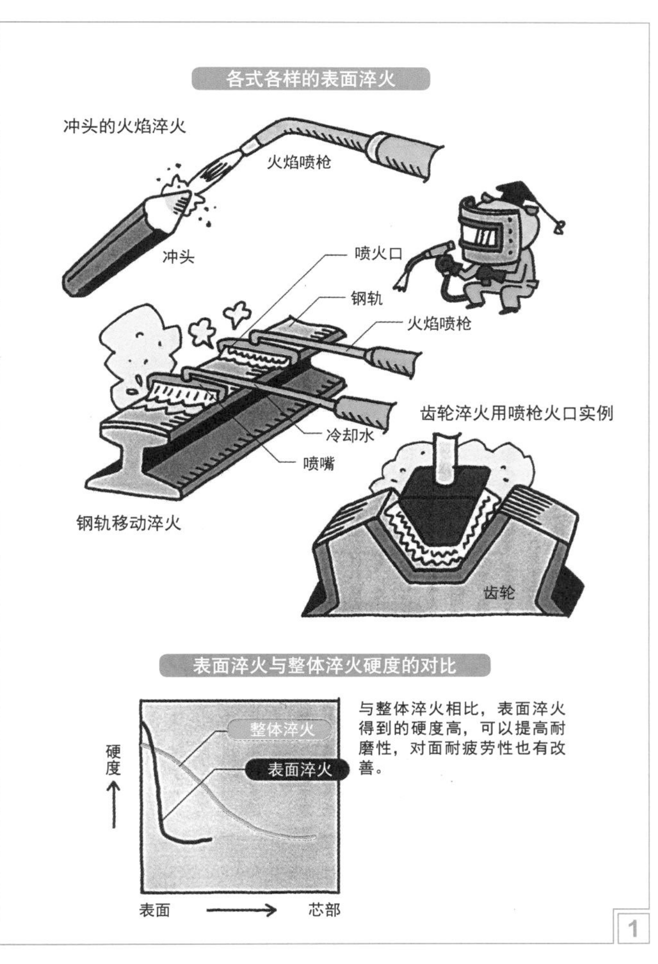

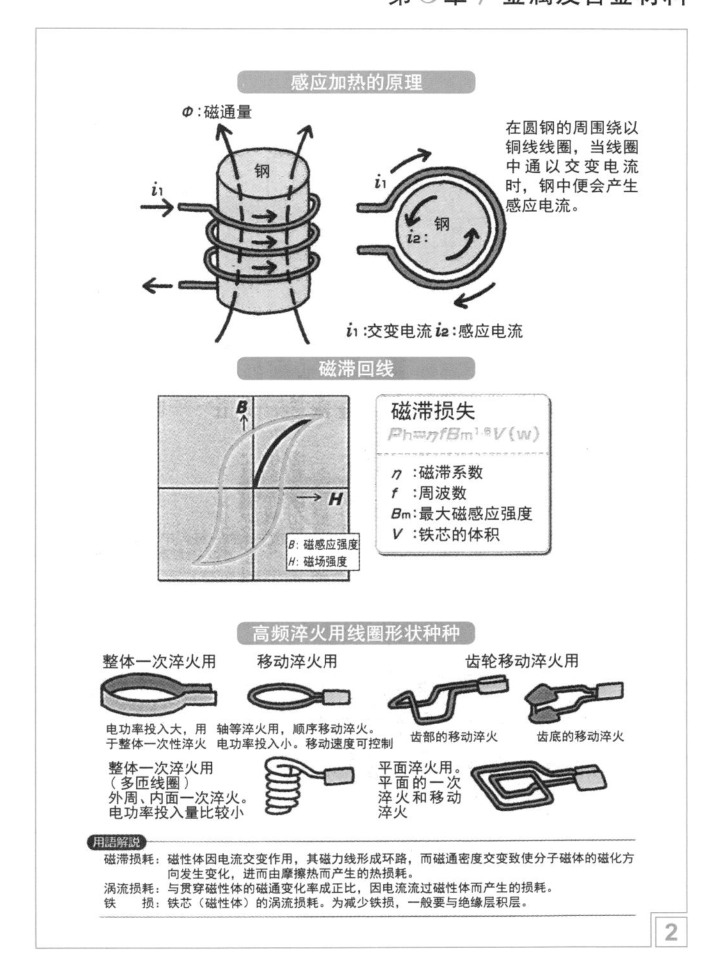

感应加热的原理
Φ:磁通量
钢
i_1
在圆钢的周围绕以铜线线圈，当线圈中通以交变电流时，钢中便会产生感应电流。
钢
i_2
i_1:交变电流 i_2:感应电流
磁滞回线
B
H
B: 磁感应强度
H: 磁场强度
磁滞损失
$Ph=\eta fBm^{1.6}V$ (w)
η :磁滞系数
f :周波数
Bm:最大磁感应强度
V :铁芯的体积
高频淬火用线圈形状种种
整体一次淬火用
移动淬火用
齿轮移动淬火用
电功率投入大，用于整体一次性淬火
轴等淬火用，顺序移动淬火。电功率投入小。移动速度可控制
齿部的移动淬火
齿底的移动淬火
整体一次淬火用（多匝线圈）外周、内面一次淬火。电功率投入量比较小
平面淬火用。平面的一次淬火和移动淬火
用語解説
磁滞损耗：磁性体因电流交变作用，其磁力线形成环路，而磁通密度交变致使分子磁体的磁化方向发生变化，进而由摩擦热而产生的热损耗。
涡流损耗：与贯穿磁性体的磁通变化率成正比，因电流流过磁性体而产生的损耗。
铁　　损：铁芯（磁性体）的涡流损耗。为减少铁损，一般要与绝缘层积层。
2

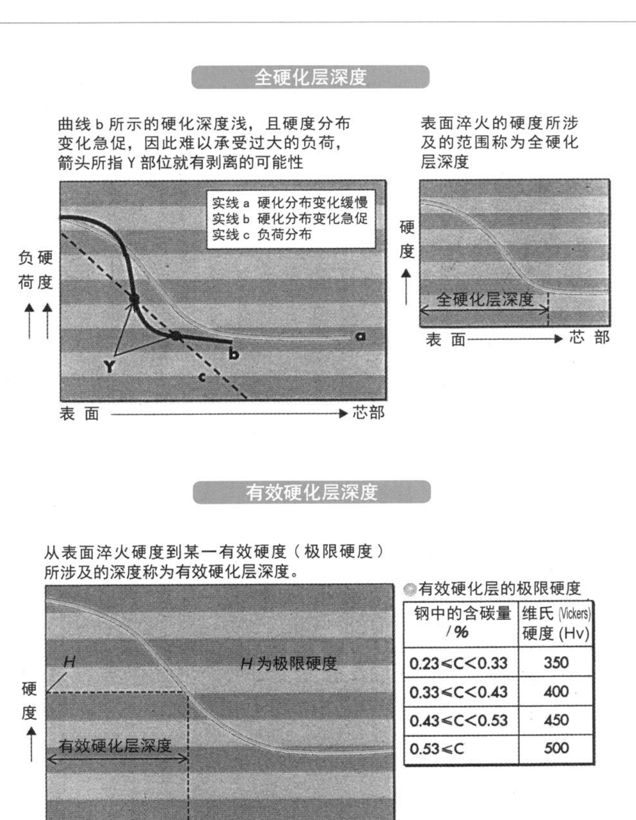

钢中的含碳量 /%	维氏 (Vickers) 硬度 (Hv)
0.23<C<0.33	350
0.33<C<0.43	400
0.43<C<0.53	450
0.53<C	500

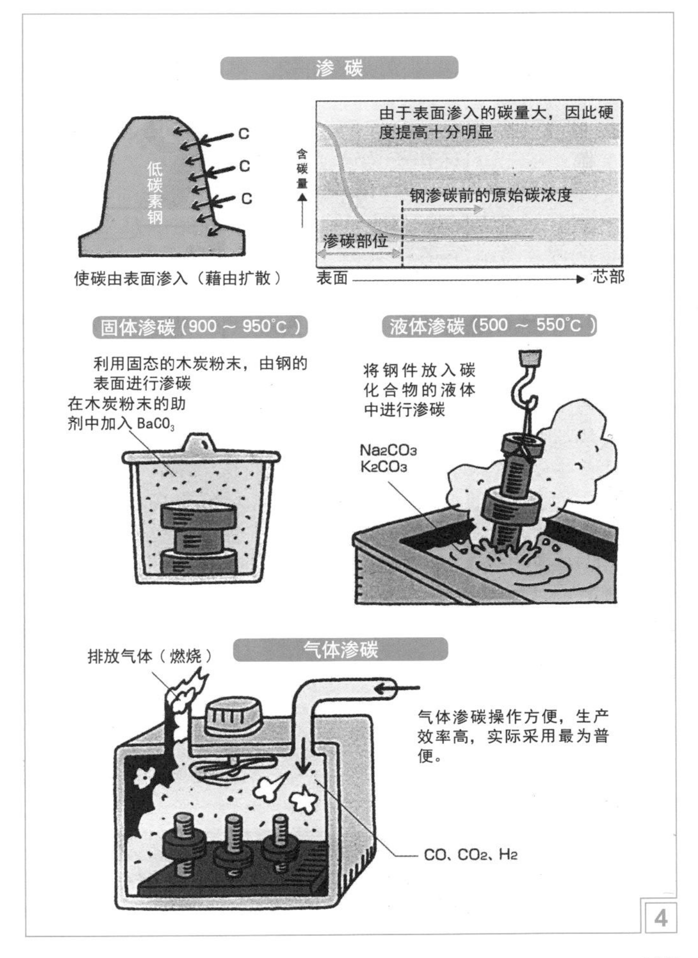

3.21 表面处理（2）——表面渗碳、氮化及喷丸处理

3.21.1 渗碳淬火操作

长时间渗碳自表面的渗碳深度与渗碳时间的关系可由实验关系求得。渗碳一般在 900~950℃的奥氏体区域中进行。渗碳速度随温度升高而加快，一般希望在更高的温度下进行，但过高的温度会引起钢的晶粒长大，造成材质脆化，故对温度有一定限制。

要进行渗碳淬火的工件此前已经过机加工，在对加工表面洗净脱脂之后，插入渗碳炉中。在碳浓度很高的渗碳炉内，在高温之下开始慢慢渗碳，在达到规定的渗碳深度之后，经保温，取出炉外冷却。渗碳时同时放入一个参考小试样，用于切开断面以确认渗碳深度。

接着是淬火工序。将工件再次插入加热炉中，将其加热到稍高于 A_{c3} 点之上进行一次淬火。淬火方法与一般淬火无异。渗碳钢表面部位及其附近的碳浓度为 0.8% 上下，而芯部为低碳钢，故可认为是一种复合材料。一次淬火采用的是适合芯部材料的淬火温度，可充分实现材质强化。

而后进行二次淬火。淬火温度稍高于 A_{c1}。二次淬火的目的是使钢表面及其附近发生充分的马氏体相变，以使之硬化。二次淬火可能有奥氏体残留，经亚零处理实现完全的马氏体相变，而后进行低温回火。渗碳淬火的目的以提高硬度为最优化，因此采用 150~200℃的低温回火。

通过使一次淬火与二次淬火工序合理组合，渗碳之后立即淬火的直接淬火工艺不仅程序简约，而且可提高钢的纯度和质量。这样做尽管会使一次淬火得到的芯部基体的强度有所降低，但可显著提高热效率及生产效率，因此被广泛采用。

渗碳淬火后的硬度很高，这是由于渗碳可以获得很高的碳浓度，而后者对应的马氏体硬度很高所致。

3.21.2 渗碳淬火的组织

让我们来观察渗碳淬火的组织。渗碳要保证在奥氏体区以便于碳的渗入。在渗入当时，表面部分是奥氏体，而在冷却时变为珠光体和铁素体的混合组织。其中，表面部位及其附近是珠光体中含有多量渗碳体的组织。碳浓度为 0.8% 时为共析钢，若碳浓度在此以上则得到与过共析钢相同的组织。随着碳向着芯部的扩散，钢的组织从亚共析钢向低碳钢依次变化，芯部只有少量含很少渗碳体的珠光体，其余全部是铁素体。

通过渗碳，表面的碳浓度达到甚至超过共析钢，从大概 0.8% 提高到 1.2%。碳含量越高，马氏体的硬度越高，耐磨性好。但是，碳含量达到 1.2% 这样的浓度，表面及其附近就会有更多的渗碳体，而且渗碳体会形成网状结构。网状渗碳的生成是表面层脱落的主要原因。

由于一次淬火是在稍高于 A_{c3} 点加热，无论表面部位还是芯部部位都是从奥氏体急冷，全部发生马氏体相变。但芯部马氏体含量肯定要少得多。接着二次淬火是在稍高于 A_{c1} 点加热，加热时表面部位及其附近都变为奥氏体，而芯部为奥氏体与铁素体的混合组织。因此，淬火后表面及其附近发生马氏体相变，而芯部仅部分是马氏体，其余未发生相变，仍是铁素体。

当发生上述的组织转变时，显示出表面及其附近很硬，而芯部较软的良好特性。达到这样的硬度梯度及芯部韧性正是渗碳淬火的目的。

渗碳淬火广泛用于利用表面硬度的齿轮、凸轮、曲轴等耐磨损性要求高的工件中。但这种工艺也有其致命的缺点，在超过 200℃的某些气氛的温度下，表面硬度会急剧下降，从而磨损量增加。

3.21.3 表面的气体氮化

利用氮化也可以实现获得高硬度的表面淬火。这种方法一般是利用氨（NH_3）气，将工件置于密闭的加热炉中，由于钢导入氨气内而使其表面渗氮（N）。N 的原子半径小，可以进入 Fe 晶格中的间隙中与 Fe 化合，形成 FeN。FeN 是非常硬的氮化物。气体氮化是由 N 与 Fe 及其他元素化合生成氮化物，以提高表面硬度的方法。在其他元素中有铝（Al），而 AlN 是比 FeN 更硬的化合物。尽管气体氮化也可以实现表面硬化，但却用不着渗碳淬火处理中的淬火，而且渗氮温度也比渗碳温度低得多。

需要气体渗氮的工件首先要进行精密机械加工，而后洗净脱脂，再插入加热炉中。在密闭的加热炉中导入 NH_3 气，升温。气体在从钢的表面浸入的同时与 Fe 反应生成化合物。残余的气体排出加热炉经燃烧消耗掉。NH_3 气体的刺激性很强，使用时必须保证加热炉的密闭和排出气体的燃烧。

利用气体辉光放电现象，将含氮气体电离后产生的氮离子轰击零件表面加热并进行氮化，获得表面渗氮层的离子化学热处理工艺称离子氮化，又称为辉光放电氮化、等离子氮化、离子轰击氮化。与气体氮化相比，离子氮化时间短，容易实现局部氮化，均匀氧化，变形小，节能无污染。

3.21.4 表面喷丸处理

在玻璃工艺品上，可以看到反光特性不同、衬度各异的精美图案。这些图案是用细沙喷射玻璃表面而描绘成的。PDP 等离子电视中数量以百万计的放电胞（亚像素），也是由喷丸法制作的。

所谓喷丸，是利用小钢球碰撞钢的表面，对钢进行表面硬化处理的一种方法。除了钢球之外，也可以使用砂子。即使是前者，也有数十种不同硬度和尺寸的钢球供选择。

喷丸处理利用的是塑性变形中所发生的加工硬化现象。钢表面的硬化度（硬度和深度）主要决定于：①钢球的硬度；②钢球的大小；③钢球的喷射速度。

对钢进行喷丸处理，表面部位产生加工硬化的同时会发生残余压缩应力，这一方面可以抵消部分拉伸应力，另一方面可以提高疲劳极限。喷丸处理不是藉由淬火及形成化合物的硬化方法，而是冷作进行的，仅对钢的最表面层所进行的硬化。对弹簧钢经常采用。

喷砂处理中采用砂子，多用于铸件及焊缝的清理，特别是焊接金属罐的内外表面清理。

本节重点

（1）画出渗碳二次淬火和渗碳直接淬火的热履历曲线。
（2）分析亚共析钢工件经渗碳淬火后从芯部到表面的组织分布。
（3）试对气体渗碳和气体渗氮两种工艺及所获组织、性能效果加以比较。

渗碳层深度与渗碳时间的关系

渗碳层深度与渗碳条件相关，并与渗碳时间的平方根成正比

$d \propto k \cdot \sqrt{t}$

d：渗碳层深度（mm）
k：由渗碳条件决定的常数
t：渗碳时间（h）

渗碳淬火的热履历

900～950℃
Ac₃+(30～50)℃
Ac₁+(30～50)℃
Ac₃
Ac₁
温度/℃
空冷（炉冷）
急冷
急冷
150～200℃
渗碳　一次淬火　二次淬火　回火
时间 /h
−80℃
亚零处理

渗碳直接淬火的热履历

900～950℃
Ac₁+(30～50)℃
Ac₃
Ac₁
温度/℃
急冷
回火
时间 /h
亚零处理

渗碳之后立即进行淬火处理，可以大大提高热效率和生产效率。

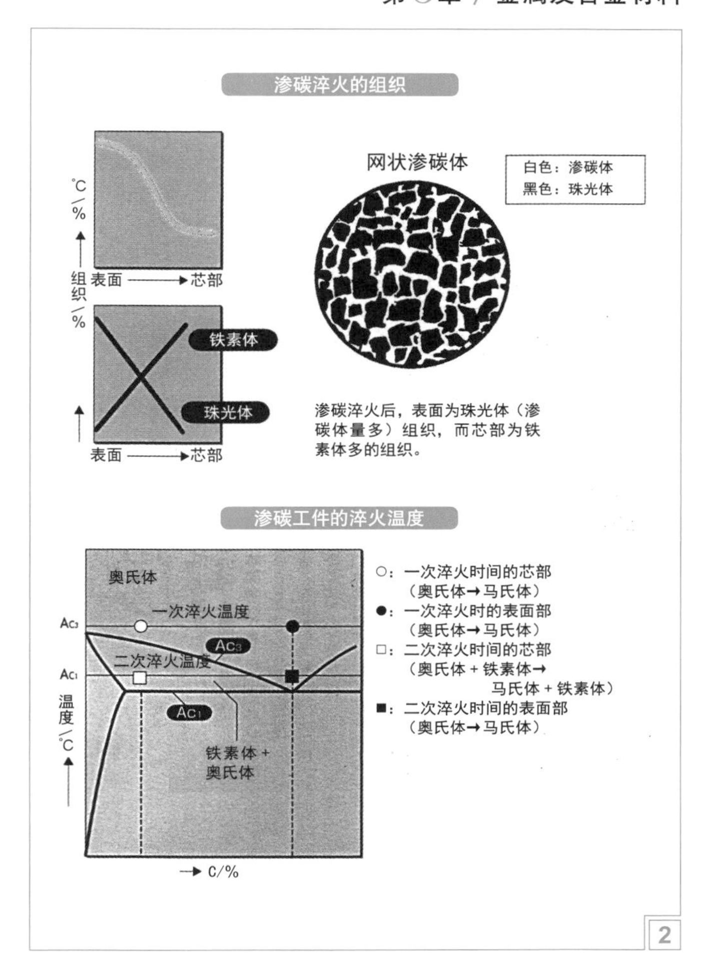

气体渗氮的热履历

温度/℃
500～550℃
50～100h
空冷（炉冷）
时间 /h

由于气体渗氮在较低的温度进行，因此钢的尺寸变化小，较小产生变形和畸变等。随着保温时间增加。氮化层深度增厚。

硬度和深度的评价

A 气体渗氮
B 渗碳淬火
硬度
表面 → 芯部

气体渗氮在钢表面产生的化合物层很薄，但与渗碳淬火形成的马氏体相比，前者变硬得多。

气体渗氮炉

排放气体（燃烧）
马达
NH_3
Fe＋N→FeN
Al＋N→AlN

材质	处理前硬度（Hv）	处理后硬度（Hv）	硬化层深度 /mm
渗碳淬火钢	764	1012	0.32
高炭 Cr 淬火钢	610	925	0.40
Ni-Cr 钢	345	395	0.30
Ni-Mn-Cr 奥氏体钢	210	497	0.62
Al 青铜	163	305	0.50
杜拉铝	105	173	0.50

※喷丸采用的是 φ1mm 的钢球。

3.22 合金钢（1）——强韧钢、可焊高强度钢和工具钢

3.22.1 渗硫处理提高钢的耐磨性

渗硫处理指在含硫介质中加热，使工件表面形成以 FeS 为主的转化膜的化学热处理工艺。工件（经硬化处理后）经渗硫处理后，其表面可形成多孔、松软的由 FeS、FeS_2 组成的极薄的硫化物层，硫化物层可以降低摩擦系数，减少一般摩擦件的磨损，提高抗咬合性，延长使用寿命。即使经过表面强化（如工件经渗硼、渗氮或渗氮碳）的工件，再复合以低温离子渗硫，也可进一步提高使用性。

硫化物层的特殊结构使其具有以下一些特性：①硫化物为密排六方晶体结构，具有优良的减摩、抗摩作用；②硫化物层质地疏松、多微孔，有利于储存润滑介质；③硫化物层隔绝了工件间的直接接触，可有效地防止咬合的发生；④硫化物层软化了接触面的微凸体，在运动过程中有效避免了硬微凸体对对偶面的犁削作用，并起到削峰填谷作用，增大了真实接触面积，缩短磨合时间；⑤硫化物层的存在使接触表面形成应力缓冲区，有效提高抗疲劳能力及承载能力。

可进行离子渗硫的材料种类较多，碳素结构钢、合金结构钢、碳素工具钢、合金工具钢以及各类硬质合金等均可实施离子渗硫处理。**离子渗硫**工艺中常用的含硫介质有二硫化碳（CS_2）和硫化氢（H_2S）。

3.22.2 高淬透性的强韧钢

机械结构用碳素钢的主成分除 Fe 之外只有 C（但含有微量 Si、Mn、P、S 等）。这种碳素钢使用方便，应用广泛。但是，由于含碳量不能很高，即使进行热处理，由于其淬透性不是很好，其强度和韧性的提高也有限，多以小尺寸工件应用为主。

以提高淬透性为目的，强韧钢是一类主要的机械结构钢，同时具有较高的强度和韧性，在工业上应用甚广。它是由碳素钢添加合金元素 Ni、Cr、Mo、Mn 等形成的。包括调质钢和低碳马氏体钢。调质钢是中碳钢或中碳合金钢，在调质后使用，有时也在中、低温回火后使用；低碳马氏体钢包括低碳钢、低碳合金钢和低碳高合金钢，淬火后获得韧性较好的低碳马氏体，生产成本较低，其强韧性往往超过调质钢。

淬透性是钢接受淬火的能力。属于由淬火所造成的决定钢的硬化层深度和硬度分布的内在特性，表现为钢在 M_s 点以上是否容易避免非马氏体型相变产物的形成，也就是钢的过冷奥氏体稳定性的大小。它可由钢的连续冷却转变曲线（CCT 图）所限定的淬火临界冷却速度来衡量。临界冷却速度是过冷奥氏体不发生 M_s 点以上任何转变所需的最小冷速，或者说使钢只发生马氏体型相变的最小冷速。临界冷速越小，过冷奥氏体的稳定性越大，则钢的淬透性也越大，此即淬透性的实质。淬透性是需要热处理的绝大多数钢在生产和使用过程中的重要信息媒介。

3.22.3 表示钢的焊接性的碳素当量

建筑、桥梁、船舶、车辆、石油贮槽、压力容器等广泛使用一般结构用压延钢。这种钢不仅加工性好，而且焊接性优良。但是由于其抗拉强度和屈服强度低，在设计上为了达到耐负荷要求，钢材的截面积做得很大，这样做势必导致钢材的自重和使用量的增加。

为了提高钢的抗拉强度，增加 Fe 中的碳含量十分有效，但碳的增加又会影响钢的焊接功能。合金钢的焊接性能与哪些因素有关呢？

一种金属，如果能用较多普通又简便的焊接工艺获得优质接头，则认为这种金属具有良好的焊接性能。焊接性能包括两方面的内容：①接合性能：金属材料在一定焊接工艺条件下，形成焊接缺陷的敏感性。当某种材料在焊接过程中经历物理、化学和冶金作用而形成没有焊接缺陷的焊接接头时，这种材料就被认为具有良好的接合性能。②使用性能：某金属材料在一定的焊接工艺条件下其焊接接头对使用要求的适应性，也就是焊接接头承受载荷的能力。

钢材焊接性能的好坏主要取决于它的化学组成，而其中影响最大的是碳元素，所以，常把钢中含碳量的多少作为判别钢材焊接性的主要标志。碳钢及低合金结构钢的**碳当量经验公式**：

$$w = w(\text{C}) + 1/6[w(\text{Mn})] + 1/5[w(\text{Cr}) + w(\text{Mo}) + w(\text{V})] + 1/15[w(\text{Ni}) + w(\text{Cu})] \quad (3\text{-}12)$$

根据经验，当 $w < 0.4\% \sim 0.6\%$ 时，钢的焊接性良好，应考虑预热；当 $w = 0.4\% \sim 0.6\%$ 时，焊接性相对较差；当 $w > 0.4\% \sim 0.6\%$ 时，焊接性很不好，必须预热到较高温度。

因此适合焊接的高强度钢一般是含碳量低而且添加微量合金元素的非调质钢。

3.22.4 耐磨损的工具钢

工具钢（tool steel） 是用以制造切削刀具、量具、模具和耐磨工具的钢。工具钢具有较高的硬度和在高温下能保持高硬度的红硬性，以及高的耐磨性和适当的韧性。工具钢一般分为碳素工具钢、合金工具钢和高速工具钢。

（1）碳素工具钢（carbon tool steel）：例如有热轧棒材，热轧钢板，冷拉钢丝圆钢丝，锻制扁钢等。分为亚共析钢，共析钢，过共析钢。

（2）合金工具钢（alloy tool steel）：在碳素工具钢中加入 Si、Mn、Ni、Cr、W、Mo、V 等合金元素的钢。加入 Cr 和 Mn 可以提高工具钢的淬透性，合金工具钢的淬硬性、淬透性、耐磨性和韧性均比碳素工具钢高。

（3）高速工具钢（high speed tool steel）：主要用于制造高效率的切削刀具。由于其具有红硬性高、耐磨性好、强度高等特性，也用于制造性能要求高的模具、轧辊、高温轴承和高温弹簧等。高速工具钢的淬火温度很高，接近熔点，其目的是使合金碳化物更多的溶入基体中，使钢具有更好的二次硬化能力。

工具钢具有良好的耐磨性，即抵抗磨损的能力。工具在承受相当大的压力和摩擦力的条件下，仍能保持其形状和尺寸不变。而球化退火可以使其具有优良的耐磨损特性。球化退火是使钢中碳化物球化而进行的退火工艺。将钢加热到 A_{c1} 以上 20~30℃，保温一段时间，然后缓慢冷却到略低于 A_{r1} 的温度，并停留一段时间，使组织转变完成，得到在铁素体基体上均匀分布的球状或颗粒状碳化物的组织。球化退火后，组织变成微细球状碳化物，可以大大减少磨损。

本节重点

（1）机械结构用碳素钢中添加合金元素的目的是什么？
（2）适合焊接的高强度钢一般是含碳量较低且添加微量合金元素的非调质钢。
（3）作为工具钢应具备何种性质，一般采用何种成分及热处理工艺？

渗硫处理提高耐磨性效果

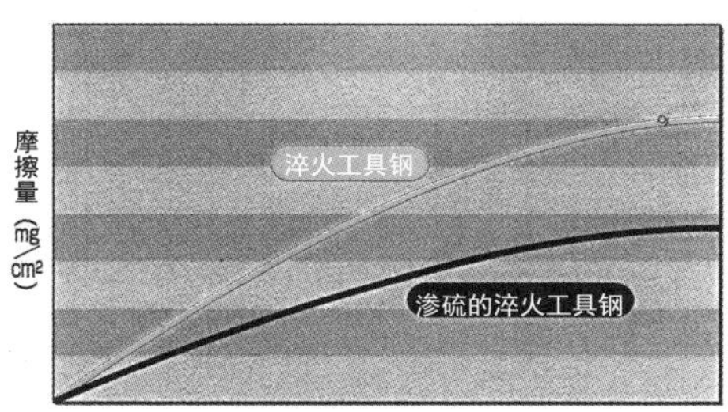

对于切削用刀具等采用渗硫处理，可以提高耐磨性。

金属熔射喷涂法

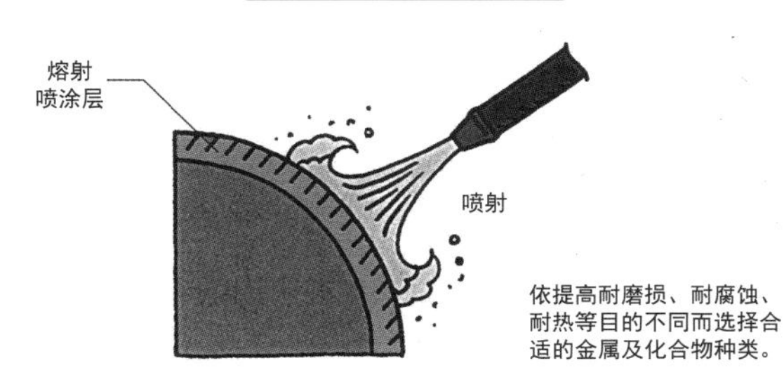

依提高耐磨损、耐腐蚀、耐热等目的不同而选择合适的金属及化合物种类。

金属渗透法的目的

渗透法	渗透金属	目 的
渗铝 (calorijing)	Al	提高耐蚀性
渗铬 (chromijing)	Cr	提高耐蚀性、耐磨性
渗硅 (siliconijing)	Si	提高耐热性、耐磨性
渗锌 (sheradijing)	Zn	提高耐蚀性

1

强韧钢的开发进程

年 代	钢 种
1950	Ni-Cr 钢
1950	Ni-Cr-Mo 钢
1950	Cr 钢
1950	Cr-Mo 钢
1968	Mn 钢
1968	Mn-Cr 钢

H 钢的规格要求指定方法

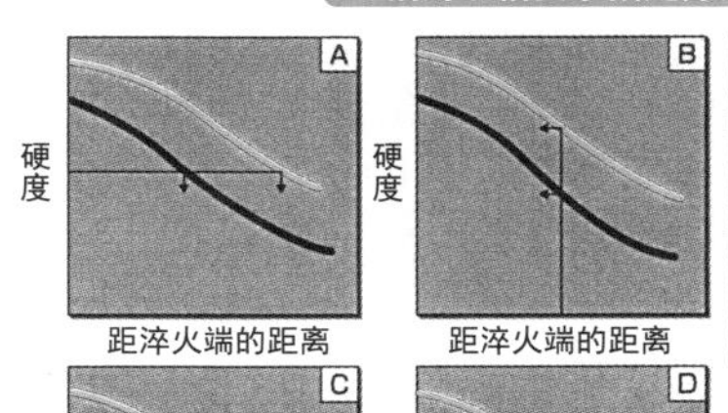

A：保证维持一定硬度的最大、最小距离
B：保证某一距离的位置上最大、最小的硬度
C：保证位于 2 点距离位置上的最大硬度
D：保证位于 2 点距离位置上的最小硬度

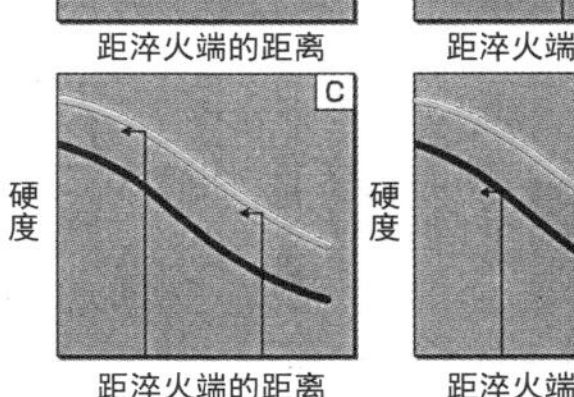

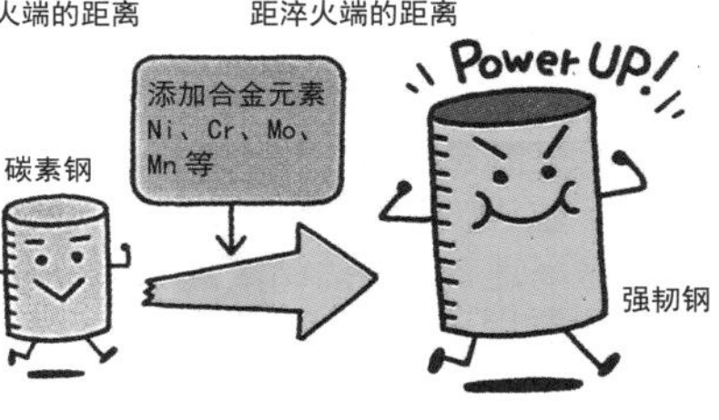

名词解释
淬透性：hardenability、淬火效果所达到的深度。
质量效应：mass effect、一般说来，随工件质量增大淬透性变差。

2

表示钢的焊接性的碳素当量

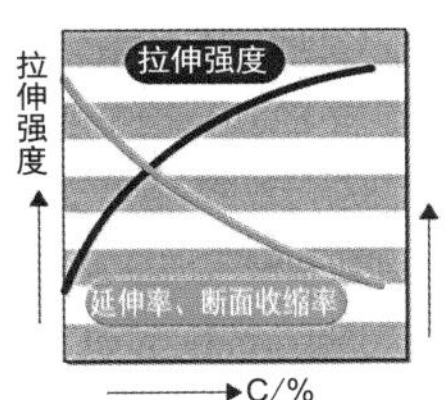

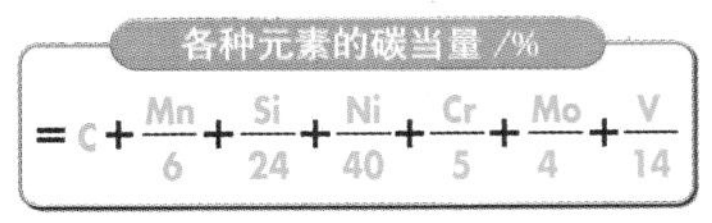

$$= C + \frac{Mn}{6} + \frac{Si}{24} + \frac{Ni}{40} + \frac{Cr}{5} + \frac{Mo}{4} + \frac{V}{14}$$

钢材的厚度 /mm	$t \leq 50$	$50 < t \leq 100$	$100 < t$
碳素当量 /%	低于 0.44	低于 0.47	与用户协商确定

焊接用钢的应力—应变曲线模式

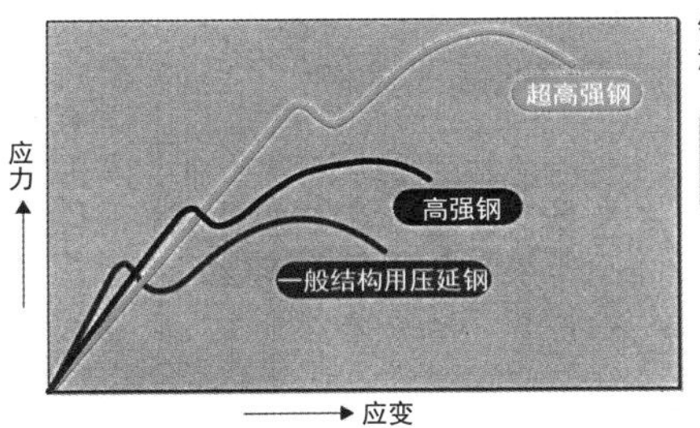

钢的拉伸强度提高，意味着其用量减少

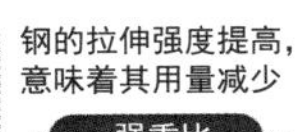

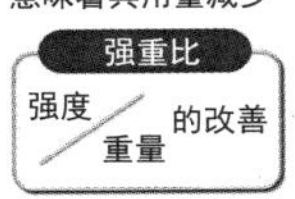

钢材强度，可造出既轻又可靠的结构物

桥

船

3

工具钢的种类、记号及用途

种 类	记 号	主要用途
碳素工具钢	SK	（切削）刀具，钻头，刀子，锯条，
合金工具钢	SKS	切断刀，锉刀，各种模具
	SKS	（耐冲击）凿子，冲头，矿山用活塞
	SKS SKD	（冷加工模具）量规，剪刀，一般模具，拔丝模
	SKD SKT	（热加工模具）压模，锻模，压铸模，挤出模，模块，滑板
	SKH	（切削）刀具，钻头

球化退火

依球化退火的有无，碳化物的组织会发生变化。
球化退火可获得优良的耐磨损特性

球化退火前：异形且不均匀的碳化物　　球化退火后：微细球状碳化物

工具钢的热处理履历

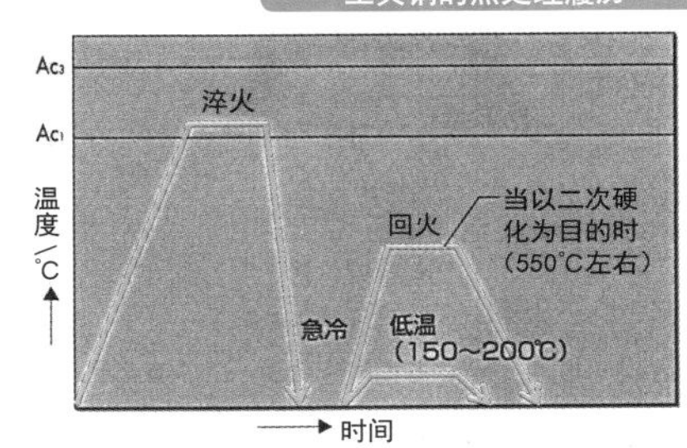

工具钢经淬火，通常在使其完全转变为马氏体之后，要进行低温回火。

4

3.23 合金钢（2）——高速钢、不锈钢、弹簧钢和轴承钢

3.23.1 用于高速切削刀具的高速钢

高速切削会产生高热（约 500℃）。碳素工具钢经淬火和低温回火后，在室温下虽有很高的硬度，但当温度高于 200℃时，硬度便急剧下降，在 500℃硬度已降到与退火状态相似的程度，完全丧失了切削金属的能力。

高速钢（high speed steels），又名风钢或锋钢，意思是淬火时即使在空气中冷却也能硬化，并且很锋利。它在高速切削产生高热情况下（约 500℃）仍能保持高的硬度，HRC 能在 60 以上。这就是高速钢最主要的特性——红硬性。高速钢由于红硬性好，弥补了碳素工具钢的致命缺点，可以用来制造切削工具。

高速钢是一种复杂的钢种，含碳量一般在 0.70%~1.65% 之间，含有钨、钼、铬、钒、钴等合金元素，总量可达 10%~25%。按所含合金元素不同可分为：①钨系高速钢（含钨 9%~18%）；②钨钼系高速钢（含钨 5%~12%，含钼 2%~6%）；③高钼系高速钢（含钨 0~2%，含钼 5%~10%）；④钒高速钢，按含钒量的不同又分一般含钒量（含钒 1%~2%）和高含钒量（含钒 2.5%~5%）的高速钢；⑤钴高速钢（含钴 5%~10%）。按用途不同高速钢又可分为通用型和特殊用途两种。①通用型高速钢：主要用于制造切削硬度 HB ≤ 300 的金属材料的切削刀具（如钻头、丝锥、锯条）和精密刀具（如滚刀、插齿刀、拉刀）。②特殊用途高速钢：包括钴高速钢和超硬型高速钢（硬度 HRC68~70），主要用于制造切削难加工金属（如高温合金、钛合金和高强钢等）的刀具。

高速钢的热处理必须经过退火、淬火、回火等一系列过程。

3.23.2 不锈钢中有五种不同的类型

一般，将**含铬量超过 12% 的钢统称为不锈钢**（stainless steel，SS）。不锈钢耐空气、蒸汽、水等弱腐蚀介质和酸、碱、盐等化学浸蚀性介质腐蚀，又称不锈耐酸钢。不锈钢的耐蚀性取决于钢中所含的合金元素。不锈钢的耐蚀性随含碳量的增加而降低，因此，大多数不锈钢的含碳量均较低，最大不超过 1.2%，有些钢的 w_C（含碳量）甚至低于 0.03%（如 00Cr12）。不锈钢中除含有主要合金元素 Cr（铬）之外，还含有 Ni、Ti、Mn、N、Nb、Mo、Si 等元素。不锈钢在有氯离子存在的环境下，既不容易产生钝化，也不容易维持钝化。因此不锈钢容易被氯离子腐蚀。

不锈钢常按组织状态分为**铁素体不锈钢**、**马氏体不锈钢**、**奥氏体不锈钢**、**奥氏体 - 铁素体（双相）不锈钢**及**沉淀硬化不锈钢**等五种不同的类型。另外，可按成分分为铬不锈钢、铬镍不锈钢和铬锰氮不锈钢等。铁素体系不锈钢含 C 少，含 Cr 多，组织为铁素体。由于这种组织软，富于延展性，从而广泛应用于要求耐腐蚀性的日用品、厨房用品、车辆等。当然，即使高温加热也不发生组织变化，即不发生相变。一般说来，与奥氏体组织相比，耐蚀性要差些，而且容易带磁。

马氏体系不锈钢是比铁素体系含 C 多的钢。即使在常温下为铁素体和贝氏体，通过淬火即能生成马氏体组织。属于耐蚀性和硬度二者兼备的钢种。主要用途是需要耐蚀性的高强度部件，如刀具、阀门等。

奥氏体系不锈钢的组织在常温是奥氏体。因此高温加热也不发生组织变化，即不发生相变，由于含 Ni 多，常温下即为奥氏体组织。这样的元素称为奥氏体形成元素，除 Ni 外还有 Mn。奥氏体不锈钢也称为 18-8 不锈钢，表示其含 18%Cr、8%Ni。奥氏体不锈钢不带磁。

不锈钢的热处理对于马氏体系来说是淬火 + 低温回火。低温回火的目的是保证硬度为优先。

由于奥氏体系不发生相变，一般不进行热处理，但是像热加工及焊接等高温受热的情况在所难免。在这种情况下的奥氏体组织中，在晶粒边界（晶界）处往往发生 Cr 的碳化物（$Cr_{23}C_6$）析出，使该部位的基体发生 Cr 的贫化，即产生“敏化”，从而易发生晶界腐蚀。为防止这种现象发生，必须采取措施防止晶界 Cr 的碳化物析出。为此可对奥氏体系不锈钢在 1000℃进行固溶化处理（脱敏处理），使 Cr 的碳化物在钢中固溶，以防止其析出。

3.23.3 弹簧钢

弹簧钢是指由于在淬火和回火状态下的弹性，而专门用于制造弹簧和弹性元件的钢。钢的弹性取决于其弹性变形的能力。弹簧钢应具有优良的综合性能，如力学性能（特别是弹性极限、强度极限、屈强比）、抗弹减性能（即抗弹性减退性能，又称抗松弛性能）、疲劳性能、淬透性、物理化学性能（耐热、耐低温、抗氧化、耐腐蚀等）。

弹簧钢按照其化学成分分为非合金弹簧钢（碳素弹簧钢）和合金弹簧钢。碳素弹簧钢的碳含量（质量分数）一般在 0.62%~0.90%。按照其锰含量又分为一般锰含量（0.50%~0.80%），如 65、70、85 和较高锰含量（0.90%~1.20%），如 65Mn 两类。合金弹簧钢是在碳素钢的基础上，通过适当加入一种或几种合金元素来提高钢的力学性能、淬透性和其他性能，以满足制造各种弹簧所需性能的钢。合金弹簧钢的基本组成系列有，硅锰弹簧钢、硅铬弹簧钢、铬锰弹簧钢、铬钒弹簧钢、钨铬钒弹簧钢等。在这些系列的基础上，有一些牌号为了提高其某些方面的性能而加入了钼、钒或硼等合金元素。

弹簧钢要求较高的强度和疲劳极限，一般处理方式为**淬火 + 中温回火**。热处理后组织为**回火托氏体**。这种组织弹性极限和屈服极限高，并具有一定韧性。

3.23.4 能承受高速旋转的轴承钢

轴承是在机械传动过程中起固定和减小载荷摩擦系数的部件。按运动元件摩擦性质的不同，轴承可分为滚动轴承和滑动轴承两类。轴承钢是用来制造滚珠、滚柱（属于滚动轴承）和轴承套圈的钢。轴承在工作时承受着极大的压力和摩擦力，所以要求轴承钢有高而均匀的硬度和耐磨性，以及高的弹性极限。

轴承钢又称高碳铬钢，含碳量 w_C 为 1% 左右，含铬量 w_{Cr} 为 0.5%~1.65%。轴承钢又分为**高碳铬轴承钢**、**无铬轴承钢**、**渗碳轴承钢**、**不锈轴承钢**、**中高温轴承钢**及**防磁轴承钢**六大类。

轴承钢热处理包括退火（780~810℃）或等温退火（780~810℃）、正火（消除网状碳化物 900~950℃）、高温回火（650~700℃）、淬火（830~850℃）、回火（150~170℃）几步。（等温）退火过程中，层状组织变为球化组织（球化退火）。该工艺可以使淬火效果均一、减少淬火变形、提高淬火硬度、改善工件切削性能、提高耐磨性和抗点蚀性等轴承的性能。

本节重点

（1）何谓高速钢，其在组成和热处理工艺上与一般工具钢有何差别？
（2）不锈钢按组织划分共有几类，指出各自的主要组成和应用领域。
（3）轴承钢应具有高强度和良好的耐磨性，为此应采用何种组成和热处理工艺？

高速钢的化学成分

分类		化学成分/%					
		C	Cr	Mo	W	V	Co
Mo 类	SKH9	0.80~0.90	3.80~4.50	4.50~5.50	5.50~6.70	1.60~2.20	—
	SKH55	0.80~0.90	3.80~4.50	4.80~6.20	5.50~6.70	1.70~2.30	4.50~5.50
W 类	SKH2	0.70~0.85	3.80~4.50	—	17.00~19.00	0.80~1.20	—
	SKH4A	0.70~0.85	3.80~4.50	—	17.00~19.00	1.00~1.50	9.00~11.00
	SKH5	0.20~0.40	3.80~4.50	—	17.00~19.00	1.00~1.50	16.00~17.00

高速钢的热处理履历

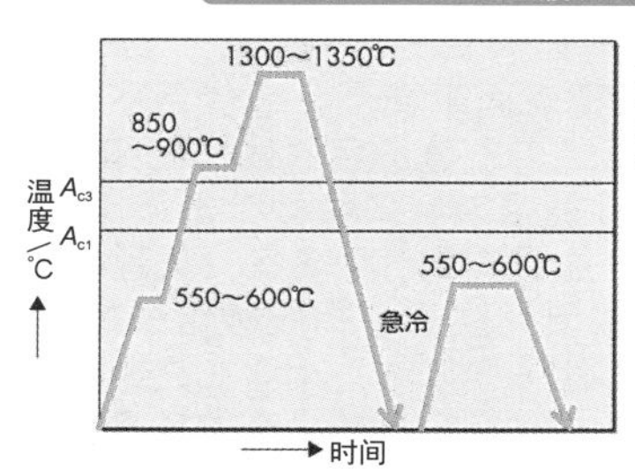

为了减小高速钢在热处理时的内外温度差，即为了防止热应力引起开裂，往往采用分段升温。

高速钢依不同回火温度的硬度变化

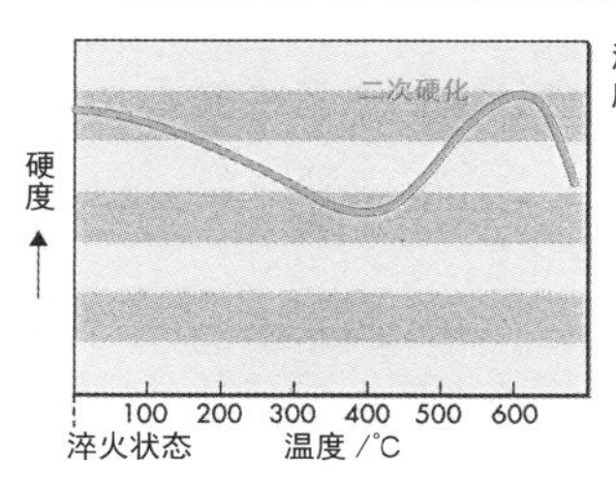

淬火后的高速钢回火，硬度甚至会更高（二次硬化）。

1

不锈钢的化学成分和用途

按组织分类	主要合金元素	化学成分/%				用途
		C	Ni	Cr	其他	
铁素体	13Cr	0.08>	—	11.50~14.50	Al 0.10~0.30	内衬，石油容器
	18Cr	0.12>	—	16.00~18.00	—	厨房用具，车辆，日用品
马氏体	13Cr	0.15>	—	11.50~13.00	—	涡轮机叶片，刃具，阀门
	17Cr	0.60~0.75	—	16.00~18.00	—	刀子，手术用具，阀
奥氏体	18Cr-8Ni	0.08>	8.00~10.50	18.00~20.00	—	化学工业用耐腐蚀部件

奥氏体不锈钢的固溶化处理

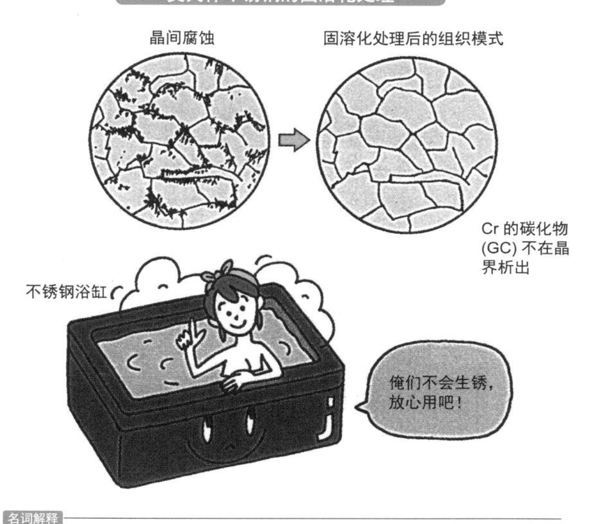

名词解释

固溶化处理：去除由于冷加工及焊接等形成的内应力，使加工组织再结晶、延性回复以及晶界析出的碳化物固溶而耐腐蚀性增加。在现场，这种处理也称为水韧处理。

2

弹簧钢的化学成分

分类		化学成分/%					用途
		C	Si	Mn	Cr	V	
碳素钢	SUP3	0.75~0.90	0.15~0.35	0.30~0.60	—	—	板簧
	SUP4	0.90~1.10	0.15~0.35	0.30~0.60	—	—	线圈弹簧
合金钢	SUP9	0.50~0.60	0.15~0.35	0.65~0.95	0.65~0.95	—	板簧 扭杆弹簧
	SUP10	0.45~0.55	0.15~0.35	0.65~0.95	0.80~1.10	0.15~0.25	扭杆弹簧

弹簧钢的热处理履历（过共析钢）

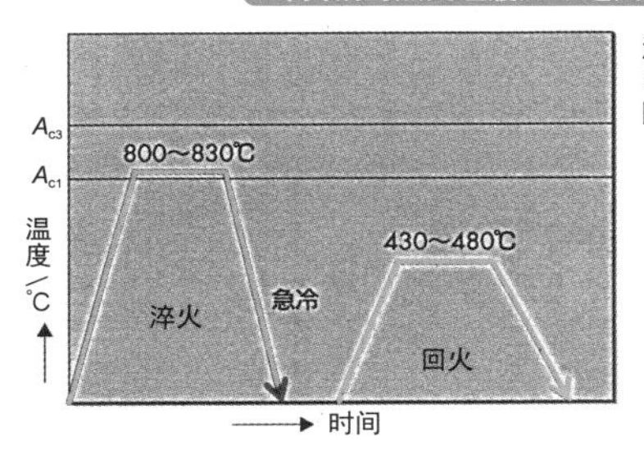

淬火之后由于太硬，故进行中温回火，在使硬度缓和的同时，赋予一定韧性。

弹簧的种类

线圈弹簧

发条弹簧（卷簧）

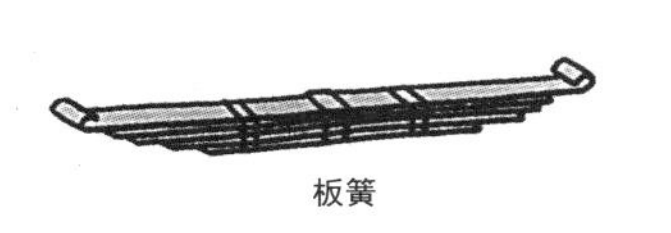

板簧

3

轴承的种类

轴承
- 滑动轴承（钢材、铸铁等）
- 滚动轴承（轴承钢）
  - 滚珠轴承
  - 滚柱轴承

轴承钢的化学成分

JIS 记号	化学成分/%				
	C	Si	Mn	Cr	Mo
SUJ 2	0.95~1.10	0.15~0.35	0.50>	0.90~1.20	—
SUJ 5	0.95~1.10	0.40~0.70	0.90~1.15	0.90~1.20	0.10~0.25

轴承钢的热处理履历

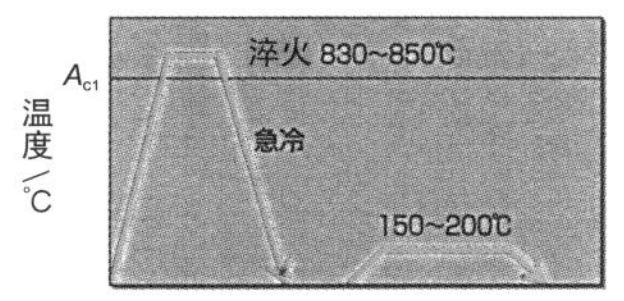

轴承钢球化退火得到的组织

与过共析钢的组织做比较

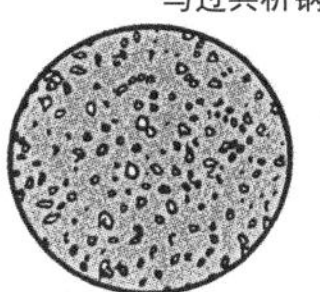

球化组织（球化退火后）

层状（珠光体）组织（未进行球化退火）

4

3.24 铸铁及轻金属的减振应用

3.24.1 适合铸造的铸钢和铸铁

铸铁是主要由铁、碳、硅组成的合金的总称。工业用铸铁一般含碳量为2%~4%。碳在铸铁中多以石墨形态存在，有时也以渗碳体形态存在。除碳外，铸铁中还含有1%~3%的硅，以及锰、磷、硫等元素。合金铸铁还含有镍、铬、钼、铝、铜、硼、钒等元素。碳、硅是影响铸铁显微组织和性能的主要元素。铸铁可分为：

①灰口铸铁：含碳量较高(2.7%~4.0%)，碳主要以片状石墨形态存在，断口呈灰色，简称灰铁。熔点低(1145~1250℃)，凝固时收缩量小，抗压强度和硬度接近碳素钢，减震性好。用于制造机床床身、汽缸、箱体等结构件。

②白口铸铁：碳、硅含量较低，碳主要以渗碳体形态存在，断口呈银白色。凝固时收缩大，易产生缩孔、裂纹。硬度高，脆性大，不能承受冲击载荷。多用作可锻铸铁的坯件和制作耐磨损的零部件。

③可锻铸铁：由白口铸铁退火处理后获得，石墨呈团絮状分布，简称韧铁。其组织性能均匀，耐磨损，有良好的塑性和韧性。用于制造形状复杂、能承受强动载荷的零件。

④球墨铸铁：将灰口铸铁铁水经球化处理后获得，析出的石墨呈球状，简称球铁。比普通灰口铸铁有较高强度、较好韧性和塑性。用于制造内燃机、汽车零部件及农机具等。

⑤蠕墨铸铁：将灰口铸铁铁水经蠕化处理后获得，析出的石墨呈蠕虫状。力学性能与球墨铸铁相近，铸造性能介于灰口铸铁与球墨铸铁之间。用于制造汽车的零部件。

⑥合金铸铁：普通铸铁加入适量合金元素获得。合金元素使铸铁的基体组织发生变化，从而具有相应的耐热、耐磨、耐蚀、耐低温或无磁等特性。用于制造矿山机械、化工机械和仪器仪表等的零部件。

3.24.2 球墨铸铁

球墨铸铁是20世纪50年代发展起来的一种高强度铸铁材料，其综合性能接近于钢，正是基于其优异的性能，已成功地用于铸造一些受力复杂，强度、韧性、耐磨性要求较高的零件。球墨铸铁已迅速发展为仅次于灰铸铁的、应用十分广泛的铸铁材料。所谓"**以铁代钢**"，主要指球墨铸铁。

球墨铸铁是通过**球化和孕育处理**得到球状石墨，有效地提高了铸铁的机械性能，特别是提高了塑性和韧性，从而得到比碳钢还高的强度。

球墨铸铁中碳、硅含量较高，而锰较低，对磷、硫的限制较严。除铁外的化学成分通常为：含碳量3.6%~3.8%，含硅量2.0%~3.0%，含锰、磷、硫总量不超过1.5%和适量的稀土、镁等球化剂。

球墨铸铁不仅具有远远超过灰铁的机械性能，而且同样也具有灰铁的一系列优点，如良好的铸造性能、减磨性、切削加工性及低的缺口敏感性等。甚至在某些性能方面可与铸钢相媲美，如疲劳强度大致与中碳钢相似，耐磨性优于表面淬火钢等。此外，球墨铸铁还可适应各种热处理，使其机械性能提高到更高的水平。因此，球墨铸铁一出现就得到迅速的发展。它可代替部分钢作较重要的零件，对实现以铁代钢、以铸代锻起到重要的作用，具有较大的经济效益。例如，珠光体球墨铸铁常用于制造曲轴、连杆、凸轮轴、机床主轴、水压机气缸、缸套、活塞等。铁素体球墨铸铁用于制造压阀，机座、汽车后桥壳等。

3.24.3 各种改性铸铁的金相显微组织

在光学显微镜下观察球状石墨，低倍时，外形近似圆形；高倍时，为多边形，呈辐射状，结构清晰。经深腐蚀的试样在SEM中观察，球墨表面不光滑，起伏不平，形成一个个泡状物。经热氧腐蚀或离子轰击后的试样在SEM中观察，球墨呈年轮状纹理，且被辐射状条纹划分成多个扇形区域；经应力腐蚀(即向试样加载应力)后观察，呈现年轮状撕裂和辐射状开裂。其余主要铸铁的金相显微组织如图3所示：(a)热处理之前的白口铸铁(×100)；(b)在铁素体基体中分布有团絮石墨(球粒)和细小的MnS夹杂的铁素体可锻铸铁(×200)；(c)经过加工热处理形成退火马氏体基体的珠光体型可锻铸铁(×500)；(d)具有铁素体基体的退火球墨铸铁(×250)；(e)具有铁素体(白色)和珠光体基体的铸造态球墨铸铁(×250)；(f)具有珠光体基体的正火状态球墨铸铁(×250)。

3.24.4 轻金属及轻合金的减振应用

一般把衰减系数超过20%的合金材料称为**减振合金**。不同种类的合金其减振机理不同，可将其分为**复合型**、**铁磁性型**、**位错型**和**孪晶型**四类。铸铁是应用最广泛的复合型减振合金，它成本低，具有良好的铸造特性，很早就用于机械等的防振，其减振系数为钢的6~8倍。在外界振动作用下，存在于铸铁中的石墨经反复塑性变形，振动能被转变成摩擦热而消失。石墨含量越多，片状石墨越发达，减振系数也越大。铸铁常被用来制作机器底座、曲轴、凸轮等部件。

轻金属及轻合金的减振应用举例如下：

(1)镁在笔记本电脑中的应用：戴尔公司用镁合金作为笔记本电脑的外壳，从而保护其内部组件，延长笔记本电脑的使用寿命。这种用途利用了镁合金的高强度和耐用性。镁再次证明了其不仅可以应用在汽车、家具等领域，更可以在计算机行业满足高科技的需求。

(2)铸铝合金在减振器底筒上的应用：铝合金以其相对密度小，力学性能好，装饰性多样化已被摩托车广泛应用。液压式前减振器底筒大部分使用的是铸铝合金材料，因其前减振器在整车上的特殊用途和功能，除受传递驱动力和转向力外，还承受行驶横向阻力和路面冲击力以及安装仰角的侧向力等多种力的影响。

(3)高减振钛合金：高减振钛合金是具有高比强、高弹性模量和高阻尼性能的钛基合金。密度较低，用于制造飞机发动机高压压气机叶片。

本节重点

(1)铸钢中一般含有哪些组织缺陷？如何清除？
(2)何谓球墨铸铁，其与普通灰口铸铁相比有哪些性能优势？
(3)铸铁与钢相比有哪些优点？

铸钢材料的种类

铸钢材料的种类		热处理
碳素钢铸钢	SC	正火
	SCW	正火低温退火
结构用高张力碳素钢及低合金钢铸钢	SCC SCMn SCSiMn	正火 调质 低温退火
不锈钢铸钢	SCS	水韧处理（固溶处理）
高锰钢铸钢	SCMnH	

铸钢的化学成分

种类		化学成分/%					用途
		C	Si	Mn	Cr	Mo	
碳素钢铸钢	SC46	无规定					一般构造用
焊接结构用铸钢	SCW450	0.22>	0.80>	1.50>	—	—	焊接结构用
低合金钢铸钢	SCMn1	0.20 ~0.30	0.30 ~0.60	1.00 ~1.60	—	—	一般构造用
	SCSiMn2	0.25 ~0.35	0.50 ~0.80	0.90 ~1.20	—	—	锚用
	SCMnCr2	0.25 ~0.35	0.30 ~0.60	1.20 ~1.60	0.40 ~0.80		耐磨损用
	SCCrM1	0.20 ~0.30	0.30 ~0.60	0.50 ~0.60	0.80 ~1.10	0.15 ~0.35	强韧材用

铸钢的树枝状组织

铸造时冷却后会出现像树枝生长那样伸杈的组织

如果铸造，易于制作大型制品及大重量部件

锚

大型齿轮

名词解释

树枝状组织：熔融态钢在凝固过程中，所生成的树枝状的不均匀组织。又称为枝晶组织。

铸铁的组织

由于石墨球形化，消除缺欠而增加强度

铁素体　珠光体　石墨

普通铸铁（灰口铸铁）

石墨　珠光体（黑地）　铁素体（白地）

球墨铸铁

铸铁的种类

种类	JIS标号	拉伸强度/MPa	化学成分
普通铸铁	FC 150	150<	无规定
	FC 250	250<	
球墨铸铁	FCD 400	400<	
	FCD 600	600<	

铸铁的低温退火

Ac_1　温度/℃　缓冷　时间

铸铁的低温退火是在加热到Ac_1点以下保温一定时间，而后缓慢冷却。这样，在防止偏析的同时消除应力。

各种改性铸铁的金相显微组织

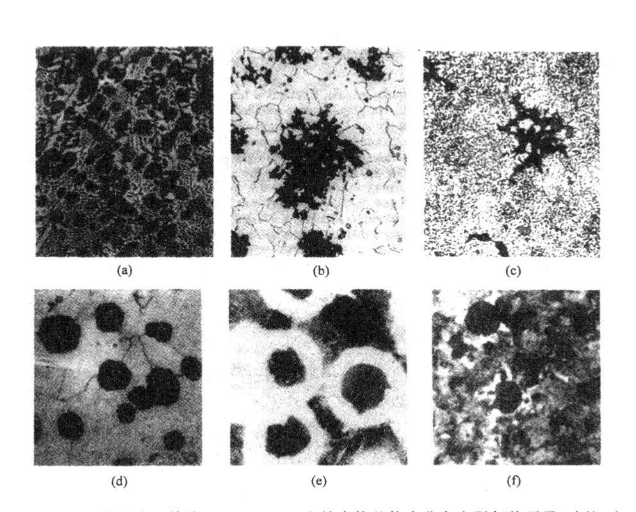

(a) 热处理之前的白口铸铁(×100)；(b) 在铁素体基体中分布有团絮状石墨(球粒)和细小MnS夹杂的铁素体可锻铸铁(×200)；(c) 经过加工热处理形成退火马氏体基体的珠光体型可锻铸铁(×500)；(d) 具有铁素体基体的退火球墨铸铁(×250)；(e) 具有铁素体(白色)和珠光体基体的铸造态球墨铸铁(×250)；(f) 具有珠光体基体的正火状态球墨铸铁(×250)

各种金属的衰减速系数与强度的关系

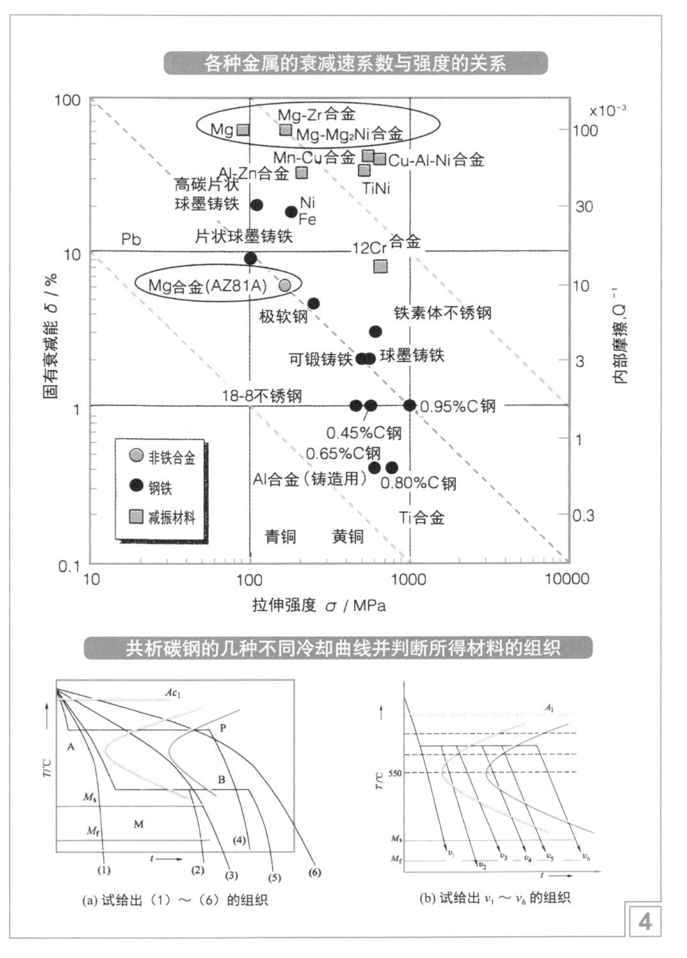

共析碳钢的几种不同冷却曲线并判断所得材料的组织

(a) 试给出（1）～（6）的组织

(b) 试给出 v_1 ～ v_6 的组织

名词术语和基本概念

高炉炼铁，还原反应，铁矿石，逆流反应器原理，两步反应，生铁，造渣，转炉炼钢，氧化反应，去除生铁中的杂质，降低、调整碳含量，加入合金元素，沸腾钢和镇静钢

晶体，非晶态，单晶，多晶，晶界，晶系，点阵，晶体结构，晶胞，点阵常（参）数，体心立方（bcc），面心立方（fcc），密排六方（hcp），固溶体，间隙式固溶体，置换式固溶体，金属间化合物

相，相图，组织和结构，工业纯铁，钢，铸铁，亚共析钢，过共析钢，亚共晶铸铁，过共晶铸铁，铁素体，渗碳体，奥氏体，珠光体，索氏体，屈氏体

均匀形核，不均匀形核，过冷度，临界形核半径，铸锭典型的三区组织，晶体的枝状晶生长，连续铸造，普通碳素结构钢，优质碳素结构钢，碳素合金钢

热加工和冷加工，热变形温度，应力 - 应变曲线，弹性模量，弹性极限强度，屈服强度，拉伸强度，破坏（抗断）强度，破坏延伸率，断裂伸长，冷轧，内应力，回复，再结晶

热处理，加热时的组织转变，过冷奥氏体冷却转变，钢回火时的转变，退火，正火，淬火，回火，中间退火，完全退火，球化退火，均匀化退火，淬透性，淬火开裂，不完全淬火，低温回火，中温回火，高温回火，二次硬化现象，恒温转变曲线

思考题及练习题

3.1 高炉炼铁的原料有哪些？说明高炉炼铁过程并写出其中发生的主要化学反应。
3.2 炼钢过程中主要去除哪五种元素，分别写出去除反应。
3.3 参照 P81 图 1，在 $Fe-Fe_3C$ 相图中标注各个相区的相组成并画出共析线以下典型碳含量的金相组织示意图。
3.4 试画出体心立方（bcc）、面心立方（fcc）、密排六方（hcp）的一个晶胞。
3.5 分别求出 bcc、fcc、hcp 一个晶胞中的原子数 n，配位数 N，原子密堆系数 ξ。
3.6 试分别画出 bcc 和 fcc 一个晶胞中四面体间隙和八面体间隙位置并指出各自的个数。
3.7 画出典型的铸锭三区组织，这种组织为什么不适用于结构材料？如何改进？
3.8 什么叫固溶体？什么叫金属间化合物？碳钢中的珠光体是何种组织？
3.9 标出应力 - 应变曲线上各特性点的名称，由该曲线可以获得材料的哪些性能指标？
3.10 何谓材料的冷加工和热加工？为什么汽车钢板一般以冷轧产品供货？
3.11 碳钢按成分、质量、用途和冶炼方法，通常分为哪几类？请分别给出其典型牌号。
3.12 根据 P121 图 4 中给出的共析碳钢的几种不同冷却曲线，给出所得材料的组织。
3.13 由碳钢制作小刀、齿轮和弹簧，分别相应采取什么热处理制度，试说明理由。
3.14 分析工件发生淬裂的原因，如何防止淬裂现象的发生？
3.15 何谓高速钢，高速钢采用何种化学成分和热处理制度？
3.16 金属材料有哪些强化方式？合金元素是如何在钢中起强化作用的？
3.17 何谓铸铁？普通铸铁、球墨铸铁在组织、性能、用途上有什么差别？

参考文献

[1] 潘金生，仝健民，田民波．材料科学基础（修订版）．北京：清华大学出版社，2011 年
[2] 坂本 卓．熱処理の本．日刊工業新聞社，2005 年 10 月
[3] 海野 邦昭．切削加工の本．日刊工業新聞社，2010 年 10 月
[4] 関東学院大学表面工学研究所，編．図解：最先端表面処理技術のすべて．工業調査会，2006 年 12 月
[5] Mangonon Pat L. The Principles of Materials Selection for Engineering Design. Pearson Prentice Hall Inco, 1999
[6] William D, Callister J R. Materials Science and Engineering: An Introduction. 6th ed. USA, John Wiley & Sons Inco,2003
[7] Shackelford J F. Introduction to Materials Science for Engineers. 5th ed. New York: Mcmillan Pub. Co,2000
[8] Cahn R W, Kramer E J. Materials Science and Technology: a Comprehensive Treatment. New York: VCH. 1991
[9] 顾家琳，杨志刚，邓海金，曾照强．材料科学与工程概论．北京：清华大学出版社，2005 年 3 月
[10] 徐晓虹，吴建锋，王国梅，赵修建．材料概论．北京：高等教育出版社，2006 年 5 月
[11] Donald R. Askeland, Pradeep P. Phulé. The Science and Engineering of Materials. 4th ed. Brooks/Cole, Thomson Learning, Inco. , 2003.
材料科学与工程（第 4 版）．北京：清华大学出版社，2005 年
[12] Michael F Ashby, David R H Jones. Engineering Materials 1—An Introduction to Properties, Applications and Design. 3th ed. Elsevier Butterworth-Heinemann, 2005.
工程材料（1）——性能、应用、设计引论（第 3 版）．北京：科学出版社，2007 年
[13] William F. Smith, Javad Hashemi. Foundations of Materials Science and Engineering. 5th ed. New York, McGraw-Hill, Inco. Higher Education, 2010.
材料科学与工程基础（第 5 版）．北京：机械工业出版社，2011 年
[14] Donald R Askland,Wendelin J Wright.The Science and Engineering of Materials.7th ed.SI EDITION.CENGAGE Learning. 2014

第4章 粉体和纳米材料

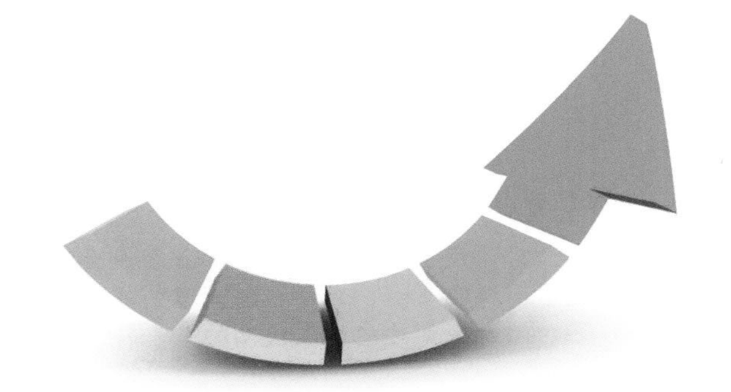

4.1 粉体及其特殊性能（1）——小粒径和高比表面积

4.1.1 常见粉体的尺寸和大小

表示固体大小的单位，一般用米（meter，m）或毫米（millimeter，mm）；表示分子大小的单位，一般用埃（Angströn，Å；1Å $=10^{-1}$nm$=10^{-10}$m）。粉体既可以由固体粉碎变细（top-down）得到，又可以由分子聚集变大（bottom-up）得到。因此，表示粉体大小的单位，一般用**微米**（micrometer，μm；1μm$=10^{-6}$m）或**纳米**（nanometer，nm；1nm$=10^{-9}$m）。那么，所谓微米或纳米的单位到底有多大呢？

若将谷物用石碾或石磨等粉碎，会得到从10μm到100μm左右的面粉。用两个手指一捏，有颗粒状和非光滑之感。再进一步用更高性能的粉碎机粉碎，则颗粒感消失，代之以明显的光滑感。粗略地讲，按人对粉体的感觉而言，在10μm左右有明显的变化。

细菌的大小一般在1μm左右。所谓除菌过滤所采用的就是孔径0.2μm的细孔径过滤膜。病毒也是小生物的代名词。艾滋病病毒的尺寸为0.1μm，属于相当大的病毒。有些种类的病毒尺寸只有10nm。DNA分子的尺寸大致在1nm上下。一个水分子的大小只有0.35nm。

在金属超微粒子领域，原子数从几个到100个左右的集合体称为原子团簇。这种数目的原子集合体中，由于电子行为与普通固体中的具有很大差异，从而会表现出许多新的电磁特性等。

近年来，采用化学方法制作金属及精细陶瓷微细粒子的开发极为活跃。在此领域，特别将0.1μm以下的粒子称为超微（纳米）粒子。而且，在微小粒子的捕集技术及计测等领域，将0.1～1μm范围的粒子称为亚微米粒子。

4.1.2 粉粒越小，比表面积越大

与朋友相聚，一杯咖啡可衬托出优雅的气氛。将烤制好的咖啡豆放入咖啡粉碎机中，摇动手柄会听到咔嚓咔嚓的声音。将粉碎的咖啡粉转移至过滤器时，芳醇的香味十分诱人。调节粉碎机粉碎齿的间距，可以实现粗粉碎、中粉碎、细粉碎。粗碎的尺寸如雪花，细碎的尺寸如砂糖。

咖啡的浸出有利用纸和布作为过滤器的方法及采用虹吸的方法，还有压力抽出的方法。后者可以短时间内全部抽出，对于粗碎咖啡来说难以将风味成分完全抽出，因此尽可能采用细碎咖啡。但这种细碎咖啡如果利用普通的过滤方法浸出，由于浸出量过多，往往浸出影响咖啡风味的杂味。因此，过滤方式通常使用中碎咖啡。粗碎咖啡可以放入更多的粉末，在较低的水温下缓缓浸出，这样的饮品风味更为纯正。

让我们以球状物体为例说明，粉粒越小，比表面积越大。

若一个球的半径为r，则其体积为$4/3\cdot\pi r^3$，**表面积**为$4\pi r^2$，当把它按体积均分为两份后，这两个小球的半径为$\frac{1}{\sqrt[3]{2}}r$，于是它们的总表面积为$4\pi(\frac{1}{\sqrt[3]{2}}r)^2\times 2>4\pi r^2$。依次类推，可知**粉粒越小比表面积越大**。

对于粉体来说，即使质量相同，由于粒度不同，必然会引起表面积的变化。注意图2表中三种粒径的粉体，在粒子总体积相同的条件下，**粒子越细则粒子个数越多**。若粒子的大小变为1/10，在粒子的总体积相同的条件下，粒子的个数要求为1000倍。由于一个粒子的表面积与其直径的二次方成正比，在考虑粒子个数的前提下，则粒子越细，总表面积（表的最右栏）越大。

由于表面积越大，与溶剂的接触面积越大，因此粒子内部的风味成分溶出的速度加快。将固体制成粉体的理由之一，是伴随着粉体化的表面积的增加，与之相伴的反应性、溶解性也增加。

4.1.3 涂料粒子使光（色）漫反射的原理

散射是由于介质中存在的微小粒子（异质体）或者分子对光的作用，使光束偏离原来的传播方向而向四周传播的现象。在光通过各种浑浊介质时，有一部分光会向四方散射，沿原来的**入射**或**折射**方向传播的光束减弱了，即使不迎着入射光束的方向，人们也能够清楚地看到这些介质散射的光，这种现象就是光的**漫散射**。

涂料粒子使光散射的原理说明如图所示。光线照到涂料粒子上，受折射进入粒子内，再经反射和折射射出粒子，这时原本平行的光线会向四面八方发散，也就形成了涂料粒子的漫反射。

为什么冰是透明的而雪是白色的？我们都知道，冰是单晶，单晶内部结构呈规律性，因而单晶的透光性好，于是冰是透明的。而雪是多晶，多晶由很多小的晶粒组成，也就是存在很多晶界，在晶界上光有折射也有反射。由于大量晶界的存在，光很难透射，几乎全部被漫反射，从而呈现白色。

4.1.4 粉碎成粉体后成型加工变得容易

物料粉体化具有重要意义。第一，它可以加速反应速度，提高均化混合效率。这是因为粉体的比表面积大，反应物之间接触充分；第二，它可以提高流动性能，即在少许外力的作用下呈现出固体所不具备的流动性和变形性，改善物料的性能；第三，它可以剔除、分离某些无用成分，便于除杂；另外，超细粉体化可以改变材料的结构及性质。

透光性陶瓷就是一个好的例子。**透明陶瓷**的制备过程包括制粉、成型、烧结和机械加工。其中对原料粉有四个要求：①具有较高的纯度和分散性；②具有较高的烧结活性；③颗粒比较均匀并呈球形；④不能凝聚，随时间推移也不会出现新相。正是由于这些粉体的优良性能，才使得透明陶瓷具有较好的透明性和耐腐蚀性，能在高温高压下工作，强度高、介电性能优良、电导率低、热导性高等优点。因而它逐渐在照明技术、光学、特种仪器制造、无线电子技术及高温技术等领域获得日益广泛的应用。

总之，在材料的开发和研究中，材料的性能主要由材料的组成和显微结构决定。显微结构，尤其是无机非金属材料在烧结过程中所形成的显微结构，在很大程度上由所采用原料的粉体的特性所决定。根据粉体的特性有目的地对生产所用原料进行粉体的制备和粉体性能的调控、处理，是获得性能优良的材料的前提。

本节重点

（1）粉体尺寸分布在块体（1mm）和分子（1nm）之间的微米～纳米范围内。
（2）同样源于水，为什么冰是透明的，而雪是白色的？
（3）陶瓷如何才能做成透明的？

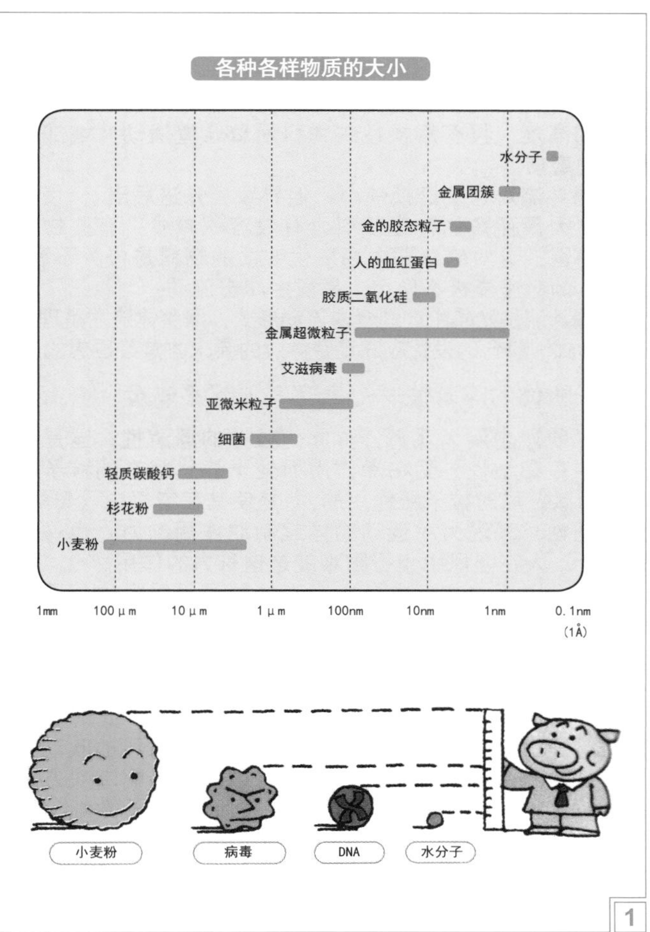

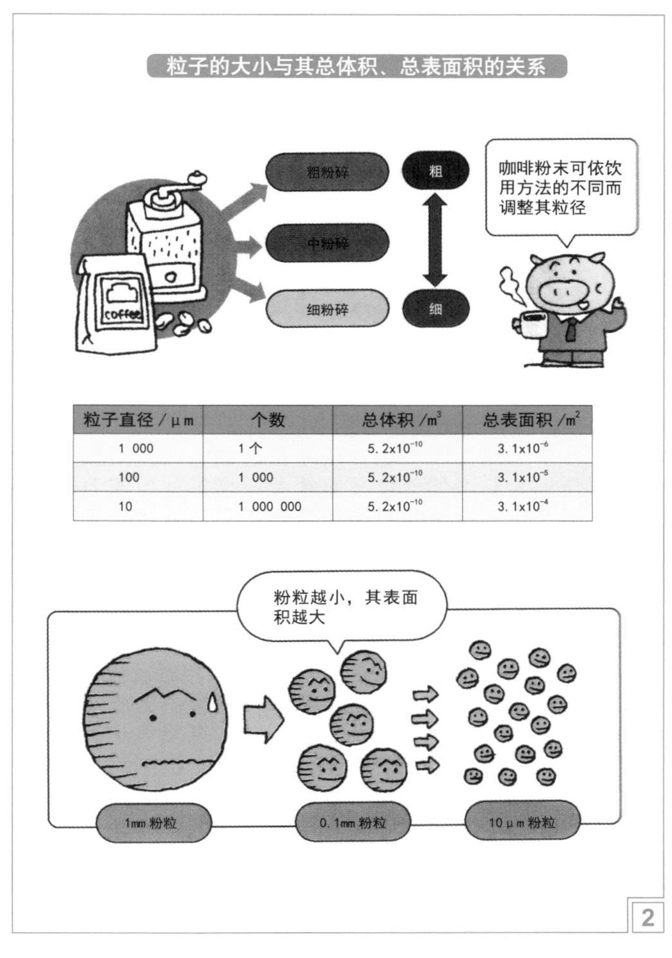

粒子直径 / μm	个数	总体积 /m^3	总表面积 /m^2
1 000	1 个	5.2×10^{-10}	3.1×10^{-6}
100	1 000	5.2×10^{-10}	3.1×10^{-5}
10	1 000 000	5.2×10^{-10}	3.1×10^{-4}

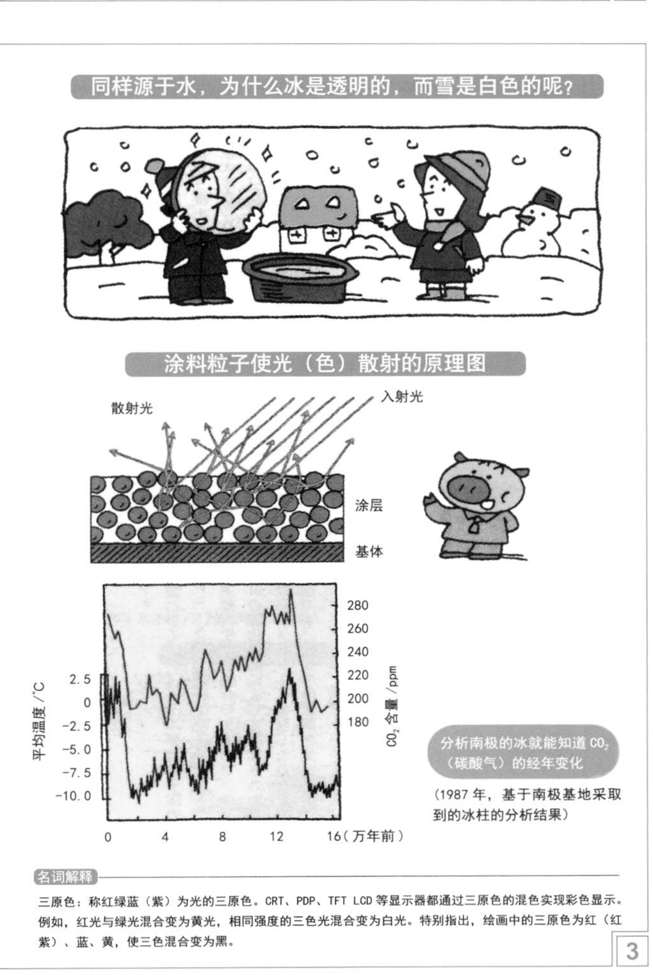

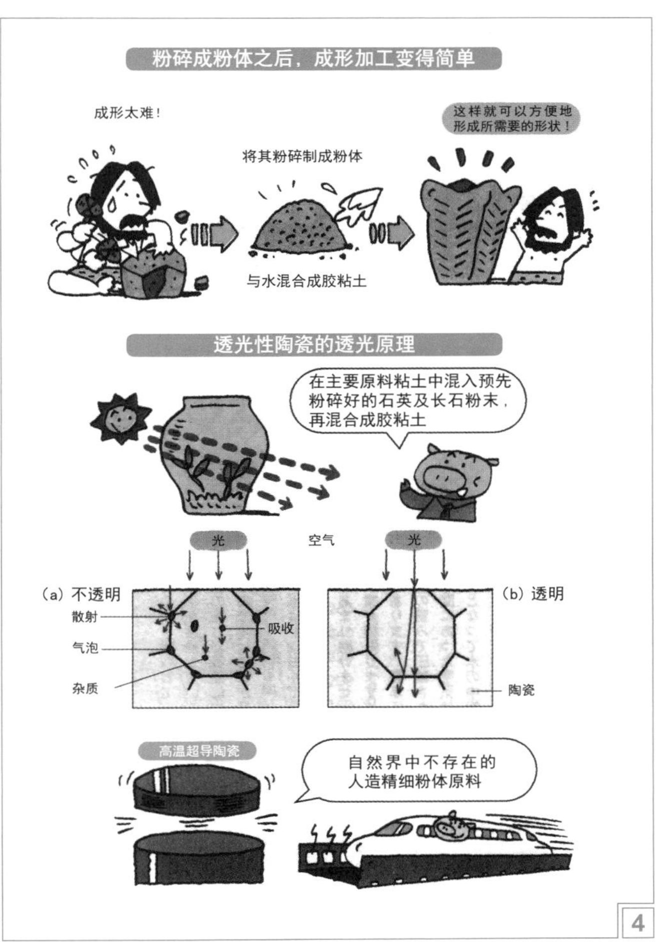

4.2 粉体及其特殊性能（2）——高分散性和易流动性

4.2.1 粉体的流动化

在水中吹气会产生气泡。那么，在沙层中吹入气体会发生什么现象呢？

将沙子盛放在一个隔板上布置有大量微孔的容器中，微孔的直径小到不致使沙子掉落的程度，在隔板的下方流入气体。当气体速度小时，沙层多少有些膨胀，但沙子几乎不动。但是，当速度超过某一确定值时，便发生气泡，沙子开始激烈运动，恰似水沸腾那样。因此，刚放入容器中尚未吹入气体的沙子如同海岸沙滩那样，人可以在上面闲庭信步，但**流动化**的沙层（**流动层**）会变为液体那样的状态，其上的步行者就会沉没在沙层中。

如图中曲线所示，由沙层所引起的气体压力损失，直到沙层流动前与气体速度呈直线关系增加，但流动开始后几乎不再变化，这说明粒子的运动几乎与液体处于相同的状态。

粉体流动化的好处是，如同液体那样的粒子可以被均匀地混合，粒子与气体间的接触效率很高。这样，流动层内的固 - 气反应特性及传热特性变得极好。

具有这种特性的流动层，作为固 - 气接触反应装置已经在各种化学反应中成功利用。例如，在藉由重质油的流动接触分解制取汽油、药品及食品制造，煤炭气化，以火力发电站为中心的煤燃烧等领域都已成功利用。特别是最近，作为垃圾及废弃物的燃烧装置，上述流动层的利用已引起广泛关注。

4.2.2 粉体的流动模式

粉体的流动性主要与重力、空气阻力、颗粒间的相互作用力有关。颗粒间的相互作用力主要包括范德瓦尔斯力，毛细管引力，静电力等。粉体的流动性主要取决于粉体本身的特性，如粒度及粒度分布，粒子的形态，比表面积，空隙率与密度，充填性，吸湿性等。其次也与环境的温度，压力，湿度有关。

一般，用**休止角**评价粉体的流动性。一定量的粉体堆层，其自由斜面与水平面间形成的最大夹角称为休止角θ，$\tan\theta=h/r$。θ越小，粉体的流动性越好；$\theta\leqslant 40°$，流动性满足生产的需要；$\theta>40°$，流动性不好。淀粉$\theta>45°$，流动性差。粉体吸湿后，θ提高。细粉率高，θ大。将粉体加入漏斗中，测定粉体全部流出所用的时间可以确定流出速度。粒子间的粘着力、范德瓦尔斯静电力等作用阻碍粒子的自由流动，影响粉体的流动性。

改善粉体流动性的措施有：①通过制粒，减少粒子间的接触，降低粒子整理间的吸着力；②加入粗粉、改进粒子形状可改善粉体的流动性；③改进粒子的表面及形状；④在粉体中加入助流剂可改善粉体的流动性；⑤适当干燥可改善粉体的流动性。

顺便指出，制粒又称造粒，是将小的粉体颗粒团聚成大颗粒，大颗粒间的粒子接触会明显减少。

如果仓内整个粉体层能大致均匀流出，则称为**整体流**；如果只有料仓中央部分流动，整体呈漏斗状，使料流顺序紊乱，甚至部分停滞不前，则称为**漏斗流**。

整体流导致“**先进先出**”，把装料时发生粒度分离的物料重新混合。整体流情况下不会发生管状穿孔；整体流均匀而平稳，仓内没有死角。但是需要陡峭的仓壁而增加了料仓的高度，具有磨损性的物料沿着仓壁滑动，增加了对料仓的磨损。

漏斗流对仓壁磨损较小，但导致“**先进后出**”，使物料分离。大量死角的存在使料仓有效容积减少，有些物料在仓内停留，这对储存期内易发生变质的物料是极为不利的。而且，卸料速度极不稳定，易发生冲击流动。

漏斗流是妨碍生产的仓内流动形式，而整体流才是理想的流动形式，料仓的设计应满足整体流的要求才是最理想的。

4.2.3 粉体的浮游性——靠空气浮起来输运

风吹沙尘漫天飞舞。称此为粒子的**浮游性**。这是由于空气中存在粘性，受粘滞作用而处于静止状态的粒子被风吹动所致。风对粒子所作用的，即是使其在空气中飞舞的力。上述粘性，表现为对运动物体起制动作用的力，也作用于粒子上。人在强风中步行困难就是这种力的作用。

另一方面，空气中自由存在的粒子受重力作用而沉降（落下）。这样，由于粒子与空气产生相对速度，因此粒子上会有力（粘性抵抗力）作用。对于小粒子的情况，这种力与速度（粒子与空气的相对速度）成正比而逐渐加大，不久便与重力相等，由此时开始，粒子等速运动。此时的速度称为**等速沉降速度**。若受到风速比之更大的风的吹动，粒子就会飘舞起来。由于沉降速度与粒子直径的二次方成正比，随着粒子变小，浮游性增加。因此，由于微细化而产生的浮游性，在粉体工艺中几乎无处不在地加以利用。例如，在近代的粉体工厂中，气流输送器应用十分普遍。只能靠带式运输机输运的大块矿石，只要磨成细粉，靠空气浮起，也能在管道中与空气一起，像液体那样流动。称此为**空气输送**。

另外，图中所示为气动滑板的粉体技术之一种。即使粒子从倾斜板的上方流下，但由于粒子与板之间的摩擦，往往不能顺畅地流下。但是，若由粉体层下方向粉体层中吹入空气，使粒子浮起，则粉体会像液体那样流动。

4.2.4 地震中因地基液态化而引起的灾害

饱和状态下的砂土或粉土受到振动时，孔隙水压力上升，土中的有效应力减小，土的抗剪强度降低。振动到一定程度时，土颗粒处于悬浮状态，土中有效应力完全消失，土的抗剪强度为零。土变成了可流动的水土混合物，此即为**液态化**。这种振动多来自地震等因素。

地基的液态化会造成冒水喷砂，地面下陷，建筑物产生巨大沉降和严重倾斜，甚至失稳。还会引起喷水冒砂、淹没农田、淤塞渠道、路基被淘空，有的地段产生很多陷坑，河堤裂缝和滑移，桥梁的破坏等其他一系列震害。

饱和砂土或粉土液态化除了地震的振动特性外，还取决于土的自身状态：①土达到饱和，即，要有水，且无良好的排水条件；②土要足够松散，即砂土或粉土的密实度不好；③土承受的静载大小，主要取决于可液态化土层的埋深大小，埋深大，土层所受正压力加大，有利于提高抗液态化能力。此外，土颗粒大小，土中粘粒含量的大小，级配情况等也影响到土的**抗液态化能力**。

本节重点

（1）列举粉体的实际应用。
（2）请解释粉体流动中的闭塞现象。
（3）请说明地震中地基液态化的机制。

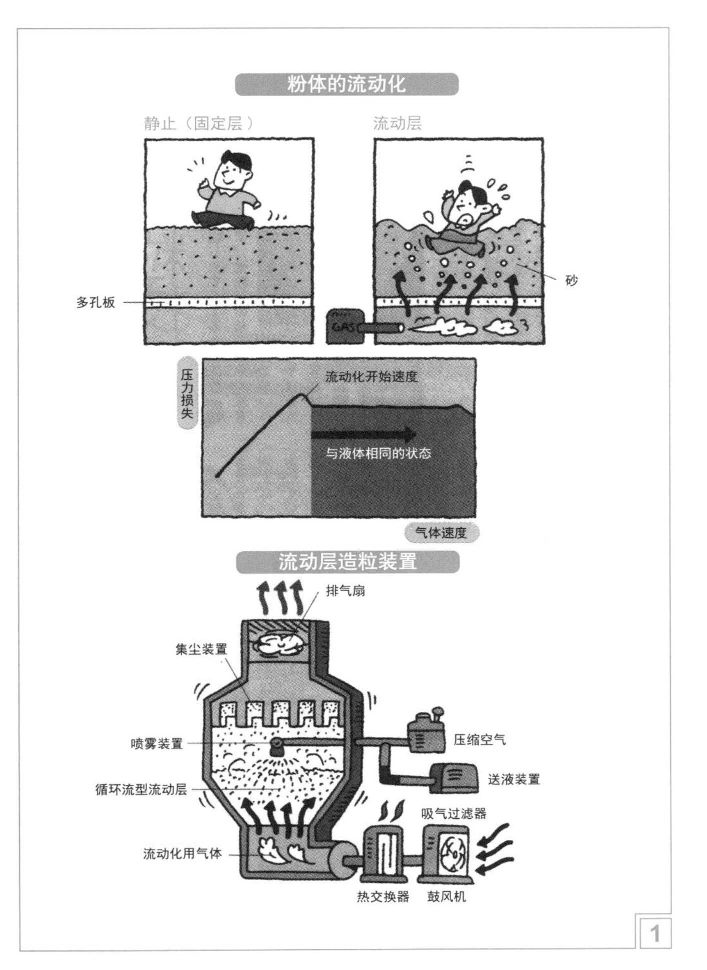
粉体的流动化
静止（固定层）
流动层
多孔板
砂
GAS
压力损失
流动化开始速度
与液体相同的状态
气体速度
流动层造粒装置
排气扇
集尘装置
喷雾装置
循环流型流动层
流动化用气体
压缩空气
送液装置
吸气过滤器
热交换器
鼓风机
1

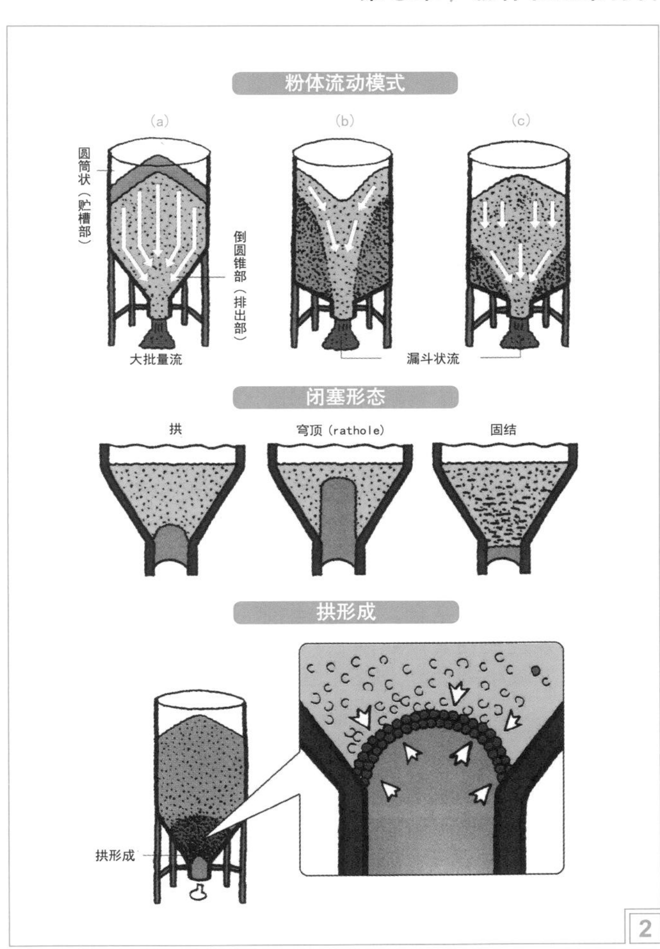
粉体流动模式
(a)
(b)
(c)
圆筒状（贮槽部）
倒圆锥部（排出部）
大批量流
漏斗状流
闭塞形态
拱
穹顶（rathole）
固结
拱形成
拱形成
2

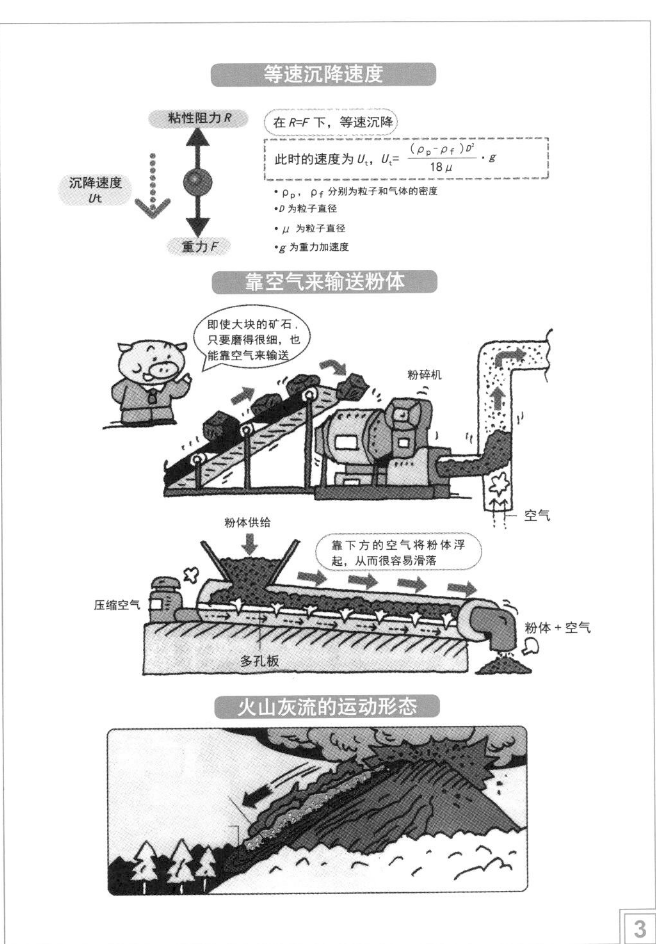
等速沉降速度
粘性阻力 R
沉降速度 Ut
重力 F
在 R=F 下，等速沉降
此时的速度为 U_t，$U_t=\frac{(\rho_p-\rho_f)D^2}{18\mu}\cdot g$
• ρ_p，ρ_f 分别为粒子和气体的密度
•D 为粒子直径
• μ 为粒子直径
•g 为重力加速度
靠空气来输送粉体
即使大块的矿石，只要磨得很细，也能靠空气来输送
粉碎机
空气
粉体供给
靠下方的空气将粉体浮起，从而很容易滑落
压缩空气
多孔板
粉体＋空气
火山灰流的运动形态
3

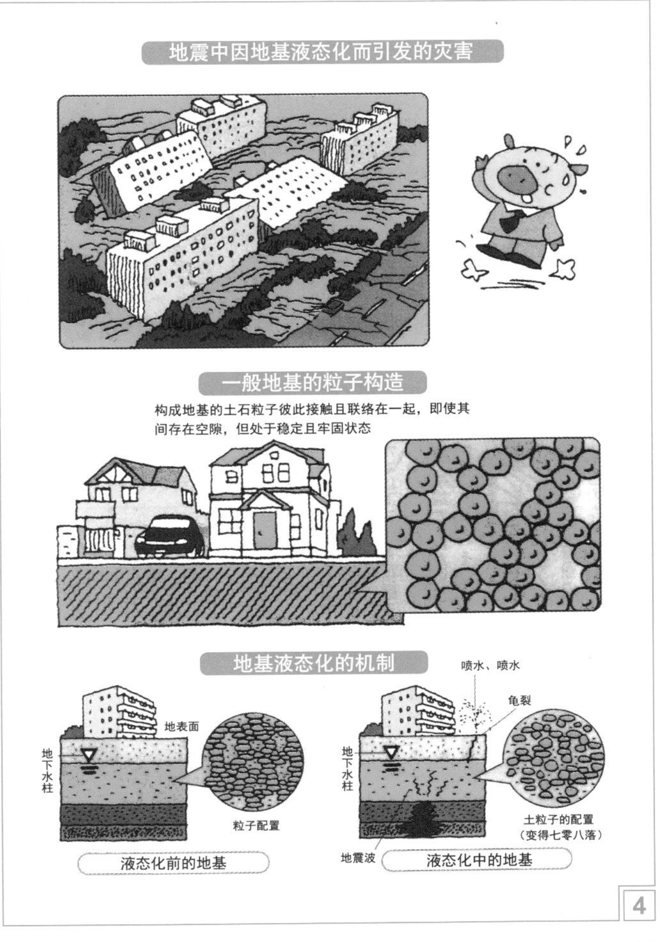
地震中因地基液态化而引发的灾害
一般地基的粒子构造
构成地基的土石粒子彼此接触且联络在一起，即使其间存在空隙，但处于稳定且牢固状态
地基液态化的机制
喷水、喷水
龟裂
地表面
地下水柱
粒子配置
液态化前的地基
地下水柱
土粒子的配置（变得七零八落）
地震波
液态化中的地基
4

4.3 粉体及其特殊性能（3）——低熔点和高化学活性

4.3.1 颗粒做细，变得易燃、易于溶解

在高中学习时我们就知道，增大固体反应物的表面积可增大**反应速率**。这是由于固体参与的非均相反应在固体表面进行，固体的**表面积**越大，处于表面的原子个数越多，反应物之间的接触越充分，反应就越容易进行。颗粒的比表面积随着其粒径的减小而增大，因此将颗粒做细可以提高物质的**化学反应活性**。例如通过草酸亚铁的热分解可以制得颗粒微小的自燃铁粉，燃点只有150~200℃，暴露在空气中缓慢氧化所产生的热量就足以将其引燃。比表面积增大也使物质与溶剂的接触更加充分，使溶解变得更加容易。

在纳米尺度上，这种效应变得更加显著。当粒子直径分别为10、4、2和1nm时，表面原子所占比例分别为20%、40%、80%和99%，此时表面效应所带来的作用不可忽略。处于表面的原子数量多，比表面积大，原子配位不足，表面原子的配位不饱和性导致大量的悬挂键、不饱和键，出现许多活性中心。这些表面原子具有高的活性，极不稳定，很容易与其他原子结合。因此，纳米颗粒具有极高的化学活性。表面效应还使其熔点降低，如金的常规熔点是1064℃，当颗粒尺寸减小到2nm时熔点仅为327℃左右。

4.3.2 礼花弹的构造及粉体材料在其中的应用

礼花弹外壳为纸质，内部装填有**燃烧剂**、**助燃剂**、**发光剂**与**发色剂**。燃放高空烟火时，发射药把礼花弹推射到空中，同时点燃礼花弹的**导火索**。

礼花弹飞到空中后，由黑火药制成的燃烧剂被导火索点燃，在剧烈燃烧之下生成大量气体（二氧化碳、氮气等），造成体积急剧膨胀，炸裂礼花弹的外壳，把发光剂与发色剂抛射出去并将其引燃。

助燃剂由硝酸钾、硝酸钡等组成，受热会分解释放氧，加剧燃烧反应。

发光剂为铝粉或镁粉，能够剧烈燃烧发出明亮的白光。发色剂为各种金属盐类，利用颜色反应产生五彩缤纷的效果。

礼花弹中的装填物均为粉末状，表面积巨大，相邻的氧化剂和可燃物颗粒之间可充分接触。礼花弹被引燃后，装填物受到压缩，颗粒间接触更加紧密，化学反应得以剧烈发生。

4.3.3 小麦筒仓发生粉尘爆炸的瞬间

1977年12月22日，美国路易斯安那州，耸立在密西西比河沿岸的一个谷物储存筒仓发生粉尘爆炸，从提升塔中腾起的火球高达30m，爆炸产生的冲击波传至16km以外。73座筒仓中有48座遭严重破坏。这起事故造成36人死亡，9人受伤。两天之后，已经扑灭的火灾又重新燃烧起来。据分析，是传送装置在抢险过程中因摩擦生热，再度引起现场谷物粉尘着火爆炸。可见即使是平日里司空见惯的面粉，也可能爆发出巨大的威力，必须小心防范。

所谓爆炸，是在闭空间中，由于可燃物与空气的混合相激烈的燃烧，所造成急剧升温及发生高压力的现象。小麦是可燃物，在大的麦粒状态不会发生激烈的燃烧。但是，磨成粉之后，由于表面积增大，燃烧速度会迅速增加进而引起爆炸。

粉尘爆炸发生的条件概述如下。随着可燃物微细化（大致200μm以下），表面积增大。它在空气中分散而浮游，变为粉尘。一旦分散的浮游粒子的浓度达到某一浓度范围（存在上限和下限），再遇到着火源，则爆炸瞬时发生。前述谷物储存筒仓发生的爆炸，就是因为在谷物的输送、仓储作业中，被磨碎的谷物片状微粒子在筒仓中浮游所致。这种情况一旦超过着火能量，则会发生爆炸。**最小着火能量与粉尘粒子的大小基本上成正比。**

作为粉尘爆炸的对策，在**爆炸的三个条件**，即**氧**、**可燃物浓度**、**着火能量中**，至少有一个被抑制即可以防止爆炸。

4.3.4 电子复印装置（复印机）的工作原理

当一张需要复印的图像被放置在复印机的原稿台上时，在机内灯光照射下形成反射光，通过由反射镜和透镜组成的光学系统，聚焦成像。使像正好投射在感光鼓上。**感光鼓**是一个圆鼓形结构的筒，表面覆有**硒光导体薄膜**（也有使用有机或陶瓷光导材料的感光鼓，统称为“**硒鼓**”）。光导体对光很敏感，没有光线时具有高电阻率，一遇光照，电阻率就急剧下降。开始复印之前，在**电晕装置**的作用下，光导体表面带有**均匀的静电荷**。当由图像的反射光形成的光像落在光导体表面上时，由于反射光有强有弱（因为原稿的图像有深有浅），使光导体的电阻率相应发生变化。光导体表面的静电电荷也随光线强弱程度而消失或部分消失，在光导体膜层上形成一个相应的**静电图像**，也称**静电潜像**。这时，与静电潜像上的电荷极性相反的显影墨粉被电场力吸引到光导体表面上去。潜像上吸附的墨粉量，随潜像上电荷的多少而增减。于是，在硒鼓的表面显现出有深浅层次的墨粉图像。当带有与潜像极性相同但电量更大的电荷的复印纸与墨粉图像接触时，在电场力的作用下，吸附有墨粉的硒鼓如同盖图章一样，将墨粉转移到复印纸上，在复印纸上形成相应的墨粉图像。再在**定影器**中经加压加热，墨粉中所含树脂融化，墨粉就被牢固地粘结在纸上，图像和文字就在纸上复印出来了。

这里使用的墨粉，虽然主要成分是碳，但是和我们日常生活中见到的炭粉相比，复印用的墨粉颗粒更加细小，化学稳定性更高，因此具有极高的成像质量。而且，墨粉中的微小炭粒被包裹在树脂中形成直径5~20μm的颗粒。树脂在定影器中受热融化后再度凝固，起到粘结的作用。

使墨粉带电的过程也很有讲究。以配合p型感光鼓使用的墨粉为例，其电荷通过与载体的摩擦得到。载体直径为30~100μm，由铁氧体构成，并在表面覆有树脂涂层，防止墨粉在其上结块，以提供持续的摩擦起电。在机械作用下，载体和墨粉相互摩擦，从而使载体带有正电，墨粉带有负电。

本节重点

（1）许多在大气中稳定存在的金属，为什么在制成粉末之后会发生自燃？
（2）礼花弹由哪些材料构成？各种粉体在礼花弹放花中起什么作用？
（3）介绍电子复印机的工作原理，应特别指出粉体在其中的作用。

单个粒子的边长	粒子个数	全表面积
1cm	1个	6cm²
1mm	1000个	60cm²
0.1mm	100万个	600cm²
0.01mm	10亿个	6 000cm²
1μm	1万亿个	60 000cm²
0.1μm	1000万亿个	600 000cm²

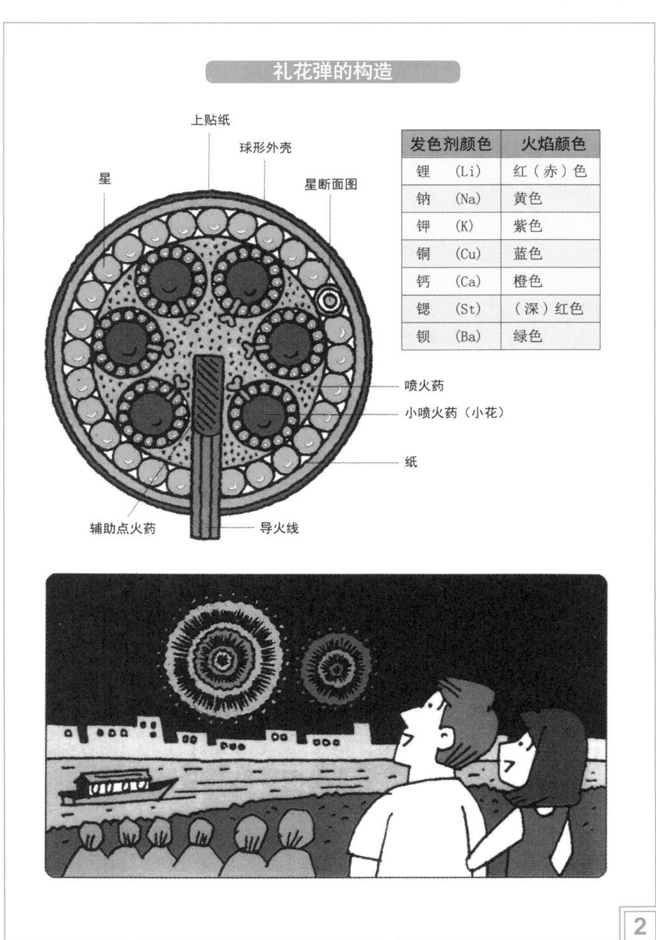

发色剂颜色	火焰颜色
锂 (Li)	红（赤）色
钠 (Na)	黄色
钾 (K)	紫色
铜 (Cu)	蓝色
钙 (Ca)	橙色
锶 (St)	（深）红色
钡 (Ba)	绿色

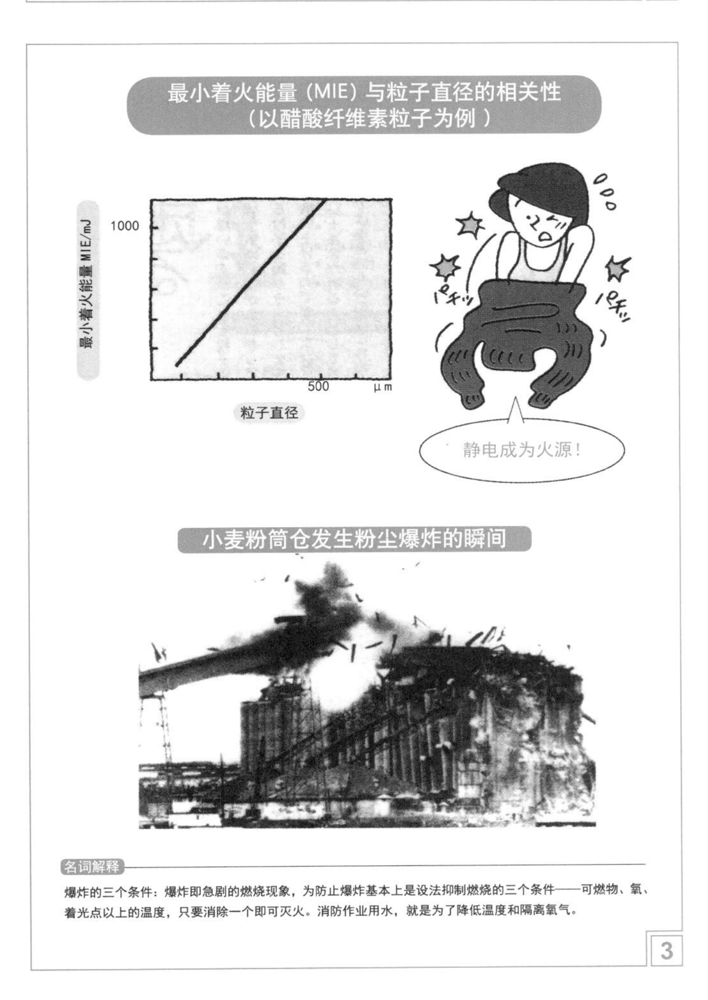

最小着火能量（MIE）与粒子直径的相关性（以醋酸纤维素粒子为例）
最小着火能量 MIE/mJ
1000
500
μm
粒子直径
静电成为火源！
小麦粉筒仓发生粉尘爆炸的瞬间
名词解释
爆炸的三个条件：爆炸即急剧的燃烧现象，为防止爆炸基本上是设法抑制燃烧的三个条件——可燃物、氧、着光点以上的温度，只要消除一个即可灭火。消防作业用水，就是为了降低温度和隔离氧气。
3

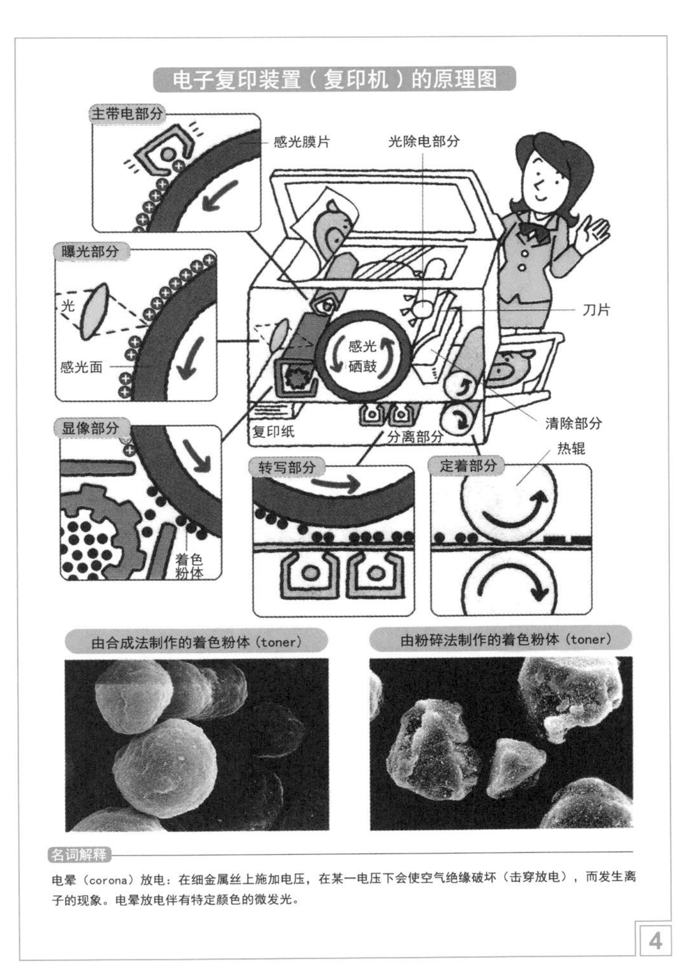

4.4 粉体的特性及测定（1）——粒径和粒径分布的测定

4.4.1 如何定义粉体的粒径

一个直径为100μm的球形粒子与一个边长为80μm的立方体粒子相比，哪一个更大呢？若按体积比较，直径100μm的球形粒子大；若按表面积比较，边长80μm的立方体粒子大。直径100μm的球形粒子正好能通过100μm的孔，而边长80μm的立方体粒子则不能通过。上述例子说明，比较的尺度（定义）不同，大小关系会发生变化。

粒子的大小一般以微米为单位的直径来表示。能以直径来定义的仅限于球形粒子。实际上，人们所关注的粉体中的粒子几乎都不是真正意义上的球形，而具有复杂且不规则的形状。因此，粒子的大小要按粒子径换算，而换算的方法也有几种不同的定义。

其中主要的，是测定与粒子的大小相关的物理量或几何学量，换算为与之具有相同值的球形粒子的直径。定义中依据的参量包括：①利用显微镜等测定的面积及体积等几何学量；②沉降速度及扩散速度等动力学的物理量；③散射光强度及遮光量等的粒子与光之间的相互作用量。

实际上，依据各种测定原理所得到的测定量，要藉由适当的几何学的公式或物理学的公式加以换算。因此，测定原理不同，粒子径当然也会不同。那么，哪种是真正的粒子径呢？这种疑问不绝于耳。实际上，除了球形粒子以外，真正的粒子径是不存在的。因此，得到的粒子径同时必须给出测定方法就显得十分必要。而且测定装置不同，也会出现相当大的差异，称此为机种差。装置的形状不同也往往得不到相同的结果。为了尽可能减少这些差异，ISO等机构正在进行测定方法的标准化。而为了符合这些标准，各个测定装置厂商也正在努力进行装置的改良和测定法的改善。

4.4.2 不同的测定方法适应不同的粒径范围

按原理，决定粒子大小的方法可分为三类：**①由显微镜测量其尺寸；②藉由粒子在液体中的移动速度进行换算；③由光与粉之间的相互作用进行换算**。

作为粒子集团的粉体粒径测定也采用这些方法。对于这种情况，为了求出粒子径分布，往往采用两种处理方式：（A）根据由一个粒子作为对象而测定的物理量，个别地换算为粒子径，再进行统计处理，最后求出粒子径分布；（B）首先对由一个粒子作为对象而测定的物理量进行总计，再根据这种总计测定的物理量，求出粒子径分布。

代表性的测定方法和可能的测定范围如表中所示。测定环境气氛（液体中，还是在气体中）也在表中列出。直接观察法和遮光法采用（A），而其他的测定法多采用（B）。

通常，首先要知道粉体粒子的大致尺寸。基本上都是藉由显微镜观察。非危险的粉体可以用手触摸。如果没有沙沙棱棱的粗糙之感，大致可以认为其粒度在数十微米以下。在知道粉体粒子的大致尺寸之后，要考虑“了解粉体的大小为了何种目的？”

对于尺寸大致相同的单分散球形粒子的情况，由不同方法得到的测量结果差异不大。但对粉体几乎都是由非球形粒子组成，且粒径有一定分布的情况，测定方法不同，得到的结果会有差异。

基于原理③的光散射法装置应用最为广泛，测定时间短，只需几分钟，测定方法也比较简单。但是，必须注意测定装置中安装试样的前处理法等，而且测定方法的标准化正在进行之中。现在，在实际装置内采用高浓度状态进行测定的装置也有市售。

在表示粒径时，**平均粒径**和**粒径分布**十分重要。而且还必须注意，是**个数基准**还是**质量基准**。采用不同基准，即使同一粉体，表示的数值也是不同的。

4.4.3 粉体粒径及其计测方法

（a）Feret粒径　**沿一定方向测得的颗粒投影轮廓两边界平行线间的距离**，对于一个颗粒，因所取方向而异，可按若干方向的平均值计算。Feret（费雷特）直径是对不规则颗粒大小描述的常用参数，经过该颗粒的中心，任意方向的直径称为一个费雷特直径。每隔10°方向的一个直径都是一个费雷特直径。一般将这36个费雷特直径总和起来描述一个颗粒。

（b）Martin粒径　**定方向等分径**，即一定方向的线将粒子的投影面积等份分割时的长度。

（c）Krummbein粒径　**定方向最大径**，即在一定方向上分割粒子投影面的最大长度。

粉体粒径分布的表示方法常用的有下面两种：

频度分布（微分法）：由实验测得不同粒径范围的颗粒数或质量，换算成百分数，据此作图。

累积分布（积分法）：由实验测得不同粒径范围的颗粒数或质量，据此进一步计算不小于某一粒径的颗粒数量或重量对总数的分数，将颗粒或者重量分数对粒径作图，称为**筛上积算**。反之，由实验测得不同粒径范围的颗粒数或质量，据此进一步计算不大于某一粒径的颗粒数量或重量对总数的分数，将颗粒或者重量分数对粒径作图，称为**筛下积算**。

4.4.4 复杂的粒子形状可由形状指数表示

形状指数一般由任意选定的两个代表径之比来定义。首先，针对代表径加以说明。所谓**面积相当径** X_H 是指，与某一粒子的二维投影面积具有相同投影面积的球形粒子径。另外，**周长相当径** X_L 是指，与某一粒子的二维投影周长具有相同投影周长的球形粒子径。这两个代表径之比（X_H/X_L）就是**圆形度**。该式是粒子的二维投影像偏离圆形多大程度的表达式。圆形的情况为1，投影像偏离圆形的程度越大，比值越小。这是由于面积相同的条件下，圆的周长最小所致。作为其他的形状指数，还有二维投影像的长径 X_l 与短径 X_S 之比（X_l/X_S）。该比值表示**长短度**。通常称为**长宽比**。一般而言，越是细长粒子的情况，长短度越大。

形状指数：圆形度 $=X_H/X_l$：圆为1，偏离圆时小于1；长短度 $=X_l/X_S$，此值越大，微粒子越细长。

本节重点

（1）在粒子直径的三个定义方法中，分别是将粒子的哪些量换算为具有相同值的球形粒子的直径？指出各自的测定范围。

（2）何谓Feret粒径、Martin粒径和定方向最大粒径？

（3）按二维投影图考虑，何谓等面积粒径和等周长粒径？形状指数是如何定义的？

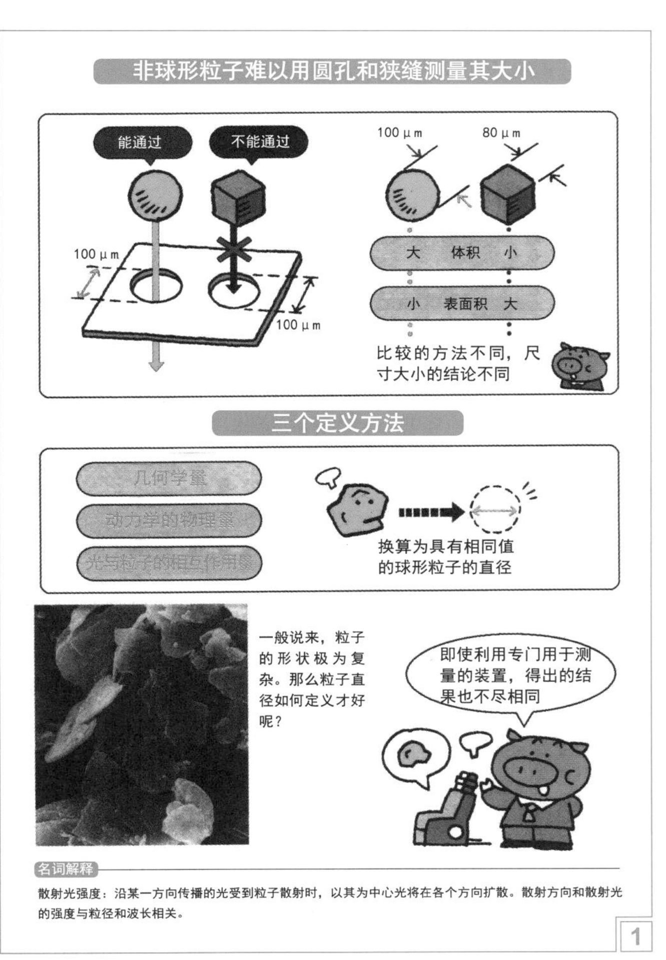

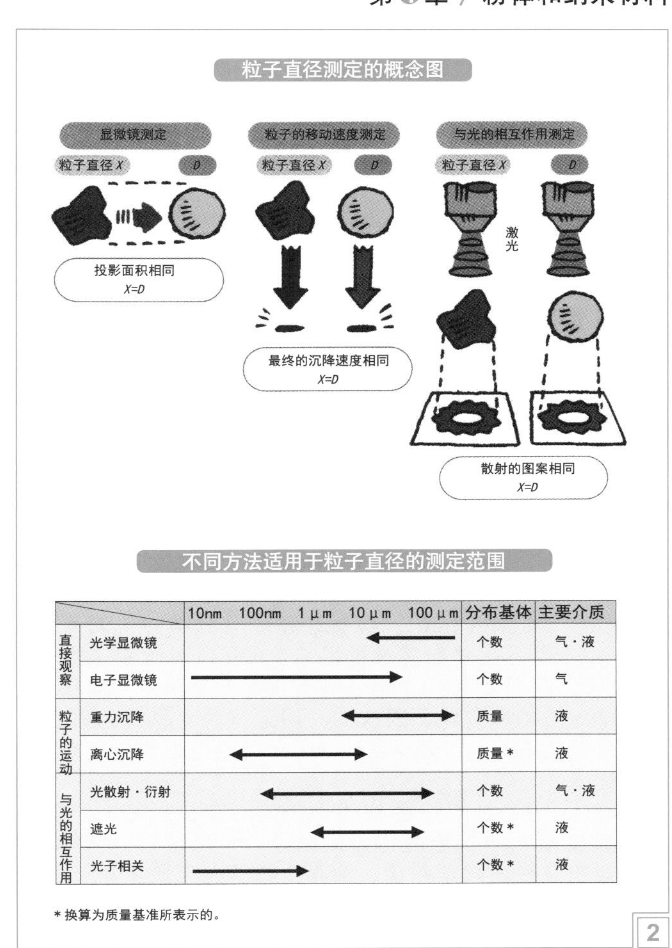

		10nm 100nm 1 μm 10 μm 100 μm	分布基体	主要介质
直接观察	光学显微镜		个数	气·液
	电子显微镜		个数	气
粒子的运动	重力沉降		质量	液
	离心沉降		质量＊	液
与光的相互作用	光散射·衍射		个数	气·液
	遮光		个数＊	液
	光子相关		个数＊	液

＊换算为质量基准所表示的。

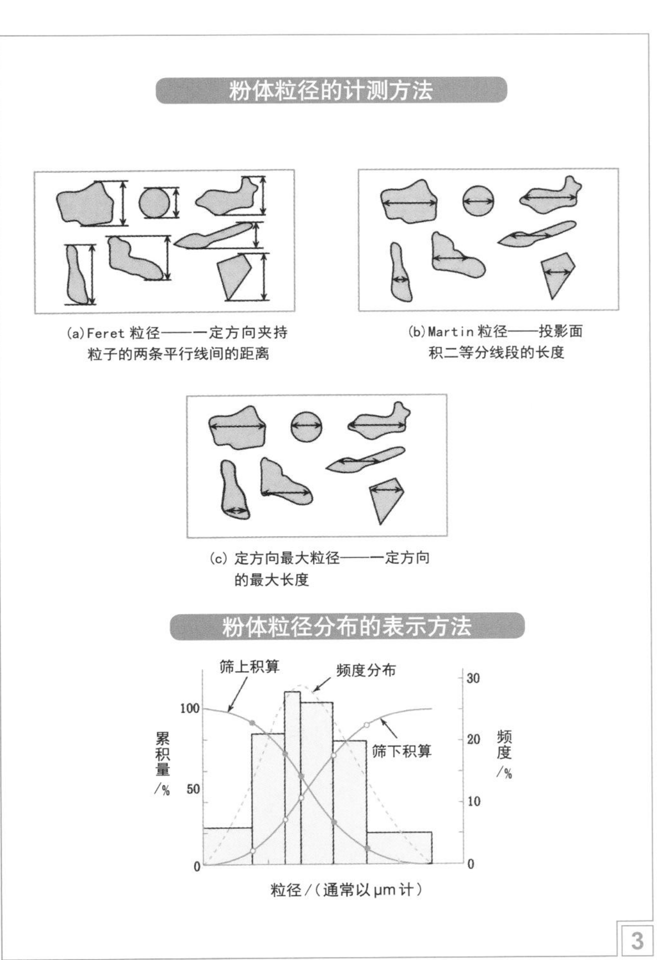

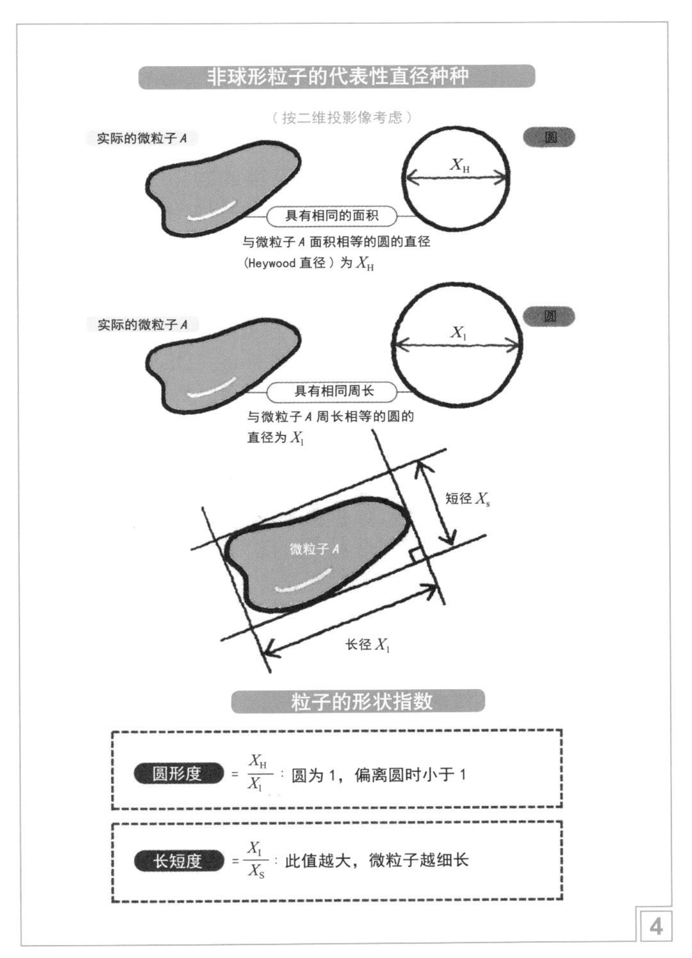

4.5 粉体的特性及测定（2）——密度及比表面积的测定

4.5.1 粒径分布如何表示

以**个数基准**或以**质量基准**得到的平均径会有什么不同呢？为了简单，考虑粒径为 1μm、2μm、3μm 的 3 个粒子。若以个数基准，个数平均径是 2μm，而若以质量基准，平均径经计算是 2.7μm。计算方法如右图表中所示。粒径分布得越广，个数基准平均径与质量基准平均径之间的差异越大。尽管常用这些平均径代表粒子径，但必须说明以何为基准。通常以质量基准表示。

粒径分布的表示法在右图中给出。现从**累积分布** Q_r 和**频度分布** q_r 间的区别讲起。所谓频度分布是指某一粒径范围的粒子存在的比率。关于频度分布，从图中所示个数基准与质量基准的差异从感觉上就可以理解。累积分布中有**筛下分布**和**筛上分布**之分。通常累积分布指筛下分布 Q_r，表示某一粒径以下的粒子存在比率。筛上分布用 R_r 表示。其中，满足 $Q_r+R_r=1$。即，某一粒径 x 的筛下分布若取 0.3，则 x 的筛上分布就是 0.7。这是全体累积等于 1 的必然结果。横轴表示粒径，记作 x（μm）。纵轴表示积分分布 Q_r，对于频度分布 q_r 来说，在个数基准的场合，$r=0$；而质量基准的场合，$r=3$。尽管不常用，但还有长度基准的 $r=1$，面积基准的 $r=2$。Q_r 的单位为无因次的，用全体为 1 时的比率表示。q_r 的单位为（1/μm），表示 $[x,\ x+\mathrm{d}x]$ 粒径范围内所存在的粒子数比率。

$Q_r(x)=0.5$ 时的粒径称为 50% 径（中位径），记作 x_{50}。而且频度最大的粒子径称为最频径（mode 径），记作 x_{mode}。无论是中位径还是最频径，都有个数基准与质量基准之分，采用何种基准必须加以明示。

4.5.2 纳米粒子大小的测量——微分型电迁移率分析仪和动态光散射仪

微分型电迁移率测量分析仪（Differential Mobility Analyger，DMA）：藉由施加在电极上的电压阶梯性变化，测定粒径周围的个数浓度的粒径分布测定装置。

带电荷的粒子随着气体进入 DMA，粒子沿轴向的速度等于气体的流速。同时粒子受到电极的静电引力，由于不同粒径的同质粒子质量不同，因而在电极的静电引力下产生的横向加速度不同，导致不同粒径的粒子运动轨迹不同，只有特定粒径的粒子才能通过缝隙进入粒子检出器。藉由使外加电压发生变化，可使通过粒子检出器的粒径变化，再使电压阶梯性变化，经过统计即可得知粒径分布。

动态光散射（dynamic light scattering，DLS），也称光子相关光谱（photon correlation spectroscopy，PCS）、准弹性光散射（quasi-elastic scattering，QES），测量光强的波动随时间的变化。DLS 技术测量粒子粒径，具有准确、快速、可重复性好等优点，已经成为纳米科技中比较常规的一种表征方法。随着仪器的更新和数据处理技术的发展，现在的动态光散射仪器不仅具备测量粒径的功能，还具有测量 Zeta 电位、大分子的分子量等的能力。

粒子的布朗运动导致光强的波动。微小的粒子悬浮在液体中会无规则地运动，布朗运动的速度依赖于粒子的大小和媒体粘度，粒子越小，媒体粘度越小，布朗运动越快。

利用光信号与粒径的关系，当光通过胶体时，粒子会将光散射，在一定角度下可以检测到光信号，所检测到的信号是多个散射光子叠加后的结果，具有统计意义。瞬间光强不是固定值，在某一平均值下波动，但波动振幅与粒子粒径有关。如果测量小粒子，那么由于它们快速运动，散射光斑的密度也将快速波动。相关关系函数衰减的速度与粒径相关，小粒子的衰减速度大大快于大颗粒的。最后通过光强波动变化和光强相关函数计算出粒径及其分布。

4.5.3 粒子密度的测定——比重瓶法和贝克曼比重计法

测定粒径的方法之一是由粒子在流体中的移动速度求出粒子直径，这便是沉降法。此时，粒子的密度是必不可少的。所谓**粒子的密度**是称量的粉体质量除以该粉体所占的体积。原理上讲，与求块体（体相）密度的方法相同。下面，简要介绍比重瓶法和贝克曼比重计法。

比重瓶法使用图中所示的容器（质量 m_0），以液体作溶剂（密度 ρ_l）。首先，在容器中只充满溶剂，称量其质量 m_l。而后，在容器中只装满试样粉体，称量其质量 m_s。最后，再在其中注满溶剂，称量其质量 m_{sl}，则由下式可求出粒子的密度：

$$\rho_p=(m_s-m_0)/\{(m_l-m_0)-(m_{sl}-m_s)\}\times\rho_l \qquad (4\text{-}1)$$

该式所求的实际上是粒子的质量除以粒子的真体积。测试中需要注意的是，选择的溶剂既要良好浸润粒子又不溶解微细粒子，同时试样粒子间不能有空气残留。为此，注满溶剂前要抽真空等。

贝克曼比重计法是利用气体的测试方法，该装置市场有售。采用的原理是，在同一温度下，气体压力与体积的乘积保持不变。在不存在试样粒子的状态下，使容器 A、B 保持相同容积（考虑活塞左侧的空间，当活塞在位置 1 时，其体积为 V_1）；容器 A、B 通过连接阀及与大气开放的排气阀相互连接。

在取样杯中装满待测试样粉体，两阀处于打开状态，待两容器达到等压状态后，关闭两阀。容器 A、B 间设有差压计，如图所示。在向左推动容器 A 的比较用活塞的同时，也向左推动容器 B 的测定用活塞，在差压计监测下保证容器 A、B 内的压力大致相同。当比较用的活塞到达位置 2（容积 V_2）时，求出差压为零时测定用活塞的位置 3（容积 V_3）。由于试样粉体的体积与（V_3-V_2）成正比，因此可以求出试样粉体的体积，进而密度。

4.5.4 比表面积的测定——光透射法和吸附法

比表面积是指单位质量物料所具有的总面积。比表面积是粉体的基本物性之一。测定其表面积可以求得其表面积粒度。

比表面测试方法根据测试思路不同分为吸附法、透气法和其他方法。**透气法**是将待测粉体填装在透气管内震实到一定堆积密度，根据透气速率不同来确定粉体比表面积大小，比表面测试范围和精度都很有限；吸附法比较常用且精度相对其他方法较高，吸附法根据吸附质的不同又分为吸碘法，吸汞法，低温氮吸附法等。**低温氮吸附法**根据吸附质吸附量确定方法不同又分为**动态色谱法，静态容量法，重量法**等，目前仪器以动态色谱法和静态容量法为主；动态色谱法在比表面积测试方面比较有优势，静态容量法在孔径测试方面有优势。

本节重点

（1）以个数基准和质量基准分别计算 3 个不同粒径粒子的平均粒径。
（2）请说明 DMA（differenlial mobility analyger，微分型电迁移率测量装置）的工作原理。
（3）请说明粒子密度和粒子比表面积的测量方法。

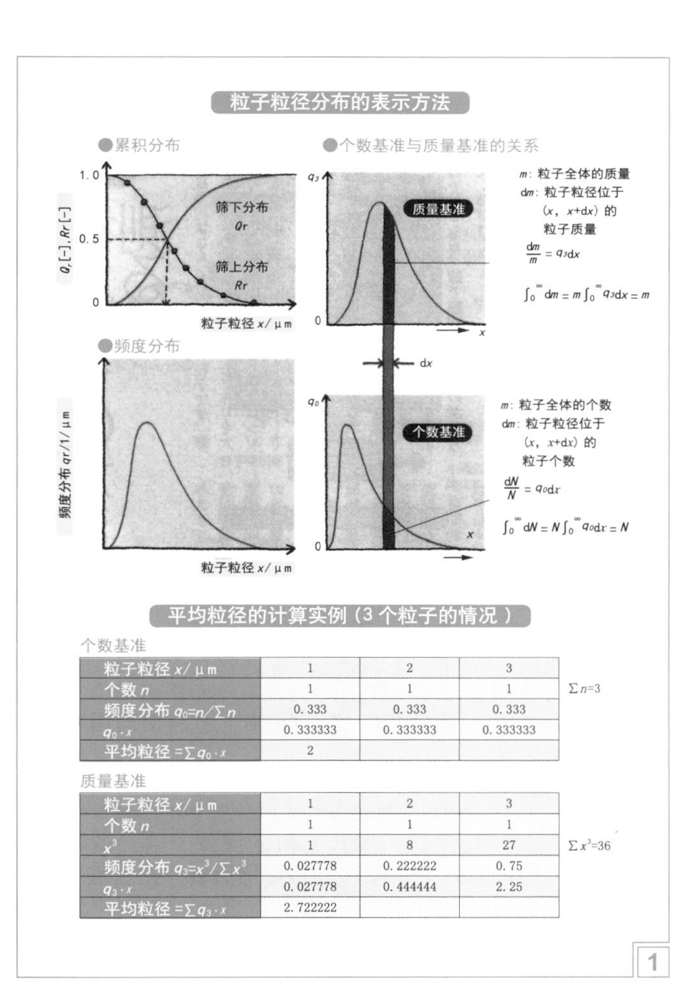

平均粒径的计算实例（3 个粒子的情况）

个数基准

粒子粒径 x/μm	1	2	3	
个数 n	1	1	1	$\Sigma n=3$
频度分布 $q_0=n/\Sigma n$	0.333	0.333	0.333	
$q_0 \cdot x$	0.333333	0.333333	0.333333	
平均粒径 $=\Sigma q_0 \cdot x$	2			

质量基准

粒子粒径 x/μm	1	2	3	
个数 n	1	1	1	
x^3	1	8	27	$\Sigma x^3=36$
频度分布 $q_3=x^3/\Sigma x^3$	0.027778	0.222222	0.75	
$q_3 \cdot x$	0.027778	0.444444	2.25	
平均粒径 $=\Sigma q_3 \cdot x$	2.722222			

1

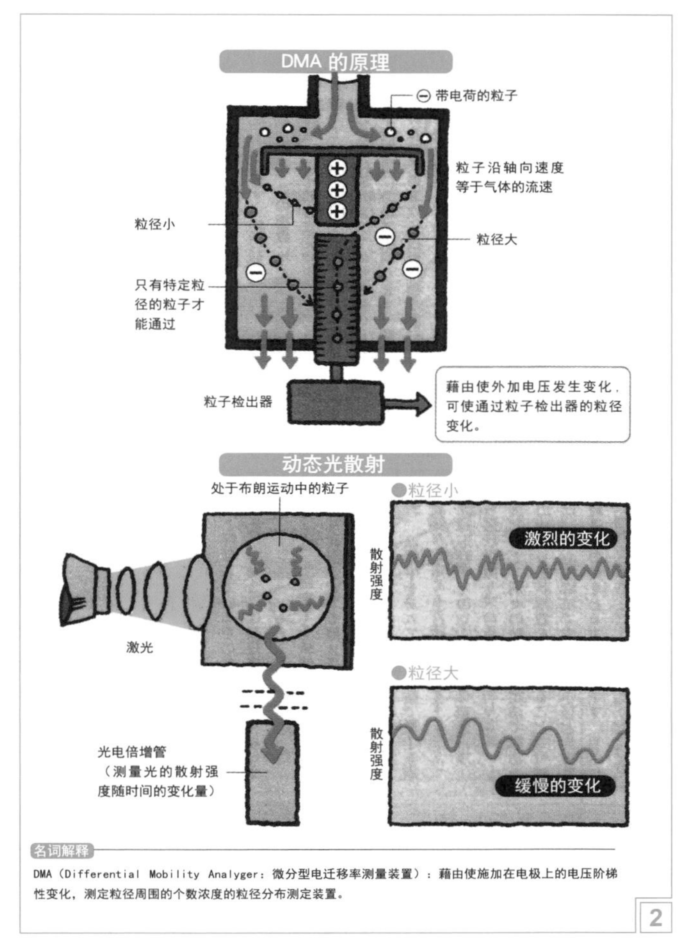

名词解释

DMA（Differential Mobility Analyger：微分型电迁移率测量装置）：藉由使施加在电极上的电压阶梯性变化，测定粒径周围的个数浓度的粒径分布测定装置。

2

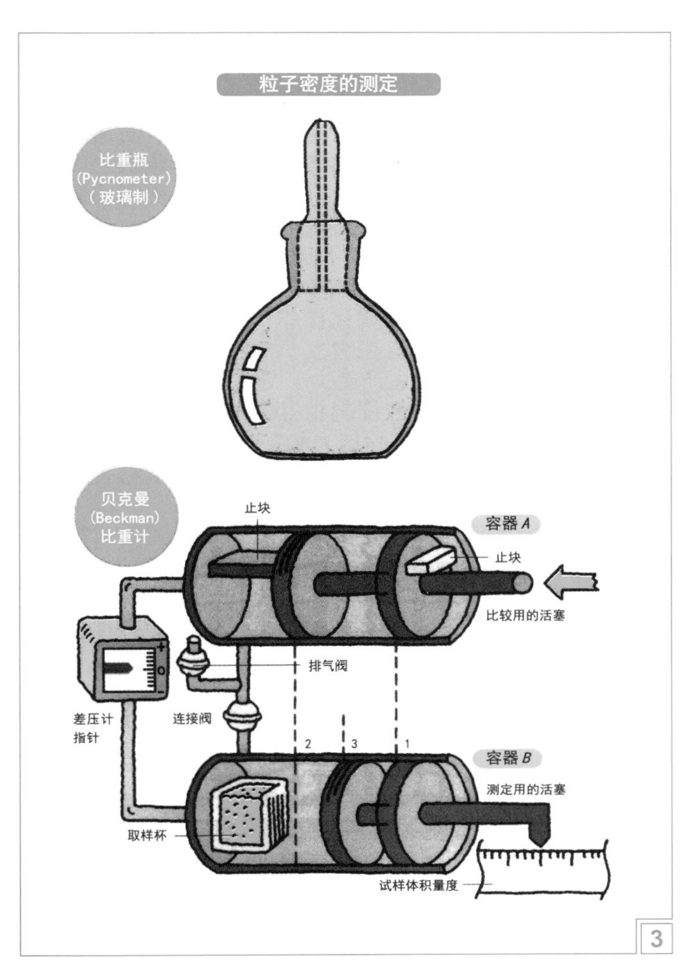

3

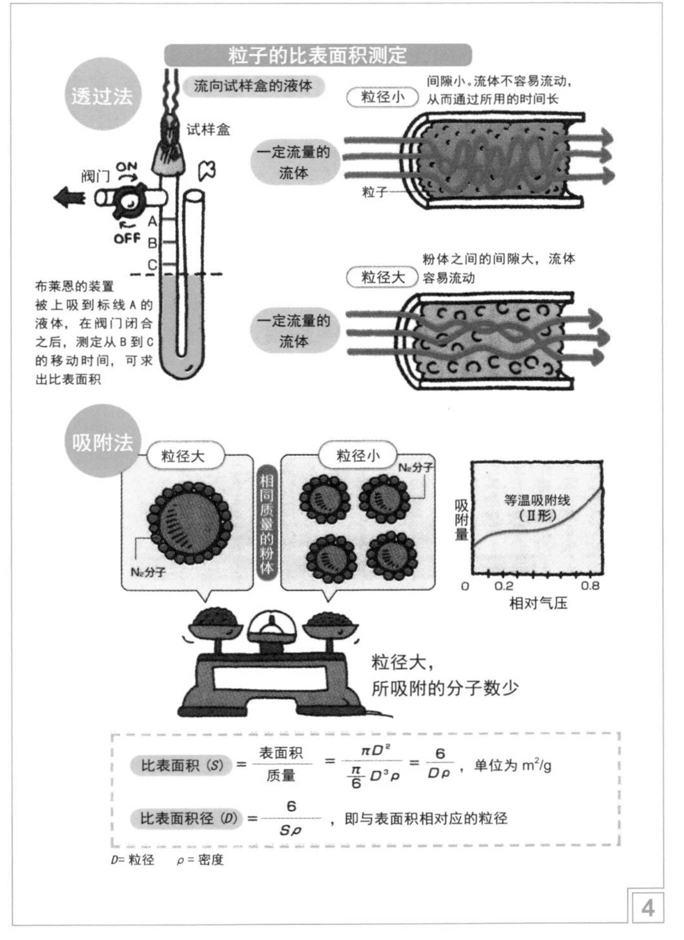

$$\text{比表面积}(S) = \frac{\text{表面积}}{\text{质量}} = \frac{\pi D^2}{\frac{\pi}{6}D^3\rho} = \frac{6}{D\rho}$$，单位为 m²/g

$$\text{比表面积径}(D) = \frac{6}{S\rho}$$，即与表面积相对应的粒径

D= 粒径　ρ = 密度

4

4.6 粉体的特性及测定（3）——折射率和附着力的测定

4.6.1 粉体的折射率及其测定

折射率是粉体的重要性质，测量粉体的折射率，一般采用**浸液法**。

浸液法是以已知折射率的浸液为参考介质来测定物质折射率的方法。这种方法的最大优点是不需要尺寸较大的待测试样，只要有细颗粒（或粉末）试样就可测定，当待测试料不多或获得大块试样比较困难的情况下，例如粉体，用这种方法就显得特别方便。

将粉末试样浸入液体中，当光线照射试样和液体这两个相邻的物质时，试样边缘对光线的作用就像棱镜一样，使出射光总是折向折射率高的物质的所在，这样就在折射率较高的物质边缘上形成一道细的亮带，这道亮带被称为贝克线。如果用显微镜来观察这种液体和试样，当光线从显微镜的下部向上照射时，如果两者的折射率不同，就会形成**贝克线**，从而可以看见液体中的试样。如果试样与液体的折射率相同，光线照射时没有贝克线生成，换言之，在试样周边没有亮带，在显微镜下就看不见试样了。

因为贝克线是由试样和浸液这两种相邻介质的折射率不同，光在接触处发生**折射**和**全反射**而产生的，所以无论这两个介质如何接触，在单偏光镜下观察时，贝克线的移动规律总是不变的：当提升显微镜的镜筒时，贝克线向折射率大的方向移动；当下降镜筒时，贝克线向折射率小的方向移动。根据贝克线的这种移动规律，就可以判断哪种介质的折射率大，哪种介质折射率小了。改变浸液的温度从而改变其折射率，当贝克线不清楚或消失时，所用浸液在该温度下的折射率就是试样的折射率。

4.6.2 粉体层的附着力和附着力的三个测试方法

粉体的附着力通常由范德瓦尔斯力，静电引力，颗粒表面不平滑引起的机械咬合力和附着水分的毛细管力组成。根据测量方法的不同，有如下三种定义。

拉伸破断法：将粉体装入由两个盘组成的矩形容器中，容器分为左右两个部分，压实，在一定力的作用下拉伸使左右两个盘分开，破断，附着力为该拉伸力与粉体层断面积的比值。

剪短破断法：同样的处理方法，只是容器分为上下两个部分，填充粉体后，用一定的剪断力将上下两个盘推开，附着力为该剪断力与粉体层断面积的比值。

一个粒子的附着力测定法：将粉体压实于密闭透明容器的下层，将底部中心与旋转轴相连，旋转旋转轴，使粉体离心分离力变化，计测被分离的粒子数，附着力为离心力与分离的粒子数的比值。

4.6.3 粒子的亲水性与疏水性及其测定

块体变为微粒子，因粒径很小，表面的影响会变大。无论是粉体表面容易被水浸润的**亲水性**，还是容易被油浸润的**疏水性**（亲油性），依粉体的利用目的不同，各有各的用场。对于在高分子树脂中分散有无机固体微粒子的情况，若微粒子表面为亲水性的，由于微粒子间的团聚，则分散性变差。若粉体表面经过乙醇及界面活性剂等的处理而变为疏水性的，则会大大提高粉体的分散性。

微粒子亲水性、疏水性最简单的测定方法是判断微粒子到底是在水中还是在油（例如己烷己）中分散。在试管中注入水和己烷己。由于相对密度的差异，己烷己位于上层，水位于下层。在该试验管中适量投入欲测试的微粒子，封闭试管口，上下振动。在亲水性的情况下，微粒子在下层分散。这种方法尽管不能做定量的比较，但对于表面进行疏水性包覆处理的情况等，通过与非处理的情况进行比较，便可以简单地判断疏水性处理的效果如何。

藉由比表面积的测定也能进行评价。比表面积的测定分别在氮气和水蒸气中进行，取氮气中测定的比表面积与水蒸气中测定的比表面积的比值，也可以作为亲水性的指标。这种方法的便利之处在于，可以通过加热等一定程度上去除无机微粒子表面的水分，因此可以进行定量的评价。

对于水的浸润性的测试方法也是有的，通过测试水对微粒子层的接触角来进行。测定接触角的方法有下述两种：①在微粒子压粉体（由机械压力压实的粉体层）的平整表面上滴下水滴，再用高差计测定水滴的接触角的方法；②在形成微粒子层的毛细管中，求出为使水不渗透所需要的压力，即可算出接触角（置换压力法）。前者在多少有些疏水性的场合才有可能使用，当实际操作起来相当困难，因此推荐采用后者。

4.6.4 固体粉碎化技术的变迁——从石磨到气流粉碎机

固体因破碎而变碎，称其为粉碎操作。估计这种粉碎操作的起源是人类为了破碎谷粒而食用面食。在古埃及文明时代的壁画中就描绘了将谷粒放在石板上，人利用辊子模样的石块，将谷粒破碎成粉的形象。古人几乎把整个体重施加在石辊上，大概使尽了全身的力气进行粉碎操作。为了提高粉碎效率，操作者的体重如何施加在石辊上以及石辊的滚动方式等，可能都属于当时的技术秘密（know-how）。

不久这种原型粉碎器便被改良为石磨。石磨由上磨盘和下磨盘构成，上磨盘的重量将要粉碎的谷粒压扁，藉由上磨盘和下磨盘间产生的剪切力将谷粒磨碎。石磨与此前的粉碎器相比，不需要将人的体重施加在石辊上，上磨盘仅靠手动使其旋转即可，无论谁操作都可以得到相同品质的粉体，而且可以获得比以前更多的产品。从大量制作相同产品这一工业的观点来看，石磨应算是当时的革新技术。

进一步通过使用水车及风车等替换由人力驱动使之旋转的部分，因此实现了自动化操作，据此，被称作面粉厂的制粉工厂在世界各地普遍建立。由于石磨每一台的生产量是有限的，为了提高生产能力，导入了辊（碾）子型粉碎机。这种粉碎机靠两个金属辊相互内向旋转，向其间隙中供给原料，依靠辊子的压缩应力和剪切应力而获得粉碎物。现代的制粉工厂中都设有多台辊子型粉碎机，与各种筛分装置相组合，几乎都是全自动的无人操作系统。

现在，粉碎操作已广泛采用球磨机和气流磨，前者与钢球（磨球）一起进行粉碎，后者利用高压空气进行粉碎。这些粉碎设备不仅用于食品工业，在窑业及金属制作等无机化学工业、高分子聚合物等有机化学工业等各种各样的领域都有广泛应用，且均已达到实用化。

本节重点

（1）请说明利用浸液法测定粉体折射率的方法。
（2）如何测量粉体层和单个粒子的附着力？
（3）如何测量粉体的亲水性和疏水性？

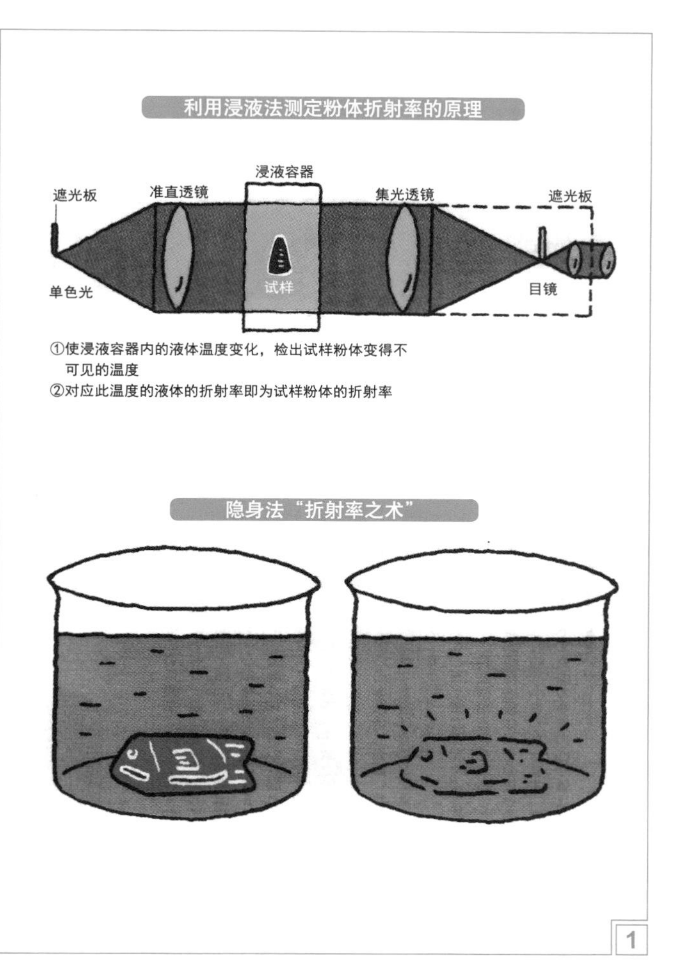
利用浸液法测定粉体折射率的原理
浸液容器
遮光板
准直透镜
集光透镜
遮光板
单色光
试样
目镜
①使浸液容器内的液体温度变化，检出试样粉体变得不可见的温度
②对应此温度的液体的折射率即为试样粉体的折射率
隐身法“折射率之术”

1

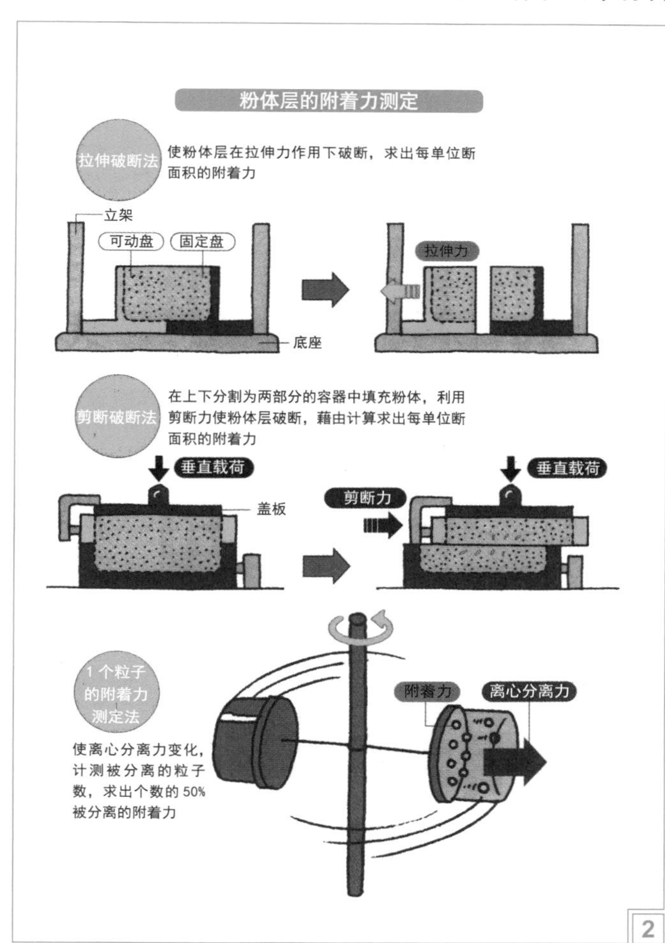
粉体层的附着力测定
拉伸破断法
使粉体层在拉伸力作用下破断，求出每单位断面积的附着力
立架
可动盘
固定盘
拉伸力
底座
剪断破断法
在上下分割为两部分的容器中填充粉体，利用剪断力使粉体层破断，藉由计算求出每单位断面积的附着力
垂直载荷
盖板
剪断力
垂直载荷
1个粒子的附着力测定法
使离心分离力变化，计测被分离的粒子数，求出个数的50%被分离的附着力
附着力
离心分离力

2

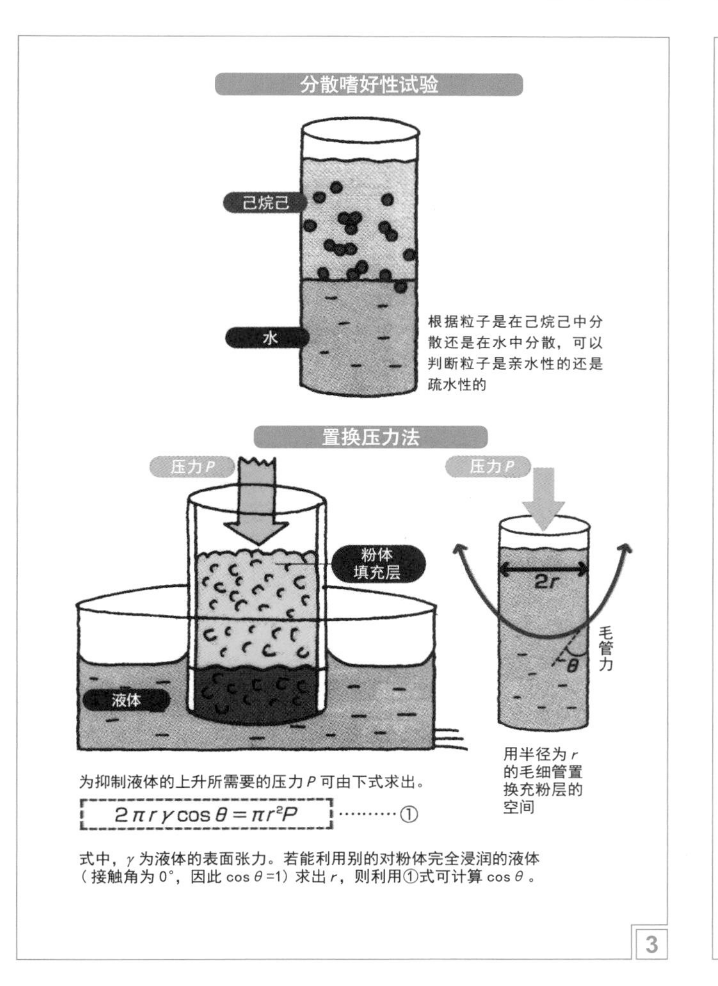
分散嗜好性试验
己烷己
水
根据粒子是在己烷己中分散还是在水中分散，可以判断粒子是亲水性的还是疏水性的
置换压力法
压力P
压力P
粉体填充层
2r
毛管力
θ
液体
用半径为r的毛细管置换充粉层的空间

为抑制液体的上升所需要的压力P可由下式求出。

$$2\pi r\gamma\cos\theta=\pi r^2P \quad \cdots\cdots①$$

式中，γ为液体的表面张力。若能利用别的对粉体完全浸润的液体（接触角为0°，因此$\cos\theta=1$）求出r，则利用①式可计算$\cos\theta$。

3

粉体技术的变迁

手工磨粉人（德国　食文化博物馆）

石磨（19世纪　美国）

风车（荷兰）

风车内部的碾式粉碎机

近代制粉工厂的辊磨（roll）型粉碎机

名词解释

气流磨（jet mill）：利用由细喷嘴将几个大气压的高压喷射时的能量，将固体粉碎的粉碎机，广泛用于食品、医药品、印刷用调色涂料等粉体的制造。

4

4.7 破碎和粉碎

4.7.1 粉体越细，继续粉碎越难

采用粉碎机对固体原料进行粉碎时，得到的粒子大小与粉碎中所需要的能量之间存在右页所示的半经验公式。该式以提出者邦德工程师的姓名命名，称为**邦德公式**。

式中，F 和 P 分别是原料和粉碎物的 80% 可通过的粒子径。所谓 80% 可通过的粒子径，是指用某一目数开口的筛网对粉体过筛时，粉体全体的 80% 可以通过的筛网的开口大小。W_i 称为**功指数**，表示从无限大尺寸的 1t 原料粉碎到 80% 可通过的粒子径为 100μm 所需要的能量。上述功指数是表征原料粉碎性的重要指标之一，在粉碎机设计和分析中经常使用。

邦德提出，在粉碎开始阶段，给予粒子的形变能与粒子径的 3 次方成正比，龟裂发生后与粒子径的 2 次方成正比，综合考虑，取二者中间，与粒子径的 2.5 次方成正比。再将其按单位质量换算，除以粒子的体积，即粒子径的 3 次方，则与**粒径平方根的倒数成比例**。

邦德公式表示，随着粒子径变小，粉碎能急剧增加，而且即使出发原料的粒子径发生大的变动，粉碎能却几乎不变。

根据对单粒子破坏的相关实验研究，粒子越小，破坏强度越高。而且，粒子越小，附着力的效果越大，所加的能量越难以有效地施加给粒子本身。在实际的干式粉碎中，要想获得粒径比 1~2μm 更细的粉碎物几乎是不可能的。近年来，突破这一壁垒的新型粉碎机得到成功开发，并已达到实用化。

4.7.2 介质搅拌粉碎机

无论是干式粉碎或是湿式粉碎，都是在一定介质中（非真空）进行的。**介质搅拌粉碎机**是指，利用搅拌介质，让介质与物料相互摩擦、挤压以达到粉碎效果的粉碎机。介质搅拌粉碎机与单纯的研磨式粉碎机在工作原理上有着较为明显的差别。

介质搅拌粉碎机，以球磨机为例。球磨机的主体是由钢板卷制而成的回转筒体。筒体两端装有带空心轴的端盖，筒体内壁装有衬板。磨筒内装有不同规格的研磨介质（或称研磨体）。当筒体旋转时，研磨介质由于离心力的作用，随筒体一起回转，被带到一定高度时，由于其本身的重力作用跑落下来，对物料进行冲击；同时，研磨介质在磨内存在有滑动和滚动，对物料起研磨作用；在研磨介质冲击和研磨的共同作用下，物料被粉碎和磨细。

为获得更细的粒子，再进一步粉碎时，依场合不同而异，所生成的新鲜表面由于静电力及范德瓦尔斯力的作用，会发生再结合，致使有的粒子直径反而会增大。称此范围内的粒径为粉碎极限。

在研磨介质颗粒大小一定的情况下，物料颗粒最终细化程度是有一定极限的，要想获得更细微的物料粉碎效果，必须减小研磨介质颗粒的大小。由于介质本身亦存在体积上的粉碎极限，超过该极限，研磨介质的抗压性能、耐磨性能等已无法胜任研磨的工作强度，因而介质搅拌粉碎机采用干式粉碎法实现细微化有一定极限值。

4.7.3 粉碎技术的分类及发展动态

依照粉碎所产生粒子的大小，粉碎有粗破碎（破碎）、中破碎（中碎）、粉碎、微粉碎之分。这些区域划分并无明显界线，主要是为了方便。

（1）粗破碎（破碎）：由数十厘米破碎至 10cm 以下。主要机型有：① Schröder 破碎机；②颚式破碎机；③切刀破碎机；④转锤破碎机。主要利用的是冲击、挤压破碎。

（2）中破碎（中碎）：由 10cm 粉碎至 1cm 以下。主要机型有：①转锤磨；②捣锤磨；③滚磨；④碾磨。主要利用的是捣碎、碾压破碎。

（3）粉碎：由 1cm 粉碎至 1mm 以下。主要机型有：①球磨；②针磨；③ Screen 磨；④筒磨。主要利用的是介质搅拌粉碎。

（4）微粉碎：由 1mm 粉碎至 10μm 以下（甚至达到亚微米以下）。主要机型有：①振动球磨；②搅拌磨；③行星磨；④气流磨；⑤乳钵磨。主要利用的是振动气流冲击粉碎。

按习惯，一般称（1）和（2）为**破碎**，（3）和（4）为**粉碎**。目前，粉碎技术的发展动态是：①设备日趋大型化，以简化设备和工艺流程；②采用预烘干（或预破碎）形式组成烘干（破碎）粉磨联合机组；③磨机与新型高效分离设备和输送设备相匹配，组成各种新型干法闭路粉磨系统，以提高粉磨效率，增加粉磨功的有效利用率；④磨机系统操作自动化，应用自动调节回路及电子计算机控制生产，代替人工操作，力求生产稳定；⑤设备追求节能，降低电耗；降低磨损件的磨耗；追求更先进的粉体制作技术。

4.7.4 新型粉碎技术简介

传统粉碎机不仅能量效率极低，而且随着粉碎的进行，都存在难以跨越的微细化壁垒。所谓**微细化壁垒**是指，随着粉碎到某种粒度，被粉碎的粒子数剧增，而由于粉体特有的附着、凝聚现象、用于粉碎的力被分散，其结果，被粉碎的粉体本身会起到缓冲（cushion）的作用，从而难以粉碎成比其更细的粉体。对于干式粉碎机来说，其粉碎的极限粒度大致在 1~2μm。

近年来，通过将球磨机的磨球减小至 1mm 以下，并与水及乙醇等溶剂在一起强制搅拌的同时进行粉碎，已取得令人惊异的微细化粉碎效果。这种形式的粉碎机称为媒体搅拌型粉碎机。这种形式的粉碎机是 20 世纪 20 年代开发的，但随着媒体球的直径变小，球的磨损量增加，作为杂质会对粉体产生污染。但当时并未引起多大的关注。近年来，对压电陶瓷及介电陶瓷等电子材料的需求旺盛，要求在低价格前提下尽可能将其粉碎得更细。另一方面，得益于高强度陶瓷的开发，由于磨损造成的污染可以抑制在最小限度。结果，使用 1mm 以下微小磨球的媒体搅拌型粉碎机受到广泛关注。

使用由精细陶瓷制作的 0.4mm 直径的磨球，掺水一起高速搅拌（球磨）由铅、锡、锌的氧化物构成的压电陶瓷，30min 左右即可得到 0.1μm 以下的微粉。如果进一步经 90min 左右的搅拌，有人甚至得到 20nm 以下的超微粒子。与采用液体的化学反应制作粒子的方法相比，不仅能实现微细化，还能高速获得超微粒子。

本节重点

（1）请解释粉碎物的颗粒越小，每单位质量的粉碎功越大。
（2）请解释球磨机为什么对微细粉进一步粉碎的效果较差？
（3）在各种粉碎机中，哪些适合粗粉碎，哪些适合细粉碎？并从粗到细排序。

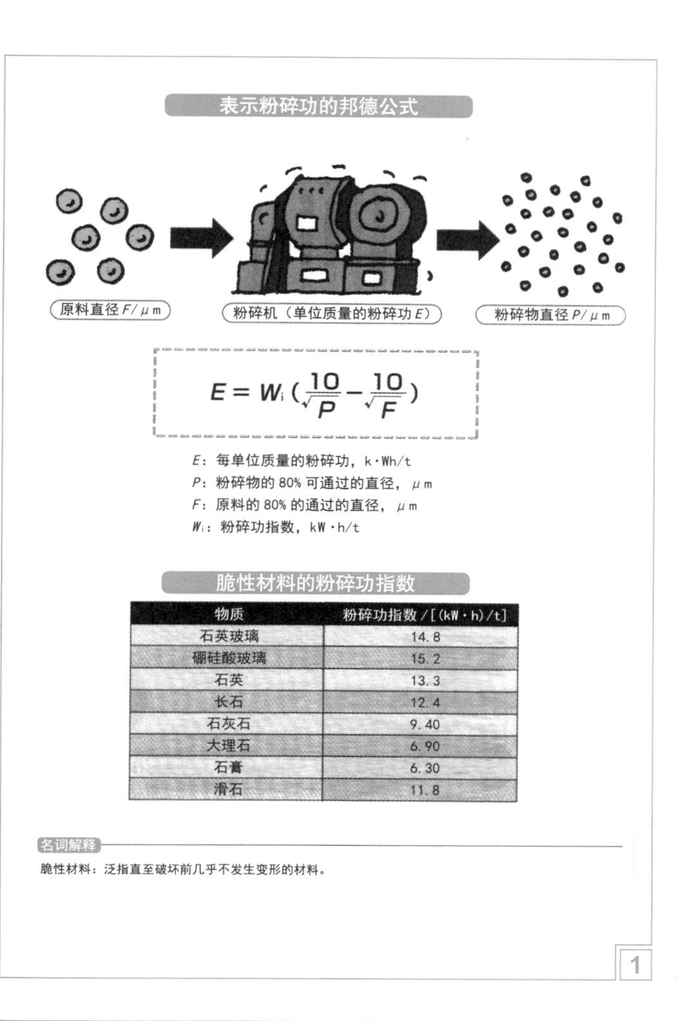

表示粉碎功的邦德公式

$$E = W_i\left(\frac{10}{\sqrt{P}} - \frac{10}{\sqrt{F}}\right)$$

E：每单位质量的粉碎功，k·Wh/t

P：粉碎物的 80% 可通过的直径，μm

F：原料的 80% 的通过的直径，μm

W_i：粉碎功指数，kW·h/t

脆性材料的粉碎功指数

物质	粉碎功指数/[(kW·h)/t]
石英玻璃	14.8
硼硅酸玻璃	15.2
石英	13.3
长石	12.4
石灰石	9.40
大理石	6.90
石膏	6.30
滑石	11.8

名词解释

脆性材料：泛指直至破坏前几乎不发生变形的材料。

1

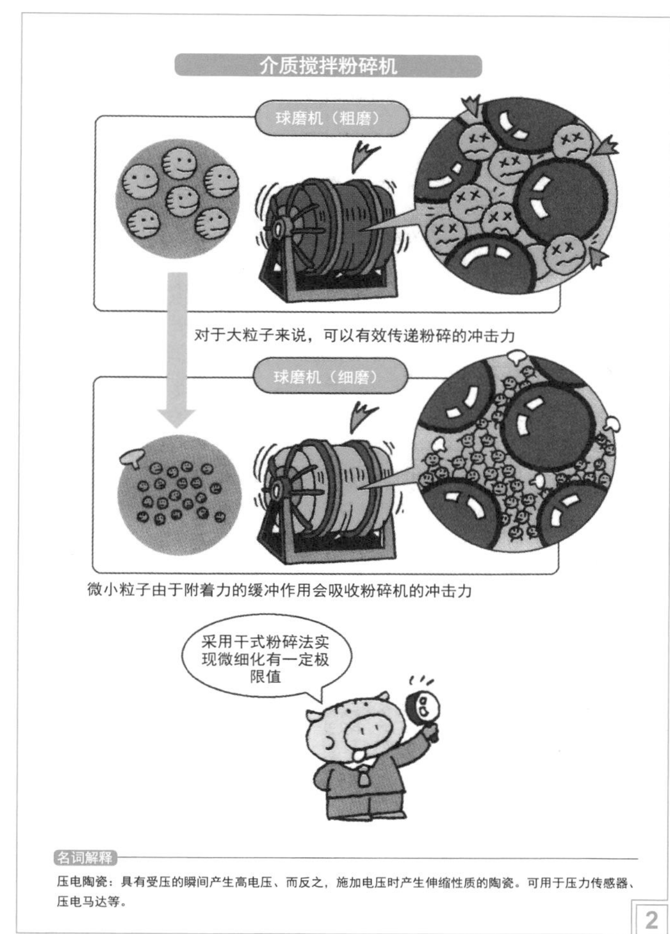

介质搅拌粉碎机

微小粒子由于附着力的缓冲作用会吸收粉碎机的冲击力

名词解释

压电陶瓷：具有受压的瞬间产生高电压、而反之，施加电压时产生伸缩性质的陶瓷。可用于压力传感器、压电马达等。

2

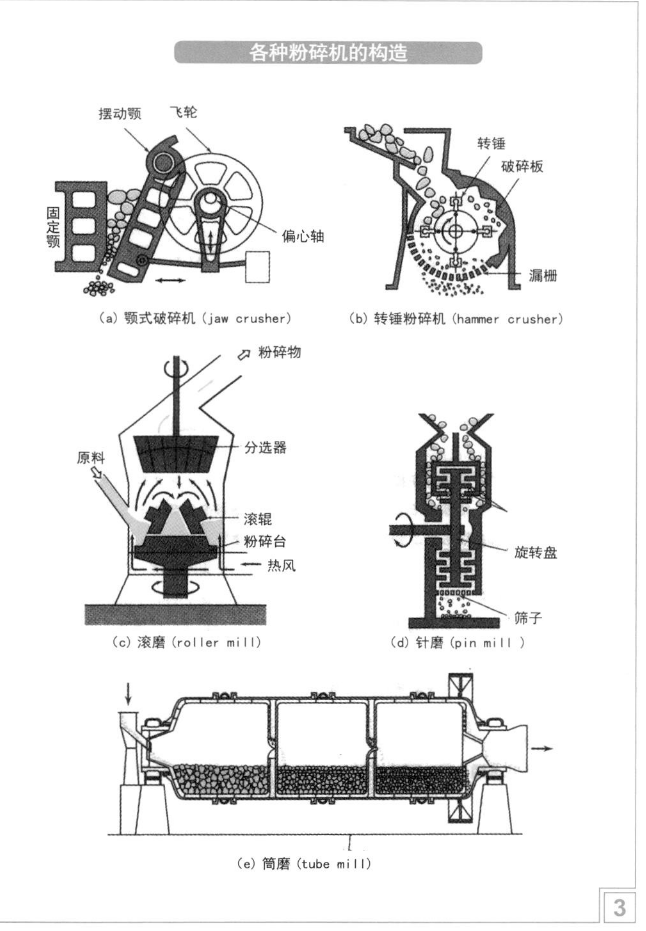

各种粉碎机的构造

(a) 颚式破碎机（jaw crusher）

(b) 转锤粉碎机（hammer crusher）

(c) 滚磨（roller mill）

(d) 针磨（pin mill）

(e) 筒磨（tube mill）

3

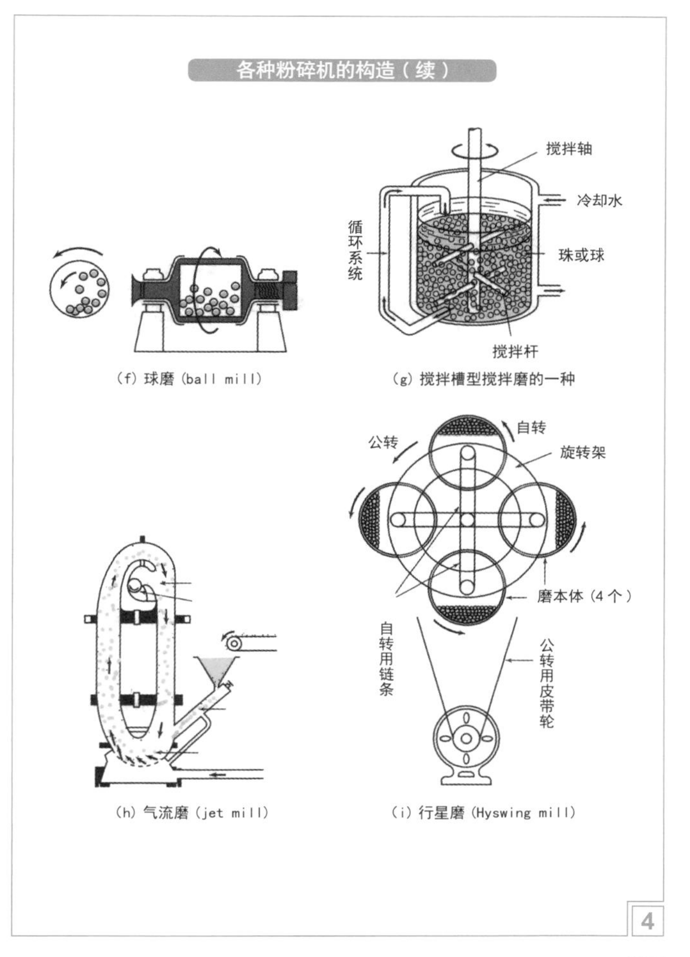

各种粉碎机的构造（续）

(f) 球磨（ball mill）

(g) 搅拌槽型搅拌磨的一种

(h) 气流磨（jet mill）

(i) 行星磨（Hyswing mill）

4

4.8 分级和集尘

4.8.1 振动筛和移动筛

振动筛和移动筛是两种不同的筛分设备。

筛面与物料之间的相对运动是进行筛分的必要条件，根据运动方式的不同将筛分设备分为不同类型。振动筛中，粒子主要是垂直筛面运动；移动筛中粒子主要是平行筛面运动。实践证明，垂直筛面运动的方式筛分效率较高，因为物料此时也做垂直筛面运动，物料层的松散度大，析离速度也大，且粒子通过筛孔的概率增大，所以筛分效率得以提高。同时，筛面做垂直运动时，物料堵塞筛孔的现象有所减轻。

粉体颗粒的大小，一般用“**目**”或微米来表示。**所谓目，定义为每英寸长的标准试验筛筛网上的筛孔数量**。较粗的粉体多用目来表示其颗粒粒度。例如，“+325 目 0.5%”，表示有 0.5%（占样品的质量百分数）的粗大颗粒通不过 325 目筛，这部分颗粒称为筛余量。“− 270 目~+325 目 30%”，表示有 30% 的物料颗粒能通过 270 目而通不过 325 目筛子，即 270~325 目的颗粒在样品中所占重量为 30%。

4.8.2 干式分级机的工作原理

干式分级机属于流体系统分级设备。在粉体制备过程中，往往需要将固体颗粒在流体中按其粒径大小进行分级。应用空气作分散介质进行分级的设备，称为**空气选粉机**，也就是干式分级机。

空气选粉机是一种通过气流的作用，使颗粒按尺寸大小进行分级的设备。这种设备用于干法圈流的粉磨系统中。其作用：使颗粒在空气介质中分级，及时将小于一定粒径的细粉作为成品选出，避免物料在磨内产生过粉磨以致产生粘球和衬垫作用，从而提高粉磨效率；将粗粉分出，引回磨机中再粉磨，从而减少成品中的粗粉，调节产品细度，保证粉磨质量。在产品细度相同情况下，一般产量可提高 10%~20% 左右。

空气选粉机有两大类型：一类是让气流将颗粒带入选粉机中，在其中使粗粒在气流中洗出，细小颗粒跟随气流排出机外，然后再附属设备中回收，这类设备称为**通过式选粉机**。另一类是将颗粒喂入选粉机内部，颗粒遇到该机内部循环的气流，分成粗粉和细粉，从不同的孔口排除，这类设备称为密闭式选粉机，或称**离心式选粉机**。另外，在离心式选粉机基础上作出了改进，设计出一种外部循环气流的旋风式选粉机，减少了离心式选粉机内部用于产生循环气流的大风叶的磨损，并且提高了空气效率。

干式分级机包括水平流型重力分级机、惯性空气分级机、垂直流型重力分级机三种。

4.8.3 集尘率的定义和代表性的集尘装置

从气流中将粒子分离、去除的过程称为**集尘**。集尘从原理上可分为两种类型。一种是在气流中设置障碍物，藉由障碍物表面对粒子进行捕集、分离，称此为**障碍物分离型**，其中作为障碍物的，有过滤布等的固定物，以及喷射液滴的方法等；另一种是对粒子作用某种外力，将粒子从气流中分离，称此为**外力分离型**，其中作为外力的有静电力、重力、离心力等。

在讨论各种集尘装置之前，先对集尘率和压力损失作简要说明。

所谓**集尘率**是指，藉由集尘装置所捕集的粒子质量之比。另一个重要参数是部分分离效率。粒子中有一定的粒径分布。所谓**部分分离效率**，是指某一特定粒子径粒子被分离的比率。因此，部分分离效率为零的粒子径（可被分离的最小粒子径：比其更小的粒子不能被捕集）也是重要的参数。而且，运行费用与含粒子的气流在集尘装置中流动时需要多大程度的压力差有关。此时的压力差称为**压力损失**。

代表的集尘装置如图 3（下）所示。

（a）**旋风集尘器**。旋风集尘器是靠离心力将粒子从气流中分离的装置，适用于 10μm 以上较粗粒子的捕集。由于在高浓度下也能使用，加之建设费用低，因此也可作为高性能集尘装置的前置装置使用。

（b）**布袋集尘器**。布袋集尘器（bag fiter ：袋状过滤器）是靠布袋表面捕集粒子的高性能集尘装置，尽管存在压力损失大的缺点，但由于集尘率与作为集尘对象的粒子性质的相关性小，作为通用集尘装置，应用广泛。

（c）**电气集尘装置**。先赋予粒子电荷，再靠电气力将粒子从气流中分离的高性能集尘装置。虽然集尘率与对象粒子的电气性质相关，但具有压力损失小、运行费比较低的优点。

4.8.4 布袋集尘器和电气集尘装置

布袋集尘器的名称源于集尘部位的袋（bag）。将纺织布或过滤袋悬垂于装置内，当气流通过袋子时，其中的粉尘便会堆积并捕集于袋子上。堆积的粉尘层也能集尘，因此随操作的进行，集尘率会不断变高。在所有集尘装置中，布袋集尘器效率最高，也具有稳定的性能。其另一个特点是，布袋上发生的是物理捕集，集尘率基本上不受粉尘特性的影响。

集尘机制包括粉尘的扩散、遮挡以及惯性碰撞。对于扩散效果来说，粒子径越小越显著，而对于遮挡及惯性碰撞效果来说，粒子径越大越显著。因此，存在一个集尘效果不佳的范围。集尘率最低的处于 0.5μm 附近范围内。对于纳米粒子，例如 10nm 左右的粒子，可以比较简单地被捕集。实际上，布袋上堆积的粉尘层也能产生捕集作用，因此，与粒子径极端的相关性并不多见，只是可以看出大致的相关性。随着布袋上粉尘的不断堆积，压力损失逐渐增大。因此，每经过一定的时间，需要将布带上积存的粉尘抖落掉。

电气集尘装置利用由放电极（负极）的放电，使粉尘变为负离子，再由集尘极（正极）进行捕集。显然，集尘率受粉尘电阻率的影响。低电阻粉尘在容易得到负离子的半面，即集尘极上，将负电荷给予电极，而自己又带上与电极相同的正电荷，由于电气的排斥力，会再次向气流中飞散（再飞散）。相反，高电阻粉尘在集尘极上的电荷放出速度慢，致使堆积的粉尘层内电压梯度增大，进而粉尘层内发生空气绝缘破坏。绝缘破坏产生的正离子会向着放电极运动（逆电离）。与此同时，放电极中的电压梯度变缓，放电也接着变弱。尽管正离子增加会使电流值增加，但负离子数减少，致使集尘率低下。因此，必须在控制上采取措施，保证即使温度发生变化，造成粉尘电阻变化时，也不会引起再飞散以及逆电离发生。

本节重点

（1）何谓振动筛和移动筛？筛网的“目”是如何定义的？“目”与粉体的粒度之间有何定量关系？

（2）解释各种干式分级机的工作原理。

（3）代表性的集尘装置有哪几种？分别解释其工作原理。

工业用筛分机的振动模式

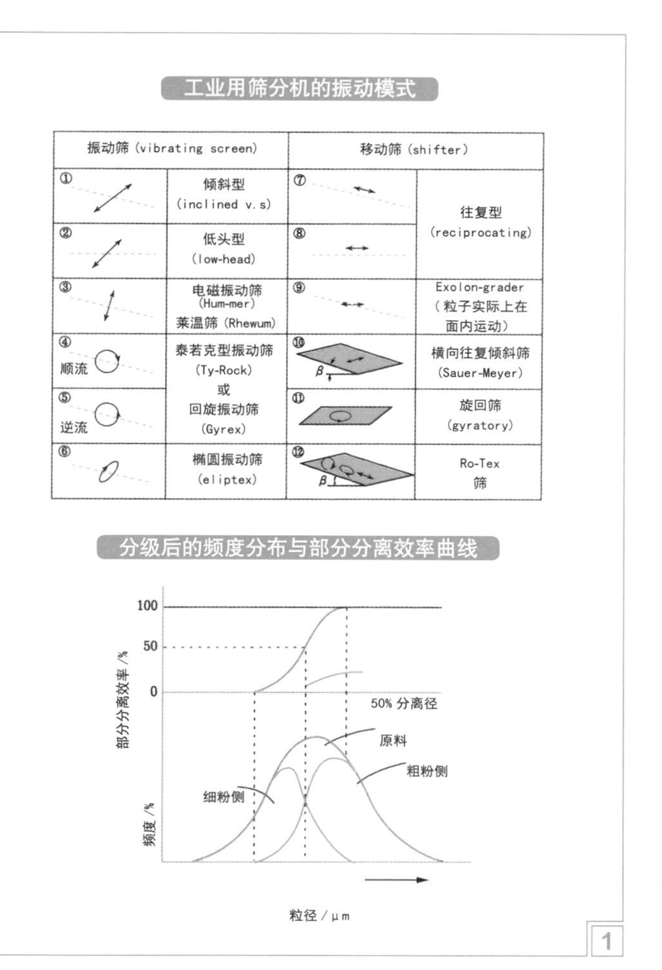

振动筛 (vibrating screen)		移动筛 (shifter)	
①	倾斜型 (inclined v. s)	⑦	往复型 (reciprocating)
②	低头型 (low-head)	⑧	
③	电磁振动筛 (Hum-mer) 莱温筛 (Rhewum)	⑨	Exolon-grader (粒子实际上在面内运动)
④ 顺流	泰若克型振动筛 (Ty-Rock) 或 回旋振动筛 (Gyrex)	⑩	横向往复倾斜筛 (Sauer-Meyer)
⑤ 逆流		⑪	旋回筛 (gyratory)
⑥	椭圆振动筛 (eliptex)	⑫	Ro-Tex 筛

分级后的频度分布与部分分离效率曲线

干式分级机的原理

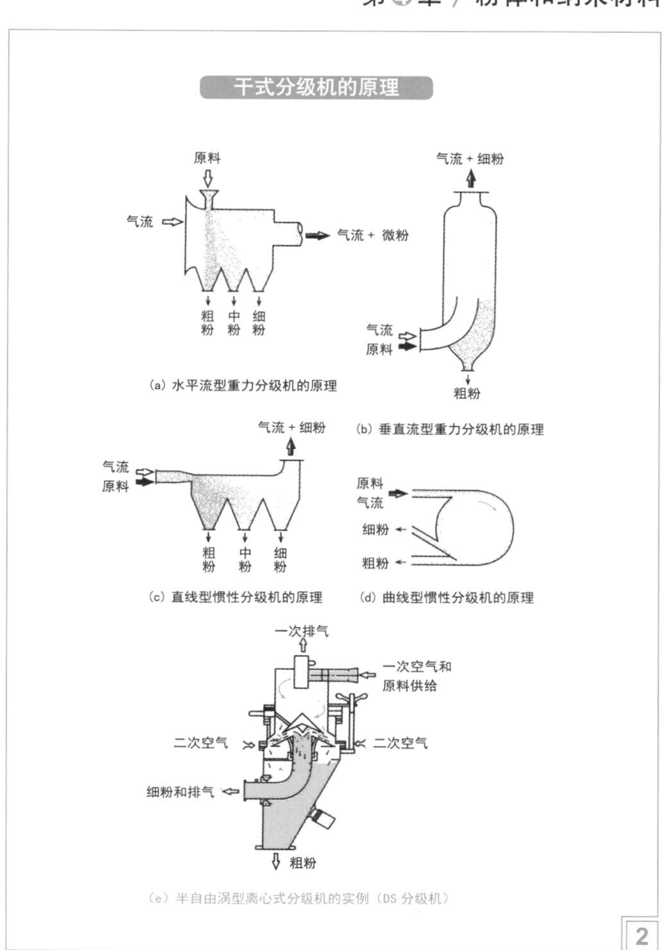

(a) 水平流型重力分级机的原理

(b) 垂直流型重力分级机的原理

(c) 直线型惯性分级机的原理

(d) 曲线型惯性分级机的原理

(e) 半自由涡型离心式分级机的实例 (DS 分级机)

集尘率

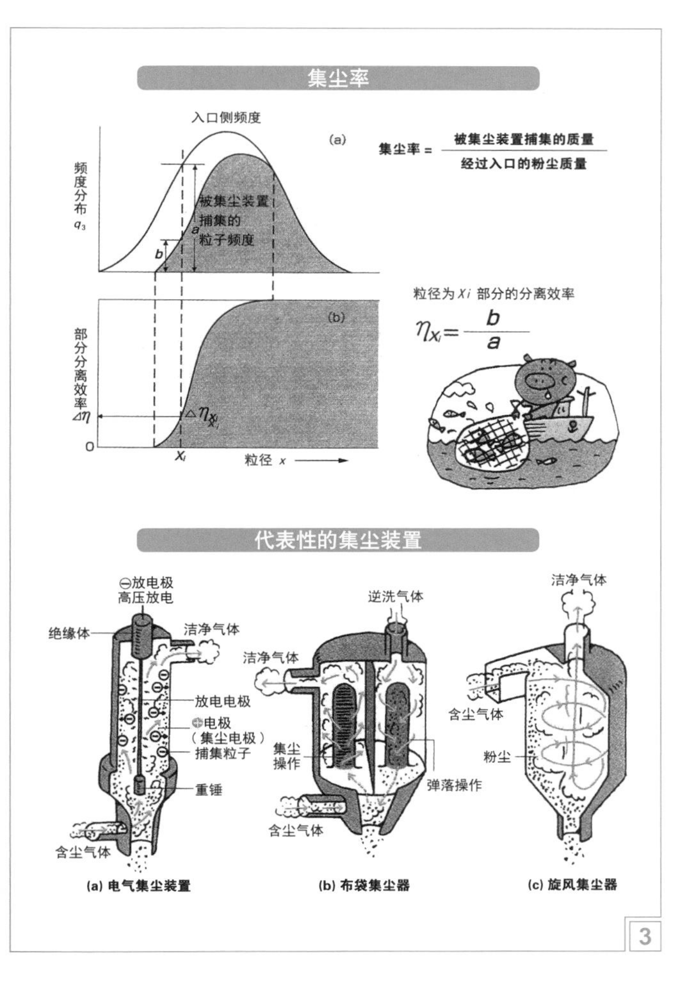

代表性的集尘装置

(a) 电气集尘装置

(b) 布袋集尘器

(c) 旋风集尘器

布袋集尘器的集尘率与粉尘粒径间的关系

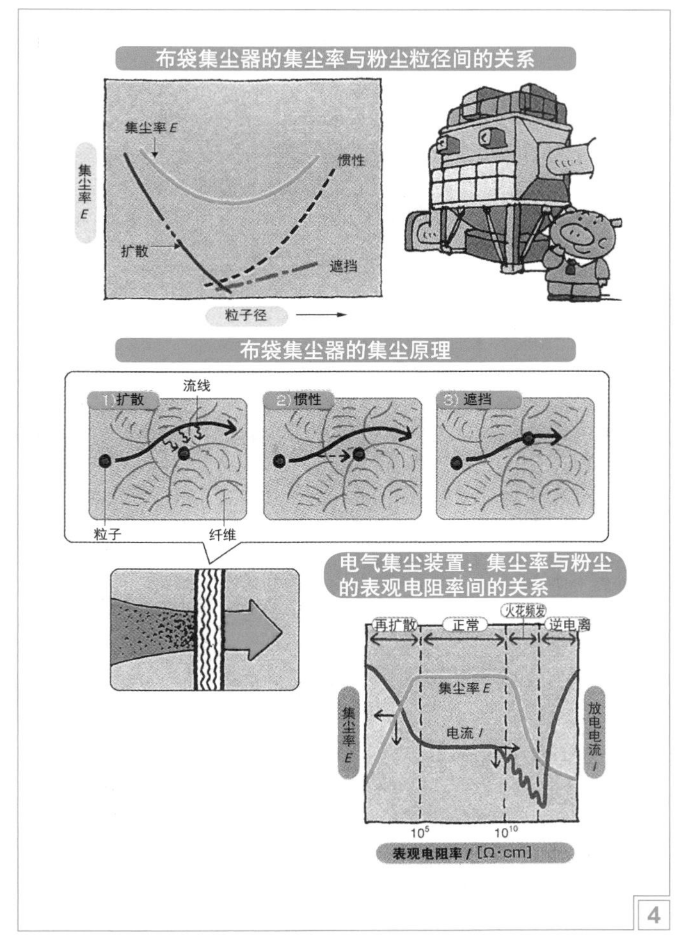

布袋集尘器的集尘原理

电气集尘装置：集尘率与粉尘的表观电阻率间的关系

4.9 混料及造粒

4.9.1 代表性的混料机

粉体混合的目的多种多样，例如，水泥原料和陶瓷原料的混合是为固相反应创造条件；玻璃原料和冶金原料的混合是为炉内熔融反应配制适当的化学成分；在耐火材料和制砖生产中，为了获得所需的强度，要制备有最紧密填充状态的颗粒级配料；绘画颜料和涂料用颜料的调制，合成树脂同颜料粉末的混合则是为了调色。

混合机是医药品、农用药剂制剂生产的主机之一，它主要用于极微量的药效成分与大量增量剂的混合，即高倍散率混合。饲料工业中营养成分的配合，要求所用量间的变化极小。粉末冶金中金属粉和硬脂酸之类的混合，以及焊条中焊剂的混合等是为了调整物理性质。咖喱粉等香辣调味品生产中，将涉及数十种（调）味（品）和香（料）的混合。上述都属于粉体混合过程。

代表性的混料机如图中所示。其中，(a) 是结构比较简单的旋转圆筒型；(b) 所示的 V 型混合机与双圆锥型一起应用广泛，其结构简单，供给和排出都十分便利；(c) 所示的双圆锥型混合机应用最为广泛，即使内部不放入搅拌器，也能均匀混合；(d) 所示的螺条型自古就有采用，利用相互反向移送粉体的螺条实现混合；(g) 是称为圆锥螺杆型的一例。此外，还有以凝聚性强的粉体为对象和利用流动层的混料方法等。

无论哪种类型，作为混合机构，主要包括：①**对流（移动）混合**，利用混合机内粒子群的大距离往返移动；②**剪断混合**，利用粉体内速度分布的差异所造成的粒子相互间的滑动等，产生分散作用；③**扩散混合**，利用近接粒子相互的位置交换而产生，属于局部的扩散混合。

4.9.2 何谓造粒及造粒的目的

从广义上造粒足义为：将粉状，块状，溶液，熔融液等状态的物质进行加工，制备具有一定形状与大小的粒状物的操作。广义的造粒包括了块状物的细分化和熔融物的分散冷却等。通常所说的造粒指的是狭义上定义的概念，即：将粉末状物料聚结，制成具有一定形状与大小的颗粒的操作。从这种意义上讲，造粒物是微小粒子的聚结体，为了区别微小粒子和聚结粒子，将前者称为一级粒子，后者称为二级粒子。

粉碎的作用是“缩小粒径”；反之，“增大粒径”的过程就是造粒。从制药丸至粉体成型，造粒获得了极为广泛的应用。一般微粉在空气中易飞扬、粘壁，难以处理，在重力作用下自由流动性又差，粉体工艺过程的设计也不方便，因此，要求具有将粉体加工成易于处理的粒径和颗粒形状的操作。造粒还包括将溶液和熔融液制成所需颗粒等技术过程。

中成药有丸、散、膏、丹之分。其中，散即粉。为使粉药容易在肠胃中吸收，一般要做成数微米左右的微粉。但微粉容易附着，吸收水后会变得像粘土那样粘附于口中特别难于咽下。因此，今天的中成药几乎无粉剂，而多以丸、丹的形式提供给患者。图中照片所示即是由数百至数十万个微粒子构成的直径为数百微米的颗粒体。变成这样大小的集合体以后，就不会附着，而变成可痛痛快快流动的粒体。像这种**通过使微粒子集合做成大粒子的技术就称为造粒**。

粉体粒化的意义在于能保持混合物的均匀度，在贮存、输送与包装时不发生变化；有利于改善物理化学反应的条件（包括固 - 气、固 - 液、固 - 固的相际反应），便于计量及满足商业上的要求；可以改善产品的性能以提高技术经济效果；可以提高物料流动性，便于输送与储存；通过粒化过程把粉体制造成各种形状的产品等。粒化的方法有多种，但通常来说有：挤压造粒，转动造粒，喷雾造粒和熔融造粒等。

如图中所示，造粒方法依其样式分成：①**成长样式的造粒**（自足造粒），②**压密样式的造粒**（强制造粒），③**液滴发生样式的造粒**等三种。其中，①是靠转动、流动、搅拌等，藉由使粒子间接触而使其凝聚成长；②是使粉在模具中压缩成型；③通过喷射溶解（分散）粉的溶液，形成细的液滴，再经干燥得到。

4.9.3 自足造粒

自足式造粒是利用转动（振动、混合）、流化床（喷流床）和搅拌混合等操作，使装置内物粒进行自由的凝集、被覆造粒，或者在流动层中干燥的粉体中喷淋凝集用的粘接剂，使粉体发生凝集进行造粒。造粒时需要保持一定的空间。

含少量液体的粉体，因液体表面张力作用而凝聚。用搅拌、转动、振动或气流使干粉体流动，若再添加适量的液体粘接剂，则可像滚雪球似的使制成的粒子长大，粒子的大小可达数毫米至几十毫米。常用盘式成球机来凝聚造粒。我们元宵节吃的元宵就是由自足造粒制作的。

自足造粒在种类上包括：转动造粒、流动层造粒、喷流层造粒和搅拌造粒。图中给出自足造粒的各种形式。

4.9.4 强制造粒

强制式造粒是指利用挤出、压缩、碎解和喷射等操作，有孔板、模头、编织网和喷嘴等机械因素使物料强制流动、压缩、细分化和分散冷却固化等，其中机械因素是主要影响因素。

挤压造粒法是用螺旋、活塞、辊轮、回转叶片对加湿的粉体加压，并让其通过孔板、网挤出，可制得 0.2mm 到几十毫米的颗粒。

压缩造粒法一般分为在一定模型中压缩成片剂和在两个对辊间压缩成团块两种，可制得粒径均齐、表面光滑、密度大的颗粒。

破碎造粒法是将由辊轮压缩制成的薄片，再用回转叶片破碎制得细粒状的凝聚造粒粒子，有干法和湿法两种，尤其，湿法可制得 0.1~0.3mm 的细颗粒。

此外，还有图中所示的**液滴固化造粒**的形式。

本节重点

(1) 何谓造粒？造粒的目的是什么？
(2) 何谓自足造粒？自足造粒有哪些方法？
(3) 何谓强制造粒？强制造粒有哪些方法？

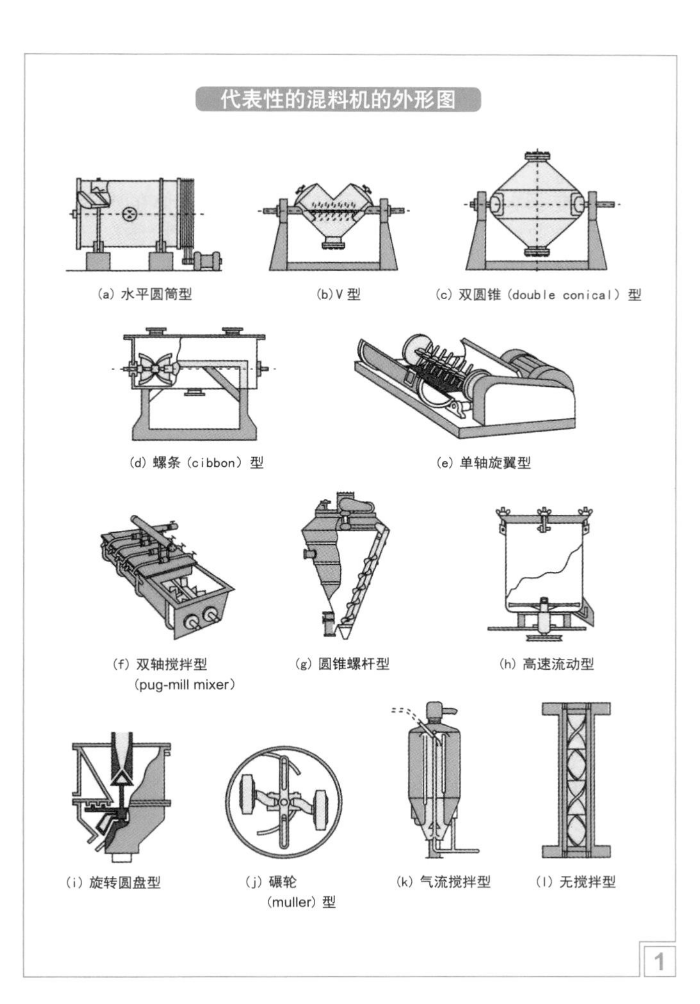
代表性的混料机的外形图
(a) 水平圆筒型
(b) V 型
(c) 双圆锥（double conical）型
(d) 螺条（cibbon）型
(e) 单轴旋翼型
(f) 双轴搅拌型
(pug-mill mixer)
(g) 圆锥螺杆型
(h) 高速流动型
(i) 旋转圆盘型
(j) 碾轮
(muller) 型
(k) 气流搅拌型
(l) 无搅拌型
1

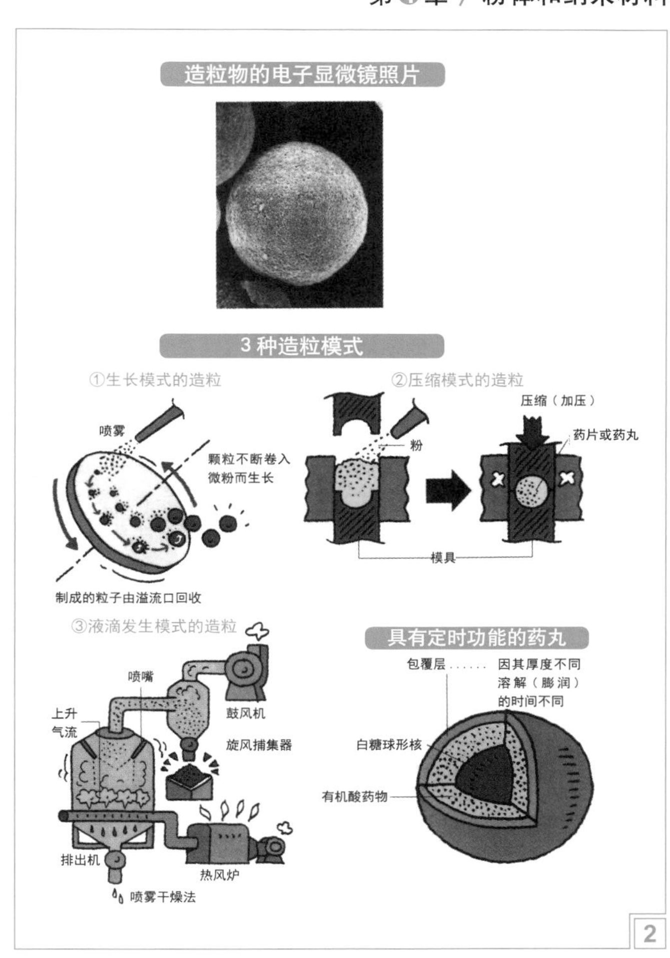
造粒物的电子显微镜照片
3 种造粒模式
①生长模式的造粒
喷雾
颗粒不断卷入
微粉而生长
制成的粒子由溢流口回收
②压缩模式的造粒
压缩（加压）
粉
药片或药丸
模具
③液滴发生模式的造粒
喷嘴
上升
气流
鼓风机
旋风捕集器
排出机
热风炉
喷雾干燥法
具有定时功能的药丸
包覆层……
因其厚度不同
溶解（膨润）
的时间不同
白糖球形核
有机酸药物
2

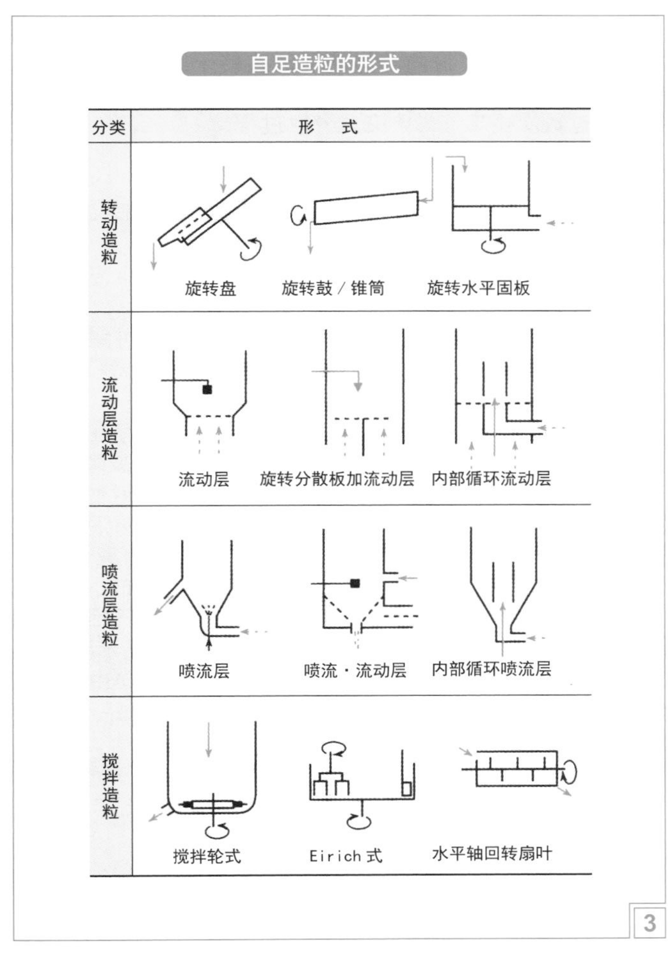
自足造粒的形式
分类
形 式
转动造粒
旋转盘
旋转鼓 / 锥筒
旋转水平固板
流动层造粒
流动层
旋转分散板加流动层
内部循环流动层
喷流层造粒
喷流层
喷流 · 流动层
内部循环喷流层
搅拌造粒
搅拌轮式
Eirich 式
水平轴回转扇叶
3

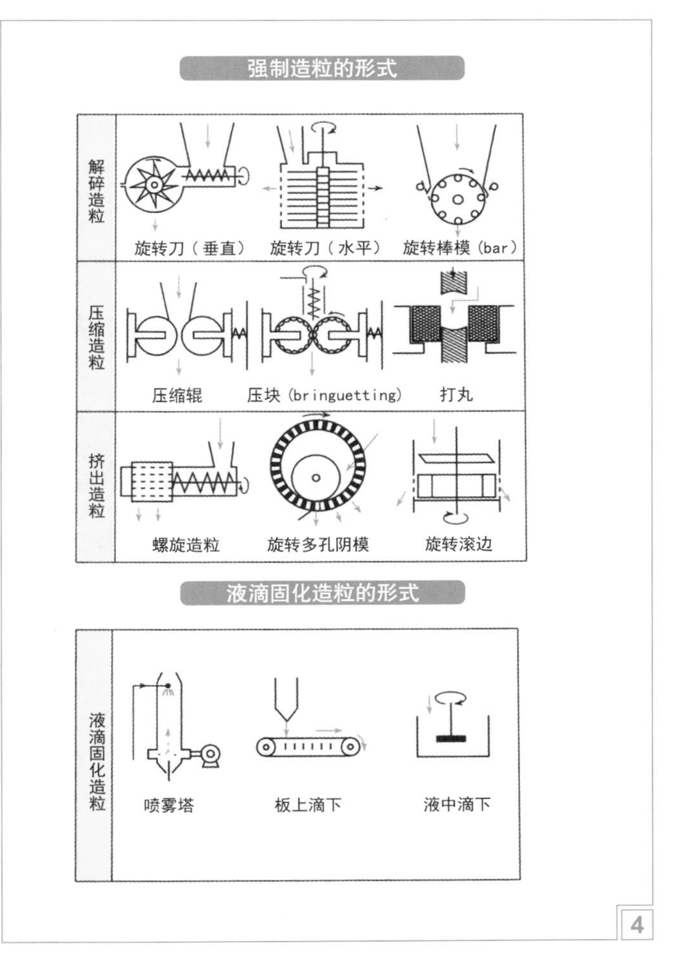
强制造粒的形式
解碎造粒
旋转刀（垂直）
旋转刀（水平）
旋转棒模（bar）
压缩造粒
压缩辊
压块（bringuetting）
打丸
挤出造粒
螺旋造粒
旋转多孔阴模
旋转滚边
液滴固化造粒的形式
液滴固化造粒
喷雾塔
板上滴下
液中滴下
4

4.10 输送及供给

4.10.1 各种粉体输送机

粉体的输送，包含使粉体从某一场所移动到其他场所的所有操作，因此，也必须同时考虑终点的储藏、排出、供给等。由于此时粉体的举动，依粉体的种类、粒度以及粉体的存在形态等不同，存在显著差异。在实际的输送中，不考虑差异，仅靠经验，采用不合理方案的情况屡见不鲜。在此，针对这些操作中经常使用的代表性装置及机器做简要介绍。

输送装置分为机械输送、空气输送、水力输送几大类。在机械输送中，传送带自古以来就经常使用，其中皮带传送带使用最为普遍，常用于 100m 以下的比较短距离的输送，但依特殊要求，超过 10km 的皮带传送带也有应用。也有不用皮带而采用链条的链条传送。

螺杆输送装置中采用的螺杆有图中所示的各种类型，这种方法不单是输送，而且还有搅拌及混合的作用，输送长度一般可达数十米。料斗提升机又称为提斗型输送机，一般用于垂直且近距离输送，适用于各种物料，但输送量小。此外作为链条传送的一种，槽式循环链板输送装置也可适用于高温粉体。

图中所示的振动输送带，应不同的输送对象，可以调整振幅及周波数，具有在输送过程中可同时进行冷却、干燥、脱水等操作的特长。

空气输送，是利用管子中流动的空气进行粉体输送的装置，分压送式和吸引式两种。管子的直径一般为 20~400mm，输送流量 250t/h，输送距离最长可达 2km。图中所示的气流输送型也属于空气输送的一种。

水力输送与空气输送的原理基本相同，管径 60~300mm，输送距离最长可达 400km。

4.10.2 各种粉体供给（加料）机

供给装置也是粉体操作中必不可少的，图中给出各式各样的粉体供给机，包括振动加料机、往复式供给机、螺旋加料机、旋转定量给料机、圆盘给料机、皮带给料机等。其中，皮带供给机、链条供给机、螺杆供给机、振动供给机等还具有输送机的功能。旋转式供给机、旋转台式供给机等可作为微量定量供给机而使用。而且，作为在高压下可以使用的供给（加料）机，有泄料桶式等。

振动加料机根据槽和物料的运动状态可以分为惯性式和振动式两类。在惯性式振动加料机上，物料在惯性力的作用下，在任何时间内都与槽底保持接触，且沿槽底作滑落运动；在振动式振动加料机上，物料在惯性力的作用下，由槽底脱离，向上作抛掷运动，物料在料槽中作跳跃式运动。

往复式供给机由机架、底板（给料槽）、传动平台、漏斗闸门、托辊等组成。当电动机开动后，经弹性联轴器、减速器、曲柄连杆机构拖动倾斜的底板在插辊上作直线往复运动，将物料均匀地卸到运输机械或其他筛选设备上。该机设有带漏斗、带调节阀门和不带漏斗、不带调节阀门两种形式。

4.10.3 各种干式分散机

所谓分散，是将粉体尽可能做成单一粒子，以便在液体及其他粉体中均匀分布，或者在形成结构的同时获得所需要的分布。但是，粉体粒子越是微细，粉体在液体中的布朗运动越是激烈，粒子之间的碰撞、合并（团聚或凝集）频频发生，由于粒子生长，其个数浓度反而会下降。也就是说，越是微细的粒子，因其附着力变强而成为凝集体，使之分散为单粒子变得越是困难。为实现微粒子凝集体的分散，一般是利用分散介质（例如空气）的加速度及将粉体向流场中输送，或者利用与障碍物的碰撞冲突。

机械分散是指用机械力把超细粉体团聚集团打散的过程。必要条件是机械力（指流体的剪切力及压应力）大于粉体之间的粘着力。通常机械力是由高速旋转的气流强湍流运动而造成的。主要通过改进分散设备来提高分散率。由于是一种强制性分散方法，机械分散较易实现。相互粘结的粉体尽管可以在分散器中被打散，但颗粒之间的作用力依然存在，没有改变，粉体从分散器中排出后又可能迅速重新粘结团聚。而且，脆性粉体被粉碎以及机械设备磨损后，分散效果有可能下降。

干式分散机按分散机制有下述四种类型。

（1）气流（加速及剪切）型：包括喷射器，文丘里管，孔板，细管，搅拌机等；

（2）受障碍物碰撞型：气流中的障碍物，喷嘴吹入，螺旋管等；

（3）机械粉碎型：流动层，脉动，旋转鼓，振动，振动（筛分），刮取等；

（4）复合作用型：旋转叶，旋转针棒，SAEI，中条式，Roller 式，Wright 式。

以复合作用的分散机为例，强劲的离心力将物料从径向甩入定、转子之间狭窄精密的间隙中，同时受到离心挤压、液层摩擦、液力撞击等综合作用力，物料被初步分散。

分散机高速旋转的转子产生至少 15 m/s 以上的线速度，物料在强烈的液力剪切、液层摩擦、撕裂碰撞等作用下被充分分散破碎，同时通过定子槽高速射出。

分散机物料不断地从径向高速射出，在物料本身和容器壁的阻力下改变流向，与此同时在转子区产生的上、下轴向抽吸力的作用下，又形成上、下两股强烈的翻动紊流。物料经过数次循环，最终完成分散过程。

4.10.4 粉体微细化所表现的性质

表中给出粉体技术所涉及的粉体颗粒状物质按尺寸大小一览，其中典型的包括：

（1）微米级（1~100μm）：水泥，碳酸钙，小麦粉，复印机着色剂；

（2）亚微米级（0.1~1μm）：细菌，病毒，各种颜料；

（3）纳米级（0.1~100nm）：富勒烯，金属超微粒子，金属团簇，炭黑，胶质二氧化硅等。

随着粉体微细化，会表现出的性质有：①存在大量的不连续面，从而表面现象变强，粒子内部的性质被隐藏，称其为“表面支配”；②界面多，面积大，从而吸附性、反应性、溶解性、触媒活性等与物质迁移现象相关的活性化变强；③作为固体而存在的数量变多；④形成独自的集合状态，无论是在充填状态还是在分散状态，粒子径分布、粒子形状等都会产生微妙的影响，特别是微细粒子在气相中更容易凝聚；⑤表现出与光的波长间的相互作用；⑥显示出磁性；⑦结构缺陷增多，活性化增强、反应性增大；⑧由于数量极大且各不相同，相关的现象表现出统计的特性；⑨测定评价变得困难。

本节重点

（1）请解释“以动力学支配的为粒体，而以附着力支配的为粉体”。
（2）为什么 PM2.5 比之 PM10 对地面大气可见度的影响更大？
（3）举例说明粉体物性的测试方法与其尺寸密切相关。

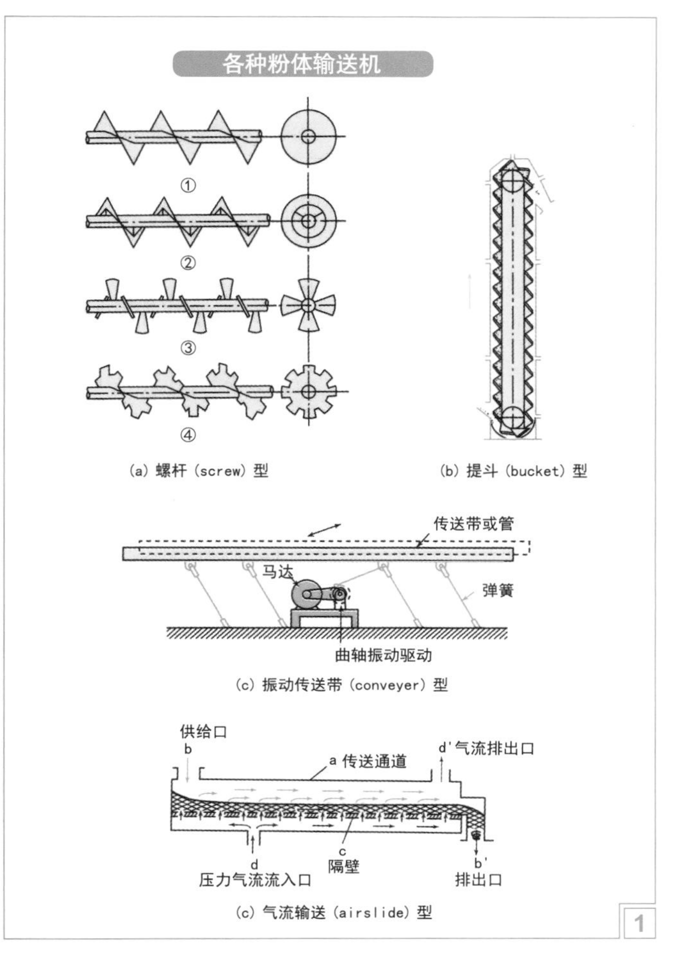

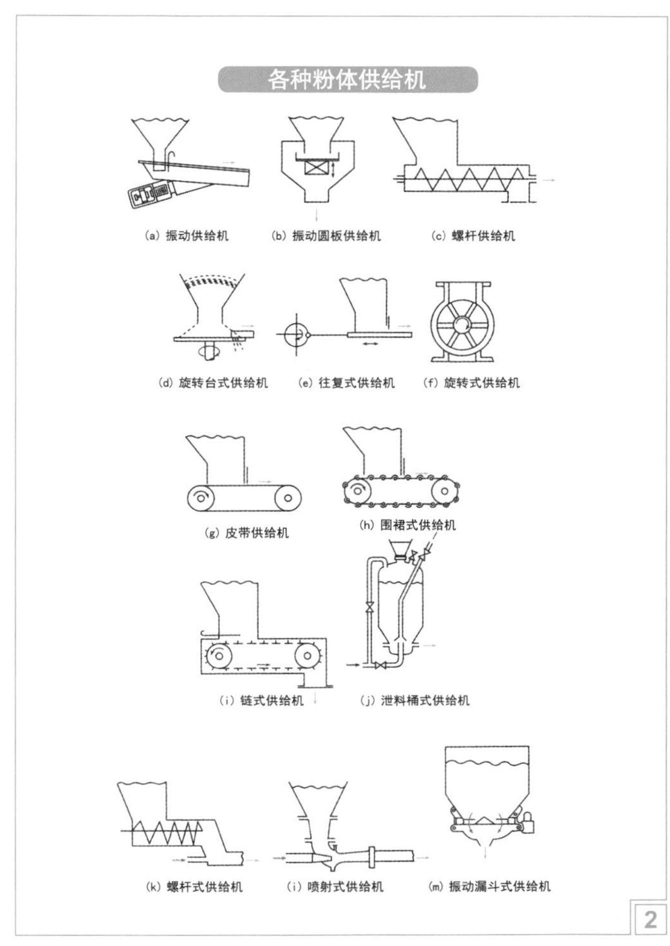

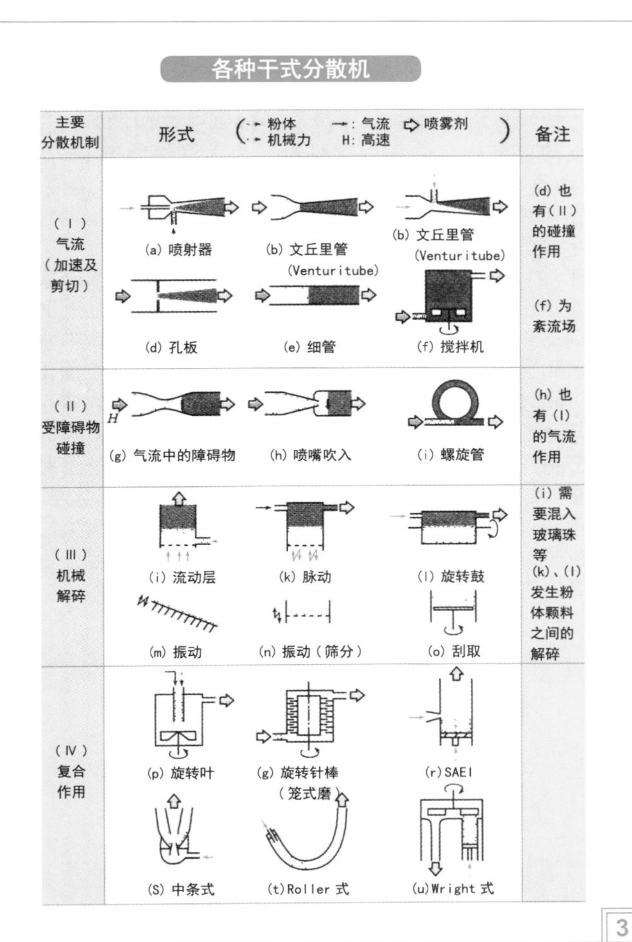
各种干式分散机

主要分散机制	形式（粉体 · 机械力 → 气流 H: 高速 ⇨ 喷雾剂）	备注
(Ⅰ) 气流（加速及剪切）	(a) 喷射器　(b) 文丘里管　(b) 文丘里管 (Venturitube)　(d) 孔板　(e) 细管 (Venturitube)　(f) 搅拌机	(d) 也有(Ⅱ)的碰撞作用；(f) 为紊流场
(Ⅱ) 受障碍物碰撞	(g) 气流中的障碍物　(h) 喷嘴吹入　(i) 螺旋管	(h) 也有(Ⅰ)的气流作用
(Ⅲ) 机械解碎	(i) 流动层　(k) 脉动　(l) 旋转鼓　(m) 振动　(n) 振动（筛分）　(o) 刮取	(i) 需要混入玻璃珠等；(k)、(l) 发生粉体颗料之间的解碎
(Ⅳ) 复合作用	(p) 旋转叶　(g) 旋转针棒（笼式磨）　(r) SAEI　(S) 中条式　(t) Roller 式　(u) Wright 式	

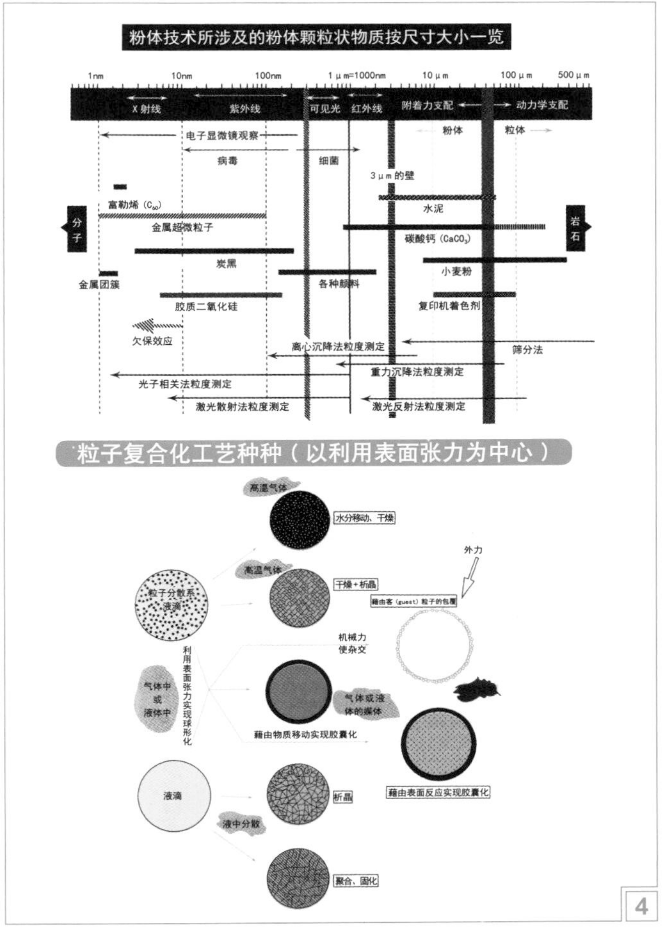

4.11 粉体的非机械式制作方法

4.11.1 PVD 法制作粉体

PVD（physical vapor deposition）是物理气相沉积的简称，制备过程中不伴有燃烧之类的化学反应，全过程都是物理变化过程。PVD 法主要通过蒸发、熔融、凝固、形变、粒径变化等物理变化过程来制取粉体。通过该法所制得纳米颗粒一般在 5~100nm 之间。

PVD 主要分为热蒸发法和离子溅射法。其中热蒸发法方法较多，主要有真空蒸发沉积（VEROS），等离子体蒸发沉积，激光蒸发沉积，电子束蒸发沉积，电弧放电加热蒸发法，高频感应加热蒸发法。

热蒸发法的原理就是将欲制备纳米颗粒的原料加热、蒸发，使之成为原子或分子，然后再使原子或分子凝聚形成纳米颗粒。离子溅射的基本思想与热蒸发法类似，但加热及微粒产生的方式有所不同。

离子溅射将靶材料作为阴极，在两极间充入惰性气体。然后在两极加上数百伏的直流电压，惰性气体产生辉光放电，气体离子因而携带高能量撞击阴极，使靶材料原子从表面撞击出来然后粘附，从而形成纳米级颗粒。调节所施加的电流、电压和气体的压力都可以实现对纳米颗粒生成的控制。

4.11.2 CVD 法制作粉体

CVD（chemical vapor deposition）是化学气相沉积的简称。化学气相沉积法指一种或数种反应气体在加热、激光、等离子体等作用下发生化学反应析出超微小颗粒粉的方法。多用于氧化物、氮化物、碳化物的纳米颗粒微粉的制备。原料常为容易制备、蒸气压高、反应活性较大的金属氯化物和金属醇盐等。由于化学气相沉积法常在一个封闭装置中进行，比较容易实现连续稳定的批量生产。

化学气相沉积法可按反应前原料物态分为气 - 气反应法、气 - 固反应法、气 - 液反应法。也可按体系反应类型分为气相分解法和气相合成法。按加热方式分热管炉加热法与等离子体法两种。

其中等离子体增强化学气相沉积（PECVD）藉由等离子体的辅助能量，使化学反应容易、更加充分，得以使沉积反应的温度降低。PECVO 法制作粉末的过程可分为如下三段：①等离子体发生段：电磁场将气体生成带电荷的物质与自由基，产生与其能量相对应的高温；②化学反应段：高能离子应用于化学反应，实现充分碰撞，缩短反应时间，反应生成平衡产品与自由基带电荷中间产品；③骤冷反应段：对生成产物快速淬冷，使晶体生长冻结，获得足够细的产品以及副产物气体（可回收或循环利用）。

4.11.3 液相化学反应法制作粉体

液相反应法制备纳米颗粒的基本特点是以均相的溶液为出发点，通过各种途径完成化学反应，生成所需要的溶质，再使溶质与溶剂分离，溶质形成一定形状和大小的颗粒。以此为前驱体，经过热分解及干燥后获得纳米微粒。液相中的化学反应法主要有以下 5 种。

（1）沉淀法　沉淀法通过向含有一种或多种阳离子的可溶性盐溶液加入沉淀剂，在特定温度下使溶液发生水解或直接沉淀，形成不溶性氢氧化物、氧化物或无机盐，直接或经热分解得到所需纳米微粒。沉淀法主要分为直接沉淀法、共沉淀法、均相沉淀法、化合物沉淀法、水解沉淀法等。

（2）水热法（溶剂热法）　水热法在具有高温高压反应环境的密闭高压釜内进行，提供了常压下无法得到的特殊物理化学环境，使难溶或不溶的前驱物充分溶解，形成原子或分子生长基元，进行化合，最终成核结晶，还可在反应中进行重结晶。当用有机溶剂代替水时便采用的是溶剂热法，而且还有其他优良性质，如乙二胺可先与原料螯合生成配离子，再缓慢反应析出颗粒；甲醇在做溶剂的同时可做反应中的还原剂等。

（3）雾化水解法　雾化水解法采用的方法是将盐的超微粒子送入含金属醇盐的蒸气室，使醇盐蒸气附着于其表面，与水蒸气反应分解形成氢氧化物微粒，焙烧后得氧化物超微颗粒。

（4）喷雾热解法　喷雾热解法将所需离子溶液用高压喷成雾状，送入反应室内按要求加热，通过化学反应生成纳米颗粒。

（5）溶胶 - 凝胶法　溶胶 - 凝胶法采用的方法是使金属的有机或无机化合物均匀溶解于一定的溶剂中，形成金属化合物溶液，然后在催化剂和添加剂的作用下进行水解、缩聚反应，通过控制反应条件得到溶胶；溶胶在温度变化、搅拌作用、水解缩聚等化学反应和电化学平衡作用下，纳米颗粒间发生聚集而形成网状聚集体，逐渐使溶胶变为凝胶，进一步干燥、热处理后得到纳米颗粒。

4.11.4 界面活性剂法制作粉体

界面活性剂法利用两种互不相溶的溶剂在表面活性剂的作用下形成均匀乳液，再从乳液中洗出固相。这样可使成核、生长、聚结、团聚等过程局限在一个微小的球形液滴内，从而可形成球形颗粒，并且可以避免颗粒之间的进一步团聚。界面活性剂法是非均相的液相合成法，优点在于粒度分布较窄并且容易控制等。界面活性剂法又叫微乳液法。

反应乳液一般由表面活性剂、表面活性助剂（一般为醇类）、油类（一般为碳氢化合物）和水（或电解质水溶液），并且反应体系具有各向同性。乳液分为油包水型、水包油型和双连续型，其中油包水型较常用。

在油包水乳液中，水滴不断地碰撞、聚集和破裂，使得溶质不断交换。碰撞过程取决于水滴在相互靠近时表面活性剂尾部的相互吸引作用以及界面的刚性。其中水常以缔合水和自由水两种形式水存在（还有少量水在表面活性剂极性头间以单分子态存在）。缔合水使极性头排列紧密，自由水与之相反。在水核内形成超细颗粒的机理大致分为三类：①将两个有不同反应物的乳液混合，由于胶团颗粒间的碰撞，发生了水核内物质交换或物质传递，引起化学反应，生成颗粒；②在含有金属盐的乳液中加入还原剂生成金属纳米粒子；③将气体通入乳液的液相中充分混合，发生反应得氧化物、氢氧化物或碳酸盐沉淀。

本节重点

（1）举例说明利用 PVD 法制作超微粒子的工艺过程。
（2）举例说明利用 CVD 法制作超微粒子的工艺过程。
（3）举例说明利用液相中的化学反应法和界面活性剂法制作超微粒子的工艺过程。

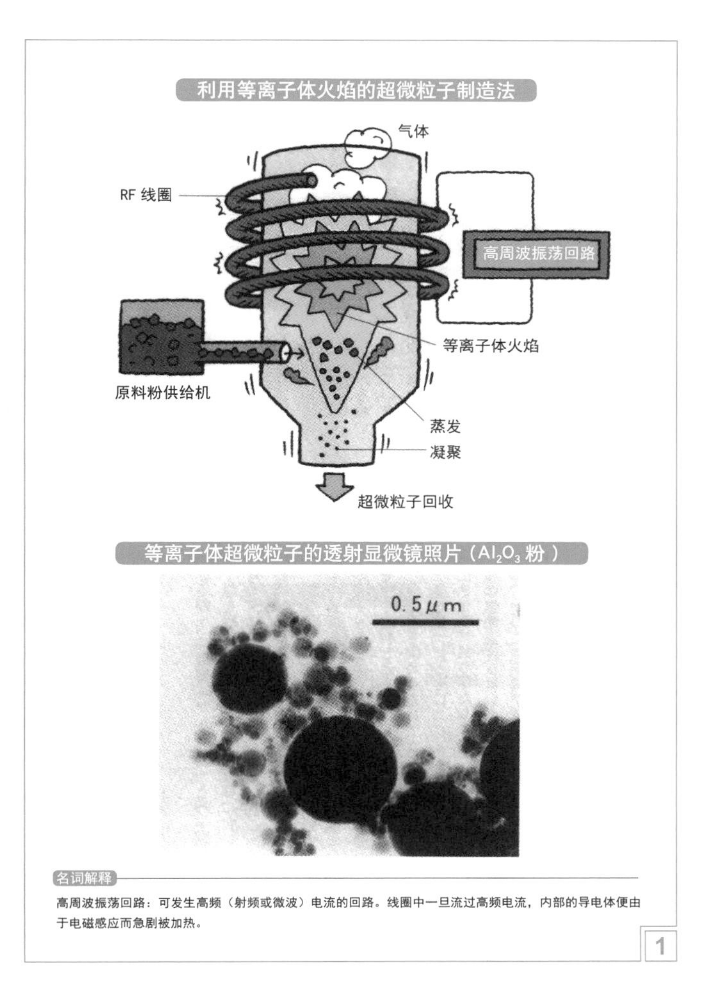

利用等离子体火焰的超微粒子制造法
气体
RF 线圈
高周波振荡回路
等离子体火焰
原料粉供给机
蒸发
凝聚
超微粒子回收
等离子体超微粒子的透射显微镜照片（Al_2O_3 粉）
0.5μm
名词解释
高周波振荡回路：可发生高频（射频或微波）电流的回路。线圈中一旦流过高频电流，内部的导电体便由于电磁感应而急剧被加热。
1

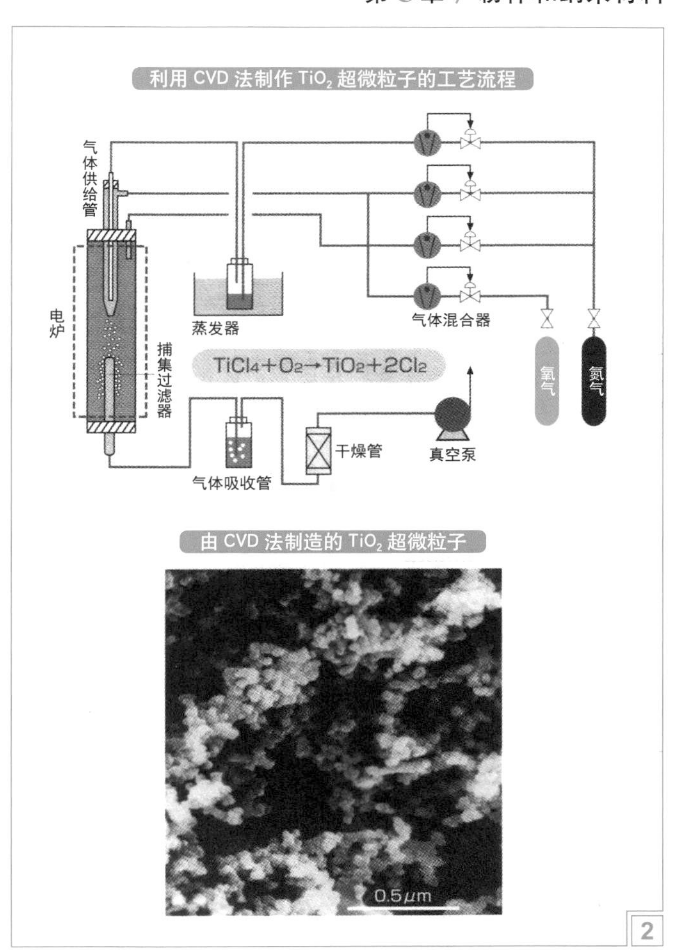

利用 CVD 法制作 TiO_2 超微粒子的工艺流程
气体供给管
电炉
蒸发器
气体混合器
捕集过滤器
$TiCl_4+O_2 \rightarrow TiO_2+2Cl_2$
氧气
氮气
干燥管
真空泵
气体吸收管
由 CVD 法制造的 TiO_2 超微粒子
0.5μm
2

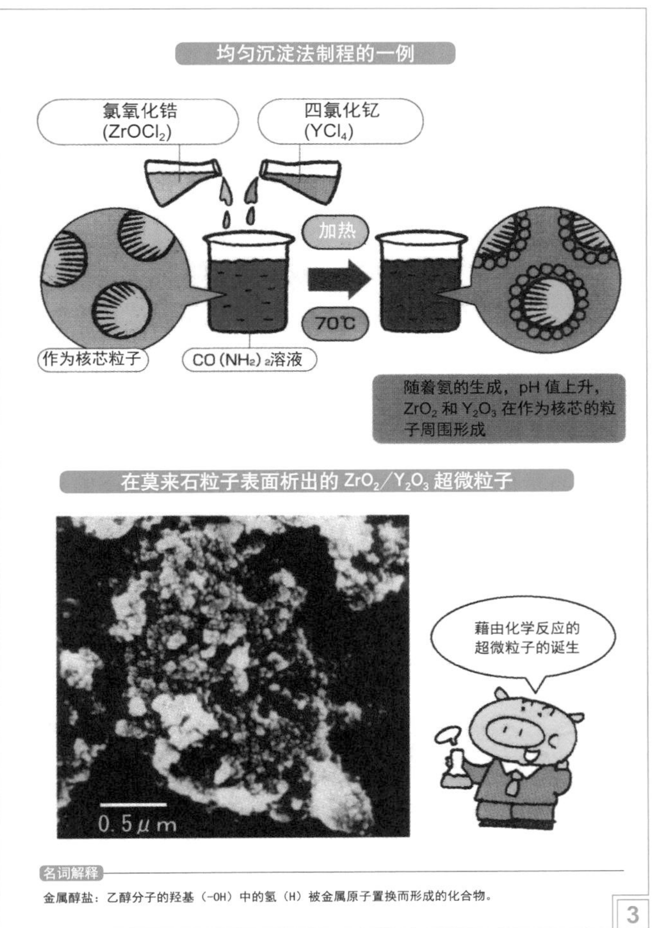

均匀沉淀法制程的一例
氯氧化锆 ($ZrOCl_2$)
四氯化钇 (YCl_4)
加热
70℃
作为核芯粒子
$CO(NH_2)_2$溶液
随着氨的生成，pH 值上升，ZrO_2 和 Y_2O_3 在作为核芯的粒子周围形成
在莫来石粒子表面析出的 ZrO_2/Y_2O_3 超微粒子
0.5μm
藉由化学反应的超微粒子的诞生
名词解释
金属醇盐：乙醇分子的羟基（-OH）中的氢（H）被金属原子置换而形成的化合物。
3

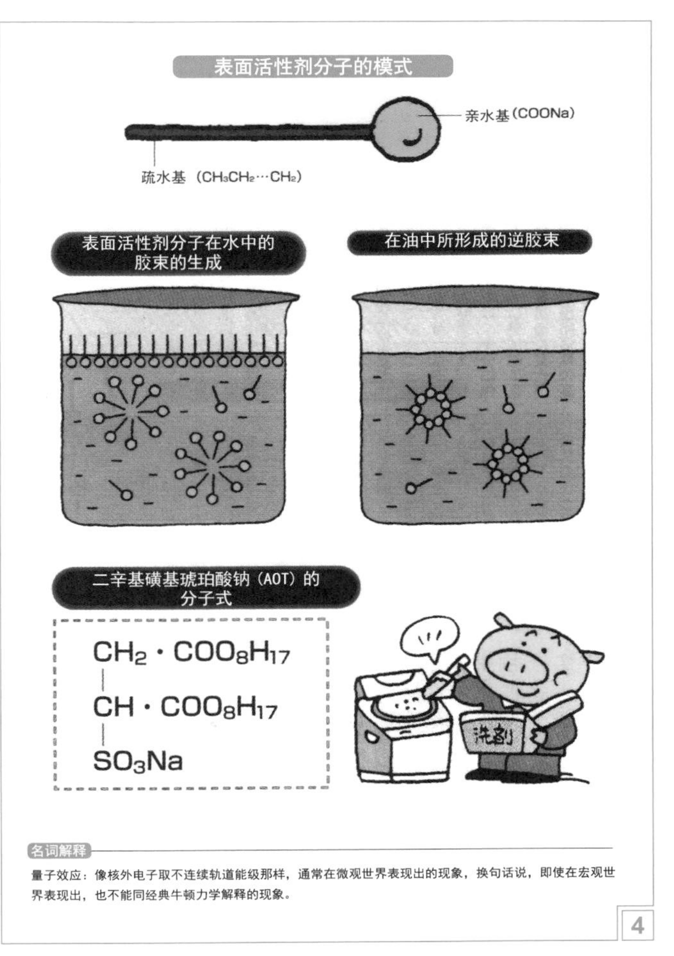

表面活性剂分子的模式
亲水基（COONa）
疏水基（$CH_3CH_2 \cdots CH_2$）
表面活性剂分子在水中的胶束的生成
在油中所形成的逆胶束
二辛基磺基琥珀酸钠（AOT）的分子式
$CH_2 \cdot COO_8H_{17}$
$CH \cdot COO_8H_{17}$
SO_3Na
洗剤
名词解释
量子效应：像核外电子取不连续轨道能级那样，通常在微观世界表现出的现象，换句话说，即使在宏观世界表现出，也不能同经典牛顿力学解释的现象。
4

4.12 日常生活用的粉体

4.12.1 主妇的一天——日常生活中的粉体

让我们看看年轻主妇一天的生活：照顾婴儿、下厨做饭、扫除洗涤、化妆购物，几乎时时处处都离不开粉体。

婴儿爽身粉的主要成分为滑石粉。原料滑石是天然矿藏，可能存在破伤风孢子，因而滑石粉必须先经加热、γ- 射线、环氧乙烷（丙烷）消毒，而含有透闪石的滑石粉是禁止使用的。滑石晶体是平滑的平面六边形构造，摩擦系数较低，因而在皮肤上有良好的涂布性。

化妆品中粉体的主要作用是渗入皮肤表面，掩盖皱纹等美化功效。化妆品用的粉体可以分为无机颜料（体质颜料、白色颜料、彩色颜料）、有机颜料、天然颜料、珠光颜料等。大部分的粉体表面都带有氢氧基，因为这种特性，化妆层很容易被人体的汗水或皮脂弄花。为了改善这种现象，可以使用表面处理物质与氢氧基进行化学结合，让粉体表面拥有疏水性。对粉体进行表面处理的另外一个目的是，提升原料的分散性，改善原料的耐光性、耐溶剂性、抑制表面活性等方面问题，并赋予新的使用感觉特性。

在防晒霜中混入大量超微粒子二氧化钛，后者可以起到防紫外线的作用。纳米二氧化钛无毒、无味，吸收紫外线能力强，对长波和中波都具有较好的屏蔽作用。其中纳米二氧化钛的粒径对紫外线的吸收能力和遮盖力影响很大，一般 30~50nm 粒径为最佳。在作为防晒物质的应用中，为了封闭纳米二氧化钛的催化活性，提高耐候性、稳定性及在不同介质中的分散性，需要用无机物对纳米二氧化钛进行表面处理。

4.12.2 食品、调味品中的粉体——绵白糖与砂糖的对比

先把甘蔗或甜菜压出汁，滤去杂质，再往滤液中加适量的石灰水，中和其中所含的酸（因为在酸性条件下蔗糖容易水解成葡萄糖和果糖），再过滤，除去沉淀，将滤液通入二氧化碳，使石灰水沉淀成碳酸钙，再重复过滤，所得到的滤液就是**蔗糖**的水溶液了。将蔗糖水放在真空器里减压蒸发、浓缩、冷却，就有红棕色略带粘性的结晶析出，这就是**红糖**。想制造绵白糖，须将红糖溶于水，加入适量的骨炭或活性炭，将红糖水中的有色物质吸附，再过滤、加热、浓缩、冷却滤液，就得到了**绵白糖**。

砂糖是从甘蔗或甜菜中提取糖汁，经过滤、沉淀、蒸发、结晶、脱色和干燥等工艺而制成。为白色粒状晶体，纯度高，蔗糖含量在 99% 以上，按其晶粒大小又分粗砂、中砂和细砂。图中给出绵白糖和砂糖的扫描电子显微镜照片。

以绵白糖和砂糖为例，可以从①沉降性，②可湿性，③分散性，④溶解性等几个方面比较食品、调味品中的粉体的特性。

把这四个性质完全分离，使其各个都向好的方向改进是困难的。实际上粒子直径越小，溶解性越高。反之沉降性就会变坏。这四个性质应有一个合适的配合关系。

4.12.3 粉体技术用于缓释性药物

许多药物必须要在一日内服用多次。随着持效型药物的开发，若能将服药次数减少到每日一次，对于长期服药者来说将是莫大的福音。本来，不少药物都有毒性，为了尽量少或不产生副作用，对药量必须严格调整。例如，对于溶解性好、短时间内即可被吸收的药物来说，药在血液中的浓度急剧上升，副作用立即显现。因此，为了得到优良的治疗效果，必须使药物分子在必要的时间、仅以必要的量到达作用部位。这种具有药物放出量控制及空间的和时间的控制功能的药物系统被称为**药物送达系统**（drug delivery system，DDS）。

近年来，在胃中缓缓溶解，而在肠中全部溶解的药物，在到达目的场所之前基本上不溶的**缓释型**（controled drug）**药物**被陆续开发出来。首先，藉由造粒技术，在由结晶性纤维素等制作的核心粒子的外侧，包覆药剂层，进一步在其外侧涂敷非水溶性的缓释性膜。在水中（胃液）外敷膜不溶解而发生膨润，水浸透粒子中，使内部的药物部分溶解并缓慢放出。药物溶解向着内部徐徐进行，在大约 8h 内全部放出，最后只剩下核心粒子和敷膜。

最近，DDS 向着智能化方向进展，使药物选择性地作用于标的部位的**空间靶标型制剂**，以及响应刺激及随时间而作用的**时间靶标型制剂**都正在开发中。作为其母材，磁性粒子、受温度及 pH 等的刺激会产生膨胀收缩的刺激响应性聚合物粒子备受期待。进一步，如图所示的具有自动反馈功能的终极型 DDS 的开发也在进行之中。

4.12.4 粉体技术用于癌细胞分离

纳米级药物粒子可分为两类：**纳米载体系统**和**纳米晶体系统**。纳米载体系统是指通过某些物理化学方法制得的药物和聚合物共聚的载体系统，如纳米脂质体，聚合物纳米囊，纳米球等；纳米晶体系统则指通过纳米粉体技术将原料药物加工成纳米级别的粒子群，或称纳米粉，这实际上是微粉化技术的再发展。

纳米粒子是由高分子物质组成的骨架实体，药物可以溶解、包裹于其中或吸附在实体上。纳米粒子可分为骨架实体型的纳米球和膜 - 壳药库型的纳米囊。经典药物剂型（如片剂、软膏、注射剂）不能调整药物在体内的行为（即分布和消除），而药物与纳米囊（球）载体结合后，可隐藏药物的理化特性，因此其在体内的过程依赖于载体的理化特性。纳米囊（球）对肝、脾或骨髓等部位具有靶向性。这些特性在疑难病的治疗及新剂型的研究中得到广泛关注。

作为抗癌药的载体是其最有价值的用途之一。纳米囊（球）直径小于 100nm 时能够到达肝薄壁的细胞组织，能从肿瘤有隙漏的内皮组织血管中逸出而滞留肿瘤内，肿瘤的血管壁对纳米囊（球）有生物粘附性，如聚氰基丙烯酸烷酯纳米球易聚集在一些肿瘤内，提高药效，降低毒副作用。

图中所示即为利用抗原抗体的酵素免疫测定法（immunoassay）的应用，以及备受期待的将癌细胞变成磁性粒子进行分离的一例。由体内送出的骨髓液藉由只与癌细胞结合的抗体处理，则在磁性粒子的表面，就会附着只与这种抗体结合的抗原抗体，由于癌细胞与磁性粒子结合而被分离，只有正常的细胞返回体内。

而且，气相色谱、液相色谱分离用的充填粒子，就是那些对特定物质具有物理的（几何学的）、化学的吸脱功能的凝胶粒子。例如，凝胶色谱分离如图所示，就是将那些不能进入多孔粒子空隙的巨大分子，藉由粒子间的通道被快速排除。

此外，在遗传操作领域，也有许多功能性微粒子（特别是磁性胶乳）正在使用。

本节重点

（1）婴儿爽身粉的主要成分是什么？为什么贴在婴儿身体上有滑爽之感？
（2）请解释缓解性药物的结构及作用原理。
（3）将癌细胞变成磁性粒子，用磁铁即可将其分离。

生活中常用的粉体的电子显微镜照片
10μm
婴儿爽身粉
主成分是粘土矿物的滑石，由于片状的粒子形状，贴在婴儿身体上有滑爽之感
100μm
山慈姑淀粉
现在所谓的慈姑淀粉并非山慈姑根茎淀粉，一般多采用马铃薯淀粉
500μm
食盐
反映 NaCl 的立方晶系晶体结构，因此粉体颗粒呈魔方形状
10μm
防晒霜
防晒霜中混入大量超微粒子 TiO_2，后者起防紫外线的作用
粉
名词解释
沸石（geolite）：晶态无机多孔材料，其中均匀的分子级的细孔呈规则取向排列。广泛用于触媒、吸附剂、离子交换等各种不同领域。
1

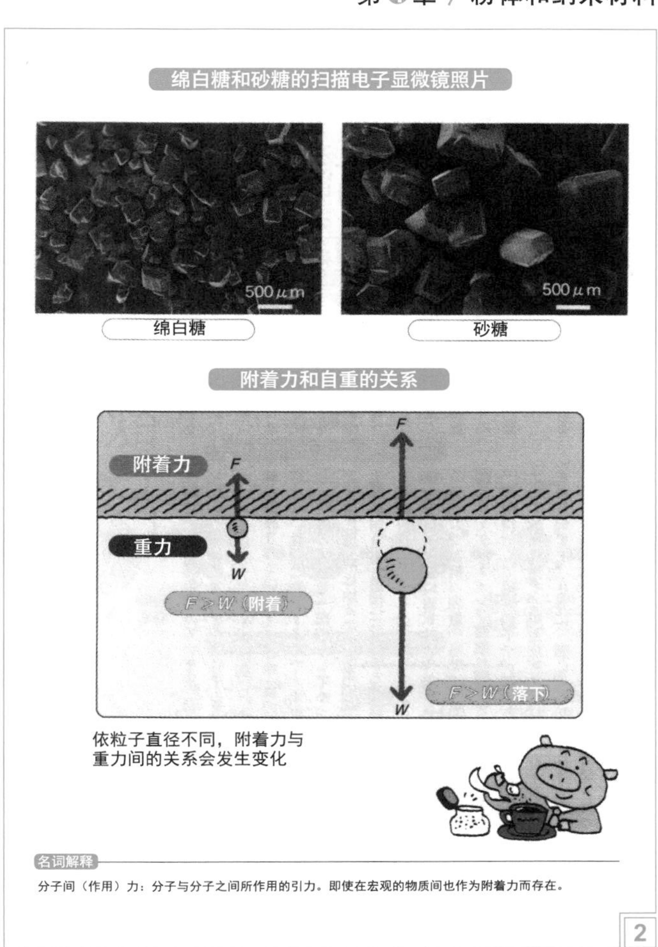
绵白糖和砂糖的扫描电子显微镜照片
500μm
绵白糖
500μm
砂糖
附着力和自重的关系
附着力
F
重力
W
F>W（附着）
F>W（落下）
依粒子直径不同，附着力与重力间的关系会发生变化
名词解释
分子间（作用）力：分子与分子之间所作用的引力。即使在宏观的物质间也作为附着力而存在。
2

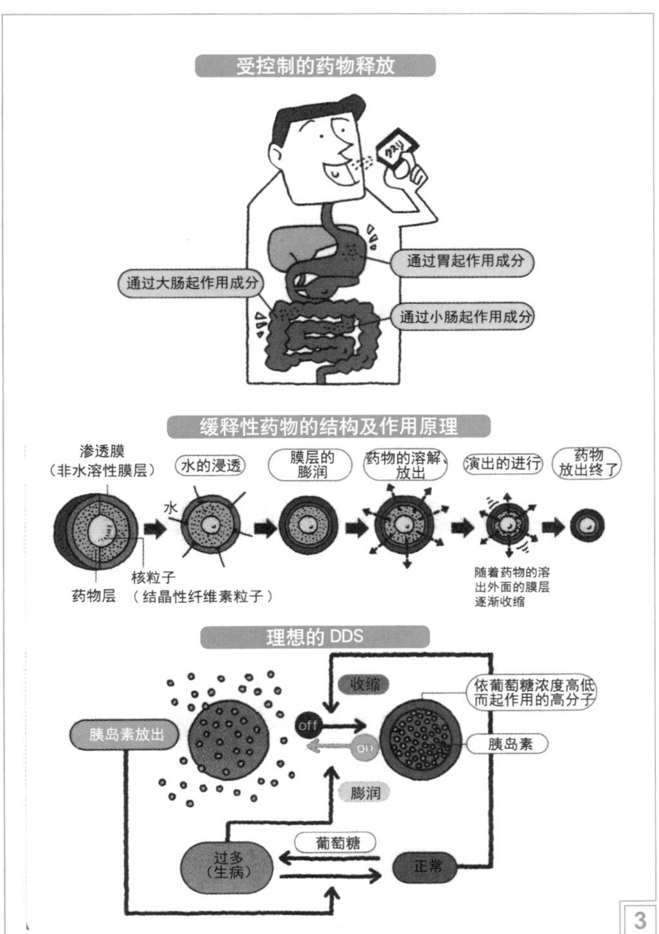
受控制的药物释放
通过大肠起作用成分
通过胃起作用成分
通过小肠起作用成分
缓释性药物的结构及作用原理
渗透膜（非水溶性膜层）
水的浸透
膜层的膨润
药物的溶解、放出
演出的进行
药物放出终了
水
核粒子
药物层（结晶性纤维素粒子）
随着药物的溶出外面的膜层逐渐收缩
理想的 DDS
收缩
依葡萄糖浓度高低而起作用的高分子
胰岛素放出
off
on
胰岛素
膨润
葡萄糖
过多（生病）
正常
3

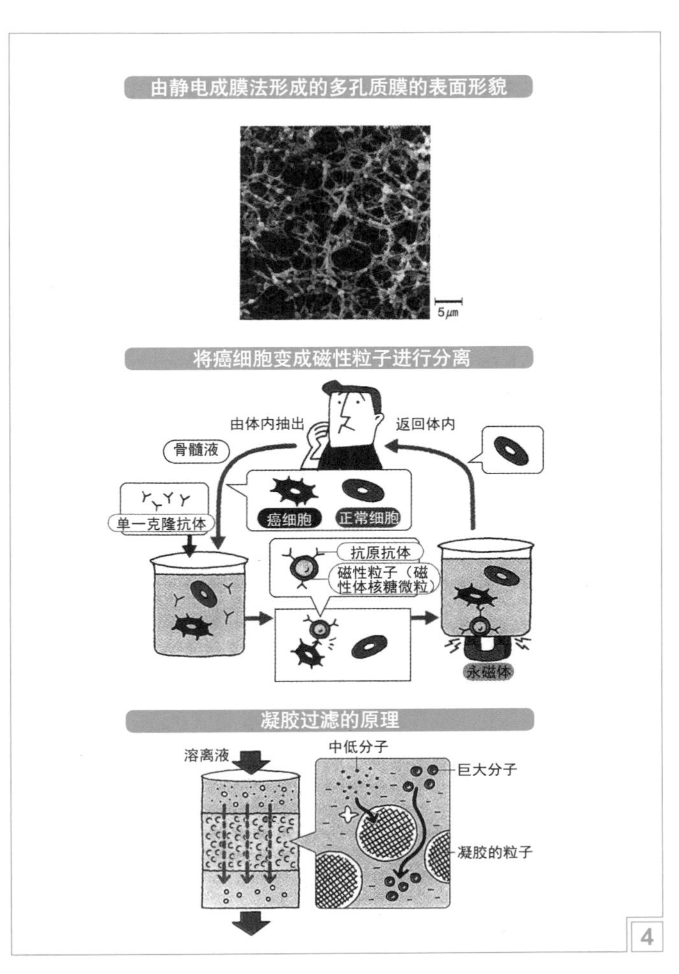
由静电成膜法形成的多孔质膜的表面形貌
5μm
将癌细胞变成磁性粒子进行分离
由体内抽出
返回体内
骨髓液
癌细胞
正常细胞
单一克隆抗体
抗原抗体
磁性粒子（磁性体核糖微粒）
永磁体
凝胶过滤的原理
溶离液
中低分子
巨大分子
凝胶的粒子
4

4.13 工业应用的粉体材料

4.13.1 粉体粒子的附着现象

所谓附着现象是指粉体粒子与容器壁（通常是固体）相接触，分子接近到一定程度时因相互吸引，从而产生的一种粉体粒子发生聚集，附着在容器壁表面形成附着层的现象。

粉体之所以区别于一般固体而呈独立物态，一方面是因为它是细化了的固体；另一方面，在接触点上它与其他粒子间有相互作用力存在，从日常现象可以观察到这种引力或结合力。如吸附于固体表面的颗粒，只要有一个很小的力就可使它们分开，但这种现象会反复出现。这表明二者之间存在着使之结合得并不牢的外力。此外，颗粒之间也会相互附着而形成团聚体

在颗粒间无夹杂物时，粉体粒子的附着受到**范德瓦尔斯力**、**静电力**和**磁场力**的影响。由于粉体是小于一定粒径的颗粒集合，不能忽视分子间作用力，其主要包括三方面，即**取向作用**、**诱导作用**和**色散作用**。干燥颗粒表面带电，产生静电力。

假设填充结构相似，当粒子无附着现象时，那么填充在容器中的粒子**松装密度**与粒子的大小无关，都是相同的。而当粒子有附着现象时，粒子直径越小，由于粒子附着的影响，则松装密度越低。

4.13.2 古人用沙子制作的防盗墓机构

在底部用纸塞住的圆筒容器中，放入5cm左右高的颗粒状的砂糖，从上部用活塞压，发现用很大的力压，纸也不破坏；储存谷物和水泥的仓筒中也出现同样的现象，在几十米深的粉体层的底部，只出现与深度无关的一定的压力。

这是因为由活塞所加的力，或者粉体层自重，同与仓筒壁面的摩擦力相平衡所致。

在直径5m、高50m的仓筒中，完全注满水的情况，水压与深度成正比增加，在仓筒底部，会发生大约5个大气压的水压。而在放入小麦粉的情况下，若采用一般的摩擦系数及松装密度，底部仅产生1.2大气压的压力。

智慧卓越的古代人发明了一种用沙子制作的防盗墓机构，利用了上方产生的力不会逐层下传到粉体层的下方这一原理。

例如埃及金字塔中用沙子设置的防盗墓机构，支撑天井石的立柱的载荷由下方的沙子层承担，一旦陶瓷制的托被破坏（下滑石使然），沙子层流出，立柱下落，巨石落下，会完全堵塞通路，使得盗墓贼有去无回。

另外，中国古代有积沙墓，又称积砂墓，是为防盗而采用沙土填充墓穴的一种墓葬形制，有时还会在沙土中填入石块，构成积石积沙墓。积沙墓的构筑方式一般是在椁室两侧和邻近两墓道处，以巨石砌墙，墙内填充大量的细沙，最后再填土夯实。如果被盗，最下面的墓砖一旦打碎，沙子就会流进墓室，当沙子逐渐流空之后，架在沙子上面的石头便砸向墓室的顶部，从而将盗贼压在墓室中，起到防盗的作用。

积沙墓流行于战国至西汉早期，当时的贵族墓葬多积石以加固、积炭以防潮、积沙以防盗。河南省辉县的战国魏王墓、上蔡县的郭庄楚墓都是积沙墓。

4.13.3 液晶显示屏中的隔离子

液晶显示器（liquid crystal display，LCD），主要由背光源、前后偏振片、前后玻璃基板、封接边及液晶等几大部件构成。由于它显示质量高，没有电磁辐射，可视面积大，画面效果好，功率消耗小，因而正被广泛地应用于我们的日常生活中，手机、电脑、电视等几乎都用的是液晶显示器。

在液晶显示屏中，前后玻璃基板间被液晶充满的区域里要放置隔离子，又称间隔剂，间隔体。**隔离子的作用是保持前后玻璃基板的间距，即液晶层的厚度一致**。隔离子一般由聚苯乙烯（或二氧化硅）制作，对其基本要求是尺寸要一致。

隔离子多为圆球形，粒径一般在3~7μm，具有弹性的组织。它均匀喷撒在基板上，以获得均匀的液晶厚度，作用类似于大房间中的梁柱。间隔剂分散的密度较高时可以得到较均匀的液晶盒厚度；反之，间隔剂分散度大时则无法保证均匀的液晶层厚度，从而影响显示质量。因此适量均匀的间隔剂洒布非常重要。

目前以洒式散布法较容易控制密度。要先洒上间隔剂，固上框胶后才可以进行彩色滤光片（CF，color filter）基板及薄膜晶体管（TFT，thin film transistor）基板的封装组合，以得到均匀的面板间距。

4.13.4 CMP用研磨剂

CMP（chemical-mechanical polishing），即化**学机械抛光**，又称**化学机械平坦化**（chemical-mechanical planarization），是半导体器件制造工艺中的一种技术，用来对正在加工中的硅片或其他衬底材料进行平坦化处理。

该技术于20世纪90年代前期开始被引入半导体硅晶圆工序，从氧化膜等层间绝缘膜开始，推广到聚合硅电极、导通用的钨插塞（W-plug）、STI（元件隔离），而在与器件的高性能化同时引进的铜布线工艺技术方面，现在已经成为关键技术之一。虽然目前有多种平坦化技术，同时很多更为先进的平坦化技术也在研究当中崭露头角，但是化学机械抛光已经被证明是目前最佳也是唯一能够实现全局平坦化的技术。

在化学机械抛光中，需要使用的一种重要材料即为CMP用研磨剂。它是在利用化学机械抛光技术对半导体材料进行加工过程中所使用的一种研磨液体，由于研磨剂是CMP的关键要素之一，它的性能直接影响抛光后表面的质量，因此它也成为半导体制造中的重要的、必不缺少的辅助材料。

CMP用研磨剂的组成一般包括超细固体粒子研磨剂（如纳米SiO_2、CeO_2、Al_2O_3粒子等）、表面活性剂、稳定剂、氧化剂等。固体粒子提供研磨作用，化学氧化剂提供腐蚀溶解作用，由于SiO_2粒子去除率最高，得到的表面质量最好，因此在硅片抛光加工中主要采用SiO_2研磨剂。

CMP用研磨剂作为半导体工艺中的辅助材料，在抛光片和分立器件制造过程的抛光过程中被大量使用。因此，研磨剂主要应用于半导体行业（抛光片和分立器件）、集成电路行业和电子信息产业。

本节重点

（1）古埃及人用沙子制作防盗墓机构。
（2）TFT LCD电视液晶屏中的隔离子起什么作用，隔离子一般是由何种材料制作的？
（3）何谓CMP，请说明CMP在LSI制作中金属布线平坦化方面的应用。

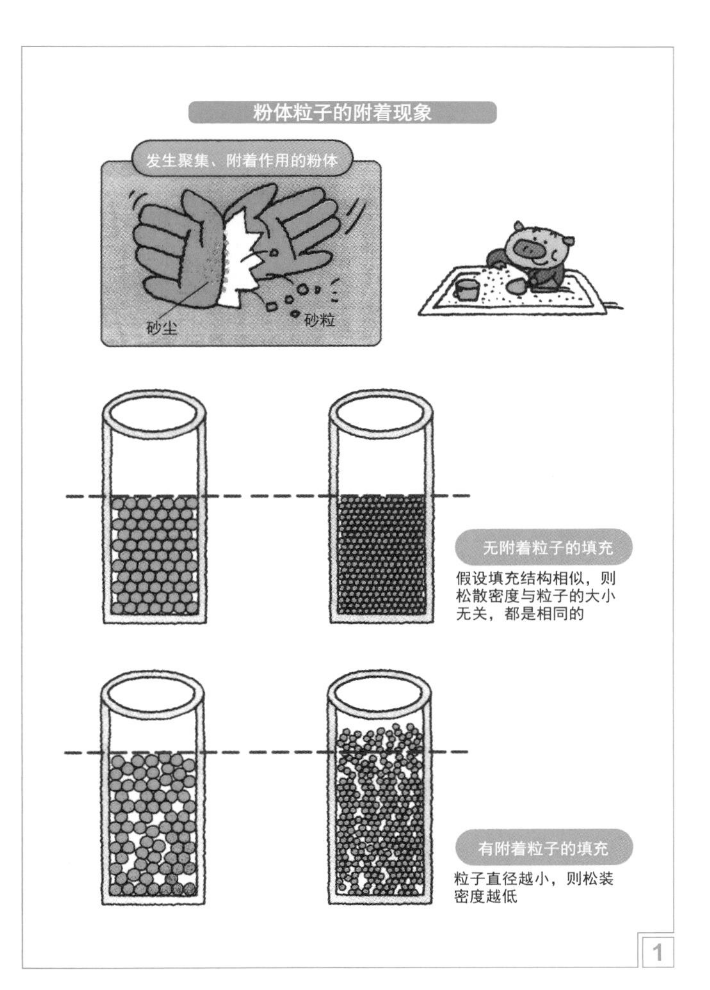
粉体粒子的附着现象
发生聚集、附着作用的粉体
砂尘
砂粒
无附着粒子的填充
假设填充结构相似，则松散密度与粒子的大小无关，都是相同的
有附着粒子的填充
粒子直径越小，则松装密度越低
1

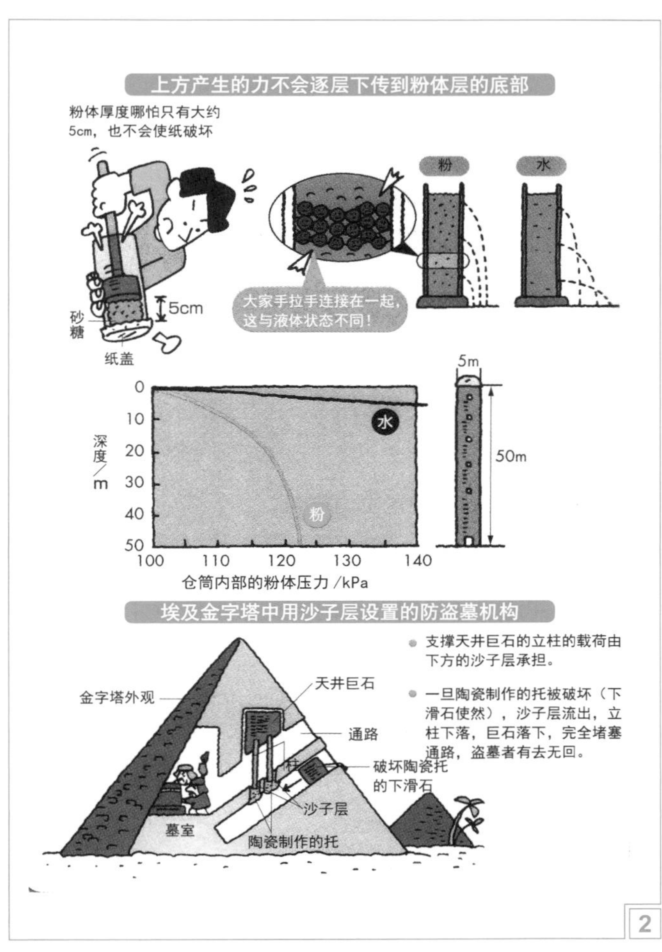
上方产生的力不会逐层下传到粉体层的底部
粉体厚度哪怕只有大约5cm，也不会使纸破坏
砂糖
5cm
纸盖
大家手拉手连接在一起，这与液体状态不同！
粉
水
深度/m
0
10
20
30
40
50
100
110
120
130
140
仓筒内部的粉体压力 /kPa
5m
50m
埃及金字塔中用沙子层设置的防盗墓机构
支撑天井巨石的立柱的载荷由下方的沙子层承担。
一旦陶瓷制作的托被破坏（下滑石使然），沙子层流出，立柱下落，巨石落下，完全堵塞通路，盗墓者有去无回。
金字塔外观
天井巨石
通路
破坏陶瓷托的下滑石
沙子层
墓室
陶瓷制作的托
2

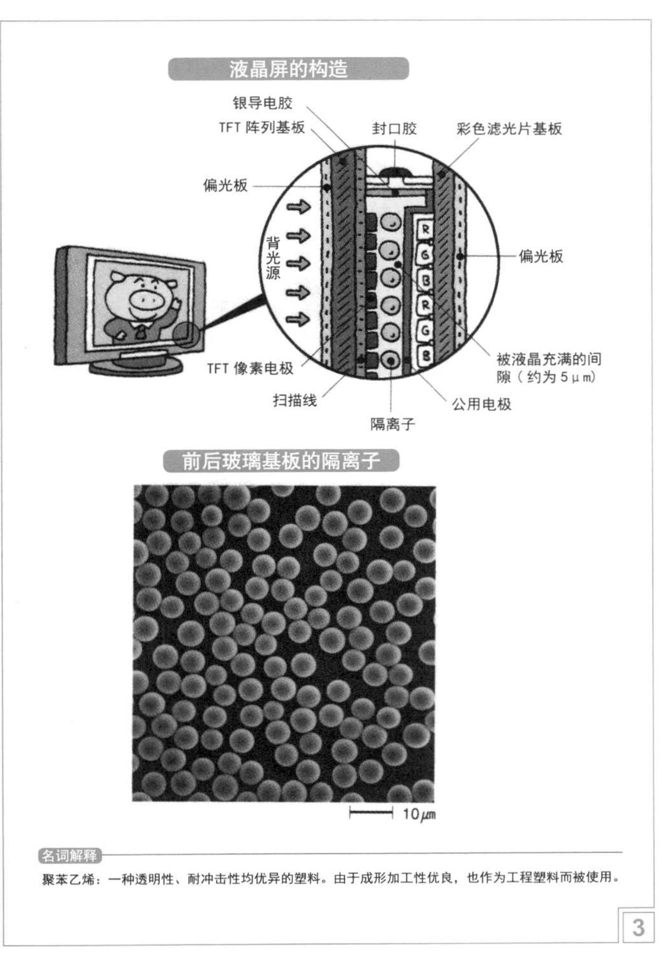
液晶屏的构造
银导电胶
TFT 阵列基板
封口胶
彩色滤光片基板
偏光板
背光源
偏光板
TFT 像素电极
扫描线
隔离子
公用电极
被液晶充满的间隙（约为 5μm）
前后玻璃基板的隔离子
10μm
3

名词解释

聚苯乙烯：一种透明性、耐冲击性均优异的塑料。由于成形加工性优良，也作为工程塑料而被使用。

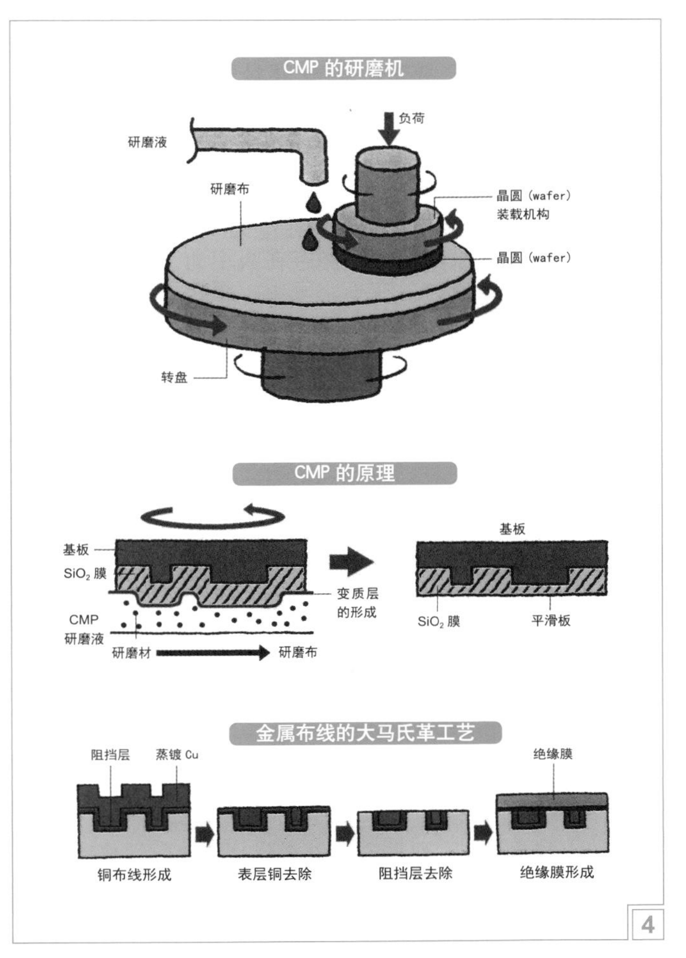
CMP 的研磨机
负荷
研磨液
研磨布
晶圆（wafer）装载机构
晶圆（wafer）
转盘
CMP 的原理
基板
SiO₂ 膜
CMP 研磨液
研磨材
研磨布
变质层的形成
基板
SiO₂ 膜
平滑板
金属布线的大马氏革工艺
阻挡层
蒸镀 Cu
绝缘膜
铜布线形成
表层铜去除
阻挡层去除
绝缘膜形成
4

4.14 粉体精细化技术——粒度精细化及粒子形状的改善

4.14.1 粉体的喷雾干燥

图中给出小麦粒的断面结构及防紫外线（UV）化妆品的原理。

无论是由小麦粒制成强力粉、中力粉、薄力粉，由原奶制成全脂奶粉、脱脂奶粉、配方奶粉，还是由 TiO_2 粉体制成防晒霜，都需要对粉体进行复杂的精细化处理。

在人类生产和生活中，经常需要从某一种物体中除去湿分的情况，这种物体可以是固态，也可以是液态或气态。在大多数情况下物体所含的湿分是水分，也可以是其他的成分，如无机酸、有机溶剂等。除去物体中湿分的过程被称为“去湿”。通常，把采用热物理方法去湿的过程称为“干燥”，即采用加热、降湿、减压或其他能量传递的方式使物料的湿分产生挥发、冷凝、升华等相变过程，以达到与物体分离或去湿的目的。

喷雾干燥是工业生产中普遍采用的干燥技术之一，是指用喷雾的方法，使物料成为雾滴分散在热空气中，物料与热空气呈并流、逆流或混流的方式互相接触，使水分迅速蒸发，达到干燥目的。喷雾干燥器是处理溶液、悬浮液或泥浆状物料的干燥设备。按雾化方式，可将喷雾干燥分为转盘式、压力式、气流式等三种形式。

喷雾干燥在工业生产中广泛应用于陶瓷及矿粉、橡胶及塑胶、无机及有机化工产品、食品和药品的干燥过程等方面。

4.14.2 粉体颗粒附着、凝聚、固结的分类

（1）固结性粉体　在粒化机中喷撒液态粘合剂后，粉颗粒表面附着水分，并在相邻颗粒间形成如弯月面的液体拱桥，形成粒化核。由于碰撞作用，许多粒化核粘合成为更大的凝聚体。当水分供给停止后，液体在颗粒间隙中的毛细作用加强，产生负压将颗粒拉得更紧。最后颗粒表面水分被外层干粉吸收，形成球化整粒，再经干燥处理后固结成形，成为粒化料。另外，固桥对固结也起到重要作用。

（2）湿润粉体　在悬浮固体颗粒的液体中加入与之不互溶的第二液体，第二液体应具备能使颗粒表面湿润的性质。在一定的搅拌条件下，颗粒间形成液桥，凝聚成造粒体。

（3）微粉　一般而言，颗粒在空气中具有强烈的团聚倾向，团聚的基本原因是颗粒间存在吸引力。颗粒间无处不存在着范德瓦尔斯力，在干空气中，颗粒主要靠范德瓦尔斯力团聚在一起。

（4）带电粉体　在干空气中大多数颗粒都是自然荷电的，当颗粒表面带有符号相反电荷时，颗粒间存在的静电吸引力使颗粒附着在一起，在加热和外力的作用下，凝聚体固结，形成粒化料。

4.14.3 利用界面反应生成球形粒子的机制

1943 年，Schulman 等通过在乳状液中滴加醇，首次制得了通明或半透明、均匀并长期稳定的微乳液。1982 年，Boutnonet 等首先在 W/O 型微乳液的水核中制备出 Pt，Pd，Rh 等金属团簇颗粒，开拓了一种新的纳米材料的制备方法——微乳液法。

界面反应又称**微乳液法**，微乳液是由油（通常为碳氢化合物）、水、表面活性剂组成的透明的、各相同性的、低粘度的热力学稳定系统。微乳液法是利用液滴中的化学反应生成固体来得到所需粉体的。可以通过液体中水体积及各种反应物浓度来控制成核、生长，以获得各种粒径的单分散纳米颗粒。

制备过程：取一定量的金属盐溶液，在表面活性剂如十二烷基苯磺酸钠或硬脂酸钠的存在下加入有机溶剂，形成微乳液。再通过加入沉淀剂或其他反应试剂生成微粒相，分散于有机相中。除去其中的水分即得到化合物微粒的有机溶胶，再加热一定温度以除去表面活性剂，则可制得超细颗粒。

使用该法制备粉体时，影响超细颗粒制备的因素主要有以下几点。

（1）微乳液组成：微乳体系对反应有关试剂的增溶能力大，可期望获得较高收率。此外，构成微乳体系的组分，应不与试剂发生反应，也不应抑制所选定的化学反应。

（2）反应物浓度：适当调节反应物浓度，可控制颗粒粒径。当反应物之一过剩时，成核过程较快，生成的超细颗粒粒径也就偏小。

（3）微乳液滴界面膜：制备粉体时应选择合适的表面活性剂，以保证形成的反应束或微乳液颗粒在反应过程中不发生进一步聚集，成膜性能要适合，对生成的颗粒起稳定和保护作用，防止颗粒的进一步生长。

4.14.4 复合粒子的分类及其制作

最近，不仅仅是为了便于饮下，而且赋予造粒粒子各种功能的药剂也得到成功开发。例如，对于老人和儿童来说，锭剂往往卡在喉头而难于服下，现在已开发出解决这一难题的锭剂。称其为在口腔内迅速破碎，或在口腔内迅速溶解型制剂。这种锭剂在进入口腔后，在唾液的作用下瞬时破碎，便与唾液一起被容易服下。还有做成点心那样的锭剂，不用水也可以服下，对于忙于工作的人来说，十分方便。

制剂法无论是采用将药物与糖类的悬浊液充入凹型容器进行冷冻干燥，还是采用方砂糖的制法，方法很多，但无论哪种都要赋予其非常高的多孔性，以便更好地吸收唾液（水）。此外，所谓**时限放出型颗粒剂**，例如“夜饮朝效”具有定时功能的颗粒剂等各种功能的制剂，均由造粒技术成功开发出。

近年来，颗粒的功能化和复合化是粉体技术研究的热点，功能化的最好手段是**通过复合化促进其功能化**。带糖衣的药片就是一种复合粒子。糖衣的作用是使苦口的良药便于下咽。所谓复合粒子，就是一个一个进行这种操作的粒子。复合粒子依制作方法和结构的不同可分为几种不同的类型。

复合粒子的分类如右表，可分为四种不同类型：①表面包覆型，如同带糖衣的药片那样，芯粒子的表面被第二成分所包覆；②包埋型，芯粒子分散于第二成分的内部；③粒子混合型，芯粒子与第二成分以相同的尺寸，若干个集合在一起形成一个粒子；④分子混合型，由分子量级的混合实现复合化的粒子。

本节重点

（1）结合图 1 试说明防紫外线化妆品的防晒原理。
（2）试说明利用界面反应法生成球形粒子的机制。
（3）复合粒子包括哪几种类型，请举例说明。

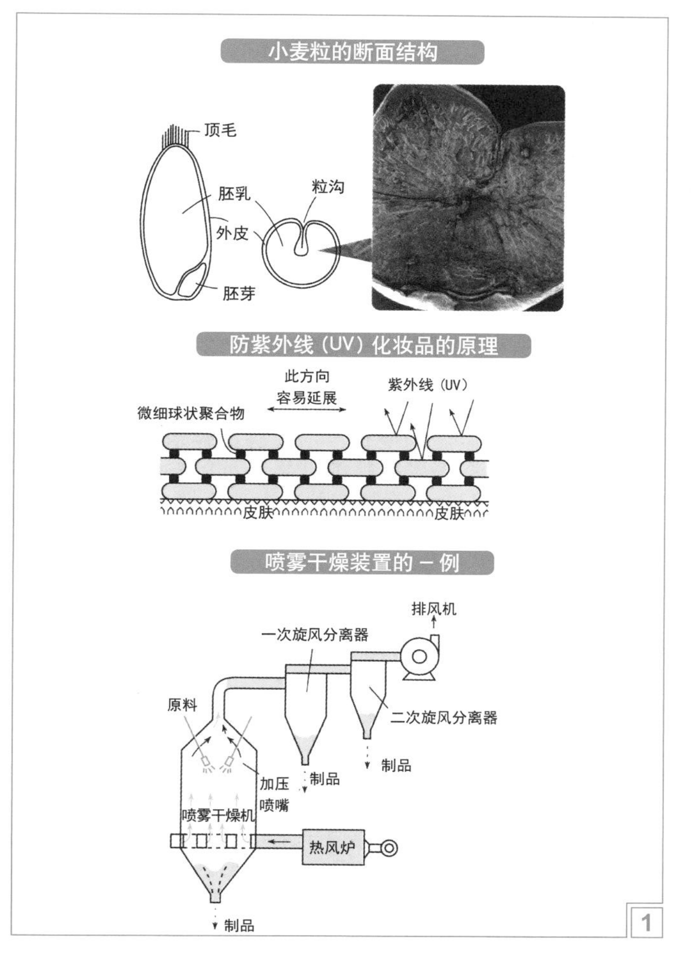

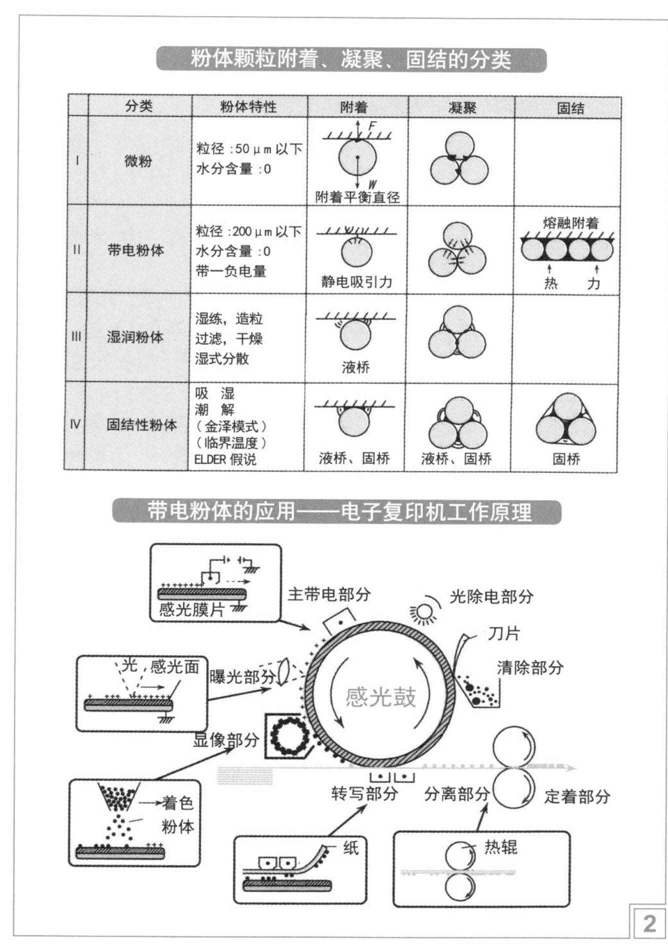
粉体颗粒附着、凝聚、固结的分类

	分类	粉体特性	附着	凝聚	固结
Ⅰ	微粉	粒径：50μm以下 水分含量：0	附着平衡直径		
Ⅱ	带电粉体	粒径：200μm以下 水分含量：0 带一负电量	静电吸引力		熔融附着 热　力
Ⅲ	湿润粉体	湿练，造粒 过滤，干燥 湿式分散	液桥		
Ⅳ	固结性粉体	吸　湿 潮　解 （金泽模式） （临界温度） ELDER假说	液桥、固桥	液桥、固桥	固桥

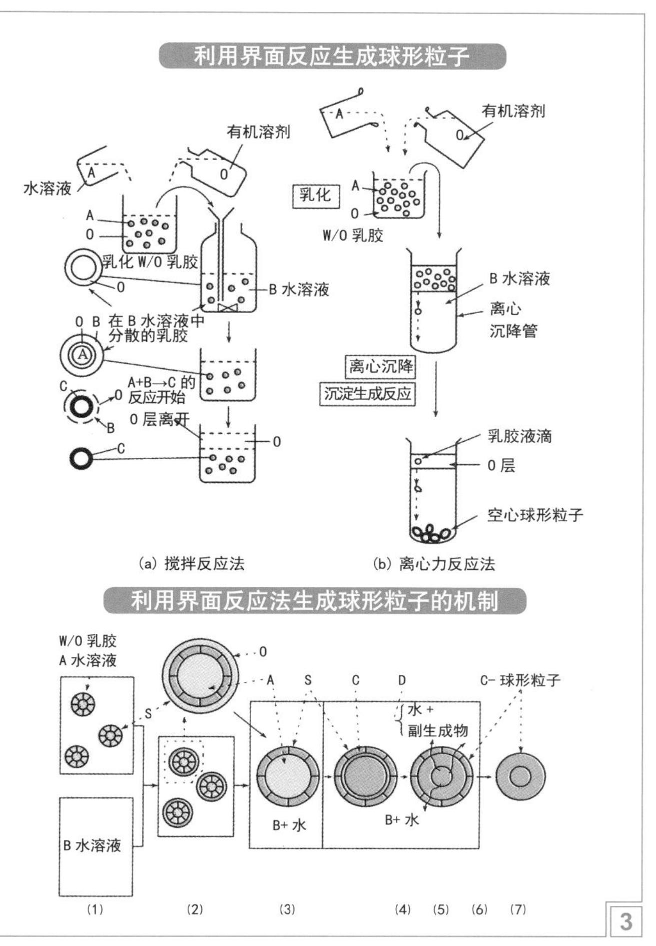

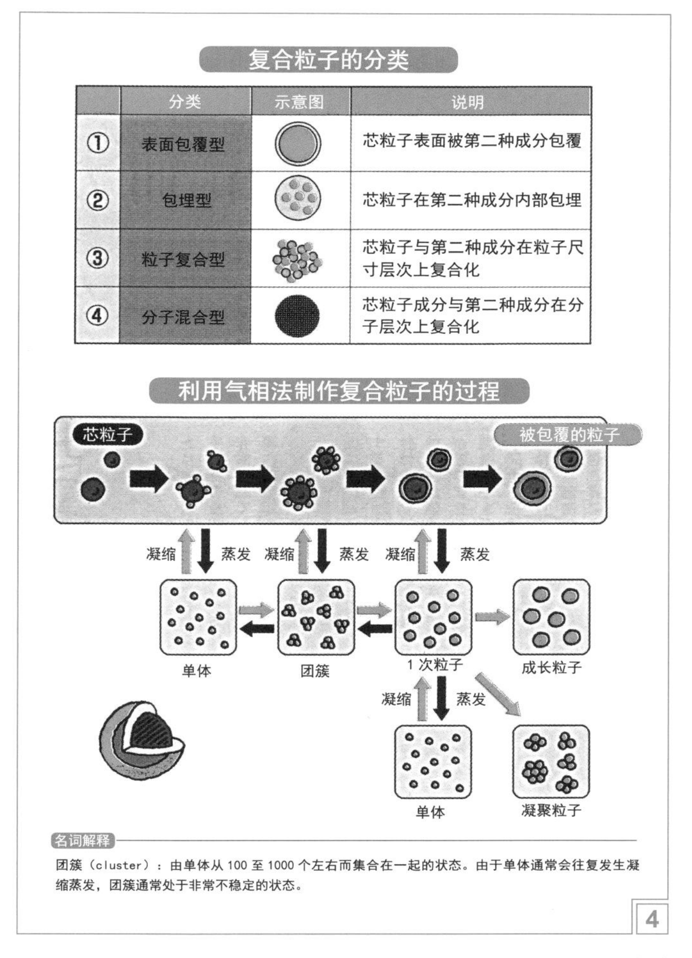
复合粒子的分类

	分类	示意图	说明
①	表面包覆型		芯粒子表面被第二种成分包覆
②	包埋型		芯粒子在第二种成分内部包埋
③	粒子复合型		芯粒子与第二种成分在粒子尺寸层次上复合化
④	分子混合型		芯粒子成分与第二种成分在分子层次上复合化

名词解释

团簇（cluster）：由单体从100至1000个左右而集合在一起的状态。由于单体通常会往复发生凝缩蒸发，团簇通常处于非常不稳定的状态。

4.15 纳米材料与纳米技术

4.15.1 纳米材料与纳米技术的概念

纳米是英文 nanometer 的译音，是一个物理学上的度量单位，简写是 nm（1nm=10^{-9}m）。1nm 是 1m 的十亿分之一，相当于 4、5 个原子排列起来的长度。通俗一点说，相当于万分之一头发丝粗细。就像毫米、微米一样，纳米是一个尺度概念，并没有物理内涵。

但是，无论材料还是技术，一旦尺度进入纳米层次，就会产生许多新的效应，因此也便赋予全新的涵义。纳米材料是指，在三维空间中至少有一维处于纳米尺度范围（1~100nm）或由它们作为基本单元而构成的材料。其中，一维纳米材料为纳米线，二维纳米材料为纳米薄膜，三维纳米材料为纳米粉体。纳米尺度范围定义为 1~100nm，大约相当于 10~1000 个原子紧密排列在一起的尺度。与纳米材料相对应，涉及纳米尺度的各种技术统称为纳米技术。

4.15.2 为什么“纳米”范围定义为 1 ～ 100nm

“无论什么东西，一旦微缩到 100nm 以下就会呈现全新的特性，世间万物皆如此。”美国西北大学化学（兼材料学、工程学、医学、生物工程、化学和生物工程）教授查德·米尔金说。这就使得纳米粒子成为未来材料。与较大的粒子相比，它们有着奇特的化学和物理特性。纳米粒子的关键在于其尺寸。

纳米物质的尺寸使原子之间和它们的组分之间发生独特的相互作用，这种相互作用有好几种方式。就非生物纳米粒子来说，不妨拿保龄球打比方，绝大多数原子都在球内，有限的原子在球的表面与空气和木质球道接触。

米尔金解释，球内的原子互相之间发生作用，而球面的原子是与其他不同原子相互作用。现在把这个球缩小到分子大小。“缩得越小，球面原子与球内原子的比率就越高，当球体较大时，表面的原子相对而言微不足道。但是到了纳米尺寸，颗粒可能会几乎全是表面，那些原子就会对材料的总体特性产生重大影响。”。

这种相互作用也存在于电子器件中，使石墨烯和量子点等材料可用于制造微型计算机和通信设备。纳米材料给了电子一个更小的活动区域。

米尔金表示：“把东西变小无所谓好坏，归根结底的问题在于，这些东西有什么用途。”

由于纳米材料具有尺寸小、比表面积大、表面能高、表面原子所占比例大等特点，其应用一般都与下述效应相关：①小尺寸效应，②表面效应，③量子尺寸效应和宏观量子隧道效应。

4.15.3 纳米材料的应用

有人把纳米称为“工业味精”，因为把它“撒入”许多传统老产品，会使之“旧貌换新颜”；砧板、抹布、瓷砖、地铁磁卡，在这些挺爱干净的小东西上一旦加入纳米微粒，可以除味杀菌；用“拌入”纳米微粒的水泥、混凝土建成楼房，可以吸收降解汽车尾气，城市的钢筋水泥从此能和森林一样“深呼吸”；在合成纤维树脂中“添加”纳米 SiO_2、纳米 ZnO、纳米 TiO_2 复合粉体材料，经抽丝、织布，可制得满足国防工业要求的抗紫外线辐射的功能纤维；将纳米 TiO_2 粉体按一定比例“加入”到化妆品中，可以有效遮蔽紫外线；将金属纳米粒子“掺杂”到化纤制品或纸张中，可以大大降低静电作用；利用纳米微粒构成的海绵体状的轻烧结体，可用于气体同位素、混合稀有气体及有机化合物等的分离和浓缩。

此外，利用某些纳米微粒的比表面积大，从而使反应更彻底的特性，可制造更高效的太阳能电池、热电发电器和超级电容。研究发现，生物体的骨骼、牙齿和肌腱等都存在着纳米结构，利用这一性质，人们发明纳米生物骨材料用于临床治疗。纳米材料由于具有量子尺寸效应、宏观量子隧道效应以及界面效应等作用，使其在光、电、磁等物理性质方面发生质的变化，不仅磁损耗增大，而且兼具吸波、透波、偏振等多种功能，并且可以与结构复合材料或结构吸波材料复合，使其在解决电磁污染方面大显身手，它也用于军事隐形飞机，帮助完成侦查任务。

4.15.4 碳纳米管的性质和主要用途

碳纳米管（CNT）是由单层或多层石墨烯片卷曲而成的空心纳米级管，具有高强度、高韧性和高弹性模量。其直径一般在一个纳米到几十个纳米之间，长度则远大于其直径（可达毫米、厘米级）。碳纳米管作为一维纳米材料，重量轻，六边形结构完美，具有许多异常的力学、电学和化学性能。近些年随着碳纳米管及纳米材料研究的深入，其应用前景也变得广阔。

细而强：碳纳米管中碳原子采用 sp^2 杂化，s 轨道成分比较大，使碳纳米管具有高模量，其强度是铁强度的约 300 倍，但相对密度仅为铁的 1/6。它是最强的纤维，如果用碳纳米管做成绳索，是迄今唯一可从月球挂到地球表面而不会被自身重量拉断的绳索，它轻而柔软，结实，可制作防弹背心。

依构造不同可形成半导体：作为终极半导体，应用于超级计算机。美国马里兰大学（位于美国马里兰州 College Park）的研究人员发现半导体碳纳米管的电子迁移率比其他半导体材料高 25%，比硅高 70%。这些发现有望促使碳纳米管在从计算机芯片到生化传感器的各类应用中取代传统半导体材料。

优良的导电能力：CNT 导电性能良好，在低电压下便可发射电子，有望在电视等电子显示器中成功应用。CNT 的导电性与其直径和螺旋角有关，即可表现为半导体性，又可表现为金属性，金属性的碳纳米管可以作为纳米导线，而半导体性的 CNT 可以作为场效应晶体管的导电沟道。添加到塑料中也可做成导电塑料。

优良的吸附气体能力：混以铜粉后表现出高效吸附氢的性能，作为吸氢材料，应用于氢燃料电池汽车。

优良的导热能力：有非常大的长径比，大量热是沿着长度方向传递的，通过合适的取向，碳纳米管可以合成各向异性的热传导材料。其热导体性能优良，用作 IC，LED 的散热板。

本节重点

（1）举出粒子复合化的几种工艺。
（2）为什么将纳米颗粒的尺寸范围定义为 1 ～ 100nm？
（3）碳纳米管（CNT）有哪些特殊的性能和潜在用途。

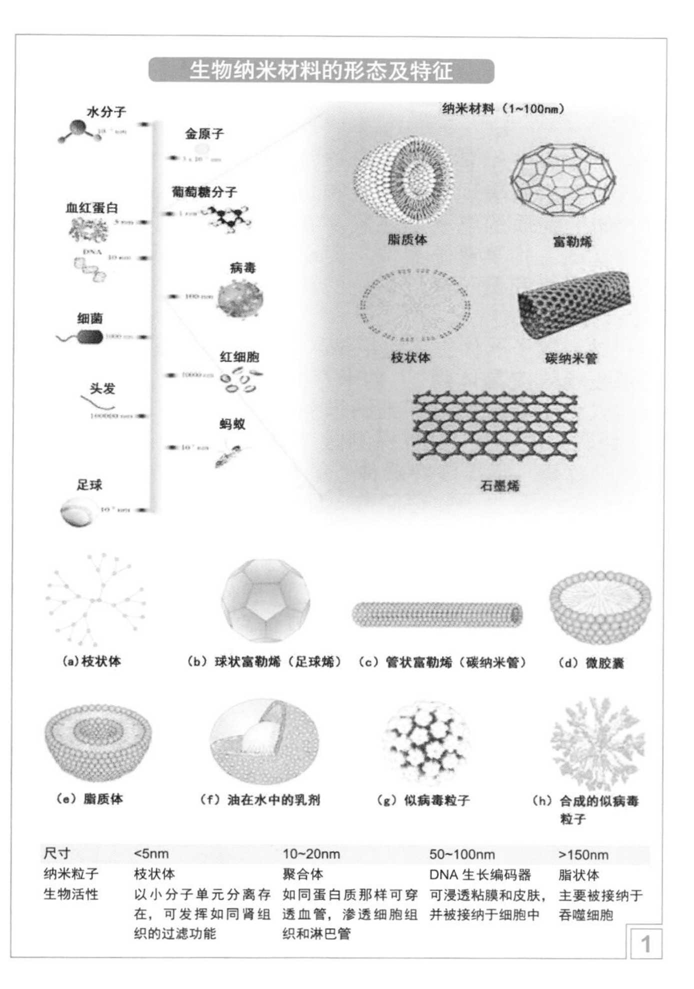

尺寸	<5nm	10~20nm	50~100nm	>150nm
纳米粒子	枝状体	聚合体	DNA 生长编码器	脂状体
生物活性	以小分子单元分离存在，可发挥如同肾组织的过滤功能	如同蛋白质那样可穿透血管，渗透细胞组织和淋巴管	可浸透粘膜和皮肤，并被接纳于细胞中	主要被接纳于吞噬细胞

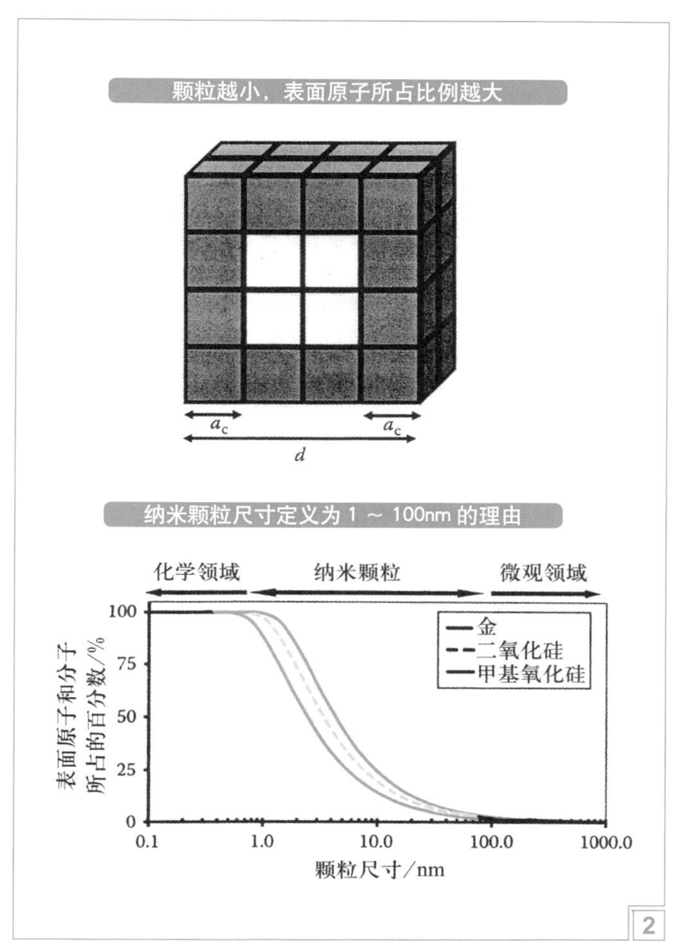

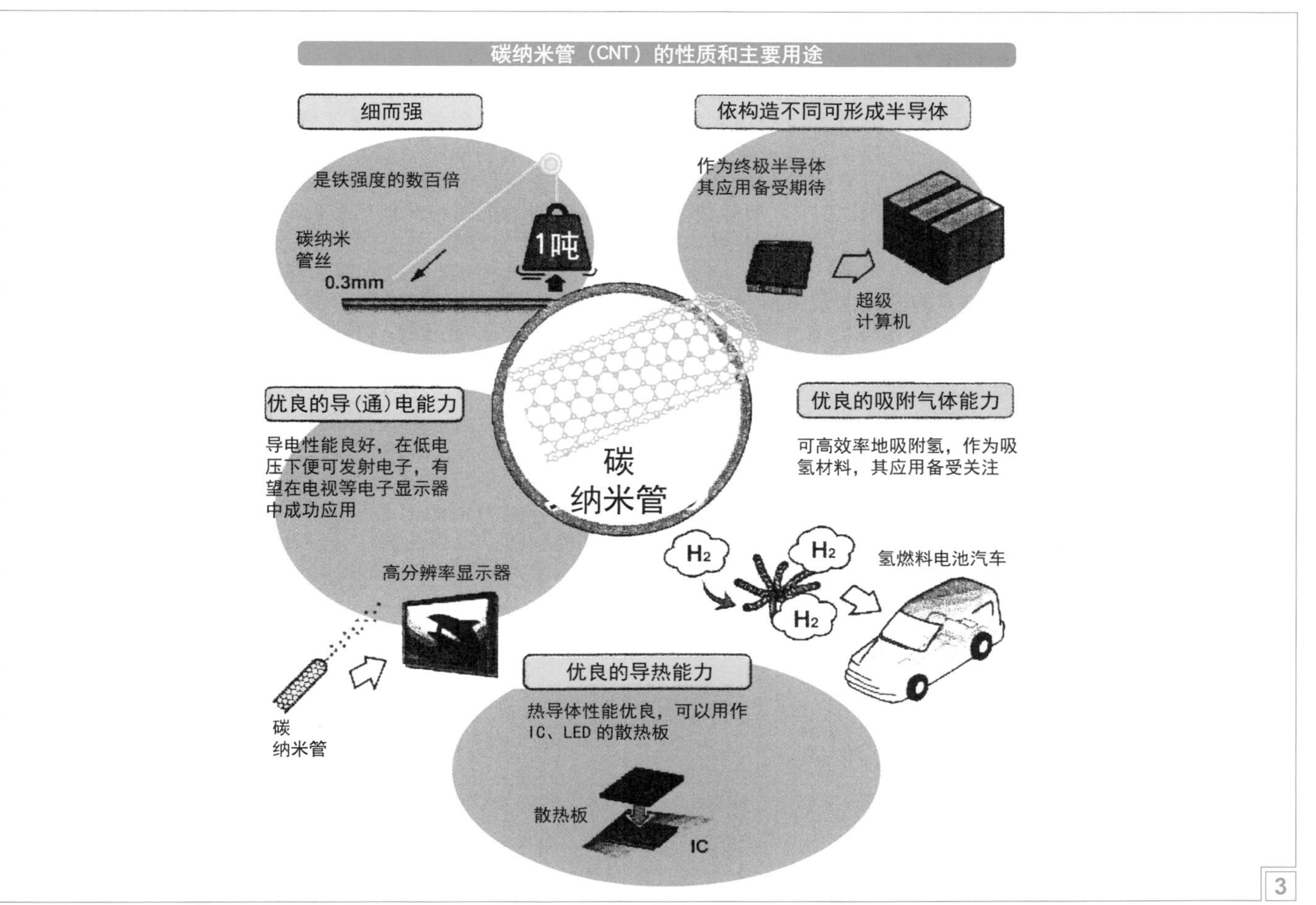

4.16 包罗万象的纳米领域

4.16.1 纳米效应及纳米新材料

纳米材料是指在纳米量级（1~100nm）内调控物质结构制成具有特异功能的新材料，其三维尺寸中至少有一维小于100nm，且性质不同于一般块体材料。纳米材料具有尺寸小、比表面积大、表面能高及表面原子比例大等特点，因此纳米材料表现出新型特性：①小尺寸效应，②量子尺寸效应，③宏观量子隧道效应，④表面效应，⑤介电限域效应、表面缺陷、量子隧穿等其他特性。

纳米材料按化学组分可分为纳米金属材料、纳米陶瓷材料、纳米高分子材料、纳米复合材料等；按应用可分为纳米电子材料、纳米光电子材料、纳米磁性材料、纳米生物医用材料等；按空间尺度可分为零维、一维、二维及三维纳米材料。

纳米材料的研究目的是控制原子排列方式，获取想要得到的材料。纳米材料的制备按过程的物态可分为气相、液相、固相制备法；按变化形式可分为化学、物理、综合制备法。未来纳米材料的制备有望从〝由上至下〞（top-down）向〝由下至上〞（bottom-up）发展。

目前已发现或制备的纳米新材料主要有巨磁电阻材料，纳米半导体光催化材料，纳米发光材料（如氮化镓一维纳米棒），纳米碳管（如单壁碳纳米管），纳米颗粒、粉体材料（如纳米氧化物，纳米金属和合金，纳米碳化物，纳米氮化物），纳米玻璃，纳米陶瓷等。当前纳米材料研究的趋势是由随机合成过渡到可控合成；由纳米单元的制备，通过集成和组装制备具有纳米结构的宏观实用材料与元器件；由性能的随机探索发展到按照应用的需要制备具有特殊性能的纳米材料。

4.16.2 纳米新能源

纳米技术的出现，为充分利用现有能源，提高其利用率和寻找新能源的研究开发提供了新思路。对现有能源使用系统用纳米材料进行改造，例如用高效保温隔热材料可使能源利用率提高；利用纳米技术对已有含能材料进行加工整理，使其获取更高比例能量，例如纳米铁、铝、镍粉等；纳米技术能对不同形式的能源进行高效转化和充分利用，如纳米燃料电池。纳米材料在能源化工中可单独使用，但更多的是组成含纳米粒子的复合材料，目前主要集中于生物燃料电池、太阳能电池及超级电容器等。

纳米技术在生物燃料电池中的应用主要是纳米结构的酶；在太阳能电池（有机盘状液晶太阳能电池、无机纳米晶太阳能电池）中的应用有半导体和多元化合物纳米材料，复合纳米材料，导电聚合物纳米复合材料，染料敏化纳米复合材料（可使电池的光电转换效率达 10%~11%）；在超级电容中的应用有一维纳米材料电极，一维纳米材料复合电极等（可使质量比电容值达 10^{53}F/g）；在储能中的应用主要是碳纳米管（可能使储氢量达 10wt% 以上）。此外纳米材料在锂离子蓄电池的电极材料、直接甲醇燃料电池的电催化剂中也有应用。利用纳米技术能对提高现有的能源使用效率作出非常显著的贡献。

4.16.3 纳米电子及纳米通信

纳米电子学是在纳米尺度范围内研究纳米结构物质及其组装体系所表现出的特性和功能、变化规律与应用的学科，研究物质的电子学现象及其运动规律，以纳米材料为物质基础，构筑量子器件，实现纳米集成电路，从而实现量子计算机和量子通信系统的建立和信息计算、传输、处理的功能。

纳米电子器件主要包括纳米场效应晶体管（硅、锗、碳纳米线场效应晶体管），纳米存储器，纳米发电机（超声波驱动式纳米发电机、纤维纳米发电机），量子点器件（激光器、超辐射发光管、红外探测器、单光子光源、网络自动机），量子计算机，谐振隧穿器件，纳米有机电子器件（纳米有机分子开关、有机薄膜存储器、DNA 器件、有机超分子器件的自组装、分子电路），双方向电子泵，双重门电路，单电子探测器，集成电路沟道线桥，有机近红外发光二极管等。纳米电子器件中的电子受到量子限域作用，具有更优异的性能，主要用于计算机、自动器及信息网等。

目前纳米通信方向的成果主要有光通信材料，光子结晶，低电力显示器，单电子元件，光元件，量子元件，纳米导线等。通信工程中大量射频技术的采用使诸如谐振器，滤波器、耦合器等片外分离单元大量存在，纳米技术不仅可以克服这些障碍，而且表现出比传统的通信元件具有更优越的内在性能。在新世纪，超导量子相干器件、超微霍尔探测器和超微磁场探测器将成为纳米电子学器件中的主角。

4.16.4 纳米生物及环保

纳米生物技术是纳米技术和生物技术相结合的产物，主要包括纳米生物材料、纳米生物器件和纳米生物技术在临床诊疗中的应用。在生物医学领域中，纳米材料应用于疾病的诊断和治疗，如肿瘤、心血管病、传染病等重大疾病的诊治方面有重大的意义。

纳米生物材料可以分为两类：一类是适合于生物体内的纳米材料，如各式纳米传感器；另一类是利用生物分子的活性而研制的纳米材料。纳米生物材料可应用于疾病诊断，疾病治疗，细胞分离，医药方面（纳米中药、纳米药物载体、纳米抗菌药及创伤敷料、智能靶向药物），纳米生物器件（分子电动机、生物传感器、纳米机器人、纳米生物芯片）等。其中纳米给药系统能增加药物的吸收，控制药物的释放，改变药物的体内分布特征，改变药物的膜转运机制。

在环境工程方面，纳米材料可用于大气污染治理，如用纳米复合材料制备与组装的汽车尾气传感器可调整空燃比，减少富油燃烧，应用于石油提炼工业中的脱硫工艺；还可应用于水污染治理，目前使用的材料主要有纳滤膜材料、纳米光催化材料、纳米还原性材料及纳米吸附性材料；纳米技术在其他环保领域如噪声控制，固体废弃物处理，防止电磁辐射方面也有重要应用。但是在将纳米技术应用于环保的同时，也要注意防止纳米材料因为其亲水或疏水性，表面积增大从而易燃易爆等特性对环境造成的负面效应。

本节重点

（1）举例说明纳米技术和纳米材料在能源领域的应用。
（2）举例说明纳米技术和纳米材料在微电子领域的应用。
（3）举例说明纳米技术和纳米材料在人类健康护理领域的应用。

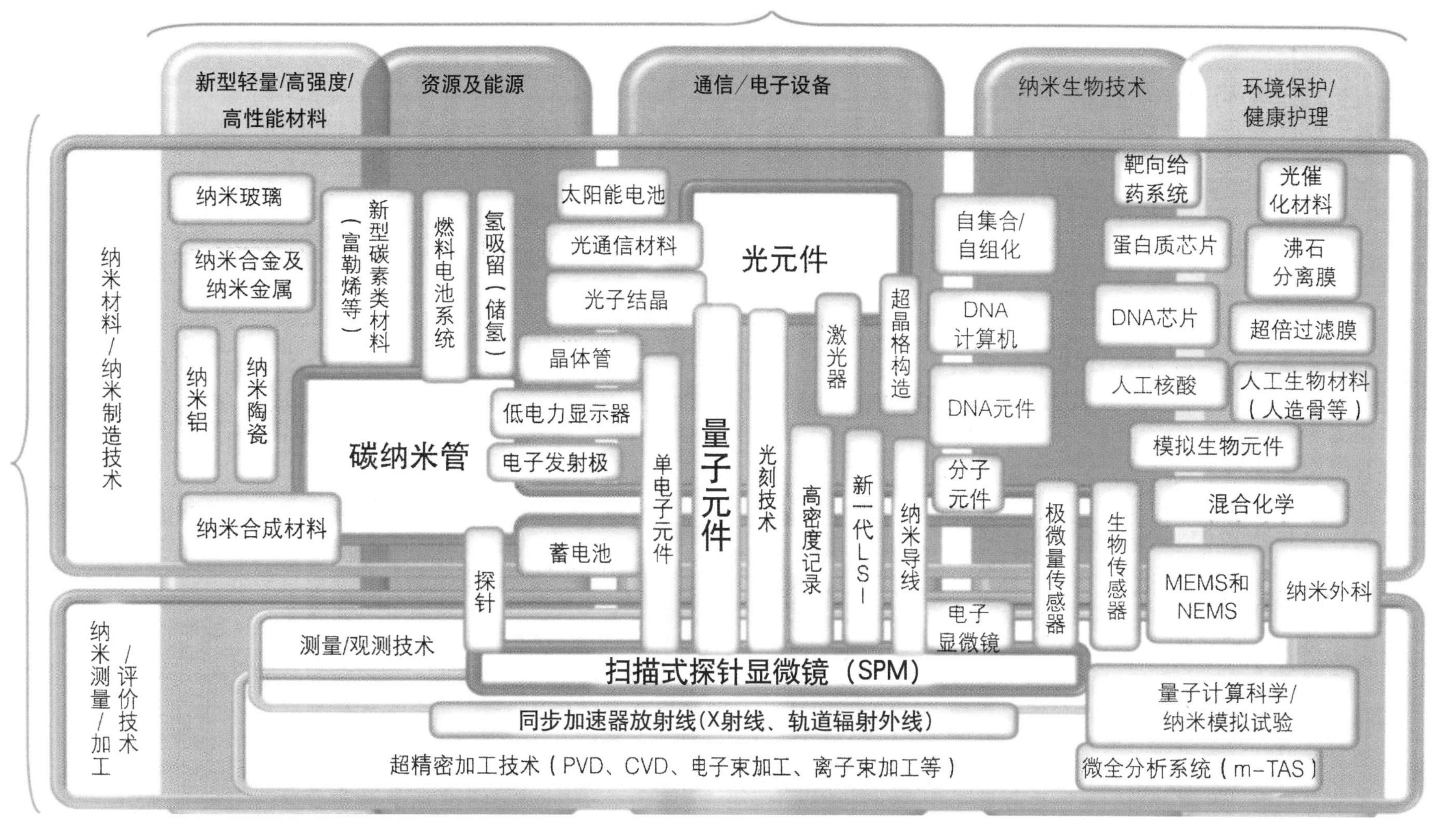
纳米相关技术俯瞰图
纳米技术应用领域
新型轻量/高强度/高性能材料
资源及能源
通信/电子设备
纳米生物技术
环境保护/健康护理
纳米材料/纳米制造技术
纳米玻璃
纳米合金及纳米金属
纳米铝
纳米陶瓷
纳米合成材料
新型碳素类材料（富勒烯等）
燃料电池系统
氢吸留（储氢）
碳纳米管
太阳能电池
光通信材料
光子结晶
晶体管
低电力显示器
电子发射极
蓄电池
探针
光元件
单电子元件
量子元件
光刻技术
激光器
超晶格构造
高密度记录
新一代LSI
纳米导线
自集合/自组化
DNA计算机
DNA元件
分子元件
电子显微镜
靶向给药系统
蛋白质芯片
DNA芯片
人工核酸
模拟生物元件
极微量传感器
生物传感器
光催化材料
沸石分离膜
超倍过滤膜
人工生物材料（人造骨等）
混合化学
MEMS和NEMS
纳米外科
纳米测量/评价技术/加工
测量/观测技术
扫描式探针显微镜（SPM）
同步加速器放射线(X射线、轨道辐射外线)
超精密加工技术（PVD、CVD、电子束加工、离子束加工等）
量子计算科学/纳米模拟试验
微全分析系统（m-TAS）
纳米技术相关的基础技术

1

4.17 “纳米”就在我们身边

4.17.1 纳米技术之树

1993 年，第一届国际纳米技术大会（INTC）在美国召开，将纳米技术划分为 6 大分支：纳米物理学、纳米生物学、纳米化学、纳米电子学、纳米加工技术和纳米计量学。纳米技术主要包括：纳米级测量技术；纳米级表层物理力学性能的检测技术；纳米级加工技术；纳米粒子的制备技术；纳米材料；纳米生物学技术；纳米组装技术等。

纳米材料从根本上改变了材料的结构，为克服材料科学研究领域中长期未能解决的问题开辟了新途径，涉及的应用领域有：①在催化方面的应用；②在生物医学中应用；③在其他精细化工方面的应用；④在国防科技的应用等。

纳米技术和纳米材料涉及我们日常生活衣、食、住、行、医方方面面。仅以保健、医疗为例，利用纳米技术制成的微型药物输送器，可携带一定剂量的药物，在体外电磁信号的引导下准确到达病灶部位，有效地起到治疗作用，并减轻药物的不良反应。用纳米造成的微型机器人，其体积小于红细胞，通过向病人血管中注射，能疏通脑血管的血栓。清除心脏动脉的脂肪和沉淀物，还可“嚼碎”泌尿系统的结石等。纳米技术将是健康生活的好帮手。

4.17.2 纳米结构科学与技术组织图

纳米结构指的是以纳米尺度的物质单元为基础，按一定规律构筑或营造的一种新体系，它包括一维、二维、三维体系。这些物质单元包括纳米微粒、纳米线、纳米薄膜、稳定的团簇、纳米管、纳米棒、纳米丝以及纳米尺寸的孔洞等。构筑纳米结构的过程就是我们通常所说的纳米结构的组装。

纳米结构的合成与组装在整个纳米科技中有着特殊重要的意义，从图中所示的纳米结构科学与技术组织图可以看出，纳米结构的合成与组装在整个纳米科学与技术中所处的基础性地位。可以说，合成与组装是整个纳米科技大厦的基石，是纳米科技在分散与包覆、高比表面材料、功能纳米器件、强化材料等方面实现突破的起点。

4.17.3 半导体集成电路微细化有无极限？

有没有尺寸越小，综合效益越高，或者说，人们梦寐以求的，挖空心思追求其小型化的产品或器件呢？实际上，作为大规模集成电路（LSI）构成元件的半导体三极管，就具有这种性质。它遵从比例缩小定律（scaling law），即，若三极管的纵向尺寸、横向尺寸、外加电压全部缩小为 $1/k$，则电功率消耗减小到 $1/k^2$，而计算速度却提高了 k 倍。这么好的事，何乐而不为呢？

正是基于这种指导性原则，三极管及存储器等不断微细化，致使相同面积的 LSI 中所集成的元件数按摩尔定律每 3 年 4 倍（翻两番）的速度飞跃性地增加。与此同时，LSI 的性能不断提高，而 LSI 中每个三极管或存储单元的价格却在下降。得益于此，现在的微机已经具有超越过去超级计算机的性能。因此，这种 LSI 技术通过互联网及多媒体等信息技术（IT），已经渗透到我们日常生活的方方面面。

市售 MPU 中一个三极管的特征线宽，2012 年已达到 32nm。如果说 20 世纪 90 年代世界 LSI 技术在亚微米或深亚微米徘徊，到 2000 年达到 130nm，2010 年达到 45nm，微细化进展超过人们的预期。以 MOS 三极管 45nm 栅长为例，其中只能放入 117 个硅（Si）原子，由此可以想象其微细化程度。

LSI 产业是伴随着微细加工技术的发展而不断进步的。从历史上看，这种微细加工又是以微影曝光刻蚀（光刻）技术为基础的。但是，在特征线宽小于 130nm，特别是对于今天 16nm 的工艺来说，传统的技术框架已难以胜任。

在 LSI 微细化的历史中，不少人曾不止一次发出“已达到极限，再也难向前进展”的警告，但这种警告不断被研究者的辛勤劳动和技术创新所打破。

纳米技术是操作原子、分子的技术。为了实现原子量级的下一代 LSI，寄希望于纳米技术，目前已经提出并实施几个富于创新意义的提案。

4.17.4 纳米光合成和染料敏化太阳电池

在晴朗夏天的中午，太阳光到达地面的辐射功率可按 $1kW/m^2$（“太阳常数”为 $1368W/m^2$）来粗略估算。太阳能作为替代传统化石燃料的能源，若能有效利用，说不定能解决人类面临的能源问题。

在太阳能的利用中，由生物体所进行的植物的光合成，最为基础和重要。植物的光合成是在太阳光作用下，由水和二氧化碳转变为有机物（化学能）和氧。它不仅维持自然界的循环平衡，而且为人类和其他动物提供营养。而人工光合成是将太阳能转变为电能，由于其便于利用而特别引起人们的兴趣。

生物体所进行的自然光合成是利用色素、催化剂等将太阳能转化为稳定的能，并储存在生物体内的化学能的一系列复杂的化学变化；人工光合成则是利用由某种材料制成的太阳能电池板将太阳能转化为能直接被利用的电能的过程，又叫做能量变换系统。实际上，人工光合成与生物体光合成的某一阶段类似，在色素增感型太阳能电池中，藉由使能吸收可见光的有机分子在半导体表面吸附，即使照射能量很弱的光（半导体不能吸收的波长的光），也能产生向二氧化钛移动的电子，吸附在二氧化钛上的色素直径在 10～30nm 之间，故称这种光合成为纳米光合成。

自养型植物体内进行自然光合成，而人类也可通过人工光合成（能量变换系统）将太阳能转化成化学能进而转变成为电能。纳米光合成的典型例子是色素增感型太阳能电池。级联式色素增感型太阳能电池与普通的单个单元式太阳能电池相比，可利用波长范围更宽的太阳光。在相关的开发产品中，上部电池采用了被称为 Red Dye（N719）的增感色素，下部电池采用了被称为 Black Dye（N749）的增感色素。上部电池利用可见光产生高电压。下部电池利用波长比可见光更长的近红外光到红外光，产生的电压虽小但电流较大。级联式形态需要上部电池在吸收可视光的同时使近红外光线无损失地透射出去。而且采用新制造方法制成了高透明度 TiO_2 电极。下部电池采用粒子径不同的半导体膜多重层叠的构造。加大了将光线密闭在内部不向外部散射的“光封闭”效果，从而使提高了电流。为了提高电压，还开发了抑制泄漏电流的方法。它藉由使能吸收可见光的有机分子在半导体表面吸附，即使照射能量很弱的光（半导体不能吸收的波长的光），也能产生向二氧化钛移动的电子。

本节重点

（1）请介绍纳米技术的应用领域。
（2）何谓半导体器件微细化中的比例定律？介绍 IC 器件特征线宽的现状和发展前景。
（3）介绍纳米材料和纳米结构的应用，并举出日常生活中的纳米现象。

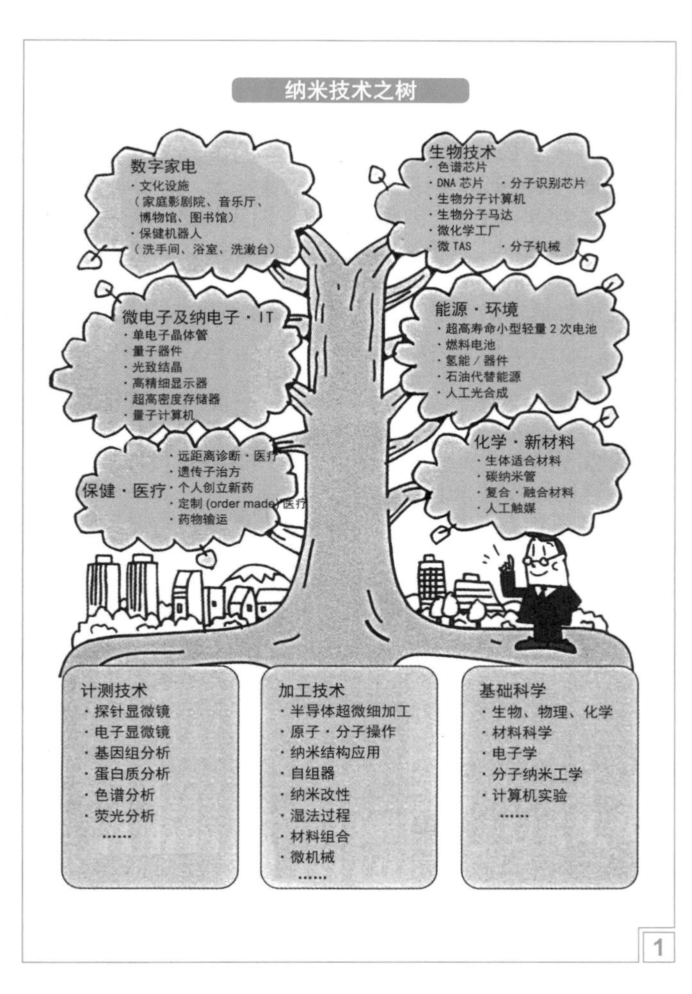
纳米技术之树
数字家电
·文化设施
（家庭影剧院、音乐厅、博物馆、图书馆）
·保健机器人
（洗手间、浴室、洗漱台）
生物技术
·色谱芯片
·DNA 芯片 ·分子识别芯片
·生物分子计算机
·生物分子马达
·微化学工厂
·微 TAS ·分子机械
微电子及纳电子·IT
·单电子晶体管
·量子器件
·光致结晶
·高精细显示器
·超高密度存储器
·量子计算机
能源·环境
·超高寿命小型轻量 2 次电池
·燃料电池
·氢能／器件
·石油代替能源
·人工光合成
保健·医疗
·远距离诊断·医疗
·遗传子治方
·个人创立新药
·定制 (order made) 医疗
·药物输运
化学·新材料
·生体适合材料
·碳纳米管
·复合·融合材料
·人工触媒
计测技术
·探针显微镜
·电子显微镜
·基因组分析
·蛋白质分析
·色谱分析
·荧光分析
……
加工技术
·半导体超微细加工
·原子·分子操作
·纳米结构应用
·自组器
·纳米改性
·湿法过程
·材料组合
·微机械
……
基础科学
·生物、物理、化学
·材料科学
·电子学
·分子纳米工学
·计算机实验
……

1

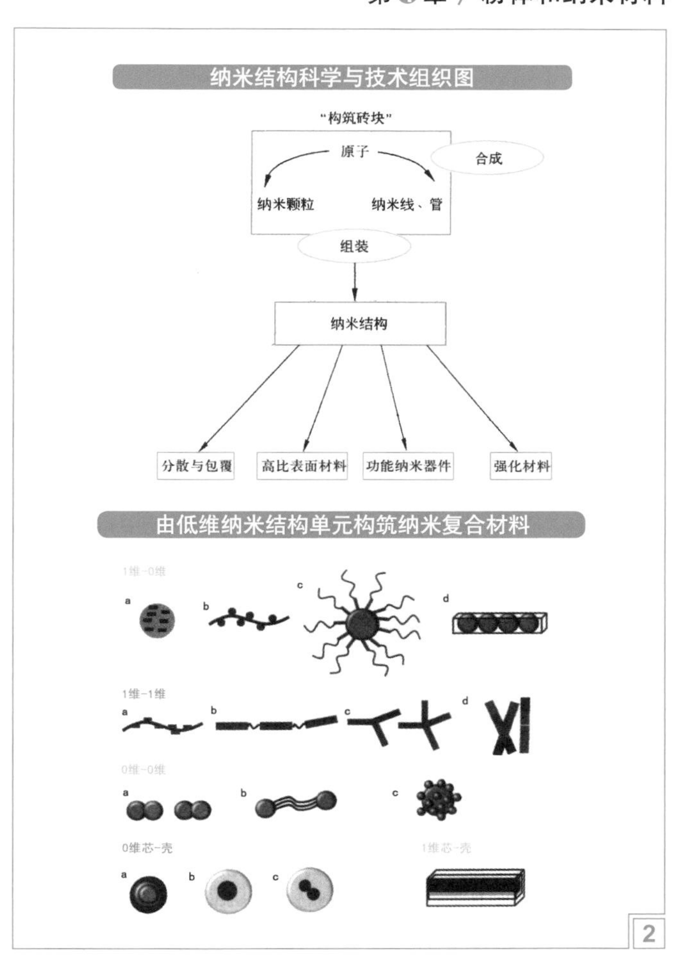
纳米结构科学与技术组织图
"构筑砖块"
原子
合成
纳米颗粒
纳米线、管
组装
纳米结构
分散与包覆
高比表面材料
功能纳米器件
强化材料
由低维纳米结构单元构筑纳米复合材料
0维芯-壳

2

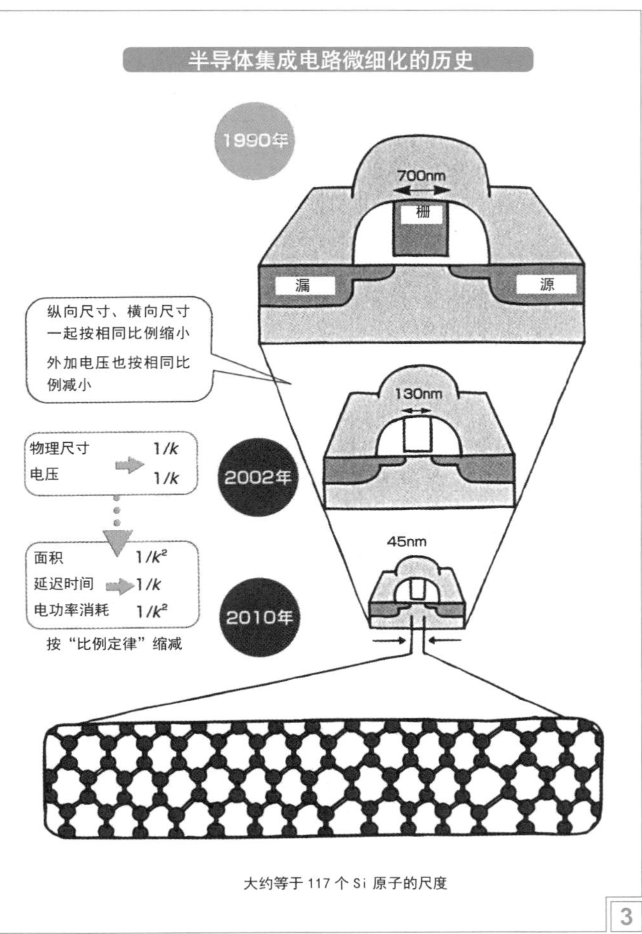
半导体集成电路微细化的历史
1990年
700nm
栅
漏
源
纵向尺寸、横向尺寸一起按相同比例缩小
外加电压也按相同比例减小
130nm
物理尺寸 1/k
电压 1/k
2002年
45nm
面积 1/k²
延迟时间 1/k
电功率消耗 1/k²
2010年
按“比例定律”缩减
大约等于 117 个 Si 原子的尺度

3

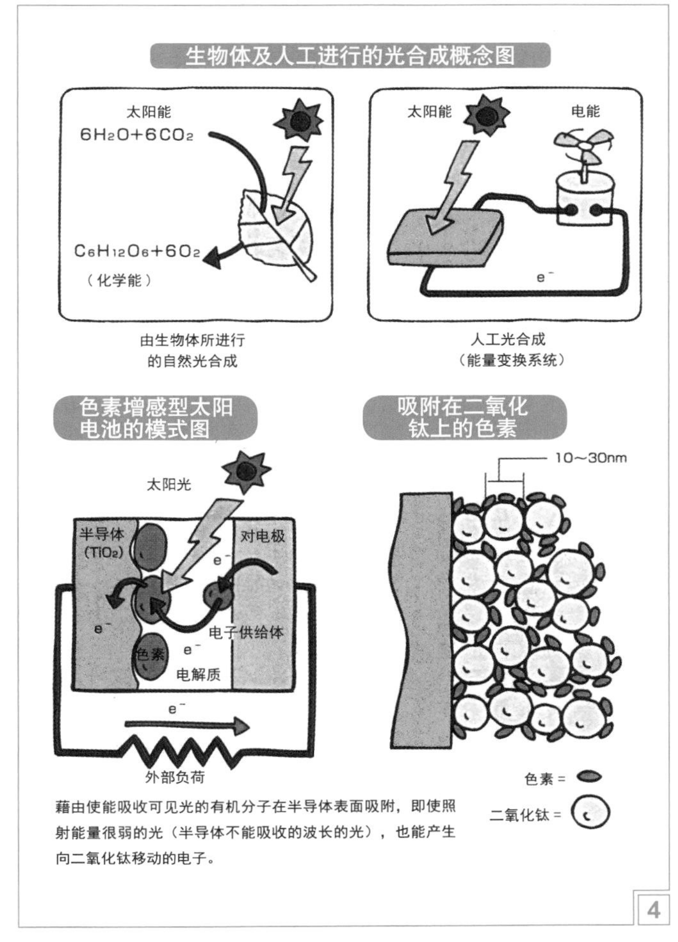
生物体及人工进行的光合成概念图
太阳能
6H2O+6CO2
C6H12O6+6O2
（化学能）
太阳能
电能
e⁻
由生物体所进行的自然光合成
人工光合成（能量变换系统）
色素增感型太阳电池的模式图
吸附在二氧化钛上的色素
太阳光
半导体 (TiO2)
对电极
e⁻
电子供给体
色素
电解质
外部负荷
10～30nm
色素 =
二氧化钛 =
藉由使能吸收可见光的有机分子在半导体表面吸附，即使照射能量很弱的光（半导体不能吸收的波长的光），也能产生向二氧化钛移动的电子。

4

4.18 纳米材料制备和纳米加工

4.18.1 在利用纳米技术的环境中容易实现化学反应

利用纳米技术的环境中容易实现化学反应，这是因为物质在纳米尺度具有小尺寸效应、表面效应、量子尺寸效应和宏观量子隧道效应等特殊性质。

纳米粒子催化剂的优异性能取决于它的容积比表面率很高，同时，负载催化剂的基质对催化效率也有很大的影响，如果也由具有纳米结构的材料组成，就可以进一步提高催化剂的效率。如将 SiO_2 纳米粒子作催化剂的基质，可以提高催化剂性能 10 倍。在某些情况下，用 SiO_2 纳米粒子作催化剂载体会因 SiO_2 材料本身的脆性而受影响。为了解决此问题，可以将 SiO_2 纳米粒子通过聚合而形成交联，将交联的纳米粒子用作催化剂载体。总之，在利用纳米技术的环境中，化学反应过程更容易实现。

因此，一些金属纳米粒子在空中会燃烧，一些无机纳米粒子会吸附气体。具体的例子有纳米铜比普通铜更易与空气发生反应、火箭固体燃料反应触媒为金属纳米催化剂，这样做使燃料效率提高 100 倍、金纳米粒子沉积在氧化铁、氧化镍衬底，在 70℃ 时就具有较高的催化氧化活性。在生活中，人们还经常用 Fe、Ni 的纳米粉体与 γ-Fe_2O_3 混合烧结体代替贵金属作为汽车尾气净化剂。

可以说，纳米技术不光增加了期待产物的产量，还降低了某些制备过程中所需的特殊要求，例如高温、高压等。

4.18.2 集成电路芯片——高性能电子产品的心脏

50 多年前，集成电路发明。1958 年，仙童（Fairchild）公司罗伯特·诺伊斯（Robert Noyce）、德州仪器公司（Ti）杰克·基尔比（Jack Kilby）先后发明了集成电路（先后仅相差几个月），开创了世界微电子学的历史；同年“平面工艺”被应用到集成电路制作中，使集成电路很快从实验室阶段转入工业化生产阶段。基尔比被誉为“第一块集成电路的发明家”，而诺伊斯被誉为“提出了适合于工业生产的集成电路理论”的人。2000 年，基尔比被授予诺贝尔物理学奖。1965 年，摩尔定律诞生，戈登·摩尔（Gordon Moore）在 Electronics Magazine 杂志一篇文章中预测，未来一个芯片上的晶体管数量大约每年翻一倍（10 年后修正为每两年翻一倍）。1966 年，美国 RCA 公司研制出 CMOS 集成电路，并研制出第一块门阵列（50 门）。过去 30 多年的实践证明了摩尔定律的正确性，MOS 集成电路一直严格遵循这一定律，从最初每个芯片上仅有 64 个晶体管的小规模集成电路，发展到今天能集成上百亿个器件的甚大规模集成电路。到 2014 年，器件特征尺寸小于 16 nm 的集成电路已投入批量生产，此后将进入以纳米 CMOS 晶体管为主的纳米电子学时代。由此可见，对于微电子器件的集成度要求越来越高、器件加工工艺尺寸要求越来越小，也就是说，要求微电子器件特征尺寸缩小对于纳米电子学的兴起和发展起了至关重要的作用。正是这种要求器件尺寸日渐小型化的发展趋势，促使人们所研究的对象由宏观体系进入到纳米体系。从而产生了纳米电子学。其次，纳米电子学另一个自上而下兴起的发展历程的主要影响因素，是以超晶格、量子阱、量子点、原子团簇为代表的低维材料。该类材料表现出明显的量子特性，特别是以这类材料中的量子效应为基础，发展了一系列新型光电子、光子等信息功能材料，以及相关的量子器件。

当前，半导体器件微细化主要有四大加工技术：晶体生长技术、薄膜形成技术、光刻及刻蚀技术、杂质导入技术。

例如 MOS 器件，包括源、栅、漏等构造，无一不需要半导体超微细加工实现。半导体器件微细化，使得高性能电子产品向更快、更强、更便捷不断迈进。而不断推陈出新、价格越来越低廉的电子产品也证实了这一领域的发展潮流。

4.18.3 干法成膜和湿法成膜技术（bottom-up 方式）

纳米薄膜的制作方法分两大类：一类是在真空中使原子沉积的干法成膜技术（真空蒸镀、溅射镀膜和化学气相沉积（CVD））；另一类是在液体中使离子等发生反应的同时而堆积的湿法成膜技术（电镀、化学镀等）。

真空蒸镀是使欲成膜的镀料加热蒸发，与此同时使处于气态的原子或分子沉积在基板上；溅射镀膜是使氩离子等高速碰撞由欲成膜物质所组成的固体（称其为靶），并将碰撞（溅射）出的原子或分子沉积在基板上。

另一方面，在溶液中析出的方式是，例如，先将金属离子溶出，再在基板表面得到电子被还原，进而堆积在基板表面。从外部电源供给电子的方法称为电镀；在溶液中溶入向基板表面放出电子的物质（还原剂），再由基板供给电子的方法是化学镀。

在纳米薄膜中，有原子或分子呈三维规则排列的“晶态”情况，也有非规则排列的“非晶态”情况，但无论哪种成膜方法，都希望通过纳米技术对原子或分子排列方式进行有效控制，以便做出良好显示所希望性能的结构。

而且，在纳米薄膜形成过程中，沉积原子或分子与基板表面原子之间的能量授受（称其为相互作用）也有重大影响。为了获得具有所期待性质的纳米薄膜，充分了解并制作良好的基板表面极为重要。

4.18.4 干法刻蚀和湿法刻蚀加工技术（top-down 方式）

在硅圆片上制取图形的刻蚀方法，有湿法和干法两种。前者所利用的是液相中的化学反应（腐蚀），后者所利用的是等离子体中发生的物理的、化学的现象。

湿法刻蚀是先利用光刻使光刻胶形成刻蚀掩模，再将材料放入刻蚀液中，只将不要的部分溶解去除的技术。由于刻蚀液对材料表面发生均匀作用，湿法刻蚀基本上是各向同性的。当然，单晶硅的结晶性各向异性刻蚀以及利用电化学对刻蚀方向性进行控制，以实现高垂直性的电化学各向异性刻蚀则当别论。

干法刻蚀可以实现湿法刻蚀难以获得的垂直性以及图形自由度高的刻蚀，这些特长在 LSI 及 MEMS 加工中得以淋漓尽致地发挥。在各种干法刻蚀中，利用最多的是反应离子刻蚀（RIE）。在等离子气氛中，反应气体被电离，形成活性反应基。在电场的作用下，活性反应基被所刻蚀的材料垂直地吸附，并与材料表面的原子结合、生成物以气态的形式脱离表面而实现干法刻蚀。

但是，干法刻蚀中会产生氟、氯等对环境有害的气体，代用气体的研究正在加紧进行中。当然，从环境保护观点，电化学刻蚀也需要进一步改进。

本节重点

（1）举例说明利用纳米技术的环境更容易实现化学反应。
（2）以 MOS 器件为例，说明半导体器件微细化现状及发展前景。
（3）请对干法刻蚀和湿法刻蚀在工艺过程和优缺方面加以比较。

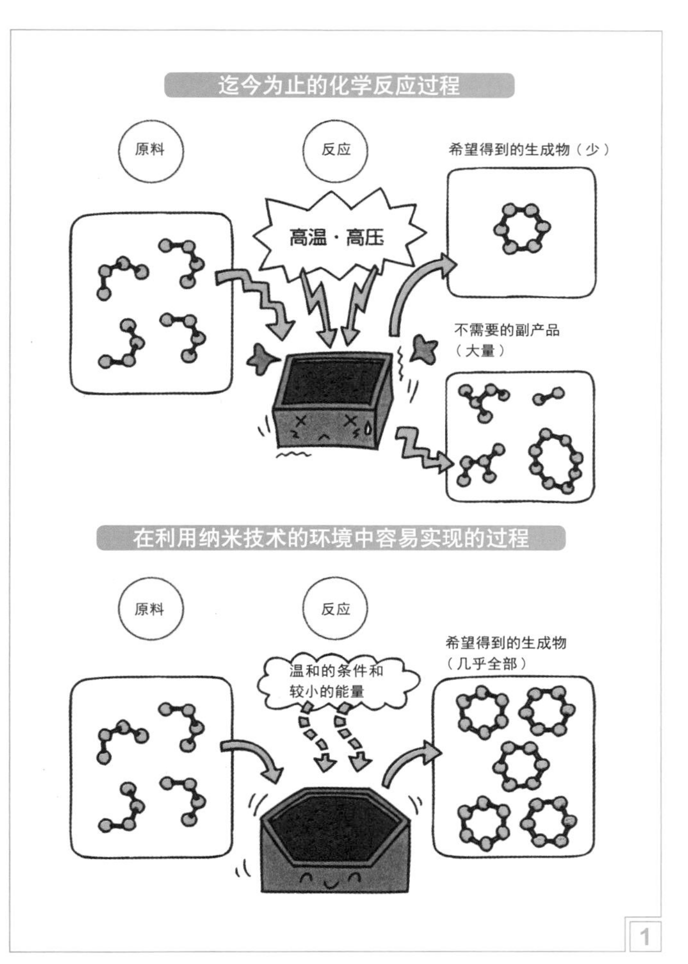
迄今为止的化学反应过程
原料
反应
希望得到的生成物（少）
高温・高压
不需要的副产品
（大量）
在利用纳米技术的环境中容易实现的过程
原料
反应
希望得到的生成物
（几乎全部）
温和的条件和
较小的能量
1

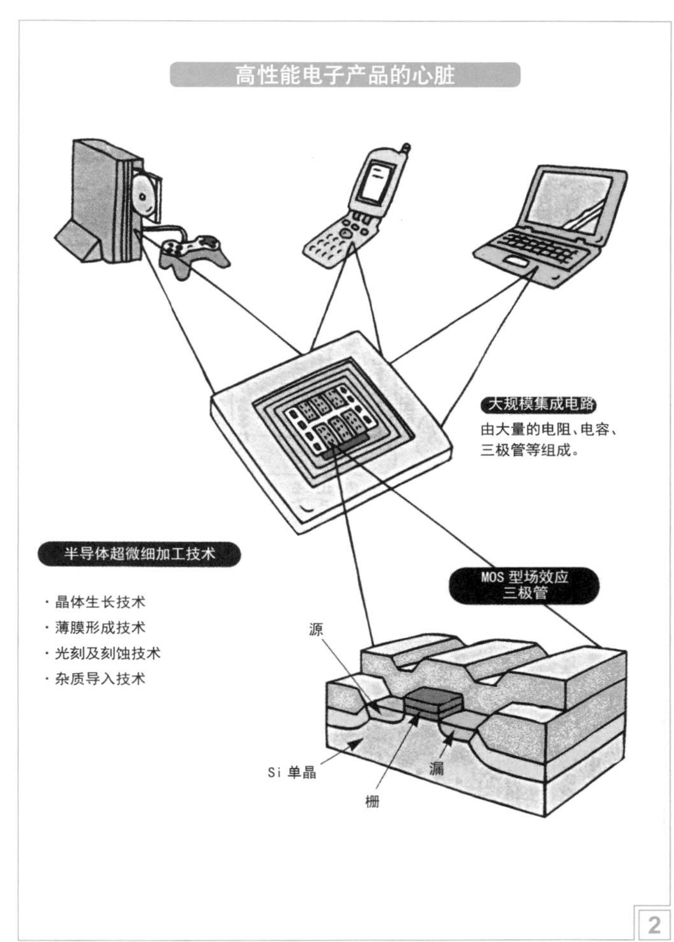
高性能电子产品的心脏
大规模集成电路
由大量的电阻、电容、
三极管等组成。
半导体超微细加工技术
・晶体生长技术
・薄膜形成技术
・光刻及刻蚀技术
・杂质导入技术
MOS 型场效应
三极管
源
漏
Si 单晶
栅
2

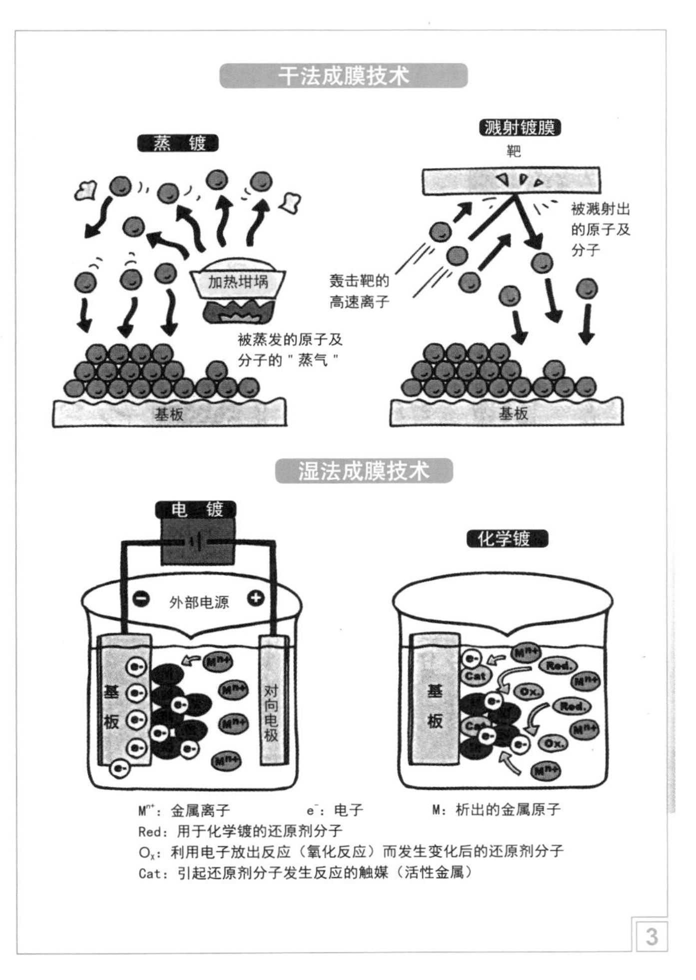
干法成膜技术
蒸 镀
加热坩埚
被蒸发的原子及
分子的"蒸气"
基板
溅射镀膜
靶
被溅射出
的原子及
分子
轰击靶的
高速离子
基板
湿法成膜技术
电 镀
外部电源
基
板
对
向
电
极
化学镀
基
板
Red.
Ox.
Cat
Mⁿ⁺: 金属离子
e⁻: 电子
M: 析出的金属原子
Red: 用于化学镀的还原剂分子
Ox: 利用电子放出反应（氧化反应）而发生变化后的还原剂分子
Cat: 引起还原剂分子发生反应的触媒（活性金属）
3

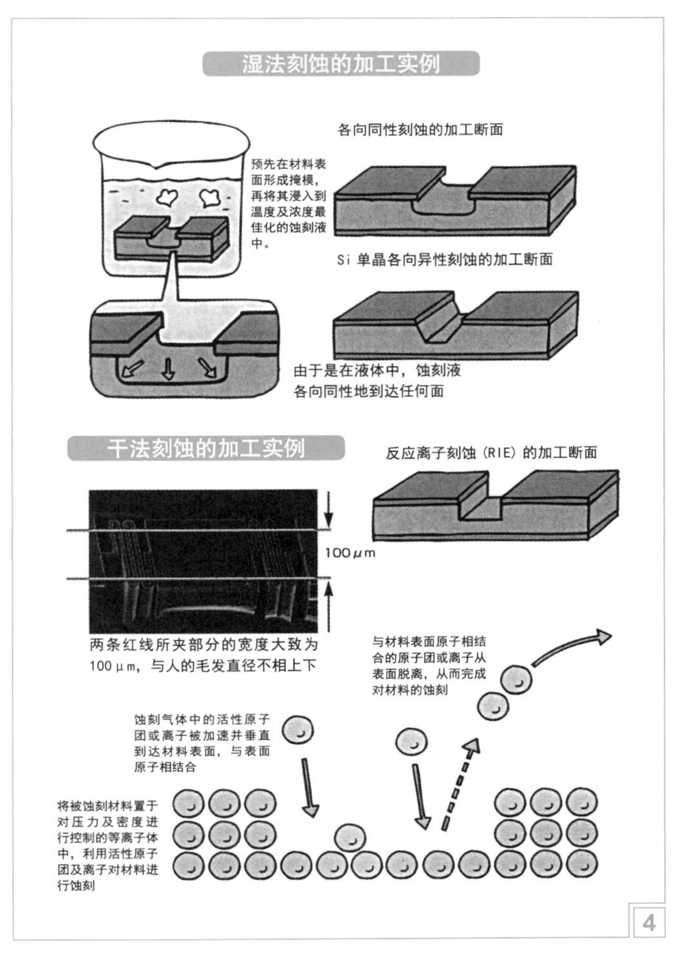
湿法刻蚀的加工实例
各向同性刻蚀的加工断面
预先在材料表
面形成掩模,
再将其浸入到
温度及浓度最
佳化的蚀刻液
中。
Si 单晶各向异性刻蚀的加工断面
由于是在液体中，蚀刻液
各向同性地到达任何面
干法刻蚀的加工实例
反应离子刻蚀（RIE）的加工断面
100μm
两条红线所夹部分的宽度大致为
100μm，与人的毛发直径不相上下
与材料表面原子相结
合的原子团或离子从
表面脱离，从而完成
对材料的蚀刻
蚀刻气体中的活性原子
团或离子被加速并垂直
到达材料表面，与表面
原子相结合
将被蚀刻材料置于
对压力及密度进
行控制的等离子体
中，利用活性原子
团及离子对材料进
行蚀刻
4

4.19 纳米材料与纳米技术的发展前景

4.19.1 利用纳米技术改变半导体的特性

完全不含杂质的半导体是绝缘体，这种“理想半导体”百无一用。实际上，半导体中都要**掺杂**种类各异的杂质原子（这不同于培育单晶时无意中混入的元素杂质）。这样做的结果，例如，相对于1000万个硅原子，只要掺入一个磷原子，其导电率就提高到10万倍。这样，就可以通过有意识地添加杂质，大范围改变电导率，自由地控制其性质。从这种意义上讲，半导体是便于按人的需要进行改性的物质。

而且，向半导体中添加杂质的方法分**扩散法**和**离子注入法**两大类，前者采用杂质浓度高的扩散源，后者是将离子化的杂质注入到半导体中。在今天的LSI电路的制造过程中，为保证杂质浓度在宽范围内的可控制性，且能调整注入的深度，广泛采用离子注入法。但是，随着元件尺寸越来越小，三极管中所含的杂质原子数量变得极少。例如，对于1000万个硅原子，只添加一个磷原子的场合，1立方微米中只含有几个杂质原子。这样，一个杂质原子是否存在，对三极管的特性就会产生极大的影响。因此，对杂质原子个数和位置的控制就显得越来越重要。实现这种控制的有效技术就是所谓“**单离子注入法**”，这是名副其实的纳米技术。

4.19.2 如何用光窥视纳米世界

光是电磁波的一种。为了利用波获得物体的像，必须采用波长比物体更小的波。否则，由于衍射作用，由小区域发出的大约1/2波长的波也会向外扩展。

可见光的波长分布在380~780nm，用可见光对尺寸只有几纳米的分子直接摄像当然是不可能的。但是，若合理使用光，也能窥视纳米世界。

方法之一，对着比波长更小的开口部射入光，**利用开口衍射出的电磁波**（由于在100nm附近发生衰减故称之为消散场）进行观测的方法。藉由该微小开口部的扫描，可以获得分辨率为20nm的图像。这种方法利用的是**近场扫描荧光显微镜**的工作原理。

方法之二，利用激光照射被称为检出悬臂的探针，将探针的微小位移，放大为激光束的移动量。这种方法利用的是**原子力显微镜**的工作原理。

方法之三，用强光照射直径1μm上下的玻璃微珠，对像进行500倍左右的强放大，再由光电二极管或CCD相机写入的方法。若对信号进行很好的处理，能对1nm以下的位移在高于1/1000秒的时间分辨率下检出。

进一步，采用被称为“**光镊子**”的技术，可将微珠捕捉在激光的焦点附近。“光镊子”采用非接触的方式就可以对细胞及细胞内的颗粒进行摘取和操作。由于“光镊子”的引力大小与距捕捉中心的距离成正比，故也称之为微小的弹簧秤。

如果能对位移进行纳米精度的测定，就可以求出微小的力。藉由与生体分子“拔河”，已经能测出由分子发生的几皮牛顿（pN，大约为1角硬币所受重力的10^{-7}）的力。

4.19.3 对原子、分子进行直接操作

扫描隧道显微镜（STM）及**原子力显微镜**（AFM）等扫描型探针显微镜不仅能观察一个一个的原子或分子，而且，藉由STM及AFM所用尖锐的前端，还可以吸引、提取、移动甚至组装一个一个的原子或分子。

用STM及AFM进行单原子操纵主要包括三个部分，即单原子的提取、移动和放置。使用STM及AFM进行单原子操纵的较为普遍的方法是在其针尖和样品表面之间施加一适当幅值和宽度的电压脉冲，一般为数伏电压和数十毫秒宽度。由于针尖和样品表面之间的距离非常接近，仅为0.3~1.0nm。因此在电压脉冲的作用下，将会在针尖和样品之间产生一个强度在10^9~10^{10}V/m数量级的强大电场。这样，表面上的吸附原子将会在强电场的蒸发下被移动或提取，并在表面上留下原子空穴，实现单原子的移动和提取操纵。同样，吸附在STM针尖上的原子也有可能在强电场的蒸发下而沉积到样品的表面上，实现单原子的放置操纵。

自组装是指基本结构单元（分子、纳米材料、微米或更大尺度的物质）在既有非共价键的相互作用下自发组织或聚集为一个热力学稳定的、具有一定规矩几何外观结构的技术，在自组装过程中，基本结构单元并不是简单地叠加，而是许多个体之间同时自发的发生关联，通过这种复杂的协同作用集合在一起形成一个紧密而又有序的一维、二维或三维整体。因此，自组装是一种自下而上的组装方式。

4.19.4 碳纳米管三极管制作尝试——纳米微组装遇到的挑战

按集成电路设计规则，采用**自顶向下**（top-down）方式进行加工，已接近微细化极限。作为更微细的纳米结构的制作方法，人们尝试藉由自然力进行加工制作。采用**自底向上**（bottom-up，**自组装**）方式进行加工，以及藉由原子及分子自发的作用来制作纳米结构体，是近年来的热门话题。

例如，将碳纳米管用于像MOS三极管中那样的沟道，在实验室进行了大量研究开发，但是，如何将极微细的碳纳米管控制性精良地配置，目前仍未找到合适的方法。好不容易制作的碳纳米管只有整齐划一地排列，才能配置相关的电极，倘若有一根不听使唤，则前功尽弃。

这样，即使已存在对原子及分子进行直接操作的技术，但是，将它们一个一个地并排并非容易。尽管原理上是可能的，但要通过对原子及分子的个别操作做成纳米结构体，作为前提，存在环境（超高真空、极低温等）、操作时间等问题。迄今为止，仅是维持同样水平的半导体大量生产，在价格及生产效率（吞吐量）方面均还不能满足要求。

而且，针对这些加工方法，有不少报道介绍了关于碳纳米管的拾取、放置、增减、切割、位置调整等，但作为工业制品的加工方法还不满足要求，有待于纳米加工技术的进一步发展。

采用其他的方法，都需要良好控制性的纳米构造布置技术。到目前为止，还未出现与刻蚀技术相匹敌的简单的操作技术。

本节重点

（1）说明近场扫描荧光显微镜和原子力显微镜的工作原理。
（2）说明利用光镊子移动生体分子和利用扫描探针显微镜移动原子的原理。
（3）介绍碳纳米管三极管的制作方法。

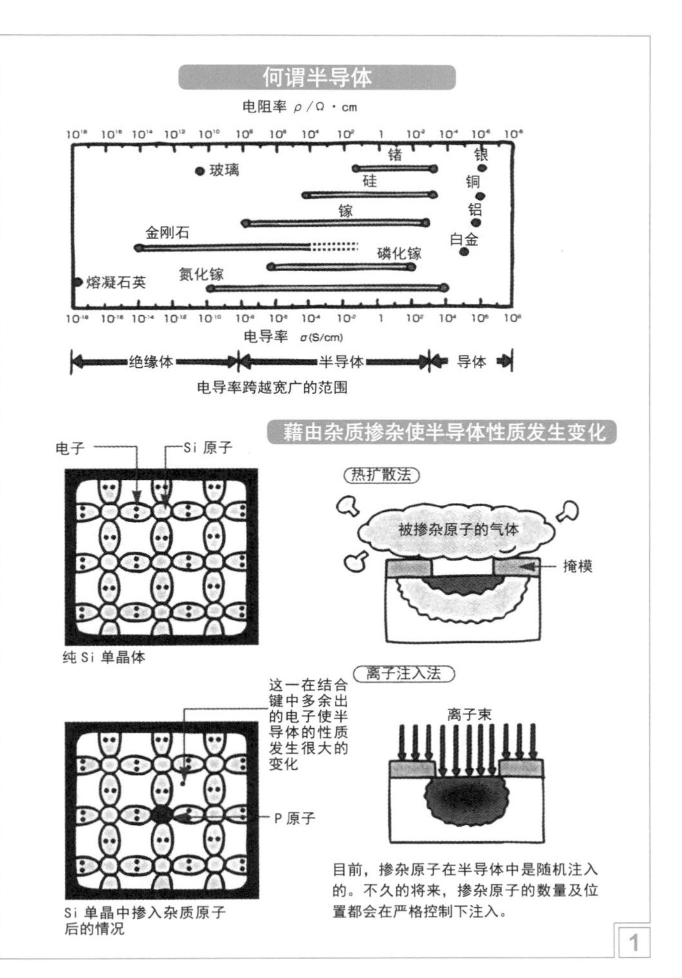

何谓半导体
电阻率 ρ/Ω・cm
玻璃
锗
银
硅
铜
铝
镓
金刚石
白金
磷化镓
熔凝石英
氮化镓
电导率 σ(S/cm)
绝缘体
半导体
导体
电导率跨越宽广的范围
藉由杂质掺杂使半导体性质发生变化
电子
Si 原子
纯 Si 单晶体
(热扩散法)
被掺杂原子的气体
掩模
(离子注入法)
离子束
这一在结合键中多余出的电子使半导体的性质发生很大的变化
P 原子
Si 单晶中掺入杂质原子后的情况
目前，掺杂原子在半导体中是随机注入的。不久的将来，掺杂原子的数量及位置都会在严格控制下注入。
1

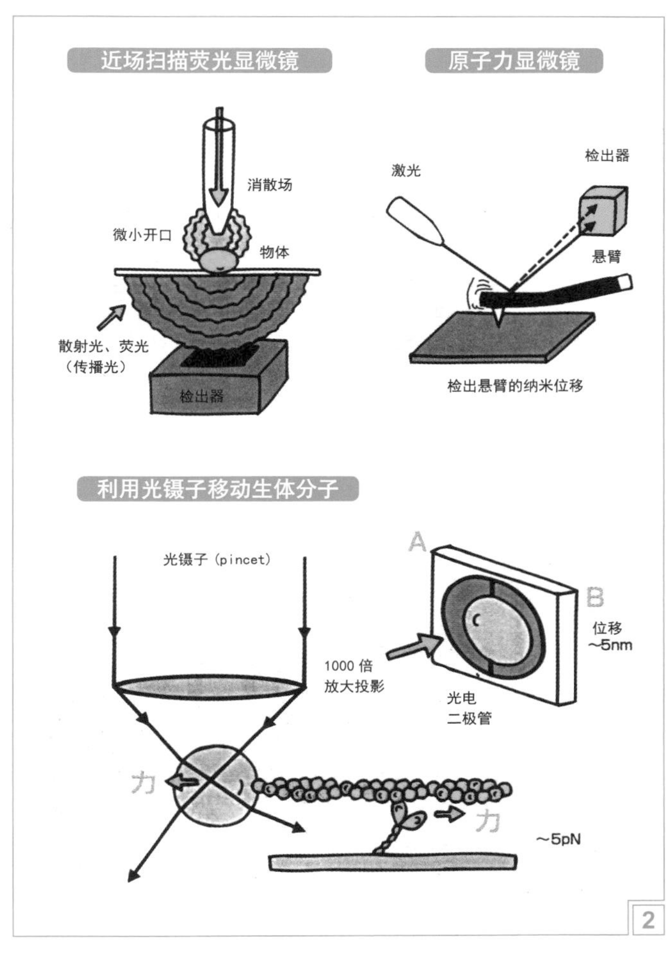

近场扫描荧光显微镜
消散场
微小开口
物体
散射光、荧光
(传播光)
检出器
原子力显微镜
激光
检出器
悬臂
检出悬臂的纳米位移
利用光镊子移动生体分子
光镊子 (pincet)
A
B
位移
~5nm
1000 倍
放大投影
光电
二极管
力
力
~5pN
2

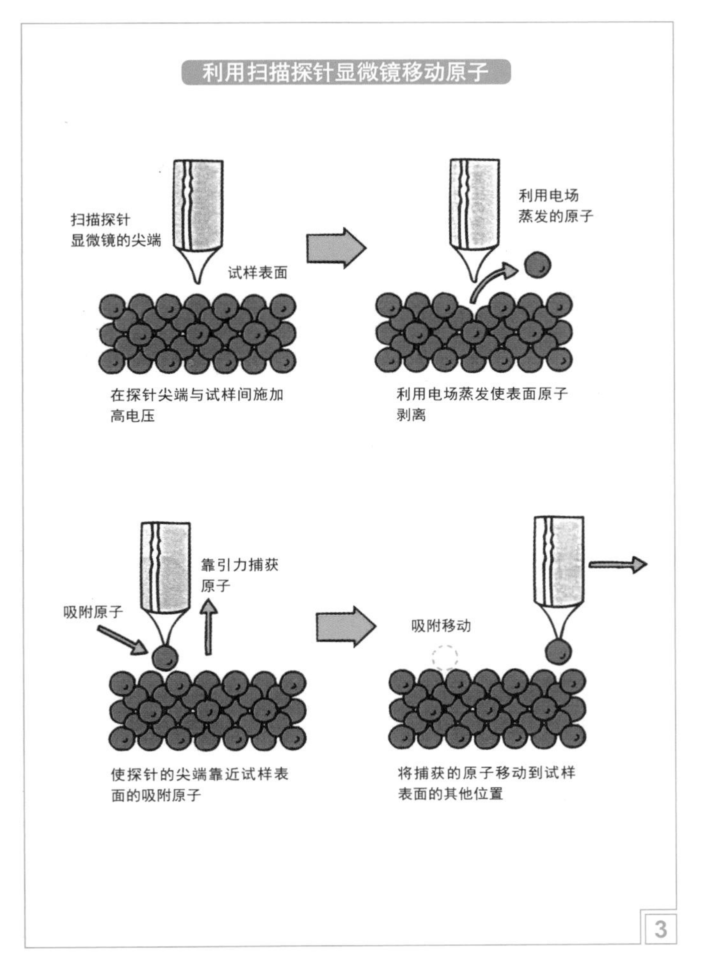

利用扫描探针显微镜移动原子
扫描探针
显微镜的尖端
试样表面
利用电场
蒸发的原子
在探针尖端与试样间施加高电压
利用电场蒸发使表面原子剥离
靠引力捕获
原子
吸附原子
吸附移动
使探针的尖端靠近试样表面的吸附原子
将捕获的原子移动到试样表面的其他位置
3

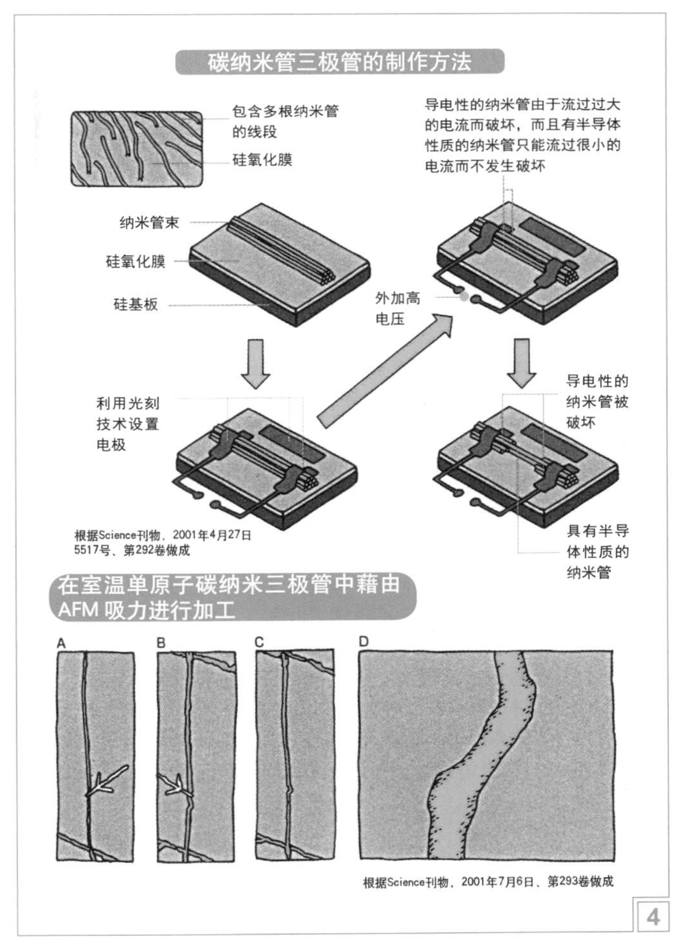

碳纳米管三极管的制作方法
包含多根纳米管的线段
硅氧化膜
导电性的纳米管由于流过过大的电流而破坏，而且有半导体性质的纳米管只能流过很小的电流而不发生破坏
纳米管束
硅氧化膜
硅基板
外加高
电压
利用光刻
技术设置
电极
导电性的
纳米管被
破坏
具有半导
体性质的
纳米管
根据Science刊物，2001年4月27日
5517号、第292卷做成
在室温单原子碳纳米三极管中藉由
AFM 吸力进行加工
A
B
C
D
根据Science刊物，2001年7月6日、第293卷做成
4

名词术语和基本概念

粉体，小粒径，高比表面积，易流动性，高分散性，低熔点，高化学活性

几何学量等量、动力学物理量等量、光与粒子的相互作用量等量，Feret 粒径、Martin 粒径，定方向最大粒径、等投影面积直径、等投影周长直径，圆周度、长短度，粒子粒径分布与测定，DMA 分析仪，粒子密度测定，粒子表面积测定，粉体折射率测定，粉体层附着力的测定，亲水性、疏水性的测定

颚式破碎机，转锤粉碎机，滚磨，针磨，筒磨，球磨，搅拌磨，喷流磨，行星磨，振动筛，移动筛，干式分级机，混料机，自足造粒，强制造粒，液滴固化造粒，粉体输送及供给，粉体分散及除尘，粉体的 CVD 制程，分体的均匀沉淀法制程，粉体表面处理，粉体颗粒附着、凝聚、固结，复合粒子

婴儿爽身粉，淀粉，食盐，砂糖，受控药物释放，液晶屏用隔离子

纳米技术之树，碳纳米管，半导体中的纳米技术，晶体生长技术，薄膜形成技术，光刻及刻蚀技术，生物体的自然光合成，原子力显微镜，扫描探针显微镜，原子微组装

思考题及练习题

4.1 材料做成粉体，会带来哪些物理、化学特征和后续工艺的便利性？
4.2 为什么 PM2.5 比 PM10 更能客观地反映粉尘对空气的污染程度？
4.3 粉体粒径有哪几种计测方法？粉体粒径分布是如何表示的？筛网的“目”是如何定义的？
4.4 对于一个形状复杂的粒子，需要借助哪些参量测定其直径，每种测定方法的使用尺寸范围是多少？
4.5 列举各种粉碎方式。为什么细粉碎比粗粉碎单位体积消耗的粉碎功更大？
4.6 何谓粉体造粒，为什么要造粒，有哪些造粒模式和方法？
4.7 除了机械粉碎之外，还有哪些制作粉体的方法？简述制作过程。
4.8 举例说明粒子表面改性的必要性和粒子表面改性方法。
4.9 给出粉体材料的五种典型应用，每种应用利用了粉体的哪些性质。
4.10 举出碳纳米管（CNT）的性质和主要用途。
4.11 举出身边纳米技术或纳米材料应用的实例。
4.12 纳米材料的尺度为什么定义为 1~100nm？请定量解释。
4.13 举出几种制作纳米材料的方法，分别介绍制作过程。
4.14 展望纳米技术或纳米材料的应用前景。

参考文献

[1] 山本 英夫，伊ヶ崎 文和，山田 昌治．粉の本．日刊工業新聞社，2004 年 3 月
[2] 羽多野 重信，山崎 量平，浅井 信義．はじめての粉体技術．工業調査会，2000 年 11 月
[3] 盖国胜．粉体工程．北京：清华大学出版社，2009 年 12 月
[4] 郑水林．非金属矿物材料．北京：化学工业出版社，2007 年 5 月
[5] 大泊 巌．ナノテクノロジーの本．日刊工業新聞社，2002
[6] 川合 知二．ナノテクノロジーのすべて．工業調査会，2001
[7] 川合 知二．ナノテク活用技術のすべて．工業調査会，2002
[8] 大泊 巌．ナノテクノロジーの本．日刊工業新聞社，2002 年 3 月
[9] 朱静．纳米材料和器件．北京：清华大学出版社，2003 年 4 月
[10] 马小娥，王晓东，关荣峰，张海波，高爱华．材料科学与工程概论．北京：中国电力出版社，2009 年 6 月
[11] 王周让，王晓辉，何西华．航空工程材料．北京：北京航空航天大学出版社，2010 年 2 月
[12] 胡静．新材料．南京：东南大学出版社，2011 年 12 月
[13] 齐宝森，吕宇鹏，徐淑琼．21 世纪新型材料．北京：化学工业出版社，2011 年 7 月
[14] 谷腰 欣司．フェライトの本．日刊工業新聞社，2011 年 2 月

第5章 陶瓷及陶瓷材料

5.1 陶瓷进化发展史——人类文明进步的标志

5.2 日用陶瓷的进展

5.3 陶瓷及陶瓷材料（1）——按致密度和原料分类

5.4 陶瓷及陶瓷材料（2）——按性能和用途分类

5.5 陶瓷及陶瓷材料（3）——结构陶瓷和功能陶瓷

5.6 普通粘土陶瓷的主要原料

5.7 陶瓷成型工艺（1）——旋转制坯成型和注浆成型

5.8 陶瓷成型工艺（2）——干压成型、热压注成型和等静压成型

5.9 陶瓷成型工艺（3）——挤压成型、注射成型和流延成型

5.10 普通陶瓷的烧结过程

5.11 陶瓷的烧成和烧结工艺

5.12 普通陶瓷的组织和结构

5.13 精细陶瓷的组成、组织结构和性能

5.14 结构陶瓷及应用（1）——Al_2O_3

5.15 结构陶瓷及应用（2）——ZrO_2、TiO_2、BeO 和 AlN

5.16 结构陶瓷及应用（3）——SiC 和 Si_3N_4

5.17 低温共烧陶瓷基板

5.18 单晶材料及制作

5.19 功能陶瓷及应用（1）——陶瓷电子元器件

5.20 功能陶瓷及应用（2）——生物陶瓷和换能器件

5.21 功能陶瓷及应用（3）——微波器件、传感器和超声波马达

5.1 陶瓷进化发展史——人类文明进步的标志

5.1.1 China是中国景德镇在宋朝前古名昌南镇的音译

陶瓷材料在材料的大家庭中，远比金属和塑料古老。瓷器与火药、指南针、造纸和活字印刷术等作为中国人的伟大发明，对人类文明进步产生巨大推动作用。

据考证，英文单词“China”是中国景德镇在宋朝前的古名昌南镇的音译，该产地的陶瓷被誉为“白如玉、明如镜、薄如纸、声如磬”。China因陶瓷而作为中国的国名早已享誉全球。时至今日，不少海外人士以收藏中国的古瓷为荣耀。2010年秋，一个清乾隆粉彩镂空瓷瓶以5.5亿人民币拍卖成交，这一创纪录的天价令世人惊愕。

5.1.2 陶器出现在10000年前，秦兵马俑、唐三彩堪称典范

万年仙人洞是14000年前新石器时代古文化遗址。从现有的考古资料来看，是我国首次发现的从旧石器时代向新石器时代过渡的人类活动文化遗迹，其出土的陶瓷，距今一万年以前，是现今已知世界上年代最早的原始陶器之一。

陶器是人类第一次利用天然物质，按照自己的主观意志，创造出来一种崭新的的物件，可以看成是人类最初的手工艺品，标志着人类开始以游猎生活转向定居农牧生活。

古代的人类最初利用大自然的恩赐——粘土制造一些盛器使用，或许是一场森林大火后，人们发现盛器不像其他物品那样被烧掉，反而变得坚硬结实，这可能就是上古陶瓷的起源。人类通过无数次实践发现，只要将粘土单独加水捏成一定形状，并用火煅烧后就可以作为容器使用，这就发明了陶器。陶器的发明，是人类社会发展史上划时代的标志，是人类最早通过化学变化将一种物质改变成另外一种物质的创造性活动。这也标志着人类文化开始从旧石器时代跨入了新石器时代。最早出现的陶器大都是泥质和夹砂红陶、灰陶和夹炭黑陶。

随着陶器制作的不断发展，到新石器时代的晚期，已发展到以彩陶和黑陶为特色的史前文化。其中，仰韶文化又称为“彩陶文化”，龙山文化又称为“黑陶文化”等。

殷商时代（公元前17世纪）出现了釉陶，为从陶过渡到瓷创造了必要的条件，釉陶的出现可以看成是我国陶瓷发展过程中的“第一个飞跃”。

秦兵马俑表明秦代的制陶技术已达到相当高的水平；而唐三彩显示出唐代的彩釉、釉陶技术已达到登峰造极的程度。

唐三彩是一种低温陶瓷，用含铜、铁、钴、锰等矿物作釉料的着色剂，经800℃左右低温烧成，釉色呈绿、黄、蓝、褐等颜色，主要产地为洛阳。

5.1.3 瓷器出现在3000年前，宋代五大名窑、元青花、斗彩、粉彩旷世绝伦

黄河流域和长江以南商周时代遗址的发掘表明，“原始瓷器”在中国已有3000年的历史。

浙江出土的东汉越窑青瓷是迄今为止在我国发现最早的瓷器。中国瓷器在汉、晋时期完成由陶向瓷的过渡以后，进入了普遍发展时期。晋朝（公元265—316年）吕忱的《字林》一书中已经有了“瓷”字。

关于由陶到瓷的发展过程，我国陶瓷发展史上有三个重大突破：原料的选择和精制、窑炉的改进及烧成温度的提高、釉的发现和使用；并经历了三个重要阶段：陶器→原始瓷器→瓷器。

历史上最先出现的瓷器是青瓷。与陶器相比，瓷器质地细腻致密，坚固耐用，而且表面涂上了一层釉，防漏性能有了很大的提高。东汉时，浙江的越窑的青瓷逐渐成熟起来。随着技术的进步，直至魏晋南北朝，青瓷已经独霸中国的瓷器市场。

唐代的越窑青瓷、邢窑白瓷享有盛名。

宋代的五大名窑，定窑（河北曲阳）以白瓷，汝窑（河南汝县）、官窑、哥窑（浙江南郡）以青瓷、裂纹瓷，钧窑（河南禹县）以釉色品种天青、月白、海棠红等闻名于世。

明代景德镇（以宋朝景德年号命名）的青花瓷在技术和工艺上都达到空前的高峰，加之郑和下西洋的传播，在世界范围内产生巨大影响。

清代初叶，我国的制瓷工艺进入十分成熟的阶段。在继承的基础上，又接受了外来的影响，彩釉由五彩、斗彩发展到粉彩与珐琅彩，并创造了各种低温和高温颜色釉。康熙、雍正、乾隆三朝制品尤其精巧华丽。

5.1.4 特种陶瓷应新技术而出现，随高新技术而发展

“特种陶瓷”这一术语最早出现于20世纪50年代的英国。此后又有先进陶瓷、精细陶瓷、高技术陶瓷等多种名称。特种陶瓷是应新技术（电子、空间、激光、计算机、红外等）的要求而出现，随高新技术（平板显示器、白色LED固体照明、新能源、生物、环保等）的发展而发展的。

制作高性能的特种陶瓷，不仅要改变传统陶瓷工艺中口传身教、作坊式的生产模式，而且在原料、成型、烧结、设备及工艺参数控制等方面有许多新的严格要求。

特种陶瓷按高新技术应用领域不同，有结构陶瓷、功能陶瓷、生物陶瓷等之分。

（1）结构陶瓷（工程陶瓷） 主要指发挥其机械、热、化学等功能的材料，以力学性能为主要表征。由于其具耐高温、耐腐蚀、高耐磨、高硬度、高强度、低蠕变等一系列优异性能，可承受其他材料难以胜任的工作环境。导弹的端头和尾部，航天器的耐热蒙皮都离不开耐热陶瓷。

（2）功能陶瓷 主要指利用其电、磁、声、光、热、弹性、铁电、压电和力学等性质及其耦合效应所提供的一种或多种性质来实现某种使用性能的新型陶瓷。

（3）生物陶瓷 生物陶瓷既要满足结构特性又要满足功能特性，一般可分为生物惰性陶瓷，表面活性生物陶瓷，生物可吸收性陶瓷和生物复合材料等几类。

许多特种陶瓷兼具优良的结构和功能特性，在高新技术产业中发挥着不可替代的作用。例如，在核能领域，由铀、钚、钍与非金属元素（氧、碳、氮等）的化合物组成的陶瓷型核燃料具有高熔点、耐腐蚀、辐照稳定性好等得天独厚的优势，一直是人们开发的重点。目前的动力堆普遍采用二氧化铀作核燃料。

再如，陶瓷的成型、烧结工艺为方兴未艾的3D打印技术提供了广阔的天地，该技术既新潮又热门。多孔陶瓷在过滤、吸附、环保、核燃料（便于容纳裂变产物）等领域扮演着越来越重要的角色。

本节重点

（1）China这一名称的来源。
（2）陶器特别是瓷器的发展简史。指出陶器与瓷器的区别。
（3）何谓特种陶瓷，特种陶瓷与普通陶瓷有哪些区别。

陶瓷的发展简史

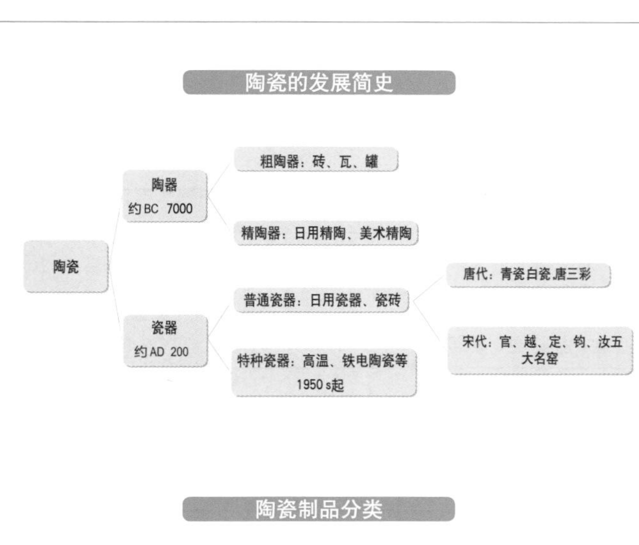

陶瓷制品分类

	原料	烧结温度/°C	烧结过程	微结构	性能	用途	价格/（元/吨）
陶器	黏土	900~1100	未烧结或半烧结	不致密	强度低	砖、瓦、罐等	大约400
陶瓷	黏土、高岭土、石英、长石等	1200~1400	常压烧结	致密	高强，耐腐蚀，耐高温等	日用器皿、建筑制品、陈设品等	大约4000
先进陶瓷或精细陶瓷	$BaTiO_3$，Zr，Al等的氧化物，AlN等氮化物	1600以上	高温热压烧结、气氛烧结等	更致密	功能陶瓷，电、磁、光等相互转化功能	功能材料，如绝热材料、电容器、传感器	200万~1000万

1

古陶瓷展示

秦兵马俑

釉陶

唐三彩

2

宋代五大名窑部分珍贵瓷器

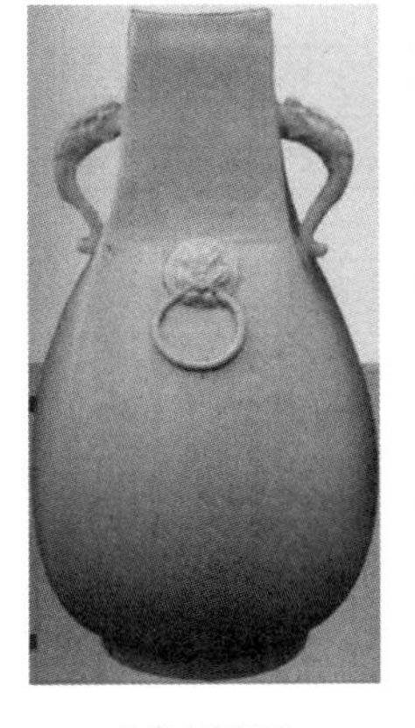

宋代定窑瓷器

宋代官窑瓷器

宋代哥窑瓷器

3

故宫受损的哥窑制品

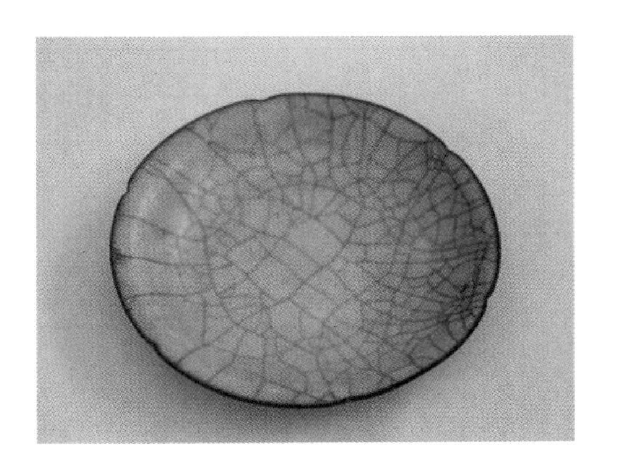

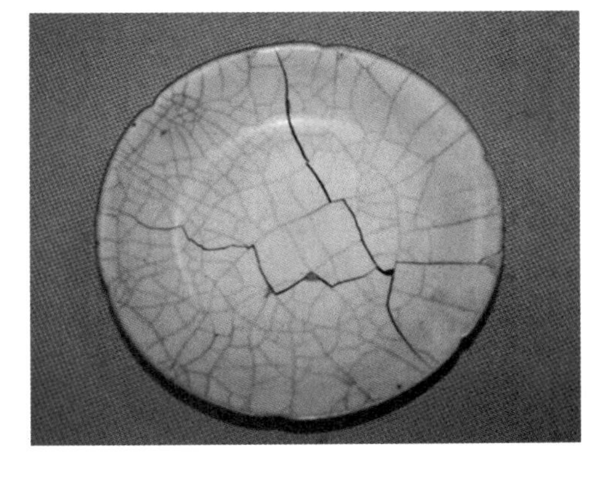

4

5.2 日用陶瓷的进展

普通陶瓷的一种分类方法

类　别	主要种类	按用途、特征、性能等细分的品种
日用陶瓷	餐具	中餐具（盘、碗、碟、羹、壶、杯等） 西餐具（碗、盘、碟、糖缸、奶盅、壶、杯等）
	茶具、咖啡具	茶盘、水果盘、点心盘、杯、壶、碟等
	酒具	酒壶、酒杯、杯托、托盘
	文具	笔筒、笔洗、水盂、EP色盒、笔架
	陈设瓷（美术瓷）	花瓶、灯具、雕塑瓷、薄胎碗等
建筑卫生陶瓷	建筑陶瓷	玻化砖（渗花和非渗花）、彩釉砖、锦砖（马赛克）、内墙砖、外墙砖、腰线砖、广场砖、劈裂砖、园林陶瓷等
	卫生陶瓷	洗面器、大便器、小便器、洗涤器、水箱、水槽、存水弯、肥皂盒、手纸盒、淋浴盒
电瓷	低压电瓷	用于1kV以下的电瓷
	高压电瓷	用于1kV以上的电瓷，如普通高压瓷、铝质高强度瓷
	超高压电瓷	用于500kV以上的电瓷
化工瓷	耐酸砖	耐酸砖、耐酸耐温砖
	耐酸容器	储酸缸、酸洗槽、电解槽、耐酸塔等
	耐酸机械（部件）	耐酸离心泵、风机、球磨机等
	化学瓷	瓷坩埚、蒸发皿、研钵、漏斗、过滤扳、燃烧舟等

我国日用陶瓷分类标准（1）（GB 5001—1985）

类别	性　能　及　特　征			
陶器	吸水率/%	透光性	胎　体　特　征	敲击声
	一般>3	不透光	未玻化或玻化程度差、结构不致密、断面粗糙	沉浊
瓷器	一般≤3	透光	玻化程度高，结构致密、细腻，断面呈石状或贝壳状	清脆

我国日用陶瓷分类标准（2）（GB 5001—1985）

类　别		性　能　及　特　征	
		吸水率/%	特　　征
陶器	粗陶器	>15	不施釉，制作粗糙
	普通陶器	≤12	断面颗粒较粗，气孔较大，表面施釉，制作不够精细
	细陶器	≤15	断面颗粒较细，气孔较小，结构均匀，施釉或不施釉，制作精细
瓷器	炻瓷器	≤3	透光性差，通常胎体较厚，呈色，断面呈石状，制作较细
	普通瓷器	≤1	有一定透光性，断面呈石状或贝壳状，制作较精细
	细瓷器	≤0.5	透光性好，断面细腻，呈贝壳状，制作精细

本节重点

（1）“唐三彩”因何原理得其名称？
（2）宋代五大名窑、窑址及主要制品特征。
（3）在陶瓷制品中，“青花”、“珐琅彩”、“粉彩”分别代表何种含义？

景德镇历代官窑精品

1.《北宋影青瓜棱瓶》宋代青瓷，白里泛青、莹润如玉，创陶瓷美学新境界。
2.《元青花四爱图梅瓶》元青花至经之美之作，超越 2.3 亿元“鬼谷下山罐”，是公认的“无冕青花王”。
3.《明洪武釉里红缠枝牡丹纹玉壶春瓶》创明代瓷器 7852 万元拍卖纪录。
4.《明永乐青花龙唐草纹天球瓶》特选进口“苏麻离青”钴料烧制，极为稀贵的皇家御用龙纹重器。
5.《明成化斗彩海水天马纹天字罐》成化皇帝一生珍爱，御窑厂不惜工本重金烧制，千古独有。
6.《明万历五彩百鹿罐》五彩瓷的巅峰，寓意“五福临门、百年享禄”，两岸故宫瓷罐中的吉祥之首。
7.《清康熙青花指日高升图观音瓶》帝王亲自选派督陶官特别烧制，康熙盛世青花瓷的巅峰巨作。
8.《清雍正珐琅彩题诗过墙梅竹纹盘》唯一由故宫皇家画师绘制，创珐琅盘 4500 万元拍卖最高纪录。
9.《清乾隆粉彩蓝地开光山水转心瓶》乾隆皇帝创意。

1

清乾隆年代后的陶瓷精品

清乾隆青花山水人物石榴罐

清乾隆青花缠枝花卉高足杯

清嘉庆百花极地碗

2

5.3 陶瓷及陶瓷材料（1）——按致密度和原料分类

5.3.1 陶瓷的概念和范畴

一般将那些以粘土为主要原料加上其他天然矿物原料，经过拣选、粉碎、混炼、成型、烧结等工序制作的各类产品称作陶瓷。

例如，我们使用的瓷盘、碗、花瓶等就是日用陶瓷；建房铺地用的外墙砖、瓷质砖、马赛克等均属于建筑陶瓷；输电线路上的瓷绝缘子、瓷套管等属于电工电子陶瓷（简称电瓷）。无论日用陶瓷，还是建筑陶瓷、电瓷等都是传统陶瓷。由于这类陶瓷使用的主要原料是自然界大量存在的硅酸盐矿物（如粘土、长石、石英等），所以又可归属于硅酸盐材料及制品的范畴。

同属硅酸盐材料制品的陶瓷与玻璃，在制作工艺上的最主要差别是前者由烧结而成，而后者由熔凝而成。陶瓷是先成型后烧结，烧结温度一般在1350℃以下（可以出现部分液相），得到的材料为多晶的，制品一般为非透明态；而玻璃制作要经原料熔化、反应、高温（1400～1500℃）澄清阶段，在冷凝过程中成型，得到的材料为非晶态的，制品为透明的。

随着近代科学技术的发展，近百年出现了许多新的陶瓷品种，如氧化物陶瓷、压电陶瓷、金属陶瓷等各种结构和功能陶瓷。虽然它们的生产过程基本上还沿用原料处理 - 成型 - 烧结这种传统的陶瓷生产方法，但所采用的原料已很少使用或不再使用粘土、长石、石英等天然原料，而是以扩大到化工原料和合成矿物，甚至是非硅酸盐、非氧化物原料，如碳化物、氮化物、硼化物、砷化物等。这样，组成范围就扩展到整个无机材料。与之相应，还出现了许多新工艺。

应该说，陶瓷的范围在国际上并无统一概念，在我国及一些欧洲国家，陶瓷仅包括普通陶瓷和特种陶瓷两大类制品，而在日本和美国，陶瓷一词则泛指所有无机非金属材料制品，除传统意义上的陶瓷之外，还包括耐火材料、水泥、玻璃、搪瓷等。

因此，广义的陶瓷概念应是无机非金属固体材料和产品的通称，不管是多晶烧结体，还是单晶、薄膜、纤维等的结构陶瓷和功能陶瓷等无机非金属固体材料和产品，均可称为陶瓷。

陶瓷具有金属和高分子材料所没有的高强度、高硬度和耐腐蚀性等，依用途要求还可具有导电、绝缘、磁性、透光、半导体以及压电、铁电、光电、电光、超导、生物相容性等特殊性能。

陶瓷制品种类繁多，可以不同角度进行分类。

5.3.2 按陶瓷坯体致密度的不同分类——陶器和瓷器

按照陶瓷坯体烧成后致密度的不同，可分为陶器和瓷品：陶器通常含有15%左右的气孔率，且多为开气孔；瓷品的气孔率在5%以下，多为闭气孔。

陶器通常是未烧结或部分烧结、有一定的吸水率、断面粗糙无光、不透明、敲之声音粗哑，有的无釉、有的施釉。陶器又可进一步分为：粗陶器，如盆、罐、砖瓦、各种陶管等；精陶器，如日用精陶、美术陶瓷、釉面砖等。

瓷器的坯体已烧结，质地致密，基本上不吸水，有一定透明性，敲之声音清脆，断面有贝壳状光泽，通常根据需要施有各种类型的釉。瓷器也可进一步分成：细瓷，如日用陶瓷（长石瓷、绢云母瓷、骨灰瓷等）、美术瓷、高压电瓷、高频装置；特种陶瓷，如高铝质瓷、压电陶瓷、磁性瓷、金属陶瓷等。

介于陶与瓷之间的一类产品，就是国际上通常指的炻器，也就是半瓷质，主要有日用炻器（如紫砂壶、农村用的水缸）、卫生陶瓷、化工陶瓷、低压电瓷、地砖、锦砖、青瓷等。

5.3.3 按陶瓷制品的性能和用途分类——普通陶瓷和特种陶瓷

普通陶瓷即为陶瓷概念中的传统陶瓷，是人们生活和生产中最常见和使用的陶瓷制品，根据其使用领域的不同，又可分为日用陶瓷（包括艺术陈设陶瓷）、建筑卫生陶瓷、化工陶瓷、化学瓷、电瓷及其他工业用陶瓷。这类陶瓷制品所用的原料基本相同，生产工艺技术亦相近。

特种陶瓷是指普通陶瓷以外的广义陶瓷概念中所涉及的陶瓷材料和制品，用于各种现代工业和尖端科学技术，按其特性和用途，又可分为结构陶瓷和功能陶瓷两大类（详见5.19节～5.21节）。

结构陶瓷是指作为工程结构材料使用的陶瓷材料，它具有高强度、高硬度、高弹性模量、耐高温、耐磨损、耐腐蚀、抗氧化、抗热震等特性。主要用于耐磨损、高强度、耐热、耐热冲击、硬质、高刚性、低热膨胀性、高热导和隔热等结构陶瓷陶瓷材料，大致可分为氧化物陶瓷、非氧化物陶瓷和结构用的陶瓷基复合材料等。

功能陶瓷是指具有电、磁、光、声、超导、化学、生物等特性，且具有互相转化功能的一类陶瓷，大致可分为电子陶瓷（包括电绝缘、电介质、压电、热释电、铁电、敏感、导电、超导、磁性等陶瓷）、透明陶瓷、生物与抗菌陶瓷、发光与红外辐射陶瓷、多孔陶瓷、电磁功能、光电功能和生物 - 化学功能等陶瓷制品和材料。另外，还有核陶瓷材料和其他功能材料等。

5.3.4 按陶瓷原料分类——氧化物陶瓷和非氧化物陶瓷

氧化物陶瓷是以一种或数种氧化物为主要原料，其他氧化物为添加剂，经高温烧结制成的陶瓷。主要品种有Al_2O_3、MgO、ZrO_2、BeO及莫来石等。具有高强、耐高温（熔点高于1850℃）、化学稳定性好、电绝缘、脆性大、抗拉强度低等特性。用作高温窑炉高温耐火材料、隔热材料、熔炼金属或合金坩埚及有关容器、发动机及航天设备的高级耐高温耐火材料或耐烧蚀部件、核反应堆用的核燃料、中子减速剂、陶瓷刀具、研磨材料、轴承和机械密封件，是目前应用最广泛的工程陶瓷。

非氧化物陶瓷是以非氧化物为主相的陶瓷材料。包括氮化物、碳化物、硼化物、硅化物等。具有高强度、高硬度、耐腐蚀及良的高温力学性能，在一定温度下易氧化。主要用于高温结构材料、耐磨材料、高导热材料、贵金属熔炼、切削刀具等。

本节重点

（1）指出陶瓷与玻璃的区别，请以原料、制作工艺、组织结构、性能和应用等方面考虑。
（2）陶瓷（ceramics）在不同的国家的不同含义。
（3）普通陶瓷按用途是如何分类的？精细陶瓷按材料是如何分类的？

陶瓷材料按世代的进展

世代	特征	典型代表
第 1 代（陶器）	陶器出现在 10000 年前，秦兵马俑、唐三彩堪称典范。 以天然粘土为原料，以木材为燃料烧制成的烧结品。品质管理主要靠手艺和经验。 采用这种方法的陶瓷工业生产从 20 世纪 50 年代起已渐退历史舞台。 但作为陶艺作品的烧成物制作，近年来又逐渐兴盛起来。	
第 2 代（瓷器）	瓷器出现在 3000 年前，宋代五大名窑、元青花、斗彩、粉彩旷世绝伦。 普通陶瓷一般以粘土、高岭土、石英、长石为原料（有的要精选），在较高的温度下，按使用领域不同，烧制成日用陶瓷、建筑卫生陶瓷、化工陶瓷、化学瓷、电瓷及其他工业用陶瓷。 通过对天然原料的精制，在对温度和气氛比较严格控制的条件下进行烧制。汽车及飞机引擎用的火花塞，是第二代陶瓷的优秀代表。	
第 3 代（精细陶瓷）	采用高纯度的合成原料粉体，对烧结体的组织进行严密控制的条件下烧制的陶瓷。 第 3 代陶瓷的第一期为氧化铝制的 LSI 基板。同时又出现 ZrO_2、SiC、Si_3N_4、$BaTiO_3$ 等精细陶瓷。 陶瓷发动机用陶瓷部件的制作特别需要精密的组织控制。20 世纪 80 年代日本通产省曾大力推进陶瓷发动机的开发并将这种陶瓷命名为精细陶瓷。尽管陶瓷发动机的开发遇到巨大困难而停滞，但精细陶瓷却顽强生长并不断结出果实。 陶瓷电子材料（电子陶瓷）制造也需要与半导体制造不相上下的严格管理。 广义上讲（也是为了处理方便），通常也将玻璃、碳素、Si 及化合物半导体等归于第 3 代陶瓷一起讨论和处理。	

1

按原料对传统陶瓷和精细陶瓷的分类

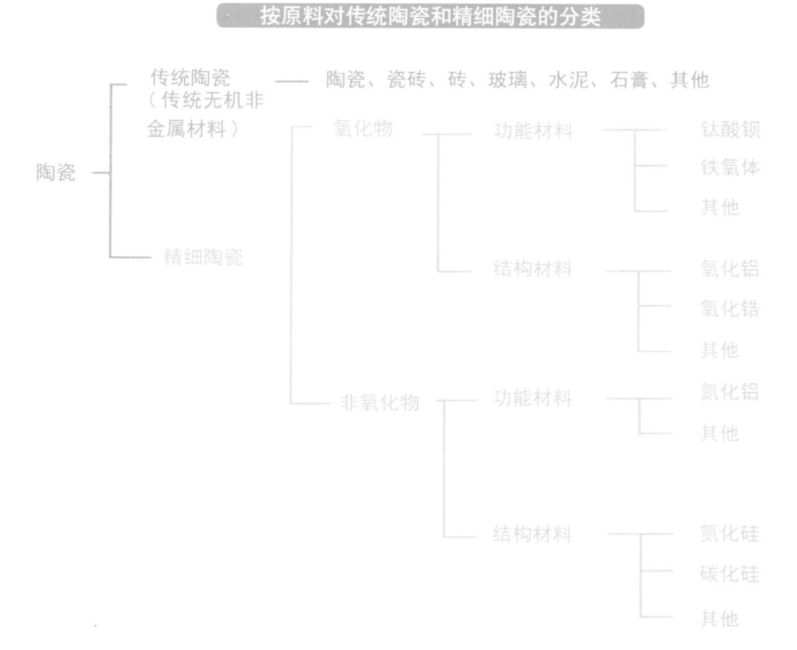

2

5.4 陶瓷及陶瓷材料（2）——按性能和用途分类

5.4.1 普通陶瓷和精细陶瓷

精细陶瓷又称高性能陶瓷、高技术陶瓷。按其用途可分为结构陶瓷和功能陶瓷两大类。前者主要利用它们的高硬度、高熔点、耐磨损、耐腐蚀性能，又称工程陶瓷；后者主要利用它们的光、声、电、热、磁等物理特性，又称电子陶瓷。按化学组成分类可分为氧化物类和非氧化物类。前者包括各种氧化物和含氧酸盐，一般用作功能陶瓷；后者包括氮化物、碳化物、硼化物等，一般用作结构陶瓷。

精细陶瓷与传统陶瓷的根本区别在于可以从原料的选择制备、后续的制造工艺方法实施严格控制，可以得到实际中需要的、具有不同性能要求的陶瓷材料。精细陶瓷与传统陶瓷相比，在原料上突破了传统陶瓷以粘土为原料的界限，特种陶瓷一般以氧化物、氮化物、硅化物、碳化物、硼化物等为主要原料，主要区别在于精细陶瓷的各种化学组成、形态、粒度和分布等可以得到精确控制。在成分上，精细陶瓷的原料是纯化合物，因此成分由人工配比决定，其性质的优劣由原料的纯度和工艺，而非像传统陶瓷一样由产地决定。在制备工艺上，精细陶瓷多采用静压、注射成型和气相沉积等先进成型方法，可获得密度分布均匀和相对精确的坯体尺寸，坯体密度也有较大提高；烧结方法上突破了传统陶瓷以炉窑为主要生产手段的界限，广泛采用真空烧结、保护气氛烧结等手段。在性能上，精细陶瓷具有不同的特殊性质和功能，如高强度、高硬度、耐腐蚀、导电等各方面的特殊性能，从而使其在高温、机械、电子等方面得到广泛应用。

5.4.2 精细陶瓷举例

精细陶瓷按所用原料，有氧化物陶瓷和非氧化物陶瓷之分（见表 1）；按应用领域，可分为电磁、光学用，机械领域用，热、半导体用，化学、生物、生活文化用，通用及其他用等（见表 2），但总体上可分为结构陶瓷应用和功能陶瓷应用。

功能陶瓷方面，1987 年发现的钇钡铜氧陶瓷在 98K 时具有超导性能，为超导材料的实用化开辟了道路，成为人类超导研究历程的重要里程碑。压电陶瓷在力的作用下表面就会带电，反之若给它通电就会发生机械变形。电容器陶瓷能储存大量电能，目前全世界每年生产的陶瓷电容器达百亿支，在计算机中完成记忆功能。结构陶瓷方面，氧化铝陶瓷（人造刚玉）是一种极有前途的高温结构材料，可作高级耐火材料，如坩埚、高温炉管等。氮化硅陶瓷也是一种重要的结构材料，是一种超硬物质，密度小、本身具有润滑性，且耐磨损，抗腐蚀能力强，常用于制造轴承、汽轮机叶片、机械密封环、永久性模具等机械构件。氮化硼陶瓷是一种新兴的工业材料，是随着宇宙航空和电子工业发展而发展起来的，在工业上有广泛用途。

5.4.3 结构陶瓷和功能瓷器

结构陶瓷主要是指发挥其机械、热、化学等性能的一大类新型陶瓷材料，是作为结构部件的特种陶瓷，由单一或复合的氧化物组成，如单纯由 Al_2O_3、ZrO_2、SiC、Si_3N_4，或相互复合，或与碳纤维结合而成，用于制造陶瓷发动机和耐磨、耐高温的特殊构件。它可以在许多苛刻的工作环境下服役，因而成为许多新兴科学技术得以实现的关键。例如，在空间技术领域，制造宇宙飞船需要能承受高温和温度急变、强度高、重量轻且长寿的结构材料和防护材料，在这方面，结构陶瓷占有绝对优势，从第一艘宇宙飞船即开始使用高温与低温的隔热瓦，碳 - 石英复合烧蚀材料已成功地应用于发射和回收人造地球卫星。在军事工业的发展方面，先进的亚音速飞机的成败就取决于具有高韧性和高可靠性的结构陶瓷和纤维补强的陶瓷基复合材料的应用。另外在光通信产业、集成电路制造业、冶金、能源、机械等领域也有重要的应用。

功能陶瓷是指以电磁光声热力化学和生物学信息的检测转换耦合传输及存储功能为主要特征的一种陶瓷材料，这类材料通常具有某些特殊功能，而这些性质的实现往往取决于其内部的电子状态或原子核结构，因此功能陶瓷又称电子陶瓷。功能陶瓷是一类颇有灵性的材料，它们或能感知光线，或能区分气味，或能储存信息，在电、磁、声、光、热等方面具备其他材料难以企及的优异性能，已在能源开发、电子技术、传感技术、激光技术、光电子技术、红外技术、生物技术、环境科学等方面有广泛应用。例如，热敏陶瓷可感知微小的温度变化，用于测温、控温；而气敏陶瓷制成的气敏元件能对易燃、易爆、有毒、有害气体进行监测、控制、报警和空气调节；而用光敏陶瓷制成的电阻器可用作光电控制，进行自动送料、自动曝光和自动记数。磁性陶瓷是部分重要的信息记录材料。此外，还有半导体陶瓷、绝缘陶瓷、介电陶瓷、发光陶瓷、感光陶瓷、吸波陶瓷、激光用陶瓷、核燃料陶瓷、推进剂陶瓷、太阳能光转换陶瓷、贮能陶瓷、陶瓷固体电池、阻尼陶瓷、生物技术陶瓷、催化陶瓷、特种功能薄膜等，在自动控制、仪器仪表、电子、通讯、能源、交通、冶金、化工、精密机械、航空航天、国防等部门均发挥着重要作用。

5.4.4 对结构陶瓷和功能陶瓷的特殊要求

材料中的结构材料主要是指利用其强度、硬度、韧性等机械性能制成的各种材料。金属作为结构材料一直以来被广泛使用，但是由于金属易受腐蚀，在高温时不耐氧化，不适合在高温时使用。结构陶瓷正是弥补了金属材料的这些缺点。它具有能经受高温、不怕氧化、耐酸碱腐蚀、硬度大、耐磨损、密度小等特点，作为高温结构材料非常合适。而功能陶瓷在光、声、电、热、磁等方面具有特殊的物理性能，可用于声、光、力、热、磁等信号与电信号的转换。

要满足对结构陶瓷和功能陶瓷的这些特殊要求，在原料选择和处理、烧结工艺、后续加工和处理等方面都要采取特殊措施。仅以烧结工艺为例，不仅烧结温度高，有的还需要采用反应烧结和热压烧结，热等静压烧结，微波加热烧结，放电等离体烧结。

本节重点

（1）指出精细陶瓷和传统陶瓷的主要区别，请从原料、制作工艺、组织结构、性能和应用等方面考虑。
（2）在氧化物和非氧化物精细陶瓷的应用中都利用了哪些性能，请从化学键合的角度加以说明。
（3）举出日常生活中精细陶瓷的应用实例。

精细陶瓷按所用原料的分类

材料名称		定义及示例
氧化物	Al_2O_3	在具有尖端技术的电子• 精密构件中使用的高纯度•低碱•微细粉末（电化学腐蚀•烧结•锻烧氧化铝•研磨用微粉等）
	SiO_2（天然及加工）	包括高纯度、可控制粒状的石英粉，单结晶水晶记载着特定的形态
	SiO_2（合成）	包括用湿式以及干式法合成的二氧化硅，超微细粉末的二氧化硅（干燥用的硅胶除外）
	ZrO_2	包括稳定化的氧化锆，部分稳定化的氧化锆
	TiO_2	涂料用颜料除外
	ZnO	涂料用颜料除外
	$BaTiO_3$	包括其他钛酸盐（Ca、Sr等）
	PZT等	包括PLZT
	铁氧体类	软质铁氧体以及硬质铁氧体（含磁性粉末）
	$Al(OH)_3$	如高白氢氧化铝
非氧化物	SiC	包括成型体•磨削材料用磨粒
	WC	包括成型体•磨削材料•涂覆用磨粒
	BN（h型）	成型体，散热，填料，硼扩散材料，润滑剂，离型剂等用 包括工具，超硬材料，p-BN（坩埚的涂覆材料）等
	BN（其他）	成型体，散热材料，光学用等
	AlN	成型体•磨削材料用等（包括Sialon陶瓷的原料•中间体）
	Si_3N_4、石墨及炭料	面向合成以及天然石墨，耐热•导电•耐腐蚀等高档用途（炭黑、活性炭、木炭除外）

资料来源：日本精细陶瓷协会

1

精细陶瓷构件按应用领域的分类

精细陶瓷构件	代表性构件
电磁•光学用构件	绝缘性：IC封装、功能封装等、基板、线路基板、绝缘体制品、其他 半导体：温度传感器、光传感器、压力传感器、化合物半导体制品等 导电性：电极、电池用构件、发热体、热敏电阻、可变电阻等 磁性：铁氧体磁石•芯、磁头、存储器构件、薄膜磁头等 介电性：陶瓷电容器、电解电容器等 压电性：压电体、陶瓷过滤器、谐振器、超声波振荡器 晶体振荡器：晶体振荡器、晶体谐振滤波器 其他：谐振器/滤波器、连接器、开关构件等 光学：光纤、光连接器、光电转换元件、光缆材料
机械方面用构件	工具•高硬度：WC工具、金属陶瓷工具、陶瓷工具、金刚石工具、cBN工具、涂覆工具等 耐磨性：粉体处理装置的构件、泵、液体处理装置的构件、喷嘴等 其他：精密仪器的构件、精密夹具、陶瓷复合材料构件等
热•半导体相关构件	高温高强度：火花塞、发动机构件、（摇臂、热线引火塞、阀等）、火箭宇宙飞船的构件等 高温耐腐蚀：热处理夹具、喷嘴、坩埚、调节器、匣钵等 半导体相关的：感受器、加热器、静电吸盘、溅射靶、半圆形罩等 原子能相关的：控制材料、轴承、滤波器等 其他：锅炉用耐热构件•隔热构件、纤维应用制品、保护管等
化学•活体生物•生活文化用构件	化学：浓度传感器类、触媒、触媒载体、陶瓷过滤器等 生物：生物反应器用载体、活体生物材料（人工齿根、人工关节等）等 生活文化：体育•休闲用品、厨房用品、抗菌性陶瓷构件、珠宝饰品等
通用构件•其他	中间电极构件：各种陶瓷屏极、喷镀材料等 复合材料零件：导电复合体、防静电复合体、绝热•隔热复合体等 其他：使用通用构件的中间制品、复合•系统产品等

资料来源：日本精细陶瓷协会

2

5.5 陶瓷及陶瓷材料（3）——结构陶瓷和功能陶瓷

包括结构陶瓷和功能陶瓷在内的精细陶瓷品种繁多、性能各异，在力学、光学、生物、微电子、能源、环保与节能、超导等诸多领域都能得到应用。随着科学技术的不断进步，会对精细陶瓷材料的品种、性能、形状、精密度等方面，提出更加苛刻的要求，我们只有不断地开发与采用新的制备工艺与装备，创造新的材料体系，才能使陶瓷新材料在国民经济各个领域中发挥更大的作用。

在性能上，特种陶瓷具有不同的特殊性质和功能，如高强度、高硬度、耐腐蚀、导电、绝缘以及在磁、电、光、声、生物工程各方面具有的特殊功能，从而使其在高温、机械、电子、宇航、医学工程各方面得到广泛的应用。

例如，电子陶瓷应用于水声技术、超声技术、高电压发生装置、滤波器等；半导体陶瓷包括热敏湿敏、压敏、光敏、气敏半导体陶瓷；热释电陶瓷应用于热释电红外探测器（红外传感器）、入侵报警、火焰探测、红外热像仪等；铁电陶瓷应用于电容器、光储存、显示、电闸等。包括扫描电子显微镜、照相机快门、调光器元件、海底立体观察器等；生物陶瓷包括用于外科矫形手术的假体、心血管装置的惰性生物陶瓷。用于人工耳骨、人工牙齿、人工颌骨的表面活性生物陶瓷。用于骨修复的吸收性生物陶瓷以及生物复合材料等。

精细结构陶瓷的主要种类、组成、特性及应用

分类		材料	特性	应用范围
氧化物陶瓷	氧化铝陶瓷	Al_2O_3	硬度高、强度高，良好的化学稳定性和透明性	装置瓷、电路基板、磨具材料，刀具，钠灯管，红外检测材料，耐火材料
	氧化锆陶瓷	ZrO_2	耐火度高，比热容和热导率小，化学稳定性好，高温绝缘性好	冶炼金属的耐火材料，高温离子导体，氧传感器，刀具等
	氧化镁陶瓷	MgO	介电强度高，高温体积电阻率高，介电损耗低，高温稳定性好	碱性耐火材料，冶炼高纯度金属的坩埚等
	氧化铍陶瓷	BeO	良好的热稳定性、化学稳定性、导热性、高温绝缘性和核性能	散热器件，高温绝缘材料，反应堆装置减速剂，防辐射材料等
	莫来石瓷	Al_2O_3-SiO_2	高的抗热震性、耐腐蚀	耐化学腐蚀件，炉窑材料
非氧化物陶瓷	氮化硅陶瓷	Si_3N_4	高温稳定性好，高温蠕变、摩擦系数、密度、热膨胀系数小，化学稳定性好，强度高	燃气轮机部件，核聚变屏蔽材料，耐热、耐腐蚀材料，刀具等
	碳化硅陶瓷	SiC	较高的硬度、强度、韧性，良好的导热性、导电性	耐磨材料，热交换器，耐火材料，发热体，高温机械部件，磨料磨具等
	氮化硼陶瓷	BN	熔点高，比热容、热膨胀系数小，良好的绝缘性，化学稳定性好，吸收中子和红外线	高温固体润滑剂，绝缘材料，反应堆的结构材料，耐火材料，场致发光材料等
	赛隆陶瓷	Si_3N_4 -Al_2O_3	较低的热膨胀系数，优良的化学稳定性，高的低温、高温强度，高的耐磨性	高温机械部件，耐磨材料等

本节重点

（1）氧化铝（Al_2O_3）陶瓷有哪些优良特性，举出其实际应用。
（2）氧化锆（ZrO_2）陶瓷有哪些优良特性，举出其实际应用。
（3）碳化硅（SiC）陶瓷有哪些优良特性，举出其实际应用。

功能陶瓷的主要种类、组成、特性及应用

分类	种类	典型材料与组成	特性	主要用途
电功能陶瓷	绝缘陶瓷	Al_2O_3，BeO，MgO，AlN，SiC	高绝缘性	集成电路基片，装置瓷、真空瓷、高频绝缘陶瓷等
	介电陶瓷	TiO_2，$La_2Ti_2O_7$，$Ba_2Ti_9O_{20}$	介电性	陶瓷电容器，微波陶瓷
	铁电陶瓷	$BaTiO_3$，$SrTiO_3$	铁电性	陶瓷电容器
	压电陶瓷	PZT，PT，LNN，$(PbBa)NaNb_5O_{15}$	压电性	换能器，谐振器，滤波器，压电变压器，压电电动机，声纳
	导电陶瓷	$LaCrO_3$，ZrO_2，SiC，Na-（β-Al_2O_3），$MoSi_2$	离子导电性	钠硫电池固体电解质，氧传感器
	热释电陶瓷	$PbTiO_3$，PZT	热电性	探测红外辐射计数和温度测量
	高温超导陶瓷	La-Ba-Cu-O，Y-Ba-Cu-O	超导性	电力系统，磁悬浮，选矿，探矿，电子器件
磁功能陶瓷	软磁铁氧体	Mn-Zn 铁氧体	软磁性	记录磁头，磁芯，电波吸收材料
	硬磁铁氧体	Ba 铁氧体，Sr 铁氧体	硬磁性	铁氧体磁石
	记忆用铁氧体	Li、Mg、Ni、Mn、Zn 与铁形成的尖晶石型铁氧体	磁性	计算机磁芯
热学陶瓷	耐热陶瓷	Al_2O_3，ZrO_2，MgO，Si_3N_4，SiC	耐热性	耐火材料
	隔热陶瓷	氧化物纤维，空心球	隔热性	隔热材料
	导热陶瓷	BeO，AlN，SiC	导热性	基板
光功能陶瓷	透明陶瓷	Al_2O_3，MgO，BeO，Y_2O_3，ThO_2，PLZT	透光性	高压钠灯，红外输出窗材料，激光元件，光存储元件，光开关
	红外辐射陶瓷	SiC 系，Zr-Ti-Re 系，Fe-Mn-Co-Cu 系	红外辐射性	SiC 红外辐射器，保暖内衣，红外医疗仪，水活化器，生物助长器
	发光陶瓷	ZnS:Ag/Cu/Mn	光致发光	路标标记牌，显示器标记，装饰，电子工业，国防工业
敏感陶瓷	热敏陶瓷	PTC，NTC	半导性、传感性	热敏电阻（温度控制器），过热保护器
	湿敏陶瓷	$MgCr_2O_4$-TiO_2，ZnO-Cr_2O_3 等	传感性	湿度测量仪，湿度传感器
	气敏陶瓷	SnO_2，α-Fe_2O_3，ZrO_2，ZnO 等	传感性	气体传感器，氧探头，气体报警器
	光敏陶瓷	CdS，CdSe	传感性	光敏电阻，光传感器，红外光敏元件
	压敏陶瓷	ZnO，SiC	传感性	压力传感器
生物抗菌陶	生物惰性陶瓷	Al_2O_3，单晶，微晶	生物相容性	人工关节
	生物活性陶瓷	HAP，TCP	生物吸收性	人工骨材料
	诊断用陶瓷	压电，磁性，光纤	诊断传感器	用于内科、外科、妇产科、皮肤科的诊断仪器，超声波治疗、诊断，检测器
	银系抗菌陶瓷	沸石载银，磷酸锆载银	抑制和杀灭细菌	抗菌日用瓷，抗菌建筑卫生瓷
	钛系抗菌陶瓷	TiO_2+Re	光催化杀菌	抗菌陶瓷制品，抗菌涂料
多孔化学陶瓷	化学载体陶瓷	Al_2O_3 瓷，堇青石等	吸附性载体	固定酶载体，催化剂载体，生物化学反应控制装置
	蜂窝陶瓷	堇青石，钛酸铝	催化载体性	汽车尾气净化器用催化载体，热交换器
	泡沫陶瓷	高铝、低膨胀材料	过滤用网络多孔性	金属铝液、镁合金液过滤，轻质隔热材料

5.6 普通粘土陶瓷的主要原料

5.6.1 粘土类原料

陶瓷工业中使用的原料品种繁多，但主要涉及三类主要原料：具有可塑性的粘土类原料、具有非可塑性的石英类原料和熔剂性的长石类原料。

粘土又称无序高岭石，以高岭石（$Al_2O_3 \cdot 2SiO_2$）为主要矿物成分的天然硅酸铝质材料，化学组成大致为（$Al_{1.8}Fe_{0.1}Mg_{0.2}$）$[Si_2O_5](OH)_4$，它是自然界中的硅酸盐岩石（如长石、云母等）经过长期风化作用而形成的一种土状矿物混合体；为细颗粒的含水铝硅酸盐，具有层状结构。粘土的化学成分主要是 SiO_2、Al_2O_3 和 H_2O，以及少量的 K_2O、Na_2O、CaO、MgO、Fe_2O_3、TiO_2 等。粘土是最基本、最常用的原料。主要提供陶瓷制品的化学组成中必需的 SiO_2，Al_2O_3 等物质，提供陶瓷生产中必需的塑性、粘结和悬浮等工艺性能，使坯体获得较大的密度、具有良好的耐火性能，良好的使用性能（具有良好的机械能和热稳定性）。粘土矿种类齐全，分布面广，主要分为硬质粘土和软质粘土两类。软质粘土具有好的分散性和可塑性，常称为结合粘土通常将硬质粘土高温煅烧，用作制砖熟料，软质粘土直接用作制砖结合剂。耐火粘土主要用于制造粘土质、高铝质耐火砖、耐火泥和陶瓷匣钵等。

粘土在陶瓷制作的作用主要有以下几点：

（1）粘土的可塑性——与适量的水混炼后形成的泥团在一定外力作用下变形而不开裂，当外力撤出后仍能保持其形状不变的性质，是陶瓷泥坯赖以成型的基础。

（2）粘土的结合性——粘土能够粘接一定细度的非塑性物料，形成良好的可塑泥团并有一定干燥强度的性能，是将各种原料结合在一起的基础，并有利于坯体的成形加工。

（3）粘土能使注浆泥料与釉料具有良好的悬浮性和稳定性，使浆料组分均匀，不至于沉淀分层。

（4）粘土原料中的 Al_2O_3 是陶瓷坯体生成莫来石（$3Al_2O_3 \cdot 2SiO_2$）主晶相的主要成分，而莫来石相能赋予陶瓷产品良好的机械强度、介电性能、热稳定性和化学稳定性等。

（5）粘土中 Al_2O_3 及杂质的多少是决定陶瓷坯体的烧结程度、烧结温度和软化温度的主要因素，据此可获得多品种的陶瓷产品。

5.6.2 石英类原料

自然界中二氧化硅结晶矿物可以统称为石英。石英的化学成分为 SiO_2，常含有少量杂质成分，如 Al_2O_3、Fe_2O_3、CaO、MgO、TiO_2 等。在陶瓷工业中常用的石英类原料有脉石英、砂岩、石英岩、石英砂、燧石、硅藻土等。石英有多种结晶形态和一个非晶态，最常见的晶型是 α- 石英、β- 石英、α- 鳞石英、β- 鳞石英、γ- 鳞石英、α- 方石英和 β- 方石英。在一定的温度和其他条件下，这些晶型会发生相互转化。

石英原料在陶瓷生产中的作用可以概括为：

（1）石英是瘠性原料，可对泥料的可塑性起调节作用，能降低坯体的干燥收缩，缩短干燥时间并防止坯体变形。

（2）在烧成时，石英的加热膨胀可部分补偿坯体收缩影响；高温时石英部分地溶解于液相中，增加熔体的粘度；而未溶解的石英颗粒构成坯体的骨架，可防止坯体发生变形和开裂。

（3）石英能改善瓷器的白度和透光性。

（4）SiO_2 是釉料中玻璃质的主要组分，增加釉中石英的含量，可相应提高釉的熔融温度及粘度，并减少釉的热膨胀系数。同时，石英还可赋予釉以较高的机械强度、硬度、耐磨性及耐化学腐蚀性。

5.6.3 长石类原料

长石是地壳上分布广泛的矿物，其化学组成为不含水的碱金属与碱土金属的铝硅酸盐。这类矿物的特点是有较统一的结构规则，属空间网架结构硅酸盐。

长石种类很多，但归纳起来都是由钾长石（$KAlSi_3O_8$）、钠长石（$NaAlSi_3O_8$）、钙长石（$CaAl_2Si_6O_{16}$）、钡长石（$BaAl_2Si_6O_{16}$）这四种长石组合而成，很少见到组成单一的长石。因长石中含有钾、钠等低熔物，在陶瓷成型过程中是瘠性物料而在烧结过程中是熔剂，在釉料、坯料、色料和溶剂中大量使用，是日用陶瓷的三大原料之一。生产中一般使用的所谓钾长石，实际上是含钾为主的钾钠长石；而所谓的钠长石，实际上是含钠为主的钾钠长石。一般含钙的斜长石在日用陶瓷生产中较少应用。

在陶瓷生产中，长石可作为坯料、釉料、色料的熔剂，概括起来，有下述作用：

（1）是坯料中碱金属氧化物的主要来源，能降低陶瓷的烧成温度；熔融的长石形成粘稠的玻璃体；在高温下熔解部分高岭土分解产物和石英颗粒，促进成瓷反应。

（2）在液相中，Al_2O_3 和 SiO_2 相互作用，促进莫来石（$3Al_2O_3 \cdot 2SiO_2$）晶体的形成和长大，赋予坯体机械强度和化学稳定性。

（3）高温下长石熔体具有粘度，起到高温热塑和胶结作用，防止高温变形。

（4）长石熔化后形成的液相能填充于各结晶颗粒之间，可减少坯体空隙，增大致密度；冷却后的长石熔体，构成瓷的玻璃基质，增加透明度，提高坯体的强度和介电性能；长石在釉料中是形成玻璃相的主要成分，可提高釉面光泽和使用性能。

（5）长石作为瘠性原料，可缩短坯体干燥时间，减少坯体的干燥收缩和变形等。

5.6.4 其他原料

除上述三大类原料外，在陶瓷生产中依不同目的，还采用如下一些矿物原料：①滑石、蛇纹石；②硅灰石和透辉石；③骨灰、磷灰石；④碳酸盐类原料；⑤叶蜡石；⑥工业废渣及废料。

陶瓷工业还需要一些辅助原料，如腐植酸钠、水玻璃、石膏等。另外，还有各种外加剂，如助磨剂、助滤剂、解凝剂、增塑剂、增强剂等。

化工原料对于陶瓷而言主要是用来配制釉料，用作釉的乳浊剂、助熔剂、着色剂等，坯料加工过程中有时也加入少量化工原料作助剂。在普通陶瓷制品的装饰用颜料中，采用了许多化合物着色剂。用作乳浊剂、助熔剂的化工原料主要有 ZnO、SnO_2、CeO_2、Pb_3O_4、H_3BO_3（硼酸）、$Na_2B_4O_7 \cdot 10H_2O$（硼砂）、Na_2CO_3、$CaCO_3$、KNO_3 等。

本节重点

（1）粘土类原料在普通粘土陶瓷制作中的作用。
（2）石英类原料在普通粘土陶瓷制作中的作用。
（3）长石类原料在普通粘土陶瓷制作中的作用。

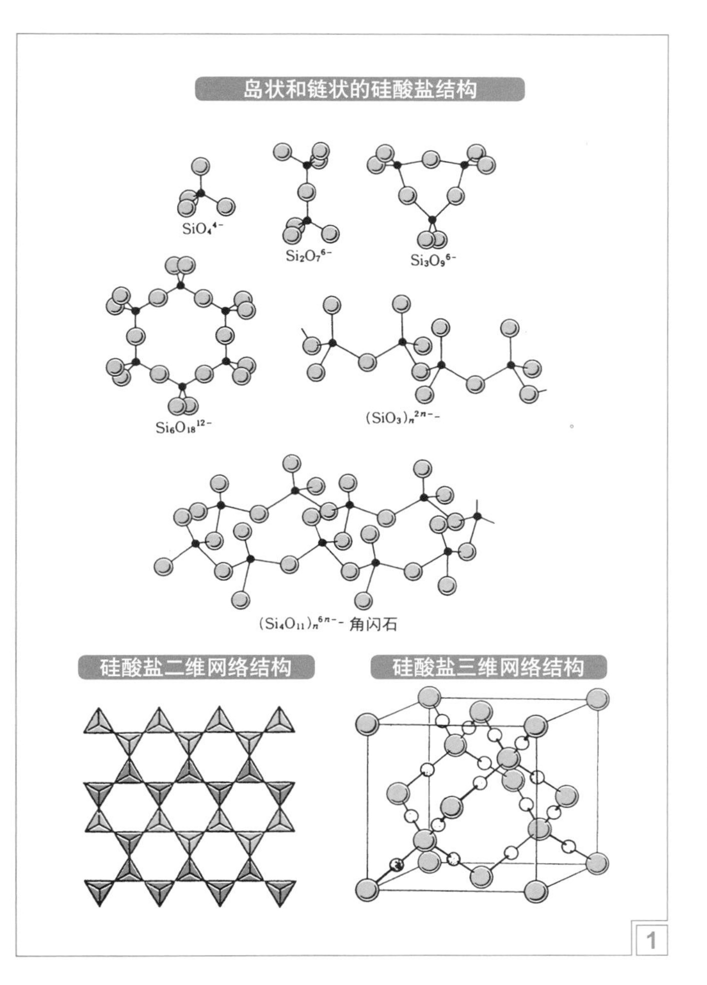

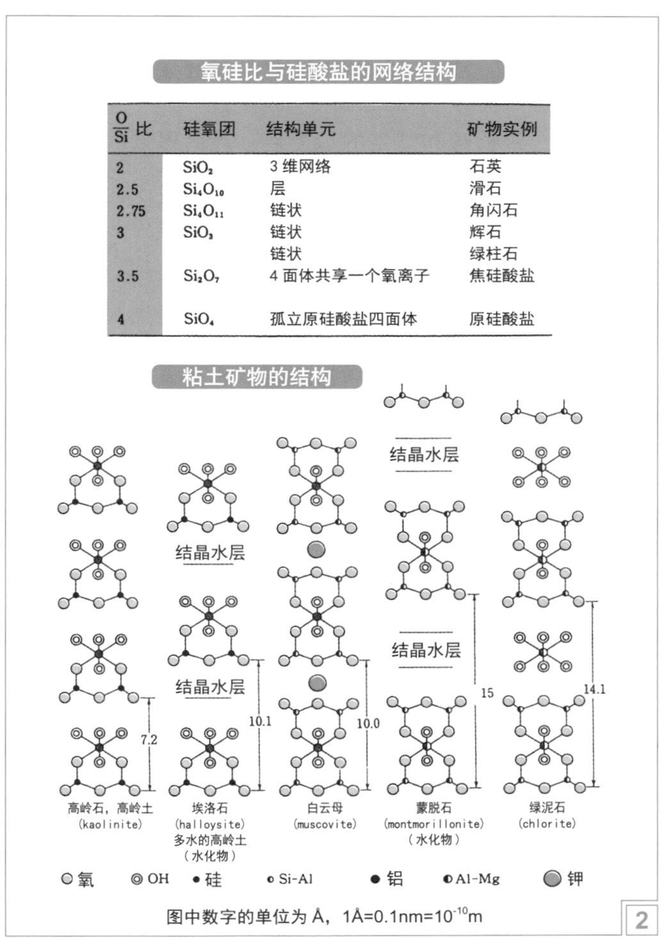
氧硅比与硅酸盐的网络结构

$\frac{O}{Si}$ 比	硅氧团	结构单元	矿物实例
2	SiO_2	3 维网络	石英
2.5	Si_4O_{10}	层	滑石
2.75	Si_4O_{11}	链状	角闪石
3	SiO_3	链状	辉石
		链状	绿柱石
3.5	Si_2O_7	4 面体共享一个氧离子	焦硅酸盐
4	SiO_4	孤立原硅酸盐四面体	原硅酸盐

图中数字的单位为 Å，1Å=0.1nm=10^{-10}m

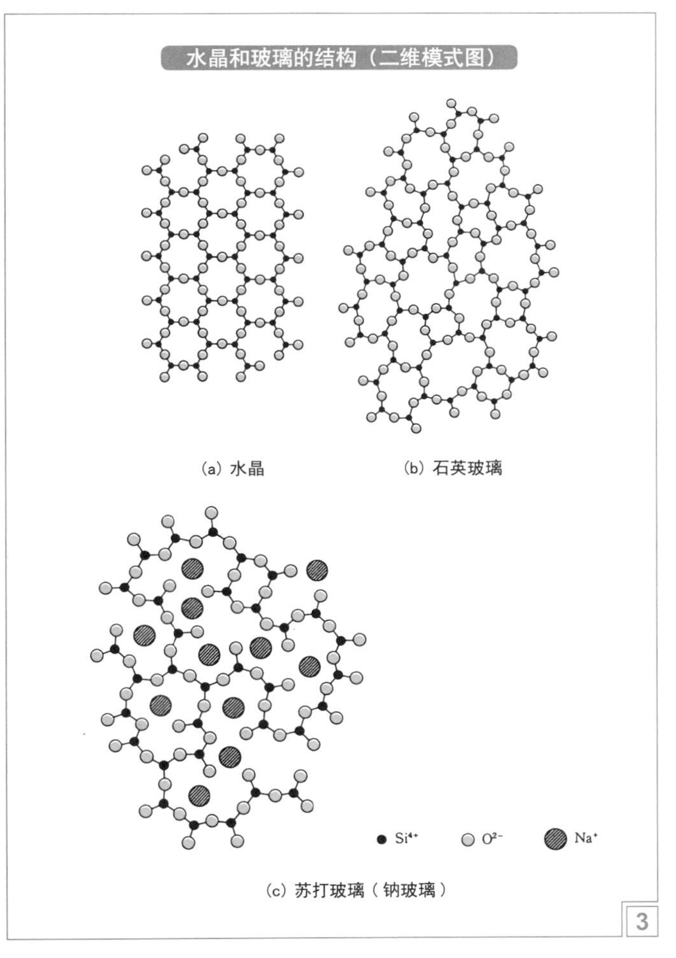

(a) 水晶　(b) 石英玻璃

(c) 苏打玻璃（钠玻璃）

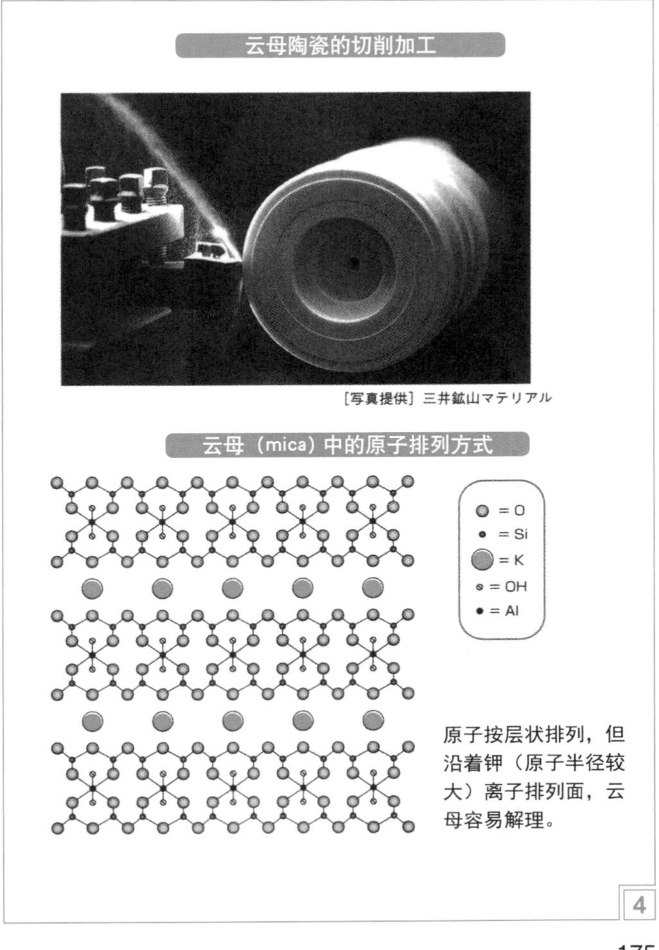

［写真提供］三井鉱山マテリアル

原子按层状排列，但沿着钾（原子半径较大）离子排列面，云母容易解理。

5.7 陶瓷成型工艺（1）——旋转制坯成型和注浆成型

5.7.1 几种工业陶瓷塑性泥料的配方

原料经过粉碎和适当的加工后，最后得到的能满足成型工艺要求的均匀混合物称为坯料。陶瓷坯料按成型方法不同分为：可塑料、干压料和注浆料。根据坯料可塑性能产生的特点及加水后的变化，常用水分含量作为特征。一般注浆料中含水约 28%~35%；可塑料含水约 18%~25%；半干压料含水约 8%~15%；干压料含水约 3%~7.5%。完全由不具可塑性的脊性原料配成的坯料，需要加入有机塑化剂后才能成型。

为了保证产品质量和满足成型的工艺要求，各种坯料均应符合下列基本质量要求：①坯料组成符合配方要求；②各种成分混合均匀；③坯料中各组分的颗粒细度符合要求，并具有适当的颗粒级配；④坯料中空气含量应尽可能地少。

对于成分纯度要求极高的特种陶瓷，为了成型，需要添加有机塑化剂（粘接剂）。而塑化剂需要有机溶剂来溶解。在成型之后烧结之前，必须在 350~450℃的温度范围内脱胶。脱胶一要缓慢，否则会胀裂胎体或在胎体中形成气泡；脱胶二要彻底，否则会有碳的残留，进而会影响烧结体的质量。

以注射成型法所用坯料为例，根据坯料中所用粘接剂的组成和性质，主要成分为热塑料性体系、热固性体系、凝胶体系和水溶性体系。热塑性体系是以具有热塑性的有机化合物为主体的粘接剂。热固性体系是在粘接剂体系中引入了热固性聚合物，加热时产生热固化反应，形成交联状结构，冷却后永久性固化成型。凝胶体系是利用特定的树脂受热产生凝胶化反应获得生坯强度。水溶性粘接剂体系是 20 世纪 90 年代开发出的一类很有前途的体系，是从固态聚合物溶液（SPS）中发展起来的，用水溶性聚乙二醇（PEG）作主要成分，加部分 PMMA 或苯氧树脂做粘接剂，在脱氧蒸馏水中浸泡脱脂，但这种体系存在混合时间长，脱脂慢，溶胀的缺陷。后来 Anwar 作了改进，采用悬浮聚合得到的超高分子量的 PMMA（相对分子质量约为 10^6），配合以待定的混合方式，解决了变形问题，使水脱脂度可从室温升至 60~80℃，脱脂时间从 16h 降至 3h。水溶性体系由于采用水脱脂，价格便宜，无毒，有利于环保，然而粘接剂存在吸水问题，混合较难，产品尺寸精度不高。但该体系极具潜力，是发展方向。

5.7.2 由溶液制造陶瓷粉末的共沉淀法

沉淀法通常是在溶液状态下将不同化学成分的物质混合，在混合液中加入适当的沉淀剂制备前驱体沉淀物，再将沉淀物进行干燥或煅烧，从而制得相应的粉体颗粒。

共沉淀法是指在溶液中含有两种或多种阳离子，它们以均相存在于溶液中，加入沉淀剂，经沉淀反应后，可得到各种成分均一的沉淀，它是制备含有两种或两种以上金属元素的复合氧化物超细粉体的重要方法。共沉淀法，就是在溶解有各种成分离子的电解质溶液中添加合适的沉淀剂，通过反应生成组成均匀的沉淀，沉淀热分解得到高纯纳米粉体材料。

共沉淀法的优点在于：其一是通过溶液中的各种化学反应直接得到化学成分均一的纳米粉体材料，其二是容易制备粒度小而且分布均匀的纳米粉体材料。

化学共沉淀法是把沉淀剂加入混合后的金属盐溶液中，使溶液中含有的两种或两种以上的阳离子一起沉淀下来，生成沉淀混合物或固溶体前驱体，过滤、洗涤、热分解，得到复合氧化物的方法。沉淀剂的加入可能会使局部浓度过高，产生团聚或组成不够均匀。

5.7.3 旋转制坯成型

成型工艺是陶瓷材料制备过程的重要环节之一，在很大程度上影响着材料的微观组织结构，决定了产品的性能、应用和价格。过去，陶瓷材料学家比较重视烧结工艺，而成型工艺一直是个薄弱环节，不被人们所重视。现在，人们已经逐渐认识到在陶瓷材料的制备工艺过程中，除了烧结过程之外，成型过程也是一个重要环节。在成型过程中形成的某些缺陷（如不均匀性等）仅靠烧结工艺的改进是难以克服的，成型工艺已经成为制备高性能陶瓷材料部件的关键技术，它对提高陶瓷材料的均匀性、重复性和成品率，降低陶瓷制造成本具有十分重要的意义。

陶瓷成型工艺有旋转制坯成型、注浆成型、压制成型、注射成型、流延成型等。以下分别加以介绍。

旋转制坯成型方法分为“旋坯法”和“滚轮法”。这里主要介绍旋坯法。旋坯法分为两种：一为石膏膜内凹，模子内壁面决定了坯体的外形，型刀决定坯体内部形状时，此方法称为阴模旋坯；另一种为石膏模突起，坯体的内表面取决于模子的外形，而坯体的外表面由型刀旋压出来，这种方法称为阳模旋坯。

旋转成型类似于旋转铸塑的一种成型方法，不同的是其所用的物料不是液体，而是烧结性干粉料。其过程是把粉料装入模具中而使它绕两个互相垂直的轴旋转。受热并均匀地在模具内壁上熔结成为一体，而后再经冷却就能从模具中取得空心制品。

旋转制坯成型的方法比较古老，所以现行的介绍不是很多。如果类比理解的话，可以看作是去手工作坊自制陶艺品的过程。

5.7.4 注浆成型

注浆成型，亦称浇注成型（slip casting）。这种成型方法是基于多孔石膏模具能够吸收水分的物理特性，将陶瓷粉料配成具有流动性的泥浆，然后注入多孔模具内（主要为石膏模），水分在被模具（石膏）吸入后便形成了具有一定厚度的均匀泥层，脱水干燥过程中同时形成具有一定强度的坯体，因此被称为注浆成型。

注浆成型工艺分三个阶段：

（1）泥浆注入模具后，在石膏模毛细管力的作用下吸收泥浆中的水，靠近模壁的泥浆中的水分首先被吸收，泥浆中的颗粒开始靠近，形成最初的薄泥层。

（2）水分进一步被吸收，其扩散动力为水分的压力差和浓度差，薄泥层逐渐变厚，泥层内部水分向外部扩散，当泥层厚度达到注件厚度时，就形成雏坯。

（3）石膏模继续吸收水分，雏坯收缩，表面的水分开始蒸发，待雏坯干燥形成具有一定强度的生坯后，脱模即完成注浆成型。

注浆成型的优点：①适用性强，不需复杂的机械设备，只要简单的石膏模就可成型；②能制出任意复杂外形和大型薄壁注件；③成型技术容易掌握，生产成本低；④坯体结构均匀。注浆成型的缺点：①劳动强度大，操作工序多，生产效率低；②生产周期长，石膏模占用场地面积大；③注件含水量高，密度小，收缩大，烧成时容易变形；④模具损耗大；⑤不适合连续化、自动化、机械化生产。

注浆成型又包括空心注浆，实心注浆，离心力注浆，压力注浆，真空注浆等方法，是比较完善的陶瓷成型方法。

本节重点

（1）普通陶瓷以什么做粘接剂？精细陶瓷以什么做粘接剂？后者如何去除？
（2）介绍旋转制坯成形工艺，指出其优点和应用。
（3）介绍注浆成型工艺，指出其优点和应用。

注射成形工艺流程图

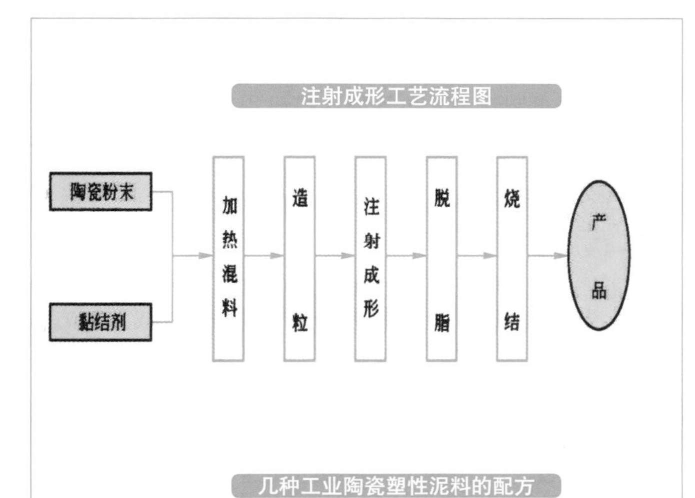

几种工业陶瓷塑性泥料的配方

高纯 Al_2O_3	耐火级 Al_2O_3	电　瓷
Al_2O_3（<20μm）50% 有机添加剂 6% 水 44% $AlCl_3$<1%	$Al_2O_3$46% 有机添加剂 2% 黏土 4% 水 48% $MgCl_2$<1%	石英（44μm）16% 长石 16% 高岭土 16% 黏土 16% 水 36% $CaCl_2$<1%

1

由溶液制造陶瓷粉末的共沉淀法

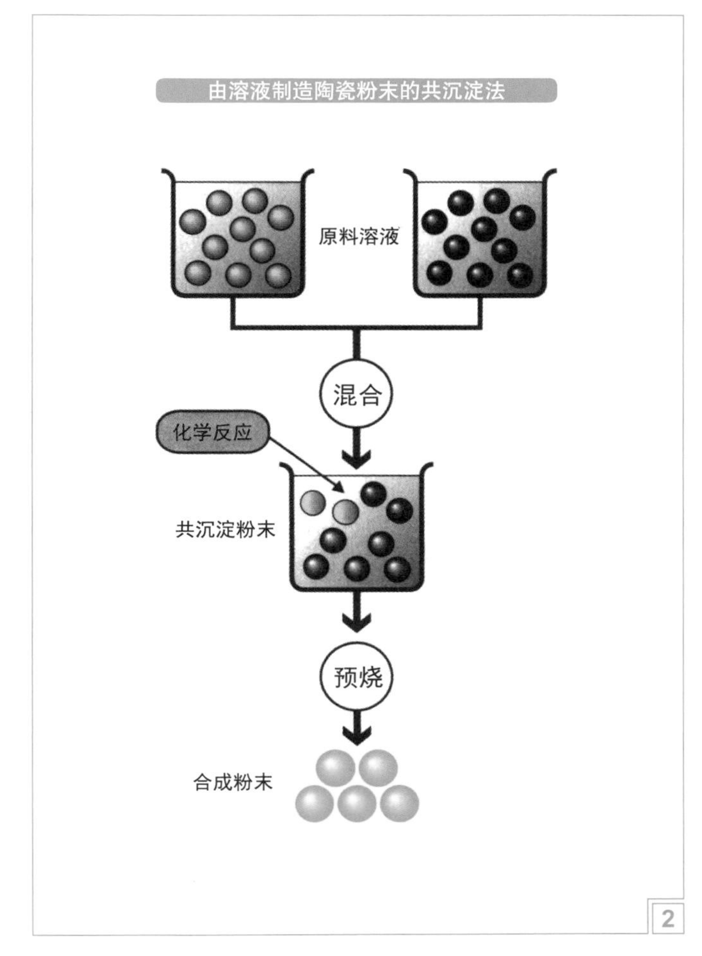

2

旋转制坯成型

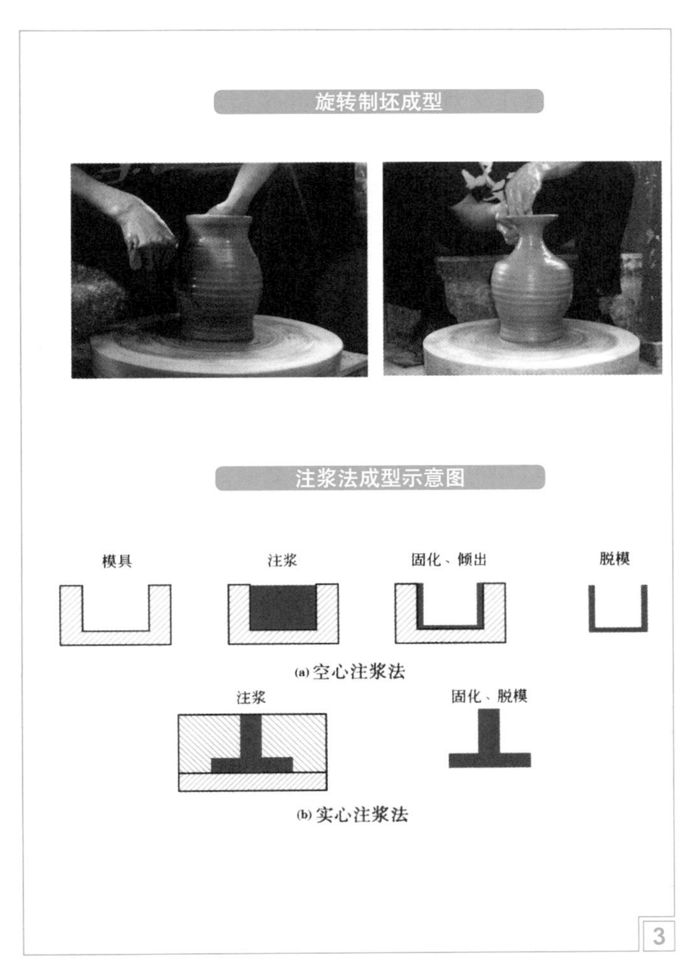

3

注浆法（slip casting）成型示意图

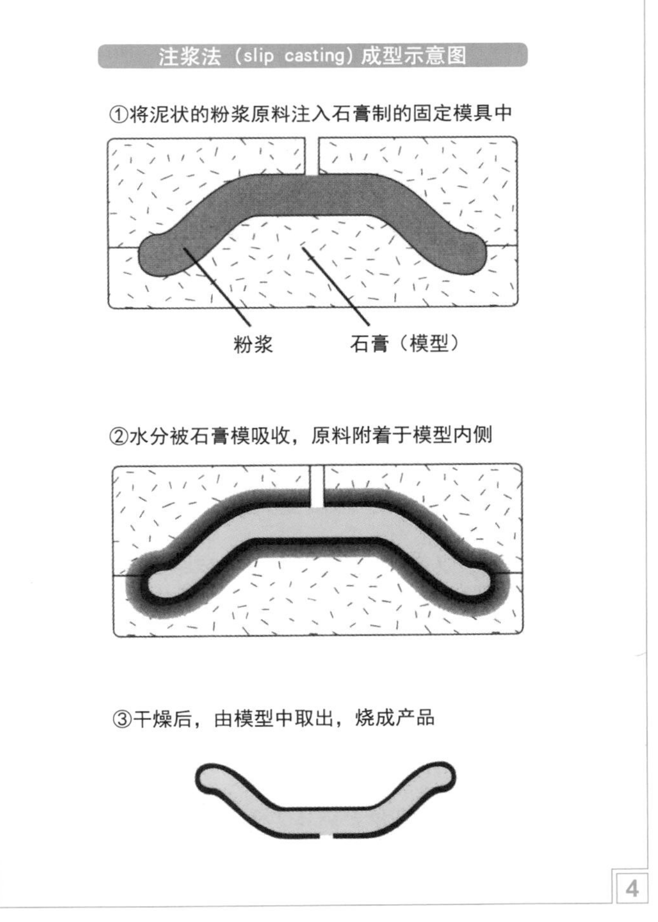

4

5.8 陶瓷成型工艺（2）——干压成型、热压注成型和等静压成型

5.8.1 干压成型及等静压成型

干压成型或模压成型（dry pressing or die pressing），是将干粉坯料填充入金属模腔中，施以压力使其成为致密坯体。

干压成型的原理：高纯度粉体属于瘠性材料，用传统工艺无法使之成型。首先，通过加入一定量的表面活性剂，改变粉体表面性质，包括改变颗粒表面吸附性能，改变粉体颗粒形状，从而减少超细粉的团聚效应，使之均匀分布；加入润滑剂减少颗粒之间及颗粒与模具表面的摩擦；加入粘合剂增强粉料的粘结强度。将粉体进行上述预处理后装入模具，用压机或专用干压成型机以一定压力和压制方式使粉料成为致密坯体。

干压成型坯体性能的影响因素：① 粉体的性质，包括粒度、粒度分布、形状、含水率等；② 添加剂特性及使用效果。好的添加剂可以提高粉体的流动性、填充密度和分布的均匀程度，从而提高坯体的成型性能；③ 压制过程中的压力、加压方式和加压速度，一般地说，压力越大坯体密度越大，双向加压性能优于单向加压。同时，加压速度、保压时间、卸压速度等也对坯体性能有较大影响。

干压成型的特点：干压成型的优点是生产效率高，人工少、废品率低，生产周期短，生产的制品密度大、强度高，适合大批量工业化生产；缺点是成型产品的形状有较大限制，模具造价高，坯体强度低，坯体内部致密性不一致，组织结构的均匀性相对较差等。

干压成型的应用：在陶瓷生产领域以干压方法制造的产品主要有瓷砖、耐磨瓷衬瓷片、密封环等。

等静压成型是将待压试样置于高压容器中，利用液体介质不可压缩的性质和均匀传递压力的性质从各个方向对试样进行均匀加压，当液体介质通过压力泵注入压力容器时，根据流体力学原理，其压强大小不变且均匀地传递到各个方向。此时高压容器中的粉料在各个方向上受到的压力是均匀的和大小一致的。通过上述方法使瘠性粉料成型致密坯体的方法称为等静压法．

湿式等静压是将预压好的坯料包封在弹性的塑料或橡胶模具内，密封后放入高压缸内，通过液体传递使坯体受压成型。

干式等静压是将弹性模具半固定，不浸泡在液体介质中，而是通过上下活塞密封。压力泵将液体介质注入到高压缸和加压橡皮之间，通过液体和加压橡皮将压力传递使坯体受压成型。

5.8.2 使用包套的 HIP 成型

热等静压（hot isostatic pressing，HIP）工艺是将制品放置到密闭的容器中，向制品施加各向同等的压力，同时施以高温，在高温高压的作用下，制品得以烧结和致密化。

热等静压主要应用于高性能的粉末材料制品的成型，如粉末冶金高温合金、粉末冶金高速钢、陶瓷材料等的工业生产。

热等静压可以直接粉末成型，粉末装入包套中（类似模具作用），包套可以采用金属或陶瓷制作（低碳钢、Ni、Mo、玻璃等），然后使用氮气、氩气作加压介质，使粉末直接加热加压烧结成型的粉末冶金工艺。

在发动机制造中，热等静压机已用于粉末高温合金涡轮盘和压气盘的成型。把高温合金粉末装入抽真空的薄壁成形包套中，焊封后进行热等静压，除去包套即可获得致密的、接近所需形状的盘件。

5.8.3 热压注成型

对于一些坯料无可塑性和形状复杂、尺寸要求准确的工业陶瓷制品来说，目前常采用一种叫热压注成型的方法来成型。所谓热压注成型法，就是在压力作用下，将熔化的含蜡浆料（蜡浆）注满金属模中，并在模中冷却凝固后，再脱模。这种方法所成型的制品尺寸较准确，光洁度较高，结构紧密。

热压注工艺采用的热压注机是用压缩空气向蜡浆加压的压气式热压注机。是利用恒温密闭的浆桶及压缩空气送蜡浆进入注模。成型前，把熔热压注成型性好的蜡浆放入浆桶中，通电加热使蜡浆达到要求的温度。浆桶外面是维持恒温的油浴桶，桶内插入节点温度计，接上继电器控制温度。成型时，将模具的进浆口对准注机出浆口，脚踏压缩机阀门，压浆装置的顶杆把模具压紧，同时压缩空气进入浆桶，把浆料压入模内。维持短时间后，停止进浆，排出压缩空气。把模具打开，将硬化的坯体取出，用小刀削去注浆口注料，修整后得到合格的生坯。

热压注成型制品性能的影响因素有：①工艺温度的控制；②热压注机的气密性；③模具的材料对温度的承受范围等。热压注成型广泛用于生产中小尺寸和结构复杂的结构陶瓷、耐磨陶瓷、电子陶瓷、绝缘陶瓷、纺织陶瓷、耐热陶瓷、密封陶瓷、耐腐蚀陶瓷、耐热震陶瓷制品的制作。

5.8.4 热等均（静）压成型

广义的等静压成型还分为冷等静压和热等静压。冷等静压是在常温下对工件进行成型的等静压法。热等静压是在指在高温高压下对工件进行等压成型烧结的一种特殊烧结方法。

热等静压技术的优点在于集热压和等静压的优点于一身，成形温度低，产品致密，性能优异，故是高性能材料制备的必要手段，是在高温下利用各向均等的静压力进行压制的工艺方法。粉末热等静压材料一般具有均匀的细晶粒组织，能避免铸锭的宏观偏析，提高材料的工艺性能和机械性能。

另外，热等静压为异质材料的连接提供了新的工艺；如：铜和钢扩散连接，镍基合金和钢的连接，陶瓷和金属的连接，Ta、Ti、Al、W 溅射靶材的扩散连接 。大多数生产型热等静压机的最高使用温度约 1400°C，最大压力在 100~200MPa（1000~2000 大气压）之间。现代最大的热等静压机的总吨位约 40 万 kN（4 万吨力）。

其他陶瓷成型技术包括抛掷、注浆、流延、注射成型、以及其他方法。

本节重点

（1）比较干压成型和等静压工艺，后者有哪些优点？
（2）介绍热压成型工艺，指出其优点及应用。
（3）介绍热等均压成型工艺，指出其优点及应用。

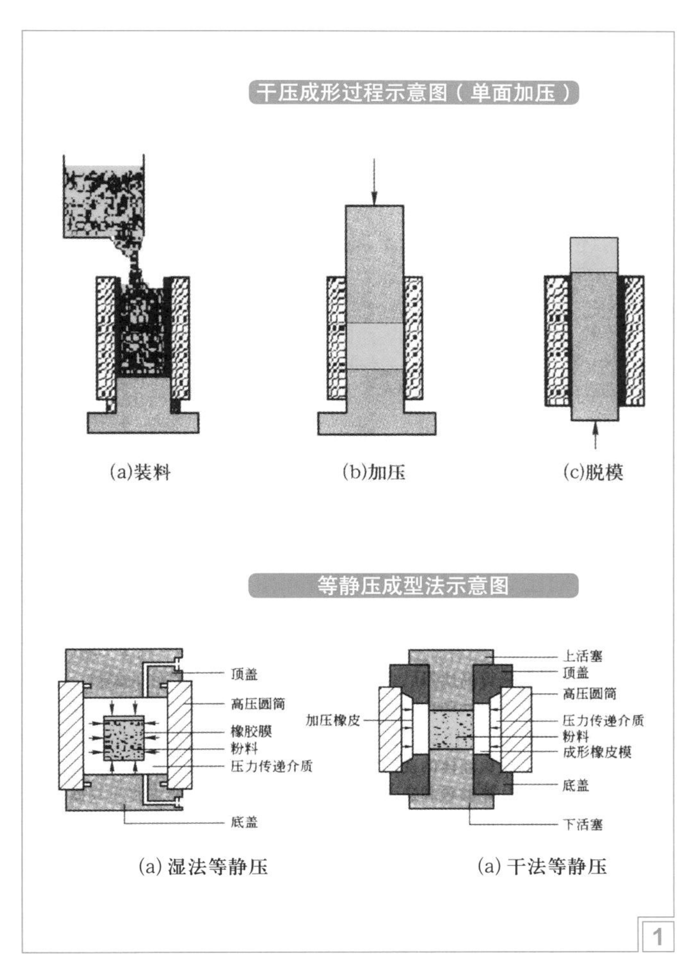

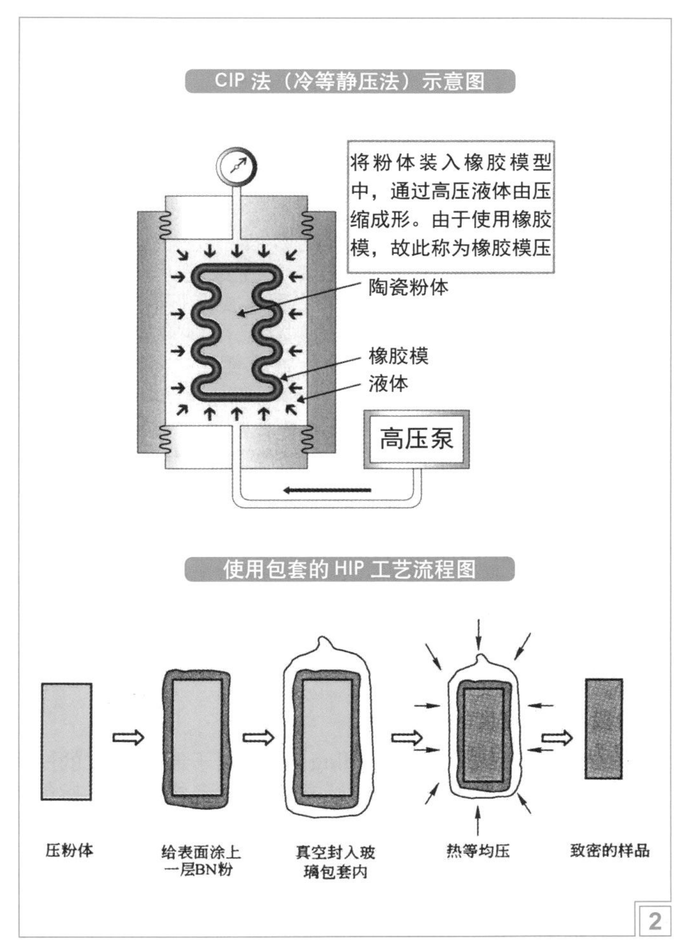

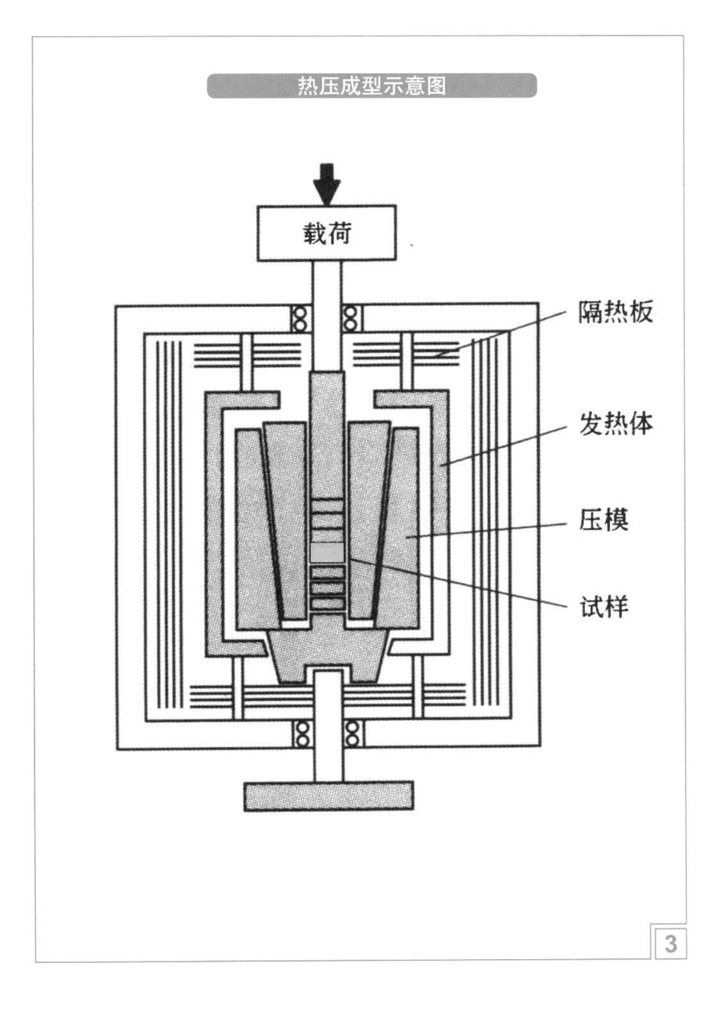

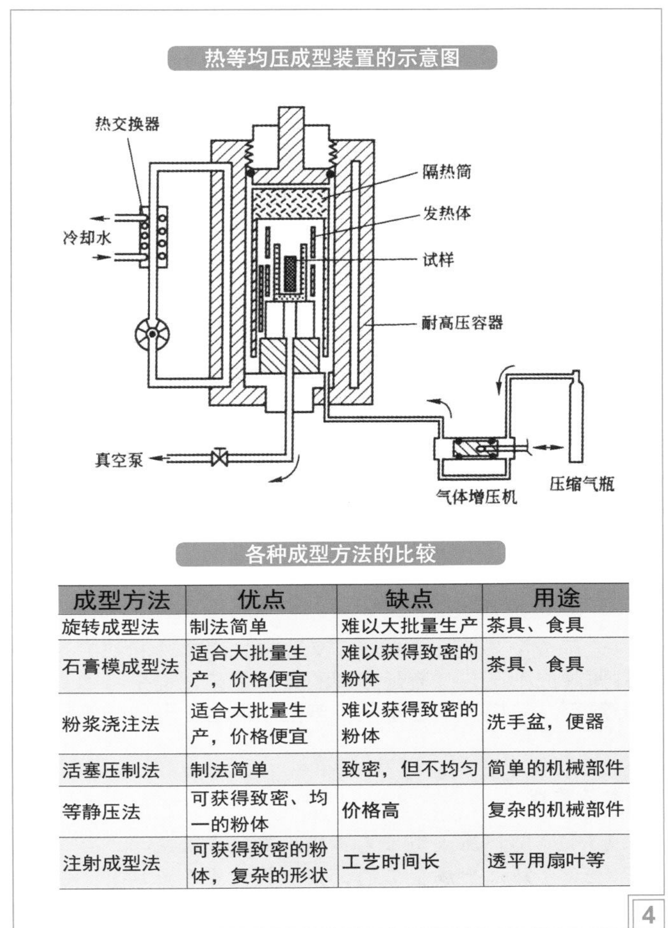

各种成型方法的比较

成型方法	优点	缺点	用途
旋转成型法	制法简单	难以大批量生产	茶具、食具
石膏模成型法	适合大批量生产，价格便宜	难以获得致密的粉体	茶具、食具
粉浆浇注法	适合大批量生产，价格便宜	难以获得致密的粉体	洗手盆，便器
活塞压制法	制法简单	致密，但不均匀	简单的机械部件
等静压法	可获得致密、均一的粉体	价格高	复杂的机械部件
注射成型法	可获得致密的粉体，复杂的形状	工艺时间长	透平用扇叶等

5.9 陶瓷成型工艺（3）——挤压成型、注射成型和流延成型

5.9.1 挤压成型法

挤压成型指可塑性泥料在压力作用下通过挤压成型机口的模具，形成具有一定形状的柱状或带状坯体的成型工艺。

坯料在三向不均匀压应力作用下，从模具的孔口或缝隙挤出使之横截面积减小，长度增加，成为所需制品的加工方法叫挤压，坯料的这种加工叫挤压成型。

其采用真空练泥机，螺旋或活塞式挤坯机，将可塑料团挤压向前，经过机嘴定型，达到制品所要求的形状。

挤压机主要由机筒、机嘴和活塞组成。机筒用于盛放泥料。根据生产规模的不同，机筒下部逐渐缩小为漏斗型。机嘴是根据挤坯尺寸和形状预制的定型器。可与机筒配合、装卸。依靠推进机构的作用挤压泥料，由于机筒下部和机嘴直径逐渐缩小，活塞在外部压力作用下作推进移动，使泥料受到很大的挤压力，从机嘴挤出致密的坯体。

挤压成型的优点是可以制造长度比截面大得多的制品，如各种截面的空心管或实心棒，长度则根据需要切取，生产效率较高，缺点是要求泥料具有较大的塑性，加入泥料中结合剂数量较多，从而增大制品的烧成收缩、降低制品的致密度。

5.9.2 注射成型法

注射成型（injection molding）也是用于制备陶瓷的一种成型方法，同时也可用来成型高分子聚合物。这里指的陶瓷注射成型（ceramic injection molding，CIM）是近代粉末注射成型（powder injection molding，PIM）技术的一个分支。

在陶瓷成型中，将陶瓷粉末与有机聚合物粘接剂混合后，在注射成型机料筒内预热（130~300℃）使聚合物具有较低的稠度，经混练可在适当压力下流动。冲模对被加热的物料施加压力，受压粘性物料经过出料孔狭窄的通路，进入工具腔内聚集起来，直至充满，物料在一定的压力和温度下粘合或溶合在一起，冷却后粘接剂固化，取出毛坯，经脱脂可按常规工艺烧结。

注射成型中的粘接剂有两个基本的功能。首先在注射成型阶段能够和粉末均匀混合，加热后能够使得粉末具有良好的流动性；其次，粘接剂能够在注射成型后和脱脂期间起到维持坯体形状的作用。可以说，粘接剂是粉末注射成型技术中的核心和关键。

混料是物料粉末和粘接剂的混合物。在整个注射成型的工艺中，粉末和聚合物粘接剂混合物的制备是最重要的步骤之一。工艺要求混料具有良好的均匀性、良好的流变特性，以及好的脱脂特征。为此要注意混料练泥过程时粉末干燥、练泥温度、练泥时间和练泥机转速等因素。

注射成型工艺简单，成本低，压坯密度均匀，可快速而自动地进行批量生产，而且其工艺过程可以精确控制。容易出现的缺陷有大气孔、接合缝和裂纹，坯体需经适当检测后使用。且一次性设备投资与加工成本高，仅适合于大批量生产采用。

5.9.3 流延成型法

流延成型法（tape casting）又称带式浇铸法和刮刀法，是一种薄膜成型工艺。流延成型的具体工艺过程是将陶瓷粉末与分散剂、粘接剂和增塑剂在溶剂中混合，形成均匀稳定悬浮的浆料。成型时浆料从料斗下部流至基带之上，通过基带与刮刀的相对运动形成坯膜，坯膜的厚度由刮刀控制。将坯膜连同基带一起送入烘干室，溶剂蒸发，有机结合剂在陶瓷颗粒间形成网络结构，形成具有一定强度和柔韧性的坯片，干燥的坯片连同基带一起卷轴待用。在储存过程中使残留溶剂分布均匀，消除湿度梯度。然后可按所需形状切割、冲片或打孔。最后经过脱脂烧结得到成品。

目前得到广泛应用的流延成形工艺为非水基流延成型工艺，即传统的流延工艺，其工艺包括浆料制备、球磨、脱泡、成型、干燥、剥离基带等工序。该工艺的特点是设备简单，工艺稳定，可连续操作，生产效率高，可实现高度自动化。传统的流延成型工艺不足之处在于所使用的有机溶剂（如甲苯、二甲苯等）具有一定的毒性，使生产条件恶化并造成环境污染，且生产成本较高。此外，由于浆料中有机物含量较高，素坯密度低，脱脂过程中坯体易变形开裂，影响产品质量。针对上述缺点，研究人员开始尝试用水基溶剂体系替代有机溶剂体系。

水基流延成型工艺使用水基溶剂替代有机溶剂，由于水分子是极性分子，而粘接剂、增塑剂和分散剂等是有机添加剂，与水分子之间存在相容性的问题，因此在添加剂的选择上，需选择水溶性或者能够在水中形成稳定乳浊液的有机物以确保得到均一稳定的浆料。同时还应在保证浆料稳定悬浮的前提下，使分散剂的用量尽量地少，同时在保证素坯强度和柔韧性的前提下使粘接剂、增塑剂等有机物的用量尽可能少。

凝胶流延成工艺中，有机单体的选择原则是：粘度低、溶液稳定性好、流动性好；经聚合反应能够形成长链状聚合物；形成的聚合物具有一定的强度，保证成型后的素坯能够进行切片、冲孔等加工作业。用于凝胶流延成型的有机单体有：2-羟乙基甲基丙烯酸酯（HEMA）、甲基丙烯酸（MA）、丙烯酰胺（AM）、甲基丙烯酰胺（MAM）等。凝胶流延成型工艺的优点在于可以极大地降低浆料中有机物的使用量，提高浆料的固相含量，因而提高素坯的密度和强度，同时大大减轻环境污染，并显著降低生产成本。目前凝胶流延成工艺已经应用于研制氧化铝陶瓷薄片及燃料电池 YSZ 领域等。

5.9.4 各种成型方法的比较

挤压成型多用于制备各种截面的空心管或实心棒。缺点是泥料塑性大，加入泥料中结合剂数量较多，从而增大制品的烧成收缩、降低制品的致密度。

注射成型工艺简单，成本低，压坯密度均匀，可快速而自动地进行批量生产，而且其工艺过程可以精确控制。容易出现的缺陷有大气孔、接合缝和裂纹。一次性设备投入较大，仅适合批量生产。

流延成型法是一种制备大面积、薄平陶瓷材料的重要成型方法，可以制得 0.05mm 以下的薄膜，生产出的陶瓷薄膜表面光洁度高、生产效率高、便于生产的连续化和自动化。流延成型自出现以来就用于生产单层或多层薄板陶瓷材料。现在，流延成型已成为生产多层电容器和多层陶瓷基片的支柱技术，同时也是生产电子元件的必要技术。

本节重点

（1）介绍挤压成型工艺，指出其优点及应用。
（2）介绍注射成型工艺，指出其优点及应用。
（3）何谓流延成型？由流延膜如何制作多层布线陶瓷基板？

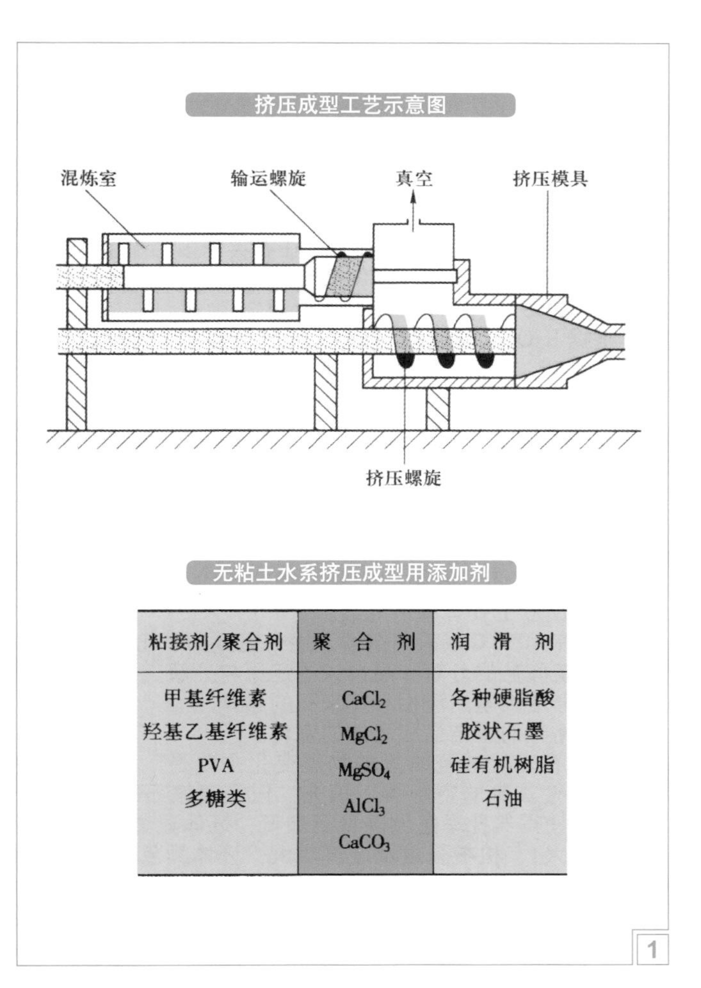

粘接剂/聚合剂	聚合剂	润滑剂
甲基纤维素 羟基乙基纤维素 PVA 多糖类	$CaCl_2$ $MgCl_2$ $MgSO_4$ $AlCl_3$ $CaCO_3$	各种硬脂酸 胶状石墨 硅有机树脂 石油

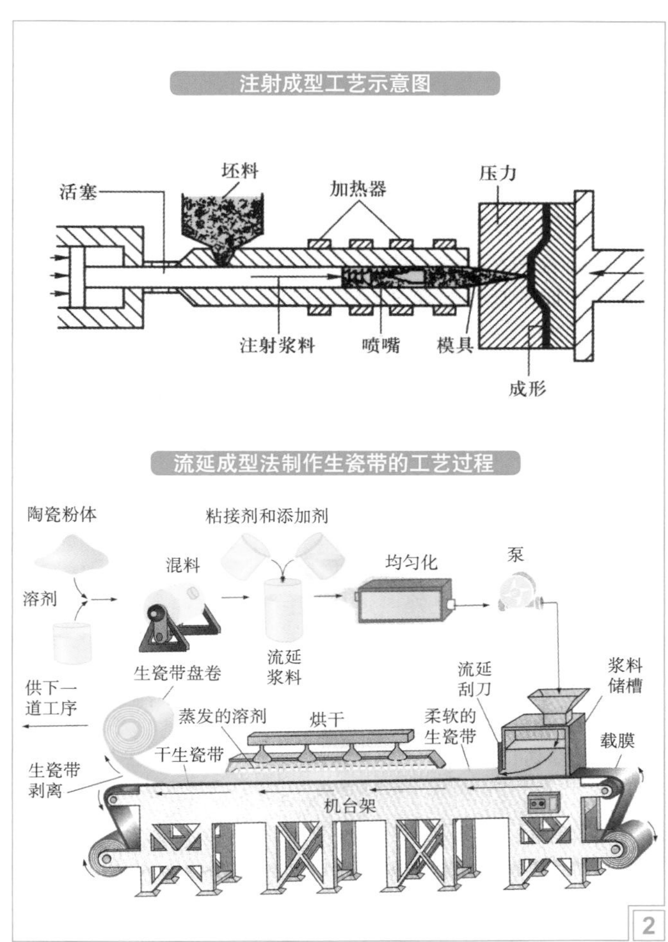

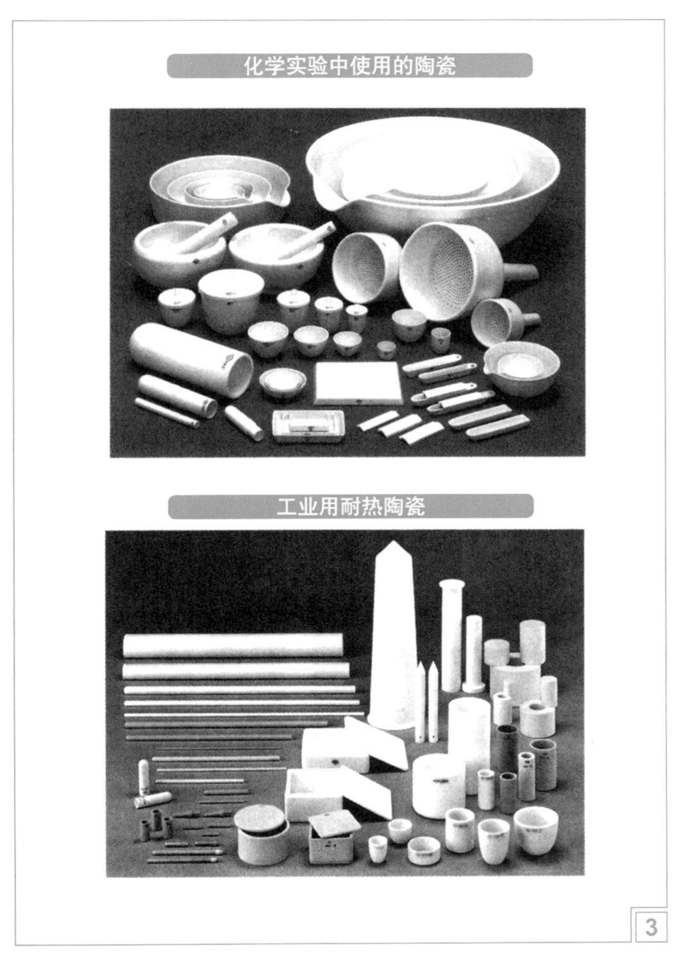

高性能结构陶瓷——环保、能源、化工、机械、航空材料等
4

5.10 普通陶瓷的烧结过程

5.10.1 何谓烧结与烧成

烧结一般是指固体粉末成型体在低于其熔点温度下加热，使物质自发地填充颗粒间隙而致密化并最终成形的过程。烧结过程的推动力来自颗粒内表面积的减少，即总表面能的降低。

发生在单纯的固体之间的烧结称为固相烧结，而液相参与下的烧结称为液相烧结。

在高温烧结过程中往往包括多种物理、化学和物理化学变化。以物理过程为例，通过扩散，固体颗粒之间接触界面扩大并逐渐形成晶界；气孔从连接的逐渐变为孤立的，并进一步收缩，最后大部分甚至全部从坯体中排除；成型体的致密度和强度增加，最终形成为具有一定性能和几何外形的整体。硅酸盐类烧结温度一般是取其熔化温度的 0.8~0.9 倍。

烧成是固体粉末成形体在低于其熔点温度下加热时发生的一系列物理化学反应过程的总称。烧结是烧成过程中的物理变化。除此之外，烧成还包括坯体中有机物的烧蚀、硫化铁的分解、结晶水的排除、碳酸盐和硫酸盐的分解、莫来石的形成等一系列变化。

陶瓷、耐火材料、粉末冶金以及水泥熟料等都是要把成型后的坯体（粗制品）或固体粉末在高温条件下进行烧成后，才能得到相应的产品。一般称这种由"生"（生坯）变"熟"（制品）的过程为烧成。

5.10.2 烧结原理

烧结通过加热使质点获得足够的能量进行迁移，使粉末体产生颗粒烧结。烧结的推动力是粉体的表面能。粉体越细，处于表面的原子就越多，表面能也就越大。当各个粉体融合在一起并形成多晶时，表面能释放，取而代之的是晶界能。于是晶界能与表面能之比可以度量烧结的难易程度。传统陶瓷很容易烧结。对于 Al_2O_3 来说两者差别较大，易烧结；共价化合物如 Si_3N_4、SiC、AlN 难烧结。

表面能作为驱动力，只有 1kJ/mol 左右，相比化学反应的几百 kJ/mol 是很小的。所以需要提供较高的温度，跨过能垒，才能进行烧结。

烧结过程当中坯料密度越来越大，但当密度达到理论密度的 90%~95% 后，其增加速度显著减小，且常规条件下很难达到完全致密。说明坯体中的空隙（气孔）完全排除是很难的。

5.10.3 烧结过程

一般可将陶瓷（包括耐火材料）的烧成过程分成 4~5 个阶段。以石英 - 长石 - 高岭土三组分的长石质瓷为例，可分成以下 4 个阶段。

1. 坯体水分蒸发阶段（室温至 300℃）

排除干燥后的残余水分，不发生化学反应。随着水分的排除，固体颗粒紧密靠拢，会使坯体产生少量收缩。应防止坯体因大量水分的急剧蒸发而开裂。

2. 氧化分解与晶型转变阶段（300 ~ 950℃）

是烧结的关键阶段之一。坯体内部发生较复杂的物理化学变化，其中包括：

（1）氧化反应：包括坯体中碳素和有机物（主要由粘土原料带入）的烧蚀，硫化铁的氧化等。

（2）分解反应：包括粘土矿物结构水的排除，碳酸盐类矿物的分解等。

（3）晶型转变及液相的形成：在石英的多种晶型转变中，β- 石英 $\xrightarrow{573^\circ C}$ α- 石英转变伴有 0.82% 的体积膨胀，应控制其对烧结的影响。

根据 K_2O-Al_2O_3-SiO_2 相图，三元共晶点为 980℃。当有杂质存在时，温度升至 900℃ 以上时，在长石和石英、长石和分解后的粘土颗粒的接触部位开始生成液相熔滴。

此阶段的物理变化主要是：坯体失重明显；气孔率进一步增大；体积先有少量膨胀而后是明显收缩；后期有少量熔体起胶结颗粒的作用，坯体的强度有所增大。

3. 玻化成瓷阶段（950℃至最高烧成温度）

是决定瓷坯显微结构的最关键烧成阶段。其间坯体发生的化学反应主要有以下几类。

（1）在 1050℃ 以前，继续上述未完成的氧化分解反应。

（2）硫酸盐的分解和高价铁的还原与分解。

（3）形成大量的液相和莫来石的晶体。

（4）新相的重结晶和坯体的瓷化。

坯体在玻化成瓷阶段的物理变化主要是：由于液相的粘滞流动使其中的空隙得以填充，以及莫来石晶体的析出及长大，使得气孔率急剧降低至最低，坯体显著收缩（收缩率达到最大），机械强度及硬度增大，坯体颜色趋白，渐具半透明感，釉面光泽感增强，实现瓷化烧结。

需要指出的是，若坯体在达到充分烧结后继续加热焙烧，则由于液相粘度降低，莫来石溶解、数量减少，闭气孔中的气体扩散、相互聚集、以及液相量过多等，因而会造成坯体膨胀、气孔率增大，强度降低而出现变形，即产品过烧，必须极力避免。

4. 冷却阶段（烧成温度至常温）

所发生的物理化学变化主要有：液相析晶，液相过冷为玻璃相，残余石英发生晶型转变，坯体的强度、硬度及光泽继续增大等。按照冷却制度的要求，可划分为 3 个阶段。

（1）冷却初期（烧成温度~800℃）。是冷却的重要阶段，应尽量加快冷速，以促进细晶形成，保证制品的机械强度。

（2）冷却中期（800~400℃）。是冷却的危险阶段，玻璃相由塑态逐渐转变为固态，残余石英的晶型转变都可能引发应力，故必须缓慢冷却，以防制品炸裂。

（3）冷却后期（400℃ ~ 常温）。是冷却的最后阶段，由于玻璃相已全部固化，瓷坯内部结构也已定型，故加快冷速一般不会出现冷却缺陷。

顺便指出，与普通陶瓷相比，精细陶瓷（高技术陶瓷）的烧结有下述特殊性：①由于成分中不含天然的粘接剂——粘土，因此需要另外添加有机粘接剂等，这样在正式烧结前就多了一道脱胶工艺；②坯料材料不同，烧结温度各异，但一般在 1500℃ 以上；③烧结过程中一般不出（或很少出）液相，增加烧结难度。为了提高烧结质量，需要在烧结过程中加压或引入新的烧结工艺，如微波烧结、等离子体烧结、反应烧结等。

本节重点

（1）烧结的定义，烧结的作用，烧结过程的推动力。
（2）了解陶瓷烧结过程的 4 个阶段。
（3）何谓过烧，过烧会产生哪些不利影响。

普通陶瓷烧结过程示意图

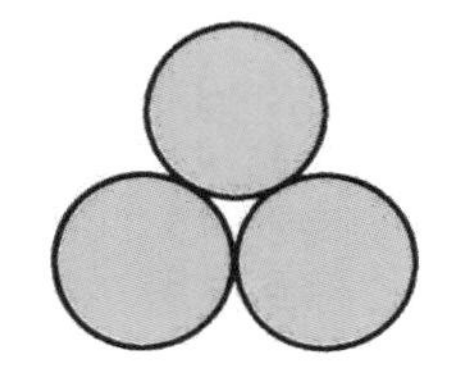

(a)压粉体

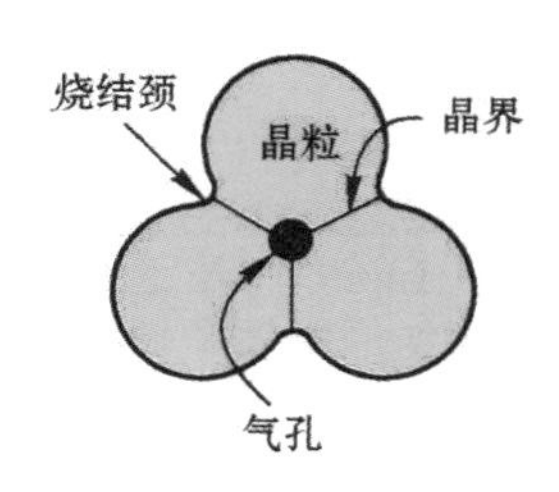

(b)烧结的初期阶段

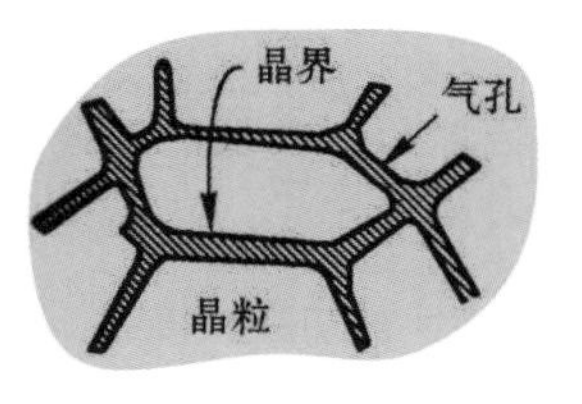

(c)烧结的中期阶段

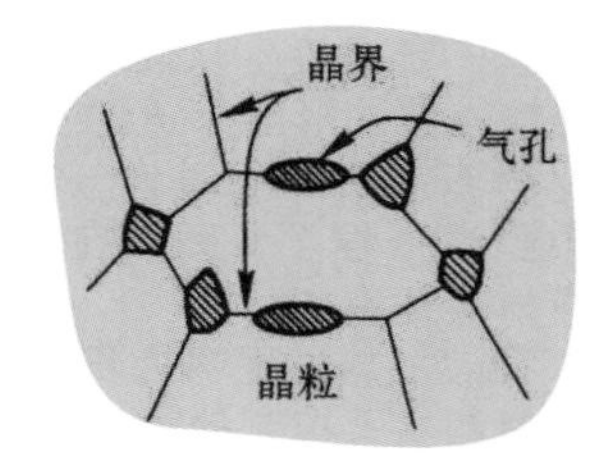

(d)烧结的后期阶段

气体来自原料或在烧结中产生。气孔从连接的逐渐变为孤立的，并进一步收缩。大部分气孔从坯体中排除，但有少部分分散气孔存留于晶界。

1

颗粒接触、颈缩、合并、长大的模型

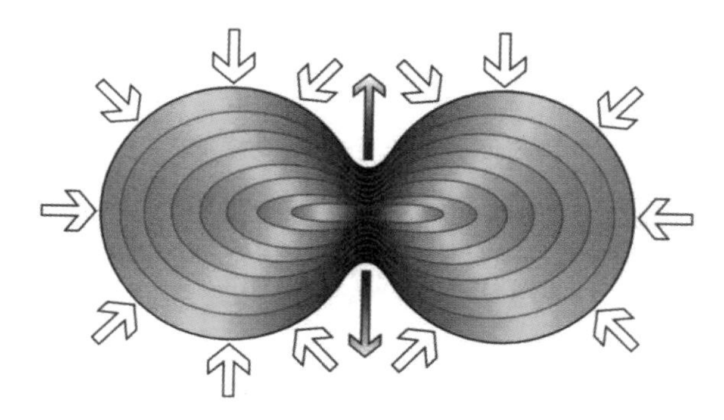

粉体经烧结变成陶瓷

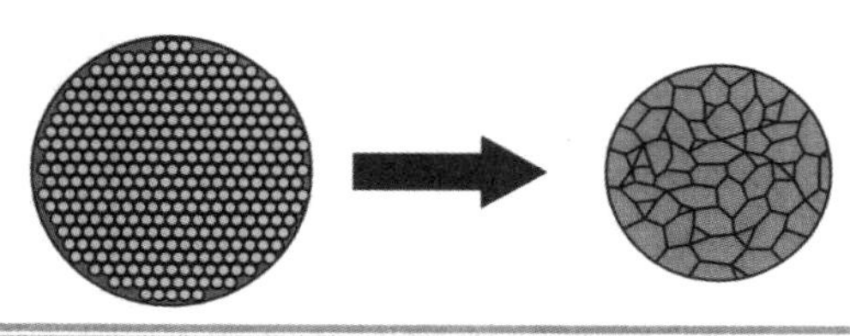

原料粉末合并、收缩，与此同时气隙消失，进而变成呈多晶结构的陶瓷

2

各种普通陶瓷的组分构成

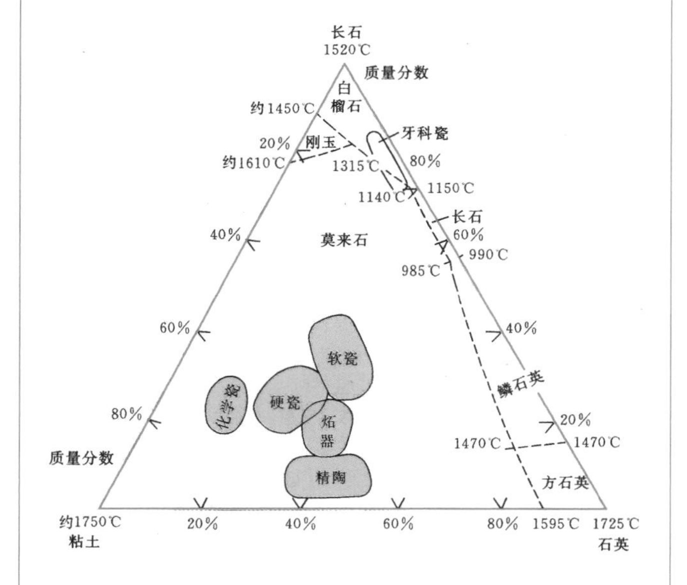

普通陶瓷的主要原料是粘土（$Al_2O_3 \cdot 2SiO_2 \cdot 2H_2O$）、石英（$SiO_2$）和长石（$Na_2O \cdot Al_2O_3 \cdot 6SiO_2$）。组分的配比不同，陶瓷的性能会有所差别。长石含量高时，熔化温度低，液相使陶瓷致密，表现在性能上是抗电性能高，耐热性能及机械性能差；粘土或石英含量高时，烧结温度高，使陶瓷的抗电性能差，但有较高的热性能和机械性能。

3

精细陶瓷烧结过程示意图

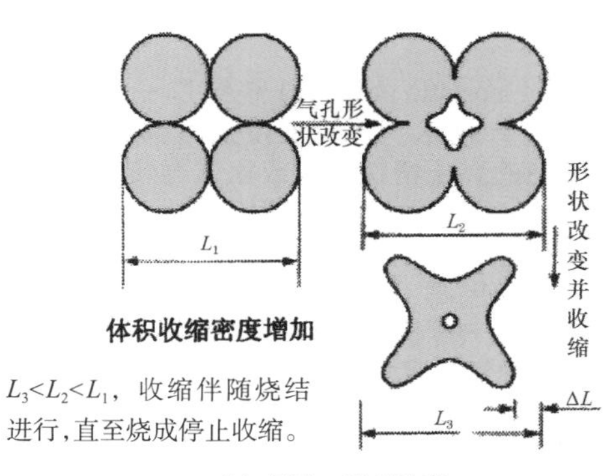

(a) 气孔、形状改变

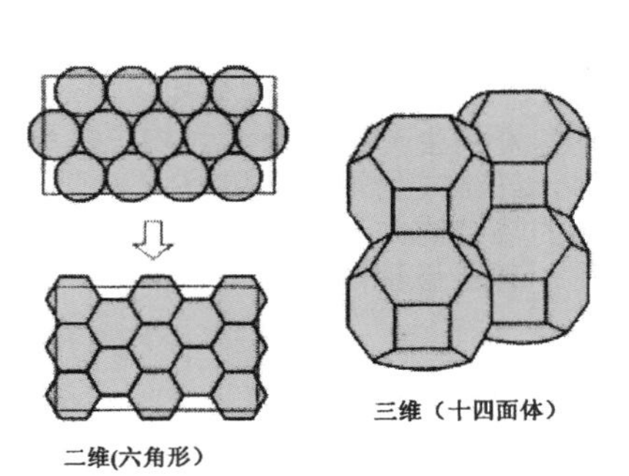

(b) 晶体形状、配位改变

4

5.11 陶瓷的烧成和烧结工艺

5.11.1 反应烧结和热压烧结

（1）反应烧结是让原料混合物发生固相反应或者外加气相、液相原料与固相基体材料相互反应而导致材料烧结的方法。配合各种陶瓷成型工艺，能制得各种形状复杂的陶瓷制品。最典型的代表性产品是反应烧结 SiC 陶瓷和反应烧结 Si_3N_4 陶瓷制品。

这种烧结方式的优点是工艺简单，制品在烧结前后几乎没有尺寸收缩，不需复杂的加工便可制成形状复杂的制品。但它的缺点是制品中最终有残余未反应产物，结构不易控制，太厚的制品不易完全反应烧结。

SiC 陶瓷的反应烧结工艺过程：将 α-SiC 粉和石墨粉按一定比例混合均匀，经干压、挤压或注浆等方法制成多孔坯体。在高温下与液态 Si 接触，坯体中的 C 与渗入的 Si 反应，生成 β-SiC，并与 α-SiC 相结合，过量的 Si 填充于气孔，从而得到无孔致密的反应烧结体。反应烧结 SiC 通常含有 8% 的游离 Si。一般通过调整最初混合原料的含量，控制成型压力等手段来获得适当的素坯密度，从而保证渗 Si 的完全。

（2）热压烧结是指对置于限定性状的模具中的松散粉末或对粉末压坯加热的同时对其施加一定压力，促使材料加速流动、重排与致密化的烧结过程。这是一种成型和烧结同时完成的烧结方法。

热压烧结的优点：由于加热加压同时进行，粉料处于热塑性状态，有助于颗粒的接触扩散、流动传质过程的进行，因而成型压力仅为冷压时的 1/10；还能降低烧结温度，缩短烧结时间，从而抵制晶粒长大，得到晶粒细小、致密度高的机械性能、光学性能良好的产品；无需添加烧结助剂或成型助剂，可生产超高纯度的陶瓷产品。热压烧结的缺点是过程及设备复杂，生产控制要求严，模具材料要求高，能耗大，生产效率较低，生产成本高。

热压烧结可以进一步分为真空热压、气氛热压、均衡热压、热等静压、反应热压和超高压烧结等。

5.11.2 热等静压烧结

热等静压（hot isostatic pressing）烧结是一种集高温、高压于一体的工艺生产技术，加热温度通常为 1000~2000℃，通过以密闭容器中的高压惰性气体或氮气为传压介质，工作压力可达 200MPa 。在高温高压共同作用下，被加工的工件各向均匀受压。被加工产品具有与热压烧结技术制成的制品相同的优点，如致密度高、均匀性好、性能优异；同时，相比于热压烧结工艺，热等静压技术还具有生产周期短、工序少、能耗低、材料损耗小等特点。

热等静压设备主要由高压容器、加热炉、压缩机、真空泵、冷却系统和计算机控制系统组成，其中高压容器为整个设备的关键装置。目前，先进的热等静压机为预应力钢丝缠绕的框架式结构，这种结构的热等静压机在高温高压（2000℃，200MPa）的工作条件下，无需外加任何特殊的防护装置，有效地保证了生产的安全性。

新型特种陶瓷的生产中，为增强陶瓷的韧性，通常在陶瓷基体中引入纤维或晶须，而传统陶瓷的烧结需要很高的温度和较长的烧结时间，这往往会使纤维和晶须发生表面强度的退化，甚至与基体发生化学反应，失去补强增韧的作用。而热等静压烧结工艺的应用使问题迎刃而解，烧结温度的大大降低与保温时间的大大减少，使性能优异的纤维或晶须补强陶瓷基复合材料的出现成为可能。

5.11.3 微波加热烧结

利用陶瓷及其复合材料在微波电磁场中的介质损耗，将其加热至烧结温度实现致密化的快速烧结技术。微波是指波长在 1mm 至 1m 之间的相干偏振波，频率为 0.3~300GHz。微波烧结的本质是微波电磁场与材料的相互作用，主要来自交变电磁场对材料的极化作用，可以使材料内部的偶极子反复调转，产生更强的振动和摩擦使材料快速升温，达到烧结的目的。

微波加热烧结技术是指利用微波加热的方法使粉体材料升至一定温度，从而实现烧结的技术。微波加热过程中，电磁能以波的形式渗透到介质内部引起介质损耗而发热，这样材料皆被整体同时均匀加热，因此材料内部热应力可以减小到最低程度，即使在很大的升温速率下，一般也不会造成材料开裂。

微波加热过程中热源可以很容易地被切断和接通，体现了节能和易于控制的特点。同时，微波热源纯净，不会污染所烧结的材料，能够方便地实现在真空和各种气氛及压力下的烧结。除了电磁辐射污染外，基本不造成环境污染。

在微波电磁能作用下，材料内部分子或离子动能增加，降低了烧结活化能，从而加速了陶瓷材料的致密化速度，缩短了烧结时间，同时由于扩散系数的提高，使得材料晶界扩散加强，提高了材料的致密度，从而实现了材料的低温快速烧结。由于微波烧结速度快、时间短、温度低，可使材料形成细晶粒或超细晶粒结构，显著提高陶瓷材料的韧性。

微波烧结陶瓷能否成功取决于材料的介电性能、磁性能、导热性能以及这些性能对温度和频率的函数关系。为了能顺利烧结，需对保温层进行合理设计，并考虑合理的测温方式和测温位置。

5.11.4 放电等离子体烧结

放电等离子体烧结（SPS）技术是在粉末颗粒间直接通入脉冲电流进行加热烧结的技术，因此有时也被称为等离子活化烧结或等离子体辅助烧结。该技术通过将特殊电源控制装置发生的开 - 关直流脉冲电压加到粉体试料上，除了能利用通常放电加工所引起的放电冲击压力和焦耳加热作用外，还有效利用脉冲放电初期粉体间瞬时产生高温等离子体所引起的烧结促进作用，通过瞬时高温场实现致密化。

相比于常规烧结技术，放电等离子体烧结具有烧结速度快、改进陶瓷显微结构和提高材料性能的优点，且操作简单，安全性高，能显著节省空间、能源和成本。

在放电等离子体烧结过程中，样品中每一种粉末及其相互间的孔隙本身都可能是发热源，用常规方法烧结时所必需的传热过程在 SPS 过程中可以忽略不计，因此烧结时间可以大为缩短，烧结温度也可以显著降低，可使材料形成细晶粒或超细晶粒结构，对于制备高致密度，高韧性的细晶粒陶瓷是一种很有优势的烧结手段。

本节重点

（1）何谓热压烧结？指出热压烧结的优点和应用。
（2）何谓微波加热烧结？指出微波加热烧结的优点和应用。
（3）何谓放电等离子体烧结？指出放电等离子体烧结的优点和应用。

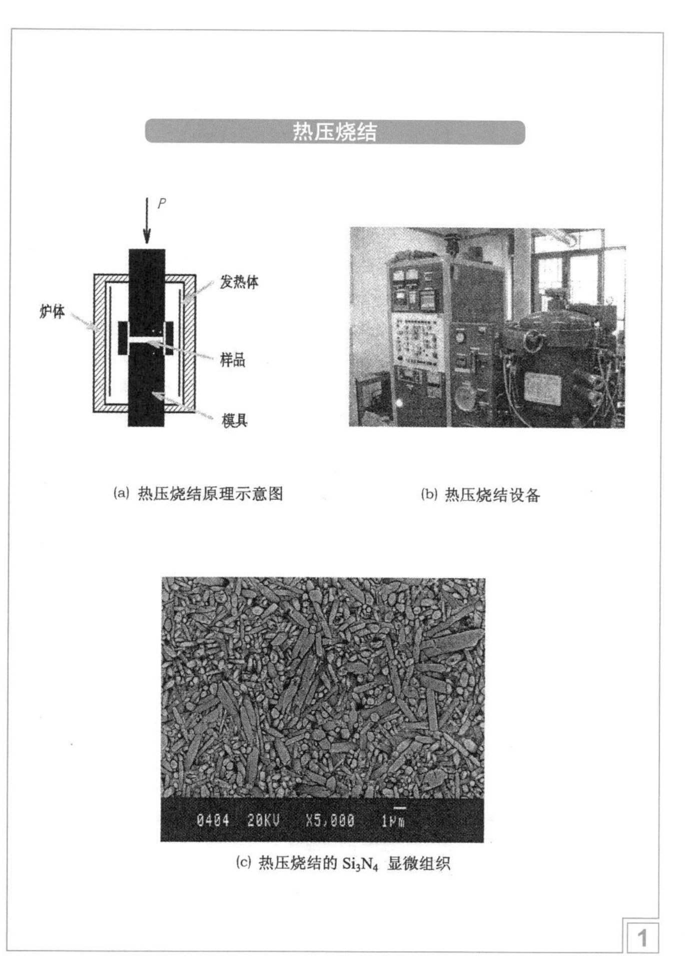

热压烧结
P
发热体
炉体
样品
模具
(a) 热压烧结原理示意图
(b) 热压烧结设备
0404 20KV X5,000 1μm
(c) 热压烧结的 Si_3N_4 显微组织
1

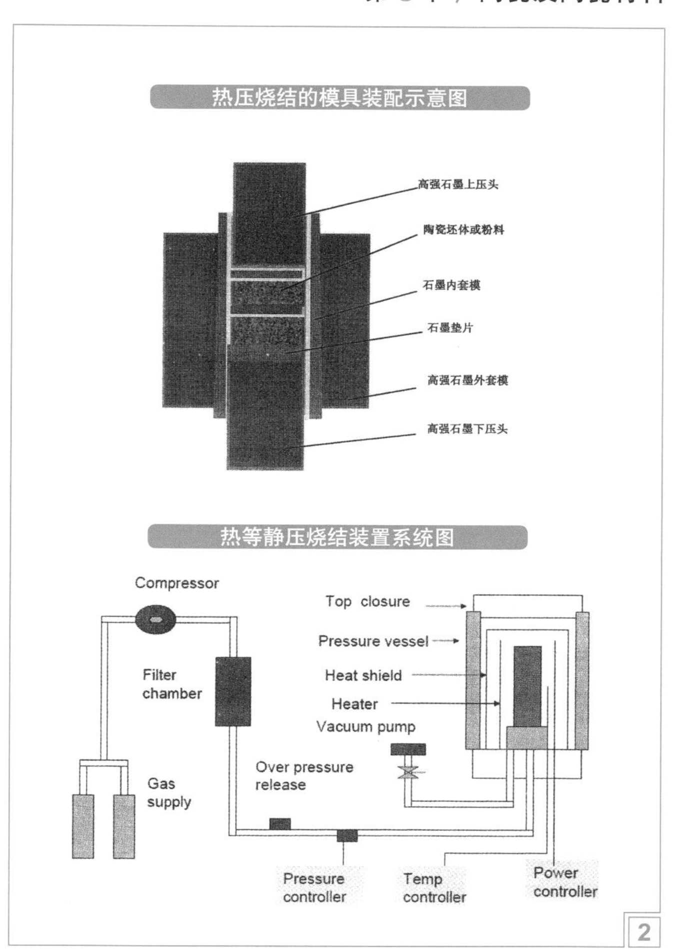

热压烧结的模具装配示意图
高强石墨上压头
陶瓷坯体或粉料
石墨内套模
石墨垫片
高强石墨外套模
高强石墨下压头
热等静压烧结装置系统图
Compressor
Top closure
Pressure vessel
Filter chamber
Heat shield
Heater
Vacuum pump
Gas supply
Over pressure release
Pressure controller
Temp controller
Power controller
2

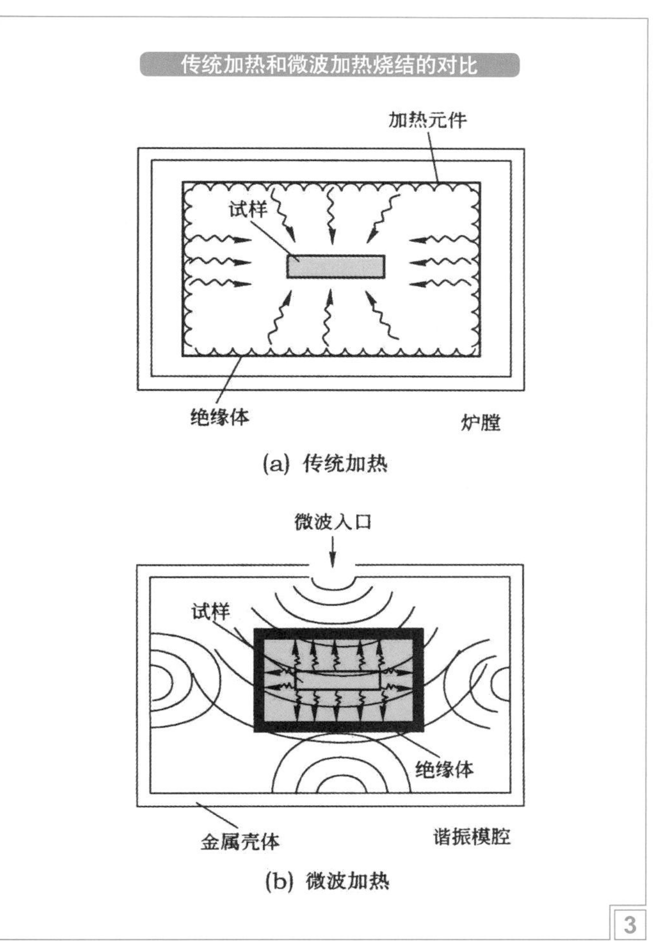

传统加热和微波加热烧结的对比
加热元件
试样
绝缘体
炉膛
(a) 传统加热
微波入口
试样
绝缘体
金属壳体
谐振模腔
(b) 微波加热
3

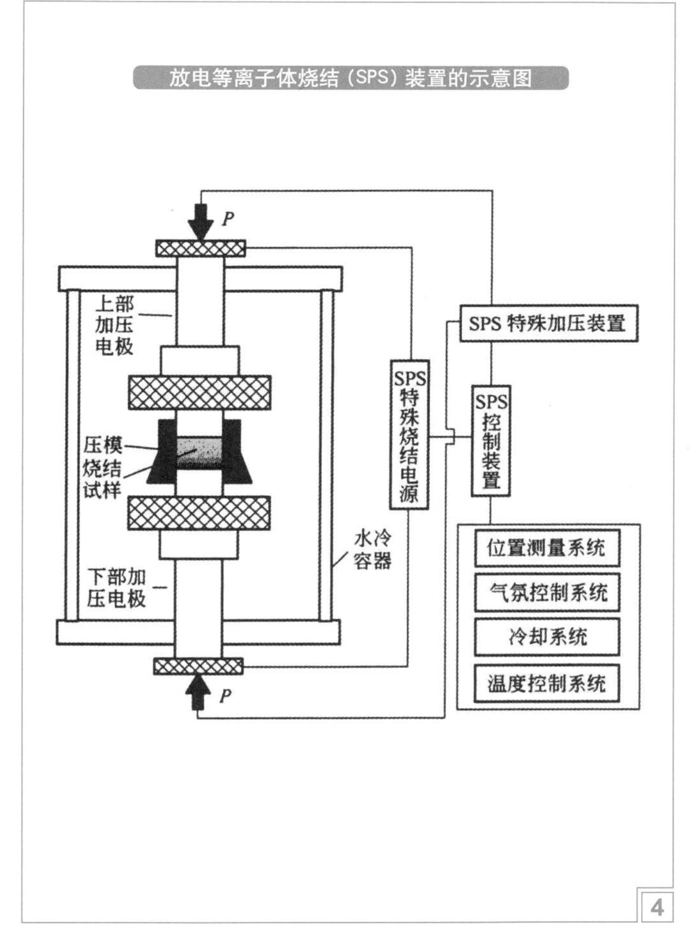

放电等离子体烧结 (SPS) 装置的示意图
P
上部加压电极
压模
烧结试样
下部加压电极
水冷容器
SPS特殊烧结电源
SPS 特殊加压装置
SPS控制装置
位置测量系统
气氛控制系统
冷却系统
温度控制系统
P
4

5.12 普通陶瓷的组织和结构

5.12.1 晶相的形成

相对于一般金属和合金以及特殊陶瓷而言，普通陶瓷的组织和结构要复杂得多，其中包括各种晶相、玻璃相、大量晶界、气孔以及其他缺陷等。这些组织结构是如何形成的，又对陶瓷性能产生哪些影响呢？下面主要以石英-长石-高岭土三组分的长石质瓷为例加以说明。

高岭土（$Al_2O_3 \cdot 2SiO_2 \cdot 2H_2O$）脱水后形成的偏高岭石（$Al_2O_3 \cdot 2SiO_2$）在980℃左右先分解成铝硅尖晶石（$2Al_2O_3 \cdot 3SiO_2$）和方石英。温度升高至1100℃，长石开始熔融，液相量不断增加；升温至1200℃，长石几乎熔完，高温下长石熔体中的碱金属离子容易扩散到粘土矿物中，促进粘土分解并形成粒状及鳞片状莫来石；升温至1250℃，莫来石和方石英突然增多，而此时长石熔体中由于碱金属离子减少，其组成接近三元相图的莫来石析晶区，结果导致熔体中生成细小针状的莫来石。

通常将由高岭土分解物形成的粒状及片状莫来石称为一次莫来石，由长石熔体形成的针状莫来石称为二次莫来石。陶瓷的性能主要取决于主晶相的结构和他们的分布形态，特别是机械性能；晶体相中晶粒细化和亚结构的出现，都可使陶瓷的强度提高。

5.12.2 液相的作用和玻璃相的形成

陶瓷烧结中产生的液相对坯体的致密成瓷具有至关重要的作用。

（1）液相中的扩散系数远大于固相中的扩散系数，便于扩散传质。长石作为熔剂矿物在相对较低的温度下熔融，这是最早出现的液相。石英主要是与液相长石形成低共熔点熔体，溶解于长石熔体，同时使高温熔体粘度提高；长石在熔化过程中因不断熔解粘土分解物及细粒石英，从而使熔体组分不断变化；这种高硅质熔体首先将细小针状莫来石溶解，高温时粒状莫来石也强烈受蚀。上述过程均由于液相中扩散系数很大而加快进程。

（2）液相的成分不断变化，既利于高温熔体的析晶，有利于低温熔体的玻璃化。在烧结过程中，随着长石、石英和粘土三组分共熔物的不断增加，坯体中液相量大为增加，在长石质瓷坯中可高达50%~60%。降温时，随着高温熔体的析晶，剩余熔体的组分进一步向玻璃的组分靠近，在冷却中期阶段（800~400℃），瓷体中粘滞的玻璃相将随温度的不断降低，由塑态逐渐转变为固态。

（3）液相作为传质通路，促进晶体发生重结晶。对于同时与液相相接触的细晶和粗晶而言，前者在液相中的溶解度大于后者，故小晶粒溶解后将向大晶粒上沉积淀析，导致大晶粒进一步长大，称这种过程为重结晶。

（4）液相的表面张力使瓷体致密化。由于液相粘滞流体的表面张力（随温度下降而增加）的拉紧作用，使其能填充坯体中空隙，促使晶粒重排、互相靠拢，彼此粘结成为整体，坯体逐渐瓷化。

玻璃相是一种低熔点的非晶态固体，是材料在高温烧成或使用过程中，由于化学反应或熔融冷却形成的。对于不同陶瓷，玻璃相的含量不同。日用瓷及电瓷的玻璃相含量较多，高纯度的氧化物陶瓷中玻璃相含量较低。玻璃相的作用是充填晶粒间隙，粘结晶粒，提高陶瓷材料的致密程度，降低烧成温度，改善工艺，抑制晶粒长大。但玻璃相机械强度要比晶相低，在较低温度下即开始软化，降低了材料的高温使用性能。

5.12.3 晶界

一般称**晶粒**与**晶粒之间的过渡区域**为**晶粒边界或简称晶界**。

早期，针对金属和合金，人们根据在高温下晶粒与晶粒之间会发生“粘性流动”这一实验现象，认为晶界材料是无定型物质，即原子完全混乱排列的非晶态材料，就像沥青、玻璃那样。现在公认，晶界是有大量缺陷的晶态材料，这里不仅有大量的位错，还有许多点缺陷（空位和间隙原子）。此外，材料中的杂质原子或某些沉淀相也往往优先分布在晶粒边界。作为晶粒与晶粒间的过渡层，晶界的厚度往往只有几个或十几个原子间距。晶界对于金属多晶体塑性变形依情况而异可起到协调、障碍、促进、起裂等作用。

陶瓷体由许多晶粒密堆而成。由于各晶粒是随机取向的，在晶粒生长过程中，不同取向的两晶粒相遇时形成晶界。从晶界及晶界区的尺寸范围看，晶界属微观结构范畴。普通陶瓷的晶界结构更为复杂，缺陷也更多。晶界往往与陶瓷中的玻璃相连成网络结构。由于陶瓷晶粒塑性变形很难，因此晶界对塑性变形的协调等作用不像金属中那样明显，晶界中的气孔等缺陷还会增加陶瓷材料的脆性。

晶界有很多特性，如晶界的迁移、晶界应力、晶界上溶质偏析、晶界上存在空间电荷、晶界能较高等。因此，它对陶瓷材料的力学性能、电性能、光性能、磁性以及超导电性等有很大的影响。例如，在电性能方面，高压陶瓷电容器 $SrPbTiO_3$-$Bi_2O_3 \cdot 3TiO_2$ 的交流老化问题就与晶界势垒的破坏有关。在电场长期作用下，晶界对载流子的阻挡作用将逐渐丧失，一旦不起作用，大量晶粒内的载流子涌现出来并参加导电，瞬间电流猛增导致击穿。

5.12.4 气孔

陶瓷（特别是在晶界）中含有大量气孔是其组织结构的一大特征。气体来源包括原材料的带入、结构水的放出、碳酸盐的分解等。由于陶瓷烧结温度不像钢铁冶炼和玻璃熔化（有高温澄清除气泡阶段）那样高，熔体粘度大，气体不易完全排出，结果以气泡或气孔形式存留于陶瓷材料，特别是晶界中。因此，大部分气孔是在工艺过程中形成并保留下来的。

晶界气泡的存在会降低陶瓷材料的强度，影响透光性，但对于吸附、过滤、降低介电常数等用途，气孔也有有利的一面。气孔的含量（按材料容积）可在0~90%之间变化。一般陶瓷含有5%~10%的气孔，耐火材料中的气孔率多在25%以下，轻质隔热吸音材料高达50%~60%甚至更高。

材料的许多性能与气孔的含量、形状、分布有密切的关系。气孔也是应力集中的地方，往往有可能扩展成裂纹，导致材料强度大大降低，耐磨性能变差。许多电性能和热性能也随气孔率、气孔尺寸及分布的不同而在很大范围内变化。合理控制陶瓷中气孔数量、形态和分布是非常重要的。

本节重点

（1）普通陶瓷的组织结构。
（2）何谓液相烧结，液相烧结对于坯体的致密成瓷是如何发生作用的。
（3）陶瓷结构中气孔的形成原因。

普通陶瓷材料的内部结构

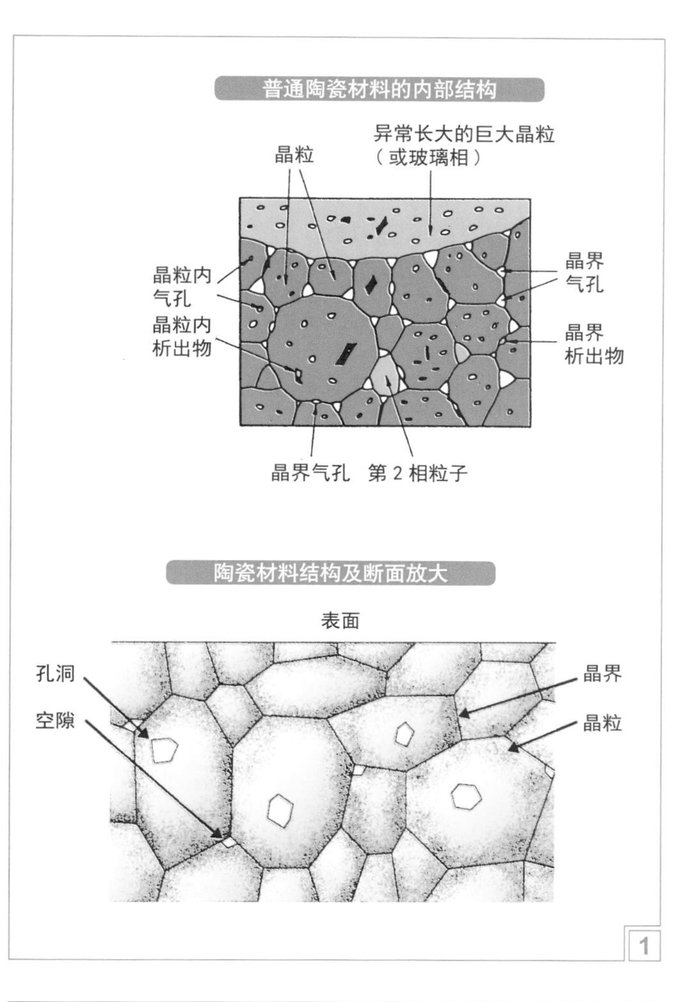

陶瓷材料结构及断面放大

液相烧结

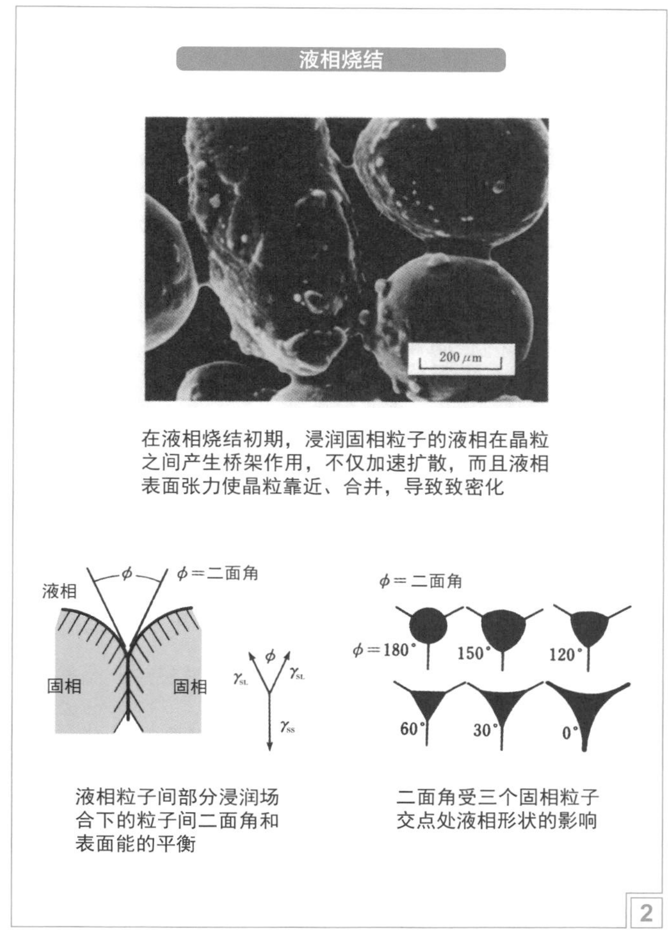

在液相烧结初期，浸润固相粒子的液相在晶粒之间产生桥架作用，不仅加速扩散，而且液相表面张力使晶粒靠近、合并，导致致密化

液相粒子间部分浸润场合下的粒子间二面角和表面能的平衡

二面角受三个固相粒子交点处液相形状的影响

烧结时的致密化和晶粒生长

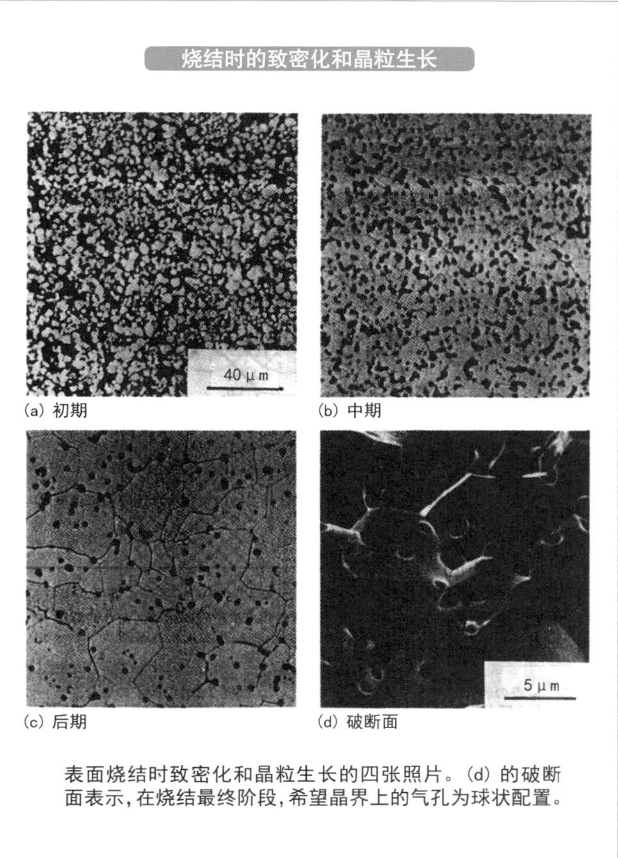

(a) 初期　(b) 中期　(c) 后期　(d) 破断面

表面烧结时致密化和晶粒生长的四张照片。(d) 的破断面表示，在烧结最终阶段，希望晶界上的气孔为球状配置。

单分散 TiO_2 微粒子。该材料是由钛的醇化物加水分解合成的，并经非常低的温度烧结

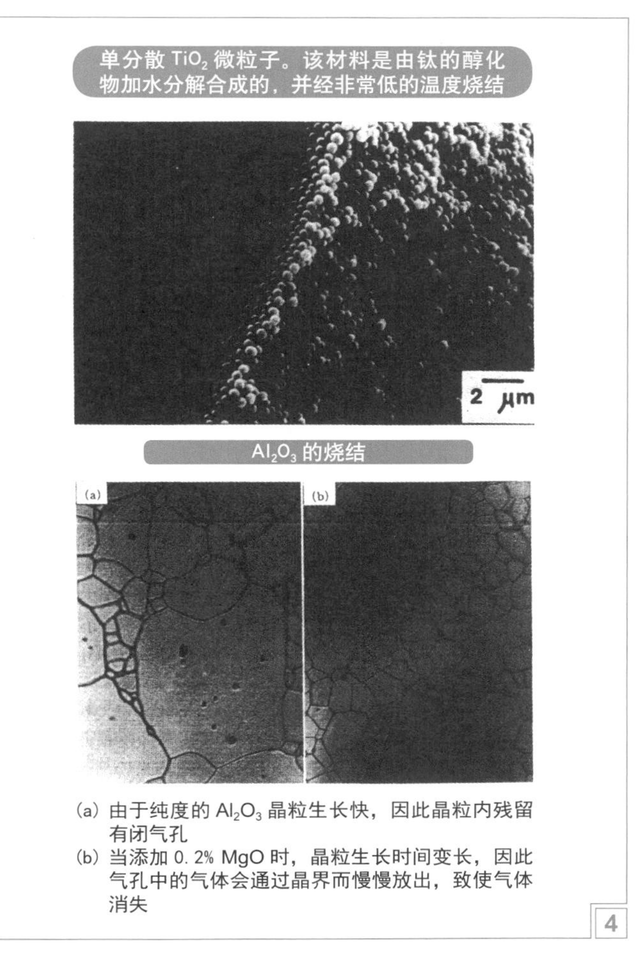

Al_2O_3 的烧结

(a) 由于纯度的 Al_2O_3 晶粒生长快，因此晶粒内残留有闭气孔

(b) 当添加 0.2% MgO 时，晶粒生长时间变长，因此气孔中的气体会通过晶界而慢慢放出，致使气体消失

5.13 精细陶瓷的组成、组织结构和性能

5.13.1 精细陶瓷与日用陶瓷的差异之一——原料不同

精细陶瓷是指采用高度精选或人为合成的原料，保持精确的化学组成，经严格的、精确控制的工艺方法，达到设计要求的显微结构和精确的尺寸精度，获得高新技术应用的优异性能的陶瓷材料。

陶瓷工业所用的矿物原料，主要是由复杂的地质过程所形成的无机非金属结晶固体。这些原料的陶瓷性质，很大程度取决于其基本成分的晶体结构和化学组成，以及含有的共生矿物的性质和含量。其中，由于硅酸盐和铝硅酸盐材料广泛分布而且价廉，已成为陶瓷工业大宗制品的主干原料，并且在相当程度上决定了陶瓷工业的类型。

日用陶瓷主要采用天然矿物粘土、长石和石英为原料加工制成，其又可大致分为四类：

(1) 长石质瓷，它是以长石为溶剂的“长石—石英—高岭土”三组分系统瓷。

(2) 绢云母质瓷，这是以绢云母为溶剂的“绢云母—石英—高岭土”三组分系统瓷。

(3) 滑石质瓷，它的坯料配方属于“滑石—粘土—长石”系统。

(4) 骨灰瓷，这是以磷酸钙为溶剂的“磷酸盐—高岭土—石英—长石”四组分系统瓷。

虽然大多数传统陶瓷是以天然矿物材料为基础而配制的，但越来越多的精细陶瓷制品却依赖于化工原料，这些原料有的可以用矿物制品来制得，有的则不能。精细陶瓷的原料全都是在原子、分子水平上分离、精制的高纯度的人造原料，这些人造原料的颗粒尺寸特性和化学纯度是严格控制的，突破了传统陶瓷以粘土为主要原料的界限。精细陶瓷一般以氧化物、氮化物、硅化物、硼化物、碳化物等为主要原料，主要区别在于精细陶瓷原料的各种化学组成、形态、粒度和分布等都可以精确控制。

5.13.2 精细陶瓷与日用陶瓷的差异之二——制作工艺不同

日用陶瓷制作时将矿物混合后可直接用于湿法成型，材料的烧结温度较低，一般为 900℃~1400℃，烧成后一般不需加工。

与之不同，在制备工艺上，精细陶瓷要有精密的成型工艺，产品的成型与烧结等加工过程均需要严密的控制，其用的高纯度粉体必须添加有机添加剂才能进行成型，烧结温度较高，在 1200~2200℃，且烧结完成后还需加工。

其中，成型上多用等静压、注射成型和气相沉积等先进方法，可获得密度分布均匀和相对精确的坯体尺寸，坯体密度也有较大提高；烧结方法上突破了传统陶瓷以炉窑为主要生产手段的界限，广泛采用真空烧结，保护气氛烧结、热压、热静压、反应烧结和自蔓延高温烧结等手段。

近年来，为降低成本，增加可靠性，提高产品效率，提高精细陶瓷的实用性，又出现了一些新型制作工艺。如快速成型工艺（快速注射成型、凝胶注塑工艺与直接凝固成型）、快速烧结技术（快速原位制造、微波烧结技术）及制品的后加工技术。这些新型制作工艺的应用，大大提高了精细陶瓷的质量和生产效率。

5.13.3 精细陶瓷与日用陶瓷的差异之三——组织结构不同

由于精细陶瓷的原料和制作工艺都在显微结构水平上，因而产品具有完全可控制的显微结构，从而确保产品可以用于高技术领域。一般来说，其化学和相组成较为简单明晰、纯度高，即使是复相材料，也是人为调控设计添加的，因此，其显微结构一般均匀而细密。而日用陶瓷的结构则相对繁杂，也无法精确控制，其化学和相的组成复杂多样，杂质成分和杂质相众多且不易控制，显微结构粗劣而不够均匀，同时多气孔。

由于精细陶瓷的原料和制作工艺都在显微结构上，因而产品具有完全可控制的显微结构，从而确保产品可以用于高技术领域。一般来说，其相组成较为简单且纯度较高，即便是复相材料，也是认为调控设计添加的，因此，其显微结构一般均匀而细密。

晶体相是精细陶瓷的主要组成相，相较于传统陶瓷，其玻璃相和气孔的含量大大减少。

氧化物是氧化物精细陶瓷的主要组成和晶体相。晶体由离子键结合，往往也具有较高的共价性；最重要的氧化物晶体相有：AO、AO_2、A_2O_3、ABO_3 和 AB_2O_4 等（A、B 表示阳离子）。氧化物的结构特点是：氧离子作紧密立方或紧密六方排列，金属离子规则地分布在四面体和八面体的间隙之中。

非氧化物是非氧化物精细陶瓷的主要组成和晶体相，主要包括不含氧的金属碳化物、氮化物、硼化物和硅化物等。各种非氧化物的结构特点是：

(1) 碳化物：共价键和金属键之间的过渡键，以共价键为主。结构 - 间隙相：如 TiC、ZrC、HfC、VC、NbC、TaC 等；复杂碳化物：如斜方结构的 Fe_3C、Mn_3C、Co_3C、Ni_3C 和 Cr_3C_2，立方结构的 $Cr_{23}C_6$、$Mn_{23}C_6$，六方结构的 WC、MoC 和 Cr_7C_3、Mn_7C_3 以及复杂结构的 Fe_3W_3C 等；

(2) 氮化物：与碳化物相似，金属性弱些，有一定的离子键。如六方晶格 BN，六方晶系的 Si_3N_4 和 AlN；

(3) 硼化物和硅化物：较强的共价键，连成链、网和骨架，构成独立结构单元。

5.13.4 精细陶瓷与日用陶瓷的差异之四——性能和应用不同

日用瓷器长期以来为民众所喜爱和使用，因为它有以下优点：易于洗涤和保持洁净；热稳定性较好，传热慢；化学性质稳定，经久耐用；瓷器的气孔极少，吸水率很低；彩绘装饰丰富多彩。然而，日用瓷器也有美中不足之处。最大弱点是抗冲击强度低，不耐摔碰，容易破损，是一种易碎品。“陶瓷带裂，一文不值。”此外，一般说来，它不适于明火直烧作炊具用，有的还不耐蒸煮。

与之不同，在性能上，精细陶瓷具有各自独特的特殊性质和功能，如高强度、高硬度、耐腐蚀、导电、绝缘以及在磁、电、光、声、生物工程各方面具有的特殊功能，从而使其在高温、机械、电子、宇航、医学工程各方面得以大显身手。如用精细陶瓷制作的汽车发动机部件可大大延长使用寿命，省却了冷却系统，节能 13%，且可使排气温度上升，回收废气热能，使热效率从 30% 提高到 40%~48%，并能减少汽车的重量，降低价格。

当前，精细陶瓷的研究一方面在于提高其专用性能，扩大应用范围。另一方面是进行高纯度物质超微粉体的生产工艺研究。因为当物质逐步细化到 1~100nm 颗粒范围时，就成为超微颗粒，这时它在性能上出现与原固体颗粒完全不同的行为，成为物质的新状态，表现在磁性、电阻性、对光的反射性、溶剂中的分散性及化学反应性都与原物质有很大的差异。

本节重点

(1) 比较不同陶瓷材料的抗弯强度，其抗弯强度的高低主要决定于哪些因素？

(2) 比较不同陶瓷材料的介电常数，其介电常数的大小主要决定于哪些因素？

(3) 比较不同陶瓷材料的热导率，其热导率的高低主要决定于哪些因素？

各种陶瓷（基板）的组成及特性

特性	三氧化二铝			莫来石（mullite）	块滑石（steatite）	镁橄榄石（forsterite）	堇青石（cordierite）	低温共烧陶瓷（LTCC）多层基板	高热导基板			单晶硅	蓝宝石	金刚石
主成分	Al_2O_3 92%	Al_2O_3 96%	Al_2O_3 99%	$3Al_2O_3 \cdot 2SiO_2$	$MgO \cdot SiO_2$	$2MgO \cdot SiO_2$	$2Al_2O_3 \cdot 2MgO \cdot 5SiO_2$	$CaO-Al_2O_3-B_2O_3-SiO_2$ 系 $Al_2O_3-B_2O_3-SiO_2-MgO$ 系 $CaO-B_2O_3-SiO_2-NaO$ 系 $CaO-B_2O_3-SiO_2-MgO-PbO-Na_2O-K_2O$ 系等	BeO	AlN	SiC	Si	Al_2O_3	C
表观密度/(g/cm^3)	3.6	3.7	3.9	3.1	2.7	2.8	2.5	3.0 ~ 4.5	2.9	3.3	3.2	2.3	4.0	2.8
力学性能 抗弯强度/MPa	250	270	290	140	140	140	70	130 ~ 300	170 ~ 230	400 ~ 500	450	520	700	
力学性能 压缩强度/MPa	2000	2000	2300	—	1800	600		—	—	—	—			
力学性能 弹性模量/MPa	2.7×10^5	3.7×10^5	3.9×10^5	1.4×10^5	1.8×10^5		1.2×10^5		3.2×10^5	3.3×10^5	4.0×10^5	7.8×10^5		
电气性能 绝缘耐压/(kV/cm)	150	150	150	130	130	130	150	200 ~ 500	100	140 ~ 170	1 ~ 2	10^{-2} ~ 45	4 800	
电气性能 体积电阻率/(Ω·cm) 20℃	$>10^{14}$	$>10^{14}$	$>10^{14}$	$>10^{14}$	$>10^{14}$	$>10^{14}$	$>10^{14}$	$>10^{11}$ ~ 10^{14}	$>10^{14}$	$>10^{14}$	$>10^{13}$	10^{-3} ~ 10^3	$>10^{16}$	$>10^{16}$
电气性能 体积电阻率/(Ω·cm) 300℃	1×10^{11}	10^{14}	10^{14}	—	5×10^8	7×10^{11}		—	—	—	—			
电气性能 介电常数 ε_r (1MHz)	8.5	9.8	9.8	6.5	6.0	6.0	5.3	4.2 ~ 8.0	6.5	8.8	45	12	11.5	5.7
电气性能 介电损耗 $\tan\delta$ (1MHz)	0.0005	0.0003	0.0001	0.0004	0.0004	0.0005		0.000 5 ~ 0.003	0.000 5	0.000 5 ~ 0.001	0.05		0.000 05	
热学性能 热膨胀系数/(10^{-6}/℃) 25 ~ 300℃	6.6	6.7	6.8	4.0	6.9	10	2	4 ~ 6	8	4.5	3.7			
热学性能 热膨胀系数/(10^{-6}/℃) 300℃ ~	7.5	7.7	8.0	4.4	7.8	12		—	—	—	—			
热学性能 热导率/[W/(m·K)] 25℃	16.7	18.8	31.4	4.19	2.51	3.35	2	3 ~ 8	250	100 ~ 270	270	150	38	2 000
热学性能 热导率/[W/(m·K)] 300℃	10.9	13.8	15.9	—	—	—		—	—	—	—			
烧成温度/℃	1500 ~ 1650			1400 ~ 1500				<900	2 000	1 650 ~ 1 800	2 000			

5.14 结构陶瓷及应用（1）——Al_2O_3

5.14.1 使用透明氧化铝的高压钠灯

高压钠灯使用时发出全白色强光，具有发光效率高、耗电少、寿命长、透雾能力强和不诱虫等优点。广泛应用于道路、高速公路、机场、码头、船坞、车站、广场、街道交汇处、工矿企业、公园、庭院照明及植物栽培。高温高压钠灯主要应用于体育馆、展览厅、娱乐场、百货商店和宾馆等场所照明。

高压钠灯的工作原理是，电弧管两端电极之间产生电弧，电弧的高温作用使管内的液钠汞气受热蒸发成为汞蒸气和钠蒸气，阴极发射的电子在向阳极运动过程中，撞击放电物质的原子，使其获得能量产生电离或激发，然后由激发态返回到基态；或由电离态变为激发态，再回到基态，无限循环。此时，多余的能量以光辐射的形式释放，便产生了与能级之差相对应的光。电弧管工作时，高温高压的钠蒸气腐蚀性极强，一般的含钠玻璃和石英玻璃均不能胜任；而采用半透明多晶氧化铝和陶瓷管做电弧管管体较为理想。它不仅具有良好的耐高温和抗金属钠蒸气腐蚀性能，还有良好的可见光穿越能力。1959 年美国通用电气首次发表的透光性 Al_2O_3 陶瓷，透光率对 4000~6000nm 的红外波段均大于 80%，现在作为高压钠灯灯管的透明 Al_2O_3 陶瓷对可见光的透光率已达到 90% 以上。透明陶瓷既具有陶瓷固有的耐高温、耐腐蚀、高绝缘、高强度等特性，具有玻璃的光学性能。

一般陶瓷由于对光产生反射和吸收损失而不透明，原因是陶瓷体内的气孔、杂质、晶界、晶体结构对透光率的影响。具有透光性的陶瓷，必须有致密度高、晶界上不存在空隙或空隙大小远小于波长、晶界没有杂质及玻璃相、晶粒小而均匀且无空隙、晶体对入射光的选择吸收小、无光学各向异性的特性。而透明 Al_2O_3 陶瓷实际上是具有无气孔结构的 Al_2O_3 陶瓷，通过控制烧结过程使其满足以上条件而获得高密度和透光性。

5.14.2 注射成型设备及注射成型的半成品

注射成型是陶瓷可塑成型工艺中最具适用性的一种，成型中分散于有机载体中的陶瓷颗粒处于预烧状态。注射成型时陶瓷泥料的载体不是通过模壁渗出，而是仍留在陶瓷颗粒之间，在稍后的工序中脱除。其优点是，能够快速而自动地进行批量生产，工艺过程可以精确控制，可制成尺寸精确、形状复杂的陶瓷部件。而注射成型一次性设备的投资和加工成本较高，只适用于大批量生产，而且成型体的截面尺寸受到限制。应用注射成型工艺可制得直径最大达 70mm 的 SiC 密封圈、外径达 30mm 的 Si_3N_4 活塞挺杆、直径 55mm 的 SiC 蜗轮增压器叶轮、直径 125mm 的普通滑动轴承等。现在存在的问题，一是陶瓷烧成前颗粒间的接触问题，二是使用低分子量有机物来简化结合剂去除，往往带来粉末结合不好、流动性差的问题。

精密注射成型的精度要求，一是指几何精度，也就是制品的尺寸精度和行位精度等；二是指机械精度，它是指除几何精度以外，根据实际情况提出的要求，如表面光滑性、透明度、刚度、力学强度、内应力等。这就对注射成型设备和注射成型工艺提出很高的要求。

5.14.3 精密注射成型制品

精密注射成型是与常规注射成型相对而言，指成型制品的精度要求很高，使用通用的注射机和常规注射工艺都难以达到要求的一种注射成型方法。随着高分子材料的迅速发展，工程材料在工业生产中占据了一定的地位，因为它质量轻、节省资源、节约能源，不少的工业产品构件已经被工程塑料零件所替代，如仪器仪表、电子电气、航空航天、通讯、计算机、汽车、录像机、手表等工业产品中大量应用精密塑料件。塑料制品要取代高精密度的金属零件，常规的注射成型制品是难以胜任的，因为对精密塑料件的尺寸精度、工作稳定性、残余应力等方面都有更高的要求，于是就出现了精密注射成型的概念。

陶瓷注射精密成型源于复杂形状或精密小型陶瓷部件制造的需要。陶瓷注射成型是一种近净尺寸陶瓷可塑成型方法，是当今国际上发展最快、应用最广的陶瓷零部件精密制造技术。

精密注射成型制品屡见不鲜，例如陶瓷刀具、陶瓷推剪、电真空管等。陶瓷刀使用精密陶瓷高压研制而成，故称陶瓷刀。陶瓷刀号称“贵族刀”，作为现代高科技的产物，具有传统金属刀具无法比拟的优点；白色陶瓷刀采用高科技纳米氧化锆为原料，因此陶瓷刀又叫“锆宝石刀”，它的高雅和名贵可见一斑。同样的，陶瓷推剪采用氧化锆陶瓷剪刀片，用高纯氧化锆微粉精密注射成型，成品耐磨损且无静电，是高新技术改善人类生活的优良典范。而由氧化铝陶瓷精密加工而成的电真空管具有耐腐蚀，电绝缘性能优良的特点，被广泛应用到生产生活的各个领域。

5.14.4 氧化铝陶瓷牙科材料

氧化铝陶瓷由于优良的力学和光学性能，在口腔医学领域获得广泛应用。在 Al_2O_3 中添加适当的烧结助剂，可以降低烧结温度，改善陶瓷微观结构，实现高致密度和低气孔率，从而达到通过低温烧结获得性能优良的氧化铝陶瓷的目的。由于液相的出现，促进了粒子重排和质量迁移，从而加速了烧结致密化。其助烧结作用的强弱同该添加剂的熔化温度基本上吻合。液相烧结工艺简单，成本低廉，能在较低的温度下制得力学性能优良的半透明氧化铝陶瓷。将氧化铝液相烧结应用于口腔全瓷修复材料，具有极高的经济和社会价值。

氧化铝和氧化锆陶瓷材料的出现及应用将牙科材料带入了新的发展领域。氧化铝能促进骨骼增长，并能与骨骼进行物理嵌合。医用工程材料用的氧化铝分为多晶体和单晶体，多晶体氧化铝由粉末烧结而成，单晶体用提拉法或伯努利法制成。欧美各国已广泛采用氧化铝多晶体制造人造牙根和人造骨，日本则用三氧化二铝单晶体制造人造牙根。

研究表明，牙科烤瓷材料的抗弯强度、硬度和韧性随纳米氧化铝添加量的增加而增加；在烧结温度不超过 900℃时，添加 1.5%（质量分数）的纳米氧化铝对牙科烤瓷材料有明显的增强增韧作用。

本节重点

（1）透明氧化铝在高压钠灯中用在什么部位？氧化铝是如何实现透明的？
（2）氧化铝陶瓷构件一般是由何种工艺成型和烧结的？
（3）举出氧化铝和氧化锆陶瓷的典型应用。

使用透明氧化铝的高压钠灯

外灯泡

透明氧化铝

螺口

发黄色强光的高压钠灯。高温钠蒸气极具腐蚀性，因此要将其封入透明氧化铝管之中。

透明氧化铝的微观组织

人造齿根

在氢气中烧成，使内部气孔完全排除。

通过手术，将与齿及骨成分相似的羟基磷灰石制齿根埋入颚骨，以在其上部固定牙齿。

1

注射成型制品

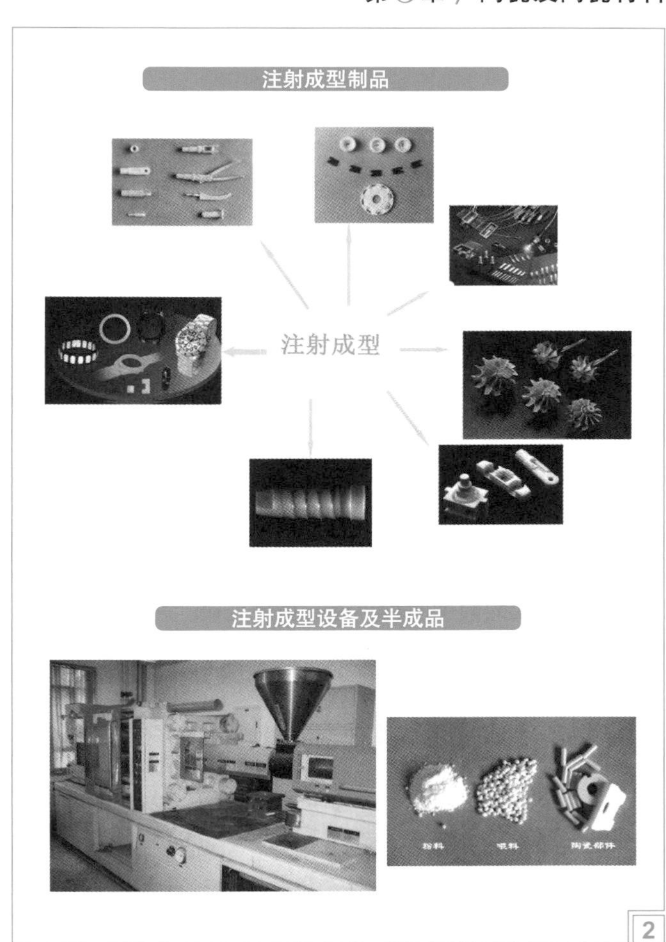

注射成型设备及半成品

粉料 喂料 陶瓷部件

2

陶瓷注射精密成型

源于复杂形状或精密小型陶瓷部件制造的需要

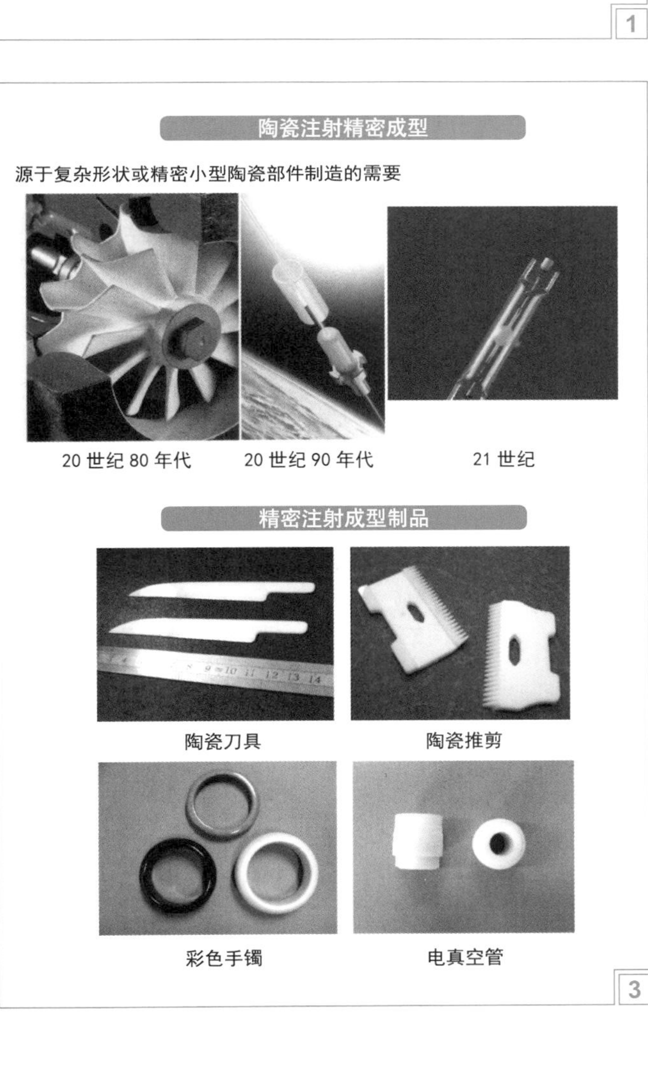

20 世纪 80 年代　20 世纪 90 年代　21 世纪

精密注射成型制品

陶瓷刀具

陶瓷推剪

彩色手镯

电真空管

3

透明氧化铝托槽

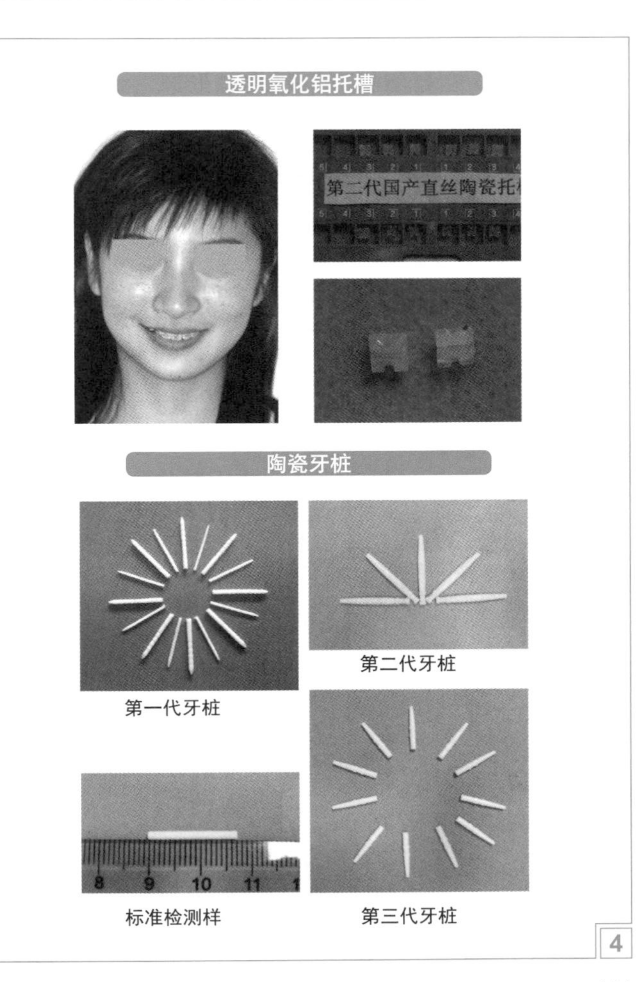

陶瓷牙桩

第一代牙桩

第二代牙桩

标准检测样

第三代牙桩

4

5.15 结构陶瓷及应用（2）——ZrO_2、TiO_2、BeO 和 AlN

5.15.1 氧化锆陶瓷插芯与套筒

(1) 氧化锆陶瓷与传统陶瓷相比的优点：①高强度，高断裂韧性和高硬度。氧化锆陶瓷具有相变增韧和微裂纹增韧，所以有很高的强度和韧性，被誉为"陶瓷钢"，在所有陶瓷中它的断裂韧性是最高的；②优良的耐磨损性能。高硬度、高强度和高韧性就保证了氧化锆陶瓷比其他传统结构陶瓷具有不可比拟的耐磨性；③弹性模量和热膨胀系数与金属相近；④低热导率。这些性质决定了氧化锆陶瓷是制造光纤连接器的插芯和套筒的理想材料。

(2) 氧化锆陶瓷插芯与套筒应用：氧化锆陶瓷插芯与套筒是光纤通信中的必需品，它对保证通信质量起到重要作用。光纤连接技术分为两大类，一类是永久性连接，常称为固定接头、死接头；一类是可拆卸的活动连接，常称为活接头，需要使用光纤连接器。

陶瓷插芯（ferrule）的最主要作用是实现光纤的活动连接，常常与陶瓷套管（sleeve）配合使用。陶瓷插芯是用二氧化锆烧制而成的陶瓷圆柱小管，质地坚硬，色泽洁白细腻，其成品精度达到亚微米级，是光纤通信网络中最常用、数量最多的精密定位件，常常用于光纤连接器的制造、器件的光耦合等。

(3) 国产光纤连接器用氧化锆陶瓷套筒的技术进步：氧化锆陶瓷插芯及套筒是光纤活动连接器中的核心部件。近十年来，我国大陆和台湾十几家企业从国外引进陶瓷插芯生产线，现在陶瓷插芯已形成了月产 2000 万只以上的生产能力。国内企业和研究单位经过数年的研制，已掌握了从氧化锆粉体到精密加工的陶瓷套筒全套生产技术。现在国产陶瓷套筒已形成了月产 1500 万只以上的生产能力，中国已成为最大的陶瓷套筒生产国。

5.15.2 氧化钛的三种晶型形态

二氧化钛在自然界有三种结晶形态：金红石型、锐钛型和板钛型。板钛型属斜方晶系，是不稳定的晶型，在 650℃以上即转化成金红石型，因此在工业上没有实用价值。锐钛型在常温下是稳定的，但在高温下要向金红石型转化。其转化强度视制造方法及煅烧过程中是否加有抑制或促进剂等条件有关。一般认为在 165℃以下几乎不进行晶型转化，超过 730℃时转化得很快。金红石型是二氧化钛最稳定的结晶形态，结构致密，与锐钛型相比有较高的硬度、密度、介电常数与折光率。金红石型和锐钛型都属于四方晶系，但具有不同的晶格，因而 X 射线图像也不同，锐钛型二氧化钛的衍射角位于 25.5°，金红石型的衍射角位于 27.5°。金红石型的晶体细长，呈棱形，通常是孪晶；而锐钛型一般近似规则的八面体。

金红石型比起锐钛型来说，由于其单位晶格由两个二氧化钛分子组成而锐钛型却是由四个二氧化钛分子组成，故其单位晶格较小且紧密，所以具有较大的稳定性和相对密度，因此具有较高的折射率和介电常数及较低的热传导性。

二氧化钛的三种同分异构体中只有金红石型最稳定，也只有金红石型可通过热转换获得。天然板钛矿在 650℃以上即转换为金红石型，锐钛矿在 915℃左右也能转变成金红石型。

5.15.3 氧化铍的晶体结构及特性

氧化铍陶瓷（beryllia ceramics）是以氧化铍为主要成分的陶瓷。纯氧化铍（BeO）属立方晶系。密度 3.03g/cm^3。熔点 2570℃。具有很高的导热性，几乎与纯铝相等，BeO 的热导率 λ 约为 230W/(m • K)。还有很好的抗热震性。其介电常数 6~7。介质损耗角正切值约为 4×10^{-4}。最大缺点是粉末有剧毒性，且使接触伤口难于愈合，因此有的国家不允许生产，甚至禁止上岸。氧化铍陶瓷以氧化铍粉末为原料加入氧化铝等配料经高温烧结而成。制造这种陶瓷需要良好的防护措施。氧化铍在含有水气的高温介质中，挥发性会提高，1000℃开始挥发，并随温度升高挥发量增大，这就给生产带来困难，有些国家已不生产。但制品性能优异，虽价格较高，仍有相当大的需求量。用作大规模集成电路基板，大功率气体激光管，晶体管的散热片外壳，微波输出窗和中子减速剂等材料。

5.15.4 影响氮化铝陶瓷热导率的各种因素

氮化铝于 1877 年首次合成。至 80 年代，因氮化铝是一种热导率很高的陶瓷绝缘体（多晶体的热导率为 70~210 $W\cdot m^{-1}\cdot K^{-1}$，而单晶体更可高达 275 $W\cdot m^{-1}\cdot K^{-1}$），至使氮化铝被大量应用于微电子学。与氧化铍不同的是氮化铝无毒。氮化铝金属化处理，能取代氧化铍大量用于电子器件。氮化铝可通过氧化铝受碳的还原作用或直接氮化金属铝来制备。氮化铝是一种以共价键相连的物质，它具有六方晶体结构，与硫化锌、纤锌矿同形。此结构的空间群为 P63mc。要以热压及焊接方式才可制造出工业级的物料。氮化铝在惰性的高温环境中非常稳定。在空气中，温度高于 700℃时，氮化铝表面会发生氧化作用。在室温下，氮化铝表面仍能探测到 5~10nm 厚的氧化物薄膜。直至 1370℃，氧化物薄膜仍可保护氮化铝。但当温度高于 1370℃时，便会发生大量氧化作用。直至 980℃，氮化铝在氢气及二氧化碳中仍相当稳定。矿物酸通过侵袭粒状氮化铝的界限使它慢慢溶解，而强碱则通过侵袭粒状氮化铝使它溶解。氮化铝在水中会慢慢水解。氮化铝可以抵抗大部分融解的盐的侵袭，包括氯化物及冰晶石（即六氟铝酸钠）。

AlN 是靠声子导热，凡是阻碍声子散射的因素都会对 AlN 陶瓷的热导率产生不利影响。例如氧缺陷，Si、Mn 和 Fe 等杂质，烧结致密度，显微组织和结构，以及其他晶体缺陷等。例如，晶界相的非均匀分布会导致大量气孔，晶界杂质含量高、晶界变厚等都会影响热导率。从陶瓷制备工艺角度，影响 AlN 热导率的因素有：AlN 粉末的来源及纯度，烧结工艺，烧结添加剂以及烧结体的后处理等。理想的是显微组织应该是致密度高，晶型完整，晶粒细小均匀呈多面体，晶粒之间的面接触，尽可能少的第二相等。

本节重点

（1）氧化钛有哪些晶型形态？举出氧化钛（粉体、薄膜、陶瓷）的典型应用。
（2）氧化铍陶瓷有哪些优良特性？何种因素限制了它的推广应用？
（3）影响氮化铝陶瓷热导率的因素有哪些？如何才能提高氮化铝陶瓷的热导率？

氧化锆陶瓷插芯与套筒

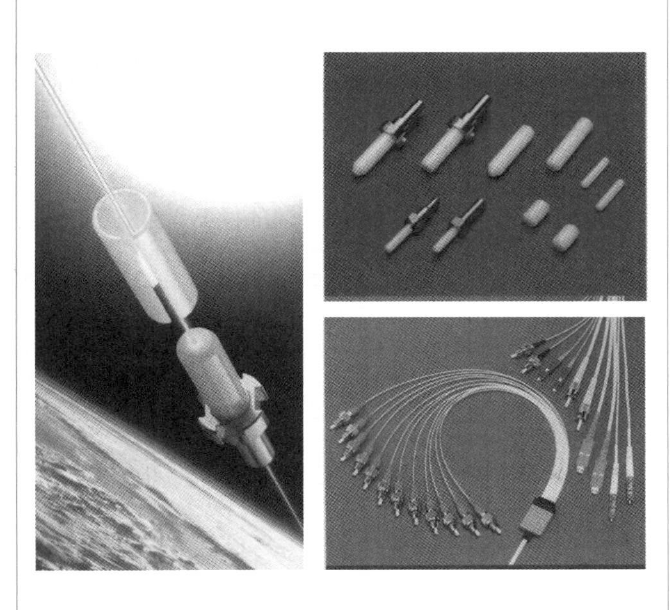

陶瓷插芯与陶瓷套管配合使用，是光纤通信网络中最常用、数量最多的精密定位件，常用于活动式光纤连接器的制造、器件的光耦合等。

1

氧化钛的三种晶型形态示意图

(a) 锐钛矿型　(b) 金红石型　(c) 板钛矿型

锐钛矿、金红石、板钛矿的晶胞结构

(a) 锐钛矿型　(b) 金红石型　(c) 板钛矿型

2

氧化铍的晶体结构

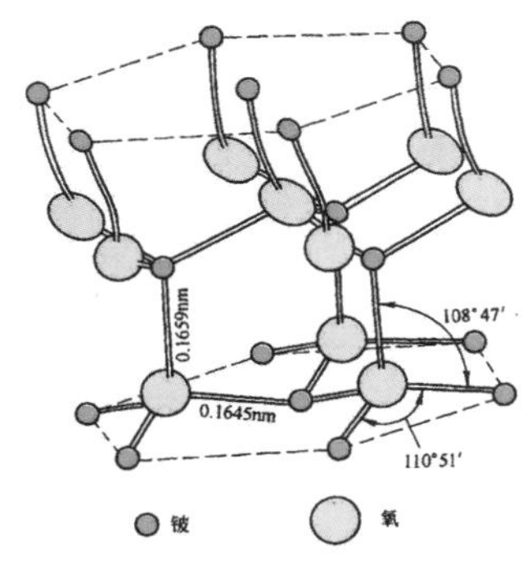

99.5% 氧化铍基板的各种特性

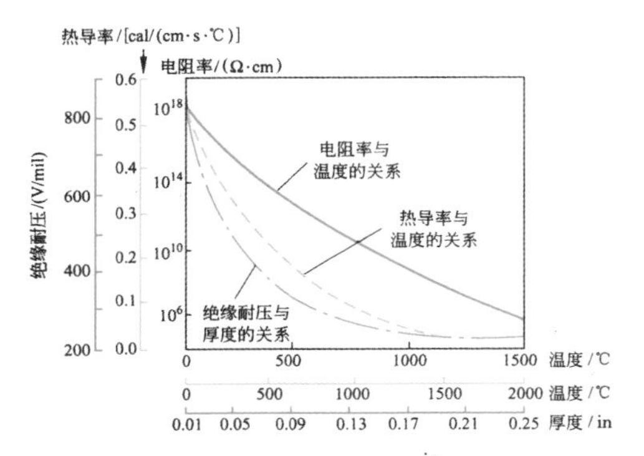

1cal/(cm·s·℃) = 419W/(m·K)；1mil = $\frac{in}{1000}$ = 25.4μm

3

氮化铝烧结添加剂及效果

分组	添加物	烧结密度/%	效果
0	无添加	82.5	
Ⅰ	Si 化合物 SiO_2, Si_3N_4, SiC, MgO-SiO_2	66~76	形成 AlN 的多晶型生成物，对致密化有害
Ⅱ	过渡金属的氧化物、氮化物、碳化物 TiO_2, ZrO_2, Cr_2O_3, TiN, ZrN, HfN, TiC, ZrC	79~88	大部分以氮化物存在，对致密化不起作用
	Al_2O_3	82	生成尖晶石型的 AlON，致密化程度与无添加的相同。但若形成多晶型生成物，则另当别论
	BN	77	
Ⅲ	碱土金属氧化物 CaO, SrO, BaO 各种盐类	>95	生成铝酸盐，因液相烧结而促进致密化
	稀土氧化物 Y_2O_3, La_2O_3, CeO_2, PrO_2, Nd_2O_3, Gd_2O_3, Dy_2O_3	>95	生成铝酸盐，因液相烧结而促进致密化

影响氮化铝陶瓷热导率的各种因素

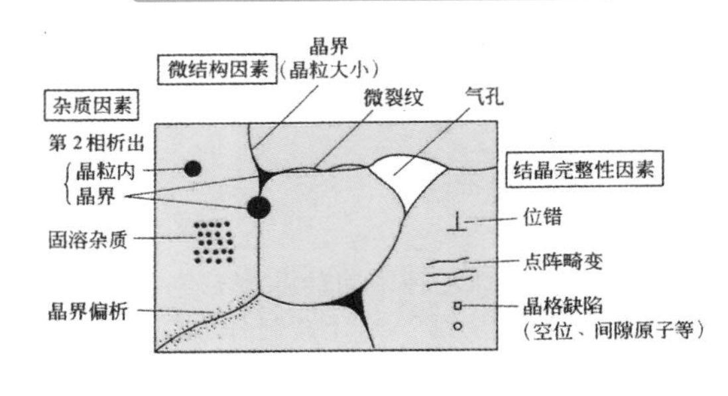

4

5.16 结构陶瓷及应用（3）——SiC 和 Si_3N_4

5.16.1 高热导率、电气绝缘性 SiC 陶瓷的制作工艺

SiC 是共价键化合物，很难烧结，必须采取一些特殊的工艺手段或依靠第二相促进烧结，或用第二相结合的方法来制备 SiC。在固相烧结时常用的添加剂有 B、B+C，液相烧结常用的添加剂由 Y_2O_3、$Y_3Al_5O_{12}$、AlN、Al_2O_3、MgO、BN、B_4C 和稀土氧化物等。

通常采用的烧结方法有：常压烧结法、反应烧结法、热压烧结法。SiC 的合成方法主要有化合法、碳热还原法、气相沉积法、有机硅前躯体裂解法、自蔓延高温合成（SHS）法、浸渍法、重结晶法、溶胶 - 凝胶法等。

其中模板法是碳热还原法的一种创新性延展，也称形状记忆合成法。主要是利用多孔碳材料（如橡木、树叶、秸秆、滤纸、海绵、碳纳米管等）的多孔模板结构，采用真空压力渗透工艺将硅溶胶渗入孔隙中，然后加热使其发生碳热还原反应，生成的 SiC 制品保持生物前驱体或碳材料的宏观结构形貌。该方法尤其适用于制备多孔 SiC 制品，如采用模板法由碳纳米管合成了 SiC 纳米管。

5.16.2 SiC 单晶的各种晶型

SiC 是 Si-C 间键力很强的共价键化合物，具有金刚石结构，有 75 种晶型。其晶格的基本结构单位是共价键结合的 [SiC_4] 和 [CSi_4] 四面体配位。各种晶型的 SiC 晶体，是以相同的 Si-C 层但以不同次序堆积而成的。主要晶型有 3C-SiC、4H-SiC、6H-SiC、15R-SiC。符号 C、H、R 分别代表立方、六方、菱方型结构，C、H、R 之前的数字代表沿 c 轴重复周期的层数。

例如，6H 表示沿 c 轴有 6 层重叠周期的六方晶系结构，其堆垛顺序是 ABCACBABCACB…，3C 是指堆垛顺序为 ABCABC…的立方对称结构，而 15R 则表示具有 ABCBACABACBCBCB…重复排列的菱面结构。尽管 SiC 存在很多种多型体，且晶格常数各不相同，但其密度均很接近。

这几种晶型中最主要的是 α 和 β 两种晶型。β-SiC 为低温稳定型；α-SiC 为高温稳定型。在 SiC 的各种型体之间存在着一定的热稳定性关系。在温度低于 1600℃时，SiC 以 β-SiC 形式存在。当高于 1600℃时，β-SiC 缓慢转变成 α-SiC 的各种多型体。4H-SiC 在 2000℃左右容易生成；15R 和 6H 多型体均需在 2100℃以上的高温才易生成；对于 6H-SiC，即使温度超过 2200℃，也是非常稳定的。

5.16.3 SiC 和 Si_3N_4 的反应烧结

SiC 的反应烧结法最早在美国研究成功。反应烧结的工艺过程为：先将 α-SiC 粉和石墨粉按比例混匀，经干压、挤压或注浆等方法制成多孔坯体。在高温下与熔融 Si 接触，坯体中的 C 与渗入的 Si 反应，生成 β-SiC，并与 α-SiC 相结合，过量的 Si 填充于气孔，从而得到无孔致密的反应烧结体。

反应烧结 SiC 通常含有 8% 的游离 Si。因此，为保证渗 Si 的完全，素坯应具有足够的孔隙度。一般通过调整最初混合料中 α-SiC 和 C 的含量，α-SiC 的粒度级配，C 的形状和粒度以及成型压力等手段来获得适当的素坯密度。

反应烧结 Si_3N_4 的基本过程如下：硅粉在氮化前可通过等静压、注浆干压或注射成型制成具有一定形状的坯体，为了提高氮化反应的速度，故需使用高比表面积的硅粉（平均颗粒尺寸小于 10μm）。硅粉成型后的坯体在氮气中的氮化反应起始于 1100℃，然后逐渐升温到接近硅的熔点（1420℃），在低于硅的熔点（有杂质的情况下需低于其与硅的低共熔点）下进行保温，使氮化反应充分完全。由于硅的密度为 2.33g/cm^3，氮化硅的密度为 3.187 g/cm^3，因此当形成 Si_3N_4 时有 21.7% 的体积增加。

反应烧结后产品的结晶相是 α-Si_3N_4 和 β-Si_3N_4 的混合物，含有少量剩余的游离硅，但含有较多的孔隙，通常具有 12%~25% 的孔隙率，及反应烧结 Si_3N_4 制品密度为 75%~88% 的理论密度，体积密度在 2.4~2.6g/cm^3。因此抗弯曲强度只有 150~350MPa，但该强度可以保持到 1400℃几乎不下降。

5.16.4 新一代陶瓷切削刀具——Si_3N_4 刀具

Si_3N_4 的热膨胀系数较低，为 $2.35\times10^{-6}K^{-1}$；热导率较高，为 18.4W/(m·K)；强度高，室温弯曲强度可达 1000MPa 以上；1200℃高温下的弯曲强度与室温下的相差不大；化学稳定性好，抗氧化温度可高达 1400℃，在中性和还原气氛中，可以在 1800℃的高温下成功使用；抗高温蠕变性能和自润滑性能也很好；硬度高，仅次于金刚石、立方 BN 等极少数超硬材料。因此 Si_3N_4 作为金属切削刀具使用时，表现出很好的耐磨性、红硬性、抗机械冲击性和抗热冲击性。1975—1977 年，清华大学采用热压烧结 Si_3N_4 刀具，实现了对多种难加工材料（淬硬钢、冷硬铸铁、合金耐磨铸铁等）的加工和生产应用。与硬质合金刀具相比，热压烧结陶瓷刀具耐用度提高 5~15 倍，切削速度提高 3~10 倍。

陶瓷刀具在切削的过程中，温度急剧上升，刀尖在机械应力和热应力的双重作用下，主要因疲劳微崩而磨损。作为刀具材料的 Si_3N_4 陶瓷要求具有很高的致密度、硬度、高温强度以及良好的耐热性，因此通常采用热压烧结法来制备氮化硅陶瓷刀头。

在 Si_3N_4 基体中加入 TiC、HfC、ZrC 等硬质分散相可制备出复合氮化硅陶瓷刀具，从而可进一步提高氮化硅刀具的耐磨性和切削寿命，可满足不同金属材料的硬质合金件的加工。

氮化硅陶瓷刀具为第三代陶瓷刀具。这类陶瓷刀具有比第二代陶瓷刀具复合氧化铝更高的韧性、抗冲击性、高温强度和抗热震性。因此陶瓷刀片在各工业发达国家的产量增长很快。

本节重点

（1）SiC 单晶有哪几种不同的晶型形态？
（2）什么叫反应烧结？为什么制作 SiC 和 Si_3N_4 陶瓷需要采用反应烧结？
（3）分别列举 SiC 和 Si_3N_4 陶瓷的几个典型用途。

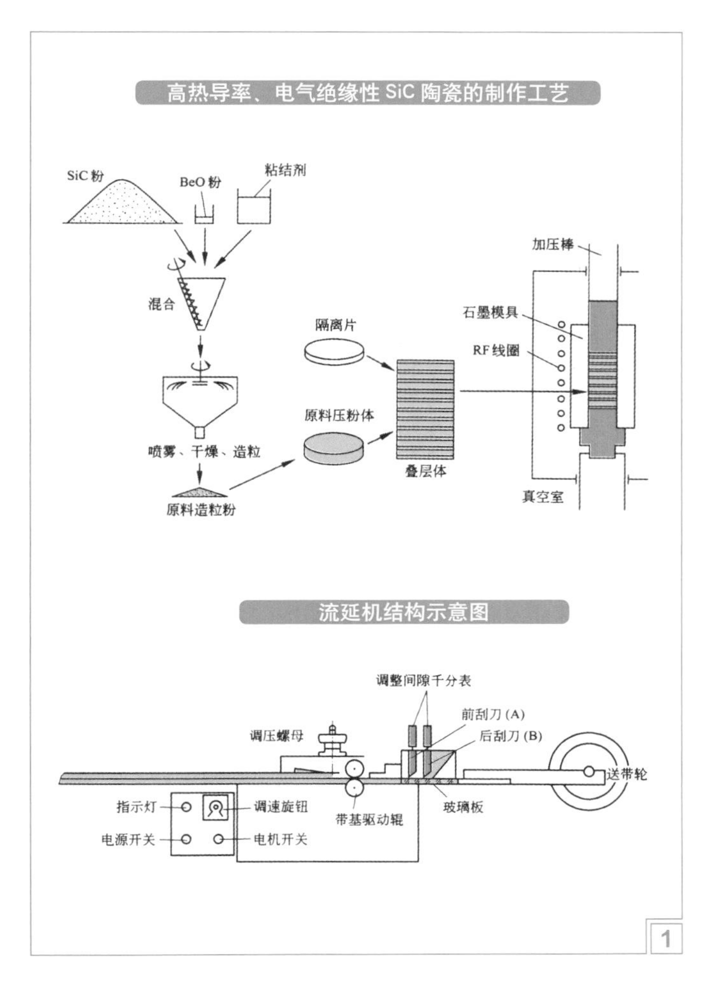
高热导率、电气绝缘性 SiC 陶瓷的制作工艺
SiC 粉
BeO 粉
粘结剂
混合
喷雾、干燥、造粒
原料造粒粉
隔离片
原料压粉体
叠层体
加压棒
石墨模具
RF 线圈
真空室
流延机结构示意图
调整间隙千分表
前刮刀 (A)
后刮刀 (B)
调压螺母
送带轮
指示灯
调速旋钮
带基驱动辊
玻璃板
电源开关
电机开关
1

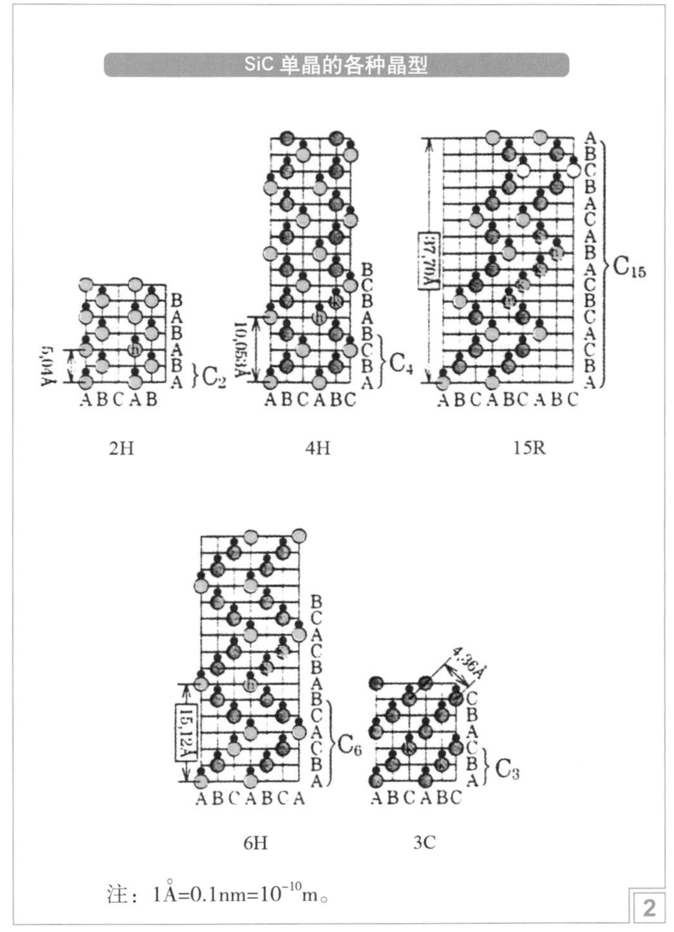
SiC 单晶的各种晶型
2H
4H
15R
6H
3C
ABCAB
ABCABC
ABCABCABC
ABCABCA
ABCABC
5.04Å
10.05Å
37.70Å
15.12Å
4.36Å
C_2
C_4
C_{15}
C_6
C_3
注：1Å=0.1nm=10^{-10}m。
2

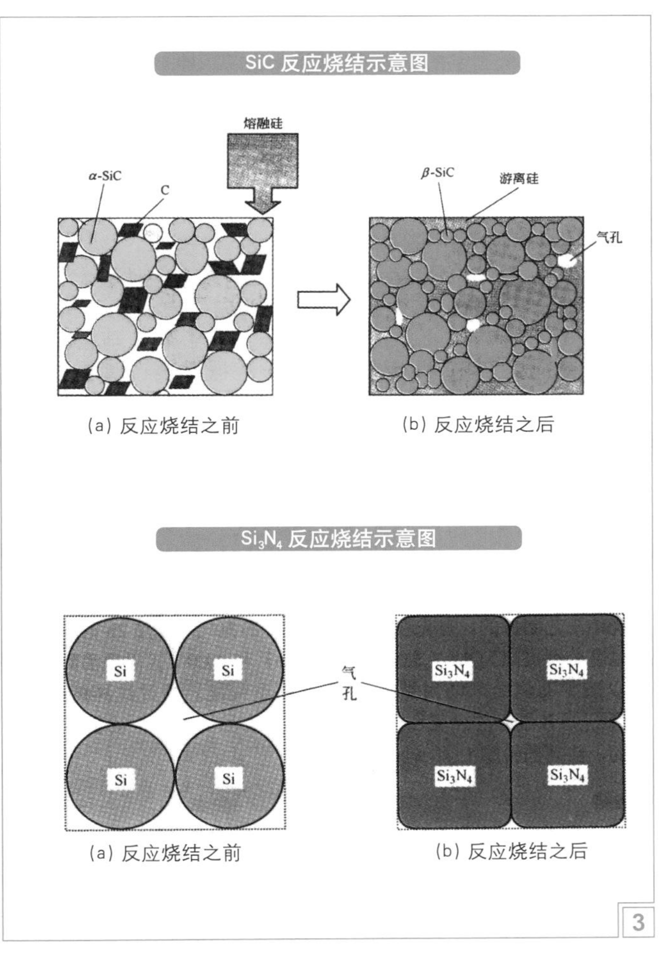
SiC 反应烧结示意图
熔融硅
α-SiC
C
β-SiC
游离硅
气孔
(a) 反应烧结之前
(b) 反应烧结之后
Si_3N_4 反应烧结示意图
Si
Si_3N_4
气孔
(a) 反应烧结之前
(b) 反应烧结之后
3

一些新型陶瓷的工业产品
新一代陶瓷切削刀具— Si_3N_4 刀具
效率提高 3～7 倍，节省加工用电 50%～80%
4

5.17 低温共烧陶瓷基板

5.17.1 HTCC 和 LTCC

共烧多层陶瓷基板可分为高温共烧多层陶瓷（HTCC）基板和低温共烧多层陶瓷（LTCC）基板两种。高温共烧陶瓷的烧结温度一般在 1500℃以上。高温共烧陶瓷与低温共烧陶瓷相比具有机械强度高、布线密度高、化学性能稳定、散热系数高和材料成本低等优点，在热稳定性要求更高、高温挥发性气体要求更小、密封性要求更高的发热及封装领域，得到了更为广泛的应用。

LTCC 的共烧有两层含义：一是玻璃与陶瓷共烧，以降低烧结温度；二是介质与金属布线共烧，以制成器件。由于烧结温度低，故可选择熔点较低的贵金属，在大气中烧成。

LTCC 与 HTCC 的区别是陶瓷粉体配料和金属化材料不同。LTCC 在烧结上控制更容易，烧结温度更低，具体而言，LTCC 主要采用低温（800～900℃，）烧结瓷料与有机粘合剂 / 增塑剂按一定比例混合，通过流延生成生瓷带或生坯片，在生瓷带上依次完成冲孔或激光打孔、金属化布线及通孔金属化，然后进行叠片、热压、切片、排胶、最后约 900℃低温烧结制成多层布线基板。而 HTCC 原料粉体中并未加入玻璃材质，因此 HTCC 必须在高温（1300～1600℃）下烧结成瓷。制作工艺同样先是冲孔或激光打孔（形成）导通孔，以丝网印刷技术填孔并印制线路，最后再叠层烧结成型。因其共烧温度高，使得金属导体材料的选择受限，只能选择熔点高、导电性较差特别是易于氧化的钨、钼等难熔金属。

5.17.2 流延法制作生片，叠层共烧

LTCC 工艺流程：浆料配制—流延成型—打孔—（通孔填充）—内电极印刷—预叠层—等静压—切割—排胶—烧结—印制外电极—外电极烧结—外电极电镀—测试。

封装用 LTCC 基板的生瓷带大多采用流延成型方法制造、流延浆料（组分包括粘接剂、溶剂、增塑剂、润湿剂）的流变学行为决定基板的最终质量，具体因素为玻璃 / 陶瓷粉状态、粘接剂 / 增塑剂的化学特性、溶剂特性，流延工艺的关键是设备、材料配方及对参数的控制．

制备过程包括从浆料流延、金属布线，到最后通过在 900℃以下进行共烧形成致密而完整的封装用基板或管壳等过程，其机理较为复杂，须用液相烧结理论进行分析，烧结工艺参数一般为：加热速率和加热时间、保温时间、降温时间。不同介质材料层间在烧结温度，烧结致密化速率、烧结收缩率及热膨胀率等方面的失配，会导致共烧体产生很大的内应力，易产生层裂、翘曲和裂纹等缺陷。不同介质烧结收缩率稳定性的控制和较低的热导率以及介质层间界面反应的控制也是需要解决的问题，零收缩率流延带，在陶瓷中加入一些高热导率材料以提高材料的热导率，进一步降低介电常数等都将是 LTCC 技术的发展趋势．

5.17.3 LTCC 的性能

LTCC 综合了 HTCC 与厚膜技术的特点，实现多层封装，集互连、无源元件和封装于一体，提供一种高密度、高可靠性、高性能及低成本的封装形式，其最引人注目的特点是能够使用良导体作布线，且使用介电常数低的陶瓷，从而减少电路损耗和信号传输延迟．

与其他集成技术相比，LTCC 还具有以下优点：①根据配料的不同，LTCC 材料的介电常数可以在很大范围内变动，增加了电路设计的灵活性；②陶瓷材料具有优良的高频、高 Q 特性和高速传输特性；③使用高电导率的金属材料作为导体材料，有利于提高电路系统的品质因数；④制作层数很高的电路基板，易于形成多种结构的空腔，内埋置元器件，免除了封装组件的成本，减少连接芯片导体的长度与接点数，并可制作线宽小于 50μm 的细线结构电路，实现更多布线层数，能集成的元件种类多，参量范围大，易于实现多功能化和提高组装密度；⑤可适应大电流及耐高温特性要求，具有良好的温度特性，如较小的热膨胀系数，较小的介电常数稳定系数。LTCC 基板材料的热导率是有机叠层板的 20 倍，故可简化热设计，明显提高电路的寿命和可靠性．

LTCC 综合了 HTCC 与厚膜技术的特点，实现多层封装，集互连、无源元件和封装于一体，提供一种高密度、高可靠性、高性能及低成本的封装形式，其最引人注目的特点是能够使用良导体作布线，且使用介电常数低的陶瓷，从而减少电路损耗和信号传输延迟．

LTCC 技术的缺点大致在于以下四个方面：①基板收缩率不易控制；②共烧兼容性和匹配性需加强；③基板散热问题；④基板损耗问题。

由作者获得的国家发明专利“一种制备零收缩率低温共烧陶瓷多层基板的工艺”（专利号：02129484）通过将烧结收缩有效控制 z 方向，而使 x、y 方向的收缩率严格保持为零，成功解决了基板收缩率不易控制和共烧兼容性、匹配性问题。

5.17.4 LTCC 的应用

LTCC 技术发展可大致分为四个阶段：① LTCC 单一元器件，包括片式电感、片式电容、片式电阻和片式磁珠等；② LTCC 组合器件，包括以 LC 组合片式滤波器为代表，在一个芯片内含有多个和多种元器件的组合器件；③ LTCC 集成模块，在一个 LTCC 芯片中不仅含有多个和多种无源元器件，而且还包含多层布线，与有源模块的接口等；④集成裸芯片的 LTCC 模块。在集成模块的基础上同时内含有半导体裸芯片，构成一个整体封装的模块。

LTCC 技术由于其为多学科交叉的整合组件技术，具有优异的电子、机械、热力特性，已成为未来电子元件集成化、模组化的首选方式，广泛用于蓝牙，电子通信与自动控制技术，电子设计技术，滤波器，压腔振荡器、基板、封装及微波器件等领域。如：① LTCC 功能器件；② LTCC 片式天线；③ LTCC 模块基板；④压控振荡器（VCO）。

以目前正在推广的智能交通系统（inteligent transport system，ITS）为例，由于 LTCC 材料的介电常数高、介电损耗低，其制作工艺便于无源元件集成，且可以获得精准的高频天线图形，因此可以获得高度集成的 RFIC，其性能远远高于采用高分子或纸质基板所制产品的性能。

本节重点

（1）HTCC 和 LTCC 在材料、制作工艺和应用上有什么不同？LTCC 共烧有哪两层含义？
（2）介绍 LTCC 多层基板的制作工艺流程。
（3）介绍 LTCC 的几个典型应用。

多层陶瓷基板的制作工艺流程——生片流延、叠层共烧

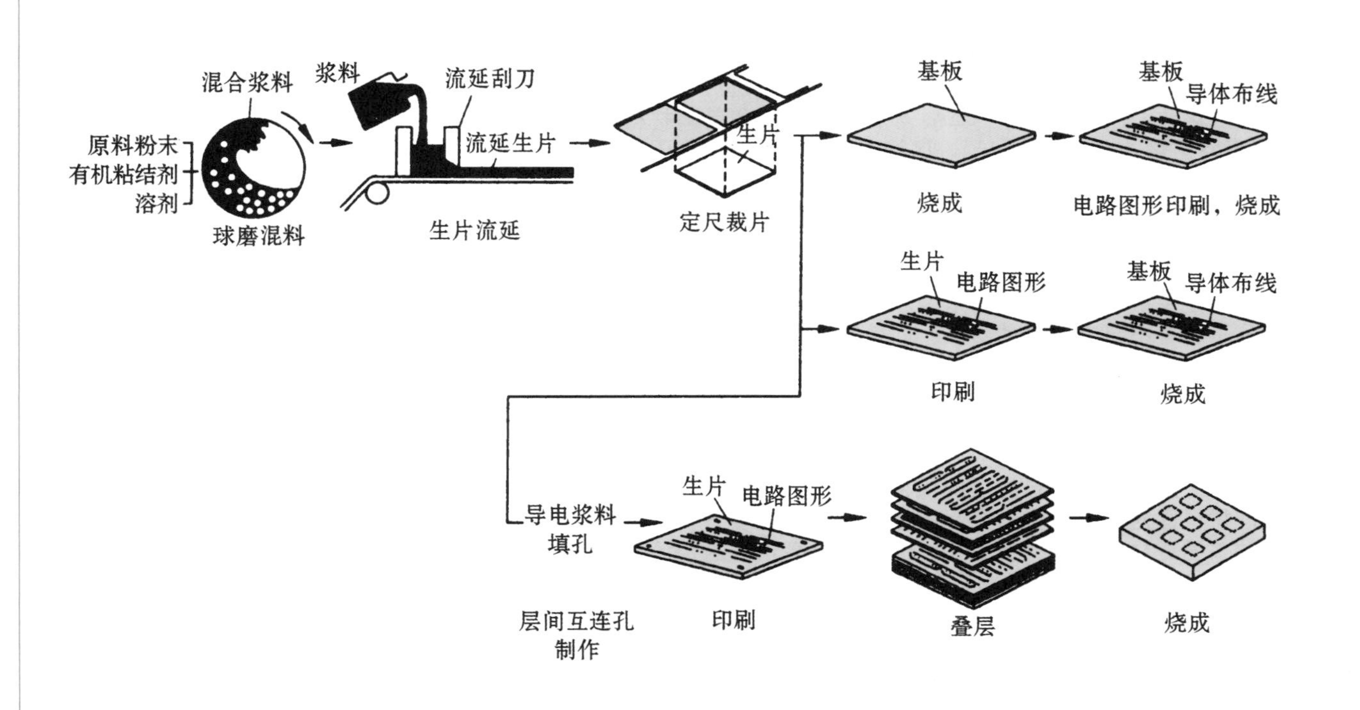

1

LTCC 基板的组成与特性

基板材料 / 特性		Al_2O_3(50%~55%)+硼硅酸铅系结晶化玻璃(45%~50%)	Al_2O_3 50%+硼硅酸玻璃 50%	Al_2O_3+硼硅酸玻璃系	玻璃+Al_2O_3+镁橄榄石系	硼硅酸玻璃+石英玻璃+堇青石系	SiO_2(石英或石英玻璃)+玻璃($MgO-Al_2O_3-B_2O_3-SiO_2$ 系)	Al_2O_3 添加物系	结晶化玻璃	结晶化玻璃	结晶化玻璃	硼硅酸玻璃+Al_2O_3+$ZrSiO_4$ 系	($Al_2O_3-CaZrO_3$)+玻璃系	BaSn$(BO_3)_2$
晶体结构		——							堇青石	堇青石				白云石
共烧导体材料		Au 系 Ag-Pd 系	Au 系 Cu 系	Cu	Au,Ag Cu,Pd,Ag	Au,Ag Cu	Ag 系 Cu 系	Cu	Au 系 Cu 系	Cu 系	Au,Ag/Pd,Cu 系	Ag/Pa	Au,Ag Ag/Pa	Ag 系 Ag-Pd 系
烧成	温度	900℃左右	900℃	900~1 050℃	900℃	900℃	850~900℃	1 050℃	950℃	1 000~1 100℃	850~1 050℃	830℃	850℃	900~1 000℃
	气氛	空气中	非氧化性，空气中	非氧化性	空气中	空气中		N_2,H_2	中性，空气中	中性	空气中	空气中	空气中	空气中
烧成收缩率/%		12.5						13.2	20					20
密度/(g/cm³)		3.12	2.52	~2.52		2.24		3.03	2.56			3.2	>2.89	4.3
抗弯强度/10^2MPa		3.0~3.6	2.5	1.5~2.5	2.0	1.6	1.5	2.0	1.7	1.5~2.0	2.0~4.0	2.0	2.1	2.1
热导率/(W/m·K)		4.2	2.5	1.8~4.0	2.9		约2.4	6.0~9.0	2.5			1.6		5.3
热膨胀系数/(10^{-6}/℃)		4.2	4.6	4.0~5.0	6.0	3.2	3.0~7.9	5.9	2.5~3.0	2.0~3.0	2~8.3		7.9	5.4
介电常数(1MHz)		7.8	5.6	4.8~5.7	6.5	4.4	4.25~5.0	7.3	5.6	5~5.5	5~6.5	5.5	8.0	8.5
tan δ		0.003	0.002	0.002	0.0015	0.002		0.002	0.0013(10.3GHz)					0.0005
绝缘耐压/(kV/mm)									>20					>20
绝缘电阻/(Ω·cm)(RT)		2.9×10^{14}(50V,DC)	$>10^{16}$	$>10^{16}$	$>10^{14}$	$>10^{14}$		$>10^{14}$	5×10^{13}			$>10^{13}$	$>10^{12}$	1.2×10^{14}(1000V,DC)
表面粗糙度		Ra0.3μm	Ra1~3μm		Ra0.5μm				Ra0.2μm					R_{max}5μm

注：基板材料组成的百分数为质量分数，国外资料中常用 wt% 表示。

2

5.18 单晶材料及制作

5.18.1 单晶制作方法及单晶材料实例

单晶生长，根据其熔区的特点，可分为正常凝固法和区熔法。

正常凝固法制备单晶，最常用的有坩埚移动法、炉体移动法及晶体提拉法等单向凝固方法；区熔法（也称 FZ 法），通常有水平区熔法（主要用于锗、GaAs 等材料的提纯和单晶生长）和悬浮区熔法（主要用于硅）。区熔法可将低纯度硅晶体提炼成对称的、有规律的、成几何型的单晶晶格结构。

单晶硅属立方晶系，面心立方点阵，金刚石结构。由于晶体学各向异性，不同的方向具有不同的性质。单晶硅是一种良好的半导材料，直至今日，电子行业所用的半导体，95% 以上仍然是单晶硅。单晶硅在熔融状态下有很强的化学活性，几乎没有不与它作用的容器，即使高纯石英舟或坩埚，也要和熔融硅发生化学反应，使单晶的纯度受到限制。

因此，目前不用水平区熔法制取纯度更高的单晶硅。由于熔融硅有较大的表面张力和小的密度，悬浮区熔法正是依靠表面张力支持着正在生长的单晶和多晶棒之间的熔区，所以悬浮区熔法是生长单晶硅的优良方法。将柱状的高纯多晶硅材料固定于卡盘，一个金属线圈沿多晶长度方向缓慢移动并通过柱状多晶，在金属线圈中通过高功率的射频电流，射频功率激发的电磁场将在多晶柱中引起涡流，产生焦耳热，通过调整线圈功率，可以使得多晶柱紧邻线圈的部分熔化，线圈过后，熔料结晶为单晶。另一种使晶柱局部熔化的方法是使用聚焦电子束。整个区熔生长装置置于真空或保护气氛的封闭腔室内。这种方法不需要坩埚，免除了坩埚污染。

此外，由于加热温度不受坩埚熔点限制，因此可以用来生长熔点高的材料，如单晶钨等。单晶制作方法及所制作的单晶材料实例如表所示。

5.18.2 化合物半导体块体单晶生长方法

通常所说的化合物半导体多指晶态无机化合物半导体，即是指由两种或两种以上元素以确定的原子配比形成的化合物，并具有确定的禁带宽度和能带结构等半导体性质。常见的有Ⅳ-Ⅳ族、Ⅲ-Ⅴ族、Ⅱ-Ⅵ族、Ⅰ-Ⅲ-$Ⅵ_2$ 族、Ⅱ-Ⅳ-Ⅴ族、$Ⅰ_2$-Ⅱ-Ⅳ-$Ⅵ_4$ 族等。

主要是二元化合物如：砷化镓、氮化镓、氮化镓铟、氮化镓铝、磷化铟、硫化镉、碲化铋、氧化亚铜等。用于制备光电子器件、超高速微电子器件和微波器件等方面。它们多采用：①布里奇曼法，②液封直拉法，③垂直梯度凝固法制备单晶，另外用外延法、化学气相沉积法等制备它们的薄膜和超薄层微结构化合物材料。

例如，目前 GaN 系Ⅲ-Ⅴ族化合物半导体蓝光 LED 就采用了蓝宝石（Al_2O_3 单晶）基板。之所以采用蓝宝石，主要是基于六方晶系的蓝宝石晶体结构与立方晶系的 GaN 晶体结构能实现较好地匹配，二者的热膨胀系数差别较小，而且蓝宝石性能稳定。因此，比较容易在蓝宝石上异质外延形成 GaN 系单晶膜层。制作蓝宝石单晶的方法有泡生法、坩埚下降法等。目前国内已能批量生产直到 6 英寸的蓝宝石单晶锭。

5.18.3 压电效应，热释电效应和铁电效应

（1）压电效应（piezoelectrical effect）：1880 年，J.Curie 和 P.Curie 兄弟首先发现压电效应。所谓压电效应是指由应力诱导出电极化（或电场）或由电场诱导出应力（或应变）的现象。前者称为正压电效应，后者称为负压电效应。压电材料包括压电晶体、压电陶瓷、压电薄膜、压电高分子及压电复合材料等几类。

压电效应产生的条件：①晶体结构没有对称中心；②压电体是电介质；③其结构必须有带正负电荷的质点。即压电体是离子晶体或由离子团组成的分子晶体

（2）热释电效应（pyroelectric effect）：当温度变化时，介质的固有电极化强度发生变化，使屏蔽电荷失去平衡，多余的屏蔽电荷被释放出来的现象。晶体除了由于机械应力作用引起压电效应外，还可以由于温度变化时的热膨胀作用而使其电极化强度变化，引起自由电荷的充放电现象叫做热释电现象。具有这种现象的晶体叫做热释电晶体。

（3）铁电效应（ferroelectric effect）：在热释电晶体中，有若干种点群的晶体不但在某温度范围内具有自发极化，且自发极化有两个或多个可能的取向，在不超过晶体击穿电场强度的电场作用下，其取向可以随电场改变，这种特性称为铁电性。具有这种性质的晶体成为铁电体。

铁电陶瓷在低于居里温度（T_c）时具有自发极化性能。陶瓷中具有许多电畴，铁电陶瓷的重要特征是其极化强度与施加电压不成线型关系，具有明显的滞后效应。由于这类陶瓷的电性能在物理上与铁磁材料的磁性能相似，因此称为铁电陶瓷。不一定以铁作为其主要成分。

铁电体的共同特征：①具有电滞回线；②具有结构相变温度（居里点）；③具有临界特性。

5.18.4 压电性、热释电性、铁电性单晶体实例

人工合成压电性材料有酒石酸钾钠、磷酸二氢铵、人工石英、压电陶瓷、碘酸锂、铌酸锂、氧化锌和高分子压电薄膜等。

具有热释电效应的材料约有上千种，但广泛应用的不过十几种，主要有硫酸三甘肽 [TGS，$(NH_2CH_2COOH)_3H_2SO_4$]、锆钛酸铅镧 [PLZT，$(Pb,La)(Zr,Ti)O_3$]、透明陶瓷和聚合物薄膜（PVF_2），工业上可用作红外探测器件，热摄像管以及国防上某些特殊用途。优点是不用低温冷却，但灵敏度比相应的半导体器件低。

具有铁电效应的材料有：①双氧化物铁电体：钙钛矿型结构、钨青铜型结构、铌酸锂型结构、烧绿石型结构、含铋层状结构；② 非氧化物铁电体；③ 氢键铁电体。

具有压电性的材料不一定是铁电体，例如：具有压电性又有铁电性的材料有 $BaTiO_3$、$Pb(Zr,Ti)O_3$、$Pb(Co_{1/3}Nb_{2/3})O_3$、$Pb(Mn_{1/2}Sb_{1/2})O_3$、$Pb(Sb_{1/2}Nb_{1/2})O_3$。

具有压电效应的晶体主要用于制造测压元件、谐振器、滤波器、声表面波换能及传播基片等。

本节重点

（1）单晶体的制作方法共有哪几种，说出每一种方法的工作原理。
（2）硅单晶、蓝宝石（Al_2O_3）、GaAs 单晶分别是由何种方法生长的?
（3）单晶体的压电性、热释电性、铁电性之间存在何种关系?

单晶的制作方法及所制作的单晶材料实例

单晶的制作方法（生长技术）	所制作的单晶材料实例
切克劳斯基（Czochralski）直拉法（CZ 法，旋转直拉法）	硅（Si）、砷化镓（GaAs）、磷化铟（InP）、铌酸锂（LN:$LiNbO_3$）锂酸锂（LT:$LiNbO_3$）硅酸钆（GSO:Gd_2SiO_5）、钇铝石榴石（YAG:$Y_3Al_5O_{12}$）氟化钙（CaF_2）
布里奇曼（Bridgman）法（HB 法、VB 法）	GaAs、InP、四硼酸锂（LBO:$Li_2B_4O_7$）、CaF_2
水热合成法（hydrothermal 法）	人造水晶（SiO_2）、氧化锌（ZnO）
氨热合成法（amenothermal 法）	ZnO、氮化镓（GaN）
韦纳伊（Verneuil）氢氧焰熔融法	蓝宝石（Al_2O_3）、金红石（TiO_2）、钛酸锶（$SrTiO_3$）、尖晶石（$MgAl_2O_4$）
红外线加热 FZ 法	TiO_2
籽晶之上的升华生长法	碳化硅（SiC）
熔剂法（flux 法）	非线性光学单晶（KTP:$KTiOPO_4$）、（CLBO:$CsLiB_6O_{10}$）、ZnO
双坩埚切克劳斯基法	LN、LT
气氛控制氟化物单晶拉制法	LiCAF:$LiCaAlF_6$、YLF:$LiYF_4$、LLF:$LiLuF_4$、CaF_2、BaF_2
下拉法	LN、LT、TiO_2、$Li_2B_4O_7$、$Bi_{12}GeO_2O$、$Bi_{12}SiO_{20}$
微下拉法（μ-PD）	Si、SiGe、LN、$Bi_2Sr_2CaCu_2O_7$、Y_2O_3、Al_2O_3、$Lu_2Si_4O_5$、$Bi_4Ge_3O_{12}$、$Y_3Al_5O_{12}$、$Tb_3Sc_2Al_5O_{12}$、$Ba_2NaNb_5O_{15}$、$K_3Li_2Nb_5O_{15}$、CaF_2、$LiCaAlF_6$、Ce:PrF_3、Pr:KY_3F_{10}、共晶体（Al_2O_3/YAG、Al_2O_3/ZrO_2）
泡生（Kyropulos）法，坩埚下降法	蓝宝石（Al_2O_3）

1

化合物半导体块体单晶生长方法

基本的生长方法	化合物半导体单晶生长方法	应用	适用单晶
布里奇曼（Bridgman）法	3 区温度控制 HB 法（3THB）、垂直布里奇曼法（VB）	液体封闭（LE）-VB	GaAs InP
温度梯度法（gradient freege 法，GF 法）	温度梯度法（GF）垂直 VGF 法		GaAs InP
切克劳斯基（Czochralski）直拉法（CZ 法，旋转直拉法）	液体封闭 直拉法（LEC） 高压－低压工艺 完全液体封闭 直拉法（FEC） 蒸气压控制 直拉法（VCZ）	施加水平磁场 施加垂直磁场 施加旋转磁场 蒸气注入	GaAs InP InP、InAs
区熔法（gone melt 法，floating gone 法）	水平区熔法（HZM）	液体封闭（LE）-FZ	GaAs
升华法			SiC、AlN
熔剂法	Na 熔剂法	Na 蒸气	GaN
溶热法	氮热法		GaN、AlN

具有压电性的单晶体的实例

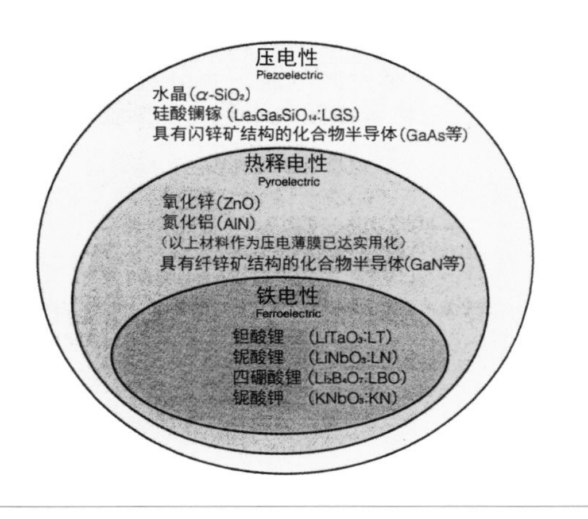

2

固体中不同的电极化机制

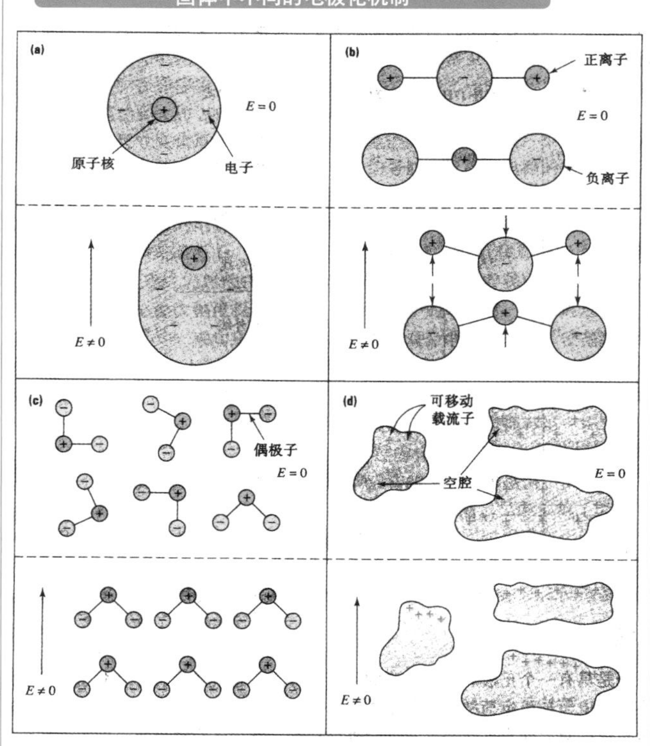

（a）电子型——电子云中心与正电荷中心不重合

（b）离子型——正离子与负离子相对位置发生移动

（c）分子型——永久性的偶极子沿外电场进行取向

（d）内界面型——可移动电荷受外电场作用移动时受阻于内部界面上

3

5.19 功能陶瓷及应用（1）——陶瓷电子元器件

5.19.1 $BaTiO_3$的介电常数随温度的变化

介质在外加电场时会产生感应电荷而削弱电场，在相同的原电场中，真空中的电场与某一介质中的电场的比值即为相对介电常数（permittivity），又称相对电容率，以ε_r表示。为简单起见，通常将相对介电常数称为介电常数。介电常数是物质相对于真空来说增加电容器电容能力的度量，是描述电介质材料电学性能及其应用的最重要的参数。介电常数随分子偶极矩和可极化性的增大而增大。

$BaTiO_3$单晶的介电常数随温度的变化显示明显的非线性，沿着自发极化轴c方向的小信号介电常数ε_c只有150左右，而在垂直于自发极化轴方向的a反向的ε_a为3000~5000，在居里温度处（120℃）发生突变，可达10000以上。$BaTiO_3$单晶的ε具有明显的方向性，即沿c轴测得的ε_c远小于沿a轴测得的ε_a，这是由于沿c轴方向位移的离子被极性轴方向的铁电位移严密制约，而它们沿垂直极性轴方向的振动是比较自由的。因此在电场作用下$BaTiO_3$中离子容易产生垂直于c轴的移动，使ε_a远大于ε_c。由图可以看出$BaTiO_3$单晶存在介电反常，即在三个相变温度处，ε发生突变，出现峰值，而且在T_c处峰值最高。这是由于在相变温度处，结构松弛，离子具有较大的可动性，新畴本来可以自发的形成。$BaTiO_3$单晶ε随T的变化存在“热滞”，即在三个相变温度附近，ε随T的升高和降低变化时并不重合，表明相变时有潜热产生。当温度高于T_c时，ε随T的变化关系遵从居里-外斯定律。

5.19.2 陶瓷表面波器件

“声表面波”（SAW）是沿物体表面传播的一种弹性波。1885年，瑞利（Rayleigh）根据对地震波的研究，从理论上阐明了在各向同性固体表面上弹性波的特性。1965年，怀特（R.M.White）和沃尔特默（F.W.Voltmer）发明了“叉指换能器”（IDT），从而取得了声表面波滤波器技术的关键性突破。

声表面波SAW（surface acoustic wave）就是在压电基片材料表面产生并传播，且其振幅随深入基片材料的深度增加而迅速减少的弹性波。SAW滤波器的基本结构是在具有压电特性的基片材料抛光面上制作两个声电换能器——叉指换能器（IDT）。它采用半导体集成电路的平面工艺，在压电基片表面蒸镀一定厚度的铝膜，再把设计好的两个IDT的掩模图案，利用光刻方法沉积在基片表面，分别用作输入换能器和输出换能器。其工作原理是：输入换能器将电信号变成声信号，沿晶体表面传播，输出换能器再将接收到的声信号变成电信号输出。

SAW滤波器在抑制电子信息设备高次谐波、镜像信息、发射漏泄信号以及各类寄生杂波干扰等方面起到了良好的作用，可以实现所需任意精度的幅频特性和相频特性的滤波，这是其他的滤波器难以完成的。另外由于采用了新的晶体材料和最新的精细加工技术，使得声表面波器件（SAW）的使用上限频率提高到2.5~3GHz，从而更加促进SAW滤波器在抗EMI领域的广泛应用。

5.19.3 不断向小型化发展的电容器

电容器是由两个电极及其间的介电材料构成的。介电材料是一种电介质，当被置于两块带有等量异性电荷的平行极板间的电场中时，由于极化而在介质表面产生极化电荷，遂使束缚在极板上的电荷相应增加，维持极板间的电位差不变。电容器是一种能够储藏电荷的元件，在电子线路中起到阻断直流、滤波、区分不同频率及使电路调谐等作用，是最常用的电子元件之一。

陶瓷材料晶界特性的重要性不亚于晶粒本身特性的，由于晶界效应，陶瓷材料可以表现出各种不同的半导体特性，利用半导体陶瓷的晶界效应，可制造出边界层（或晶界层）电容器。如将半导体$BaTiO_3$陶瓷表面涂以金属氧化物，如Bi_2O_3，CuO等，然后在950~1250℃氧化气氛下热处理，使金属氧化物沿晶粒边界扩散。这样晶界变成绝缘层，而晶粒内部仍为半导体，晶粒边界厚度相当于电容器介质层。这样制作的电容器介电常数可达20000~80000。用很薄的这种陶瓷材料就可以做成击穿电压为45V以上，容量为0.5μF的电容器。它除了体积小，容量大外，还适合于高频（100MHz以上）电路使用。在集成电路中是很有前途的。

小型化、微型化是目前元器件研究开发的一个重要目标。从技术方面看，正向着微型化、介质薄层化、大容量、高可靠和电极贱金属化、低成本的方向发展。片式元件的尺寸已由1206和0805为主，发展为0603和0402，并进而向0201和01005发展；介质单层厚度由原来的10μm以上减小到5μm、3μm，甚至到1μm；介质层数也由几十层发展到几百层。同样，其他功能陶瓷元器件也正向着片式化和微型化方向发展，如多层压电陶瓷变压器、片式电感类器件、片式压敏电阻、片式多层热敏电阻等。

5.19.4 大电流用超导线的断面结构

高温超导体是指临界温度（T_c）高于传统超导体，在液氦温区（23.3K）以上的超导陶瓷。高温超导氧化物陶瓷由钙钛矿结构演变而来，按其中铜的配位数不同（4，5，6）的氧化物，包括K_2NiF_4型结构，分子式$La_{2-x}M_xCuO_4$（M=Ba，Sr，Ca）；畸变钙钛矿结构的Y-Ba-Cu-O等；TL等和Bi等Bi-Ca-Cu-O和TL-Ba-Ca-Cu-O高温超导体。以上3类均具有层状结构。此外还有不含铜的Ba-K-Bi-O系和$BaPb_{1-x}Bi_xO_3$等高温超导体。

超导材料有两个非常重要的性质：①完全导电性。通常，电流通过导体时，由于存在电阻，不可避免地会有一定的能量损耗。而所谓超导体的完全导电性即在超导态下（在临界温度以下），电阻为零，电流通过超导体时没有能量的损耗；②完全抗磁性。超导体的完全抗磁性是指，超导体处于外界磁场中能排斥外界磁场的影响，即外加磁场全被排除在超导体之外，这种特性也称为迈斯纳效应。

根据超导陶瓷的零电阻的特性，可以制成超导线，无损耗地远距离输送极大的电流。大电流用超导线对材料和结构均有较高要求，有如图所示独特的断面结构。

本节重点

（1）钛酸钡（$BaTiO_3$）的介电常数随温度变化的原因是什么？
（2）何谓边界层（BL）电容器，其工作原理是什么？
（3）画出大电流用超导线的断面结构，为什么要采用这种结构？

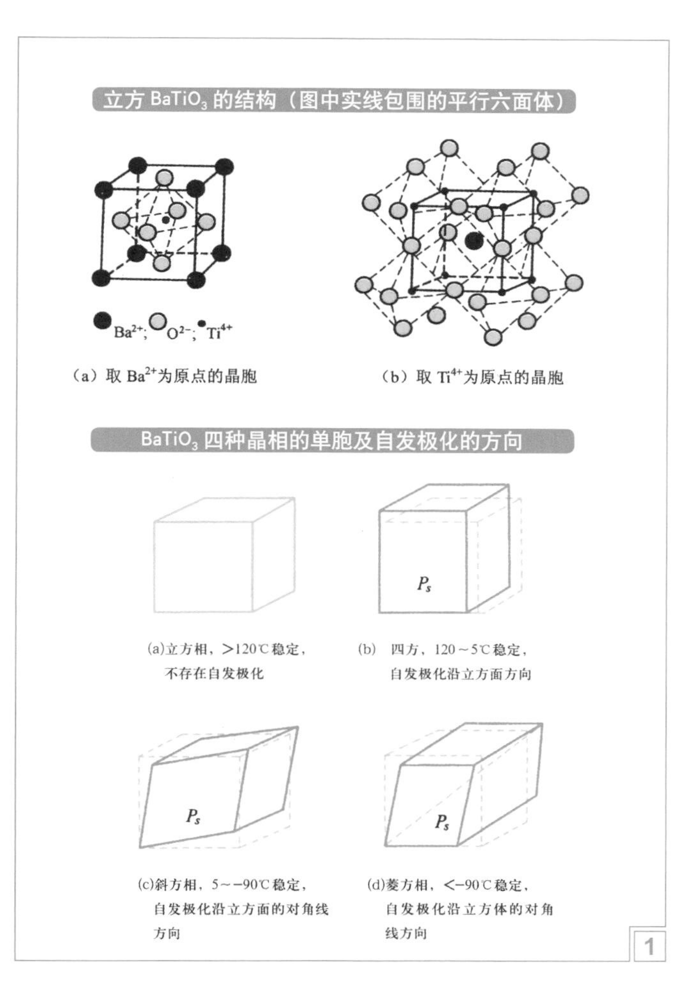
立方 $BaTiO_3$ 的结构（图中实线包围的平行六面体）
Ba^{2+}; O^{2-}; Ti^{4+}
（a）取 Ba^{2+}为原点的晶胞
（b）取 Ti^{4+}为原点的晶胞
$BaTiO_3$ 四种晶相的单胞及自发极化的方向
P_s
(a)立方相，>120℃稳定，不存在自发极化
(b) 四方，120～5℃稳定，自发极化沿立方面方向
(c)斜方相，5～-90℃稳定，自发极化沿立方面的对角线方向
(d)菱方相，<-90℃稳定，自发极化沿立方体的对角线方向
1

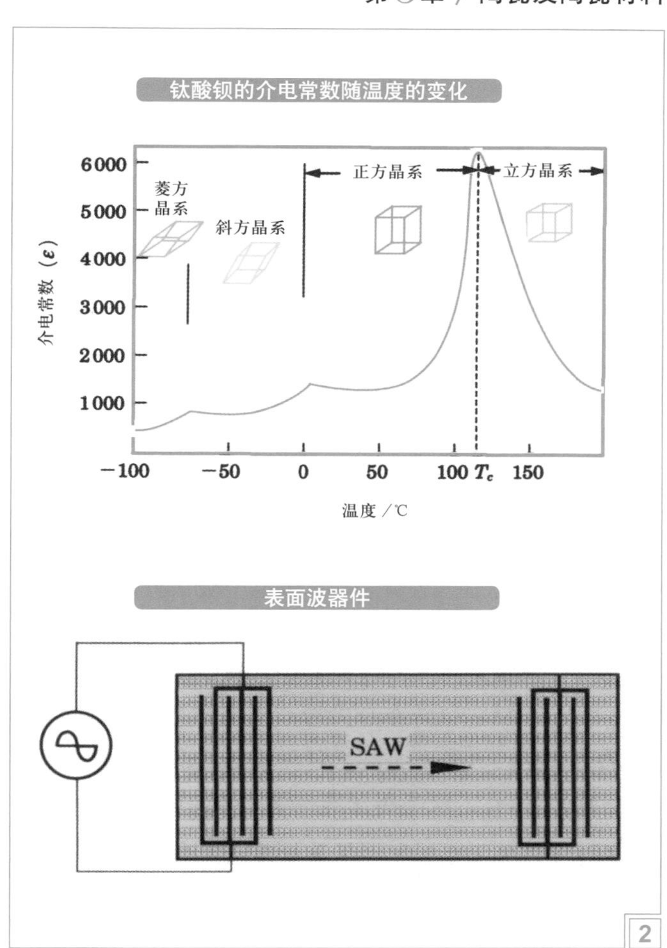
钛酸钡的介电常数随温度的变化
6000
5000
4000
3000
2000
1000
介电常数（ε）
菱方晶系
斜方晶系
正方晶系
立方晶系
-100
-50
0
50
100 T_c
150
温度 /℃
表面波器件
SAW
2

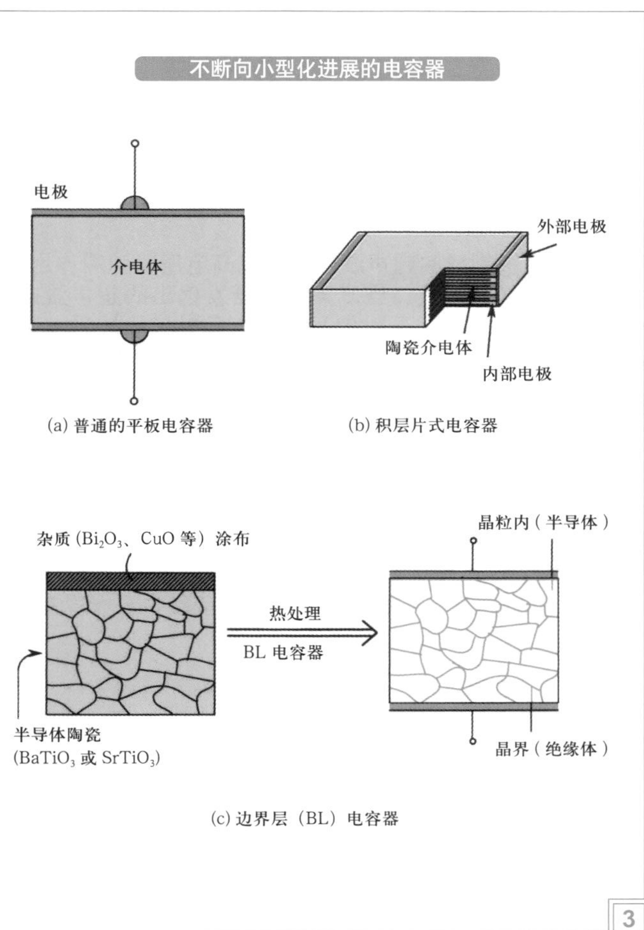
不断向小型化进展的电容器
电极
介电体
外部电极
陶瓷介电体
内部电极
(a) 普通的平板电容器
(b) 积层片式电容器
杂质 (Bi_2O_3、CuO 等) 涂布
晶粒内（半导体）
热处理
BL 电容器
半导体陶瓷
($BaTiO_3$ 或 $SrTiO_3$)
晶界（绝缘体）
(c) 边界层（BL）电容器
3

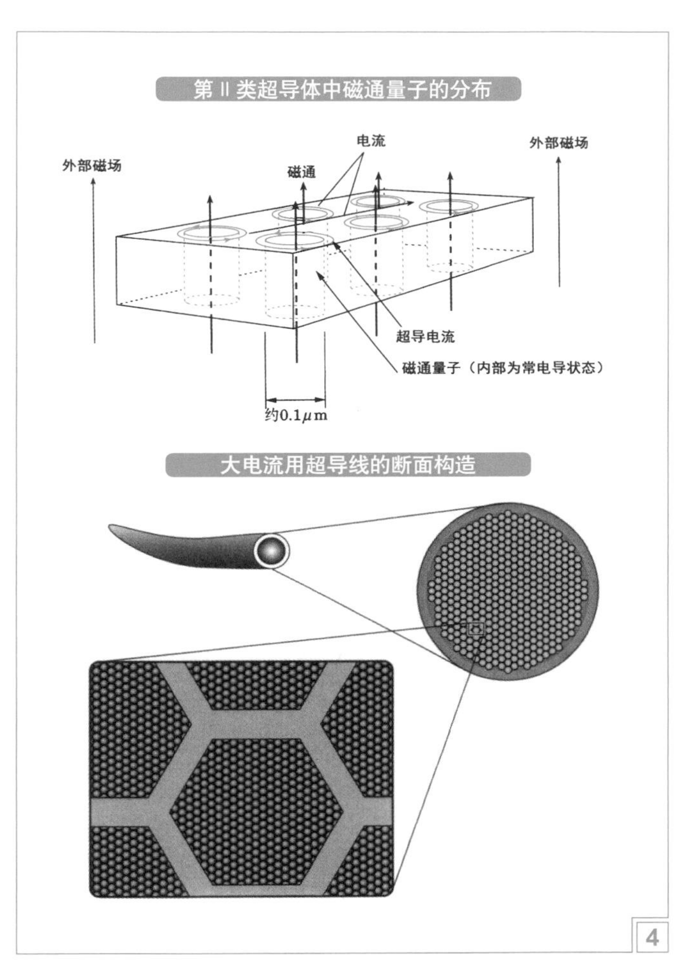
第 II 类超导体中磁通量子的分布
外部磁场
电流
磁通
外部磁场
超导电流
磁通量子（内部为常电导状态）
约0.1μm
大电流用超导线的断面构造
4

5.20 功能陶瓷及应用（2）——生物陶瓷和换能器件

5.20.1 电极化的种类

当给电介质施加一个电场时，由于电介质内部正负电荷的相对位移，从而导致了正、负电荷中心的分离，会产生电偶极子，这现象称为电极化（electric polarization）。电介质的极化一般包括3个部分：电子极化、离子极化和偶极子取向极化。广义的极化包括下述5种。

（1）电子位移极化　在外电场作用下，原子外围的电子云相对于原子核发生位移形成的极化叫电子位移极化，也叫形变极化。因为电子很轻，它们对电场的反应很快，可以以光频跟随外电场变化。

（2）离子位移极化　离子晶体在电场作用下离子间的结合键被拉长，导致电偶极矩的增加，为离子位移极化，像NaCl在电场作用下就会发生位移极化。

（3）偶极子取向极化　这是极性电介质的一种极化方式。组成极性电介质中的极性分子具有恒定的偶极矩。在电场作用下，这些极性分子除贡献电子极化和离子极化外，其固有的偶极矩将沿外电场方向有序化。各固有偶极矩的矢量和不再为零。这种极化现象为偶极子取向极化。

（4）松弛极化　当材料中存在着弱联系电子、离子和偶极子等松弛质点时，热运动使这些松弛质点分布混乱，而电场力图使这些质点按电场规律分布，最后在一定温度下，电场的作用占主导，发生极化。这种极化具有统计性质，叫做热松弛极化。松弛极化的带电质点在热运动时移动的距离可以有分子大小，甚至更大。另外，此时质点需要克服一定的势垒才能移动，因此这种极化建立的时间较长（可达$10^{-2}\sim10^{-9}$s），并且需要吸收一定的能量，所以这种极化是一种不可逆的过程。松弛极化多发生在晶体缺陷处或玻璃体内。

（5）空间电荷极化　空间电荷极化常常发生在不均匀介质中。在电场作用下，不均匀介质内部的正负间隙离子分别向负、正极移动，引起电介质内各点离子密度的变化，出现了电偶极矩。这种极化叫做空间电荷极化。在电极附近积聚的离子电荷就是空间电荷。

实际上晶界，相界，晶格畸变，杂质等缺陷区都可成为自由电荷运动的障碍，在这些障碍处，自由电荷积聚，也形成空间电荷极化。由于空间电荷的积聚，可形成很多的与外电场方向相反的电场。

5.20.2 介电常数ε'与介电损耗ε''随周波数的变化

在交变电场下，除了电导（漏导）损耗外，还有周期性变化的极化过程存在，这种极化过程需要克服阻力而引起损耗，因此介质损耗还与介质内的极化过程有关，而不同极化方式的建立与外电场的频率有关。

（1）当外电场频率很低时，即$\omega\to0$时，各种极化都能跟上电场的变化，即所有极化都能完全建立，介电常数ε'达到最大，而不造成损耗；

（2）当外电场频率逐渐升高时，松弛极化从某一频率开始跟不上外电场变化，此时松弛极化对介电常数的贡献减小，使ε'随频率升高而显著下降，同时产生介电损耗，当$\omega\to\infty$时，介电损耗ε''达到最大；

（3）当外电场频率达到最高时，松弛极化来不及建立，对介电常数无贡献，介电常数仅由位移极化决定，$\omega\to0$时，$\tan\delta\to\infty$，此时无极化损耗。

当电容器两极板间充入非极性的完全绝缘的介质材料时，在理想情况下，电容电流比真空电容器增大了ε_r倍，电流超前电压U相位90°。但真实介电材料并不总是理想的，因为它们总有漏电。这时除了容性电流I_c外，还有与电压同相位的电导分量G_u，总电流应为这两部分的矢量和。于是可以定义出复介电常数。

复介电常数的实部ε'是没有能量损耗的电流对应的相对介电常数。复介电常数的虚部ε''是与电压同相位的电流对应的介电常数，对应于能量损耗部分。

在极高频率下（10^{15}Hz以上），属于紫外光频范围，只有电子位移极化。在红外光频范围（$10^{13}\sim10^{15}$Hz）内，主要是离子（或原子）极化机制引起的介电常数变化。在$10^{9}\sim10^{13}$Hz内，电偶极子取向极化与前两种共同对介电常数贡献。在极低频率下，空间电荷极化也会影响介电常数。

5.20.3 生物陶瓷材料实例

生物陶瓷一般指生物体或生物化学有关的新型陶瓷，包括精细陶瓷、多孔陶瓷、某些玻璃和单晶等。生物陶瓷根据使用分为植入陶瓷和生物工艺学陶瓷。这些陶瓷主要要求化学性稳定、生物相容性好。下面要讨论的是治疗和检测用的了陶瓷材料。

利用冲击波粉碎结石是压电陶瓷材料的一个应用。将压电陶瓷产生的冲击波经聚焦对准胆结石，可以将结石击碎而排出，减少了患者手术取石的痛苦。利用冲击波粉碎结石的原理是由张力波引起的空化效应。尿路结石多系脆性物质，抗拉强度的极限约为抗压强度极限的1/10。在冲击波焦点处，由于声波张力巨大，液体爆裂形成气泡。在空化气泡的爆裂过程中，具有很高的能量密度，当这些空泡的快速膨胀或崩溃后产生的高速微喷射超过结石破碎强度时，则可导致结石表面粉碎。空化效应的理论研究表明，气泡喷射撞击和传播到结石可以产生继发性冲击波。这些继发性冲击波在晶体的基质界面和结石后界面的反射，可以造成结石的张力性破坏。

5.20.4 利用超声波探知鱼群

压电陶瓷制成的超声波换能器在高电压窄脉冲作用下，可以产生高频超声波。当水声换能器发射出的超声波碰到一个目标后就会产生反射信号，这个反射信号被另一个接收型水声换能器所接收，根据反射波的时间差和波形，可以发现目标。超声波换能器产生的高频率的超声波在目标的指向性、分辨能力方面有很大的优点。

超声波探鱼器是一种利用超声波发出信号，碰到移动的水下物体后反射回信号，通过计算信号响应的时间、方位、强弱，对水下鱼群的位置、形状等做判断，并通过数据转换显示到屏幕上的装置。

体检时，“B超”是必做的一项。B超用超声波检查身体中有无病灶的原理与利用超声波探知鱼群并无本质差异。

本节重点

（1）固体中的极化机制共有哪几种，各自的响应频率分别在什么范围？
（2）相应于固体中不同的电极化机制，其介电常数ε'和介电损耗ε''是如何随周波数变化的？
（3）利用超声波是如何粉碎胆结石和探知鱼群的？

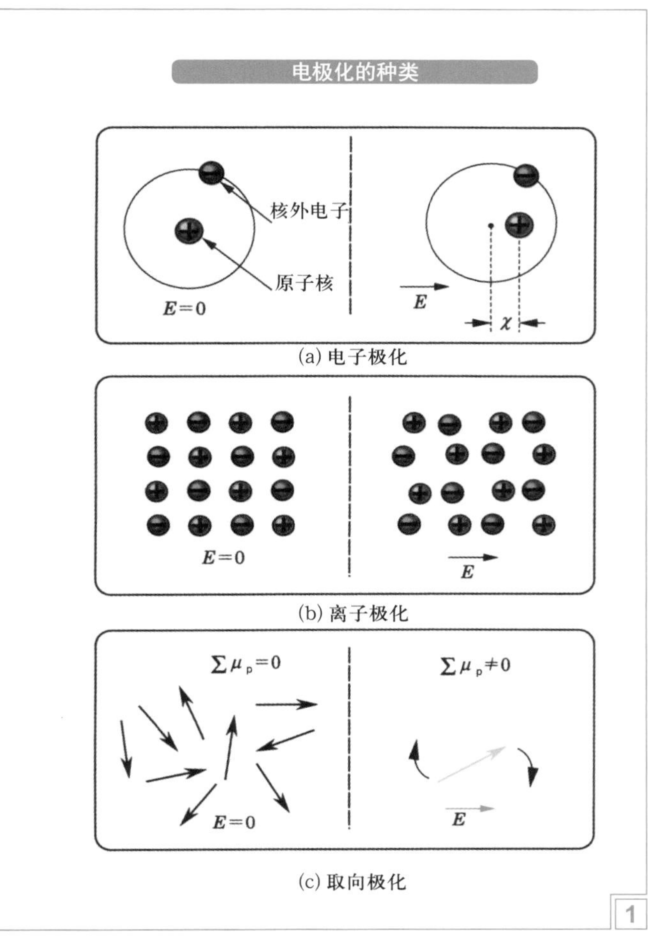

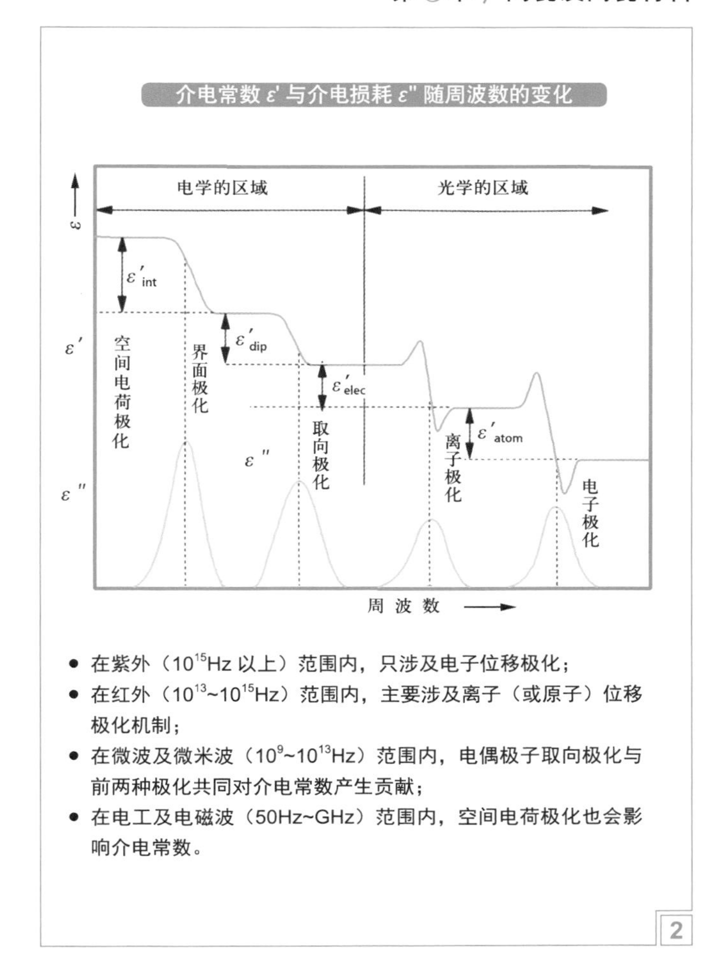

- 在紫外（10^{15}Hz 以上）范围内，只涉及电子位移极化；
- 在红外（10^{13}~10^{15}Hz）范围内，主要涉及离子（或原子）位移极化机制；
- 在微波及微米波（10^{9}~10^{13}Hz）范围内，电偶极子取向极化与前两种极化共同对介电常数产生贡献；
- 在电工及电磁波（50Hz~GHz）范围内，空间电荷极化也会影响介电常数。

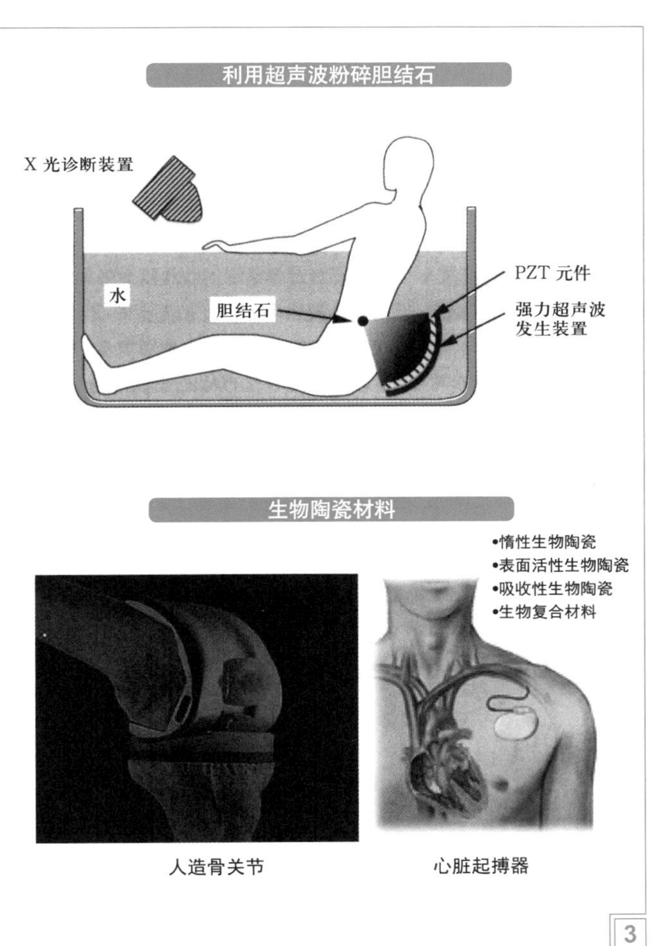

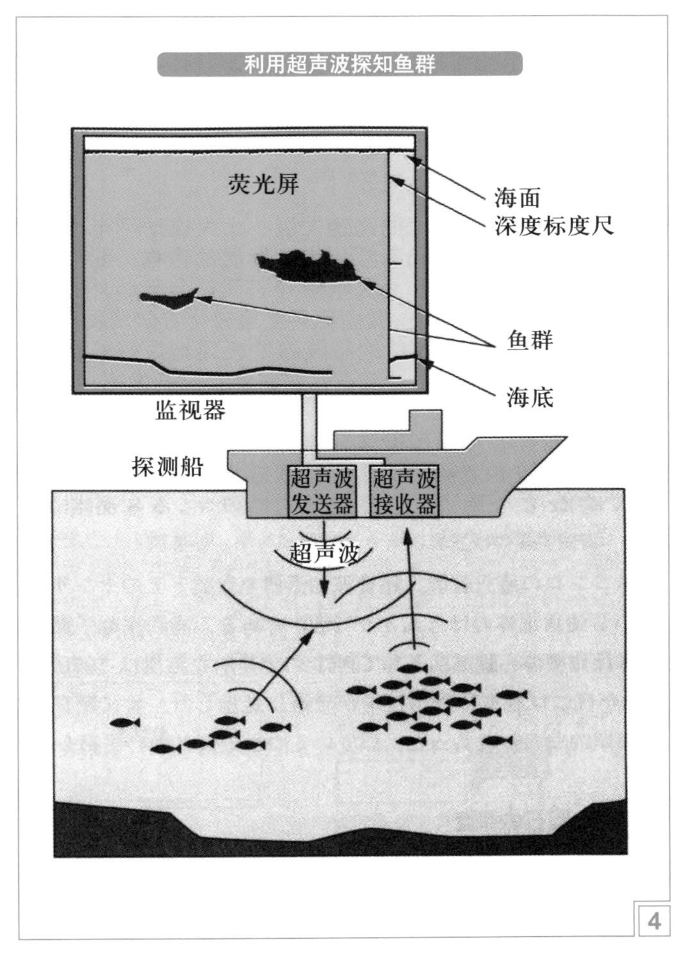

5.21 功能陶瓷及应用（3）——微波器件、传感器和超声波马达

5.21.1 功能陶瓷的微波功能及传感器功能

微波是指频率为 300MHz~300GHz 的电磁波，是无线电波中一个有限频带的简称，即波长在 1m（不含 1m）到 1mm 之间的电磁波，是分米波、厘米波、毫米波和亚毫米波的统称。微波频率比一般的无线电波频率高，通常也称为“超高频电磁波”。微波作为一种电磁波也具有波粒二象性。微波的基本性质通常呈现为穿透、反射、吸收三个特性。对于玻璃、塑料和瓷器，微波几乎是穿越而不被吸收。对于水和食物等就会吸收微波而使自身发热。而对金属类东西，则会反射微波。

微波介质陶瓷（MWDC）是指应用于微波频段电路中作为介质材料并完成一种或多种功能的陶瓷，是近年来国内外对微波介质材料研究领域的一个热点方向。这主要是适应微波移动通讯的发展需求。微波介质陶瓷主要用于谐振器、滤波器、介质天线、介质导波回路等微波元器件。可用于移动通讯、卫星通讯和军用雷达等方面。随着科学技术日新月异的发展，通信信息量的迅猛增加，以及人们对无线通信的要求，使用卫星通讯和卫星直播电视等微波通信系统已成为当前通信技术发展的必然趋势。这就使得微波材料在民用方面的需求逐渐增多。

人们常将传感器的功能与人类五大感觉器官相比拟：①光敏传感器——视觉；②声敏传感器——听觉；③气敏传感器——嗅觉；④化学传感器——味觉；⑤压敏、温敏、传感器，流体传感器——触觉。敏感元件的分类：物理类，基于力、热、光、电、磁和声等物理效应；化学类，基于化学反应的原理；生物类，基于酶、抗体、和激素等分子识别功能。

通常据其基本感知功能可分为热敏元件、光敏元件、气敏元件、力敏元件、磁敏元件、湿敏元件、声敏元件、放射线敏感元件、色敏元件和味敏元件等十大类（还有人曾将敏感元件分 46 类）。这些传感器和敏感元件都可以由功能陶瓷制作。

图 1 表示各种各样的精细陶瓷器件。

5.21.2 信息功能陶瓷元器件

近年来，通信技术的高速发展，大大推动了电子元器件向小型化、片式化和高频化方向发展的进程，除传统的片式电容、片式电感和片式电阻等表面贴装元件外，微波陶瓷器件也正向片式化、微型化甚至集成化方向发展。

目前一种基于 LTCC 的微波器件表现出很好的发展态势，除已实用化的低通、带通滤波器外，已开发出包括 LC 滤波器、双工器、片式多层天线、收发开关功能模块、藕合器、功分器等各种新型微波元器件。手机射频前端滤波电路是射频微波滤波器的重要应用领域，在多层微波滤波器出现以前，由于陶瓷介质滤波器的体积大，无法满足手机短小轻薄的发展要求，所以手机射频前端滤波器主要是声表面波（SAW）滤波器和双工器，但 SAW 器件的插损一般较大，不利于集成，且高频下功率处理能力差，因而其使用也受到限制。基于 LTCC 的多层微波滤波器的出现给手机射频前端滤波的小型化和集成化带来了新前景。大力开展微波介质陶瓷材料及新型微波器件，特别是片式微波滤波器及相关材料技术的系统研究，对于推动中国通信产业的发展具有重要意义。

图 2 表示信息功能陶瓷制品——通信元器件、传感器、驱动器、电路基板等。

5.21.3 $BaTiO_3$ 陶瓷的改性和多层陶瓷电容器 MLCC

通过对 $BaTiO_3$ 陶瓷进行改性，解决 $BaTiO_3$ 陶瓷的介电常数在工作区域呈现不稳定变化问题，而改性 $BaTiO_3$ 陶瓷的方法有很多。采用置换改性置换离子易引进空位或填隙离子，补偿电价置换改性是今后的研究方向之一。制备工艺决定产物的性能，制备 $BaTiO_3$ 基体的过程，适宜于氧化气氛烧成，因为还原气氛易引起氧空位，使部分四价钛离子转变为三价钛离子，导致介质的电性能恶化，电阻率降低，损耗增高。但是加入镁离子对 $BaTiO_3$ 有明显的压峰作用，镁离子强烈抑制了三价钛离子出现，有利于细晶结构，对介电常数高的陶瓷其峰值受到了压抑，因此发展加入镁离子的改性是获得改良介电常数的另一个方向。

图 3（上）表示 $BaTiO_3$ 陶瓷改性的方法。

EMC MLCC（电磁兼容片式多层陶瓷电容）为设备和 I/O 端口的供电线和数据线提供电磁干扰抑制方案，电磁兼容电容器能带来数种好处。因为只有干扰电流而非有用的电流流经这类电容，所以在工作电流较大的电路中可以使用容值相对较小的电容。特别是片式多层陶瓷电容，如用于电磁干扰的抑制，尺寸可以做到 1206、0805 甚至更小。

MLCC 是各种电子、通讯、信息、军事及航天等消费或工业用电子产品的重要组件。MLCC 由于其小体积、结构紧凑、可靠性高及适于 SMT 技术等优点而发展迅速。目前 MLCC 的国际上的发展趋势是微型化、高比容、低成本、高频化、集成复合化、高可靠性的产品及工艺技术。

图 3（下）表示多层陶瓷电容器（MLCC）的实例。

5.21.4 压电陶瓷超声波马达在航天领域的应用技术

超声波电动机（ultrasonic motor 缩写 USM）是以超声频域的机械振动为驱动源的驱动器。由于激振元件为压电陶瓷，所以也称为压电马达。它利用压电陶瓷的逆压电效应和超声振动，将弹性材料（压电陶瓷，PZT）的微观形变通过共振放大和摩擦耦合转换成转子或滑块的宏观运动。由于独特的运行机理，USM 具有传统电磁式电机不具备的优点：低速大力矩输出；功率密度高；起停控制性好；可实现直接驱动；可实现精确定位；容易制成直线移动型马达；噪音小；无电磁干扰亦不受电磁干扰；需使用耐磨材料（接触型 USM）和高频电源等。

超声波电机已成功应用在航天领域。航空航天器往往处在高真空、极端温度、强辐射、无法有效润滑等恶劣条件中，且对系统重量要求严苛，超声马达由于其诸多优点（低速下可获得大转矩，响应速度快，结构简单等）恰好弥补了电磁式电机的不足，非常适合于太空中机器的驱动要求，从而成为驱动器的最佳选择。NASA 对其充分重视，他们已经并将继续使用 USM 取代电磁式电机来作为火星等星球上微型着陆器中的机器人驱动器及伺候系统。

图 4（上）表示陶瓷换能器的在汽车倒车雷达中的应用实例，图 4（下）表示超声马达在航天、宇航领域中的应用。

本节重点

（1）举出功能陶瓷的实例及应用。
（2）为了满足不同的性能要求，需要对 $BaTiO_3$ 陶瓷进行哪些改性处理？
（3）超声波马达的工作原理及应用。

各种各样的精细陶瓷器件

微波器件

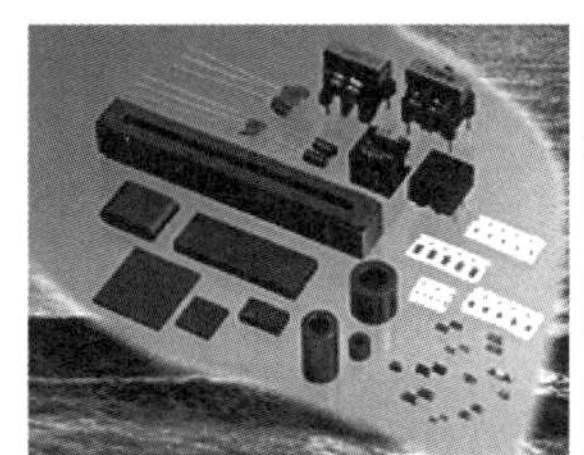

陶瓷机械零部件

传感器

陶瓷刀具

1

信息功能陶瓷——通信元器件、传感器、驱动器、电路基板等

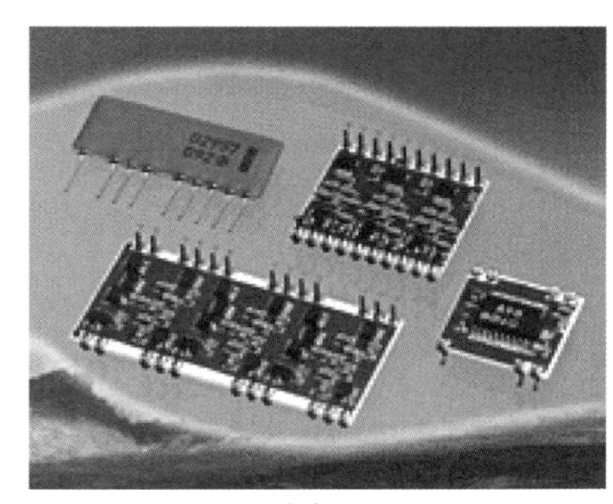

电容器

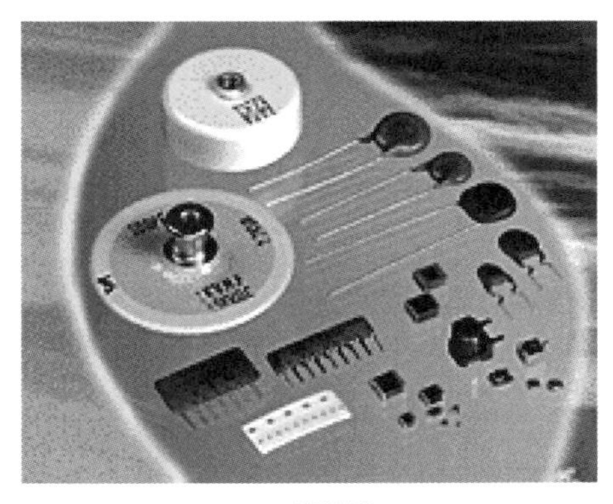

EMI 滤波器

2

$BaTiO_3$ 陶瓷的改性

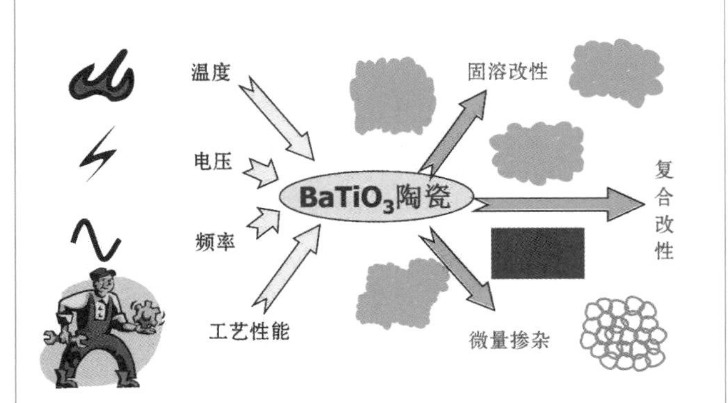

多层陶瓷电容器（MLCC）

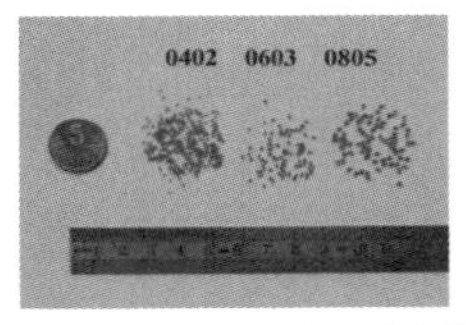

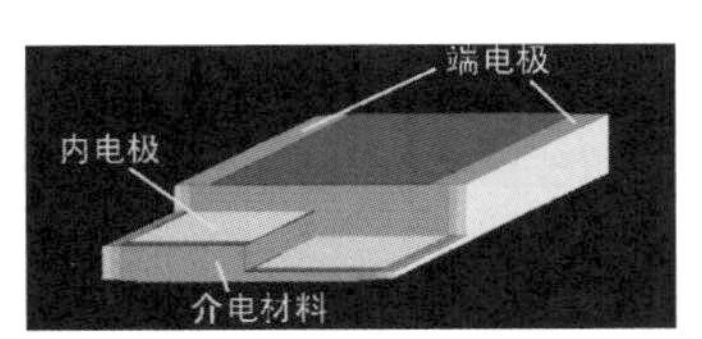

- 随着电子信息技术日益走向集成化、薄型化、微型化和智能化，使陶瓷元器件小型化、多层化、片式化、集成化和多功能化成为这一领域的发展趋势。
- 以片式电容为例：元件尺寸小型化从0805到0603、0402向0201甚至01005发展；薄层化，介质单层厚度由原来的10μm以上减小到5μm、3μm，甚至到1μm；大容量，层数由几十到上千层。而当层厚减薄到1μm时，陶瓷晶粒希望控制在100nm以下。

3

换能器应用实例

汽车倒车雷达

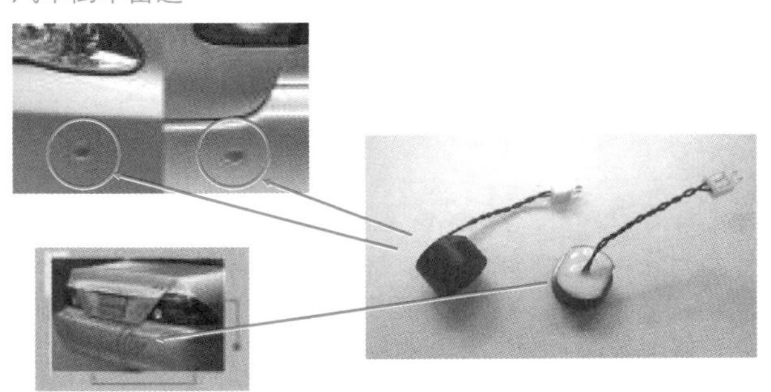

超声波马达在航天、宇航领域中的应用

φ60mm、最大转矩 160N·cm 、 速度 0~40r/min 、额定转矩 110N·cm 、额定速度 20r/min 、效率 12%

- M.I.T.航天宇航系为JPL火星微着陆柔性操纵器手臂关节研制的超声波马达；
- 高力矩时高效率
- 在

4

名词术语和基本概念

陶器，炻器，瓷器，特种陶瓷（精细陶瓷），秦兵马俑，唐三彩、宋代五大名窑，青花瓷，元青花，粉彩，斗彩，氧化物陶瓷，非氧化物陶瓷，结构陶瓷，功能陶瓷

粘土，石英，长石，烧结成瓷，旋转成型法，石膏模成型法，粉浆浇注法，活塞压制法，等静压法，热压成形，挤压成形，注射成形，流延成形

烧结，热压烧结，反应烧结，微波烧结，等离子体烧结，普通陶瓷烧结的四个阶段，颗粒接触、劲缩、合并、长大，气孔、晶界、玻璃相

透明氧化铝陶瓷，陶瓷增韧，ZrO_2，Si_3N_4，SiC，AlN，HTCC，LTCC，高热导率陶瓷

单晶制作方法，化合物半导体块体单晶生长方法，压电性、热释电性、铁电性，$BaTiO_3$、$BaTiO_3$ 的介电常数随温度的变化，陶瓷表面波器件

介电常数和介电损耗，电子极化、离子极化、取向极化、界面极化，压电陶瓷，多层陶瓷电容器 MLCC，生物陶瓷，陶瓷换能器，压电马达

思考题及练习题

5.1 给出陶、瓷、精细陶瓷的定义、特点和发展过程。
5.2 陶瓷（Ceramics）在不同国家有不同内涵。无机非金属材料主要包括哪些材料，它们各自有哪些主要特征？
5.3 说出宋代五大名窑的名称，分别产何种瓷器闻名于世，简述每种瓷器的特征。
5.4 普通粘土陶瓷的主要原料是什么？在烧制成瓷的过程中分别起什么作用。
5.5 指出普通陶瓷与特种陶瓷、结构陶瓷与功能陶瓷的含义和主要区别。
5.6 指出陶瓷坯体的六种成型方法，说明各自的优缺点和应用对象。
5.7 了解烧结的定义、烧结的作用、烧结方法和烧结过程的推动力。
5.8 说明普通粘土陶瓷烧结的四个阶段。
5.9 如何理解“普通陶瓷是一种多晶多相的聚集”？这些物相是如何形成的？
5.10 透明氧化铝是如何得到的？它有什么用处？
5.11 何谓 LTCC，其中“共烧”包括哪两层含义，LTCC 有何特性及应用？
5.12 陶瓷导热靠何种机制？高热导陶瓷应具备何种必要条件？如何提高氮化铝（AlN）陶瓷的热导率？
5.13 指出电子极化、离子极化、取向极化、界面极化的成因并估计其响应频率的大小。
5.14 介绍压电陶瓷的几种典型应用。

参考文献

[1] 叶喆民．中国陶瓷史（增订版）．香港：生活·讀書·新知三联书店，2011 年 3 月
[2] 谢志鹏．结构陶瓷．北京：清华大学出版社，2011 年 6 月
[3] 齐龙浩．姜忠良．精细陶瓷工艺学（第二稿）．北京：清华大学校内讲义，2012 年 2 月
[4] 澤岡 昭．わかりやすいセラミックスのはなし．日本実業出版社，1998 年 9 月
[5] 佐久間 健人．セラミック材料学．海文堂，1990 年 10 月
[6] 幾原 雄一．セラミック材料の物理：結晶と界面．日刊工業新聞社，1999 年 9 月
[7] 守吉 佑介，笹 本忠，植松 敬三，伊熊 泰郎，門間 英毅，池上 隆康，丸山 俊夫．セラミックスの焼結．内田老鶴圃，1995 年 12 月
[8] Randall M. German. Liquid Phase Sintering. Plenum Publishing Corporation, New York,1985
[9] 郑昌琼，冉均国．新型无机材料．北京：科学出版社，2003 年 1 月
[10] 平井 平八郎，犬石 嘉雄，成田 賢仁，安藤 慶一，家田 正之，浜川 圭弘．電気電子材料．Ohmsha，2008 年
[11] 岩本 正光．よくわかる電気電子物性．Ohmsha，1995 年
[12] 澤岡 昭．電子材料：基礎から光機能材料まで．森北出版株式会社，1999 年 3 月
[13] 谷腰 欣司．フェライトの本．日刊工業新聞社，2011 年 2 月
[14] 周达飞．材料概论（第二版）．北京：化学工业出版社，2009 年 2 月
[15] 徐晓虹，吴建锋，王国梅，赵修建．材料概论．北京：高等教育出版社，2006 年 5 月
[16] 雅芳，吴芳，周彩楼．材料概论．重庆：重庆大学出版社，2006 年 8 月
[17] Donald R Askland,Wendelin J Wright.The Science and Engineering of Materials.7th ed.SI EDITION.CENGAGE Learning.2014

青铜器的历史与材料

人类最早使用的合金

青铜器是由青铜（多为红铜和锡、铅的合金，其中锡和铅的成分都必须大于2%。另有十多种配方）制成的各种器具，诞生于人类文明的青铜器时代。由于青铜器在世界各地均有出现，所以也是一种世界性文明的象征

最早的青铜器出现于约5000—6000年间的西亚两河流域地区，苏美尔文明时期的雕有狮子形象的大型铜刀是早期青铜器的代表。青铜器在2000多年前逐渐被铁器所取代。公元前3000年左右，中国已经有了青铜铸品，但进入青铜时代的时间，目前所知大约是在夏代，即公元前21世纪。出土于河南安阳的商代司母戊大方鼎重达833公斤，是迄今世界上发现的体积最大、重量最重的古青铜器。

三大阶段

一般把中国青铜器文化的发展划分为三大阶段，即形成期、鼎盛时期和转变期。

形成期

距今4000—4800年，相当于尧舜禹传说时代。据古文献记载，当时人们已开始冶铸青铜器。经考古发掘，在黄河、长江中下游地区的龙山时代遗址里，几十处遗址现场都发现了青铜器制品。

鼎盛期

即中国青铜器时代，包括夏、商、西周、春秋及战国早期，延续时间约一千六百余年。这个时期的青铜器主要分为礼乐器、兵器及杂器。乐器也主要用在宗庙祭祀活动中。

转变时期

指战国末年至秦汉末年这一时期。传统的礼仪制度已彻底瓦解，铁制品已广泛使用。到了东汉末年，陶（瓷）器得到较大发展，把日用青铜器皿进一步从生活中排挤出去。至于兵器、工具等方面，此时铁器早已占了主导地位。隋唐时期的铜器主要是各类精美的铜镜，一般均有各种铭文。自此以后，青铜器除了铜镜外，可以说不再有什么发展了。

原料优越性

青铜文化在世界各地区都有发展，这是因为青铜作为工具和器皿的原料有其优越性：首先，自然界存在着天然的纯铜块(即红铜)，因此铜也是人类最早认识的金属之一。但红铜的硬度低，不适于制作生产工具，所以，当时在生产中发挥的作用不大。后来，人们又发现了锡矿石，并学会了提炼锡，在此基础上人们认识到添加了锡的铜即青铜，比纯铜的硬度大。经过测定红铜的硬度为布林氏硬计的35度，加锡5%，其硬度就提高为68度；加锡10%，即提高为88度。而且经锤炼后，硬度可进一步提高。

在中国古代人们已经能够准确地掌握青铜的含锡铅比例。可根据铸造期望的不同，按比例加锡、铅。《周礼考工记》里明确记载了制作不同制品的合金比例：六分其金而锡居一，谓之钟鼎齐（剂）；五分其金而锡居一，谓之斧斤齐（剂）；四分其金而锡居一，谓之戈戟齐（剂）；三分其金而锡居一，谓之大刃齐（剂）；五分其金而锡居二，谓之削杀矢（箭头）之齐（剂）；金锡半，谓之鉴燧（铜镜）之齐（剂）。

一般加锡越多，铸好的青铜器就越硬，但同时青铜也会变得更脆。青铜熔液流动性好，凝固时收缩率很小，因此，能够铸造出一些细部十分精巧的器物。青铜的化学性能稳定，耐腐蚀，可长期保存。此外，青铜的熔点较低，熔化时不需要很高的温度。而且青铜器用坏了以后，可以回炉重铸。

历代概述

商代早期

相当于商二里冈文化期。郑州商城夯土中木炭测定出碳14年代为公元前1620年，正合于商汤立国的时期，但是二里冈文化的下限还不大清楚。二里冈遗存分上下两层，上下层青铜器的差别不是属于风格方面，而是上层比下层的器类有更多的发展。商代早期青铜器在郑州出土很多，这是由于郑州商城是商代早期的都邑之故。

商代早期的青铜器，极少有铭文，以前认为个别上的龟形是文字，实际上仍是纹饰而不是文字。商代早期青铜器的合金成分经测定：含铜量在67.01% ~ 91.99%之间，含锡量在3.48% ~ 13.64%之间，含铅量在0.1% ~ 24.76%之间，成分不甚稳定。但含铅量较高，使铜液保持良好的流动性，与商代早期青铜器器壁很薄的工艺要求是很适宜的。

商代中期

在商二里冈文化期和殷墟文化期之间，有几批青铜器出土。这些器物有某种商代早期的特点，然而已有较多的演变；也有某些殷墟时期青铜器特点的肇始。比较典型的是河北地区藁城台西下层墓葬中出土的一批青铜器，北京平谷刘家河商代墓葬中出土的青铜器，安徽阜南和肥西地区出土的青铜器。在豫西的灵宝东桥，也有出土。殷墟文化一期有这类器物发现，如小屯232号墓所出土的一组青铜器，和小屯331、333号墓等所出土的部分青铜器。但这一类器物在殷墟发现并不多，而在其他地区有的反而比殷墟的更为典型而精好，如今还找不出像二里冈或殷墟那样生产这类青铜器的商代大都邑。盘庚迁殷之前的商都在奄，更早在庇和相，但是在二里冈期之后，殷墟期之前这批青铜器是客观存在。由于这类青铜器具有早期至晚期的过渡特点，所以有的将之断在二里冈期，有的断为殷墟文化早期。这类青铜器的分布具有一定的广泛性，而其时生产它们的中心又不在殷，因而完全有必要在二里冈文化期之后，和成熟的殷墟文化期之前，划出一个称之为商代中期的阶段。商代中期的上限不易确定，下限约在武丁之前。

商代晚期

公元前13世纪至前11世纪

前段

本期新出现的器类包括方彝、觯、觥等。器形方面，鼎的变化比较大，除通常样式外还出现了方鼎。方鼎都是槽形长方，柱足粗而偏短。簋仍为无耳，腹变浅，最大腹径上移。觚的造型向细长发展，喇叭口扩展，大十字架镂空退化成为十字空，或穿透或不透。扁体爵大减，圆体爵盛行。斝的变化是斝板上始见兽头装饰。其三足明显增高。戈出现了带胡带穿。

后段

器类方面，无肩尊和扁体卣是新出的典型器，始见马衔等车马器。多沿用商代晚期前端的器类。这一期纹饰最发达，艺术装饰水平达到高峰，以动物和神怪为主体的兽面纹空前发展。纹饰不仅仅施在器身，有些视线不及的底部也装饰花纹。花纹总体风格森严庄重。这一期出现了记事形式的较长铭文。但最多不过三四十字。铭文铸工精细，内容有族徽、祭祀祖先、赏赐、征伐等。器形方面鼎除柱足外，出现了蹄形足；圆鼎较多，直耳略向外撇。簋最大变化是双耳簋急剧流行，觚基本似不变，仍为细长身喇叭口。爵的变化不大，仍为圆体爵，平底爵消失，爵柱后移。斝仍见兽头装饰，继续流行袋足斝，但体较低而宽，柱饰粗壮。戈多有胡，胡上有一二穿。

青铜制造技术

范铸法

范铸法又称模铸法，先以泥制模，雕塑各种图案、铭文，阴干后再经烧制，使其成为母模，然后再以母模制泥范，同样阴干烧制成陶范，熔化合金，将合金浇注入陶范范腔里成器，脱范后再经清理、打磨加工后即为青铜成品。

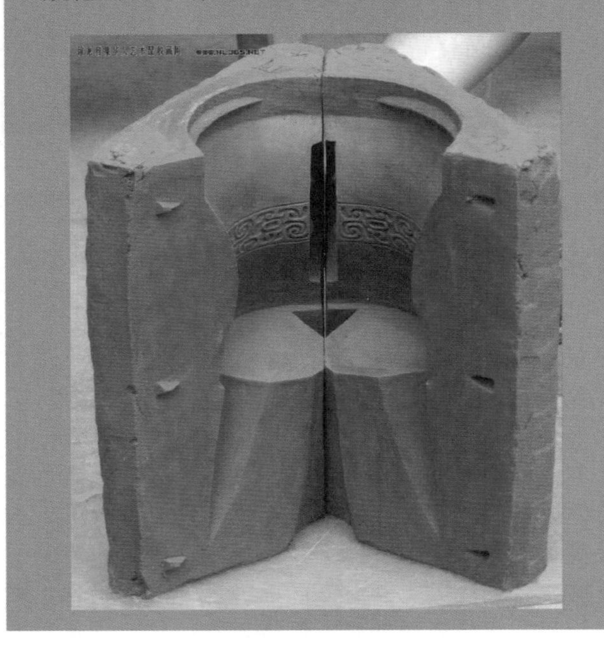

第一步为塑模，用泥土塑造出铜器的基本形状。在制好的泥模上画出铜器纹饰的轮廓，凹陷部分直接从泥模上刻出，凸起部分则另外制好后贴在泥模表面。

第二步为翻范，用事先调和均匀的细质泥土紧紧按贴在泥模表面，拍打后使泥模的外形和纹饰反印在泥片上。

第三步为合范，将翻好的泥片划成数块后，取下后烧成陶质，这样的范坚硬不易变形，称为陶范。将陶范拼合形成器物外腔，称为外范。外范制成后，将翻范用的泥模均匀削去一薄层，制成器物的内表面，称为内范，铜器的铭文就刻在内范上。将内外范合成一体后，内外范之间削出的空隙即为铜液留存的地方，所以两者的间距就是青铜器的厚度。

第四步为浇注，将铜液注入陶范。待铜液凝固后，将内外陶范打碎，取出所铸铜器。一套陶范只能铸造一件青铜器。

第五步为打磨和整修。刚铸好的青铜器，表面粗糙，纹饰也不清晰，需要经过打磨整修，才算一件精致的铜器。

失蜡法

失蜡法是一种青铜等金属器物的精密铸造方法。做法是，用蜂蜡做成铸件的模型，再用别的耐火材料填充泥芯和敷成外范。加热烘烤后，蜡模全部熔化流失，使整个铸件模型变成空壳。再往内浇灌溶液，便铸成器物。器物可以玲珑剔透，有镂空的效果。湖北随县曾侯乙墓出土的青铜尊、盘，是我国目前所知最早的失蜡铸件。

春秋晚期，中国人可能就已发明了失蜡法铸造工艺。失蜡法的工艺流程分为三步，首先以易熔化的石蜡制成蜡模，用细泥浆多次浇淋蜡模，使之硬化后形成铸形。然后，将铸形烘烧陶化。这一过程中，石蜡熔化流出，于铸形中形成空腔。最后往空腔中浇注铜水，制成器物。失蜡法通常用于铸造那些外形非常复杂的青铜器，河南淅川出土的楚国铜禁以及湖北随州出土的曾侯尊盘被认为就是用失蜡法铸造的。

浑铸法

器物一次浇铸成形的铸造方式，称为浑铸法。器形过大或形状过于复杂，需要将整个器物分为数件分别翻范浇铸，最后拼接成一个整体，这种铸造方法称为分铸法。铸造多个较小物件时，还会将多个铸范层叠装在一起，由一个浇口浇注铜水，一次铸成多件器物，这种工艺被称为叠铸法。叠铸法多用于铸造钱币等小型器物，出现于春秋时期，汉代时逐渐流行。

著名鼎尊

大克鼎

重201.5公斤，高93.1厘米，是传世的西周中期青铜器中名声最为显赫、器形最为厚重的青铜器之一。

鸮尊

鸮[xiāo]尊为古代盛酒器。铜尊，最早见于商代。鸮，俗称猫头鹰。在古代，鸮是人们最喜爱和崇拜的神鸟。鸮的形象是古代艺术品经常采用的原形。鸮尊一九七六年出土于河南安阳殷墟妇好墓，原器为一对两只，铸于商代后期。原器通高四十五点九厘米，外形从整体上看，为一昂首挺胸的猫头鹰。通体饰以纹饰，富丽精细。喙、胸部纹饰为蝉纹；鸮颈两侧为夔纹；翅两边各饰以蛇纹；尾上部有一展翅欲飞的鸮鸟，整个尊是平面的立体的完美结合。尊口内侧有铭文“妇好”二字。

毛公鼎

因人毛公（厂音）得名。直耳，半球腹，矮短的兽蹄形足，口沿饰环带状的重环纹。铭文32行499字，乃现存最长的铭文：完整的册命。共五段：其一，此时局势不宁；其二，宣王命毛公治理邦家内外事务；其三，给毛公予宣示王命之专权，着重申明未经毛公同意之命令，毛公可预示臣工不予奉行；其四，告诫勉励之词；其五，赏赐与对扬。是研究西周晚年政治史的重要史料。

龙虎尊

商器。原器一九五七年出土于安徽阜南县。器高五十点五厘米，口径四十四点九厘米，重二十公斤左右，是一件具有喇叭形口沿，宽折肩、深腹、圈足，体形较高大的盛酒器。龙虎尊的肩部饰以三条蜿蜒向前的龙，龙头突出肩外。腹部纹饰为一个虎头，两个虎身，虎口之下有一人形，人头衔于虎口。

唐三彩

唐三彩是唐代低温彩釉陶器的总称，在同一器物上黄、绿、白或黄、绿、蓝、赭、黑等基本釉色同时交错使用，形成绚丽多彩的艺术效果。“三彩”是多彩的意思，并不专指三种颜色。

唐三彩以细腻的白色粘土作胎料，用含铅、铝的氧化物作熔剂，用含铜、铁、钴等元素的矿物质作着色剂，其釉色呈黄、绿、蓝、白、紫、褐等多种色彩，但许多器物多以黄、绿、白为主，甚至有的器物只具有上述色彩中的一种或两种。因为常用三种基本色，又在唐代形成特点，所以被后人称为“唐三彩”

三彩陶三花马 唐 开元十一年（公元 723 年）

三彩釉陶始于南北朝而盛于唐朝，它以造型生动逼真、色泽艳丽和富有生活气息而著称。

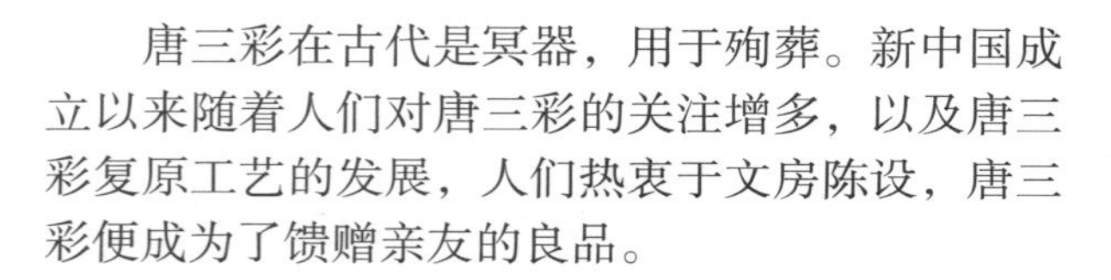

唐三彩在古代是冥器，用于殉葬。新中国成立以来随着人们对唐三彩的关注增多，以及唐三彩复原工艺的发展，人们热衷于文房陈设，唐三彩便成为了馈赠亲友的良品。

唐三彩不仅在唐代国内风行一时，而且畅销海外。人们在印度、日本、朝鲜、伊拉克、伊朗、埃及、意大利等国家及地区都发现了它的踪迹。

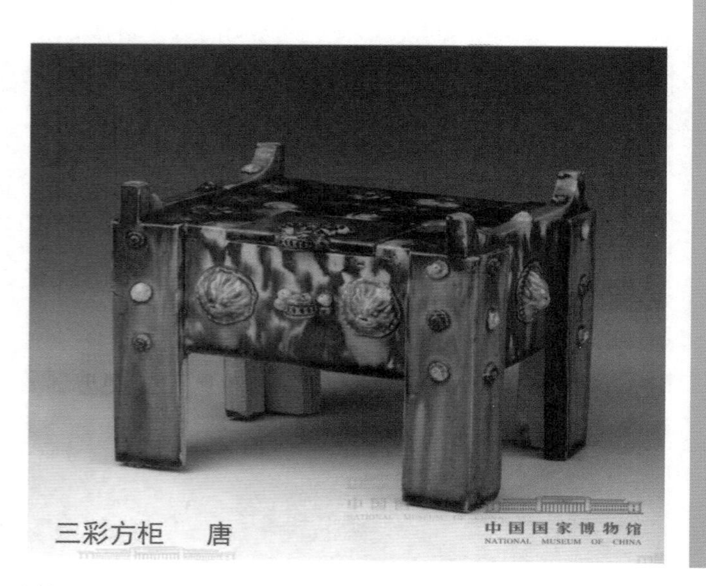

三彩方柜 唐

唐三彩的烧制

唐三彩的烧制采用二次烧成法，即先烧胎，温度在 1150℃左右，然后施釉再烧，此时温度约 900℃。唐三彩的主要特点是釉面的色彩斑斓，釉中的铁、铜、锰、钴等金属元素使器表呈现出绿、黄、褐、赭、红、蓝、白等多种彩色，釉中富含的铅不仅增加了釉面的光亮，还降低了釉料的熔融温度，令呈色的金属元素浸润流动，从而形成了釉彩的独特效果。

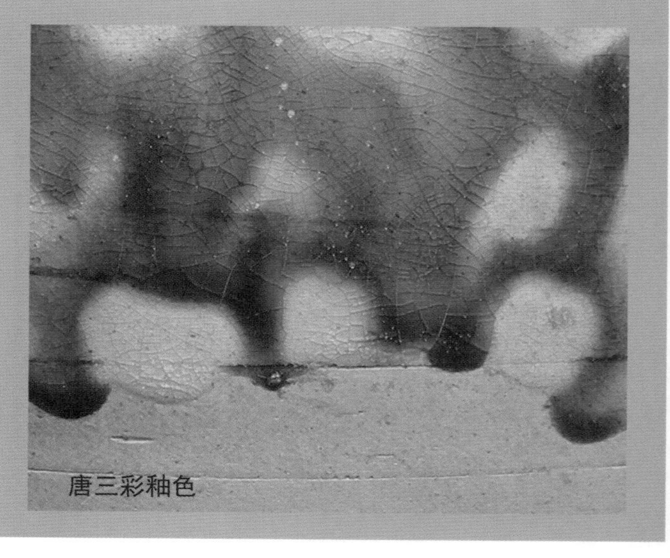

唐三彩釉色

三彩釉陶胡俑 唐

图为1955年陕西省西安市韩森寨唐墓出土的三彩釉陶胡俑，该人俑络腮胡须，深目高鼻，似全神贯注牵马。身着无右袖翻领长袍，腰间系带，内穿至膝短衣，足踏高靴，为西域装束，俑全身施以黄、绿、白三色釉。同墓中出土牵马俑一对，各自牵引一匹高大的骏马，而靠近俑和马的身旁，是一对骆驼与牵驼俑。

唐代经济发达，国力强盛，中西方交流超越前代，繁荣至极，首都长安在当时是一座国际大都市。中亚、西亚地区的商人，沿着丝绸之路往返于戈壁大漠之中。在长安，他们的身影也随处可见，他们向西方输出唐朝的丝绸，茶叶等物品，同时又向唐朝输入西方的奇珍异品，作为贵族、官僚阶层的奢侈品。这些形态各异的西域人俑，真实展现了昔日丝绸之路上的盛况。

哭泣陶俑 唐

骑马秦乐三彩俑 唐

蓝釉陶碗 唐 食器

唐三彩中多见冥器，因此一般认为唐三彩不是实用器。但随着出土物的增多，又证明唐三彩中的一小部分器皿在人们的日常生活中也曾被使用，如碗、盘、壶、罐、杯等食器，砚台、水注等文房用具，以及唾壶、香炉等器具。右上图这种蓝釉陶碗，全器除器足外，通身施蓝色釉，疑为实用器。

玻璃

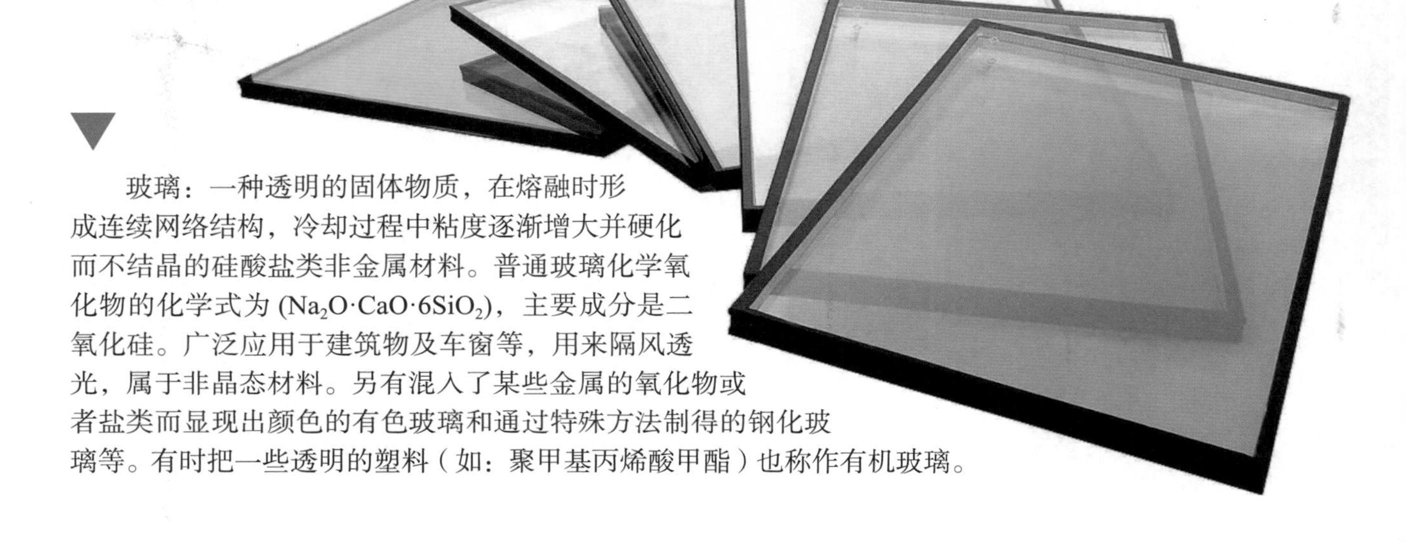

玻璃：一种透明的固体物质，在熔融时形成连续网络结构，冷却过程中粘度逐渐增大并硬化而不结晶的硅酸盐类非金属材料。普通玻璃化学氧化物的化学式为 ($Na_2O·CaO·6SiO_2$)，主要成分是二氧化硅。广泛应用于建筑物及车窗等，用来隔风透光，属于非晶态材料。另有混入了某些金属的氧化物或者盐类而显现出颜色的有色玻璃和通过特殊方法制得的钢化玻璃等。有时把一些透明的塑料（如：聚甲基丙烯酸甲酯）也称作有机玻璃。

不同种类的玻璃

玻璃的主要成分为二氧化硅，但如果调整其他成分的组成，就会形成新类型的玻璃。

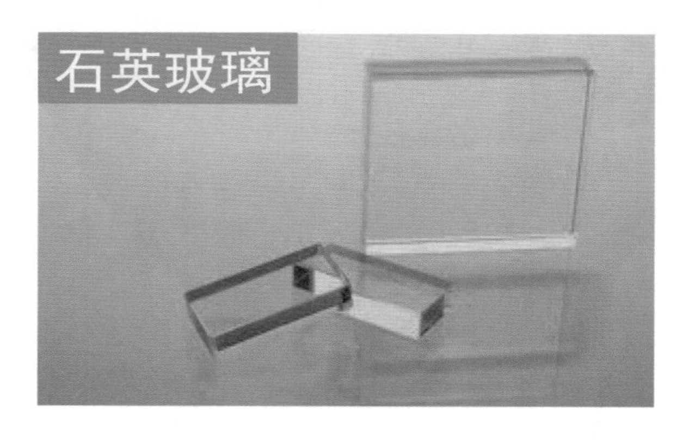

对可见光透明是玻璃最大的特点。一般的玻璃因为制造时加进了碳酸钠，所以对波长短于 400 纳米的紫外线并不透明。

如果要让紫外线穿透，玻璃必须以纯正的二氧化硅制造。这种玻璃成本较高，一般被称为石英玻璃。石英玻璃对红外线亦是透明的，可以制作通信用的玻璃纤维，即光纤。制作光纤用的石英玻璃对纯度要求极高。高锟正是因为光纤用高纯石英玻璃的杰出贡献而荣获 2009 年诺贝尔物理学奖。

夹丝玻璃也称防碎玻璃和钢丝玻璃。在压延生产工艺过程中是将丝网压入半液态玻璃带中而成形的一种特殊玻璃。优点是较普通玻璃强度高，玻璃遭受冲击或温度剧变时，保证其破而不缺，裂而不散，即使夹丝玻璃受热炸裂时，仍能保持固定状态，从而可防止火势蔓延，为扑灭火灾争取到宝贵时间。

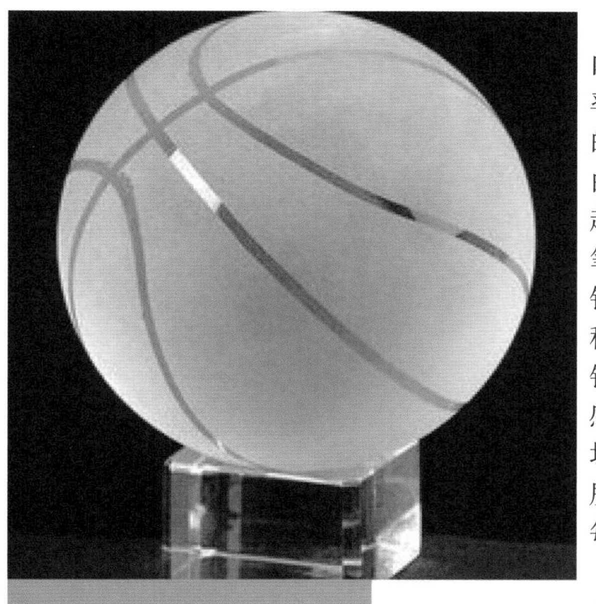

水晶玻璃

水晶玻璃，是在玻璃内加入铅，令玻璃的折射率增加，产生更为炫目的折射效果。水晶玻璃由砂 (SiO_2) 和氧化铅一起熔凝而成。含 24% 二氧化铅或以上者称为全铅水晶，低于 24% 者则称为铅水晶。加二氧化铅的好处是较重，有质感，更通透、清澈和明亮；坏处则是较软，易磨花，所以不一定铅越多越好，每一间工厂都有其秘方。

耐热玻璃

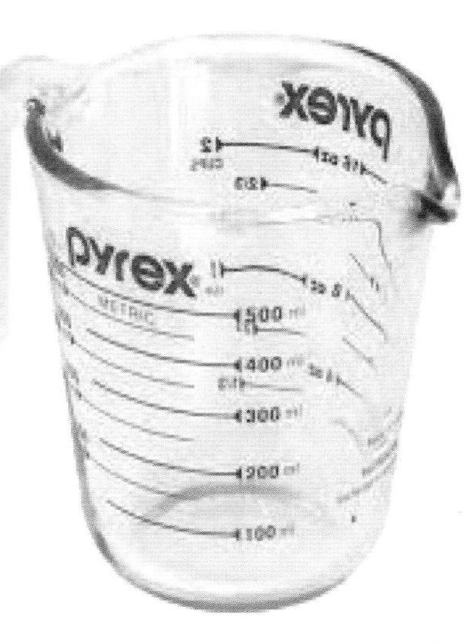

耐热玻璃，加入了硼，改变了玻璃的热及电性质。

黑曜石

有时在火山熔岩中会出现天然的玻璃，称为黑曜石或火山玻璃。黑曜石可以用来造成简单的尖刀。

单向透视玻璃

单向透视玻璃是一种对可见光具有很高反射率的玻璃。其玻璃面上涂有很薄的银膜或铝膜，这层膜并非反射所有的入射光，而是能让一部分入射光通过，而另一部分被反射回去。现代更多的是采用由两层 6mm 的镀纳米金属铬铝的钢化玻璃经高强度 PVB 胶夹成。

白色玻璃

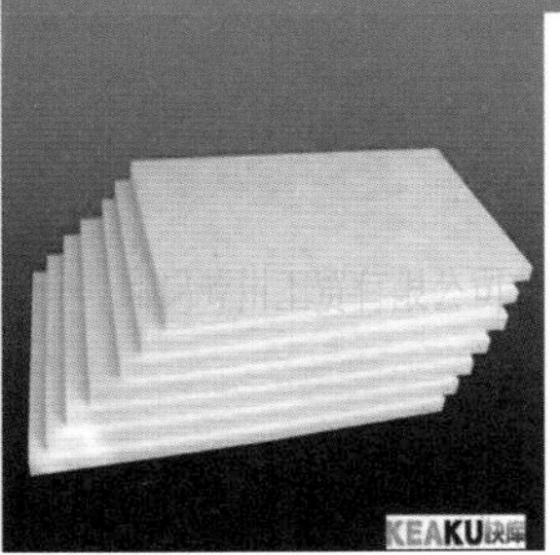

由锡氧化物及砷氧化物造成的不透明白色玻璃。

紫色玻璃

多一点锰可以造成淡紫色玻璃。

红色玻璃

金属铜会造成深红色、不透明的玻璃，看起来好像是红宝石。

蓝色玻璃

少量钴可以造成蓝色的玻璃。

绿色玻璃

玻璃原料中掺杂的二价铁离子造成的绿色玻璃。

琉璃

琉璃，亦作“瑠璃”，是指用各种颜色的人造水晶（含24% 的二氧化铅）为原料，采用古代青铜脱蜡铸造法高温脱蜡而成的水晶作品。

其色彩流云漓彩、美轮美奂，其品质晶莹剔透、光彩夺目。琉璃是佛教“七宝”之一、“中国五大名器”之首。

台湾琉园琉璃作品

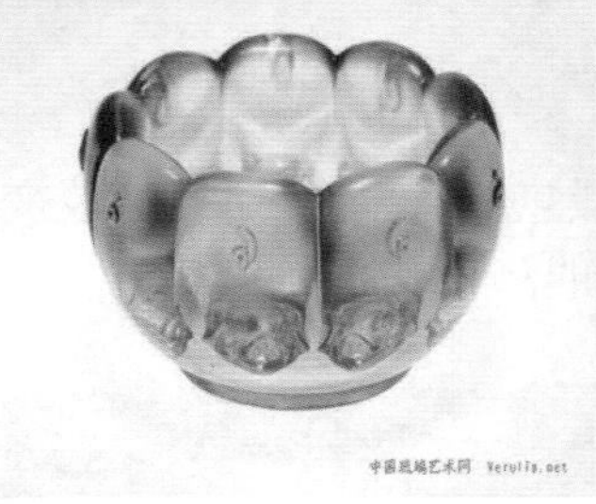

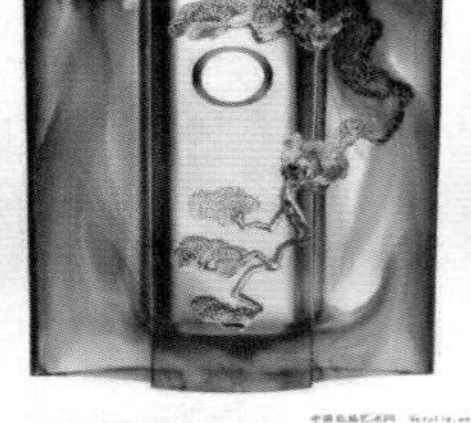

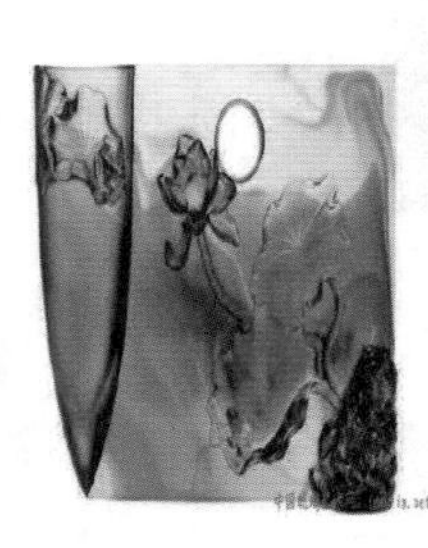

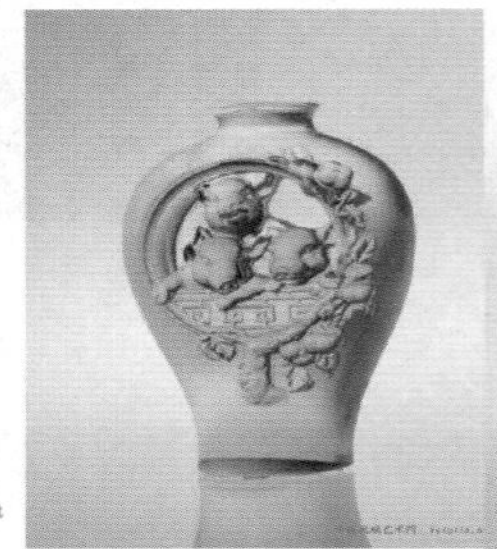

琉璃名称的发展

玻璃名称的转变，反映了我国玻璃生产的兴衰，也反映了历史上对玻璃材质认识与重视。早期即以琉璃指玻璃，宋代后逐渐以玻璃的名词为主，到了元明，琉璃则专指以低温烧制的釉陶砖瓦。现代人误以为只有便宜低廉的透明材质称为玻璃，殊不知有些珍贵精致的彩色水晶艺术品也是玻璃的呈现之一。目前所称的琉璃，事实上是以脱蜡铸造法创作，融合各种颜色混合烧制的氧化铅水晶玻璃。

古代琉璃器欣赏

魏晋　宋　元　清

玻璃耳璫　蓝色玻璃小口卵形瓶　玻璃莲花盏托　西洋玻璃花草纹盒

陶瓷的历史与材料

陶和瓷
分类

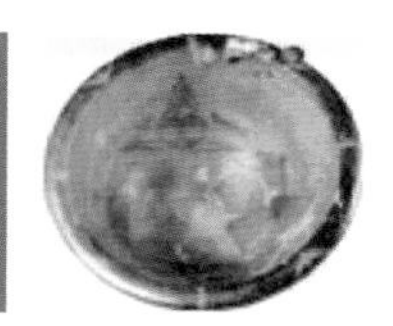

陶器出现在10000年前，当时的人们利用粘土制造盛器。人们用粘土加水捏成一定形状，在较高的温度下煅烧成型。而瓷器出现的相对较晚，大约在3000年前。陶器和瓷器制作工艺的最大差别是烧结温度，瓷器烧结温度更高，微结构更致密，强度更高。

China:
昌南镇

2

中国用英语说是China，和瓷器其实是一个词，只不过要大写首字母。据考证，这个词其实是中国景德镇在宋朝前的古名昌南镇的音译。由此看来，瓷器在很久以前便成为中国的一种象征。

原始社会：
黑陶与白陶

3

黑陶是在强还原气氛的窑炉里烧成的，其烧成温度高于同时同地的红陶和灰陶。较著名的黑陶文化有大坟口文化，龙山文化等。

白陶以白色粘土或高岭土作胎，因其胎料所含氧化铁低于普通粘土，故烧成后表里皆白。其代表有仰韶文化。

夏商周

夏商出土多为白陶、硬陶，并出现了原始瓷器。

泥质陶为数最多，质地细腻，故常做饮食器；夹砂陶质地较粗，耐热性好，故常为炊器。常见红胎和灰胎，多为素面，装饰朴素，以拍印和刻画为主。二里头文化遗址中发现了夏或商早期的白陶。上图的云雷纹白陶，质地坚硬，器身匀白，造型规整，纹样清晰，是商代陶器中的上品。

硬陶首先出现在新石器时代晚期，烧成温度在1150℃上下，硬度要高于一般的陶器，更为结实耐用。因质地粗糙，故多为贮盛器皿。

原始瓷器以粉碎后的瓷石制坯，烧成温度约在1200℃。这种瓷器釉层较薄且不匀，易剥落，但光亮美观，便于清洗。

春秋战国

战国秦汉是彩绘陶最鼎盛的时期，此后彩绘陶仍不绝如缕，但容器比例降低，雕塑性作品比例提高。左图是彩绘陶壶，造型与青铜器相近。

1. 战国日用灰陶上有不少刻画铭文、戳记等，内容为地名、作坊名、匠师姓名的标记，显示出当时由于制作普及而产生的商业竞争。

2. 暗纹陶：胎质细腻，烧成温度不高，胎呈灰色或灰褐色，表面是黑色。制作通常是在未干透的胚体表面压印或刻画，装饰完成后打磨装饰区，压磨令装饰区漆黑光亮，图案若隐若现，有极好的艺术效果。

3. 印纹硬陶是长江中下游及东南沿海地区较为流行的陶瓷器，胎质坚硬，有褐或棕黄，甚至砖红或紫褐色。

4. 原始瓷器也以长江中下游及江南地区为多，战国之后，在中原及北方出土明显增多，体现了南北交往的日渐频繁。

秦汉

秦汉在中国陶瓷史上的地位十分重要，这个时期陶器进步显著，更重要的是出现了真正意义上的瓷器。

秦兵马俑

灰质泥陶烧成温度在1000℃左右，成色均匀稳定。发现于西安临潼的秦始皇兵马俑，就是由这种材料制成的。这些俑形神兼备，造型规整刚健，成为雕塑史上不朽的杰作，被列为“世界八大奇迹之一”。

原始瓷和瓷器

东汉时期长江中下游地区仍在烧造呈色不一的青釉原始瓷器。随着原始瓷器的工艺技术不断进步，东汉时期产生了真正意义上的瓷器。这种瓷器坯料中杂质降低，故而胎体气孔更少，烧成温度在1300℃左右，胎体致密坚实，叩击声音清脆。

今日的浙江是东汉瓷器的主产区，浙东的上虞曹娥江流域烧造最盛，之后这里便是著名的“越窑”之所在。这时的瓷器有青瓷、黑瓷之别，原因是釉中铁的氧化物比例不同，5% 以上为黑釉，3% 左右为青釉。因为有意识地降低含铁量，开始出现灰白色的瓷器。

低温铅釉陶

可能是西方文化的传入，大约在汉武帝时代的陕西地区，低温铅釉陶骤然涌现。低温铅釉陶釉层较厚，多为绿色，也有黄褐等色，呈色靠金属氧化物，铅为助溶剂，烧成温度在 800℃上下。

出土时它们的表面呈银白色，故又被称为“银釉陶”。其实这是由于长期埋藏造成的。如果把器物打湿，还会重现原来的本色。

青瓷熊形尊

三国西晋时代，以越窑为代表的南方瓷窑器形众多，模仿动物是此时造型的一大特点。

于此时的青瓷上，熊形极为常见，或为器足，或作器形。表现的往往是幼熊，强调其憨态。

魏晋南北朝

魏晋南北朝时期，瓷器蓬勃发展，与人们的生活建立了密切的联系。尽管瓷器还没有成为中国日用器皿的基本类型，但是其质优价廉的优势已经显现。用它取代陶器、漆器、木器、竹器、青铜器，只是个时间问题。

南方的青瓷和黑瓷

瓯窑在浙江南部的温州一带，创于东汉，止于元。这里的瓷釉多为淡青色，有时也是黄色。

婺州窑是已知最早的以施化妆土为常规工艺手段的瓷窑。化妆土就是含铁量很低的，经过反复淘洗质地细腻的白色瓷土，将它制成泥浆施挂于坯体，以遮覆较深的胎色或粗糙的表面，从而使胎料较差的产品呈现较好的效果。

德清窑在浙北，以黑瓷著名。这里的黑瓷质量最佳，光泽度颇高，是早期黑瓷中的精品。但是黑瓷的造型装饰并没与青瓷产生多大差别。

越窑是当时生产规模最大，制作水平最高的瓷窑，它的造型装饰，引领了当时的潮流，代表了浙江瓷器的盛衰。

北朝的青瓷和白瓷

北方的瓷史比南方晚了大约 300 年，窑址数量不多，面积也不大。北方的瓷器也以青釉为主。胎体较厚重，质地粗松，烧成温度偏低，部分施用化妆土，釉层较薄且不均匀，易剥落。北方的瓷器造型趋于雄放挺拔，装饰突出且布满器表。

当时信奉萨满教的北方人，以白色为吉、善的象征，故而白瓷技术飞速发展。烧制白瓷要求胎、釉质中的铁含量在 1% 以下，这对于制瓷史并不悠久且技艺相对落后的北方是极大的挑战。白瓷不仅意味着增添了一种釉色，还为将来的彩绘瓷提供了最佳的釉色选择。

白瓷

邢窑以素面白瓷著称。白瓷分为粗细两种，细白瓷优质透明细腻，釉色纯白光亮，相当于清初的白瓷水平。中国最早的薄胎瓷器就发现在邢窑遗址，这种瓷器薄处仅 0.7mm，迎光透影。

青瓷

隋唐时期越窑的地位依然突出，陆羽《茶经》中形容越瓷为“类冰”“类玉”，这是对越瓷恰如其分的形容，但是越窑青瓷釉色青黄易剥落，地位不及北方的白瓷。瓯窑与黄堡窑也以青瓷为主。

彩绘瓷

长沙窑以彩绘著称。彩绘工艺不同，分为釉上彩和釉下彩。此时的胎釉制作都不精良，但装饰却是极其丰富的。一氧化钴为呈色剂的白底蓝花器物被认定为中国唐代产品，称作“唐青花”。

唐三彩

唐三彩是一种低温烧制的铅釉陶器，胎料多系白色瓷土，采用二次烧成法：先在 1150℃左右烧胎，然后施釉再烧，温度约 900℃。釉中的铁、铜、锰、钴等金属元素在器表产生多种颜色，釉中富含的铅增加釉面的光亮，还降低了釉料的熔融温度。其造型体现了西域特色，其文化内涵也是当时陶瓷艺术里最丰富的一种。

隋唐：南青北白

1

1. 汝窑：汝瓷胎呈香灰色，颇细腻。其釉色以天青为主，极其匀净，在显微镜下可以清晰地看到釉层中稀疏的气孔，成色柔和，釉中有玛瑙结晶体，故其釉面有细碎的开片。图为汝窑青瓷碗。

2. 定窑：以生产乳白釉著称，也兼烧黑釉、绿釉等。其白瓷造型规整，带有装饰。早期多用刻画花，后来流行印花，有时还有描金银的象征高贵的装饰。工匠发明了覆烧工艺，节省空间。

3. 官窑: 胎色较深,釉较厚,故有紫口铁足的特色。官瓷胎体较厚，天青色釉略带粉红颜色，釉面开大纹片。这是因胎、釉受热后膨胀系数不同产生的效果。

4. 钧窑：其特色是蓝色的乳浊釉瓷，华贵的是蓝釉与紫红色错综掩映的窑变器物（紫红色以氧化铜为呈色剂）。

5. 哥窑：其最主要特征是釉面有大大小小不规则的开裂纹片，俗称开片或文武片，又有“鱼子纹”、“蟹爪纹”、“百圾碎”等更细的分类。

辽宋夏金：

宋代五大名窑

宋代的五大名窑有：定窑（河北曲阳）、汝窑（河南汝县）、官窑、哥窑（浙江南郡）、钧窑（河南禹县）

2

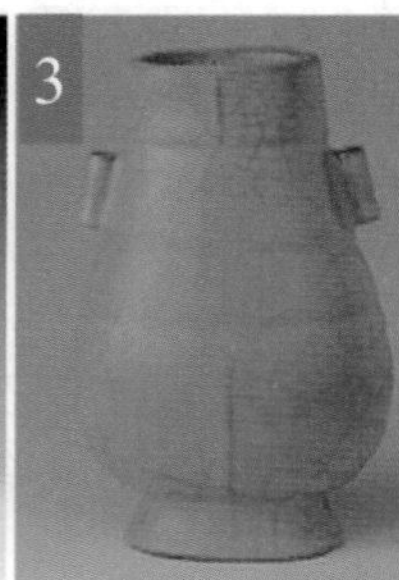

3

4

5

辽夏金

易携器物的盛行是辽代陶瓷的重要特点。鸡腿瓶、凤首瓶、长颈瓶等高体器物数量很多。数量更多的是皮囊壶（见右图）。它可分为五种类型。今日看来，陶瓷皮囊壶上的皮器印痕只是在模仿祖型，既不美观，又无功能。这体现了少数民族的思想：只要模仿出形态，就具备了被模仿者的功能，甚至认为功能的优劣取决于模仿的逼真程度。

西夏瓷器多为粗朴豪放，釉色多为白釉黑釉，手法常有刻花剔花，题材多为牡丹。易携的双系或四系扁壶是最具有代表性的器形。

金瓷大都胎体粗厚多杂质，釉面浑浊无光泽，装饰简率而少美感，造型朴拙欠规整。磁州窑系仍然品类繁多，最有代表性的是白底黑花瓷，其装饰简化，所以显得潇洒秀逸。北宋的红绿彩也在发展，但以彩色绘画和二次烧成的工艺方法，开启了彩绘瓷的先河。

素瓷变彩：

元青花

元陶瓷的最大成就体现在青花瓷的成熟。一方面，瓷器烧制的发展为其提供了技术支持，另一方面，由于蒙古族的尚白、尚蓝为其提供了生存环境。

青花属于釉下彩，以氧化钴为呈色剂，先在胚体上作画，再施釉，高温烧成。作品呈现蓝底白花或白底蓝花的效果。

景德镇瓷胎原来只是用瓷石，宋末元初出现了瓷石参合高岭土的二元配方。二元配方增大了瓷胎中的三氧化二铝的含量，从而减少瓷胎的高温变形，使得匠人们可以造出大件器物。元青花瓷料就采用了瓷石混合高岭土的二元配方。

元青花青料分为进口钴料和国产钴料两类，进口钴料颜色深而艳丽，国产钴料颜色较为灰暗。

这些青花多为贡品，经常被用于对伊斯兰世界贡献的回赐，或赏赐官员，又或卖钱盈利。

元青花萧何月下追韩信图梅瓶

梅瓶由宋人发明，因其口小周正，瘦底圈足，短颈丰肩，只能插得下梅花而得名。该器形造型美观，绘画精致，曾被推为天下第一元青花。

卵白釉和釉里红

元朝“国俗尚白，以白为吉”，从而卵白釉在元中后期较为风行。卵白釉又称“枢府釉”，是元代景德镇新创的一种颜色釉。釉料为石灰碱釉，即在釉料中掺入适量的草木灰，使其中含有碱金属钾钠，而降低氧化钙含量。这些器物外圈往往留下浸釉时手抓留下的痕迹。器内有印花图案，缠枝的莲花菊花是最常见的装饰题材。

釉里红是景德镇的民间创造，出现于元晚期。制作工艺与元青花相似，差别仅在呈色剂为氧化铜。釉里红的制作对窑温和火候控制得很严格，因为氧化铜性质太敏感，极易变色。另外一个原因是元代贵红，故而釉里红数量也不多，十分珍贵。

珐琅彩

珐琅彩俗称景泰蓝，瓷胎画珐琅是珐琅彩瓷的真正名称。珐琅是一种类硅酸盐装饰材料。匠师把铜胎画珐琅的技法成功地移植到瓷胎上而创制的新瓷品种。珐琅彩是以富含硼的珐琅料在瓷胎上绘画图案，后入窑烘烤的一种釉上彩。

西方融入：

明清——珐琅彩和粉彩

粉彩镂孔转心转颈瓶

分节烧制，组合而成，瓶颈可以转动。可透过腹部的镂空欣赏内图案。

明代在中国的陶瓷发展史中占据着重要地位，出现了许多品种，但是其中最有名的还属景德镇瓷器。这里的瓷器在当时已有极高的价值，它们基本上代表了明代的最高水平。明嘉靖年间开放海禁，中国瓷器远销海外，引得各国争相模仿，特别是在晚明同期的荷兰、意大利等国。

清朝，随着西方技艺的融入，是瓷器大发展的时代。出现了珐琅彩和粉彩等新品种，而且做工更为精细，纹饰更加繁密，此时的景德镇瓷器依然引领潮流，不仅体现在制作技艺，也反映在艺术格调。

粉彩

粉彩，也称软彩，是受珐琅影响产生的釉上彩品种。玻璃白，即在含铅的玻璃质中加入砷。粉彩要用玻璃白在一些装饰部位打底，以增加色彩的明暗对比。粉彩绘制图案采用渲染法，注重表现题材的阴阳向背。它的颜料中至少有一种是西洋配方，而且粉彩以油调色，烘烤温度大约为700℃。粉彩图案清雅柔秀，细润娇媚。雍正时期成为烧造最多的釉上彩品种，其艺术也达到了顶峰。

第6章 玻璃及玻璃材料

6.1 玻璃的发现至少有 5000 年

6.1.1 玻璃的发现

玻璃的历史很悠久，灿烂的人类文明史，几乎每一页都闪烁着玻璃制品的光辉。

现在最古老的玻璃制品，是大约 5000 年前制作的。实际上，玻璃的发现比此更早。在针对玻璃的考古学中，关于玻璃的发现有两种古老的传说一直流传至今。

一个传说见于 2000 年前有关科学技术的书籍中，当时有文章详细记载了以口相传的历史故事。在接近美索不达尼亚的地中海东岸，腓尼基苏打商人为准备午餐，在沙漠中用装满苏打粉的袋子垒成简易炉灶，置锅添柴，烧火做饭。由于苏打粉末与砂子混合后受热，变成透明液体而流出，经冷却变成当时人们从未见过的闪闪发光、美丽透明，像宝石那样的神奇之物。商人们见此大喜过望，以为是无价之宝，不单单是惊喜，更看重其商业价值。相传由此便开始了玻璃的制造。

一般认为，古代玻璃起始于苏打石灰玻璃，是由碳酸钠和碳酸钙再加砂子（SiO_2）制成的。当然，仅有苏打和砂子也可以制作玻璃。由于这一想法激起了人们的兴趣，许多人亲自验证用该方法是否真的能制成玻璃。实验结果证明，使砂子和苏打均匀混合，加火焙烧确实能制成玻璃。

另一个传说，认为玻璃的发现源于 5000 年前的高温技术。5000 年前，在美索布达尼亚附近，已经进入青铜器时代，为了青铜器的精炼，需要 1000℃ 以上的高温。与此同时，烧制带釉陶器的窑炉也已经出现。釉料本质上是玻璃粉末。在素坯基体上涂装的釉料在烧制过程中，由于升温过高，致使熔化的釉料脱落，偶然地产生了玻璃块。当时的窑炉工不知其为何物，有的认为是"窑怪"要压惊去邪，有的以为是"窑精"要烧香供奉。但无论如何，这也算是玻璃制作的开端。

这两个传说表明，尽管玻璃的发展出于偶然，但大量的生产实践和技术水平的提高为玻璃的发现提供了坚实的基础。

6.1.2 玻璃的故乡——美索布达尼亚

玻璃制品的最早发源地是位于底格里斯河和幼发拉底河流域周围的古巴比伦（今天的伊拉克），处于文明发祥地的两河流域的美索布达尼亚，在公元前 4000—3500 年就进入了青铜器时代，而且也已经烧制涂装釉料的陶器。当时，将窑炉提升至 1100℃ 以上的技术已经过关，正是基于此，能制作出不透明玻璃不令人感到稀奇。

这样的不透明玻璃在公元前 3000 年左右就出现。此后，华丽玻璃出现，被看作是美丽石头和陶瓷的玻璃可算是最早的玻璃制品。这是公元前 2400 年前后的事。在美索布达尼亚及其周围出土的初期的玻璃制品大部分是圆珠、带孔珠、短管、嵌镶块（方形、T 字形）等，属于铸造品。

此后玻璃的重大进步是开始制作壶等玻璃容器。为此所采用的是模芯玻璃（见 6.2.1 节）成形方法。最古老的制品是在美索布达尼亚周边所发现的，于公元前 16 世纪后半期制作的小型玻璃瓶。此后不久，于公元前 15 世纪前半期，在埃及出现玻璃容器。地处尼罗河流域的古埃及也是古代文明发祥地之一，而且与美索布达尼亚地域相连，容易想象其间的技术交流比较方便。

此后玻璃的发展是从公元前 750 年罗马帝国的建立开始的。即，公元前 1 世纪后半期以罗马为始的型吹玻璃，到公元 1 世纪后半期的吹制玻璃技术已制作出非常漂亮的玻璃容器，如美丽精巧的花瓶，风格别致的酒杯和宝石般的装饰品。此时罗马的玻璃技术已经在罗马帝国全域，即整个欧洲扩展，而且，还被波斯，特别是萨桑朝波斯（公元 224—642 年）所继承，并进一步发扬光大。

应该说，古罗马人的创造发明为玻璃的发展奠定了基础，建立了功勋。

6.1.3 从古代玻璃到近代玻璃

被萨桑朝波斯所继承的罗马玻璃技术得到进一步发展。此后，在中世纪，特别是 11 世纪后的欧洲，彩绘玻璃工艺技术得到发展。

12—16 世纪，玻璃的制造中心在威尼斯。1291 年威尼斯政府为了技术保密，把玻璃工厂集中于穆兰诺岛，当时生产的窗玻璃、玻璃瓶、玻璃镜和其他装饰玻璃等，制品式样新颖，别具一格，因此畅销全欧乃至世界各地。许多制品精美细腻，具有高度艺术价值，但价格昂贵，有的比黄金还要贵上几倍。威尼斯玻璃业有 800 多年的历史，15—16 世纪为鼎盛时期。

16 世纪以后，威尼斯玻璃工匠的秘密很快传到法国、德国、英国，到 17 世纪，欧洲许多国家都建立了玻璃厂，并开始用煤代替木柴燃料，玻璃工业有了很大的发展。捷克的玻璃艺术品，从 17 世纪开始就活跃在欧洲市场，是世界上生产玻璃器皿颇有名气的国家。俄国的玻璃艺术制品从 17 世纪以来，也闻名于世。另外，17—18 世纪，在波西米亚制作出含钾的水晶玻璃。1790 年，瑞士钟表匠用搅拌工艺首次制成大型均匀的光学玻璃圆板，为熔制高均匀度的玻璃开创了新的途径。进一步，18 世纪后半期的产业革命也逐渐将玻璃制造从手工操作推向机械化、自动化生产。

6.1.4 玻璃在全世界的传播

在东方，最早制作玻璃的是中国。从中国春秋时期（公元前 8—前5 世纪）的遗址中就发掘出玻璃球及玻璃印章等。大量制作玻璃球及玻璃壶等制品大概是进入战国时期（公元前 2—前5 世纪）之后的事。中国古代玻璃的特征是含钡很高的铅玻璃。另外，从战国时期直到汉代（公元前 2 世纪—公元 2 世纪），已开始利用由玻璃粉末制作的浆料进行高温粘接，并由此制造出各种镶嵌玻璃的青铜器。2—5 世纪，罗马及萨桑朝波斯玻璃制品传入中国。其后，吹制玻璃法由西方传入，并由 16—19 世纪开始的乾隆玻璃所继承。

中国古代称玻璃为"琉琳"、"流离"、"琉璃"，从南北朝开始，还有"颇黎"之称。宋代以后逐渐以玻璃的名词为主，到了元明，琉璃则未指以低温烧制的釉陶砖瓦。明清以来，烧制琉璃的技术更有发展，釉色及品种都有增加。现代琉璃是指用各种颜色的人造水晶（含 24% 的二氧化铅）为原料，采用古代青铜脱蜡铸造法高温脱蜡而成的水晶作品。其色彩流云漓彩、美轮美奂，其品质晶莹剔透、光彩夺目。琉璃是佛教"七宝"之一、"中国五大名器"之首。

日本的考古发掘表明，最早的玻璃物件，乃至制作玻璃的技术和原料，都是从中国传入的。

本节重点

（1）由玻璃发现的两个传说使我们对玻璃的组成和形成有哪些启发？
（2）最早出现的美索布达尼亚玻璃和中国玻璃的主要或分有什么区别？
（3）玻璃的发展简史。

玻璃是如何发现的

(a) 在地中海东海岸，苏打贩运商在做饭时偶然发现的？

(b) 在青铜器时代，烧制陶器时釉料流下而偶然发现的？

1

留有脱脱麦斯三世纹章的空芯玻璃杯

（埃及，公元前 15 世纪）

玻璃的古代史（从美索布达尼亚到罗马、波斯）

年代 / 年	时代（美索布达尼亚）	玻璃进展	关联事项
BC 6000	新石器		
5000			精陶出现 美索布达尼亚 B.C5500
4000			施釉精陶 · 施釉石 美索布达尼亚 BC4500 ~ 3500
3000	青铜器	半制成品玻璃（偶然的产物）美索布达尼亚 B.C3000 年前后	
2000		初期的玻璃制品（珠、球等）铸造玻璃 美索布达尼亚 B.C2400 年前后	
1000		玻璃容器（空芯玻璃） 美索布达尼亚及埃及 BC1600 ~ BC1500 年前后	
AD 1	铁器	玻璃容器（模型吹制）罗马 BC1 世纪后半期 玻璃容器（玻璃吹制） 罗马 AD 1 世纪后半期 波斯 AD 3 世纪	
1000			
2000			

名词解释

佩珠、马赛克球：初期的玻璃制品，佩珠为圆筒形，马赛克为球形。后者由彩玻璃小片熔凝而成。
铸造制品：在由粘土和砂子制作的模型中，将熔融态玻璃而制作的玻璃制品。古代美索布达尼亚最早采用的玻璃制作法。

2

玻璃的发展简史

年代	中东 · 地中海沿岸 · 西洋	中国	日本
3000			
BC 2000	BC 2000 年前后，美索不达米亚玻璃球等铸造玻璃		
1000	BC 1600 ~ 1500 年 美索不达米亚及埃及 玻璃容器，模芯玻璃	春秋时代 BC8 ~ AD5 世纪 玻璃球及印章，铅玻璃 战国时代～汉代 BC5 ~ BC2 世纪 各式各样的玻璃球及壶 玻璃的镶嵌（与铜，金等） 钡 - 铅玻璃	弥生时代 BC300 ~ AD300 壁面及蓝色玻璃球、（碱石灰玻璃） 发现加工基底的铸型 深藏青色球（铅玻璃）
AD1	BC1 ~ AD1 世纪 罗马 吹制玻璃，日常用品 2 ~ 7 世纪 罗马 萨桑朝，波斯玻璃	汉代 BC200 ~ AD200 魏晋南北朝时期 2 ~ 5 世纪 罗马波斯玻璃器件及吹制玻璃器件传入，随之这两种玻璃制作方法传入	古坟时代 4 ~ 6 世纪 着色玻璃球：从中国接受 容器：萨桑朝制作的玻璃钟罩 平安时代～室町时代 (8 ~ 16 世纪）半 大型的容器：从中国输入 （玻璃制造的衰退）大部分为碱石灰玻璃
1000 ~ 2000	中世纪 特别是 11 ~ 12 世纪 彩绘玻璃 12 ~ 16 世纪 威尼斯玻璃 17 ~ 18 世纪 波西米亚 水晶玻璃 18 世纪后半期，玻璃生产工业化 （与产业革命同步）	清朝（16 ~ 19 世纪初） 乾隆玻璃 清朝官营玻璃工厂	16 世纪半 由长崎港开始输入 一部分为铅玻璃 由威斯等生产的欧洲制玻璃制品 1873 年（明治 6 年） 玻璃工厂投产

代表性玻璃组成

玻璃名称	成 分	含量 /%	原 料	
苏打石灰玻璃	Na_2O	20	苏打	Na_2CO_3
	CaO	10	石灰	$CaCO_3$
	SiO_2	70	硅石粉料	SiO_2
铅玻璃	Na_2O	5	苏打	Na_2CO_3
	BaO	13	碳酸钡	$BaCO_3$
	PbO	44	铅丹	Pb_3O_4
	SiO_2	38	硅石粉料	SiO_2

3

日本正仓院的玻璃制品

藏青琉璃杯 正仓院

白琉璃碗 正仓院宝物

传到正仓院的玻璃制品的旅程

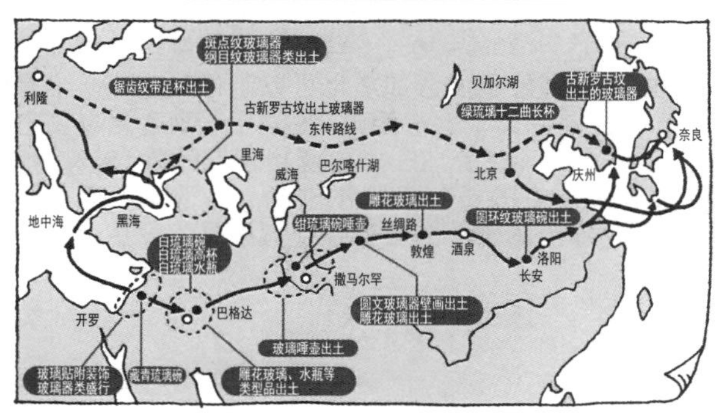

名词解释

威尼斯玻璃：公元 13 世纪以来，在威尼斯由独自开发的技艺而制作的美丽着色的玻璃制品。
水晶玻璃：由钾（K_2O）铅（Pb_3O_4）、硅石（SiO_2）为主成分制作的璀璨夺目、透明性极好、高折射率玻璃。
乾隆玻璃：16 ~ 19 世纪的清代，特别是乾隆年间制作的具有鲜明中国特色的玻璃制品。

4

6.2 古代玻璃与现代玻璃的组成惊人的相似

6.2.1 古代玻璃的成形方法

为了制作玻璃，要将苏打粉、石灰、砂子或硅石粉等原料的混合物加热到1200℃以上，使其熔化，经冷却固化，即熔凝而成。若在冷凝过程中成型，就能制成所希望的玻璃制品。

从古代起，在玻璃成形法中就有铸造法（公元前2400年）、模芯玻璃法（公元前1600—1500年）、模型吹制法（公元前1世纪半）、玻璃吹制法（公元1世纪后半期）等。这些方法，直到现在仍在应用，下面分别加以介绍。

（1）玻璃铸造法：将熔融玻璃液浇注到铸型中，经冷却凝固而形成玻璃，从公元前2400年前后就开始用于玻璃球的制作。小型玻璃板也可以由此方法制作。无论采用哪种成型法，必须保证冷却时玻璃不会开裂，为此需要缓冷，而且确保玻璃不与模具粘结也极为重要。即使到今天，铸造法在制作特殊组成的玻璃板、灶具用玻璃盘面等仍有采用。

（2）模芯玻璃法：该方法是先用粘土制作作为目的容器内侧的模芯，在模芯周围蘸取熔融的玻璃液，待玻璃固化后，将内侧模芯的粘土去除。该原理已转移到现代的唐那法中，唐那法广泛应用于玻璃管的连续化生产。采用唐那法，在耐热陶瓷制空芯芯轴外卷附熔融玻璃，通过拉伸，形成连续的玻璃管。

（3）模型吹制法：模型吹制法是先将熔融的玻璃砣放入铸型中，将空气由管中吹入，使玻璃形成由模型决定的形状。这种方法是公元前1世纪后半期在罗马发明的。利用该原理，目前大批量生产玻璃瓶所用的装置，就是普遍采用的IS机。

6.2.2 古代玻璃与现代玻璃的组成对比

在美索不达尼亚、埃及、罗马、波斯等所制作的古代玻璃，从组成上讲大部分属于苏打石灰玻璃，其主成分为苏打、石灰、硅石等。也有的加入与苏打相似的硅酸钾，与石灰相似的MgO等，但本质上讲都属于苏打石灰玻璃。

那么，今日产量最大的窗玻璃及瓶玻璃、餐具玻璃等从组成上讲属于何种玻璃呢？令人吃惊的是，这些玻璃也是苏打石灰玻璃，其主要成分仍是苏打、石灰、硅石等。尽管都含有其他成分，但相隔数千年的玻璃却是不可思议地相似。是什么原因造成二者成分如此相似呢？

首先，找到适当的苏打石灰玻璃的组成，是先人数十年、数百年反复试验、探索的结果。作为选择组成的基准，主要有下面两项：

①在不是很高的温度下便可以熔解，并形成均匀的玻璃；

②不溶于水，即使吸收空气中的水分，玻璃的形状也不会发生变化（具有良好的耐久性）。

为了能在古代所能达到的高温下熔解，氧化钠和氧化钾的含量应达到20%~30%。当然，若将氧化钠增加到大约30%，由苏打和砂子混合加热也可以制作成玻璃。但是，将这种玻璃放置在桌子上，经过2~3天，玻璃会吸收空气中的水分和二氧化碳，变成一堆白色粉末。因此，若减少苏打，而加入10%左右的石灰来制作玻璃，尽管熔融温度稍许高一些，但制作出的透明的玻璃在空气中是不发生变化的。但是，若石灰增加过多，则难以得到清澈透明的玻璃。

经过人们的不断努力探索，最终找到至今仍在通用的玻璃组成。

6.2.3 天然的玻璃？月球上的玻璃？

地球上也少许存在各种各样的天然玻璃，这些玻璃是在火山喷发及陨石落下之际，自然（而非人工）产生的。由火山喷发产生的玻璃中典型的是黑曜石；由陨石落下得到的玻璃有利比亚沙漠玻璃；在月球上也会发生火山喷发以及陨石落下，由此也会产生玻璃，这已被阿波罗12号及14号带回的岩石所证明；除此之外，还有据认为是从地球外飞来的被称为熔融岩（tektite）的玻璃。

地球上存在最多的天然玻璃是黑曜石，这种黑色之石是由于火山喷发而产生的玻璃。处于火山带的世界各国均有产出。地下熔融的氧化硅含量高的岩浆，由于喷发而流向地面，经急冷而变成玻璃。

利比亚沙漠玻璃中二氧化硅（SiO_2）占98%以上，已经是名副其实的石英玻璃，与其他的天然玻璃差异很大。但是，这种玻璃的组成与其所在环境的利比亚沙漠（覆盖利比亚和埃及的沙漠）的沙子的组成十分接近。据此可以断定，这种玻璃是由沙漠的沙子形成的。由于其附近没有火山带，故可认为这种玻璃是陨石撞击地球表面之际，沙子受热达到高温而熔化，再经冷却而产生的。

月球上的玻璃是从地球以外的天体采集到的贵重样品。借由这种玻璃可以知道月球表面的组成，但实际上其组成与地壳表面的组成差异不大。

在天然玻璃中，成因至今还不清楚的是称为熔融岩（tekile）的玻璃。在发现场所既未发现火山喷发的痕迹，又未见到陨石坑，而且玻璃的形状是球状或哑铃状的。据认为是处于熔融状态的岩浆在缓慢冷却过程中，从远方飞来的。而且，由于其成分与月球表面月球灰的成分差异很大，因此也排除是从月球飞来的可能性。是否真的是从宇宙飞来的，至今仍是个谜。

6.2.4 玻璃在光学领域大有用武之地

玻璃的透光性好、性能稳定是其优于其他材料的最显著特性。玻璃的应用大部分与该性能相关，尤其是在高新技术中的应用。为此，了解不同波长光的特性，特别是哪些玻璃能满足这些光的应用就显得极为重要。图中给出常用激光的名称、波长范围及主要应用等。

由图中所示，读者应想到与光相关的下述几个问题：

（1）不同的光所对应的波长范围：可见光的波长范围为380~780nm，长于此的为红外线，短于与的为紫外线；红外线有近红外、中红外、远红外之分，随着通信波长变短，热线与电波已经重叠；紫外线有近紫外、中紫外、远紫外、极远紫外之分，更短波长的是X射线和γ射线。

（2）不同波长的光是如何产生的：发光激发依发光波长由长至短可分别是热、光、电子及核反应等。特别应注意电子发生跃迁的能级差与发光波长的关系。

（3）图中还给出不同波光的光所产生的效应和可能用途等。

本节重点

（1）利用P23所示的材料科学与工程四面体，对陶瓷和玻璃加以对比。
（2）天然的玻璃是如何形成的？
（3）请写出电子发生跃迁的轨道能级差与波长的定量关系。

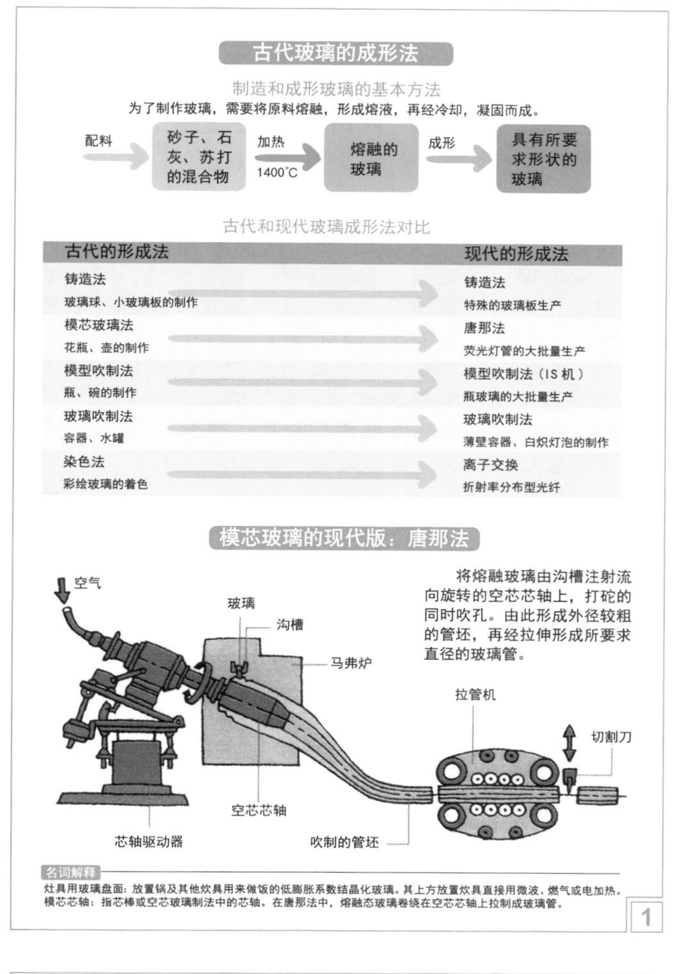

古代玻璃的成形法
制造和成形玻璃的基本方法
为了制作玻璃，需要将原料熔融，形成熔液，再经冷却，凝固而成。
配料
砂子、石灰、苏打的混合物
加热
1400℃
熔融的玻璃
成形
具有所要求形状的玻璃
古代和现代玻璃成形法对比
古代的形成法
现代的形成法
铸造法
玻璃球、小玻璃板的制作
铸造法
特殊的玻璃板生产
模芯玻璃法
花瓶、壶的制作
唐那法
荧光灯管的大批量生产
模型吹制法
瓶、碗的制作
模型吹制法（IS 机）
瓶玻璃的大批量生产
玻璃吹制法
容器、水罐
玻璃吹制法
薄壁容器、白炽灯泡的制作
染色法
彩绘玻璃的着色
离子交换
折射率分布型光纤
模芯玻璃的现代版：唐那法
空气
玻璃
沟槽
马弗炉
将熔融玻璃由沟槽注射流向旋转的空芯芯轴上，打砣的同时吹孔。由此形成外径较粗的管坯，再经拉伸形成所要求直径的玻璃管。
拉管机
切割刀
空芯芯轴
芯轴驱动器
吹制的管坯
名词解释
灶具用玻璃盘面：放置锅及其他炊具用来做饭的低膨胀系数结晶化玻璃。其上方放置炊具直接用微波、燃气或电加热。
模芯芯轴：指芯棒或空芯玻璃制法中的芯轴。在唐那法中，熔融态玻璃卷绕在空芯芯轴上拉制成玻璃管。
1

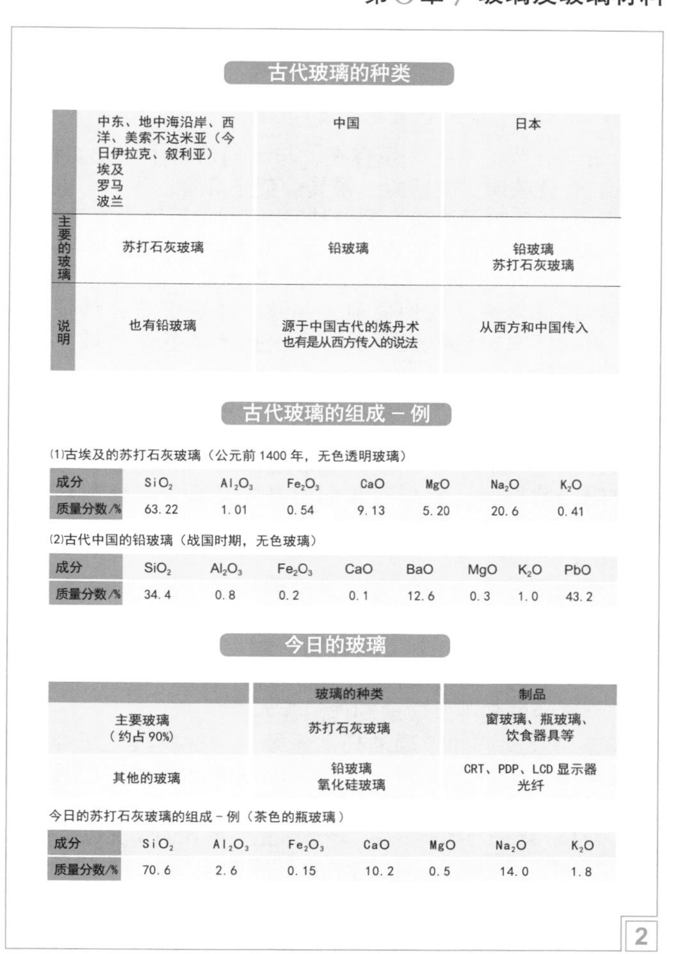

古代玻璃的种类

	中东、地中海沿岸、西洋、美索不达米亚（今日伊拉克、叙利亚） 埃及 罗马 波兰	中国	日本
主要的玻璃	苏打石灰玻璃	铅玻璃	铅玻璃 苏打石灰玻璃
说明	也有铅玻璃	源于中国古代的炼丹术 也有是从西方传入的说法	从西方和中国传入

古代玻璃的组成－例

(1)古埃及的苏打石灰玻璃（公元前 1400 年，无色透明玻璃）

成分	SiO_2	Al_2O_3	Fe_2O_3	CaO	MgO	Na_2O	K_2O
质量分数/%	63.22	1.01	0.54	9.13	5.20	20.6	0.41

(2)古代中国的铅玻璃（战国时期，无色玻璃）

成分	SiO_2	Al_2O_3	Fe_2O_3	CaO	BaO	MgO	K_2O	PbO
质量分数/%	34.4	0.8	0.2	0.1	12.6	0.3	1.0	43.2

今日的玻璃

	玻璃的种类	制品
主要玻璃 （约占 90%）	苏打石灰玻璃	窗玻璃、瓶玻璃、饮食器具等
其他的玻璃	铅玻璃 氧化硅玻璃	CRT、PDP、LCD 显示器 光纤

今日的苏打石灰玻璃的组成－例（茶色的瓶玻璃）

成分	SiO_2	Al_2O_3	Fe_2O_3	CaO	MgO	Na_2O	K_2O
质量分数/%	70.6	2.6	0.15	10.2	0.5	14.0	1.8

2

主要的天然玻璃

种 类	成 因	说 明
黑曜石 (obsidianite)	火山的喷发	地下岩浆喷出，经冷却、固化所形成的玻璃。处于火山带的世界各国均有产出。
利比亚砂漠玻璃	陨石落下	含 98% 以上 SiO_2 的无色氧化硅玻璃。碰撞岩的一种。
碰撞岩 (impactite)	陨石落下	在澳大利亚、美国、法国等发现。其组成与发现场所现有岩石的组成相近。
熔融岩 (tektite)	从宇宙飞来	马撒葡萄园（Martha's Vineyard）岛的熔融石（taktite）很有名。由于其组成与附近岩石的组成不相近，故与火山喷发及陨石落下不相干，因此被认为是从宇宙飞来的。
月球玻璃	发生在月球上的陨石	在月球上发现的小球状及液滴状的玻璃。具有与月球的岩石相近的组成。

名词解释

哑铃状：在熔融石中含有哑铃状的玻璃。这被认为是两个玻璃球刚好在固化之前相接触彼此粘接而形成的。

3

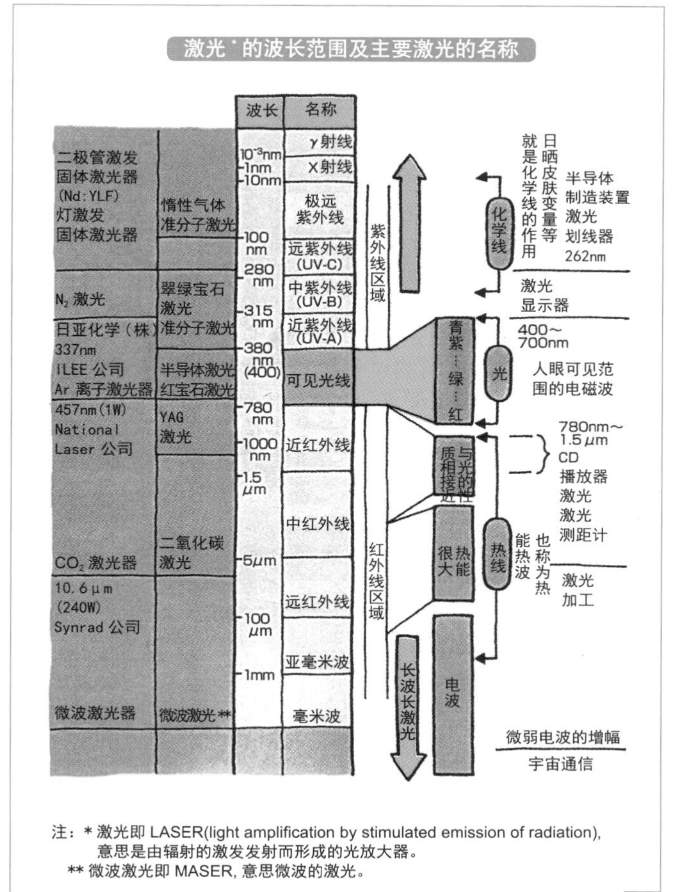

注：* 激光即 LASER(light amplification by stimulated emission of radiation)，意思是由辐射的激发发射而形成的光放大器。
** 微波激光即 MASER，意思微波的激光。

4

6.3 玻璃的传统定义和现代定义

6.3.1 现代生活中不可缺少的玻璃

玻璃在我们身边大量存在，与我们日常生活密切相关，常见的有窗玻璃、玻璃瓶、餐具、荧光灯管、手机、电视用玻璃等等。其中无论缺少哪一种，我们则难以享受清澈明亮、丰富多彩、便利舒适的现代生活。正是由于光纤（由高纯石英玻璃制作）的出现，才能藉由网络将大量声音、文字、图像、动画等信息传递到我们面前，并通过高速信息公路把我们送入当代信息社会。实际上，高新技术的各个领域，无一不与玻璃相关。

窗玻璃清澈透明，使我们在室内就能欣赏大自然的美景。窗玻璃不仅把太阳光导入室内，使我们享受明亮的生活，而且还能挡风遮雨，使室内冬暖夏凉。特别是，窗玻璃可有效阻挡紫外线，能将对我们的身体及室内装修材料有害的紫外线遮断接近 70%。实际上，如果没有玻璃，汽车、高铁、大飞机都难以运行。

荧光灯管和白炽灯泡都是由玻璃制作的。各式各样的灯具照明使黑夜中亮如白昼，如此学生才能在晚上写作业，人们才可以阅读、上街、进剧院、唱卡拉 OK，享受丰富多彩的文化生活。平板电视、台式计算机、笔记本电脑、手机等，哪一个显示屏又不是玻璃制作的呢？

像晶莹剔透的玻璃酒杯、新颖别致的餐具、巧夺天工的琉璃制品那样，玻璃不仅作为生活的必需品，而且作为美化我们生活的装饰品已进入千家万户。

当然，玻璃与塑料复合，玻璃被塑料取代的情况也是有的。最突出的代表是眼镜，目前采用塑料镜片的产品越来越多。

6.3.2 玻璃到底为何物？

若想准确回答玻璃到底为何物，与其从窗玻璃、瓶玻璃、电视用玻璃等我们称之为玻璃的物质中提炼出共性，还不如找出非玻璃物质所不具备的、只有玻璃才具有的独特性质。

首先，玻璃这个词，正如教师指着样品经常提问的“这是晶体还是玻璃？”言外之意玻璃不是晶体。水晶与石英玻璃的化学成分相同，都是 SiO_2，但水晶中原子的排列是规则有序的，因此水晶是晶体（石英晶体），而玻璃则完全不同。但是，若将水晶加热熔融，再经冷却凝固（熔凝），它会变成属于非晶态的玻璃（石英玻璃）。

那么，玻璃是什么呢？“泥人张”用泥，“面人汤”用面可以捏制出活灵活现的人物。同样，熔融的玻璃在玻璃工匠手中可以变成各种各样的人物，玲珑剔透，栩栩如生。因此，玻璃可以认为是“能由玻璃工匠制造制品的一类物质”。这句话要用材料科学的语言讲，也可以说成是“玻璃是显示出玻璃（态）转变现象的物质”。

将玻璃加热熔化，它就会变得很软，成为像糖稀那样相当粘稠的液体，这为玻璃工匠的加工提供了得天独厚的条件。成形后经冷却凝固变成各式各样的玻璃制品。换句话说，玻璃在升高温度达到称作玻璃转变温度的温度（对于平板玻璃大约在 520℃），由固体玻璃变为粘稠的液体，随着温度上升，粘度逐渐减小；相反，熔融态玻璃在冷却时，粘度会逐渐增加，达到玻璃转变温度，从液体转变为固体玻璃。

若将与平板玻璃组成相同的物质变为晶体，并对其加热，即使达到玻璃转变温度，也不会熔化。温度进一步上升达到熔点（1000℃左右）则立即熔化，但变为如同水那样易于流动的液体，难以由玻璃工匠对其进行加工。这表明玻璃与晶体是不同的。在大量用途中，玻璃是透明的，但透明的东西并非都是玻璃，水晶和金刚石是透明的，但两者都是单晶体而非玻璃。

6.3.3 玻璃的性质——长处和短处

在我们的日常生活和工作中，离不开各种各样的玻璃——窗玻璃、瓶玻璃、餐具玻璃、车窗玻璃、信息处理用玻璃等。下面以窗玻璃和瓶玻璃中所使用的苏打石灰玻璃为例，介绍玻璃的性质、特征等。

（1）玻璃是透明的：对于实用来说，玻璃最主要的特征是透明性。透光的玻璃窗、可看见内装食物和饮料的玻璃餐具、能看见图像的电视等都利用了透光特性。特别是，对于光信息处理用途，玻璃更是不可或缺的材料。

（2）玻璃不导电、不生锈、宁碎不弯：玻璃与铁、铜等金属不同，它是不导电的绝缘材料。而且，在空气中不会生锈。即使表面被玷污，稍经擦拭更会清澈透明，光亮如初。塑料在加热到 100℃以上会变软、易弯，但玻璃直到 500℃都不会变形。

（3）玻璃强固但易破碎：玻璃杯或玻璃窗如果不用强力磕碰，一般不会破裂。但是，猛然施加过大的力或用锤子击打，玻璃会突然破断。宁碎不弯的特性被称为脆性，玻璃就有脆性的缺点。

（4）玻璃的组成可以变化：玻璃中的原子排列并不像晶体中那样是完全确定的，组成即使有变化照样能构成玻璃。利用这一特点，可以对组成进行不同的变换，以制成适应不同要求的玻璃制品。

（5）可以制成各种各样的形状：玻璃在其熔点（大约1400℃）表现为极低的粘度，随着温度降低，粘度是逐渐地增加。这样，利用适当的粘度可以形成瓶及板等（玻璃加工）。这也是玻璃实用化的重要特征。

6.3.4 玻璃的组成多种多样

实用的玻璃几乎都是氧化物玻璃，但即使是氧化物玻璃，也有各种各样的组成。下面介绍几种已实用化的典型氧化物玻璃

（1）石英玻璃：组成为 SiO_2 的玻璃，其热膨胀系数极小，仅为窗玻璃及瓶玻璃的 1/20，加热到赤热后急速投入冷水中也不会炸裂。

（2）苏打石灰玻璃：以苏打、石灰、二氧化硅为主原料制成的玻璃，我们身边见到的玻璃，比如窗玻璃、瓶玻璃，餐具玻璃等大都属于此。

（3）硼硅酸盐玻璃：在苏打石灰玻璃中加入氧化硼而制成玻璃。热膨胀系数小的派瑞克斯玻璃属于这种玻璃的一种。

（4）铝硅酸盐玻璃：以苏打、三氧化二铝、SiO_2 为主要成分的玻璃。在直到高温也不应该软化的 PDP 电视用上下基板中采用。

（5）铅玻璃：含有多量氧化铅的玻璃。由于折射率高而闪亮发光，多用于枝形吊灯架、雕花玻璃器皿，具有光彩夺目的效果。

（6）硼酸盐玻璃：最近由于铅受 RoHS 指令的限制，作为不含铅的钎焊用玻璃已投入市场。

（7）磷酸盐玻璃：以五氧化二磷为主成分的玻璃。磷酸盐玻璃对氢氟酸具有良好的耐腐蚀性。

本节重点

（1）玻璃的传统定义和现代意义。
（2）玻璃的长处和短处。
（3）举出不同组成的玻璃及其性能特点。

近（现）代生活中不可缺少的玻璃制品

窗玻璃　平板电视　笔记本电脑

荧光灯　白炽灯泡　酒杯

啤酒瓶　速溶咖啡瓶　水杯

玻璃工匠正在吹制玻璃制品

玻璃与单晶中原子排列方式的对比

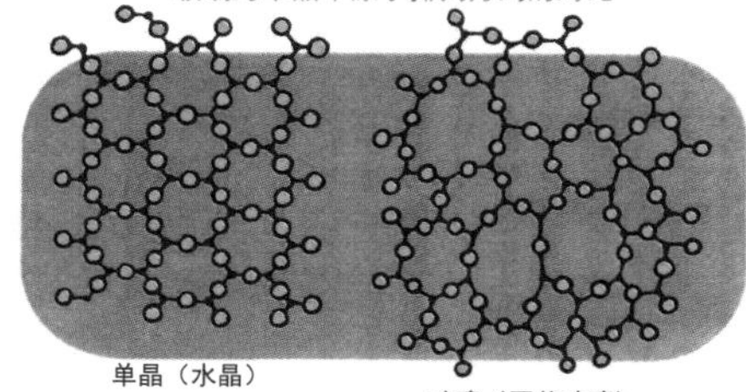

单晶（水晶）　玻璃（石英玻璃）

此图表示化学组成均为 SiO_2 的单晶（水晶）和玻璃（石英玻璃）中原子排列方式的对比。在单晶中原子呈规则排列，而在玻璃中原子呈无规则排列（长程无序）。

关于玻璃的定义

通过与单晶对比可给出玻璃的定义。玻璃可定义为满足下述两个条件的固体：

(1)原子排列不规则（短程有序，长程无序）

(2)显示出玻璃（态）转变现象。

在玻璃工业中，一般将玻璃定义为：熔体不发生结晶经冷却得到的无机物质。但现在除熔融—冷却（熔凝）方法之外，采用蒸镀及溶胶—凝胶（sol-gel）法等也在制取玻璃，因此这一定义不甚严格。

玻璃与金属及高分子材料的比较

性质＼材料	金属材料（例如铁）	高分子材料（例如聚乙烯）	玻璃（例如石灰苏打玻璃）
是否透明	不透明	有些是透明的	透明
能否流过电流	导体	绝缘体	绝缘体
会不会生锈	容易生锈	不会生锈	不会生锈
耐热（高温）性如何	高温下易弯曲而且会严重氧化	到 100℃时会弯曲超过 200℃会分解	一般到 500℃也不会弯曲
加力时会发生什么现象	弯曲而不断裂	小的外力即可弯曲但不断裂	强力下会破断（由于脆性而易碎）

玻璃既透光，又遮风挡雨，特别是价格便宜。玻璃的这些特性不仅能使我们在家享受清澈明亮的生活，而且不管阴天下雨都能欣赏窗外的美景。

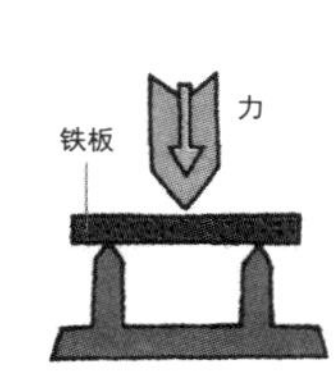

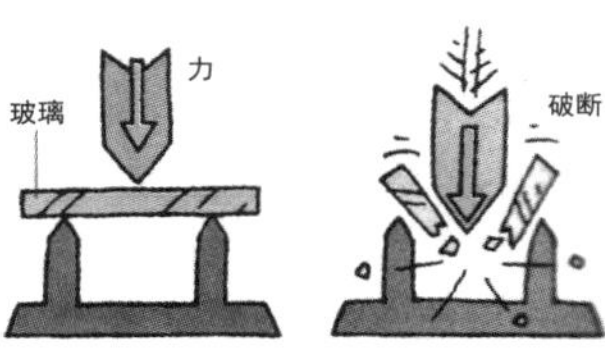

若加的力足够大，金属弯曲而玻璃断。

何谓玻璃形成化合物

像石英玻璃那样，作为单独氧化物由熔液冷却时，不发生结晶而形成玻璃的氧化物，称为玻璃形成氧化物。SiO_2、B_2O_3、P_2O_5、GeO_2 是代表性的玻璃形成氧化物。

实用玻璃中，除了仅由 SiO_2 组成的石英玻璃之外，将单独不能形成玻璃的玻璃修饰氧化物添加到玻璃形成氧化物中就可以制取玻璃。

从主要成分看玻璃的化学组成

名称	主要成分	示例
(1)石英玻璃	SiO_2	光纤、石英坩埚
(2)石灰苏达玻璃	Na_2O-CaO-SiO_2	平板玻璃、瓶玻璃
(3)硼硅酸玻璃	Na_2O-B_2O_3-SiO_2	派瑞克斯（Pycex）玻璃
	Na_2O-Al_2O_3-B_2O_3-SiO_2	AgCl 光致变色玻璃
	CaO-Al_2O_3-B_2O_3-SiO_2	玻璃纤维（E 玻璃）
(4)铝硅酸盐玻璃	Na_2O-Al_2O_3-SiO_2	PDP 电视用玻璃
(5)铅玻璃	K_2O-PbO-SiO_2	晶质玻璃
		眼镜玻璃
		布劳恩管（CRT）显示屏
(6)硼酸盐玻璃	ZnO-PbO-B_2O_3	焊料玻璃（低熔点封接玻璃）
(7)磷酸盐玻璃	Na_2O-Al_2O_3-P_2O_5	耐氢氟酸玻璃
	MgO-CaO-SiO_2-P_2O_5-CaF_2	人工骨用结晶化玻璃
	Li_2O-ZnO-MgO-P_2O_5	低熔点玻璃

6.4 玻璃的熔融和加工

6.4.1 玻璃的熔融和成形加工

玻璃一般是由熔融冷却法(熔凝法)制作的，即将原料粉末的混合物加热到1000℃以上的高温，使其熔化，在熔液冷却的过程中成形。因此，玻璃的制造方法主要按①熔化玻璃所用的容器和窑炉，②玻璃的成形方法来分类。此外，高温加热采用的是哪种方法，而且重油燃烧的气氛采用的是空气还是氧气等还有各种差异。

(1)熔化玻璃所用的容器和窑炉：熔化玻璃自古以来就采用坩埚，而且一直传承至今。将原料粉末置于坩埚中，放入窑炉中加热至摄氏一千几百度后，再将熔融的玻璃流入模具中，经冷却，凝固成玻璃。或者不断流出，而用金属管前端蘸取玻璃液，经吹制，制成电灯泡及玻璃瓶等。

平板玻璃、瓶玻璃以及电视机用玻璃等因为连续生产要采用箱式窑。在由长方体形的耐火砖砌成的玻璃窑中，将原料粉末从箱式窑的一端投入，最高加热到1400~1600℃使其熔化，同时进行脱泡澄清，得到均质的玻璃熔液，在箱式窑的另一端将熔液取出、成形，得到玻璃制品。这种箱式窑是1861年前后的德国人西门子发明的，由此出现了高品质玻璃的连续生产。

(2)玻璃的成形性：将玻璃流入模具中，再将内模插入，靠内外模间隙成形的插模法在制作CRT管壳时普遍采用。为大批量生产玻璃瓶，将熔融的玻璃砣放入模具中，利用吹制在玻璃中形成中空的部分，而后藉由内模通过加压的模型吹制法制作。唐那法是用空芯芯轴卷覆熔融的玻璃，再借由拉伸，大批量生产玻璃管。

6.4.2 浮法玻璃制造——在熔融锡表面上形成平板玻璃

在几十年前，无论是窗玻璃还是汽车用玻璃，远非今天这样平坦光滑。窗外的美景大打折扣，或模糊或变形或重叠。这是由于玻璃表面出现条纹、起棱、凹凸所致。用于窗玻璃，这种情况还可勉强接受，但用于反射镜玻璃，若把人照得变形，则难以忍受。因此，当时生产玻璃的公司都要对其产品进行表面研磨，以制成镜面玻璃。但研磨费工费力而且大大增加成本。能否不加研磨而直接生产出平坦如镜的玻璃？为此，人们进行了广泛的研究开发。

1952年，英国皮尔金顿公司发明了满足这种要求的浮法玻璃技术，并实现工业化。自此以后，浮法技术在全世界推广，目前几乎所有平板玻璃都是由浮法制作的。

浮法这个词形象表达出其工艺过程：使熔融玻璃浮在熔融锡的表面上，实现玻璃上下表面的平坦化。由于锡处于熔融态，其表面是完全平坦且平滑的平面。因此，熔融锡上方与其共面(称为锡面)的熔融玻璃也必然是平坦的。而熔融玻璃的上面(称为自由表面)是玻璃液体的表面，也是完全的平面。据此，可以获得上下两面平坦如镜，无条纹、无凹凸、不起棱的浮法玻璃。

由于锡的密度比玻璃的密度大得多，因此玻璃浮在锡的表面上。玻璃在锡之上滑动的同时，向着缓冷炉的方向被拉伸。由于玻璃与锡之间不浸润，因此玻璃均匀稳定地滑动前行。对于苏打石灰玻璃来说，将箱式窑中熔融的玻璃在大约1050℃的温度下载于浮槽中的锡之上，在大约600℃取出并进入缓冷炉中。由于从缓冷炉出来的玻璃的上下两面是完全平坦的平面，因此，不加研磨就能满足窗玻璃的使用要求，清澈明亮，平坦如镜，观看窗外美景赏心悦目。

在浮法推广的初期，玻璃的厚度仅限于大约6.8mm，而现在比之更厚和更薄的玻璃都能生产。

6.4.3 TFT LCD液晶电视对玻璃基板的要求

对于TFT LCD来说，玻璃基板无疑是最重要的关键部件(key components)之一。一般常用于窗玻璃的平板玻璃，因其断面为青色，故称之为“青板玻璃”，即人们俗称的“苏打石灰玻璃”。

这种青板玻璃制作简单、价格低廉，通过在其表面进行SiO_2的涂层处理，即可用于简单矩阵驱动型液晶显示器(STN LCD)的玻璃基板。但是，青板玻璃中含有钠(Na)等碱金属，这类碱金属对于有源矩阵驱动型液晶显示器(TFT LCD)的薄膜三极管特性有不利影响，如同单晶硅半导体LSI中“易迁移离子”会引起LSI特性不良相类似，玻璃基板中易迁移离子(Na^+)的存在也会引起TFT LCD的特性不良。而且，TFT LCD是电压器件，液晶像素作为电容负载不能有电流通过，一旦有碱金属离子混入其中，液晶中通过电流，液晶材料立即失效，故青板玻璃不适用于有源矩阵驱动型液晶显示器。因此，TFT LCD用玻璃基板多采用铝硅酸(盐)玻璃、铝硼硅酸(盐)玻璃等。

除成分之外，对TFT LCD用玻璃基板特性还有下述几项要求：①玻璃基板的表面、内部无缺陷；②表面平坦；③具有优良的耐药性；④热膨胀系数小；⑤对表面的微小附着物有严格要求。

6.4.4 溢流法制作TFT LCD液晶电视用玻璃

浮法一般不适用于TFT LCD用玻璃基板制作，其原因有：①液晶显示器玻璃基板厚度很薄，多为1.1mm及0.7mm，手机等便携用等更薄些，如0.5mm以下，这么薄的玻璃不适合浮法生产；②浮法玻璃表面往往有金属锡的沾污，从而不适用于TFT LCD的应用；③浮法玻璃表面往往存在长波长的微小起伏，而这种起伏又不能采用表面研磨来消除。

目前，TFT LCD用玻璃基板都采用溢流法(overflow fusion prows)来制造。这种方法最早由美国康宁(Corning)公司开发成功。所谓溢流法是使熔融态玻璃料由特制的溢槽(由Pt制造)两侧溢出，溢出的幕状玻璃在溢槽下方汇合，利用溢流(fusion)的方式制作平板玻璃。

采用溢流法为获得厚度均匀的玻璃，要通过精心设计和严格调整，保证熔融玻璃在入口的进入量与出口的溢出量相等。而且溢出的熔融玻璃依靠重力在非接触地降落的同时，达到澄清化的目的，得到的玻璃表面光洁而平滑。因此玻璃表面不需要研磨。

相对于集成电路产业化水平用表征晶体管栅长的特征线宽(设计基准)来定“代”，TFT LCD液晶显示器产业化水平用表征玻璃基板面积的长×宽尺寸来定“代”，足见玻璃基板在光电显示产业链中所占的地位。目前玻璃技术的进步日新月异，既有轻质纤薄的玻璃，又有牢固结实的玻璃，就连能像薄膜一样弯曲的玻璃甚至内藏传感器的玻璃都已问世。

本节重点

(1)何谓玻璃制造中的澄清工序？目的是什么？
(2)浮法玻璃制造。
(3)为什么TFT LCD用玻璃基板需要采用溢流法制造？

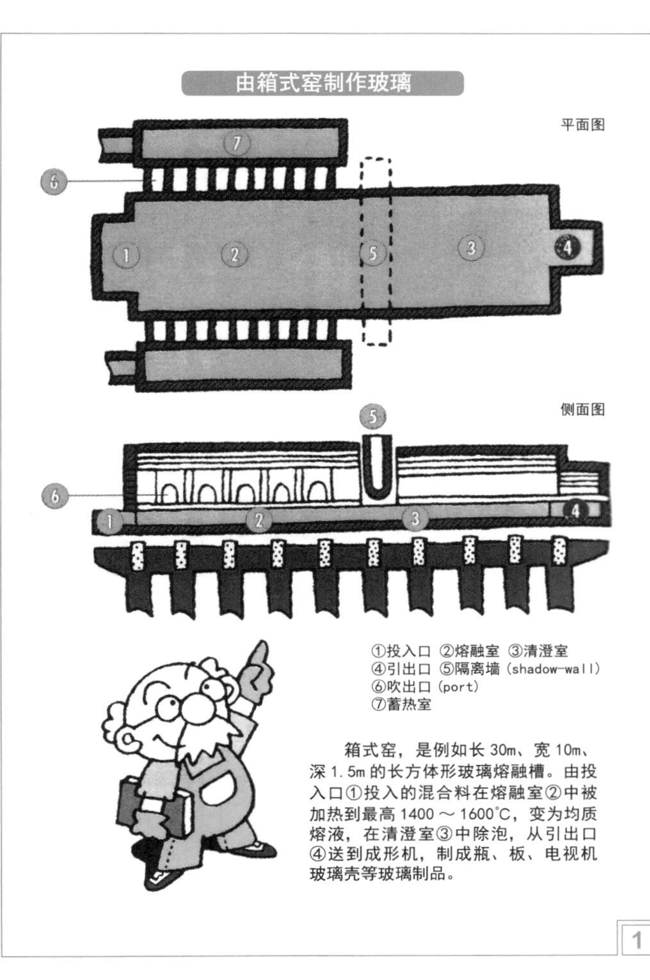
由箱式窑制作玻璃
平面图
侧面图
①投入口 ②熔融室 ③清澄室
④引出口 ⑤隔离墙（shadow-wall）
⑥吹出口（port）
⑦蓄热室
箱式窑，是例如长 30m、宽 10m、深 1.5m 的长方体形玻璃熔融槽。由投入口①投入的混合料在熔融室②中被加热到最高 1400～1600℃，变为均质熔液，在清澄室③中除泡，从引出口④送到成形机，制成瓶、板、电视机玻璃壳等玻璃制品。
1

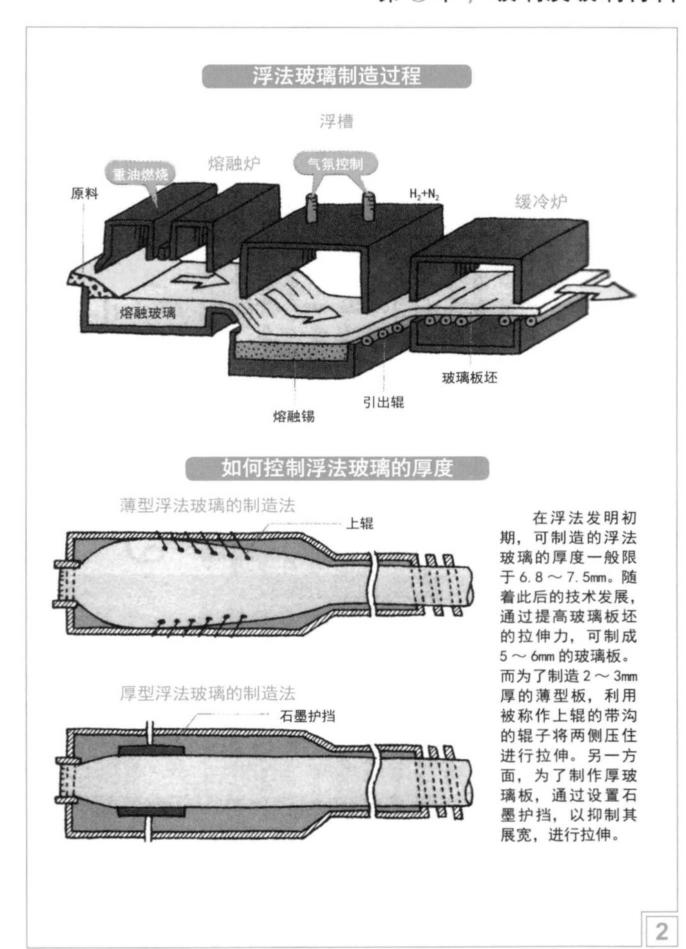
浮法玻璃制造过程
浮槽
熔融炉
重油燃烧
气氛控制
原料
H_2+N_2
缓冷炉
熔融玻璃
玻璃板坯
引出辊
熔融锡
如何控制浮法玻璃的厚度
薄型浮法玻璃的制造法
上辊
厚型浮法玻璃的制造法
石墨护挡
在浮法发明初期，可制造的浮法玻璃的厚度一般限于 6.8～7.5mm。随着此后的技术发展，通过提高玻璃板坯的拉伸力，可制成 5～6mm 的玻璃板。而为了制造 2～3mm 厚的薄型板，利用被称作上辊的带沟的辊子将两侧压住进行拉伸。另一方面，为了制作厚玻璃板，通过设置石墨护挡，以抑制其展宽，进行拉伸。
2

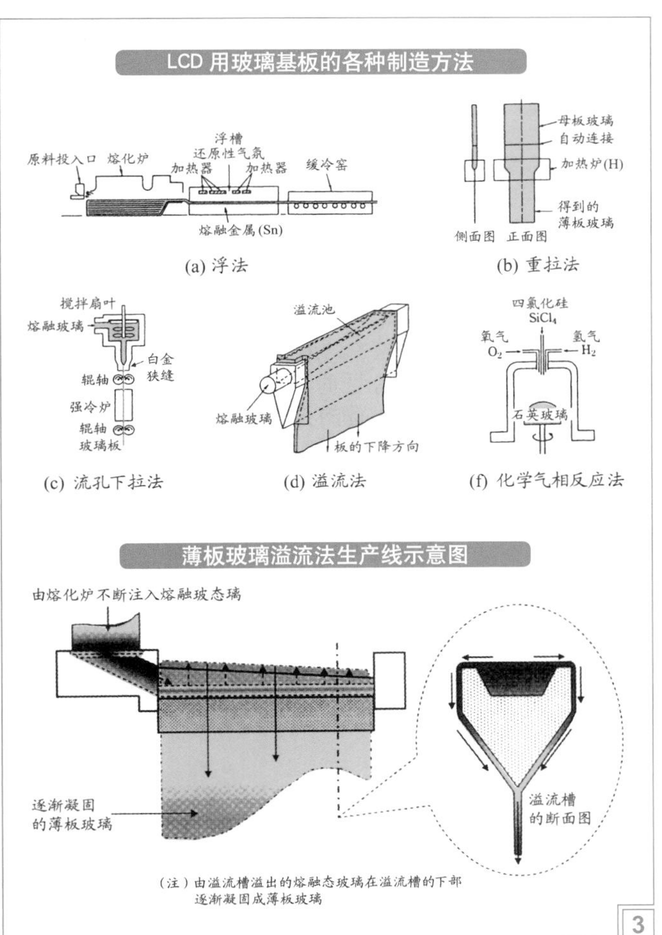
LCD 用玻璃基板的各种制造方法
原料投入口 熔化炉
浮槽
还原性气氛
加热器 加热器
缓冷窑
熔融金属(Sn)
(a) 浮法
母板玻璃
自动连接
加热炉(H)
得到的薄板玻璃
侧面图 正面图
(b) 重拉法
搅拌扇叶
熔融玻璃
白金狭缝
辊轴
强冷炉
辊轴
玻璃板
(c) 流孔下拉法
溢流池
熔融玻璃
板的下降方向
(d) 溢流法
四氯化硅
$SiCl_4$
氧气 O_2
氢气 H_2
石英玻璃
(f) 化学气相反应法
薄板玻璃溢流法生产线示意图
由熔化炉不断注入熔融玻态璃
逐渐凝固的薄板玻璃
溢流槽的断面图
（注）由溢流槽溢出的熔融态玻璃在溢流槽的下部逐渐凝固成薄板玻璃
3

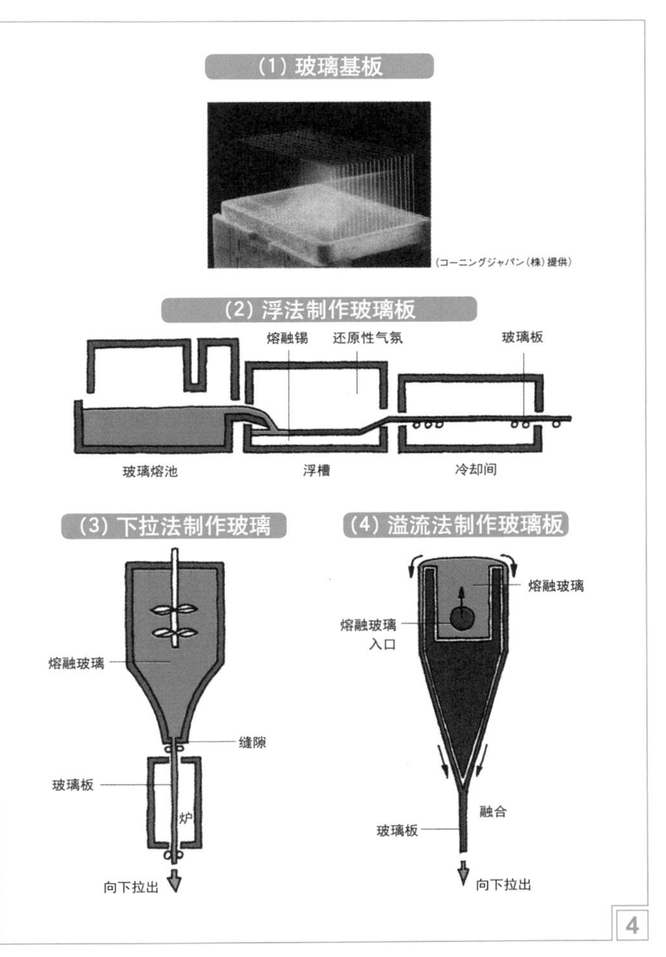
(1) 玻璃基板
（コーニングジャパン(株)提供）
(2) 浮法制作玻璃板
熔融锡
还原性气氛
玻璃板
玻璃熔池
浮槽
冷却间
(3) 下拉法制作玻璃
熔融玻璃
缝隙
玻璃板
炉
向下拉出
(4) 溢流法制作玻璃板
熔融玻璃
熔融玻璃入口
融合
玻璃板
向下拉出
4

6.5 非传统方法制造玻璃

6.5.1 溶胶-凝胶法制作玻璃

为了在窑中通过将苏打、石灰、砂子等原料熔化来制作玻璃，需要1400℃以上的高温。升高温度除了高耗能之外，耐高温炉衬的选择也是问题。目前，熔融法制作玻璃远非绿色产业。

与熔融法相比，工艺温度低得多的溶胶-凝胶（sol-gel）法作为可在低温下制作玻璃的方法。它于1970年由德国人达斯比林提出，并受到广泛关注。此后，作为制作以玻璃为始的各种各样材料的方法而获得快速发展。

以制作石英玻璃为例，对溶胶-凝胶法进行说明。在溶胶-凝胶法中，首先从含有用来制作玻璃的原料的溶液出发。由于石英玻璃是由二氧化硅形成的，因此，原料可选用既含有硅又含有氧的有机化合物，如四乙氧基硅烷等。将该化合物溶解于含有乙醇、水、其他溶剂及触媒的溶剂中，在低于100℃的温度下，使原料发生加水分解、聚合反应。随着聚合的进行，当溶液变得粘稠时，将其浇注于模型中，得到与模具形状相同的凝胶固体。

由于凝胶中含有大量连续气孔，因此是不透明的，需要进一步加热处理加以去除。700℃附近开始收缩，当加热到1050℃附近时，变为无色透明的石英玻璃。密度及弹性模量也与市售石英玻璃不相上下。若采用传统的方法制作石英玻璃，需要将石英晶体加热到2000℃以上，藉由熔融凝固才能实现，而采用溶胶-凝胶法，只要采用最高1000℃左右的加热温度，就能制作石英玻璃。采用溶胶-凝胶法制作的石英玻璃由美国的鲁山达公司生产，用于光纤的基底材料。

6.5.2 金属玻璃及其制作方法

金属玻璃又称非晶态合金，它的强度、硬度都高于钢，且具有一定的韧性和刚性，有着特殊的机械特性及磁学特性，被称为“敲不碎、砸不烂”的“玻璃之王”。大多数金属冷却时就结晶，原子排列成规则有序的形式。如果不发生结晶并且原子依然排列不规则（长程无序），就形成金属玻璃。

20世纪30年代，Kramer第一次报道用气相沉积法制备出金属玻璃，在1950年，冶金学家学会了通过混入一定量的金属——诸如镍和锆以去除结晶体；1960年，美国加州理工学院的Klement和Duwez等人采用急冷技术制备出$Au_{75}Si_{25}$金属玻璃（当时只能制造成很薄的条状物、导线或粉末）；20世纪80年代，随着“块体金属玻璃”的问世（直径达到毫米级），非晶态金属的应用才有所推广。金属玻璃按成分大致可分为：①金属与半金属（C、Si、B、Ge、P）组合；②金属与金属组合；③金属与非金属组合三大类。最近，科学家通过混合四到五种不同大小原子的元素，来形成诸如条状的多种多样的金属玻璃。

金属玻璃的用途广泛，如软磁材料，枪炮子弹、导弹和装甲车，体育用品如高尔夫球杆，电脑和手机的外壳等。

非晶合金的制备方法：快速凝固熔体急冷法，铜模铸造法，熔体水淬法，抑制形核法，粉末冶金法，自蔓延反应合成法，定向凝固铸造法等。

6.5.3 不断进步的玻璃循环

从20世纪60年代开始，先进工业国步入大量生产、大量消费、大量废弃的时代，地球环境、资源、能源问题日益深刻化。解决该问题的方法之一是材料的循环利用。

玻璃是不生锈、不腐蚀、不会变为有毒物质的环境友好型材料。此外，其组成与地壳的组成相似，因此，即使废弃于地中也不会产生什么问题。但是，从节约资源角度考虑，玻璃的循环是极为重要的。玻璃循环的对象首先是大量生产的瓶玻璃和平板玻璃。

瓶玻璃可以再使用（reuse），瓶玻璃和板玻璃的碎片粉碎之后，作为箱式窑中的原料，可以实现循环生产（资源再利用）。根据玻璃制品联合会的报道，玻璃制品的66%进入玻璃的市场，26%再循环，8%埋入地下等废弃处理。

以相同茶色而大量制作的啤酒瓶，清洗之后可多次使用。据统计，啤酒瓶的再使用率达到99%。这是由于，不同公司所使用瓶子的形状、颜色都是一样的。啤酒瓶制造工程中出现的不良品，可粉碎成碎屑作为原料的一部分加入，再以循环利用。合计看来，啤酒瓶的再循环利用率几乎达到100%。

对于啤酒瓶以外的其他瓶类来说，由于着色不同会产生问题。因金属着色剂金属种类的不同，瓶的颜色是不相同的，因此不好作为玻璃碎片添加物而使用。为此，制作中尽量少加着色剂，或施加虽加热却不会分解的有机物着色膜的着色玻璃瓶的研究正在进行中。

6.5.4 单向可视玻璃窗

单向可视玻璃窗是指从单侧可清楚地看到对向一侧，而从对向一侧看，如同普通镜子一样，不能看到另一侧的玻璃窗。这种也被称为魔术镜的半镜，是藉由在窗玻璃的单面，涂覆高反射率的金属膜制作的。这种金属膜很薄，以能得到20%～30%的光透射率为宜。如果将涂布这种高反射率金属膜的一侧向着亮的房间而安装这种玻璃，从暗房间能清楚地看到亮房间，而从亮房间完全看不清楚暗房间，从而发挥半镜的作用。

下面，假设房间的亮度、反射率及透射率的值，通过简单计算，说明半透镜的工作原理。首先，假设亮房间的光量为100，暗房间的光量为20。而且，光的透射率为20%，其余80%的光被金属膜等吸收。关于反射率，从亮房间射向金属膜的为60%，而从暗房间射向金属膜的为50%。除此之外的反射不予考虑。

从亮房间向暗房间看时，由本室光的反射光量为$100\times60\%=60$，而由暗房间的透射光量仅为$20\times20\%=4$，在这种情况下，难以识别暗房间中的人和物。与之相对，从暗房间向亮房间看时，由本室光的反射光量为$20\times50\%=10$，则由亮房间向暗房间的透射光量为$100\times20\%=20$，在这种情况下，就能看清楚亮房间的人和物。

与之相反，人们也开发出从亮房间也能看清楚暗房间的半镜。这种半镜是将玻璃侧向着亮房间，覆盖高反射率金属膜的一侧向着暗房间，进一步，在亮房间一侧的玻璃面上涂覆低反射膜，使其反射率降低到30%以上做成的。这种半镜可用于售票窗口、高速公路收费站以及传达室等。

本节重点

（1）溶胶-凝胶（sol-gel）法制作玻璃的过程。
（2）何谓金属玻璃？金属玻璃是如何制作的？
（3）玻璃材料的循环再利用率很高。

溶胶－凝胶法各阶段的生成物

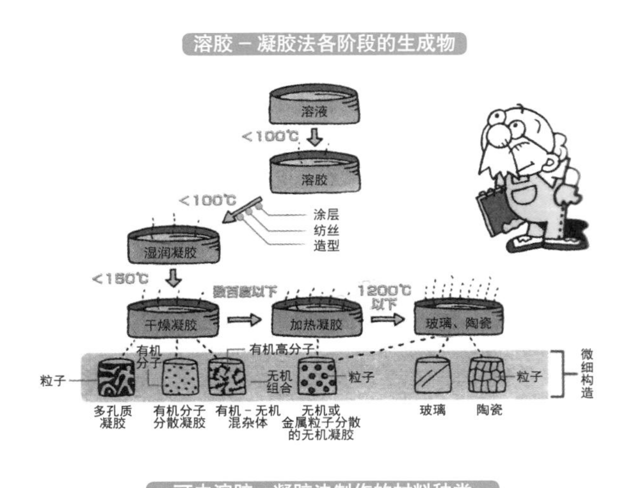

可由溶胶—凝胶法制作的材料种类

分类项目	细分类	材料种类	实例
材料的状态	组成 组织 形态及形状	无机材料 有机无机混杂 多孔质 致密质 块体 覆膜 纤维 粒子、粉末	石英玻璃、铁电体 玻璃阻挡（barrier）膜 航空（aero）用凝胶 三氧化二铝片 液光（液色）用多孔质 氧化硅整块石料 电视玻璃用膜，汽车用膜 氧化硅三氧化二铝纤维 刚玉研磨粉
用　　途	尖端技术用		光波导 非线性光学玻璃 1.55μm波长光增幅元件 TiO_2光触媒膜 TiO_2太阳能电池膜
功　　能	光 电子、电气 保护膜 生体		非线性光学玻璃 铁电体膜 金属用防氧化膜 磷灰石膜

1

金属玻璃的制作方法

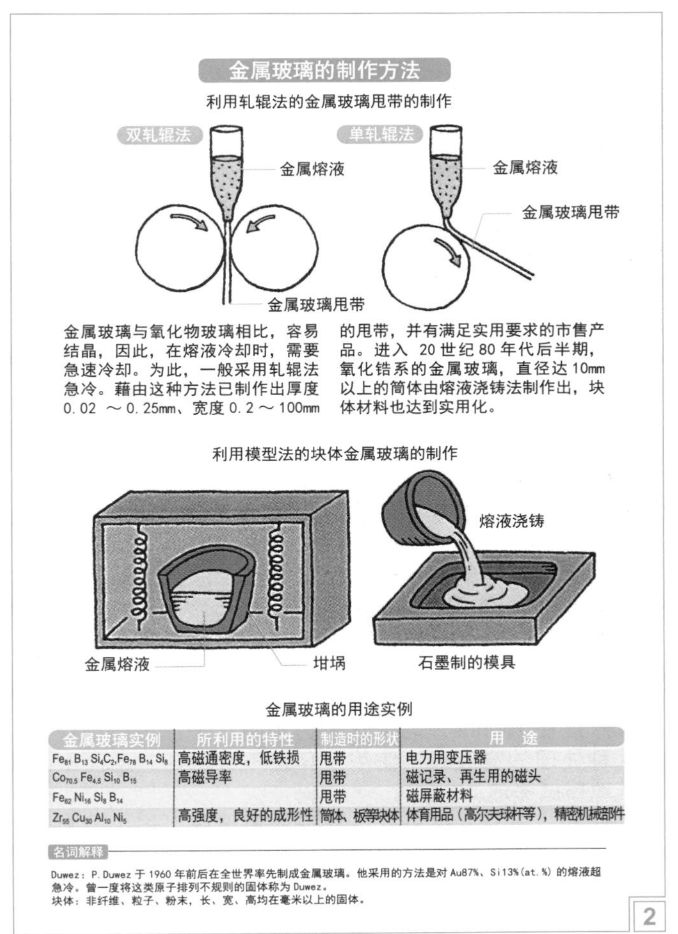

金属玻璃与氧化物玻璃相比，容易结晶，因此，在熔液冷却时，需要急速冷却。为此，一般采用轧辊法急冷。藉由这种方法已制作出厚度0.02 ～0.25mm、宽度0.2～100mm的甩带，并有满足实用要求的市售产品。进入20世纪80年代后半期，氧化锆系的金属玻璃，直径达10mm以上的简体由熔液浇铸法制作出，块体材料也达到实用化。

金属玻璃的用途实例

金属玻璃实例	所利用的特性	制造时的形状	用　途
$Fe_{81}B_{13}Si_4C_2$,$Fe_{78}B_{14}Si_8$	高磁通密度，低铁损	甩带	电力用变压器
$Co_{70.5}Fe_{4.5}Si_{10}B_{15}$	高磁导率	甩带	磁记录、再生用的磁头
$Fe_{62}Ni_{16}Si_8B_{14}$		甩带	磁屏蔽材料
$Zr_{55}Cu_{30}Al_{10}Ni_5$	高强度，良好的成形性	筒体、板等块体	体育用品（高尔夫球杆等），精密机械部件

名词解释

Duwez：P. Duwez于1960年前后在全世界率先制成金属玻璃。他采用的方法是对Au87%、Si13%(at.%)的熔液超急冷。曾一度将这类原子排列不规则的固体称为Duwez。
块体：非纤维、粒子、粉末，长、宽、高均在毫米以上的固体。

2

玻璃巡游图

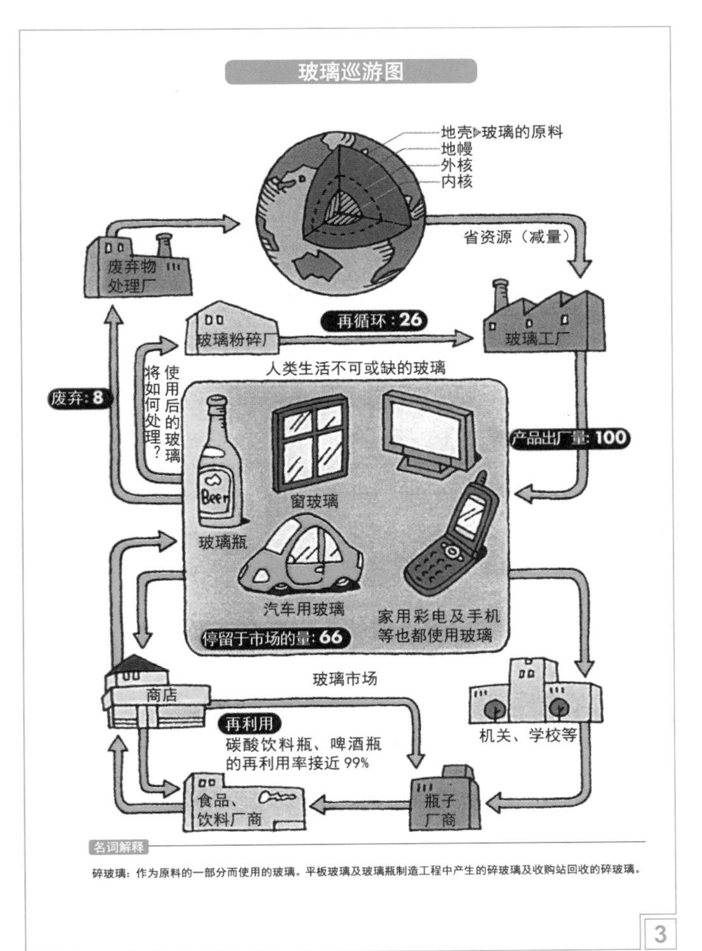

名词解释

碎玻璃：作为原料的一部分而使用的玻璃。平板玻璃及玻璃瓶制造工程中产生的碎玻璃及收购站回收的碎玻璃。

3

单向透射镜（半镜）

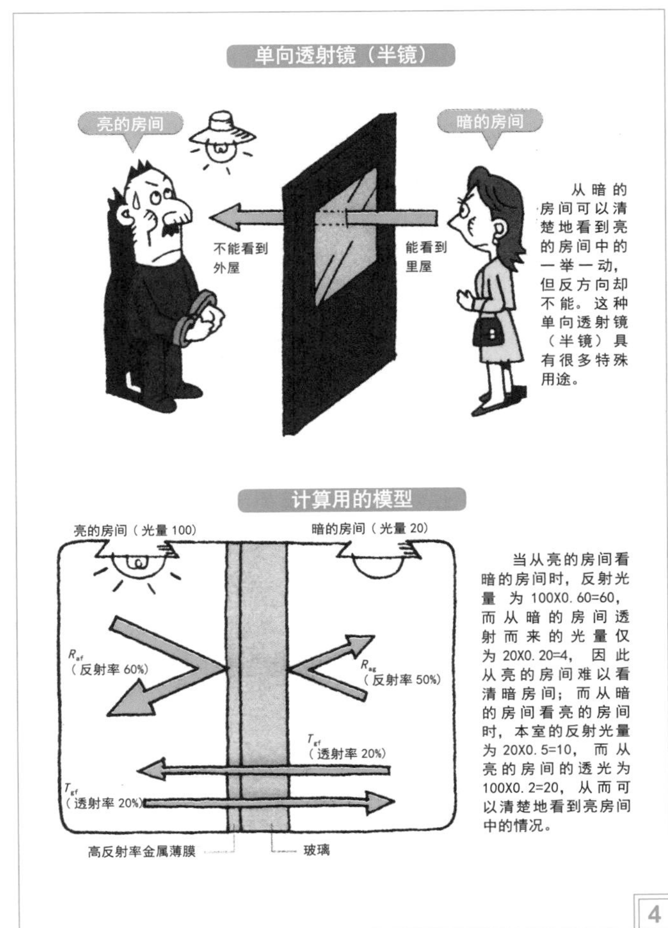

4

6.6 新型建筑玻璃（1）

6.6.1 免擦洗玻璃

在大街上一抬头，经常看到这样的景象，悬于半空中的蜘蛛人为擦拭高大建筑物的玻璃窗忙上忙下，他们的工作既辛苦又危险，真叫人捏一把汗。能否开发出在表面敷以光触媒涂层，不必擦洗便可保持表面清澈明亮的窗玻璃呢？

所谓光触媒涂层，是将锐钛矿结构的二氧化钛微粒子分散于二氧化硅、二氧化钛或二氧化锆等的基体中，经涂敷而得到的膜层。二氧化钛受紫外线照射时，产生激发电子和激发空穴。空穴与水反应形成—OH 活性基，作为强活性氧而起作用，使存在于光触媒表面的油脂、细菌、微生物、蛋白质等类玷污经氧化分解去除。而且，二氧化钛受紫外线照射，会变成使水的接触角几乎为零的超亲水性的，从而起到去除油的作用。即，在降雨及水洗时，水会浸入到油性的玷污与光触媒之间的界面处，进而使玷污浮在水之上而去除。

最近，在建筑物用的大型窗玻璃上涂敷光触媒覆层也已不存在什么问题。为了涂敷覆层，将含有微粒状（20nm 左右）的锐钛矿、极微粒状（20nm 以下）的二氧化硅、四乙氧基硅烷的乙醇水溶液，进行喷涂（spin-coating）、加热。由于光触媒粒子是微粒状的，因此膜层保持透明状态。膜层总厚度在 100nm 左右，这是为了防止干涉色的出现。经过这种处理的窗玻璃，使用一年也不会玷污，从而不必要频繁地擦拭保洁。

此外，还开发出可在已建成的窗玻璃上用于贴附的光触媒膜片。这种膜片的制法是，先在塑料基板上涂敷有机无机混杂膜，再在其上敷以分散有 TiO_2 粒子的 SiO_2 层。将这种膜层粘附于窗玻璃上即可使用，经过一年，表面也不会玷污。如果能全部实现的话，说不定蜘蛛人空中擦窗的危险职业将成为历史。

6.6.2 保证冬暖夏凉的中空玻璃

在我国东北地区，过去一直采用双层玻璃窗，在大雪纷飞的冬天，即使外窗被雪覆盖，内窗玻璃也不会结霜。但双层窗子仍会跑风漏气，为了增加保温效果，中间的部分空间还要填充锯末等，不只是形象欠佳，而且双层窗子所占空间大，开窗、关窗也麻烦。

所谓中空玻璃，是将两块平板玻璃用隔离条保持一定间距，中间充以干燥空气，周围用封接剂加以密封构成的双层玻璃结构。若采用加热的可塑性树脂作隔热条，制作工艺可简约化。现在三玻两腔窗玻璃也屡见不鲜。

中空玻璃之所以产生隔热效果，是得益于其中间的空气层。由于空气的中间层很薄，不会产生对流，因此，对流传热不起作用。由于热量要藉由热传导经过空气层传输，因此，热导率小的空气就会起到隔热效果。使用中空玻璃，与单一的板玻璃相比，热贯流率仅为大约 1/2。从而通过窗玻璃散逸到室外的热量少，因保温效果好而减轻暖室负荷（为保持温暖而消耗的电力）。

代替使用两块平板玻璃和封接剂作成的中空玻璃，只用一块玻璃而在其间形成中空层一体化中空玻璃也已出现。由于对这种玻璃可以抽真空，与由两块平板玻璃封接的情况相比，热贯流率要小得多，因此隔热效果更好。采用封接剂时，由于封接剂的劣化而难以保持真空，因此不采用抽真空，而是导入干燥的空气。

在中空玻璃中，若采用 low-E 玻璃则减轻暖房负荷的效果更显著。Low-E 玻璃是在中空玻璃的内面沉积氧化物 - 银 - 氧化物这样的多层膜，对 1μm 以上波长的光发生反射。可以进一步减轻寒冷地区的暖室负荷，在美国及欧洲已广泛使用。

6.6.3 夏天冷室用节能玻璃

进入盛夏，无论办公室还是家庭，冷房（致冷）用空调便开动起来。但是，致冷空调所消耗的电力是相当可观的。2013 年北京夏天超过 1700 万 kW 的峰值功耗中，大致有 30% 用于致冷空调。

为了节约冷室用的电能，即减轻冷室负荷，一般要采用热线遮断玻璃。所谓热线，是太阳光中所含的波长大致在 1μm 以上的光。这种光照射在包括我们身体的各种物质上，被吸收并转变为热量。能遮断这种热线使其不能进入室内的窗玻璃即为热线遮断玻璃。在这种玻璃中，又分为热线吸收玻璃和热线反射玻璃两种不同类型。

热线吸收玻璃是含有铁离子的玻璃。二价的铁离子会吸收波长为 1~2μm 附近的光（热线），从而大大限制了射入室内的热线。由于吸收了太阳光（日照）中的 30%~50%，自然会大大减轻夏季冷室负荷。通常，除了铁之外，放入钴及镍会着绿、蓝、古铜等色，还会产生装饰效果。若再由两块平板玻璃封接粘合，中间留有空气层的中空玻璃中的一块采用热线吸收玻璃，在限制太阳光入射的同时，还能抑制由窗外热空气辐射入的热，因此隔热效果大大提高。

热线反射玻璃是在中空玻璃的内面覆以对可见光区~近红外光区的太阳能有反射作用覆层的玻璃。由于将太阳光的一部分反射，防止其射入室内，从而可降低冷房（致冷室）所需要消耗的电力。市场调查发现，热线反射玻璃产品对太阳光的反射率一般在 9%~36% 范围内。

6.6.4 防盗玻璃

防止入室盗窃是居民区治安的一个重要方面。对于公寓等来说，虽然溜门撬锁时有发生，但对于普遍使用玻璃窗和玻璃门的单户建筑来说，盗贼打碎玻璃、破窗而入行窃的占到 66%（日本的统计数据）。尽量多采用玻璃而不牺牲明亮的生活，同时又能防止盗贼方便地打碎玻璃破窗而入，这便是防盗玻璃的作用。

防盗玻璃可以看作是很难开出大洞的玻璃。据统计，只要开洞所用的时间超过 5min，就能防止被盗的 70%。

所谓防盗玻璃，是在两块平板玻璃之间夹一层强韧性好的特殊树脂（聚碳酸酯）膜，经热压构成复合结构的玻璃。只有用锤子强力打破碎、用改锥钻、用刀子割才能出现孔洞。但是，由于两层玻璃之间夹着一层树脂膜，仅一次击打不能开出大孔。要想玻璃脱落、树脂膜破损、开出盗贼足以能进入的大洞，要花费相当长的时间。这样，进入空巢就没那么容易了。换句话说，强韧树脂膜的存在对于防止盗贼破窗而入发挥了重要作用。

树脂膜防止盗贼进入的作用也可用于汽车的前窗玻璃，当用锤子击打前窗玻璃时，即使玻璃脱落，树脂膜仍然保留。在汽车的前窗玻璃中，所采用的树脂膜是聚乙烯醇缩丁醛，但即使是这种树脂，也不容易开出孔洞。

此外，在制作时封入金属网的加网玻璃，由于不容易开出孔洞，故也属于难以破窗而入的防盗玻璃。

本节重点

（1）免擦洗玻璃的原理和制作方法。
（2）中空玻璃的保温原理及夏天冷室用玻璃的节能原理。
（3）防盗玻璃的防盗作用。

免擦洗玻璃

擦洗高大建筑物的玻璃窗，既费事又危险。
利用光触媒，有可能解脱这一危险职业。

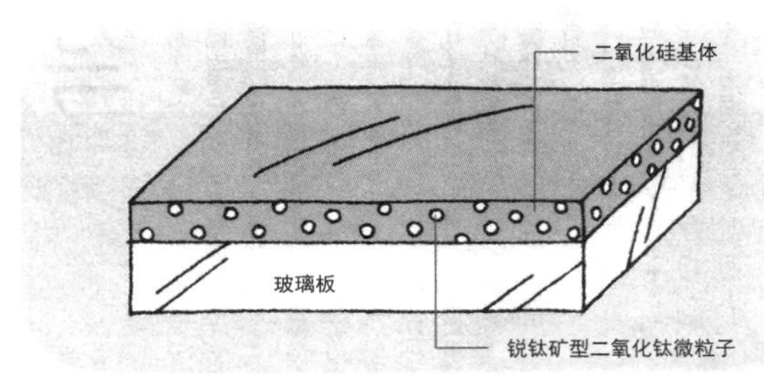

涂敷在窗玻璃上的二氧化钛膜具有光触媒功能，从而起到防尘、防沾污作用。这种自清洁作用实用化的难点是：窗玻璃原来是清彻透明的，涂敷的结果不能影响其美观与透视效果，因此对涂敷的均匀性要求极高，而且自清洁作用在整个玻璃窗上必须均匀一致，特别是涂敷处理温度不能超过窗玻璃的软化点。期待这种技术早日达到实用化。

1

复层玻璃的构造

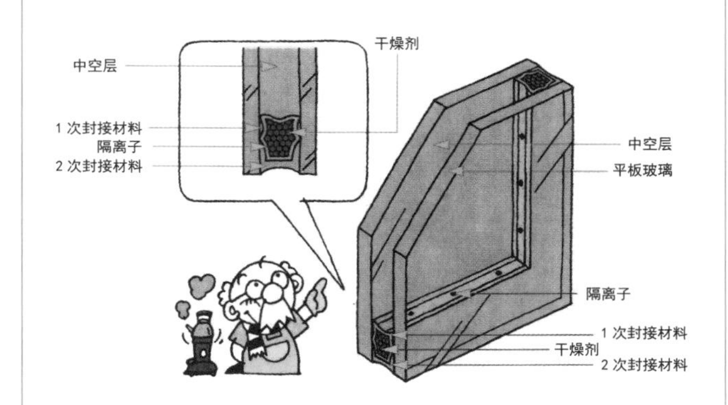

复层玻璃的热性能

玻璃的种类、构成					热贯流率 /(kcal/(m²h℃)	日照热取得率
名称	种类	厚度 /mm	中空层厚度 /mm	合计厚度 /mm		
单一浮法玻璃	浮法	6	–	6	5.0	0.84
透明复层玻璃	浮法	3	12	18	2.6	0.78
热线吸收复层玻璃	蓝色一浮法	3	12	18	2.6	0.68
热线反射复层玻璃	热线反射一浮法	6	12	24	2.5	0.55

热贯流率（总传热系数，[kcal/(m²·h·℃)]）是表征通过玻璃热量流动难易程度的物理量。从表中可以看出，复层玻璃的热贯流率仅为单层玻璃的大约二分之一，因此复层玻璃可以减轻冬天暖室的负荷，做到"冬暖"；另一方面，与单层浮法玻璃相比，热线吸收复层玻璃及热线反射复层玻璃的日照热取得率尽管低些，但是采用后两种玻璃可以减轻夏天冷室的负荷，做到"夏凉"。冬暖夏凉何乐而不为。

2

夏天冷房用节能玻璃

浮法玻璃同热线反射玻璃二者间日照热取率对比实例

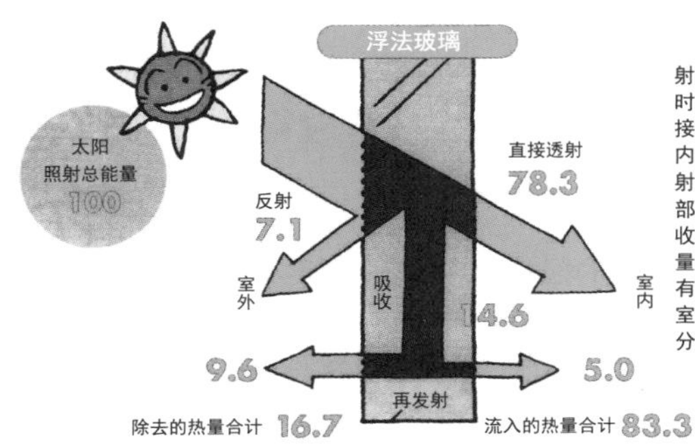

太阳光照射在窗玻璃上时，一部分直接透射进入室内，一部分反射回室外，一部分被玻璃吸收。吸收的热量由于再发射有一部分流向室外，剩余部分进入室内。

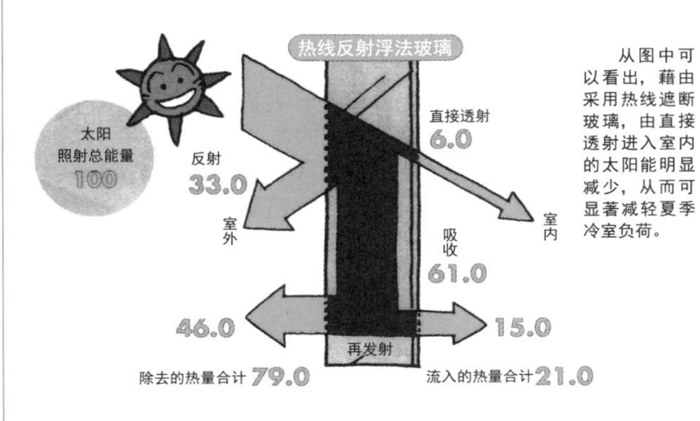

从图中可以看出，藉由采用热线遮断玻璃，由直接透射进入室内的太阳能明显减少，从而可显著减轻夏季冷室负荷。

3

防盗玻璃的效果

入室盗窃最常用的方法，对于公寓来说是溜门撬锁，而对于单户建筑来说，破窗而入占到 66%。即使打碎玻璃，但要开出足以使盗贼进入的孔洞而花费相当长的时间的话，就能有效地防止盗贼进入。据说只要所用的时间超过 5min，就能阻止 70% 的破窗盗贼。

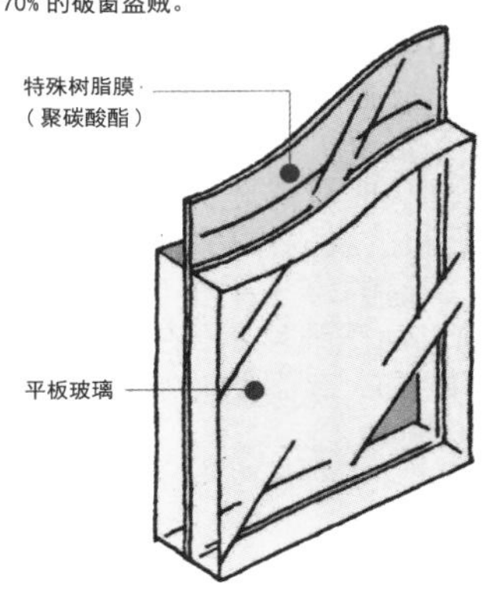

为防止破窗而入，防盗玻璃是将特殊树脂膜夹在两块平板玻璃之间。即使玻璃破坏，碎片也会残留，开孔十分困难，要想形成盗贼能钻入的大孔洞，要花相当长的时间。

作为特殊树脂膜，一般采用聚碳酸酯，它不仅透光性好，而且较难变形，不易开孔。一般，将盗贼用锤子敲碎玻璃再用手腕开出大孔洞所用的时间作为防盗性能的尺度。若厚度 3mm 的浮法玻璃所需时间比为 1，则防盗玻璃的防盗性能（时间比）为 17.5 ～ 83。

4

6.7 新型建筑玻璃（2）

6.7.1 子弹难以穿透的防弹玻璃

防弹玻璃指由枪发射的子弹难以贯穿，从外观上看是与普通玻璃完全无差别的透明玻璃。

在防弹玻璃中使用的是复合玻璃。所谓复合玻璃是将一层属于高分子的聚乙烯醇缩丁醛夹在两块玻璃之间，并使膜与玻璃强固结合而做成的。尽管汽车用挡风玻璃及防盗玻璃也采用的是复合玻璃，但对防弹玻璃所采用的复合玻璃有两个特殊要求，一是即使玻璃受冲击或被硬物飞来碰撞而碎损，碎片仍要粘在高分子膜上而不会四处飞散；二是由于复合玻璃中采用了高分子膜，因此难以形成贯穿孔。

防弹玻璃受子弹冲击不容易形成贯穿孔是这种复合玻璃最显著的特征。另外，高分子膜藉由塑性变形还可吸收子弹的能量。正因为如此，玻璃板与聚乙烯醇缩丁醛相组合的数目越多，玻璃板越厚，其防弹性能，即阻止子弹贯穿的能力越高。

由于美国是携枪犯罪最多的国家，因此美国正在制定防弹性能的规格标准。其中，由安达拉依达斯研究所制定的 UL 规格标准最常使用。UL 规格分 1 级、2 级、3 级……不同级别，依试验中所使用的枪和子弹速度而定，如果子弹射入玻璃不贯穿，而是留在防弹玻璃之内，则可判定防弹玻璃具有该级的防弹性能。但是，依厂家不同而异，相应玻璃的制作方法是不同的。

例如，采用 38 口径自动手枪，在子弹速度 358m/s 下试验，若子弹不贯穿，则具有 1 级的防弹能力。作为该级别的防弹玻璃，一般采用 4 块玻璃板中间夹有聚乙烯醇缩丁醛膜层的结构。

6.7.2 防止火势蔓延的防火玻璃

近两年，连续发生在北京、上海、沈阳的三把高楼大火令人胆寒。高层建筑的火势蔓延到如此严重的熊熊烈焰，与其说是由于消防设备鞭长莫及，还不如说是由于预防工作不到位。

高层写字楼及公寓等的一层发生火灾时，门、窗烧毁，或门、窗上的玻璃破损都会产生孔洞，火苗便从室内向室外（或从楼外向楼内）喷出，火借风势扩展、蔓延，过火面积迅速扩大。如果在着火初期，能尽可能长时间地承受火烧而不破损，就可以为消防活动的开始争取到更长时间，这便是防火玻璃的作用。

目前，作为防火玻璃在市场上流通的，按其防火原理可分为下述三类：①加网防火玻璃，②钢化防火玻璃，③凝胶遮热防火玻璃。

加网防火玻璃是在箱式窑的玻璃出口处，将金属网插入熔融的玻璃中，再由辊轧法形成玻璃板而制得的，厚度一般为 6~8mm。由于辊轧法制作，表面存在条纹、起皱、凹凸等，因此要经研磨以获得平面。这种玻璃的制作不能采用浮法，为获得平面，表面研磨必不可少。所加金属网的编织形状有菱形和十字交叉形等，即使被火灾烧毁的情况下，也不会马上脱落离散，从而可防止火焰和飞火等向邻近窜动，起到防止火势蔓延和扩展的作用。

钢化防火玻璃是借由对普通的浮法平板玻璃进行急冷处理，使强度显著提高的玻璃。由于强度高，在火灾下受热、受力的情况下耐性强而不易破损，起到防止火势蔓延和扩展的作用。

凝胶遮热防火玻璃是在厚度约 5mm 的两块平板玻璃之间夹一厚约 20mm 的凝胶层做成的。该透明的凝胶层是由二氧化硅、有机物以及水分混合而成的。当这种玻璃窗的一侧发生火灾而温度上升时，凝胶中的粒子变大，凝胶层变成浊白色的，从而隔断热线；继续加热，水分变成水蒸气而发泡，这一变化过程要吸收大量的热，从而阻止温度上升；进一步加热，凝胶中的有机物燃烧，凝胶变为具有大量微细孔的结构，可有效抑制热的传导。这样就延长了温度上升所需要的时间，从而起到消防器具的作用。

6.7.3 电致变色（加电压时着色）玻璃

能对透过玻璃的光量进行调节的玻璃称为调光玻璃。下面针对藉由电压及光照射使光的透射量发生变化的调光玻璃加以介绍。

（1）电致变色玻璃：这种玻璃在外加电压时流过电流而变成蓝色，所加电压反向时，玻璃返回原来的透明状态。所加电压仅为 1~1.5V，但发生变色要花费 5s 左右的时间，不能瞬间变色是其主要特征。电致变色玻璃是在涂覆透明导电膜的两块玻璃之间夹有着色膜（例如氧化钨膜）和电解质膜做成的。着色原理是，当外加电压时，氢离子向着氧化钨膜的方向移动，生成着色化合物而着色。

（2）液晶调光玻璃：在调光玻璃中，藉由液晶的特性，可进行透明和不透明间转换的利用液晶的调光玻璃。这种玻璃是在内侧涂覆有透明导电膜的两块平板玻璃间，夹有高分子膜构成的，而高分子膜中分散有装入液晶的大小为数微米的微胶囊。当外加电压时，胶囊中的液晶分子沿电压方向排列，从而是透明的；不加电压时液晶分子的取向各式各样，从而玻璃是不透明的。

（3）光致变色玻璃：光照射着色，光暗时色自然消退并返回到原来的透明状态的玻璃。返回原来状态所用的时间大致为 1min。但是，用于建筑物窗玻璃和汽车窗玻璃，可以限制太阳光的射入，而且使用极为便利。在美国，作为代替太阳镜玻璃的光致变色眼镜片曾经流行一时，但由于玻璃镜片逐渐被塑料镜片所取代，光致变色玻璃的应用领域有减少的趋势。

6.7.4 防水雾（防朦胧）镜子的秘密

在洗脸间及浴室中照镜子时，由于镜子表面起水雾而难以看到自己的尊容。不限于镜子，玻璃表面之所以起水雾，是由于玻璃的温度比房间的温度低，玻璃表面局部的相对湿度过高所致。如果玻璃表面处于露点之下，则水滴会在表面附着。这种微细的水滴对光发生漫反射，致使玻璃表面起水雾从而面对镜子什么也看不见。如果这些微细水滴彼此相连，形成一层薄水膜，由于不再发生反射，也就不再起水雾。

洗脸间用防水雾镜是在镜子表面涂覆一层具有良好吸水能力的聚氨基甲酸乙酯（PMMA，有机玻璃）透明膜而做成的。实际的制作工艺是，将赋予表面亲水性的表面活性剂、用以提高涂覆强度和耐磨性的高分子材料等由溶剂溶解混合，将得到的溶液涂布于镜子的表面，在 150℃ 经固化得到。这样得到的防水雾镜当然是透明的，将这种镜子放在装满 43℃ 热水的容器上，或降温至 0℃ 以下之后，将其移至 35℃，相对湿度 90% 的房间中，表现出恒久的防水雾效果。

本节重点

（1）防弹玻璃的防弹作用。
（2）防火玻璃按防火原理有哪几类产品。
（3）单向可视玻璃的原理和制作方法。

平板玻璃的防弹标准

（UL752 防弹玻璃性能规格概要）

UL 等级（grade）	试验方法		玻璃的构成实例（厚度单位为 mm）	
	使用的枪支	子弹速度 /(m/s)	D 公司产	E 公司产
1 级	超级 38 口径 自动手枪	358	5+10+10+5 总厚 32.25	6+8+8+6 总厚 32
2 级	0.375 口径 Magnum 左轮手机	381	5+10+10+10+5 总厚 43	6+12+12+6 总厚 40
3 级	0.44 口径 Magnum 左轮手机	411	5+5+10+10+10+5 总厚 48.75	10+10+10+10 总厚 44
4 级	030-06 来复式步枪	774	5+10+10+10+10+5 总厚 53.75	8+10+12+8 总厚 42

※ 判定方法：枪弹不贯穿，而是停留在材料内。而且，在枪弹的冲击下材料不会以小片飞散而伤害人体。

防弹玻璃构成图

三种常用防火玻璃

① 加网防火玻璃

加网玻璃的厚度一般为 6～8mm。它不是由浮法，而是由轧制法，即将玻璃坯料在两个加压辊之间通过来制取平板玻璃的方法制造的。玻璃中金属网的编织图形有菱形和十字交叉形等。

加网玻璃即使在火灾中破损也不会掉落，从而可遮断火苗及火焰的移动，防止火势由开口部蔓延。

② 强化防火玻璃

浮法玻璃经特殊的热处理加工，强度可提高 5 倍以上，从而在火灾中不易破损，起到防止火势蔓延作用。

③ 凝胶遮热防火玻璃

在两块浮法平板玻璃之间充填凝胶，火灾时借助凝胶的变化，遮断火苗、烟、热等，以防止火势蔓延的遮热防火玻璃。

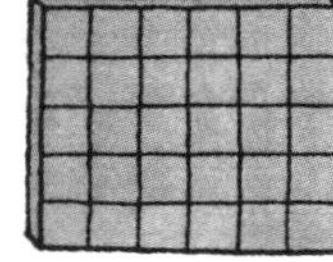

凝胶遮热防火玻璃中的凝胶变化

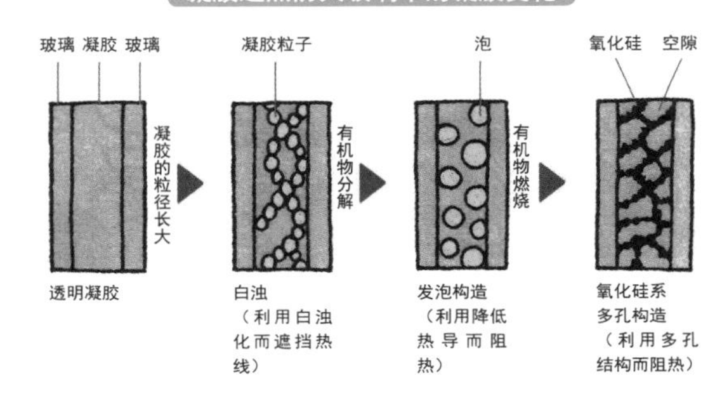

电致变色（加电压时着色）玻璃

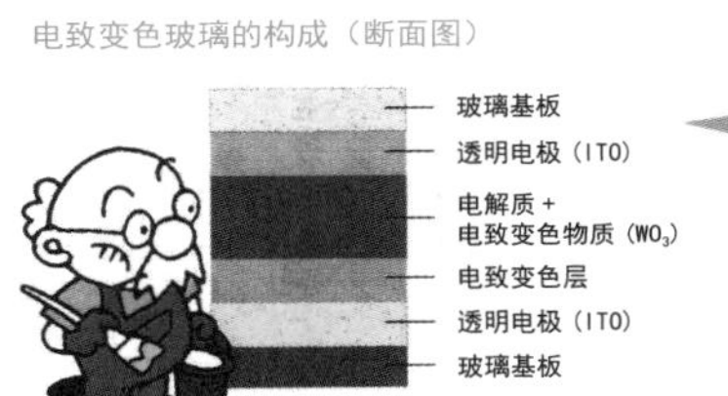

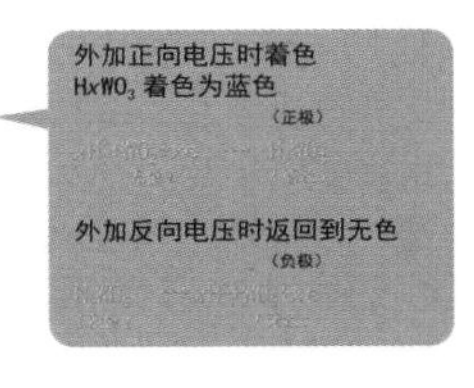

液晶调光玻璃（加电压时变得透明）

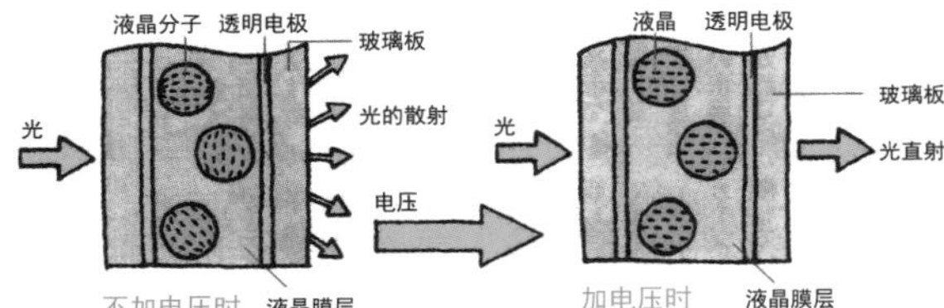

液晶分子的方向作为整体来说是随机的，故呈现浮白色，因此是不透明的。

液晶分子的方向趋于一致，光为直射的，因此呈透明状态。

光致变色玻璃（光照射时变暗）

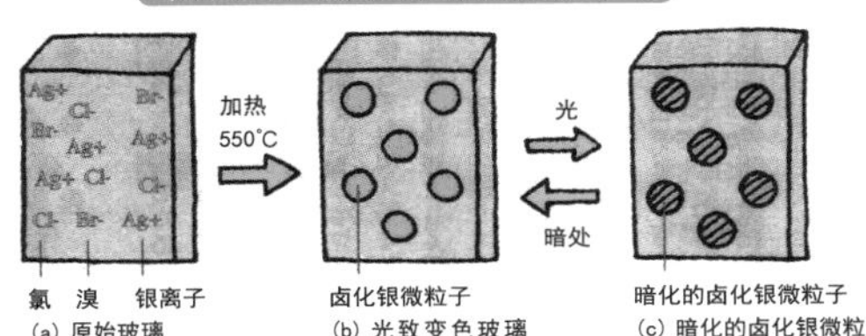

将熔凝玻璃 (a) 再加热到 550°C时生成卤化银粒子，经光照会产生光致变色（(b) ⟷ (c)）。

洗脸间用防水雾（防朦胧）膜层玻璃

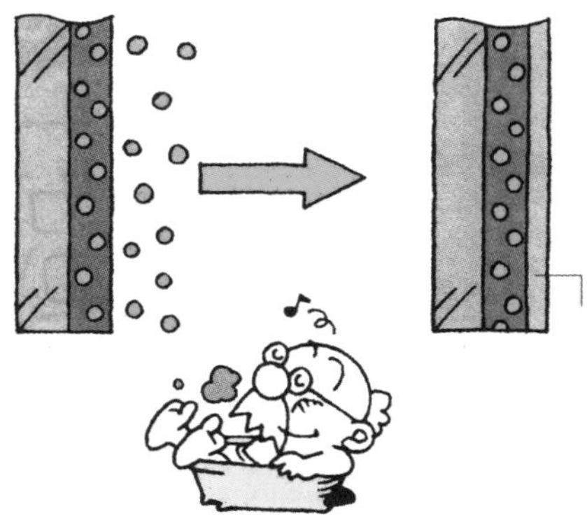

洗脸间用防水雾（防朦胧）镜的涂敷一层聚氨基甲酸乙酯（PMMA，有机玻璃）膜层。该膜层的吸水性强，会吸收附着于表面的水分，从而表面不会残留水滴。即使聚氨基甲酸酯膜中的水分达到饱和，多余的水分会在表面形成连续水膜，由于不引起光的散射，从而保持透明状态。

浴室用防水雾（防朦胧）膜层玻璃

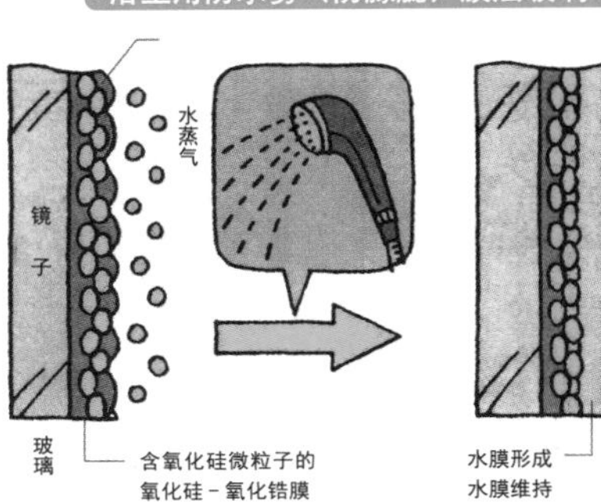

含有大量水蒸气的浴室中所使用的防水雾（防朦胧）镜，是在玻璃上涂敷一层含氧化硅微粒子的氧化硅－氧化锆膜层。膜层表面存在微细的凹凸。这种防水雾镜在无水分时是透明的，如果大量水滴附着于表面则镜子表面是朦胧的。但由于这种表面涂敷氧化硅－氧化锆的镜面吸收水后水滴会变成水膜，从而具有防水雾（防朦胧）作用。由于膜的表面存在凹凸，水膜不会流下而维持原来的状态，从而保持透明。

6.8 汽车、高铁用玻璃（1）

6.8.1 高铁车厢用窗玻璃

中国的高铁速度屡创世界纪录，2010 年 12 月，高速动车组列车在京沪高铁试运行中最高时速达到 486.1km。

读者自然会问，窗玻璃在如此高的风压下会不会破碎呢？人们首先想到的是司机室前面的挡风玻璃，由于受到很强的风压需要特殊处理，即使侧面窗玻璃的工作环境也很复杂。由于与空气间的相对速度很高，因此，玻璃外侧是减压的。另外，列车在隧道中错车时，风压是何种状态也是相当复杂的问题。进一步，还要考虑滚石落下，飞鸟撞击等偶发事件。在设计高铁用窗玻璃时，首先要保证在上述情况下不会破碎，即使万一破碎时，玻璃碎片也不会飞散伤人。以下是设计高铁车厢用窗玻璃的一些考虑。

司机室前面的挡风玻璃采用的是复合玻璃。具体说来，是在厚度 4~5mm 的玻璃之间夹有中间膜并贴合在一起做成的。中间膜多采用聚乙烯醇缩丁醛树脂等。这种结构的玻璃窗，不仅耐风压能力强，而且兼有良好的隔音性和绝热性。对于玻璃面上易结霜以及水滴易在玻璃面上形成水雾等，进一步还可以在中间膜部分加入细的电热线或涂布透明导电膜，藉由加热来防止。

对于高铁列车座席两边的侧窗来说，为确保乘客安全，在设计中应保证玻璃不会破碎伤人。窗玻璃为复层玻璃，外侧是由两块 3mm 厚的玻璃板粘合而成的复合玻璃，内侧是 5mm 厚的钢化玻璃。即使外侧的复合玻璃万一破损，也能防止玻璃碎片飞散伤人。最近，为进一步提高安全性，也有的使用 4mm 厚的玻璃与聚乙烯醇缩丁醛树脂复合。侧窗使用复层玻璃，既可隔热保温，又可防止窗玻璃上形成水雾。

6.8.2 汽车前窗用钢化玻璃

汽车窗玻璃的作用不可替代，在给乘车人遮风挡雨的同时，乘客还可以透过它欣赏车外的美景，而对于司机来讲，更是万万不可或缺。但从另一方面讲，汽车发生事故时，大多数情况都是玻璃破损造成人的伤害，严重时人还会冲出前窗玻璃而致命。

为应对汽车事故的增加，即使发生事故也尽可能减少死亡、伤害等，所以普通平板玻璃正向风冷钢化玻璃以及复合玻璃的方向转变。

风冷钢化玻璃，是指将玻璃加热到 650~670℃，立即对其喷射压缩空气进行急冷钢化的玻璃。通过钢化，玻璃抗破碎能力大大增强，即使破碎，也分裂为 5mm~1cm 大小的球形碎块，从而造成严重划伤的危险大为降低。

但是，当前玻璃窗破损时，有可能产生大量如同木屑微尘那样的玻璃碎块，紧急之下，司机难以看到前方情况而操作失误，有可能造成次生事故。而且，在整块玻璃破损而紧急刹车时，司机还有可能向前被抛出车外。

为防止这种事态发生，大约十年前制定了汽车前窗玻璃必须采用复合玻璃的法规。这种复合玻璃是将厚度为 0.76mm 的聚乙烯醇缩丁醛树脂膜夹在两块玻璃之间，经压接制成的。使用这种复合玻璃不容易破损，即使在万一破损的情况下，由于树脂的粘结作用，玻璃碎片也不会飞散，因此可称之为安全的玻璃。同时，也是不易贯穿的玻璃。而且，由于司机视野范围内采用的并不是强度很高的急冷钢化玻璃，不会发生微细的玻璃碎末，也不会使司机视野丧失。

6.8.3 下雨天不用雨刷的疏水性玻璃

下雨天乘汽车，可看到落在玻璃窗上的雨滴从上方流向斜下方。当雨点重叠时，整个玻璃窗被流动的水膜覆盖，再也不能清楚地看到车外。为应对这一问题，在前玻璃窗外要设置雨刷，雨刷不停地刮去水膜，以确保前方的视野。但是，如果在反射镜及侧面、后方的玻璃均不能看到外面的情况下开行，感觉相当危险。为排除这种不便所采取的措施，是利用被称作疏水性玻璃的不被水浸润的玻璃。

汽车所用的玻璃是苏打石灰玻璃，原本是容易被水浸润的玻璃。为了将其变为不浸润玻璃，需要将玻璃表面变成疏水性的。为此，作为氟系疏水剂经常使用的有氟代烷硅烷 $[(CF_3CF_2)_7CH_2CH_2Si(OCH_3)_3]$。其中所含的大量氟起到疏水性功能，而甲氧基硅基 $[—Si(OCH_3)_3]$ 部分起到与玻璃表面发生分子结合的作用。为了进一步增强这种结合，提高疏水性玻璃的耐久性，一种方法是预先在玻璃上涂覆一层 SiO_2 膜，作为玻璃与疏水性分子的过渡层；另一种方法是将疏水剂分子混合在 SiO_2 基体中，再将这种混合型覆层涂覆于玻璃上。

疏水性的评价一般是利用接触角的测定，90º 以上可认为是疏水性的。借由上述处理获得的疏水性玻璃，在被实用化的场合，经长时间之后，仍保持接触角接近 100º 的疏水性。因此，可适用于侧窗玻璃。而且，与右图所示经疏水处理的反射镜相组合，在侧前窗玻璃中使用疏水性玻璃，则可以确保下雨天行车时的安全性。今后若进一步制作出耐久性更强的疏水性涂覆膜，不久的将来可期待生产出不依赖雨刷的前窗玻璃。

6.8.4 防紫外线玻璃

紫外线为人眼不可见的光，波长比大约 400nm 更短与红外线可见光相比，紫外线能量更高，能引发并促进化学反应。藉由紫外线与各种物质的作用，可造成物质性质的变化，着色，分解等。

众所周知，受日光长时间曝晒的塑料容易老化。太阳光中含有百分之几的紫外线，这种紫外线加速了塑料的损坏。正是基于此，人们都说，长期紫外线照射会使人的皮肤致癌。因此，对于整天暴露于太阳光之下的汽车司机而言，将普通汽车玻璃换成吸收紫外线的玻璃，以隔断紫外线，是非常必要的。

大批量生产的普通平板玻璃尽管能吸收太阳光紫外线的一部分，但这是远远不够的。因此，需要制作特殊设计的吸收紫外线的玻璃，但由于前窗玻璃为复合玻璃，故无此必要。这是由于，在用于前窗玻璃的粘合两块玻璃的中间树脂膜聚乙烯醇缩丁醛中加入了紫外线吸收剂。因此，在侧窗玻璃和后窗玻璃中采用紫外线遮断玻璃是不错的选择。

为制作紫外线遮断玻璃，要在原料中加入吸收紫外线的成分，如氧化铈、氧化钛等，经熔融，玻璃板本身就成为紫外线吸收玻璃。但是，这种方法难以适应多品种玻璃的制作。因此，现在汽车用的平板玻璃都是表面涂覆紫外线吸收层的紫外线遮挡玻璃。

这种膜层因折射率大而反射率高，不过会发生色分离的反射光（彩虹效应），为防止这种麻烦，一般是在膜层与玻璃基体之间加入一层折射率低的中间膜，以减小着色的发生。

本节重点

（1）高铁车厢用玻璃有哪些要求，是如何制造的？
（2）何谓钢化玻璃？
（3）如何使汽车挡风玻璃富于疏水性？

高铁车厢用窗玻璃

司机车厢用防风玻璃

高铁司机车厢前部的防风玻璃采用的是在两块玻璃之间夹有聚乙烯醇缩丁醛树脂层的复合玻璃。由于其强度高，足以承受高速时的风压。但是，当受到落石、飞鸟等撞击时，相对速度最高达到 300km/h(80m/s) 以上，由于极大的冲击力，玻璃往往会损伤，即使如此，车窗也不会贯通，而且玻璃碎片也不会飞散伤人。

乘客车厢用窗玻璃

外侧：复合玻璃
内侧：强化玻璃

对于乘客车厢用的窗玻璃来说，充分考虑到乘客的安全而采用复层玻璃。外侧为复合玻璃，玻璃破损时碎片也不会飞散，内侧为强化玻璃。复层玻璃的绝热性好，即使靠窗附近也不会觉得凉，而且内侧玻璃还具有防水雾（防朦胧）的功能 。

钢化玻璃的强度实例

玻璃类型	厚度 /mm	平均抗弯强度 /MPa	冲击强度（发生破坏时钢球的平均高度）/cm
浮法玻璃	2～6	500	3mm 厚：48 6mm 厚：71
钢化玻璃	5～12	1500	5mm 厚：>250 12mm 厚：>400
评价方法		对于 30cmX30cm 的方形试样，由 20cm 的环形（ring）压头加力，根据破坏时的加重来计算抗弯强度	使 225g 的钢球在 30cmX30cm 的方形试样的中央部位落下，以发生破坏的钢球高度作为衡量冲击强度的尺度

玻璃破坏模式的对比

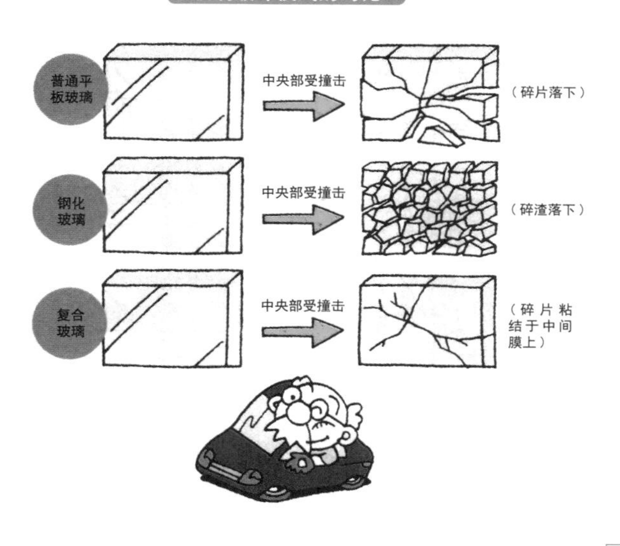

玻璃是否被水浸润由接触的大小来评价

亲水性：
接触角 <20°

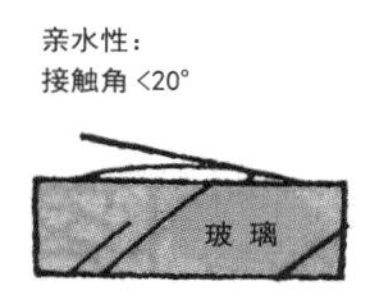

亲水、疏水性中间：
接触角处于二者中间

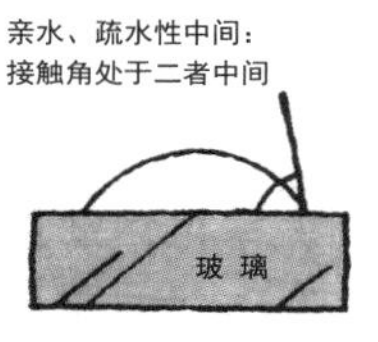

疏水性：
接触角 >90°

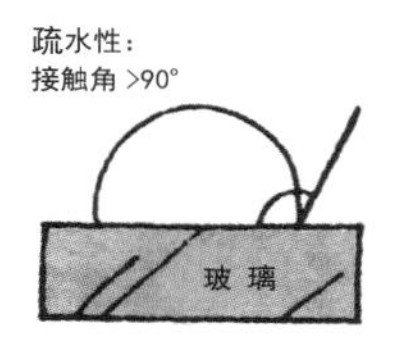

玻璃表面如果是亲水性的，水（雨）滴易展平而不容易脱落，而如果是疏水性的，则水（雨）滴会以球状滚落

已实用化的疏水性玻璃的制作方法

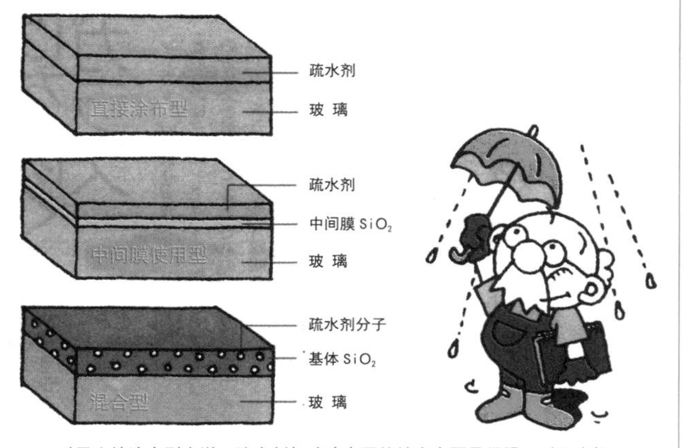

对于直接涂布型来说，疏水剂与玻璃表面的结合力不是很强；对于中间膜使用型来说，由于中间膜的存在，致使疏水剂结合强固；混合型中疏水剂分子与基体结合强固，是最为稳定的疏水性玻璃。

紫外线的作用

长时间搭乘汽车的乘客会受到透过车窗玻璃的太阳光中紫外线的照射，为防止乘客受到过量紫外线的照射，并防止车内塑料装修等受照射而分解，作为车窗玻璃需要采用紫外线遮断玻璃。

紫外线遮断玻璃的构成

在由熔凝法制造的玻璃中，加入 Ti，Ce，Fe 等吸收紫外线，就可以制得紫外线遮断玻璃。而为了制作小批量多品种的紫外线遮断玻璃。可不用加入 Ce 及 Ti 等，而是先由熔凝法制作玻璃，而后再由涂层赋予其紫外线吸收功能。

6.9 汽车、高铁用玻璃（2）

6.9.1 隐蔽玻璃

汽车的外观，比如车身外形、颜色等各式各样，依流行趋势而变。玻璃所占车身面积之比率不仅越来越大，而且汽车用玻璃的颜色及透明性也是随流行而变化的，玻璃公司必须适应这种趋势，开发各种满足市场需求的新潮玻璃。

隐蔽玻璃就是这种新潮玻璃中的一种。采用这种玻璃，从汽车外面难以看到车内的举动，但从车内看外面却是一清二楚。但是，按汽车行业的标准，前窗玻璃以及司机侧面玻璃的透射率不能下降过多，因此，隐蔽玻璃的使用范围一般仅限于侧窗玻璃和后窗玻璃。作为这种玻璃所采用的是，对波长 400~800nm 的可见光具有低透射率的着色玻璃。

人们对隐蔽玻璃的色调也有各种各样的偏好，实际上是用溅镀法在透明玻璃上沉积色调不同的金属膜层来实现的。利用这种方法可以制作透射率为 15%~32% 的银（白）色系及蓝色系的隐蔽玻璃。

采用溶胶 - 凝胶法，先在玻璃表面涂覆在二氧化硅基体中含有铜 - 锰 - 钴 - 铬类尖晶石型颜料的内部着色层，再涂覆二氧化硅的外部保护层，可得到灰黑色（neutral grey）隐蔽玻璃。

6.9.2 反光玻璃微珠

野外夜间行车，或乘车过隧道和过桥时，在路面或路两边的护栏上都会看到“车来即亮，车过即暗”的照明标志。这些发光标志既不耗电，也不是采用荧光的方式，而是靠汽车前灯发出的光回归反射达到照亮的目的。

一种直径非常小的高折射率玻璃微珠可将入射光按原路反射回光源处，形成回归反射现象。光线照射后在玻璃微珠内发生全反射，基本可以将来自远方的直射的光线原路返回，达到就好像发光一样的效果，显著提高目标标志的醒目性，有效减少、避免了人们在夜间或光线不足的地方，由于视觉信息不足而造成的事故发生。

玻璃微珠是指直径几微米到几毫米的实心或空心玻璃珠，有无色和有色之分。直径 0.8mm 以上的称为细珠；直径 0.8mm 以下的称为微珠。

玻璃微珠通常采用火焰漂浮法、隔离剂法和喷吹法生产。其中喷吹法为一次成形法，一般采用矿物原料进行生产。火焰漂浮法和隔离剂法是二次成型方法，通常是以回收的废玻璃为原料来生产，在国内应用比较普遍。

火焰漂浮法的基本原理是，将回收的废玻璃破碎成一定粒度的颗粒，并以一定方式将玻璃颗粒送入火焰中，在火焰的作用下，玻璃颗粒软化、熔融、珠化、冷却固化即成为玻璃珠。隔离剂法的基本原理是，将废玻璃破碎成小颗粒并与隔离剂（如石墨）按一定的比例混合，送入以一定速度转动的炉筒中加热，玻璃颗粒在表面张力的作用下成珠，冷却后清洗、干燥为成品。该法一般也可用来生产细珠。

6.9.3 天线玻璃

传统轿车的天线是杆状天线，但易损坏、丢失。随着低噪声、高线性放大器性能的提高，玻璃天线的电性能优于杆状天线。玻璃天线，包括沿此玻璃表面伸延的第一天线导线件，以及在车宽方向上除雾器延伸到区域内、基本上是在除雾器的中心处沿玻璃表面作上下延伸的第二天线导线件，此第二天线导线件一部分通过直流与除雾器的加热丝耦合，其中的第一天线导线件相对于除雾器配置，使连接到第二天线导线件上的加热丝经一电容值约 40pF 或更小的电容耦合，与第一天线导线件耦合。

天线玻璃可以是夹层玻璃或钢化玻璃，使用夹层玻璃的情况更为普遍。在玻璃内增加一定形状的导体（通常是把 0.1~0.2mm 的康铜丝焊在中间膜上），再夹在两块玻璃中间，即是夹层玻璃，它可起到接收天线的作用。夹在玻璃内的天线不易腐蚀，能接受所有波段无线电波，还能消除由拉杆天线而产生的风的噪声。

6.9.4 汽车用防水雾玻璃

无论乘火车、坐汽车、还是在家中，大家可能都有经验，在寒冷的冬天，窗玻璃内侧有可能结露甚至结霜，从而难以看清窗外。这是由于窗玻璃内表面的温度降至露点以下，从而有细小的水滴附着，致使光发生散射造成的。对于汽车的情况，一旦妨碍司机的视线则容易引发事故，因此有的是在窗玻璃上涂敷透明导电膜，通过加热去除玻璃表面的水雾，称这种玻璃为防水雾（朦胧）玻璃。另外，还可以在市场上购买防水雾用的喷附防雾剂。这种防雾剂是在玻璃表面喷附的表面活性剂，使细小的水滴变成水膜而消除对光的散射作用。但这种防雾剂容易与水分一起流落而丧失，故需要一次一次地喷附。

这里所讲的汽车用防水雾玻璃工作原理是，防雾剂采用新一代分散防滴材料以及纳米有机活性剂，经防雾剂处理过的玻璃表面有一层超亲水纳米膜，使雾汽与之接触后成低冰点混合物，从而防止结雾。玻璃防雨防雾剂分两种：短效型与长效型。短效型就是以各种可与水良好混合的试剂（如甘油、聚乙烯醇吡咯烷酮等）或表面活性剂涂擦在玻璃表面，维持时效数小时到一周；长效型是以含氟硅偶联剂与玻璃结合，但耐寒性能由于玻璃的热容量太大而不显著。

这种材料具有鲜明的优点：①优异的防雾效果、明亮效果，玻璃透明度高，提高安全行车系数；②水性材料，环保清洁；③玻璃表面不易吸附灰尘，性能安全稳定；④携带方便，使用简单。

针对这个问题，加拿大拉瓦尔大学的科学家成功研制出一种新型玻璃防水雾涂层材料，涂层不会对玻璃的光学性质产生任何影响。他们认为该材料可以最终解决汽车玻璃、眼镜片以及光学镜头的防水雾难题。据研究小组负责人拉罗切教授介绍，这种新型涂层材料由基于聚乙烯醇的吸水材料制成，具有阻止在其表面形成使玻璃和塑料变得模糊的水雾的性质。这种超薄涂层材料可以长时间保留在玻璃表面，能够将玻璃表面的水完全去除，不会在玻璃表面形成任何微小水滴。

本节重点

（1）汽车用隐蔽玻璃是用什么方法制作的？
（2）玻璃微珠的反射原理是什么，推导玻璃反射率与微珠直径间的定量关系。
（3）汽车用的玻璃天线是如何制作的。

隐蔽玻璃

隐蔽玻璃的色彩、性能实例

反射光的颜色	可见光透射率 /%	反射率 /%	制作方法
银（白）色	15.2	28.4	溅镀法
银（白）色 - 蓝色系	21.0	22.5	溅镀法
蓝色系	32.0	15.0	溅镀法
灰色系（neutral grey）			溶胶 - 凝胶法

藉由溶胶 - 凝胶法覆膜的着色隐蔽玻璃的实例

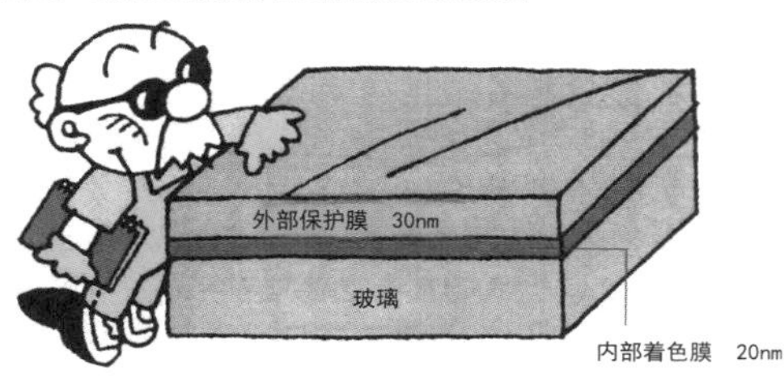

1

反光玻璃微珠道路标志

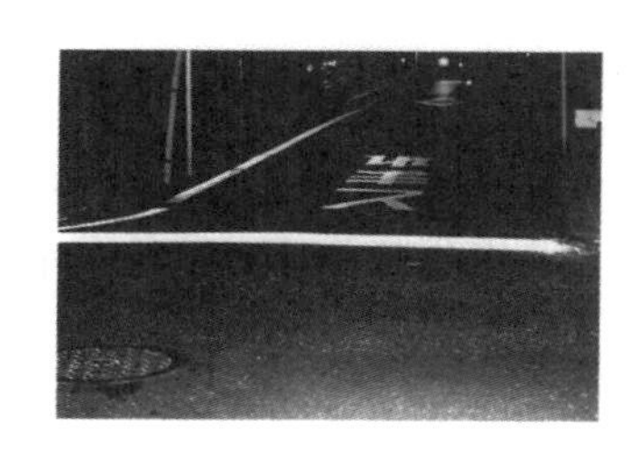

玻璃微珠的反光原理

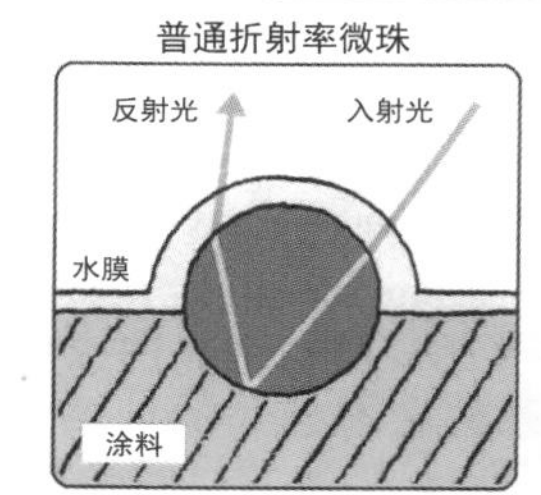

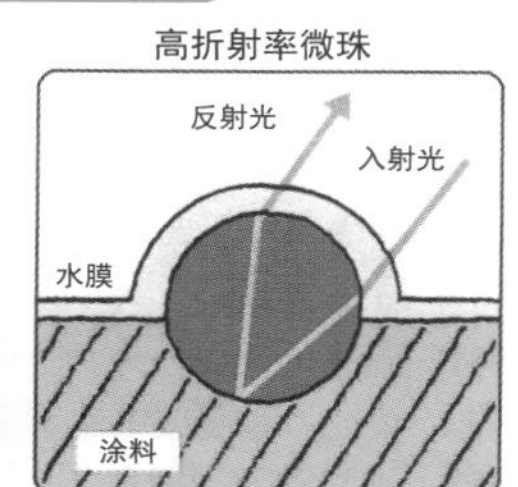

2

现在的汽车玻璃天线

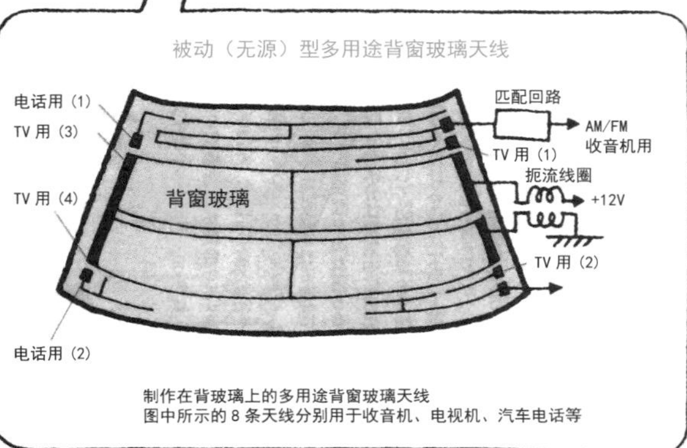

制作在背玻璃上的多用途背窗玻璃天线
图中所示的 8 条天线分别用于收音机、电视机、汽车电话等

3

汽车玻璃窗产生水雾（朦胧）的原因

汽车玻璃窗上的水雾一般产生在车内温度和湿度较高时。此时如果车外气温低，窗内侧的表面处于很低的温度（露点），则水蒸气以微小水滴形式附着于窗的内侧。由于这种水滴对光发生的散射作用而使玻璃变得朦胧。

汽车用防水雾（防朦胧）玻璃一般是采用在窗的内侧涂敷防水雾（防朦胧）膜的玻璃。膜为有机无机材料的混合涂层，兼有吸水性和亲水性。由于具有吸水性，从而可吸收水分防止水滴产生。当吸收的水分多时，由于表面具有亲水性，可以使多余的水分形成水膜而保持透明性。

4

6.10 生物医学用玻璃材料

6.10.1 创生能量的激光核聚变玻璃

激光核聚变（ICF）是指利用高功率激光照射核燃料使之发生核聚变反应。高功率的激光汇聚到充满核聚变材料（氘或氚）的小球上，激光的能量将球壳表面烧蚀并离子化，剥离时产生的反作用力使内层材料向内压缩，使核聚变材料达到极高的温度和密度从而引发核聚变反应，这就是激光核聚变的基本原理。

核聚变的燃料容器主要使用的是中空玻璃微球。这种材料的制备方法有层层组装法，沉积和表面反应法，喷雾干燥法，液滴法，微封装法，悬浮聚合法等。这种玻璃要采用铅玻璃，既能吸收射线，也能防止集中于容器中的氘和氚从容器中逃逸。

钕玻璃是一种适应高能量，大功率的固体激光材料，用于激光核聚变中。早期使用的钕玻璃为硅酸盐玻璃系统。第一块激光玻璃是美国 A.O. 公司 Snitzer 制成的 Na_2O-BaO-SiO_2 系统玻璃，而用于大型装置的硅酸盐激光玻璃为 Li_2O-CaO-Al_2O_3-SiO_2。我国的星光系列装置使用的玻璃为 K_2O-Al_2O_3-CaO-BaO-SiO_2 系统。

6.10.2 可变成人骨头的人工骨移植玻璃

人造骨是矫形外科领域在 20 世纪取得的最重要的进展之一，它使过去只能依赖于拐杖行走，甚至只能截肢的患者，能够像正常人一样行走，大大改善了生活质量。

人造骨是一种具有生物功能的新型无机非金属材料，它有类似于人骨和天然牙的性质的结构，人造骨可以依靠从人体体液补充某些离子形成新骨，可在骨骼接合界面发生分解、吸收、析出等反应，实现骨骼牢固结合。人造骨植入人体内需要人体中的 Ca^{2+} 与 PO_4^{3-} 离子形成新骨。

人造骨除了可以用金属或陶瓷制造外，还可以采用结晶化玻璃制造。结晶化玻璃人造骨可用于因外伤或手术等而损坏了部分骨骼的人。与金属或陶瓷制的人造骨相比，它具有更高的强度，在体内更容易同自然骨结合在一起。

这种结晶化玻璃是用无结晶（非晶态）的玻璃质同磷灰石和含钙的物质结晶（晶态）混合在一起，通过特殊的热处理方法加工而成。如果把这种新型人造骨插入骨缺损部位，那么结晶化玻璃表面就会渗出钙和磷。因为自然骨面向玻璃表面形成的磷灰石形成结晶生长，所以约 3 个月后人造骨和自然骨就能紧紧地结合在一起。目前已用这种新型人造骨对多名患者进行了临床应用。

6.10.3 治疗癌症的玻璃

癌症，亦称恶性肿瘤，为由控制细胞生长增殖机制失常而引起的疾病。癌症具有多发、死亡率高等特点，而到 2011 年，中国癌症死亡人数已占全球 1/4，且发病呈年轻化趋势。

治疗癌症的方法虽然很多，但都有其弊端。手术疗法，器官一旦切除往往不能再生；化学疗法、免疫学疗法、放射线疗法、热疗法等虽保住了机体，但仍损害了正常细胞。而玻璃材料对癌细胞进行直接放射或热处理，只杀死癌细胞而又不损伤正常组织的，则一定程度上克服了其他方法的弊端。

放射疗法中主要使用 β- 射线。β- 射线射程短，在生物组织中 1cm 以上的距离都不受影响，也不用担心使其他元素产生放射性。把可放射 β- 射线化学元素掺入化学耐久性好的材料中，制成 β- 射线源材料。把它植入肿瘤附近，就可达到既直接照射癌细胞又可不损伤周围正常组织的目的。例如用这种材料制成直径为 20~30μm 的小球，从血管注入，并留在肿瘤的毛细管内，它既可射出 β- 射线又能阻断癌细胞的营养供给。由于放射能的半衰期短，放射能急速衰减，可不断注入。该材料配制时是用非放射性元素，在治疗前用中子照射并加以放射化处理。适合这种原理的材料，有含钇玻璃和含磷玻璃两种。

热疗法的原理为：肿瘤部的神经与血管都不发达，血流量小，冷却慢故容易加热，同样道理，由于肿瘤部氧的供应缺乏，癌细胞耐热性差，加热至 43℃ 以上就死亡，而正常细胞加热至 48℃ 左右也不会死亡。在肿瘤附近植入强磁体，施加交变磁场，体内深部的肿瘤即被加热而又无损于正常组织。在强磁体上覆以生物活性优良的外层，可长期埋入人体内进行多次热治疗。这种材料有 LiO_2-Fe_2O_3-F_2O_5 系微晶玻璃和 Fe_2O_3-CaO-SiO_2 系微晶玻璃两种。

6.10.4 固化核废料的玻璃

在核电厂的反应堆中，作为核燃料的铀 235 受中子照射而发生核裂变，利用由此释放的大量核能进行发电。

随着发电的继续进行，核燃料铀 235 不断被消耗，最终反应堆的运行难以持续。为此，需要对燃料进行后处理，回收有用的铀和钚，但与此同时，必须对剩余的高放射性废液进行处理和处置。为此，需要将废液中的放射性成分含于玻璃中，由便于处置的玻璃进行“玻璃固化”。不采用沥青固化和水泥固化，而采用玻璃固化的提案半个世纪以前就已经提出，现在更进一步证明玻璃固化是最好的方案。

为什么由玻璃固化是最佳方案呢？首先，由玻璃组成决定的制成玻璃的温度低，从而不致造成放射性物质的蒸发。但所制成的是含有强放射性的玻璃，放射性使玻璃升温且稳定性变差，从而增加其腐蚀性。一旦玻璃将盛放它的外围容器腐蚀穿，并溶于水中，进入人的生活圈，将造成严重的放射性危害。因此必须对玻璃的组成严格选择。作为我年研究的结果，硼硅酸玻璃作为首选并达到实用化。

核电厂不仅产生大量的电力，同时也产生了核废料，这些核废料具有放射性，必须慎重处理。对放射性废弃物的处理方式主要有三种：陆地地层处理，海洋底地层处理和海洋投弃处理。其中最为安全的是海洋底地层处理。这些处理方式的容器大都使用固化放射性用玻璃，这种玻璃化学组成成分以 SiO_2 为主，较低温度下即可熔融，化学稳定性和耐久性优良，满足处理放射性废弃物所要求的条件。

固化核废料玻璃通常采用硼酸盐玻璃，其优点是可以同时固化废料液的全部组分。玻璃固化体的稳定性随放射性废物放热而降低，导致其浸出率增加。曾作为此用途的玻璃有多种，如磷酸盐玻璃、硼酸盐玻璃和硅酸盐玻璃等，经多年实践后，目前固化高放废料液主要使用硼硅酸盐玻璃。与其他玻璃相比，它有废物包含量较高，熔制温度合理，能够适应废液的组分变化，抗辐射化学稳定性好等优点。

实际操作中，先对高放射性废液进行处理，实现固体粉末化，将这种粉末与作为玻璃成分的粉末混合，加热至 1000℃ 以上制成固化玻璃。将这种玻璃置于厚不锈钢容器（罐）中，储藏数十年。此后将该罐埋置在地下稳定的地层中。至此废弃处置终结。

本节重点

（1）激光核聚变的原理。
（2）使用玻璃微粒子治疗肝癌的原理。
（3）放射性废弃物固化玻璃应具备哪些条件，其化学组成大致为何？

核聚变反应

使用玻璃激光所引起的核聚变反应可由下面的反应式表示

$$^{2}D + ^{3}T \xrightarrow{\text{高温}} ^{4}He + n$$

氘核　氚核　氦核　中子

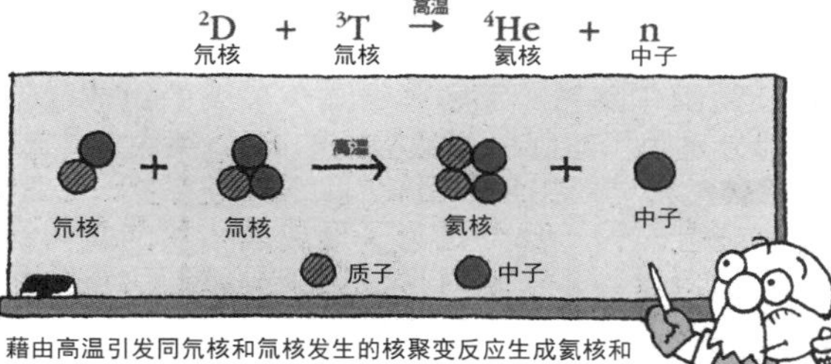

藉由高温引发同氘核和氚核发生的核聚变反应生成氦核和中子，此时会放出巨大的能量，而如何利用这种能量是受控核聚变的目的。

激光核聚变

为引起核聚变，安用激光照射燃料容器

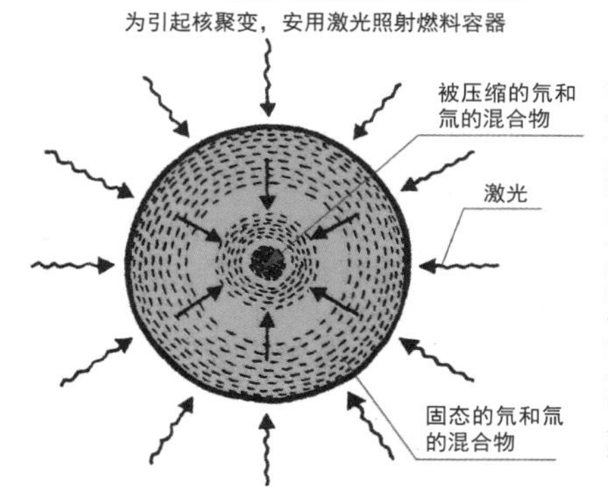

为引发核聚变，要从四面八方用激光照射燃料容器，将氘和氚压缩到燃料容器的中心并使之达到超高温。这种燃料容器是由玻璃制造的。要想使从四面八方照射的激光在燃料容器的中心部集中，必须采用中空的球形容器。为了制作这种中空的微小球，适合采用溶胶法。作为玻璃要采用铅玻璃，这是因为要尽可能防止集中于容器中的氘和氚从容器中逃逸。

名词解释

钕（Nd）：原子序数为 60 的稀土元素。含钕离子的玻璃及晶体，会发出波长为 1.06μm 的激光。

1

玻璃制的人造骨

有可能被玻璃人造骨替换的人体骨骼和关节

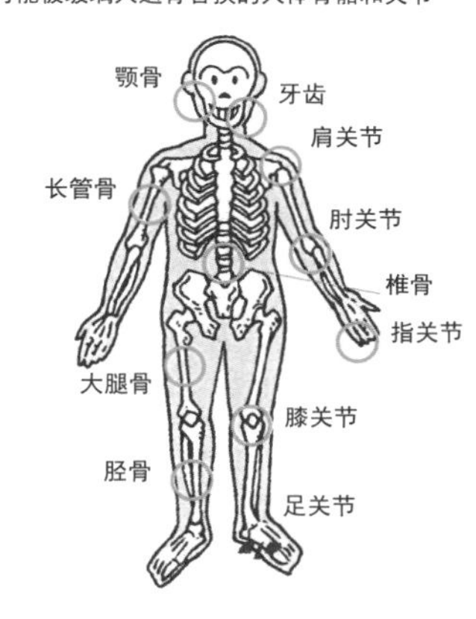

最早在结晶化玻璃的人造骨移植中，所使用的是椎骨。至今已有数十万以上的患者进行了人造骨移植。

AW 结晶化玻璃与骨的结合

AW 结晶化玻璃被称为生体活性材料，使其与自然骨接触便形成强固的愈合。这是由于形成生物化学结合所致。

含有磷灰石—硅灰石的 AW 结晶化玻璃与骨的界面照片。结晶化玻璃插入家兔大脚骨经 8 周后的结合情况。

2

由玻璃制作的医疗材料

使用玻璃微粒子的肝癌治疗法

β 射线

放射性玻璃微球（20～30μm）

动脉

导管

癌肿

藉由插入肝脉的导管，将含放射性物质的玻璃微球注入到肝脏中，注射物的大部分集中到肝癌的毛细血管内，癌细胞选择性地受到 β 射线的照射，使其破坏，直至瓦解、消失。

名词解释

使铁氧体析出的结晶化玻璃：通过对大量含有氧化铁的硅酸盐玻璃或硼酸盐玻璃加热，铁氧体，例如四氧化三铁的晶体便可析出的亚铁磁性玻璃。由于强度高，可以做成针形，因此能在癌的温热治疗中使用。

3

放射性废弃物固化体的隔离方式

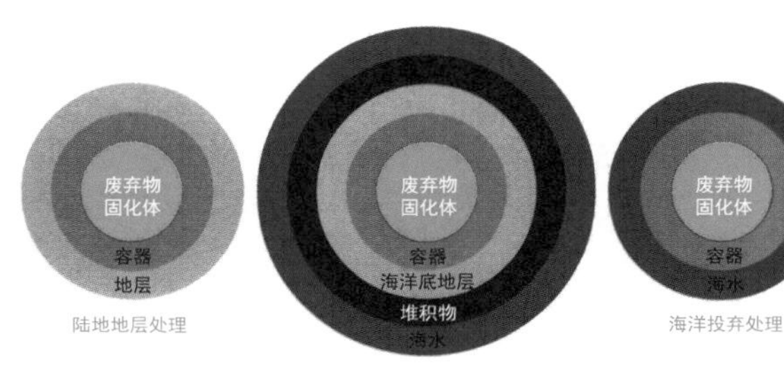

为了对放射性废弃物进行处理，确保其不会返回人类生活环境，最有效的方法是设置密封隔离壁（墙）。图中所示三种过程处理方法都是设置了隔离壁（密封容器）。其中，在海底地层中埋入被认为是最为安全的方法。

玻璃固化体的组成实例

成分	含量 /%
SiO_2	43～47
B_2O_3	14
Li_2O	3
CaO	3
ZnO	3
Al_2O_3	3.5～5
BaO	0～3.0
废弃物氧化物	25

对放射性废弃物固化玻璃所要求的条件是，低温下可以熔融、化学稳定性和耐久性优良。综合考虑这些因素，一般选用左侧的组成。

4

6.11 特殊性能玻璃材料（1）

6.11.1 离子交换强化——化学钢化玻璃

化学钢化玻璃其实是一种预应力玻璃，为提高玻璃的强度，通常使用化学或物理的方法，在玻璃表面形成压应力，玻璃承受外力时首先抵消表层应力，从而提高了承载能力，增强玻璃自身抗风压性，寒暑性，冲击性等。

化学钢化玻璃是采用低温离子交换工艺制造的，所谓低温系是指交换温度不高于玻璃转变温度的范围内，是相对于高温离子交换工艺在转变温度以上，软化点以下的温度范围而言。低温离子交换工艺的简单原理是在400℃左右的碱盐溶液中，使玻璃表层中半径较小的离子与溶液中半径较大的离子交换，比如玻璃中的锂离子与溶液中的钾或钠离子交换，玻璃中的钠离子与溶液中的钾离子交换，利用碱离子体积上的差别在玻璃表层形成挤嵌压应力。大离子挤嵌进玻璃表层的数量与表层压应力成正比，所以离子交换的数量与交换的表层深度是增强效果的关键指标。

化学钢化玻璃的主要优点有两条，第一是强度较之普通玻璃提高数倍，抗弯强度是普通玻璃的3~5倍，抗冲击强度是普通玻璃5~10倍。使用安全是钢化玻璃第二个主要优点，其承载能力增大改善了易碎性质，即使钢化玻璃破坏也呈无锐角的小碎片，从而对人体的伤害会极大地降低。

6.11.2 玻璃之王——石英玻璃

石英玻璃是一种只含二氧化硅单一成分的特种玻璃，按透明度分为透明和不透明两大类。按纯度分为高纯、普通和掺杂三类。

石英玻璃是用天然结晶石英（水晶或纯的硅石），或合成硅烷经高温熔制而成的。石英玻璃具有极低的热膨胀系数，高的耐热性，极好的化学稳定性，优良的电绝缘性，低而稳定的超声延迟性能，最佳的透紫外光谱性能以及透可见光及近红外光谱性能，并有着高于普通玻璃的机械性能。除氢氟酸、热磷酸外，对一般酸有较好的耐酸性。石英玻璃常应用于电光源器件、半导体通信装置、激光器、光学仪器、实验室仪器、电学设备、医疗设备和耐高温耐腐蚀的化学仪器、化工、电子、冶金、建材以及国防等工业。高纯石英玻璃是制作光导纤维必不可缺少的材料。

常用的石英玻璃种类有：①高纯石英玻璃；②光学石英玻璃；③石英纤维和石英棉；④低膨胀石英玻璃；⑤掺杂石英玻璃；⑥抗析晶石英玻璃；⑦颜色石英玻璃；⑧石英玻璃陶瓷。

特殊用途的高性能石英玻璃对杂质有极严格的要求。例如，卫星光学遥感用高纯石英玻璃中对13种杂质元素（括号中的数字单位为ppm（10^{-6}））Al(0.3)、Fe(0.3)、Ca(0.3)、Mg(0.2)、Ti(0.01)、Ni(0.01)、Mn(0.05)、Cu(0.05)、Li(0.01)、Na(0.3)、K(0.3)、Co(0.01)、B(0.05)的总量要求应小于$2\times10^{-6}K^{-1}$。高锟教授之所以荣获2009年诺贝尔物理学奖，就是因为他在提纯光纤用石英方面做出的杰出贡献。

6.11.3 零膨胀结晶化玻璃

一般地讲，原子排列方式不规则的固体为玻璃，而原子呈规则排列的固体为晶体。根据热力学可以对不同物质的稳定性加以比较。在相同化学组成的情况下，晶态的固体比玻璃更稳定，因此，玻璃具有自发晶化的倾向。所谓零膨胀结晶化玻璃，是通过热处理使玻璃变为微小晶粒的集合体而形成的结晶化玻璃的一种。

不限于零膨胀结晶化玻璃，一般说来，结晶化玻璃的制作方法是，将原料熔凝形成的玻璃经数百~200℃再加热，使其析出微细化晶粒。零膨胀结晶化玻璃的组成包括两部分，一部分是为了热膨胀系数极小的β-石英固溶体或β-锂霞石固溶体的晶体析出用的氧化锂、三氧化二铝、二氧化硅，它们为主成分，另一部分是为了形成晶核用的氧化钛及氧化锆，它们含量不多，但对形成微细晶核起关键作用。将这些成分按配方组合，并将混合物料在1500℃左右加热熔融、成形冷却，就会形成透明玻璃。将这种玻璃在800℃左右的温度下再加热，则会在玻璃中形成由氧化钛和氧化锆构成的晶核。此后再在900℃加热，则玻璃的90%以上变成β-石英固溶体结晶，形成透明的零收缩率（膨胀系数$10\times10^{-7}K^{-1}$以下）的结晶化玻璃。之所以透明，是由于晶粒很小。

这种透明结晶化玻璃，作为透明的炊事用锅已经实用化。如果对这种透明结晶化玻璃进一步加热到1000~1200℃，则β-石英固溶体变成β-锂辉石固溶体的结晶，由于晶粒变大而成为白色不透明的零膨胀率结晶化玻璃。

这种玻璃，急热急冷也不会炸裂，温度上升下降长度也不会变化，因此已成功用于耐热炊具、加热炉观察镜、电饭锅顶盖、石油裂解装置用窗、天体反射望远镜的镜体、防火窗等领域。

6.11.4 透明结晶化玻璃

结晶化玻璃按外观可分为透明的和不透明的。材料是否透明与材料对光的吸收和光散射有关，如析出晶粒大小为纳米级，与可见光波长相近的结晶化玻璃，或析出晶粒大小为微米级，且晶相与玻璃相间的折射率相同或相近的结晶化玻璃都是透明的。传统透明微晶玻璃的晶相含量在3%~70%之间，晶粒大小为几十个纳米级，用硅酸盐基体，$PbTiO_3$结晶。新型的透明结晶化玻璃用Al_2O_3-SiO_2基体，保护了耐久性低的PbF_2，用含有Eu^{3+}的氟化物结晶，使Eu^{3+}的荧光效率提高。透明结晶化玻璃作为结晶化玻璃的一种，具有优良性能，如透明、低膨胀等，在各方面得到了广泛的应用，如光学领域可以制造光学平镜、样板等；工业上可用作热透射的耐热窗、高温水银灯部件等；近年来随激光技术的发展，要求尺寸稳定性能很高和反射大能量而不产生变形的材料，此类材料就是比较好的一种。

微晶玻璃由于存在化学组成、结构和性质与残余玻璃相差距很大的晶粒，要想使微晶玻璃透明，必须满足以下两个条件：一是晶体与残余玻璃相的折射率相等或相近；二是晶粒尺寸远远小于可见光波长，不对其产生明显的散射现象。除了提到过的透明低膨胀微晶玻璃外，还有如下几种较常见的透明微晶玻璃：

（1）尖晶石微晶玻璃：该微晶玻璃由镁铝尖晶石与锌尖晶石固溶体构成，其晶粒尺寸较小，在可见光波段透明。化学稳定性良好，耐热性得到极大的提高，被广泛地用于平板显示器、光电器件基板、硬盘基板等的制作。

（2）β-硅锌石微晶玻璃：该种微晶玻璃有很低的双折射率，晶粒细小。可掺杂各种离子而获得光学效应，例如通过掺杂可在近红外（1100~1700nm）区获得很强的发射效应。该种微晶玻璃可被用作激光泵浦或放大器等光通信领域。

本节重点

（1）热处理钢化玻璃和化学钢化玻璃的钢化原理。
（2）石英玻璃与苏打石灰玻璃性能的对比。
（3）举例说明结晶化玻璃的特征及用途。

离子交换是如何强化玻璃的

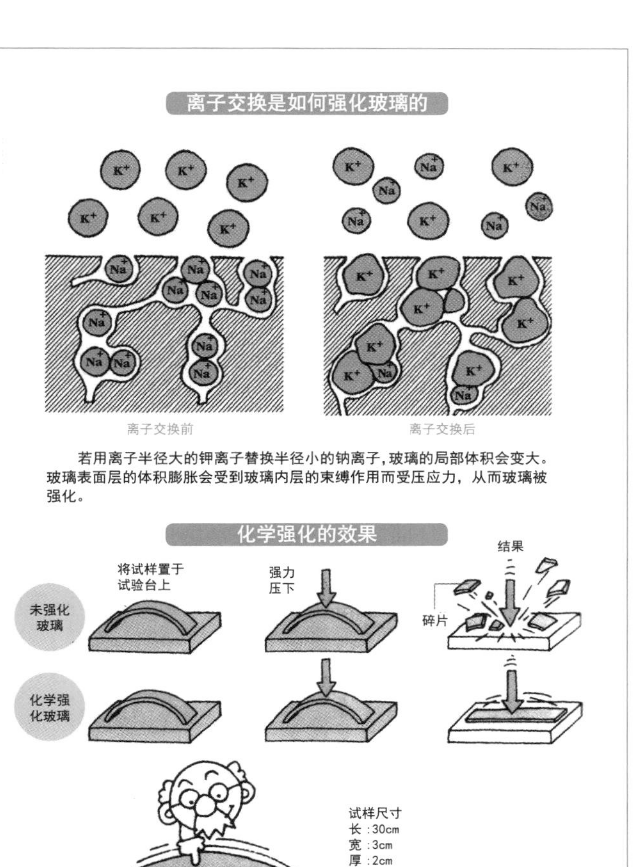

离子交换前　　离子交换后

若用离子半径大的钾离子替换半径小的钠离子，玻璃的局部体积会变大。玻璃表面层的体积膨胀会受到玻璃内层的束缚作用而受压应力，从而玻璃被强化。

化学强化的效果

试样尺寸
长：30cm
宽：3cm
厚：2cm

将长 30cm 的塑性长条玻璃经弯曲得到的玻璃试样。

1

石英玻璃的性质

表中列出石英玻璃与苏打石灰玻璃主要性能的对比

性质	石英玻璃	苏打石灰玻璃
成分	SiO_2	Na_2O、CaO、SiO_2 等
透明性	在近紫外、可见光、近红外的广阔范围内都是透明的	在可见光范围内是透明的
折射率	1.47	1.52
相对密度	2.2	2.5
热膨胀系数 /K^{-1}	$5X10^{-7}$（仅为苏打石灰玻璃的 1/20）	$100X10^{-7}$
耐热性	直到 1300℃不会发生软化	在大约 600℃发生软化
耐热冲击性	从 1000℃急冷也不会炸裂	从 150℃急冷就会破裂
耐酸性	不溶于酸	浸入酸中会有钠溶出
用途	拉制硅单晶的石英坩埚等	窗玻璃、瓶玻璃等

优良的耐热特性

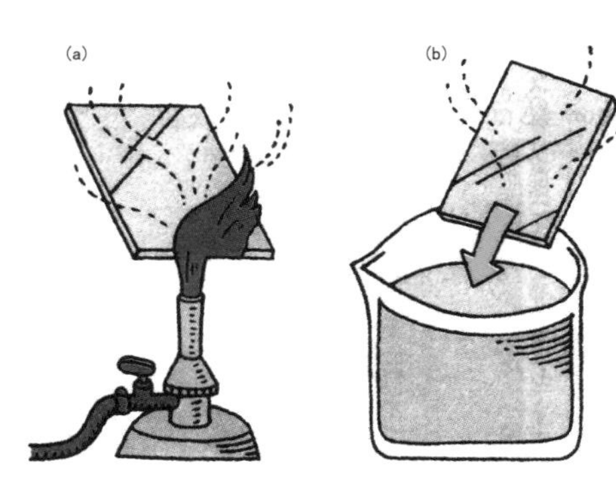

(a) 将石英玻璃板放在氢氧焰喷灯上急速加热，它既不碎裂也不弯曲。(b) 赤热后投入水中冷却，石英玻璃板也不会炸裂。

名词解释

光刻掩模：在对固体表面的膜层进行光刻制作图形的过程中，用紫外线照射时所使用的带有图形的遮光模板。

2

主要的结晶化玻璃

结晶化玻璃	主要结晶相	特征	制品与用途
$LI_2O-Al_2O_3-SiO_2$	β - 锂辉石固溶体 β - 石英固溶体	低热膨胀系数（零膨胀） 浮白、透明	炊事用锅及电热板 燃气轮机热交换器 天体反射望远镜镜体
$Na_2O-BaO-Al_2O_3-SiO_2$	霞石 钡长石	高强度（通过上釉而强化）	饮食器具
$CaO-Al_2O_3-SiO_2$	β - 硅灰石	高强度 大理石样的外观	建筑物的内装修
$K_2O(Na_2O)-MgO-Al_2O_3-SiO_2-F$	氟云母固溶液	密封性好 可切削	真空用的电绝缘材料
$MgO-CaO-SiO_2-P_2O_5-CaF_2$	氟磷灰石 硅灰石	生物活体（与骨的结合）	人工骨

零膨胀结晶化玻璃的结晶化过程

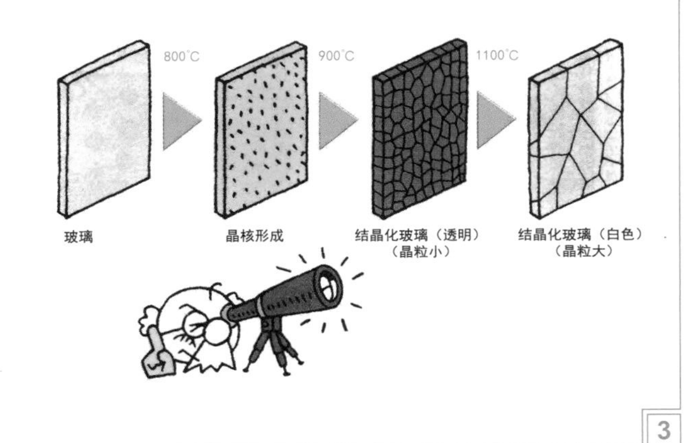

3

透明结晶化玻璃的种类

析出结晶相	母体玻璃
莫来石	$Al_2O_3-SiO_2$
尖晶石	$Li_2O-Al_2O_3-SiO_2$, $MgO-Al_2O_3-SiO_2$, $ZnO-Al_2O_3-SiO_2$
β - 石英	$Li_2O-Al_2O_3-SiO_2$, $MgO-Al_2O_3-SiO_2$, $ZnO-Al_2O_3-SiO_2$
铌酸钠	$Na_2O-Nb_2O_5-Al_2O_3-SiO_2$
钛酸铅	$PbO-Nb_2O_5-Al_2O_3-SiO_2$
钽酸锂	$Li_2O-Ta_2O_5-Al_2O_3-SiO_2$
锌尖晶石：Cr^{3+}	$Li_2O-Al_2O_3-SiO_2$, $MgO-Al_2O_3-SiO_2$, $ZnO-Al_2O_3-SiO_2$
β - 锂霞石	$Li_2O-MgO-Al_2O_3-SiO_2$
变石：Cr^{3+}	$BeO-Al_2O_3-SiO_2$
尖晶石：Cr^{3+}	$MgO-TiO_2-ZrO_2-Al_2O_3-SiO_2$
透里长石：Cr^{3+}	$Li_2O-Al_2O_3-SiO_2$, $MgO-Al_2O_3-SiO_2$, $ZnO-Al_2O_3-SiO_2$
磷酸硼	$B_2O_3-P_2O_5-SiO_2$
铌酸锂	$Li_2O-Nb_2O_3-Al_2O_3-SiO_2$
β - 锂辉石	$LiAlSi_2O_6-Li_2ZnSiO_4$
锂酸锌：CO^{2+}	$ZnO-Al_2O_3-SiO_2$
镓酸锂：Cr^{3+}	$Li_2O-Ga_2O_3-SiO_2$
β - 硼酸钡	$BaO-B_2O_3$
碲化物	$M_2O-Nb_2O_5-TiO_2$(M=Li, No, K)
氟化锆	$CdF_2-LiF-AlF_3-PbF_2$
β - 氟化铅：Tm^{3+}	$GeO_2-PbO-PbF_2$
β - 氟化铅	$SiO_2-PbF_2-ZnF_2-EuF_3$

新型透明结晶化玻璃的结构和特性

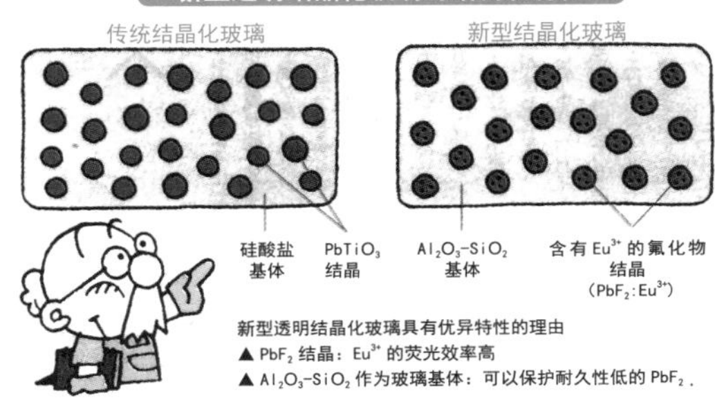

新型透明结晶化玻璃具有优异特性的理由

▲ PbF_2 结晶：Eu^{3+} 的荧光效率高

▲ $Al_2O_3-SiO_2$ 作为玻璃基体：可以保护耐久性低的 PbF_2。

4

6.12 特殊性能玻璃材料（2）

6.12.1 用于半导体及金属封接的封接玻璃

封接玻璃（sealing glass），通常指用于玻璃与玻璃和玻璃与金属、陶瓷等其他材料之间进行焊接、包覆与粘合的玻璃材料，又称焊料玻璃。封接玻璃应具有封接温度和热膨胀系数可控、封接温度远低于被封接玻璃的软化点，足够强度和耐环境适应性等特性。与粘度为104与107.6P（1P=0.1Pa·s）对应的温度分别称作作业点与软化点。

若封接玻璃与被封接件之间在热膨胀特性上有差别，则在封接体中产生应力，应力既可能是张应力又可能是压应力，应力分布有轴向、径向和切线方向等。为防止应力引起封接体破裂，通常有以下方法：①选用热膨胀性差异少的玻璃金属与金属相匹配；②利用金属的塑性流动；③施加压应力；④分段封焊。测量封接应力可以利用玻璃的光弹性。

应用广泛的封接玻璃是 $PbO\text{-}ZnO\text{-}B_2O_3$ 系统和 $PbO\text{-}B_2O_3\text{-}SiO_2$ 系统，该系统玻璃具有膨胀系数大、封接温度低的特点，与低膨胀的锂霞石或钛酸铅混合制成的商用复合封接玻璃粉，封接温度可以控制在400~500℃范围。现已开发了磷酸盐玻璃等替代含铅玻璃。封接玻璃可以用于半导体器件的气密性封接、带密封外壳的集成电路的封接、显像管的封接、电子器件的粘接等工业制造。

6.12.2 硫属元素化合物玻璃的功能特性

以周期表VIA族元素S、Se、Te为主形成的玻璃称为硫系玻璃，硫属元素是硫、硒、碲的总称，系由亲铜元素而来，单质硫和硒都能形成玻璃态物质。单质硫的分子相当于 S_8，具有环状结构。sp^3 杂化聚合成长链．把加热到230℃的熔融态硫迅速注入冷水中，便形成玻璃态硫。硫属化合物玻璃是硫系玻璃的组成部分，主要以硫化物、硒化物和碲化物为基础成分，最主要是砷 - 硫系统。硫属元素包括元素周期表中第六主族元素S、Se、Te，这些元素的作用相当于氧化物玻璃中的氧。硫属元素化合物玻璃有许多光特性和半导体特性。

硫属化合物玻璃与普通玻璃相比，根本不同点在于它的化学键，带有显著的共价键性，使它具有近乎有机玻璃的结构。其主要用途有：①红外线透射；②光传送；③光诱发晶态与非晶态间的相变；④光诱发组成变化（成分挥发）；⑤非线性电流 - 电压特性（开关性能）。

它主要有以下特殊产品：①红外透过用的材料；②低熔点玻璃；③声光学元件材料；④光存储器。

6.12.3 氟化物玻璃和作为红外光纤的氟化物玻璃

以氟化物为基本成分的玻璃系统称为氟化物玻璃。它具有低折射率、低色散、易熔化的优点，也有化学稳定性差的缺点，可以通过与氧化物重构改进化学稳定性。如 BeF_2 玻璃，其结构与 SiO_2 玻璃类似，有剧毒且易水解，具有低的线性和非线性折射率，氟化物玻璃主要以 BeF_2、ZrF_4、氟锆酸盐和 AlF_3 几类为基础。

卤化物玻璃具有较好的透红外性能，红外截止波长随卤素原子量的增加向长波段移动，氯化物玻璃具有大的受激发射截面、非线性折射率低、热光性能较好的特点。具有从紫外到中红外极宽的透光范围，为激发波长和发光波长在近紫外和中红外激活的离子发光和多掺杂的敏化发光创造了极好的条件，可获得荧光输出。

氟化物玻璃除用于远距离通信外，在医学、国防等领域也将发挥巨大的作用。氟化物玻璃和石英玻璃与苏打石灰玻璃相比，前者近红外区的光透射率极为优良，直到波长为6.5μm都有良好的透射率，因此作为传送近红外光的光纤十分有用。用它制成的测温计，不但能精确地测量高温，还能出色地测量低温，这就使目前常用的石英测温计大为逊色。

用氟化物玻璃制成的呼吸气体分析仪，可用来对处于麻醉状态下的患者所呼出的气体的浓度进行即时分析，以尽可能减少手术中的危险率。氟化物玻璃还可用来治疗癌症：因为当癌细胞的温度（例如43℃）略低于周围正常细胞的温度（例如48℃）时，癌细胞就会被破坏。因此，只需找到一种方法，例如采用透红外线的氟化物光导纤维医疗器械，精确地控制周围细胞内部的注入能量，使其温度略高于癌细胞的温度，就能取得治疗癌症的效果。

6.12.4 超离子导体玻璃

超离子导体在固体电池、快离子导体、燃料电池、传感器、显示器以及铜氧超导体中都有关键应用。而超离子电导与点缺陷化学、线缺陷和面缺陷、非化学计量和晶体结构、固体扩散、离子传导、本征电子传导和非本征电子传导，以及磁性缺陷和光学缺陷均有关系。也就是说，超离子导体既与高新技术产业应用密切相关，又与系统的理放知识紧密相连。

离子电导指藉由玻璃中的碱金属离子以及银离子等一价离子而产生的导电性。为了弄清楚什么样的玻璃会成为超离子电导玻璃，研究人员制作了 $AgI\text{-}Ag_2O\text{-}MoO_3$，$AgI\text{-}Ag_2O\text{-}P_2O_5$，$AgI\text{-}Ag_2O\text{-}B_2O_3$，$AgI\text{-}Ag_2SeO_4$ 等超离子电导玻璃的实例，发现所有超离子电导玻璃的组成中都含有银、卤素和氧。另外实验测得超离子电导玻璃（$75AgI\text{-}25Ag_2SeO_4$ 玻璃）与藉由离子传导的其他几种材料（$\beta\text{-}Al_2O_3$ 固体，$RbAg_4T_5$ 晶体，苏打石灰玻璃，5%食盐水，5%$AgNO_3$ 水溶液）电导率之比，发现超离子电导玻璃的电导率已达到与其他材料相匹敌的程度。同时玻璃的导热性极差，用于长距离输送电能，可以克服金属导线过热的不足。可见超离子电导玻璃在导电性方面大有应用之处。

在电场中，离子沿电场方向的扩散运动增加，把此看作电流，即成为离子电导。它与离子晶体中的缺位扩散或填隙扩散等同。玻璃中主要是离子扩散，它与电导同时发生低频介质弛豫（移动损耗）。

离子电导的电导率（体积电阻率）与绝对温度的倒数在转变温度以下呈线性关系（少数例外）。影响电导的主要因素有：① 组成不同；② 热历史的影响；③ 分相的影响。目前市售的，用作结构材料及电气材料玻璃中的大部分，都可以认为属于离子电导性质的（电导分为离子电导与电子电导两种）。

本节重点

（1）指出硫属元素化合物玻璃的组成、特性和应用。
（2）指出氟化物玻璃的特点和用途。
（3）何谓超离子电导玻璃，指出其组成特点和应用前景。

封接用玻璃的种类和组成

封接用玻璃的种类

封接用玻璃	组成	特性
低温玻璃封接剂	$PbO-B_2O_3-SiO_2$系 $PbO-ZnO-B_2O_3$系	低软化点温度
细晶化玻璃封接剂	$ZnO-B_2O_3-SiO_2$系 $ZnO-PbO-B_2O_3$系	高强度
复合玻璃封接剂	$PbO-B_2O_3-SiO_2$系 母材玻璃与锂霞石的复合体	适当的热膨胀系数、高强度

封接用玻璃的应用实例

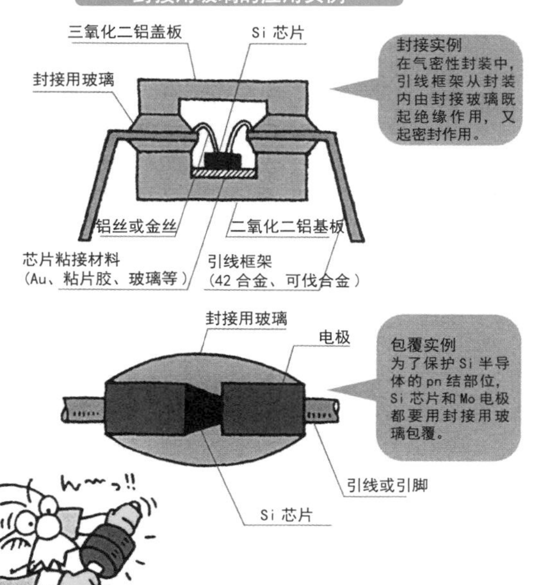

硫属元素化合物玻璃的功能特性

硫属元素化合物玻璃的特性和应用

特性		代表性的玻璃系	应用
［光特性］	红外线透射	As-S, Te-Ge-Se, Ge-As-Se	经外光光纤
	光传送	Se, Se-Te, As-Se, Se-As-Te	电子照相（复印等） 摄像管
	光诱发相变 （晶态 ⇄ 非晶态）	Ge-Te, Ge-Te-Sb, As-Ge-Se, Se, Te-Se-Pb	光存储
	光诱发组成变化 （成分的挥发）	Se-Ge, Ag/Ge-S, As-S	光刻胶
［半导体］	非线性电流电压特性 （开关性能）	Te-As-Ge-Si, Te-Ge-Sb-S	电气开关元件

硫属元素化合物玻璃的电气开关特性

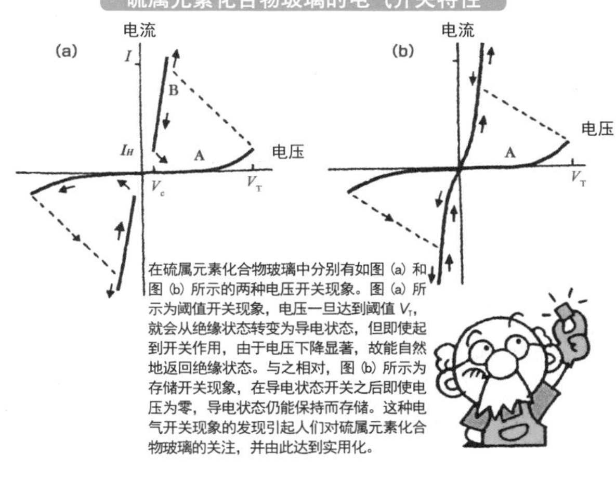

在硫属元素化合物玻璃中分别有如图 (a) 和图 (b) 所示的两种电压开关现象。图 (a) 所示为阈值开关现象，电压一旦达到阈值 V_T，就会从绝缘状态转变为导电状态，但即使起到开关作用，由于电压下降显著，故能自然地返回绝缘状态。与之相对，图 (b) 所示为存储开关现象，在导电状态开关之后即使电压为零，导电状态仍能保持而存储。这种电气开关现象的发现引起人们对硫属元素化合物玻璃的关注，并由此达到实用化。

名词解释

硫属元素：包括元素周期表中 VIA 族的元素 S、Se、Te，这些元素的作用相当于氧化物玻璃中的氧。
硒（Se）：原子序数为 34 的元素。尽管 Se 单独便可形成玻璃，但也可与 Si、Ge、As 等相组合形成玻璃。

氟化物玻璃

代表性的氟化物玻璃的组成和性质

玻璃的组成（摩尔分数）/%	玻璃转化点 /°C	密度 /(g/cm³)	折射率 n_d
$64ZrF_4 \cdot 36BaF_2$	300	4.66	1.522
$50ZrF_4 \cdot 25BaF_2 \cdot 25NaF$	240	4.50	1.50
$62ZrF_4 \cdot 33BaF_2 \cdot 5NaF_3$	306	4.79	1.523
$45ZrF_4 \cdot 36BaF_2 \cdot 11YF_3 \cdot 8AlF_3$	324	4.54	1.507
$57ZrF_4 \cdot 36BaF_2 \cdot 3LaF_3 \cdot 4AlF_3$	310	4.61	1.516
$53ZrF_4 \cdot 20BaF_2 \cdot 4LaF_3 \cdot 3AlF_3 \cdot 20NaF$	256	4.34	1.497
$16YF_3 \cdot 42AlF_3 \cdot 12BaF_2 \cdot 20CaF_2 \cdot 10SrF$	432	3.90	1.436
$40InF_3 \cdot 25BaF_2 \cdot 20ZuF_2 \cdot 5CdF_2 \cdot 10NaF$	284	5.09	1.495

1975 年，作为重金属氟化物玻璃而开发出的新氟化物玻璃，由于无毒性且耐久性优良而引起人们的关注。虽然人们开发出了各种各样的氟化物玻璃，但构成玻璃的主要氟化物是 ZrF_4 和 AlF_3。而且，许多玻璃中含有 BaF_2。在既不含 ZrF_4 又不含 AlF_3 的玻璃中，一般含有 ThF_4 或 HfF_4 等四价金属氟化物及 InF_3 或 GaF_3 等三价金属的氟化物。

作为红外光光纤的氟化物玻璃的应用

ZrF_4 系玻璃与二氧化硅玻璃的透射率曲线

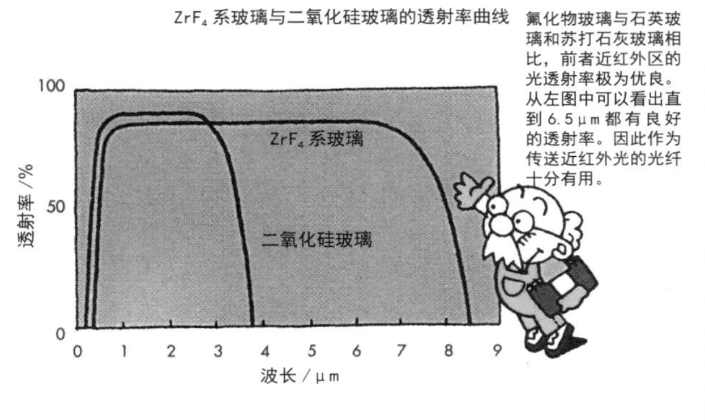

氟化物玻璃与石英玻璃和苏打石灰玻璃相比，前者近红外区的光透射率极为优良。从左图中可以看出直到 6.5μm 都有良好的透射率。因此作为传送近红外光的光纤十分有用。

名词解释

氟化物光纤：尽管氟化物玻璃光纤的理论传输损失小，但由于易析晶，故不能在长距离传输中使用。
激光作用的效率：稀土类离子的激光作用效率决定于玻璃。一般说来，氟化物玻璃比氧化物玻璃的效率高。

超离子电导玻璃

玻璃系	电导率 /(S · cm⁻¹)
$AgI-Ag_2O-MoO_3$	$10^{-4} \sim 10^{-2}$
$AgI-Ag_2O-P_2O_5$	$10^{-4} \sim 10^{-2}$
$AgI-Ag_2O-B_2O_3$	$10^{-6} \sim 10^{-2}$
$AgI-Ag_2SeO_4$	$10^{-4} \sim 10^{-2}$

为了弄清楚什么样的玻璃会成为超离子电导玻璃，表中给出南努教授课题组制作的几个超离子电导玻璃的实例。引人注目的是，所有超离子电导玻璃的组成中都含有银 (Ag)、卤族元素 (Cl、Br、I) 和氧 (O)。

超离子电导玻璃的电导率

离子电导材料的 25°C 下的电导率

	电导率 /(S · cm⁻¹)
超离子电导玻璃（固体） （$75AgI-25Ag_2SeO_4$ 玻璃）	2.2×10^{-2}
$\beta-Al_2O_3$（固体）	$10^{-2} \sim 10^{-3}$
$RbAg_4T_5$ 晶体（固体）	$10^{-0.5}$
苏打石灰玻璃（固体）	10^{-13}
5% 食盐水（液体）	6×10^{-2}
5% 硝酸银水溶液（液体）	2×10^{-2}

为了将超离子电导玻璃用于固体电池的电解质，其必须具有较大的电导率。表中示出超离子电导玻璃与藉由离子传导的其他几种材料电导率的比较。可以看出超离子电导玻璃的电导率已达到与其他材料相匹敌的程度。

名词解释

离子电导：藉由玻璃中的碱离子，例如钠离子，以及银离子等一价离子而产生的导电性。

6.13 图像显示、光通信用玻璃材料（1）

6.13.1 CRT 电视布劳恩管用玻璃

CRT 显示器作为家用电视及电脑监视器已寿终正寝。但由于存量数以亿计，如何无害化处理，涉及环境安全问题。

布劳恩管整体上看是一个玻璃制的，两端堵口的大方口喇叭形真空管。布劳恩管用的玻璃，依部位和作用不同可分为三部分：用于显示电视画面的显示屏玻璃；作为电子束通道的圆锥形玻壳；再往后，装载电子枪的圆筒形颈部玻璃。三部分玻璃的成分和性能各不相同，需要分别制造。

在显示屏玻璃内表面，需要涂敷靠电子束扫描激发而发光的荧光体等；圆锥形玻壳要采用高强度玻璃，以保证玻壳取放时的安全；在颈部玻璃圆筒内需要布置电子枪。三部分玻璃分别加工后相互连接在一起构成一个布劳恩管。在布劳恩管中，要施加 30kV 左右的高电压加速电子束，以使高密度的电子束扫描照射荧光体，因此，需要采用耐高电压、不引起放射线着色的玻璃。而且，为了不使电子束及发生的 X 射线外泄，需要采用对放射线吸收系数高的玻璃。

那么，布劳恩管的不同部位应该采用何种成分的玻璃呢？圆锥形玻壳和颈部玻璃采用氧化钾钠 - 氧化铅 - 二氧化硅系的铅玻璃。加入多量铅的目的是为了吸收 X 射线和电子束。

显示屏玻璃采用氧化钾钠 - 氧化钡 - 氧化锶 - 二氧化硅系玻璃。为了吸收 X 射线和电子束，同时防止由于电子束引起的黑化，其中加入氧化钡和氧化锶。为了防止由于 X 射线引起的着色，要加入 0.3% 的氧化铈。另外，为了防止由于外来的紫外线引起的着色，要加入 0.5% 的氧化钛。除了玻璃的组成之外，为了提高画面的对比度，而且，为了防止静电等，还要在玻壳内表面涂敷导体膜等。

6.13.2 TFT LCD 液晶电视用玻璃

液晶显示器中的液晶材料（液晶分子）仅起光闸的作用，自身并不发光，它接受外光（如背光源发出的光）而显示画面。液晶显示器的构造是在两块玻璃基板上形成用于施加电压的电极和导电膜，藉由外加电压控制其间液晶分子的取向，取向的液晶分子起光闸作用实现显示。液晶显示器所用的玻璃不仅仅使光透过，而且对液晶显示器的显示性能有重大影响。

下面，针对 TFT LCD 液晶电视用玻璃进行讨论。所谓 TFT LCD，即薄膜三极管液晶显示器，其中每一个亚像素中都设有一个薄膜三极管，后者作为开关元件对该亚像素进行驱动以实现动态彩色显示。相对于简单矩阵型驱动的被动（又称无源）驱动型（PM-LCD），TFT LCD 又称主动（又称有源）驱动型（AM-LCD）。AM-LCD 中所用的玻璃基板与 PM-LCD 所用有很大区别。

首先，TFT LCD 用的基板玻璃要采用无碱的铝硼硅酸盐玻璃。这是由于碱金属易于向玻璃基板表面的 TFT 层中扩散，影响薄膜三极管的特性。而且，TFT LCD 是电压器件，液晶像素作为电容负载不能有电流通过，一旦有碱金属离子混入其中，液晶中通过电流，液晶材料立即失效。

TFT LCD 制造工程中，玻璃基板要经受 400~600℃ 的热处理。在高温的热处理中，基板由于结构弛豫而收缩，由此可能引发微小的尺寸变化，从而在光刻工程中造成 TFT 元件图形的偏差。为防止这种现象发生，需要采用软化点高于 650℃ 的玻璃。

TFT LCD 制造工程中，玻璃基板要经受酸、碱、氢氟酸等药液的处理，因此，要采用耐这些药液侵蚀的玻璃。而且，对于干法刻蚀所用的刻蚀性气体，也要求有较好的耐蚀性。这就是为什么要采用无碱的铝硼硅酸盐玻璃的理由。

6.13.3 PDP 等离子电视用玻璃

在 PDP 开发初期，制作玻璃基板所使用的是苏打石灰玻璃（因其断面呈海蓝色而称为青板玻璃）。但是，在 PDP 制程中，由于反复在 500~600℃ 内烧成，在热变形和热收缩等热稳定性方面往往会发生问题，因此迫切期待高屈服温度玻璃；但从另一方面讲，制程中所使用的粘接剂玻璃等 PDP 构成材料都是配合苏打石灰玻璃而开发的，且一直沿用至今，因此希望采用的高屈服温度玻璃具有与苏打石灰玻璃相接近的热膨胀系数而且具有高绝缘性。

基于上述两点，从 20 世纪 90 年代起，几个玻璃厂商先后开发出与苏打石灰玻璃具有相同的热膨胀系数，但具有高屈温度，并成功用于 PDP 基板的玻璃。

对于 PDP 等离子电视用玻璃来说，最重要的特性要求是，其热收缩率必须控制在一定的范围内。一般采用软化点为 570℃ 左右的玻璃，这与普通苏打石灰玻璃的软化点相比要高出 60℃ 左右。此外，为了与玻璃上形成的各种材料的热膨胀量相一致，要求其热膨胀系数控制在 $85\times10^{-7}K^{-1}$ 左右。进一步，要求其对于制作过程中所采用的化学药品有足够的耐性。

6.13.4 光盘存储元件用玻璃

利用光介质及磁介质进行录音、录像等是最重要的信息记录手段。而且，在光盘中所使用的信息存储介质是玻璃膜。

光盘藉由激光写入和读出，在旋转中也不与其他固体相接触，因此，即使长时间使用也不会损伤精心制作的光盘。而且，光盘的支持体为固体，仅使光盘发生旋转作用，不像磁带那样易发生塑性变形而劣化，可以使存储的信息得以永久保存。因此，光盘、磁盘已逐渐替代磁带。

光盘于 20 世纪 80 年代作为再生专用视频光盘、数字式音频光盘在家庭普及。作为可记录文件的光盘也达到实用化。此后，又先后开发出可用于影像等动画记录、再生、消除的 DVD 光盘，并得到广泛普及。

光盘的存储介质膜用的是硫属化合物玻璃，藉由玻璃相和结晶相间的相变实现信息的存储、读出和消除。因此，现在的光盘都采用 Ge-Te-Sb 系玻璃及 Ag-In-Sb-Te 系玻璃。这些玻璃的熔点较低，受光照射时发生结晶化的速度大，因此容易发生光致相变。

这种记录方式从玻璃膜受低功率的激光照射形成结晶膜做记录的准备。在该膜上，在希望形成记录符号的 bit 上，用强功率的激光照射，晶体熔化并冷却，则该 bit 的介质变为玻璃相从而形成记录符号。当用低功率的激光照射该玻璃相时，该 bit 发生结晶化，从而记录符号被消除。利用结晶相与玻璃相间光反射率的不同即可读出被记录的信息。基于这种原理，一片光盘上记录的信息量很大，而且可以高速度地写入、读出和消除，因此，DVD 得到广泛普及。

本节重点

（1）TFT LCD 用玻璃基板为什么不能采用普通的苏打石灰玻璃？指出前者玻璃基板的成分和制作工艺。
（2）PDP 用玻璃基板为什么要采用高屈服点、高强度玻璃？如何达到这种要求？
（3）作为光盘的记录介质采用的是何种玻璃，应具备哪些特性？

布劳恩管的构造

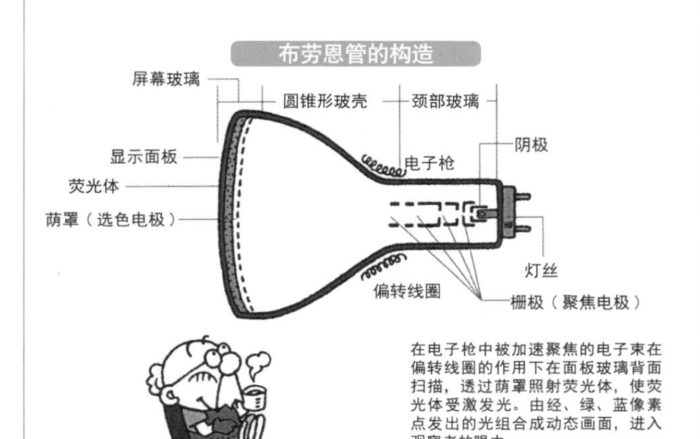

在电子枪中被加速聚焦的电子束在偏转线圈的作用下在面板玻璃背面扫描，透过荫罩照射荧光体，使荧光体受激发光。由经、绿、蓝像素点发出的光组合成动态画面，进入观察者的眼中。

彩色电视布劳恩管用玻璃的组成

彩色电视布劳恩管用玻璃的组成（质量分数 %）和特性

成分	屏幕玻璃	圆锥形玻壳	颈部玻璃
SiO_2 Al_2O_3	60~61 2	51 4~5	47~48 2~3
MgO CaO SrO BaO	} 0~2 8~9 9~10	} 5~6 } 1~2	— 1~2 0~2 —
ZnO PbO	0~1	— 22~23	33~35
Na_2O K_2O	7~8 7~8	6~7 7~8	2~3 10
ZrO_2 CeO_2 TiO_2	1~3 0.3 0.5	— — —	— — —
X 射线吸收系数 /(cm^{-1}) 热膨胀系数 /($10^{-7}K^{-1}$)	28.5 100	65.0 100	102.0 97

CRT 用玻璃无论对于屏幕玻璃、圆锥形玻壳还是颈部玻璃来说，都要求对显像管内部产生的 X 射线（由电子束轰击面板玻璃背面产生）具有足够的吸收能力，以保护观视者免受 X 射线辐射。为此，圆锥形玻壳及颈部玻璃应含多量的氧化铅。屏幕玻璃要承受高管压，一般不采用 PbO，而代之以 SrO、BaO、ZrO_2 等。

1

玻璃在平板显示器中的应用

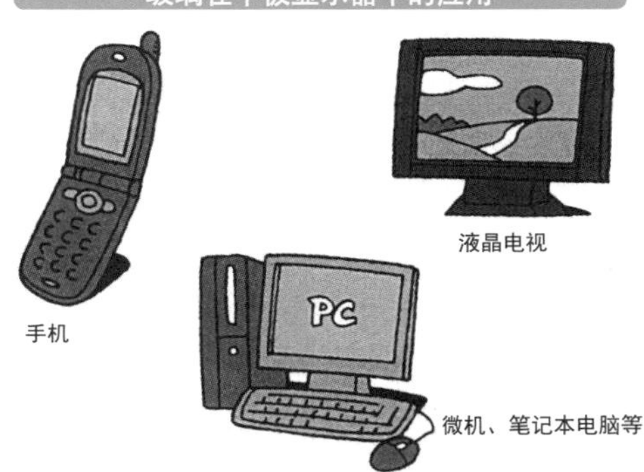

彩色液晶电视普遍采用的 TFT LCD（薄膜三极液晶显示器），是在载有 TFT 的阵列基板和着色用的 RGB 彩色滤光片基板之间充以液晶，在两块基板外侧贴附偏光板而构成的。每一个 TFT 显示单元和与之对应的彩色滤光片单元一对一构成一个亚像素，一般由三个亚像素构成一个像素。一个液晶显示屏一般由数百万个亚像素构成。液晶显示器是非主动发光的显示器，人们看到的是背光源透过每个亚像素的发光。每个亚像素因映像数据被加以相应的数字化电压，液晶分子因电压不同产生相应的偏转，由此调节背光源所发出光的透光量，进而实现显示。屏幕本身如同受电压控制的电子窗帘。

TFT 液晶显示器用玻璃基板

玻璃牌号	玻璃的种类	化学组成 /wt%					软化点/C	热膨胀系数/K^{-1}	密度
		SiO_2	Al_2O_3	B_2O_3	RO	其他			
康宁 7059	无碱玻璃	49	10	15	25	1	593	46(0~300℃)	2.76
旭 AN635	无碱玻璃	56	11	6	27	—	635	48(50~350℃)	2.77
日本电气硝子 OA2	无碱玻璃	56	13	6	24	1	650	47(30~380℃)	2.7

RO：碱土类氧化物

TFT LCD 之所以要采无碱（不含 Na、K）玻璃，是由于液晶显示器是电压器件，即液晶中不能有电流流过。而且 TFT LCD 的画面尺寸也越来越大，玻璃表面既不能覆层，又不能表面研磨。如果采用含碱玻璃，一旦其中的 Na、K 离子溶入液晶，将会有电流流过液晶，很快引起 TFT LCD 失效。又由于制作 TFT 要经受不高于 400°C的工艺温度（用 PECVD），而且对 TFT 与 RGB 彩色滤光片之间的对位偏差有极严格的要求，因此如表中所示，对玻璃的软化点和热膨胀系数有严格要求。

2

PDP 等离子电视用玻璃

等离子电视适合大画面显示，图像鲜活逼真，广泛用于公共场所和家庭。

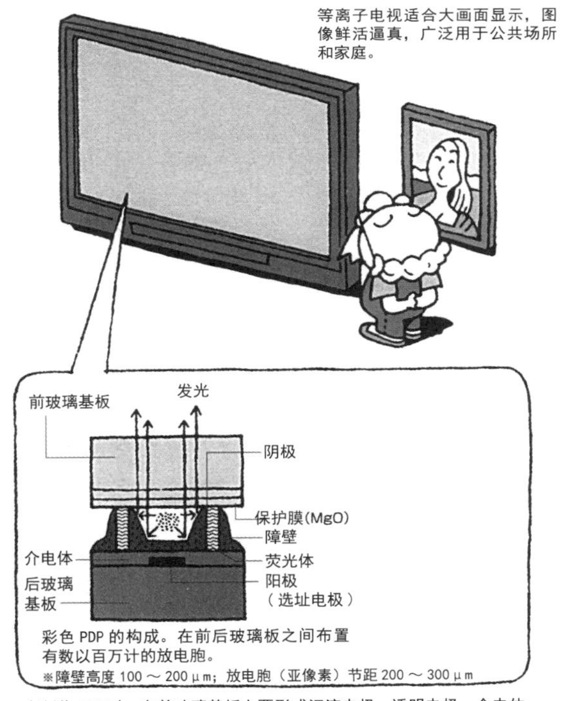

彩色 PDP 的构成。在前后玻璃板之间布置有数以百万计的放电胞。

※障壁高度 100～200 μm；放电胞（亚像素）节距 200～300 μm

在制作 PDP 时，在前玻璃基板上要形成汇流电极、透明电极、介电体层、保护层等，在后玻璃基板上要形成选址电极、障壁、荧光体层等。而后将前后玻璃基板对位、贴合、封接。因此，对于玻璃基板来说，加热处理时的尺寸变化要小，需要采用高软化点玻璃。为此，各厂商开发出比普通苏打石灰玻璃软化点高 60°C左右的高软化点玻璃。

3

光盘系统

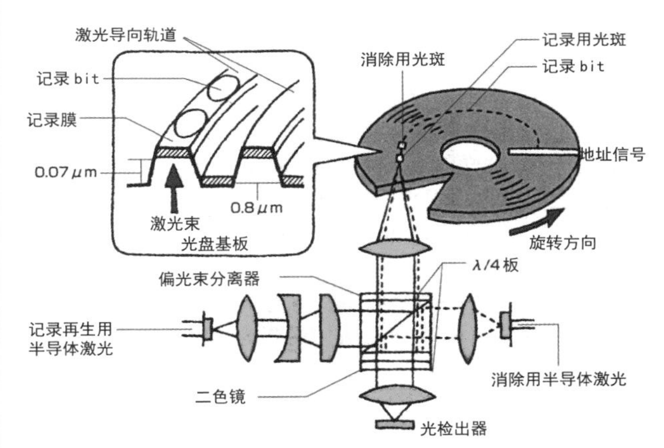

利用相变 2 层写入型光盘的断面图

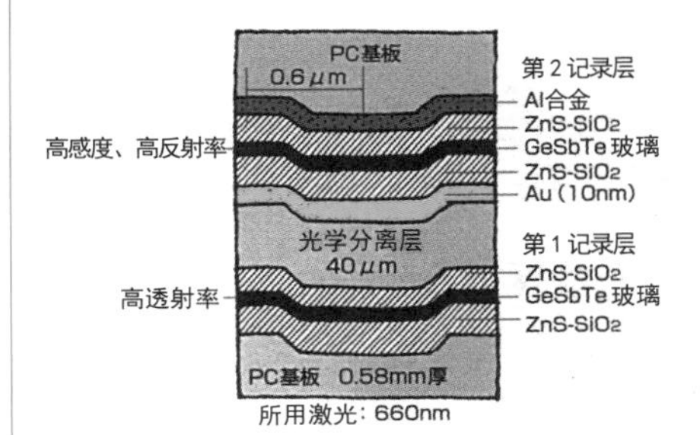

所用激光：660nm

采用两层记录可以实现比单层记录高一倍的记录密度。光向着同一方向行进，以 GeSbTe 玻璃作为记录存储膜

名词解释

塑性变形：由拉伸力造成的永久性变形。磁带若在使用中发生塑性变形，则有可能造成记录错误或失效。

记录单元：视频或音频磁带、软盘、随身听、DVD 等盘式记录介质中存储斑点（spot）。

4

6.14 图像显示、光通信用玻璃材料（2）

6.14.1 带透明导电膜的 ITO 玻璃

透明 ITO 导电玻璃是在钠钙基或硅硼基基片玻璃的基础上，利用磁控溅射的方法镀上一层铟锡氧化物（indium tin oxide, ITO）膜加工制作成的。早期采用的 TN 型、STN 型液晶显示器，一般采用字段式驱动或无源矩阵驱动。由玻璃板厂家提供带透明导电膜的 ITO 玻璃，再由显示器厂家按显示要求对 ITO 膜刻蚀出图形（一般是彼此平行的 ITO 线条），组装时使上下基板的 ITO 线条彼此垂直布置即可。

液晶显示器专用 ITO 导电玻璃，一般要在镀 ITO 层之前，镀上一层二氧化硅阻挡层，以阻止基片玻璃上的钠离子向盒内液晶里扩散。高档液晶显示器专用 ITO 玻璃在溅镀 ITO 层之前基片玻璃还要进行抛光处理，以得到更均匀的显示控制。

带透明导电膜的 ITO 玻璃还可用于除雾除霜、太阳能的选择性透过膜、屏蔽电磁波、触控屏等。

6.14.2 折射率分布型玻璃微透镜

微透镜一般是指直径小于数百微米的光学透镜。这种透镜与透镜阵列通常是不能被人眼识别的，只有用显微镜、扫描电镜、原子力显微镜等设备才能观察到。微光学技术所制造出的微透镜与微透镜阵列以其体积小、重量轻、便于集成化、阵列化等优点，已成为新的科研发展方向。随着光学元件小型化的发展趋势，为减小透镜与透镜阵列的尺寸而开发了许多新技术，现在已经能够制作出直径为毫米、微米甚至纳米量级的微透镜与微透镜阵。

微透镜一般是藉由对玻璃圆柱（或圆筒）实施离子交换处理来制作。使由圆柱中心轴向半径方向的折射率逐渐变低，从而产生折射率分布。可以制作直径 0.5mm 以下的微透。例如，将一个含钾玻璃圆柱浸入约 500℃下熔融的硝酸钠中，玻璃中的钾离子从玻璃中溶出，而熔融盐中的钠离子会进入玻璃中。这样，玻璃圆柱的中心轴处钾多，而向着柱的侧面，钠越来越多，从而形成一定的浓度分布。其结果形成中心部位折射率最高，两侧边折射率最低的抛物线分布。这样，对于从圆柱端面入射的光就会产生透镜作用。

由于折射微透镜阵列器件在聚光、准直、大面积显示、光效率增强、光计算、光互连及微型扫描等方面越来越广泛的应用，它的制作工艺和方法得到了日益深入的研究。到目前为止，已经出现很多制备折射率分布型微透镜阵列的方法，如光刻胶热回流法、激光直写法、微喷打印法、溶胶—凝胶法、反应离子刻蚀法、灰度掩模法、热压模成型法、光敏玻璃热成型法等。

6.14.3 照明灯具用玻璃

灯具是日常生活中常用的电器，这里重点介绍白炽灯、荧光灯、杀菌灯用的玻璃。

玻壳用耐热性能好的钠钙玻璃做成，大功率白炽灯用耐热性能更好的硼硅酸盐玻璃，一些特殊用途的灯泡采用彩色玻璃。玻壳把灯丝和空气隔离，既能透光，又起保护作用。白炽灯工作的时候，玻壳的温度最高可达 100℃左右。为避免眩光，有些玻壳进行过磨砂处理，以形成光的漫反射。为加强某一方向的发光强度，也有些玻壳上蒸涂了铝反射层。

紫外线杀菌灯（UV 灯）实际上是属于一种低压汞灯，和普通日光灯一样，利用低压汞蒸汽（$<10^{-2}$Pa）被激发后发射紫外线。一般杀菌灯的灯管都采用石英玻璃制作，因为石英玻璃对紫外线各波段都有很高的透过率（达 80%~90%），是做杀菌灯的最佳材料。因成本关系与用途不同，也有用紫外线穿透率＜ 50% 的高硼砂玻璃管代替石英玻璃的。高硼砂玻璃的生产工艺与节能灯一样，因此成本很低，但它在性能上远比不上石英杀菌灯，其杀菌效果有相当大的差异。

铌管或灯丝与半透明瓷以及瓷管 - 瓷塞间的封接是高压钠灯制造工艺中最困难的问题之一。早期的方法都因为焊料或金属化层本身不能耐钠蒸气的腐蚀而使钠灯封口漏钠，最终导致钠灯报废。经过多年的试验、研究，发现玻璃焊料可以防止钠腐蚀并保持内管的真空度。因而，目前国内外都毫无例外地采用玻璃焊料来作为铌和半透明瓷以及半透明瓷之间瓷管和瓷塞的封接，并且取得了令人满意的结果。高压钠灯用玻璃焊料与普通用的焊料相比，其条件要苛刻得多，否则将不能保证钠灯的质量和寿命。

6.14.4 光纤及光纤用石英玻璃

光纤是光导纤维的简称，是一种利用光在玻璃或塑料制成的纤维中的全反射原理而达成的光传导工具。香港中文大学前校长高锟和 George A. Hockham 首先提出光纤可以用于通讯传输的设想，高锟因在提纯石英而用于光纤方面的杰出贡献而获得 2009 年诺贝尔物理学奖。

光纤（optical fiber）是由中心的纤芯和外围的包层同轴组成的圆柱形细丝。纤芯的折射率比包层稍高，损耗比包层更低，光能量主要在纤芯内传输。包层为光的传输提供反射面和光隔离，并起一定的机械保护作用。光纤传输具有频带宽、损耗低、重量轻、抗干扰能力强、保真度高等许多优点。

光纤按工作波长可分为紫外光纤、可见光光纤、近红外光纤、红外光纤；按折射率分为阶跃（SI）型光纤、近阶跃型光纤、渐变（GI）型光纤；按传输模式分为单模光纤和多模光纤；按原材料分为石英光纤、多成分玻璃光纤、塑料光纤、复合材料光纤等；按制造方法分为气相轴向沉积（VAD）、化学气相沉积（CVD）等，拉丝法有管律法（rod intube）和双坩埚法等。但不论用哪一种方法，都要先在高温下做成预制棒，然后在高温炉中加温软化，拉成长丝，再进行涂覆、套塑，成为光纤芯线。光纤的制造要求每道工序都要相当精密，由计算机控制。

本节重点

（1）何谓 ITO 膜，给出 ITO 膜的组成，说明其既透明又导电的理由。
（2）折射率分布型微透镜是如何制作的，指出它的用途。
（3）石英光纤的制作方法和光纤传输信号的原理。

透明导电膜

透明导电膜种类	组成	注
ITO	In_2O_3:Sn	由于电阻率低，使用最为广泛
nesa 膜（或 ATO）	SnO_2:Sb	电阻率高，但化学耐久性优良
AZ	ZnO:Al	

透明电膜的功能与用途

①用于光电子学元器件的透明电极。

②防静电及透明电磁防护等。

透明导电玻璃的应用实例

电致着色显示器　　电致着色显示屏的断面图

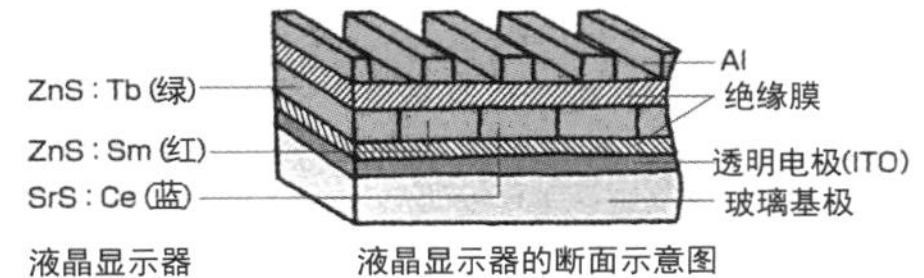

无机 EL（无机电致发光）　彩色无机 EL 显示器的断面图

液晶显示器　　液晶显示器的断面示意图

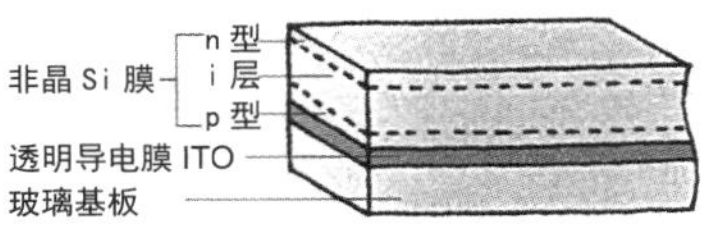

非晶硅太阳电池　　非晶硅薄膜太阳电池的结构示意图

1

折射率分布型微透镜的制作

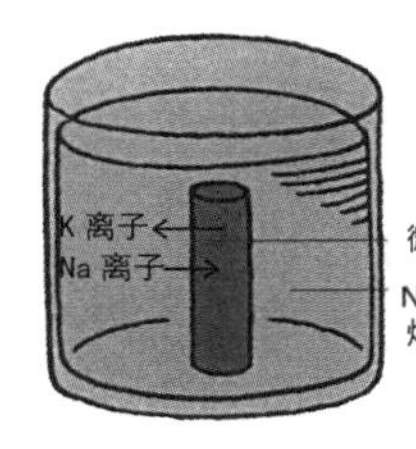

利用电炉在 500℃下加热，使其进行离子交换，制作所需要的微透镜。

藉由离子交换制作的棒状微透镜的折射率分布。

沿棒断面的直径，测定半径方向的折射率分布，得到左图所示的抛物线状的折射率分布曲线。

折射率分布型微透镜的作用

沿长度方向可获得下面几种透镜作用

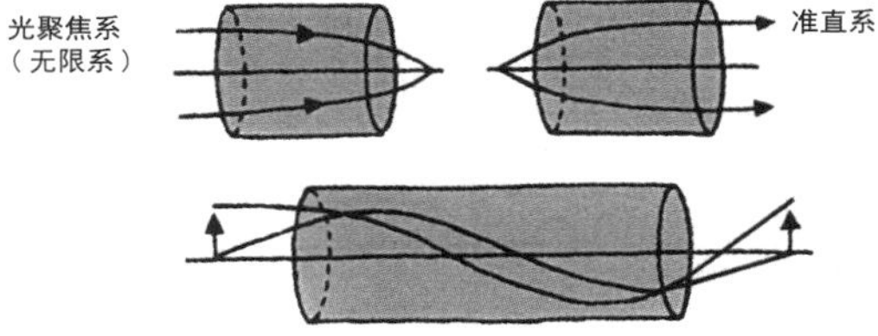

等倍正立实像系（1 对 1 结像）

名词解释

离子交换处理：将含钾的玻璃圆筒浸渍在约 500℃的硝酸钠熔液中，使玻璃中的钾被钠置换的处理。

2

白炽电灯的构造

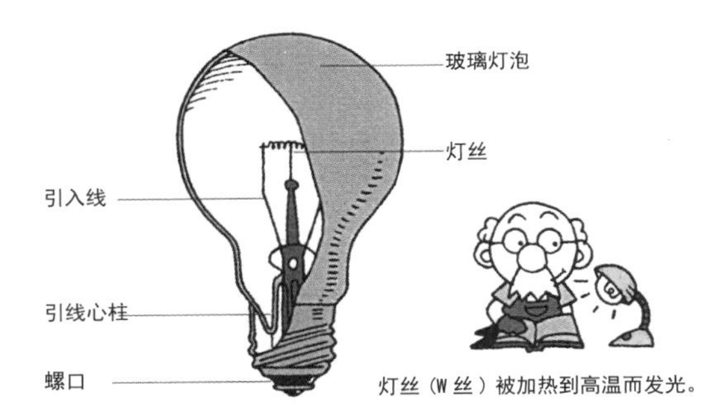

灯丝（W 丝）被加热到高温而发光。

照明中所使用的玻璃的组成

玻璃	白炽灯泡用玻璃：一般照明用	白炽灯泡用玻璃：卤族灯用	荧光灯用玻璃：一般荧光灯用	荧光灯用玻璃：杀菌灯用	高压水银灯用	高压钠灯用
玻璃组成（外侧的管或泡）	苏打石灰玻璃	无碱铝硅酸盐玻璃	苏打石灰玻璃	含铁量很低的苏打石灰玻璃	SiO_2 80 Al_2O_3 2.2 Na_2O 3.9 B_2O_3 13.0 （硼硅酸）	SiO_2 78.0 Al_2O_3 2.1 Na_2O 5.3 B_2O_3 14.5 （硼硅酸）
热膨胀系数 /K^{-1}	96×10^{-7}	44×10^{-7}	96×10^{-7}	96×10^{-7}	33×10^{-7}	38×10^{-7}
软化温度 /℃	692	926	692	686	818	789
发光管	—	—	—	—	透明二氧化硅	透光性氧化铝玻璃
用途	一般照明	OHP 光源店铺照明	一般照明	杀菌消毒	地面的照明	汽车道路照明

3

光纤的制造

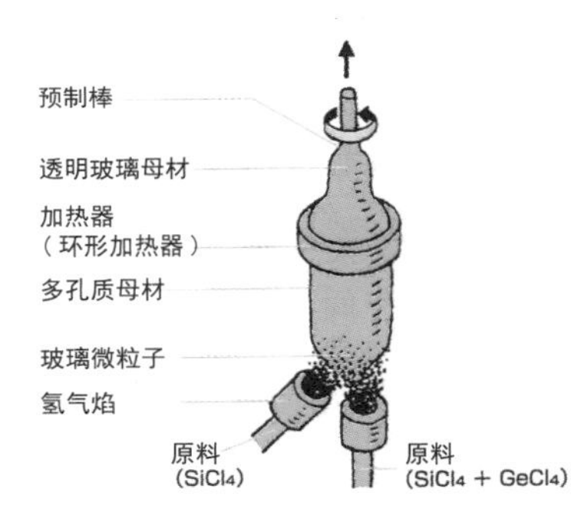

光纤是利用 VAD 法（vapor deposition，化学气相蒸镀法）制作的。透明的玻璃母材的制作是使作为原料的 $SiCl_4$ 及 $GeCl_4$ 由氢氧焰加热反应，产生氧化物 SiO_2 及 GeO_2 形成多孔质母材。将其由环形加热器加热，形成透明的玻璃母材。由这种玻璃母材再制作光纤。

光纤信号传送损耗降低的历史

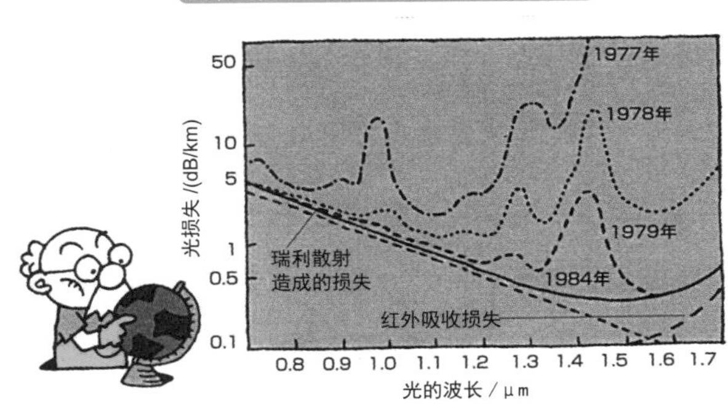

开发光纤最重要的课题是将传送损失降低到接近理论损失的最低值。如图所示，随着传送损失的急速减小，到 1984 年已开发出波长 1.55 μm 信号传送损失接近 0.20dB/km 的光纤。这种传送损失极小的光纤有力支持了光通信的普及。

4

6.15 图像显示、光通信用玻璃材料（3）

6.15.1 光纤中光信号的传输方式

光纤传输，即以光导纤维为介质进行的数据、信号传输。光导纤维不仅可用来传输模拟信号和数字信号，而且可以满足视频传输的需求。光纤传输一般使用光缆进行，单根光导纤维的数据传输速率能达几 Gbps，在不使用中继器的情况下，传输距离能达几十千米。

在光纤的受光角内，以某一角度射入光纤端面，并能在光纤的纤芯 - 包层交界面上产生全反射的传播光线，并称之为光的一个传输模式。

光纤是由纤芯、包层和涂敷层组成。当纤芯直径很小时，光纤只允许与光纤轴方向一致的光线通过，即只允许通过一个基模。这种只允许传输一个基模的光纤就称为单模光纤。单模光纤芯部直径较细，通常在 4~10μm 范围内。据此，由于光的速度是唯一的，信号从发信侧在脉冲间隔不变的状态下到达受信侧，这样就能确保大的通信容量。正因如此，光通信的 70% 以上所使用的都是单模光纤，应用最为广泛。

光纤主要分为两类，渐变光纤（graded-index fiber）与突变光纤（step-index profile），前者的折射率是渐变的，而后者的折射率是突变的；另外，还分为单模光纤（Single-mode optical fiber）及多模光纤（multi-mode optical fiber）；近年来，又有新的光子晶体光纤问世。

图中所示从上至下依次为：突变多模光纤，渐变多模光纤，单模光纤。

6.15.2 在玻璃面上制作光回路——平面光波导制作技术

如同电子回路通过线路将各种电子元器件连接成一个功能回路一样，平面光波导回路也要在使光纤信号放大用的光放大器、光盘那样的光存储器、光控制器件、显示器那样的各种光器件和光一电子器件内部形成光的回路，器件与器件需要相互连接。另外，为了制作例如由激光元件、开关元件等构成的光 IC（光集成电路），也需要使元件相互连接的光通路。

平面光波导回路是将长数来以下，宽 10μm 以下的波导制作在大小为数厘米见方的玻璃板或石英晶圆上。前者称为多成分玻璃光波导，后者称为石英玻璃光波导。

通常，光在空间内传播时，因发生衍射而分散，所以难以把光的能量限制在狭窄的空间内。但是，如果在衬底上设置折射率比其他地方高的空间，则由于光在界面上反复进行全反射，光可以限制在尺寸约为波长大小的空间里。这样的光传输通道就是光波导器件。

光波导器件可以分为二维光波导（即平面光波导）和三维光波导两种。平面光波导就是在折射率比上下方高的薄膜内，利用全反射而将光限制起来，光波在薄膜内沿着与其平行的方向传输，就像在自由空间内传播一样，一边扩展一边传输。不同材料或者衬底的半导体光波导有着不同的作用。不同结构或者对光波导采用不同的操作也会使光波导有不同的光学功能，从而达到使用者的某些要求。由于平面光波导（PLC）是通过控制折射率来设计器件，因此材料的选择成为重点。目前在材料上主要有二氧化硅（silica）、绝缘硅（SOI）、铌酸锂（$LiNbO_3$）与高分子（polymers）等数种材料。

6.15.3 光信号放大器用的掺铒玻璃

光放大器主要有 3 种：光纤放大器、拉曼放大器以及半导体光放大器。光纤放大器就是在光纤中掺杂稀土离子（如铒、镨、铥等）作为激光活性物质；喇曼光放大器是利用大功率激光的喇曼散射效应制作成的光放大器；半导体光放大器（SOA）一般是指行波光放大器，工作原理与半导体激光器相类似。

光放大器是光纤通信系统中能对光信号进行放大的一种子系统产品。光放大器的原理基本上是基于激光的受激辐射，通过将泵浦光的能量转变为信号光的能量实现放大作用。光放大器自从 20 世纪 90 年代商业化以来，已经深刻改变了光纤通信工业的现状。光放大器一般可以分为光纤放大器和半导体光放大器两种。光纤放大器还可以分为掺铒（Er）光纤放大器、掺镨（Pr）光纤放大器以及拉曼放大器等几种。其中掺铒光纤放大器（EDFA）工作于 1550nm 波长，已经广泛应用于光纤通信工业领域。掺铒光纤放大器的诞生是光纤通信领域革命性的突破，它使长距离、大容量、高速率的光纤通信成为可能，是 DWDM 系统及未来高速系统、全光网络不可缺少的重要器件。

掺杂光纤放大器又称为掺稀土 OFA。制作光纤时，采用特殊工艺，在光纤芯层沉积中掺入极小浓度的稀土元素，如铒、镨或铷等离子，可制作出相应的掺铒（即 EDFA）、掺镨或掺铷光纤。光纤中掺杂离子在受到泵浦光激励后跃迁到亚稳定的高激发态，在信号光诱导下，产生受激辐射，形成对信号光的相干放大。这种 OFA 实质上是一种特殊的激光器，它的工作腔是一段掺稀土粒子光纤，泵浦光源一般采用半导体激光器。

6.15.4 稀土掺杂光纤放大器用玻璃的发展

掺稀土离子平面波导可以使用离子交换方法制作，首先将铒镱共掺磷酸盐玻璃表面进行精细抛光和严格清洗后，浸入熔融的硝酸盐中在恒温下进行离子交换，在基质表层中形成渐变折射率光波导。

稀土离子共掺沟道波导的制作过程主要分以下 4 个步骤：①蒸铝。在基片表面上镀 100nm 厚的铝膜；②光刻。用常规光刻技术在铝膜上刻蚀出 8μm 宽的波导；③离子交换。将基片放入熔融硝酸盐中进行离子交换；④去铝膜。将离子交换后的基片放入腐蚀液中去掉铝膜，用去离子水冲洗，抛光端面。

EDFA 由掺铒光纤、泵浦激光器和波分复用器组成，放大原理与激光产生原理类似，光纤中掺杂的稀土族元素 Er^{3+} 其亚稳态（meta-stable state）和基态（ground state）的能量差相当于 1550nm 光子的能量。当吸收适当波长的泵浦光（980nm 或 1480nm）能量后，电子会从基态跃迁到能级较高的激发态（exciting state），接着释放少量能量转移到较稳定的亚稳态。在泵浦光源足够时，铒离子的电子会发生数量反转，即高能级的亚稳态比低能级的基态电子数量多。当适当的光信号通过时，亚稳态电子会发生受激辐射效应，放射出大量同波长光子，但因为存在振动能级，所以波长不是单一而存在一个范围，典型值为 1530~1570nm。得益于 EDFA 的发明，汇集波长不同的多个光信号并使之放大和增强的波长分割技术达到实用化，现在利用一根光纤便可达到 1TB/s 以上的传送容量。

本节重点

（1）何谓折射率阶梯型多模光纤、折射率分布型多模光纤、单模光纤？哪种应用最多，为什么？
（2）如何利用离子交换制作平面光波导？
（3）光纤通信中为什么要采用光信号放大器，如何实现。

光纤中的光的模式（光的传送方式）

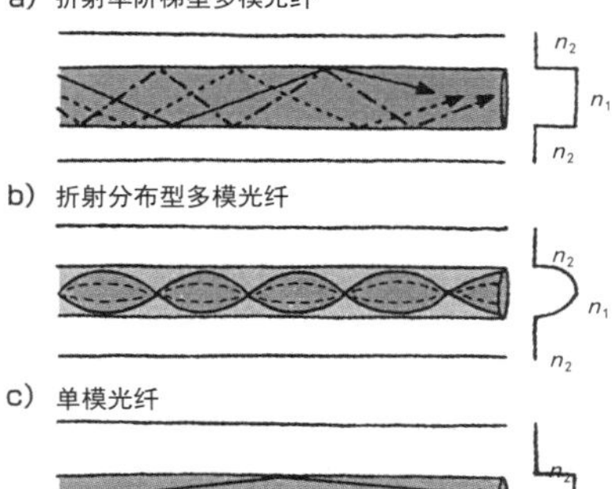

光纤中光的传送模式
（模式即传送方式，具有传送道路、通路的意思）
n_1、n_2 表示折射率。这里 $n_1>n_2$

图 (a) 所示的折射率阶梯型光纤，采用的是芯部直径 50μm，包覆层直径 120μm 的光纤，光在反复发生全反射的同时，在通过中心线面上传送。如图所示，依模式不同而异，由于光在一定的光纤长度上传送，必须通过芯部的距离是不同的，因此在受信侧接收时会产生时间差。由此，通信容量（一秒钟内可传送的比特数）受到限制。

图 (b) 所示的折射率在半径方向呈抛物线分布型光纤，不同模式的光在光纤中以相同的速度传送，故可期待获得比 (a) 更大的容量。但是由于折射率难以做到完全的抛物线分布，能否获得满意的效果不能说有十分的把握。

图 (c) 所示的单模光纤其芯部为 10μm。光的通路仅为 10μm，是相当细的，故允许的模式是唯一的。据此，由于光的速度是唯一的，信号从发信侧在脉冲间隔不变的状态下到达受信侧，这样就能确保大的通信容量。正因为如此，光通信的 70% 以上所使用的都是单模光纤。

1

藉由离子交换制作的平面光波导

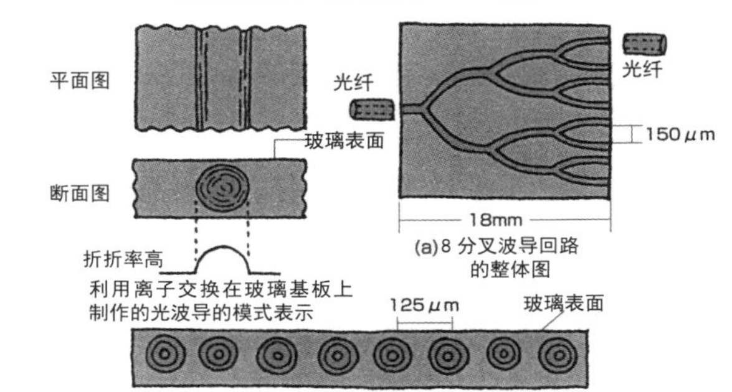

为了在苏打石灰玻璃基板上利用离子交换法制作光波导，首先在玻璃表面形成具有光波导模样的开口部的掩模。将这种玻璃浸入能使折射率增大的离子，比如 Li 的熔盐中，藉由离子交换，做出折射率高的部分，而后，在可使折射率下降的 Na 的熔盐中进行第二阶段的离子交换，形成如左图所示具有半圆形断面的折射率分布形波导。图 (a) 是如此制作的 8 分叉波导回路的整体图，图 (b) 是其断面图。

石英系玻璃光波导

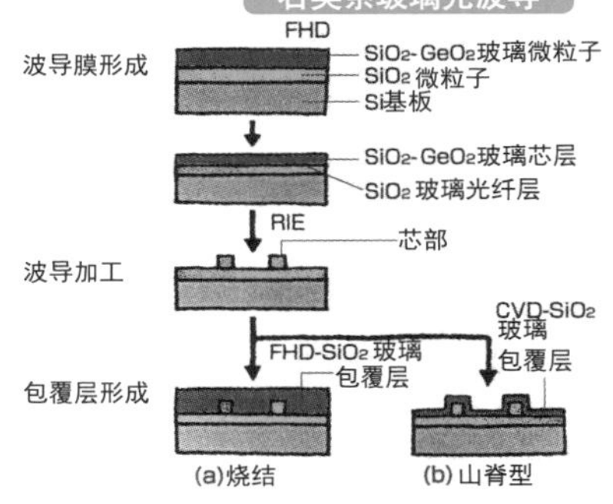

为制作石英系玻璃的光波导，首先是用 FHD 法沉积数十微米厚的作为下部包覆层的 SiO_2 玻璃，并在其上沉积折射率高的 SiO_2+GeO_2 的芯层（厚度 10μm 以下）。而后利用光刻技术，写入波导回路图形，再利用 RIE 形成矩形断面的芯部。最后在其上面利用 FHD 法沉积 SiO_2，将芯部进入包覆层之中。

2

光信号放大器的必要性

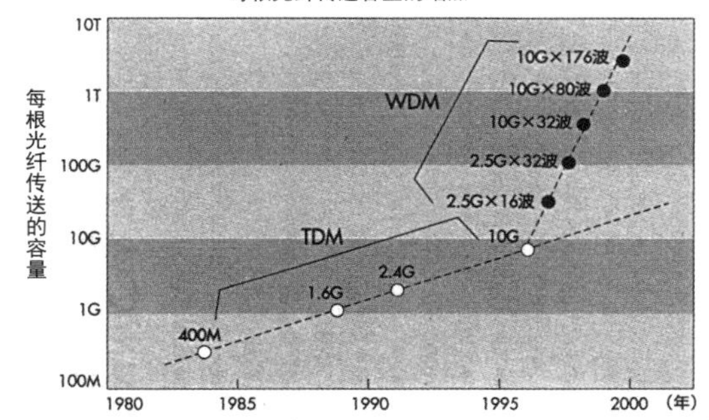

为了增加每一根光纤的传送容量，到 20 世纪 90 年代中间，利用时间分割多重技术的提高，达到 1 个波长 10Gbit/s 的传送容量。另一方面，得益于 EDFA（掺杂铒 (Er) 的光纤放大器）的发明，汇集波长不同的多个光信号并使之放大的波长分割多重技术达到实用化，现在，利用 1 根光纤便可达到 1Tbit/s 以上的传送容量。

掺杂铒 (Er) 的光纤放大器

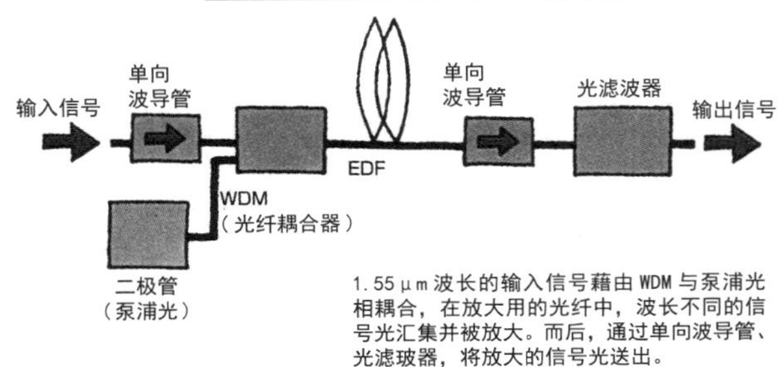

1.55μm 波长的输入信号藉由 WDM 与泵浦光相耦合，在放大用的光纤中，波长不同的信号光汇集并被放大。而后，通过单向波导管、光滤玻器，将放大的信号光送出。

3

光纤放大器稀土离子的能级

Er^{3+}　Pr^{3+}　Tm^{3+}　Tm^{3+}

能量差/cm^{-1}：20000、10000、0

$^4S_{3/2}$、$^4I_{9/2}$、$^4I_{11/2}$、$^4I_{13/2}$、$^4I_{15/2}$；$^1P_4$、$^1D_4$、$^1G_4$、$^3F_4$、$^3H_6$、$^3H_5$、$^3H_4$；$^3F_2$、$^3H_4$、$^3H_5$、$^3F_4$、$^3H_6$

1.5μm带放大　1.3μm带放大　1.4μm带放大　1.65μm带放大

箭头表示，在泵浦光和所发出激光的能量间发生迁移。

稀土掺杂光纤放大器可期待覆盖的波长带及对应的名称

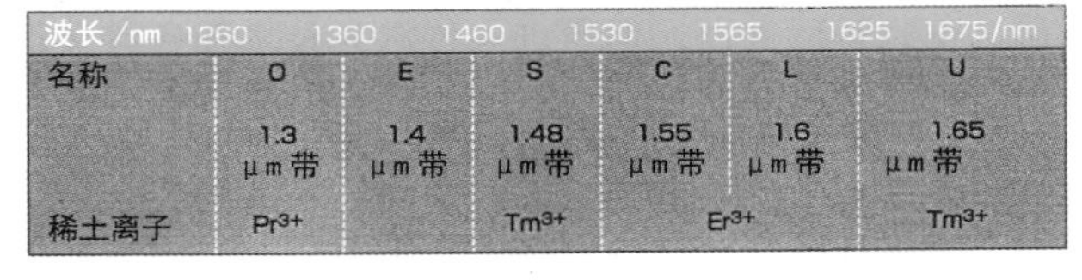

波长/nm	1260–1360	1360–1460	1460–1530	1530–1565	1565–1625	1625–1675/nm
名称	O	E	S	C	L	U
	1.3 μm带	1.4 μm带	1.48 μm带	1.55 μm带	1.6 μm带	1.65 μm带
稀土离子	Pr^{3+}		Tm^{3+}	Er^{3+}		Tm^{3+}

为了进一步增加光纤通信的传送容量，需要在如图中所示的所有波长带实现光纤放大器的实用化。
现在，在长距离光纤通信中，最常使用的是称为 C 带的 EDFA 放大波长带域 (1.53～1.565μm)。对于比此较长的波长侧的 L 带起作用的 EDFA 也被开发，并正在商用的 WDM 传送系统中使用。关于除此之外的波长域，包括从开始就一直使用的 1.3μm 带（O 带），迄今还基本上未使用的 1.4μm 带（E 带），1.5μm 带（S 带）以及 1.65μm 带（U 带）等，今后也有使用的可能性。

4

6.16 高新技术前沿用玻璃材料（1）

6.16.1 藉由紫外线制作的光纤——布拉格光栅

用透过位相掩模的紫外线照射光纤，使折射率高的部分周期性地产生，即可得到光纤布拉格光栅。射入布拉格光栅的光，因光的波长、芯部的折射率、光栅的周期性等不同，其方向会发生变化，出现透射、反射、折射等各种情况。

因此，光纤光栅是在光纤中引入周期性的折射率调制而形成的光波导器件。

按光纤光栅周期的长短，可分为短周期光纤光栅和长周期光纤光栅。周期小于 1μm 的称为短周期光纤光栅，又称为光纤布拉格光栅（fiber Bragggrating，FBG）或反射光栅；周期为几十至几百微米的称为长周期光纤光栅（long-period grating，LPG），又称为透射光栅。短周期光纤光栅的特点是传输方向相反的两个芯模之间发生耦合，属于反射带通滤波器。长周期光纤光栅的特点是同向传输的纤芯基模和包层模之间的耦合，无后向反射，属于透射型带阻滤波器。

光纤光栅在通信领域中的应用：光纤激光器，光纤滤波器，光波分复用系统，色散补偿器件，光纤光栅传感器。

光纤光栅用于传感领域的原理：光纤光栅的有效折射率、周期等特征参数，都随着外部施加的应力、温度、浓度等物理量的变化而改变，从而导致光纤光栅布拉格波长（或频率）发生变化。通过检测这种变化，就可以测量引起变化的物理量。

光纤光栅传感器具有如下优点：测量精度高，反应灵敏、迅速；质轻体小，容易制成所需要的形状；环境适应性强，耐腐蚀、无电火花，使用安全可靠；对被测介质影响小，可测量与温度和应变相关的多种物理量；可通过叠印或级联等方式，在同一光纤中制作多个不同的光栅以复用；光纤光栅传感器和其他光纤传感器可与光纤网络结合，构建光纤传感网络。

6.16.2 藉由强激光形成高折射率玻璃——非线性光学玻璃及应用

折射率是考虑光与物质的相互作用时的基本物性参数。物质中光的速度 v 可由真空中的速度 C 除以折射率 n 求得（v=c/n）。光从折射率大于 1 的物质射入折射率与真空的基本相同县城为 1 的空气中时，折射角随物质折射率的增加而增加。折射率依光的波长不同而异，波长越长折射越低。

但是，由于激光的发明人们可以利用高强度的光，上述常识也是之一变。当光的强度大时，与光的强度相关的非线性光效果变大，从而折射率变大。使用的激光越强，应用这种效果的可能性越大。但是，这种折射率的增加仅在光照时产生，光灭马上即消失，也就是说，在 100~200fs（飞秒）的极短时间即返回到原来的折射率。

非线性光学材料就是那些光学性质依赖于入射光强度的材料。激光获得实际应用（1960 年）以后，Franken 等人于 1961 年首次于红宝石中观察到非线性光学现象；1996 年，Davis 等发现了被飞秒激光照射后玻璃局部的折射率升高的现象。在此基础上，人们通过飞秒激光技术在各种玻璃上成功地诱导出光波导结构（用来引导电磁波的结构），开拓了一种具有普适性的集成光路形成技术。

非线性光学性中有二次非线性和三次非线性之分，显示二次非线性的主要材料是那些不具有中心对称性的单晶体的取向多晶体。与之相对，玻璃是非晶态结构，由于具有中心对称性，因此显示出三次非线性。因此正考虑作为超高速开关元件用于光信息处理及光计算机的应用。

玻璃中，三次非线性等数从极小到非常大的都有。非线性系数极小的玻璃的实例是硅玻璃。在均质玻璃中，非线性等数大的有 TeO_2-$PbBr_2$ 玻璃。含有金微粒的玻璃及含有半导体 CuCl 微粒的玻璃显示出非常大的三次非线性。

碲酸盐玻璃有很多优异的光学性质，如折射率高，因此三阶光学非线性系数也大，有宽带光增益，因此可以作为光纤放大器使用；硫系玻璃在红外有很宽范围的透明区，它的声子能量低、光敏性强、折射率高，能制成光纤和光波导，因此，硫系玻璃有可能作为电光调制器件用于红外波段。

6.16.3 藉由非线性光学玻璃实现超高速光开关

在强激光的作用下，光与原子外层电子云、原子核的相互作用，改变了光学介质的微观结构，导致其折射率升高。利用这种原理，通过选择非线性折射率受光强度影响大、响应时间短的材料（掺杂了 CdTe 等硫属化合物、CuCl 等卤素化合物、金属微粒或有机染料等的玻璃）可制成光开关，用于光行进方向的变更及通路的切换。

光开关必须做到对光信号参量的改变是可逆的或可恢复性的，而且应该做到完成开关所耗费的时间远比维持参量状态的时间短得多。

对光开关参量的要求：低开关功率（小于等于毫瓦量级），接近或低于光信号功率；高开关速度（小于等于皮秒量级），超过电子开关速度；光学性能好，吸收小，对工作波长透射率高；尺寸小（纳米至微米量级）；工艺简单，制作成本低。光开关的特性参数主要有：插入损耗，回波损耗，隔离度，串扰，工作波长，消光比，开关时间，开关功率。

光开关广泛应用于通信网络安全和器件检测，光通信网络技术，波长转换器，光学分插复用器，光学交叉互联网络，光学时域开关与网络等光通信领域。

6.16.4 热转态、光转态和紫外线转态

非线性光学玻璃（如石英玻璃、碲化物玻璃等）在外加热、光或紫外线的作用下，微观结构发生变化，晶体中出现反演中心，与光的相互作用也随之变化，可出现由三次非线性玻璃向二次非线性玻璃转化的现象，即所谓转态。

转态（polling）是对石英玻璃及碲化物玻璃外加高电压或强光照射时，由三次非线性玻璃变为二次非线性玻璃的现象。

热转态是利用约 300℃ 下施加高压，将放置于两个不锈钢电极、绝缘体（显微镜用玻璃）之间的碲化物玻璃及二氧化硅玻璃实现转态。玻璃的转态效果的验证：当有 1.06μm 波长的光入射时，会有第 2 高次谐波（波长为 0.53μm）的光射出。

光转态是利用用于掺杂锗的二氧化硅光纤的转态处理。例如，波长 1.06μm 的光透射光纤时，波长为其 1/2 的第 2 高次谐波（波长 0.53μm 的光）会从光纤的长度方向发出；紫外线转态是在二氧化硅系玻璃被施加电压的状况下，入射 193nm 的紫外线（ArF 准分子激光），来实现位于两电极之间的玻璃的转态。

转态效果的验证：当波长 1.5μm 的光入射时，藉由偏光面的旋转可以确认转态效果。

本节重点

（1）何谓非线性光学玻璃？非线性光学玻璃有哪些用途？
（2）有哪些方法可以实现光纤中的光开关，请分别加以介绍。
（3）请解释光的热转态、光转态、紫外线转态的原理。

光纤布拉格（Bragg）格子的制作

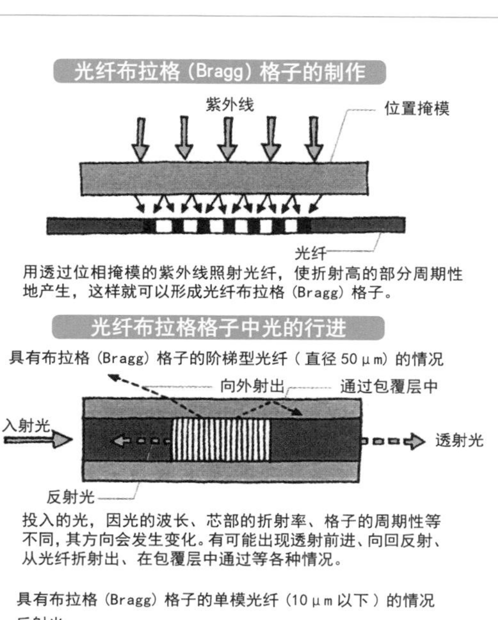

用透过位相掩模的紫外线照射光纤，使折射高的部分周期性地产生，这样就可以形成光纤布拉格（Bragg）格子。

光纤布拉格格子中光的行进

具有布拉格（Bragg）格子的阶梯型光纤（直径 50 μm）的情况

投入的光，因光的波长、芯部的折射率、格子的周期性等不同，其方向会发生变化。有可能出现透射前进、向回反射、从光纤折射出、在包覆层中通过等各种情况。

具有布拉格（Bragg）格子的单模光纤（10 μm 以下）的情况

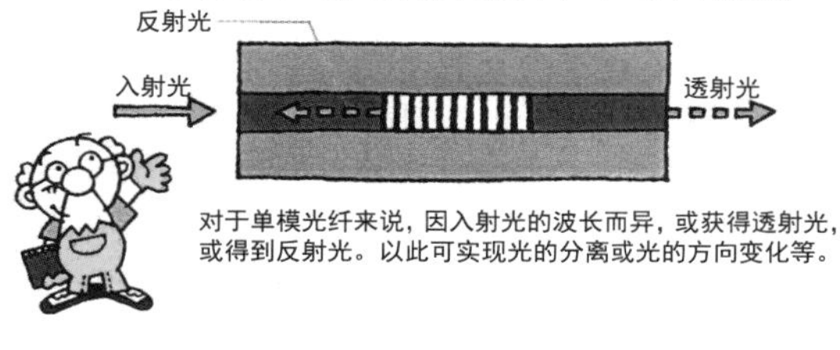

对于单模光纤来说，因入射光的波长而异，或获得透射光，或得到反射光。以此可实现光的分离或光的方向变化等。

名词解释

准分子激光器：含惰性气体分子的高效率、高输出功率的激光器。其中 193nm（ArF）、248nm（KrF）等的紫外激光器极为重要。

1

非线性光学玻璃

SiO_2 玻璃 —— 玻璃

TeO_2-$PbBr_2$ 玻璃 —— 玻璃

嵌金玻璃 —— 金微粒子、玻璃基体

含CuCl 嵌金玻璃 —— CuCl 微粒子、玻璃基体

非线性玻璃的应用

①用作高速开关
用作光的开关，通路的超高速变更等。

②短波长光的发生
近红外光射入三次非线性玻璃时，会发生波长为近红外光 1/3 的近紫外光。

近红外光（波长 1.06 μm）

近紫外光（波长 0.335 μm）

非线性光学玻璃

玻璃种类	微细结构	$\chi^{(3)}$/esu
SiO_2 玻璃	均一	4×10^{-15}
TeO_2-$PbBr_2$ 玻璃	均一	10^{-12}
嵌金玻璃	金微粒子分散	10^{-8}
含半导体 CuCl 的玻璃	CuCl 微粒子分散	10^{-6}

随着光的强度变大，非线性光学效果会显现出来，但特别将非线性系数（对于玻璃是指三次非线性感受率 $\chi^{(3)}$）大的玻璃称为非线性光学玻璃。表中第一栏的 Si_2O 玻璃用于参照。

名词解释

飞秒：10^{-15}s，即 1 亿分之一秒的千万分之一。这一极短时间与原子振动的周期不相上下。
三次非线性：在玻璃等具有中心对称性的物质中发现的非线性，可用于超高速开关、1/3 波长光的发生等。

2

藉由非线性环形反射镜的光纤开关

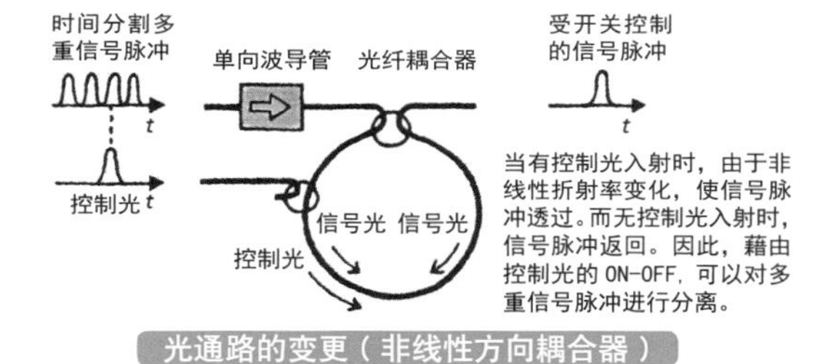

当有控制光入射时，由于非线性折射率变化，使信号脉冲透过。而无控制光入射时，信号脉冲返回。因此，藉由控制光的 ON-OFF，可以对多重信号脉冲进行分离。

光通路的变更（非线性方向耦合器）

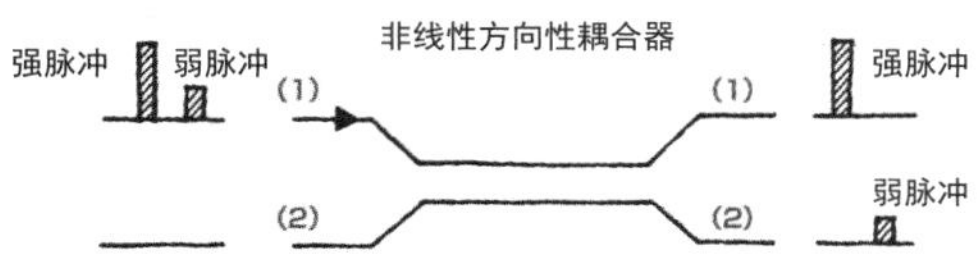

弱脉冲光从（1）波导移向（2）波导，而强脉冲光通过（1）波导。这是由于因强脉冲光的作用，（1）波导的非线性折射率增大所致。

利用光吸收型双稳定性（双稳态）的 ON-OFF 开关

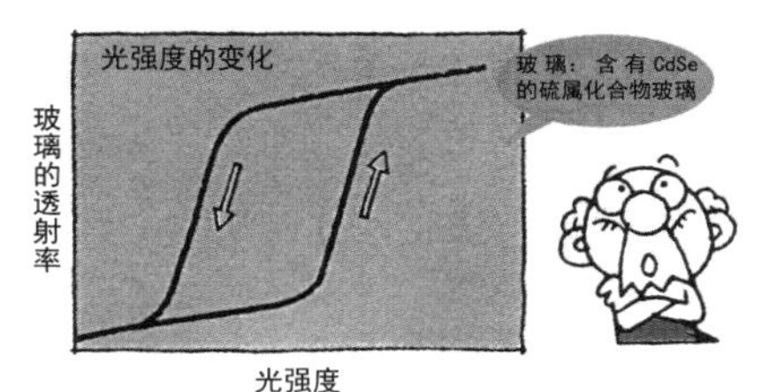

如左图所示，光弱时玻璃的透射率低，光不能透过，而当入射光的强度变大时，藉由非线性光学效应（吸收饱和），透射率升高，从而光能透过。

名词解释

非线性折射率：正确地讲，玻璃的折射率是线性折射率和与光的强度相关的非线性折射率之和，因此，当光的强度高时，对光的折射率变大。
光开关：光的 ON-OFF，用于行进方向的变更以及通路的切换。在光信息处理中，作为高速开关十分重要。

3

热转态（利用约 300℃ 下施加高压的方法）

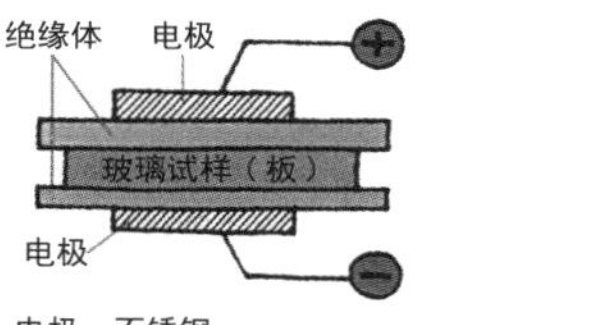

电极：不锈钢
绝缘体：显微镜用玻璃
（在碲化物玻璃及二氧化硅玻璃转态中所使用的方法）

玻璃的转态效果的验证
1.06 μm光
0.53 μm 光

当有 1.06 μm 波长的光入射时，会有第 2 高次谐波波长为 0.53 μm 的光射出。

光转态（利用光纤的转态）

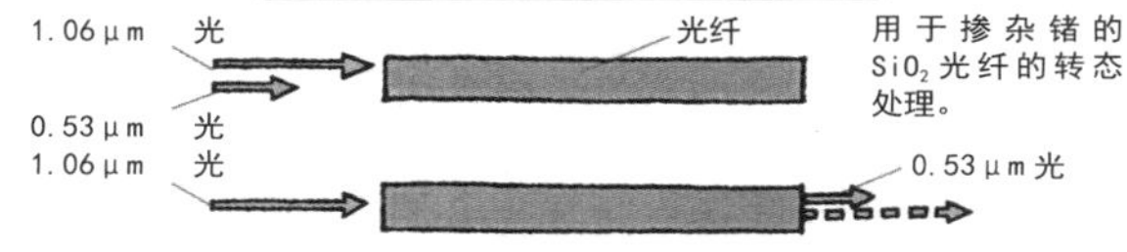

用于掺杂锗的 SiO_2 光纤的转态处理。

波长 1.06 μm 光透射光纤时，波长为其 1/2 的第 2 高次谐波（0.53 μm 光）会从光纤的长度方向发出。

紫外线转态（polling）

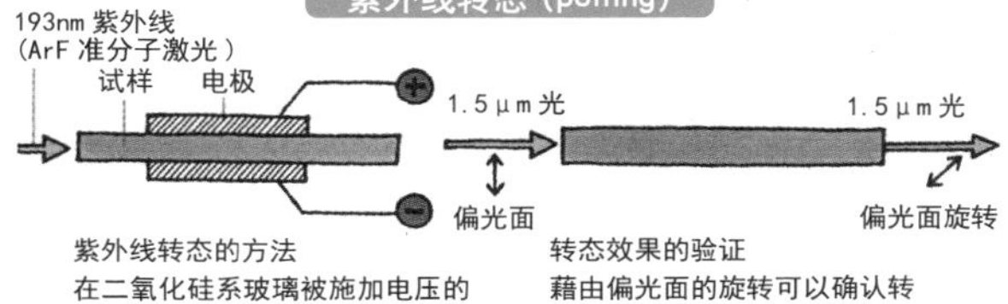

紫外线转态的方法
在二氧化硅系玻璃被施加电压的状况下，入射 193nm 的紫外线

转态效果的验证
藉由偏光面的旋转可以确认转态效果。

名词解释

转态（polling）：对石英玻璃及碲化物玻璃外加高电压，或强光照射时，由三次非线性玻璃变为二次非线性玻璃的现象。
第二高次谐波：当用某一波长的激光照射二次非线性物质时，后者所产生的波长为照射光波长二分之一的发射光。

4

6.17 高新技术前沿用玻璃材料（2）

6.17.1 上变频——可将红光变为蓝光的玻璃

上变频是指将低频率光转变为高频率光的过程。近 20 年来强的蓝光成为人们关注的话题。一是因为蓝光容易转变成波长更长的光，从而为实现全色显示创造了条件，二是利用短波长的蓝光驱动光信息处理器件，既可实现高效率又可实现高密度。以 CD、DVD 等光盘中存储的数据为例，若所使用光的波长变为原来的 1/2，则存储的信息量可增加至 1.4 倍。

为了藉由 LED 发生蓝光，需要使用属于Ⅲ - Ⅴ族化合物的氮化镓（GaN）系半导体材料。与之相对，采用玻璃也能产生蓝光。

为了藉由玻璃产生蓝光及绿光，需要利用上变频现象。所谓上变频，是指当用长波长光（光子能量小的光）照射玻璃时，在玻璃中可将其变换为短波长光（光子能量大的光）的现象。众所周知，物质受光照射会产生荧光，但与迄今为止的荧光所不同的是，所产生光的光子能量比入射光的高。

那么，是何原因导致上变频现象发生呢？由于是变换为光子能量更高的光，因此二阶段的激发必不可少。所使用的长波长的光子被玻璃中的稀土离子吸收，从而电子跃迁至高能级，该电子再吸收另一个长波长的光子并跃迁至更高的能级，当由此返回到基态能级时，就会产生比所使用的光波长更短的光（亦称其为荧光）。

如此看来，为了使二阶段的激发发生，跃迁至高能级的电子在受到第二阶段的激发之前，必须停留在此高能级上。为此，需要采用稀土离子。稀土离子的激发能级所利用的是 4f 电子，该电子受到其外侧电子的屏蔽作用，不会参与原子热振动而受热激发。因此，由于二阶段的光子激发而高效率地发出上变频荧光。

6.17.2 作为超高密度存储材料的玻璃

光谱烧孔（SHB）玻璃是最近发展的显示新功能的光学玻璃的一种。因其能在小玻璃片上即可极大量地记录信息，作为高密度记录材料而受到期待。

为了扩大像光盘那样的记录材料的存储容量，一般是采取缩小每个比特所占面积的方法。例如，采取将记录道（track）的宽度缩小至 1μm 以下的措施，实现了 DVD 等的大记录容量。但是，像这种靠减小每比特面积来增加记录容量的方法，目前已经达到极限，有必要开发人们所期望的更显著增加容量的方法。作为新尝试的一种，便是利用 SHB 玻璃的方法。

含有作为着色离子的钐离子（Sm^{2+}）的玻璃就是优秀的 SHB 材料。测量这种玻璃的吸收谱，可以发现由钐离子引起的很宽的吸收带。这种吸收带被认为是非均匀吸收带，但是带之所以加宽，是由于钐离子周围原子的排布有种种不同（源于玻璃的非晶态结构），由于原子排布不同造成吸收波长有少许且连续的差异所致。

那么，用对应于某一特定均匀吸收带波长的，单一波长的激光照射，由于该部分的光被吸收而消失，在不均匀的吸收带中会产生吸收孔（hole）。可以做出大量的这种孔，而且在室温能维持这种孔是 SHB 玻璃的特征。

在利用 SHB 进行存储的过程中，与小型光盘同样，将二维布置的存储单元一个一个地藉由 SHB 做成周波数多重的存储斑点。由于是以藉由空间烧孔的存储数与周波数多重的烧孔数的乘积，因此存储密度可达到所期望的增加。

6.17.3 长时间发光的玻璃

受可见光、紫外线、电子束以及 X- 光照射引起的发光分为荧光和磷光两种。在玻璃中，如果含有铽（Tb）、铕（Eu）、镨（Pr）等稀土元素，就可以看到红色及绿色的荧光，这种荧光是由于激发辐射线照射，使稀土离子的多条 4f 轨道间发生电子迁移所发出的。这种荧光的寿命极短，只有千分之一秒以下，因此，一旦辐射线的照射停止，荧光便会消失。

与荧光相对，还有可长时间发光的磷光，尽管这种发光也是由于稀土元素 4f 能级间的电子迁移所引起的，不过还要加上参与其他场所发光的电子在一段时间内被所谓捕获的过程。

现对铽离子（Tb^{3+}）玻璃长时间发光的原理做简要说明。这种玻璃受紫外线照射，Tb^{3+} 的电子被激发，激发电子离开 Tb^{3+} 被捕获于氧缺陷中而呈准稳态。这种捕获的结合能与常温下的热振动能量（0.025eV）不相上下，因此，若玻璃保持在常温，藉由热振动的能量，被捕获的电子会从氧缺陷中解脱并迁移至玻璃中，再被原来的铽离子（Tb^{3+}）捕获，成为激发状态的 Tb^{3+}，当这种激发状态的离子返回至基态时便会发光。这种发光过程是以统计学规律发生的，因此，可以长时间持续，如果含有高浓度的 Tb^{3+}，则可以得到发光时间 10h 以上的玻璃。

如果能进一步改善这种玻璃的性能，有可能实现白天利用太阳光蓄光，夜间利用蓄光照明的真正意义上的节能灯。

6.17.4 利用飞秒脉冲激光进行玻璃的体内加工

所谓飞秒，即 10^{-15}s。飞秒的时间极短，与原子的热振动周期不相上下。利用飞秒脉冲激光的照射加工玻璃，可以获得高性能的功能材料。下面，以玻璃加工中所使用的飞秒脉冲激光的模式为例，对其特征和作用加以说明。

取模式激光的平均输出功率为 0.5W，脉冲的持续时间 100 飞秒，波长 600nm，往返 200kHz（$=2\times10^5$Hz）的脉冲激光。在这种模式中，在脉冲内会产生极强光的电场。这种光的电场，若对激光聚焦，可以获得更高强度的光。例如，若将直径 1mm 的激光束聚焦为 1μm 的圆，则强度可增强至 10^6 倍。

随着光强度变得极大，会引起 2 光子过程和 3 光子过程。所谓 2 光子过程是指将原来光的光子能量增大至 2 倍，换句话说，波长 600nm 的光作为 300nm 的光而起作用。

这样，在被聚光前不被玻璃吸收的光，在聚光位置作为紫外线而被玻璃吸收，并在该处引起玻璃的变化。这便是利用飞秒脉冲激光进行玻璃体内加工的原理。

利用上述飞秒脉冲激光的特征，通过在透明玻璃内部所希望的场所引起变化，有可能写入（即加工成）超高密度存储器及光回路，以及形成显示其他功能的玻璃。为此，使激光透过凸透镜照射玻璃，使聚焦点置于玻璃内所希望加工的位置。由于波长是 600nm，激光能在玻璃中透过。而在聚焦点由于 2 光子过程作用于玻璃，则会对玻璃进行加工，例如，在聚焦点使折射率增大。通过使这种聚焦点线状移动，就可以在玻璃内部制作出折射率高的线。

本节重点

（1）何谓上变频？请说明上变频的机制。
（2）请说明可长时间发光玻璃的原理。
（3）请指出飞秒（10^{-15}s）脉冲激光的特征。

上变频（低频光变为高频光）玻璃

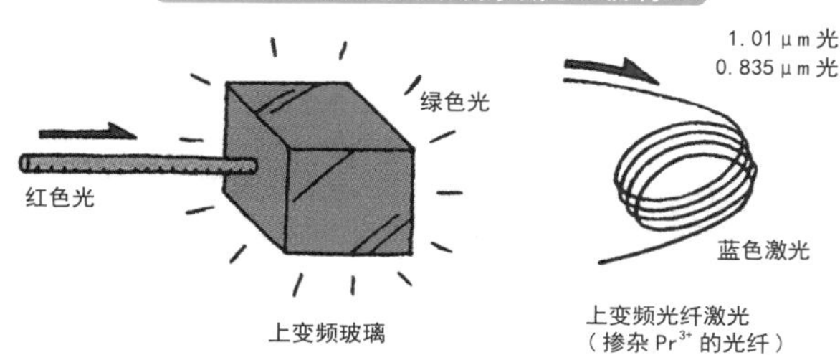

上变频的机制

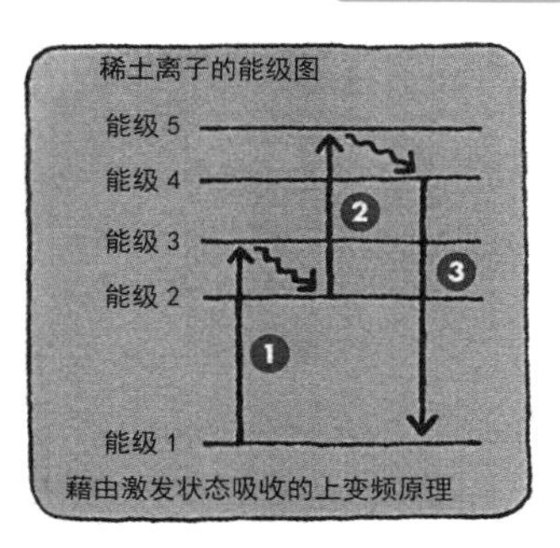

在上变频机制之一的激发状态吸收机制中，首先光子被吸收，稀土离子的能量从能级 1 上升到能级 3。其后，由于非辐射迁移，下降到能级 2。在这里，吸收电子，离子的能量从能级 2 上升到能级 5，由于非辐射迁移，下降到能级 4。从能级 4 到能级 1 的迁移时，会放出比激发所使用的光子能量更高的光子，因此所产生的是上变频荧光。

名词解释

光子能量：光由光子（photon）产生时，振动频率为 ν 的光所具有的能量为 $h\nu$（h 为普朗克常数）

1

光吸收的不均匀宽度和均匀宽度的模式

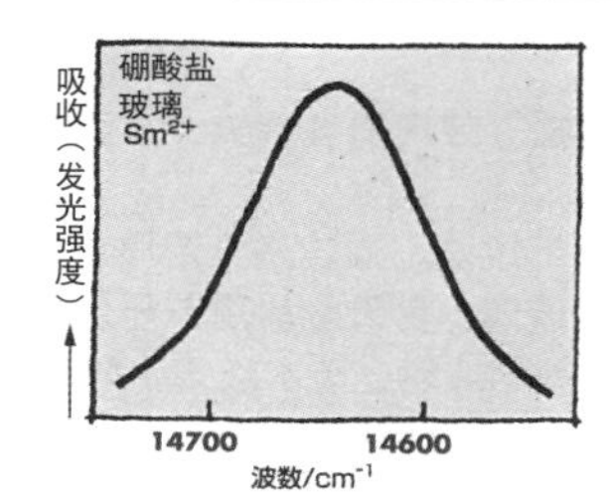

(a) 不均匀宽度峰的测定曲线

均一宽度的峰

14700　14600　波数/cm⁻¹

(b) 测定曲线是均匀宽度峰的合计（均匀宽度的峰为模式图）

均匀宽度：相同环境的 Sm^{2+} 的峰。

不均匀宽度：不同环境的 Sm^{2+} 均匀宽度峰的合计。

利用光谱孔烧的高密度存储的考虑方法

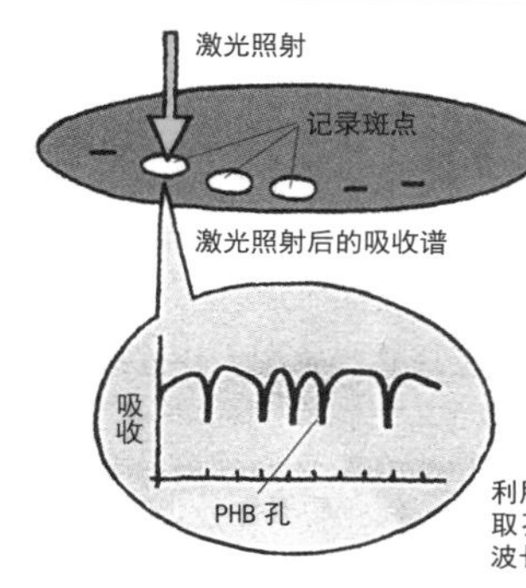

左图表示利用光谱孔烧孔进行存储的原理。与小型光盘同样，将二维布置的存储单元一个一个地做成光谱烧孔的存储斑点。由于是以藉由空间斑点的存储与周波数多重的烧孔（PHB 存储）数的乘积，可期待存储密度变大。如果能做出 100 个光谱孔，则存储密度可提高到 100 倍。

利用光谱孔烧孔的存储方式。取孔的波长为 1，而无孔的波长为 0。

名词解释

吸收谱：任何波长的光透过物体后都会发生与波长相关的吸收后所显示的谱。无色透明玻璃的可见光吸收谱中并不出现吸收峰。

2

制作长时间发光的玻璃（藉由红外线或 X 射线的照射）

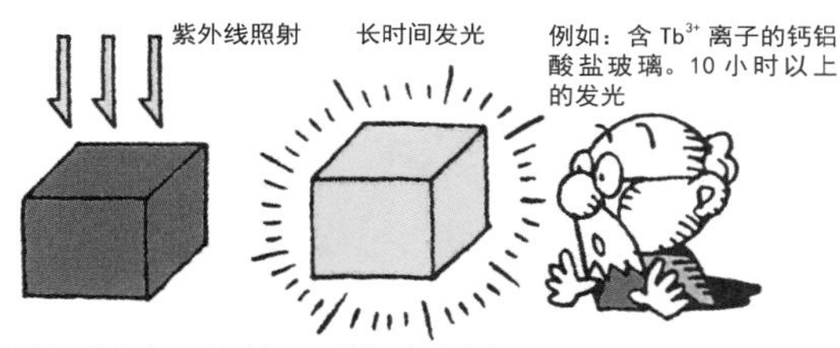

例如：含 Tb^{3+} 离子的钙铝酸盐玻璃。10 小时以上的发光

利用飞秒激光的照射制作长时间发光的玻璃。
用波长 800nm 的飞秒激光照射

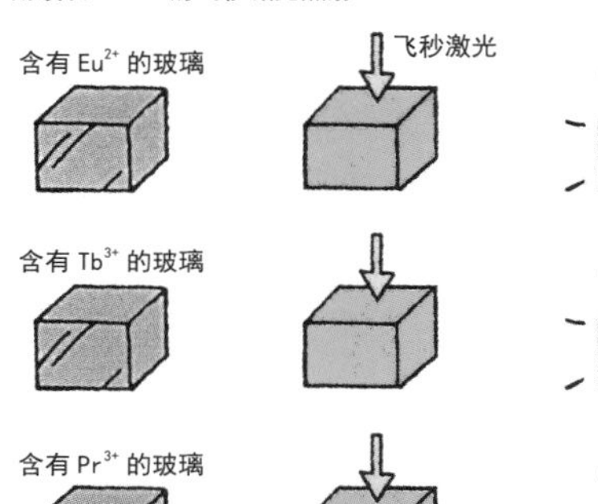

长时间发光

蓝

绿

红

长时间发光的理由是，由于受紫外线及飞秒激光照射，从稀土离子飞出的电子或空穴在别的位置立即被捕获。这种热激发在返回原来的稀土离子的位置时，对应稀土离子的从激发状态返回基态的能量，而发射相应的光

名词解释

电子迁移：属于一个离子的电子能级间的迁移。从高能级到低能级的迁移在 1/1000 秒左右的短时间内发生。
荧光和磷光：荧光属于离子的电子能级间的迁移，因此，短时间内发光即可结束，而在一个离子被捕获于别的能级的情况下，则可持续长时间的发光。

3

飞秒（10^{-15}s）脉冲激光的特征

(1) 100fs 脉冲中的光波（波长 800nm）的数约为 40。若是 1fs，则只有 0.4 波长。
(2) 1×10^{-13}s 的现象。由于固体、分子中的原子振动频率在 $10^{13}\sim10^{14}$/s，因此 1 次的振动时间为 $10^{-13}\sim10^{-14}$/s。这样，飞秒脉冲激光就有可能与原子的振动发生共振。
(3) 100fs 脉冲中的光强度
激光的强度 =0.5W=0.5J/s
脉冲内的光的电场强度
$=0.5J/(2\times10^{5}\times10^{-13}s)$
$=2.5\times10^{7}J/s$（非常强）
(4) 藉由集光使强度显著增大：
若将 1mm 直径的激光集光为 1μm 的直径，则强度进一步增大到 10^{6} 倍，即达到 $2.5\times10^{13}J/s$。
(5) 2 光子过程：
若光的强度变得极大，还会发生 2 光子过程、3 光子过程。所谓 2 光子过程，是原来的光由于光子能量变为 2 倍的光的特性。例如由于 600nm 的光变为 300nm 光的特性。

飞秒（10^{-15}s）脉冲激光作用的特征

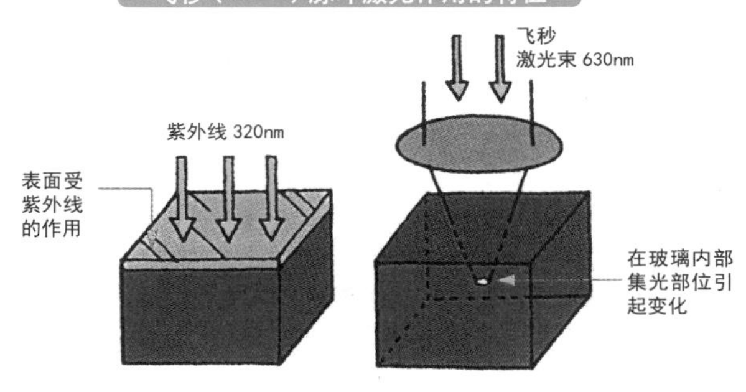

表面：玻璃使紫外线吸收　　表面部位：由于 2 光子过程使光吸收

名词解释

2 光子过程：当光强时，光的光子两个集合，产生二倍的光子能量的作用。当光弱时，即使不被吸收的可见光部分的光，如果变强，也会与玻璃产生相互作用。

4

名词术语和基本概念

玻璃的发现，玻璃的传播，玻璃的发展史，美索布达尼亚玻璃，苏打石灰玻璃，中国古代玻璃，铅玻璃，天然玻璃，玻璃的传统定义和现代定义

箱式窑，熔凝，澄清，下拉法，溢流法，溶胶 - 凝胶法，金属玻璃，PDP 用高屈服点玻璃，TFT LCD 用无碱玻璃

单向透射玻璃，自清洁玻璃，夏天冷房用节能玻璃，防盗玻璃，防弹玻璃，防火玻璃，电致变色玻璃，防水雾玻璃，中空玻璃，钢化玻璃，化学钢化玻璃，疏水玻璃，防紫外线玻璃，隐蔽玻璃，反光玻璃微球，玻璃天线，玻璃制人造骨，玻璃医疗材料，放射性废弃物固化材料

石英玻璃，结晶化玻璃，硫属化合物玻璃，氟化物玻璃，超离子电导玻璃，透明导电玻璃，光纤玻璃，非线性光学玻璃，光纤放大器玻璃，光开关玻璃，光变频玻璃

思考题及练习题

6.1 简述玻璃的发现、传播与发展史。
6.2 最早出现的美索布达尼亚玻璃和中国古代玻璃的主要成分有什么区别？
6.3 给出玻璃的定义（传统定义和现代定义）。
6.4 何谓浮法玻璃？浮法生产的典型玻璃厚度是多少？要想生产更薄或更厚的浮法玻璃应采取什么措施？
6.5 为什么 TFT LCD 用玻璃基板不能用浮法而必须用溢流法制作？请画出溢流法制作玻璃板的简图。
6.6 何谓金属玻璃？金属玻璃是如何制作的？
6.7 何谓单向透射玻璃、自清洁玻璃、夏天冷房用节能玻璃？它们是如何制作的？
6.8 何谓中空玻璃、防火玻璃、防盗玻璃、防弹玻璃？它们是如何制作的？
6.9 指出道路标志用玻璃微球的反光原理，导出微球直径与玻璃折射率之间的定量关系。
6.10 何谓钢化玻璃和化学钢化玻璃？它们是如何获得的？
6.11 何谓结晶化玻璃、硫属元素化合物玻璃、氟化物玻璃和超离子电导玻璃？指出它们的特点和应用。
6.12 光纤是如何制造的？说明光纤在通信中的应用。
6.13 说明光纤在光放大、光开关、光变频等领域中的应用。
6.14 借助材料科学与工程四面体，分别对石英玻璃和普通石灰苏打玻璃、玻璃和陶瓷加以比较。

参考文献

[1] 作花 済夫 . ガラスの本 . 日刊工業新聞社，2004 年 7 月
[2] 作花 済夫 . ガラス科学の基礎と応用 . 内田老鶴圃，1997 年 6 月
[3] 杜双明，王晓刚 . 材料科学与工程概论 . 西安：西安电子科技大学出版社，2011 年 8 月
[4] 马小娥，王晓东，关荣峰，张海波，高爱华 . 材料科学与工程概论 . 北京：中国电力出版社，2009 年 6 月
[5] 王高潮 . 材料科学与工程导论 . 北京：机械工业出版社，2006 年 1 月
[6] 周达飞 . 材料概论（第二版）. 北京：化学工业出版社，2009 年 2 月
[7] 施惠生 . 材料概论（第二版）. 上海：同济大学出版社，2009 年 8 月
[8] 杜彦良，张光磊 . 现代材料概论 . 重庆：重庆大学出版社，2009 年 2 月
[9] 雅菁，吴芳，周彩楼 . 材料概论 . 重庆：重庆大学出版社，2006 年 8 月
[10] 王周让，王晓辉，何西华 . 航空工程材料 . 北京：北京航空航天大学出版社，2010 年 2 月
[11] 胡静 . 新材料 . 南京：东南大学出版社，2011 年 12 月
[12] 齐宝森，吕宇鹏，徐淑琼 .21 世纪新型材料 . 北京：化学工业出版社，2011 年 7 月
[13] 谷腰 欣司 . フェライトの本 . 日刊工業新聞社，2011 年 2 月
[14] 理查德 • J.D 蒂利 . 固体缺陷 . 刘培生，田民波，朱永法译，田民波校 . 北京：北京大学出版社，2013 年 6 月

第7章

高分子及聚合物材料

7.1 何谓高分子和聚合物

7.1.1 树脂、高分子、聚合物、塑料等术语的内涵及相互关系

树脂（resin）即聚合物（polymer），有时特指成形用的原始聚合物（用于成形而配制的物质）。树脂包括天然树脂（natural resin）和合成树脂（synthetic resin）两大类。合成树脂常用于制作广义的塑料（plastic）。树脂一般认为是植物组织的正常代谢产物或分泌物，常和树胶与挥发油并存于植物的分泌细胞、树脂道或导管中，尤其是多年生木本植物心材部位的导管中。

高分子指一类将许许多多原子由共价键连接而组成的分子量很大（10^4~10^7，甚至更大）的化合物。定义也可以扩充为：分子主链上的原子都直接以共价键连接且链上的成键原子都共享成键电子的大分子量化合物。

由一种或几种低分子单元（单体）经聚合、共聚、缩聚反应，形成许多单体重复连接的高分子化合物称为聚合物，又称高聚物。聚合物包括天然与人工两大类。

热塑性聚合物（thermo plastic polymer）是指能反复加热熔化，在软化或流动状态下成形，冷却后能保持模具形状的聚合物。为线性或含少量支链结构的化合物。又被定义为狭义的塑料。热固性聚合物（thermo set polymer）是指在受热或在固化剂参与反应下，分子间可通过化学交联固化成网状体型结构，具有不溶、不熔性质的聚合物。

塑料一般指以合成树脂或化学改性的天然高分子为主要成分，再加入填料、增塑剂和其他添加剂，按不同要求制得的材料。根据美国材料试验协会所下的定义，塑料乃是一种以高分子量有机物质为主要成分的材料，它在加工完成时呈现固态形状，在制造以及加工过程中，可以借流动（flow）来造型。

7.1.2 乙烯分子中的共价键

在一个乙烯分子中，有一个碳碳双键共价键和四个碳氢单键共价键。在乙烯分子被活化时，在分子的每个末端产生的自由电子可以与其他分子的自由电子形成共价键。

乙烯中有 4 个氢原子被约束，碳原子之间以双键连接。所有 6 个原子组成的乙烯是共面的。H—C—C 角是 121.3°；H—C—H 角是 117.4°，接近 120°，为理想 sp^2 杂化轨域。这种分子也比较僵硬：旋转 C—C 键是一个高吸热过程，需要打破碳原子之间的 π 键，而保留 σ 键。VSEPR 模型为平面矩形，立体结构也是平面矩形。

双键是一个电子云密度较高的区域，因而大部分反应发生在这个位置。

乙烯分子里的 C═C 双键的键长是 1.33×10^{-10}m，乙烯分子里的 2 个碳原子和 4 个氢原子都处在同一个平面上。它们彼此之间的键角约为 120°。乙烯双键的键能是 615kJ/mol，实验测得乙烷 C—C 单键的键长是 1.54×10^{-10}m，键能 348kJ/mol。这表明 C═C 双键的键能并不是 C—C 单键键能的两倍，而是比两倍略少。因此，只需要较少的能量，就能使双键里的一个键断裂。这是乙烯的性质活泼，容易发生加成反应等的原因。

在形成乙烯分子的过程中，每个碳原子以 1 个 2s 轨道和 2 个 2p 轨道杂化形成 3 个等同的 sp^2 杂化轨道而成键。这 3 个 sp^2 杂化轨道在同一平面里，互成 120° 夹角。因此，在乙烯分子里形成 5 个 σ 键，其中 4 个是 C—H 键（sp^2—s），1 个是 C—C 键（sp^2—sp^2）；两个碳原子剩下未参加杂化的 2 个平行的 p 轨道在侧面发生重叠，形成另一种化学键：π 键，并和 σ 键所在的平面垂直。如：乙烯分子里的 C═C 双键是由一个 σ 键和一个 π 键形成的。这两种键的轨道重叠程度是不同的。π 键是由 p 轨道从侧面重叠形成的，重叠程度比 σ 键从正面重叠要小，所以 π 键不如 σ 键牢固，比较容易断裂，断裂时需要的能量也较少。

7.1.3 高分子的特征

高分子化合物是指由一种或多种简单低分子化合物聚合而成的相对分子质量很大的化合物，所以又称聚合物或高聚物。低分子化合物的相对分子质量通常在 10~10^3 范围内，分子中只含有几个到几十个原子；高分子化合物的相对分子质量一般在 10^4 以上，甚至达到几十万或几百万以上，它是由成千上万个原子以共价键相连接的大分子化合物。通常把相对分子质量小于 5 000 的称为低分子化合物；而大于 5 000 的则称为高分子化合物。

高分子对应的英文单词是 polymer，poly 与在 polynesia（波利尼西亚，太平洋岛国）中的情况相同，具有“大量”的意思。Polymer 即大量元素集合而成的物质。通常将塑料称为高分子（聚合物），但后者更强调分子（量）很大这一特征。高分子并非仅指塑料，构成我们身体的蛋白质、构成植物的纤维素、作为食物的重要营养源的淀粉等都属于天然的高分子。

在这些高分子化合物中，塑料具有“由低分子化合物人工合成的”这一鲜明特征。这种高分子的形成物称为合成高分子。除塑料之外，合成纤维、合成橡胶，还有大部分胶粘剂及涂料等也都是合成高分子。无论哪一种，都是在工厂中应目的要求，由低分子合成具有所希望的分子构造。

7.1.4 乙烯在引发剂 H_2O_2 的作用下发生聚合反应

乙烯分子中，碳原子以不饱和的双键共价结合，另外还与两个氢原子构成了稳定的 8 个电子壳层。如果加入一种引发剂，使乙烯中碳的双键结合被破坏成单键结合，则在碳原子的两端就都形成了自由基，由于价电子不再满足 8 电子壳层，便容易实现聚合，这样的结构即为链节。其对应的原始结构则为单体。单体是稳定的；链节是不稳定的，它趋于与其他链节结合，并最后形成聚乙烯的结构。

按照最简单的类比，聚合物的生长与火车车厢的连接相似；但是生长的过程是复杂的，因为单体放在一起并不能自动发生加聚反应。反应必须首先引发，接着增长，最后终止。乙烯的结构在一定的条件下，如压力、温度或添加引发剂，可使加聚反应发生。比如添加引发剂 H_2O_2，过氧化氢可分解成 2 个 OH 基团，即 $H_2O_2 \longrightarrow 2OH$，并使碳双键破坏，其中一个 OH 基团就附着在乙烯链节上，便开始了加聚反应。反应一旦引发开始，一个个乙烯链节便连接在引发后的乙烯碳键的自由基端，好像连锁反应会自发地进行下去。反应能自发进行的推动力是反应前后的能量变化，由于形成两个 C—C 单键反应放出的能量大于破坏一个双键需要的能量，所以加聚过程可以不断进行。但反应不会无限制地继续下去，当单体的供应耗竭时，或链的活性端遇到 OH 基体时，或两个生长链相遇并发生连接时，反应就终止了。这样，我们就可以通过控制加入引发剂的数量来控制链的长度。

本节重点

（1）请记住有关高分子和聚合物的名词术语。
（2）在高分子和聚合物中，有无摩尔质量的概念，为什么？
（3）举实例说明乙烯聚合为聚乙烯的反应。

树脂、聚合物、塑料等术语的内涵及相互关系

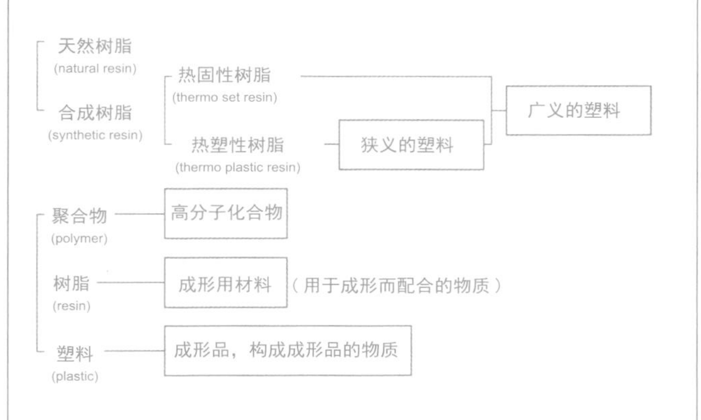

请记住下述术语的含义：

树脂：即聚合物。有时特指成形用的原始聚合物（用于成形而配合的物质）。树脂包括天然树脂和合成树脂两大类。

高分子：一类将许许多多原子由共价键联结而组成的分子量很大（$10^4 \sim 10^7$，甚至更大）的化合物。定义也可以扩充为：分子主链上的原子都直接以共价键连接且链上的成键原子都共享成键电子的大分子量化合物。

聚合物：由一种或几种低分子单元（单体）经聚合、共聚、缩聚反应，形成许多单体重复连接的高分子化合物。又称高聚物。聚合物包括天然与人工两大类。

热塑性聚合物：能反复加热熔化，在软化或流动状态下成型，冷却后能保持模具形状的聚合物。为线形或含少量支链结构的高分子化合物。

热固性聚合物：在受热或在固化剂参与反应下，分子间可通过化学交联固化成网状体型结构，具有不溶、不熔性质的聚合物。

塑料：以合成树脂或化学改性的天然高分子为主要成分，再加入填料、增塑剂和其他添加剂，按不同要求制得的材料。

1

乙烯分子中的共价键

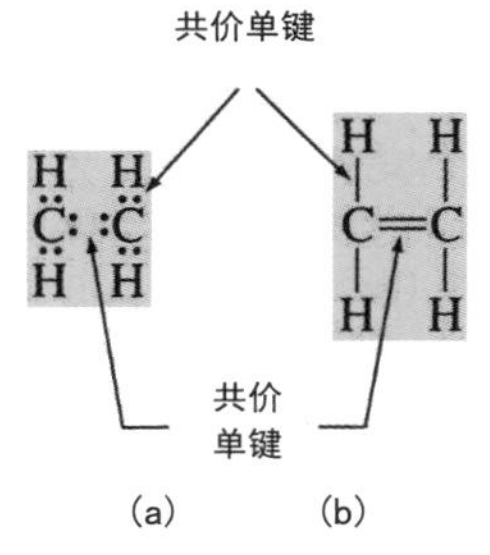

(a) 电子点（点代表价电子）和 (b) 短直线符号标出。在一个乙烯分子中，有一个碳碳双键共价键和四个碳氢单键共价键。双键在化学上比单键更活跃。

被活化的乙烯分子共价键结构

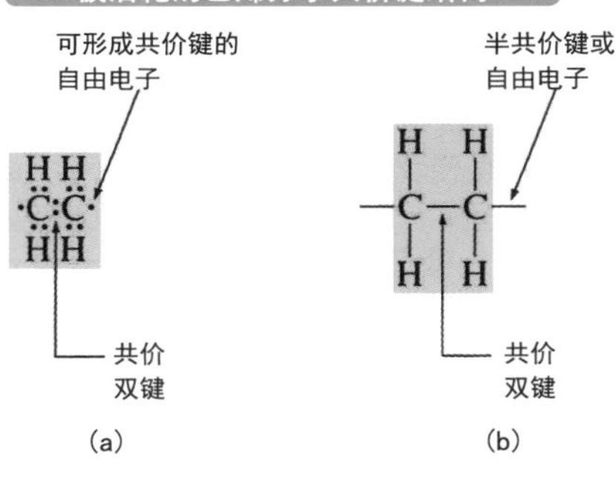

(a) 电子点符号（其中点代表价电子），在分子的每个末端产生的自由电子可以与其他分子的自由电子形成共价键。注意碳原子间的双键已减为一个单键。(b) 短直线符号，在分子末端产生的自由电子由氢与一个碳原子相连的单键表示。

2

由乙烯单体聚合成聚乙烯

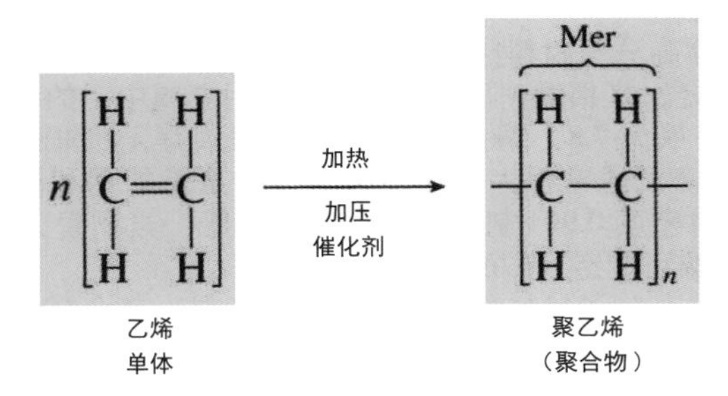

请记住下述术语的含义：

单体：合成聚合物的起始材料。单体是有机化合物独立存在的基本单元，是单个分子稳定存在的状态。

链节：高分子化合物中组成大分子链的结构相同的基本重复单元。链节的结构和成分代表了高分子化合物的结构和成分。

主链：构成高分子的骨架结构，以共价键（还可包括某些配位键和缺电子键）结合的贯穿于整个高分子的原子集合。

聚合度：大分子链中链节的重复次数。聚合度反映了大分子链的长短和相对分子质量的大小。

官能度：在一个单体上，能与别的单体发生键合的位置数目。例如，乙烯是具有双官能度的单体，只能形成链状结构，聚合成热塑性的塑料。因此，从根源上讲，是单体分子的官能度决定了高分子的结构。

多分散性：高分子化合物中各个分子的相对分子质量不相等的现象叫做相对分子质量的多分散性。多分散性决定了高分子化合物的物理和力学性能的大分散度。

平均相对分子质量：由于多分散性，高分子化合物的相对分子质量通常用平均相对分子质量表示。常用的有数均相对分子质量和重均相对分子质量，二者分别为：

$$\overline{M_n} = \frac{\sum N_i M_i}{\sum N_i}\ ;\quad \overline{M_w} = \frac{\sum N_i M_i^2}{\sum N_i M_i}$$

3

乙烯在引发剂 H_2O_2 的作用下开始聚合反应

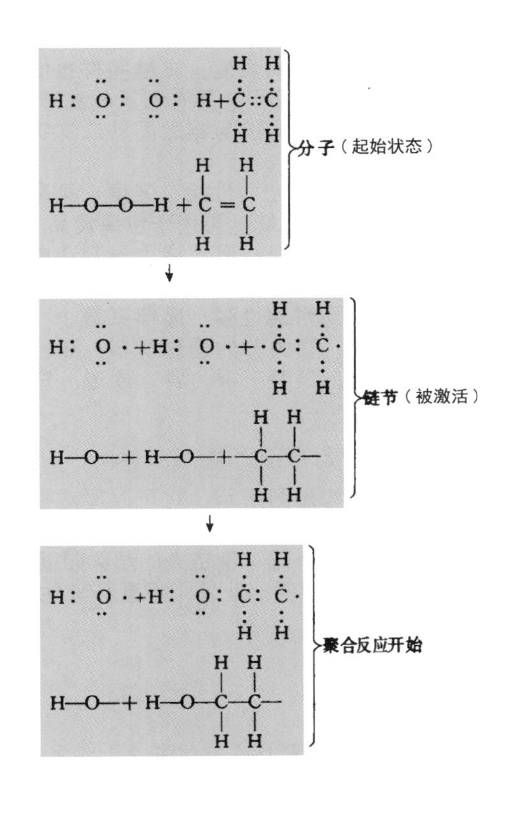

4

7.2 加聚反应和聚合物实例（1）——均加聚

7.2.1 由乙烯聚合为低密度聚乙烯和高密度聚乙烯

聚乙烯因聚合条件不同，既可以形成完全的线型高分子，又可以形成带分支的高分子。大致而论，若使之在激烈的条件下且短时间内发生反应，则分支变长。这样的聚乙烯为低密度聚乙烯（low-density polyethylene，LDPE）。低密度聚乙烯又被称为高压法聚乙烯。这是因为低密度聚乙烯是在150~200MPa的反应压力下制备的。在这种条件下容易产生分支。

乙烯在触媒或高温、高压条件下，变为容易反应的状态称为活性基（radical）。如果活性基与别的乙烯分子通过二重结合被附加，反应的结果是主链分子的延长（图（a）），这样的聚乙烯为高密度聚乙烯（high-density polyethylene，HDPE）。但并非只发生这种情况。在一定条件下，活性基有可能置换（取下）正在发生聚合的聚乙烯上的氢原子（图（b））。当然，该氢原子也是活性化的，由于它可使—CH_2—变为CH_3—，因此具有终止聚合反应的功能（图（c））。在低压且使用活性触媒使之发生聚合的情况下，（a）所示的反应为主；而在高气压下，（b）、（c）所示的反应也会变多。

从历史上讲，低密度聚乙烯是最早开发出的，随着高活性且选择性优良的触媒的开发，反应条件已变得相当宽松。其结果，分支多少、分支长短、分支位置等均可以控制，从而可以获得各种各样的聚乙烯产品。

7.2.2 乙烯基聚合物大分子链的结构示意

如果微观地考察某一聚乙烯链的一小段，则会发现它呈锯齿形结构，这是因为碳-碳共价单键之间的共价键角大约是109°。然而，在更大的范围内，非晶聚乙烯中的聚合物链却随意混乱地纠缠在一起，正像放入碗中的细面条一样。一个直线型聚合物的这种缠绕结构正如图中所示。对于一些聚合材料，聚乙烯是其中一种，会同时包含晶状和非晶的区域。这个主题将在7.12节做更详细的讨论。

聚乙烯中长分子链之间的结合由弱的，但持久的偶极子二次键组成。然而，长分子链的物理性纠缠同样也能增加这种类型的聚合材料的强度。支链同样也能够形成，它们会造成分子链的宽松堆积，并有利于非晶态结构的形成。线型聚合物的支链会减弱链与链之间的二次键，并且降低块体聚合材料的拉伸强度。

聚乙烯具有良好的光学性能、强度、柔顺性、封合性及化学惰性，且无毒、无味，可用于包装食品、纺织品，也可用作农用薄膜和收缩膜。聚乙烯用于制造中空吹塑和注塑生产容器，大量用于制造输油管、护套管、电线电缆等。超高分子量的聚乙烯耐磨性强，摩擦系数小，是用于制作人工骨宽关节、肘、指关节的理想材料。高密度聚乙烯还可用于制造人工肺、气管、喉、肾、尿道、矫形外科材料和一次性医疗用品。

7.2.3 氯乙烯聚合为聚氯乙烯

聚氯乙烯的结构如图所示，它可以看成是在聚乙烯的链节中，有一个氢原子被氯原子替换而构成的。由于氯的相对原子质量是氢的35倍，侧链大的塑料硬度变高，因此，聚氯乙烯属于较硬的塑料。此外，卤素与其他的元素不同，由于是不可燃的，因此聚氯乙烯是难燃塑料。而且，卤素加入分子中使其化学更稳定，故聚氯乙烯在耐光、耐酸、耐碱性等方面优良。从另一方面讲，由于氯的相对原子质量大，因此聚氯乙烯相对较重，其相对密度为1.3。由于耐久性强且不易燃烧，广泛用于建材及土木资材。由于其耐化学药品性优良，在化学装置中也多有采用。在施工现场见到的灰色的管道及楼房的雨水通道等，都是由聚氯乙烯制造。

纯的聚氯乙烯加工困难，通常需要加入增塑剂、热稳定剂、光学稳定剂、润滑剂和填料等。与聚乙烯不同的是，聚氯乙烯制品都是多组分塑料。

聚氯乙烯（PVC）是一种应用广泛，世界第二大吨位的合成塑料。PVC用处如此之广，主要原因是其具有抗化学腐蚀性，加入添加剂可合成很多种物理化学性能各异的化合物。

7.2.4 丙烯酸酯树脂的聚合反应

丙烯酸酯树脂（PPMA）的化学结构如图所示，由于侧链很大，属于非结晶性（非晶态）的硬质材料。在我们常见的塑料中，是透明性最高的（普通光线为90%~92%，紫外线为73%~76%）。因此，有时也称为有机玻璃，作为玻璃的替代材料应用广泛。

表中列出丙烯酸酯树脂的应用概况。作为日用品，有台面水晶板、餐具、文具、装饰品等；在电气制品方面，有照明器具、遥控器窗、仪表盘、各类面板等；在用于汽车方面，有各类灯具、风挡、遮阳板等。而且，由于可精密成型，故在光学机器领域应用很多。目前，眼镜、照相机、CD、各类显示器等都离不开丙烯酸酯树脂。

丙烯酸酯树脂作为其他塑料所没有的用途，是片材和铸料。片材以板状交货，再由用户加工成看板及水槽等。铸料以所谓糖浆态的低分子液状物供货，再由用户在模具中实现高分子化，做成需要的制品。

与金属材料、无机非金属材料比较，高分子材料具有下述特点：

（1）高分子材料比金属和陶瓷、水泥、玻璃等无机非金属材料轻。其相对密度约为1，而常用金属中铝的相对密度为2.7，铁为7.8，铜为8.9，陶瓷、玻璃等无机非金属材料的相对密度通常都大于2.5.如果相同重量的钢和聚丙烯塑料（相对密度0.90）制造相同口径的水管，当钢管为1m时，用聚丙烯可制造8.67m。

（2）高分子材料制造方便，加工容易。其合成和加工温度通常在300℃以下，远低于熔炼金属和烧制陶瓷、水泥、玻璃的温度，能显著节约能源。例如，低密度聚乙烯塑料的制造过程的能耗仅为炼钢的23%，铸铝的15.7%。

（3）高分子材料的品种繁多，结构多样，性能各异，用途广泛，从柔软的橡胶到刚硬的工程塑料，从绝缘材料到半导体甚至导体材料，还可以根据需要进行分子设计和“剪裁”，以满足不同的性能和使用要求。

（4）高分子材料的耐腐蚀特性好，但耐热性和使用温度比金属材料及无机非金属材料低，在热、氧、光、臭氧等条件下容易发生老化，导致性能降低甚至破坏。

本节重点

（1）加聚反应和缩聚反应有何不同，各举出实例说明。
（2）何谓单体、链节，聚合物和链节相互之间有什么关系？
（3）说明官能度与聚合物结构形态的关系。要由线型聚合物得到网状聚合物，单体必须具有什么特性？

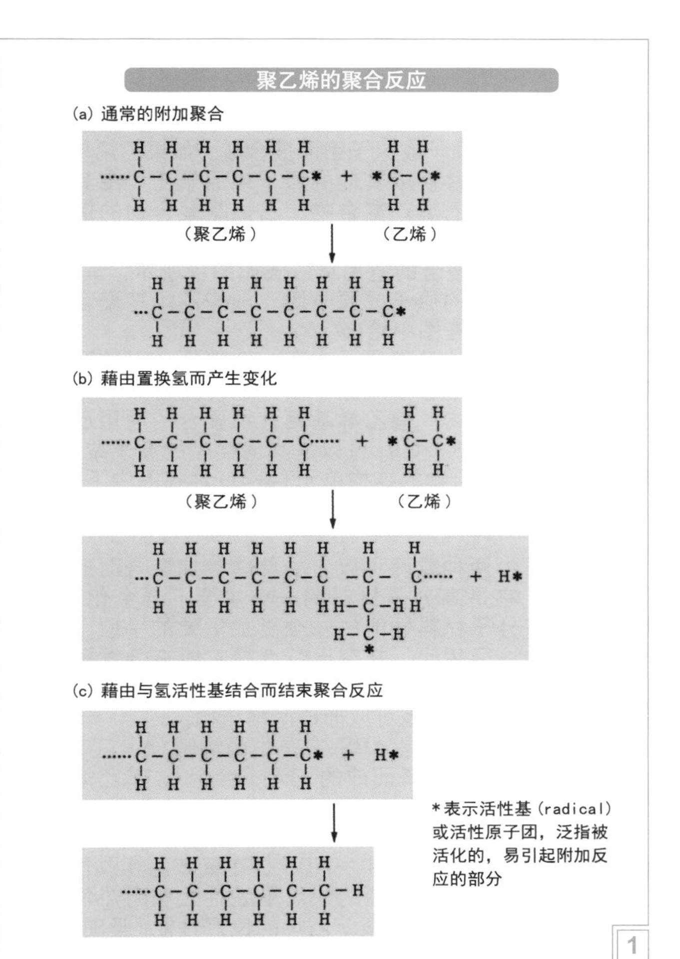

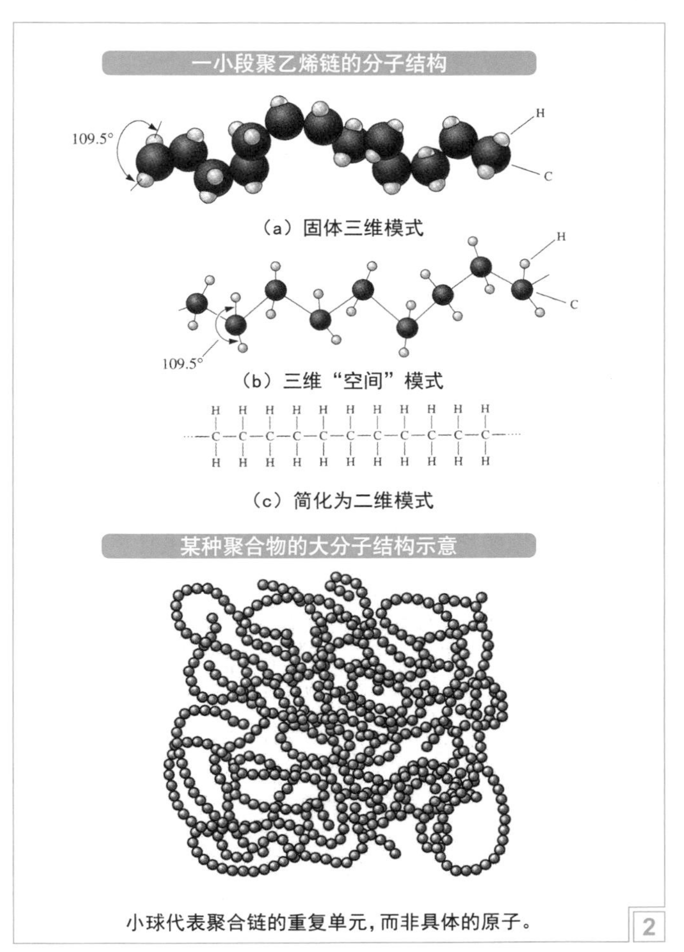

由氯乙烯聚合为聚氯乙烯

○氯乙烯单体

$$\mathrm{CH_2{=}CHCl}$$

○乙烯

$$\mathrm{CH_2{=}CH_2}$$

○氯乙烯的聚合

$$n\,[\mathrm{CH_2{=}CHCl}] \xrightarrow{\text{聚合}} \sim\!\mathrm{CH_2{-}CHCl{-}CH_2{-}CHCl{-}CH_2{-}CHCl{-}CH_2{-}CHCl{-}CH_2{-}CHCl{-}CH_2{-}CHCl{-}CH_2{-}CHCl}\!\sim$$

聚氯乙烯

(氯与氢相比要大得多，因此使分子难以运动)

聚氯乙烯的用途

硬　质	软　质	溶　胶
建筑用管材 建筑用异形材 寒冷地区用窗框 壁纸 地板、台面用材 工业机器设备 机器罩盖、台架 设备外壳、底架	充气玩具 塑料袋，袋状物 家具外覆层 电线包覆材 办公用品 塑料覆膜钢板 农业用膜 包装用膜 家用卷膜	厨房用手套 玩具(人形、怪兽) 工具握手包覆 金属丝网包覆 工业用筒、罐内衬

3

丙烯酸酯树脂的分子结构

○丙烯酸酯单位

$$\mathrm{CH_2{=}CH{-}CH_2{-}C({=}O){-}O{-}CH_3}$$ 简记为 Ma

○丙烯酸酯的聚合

$$n\,[\mathrm{CH_2{=}CH\,Ma}] \xrightarrow{\text{聚合}} \sim\!\mathrm{CH_2{-}CH\,Ma{-}CH_2{-}CH\,Ma{-}CH_2{-}CH\,Ma{-}CH_2{-}CH\,Ma{-}CH_2{-}CH\,Ma{-}CH_2{-}CH\,Ma{-}CH_2{-}CH\,Ma}\!\sim$$

丙烯酸酯树脂

(硬且透明的塑料)

丙烯酸酯树脂的用途

领域	用　途	领域	用　途
日用品	台面水晶板 餐具 文具 装饰品，服装饰品 眼睛，放大镜，透镜	汽车	尾灯 仪表盘、盖 指示灯 风挡，遮阳板
		建材	取光窗 房间隔段，屏风 门，窗
电气制品	照明器具 遥控器窗 仪表盘、盖 各种显示器 自动售货机前面板 各种操作面板	其他	航空机窗 各种看板 蔬菜大棚，农业用温室 水槽，鱼缸 工作机械盖、罩

4

7.3 加聚反应和聚合物实例（2）——共加聚

7.3.1 由苯乙烯聚合为聚苯乙烯

聚苯乙烯主链每隔一个碳原子上连有的苯环形成的刚性球状结构，从而产生了空间位阻，这使得聚合物在室温下韧性差。其均聚物的特点是刚性好，有光泽，易于加工但质较脆。苯乙烯和丁二烯共聚后，冲击性能会得到改良。含有抗冲苯乙烯的均聚物有 12%～13 %的橡胶成分。加入橡胶后的聚苯乙烯，其均聚物的刚性和热变形温度都会降低。

总的来说，聚苯乙烯有很好的空间稳定性和较低的模具收缩量，而且生产成本较低。但它的耐候性较差，易受到有机溶剂和油的化学腐蚀。聚苯乙烯有良好的电绝缘性，在未达到使用极限温度的时候有很好的力学性能。

聚苯乙烯是拥有第四大吨位的热塑性塑料。聚苯乙烯均聚物是一种透明，无嗅无味的塑料，若不改良会相对较脆。除了聚苯乙烯晶体，其他重要的产品形态还有橡胶化聚苯乙烯，抗冲击聚苯乙烯，发泡聚苯乙烯。苯乙烯还用来生产很多重要的共聚物。

聚苯乙烯典型的应用领域有包装、建筑、汽车、家电，如手机内部零件，家用器具，指针和手把，日用品等。

7.3.2 乙烯和醋酸乙烯酯的共聚

由聚乙烯和醋酸乙烯酯的共聚可产生柔软性的材料。仅由醋酸乙烯酯本身聚合而成的聚合物，耐热性差，柔软但亲水性高，一般作为口香糖的基材及粘接剂使用。耐溶剂性也极差，无论如何也不能作为成形材料而使用。

但若将醋酸乙烯酯与聚乙烯共聚，就可以获得耐热性及耐溶剂性均好的乙烯醋酸乙烯酯共聚体（EVA），它是一种富于柔韧性的共聚物，可以作为橡胶的替代材料而使用。而且，它的碱化物 EVOH（乙烯聚乙烯醇）具有良好的防透气性能，做成复合膜广泛用于食品包装。由于其对氧气及二氧化碳气体具有良好的阻挡性能，既能防止食品腐败又能防止香气外溢。

聚乙烯醇的相对密度（25℃ /4℃）为 1.27~1.31（固体）、1.02（10% 溶液），熔点为 230℃，玻璃化温度为 75~85℃。在空气中加热至 100℃ 以上慢慢变色、脆化；加热至 160~170℃脱水醚化，失去溶解性；加热到 200℃开始分解；超过 250℃变成含有共轭双键的聚合物。

聚乙烯醇不能像其他高分子聚合物那样，直接由其相应的单体（乙烯醇）聚合而成，而是要通过某些酸的乙烯酯经过聚合形成聚乙烯醇，再用醇解的方法获得。在聚乙烯醇生产过程中有湿法和干法两种碱法醇解工艺。湿法醇解工艺是在原料聚醋酸乙烯甲醇溶液中含有 1%~2% 的水，催化剂碱也配制成水溶液，碱摩尔比大。干法醇解就是聚醋酸乙烯甲醇溶液的含水率小于 1%，几乎是在无水的情况下进行醇解，碱摩尔比小。目前生产聚乙烯醇的主要方法是低碱醇解法（干法）。

聚乙烯醇常用作聚醋酸乙烯乳液聚合的乳化稳定剂，用于制造水溶性胶粘剂，用作淀粉胶粘剂的改性剂，还可用于制备感光胶和耐苯类溶剂的密封胶，也用作脱模剂、分散剂等。聚乙烯醇储存于阴凉、干燥的库房内，要注意防潮、防火。

7.3.3 一些乙烯基和偏乙烯基聚合物

许多含有与聚乙烯相似的碳主链结构的有用的加成（链）聚合物材料，可通过把乙烯的一个或更多的氢原子替换成其他类型的原子或原子团而被合成。如果乙烯单体中只有一个氢原子被替换成其他的原子或原子团，由其聚合后的聚合物就称为乙烯基聚合物。乙烯基聚合物的例子有聚氯乙烯，聚丙烯，聚苯乙烯，丙烯腈，聚乙酸乙烯酯。用于乙烯基聚合物聚合的通用反应式如图中所示，其中 R_1 可以是另一种类型的原子或原子团。一些乙烯基聚合物的结构单元（链节）亦在图中给出。

如果乙烯单体的碳原子中有一个碳原子上的两个氢原子都被替换成其他原子或原子团，这样聚合后的聚合物称为偏乙烯基聚合物。偏乙烯基聚合物聚合的通用反应式如图中所示，其中 R_2 和 R_3 可以是其他类型的原子或原子团。两种偏乙烯基聚合物的结构单元（链节）亦在图中下方给出。

7.3.4 ABS 塑料及 m-PPE 塑料的共聚

共聚是由两种或两种以上的单体参加聚合而形成聚合物的反应。它是高分子材料的一个主要“合金化”方式，也是改善高分子材料性能的一个更加重要的手段。与前面介绍的几种途径相比，其突出特点是它能充分发挥各种单体的优势，做到取长补短。共聚所形成的结构与合金相似，可以形成单相结构，也可以形成两相结构。

最著名的聚合物是 ABS，它是由丙烯腈（A）、丁二烯（B）和苯乙烯（S）三者共聚而成的三元“合金”。苯乙烯与丙烯腈形成的线型结构共聚物叫做 SAN 塑料，作为材料的基体；苯乙烯与丁二烯形成的线型结构聚合物叫做 BS 橡胶，呈颗粒状分布于 SAN 基体之中。ABS 是在聚苯乙烯改性的基础上发展起来的。聚苯乙烯的缺点是脆性大和耐热性差，当形成 ABS 共聚物之后，聚苯乙烯的良好性能（坚硬、透明、良好的电性能和加工成型性能）得到保持；丙烯腈可提高塑料的硬度、强度、耐热性和耐蚀性；丁二烯可提高弹性、韧度、耐冲击性、耐寒性。而且，当基体中出现裂纹时，裂纹的扩展会受到周围 BS 颗粒的阻止，裂纹的畸变能被高弹性的 BS 颗粒吸收，使应力得到松弛。所以，ABS 将三者的优点集于一体，使其具有“硬，韧、刚”的混合特性。ABS 可用于制造齿轮、轴承、管道、接头、电器、计算机和电话机外壳、仪表表盘、冰箱衬里和小轿车的车身等。它是一种原料易得、价格便宜、综合性能良好的工程塑料。

类似的情况还有通用工程塑料中的 m-PPE。PPE（polyphenylene ether，聚苯撑醚）是一种高耐热性材料，但采用通常的方法难以成形。但是，由于聚苯乙烯的亲和性高，各种不同的比例均可以混入。而且，由于聚苯乙烯的混入，其容易成形性得以反映，共聚物采用通常的成形法即可成形。当然耐药品性及耐热性比之原来的 PPE 要低些，但对于工程塑料来说，成形性往往是优先考虑。实际的 PPE 一般都是其与聚苯乙烯相混合（共聚）的材料，作为成形材料供货的。与聚苯乙烯相混合称为改性，得到的共聚物称为“改性 PPE”或“m-PPE”。其中 m 为改性（modified）之意。m-PPE 与 ABS 的改性有同样的效果。

对 m-PPE 也可以整理出如同 ABS 那样的三角形，只要用 PPE 取代丙烯腈即可。在三角形中选择不同的成分，可以制造出各种各样的 m-PPE 材料。

本节重点

（1）已知聚氯乙烯的平均相对分子质量是 27500，问其平均聚合度是多少？
（2）请写出以下高分子链节的结构式：①聚乙烯；②聚氯乙烯；③聚丙烯；④聚苯乙烯；⑤聚四氟乙烯。
（3）ABS 塑料是由哪三种高分子材料共聚而成的？其性能是如何通过改变单体的组成来调整的？

聚苯乙烯的聚合反应

○苯乙烯

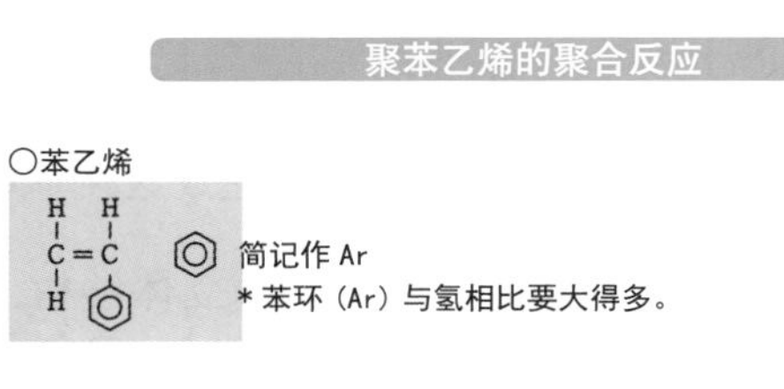

○苯乙烯的聚合

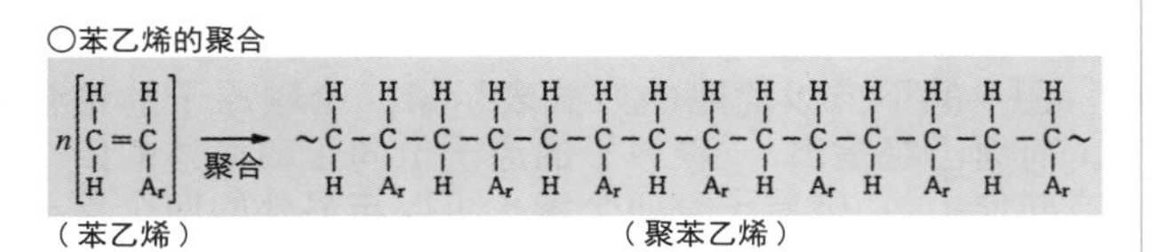

Ar 限制了分子的运动
→ 形成硬而透明的塑料

聚苯乙烯的特征

优 点	缺 点
• 透明性好	• 质地脆弱容易破损
• 刚性较高	• 易受有机溶剂的浸蚀
• 表面硬度大	• 耐热性差
• 电绝缘性能及介电性能优良	
• 容易藉由共聚等改性	
• 不易受无机药品的浸蚀	
• 加工性能优良	
• 价格较低	

1

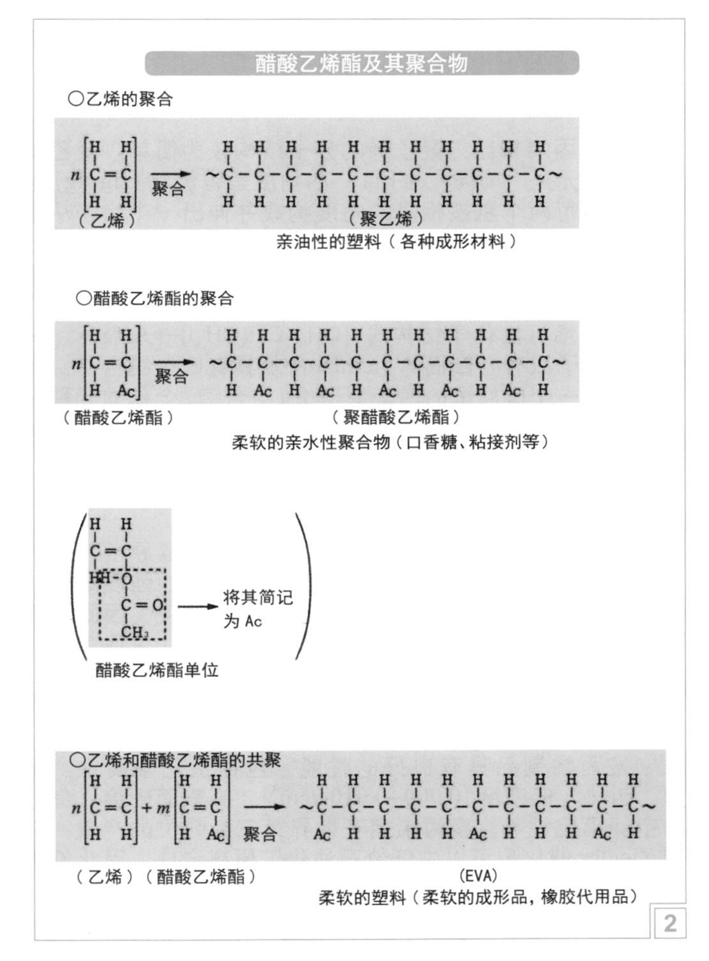

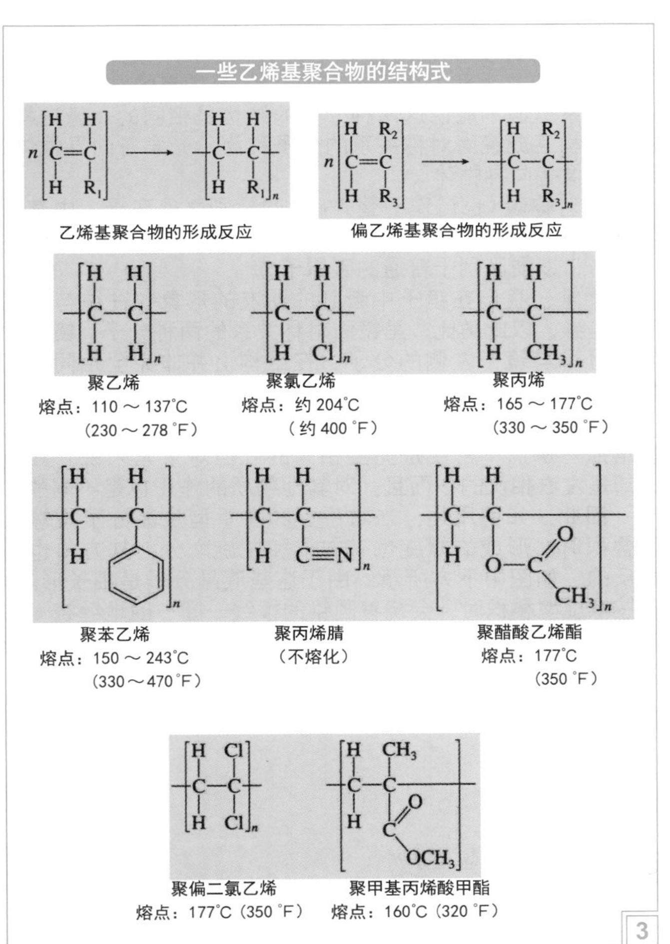

构成 ABS 塑料的三种成分

ABS 塑料是丙烯腈、丁二烯和苯乙烯的三元共聚物，其分子结构式为：

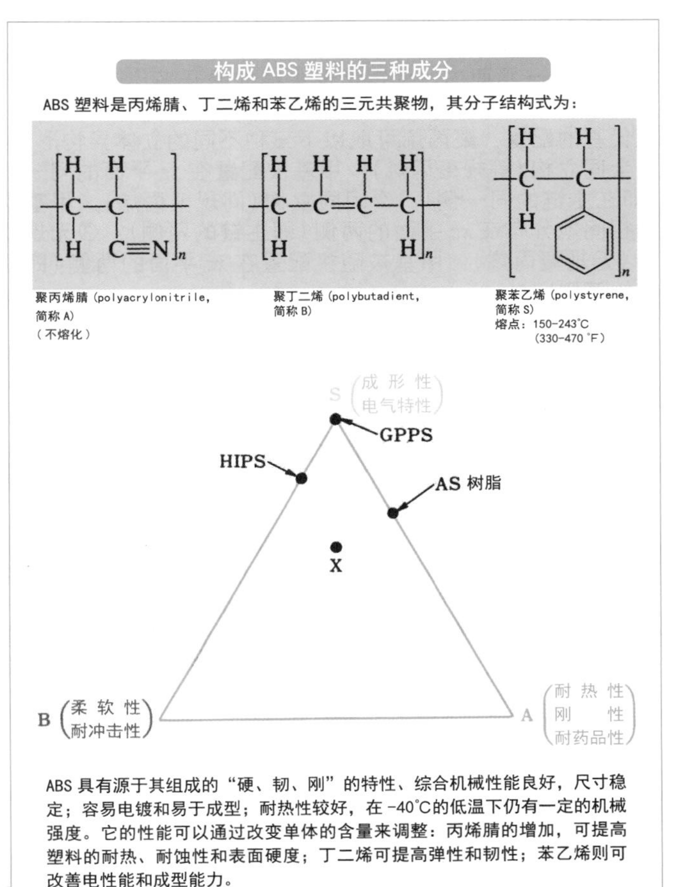

ABS 具有源于其组成的“硬、韧、刚”的特性、综合机械性能良好，尺寸稳定；容易电镀和易于成型；耐热性较好，在 -40°C的低温下仍有一定的机械强度。它的性能可以通过改变单体的含量来调整：丙烯腈的增加，可提高塑料的耐热、耐蚀性和表面硬度；丁二烯可提高弹性和韧性；苯乙烯则可改善电性能和成型能力。

4

7.4 聚丙烯中的不对称碳原子引起的立体异构

7.4.1 聚丙烯与聚乙烯分子结构和性能的对比

与聚丙烯相比，聚乙烯的分子结构较为简单。聚乙烯的重复单元是，碳链以约 110° 的角度呈锯齿状（zigzag）延伸，其中每两个氢按相同的角度构成并伸出一个齿。从轴向看，当这样的分子彼此相邻时，齿与齿间相互啮合，即一个分子的氢进入另一个分子的两个氢之间，这种配置不仅密度高，而且处于稳定状态。

聚丙烯可由化学结构式 $-[CH_2-CH(CH_3)]_n-$ 来表示。其中，碳原子以有心四面体（tetrapot）状具有四个结合键，但聚丙烯有一个碳原子的四个原子价（结合键）全部同异种原子团相连接，称这种碳原子为“不对称碳原子”。这样，在它的结合键中便出现如图 (a) 和图 (b) 所示的两种不同方式。二者互为镜像，正如人的左手和右手。这种结构方式在聚合物中并非鲜见。

聚丙烯和聚乙烯相比，主链上每隔一个碳原子与碳相连的甲基限制了分子链的转动，这使得材料的强度高但韧性差。分子链上的甲基增加了玻璃化转变温度，因此聚丙烯比聚乙烯有更高的熔点和热弯曲变形温度。应用立体构型选择催化剂，全同立构的聚丙烯可以在熔点为 165~177℃ 之间的范围内合成。该材料可以在 120℃ 的温度下不发生热弯曲变形。

聚丙烯制品具有良好的性能，包括抗化学腐蚀，耐湿、耐热，低密度（$0.900 \sim 0.910 g/cm^3$），高表面硬度，良好的空间稳定性等。聚丙烯拥有世界第三大吨位的产量，应用 Ziegler 催化剂可以由低价石油化工原料合成，因此价格便宜。

7.4.2 聚丙烯的三种不同分子结构及对应的立体异构

聚丙烯的不对称碳原子有四个不同的取代基：H、CH_3 以及两个不同的链段。将聚丙烯主链的碳原子放在三维坐标系中的 xz 平面内，使锯齿形主链伸展开来，这时可以看到，取代基不是位于这个平面的左侧，就是位于右侧。按取代基的配置，聚丙烯可取以下三种不同的立体异构形式。①全同立构（等规聚丙烯）：甲基被配置在 xz 平面的同一侧（即在主链的同一侧）；②间同立构（间规聚丙烯）：甲基规则相间地分布在 xz 平面的两侧（即主链的两侧）；③无规立构（无规聚丙烯）：甲基被随机配置在 xz 平面的两侧（即主链的两侧）。

上述三种立体异构方式，在其他聚合物中也广泛存在。对于聚丙烯来说，侧链 CH_3（甲基）比之氢原子显然占据更大的体积。像全同立构那样，甲基仅在同一方向伸出的情况，显然分子排列更紧密，从而容易结晶化，分子间的结合也强；间同立构的情况也发生结晶化，但由于体积变大，分子间的结合则不会太强；到无规立构的情况，由于甲基向着任意的方向，则不可能发生结晶化。

通过调整分子链中全同立构和无规立构所占的比例，也能调整结晶化度。实际的聚丙烯就是利用了这一点，并由此分别制作出性能各异的材料。利用立体规则性研究开发高性能的材料不限于聚丙烯，针对其他材料的工作一直在进行中。最近，藉由控制聚苯乙烯的立体构造，赋予其结晶性，已开发出耐热性更为优良的材料。

7.4.3 胆甾相型液晶分子中的不对称碳原子

胆甾相液晶分子的结构为非对称的。造成这种非对称结构的原因是什么呢？

图 3 的上方给出胆甾相型液晶分子的立体结构。在这种分子中，右侧的原子团，如氰基（cyano）、两个苯基（phenyl）、一个氧基羧基（oxycarbonyl），相对于纸面来说，均为左右对称的。但是，与第二个碳原子（标记 C^*）相连的是四个各不相同的原子团。

图 3 的下方以简略的方式表示第二个碳原子的结合状态。前面已经指出，“碳原子的原子价向正四面体的四个顶点方向伸出”。碳原子有四个键，可以与另外的四个原子团相互连接，这四个原子团中，至少有两个相同的原子或原子团，才能实现左右对称。但是，如果四个全部为不同的原子团，对称性则完全丧失。对于图中所示的液晶分子来说，这四个原子团分别是：①氢原子；②甲基 (CH_3)；③乙基 (C_2H_5)；④由 CH_2—苯基 (C_6H_4)—氧基羧基 ((C=O)—O—)—苯基 (C_6H_4)—氰基 (CN) 构成的长而大的原子团。

如上所述，与四个各不相同的键合对象相连接的碳原子称为不对称碳原子。不对称碳原子是造成分子结构不对称的根本原因。胆甾相型液晶分子中存在不对称碳原子，造成其不具有左右对称性，从而液晶分子才取螺旋排列。在存在不对称碳原子的条件下，会出现右手型和左手型光学各向异性体。

7.4.4 不对称碳原子的存在导致光学各向异性

在存在不对称碳原子的情况下，其周围四个不同的原子团，可取两种不同的配置形态。从纵向看一看前面所述的液晶分子，其尾部结构有右侧为乙基，左侧为氢原子，和左侧为乙基，右侧为氢原子这两种情况。

无论怎样变换这两种分子的方向，均不能使其重合，正像不能使右手和左手重合那样。尽管二者的结构呈镜面对称关系，但不能说这两种分子的结构是相同的。像这样，左右结构互成镜面对称关系的分子称为“光学各向异性体”或“镜像各向异性体”。

不对称碳（也记作不整齐碳）的特别之处在于，由其可以构成左右成镜面对称结构的分子。经常将这种碳原子标以 * 号，以便区别于普通的碳原子。

平常，我们在镜子中看到的朋友的形象，往往与本人有些差异。以此类比，呈镜面对称关系的两种分子，镜子右侧的分子与镜子左侧的分子，在结构上并非完全相同。正如同两个人，尽管身高、体重相同，但一方是右撇子，另一方是左撇子。像这样，具有左右镜面对称结构的分子，尽管熔点、沸点、密度是完全相同的，但对于光来说，其特性却是左右相反的，而且，对其他物质的作用也是不同的。

因此，如前所述，当右手型和左手型液晶分子按螺旋型叠积时，形成的螺旋也有右旋和左旋之分，其方向也是相反的。如图中下方所示，由于这些液晶分子是细长形的，在按螺旋型叠积时，会绕着圆锥的棱线一圈一圈地缠绕，在右旋和左旋情况下，其方向是相反的。图中的箭头表示极性基（C=O，称为羰基。箭头的端部为氧原子）的方向。

本节重点

（1）何谓不对称碳原子，为什么从结构上看不对称碳原子有左手型和右手型之分？
（2）解释胆甾相液晶分子呈螺旋排列的原因。
（3）以聚丙烯的分子结构为例，何谓全同立构、间同立构和无规立构？

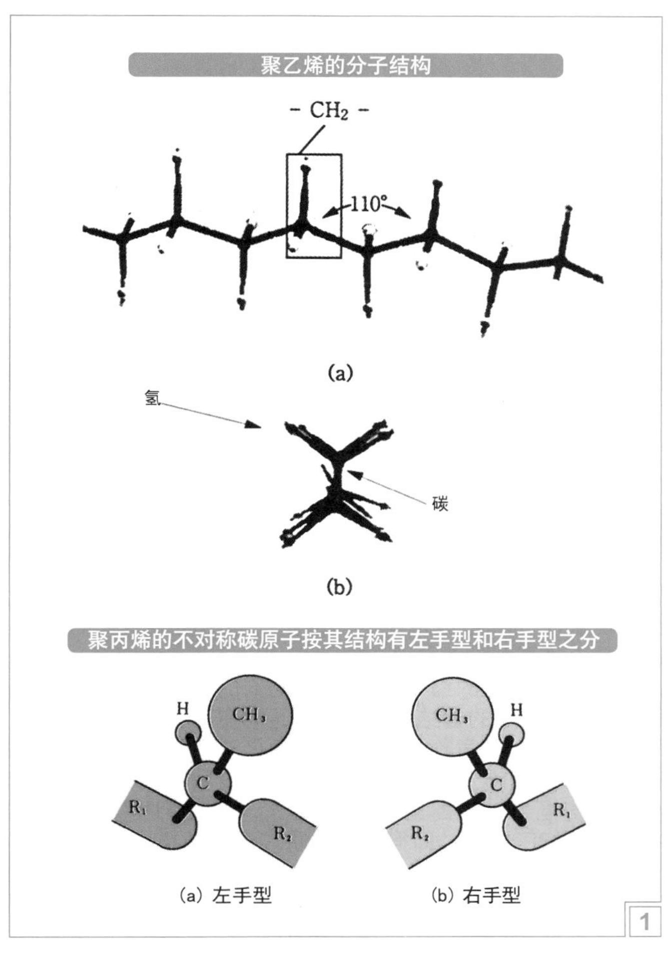

聚乙烯的分子结构
- CH2 -
110°
(a)
氢
碳
(b)
聚丙烯的不对称碳原子按其结构有左手型和右手型之分
H
CH3
C
R1
R2
(a) 左手型
(b) 右手型
1

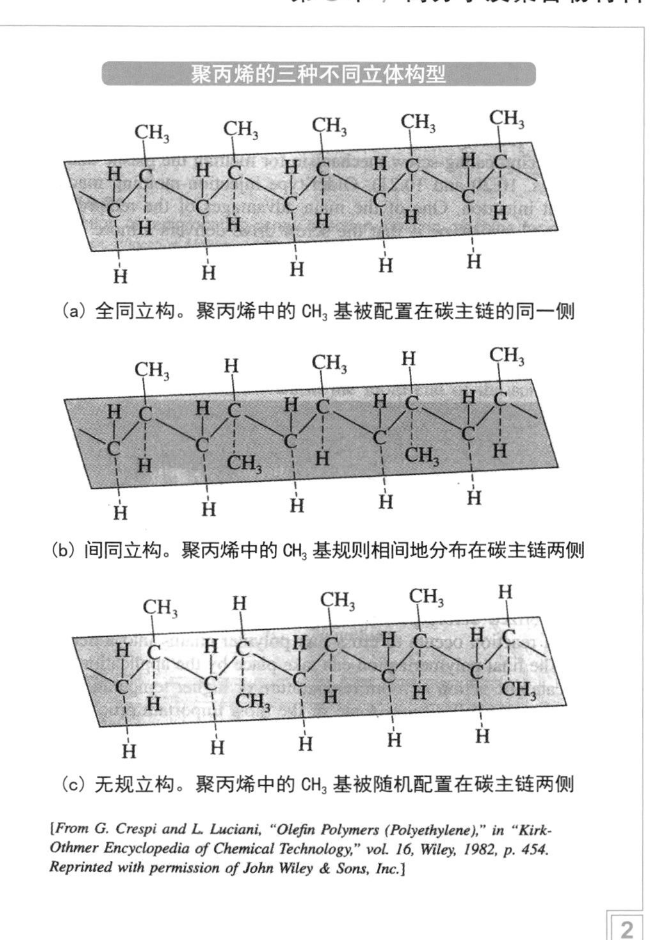

聚丙烯的三种不同立体构型
(a) 全同立构。聚丙烯中的CH3基被配置在碳主链的同一侧
(b) 间同立构。聚丙烯中的CH3基规则相间地分布在碳主链两侧
(c) 无规立构。聚丙烯中的CH3基被随机配置在碳主链两侧
[From G. Crespi and L. Luciani, "Olefin Polymers (Polyethylene)," in "Kirk-Othmer Encyclopedia of Chemical Technology," vol. 16, Wiley, 1982, p. 454. Reprinted with permission of John Wiley & Sons, Inc.]
2

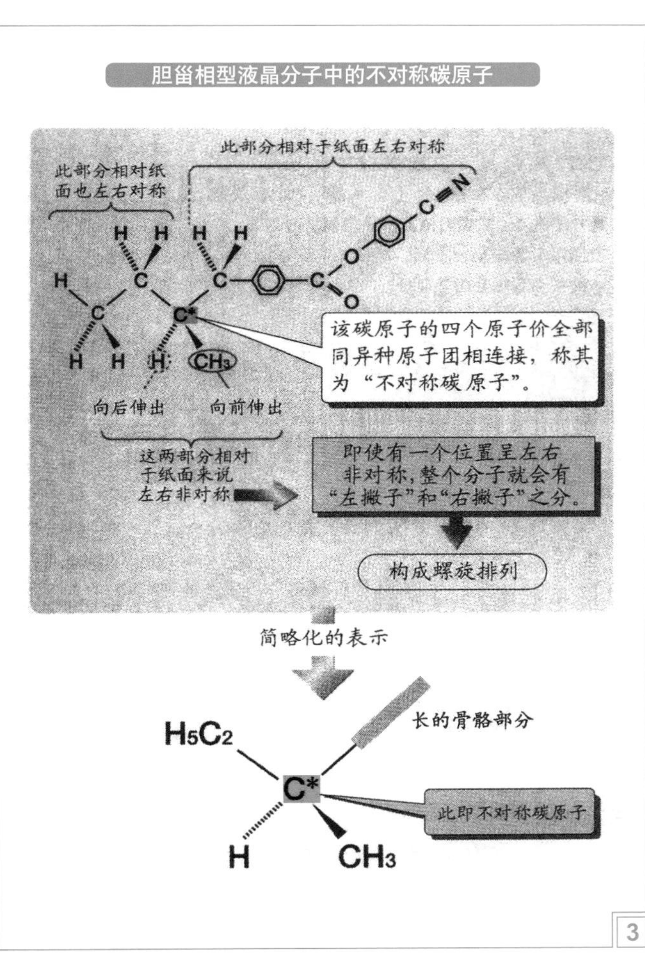

胆甾相型液晶分子中的不对称碳原子
此部分相对于纸面左右对称
此部分相对纸面也左右对称
该碳原子的四个原子价全部同异种原子团相连接，称其为“不对称碳原子”。
向后伸出
向前伸出
这两部分相对于纸面来说左右非对称
即使有一个位置呈左右非对称，整个分子就会有“左撇子”和“右撇子”之分。
构成螺旋排列
简略化的表示
H5C2
C*
H
CH3
长的骨骼部分
此即不对称碳原子
3

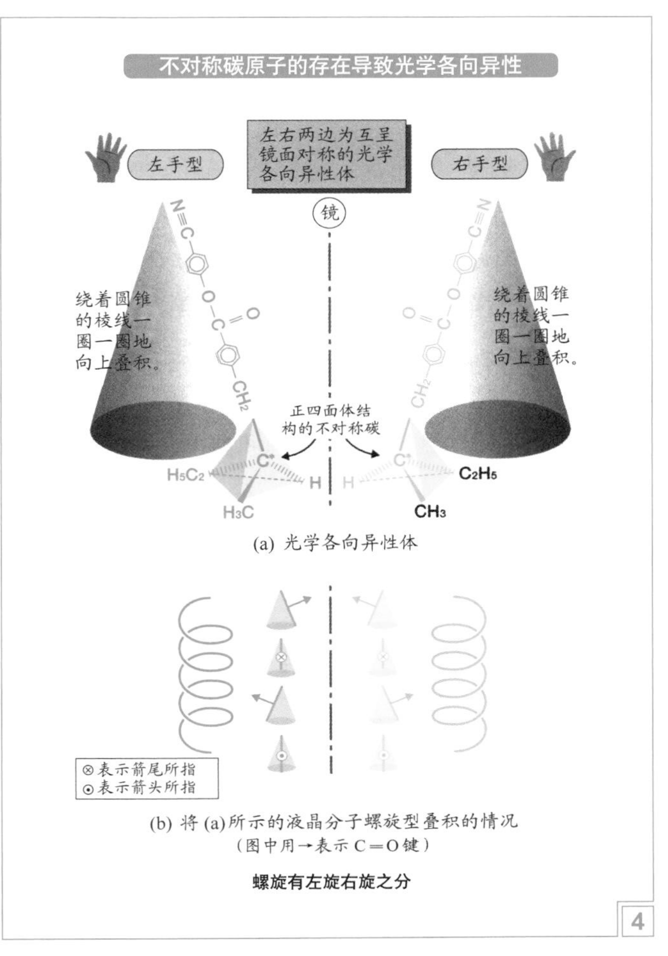

不对称碳原子的存在导致光学各向异性
左手型
左右两边为互呈镜面对称的光学各向异性体
右手型
镜
绕着圆锥的棱线一圈一圈地向上叠积。
正四面体结构的不对称碳
H5C2
H3C
C2H5
CH3
(a) 光学各向异性体
⊗表示箭尾所指
⊙表示箭头所指
(b) 将(a)所示的液晶分子螺旋型叠积的情况
(图中用→表示C=O键)
螺旋有左旋右旋之分
4

7.5 缩聚反应和聚合物实例——共缩聚

7.5.1 均加聚和共加聚，均缩聚和共缩聚

聚合反应按照参加反应的不同单体的个数，分为均聚与共聚；又根据是否有副产物，分为加聚反应与缩聚反应。

均加聚是最常见的聚合反应，凡含有不饱和键（双键、叁键、共轭双键）的化合物或环状低分子化合物，在催化剂、引发剂或辐射等外加条件作用下，同种单体间相互加成形成新的共价键相连大分子的反应就是均加聚反应。常见的聚乙烯，聚氯乙烯等都是通过均加聚反应得到。

共加聚与均加聚不同，前者是由异种单体相互加成得到的。因在共加聚反应中，不同的单体可以自身发生均加聚反应，两种单体间的反应亦无法控制顺序与单体数量分配，故除特殊条件下（如对不同单体做不同处理）之外，一般不采用共加聚反应。

缩聚反应是指由一种或多种单体相互反应而连接成聚合物，同时析出（缩去）某种低分子物质（如水、氨、醇、卤化氢等）的反应，其生成物称作缩聚物。这是一种多级聚合反应，它包括许多相互独立的个别反应。加聚反应是连锁反应，有链增长的过程，而缩聚反应则不然。缩聚的含义是两个单体之间通过逐步反应，不断缩聚掉一部分产物，如水或其他低分子物质（氨、卤化氢等）。打个比方，参加加聚反应的单体好比一根根短线，把许多短线（单体）打结（缩聚），剪去打结处多余的线头（反应时不断放出的低分子化合物），就成为一根长的线了。比均缩聚更重要的便是共缩聚反应，指的是由两种以上的单体参与，且所得聚合物分子中含有两种或两种以上重复结构单元的缩聚反应。例如，涤纶（过去叫的确良）是由两种单体对苯二甲酸酯和乙二醇缩聚而成。对苯二甲酸酯一端的 CH_3 基团和乙二醇一端的 OH 基团，在缩聚时变成了甲醇副产物，并形成了聚脂纤维分子（即涤纶），许多个这样的分子都是按照同样的反应形成，最后互相连接成聚酯纤维（聚对苯二甲酸乙二酯，简称 PET）。

缩聚反应兼有聚合成高分子和缩合出低分子的双重含义，大多数为可逆反应和逐步反应，分子量随反应时间的延长而逐渐增大，但单体的转化率却几乎与时间无关。根据反应条件可分为熔融缩聚反应、溶液缩聚反应、界面缩聚反应和固相缩聚反应四种；根据所用原料可分为均缩聚反应、混缩聚反应和共缩聚反应三种；根据产物结构又可分为二向缩聚或线型缩聚反应和三向缩聚或体型缩聚反应两种。

7.5.2 有机酸与醇缩聚为酯，己二胺与脂肪酸缩聚为尼龙-66

在催化剂和加热的条件下，有机酸中羧基末尾的—OH 从羧基中分离开，同时醇的羟基中的—H 也断裂出来，两者相遇形成水。断裂后的羧基与羟基结合，生成酯基，发生缩聚反应。酯基使两者紧密结合，生成物即为酯。酯类都难溶于水，易溶于乙醇和乙醚等有机溶剂，密度一般比水小。低级酯是具有芳香气味的液体。在有酸或有碱存在的条件下，酯能发生水解反应生成相应的酸或醇。酯类广泛存在于自然界，例如乙酸乙酯存在于酒、食醋和某些水果中；乙酸异戊酯存在于香蕉、梨等水果中；苯甲酸甲酯存在于丁香油中；水杨酸甲酯存在于冬青油中。高级和中级脂肪酸的甘油酯是动植物油脂的主要成分；高级脂肪酸和高级醇形成的酯是蜡的主要成分。

己二酸和己二胺发生缩聚反应即可得到尼龙 -66。工业上为了使己二酸和己二胺以等摩尔比进行反应，一般先制成尼龙-66 盐后再进行缩聚反应，在脱出水的同时伴随着酰胺键的生成，形成线型高分子。体系内水的扩散速度决定了反应速度，因此，在短时间内将水高效率地排出反应体系，是尼龙-66 制备工艺的关键所在。上述缩聚过程既可以连续进行也可以间歇进行。尼龙-66 盐是无臭、无腐蚀、略带氨味的白色或微黄色宝石状单斜晶系结晶。室温下，干燥的或溶液中的尼龙-66 盐比较稳定，但温度高于 200℃时，会发生聚合反应。

7.5.3 苯酚与甲醛缩聚为苯酚甲醛树脂（酚醛树脂）

由酚类和醛类化合物经缩聚反应制备得到的树脂叫酚醛树脂，酚醛树脂是合成树脂中开发最早的并最先工业化生产的品种，其中最重要的是由苯酚和甲醛聚得到的树脂，这就是普通酚醛塑料的基本成分。

苯酚、甲醛的缩聚反应因催化剂的性质和原料配比不同，其所得产物的链结构也不同，通常在工业上分为甲、乙、丙三个阶段。不同阶段的酚醛树脂具有不同用途。甲阶段树脂适合于制造清漆的胶粘剂；甲阶段和阶段的树脂都可与添加剂混合制成酚醛塑料模型粉，根据不同需要在塑模中加热、加压成型，即得体型丙阶段酚醛塑料。

酚醛塑料是一种优良的热固性塑料，有较高的耐热性、硬度和良好的尺寸稳定性，较好的隔热、耐腐蚀、防潮等性能。因此至今仍广泛应用于多种工业和日常生活用品中，用以制造电器、开关、容器、仪器仪表外壳、汽车和火车的制动器、耐酸泵以及工业中的无声齿轮等。

7.5.4 尿素与甲醛缩聚为脲醛树脂，三聚氰胺与甲醛缩聚为蜜胺 - 甲醛树脂

尿素与 37% 甲醛水溶液在酸或碱的催化下可缩聚为线性脲醛低聚物，工业上以碱作催化剂，95℃左右反应，甲醛 / 尿素的摩尔比为 1.5~2.0，以保证树脂能固化。反应第一步生成一和二羟甲基脲，然后羟甲基与氨基进一步缩合，得到可溶性树脂，如果用酸催化，易导致凝胶。产物需在中性条件下贮存。平均分子量为 10 000。

三聚氰胺与甲醛缩聚为蜜胺 - 甲醛。三聚氰胺（2，4，6-三氨基 -1，3，5- 三嗪）和 37% 的甲醛水溶液，甲醛与三聚氰胺的摩尔比为 2~3，第一步生成不同数目的 N- 羟甲基取代物，然后进一步缩合成线性树脂。反应条件不同，产物分子量不同，可从水溶性到难溶于水，甚至不溶不熔的固体，pH 值对反应速率影响极大。上述反应制得的树脂溶液不宜贮存，工业上常用喷雾干燥法制成粉状固体。蜜胺树脂在室温下不固化，一般在 130~150℃热固化，加少量酸催化可提高固化速度。固化后的三聚氰胺甲醛树脂无色透明，在沸水中稳定，甚至可以在 150℃使用，且具有自熄性、抗电弧性和良好的力学性能。三聚氰胺甲醛树脂又称蜜胺 - 甲醛树脂、蜜胺树脂。英文缩写 MF。

本节重点

（1）加聚反应和缩聚反应有何不同？各举出实例说明。
（2）举例写出有机酸与醇缩聚为酯的反应式。
（3）试写出生成尼龙-66、脲醛、蜜胺－甲醛、酚醛树脂的缩聚反应方程式。

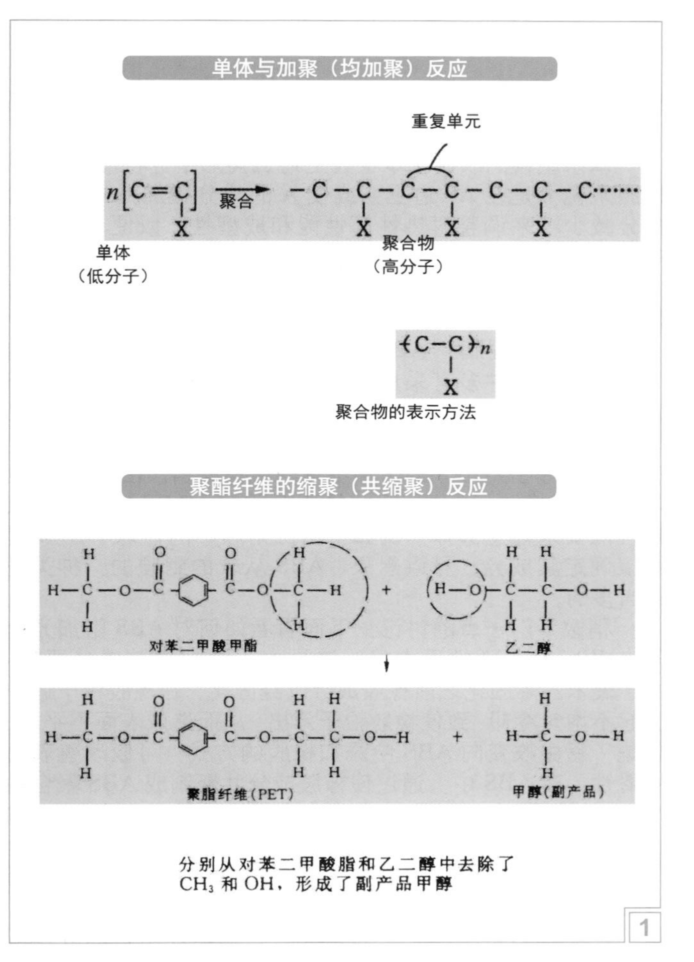

单体与加聚（均加聚）反应
重复单元
聚合
单体
（低分子）
聚合物
（高分子）
聚合物的表示方法
聚酯纤维的缩聚（共缩聚）反应
对苯二甲酸甲酯
乙二醇
聚酯纤维(PET)
甲醇(副产品)
分别从对苯二甲酸脂和乙二醇中去除了CH3和OH，形成了副产品甲醇
1

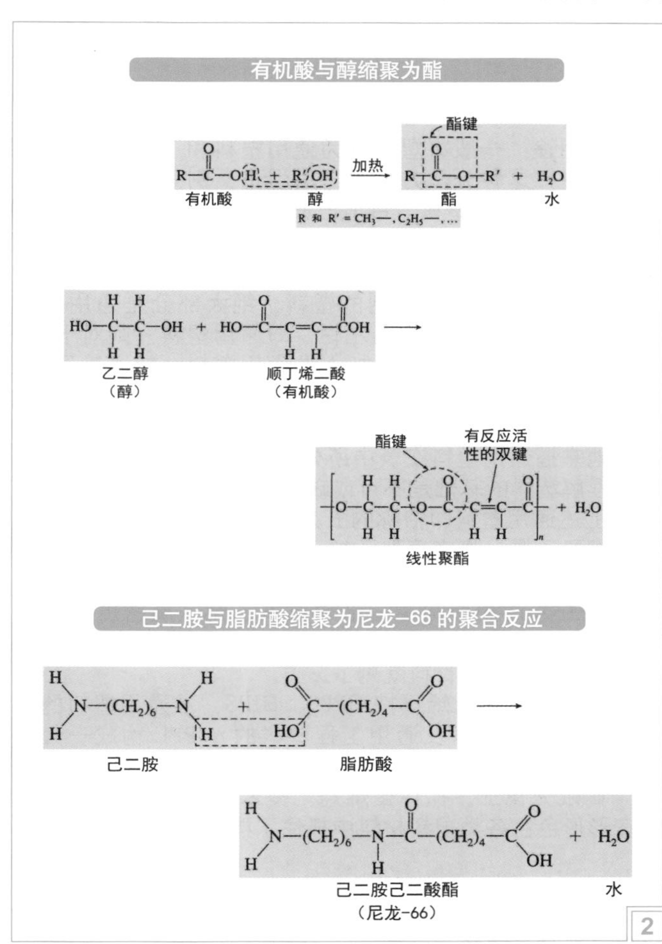

有机酸与醇缩聚为酯
加热
酯键
有机酸
醇
酯
水
R 和 R′ = CH3—, C2H5—, …
乙二醇
（醇）
顺丁烯二酸
（有机酸）
酯键
有反应活性的双键
线性聚酯
己二胺与脂肪酸缩聚为尼龙-66的聚合反应
己二胺
脂肪酸
己二胺己二酸酯
（尼龙-66）
水
2

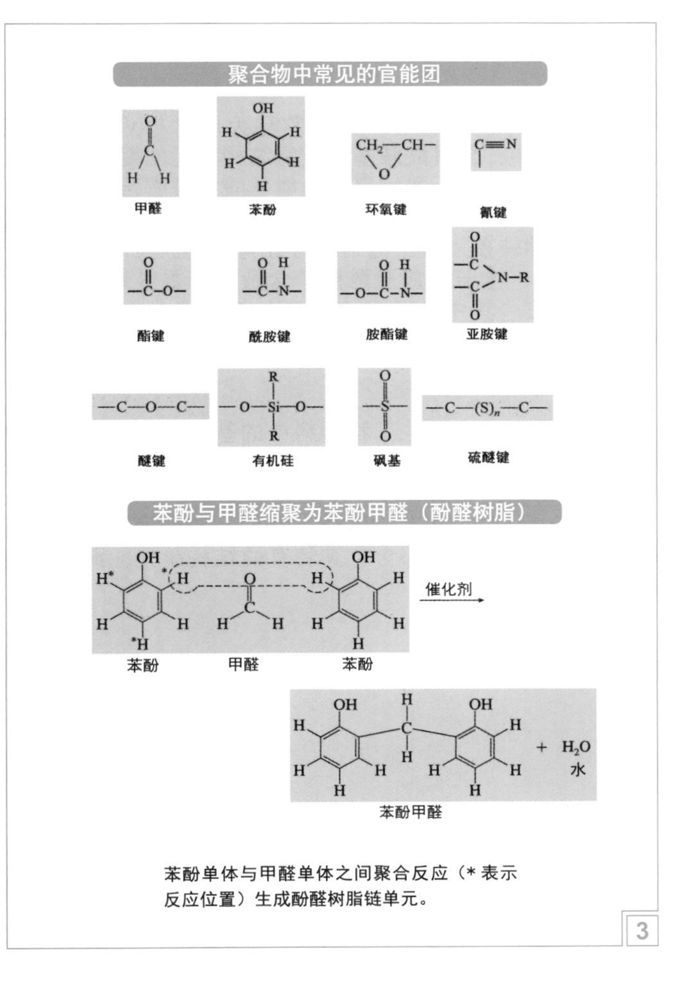

聚合物中常见的官能团
甲醛
苯酚
环氧键
氰键
酯键
酰胺键
胺酯键
亚胺键
醚键
有机硅
砜基
硫醚键
苯酚与甲醛缩聚为苯酚甲醛（酚醛树脂）
催化剂
苯酚
甲醛
苯酚
水
苯酚甲醛
苯酚单体与甲醛单体之间聚合反应（* 表示反应位置）生成酚醛树脂链单元。
3

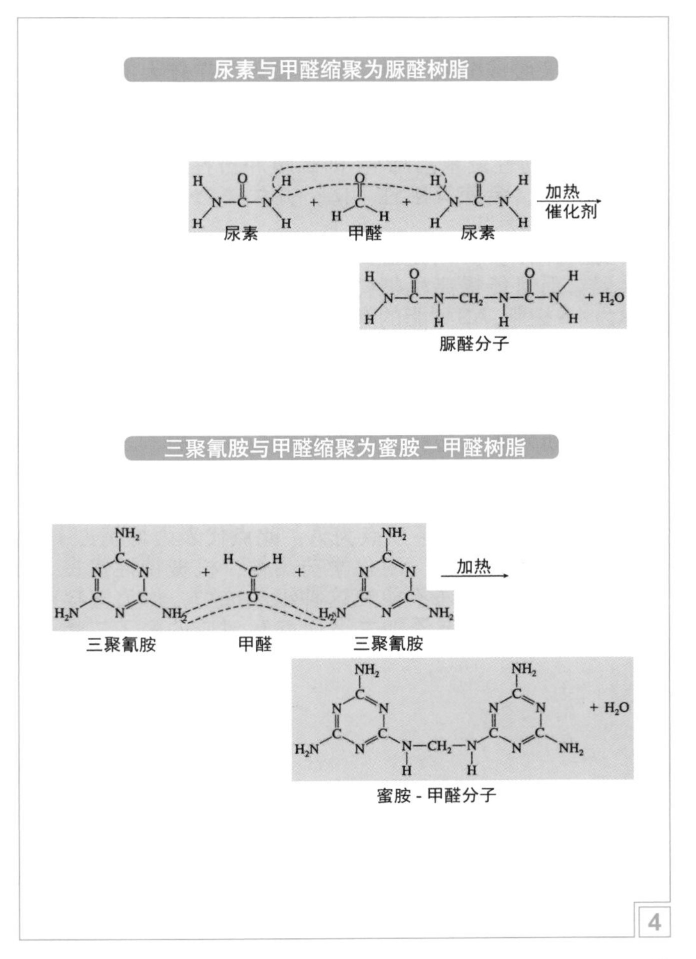

尿素与甲醛缩聚为脲醛树脂
加热
催化剂
尿素
甲醛
尿素
脲醛分子
三聚氰胺与甲醛缩聚为蜜胺－甲醛树脂
加热
三聚氰胺
甲醛
三聚氰胺
蜜胺 - 甲醛分子
4

7.6 塑料的分类、特性和用途

7.6.1 塑料的分类——通用塑料和工程塑料

按用途，一般将塑料分为通用塑料和工程塑料。需要指出的是，这种分类方法也与时俱进，例如，曾作为工程塑料代表的 ABS 塑料，目前已归类于准通用塑料。从应用角度，不同类型塑料的分类依据主要参考耐热温度、主链的化学结构和价格（反映合成的难易程度）等因素。

我们日常生活中见到的塑料，绝大部分是通用塑料。若能透彻地理解表中的最左栏，即通用塑料，则对于一般应用是很方便的。如果再加上准通用塑料，就涵盖了塑料使用量的 90% 以上。在此基础上，若再加上通用工程塑料，即使对于相当专门的工作来说，大概也就够用了。因此，牢固地掌握通用塑料在表中所处的位置及对应的相关性能，作为理解塑料的基础是不可或缺的。

上述通用塑料即俗称的五大通用塑料，包括聚氯乙烯、低密度聚乙烯、高密度聚乙烯、聚丙烯、以及聚苯乙烯（表中的 GPPS）。

在五大通用塑料中，低密度聚乙烯、高密度聚乙烯、聚丙烯又可以分为一组，称其为烯（属）烃系塑料或聚烯烃。这样，需要记忆的材料就剩下三类。

另外，聚苯乙烯可按 GPPS、HIPS、准通用塑料的 AS 树脂、ABS 树脂以及通用工程塑料的 m-PPE 构成一大组，称其为苯乙烯系塑料。

擒贼先擒王。抓住聚烯烃、聚苯乙烯这两大类，就等于在形形色色各类塑料材料中抓住了群龙之首。

7.6.2 苯乙烯共聚物塑料的组成、特性和用途

（1）HIPS，AS 树脂　为了改良聚苯乙烯的缺点，人们采取了各种各样的改良方法。

首先，为了改良 GPPS（general purpose poly-stylene，普通的聚苯乙烯）的耐冲击性，在其中添加橡胶成分。添加百分之几的橡胶成分就可使之变得强韧，在较大的冲击下也不会破坏。作为结构材料，已大量用于电视机及吸尘器等大型家电的外壳。这种材料被称为 HIPS（high impact poly-stylene，强韧性聚苯乙烯），即高耐冲击性聚苯乙烯。添加橡胶的结果，会使其刚性下降，并失去透明性、光泽性等 GPPS 的许多优点。

另一个改良方向是提高耐热性，采取的方法是与丙烯腈共聚，而且能提高机械特性和耐化学药品性，这种材料被称为AS树脂。AS树脂的有名用途是简易打火机的储气盒，丁烷气体既不能透过，也不受侵蚀。而且具有足够的耐气压特性。对于这种机械性质和透明性兼备的需求，AS 树脂是不可多得的宝贵材料。

图中所示苯系塑料的性能与组成关系的“三元相图”。该图为一正三角形，其上方顶点为 S，此点代表苯乙烯占 100% 的聚合物，即 GPPS。其成型性、表面光泽性、电气绝缘性是最优的。右下顶点为 A，此点代表丙烯腈占 100% 的聚合物，其耐热性、耐化学药品性、机械特性优良。但是，采用通常的方法不能使这种组成成型，作为塑料难以使用。因此，还需要添加左下顶点 B 对应的聚丁二烯，即橡胶。聚丁二烯柔软，富于耐冲击性，但添加太多造成产品过软则不是通常意义上的橡胶。

苯系塑料的改良基本上在上述三角形中进行。对于 AS 树脂来说，是在 AS 边上，或使 A 的成分增加，或使 A 的成分减少，来调整耐热性等性能和成型性，以便“鱼和熊掌兼得”。对于 HIPS 来说也是在 SB 边上，来探讨硬度和耐冲击性的最佳化。如该三角形所示，苯系塑料的组成组合是无限的。

（2）ABS 树脂　ABS 是一类高性能塑料，电气制品的外壳及汽车部件多有采用。顾名思义，ABS 含有 A、B、S 这三种成分。因此，从概念上讲，ABS 成为兼有 GPPS 的成型性、表面光泽性，AS 树脂的耐热性、耐化学药品性、优良的机械特性，HIPS 的耐冲击性的优良材料。由于 ABS 也混合有 B（橡胶）成分，因此是不透明的。ABS 的成分可根据性能要求任意选择，例如，由三角形中的任意一点 X 就可以确定其成分。可以想象，ABS 从软的到硬的，种类是相当多的。

稍做专门一点的讨论，下面看看如何对 ABS 附加光泽性。HIPS 的光泽性不太好，这是由于添加橡胶成分所致。由于聚苯乙烯固化之前橡胶成分已经固化，在橡胶粒子近旁引起不均匀冷却，致使橡胶粒子浮出，从而造成表面不平滑。但是，藉由改变向 ABS 中添加橡胶的方式，可以改善表面平滑性。在 ABS 中，通过使橡胶成分共聚制成 ABS 聚合物之后，进一步在混入橡胶成分。这样做的结果，在 ABS 侧（也就是“海”侧）也有 B 成分，因此与后添加橡胶成分间的亲和性强。因此，橡胶粒子不会浮出，从而能获得光泽性优良的表面。顺便指出，若使橡胶成分全部不发生共聚，说不定能得到光泽性更好的 ABS，但对耐冲击性的改良却变差。为了改良耐冲击性，添加一定尺寸以上的较大的橡胶粒子可能更有效。

7.6.3 尼龙的聚合反应

聚酰胺（polyamide，PA）通常称为尼龙（Nylon），在聚合大分子链中，含有酰胺基团重复结构单元的聚合物总称。主要由二元胺与二元酸缩聚或由氨基酸内酰胺自聚合而成，使用的二元酸和二元胺不同，可聚合得到不同结构的聚酰胺。PA 品种较多，按主链结构可分为脂肪族聚酰胺、半芳香族聚酰胺、全芳香族聚酰胺、含杂环芳香族聚酰胺和脂环族聚酰胺。其中 PA6 和 PA6,6 占绝大多数（占 PA 总量 80%~90% 以上）。

7.6.4 一些工程塑料中基本的重复化学结构单元

图中分别给出一些工程塑料中的基本重复化学结构单元，其中包括：①聚对苯二甲酸乙二醇酯（PET）；② 聚对苯二甲酸丁二醇酯（PBT）；③聚碳酸酯（PC）；④聚醚亚胺（PEI）；⑤ 聚砜类（PSF，PASF，PES）。与普通聚烯烃塑料不同的是，其主链中都含有其特有的结构单元，而非仅是碳链。

本节重点

（1）五大类通用塑料所指为何？
（2）写出尼龙-6、尼龙-66 生成反应式以及聚碳酸酯（PC）、聚醚亚胺的基本重复结构单元。
（3）写出聚对苯二甲酸乙二醇酯（PET）、聚对苯二甲酸丁二醇酯（PBT）、聚砜的基本重复结构单元。

塑料的分类、特性及用途（Ⅰ）

分类		通用塑料	准通用塑料	工程塑料	准超工程塑料	超工程塑料
非结晶性塑料		聚氯乙烯 GPPS 低密度聚乙烯	丙烯树脂 AS 树脂	聚碳酸酯	多芳［基］化树脂 聚硫化合物 聚醚亚胺 聚苯撑硫化物	
		HIPS	ABS 树脂	m-PPE		
结晶性塑料	A			PET	PPS	
	B	高密度聚乙烯 聚丙烯		PBT 聚酰胺 聚缩醛		PEEK 聚酰胺亚胺
	C					全芳香族酯 聚酰亚胺
耐热性 /°C（使用限制温度）		~100		~150	~200	~250
化学结构		$\{C-C\}_n$（X）		$\{\{C\}_n Y\}_m$		$\{\{C\}_n⌬\}_m$
价格 /（日元 /kg）		~200	~400	~1,000	~3,000	~20,000

GPPS：General Purpose Poly-Stylene, HIPS：High Impact Poly-Stylene, AS 树脂：Acrylonitrile Styrene polymer, ABS 树脂：Acrylonitrile Butadiene Styrene polymer, m-PPE：modified Poly Phenylene Ether, PET：Poly Ethylene Terephthalate, PBT：Poly-Butylene Terephthalate, PEEK：Poly-Ether Ether Ketone

注：结晶性分类请见文中叙述；
价格是指以现货少量购入代表性品种时的大致价格。

1

苯乙烯系塑料的组成和特性图

ABS 塑料是丙烯腈、丁二烯和苯乙烯的三元共聚物，其分子结构式为：

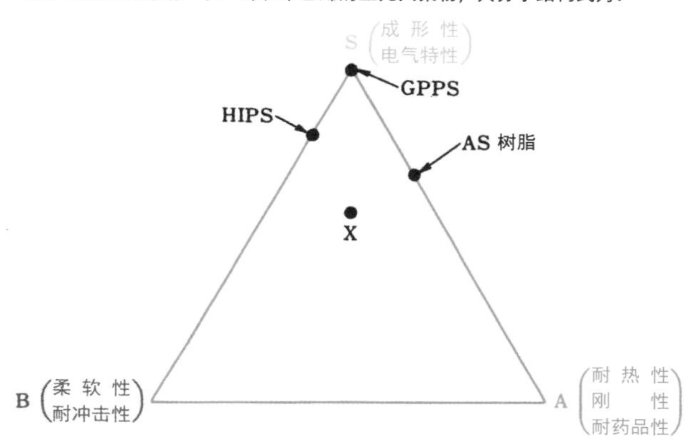

ABS 具有源于其组成的“硬、韧、刚”的特性、综合机械性能良好，尺寸稳定；容易电镀和易于成型；耐热性较好，在 -40°C的低温下仍有一定的机械强度。它的性能可以通过改变单体的含量来调整：丙烯腈的增加，可提高塑料的耐热、耐蚀性和表面硬度；丁二烯可提高弹性和韧性；苯乙烯则可改善电性能和成型能力。

苯乙烯共聚物塑料的用途

GPPS	HIPS	AS	ABS
透明家庭用品	电视机外壳	打火机外壳	电器制品外壳
磁带、光盘盒	吸尘器外壳	电器制品透明罩	OA 设备外壳
玩具	空调机外壳	电器制品透明面板	电冰箱内槽
塑料模型	OA 设备外壳	遥控器送信窗口	各种把手
包装用薄膜	便携电器用品外壳	各种机器的机壳	汽车前格子窗
食品包装托盘，容器	家庭用品	梳子	汽车车轮罩
包装用缓冲材料	玩具	牙刷手柄	
建筑用隔热材料	文具	食品用密封容器	

2

尼龙的聚合反应

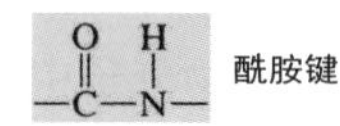

酰胺键

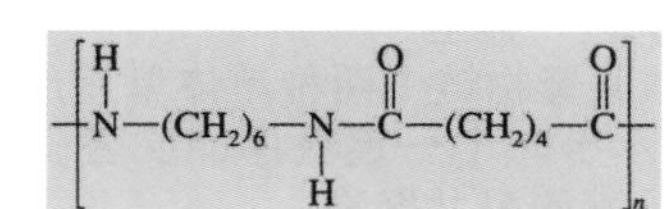

尼龙-66
熔点：250~266°C
（482~510 °F）

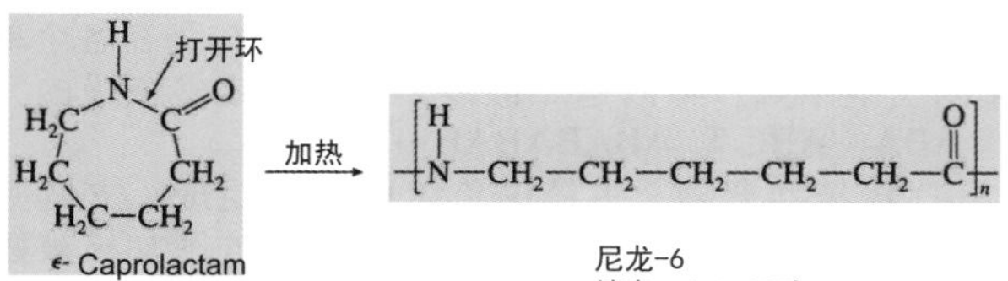

尼龙-6
熔点：216~225°C
（420~435 °F）

在 210°C 下生长的尼龙-66 的复杂球状结构

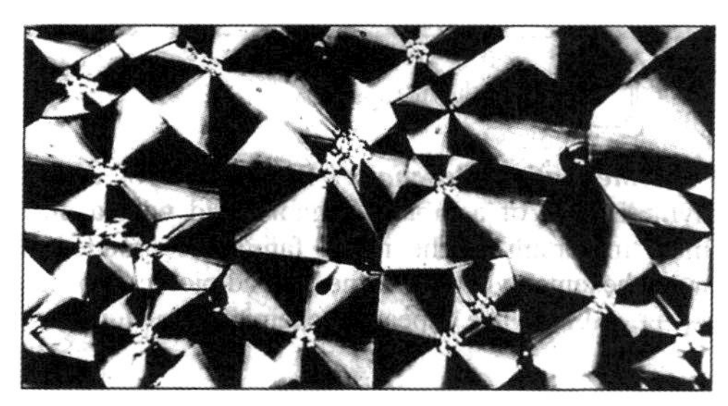

球状能在这种尼龙材料中形成的事实强调尼龙材料结晶的能力。

3

聚对苯二甲酸乙二醇酯（PET）　聚对苯二甲酸丁二醇酯（PBT）

酯连接　　酯连接

聚碳酸酯热塑性聚合物的基本重复化学结构单元

聚碳酸酯
熔点：270°C（520 °F）

酯连接

聚酰亚胺的基本重复化学结构单元

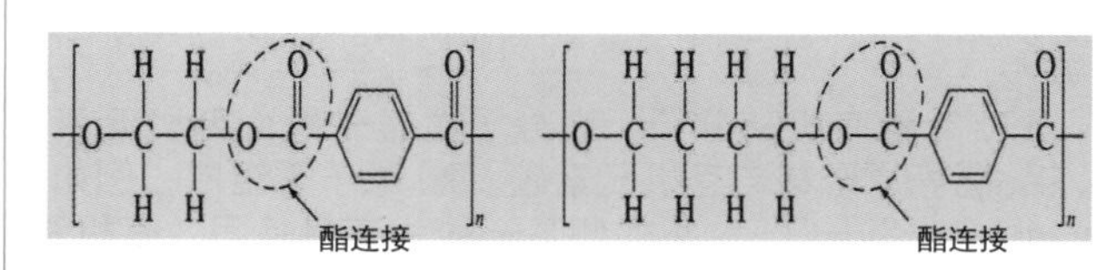

聚砜的基本重复化学结构单元

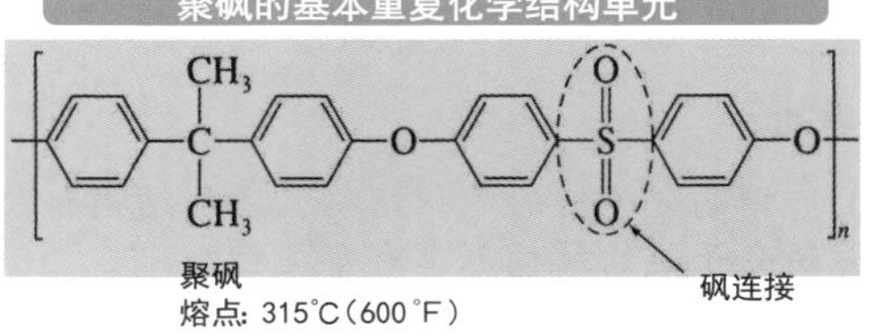

聚砜
熔点：315°C（600 °F）

4

7.7 高分子链的结构层次和化学结构

7.7.1 高分子链的结构图像——近程结构

长丝状高分子的结构较简单，主体是一条长丝，其上分布一些不交联的小分支。

但若使聚乙烯的聚合条件发生变化，则会发生乙烯置换氢原子的反应，其结果，会造成分枝，引发枝化。枝化会阻碍结晶化。低密度聚乙烯可认为是聚乙烯中分枝很多的类型，几乎不发生结晶化。正因为如此，它质地柔软且透明性优良。当然，结晶化度低也会造成机械特性及耐热性、耐溶剂性等变差。

一般说来，聚乙烯有两种：低密度（LDPE）和高密度（HDPE）。低密度聚乙烯有支链结构，而高密度聚乙烯基本上是一种直链结构。支链结构降低了低密度聚乙烯的结晶度和密度，同时由于减小了分子间作用力也降低了它的强度。相反，高密度聚乙烯的主链上有很少的支链，所以链间的堆砌更紧密，材料的结晶度和强度也更高。

根据主链化学组成的不同，高分子链主要有以下几种类型。

（1）碳链高分子　高分子主链是由相同的碳原子以共价键联结而成：—C—C—C—C—C—或—C—C=C—C—。前者主链中无双键，为饱和碳键；后者主链中有双键，为不饱和碳键。它们的侧基可以是各种各样的，如氢原子、有机基团或其他取代基。属于此类聚合物的有聚烯烃、聚二烯烃等，这是最广大的聚合物类之一。

（2）杂链高分子　高分子主链是由两种或两种以上的原子构成的，即除碳原子外，还含有氧、氮、硫、磷、氯、氟等原子。例如：—C—C—O—C—C—，—C—C—N—C—C—，—C—C—S—C—C—。杂原子的存在能大大地改变聚合物的性能。例如，氧原子能增强分子链的柔性，因而提高聚合物的弹性；磷和氯原子能提高耐火、耐热性；氟原子能提高化学稳定性，等等。这类分子链的侧基通常比较简单。属于此类聚合物的有聚酯、聚酰胺、聚醚、聚砜及环氧树脂等。

（3）元素有机高分子　高分子主链一般由无机元素硅、钛、铝、硼等原子核与有机元素碳（氧）原子等组成。例如：—C—Si—O—Si—C—，它的侧基一般为有机基团。有机基团使聚合物具有较高的强度和弹性；无机原子则能提高耐热性。有机硅树脂和有机硅橡胶等均属于此类。

7.7.2 高分子链的二级结构——远程结构

由于聚合反应的复杂性，在合成聚合物的过程中可以发生各种各样的反应形式，所以高分子链也会呈现各种不同的形态，既有线型、支化、交联和体型（三维网状）等一般形态，也有星形、梳形、梯形等特殊形态。

线型高分子链的支化是一种常见现象。支化型高分子的结构是在大分子主链上接有一些或长或短的支链，当支链呈无规分布时，整个分子呈枝状；当支链呈有规分布时，整个分子可呈梳形、星形等形态。若有官能度大于2的单体参与反应，则得支化高分子产物。如苯酚（三官能度）与甲醛（二官能度）起缩聚反应，其低聚物就是线型或支化的产物。具有线型和支化型结构的高分子材料，有热塑性工程塑料、未硫化的橡胶及合成纤维等。这些材料的最大优点是可以反复加工使用，而且具有较好的弹性。

聚乙烯（PE）是一种白色半透明的热塑性塑料，经常被制成透明薄膜。较厚的切片半透明表面呈蜡状。应用染料的话，可获得各种有色的产品。

迄今为止，聚乙烯是应用最广的塑性塑料。主要原因是其价格便宜并在工业上有很多优良性能，包括室温条件下很坚固，低温下的高强度有许多应用，在低至－73℃的很大温度范围内都有很好的韧性，抗腐蚀性好，绝缘性能好，无嗅无味，对水蒸气的通透性低。

聚乙烯的应用包括容器，绝缘材料，化学用管道，家用器具，吹塑瓶。聚乙烯薄膜的用途包括包装膜，运输膜和水塘里衬膜。

7.7.3 高分子链的三级结构——聚集态结构

体型结构是聚合物链上能起反应的官能团跟别的单体或别的物质发生反应，分子链之间形成化学键产生一些交联，形成的网状结构，如硫化橡胶等，

橡胶硫化后，由线型结构转变为网状结构，橡胶制品会变得更加坚韧和富有弹性。

体型（网状）高分子结构是高分子链之间通过化学键相互联结而形成的交联结构，在空间呈三维网状。体型（网状）高分子性质受交联程度的影响，如线型的天然橡胶用硫形成少量交联后变成富有弹性的橡胶；交联程度增大时，则变成坚硬的硬橡皮；当发生完全交联时，则变成硬脆的热固性塑料。

7.7.4 高分子链的化学结构——共聚、交替共聚和枝化

尽管在大多数共聚物中单体是随意排列的，但根据大分子链的微观结构，有下面四种特殊类型的共聚物已经被鉴别确定：

（1）无规共聚物　在共聚物分子中，两种单体单元是无规排列的，不同的单体随意地排列于聚合物链中。大多数自由基共聚合产物属于这一类型。

（2）交替共聚物　共聚物链中两种单体单元严格呈交替排列，不同的单体显示出一个一定次序的交替。这类共聚物很少，如苯乙烯和马来酸酐共聚物。

（3）嵌段共聚物　由较长的A链段和另一较长的B链段构成的共聚物大分子，链中的不同单体被排列在各个单体相关的长链中如。可以是二嵌段，三嵌段或多嵌段的，如AB，ABA，ABC和ABABABAB……型等。

（4）接枝共聚物　主链由单体单元A组成，支链则由另一种单体单元B构成，一种类型的单体的附加枝被嫁接在另一种单体的长链上。

如无规、交替共聚物可由两种单体直接进行共聚合反应得到，而嵌段、接枝共聚物常采用特殊方法才能制备，常是一种单体和另一类聚合物，甚至两类聚合物间的反应。

本节重点

（1）何谓高分子链的近程结构、远程结构和聚集态结构？
（2）高分子链的结构形态有哪几种？
（3）何谓无规共聚、交替共聚、嵌段共聚和接枝共聚？与线性碳链结构相比，各自会发生哪些性能变化？

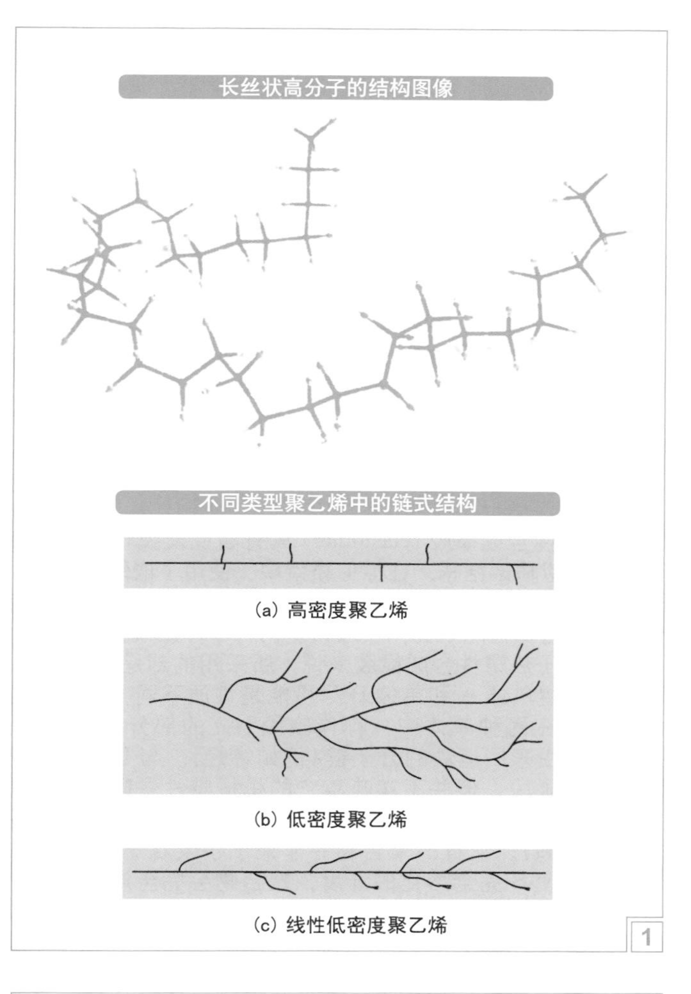
长丝状高分子的结构图像
不同类型聚乙烯中的链式结构
(a) 高密度聚乙烯
(b) 低密度聚乙烯
(c) 线性低密度聚乙烯
1

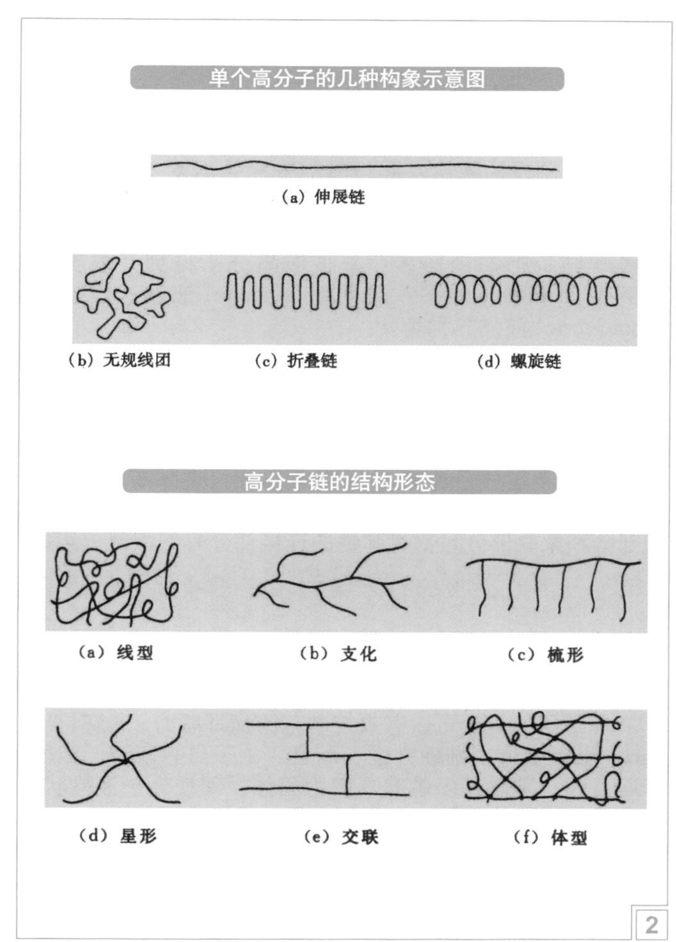
单个高分子的几种构象示意图
(a) 伸展链
(b) 无规线团
(c) 折叠链
(d) 螺旋链
高分子链的结构形态
(a) 线型
(b) 支化
(c) 梳形
(d) 星形
(e) 交联
(f) 体型
2

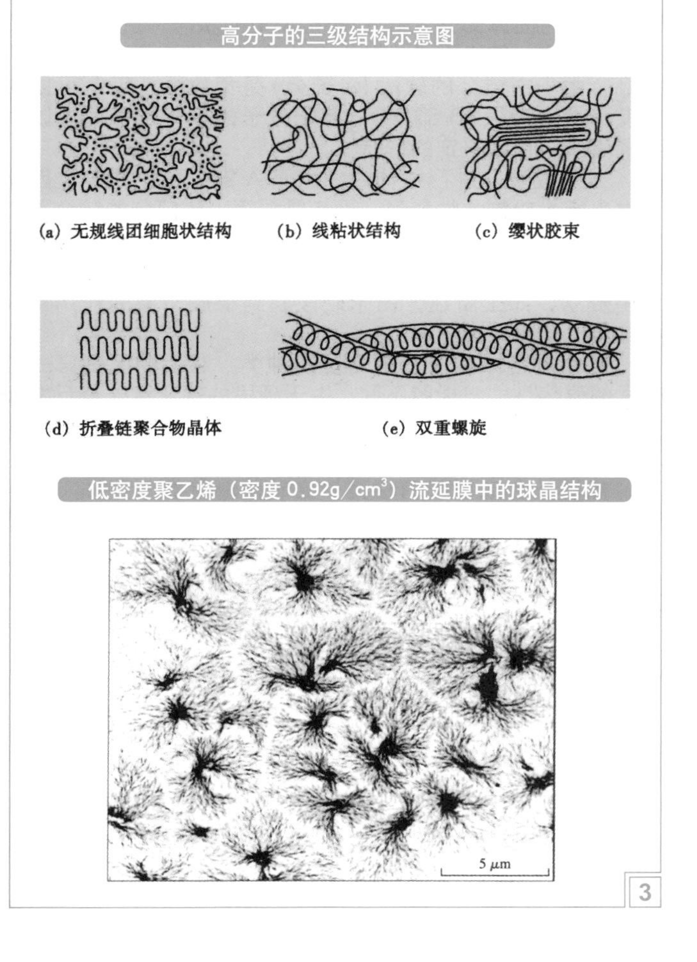
高分子的三级结构示意图
(a) 无规线团细胞状结构
(b) 线粘状结构
(c) 缨状胶束
(d) 折叠链聚合物晶体
(e) 双重螺旋
低密度聚乙烯（密度 0.92g/cm³）流延膜中的球晶结构
5 μm
3

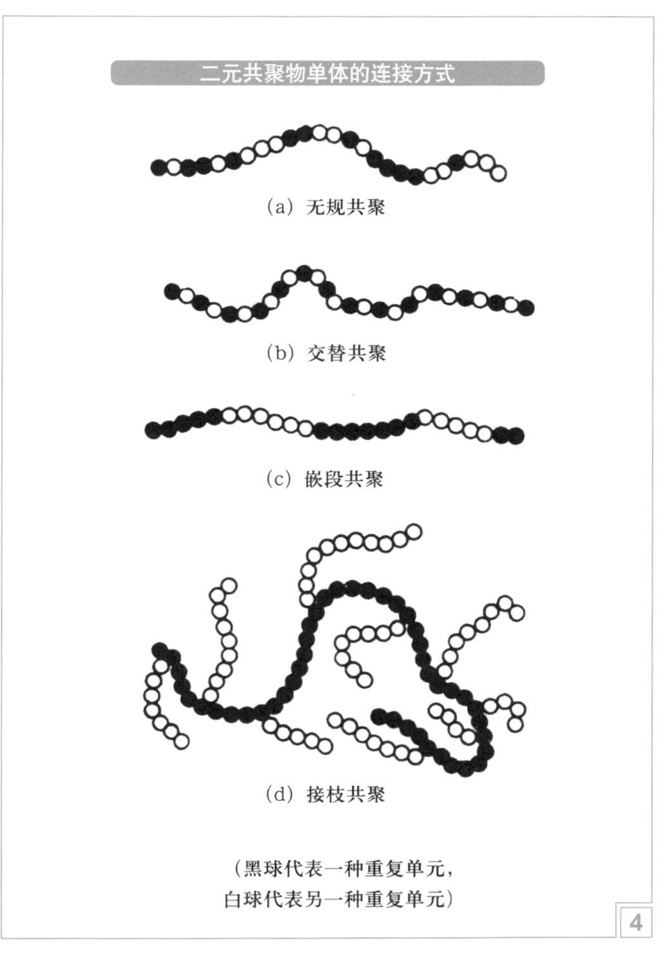
二元共聚物单体的连接方式
(a) 无规共聚
(b) 交替共聚
(c) 嵌段共聚
(d) 接枝共聚
(黑球代表一种重复单元，
白球代表另一种重复单元)
4

7.8 高分子链间的相互作用

7.8.1 液晶分子的基本结构形态——板状和棒状液晶分子

最初发现的液晶是胆甾醇的安息香酸酯，它的分子相当大，且呈平面宽板状结构形态，由此构成胆甾醇型液晶。

此后，陆续发现了许多种类的液晶，但从整体上看，以棒状结构形态的居多。其按液晶分子排列，依次构成向列型（nematic）液晶、层列型（smectic）液晶、胆甾相型（cholesteric）液晶三种类型。

图中所描画的甲基、戊基、己基分别是由 1、5、6 个碳原子以直线相连接的原子团，总称为烷基（alkyl）。而苯基由 6 个碳原子以三个双键（一个大 π 键）结合而成，取六角形平面结构。

棒状液晶分子由苯基等刚硬部分、烷基等柔软部分、在电场作用下决定液晶分子排列方向的极性基，以及连接刚硬部分和柔软部分且富有弹性的连接部分等四大部分组成。

7.8.2 三类液晶相的排列结构决定于液晶分子间的相互作用

液晶材料若要满足显示器的使用要求，必须精细完善地控制其中的范德瓦耳斯力。

原子团的组合可以有效控制范德瓦耳斯力。苯环（苯基，C_6H_5）难以变形，刚硬性强。而且，由于具有双键，范德瓦耳斯力强。苯基越多越容易变为固体。即使处于液晶状态，在电场作用下的运动状态也不理想。相比之下，烷基（alkyl）仅由单键构成，范德瓦耳斯力弱，柔软性好，容易变形。液晶分子除了苯基之外，还有像尾巴一样的烷基，通过苯基和烷基的合理组合，可以有效调节范德瓦耳斯力。

（1）向列型（nematic）液晶　向列型在液晶中取最简单的排列规则。所谓向列（nematic），在希腊语中有“丝状”的意义。棒状分子纵向平行排列，每个棒状分子的上下位置各不相同，在同一平面上也无明显的规则性。虽然棒状分子整体上讲沿纵向平行排列，但同另外两种类型的液晶相比，向列型液晶排列的规则性是最低的。一般说来，向列液晶的粘滞性（粘度）较小，易流动。

（2）层列型（smectic）液晶　层列型的分子形状是棒状的，也呈纵向平行排列，但如图中所示，分子在垂直方向的排列也具有规则性。不妨认为它是由向列型进一步按层状规则堆叠而成。在层面之内（水平面内）尽管略有参差，但同向列型相比，层列型排列的有序性强，粘滞性（粘度）也大。所谓层列（smectic），有“脂肪（黄油）状”、“肥皂类”等意思。

（3）胆甾相型（cholesteric）　是棒状或板状分子在任一层均沿某一方向平行排列，而下一层排列方向的角度略发生一些变化，逐层以螺旋方式堆叠。从整体上看，分子排列方向发生螺旋状扭曲。另外，取螺旋排列的物质，一定是右手型或左手型（光学各向异性体）这两种类型，其中都含有不对称碳这种特殊的构成要素。

7.8.3 古塔波胶（天然橡胶）聚合物的链段和重复单元

天然橡胶（natural rubber）是一种以聚异戊二烯为主要成分的天然高分子化合物，分子式是 $(C_5H_8)_n$，其成分中 91%~94% 是橡胶烃（聚异戊二烯），其余为蛋白质、脂肪酸、灰分、糖类等非橡胶物质。天然橡胶是应用最广的通用橡胶。

重复结构单元又称结构单元，链节，重复单元或恒等周期。聚合物中化学组成相同的最小单位称为重复结构单元。构成高分子链并决定高分子以一定方式连接起来的原子组合高分子链中重复单元的重复次数称为聚合度。

天然橡胶包含两种化学结构，顺式聚异戊二烯和反式聚异戊二烯。顺式聚异戊二烯称为古塔波胶（gutta-percha）（古塔波来自马来语，指 percha 树的树汁），而反式聚异戊二烯则因可以从巴拉塔树的树汁取得而称为巴拉塔胶（balata）。一般因为巴拉塔胶应用不广只能做特种粘合剂等功能，因此一般情况下天然橡胶通常都指顺式聚异戊二烯。

由于天然橡胶的高分子结构为共价单键为主，因此很容易弯曲。天然橡胶的分子量一般介于 100 000~1 000 000 之间。

7.8.4 热塑性合成橡胶的结构

热塑性合成橡胶（elastomer）具有高反发弹性的原理在于它的拟似桥架结构。在拟似桥架中，使用了嵌段共聚。而通常的共聚采用的是无规共聚。像 AS 树脂那样，为了综合两种聚合物性能之优，一般希望两种单体无规共聚。

但对于热塑性合成橡胶来说，所采用的却是嵌段共聚。而且，希望单体 A 和单体 B 尽可能是性质不同，相溶性低的组合。在两种单体中，称作软段（A）的部分是柔软的，采用可自由来回运动的分子链（例如烯烃）。与 B 相当的副成分称作硬段，但并不意味着它的机械特性是硬的。只是要求比 A 的软化温度（对于结晶性的情况是熔点）更高（固化温度也高）。这样的聚合物并非处于桥架状态，但至少，若加热到使 B 完全熔化的温度，聚合物会完全溶解。此时将熔融的塑料放入模具中进行冷却，固化温度高的 B 部分会首先固化。此时，A 部分仍然自由地来回运动，但并非是将 B 团团围住，固化过程中若干个分子的 B 部分会相互吸引，结果，只有 B 部分集结在一起。这种情况就好像是由 B 凝聚成的固体部分分散于液体 A 中的状态。进一步冷却，A 也会固化，最终变成热塑性合成橡胶。像这样制作成的成型品，由于主成分的软段（A 部分）是柔软的，因此可以自由变形；而硬段（B 部分）分布于分子的不同部位，可以束缚软段（A）保持一定的形状。

当对成型品进行拉伸时，由于 A 部分是主成分，因此可发生所希望的弹性变形，而在常温下，B 部分的结合不会松弛。因此，B 部分可以发挥橡胶桥架的作用，规制分子链的自由变形。而且，一旦应力取消，试件便会返回原来的稳定形状。如上所述，由于硬段起到橡胶桥架的作用，故称其为拟似桥架。

热塑性合成橡胶有相当多的种类。它们的区别第一是硬段的耐热性。与橡胶不同，由于硬段的软化意味着反发弹性的丧失，因此，硬段的耐热温度是重要的选择参数。第二是软段的长度，软段越长越柔软。

热塑性合成橡胶的种类依据硬段的种类来称呼。酯系热塑性合成橡胶和氨基甲酸乙酯系热塑性合成橡胶就是其实例。

当然，与天然橡胶相比，热塑性合成橡胶在耐热性、耐蠕变性、硬度可调整范围等方面还是略逊一筹。

本节重点

（1）解释三类液晶相中分子排列结构不同的原因。
（2）写出天然橡胶聚合物链的链段及重复单元。
（3）指出热塑性合成橡胶（elastomer）的结构特点，这种结构是如何形成的？

液晶分子的种种结构

❶胆甾醇安息香酸酯（分子排列为胆甾相型（液晶））

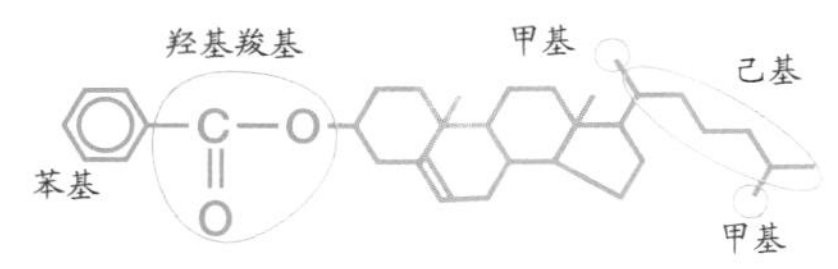

❷圆盘状构造的分子（分子排列为盘状向列柱状）

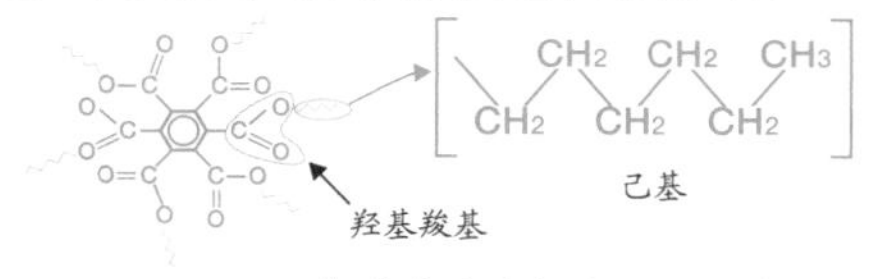

(a) 板状构造的分子

❶分子排列为向列型的实例

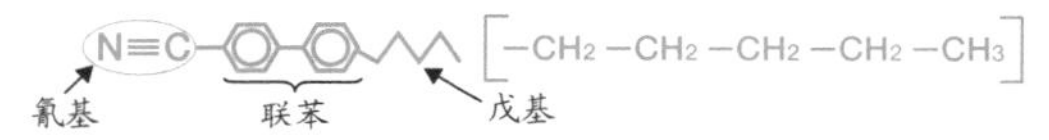

❷分子排列为层列型的实例

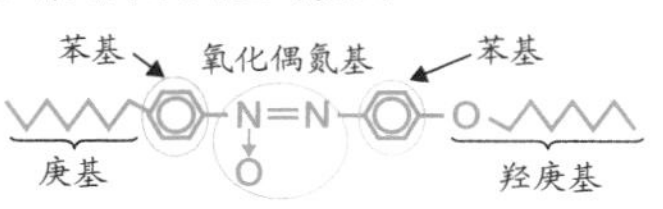

❸分子排列为胆甾相型的实例

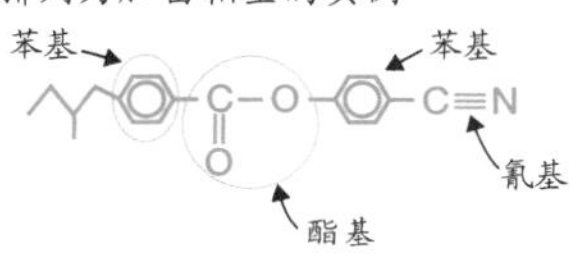

(b) 棒状构造的分子

1

三类液晶相中的分子排列结构

向列液晶

层列液晶

胆甾相液晶

2

天然橡胶聚合物链的链段

$$-CH_2-C(CH_3)=CH-CH_2-CH_2-C(CH_3)=CH-CH_2-CH_2-C(CH_3)=CH-CH_2-$$

古塔波胶聚合物的链段

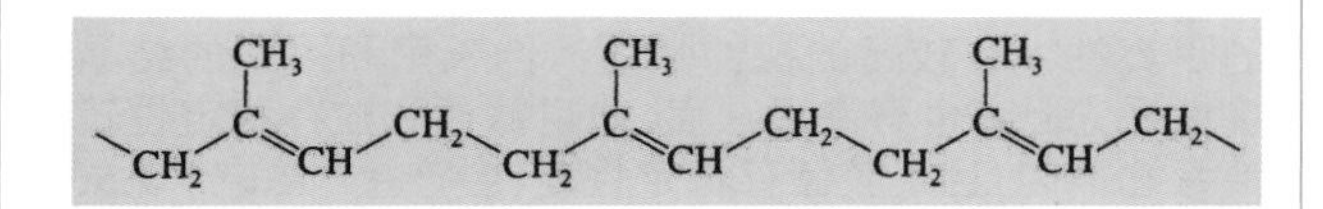

聚异戊二烯

古塔波胶（天然橡胶）的重复单元

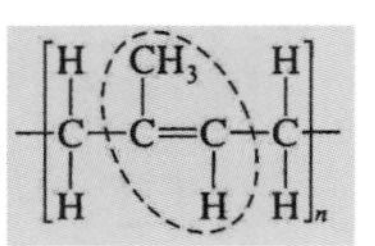

分子式是 $(C_5H_8)_n$

3

热塑性合成橡胶（elastomer）的结构

~A−A−B−A−B−B−B−A−A−B−B−B−A~

(a) 无规共聚合

~A−A−A−A−A−A−B−B−B−B−B−B−B−B~

(b) 嵌段共聚合

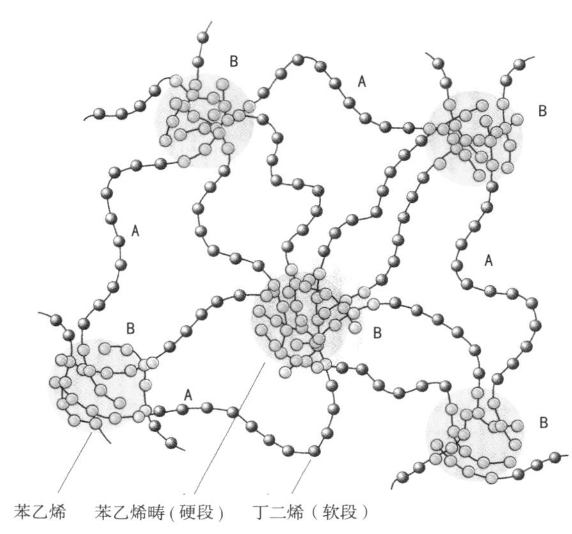

(c) 热塑性合成橡胶的结构示意

4

7.9 天然橡胶和合成橡胶

7.9.1 生橡胶和熟橡胶

橡胶是一种具有特殊高弹性的高分子材料。它们在室温下处于高弹态，在较小的力作用下能产生几倍甚至十几倍的变形，力撤销后又能恢复原来的尺寸和形状。这种特殊的高弹性使橡胶成为制造轮胎、减震橡胶制品等一系列橡胶制品的无可替代的材料。

生橡胶是聚异戊二烯长链结构，因此它的力学性能不佳，且受热会变粘变软，而受冷则变硬发脆，容易断裂。它还有不易成型，容易磨损，易溶于汽油等有机溶剂，分子内双键易起加成反应导致老化等一系列缺点，因而限制了它的使用。

为改善橡胶制品的性能，生产上要对生橡胶进行一系列加工。在一定条件下，使胶料中的橡胶大分子与交联剂（如硫磺、过氧化物等）发生化学反应，使其由线型结构的大分子交联成为立体网状结构的大分子，这样胶料就从塑性橡胶转化为弹性橡胶或硬质橡胶，从而使胶料具备高强度、高弹性、高耐磨、抗腐蚀、不熔难溶等优良性能。这个过程称为橡胶的硫化。硫化后的橡胶称为熟橡胶。橡胶制品绝大部分采用的是熟橡胶。

天然橡胶因其具有很强的弹性和良好的绝缘性、可塑性、隔水隔气、抗拉和耐磨等特点，广泛地运用于工业、农业、国防、交通、运输、机械制造、医药卫生领域和日常生活等方面，如交通运输上用的轮胎；工业上用的运输带、传动带、各种密封圈；医用的手套、输血管；日常生活中所用的胶鞋、雨衣、暖水袋等都是以橡胶为主要原料制造的；国防上使用的飞机、大炮、坦克，甚至尖端科技领域里的火箭、人造卫星、宇宙飞船、航天飞机等都需要大量的橡胶零部件。

7.9.2 橡胶的桥架结构和反发弹性

“硫化”一词因天然橡胶用硫磺作交联剂进行交联而得名，随着橡胶工业的发展，现在可以用多种非硫磺交联剂进行交联。因此硫化的更科学的意义应是“交联”或“架桥”，即线性高分子通过交联作用而形成网状高分子的工艺过程。从物性上即是塑性橡胶转化为弹性橡胶或硬质橡胶的过程。“硫化”的含义不仅包含实际交联的过程，还包括产生交联的方法。整个硫化过程可分为硫化诱导，预硫，正硫化和过硫（对天然胶来说是硫化返原）四个阶段。工业上需要硫化的橡胶有丁苯橡胶、丁腈橡胶、丁基橡胶、乙丙橡胶等。

橡胶的反发弹性源于橡胶分子的桥架结构。橡胶经硫化，相邻链状分子在某些部位会发生化学交联，称这种结构为桥架。一旦发生桥架，便与热固性塑料同样，即使温度上升，既不流动，也不能成型。因此，橡胶要在桥架前成形，在成形品的状态下进行桥架反应，以产生反发弹性。

由桥架反应获得反发弹性的理由说明如下。桥架点（N）和桥架点（N′）之间（R）如图所示，为柔软的分子链，可以自由来回运动。在施加外力的情况下，R 部分延伸。但桥架点 N 为化学结合，故难以破坏。因此，变形被限制于各微小部分，外力一旦解除，R 部分会返回到原来状态，作为全体也能完全恢复到原来的形状。桥架点（N）在规制分子链大幅度变形的同时，在解除外力时，还有使变形恢复到原来形状的功能。

7.9.3 合成橡胶

现代合成橡胶主要是以天然气、石油裂解气体中得到的丁二烯、异戊二烯、氯丁二烯等为单位，在一定的条件下聚合，得到的具有柔性分子链的聚合物。它们经过硫化或交联合成为空间网状结构，同时加入炭黑或填料补强并成型后制成硫化橡胶制品。

合成橡胶按其用途可分为两类，一类是通用合成橡胶，其性能与天然橡胶相近，用途也可以替代天然橡胶；另一类是具有耐寒、耐热、耐油、耐腐蚀、耐辐射、耐臭氧等某些特殊性能的特种合成橡胶，用于制造在特定条件下使用的橡胶制品。通用合成橡胶和特种合成橡胶之间并没有严格的界限，有些合成橡胶兼具上述两方面的特点。

丁苯橡胶、顺丁橡胶、丁基橡胶、异戊橡胶、乙丙橡胶、氯丁橡胶和丁腈橡胶是合成橡胶的七个主要品种，其中丁苯橡胶占合成橡胶总产量的 60%，其次是顺丁橡胶。

硅橡胶既可以是一种由硅氧原子为主链，并且主链上含有侧链烷基的分子链，也可以是由硅、氧、碳组成的主链。硅橡胶主要有二甲基硅橡胶、甲基乙烯基硅橡胶、甲基乙烯基苯基硅橡胶、甲基乙烯基三氟丙基硅橡胶、苯撑硅橡胶和苯醚撑硅橡胶等。硅橡胶的力学性能较差，主要用于电气工业的防震、防潮罐封料，建筑工业的密封剂，汽车工业的密封件及医疗制品等。

7.9.4 氯丁橡胶的结构单元和氯丁橡胶的硫化

氯丁橡胶（chloroprene rubber）又称氯丁二烯橡胶，是以 2- 氯 -1，3- 丁二烯为主要原料，经乳液 α- 聚合而制成的弹性体。其中反式 1，4- 加成结构约占 85%，顺式 1，4- 加成结构约占 10%，少量为 1，2- 或 3，4- 加成结构。

氯丁橡胶与其他二烯类橡胶不同的是不能用硫黄硫化，而且炭黑的补强效果较小，此外，其加工性能和改善各种老化性能的方法与其他橡胶也有一定差异。

氯丁橡胶硫化是在分子中 1，2- 结构含量约 1.5% 的丙烯位氯原子处进行的。该硫化反应是由金属氧化物和两个丙烯位氯原子形成醚键来完成交联的。

不同的硫化体系对氯丁橡胶硫化特性、物理机械性能、耐热老化性能和压缩永久变形性能有不同的影响。一般采用金属氧化物（MgO/ZnO），过氧化物（2，5- 二甲基 -2，5 二叔丁基过氧化己烷，简称双 -25）、硫磺、三聚硫氰酸（TCY）四种硫化体系。

氯丁橡胶具有良好的物理机械性能，耐油，耐热，耐燃，耐日光，耐老化，耐臭氧，耐酸碱，耐化学试剂，具有一定的阻燃性，有较高的拉伸强度、伸长率和可逆的结晶性，粘接性好。但它也有许多缺点，如耐寒性和贮存稳定性较差，电绝缘性不佳，且生胶储存稳定性差，会产生“自硫”现象等。综合以上性能，氯丁橡胶被广泛应用于胶板、普通和耐油胶管、电缆、传送带、橡胶密封件、农用胶囊气垫、救生艇、粘胶鞋底、涂料和火箭燃料等，它还是粘合剂生产的原料，被用于金属、木材、橡胶、皮革等材料的粘接。

本节重点

（1）何谓橡胶的硫化，硫化的效果是什么？
（2）硫原子在硫化橡胶中所起的作用。
（3）何谓氯丁橡胶，写出氯丁橡胶的结构单元及氯丁橡胶硫化过程中可能发生的化学反应。

橡胶硫化的图解说明

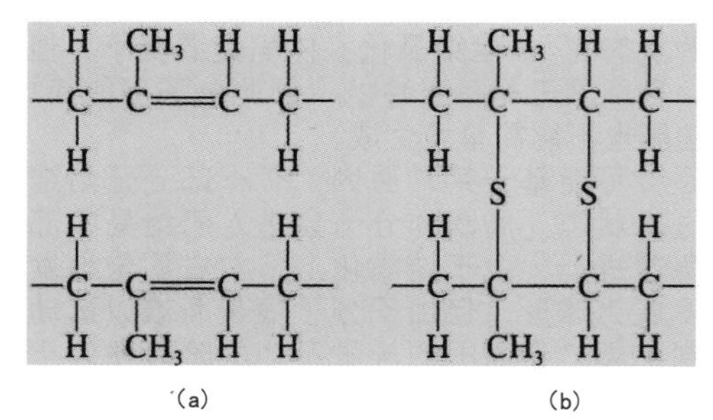

(a)　　　　(b)

在这一过程中，硫原子形成了在1，4-聚异戊二烯链的交联。(a)硫原子交联前顺式(*cis*)1，4-聚异戊二烯。(b)在活跃的双键上由硫原子交联之后的顺式(*cis*)1，4-聚异戊二烯链。

生橡胶和橡胶的桥架结构

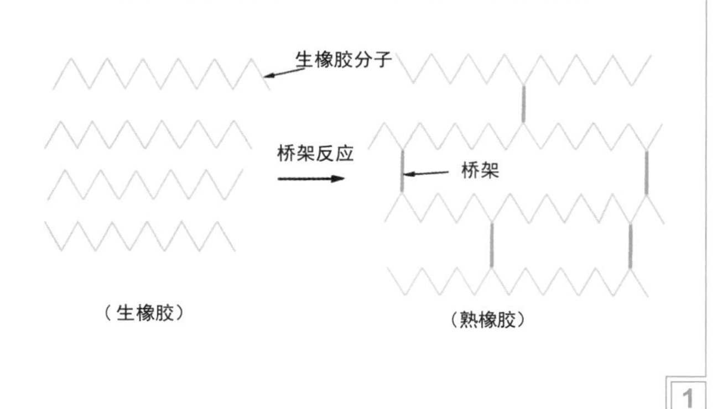

1

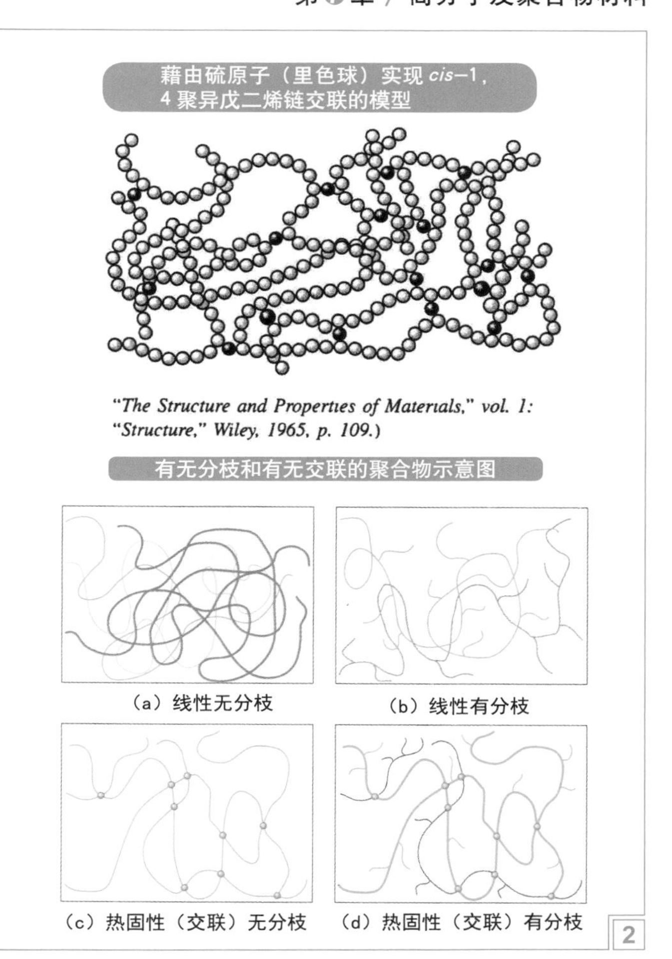

2

氯丁橡胶的基本物理性质

性质	天然聚氯丁烯	硫化后的聚氯丁烯	
		硫化橡胶	加入炭黑的硫化橡胶
密度 /g/cm³	1.23	1.32	1.42
体积膨胀系数		610	
$\beta=1/v\cdot\delta v/\delta T[K^{-1}]$	600×10^{-6}	720×10^{-6}	
热学性能			
玻璃转变温度 /K(℃)	228 (~45)	228 (~45)	230 (~43)
热容 /(kJ/(kg·K))	2.2	2.2	1.7~1.8
热导 /(W/(m·K))	0.192	0.192	0.210
电学性质			
介电常数 /(1kHz)		6.5~8.1	
介电损耗 /(1kHz)		0.031~0.086	
电导 /(pS/m)		3~1400	
力学性能			
断裂延伸率 /%		800~1000	500~600
拉伸强度 /MPa(ksi)		25~38 (3.6~5.5)	21~30 (3.0~4.3)
杨氏模具 /MPa(psi)		1.6 (232)	3~5 (435~725)
回弹性 /%		60~65	40~50

After "Neoprene Synthetic Elastomers," *Ency. Chem. & Tech.*, 3rd ed., Vol. 8 (1979), Wiley, p. 516.

硅有机树脂的基本重复单元

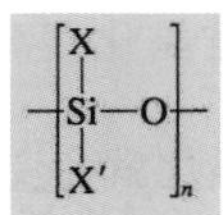

聚二甲基硅氧烷的重复结构单元

$$\left[-\underset{CH_3}{\overset{CH_3}{\mathrm{Si}}}-O-\right]_n$$

3

氯丁橡胶（聚氯丁烯）结构单元

丁苯合成橡胶共聚物的化学结构

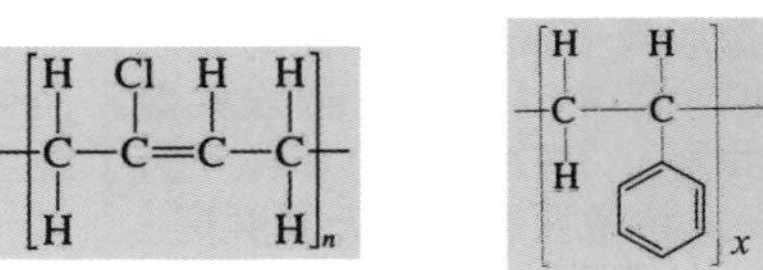

聚氯丁烯　　聚苯乙烯　　聚丁二烯

在氯丁橡胶硫化过程中可能发生的化学反应

$$\sim CH_2-C(=CH-CH_2Cl)\sim \;+\; \sim CH_2-C(Cl)=CH-CH_2\sim \xrightarrow[Cl^-]{ZnO} \sim CH_2-C(=CH-CH_2-CH(-CH_2\sim)-C(Cl)(H)-CH_2\sim)\sim + ZnCl_2$$

$$2\,ZnCl_2 + MgO \xrightarrow{H_2O} 2\,Zn(OH)Cl + MgCl_2$$

4

7.10 高分子的聚集态结构

7.10.1 线性聚酯聚合成交联聚酯

长丝状高分子的结构较简单，主体是一条长丝，其上分布一些不交联的小分支。

如果聚合物分子链间的分子内或分子间可以形成氢键，由于氢键的作用，分子链的刚性会大大增加。相对地，柔顺性会变得很差。因此，需要根据需要的性能进行选择。

提到交联反应，最常见的是不饱和橡胶的硫化，其机理是离子型反应，最终通过链与链间形成二硫键来制得交联橡胶，从而增加橡胶的强度。

通常采用的是一种过氧化物交联法，其机理是自由基型反应。过氧化物分解产生自由基，该自由基从聚合物链上夺氢转移形成高分子自由基，再偶联就形成了交联聚合物。基于这个原理，产生了辐射交联法，因为聚合物在高能辐射下也可以产生自由基。

现在出现的一种新型方法称为光聚合交联，一些多功能单体或多功能预聚体可在光直接引发或光引发剂作用下发生聚合形成交联高分子。光聚合交联的优点有：①速度快，在强光照射下甚至可以在一秒内变成聚合物，有些胶水就是采用这种原理；②反应只发生在光照区域内，便于实现图案化，这在印制电路板和集成电路制备上具有重要意义；③反应可在室温下发生，且无需溶剂，低能耗，是一种环境友好工艺，应用前景广阔。

7.10.2 热塑性合成橡胶藉由拟似桥架而产生的反发弹性与天然橡胶的对比

橡胶与塑料的最大区别在于二者的反发弹性不同。用手拉伸一段橡胶绳，一旦一只手放开，橡胶绳会立即完全收缩。像这种变形瞬时恢复的性质称为反发弹性。对于塑料来说，外加应力时，变形反应迟慢，变形的恢复既慢又不完全。若将聚乙烯塑料袋用手强力揉成团，而后松开手，塑料袋会稍许返回原样。但是，不久便停止恢复，难以返回到完全无皱折的状态。

热塑性合成橡胶具有高反发弹性的原理在于它的拟似桥架结构。在拟似桥架中，使用了嵌段共聚。而通常的共聚采用的是无规共聚。像 AS 树脂那样，为了综合两种聚合物性能之优，一般希望两种单体无规共聚。

但对于热塑性合成橡胶来说，所采用的却是嵌段共聚。而且，希望单体 A 和单体 B 尽可能是性质不同，相溶性低的组合。在两种单体中，称作软段（A）的部分是柔软的，采用可自由来回运动的分子链（例如烯烃）。与 B 相当的副成分称作硬段，但并不意味着它的机械特性是硬的。只是要求比 A 的软化温度（对于结晶性的情况是熔点）更高（固化温度也高）。

当对成型品进行拉伸时，由于 A 部分是主成分，因此可发生所希望的弹性变形，而在常温下，B 部分的结合不会松弛。因此，B 部分可以发挥橡胶桥架的作用，规制分子链的自由变形。而且，一旦应力取消，试件便会返回原来的稳定形状。如上所述，由于硬段起到橡胶桥架的作用，故称其为拟似桥架。

7.10.3 高分子中球晶的形成过程

对塑料来说另一个很有意义的结晶化现象是，在通常的成形品种中球形结晶很发达。熔融的塑料冷却时并不立即生成结晶，而是变成过冷状态（在结晶点以下的温度而不结晶化的状态）。一旦结晶化，体积是要变小。但是由于分子很长，且周围已是相当冷的，因此分子不能简单地运动。这样，结晶也不能简单地生成。

但是，可能基于某种原因，有一部分开始结晶化，由于处于过冷状态，周围的分子会进入已结晶的部分，致使结晶化急速进行。由于结晶化上下左右均匀地发生，结果结晶化发展为球形。但由于分子很长而难以运动，结晶不能无限制扩展，到周围的分子不动的阶段便停止下来。残余的部分保持与熔融状态相接近的分子配置，原封不动地凝固下来。此部分即为非晶态部分。非晶态部分的力学性质和热学性质与结晶部分的相比要差。这种状态正像水泥中分布有大量石子的情况。无论是加热时开始运动的，还是外力作用下开始变形的，都会成为非晶态的部分。

大尺寸的球晶在 0.1mm 左右，因此球晶可以用光学显微镜清楚地观察。

高聚物球晶的生长过程一般按下列顺序发生：①具有相似构象的高分子链段聚集在一起，形成一个稳定的原始核；②随着更多的高分子链段排列到核的晶格中，核逐渐发展成一个片晶；③片晶不断地生长，同时诱导形成新的晶核，并逐渐生长分叉，原始的晶核逐渐发展成一束片晶；④这一束片晶进一步生长，并分叉生长出更多的片晶，最终形成一个球晶。（由晶核开始，片晶辐射状生长而成的球状多晶聚集体。）

7.10.4 晶态和非晶态聚合物

弯弯曲曲像弦那样的丝状高分子会结晶化，多少有点令人不可思议，但若着眼于丝状高分子的局部一小段则另当别论。丝状高分子是将称作单体（monomer）的小分子，按规则整齐的方式相连接而形成的。因此，高分子的“弦”具有规则排列的重复构造。一旦这样的分子相邻排列，由于重复单元相同，侧链部分就会很好地啮合。其结果，与相邻分子混乱排布的情况相比，分子间的接触部分增加，相邻分子的接触更紧密。这样，即使温度升高分子运动加剧，以及外力作用之下，分子间的位置也难以发生变化。这种相邻分子间的规则齐整排列称为结晶化。一般认为，塑料的结晶可用矿物结晶的理论加以说明。不过，由于高分子情况下分子很大，从而不能实现分子整体的结晶化。因此，前面所说的重复单元就显得格外重要。

以简单的情况——聚乙烯为例，其重复单元是—CH_2—，碳链以约 110° 的角度呈锯齿状（zigzag）延伸，其中每两个氢按相同的角度构成并伸出一个齿。当这样的分子彼此相邻时，齿与齿间相互啮合，即一个分子的氢进入另一个分子的两个氢之间。这种配置不仅密度高，而且处于稳定状态。

当然，结晶依分子结构不同而异，结晶大小、结晶的强度各不相同。另外，高分子与矿物不同，前者是在长的分子中重复单元尺度范围的结晶化，而非高分子整体全部的结晶化。因此，即使结晶化度高的情况，至多可达 60% 上下。

通常认为，一旦结晶化就会变得像水晶那样是透明的，但相反，由于结晶部分与非结晶部分对光的折射率不同而引起光的散射，因此反而是不透明的。这就是为什么高密度聚乙烯、聚丙烯、聚缩醛等结晶性塑料不透明的原因。

本节重点

（1）分子链间相联后会造成性能的哪些变化？举例写出线性聚酯合成交联酯的反应。
（2）橡胶与一般热塑性聚合物的反发弹性有何不同，解释造成这种不同的原因。
（3）请解释聚合物中球晶的形成过程。

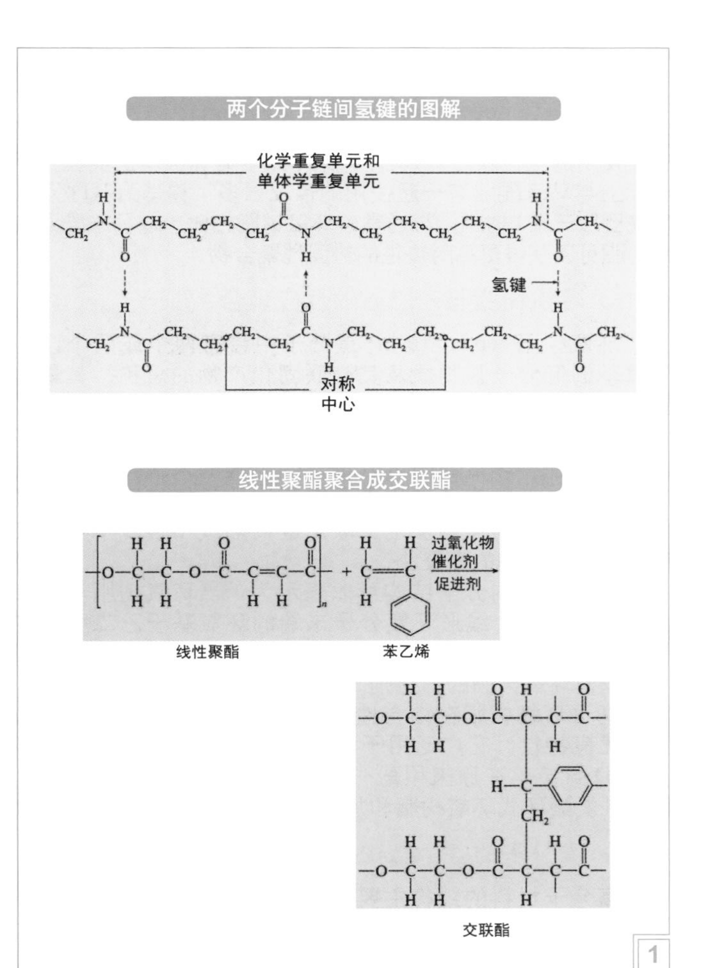

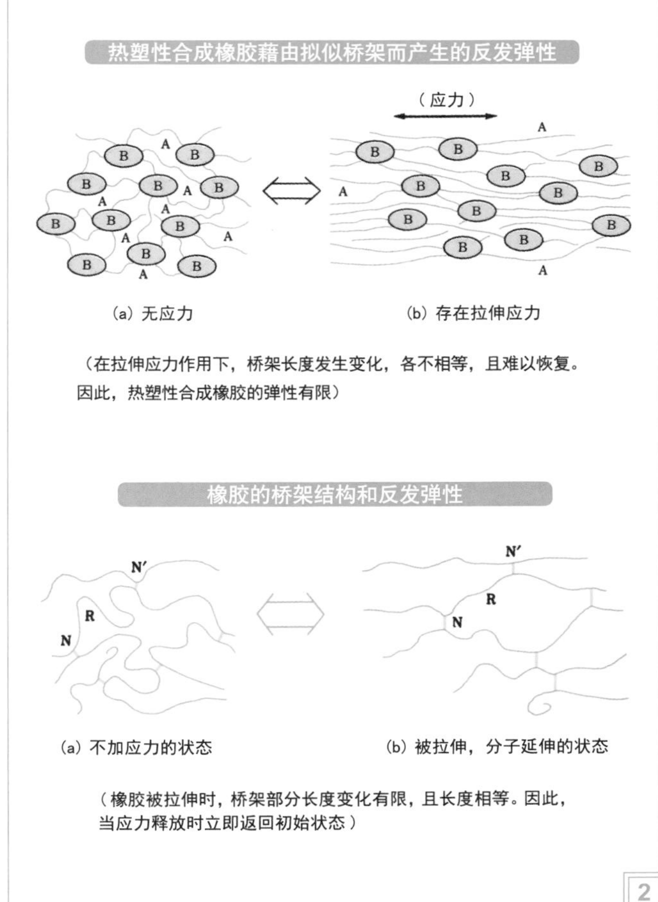

热塑性合成橡胶藉由拟似桥架而产生的反发弹性
（应力）
(a) 无应力
(b) 存在拉伸应力
（在拉伸应力作用下，桥架长度发生变化，各不相等，且难以恢复。
因此，热塑性合成橡胶的弹性有限）
橡胶的桥架结构和反发弹性
(a) 不加应力的状态
(b) 被拉伸，分子延伸的状态
（橡胶被拉伸时，桥架部分长度变化有限，且长度相等。因此，
当应力释放时立即返回初始状态）
2

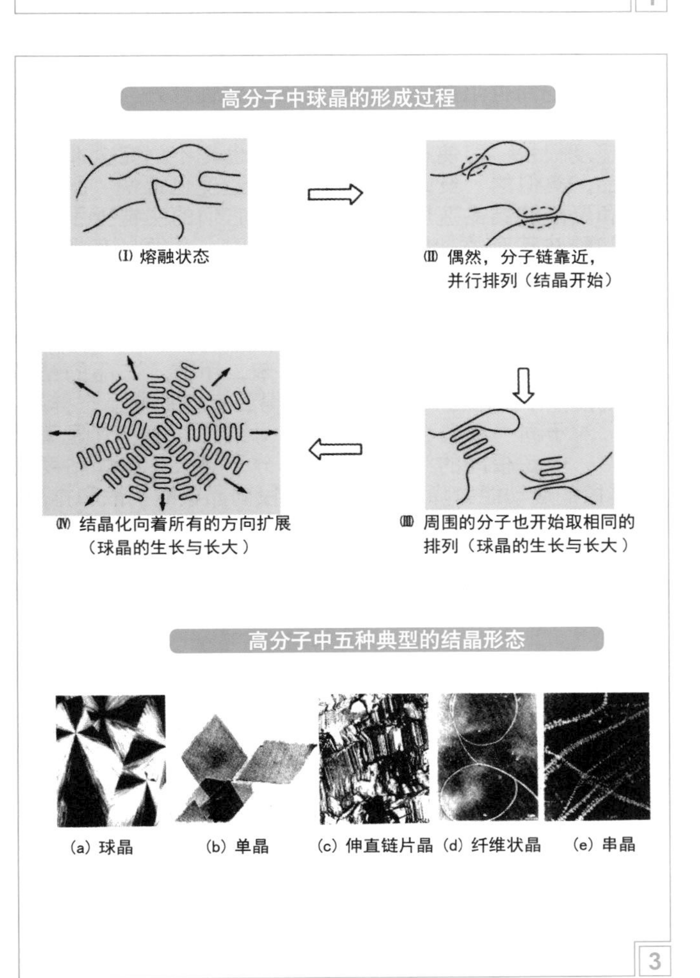

晶态和非晶态聚合物

分类	一般特性	实例
晶态聚合物	具有较强的分子间力，结构规整	聚乙烯（PE） 等规聚丙烯（等规 PP） PTFE, PA, POM 聚氯化乙烯纤维素
非晶态聚合物	无规立构均聚物，无规共聚物，热固性塑料	PS（立构无规） 氯化聚乙烯 PMMA，PU 脲醛树脂 酚醛树脂 环氧树脂 不饱和树脂
介于两者之间的聚合物（结晶度较低）	与成分、结构及外部条件等相关	天然橡胶、聚异丁烯、丁基橡胶（高应变下结晶） 聚乙烯醇 聚氯乙烯 聚三氟氯乙烯

聚丙烯的球晶

4

7.11 热固性树脂（热固性塑料）

7.11.1 何谓热固性树脂

最早登场的塑料并非现在广泛使用的热塑性的。当时的塑料是通过将原料放入模具中，经加热，藉由原料发生反应而制成的。一旦形成，再也不能由加热而获得塑性。这种塑料即所谓的“热固性”的。它们的英文名称为“thermo set resin”，汉语称为“热固性树脂”。

到“加热熔化型”塑料登场之时，新型的“热塑性树脂”（thermo plastic resin）便与原来已存在的“热固性树脂”（thermo set resin）作为两个名词分开使用。而且，有时省略“热塑性树脂”，用“塑料”这一名词泛指这类物质全体，直至今日。

至此，读者可能发生疑问，为什么像酚醛树脂这样的热固性树脂也称为“塑料”呢？从道理上讲，不具有热塑性的材料称为塑料是有些牵强。但是，对于使用塑料的一般人来说，往往并不了解加工方法和特性的差异，用后来占压倒多数的热塑性塑料的含义来表示合成树脂的全体也不至于引起误解。也就是说，即使采用“塑料”这一与热固性树脂相矛盾的通称，也不会发生问题。

热固性塑料与热塑性塑料不同的是，热塑性塑料中树脂分子链都是线型或带支链的结构，分子链之间无化学键产生，加热时软化流动．冷却变硬的过程是物理变化。

热固性塑料第一次加热时可以软化流动，加热到一定温度，产生化学反应——交链固化而变硬，这种变化是不可逆的，此后，再次加热时，已不能再变软流动了。正是借助这种特性进行成形加工，利用第一次加热时的塑化流动，在压力下充满型腔，进而固化成为确定形状和尺寸的制品。

常用的热固性塑料品种有酚醛树脂、脲醛树脂、三聚氰胺树脂、不饱和聚酯树脂、环氧树脂、有机硅树脂、聚氨酯等。热固性塑料是主要用于隔热、耐磨、绝缘、耐高压电等在恶劣环境中使用的塑料，最常用的应该是炒锅锅把手和高低压电器。

7.11.2 电子材料用热固性树脂的种类和基本构造

作为电子材料而使用的热固性树脂，主要包括酚醛树脂、环氧树脂、双马来酰亚胺树脂（附加型聚酰亚胺，BT 树脂）、氰酸酯树脂等。

这些热固性树脂的基本构造如图 2 所示，是由 2 个以上的反应性很强的基（官能基：F）和树脂骨架（R）或者将这些骨架与前二者相连接的结合基（X）所构成的。酚醛树脂中就有在芳香环多核体中由羟基结合的线性酚醛树脂型和含有两种官能基（羟基和羟甲基）的 1~2 个核体混合物的可溶性酚醛树脂型。环氧树脂中作为官能基带有缩水甘油基，因此它以醚键与各种树脂骨架相结合而形成的缩水甘油醚型为主，但也有以酯键或胺键相结合的，以及含脂环式环氧基的树脂。作为树脂骨架，有含芳香环的和含脂肪族骨架的，各自的分子量都可以从低到高。这样，同样是环氧树脂，就有多种多样的结构，再与各种不同的固化剂相结合，就可以获得构造和性质在宽广范围内变化的固化物。因此，环氧树脂广泛用于各种与电气 / 电子相关联的领域。

双马来酰亚胺又称为附加型聚酰亚胺，主要使用的是二苯甲烷（DMM）骨架中结合有马来酰亚胺的类型。氰酸酯树脂主要使用的是在双酚 A（BA）骨架中结合有氰酸基的类型，但实际上与马来酰亚胺一起使用的情况很多，称基为 BT（双马来酰亚胺三嗪）树脂。与通常的环氧树脂相比，双马来酰亚胺系树脂可以获得更高耐热性的热固性聚合物。

7.11.3 环氧树脂与乙二胺的反应聚合

环氧树脂（epoxy resin）是分子中带有两个或两个以上环氧基的低分子量物质及其交联固化产物的总称。其最重要的一类是双酚 A 型环氧树脂。

环氧树脂的分子结构是以分子链中含有活泼的环氧基团为其特征，环氧基团可以位于分子链的末端、中间或成环状结构。由于分子结构中含有活泼的环氧基团，它们可与多种类型的固化剂发生交联反应而形成不溶、不熔的具有三向网状结构的高聚物。

环氧树脂的分子结构可以表示为：当环氧树脂与乙二胺反应时，两个线形环氧分子末端的环氧基于乙二胺反应形成交联。乙二胺由于能够使环氧分子之间发生交联，因而可以作环氧树脂的固化剂。

基于环氧树脂在结合性、绝缘性、透明性、硬度等方面的优良特性，它广泛用于集成电路的环氧塑封料（EMC）及 LED 封装。在原来甲酚—酚醛系、双酚 A 型系基础上，正在开发酯环式环氧树脂和加氢双酚 A 型环氧树脂。

7.11.4 高分子的各个结构层次

高分子材料的结构主要包括两个微观层次：一是高分子链的结构；二是高分子的聚集态结构。高分子链的结构是指组成高分子机构单元的化学组成、键接方式、空间构型、高分子链的几何形状及构象等。

大量实验事实说明，链的结构越简单，对称性越高，取代基的空间位阻越小，链的立构规整性越好，则结晶速度越大。例如，聚乙烯链相对简单、对称而又规整，因此结晶速度很快，即使在液氮中淬火，也得不到完全非晶态的样品。类似的，聚四氟乙烯的结晶速度也很快。脂肪族聚酯和聚酰胺结晶速度明显变慢，与它们的主链上引入的酯基和酰胺基有关。分子链带有侧基时，必须是有规立构的分子链才能结晶。分子链上有侧基或者主链上含有苯环，都会使分子链的截面变大，分子链变刚，不同程度地阻碍链段的运动，影响链段在结晶时扩散、迁移、规整排列的速度。如全同立构聚苯乙烯和聚对苯二甲酸乙二酯的结晶速度就慢多了，通过淬火比较容易得到完全的非晶态样品。另外，对于同一种聚合物，分子量对结晶速度是有显著影响的。一般在相同的结晶条件下，分子量大，熔体粘度增大，链段的运动能力降低，限制了链段向晶核的扩散和排列，聚合物的结晶速度慢。

而实验表明，纳米金属与聚合物的混合体可以提高聚合物材料的刚度，碳纤维增强材料也可以提高聚合物材料的刚度和传导率。

本节重点

（1）何谓热固性树脂？指出电子材料用热固性树脂的种类和基本结构。
（2）写出环氧树脂与乙二胺反应聚合形成热固性环氧树脂塑料的反应。
（3）高分子的一次、二次、三次结构层次以及高次、高次混合物结构层次所包含的内容。

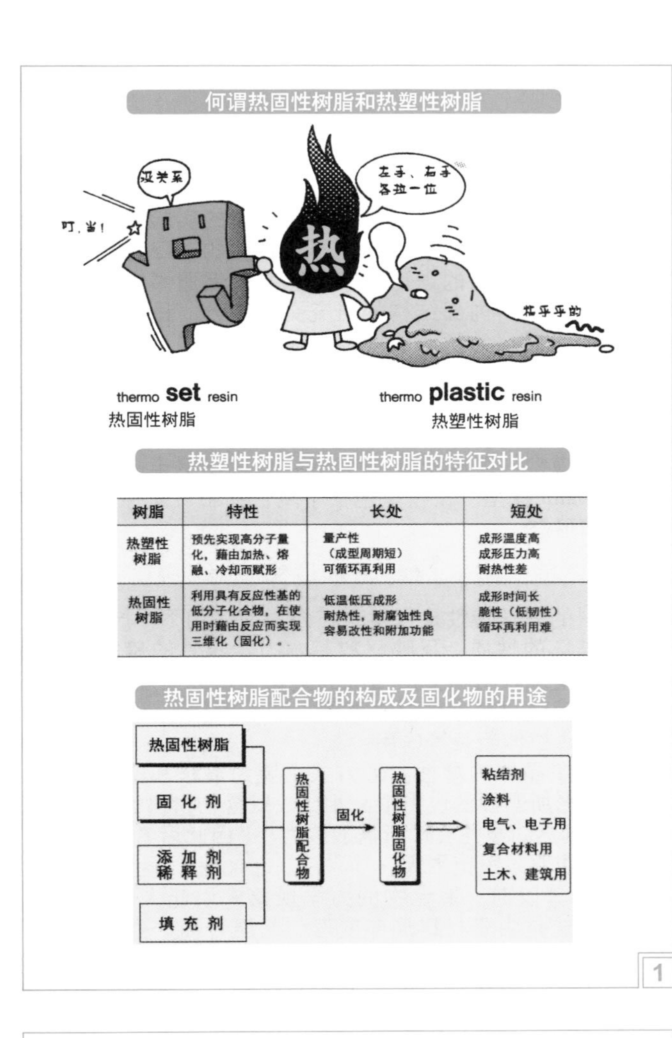

树脂	特性	长处	短处
热塑性树脂	预先实现高分子量化，藉由加热、熔融、冷却而赋形	量产性（成型周期短）可循环再利用	成形温度高 成形压力高 耐热性差
热固性树脂	利用具有反应性基的低分子化合物，在使用时藉由反应而实现三维化（固化）。	低温低压成形 耐热性，耐腐蚀性良 容易改性和附加功能	成形时间长 脆性（低韧性） 循环再利用难

1

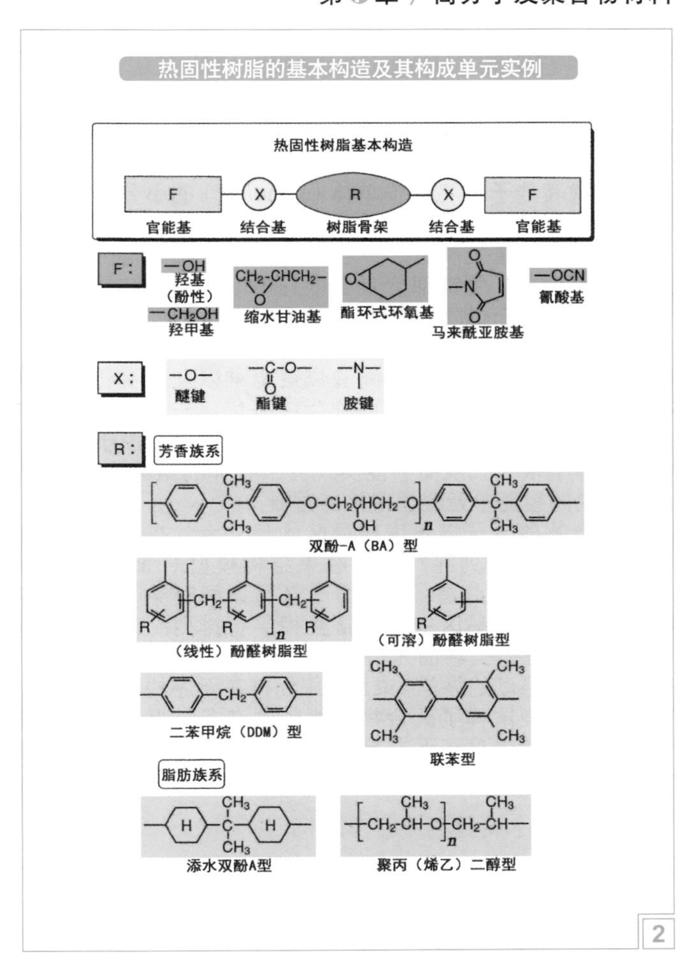

2

环氧树脂的分子结构

在高分子化学中，环氧树脂是用一个分子中含有两个或两个以上的环氧基团来定义的。一个环氧基团的化学结构如下：

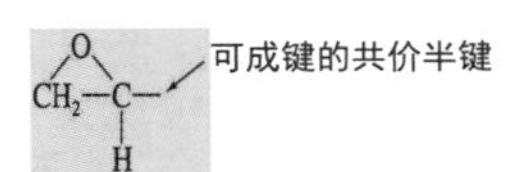

大多数商品化的环氧树脂有以下的一般化学结构：

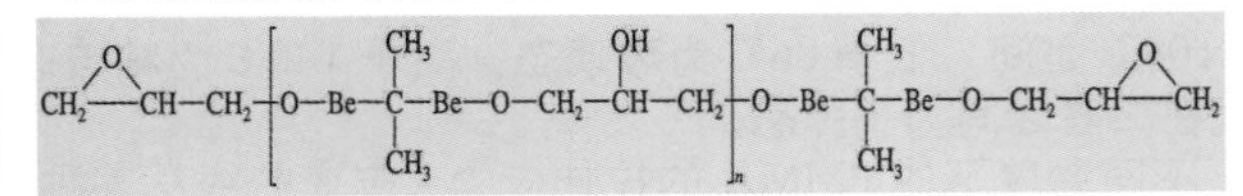

其中 Be 代表苯环 ⬡。对于液体，结构式中的 n 通常小于 1。而对于固体树脂，n 为 2 或者更大。也有很多其他类型的环氧树脂与上面给出的结构式有不同的结构。

环氧树脂与乙二胺的反应聚合

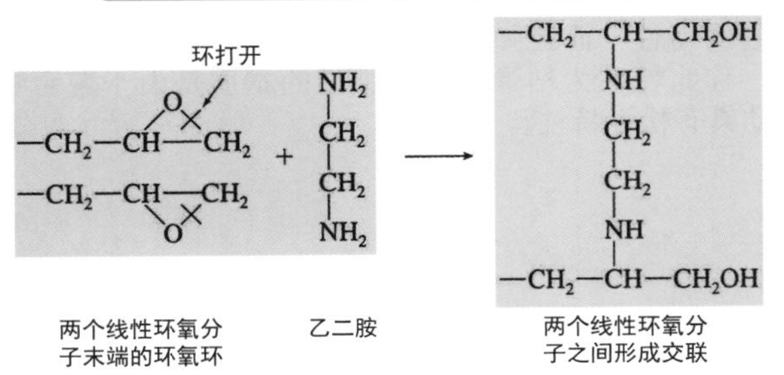

两个线性环氧分子末端的环氧环　　乙二胺　　两个线性环氧分子之间形成交联

两个线性环氧分子末端的环氧基与乙二胺反应形成交联。注意没有副产物生成。

3

高分子的各个结构层次

结构层次	层次包含的内容	结构层次	层次包含的内容
一次结构——化学结构	组成 原子类型与排列 结构单元的键接顺序 链结构的成分 链结构的支化、交联、端基 相对分子质量 相对分子质量分布 构型 取代基围绕特定原子的空间排开方式	高次结构——宏观聚集态结构	球晶 复合材料 泡沫 填充物 增强材料 夹心材料 层压材料 合成木材 人造革 纺织品
二次结构——构象	单个高分子在空间存在的形式 伸展链 无规线团 折叠链 螺旋链	高次混合物结构——混合物宏观聚集态结构	高分子合金 嵌段共聚物 弹性丝 分子混合物 交联
三次结构——聚集态结构	织态结构 伸展链液晶 缨状胶束 片晶 非晶态结构		

4

7.12 聚合物的结构模型及力学特性

7.12.1 部分晶态聚合物的结构（1）——缨状胶束结构模型

丝状高分子是将称作单体（monomer）的小分子，按规则整齐的方式相连接而形成的。因此，高分子的"弦"具有规则排列的重复构造。一旦这样的分子相邻排列，由于重复单元相同，侧链部分就会很好地啮合。其结果，与相邻分子混乱排布的情况相比，分子间的接触部分增加，相邻分子的接触更紧密。这样，即使温度升高分子运动加剧，以及外力作用之下，分子间的位置也难以发生变化。这种相邻分子间的规则齐整排列称为结晶化。一般认为，塑料的结晶可用矿物结晶的理论加以说明。不过，由于高分子情况下分子很大，从而不能实现分子整体的结晶化。因此，前面所说的重复单元就显得格外重要。

聚合物的分子链长度比晶区的尺寸大，在晶态聚合物中分子链如何排列呢？缨状胶束结构模型（fringed-micelle model）的基本特点是：一个分子链可以同时穿越若干个晶区和非晶区，在晶区中分子链互相平行排列，在非晶区中分子链互相缠结呈卷曲无规排列。这是一个两相结构模型，即具有规则堆砌的微晶（或胶束）分布在无序的非晶区基体内。这一模型解释了聚合物性能中的许多特点，如晶区部分具有较高的强度，而非晶部分降低了聚合物的密度，提供了形变的自由度等。

7.12.2 部分晶态聚合物的结构（2）——折叠链结构模型

制备出聚乙烯单晶后，测得单晶的厚度约为 10nm。电子衍射又证明，聚乙烯的高分子链垂直于晶面。于是，凯勒（Keller）认为长达数 μm 的高分子链垂直排列在厚度 10nm 左右的片晶中，只能采取折叠链的形式。

自折叠链的单晶发现之后，大量的研究工作证明晶区的折叠结构是高分子材料的基本规律。现今，在常压下从不同浓度的溶液或熔体结晶时，得出的不是多层堆叠的折叠链片晶，而是由折叠链片晶构成的球晶。

随聚合物的性质、结晶条件和处理方法不同，晶区的有序结构单元或晶体的形态是不一样的，可以生成片状晶体（片晶）、球状晶体（球晶）、线状晶体（串晶）、树枝状晶体（枝晶）等，与金属的晶体形态相似。

Keller 提出：在晶体中高分子可以很规则的进行折叠。数微米长的高分子链垂直排列在厚度 10nm 左右的片晶中，只能采取折叠链形式，简短紧凑。折叠链结构不仅存在于单晶体中，在通常情况下从聚合物溶液或熔体冷却结晶的球晶结构中，其基本结构单元也为折叠链的片晶，分子链以垂直晶片的平面而折叠。对于不同条件下所形成的折叠情况有三种方式，即（a）规整折叠、（b）无规折叠和（c）松散环近邻折叠。在多层片晶中，分子链可跨层折叠，层片之间存在联结链。

7.12.3 非晶态聚合物的几种结构模型

非晶态结构包括玻璃态、橡胶态、粘流态（或熔融态）及结晶聚合物中的非晶区。非晶态结构普遍存在于聚合物的结构之中。有些聚合物就完全是非晶态，如聚苯乙烯、聚甲基丙烯酸甲酯等均被认为具有非晶态结构，即使在结晶高聚物中也还包含有非晶区。越来越多的实验表明，非晶区结构对聚合物性能的影响是不可低估的，因此对非晶结构的研究具有重要的理论和实际意义。但遗憾的是对于非晶态高分子材料内部结构的研究更不充分，目前大多还处在臆测的阶段。为了形象地描述非晶态结构，人们在实验的基础上曾提出过一些结构模型有：①无序结构模型——弗洛里（Flory）等早在 1949 年就曾提出无规线团模型；②局部有序结构——叶叔酋（Yeh）于 1972 年提出了折叠链缨状胶粒模型；③霍斯曼（Hosemann）提出的半晶体聚合物的 Hasemann 模型。该模型包括了聚合物中可能存在的各种形态结构形态。

7.12.4 不同温度下 PMMA 的拉伸应力 - 应变曲线

材料的力学特性是指材料在外力的作用下，产生变形、流动与破坏的性质，反映材料基本力学特性的量主要有两类：一类是反映材料变形情况的量如模量或柔度、泊桑比；另一类是反映材料破坏过程的量，如比例极限、拉伸强度、屈服应力、拉伸断裂等作用。

与金属晶体的塑性变形方式主要为滑移和孪生，且启动塑性变形所需要的应力很大相比，聚合物材料的塑性变形方式多，且启动塑性变形所需的应力小，因此后者的强度低，易变形，屈服阶段范围大。

1960 年以前，聚合物的力学现象未引起人们的重视，把屈服看成是由于材料局部变形引起温升而产生的软化现象，20 世纪 60 年代以来，人们认识到屈服是聚合物的一种力学行为，可应用现有的经典的塑性理论来处理；同时观察到聚合物的"滑移带"和"缠结带"，以及和金属不相同的屈服现象，聚合物的应力 - 应变曲线依赖于时间和温度，还依赖于其他因素，由于实验条件的不同可以表现出不同的力学性能。

随着实验条件的改变，聚合物试样可表现出不同的变形方式。图中表示试验温度对聚甲基丙烯酸甲酯（PMMA）的应力 - 应变曲线的影响。低温时脆而硬，40℃ 时出现颈缩局部断裂，60℃ 出现冷拉现象，等等。表明当温度变化时，非晶态聚合物存在有三种不同的力学状态，即玻璃态、高弹态及粘流态。从图中可以看出，脆 - 韧转变发生在 86～104℃ 之间，低于 86℃ 为玻璃态，高于 140℃ 为粘流态，温度在二者之间为高弹态。

不同温度下的 PMMA 的拉伸应力 - 应变曲线从某种意义上也反映了不同非晶态聚合物的应力 - 应变曲线的特征。根据曲线上的屈服点的有无和高低，杨氏模量、延伸率、抗张强度的大小等，可将非晶态聚合物分为硬而脆、硬而强、硬而韧、软而韧和软而弱等五种类型。之所以表现出如此的差别，是由于不同非晶态聚合物具有不同的弹性与粘性相结合的特性，而且弹性与粘性的贡献随外力作用的时间而异，称此特性为粘弹性。粘弹性的本质是由于聚合物分子运动具有松弛特性。

本节重点

（1）介绍高分子的晶态模型。
（2）介绍高分子的非晶态模型。
（3）由不同温度下的单轴拉伸应力－应变曲线如何判断材料的脆－韧转变温度？

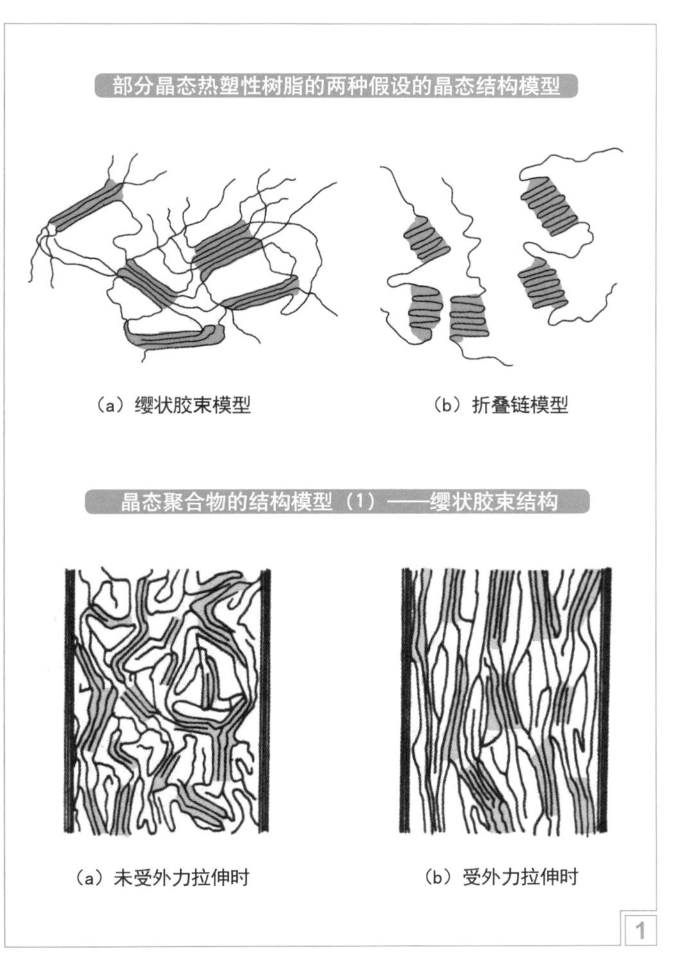

部分晶态热塑性树脂的两种假设的晶态结构模型

（a）缨状胶束模型　　（b）折叠链模型

晶态聚合物的结构模型（1）——缨状胶束结构

（a）未受外力拉伸时　　（b）受外力拉伸时

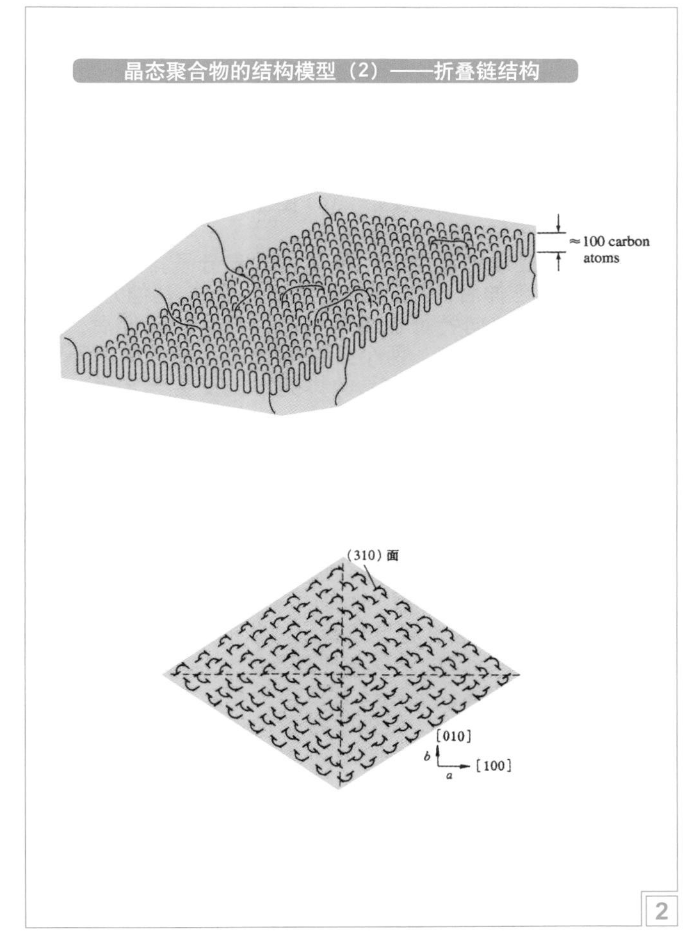

晶态聚合物的结构模型（2）——折叠链结构

非晶态聚合物的几种结构模型

（a）无规线团模型　　（b）折叠链缨状胶粒模型

折叠链
非晶区
伸直链
晶区
空穴
链的末端

（c）聚合物的 Hosemann 模型

3

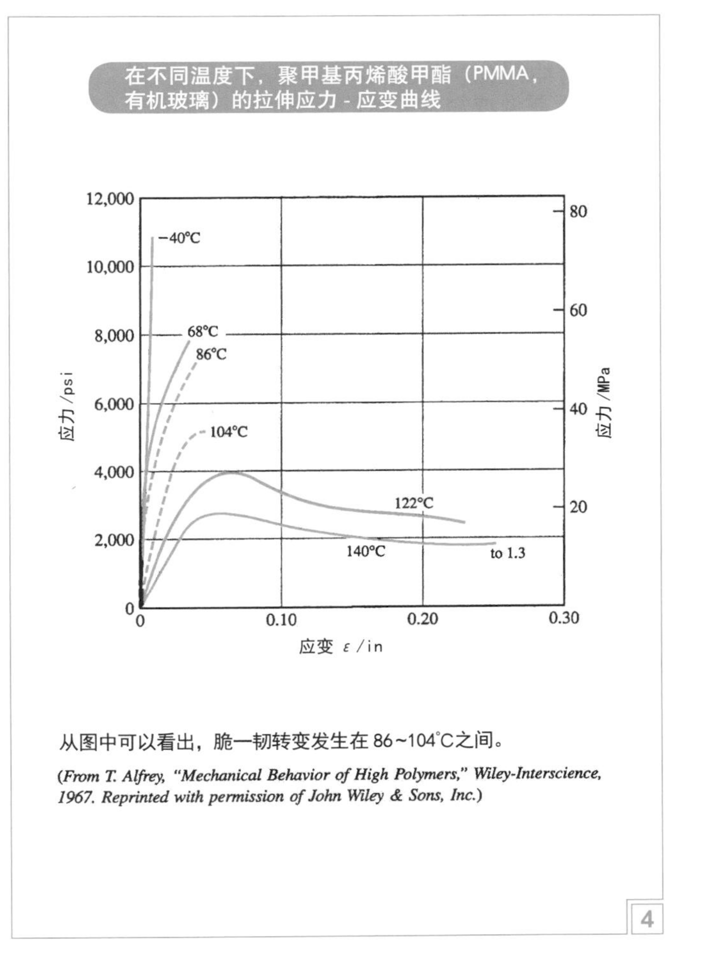

在不同温度下，聚甲基丙烯酸甲酯（PMMA，有机玻璃）的拉伸应力 - 应变曲线

从图中可以看出，脆一韧转变发生在 86~104°C之间。

(From T. Alfrey, "Mechanical Behavior of High Polymers," Wiley-Interscience, 1967. Reprinted with permission of John Wiley & Sons, Inc.)

7.13 聚合物的形变机理及变形特性

7.13.1 聚合物材料的形变机理

聚合物材料中有多种变形方式，大致有以下三种：(a) 由于主链上碳共价键延伸造成的弹性变形；(b) 由于主链开卷造成的弹性或塑性变形；(c) 由于链间的滑移造成的塑性变形。

在未经处理的状态下，球晶内的高分子排列是杂乱无章的，而经过延伸后，球晶变为纤维晶。不过，延伸方式不同，最后纤维晶的取向特征也大不相同：经单轴延伸后，纤维晶排列方向基本固定，两个纤维晶方向之间的夹角不会太大；经二轴延伸后，纤维晶的排列方式便会无定性，各方向都会出现。

若结晶性塑料的温度上升，其分子的运动会加强。当然，对于非结晶部分来说，由于相互间的约束小，其分子的运动会活跃。即使是固体，在达到某一温度以上，结晶部分或许仍未显著运动，而非结晶部分却近似液体那样已产生剧烈的分子运动。而且，此时若在某一方向强力拉伸，则分子会在拉伸方向伸展。同时，分子间会产生相对滑移。其结果，相邻分子会在稳定位置形成新的结晶。像这种在被强力拉伸状态下形成的结晶与球晶不同，称前者为纤维晶。

纤维晶具有其分子在一定方向上集中排列的特性，该方向的强度明显增强。另外，在延伸过程中，残余的球晶也会顺次拆解，向纤维晶变化。由于纤维晶十分微细，从而变为不透明的。

延伸是合成纤维的中心技术，即使在塑料领域，也广泛用于包封 (packaging) 等场合。

7.13.2 聚合物材料塑性变形的结果——延伸和取向

对于薄膜的场合，若仅在某一方向强度高，则难以使用，因此需要进行二轴延伸。藉由纵横两个方向的延伸，就可以形成不存在各向异性的薄膜。图中示意地表示一轴延伸和二轴延伸纤维晶的分子排列差异。

对于要做成复杂形状的通常的成形品而言，靠延伸实现均匀的伸长并非容易，实际应用更为困难，然而，在制作PET 塑料瓶子时却成功地得以实现。如 7.20 节图 (1) PET 瓶子的制作工艺流程所示，首先由射出成形等形成小的瓶坯，将其加热至合适的温度并放入模具中，而后在瓶坯的内侧充入高压空气。此时，瓶坯如同吹气球那样，扩大至与模具紧贴，最后得到薄而强的 PET 塑料瓶。

如此，开始于合成纤维世界的延伸技术，在塑料领域也大有用武之地。延伸作为不改变材料成分而能量显著提高的有效手段，在塑料领域的应用越来越广。

相对于延伸是有意识进行的而言，一般说来，取向是无意识造成的。而且，依场合不同而异，取向往往成为有损于性能的原因。需要指出的是，取向并非都是负面效果，相反，近年来在光学薄膜应用等方面，已发现取向的许多新用途。

无论采用何种成形方法，都要使熔融的塑料流动，而此时，必然造成分子沿流动方向伸展并排列。伸展方式依分子的长度及流动速度（剪切速度）不同而异。流动结束后，开始冷却时加在分子上的应力消失，各个分子独立地运动。而随后，分子便会随机地朝各个方向排列。但是，如果冷速过快，在分子自由运动不充分的情况下便发生固化。其结果，分子在向着流动方向排列的状态下便原样固化下来。称这种状态为取向。

具有取向的成形品中向着流动方向排列的分子多，该方向的强度高，而与之垂直方向上不能发挥出足够的性能。正如聚乙烯水桶破坏时所见到的那样，一般是桶壁纵向开裂。在水桶成形时，熔融的塑料从底的中心向周边及侧壁运动，从而在侧壁纵向产生取向。超市中的购物袋容易沿纵向开裂也基于同样的道理。

从积极方面利用取向的实例也越来越多。例如，食品包装膜的破坏方向若与取向方向一致，则很容易开封。近年来，在 TFT LCD 用的偏光片以及位相补偿膜等方面都用到一轴延伸的取向膜。

7.13.3 尼龙的拉拔强化

与金属材料冷拉可以造成强烈的加工硬化相似，一些高分子材料在 T_g 温度附近冷拉，也可以使其强度和弹性模量大幅度提高。由熔融纺丝制程制作的尼龙，在通过挤压模极细的喷嘴时，被很快冷却形成非晶状态后进行拉拔。开始拉拔只是缠结的分子链沿拉拔方向逐渐伸直；当拉拔比（以 $(l-l_0)/l_0$ 计量）继续增加时，分子链便沿受力方向排列了，这与金属的变形织构相似。可以想象，分子链的主干上是强的共价键，定向排列的分子链数目越多，表现出的共价键力就越强，因而沿受力方向排列时的分子链强度和弹性模量也就越高，当然这时会表现出强烈的各向异性。在尼龙的拉拔比为 4 时，其强度比拉拔前可增加 8 倍之多。

除尼龙外，聚氯乙烯、有机玻璃等都常用拉拔强化的方法来改善其性能。

7.13.4 聚烯烃的改性方法

由于塑料是高分子化合物，其许多特征源于高分子这一事实。一般说来，随着分子量变大，物质的性质会发生下述变化。①熔点变高；②在溶剂中难以溶解；③不容易发生化学反应；④即使在外力作用下也不易发生破坏；⑤作为熔液或熔融状态下的粘度高。这几点也是塑料的特征。

聚烯烃的改性方式大致有以下八种：①分支改性。分支增加和结晶化度低导致密度下降，使聚烯烃变得柔软，耐冲击性提高，熔融粘度提高，但耐热性变差；②分子量改性。分子量变大导致分子运动变慢，分子间结合增加，使耐冲击性提高，结晶化速度变慢，熔融粘度提高；③分子量分布改性。分子量分布变窄和低分子变少，导致物性提高，分子量分布集中导致耐冲击性提高，强度提高，结晶化速度变慢；④立体规则性（聚丙烯）改性。立体规则性变高，则结晶化度变高，使熔点上升，强度提高，硬度变大；⑤共聚合改性。藉由乙烯、丙烯的共聚，可使共聚物变得柔软，藉由醋酸乙烯的共聚，可使共聚物变得柔软且气体隔断性提高；⑥桥架改性。可使耐热性提高，在这方面，低密度聚乙烯已实用化；⑦聚合物合金改性。在聚丙烯中添加合成橡胶使其变得柔软，耐冲击性提高，聚丙烯 / 聚异戊二烯系合成橡胶聚合物合金已达到实用化；⑧填料增加改性。在聚丙烯中添加玻璃纤维等填料，使其耐热性提高，强度、刚性提高。

本节重点

（1）聚合物材料中的形变机理有哪几种？
（2）1 轴延伸和 2 轴延伸后纤维晶的取向有什么特征
（3）提高高分子材料强度的途径有哪些？

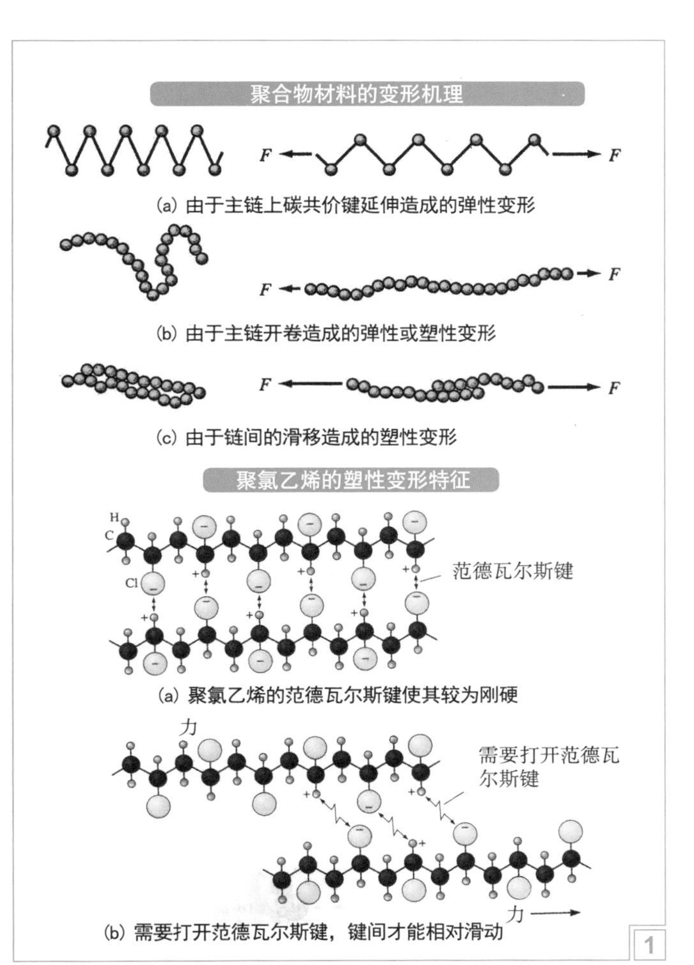

(a) 由于主链上碳共价键延伸造成的弹性变形

(b) 由于主链开卷造成的弹性或塑性变形

(c) 由于链间的滑移造成的塑性变形

(a) 聚氯乙烯的范德瓦尔斯键使其较为刚硬

(b) 需要打开范德瓦尔斯键，键间才能相对滑动

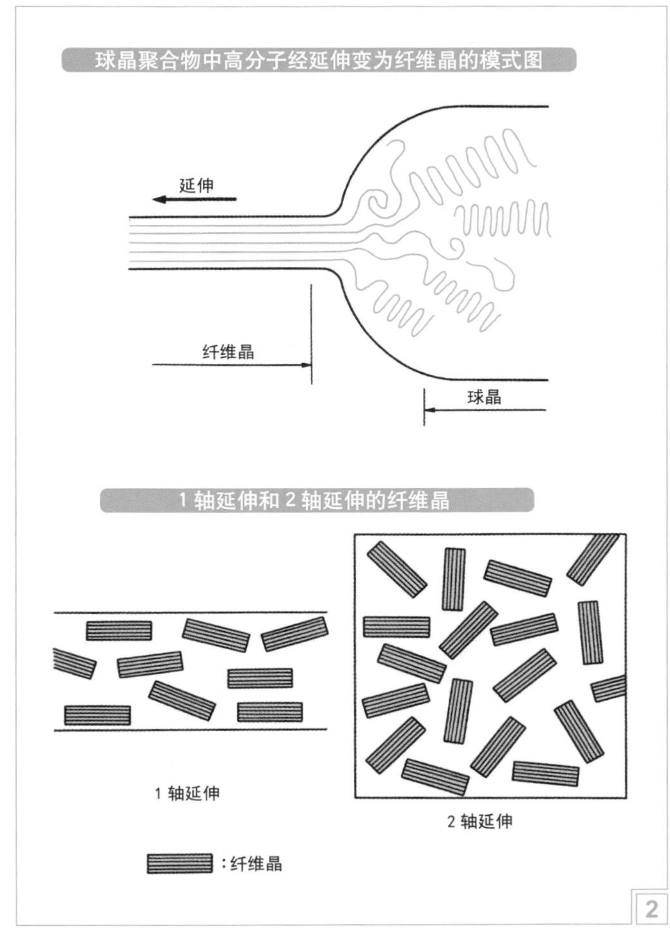

尼龙拉拔时的应力 - 应变曲线

断裂
拉拔
充分拉拔
取向强化
屈服点
拉拔
线弹性阶段
应力 σ
0 0.2 0.4 2.6 2.8 3.0
应变 ε /%

尼龙拉拔时的应力 - 应变曲线可分为四个阶段：①由于主链上碳共价键延伸造成的弹性变形；②由于主链开卷造成的弹性或塑性变形；③由于链间的滑移造成的塑性变形；④由于分子链取向排列而引起的强化，直至断裂。

3

聚烯烃的改性方法

被改良的特性	变化的参数与量	改性手段
分支（形成支链）	分支增加和结晶化度低，导致密度下降	分支增加时 · 变得柔软 · 耐冲击性提高 · 熔融粘度提高 · 耐热性变差
分子量	分子量变大时 · 分子的运动变得缓慢 · 分子间的结合增加	分子量变大时 · 耐冲击性提高 · 结晶化速度变慢 · 熔融粘度提高
分子量分布	分子量分布变窄和低分子变少，导致物性提高	分子量分布集中时 · 耐冲击性提高 · 强度提高 · 结晶化速度变慢
立体规则性（聚丙烯）	立体规则性变高，则结晶化度变高	立体规则性变高时 · 熔点上升 · 强度提高 · 硬度变大
共聚合	（依聚合对象不同而异）	· 藉由乙烯、丙烯的共聚合而变得柔软 · 藉由醋酸乙烯的共聚合而变得柔软，气体隔断性提高
桥架	（低密度聚乙烯已实用化）	耐热性提高
聚合物合金	（聚丙烯 / 聚异戊二烯系合成橡胶聚合物合金已达到实用化）	在聚丙烯中添加合成橡胶而变得柔软，耐冲击性提高
填料添加	在聚丙烯中添加玻璃纤维等填料	· 耐热性提高 · 强度、刚性提高

4

7.14 常见聚合物的结构和用途（1）——按结构和聚合反应分类

一些最常见聚合物（按结构及反应的分类）的组成、结构和用途

类别	聚合物（缩写符号）	结构及生成反应	应用
乙烯基及相关聚合物	聚乙烯 (PE)	$CH_2=CH_2 \rightarrow \left[CH_2-CH_2\right]_n$	透明薄膜、软瓶
	聚氯乙烯 (PVC)	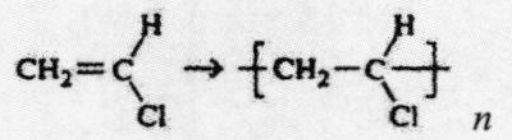 $CH_2=C(H)(Cl) \rightarrow \left[CH_2-C(H)(Cl)\right]_n$	地板，管子，袜
	聚苯乙烯 (PS)	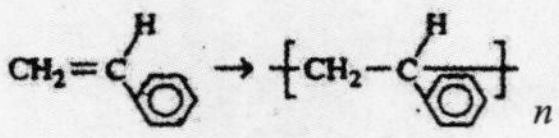 $CH_2=C(H)(C_6H_5) \rightarrow \left[CH_2-C(H)(C_6H_5)\right]_n$	容器（透明或泡沫），玩具
	聚丙烯 (PP)	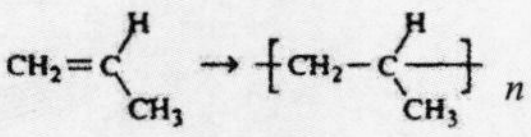 $CH_2=C(H)(CH_3) \rightarrow \left[CH_2-C(H)(CH_3)\right]_n$	板，管，薄膜，容器
	聚丙烯腈 (PAN)	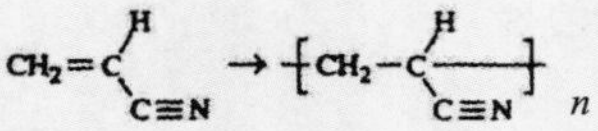 $CH_2=C(H)(C\equiv N) \rightarrow \left[CH_2-C(H)(C\equiv N)\right]_n$	纤维——人造羊毛
	聚四氟乙烯（铁氟龙） (PTFE)	$CF_2=CF_2 \rightarrow \left[CF_2-CF_2\right]_n$	不粘锅的涂料，垫圈，密封圈
	聚甲基丙烯酸甲酯 （普列克斯玻璃） (PMMA)	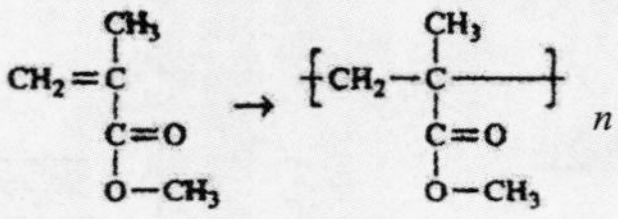 $CH_2=C(CH_3)(C(=O)-O-CH_3) \rightarrow \left[CH_2-C(CH_3)(C(=O)-O-CH_3)\right]_n$	透镜，透明围墙，窗户
橡胶	顺式聚丁二烯橡胶 (BR)	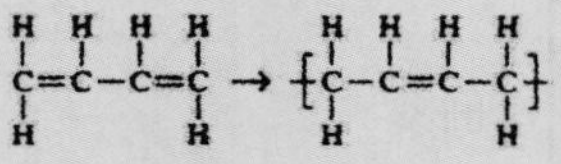 $H_2C=CH-CH=CH_2 \rightarrow \left[H_2C-CH=CH-CH_2\right]$	轮胎和模压部件
	聚异戊二烯（天然橡胶） (PIP)	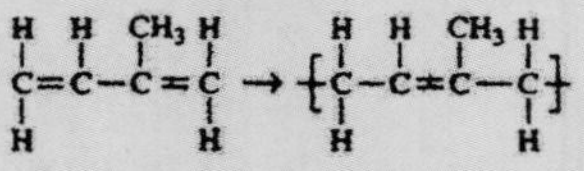 $H_2C=CH-C(CH_3)=CH_2 \rightarrow \left[H_2C-CH=C(CH_3)-CH_2\right]$	轮胎和垫圈
	聚氯丁二烯 (PCB)	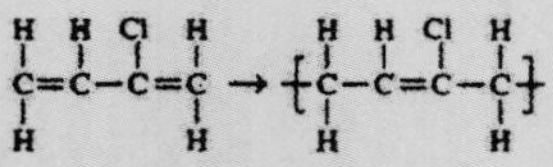 $H_2C=CH-C(Cl)=CH_2 \rightarrow \left[H_2C-CH=C(Cl)-CH_2\right]$	传动带，轴承和泡沫材料
	聚甲基硅氧烷（硅树脂橡胶）	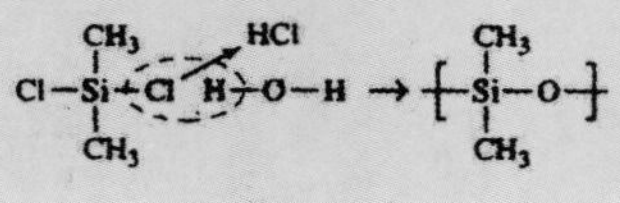 $Cl-Si(CH_3)_2-Cl + H-O-H \xrightarrow{-HCl} \left[Si(CH_3)_2-O\right]$	垫圈，绝缘物和胶粘剂

本节重点

（1）了解常用聚合物的类别（按成分及反应的分类）及用途。
（2）聚烯烃塑料的柔软性、硬度、强度、耐冲击性等性能分别是由哪些因素决定的？
（3）了解不同聚合物的耐热温度（极限使用温度），耐热温度主要是由什么因素决定的？

续表

类别	聚合物（缩写符号）	结构及生成反应	应用
聚酯	聚对苯二甲酸乙二醇酯 (PET)	$H-O-\overset{O}{\overset{\|}{C}}-C_6H_4-\overset{O}{\overset{\|}{C}}-O-H + H-O-CH_2-CH_2-O-H \xrightarrow{H_2O}$ $\left[O-\overset{O}{\overset{\|}{C}}-C_6H_4-\overset{O}{\overset{\|}{C}}-O-CH_2-CH_2\right]_n$	薄膜（磁录音带），纤维，衣服
	（热固性变体）	$H-O-\underset{O}{\underset{\|}{C}}-C_6H_4-\underset{O}{\underset{\|}{C}}-O-H + H-O-CH_2-\overset{H-O}{\underset{H}{C}}-CH_2-O-H \xrightarrow{H_2O}$	船和汽车体零件（玻璃纤维），防护帽和椅子
聚酰胺	聚酰胺−6，6 （尼龙−6，6） (PA−6，6)	$H-\overset{H}{\overset{\|}{N}}-(CH_2)_6-\overset{H}{\overset{\|}{N}}-H + H-O-\overset{O}{\overset{\|}{C}}-(CH_2)_4-\overset{O}{\overset{\|}{C}}-O-H \xrightarrow{H_2O}$ $\left[\overset{H}{\overset{\|}{N}}-(CH_2)_6-\overset{H}{\overset{\|}{N}}-\overset{O}{\overset{\|}{C}}-(CH_2)_4-\overset{O}{\overset{\|}{C}}\right]_n$	地毯，降落伞，绳，齿轮，绝缘物和轴承
	Kevar或聚对苯二甲酰对苯二胺 (PPTA)	$\left[\overset{H}{\overset{\|}{N}}-C_6H_4-\overset{H}{\overset{\|}{N}}-\overset{O}{\overset{\|}{C}}-C_6H_4-\overset{O}{\overset{\|}{C}}\right]_n$	纤维，防弹背心
其他常见的聚合物	聚甲醛 (POM)	$\overset{H}{\underset{H}{C}}=O \rightarrow \left[\overset{H}{\underset{H}{C}}-O\right]_n$	齿轮及机械零件
	聚碳酸酯 (PC)	$H-O-C_6H_4-\overset{CH_3}{\underset{CH_3}{C}}-C_6H_4-O-H + Cl-\overset{O}{\overset{\|}{C}}-Cl \xrightarrow{HCl}$ $\downarrow$ $\left[O-C_6H_4-\overset{CH_3}{\underset{CH_3}{C}}-C_6H_4-O-\overset{O}{\overset{\|}{C}}\right]_n$	透镜，防护帽，灯罩，机械零件
	酚醛树脂 (PF)	$C_6H_5OH + \overset{O}{\overset{\|}{C}}H_2 + C_6H_5OH \xrightarrow{H_2O} \left[CH_2-C_6H_2(OH)-CH_2\right]$	（发动机和电话机）外壳，电部件，内燃机配电器帽
	聚氨酯［R，R'→复杂分子］ (PU)	$H-O-R-O-H + \overset{O}{\overset{\|}{C}}=N-R'-N=\overset{O}{\overset{\|}{C}}$ $\rightarrow \left[O-R-O-\overset{O}{\overset{\|}{C}}-\overset{H}{\overset{\|}{N}}-R'-\overset{H}{\overset{\|}{N}}-\overset{O}{\overset{\|}{C}}\right]_n$	泡沫，板和管子，直排轮式溜冰鞋的轮子
	环氧树脂 (EPE)	$H-O-R-O-H + H-\overset{H}{C}-\overset{H}{C}(-O-)-CH_2-Cl \xrightarrow{HCl}$ $\left[O-R-O-\overset{H}{\underset{H}{C}}-\overset{H}{\underset{OH}{C}}-CH_2\right]_n$	胶带，印制线路板（PCB），电子元器件封装用的环氧塑封料（EMC），用在复合材料中

7.15 常见聚合物的结构和用途（2）——按性能和用途分类

7.15.1 热塑性塑料

热塑性塑料是一类应用最广的塑料，以热塑性树脂为主要成分，并添加各种助剂而配制成塑料。在一定的温度条件下，塑料能软化或熔融成任意形状，冷却后形状不变；这种状态可多次反复而始终具有可塑性，且这种反复只是一种物理变化，称这种塑料为热塑性塑料。

热塑性塑料根据性能特点、用途广泛性和成型技术通用性等，可分为通用塑料、工程塑料、特殊塑料等。通用塑料的主要特点：用途广泛、加工方便、综合性能好。如聚乙烯（PE）、聚氯乙烯（PVC）、聚丙烯（PP）、聚苯乙烯（PS）、丙烯腈－丁二烯－苯乙烯（ABS）又通称为"五大通用塑料"。工程塑料和特殊塑料的特点是：高聚物的某些结构和性能特别突出，或者成型加工技术难度较大等，往往应用于专业工程或特别领域、场合。

以往研究，开发了许多耐冲击树脂。但是，现在工业价值较高的耐冲击树脂仅有耐冲击聚苯乙烯、ABS 树脂、MBS 树脂、耐冲击聚丙烯、耐冲击 PMMA 以及耐冲击尼龙等。

而引人注目的是耐冲击 PP 采用嵌段聚合合成，而其他典型的耐冲击树脂均由接枝聚合合成，这表明接枝聚合合成是工业上设计耐冲击聚合物的重要途径之一。

其他途径以乳液聚合为主。通常，高分子材料的制造方法由乳液聚合转换为悬浮聚合、本体聚合。这是为了在适应制造方式的简化和小型化的同时进一步提高产品质量。而耐冲击聚合物大多使用乳液聚合法，这是因为该法容易使耐冲击性与其他优良性质达到均衡，适于品级多样化。

7.15.2 热固性塑料

热固性塑料与热塑性塑料不同的是，热塑性塑料中树脂分子链都是线型或带支链的结构，分子链之间无化学键产生，加热时软化流动．冷却变硬的过程是物理变化。

热固性塑料第一次加热时可以软化流动，加热到一定温度，产生化学反应一交链固化而变硬，这种变化是不可逆的，此后，再次加热时，已不能再变软流动了。正是借助这种特性进行成型加工，利用第一次加热时的塑化流动，在压力下充满型腔，进而固化成为确定形状和尺寸的制品。

热固性塑料的树脂固化前是线型或带支链的，固化后分子链之间形成化学键，成为三度（维）的网状结构，不仅不能再熔触，在溶剂中也不能溶解。常用的热固性塑料品种有酚醛树脂、脲醛树脂、三聚氰胺树脂、不饱和聚酯树脂、环氧树脂、有机硅树脂、聚氨酯等。

热固性塑料是主要用于隔热、耐磨、绝缘、耐高压电等在恶劣环境中使用的塑料，最常用的应该是炒锅把手和高低压电器，印制线路板（PCB）和电子封装用的环氧塑封料（EMC）大都采用的是热固性树脂。

7.15.3 纤维和弹性体

合成纤维材料主要有聚酯、聚酰胺、聚丙烯腈、聚丙烯等几种。

聚酯是主链上含有许多重复酯基的一大类高分子，我国聚酯纤维的商品名称为涤纶它是一种性能优良的合成纤维，熔点为 255~260℃，能在 −70~170℃ 环境下使用。涤纶的抗张强度是棉花的 2 倍，比羊毛高 3~4 倍；抗冲强度比棉花高 4 倍，比粘胶纤维高 40 倍；耐磨性仅次于锦纶，是棉花的 4 倍。涤纶还具有弹性好、耐皱折、耐日晒、耐化学腐蚀、不怕虫蛀等优良性能、可大量用于织造衣料和针织品。

聚酰胺的主链上含有许多重复的酰胺基，用作塑料时称为尼龙，用作纤维时我国称为锦纶；丙烯腈的结构式为 $CH_2{=}CH{-}C{\equiv}N$，以丙烯腈为单体生产的聚丙烯腈纤维在国内称为腈纶；丙纶是聚丙烯纤维的商品名称，主原料为聚丙烯，即 PP。

弹性体是一种性能独特的人造热可塑性弹性体，具有非常广泛的用途。良好的外观质感，触感温和，易着色，色调均一，稳定；耐一般化学品（水、酸、碱、醇类溶剂）；无需硫化即具有传统硫化橡胶之特性，节省硫化剂及促进剂等辅助原料。弱点：不耐高温，高温下绝缘性能变差、外形改变。

根据弹性体是否可塑化可以分为热固性弹性体，热塑性弹性体二大类。热固性弹性体即传统橡胶，分为饱和橡胶和不饱和橡胶。热塑性弹性体分为：热塑性聚烯烃弹性体、热塑性苯乙烯类弹性体、聚氨酯类热塑性弹性体、聚酯类热塑性弹性体、聚酰胺热塑性弹性体、含卤素热塑性弹性体、离子型热塑性弹性体、乙烯共聚物热塑性弹性体、1,2- 聚丁二烯热塑性弹性体、反式聚异戊二烯热塑性弹性体等

7.15.4 胶粘剂和涂料

胶粘剂是通过界面的粘附和内聚等作用，能使两种或两种以上的制件或材料连接在一起的天然的或合成的、有机的或无机的一类物质，又叫粘合剂，习惯上简称为胶。简而言之，胶粘剂就是通过粘合作用，能使被粘物结合在一起的物质。

胶粘剂的分类方法很多，按应用方法可分为热固型、热熔型、室温固化型、压敏型等；按应用对象分为结构型、非构型或特种胶；接形态可分为水溶型、水乳型、溶剂型以及各种固态型等。合成化学工作者常喜欢将胶粘剂按料的化学成分来分类。

伴随着生产和生活水平的提高，普通分子结构的胶粘剂已经远不能满足人们在生产生活中的应用，这时高分子材料和纳米材料成为改善各种材料性能的有效途径，高分子类聚合物和纳米聚合物成为胶粘剂重要的研究方向。在工业企业现代化的发展中，传统的以金属修复方法为主的设备维护工艺技术也已经不能满足针对更多高新设备的维护需求，为此诞生了包括高分子复合材料在内的更多新的胶粘剂，以便解决更多问题，满足新的应用需求。

涂料是涂于物体表面能形成具有保护、装饰或特殊性能（如绝缘、防腐、标志等）的固态涂膜的一类液体或固体材料的总称。包括油（性）漆、水性漆、粉末涂料。

涂料的作用主要有四点：保护，装饰，掩饰产品的缺陷和其他特殊作用，提升产品的价值。

涂料属于有机化工高分子材料，所形成的涂膜属于高分子化合物类型。按照现代通行的化工产品的分类，涂料属于精细化工产品。现代的涂料正在逐步成为一类多功能性的工程材料，是化学工业中的一个重要行业。

本节重点

（1）热塑性塑料按特性和用途可分为哪些类型？分类的主要依据是什么？
（2）聚苯乙烯塑料有哪些优点和缺点？通过何种方法进行改性，有哪些典型改性产品？
（3）高分子及聚合物材料按用途分为哪几类？请各举出两个实例。

工程用热塑性塑料

	名 称	英文名称	符 号	构 造	用 途
通用塑料	聚乙烯	polyethylene	PE	$\left[CH_2-CH_2\right]_n$	管子，膜，瓶子，杯子，包装，电子绝缘
通用塑料	聚丙烯	polyropylene	PP	$\left[CH_2-CH(CH_3)\right]_n$	和PE用途相同，更耐日晒，更轻，刚度更好
通用塑料	聚氯乙烯	polyvinyl chloride	PVC	$\left[CH_2-CH(Cl)\right]_n$	如窗架等建筑用材，唱片，塑化后制造人造革、衣服、袜子
通用塑料	聚苯乙烯	polystyrene	PS	$\left[CH_2-CH(C_6H_5)\right]_n$	廉价，用丁二烯韧化后制造耐冲机的聚苯乙烯，用CO_2发泡后制造包装材料
通用塑料	聚甲基丙烯酸甲酯（有机玻璃）	polymethyl methacrylate	PMMA	$\left[CH_2-C(CH_3)(C(=O)-O-CH_3)\right]_n$	透明板和模子，飞机窗玻璃，汽车挡风玻璃
通用工程塑料	尼龙（聚酰胺）6	nylon(polyamide)6	PA6	$\left[NH(CH_2)_5CO\right]_n$	纺织品，地毯，降落伞，绳子，齿轮，绝缘体和轴承
通用工程塑料	尼龙（聚酰胺）66	nylon(polyamide)66	PA66	$\left[NH(CH_2)_6-NHCO-(CH_2)_4CO\right]_n$	
通用工程塑料	尼龙（聚酰胺）12	nylon(polyamide)12	PA12	$\left[NH(CH_2)_{11}CO\right]_n$	
通用工程塑料	聚甲醛（聚氧化甲烯）	polyoxymethylene	POM	$\left[CH_2-O\right]_n$	齿轮及机械零件
通用工程塑料	聚碳酸酯	polycarbonate	PC	$\left[O-C_6H_4-O(CH_3)_2-C_6H_4-O-C(=O)\right]_n$	透镜，防护帽，灯罩，机械零件
通用工程塑料	改性的聚苯撑醚	modified poly-phenylene ether	m-PPE	$\left[C_6H_2(CH_3)_2-O\right]_n$	在保证PPE耐热性和耐药品性的前提下，加入聚苯乙烯改善成形性
通用工程塑料	聚对苯二甲酸丁二醇酯	polyethylene terephthalate	PBTP (PBT)	$\left[CO-C_6H_4-COO(CH_2)_4O\right]_n$	自润滑、耐磨损、耐热、电气特性优良，成形性、尺寸稳定性好
通用工程塑料	聚对苯二甲酸乙二醇酯	polybutylene terephthalate	PETP (PET)	$\left[CO-C_6H_4-COOCH_2CH_2O\right]_n$	薄膜（磁录音带），纤维，衣服
超工程塑料	聚砜	polysulfone	PSF	$\left[C_6H_4-SO_2-C_6H_4-O-C_6H_4-C(CH_3)_2-C_6H_4-O\right]_n$	高强度、耐热、抗蠕变的结构件和电绝缘材料
超工程塑料	聚醚砜	polyethersulfone	PES	$\left[C_6H_4-SO_2-C_6H_4-O\right]_n$	类似的还有聚芳砜用途同上
超工程塑料	聚醚醚酮	polyetheretherke-tone	PEEK	$\left[O-C_6H_4-O-C_6H_4-C(=O)-C_6H_4\right]_n$	耐高温、自润滑、耐磨损、抗疲劳，用于航空航天、汽车、电子电气和医疗器械等领域
超工程塑料	聚酰亚胺	polyimide	PI	$\left[N(CO)_2C_6H_2(CO)_2N-Ar\right]_n$	大分子主链中具有重复的酰亚胺基团的芳杂环高分子材料，是目前工程塑料中耐热性最好的品种之一
超工程塑料	聚四氟乙烯	polytetrafluoro ethylene	PTFE	$\left[CF_2-CF_2\right]_n$	泰氟隆（塑料王），摩擦系数极低，用作轴承、耐油的密封垫、不粘底的炒锅

7.16 工程塑料

7.16.1 塑料的分类、特性和用途

本节的论述限定于热塑性聚合物，即狭义的塑料范围。为便于理解，将现在广泛使用的塑料汇总于表 1 中。该表的横轴按通用塑料、准通用塑料、工程塑料、准超工程塑料、超工程塑料五大类，作为塑料的性能指标。兼顾以往的习惯，从广泛使用的塑料中仅挑选几种高性能且具特殊用途的为代表列出。

通用塑料即俗称的五大通用塑料，包括聚氯乙烯、低密度聚乙烯、高密度聚乙烯、聚丙烯、以及聚苯乙烯（表中的 GPPS）。

在五大通用塑料中，低密度聚乙烯、高密度聚乙烯、聚丙烯又可以分为一组，称其为烯（属）烃系塑料或聚烯烃。这样，需要记忆的材料就剩下三类。

另外，聚苯乙烯可按 GPPS、HIPS、准通用塑料的 AS 树脂、ABS 树脂以及通用工程塑料的 m-PPE（改性的聚苯撑醚）构成一大组，称其为苯乙烯系塑料。

在工程塑料中，使用量最多的是聚缩醛、聚酰胺、聚酯（含 PET，PBT）、聚碳酸酯、m-PPE 等五大工程塑料。

准超工程塑料、超工程塑料可分为三组：①已投入使用的 PPS；②芳香化树脂，聚硫化合物等透明耐热材料；③聚苯撑硫化物，全芳香族酯高性能耐热材料。

7.16.2 塑料分类的依据

塑料的上述分类与其耐热性相对应，即按耐热性从低向高排列。而耐热性的标准以各类塑料的大致极限使用温度标出。

横轴还列出了不同种类塑料的价格。越靠左价格越便宜，越靠右价格越贵。价格作为原材料成本、合成加工难易程度、供求关系的相对比较，还是有重要的参考价值。

更有意义的是，横轴还表示出化学结构的差异。前面已经讲到塑料是丝状的高分子，连接成丝的相关部分称为主链。如果着眼于该主链的构造，通用塑料、准通用塑料的主链仅由碳原子构成。因此，在书写通用塑料、准通用塑料的化学结构式时，如表中所示，全部表示为$\left[\!\!-\mathrm{C{-}CX}-\!\!\right]_n$。其中 n 表示大量的意思，例如有 300 个或 1000 个碳原子相连接等。X 部分依塑料的种类不同而异，可以取不同的化学构造。主链若仅由碳构成，则柔软易动。因此，温度稍高，便容易变形，甚至发生流动，耐热性难以提高。

与主链相对，X 部分称为侧链。依侧链的种类不同可构成各种不同的塑料。侧链的化学构造与塑料的性质之间的关系相当复杂，不好一概而论。但是，侧链变长时，分子变得更难运动。在主链不变的前提下，侧链对耐热性的影响不显著，但是对材料的硬度却有很大影响。表 2 表示侧链大小与作为硬度指标的弹性模量之间的关系。

为了提高耐热性，需要想办法使主链难以运动。为此，需要在主链中引入碳以外的其他元素。作为碳以外的其他元素，可以考虑氧、氮等。当然也与加入的方式相关，但是，藉由这类元素的加入，会使主链变硬，从而难以运动。而且，由于分子之间的亲和性变强，即使温度上升分子运动加剧，相邻分子也会对运动起到牵制作用。工程塑料在主链中都要引入碳以外的其他元素。

为进一步提高耐热性，需要在主链中导入称作苯环或芳香环的化学构造。写成一般形式，记作$\left[\!\!-(\mathrm{C})_n-\bigcirc-\!\!\right]_m$。其中⬡表示苯环。工程塑料的一部分，超工程塑料的全部都取这种构造。苯环也使分子链变得刚硬，从而不容易发生热运动。

从塑料制作的立场，再回头看看表 1。现在塑料的大部分都是以石油为原料制作的。而石油是由长短不一的碳链构成的。藉由使其碳链加长（称为聚合）的操作，便可制作塑料。因此，主链仅由碳构成的塑料价格便宜。而附加链也不会花费太多的成本。如此看来，所有的通用塑料若从制造一侧看，都可以做到比较便宜，从而得到普遍推广。一般说来，塑料产量的 80% 都是通用塑料。

在主链上加入碳以外的原子及芳香环需要麻烦的操作，仅因此，价格也会升高。需求也往往在特殊领域，因此比工程塑料等级更高的塑料使用量也少，通常所见不多。

通过对上述内容的整理可以看出，塑料的耐热性是由分子结构，特别是链结构决定的。这既决定了价格，也决定了需求量。依据由符号所表达的化学构造，不仅可以了解塑料的特性，还能了解价格和需求结构。理解表 1 的横轴，从化学结构推断塑料的特性等具有重要的实用意义。

7.16.3 五大工程塑料

工程塑料的需求量比之通用塑料，仅占大约一成。但从另一方面讲，工程塑料引领着性能的发展方向，性能竞争异常激烈。而且，在强调提高性能的前提下，牺牲成型性的情况也是有的，因此，从成型技术的观点，也是人们感兴趣的材料。

在工程塑料中，使用量最多的是聚缩醛、聚酰胺、聚酯（含 PET，PBT）、聚碳酸酯、m-PPE 等五大工程塑料。表 2 中整理了这五类工程塑料的特性。材料按结晶化从易到难排列。各材料的大致特征可按表中所列查找。

7.16.4 准超工程塑料和超工程塑料

表 1 右边两栏分别列出准超工程塑料和超工程塑料，由于目前生产这些塑料的厂家不多，产量有限，且正在开发中，故表中所列可能不全。从化学式看，均有大量苯环并排，结构十分复杂。

准超工程塑料、超工程塑料的价格与工程塑料的接近。紧随五大工程塑料之后的准超工程塑料、超工程塑料可分为三组：①已投入使用的 PPS；②芳香化树脂，聚硫化合物等透明耐热材料；③聚苯撑硫化物，全芳香族酯高性能耐热材料。对于实际应用场合，首先根据用途需要选定其中的一组，再在该组中进行比较确定。

表 3 中列出近年来用于电子工程领域的主要塑料膜层（片）产品实例，其中不少采用的是工程塑料、准超工程塑料或超工程塑料。表中所列无论是液晶显示器、触控屏、半导体集成电路、电子封装、印制线路板，还是各类电池，主要涉及塑料膜层的功能应用。以我们常用的智能手机和平板电脑为例，从显示屏表面向内，依次就有防指纹膜防划膜、触控膜、偏光膜、位相补偿膜、视角扩大膜、彩色滤光片、取向膜等十几层之多。

本节重点

（1）举出五大工程塑料的名称，并对其性能进行比较。
（2）何谓 m-PPE，其性能是如何通过改变单体的组成来调整的？
（3）了解用于电子工程领域的各类塑料膜（片）产品。

塑料的分类、特性及用途（Ⅱ）

分类		通用塑料	准通用塑料	工程塑料	准超工程塑料	超工程塑料
非结晶性塑料		聚氯乙烯 GPPS 低密度聚乙烯	丙烯树脂 AS 树脂 （苯乙烯系）	聚碳酸酯	多芳［基］化树脂 聚硫化合物 聚醚亚胺 聚苯撑硫化物	（耐热透明）
		HIPS	ABS 树脂	m-PPE		
结晶性塑料	A	（烯（属）烃系）		PET	← PPS	（工程化）
	B	高密度聚乙烯 聚丙烯		PBT 聚酰胺 聚缩醛	（高耐热）	PEEK 聚酰胺亚胺
	C					全芳香族酯 聚酰亚胺
耐热性 /°C（使用限制温度）		~100		~150	~200	~250
化学结构		$\{C-C\}_n$（C 上连 X）		$\{\{C\}_n Y\}_m$	$\{\{C\}_n\text{⌬}\}_m$	
价格 / ¥/kg		~200	~400	~1,000	~3,000	~20,000

GPPS：General Purpose Poly-Stylene, HIPS：High Impact Poly-Stylene, AS 树脂：Acrylonitrile Styrene polymer, ABS 树脂：Acrylonitrile Butadiene Styrene polymer, m-PPE：modified Poly Phenylene Ether, PET：Poly Ethylene Terephthalate, PBT：Poly-Butylene Terephthalate, PEEK：Poly-Ether Ether Ketone

注：结晶性分类请见文中叙述；
价格是指以现货少量购入代表性品种时的大致价格。

1

m-PPE 的特性图

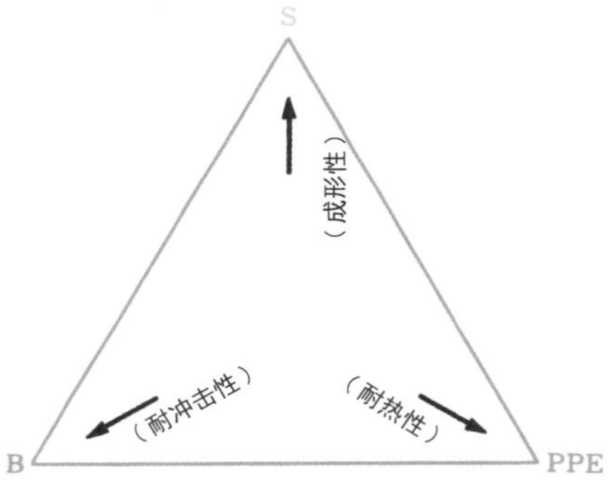

S

（成形性）

（耐冲击性）

（耐热性）

B

PPE

只要用 PPE 取代丙烯腈，便可得到如 ABS 那样的三角形。在三角形中选择不同的成分，可以制造出各种各样的 m-PPE（改性的聚苯撑醚）材料。

五大工程塑料的比较

材料名	种类	机械特性	耐热性	耐药品性		吸水性	成形性			其他特性
		蠕变		有机	无机		流动性	固化速度	收缩率	
聚缩醛 (polyacetal)	结晶性	○	△	○	×	无	○	◎	大	平滑面耐磨损性优良
聚酰胺 (polyamide)	结晶性	○	◎	○	×	有	○	○	大	耐粗糙面的磨损性优良
聚酯 (polyester)	结晶性	○	◎	○	△	无	○	△	大	电气特性
聚碳酸酯 (polycarbonate)	非晶性	×	○	×	△	无	×	×	小	唯一的透明工程塑料
m-PPE	复合性	×	○	×	○	无	×	×	小	电气特性，多样性

注：聚酯中含 PET，PBT。
在聚酯的固化速度一项中，符号△表示难以结晶化，故需要采取促进结晶的对策。

2

新兴电子产业用的主要塑料膜层（片）产品实例

利用领域	制品及名称	功能	使用的部位、工序	材料构成	国外主要厂商
液晶显示器	偏光板	光的振动方向的控制	LCD 屏的画面	TAC/PVA 偏光片 /TAC	LG化学(韓国)、日東電工、住友化学
	位相差膜	光的位相差的控制	偏光片的下方	PC	富士フイルム、帝人化成
	视角扩大膜	光的双折射的控制	偏光片的下方	TAC/ 双轴性位相差液晶涂布	富士フイルム
	扩散膜片	光的扩散、散射	背光源	在 PET 中添加扩散材料进行涂布	SKC(韓 国)、恵 和、ツジデン
	反射膜片	光的反射	背光源	在 PET 中添加颜料或形成微气孔	東レ、帝人デュポンフィルム
	棱镜膜片	集光	背光源	PET/PMMA 棱镜层	住友スリーエム、三菱レイヨン
触控屏	透明导电膜	光的透射和导电性	触控屏本体	PET/ITO	日東電工
	防划伤、耐指纹膜	表面保护，防止沾污	触控屏表面	PET/ 硬质层或微结构层	きもと、東山フィルム、名阪真空工業
	OCA 膜	视认性提高，粘结性	触控屏的贴合	丙烯酸系粘接剂	住友スリーエム、日東電工、積水化学
半导体	背面磨削用保护薄带	表面保护，保持性，剥离性	晶圆背面研磨	EVA/ 粘接剂	三井化学、日東電工、リンテック
	划片用背面贴带	保持性，剥离性	晶圆的划片、裂片、拾取等	PVC、PE、PET 等	三井化学、日東電工、リンテック
封装	TAB 用膜片（膜）	高速安装	驱动器 IC 的安装	PI 粘接剂 / 铜箔	三井金属鉱業、新藤電子工業
	各向异性导电膜	电极的导通、连接	显示屏与 TAB 的连接	导电粒子、粘接剂	日立化成、ソニーケミカル
印制线路板	FPC 用覆铜膜	可挠性，导电性	挠性印制板基材	PI/ 铜箔等	東レ・デュポン、カネカ、宇部興産
	FPC 用铜箔上覆膜	绝缘、保护	基板表面保护、FPC 制作	PI/ 粘接剂	Innox、有沢製作所
	干膜光刻胶	感光性	电路图形成	聚酯 / 感光性树脂 /PE	旭化成イーマテリアルズ、日立化成
各类电池	Li 离子电池用隔离膜	防止短路，离子迁移	电极间隔离	多微孔 PE、PP、PE/PP、PP/PE/PP 等	旭化成イーマテリアルズ、東燃機能膜
	太阳电池用封装膜	发电层的保护	发电层的两面	EVA	ブリヂストン、三井化学東セロ
	太阳电池用的背面贴膜	组件的保护	组件的最底层	PVF/PET/PVF、PET3 层	東洋アルミニウム、リンテック、ISOVOLTA

3

7.17 新兴电子产业用的塑料膜层

7.17.1 挠性覆铜合板和挠性印制线路板

随着电子设备向轻、薄、短、小，特别是便携式发展，作为电子元器件和封装载体的电路基板也不断向多层、高密度、薄型，特别是挠性化方向发展。

挠性电路板，又称为柔性线路板、软性线路板、挠性线路板、软板，英文是 FPC（flexible printed circuit），是一种特殊的印制电路板。制作它用的母板，称作挠性覆铜合板（flexible copper clad laminate，FCCL）。一般的 FPC 厂家与硬质 PCB 厂家的情况同样，首先要从专门的厂家购入 FCCL 作为出发材料，再根据下游用户的要求，制作带电路的 FPC。

挠性覆铜合板（FCCL）按有胶、无胶分为三层、两层；按金属层的层数分为单面板、双面板、多层板。三层板（3L-FCCL）由铜箔、聚酰亚胺（PI）膜、粘结胶构成。粘结胶常为环氧树脂型或丙烯酸酯粘接剂。其耐热性、尺寸稳定性和长期稳定性都远远比不上 PI，因此，3L-FCCL 应用领域受到限制。聚酰亚胺本身是不易燃烧的，但是粘接剂一般可燃，同时容易造成环境问题，所以三层板逐渐被淘汰。

两层板（2L-FCCL）由铜箔和 PI 膜构成，中间没有粘接剂。具有更高的耐热性、尺寸稳定性和长期稳定性。是新型的挠性板，应用面更广。但工艺难度较大，质量稳定性有待提高。

作为无粘接剂型挠性板的基材，一般都使用聚酰亚胺树脂，但依挠性板制作工艺的不同，目前已达到实用化的有三种方法：①铸造法，②溅镀 / 电镀法，③叠层热压法。每种的特性及使用各不相同，需要根据用途合理选择。

7.17.2 两层法挠性板制作工艺——铸造法

铸造法无粘接剂型（两层法）挠性板是以铜箔和液状的聚酰亚胺树脂为出发材料。将预先调整到合适粘度的浆料状聚酰亚胺树脂涂布在铜箔上，经干燥、热固化，变成浆料膜层。其中，使用的聚酰亚胺树脂应与铜箔具有尽量接近的热膨胀系数，即使如此，聚酰亚胺树脂与铜箔间的附着性也不太好。为了对此进行改善，人们采取了各种措施，例如先在铜箔表面涂布一层粘结性良好的聚酰亚胺树脂薄层等。为了制作双面挠性板，可以在单面板基膜的另一面，再涂布粘结性的聚酰亚胺树脂薄层，再叠压一层铜箔。

铸造法制作的挠性板粘结特性良好、稳定，其他特性的均衡性也好，因此，作为无粘接剂型挠性板使用最多。特别是对于要求高耐热性的用途、微细回路、多层刚 - 挠性板制作，目前已成为主要材料。这种方法所用的铜箔，只要厚度合适，电解铜箔、压延铜箔均可采用。而且，铜以外的其他金属也可以制作挠性板。另一方面，由于基层所用的聚酰亚胺膜通常一个厂商只生产一种，且越厚价格越高。另外，由于所使用的聚酰亚胺树脂化学蚀刻很难，要想廉价地做出飞线结构比较困难。

7.17.3 两层法挠性板制作工艺——溅镀 / 电镀法和叠层热压法

溅镀 / 电镀法从 PI 膜开始。作为第一道工序，是将卷状的 PI 膜置于真空中，藉由溅镀及真空蒸镀等方法，在 PI 膜的表面形成纳米量级的薄导电层，称其为籽层（seed）、打底层。这种打底层的作用，一是为下一步的电镀增厚提供导电通路，二是为了增加金属膜层在 PI 膜上的附着强度。此后采用电镀工艺沉积铜以达到必要的厚度。因此，由这种方法得到的导体层一般称为电解铜箔。

为了制作双面挠性板，在反面进行重复操作即可。这种过程，采用 PI 以外的其他树脂膜层作基材也是可以的。该工程的工艺特点是，导体层越薄，处理时间越短，而且导体层厚度在 1μm 以下也可以做到。因此，特别是在高密度电路所需要的挠性 FPC 中多有采用。

由于开始的打底层需要在真空容器中形成，因此制作成本较高。产品特性依厂家不同，差异较大，要想得到稳定的结合强度难度较高。一般说来，铜导体层越厚，表观结合强度越大，但由于导体变硬，不利于弯曲方面的用途。

无粘接剂型叠层热压法制作挠性板的工艺如图所示，首先在作为基板的PI膜上薄薄地涂布一层热熔型PI树脂（作为受热熔化，冷却时即可实现粘结的粘接剂），用以构成复合膜层，再在单面，或者双面叠层热压铜箔，由此构成挠性板。

这种工艺比较简单，只要有热压机，利用由厂家购得的复合聚酰亚胺膜和铜箔，就有可能自己生产。而且，使用铜以外的金属箔也比较容易。但是，采用热压只能生产定型的片状挠性 FPC。为了制作卷状的挠性板，必须采用连续叠层用的高温连续叠层装置。产品价格主要决定于材料费。

7.17.4 TFT LCD 用各类高性能光学膜

液晶显示器（LCD）自 20 世纪 70 年代成功搭载于计算机、手表等以后，又经历在微机、笔记本电脑、监视器中的推广普及，先后经过大约 20 年。从 20 世纪 90 年代中后期，成功扩展至电视机、数字式广告牌等大型显示领域，目前 LCD 在平板显示器（FPD）这类大型光电子产品中已占据不可动摇的主导地位。

用于电视的 LCD，在更重视图像品位提高的同时，作为绿色器件之一，还必须考虑环保节能、强调更方便设计以实现轻薄化，作为发展趋势的 3D 技术的开发也在活跃进行之中。而且，伴随触控屏市场的成长，显示器在用于显示（output）的同时，正在越来越多地担当输入（input）功能，由被动的显示，扩展为人脑意识的执行器与交流平台。

尽管 LCD 有多种不同的液晶工作模式，但无论哪种都少不了以偏光片为首的各种光学膜。代表性的透射型 LCD 的断面结构如上图所示。LCD 中所用的光学膜，除了偏光片之外，还有光学补偿膜、增辉膜、表面处理层、触控屏用光学膜等不下十余层。另外，为了更高效率地使用背光源，还要采用扩散板、棱镜片及反射片等。

下图表示 LCD 的课程和对光学膜的作用。作为高质量 LCD 应具备的特性，可以举出：观视悦目赏心、可靠性高、薄型（slim）最好是挠性化、轻量、大型化、3D 化、低价格等。采用各类高性能光学膜，可使 TFT LCD 实现高透射率、高对比度、薄型化、均匀性、广视角、高耐久性、高生产效率、低价格等。

本节重点

（1）何谓挠性覆铜板（FCCL）和挠性印制线路板（FPC），指出后者的主要用途。
（2）介绍两层法 FPC——溅镀 / 电镀法工艺流程和双面两层法 FPC——叠层热压法工艺流程。
（3）介绍液晶电视中所用的主要塑料膜层及每种膜层的作用。

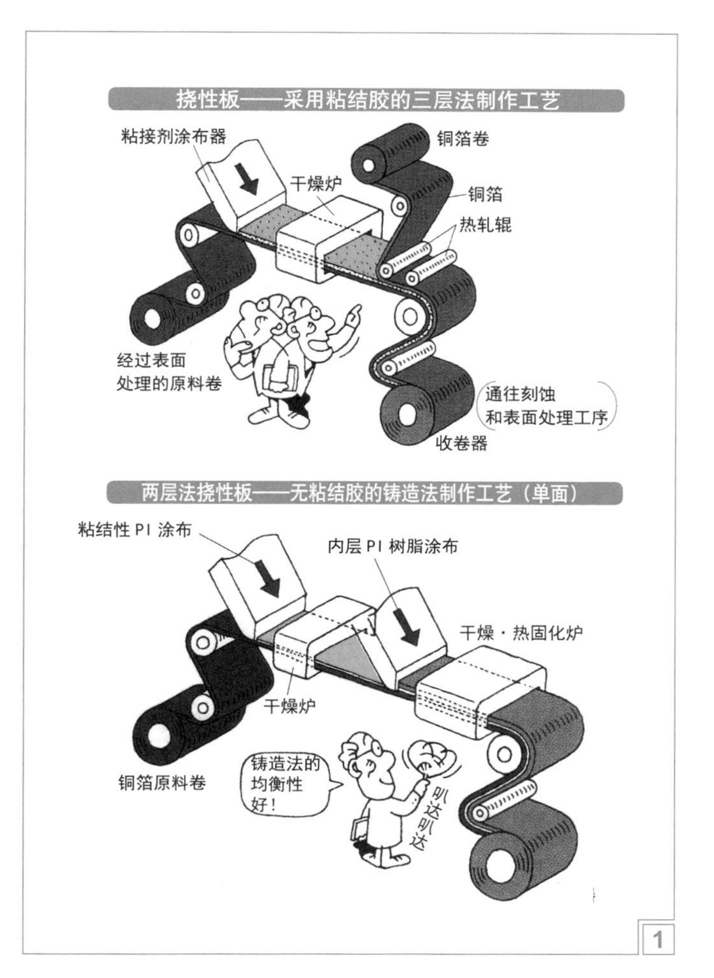
挠性板——采用粘结胶的三层法制作工艺
粘接剂涂布器
铜箔卷
干燥炉
铜箔
热轧辊
经过表面
处理的原料卷
通往刻蚀
和表面处理工序
收卷器
两层法挠性板——无粘结胶的铸造法制作工艺（单面）
粘结性 PI 涂布
内层 PI 树脂涂布
干燥・热固化炉
干燥炉
铜箔原料卷
铸造法的
均衡性
好！
叭达叭达
1

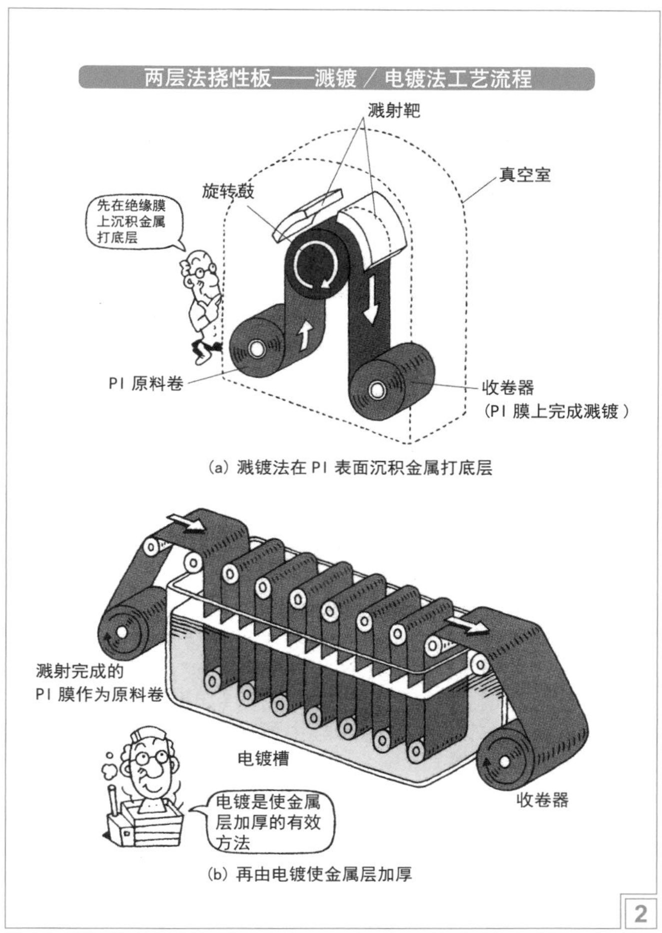
两层法挠性板——溅镀／电镀法工艺流程
溅射靶
真空室
旋转鼓
先在绝缘膜
上沉积金属
打底层
PI 原料卷
收卷器
(PI 膜上完成溅镀)
(a) 溅镀法在 PI 表面沉积金属打底层
溅射完成的
PI 膜作为原料卷
电镀槽
收卷器
电镀是使金属
层加厚的有效
方法
(b) 再由电镀使金属层加厚
2

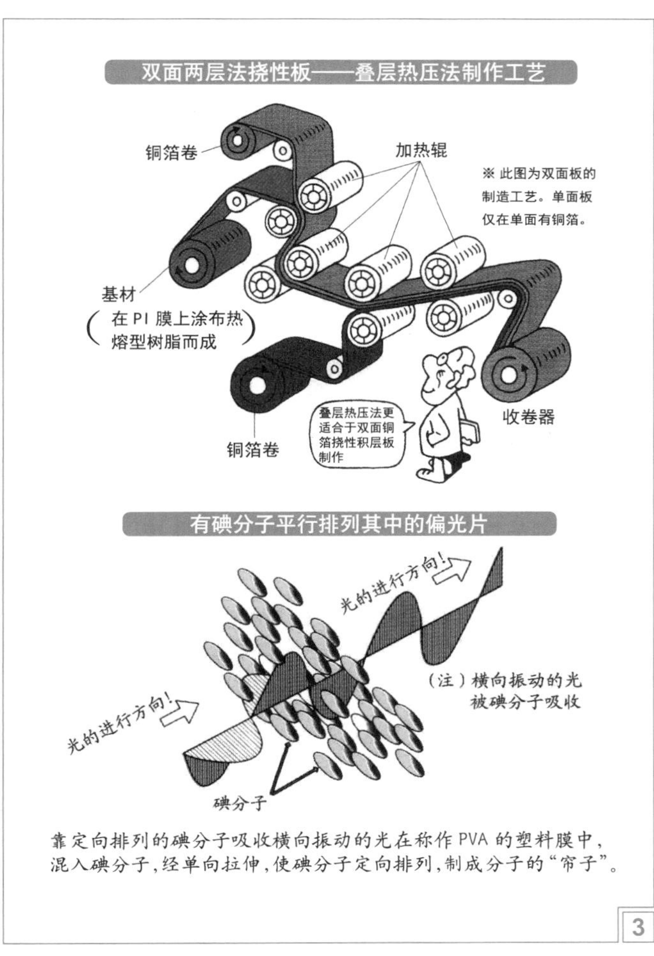
双面两层法挠性板——叠层热压法制作工艺
铜箔卷
加热辊
※ 此图为双面板的
制造工艺。单面板
仅在单面有铜箔。
基材
(在 PI 膜上涂布热
熔型树脂而成)
叠层热压法更
适合于双面铜
箔挠性积层板
制作
收卷器
铜箔卷
有碘分子平行排列其中的偏光片
光的进行方向！
(注) 横向振动的光
被碘分子吸收
光的进行方向！
碘分子
靠定向排列的碘分子吸收横向振动的光在称作 PVA 的塑料膜中，
混入碘分子，经单向拉伸，使碘分子定向排列，制成分子的“帘子”。
3

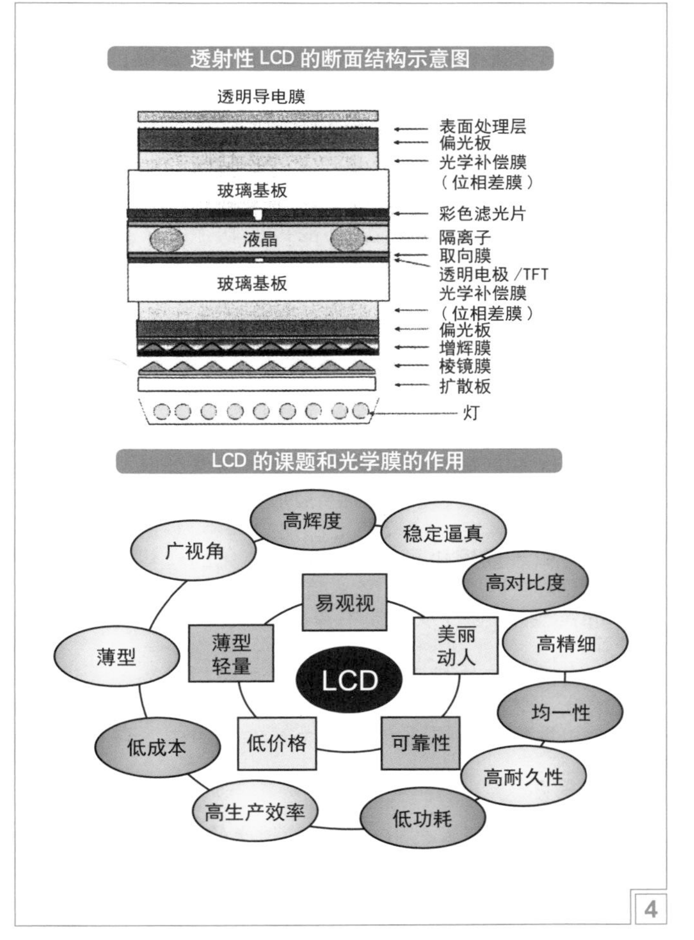
透射性 LCD 的断面结构示意图
透明导电膜
表面处理层
偏光板
光学补偿膜
(位相差膜)
玻璃基板
彩色滤光片
液晶
隔离子
取向膜
透明电极 /TFT
玻璃基板
光学补偿膜
(位相差膜)
偏光板
增辉膜
棱镜膜
扩散板
灯
LCD 的课题和光学膜的作用
高辉度
广视角
稳定逼真
高对比度
易观视
薄型
薄型
轻量
美丽
动人
高精细
LCD
均一性
低成本
低价格
可靠性
高耐久性
高生产效率
低功耗
4

7.18 聚合物的成形加工及设备（1）——压缩模塑和传递模塑

7.18.1 热塑性塑料的分子结构和热成形

许多不同的加工工艺被用来将预先造粒的塑料颗粒、丸、球、片等转化为成形产品，如薄膜、膜片、棒、挤压成形件、管子或最终的模塑零件。所采用的加工工艺一定程度上决定于塑料是热塑性的还是热固性的。热塑性塑料通常要加热到软化状态，然后在冷却之前成型；另一方面，对于在加工成形之前还没有完全聚合的热固性材料，要采用另一种加工过程，期间会发生某一化学反应，以使聚合物链间交叉结合，形成网状聚合物材料。这一最终的聚合可以通过加热、加压或在室温或较高温度下由催化作用发生。

热成型（thermo-forming）是指将热塑性塑料片材加工成各种制品的一种较特殊的塑料加工方法。片材被夹在框架上，加热到软化状态，在外力作用下，使其紧贴模具的型面，以取得与型面相仿的形状。冷却定型后，经修整即成制品。此过程也用于橡胶加工。近年来，热成型已取得新的进展，例如从挤出片材到热成型的连续生产技术。在市场上，热成型产品越来越多，例如杯、碟、食品盘、玩具、帽盔，以及汽车部件、建筑装饰件、化工设备等。

热成型与注射成型比较，具有生产效率高、设备投资少和能制造表面积较大的产品等优点。采用热成型的塑料主要有聚苯乙烯、聚氯乙烯、聚烯烃类（如聚乙烯、聚丙烯）、聚丙烯酸酯类（如聚甲基丙烯酸甲酯）和纤维素（如硝酸纤维素、醋酸纤维素等）塑料，也用于工程塑料（如 ABS 树脂、聚碳酸酯）。

热成型方法有多种，主要包括：①真空成型，②气压热成型，③对模热成型，④柱塞助压成型，⑤固相成型，⑥双片材热成型等。实际设备上采用的，多以真空、气压或机械压力三种方法为基础加以组合或改进而成的。

7.18.2 热固性塑料的分子结构和热压成形

热固性塑料是指在一定条件下（如加热、加压）能通过化学反应固化成不熔性的塑料，包括酚醛、脲醛、三聚氰胺甲醛、环氧不饱和聚酯以及有机硅等。热固性塑料在固化前，分子结构是线型或带支链的，第一次加热时可以软化流动，加热到一定温度，产生化学反应——交联固化而变硬，固化后分子链之间形成化学键，成为三维网状结构，而热塑性塑料分子链间一般不产生这类化学键。这种变化是不可逆的，此后再次加热时，便不能再变软流动，在溶剂中也不能溶解。正是借助这种特性进行加工，利用第一次加热时的塑化流动，在压力下充满型腔，进而固化成为确定形状和尺寸的制品。

7.18.3 热固性塑料的典型成型工艺——压缩模塑和传递模塑

压缩模塑法 许多热固性树脂，如酚醛树脂、脲醛树脂、甲醛树脂是通过压缩模塑变成塑料零件的。在压缩模塑中，塑性树脂（可能被预热）被放入一个热的带有一个或多个空腔的模具中。注模的上部用力向下压在塑性树脂上，所加压力和热量熔化了树脂，并使液化的塑料充满腔。为了完成热固性树脂分子的交叉结合，需要继续加热（通常是 1~2min），然后零件从注模中弹出。多余的溢料稍后从零件上去除。

压缩模塑法的优点有：①由于注模相对简易，注模制作成本低；②材料生产流程相对较短，从而减少了对注模的磨损和划伤；③更适合制造大部件；④由于注模的简易性，注模可以做得更紧凑；⑤固化反应中排出的气体可以在注塑过程中逸散。压缩模塑法的缺点是：①难以实现复杂的部件外形；②很难保证插入物与部件间的精细公差；③溢料必须从注塑部件上去除。

传递模塑法 在传递模塑中，塑料树脂不是直接引入模腔，而是先进入模腔外面的一个腔。在传递模塑中，当注模关闭后，活塞力会通过一个流道和导向系统，把塑料树脂（通常会预热）从外腔推进到模腔。注塑材料在保持压力下经过足够的时间发生反应固化，便形成一个坚硬的网状聚合物部件，之后注塑部件从注模中顶出。

传递模塑法的优点有：①与压缩模塑法相比，传递模塑过程中不会产生溢料，因而注塑部件只需较少的修整；②由一个流道和导向系统即可同时生产许多部件；③传递模塑法特别适合制造小而精细的零件，它们用压缩模塑法制造是很困难的。

7.18.4 热塑性塑料的典型成型工艺——挤出吹塑和射出吹塑

坯料在三向不均匀压应力作用下，从模具的孔口或缝隙挤出，使之横截面积减小，长度增加，最终成为所需制品的加工方法叫挤压，坯料的这种加工叫挤压成型。它具有材料利用率高，材料的组织和机械性能得以改善，操作简单，生产效率高等特点，可制作长杆、深孔、薄壁、异形断面零件，是一类重要的少、无切削加工工艺，主要用于金属的成型，也可用于塑料、橡胶、石墨和粘土坯料等非金属的成型，在食品加工上也有应用。

吹塑成型主要指中空吹塑（又称吹塑模塑），是借助于气体压力使闭合在模具中的热熔型坯吹胀，形成中空制品的方法，是由热塑性塑料制作中空部件和薄膜的重要加工方法，同时也是发展较快的一种塑料成型方法。吹塑用的模具只有阴模，与注塑成型相比，设备造价较低，适应性较强，可成型性能较好、具有复杂起伏曲线的制品。

一个塑料瓶的吹塑步骤是：(a) 一段被加热的热塑性塑料筒或管坯被置于成形模具的两个钳口之间；(b) 模具闭合，管子底部被模具夹紧；(c) 气压通过模具被输送入管坯内，使管坯膨胀撑满整个模具，而且零件在被气压举起时冷却。

中空制品的吹塑主要包括三个方法：①挤出吹塑，主要用于未被支撑的型坯加工，优点是生产效率高，设备成本低，模具和机械的选择范围广；缺点是废品率较高，废料的回收利用差，制品的厚度控制、原料的分散性受限制，成型后必须进行修边操作。②注射吹塑，主要用于有金属型芯支撑的型坯加工，优点是加工过程中没有废料产生，能很好地控制制品的壁厚和物料的分散，细颈产品成型精度高，产品表面光洁，能经济地进行小批量生产；缺点是成型设备成本高，而且在一定程度上仅适合小尺寸吹塑制品。③拉伸吹塑，包括挤出 - 拉伸 - 吹塑、注射 - 拉伸 - 吹塑两种方法，适合加工双轴取向的制品，可极大地降低生产成本和改进制品性能。除此之外，还有多层吹塑、压制吹塑、蘸涂吹塑、发泡吹塑、三维吹塑等。吹塑制品中 75% 用挤出吹塑成型，24% 用注射吹塑成型，其余 1% 用其他吹塑成型方法。区分挤出吹塑和注射吹塑的方法是观察制品底部，底部有一个肚脐样的注塑点的是注塑吹塑或注拉吹制品，底部有一条合模线的是挤出吹塑制品。

本节重点

（1）试对热塑性树脂和热固性树脂的成形方法加以比较。
（2）叙述压缩模塑法的工艺过程。
（3）叙述传递模塑（注）法的工艺过程。

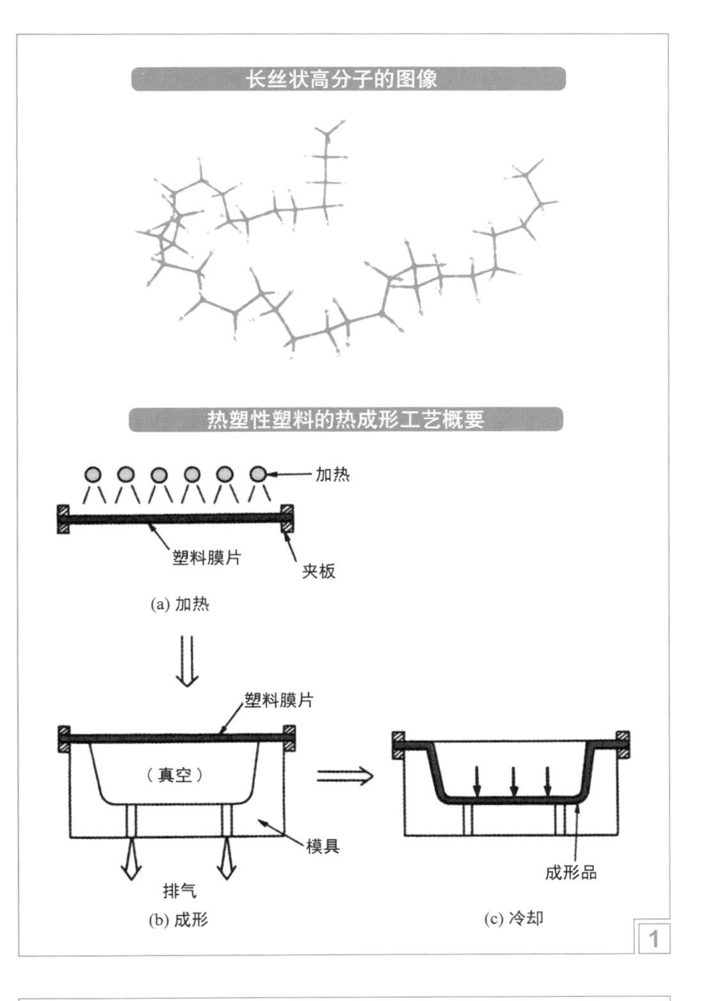

1

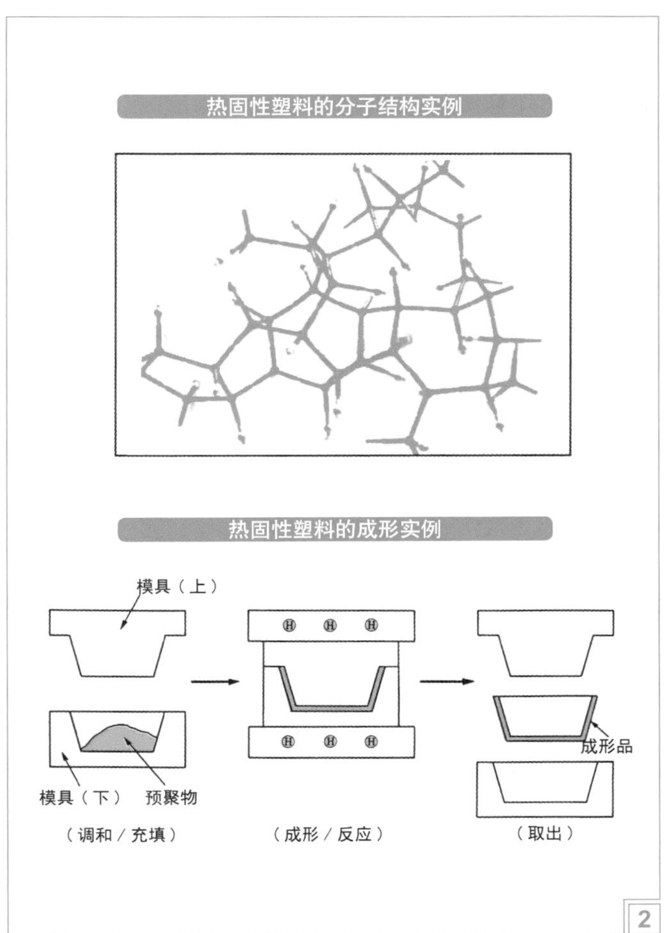

2

压缩模塑法

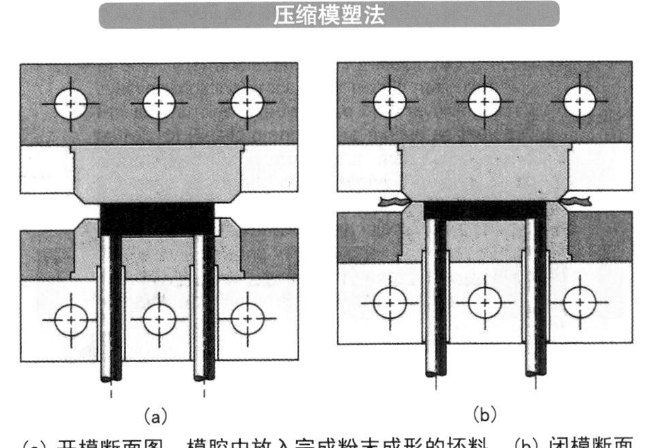

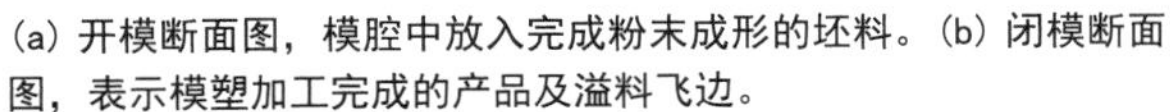
(a) 开模断面图，模腔中放入完成粉末成形的坯料。(b) 闭模断面图，表示模塑加工完成的产品及溢料飞边。

传递模塑法

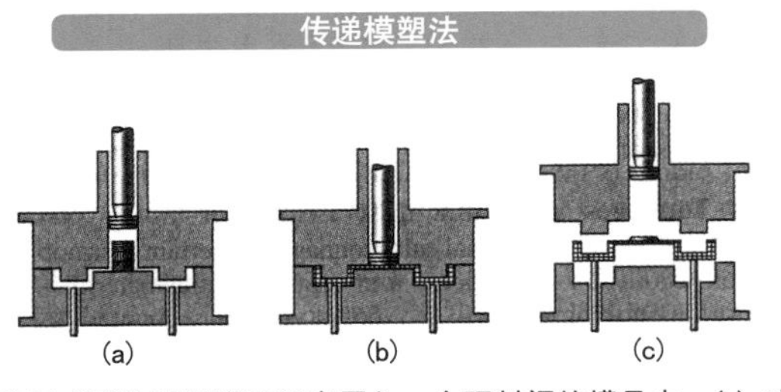

(a) 将预成形的塑料饼用活塞压入一个预封闭的模具中。(b) 对塑料饼施加压力，塑料通过一个导向和流道系统被压入模具空腔中。(c) 塑料成形后，活塞移开并打开空腔。顶出被成形的零件。

3

挤出成形机的示意图

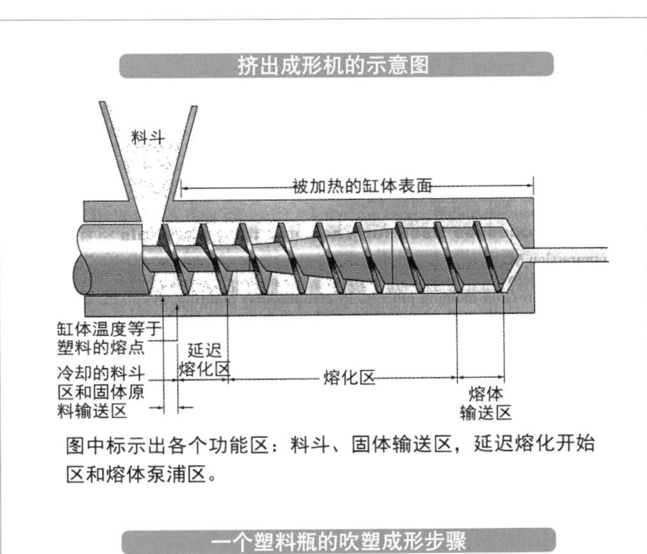

图中标示出各个功能区：料斗、固体输送区，延迟熔化开始区和熔体泵浦区。

一个塑料瓶的吹塑成形步骤

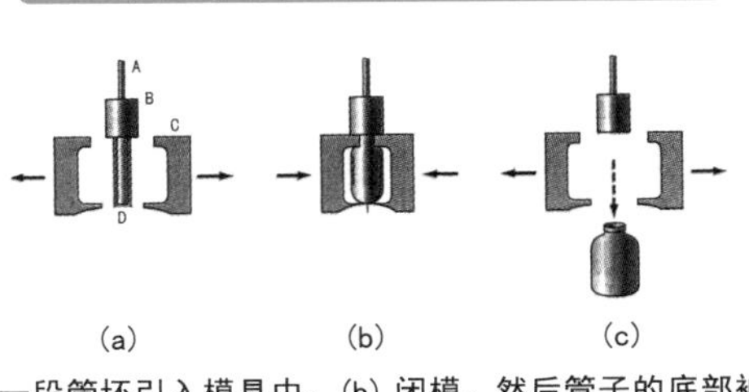

(a) 一段管坯引入模具中。(b) 闭模，然后管子的底部被模子收缩在一起。(c) 气压通过模具被引入管坯中，使管坯膨胀充满模具，工件在保压状态下被冷却成形。图中 A 为供气管，B 为硬模，C 为成形模具，D 为一段管坯。

4

7.19 聚合物的成形加工及设备（2）——挤出成形和射出成形

7.19.1 挤出成形机的结构和工作原理

挤出成形是热塑性塑料的重要成形方法之一。挤出法成形的产品有塑料管、棒、薄膜、薄片以及各种不同形状的构件。挤出成形机也用来制造复合化的塑料材料，例如原材料的造粒和热塑性塑料下脚料的回收等。

挤压成形的特点除了物料受多轴应力的加之外，物料经一次加工瞬息之间即变成所需要的形状。

在挤压成形过程中，热塑性树脂藉由漏斗输入一个被加热的缸体中，熔化的塑料被旋转螺杆加压驱动，通过一个精密加工的金属模具的一个（或多个）开口，以形成连续的形状。在退出金属模具后，被挤出的零件必须冷却到热塑性树脂的玻璃转化温度以下，以保证它的尺寸稳定。冷却通常藉由鼓风或水冷系统完成。

通过挤压材料使之发生塑性变形的压力机称为挤压机（extrusion press）。挤压机分为金属挤压机和塑料挤压机（又称塑料挤出机、挤塑机等）。塑料挤压机的主机是挤塑机，它由挤压系统、传动系统和加热冷却系统组成。无论是哪种机型的挤压机，都必须包括 5 个主要部件：①供料机构；②螺杆；③螺套（缸体）；④模头；⑤截料机构。

7.19.2 T 型模具塑料薄膜成形机

对于膜厚较厚以及磁带等用的厚度精度要求高的塑料膜片，一般采用所谓 T 模法来成形。在这种情况下，从挤出机上方看，模具开口部位为一文字形，由其向下流出的熔体由冷却辊固化。

由挤出机管形出口挤出的塑料熔体，经由模具扩展为要成膜的幅度。因此，塑料熔体的流道为一 T 字形。正是基于此，称这种形式的模具为 T 型模具。由 T 型模具制作塑料膜的方法称为“T 型模具法”。

对于要求强度高的膜层的情况，还需要延伸。此外，T 型模具法还可用于使不同材料膜层贴合，用于生产复合膜层。这种情况，是使从 T 型模具流出的塑料熔体，在预先准备的薄膜上连续挤出，流延成膜。

挤压成形为连续性生产方式，特别适合于大批量生产，对于向市场提供薄膜和膜片产品，起着不可替代的作用。生产工厂也以大规模居多。

（1）T 模法　所谓 T 模是由中心进料的槽形口模与挤出机流道接管成 T 形，又称 T 型模或 T 型机头。T 模法即 T 型模挤出法，又称挤出流延法，生产的薄膜称挤出流延薄膜。

（2）成型时，从 T 型机头挤出的膜片直接流浇在表面镀铬的冷却辊上，冷却定型后，经切边、卷曲即制得平膜。

（3）T 型机头相当于将两个 I 形机头于入料端对接在一起。物料从支管中间进入后分为两股流向支管两端。T 型机头具有结构简单，易加工制造，易调节宽幅的特点，但用其加工会出现制品厚度不均的现象。

7.19.3 往复螺杆射出成形机结构及操作程序

射出成形是成形热塑性材料的最重要加工方法之一。现代注射成形机使用往复螺杆机构来熔化塑料并将其射入一个成形模具中。老式注射成形机利用活塞来熔化注射。往复螺杆法优于活塞法的一个主要优点是，螺杆驱动可以输送更均质的熔料进行注射。

在注射成形中，塑料颗粒从漏斗中倒入，通过注射缸体上方的开口落在旋转螺杆传动机构的表面，该机构不断地将原料推向注模一侧（图（a））。螺杆的旋转迫使颗粒接触热缸体壁，由于压缩、摩擦以及缸体热壁的热量会导致颗粒熔化（图（b））。当有足够多的塑料在螺杆的尾部熔化时，螺杆停止旋转，然后作活塞式的运动，将一小股塑料熔体通过一个导向和流道系统射入封闭的注模空腔中（图（c））。螺杆轴对射入注模的塑料要保压一段时间，以让后者变成固体，而后再撤回。注模是水冷的，以快速冷却塑料部件。最后，注模打开，藉由空气或弹簧顶针，将部件从注模中顶出（图（d））。然后注模关闭，准备下一个循环。

注塑法的主要优点：①可在高生产效率下生产高质量部件；②劳动成本相对较低；③注塑部件表面质量优良；④加工过程可实现高度自动化；⑤形状复杂的部件也可生产。主要缺点：①机器昂贵，需要生产大量的部件才能抵偿设备投入；②工艺过程必须严格控制，才能制造出高质量的部件。

7.19.4 射出成形机的模具结构和射出成形过程

对于像水桶那样的三维形状的成形品，需要采用射出法成形。射出成形机的概要如图所示。在此图中，缸体部分与挤出机的缸体起相同的作用。但是，射出成形与挤出成形相比，动作略有差异且更复杂些。正因为如此，最近的射出成形机大多配有计算机，能进行精密控制，可全自动生产，实现无人成形。

为了更容易理解射出成形过程，图中按时间先后表示各部分的动作程序。首先，对于缸体部分，螺杆旋转，使塑料成为可塑化的。待塑料充分熔融之后，螺杆后退，缸体的前端不断积存熔融的塑料。待熔融塑料积存到所定量之后，螺杆停止旋转。积存的熔融塑料按注射器的要领，即，使螺杆向前，通过喷嘴将熔融塑料高速射出。

另一方面，喷嘴的前端要与模具相连接。模具中需要保证与成形品形状相当的空腔（cavity），并通以冷却水以保证模具的低温。填充到空腔内的熔融塑料被冷却固化，变成成形品。待空腔内的塑料充分冷却后，打开模具，通过顶针将成形品取出。而后，再次关闭模具，重复以上操作。

射出成形模具各式各样，图中表示其典型结构。各部分的功能在表中列出。射出时熔融塑料的压力有的高达 1t/cm^2（100MPa）以上，而且不允许变形，因此对模具的要求是很高的。依塑料种类不同，空腔要有足够的耐磨损性，因此在选择钢材时要特别慎重。另外，模具的良否对于制品的品质、生产效率关系极大。因此，在射出成形中，模具技术所占权重很大。

由于射出成形靠一道工序即完成最终产品的形状，因此，对于抑制塑料制品的价格具有重大贡献。

本节重点

（1）画图表示挤压机的结构及缸体的工作区分布。
（2）叙述聚合物注塑成型的工艺过程。
（3）叙述聚合物射出成形的工艺过程。

挤压机的结构

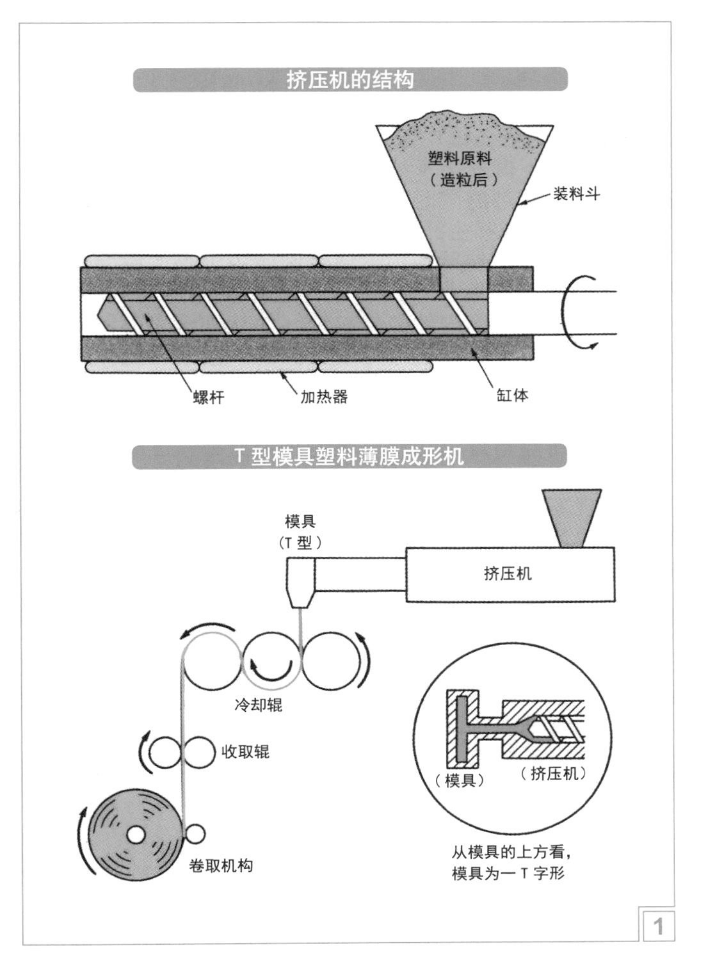

塑料加工用往复螺杆射出成形机截面

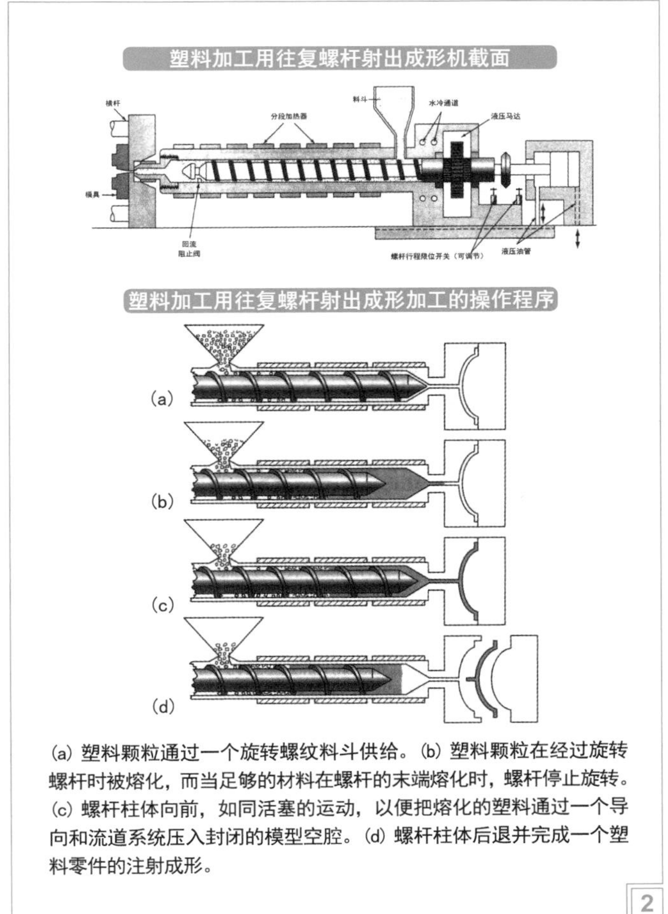

(a) 塑料颗粒通过一个旋转螺纹料斗供给。(b) 塑料颗粒在经过旋转螺杆时被熔化，而当足够的材料在螺杆的末端熔化时，螺杆停止旋转。(c) 螺杆柱体向前，如同活塞的运动，以便把熔化的塑料通过一个导向和流道系统压入封闭的模型空腔。(d) 螺杆柱体后退并完成一个塑料零件的注射成形。

射出成形机的一例

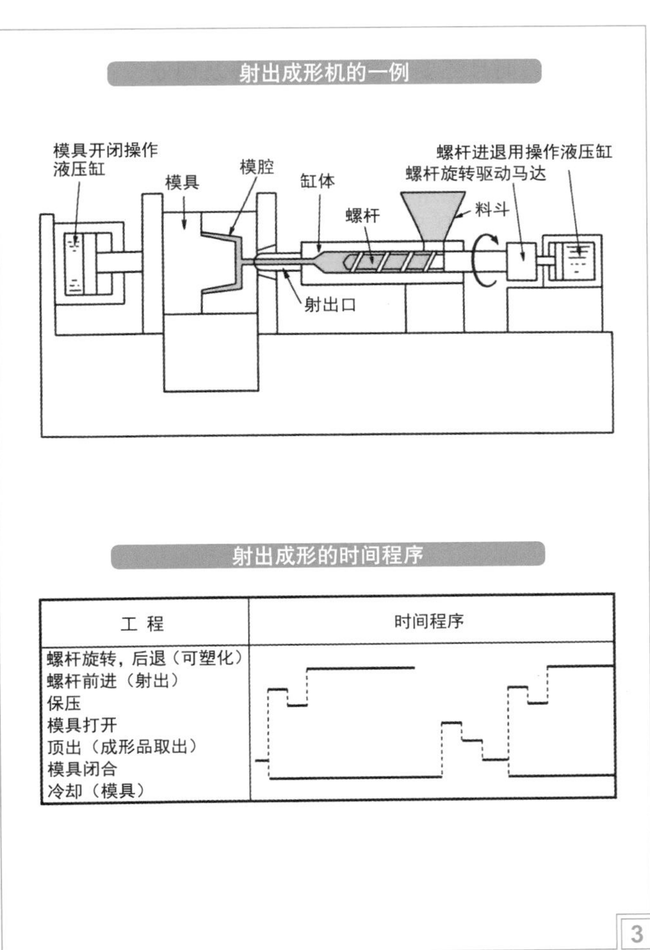

射出成型模具的结构实例

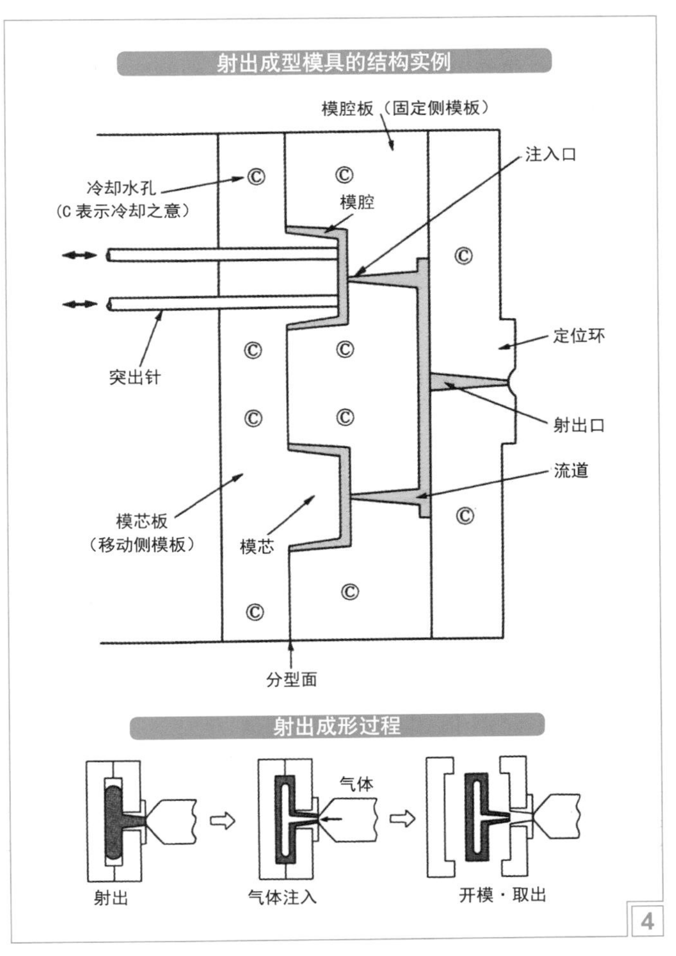

7.20 聚合物的成形加工及设备（3）——塑料薄膜和纤维丝制造

7.20.1 吹塑成形和二轴延伸吹塑成形

即使是三维形状的成形品，但如果像洗发液容器那样开口很小的中空形成形品，也不能由射出成形法成形。对于这种情况，需要采用吹塑成形法。图中给出吹塑成形法概要。首先，在（Ⅰ）中，由挤出机挤出管状的熔融塑料（管状型坯）。这一步与管子的成形要领相同；（Ⅱ）待型坯达到适当的长度，将其封闭于吹塑模中。在此状态下，向型坯中吹入空气；（Ⅲ）在空气压力下，塑料型坯变形扩张，并被压附于模具内壁上。由于模具与射出成形的情况同样，也保持在低温，因此塑料在被压附于模具内壁的状态固化，从而得到中空的成形品。而后由模具中取出。

吹塑成形广泛用于洗涤剂容器、饮料容器、油桶、汽车燃料罐等容器及浮筒等中空产品的成形。

最近不断增加的 PET 瓶大多是由**二轴延伸吹塑法**制作的。这种方法不是采用管状型坯，而是采用预先射出成形的预塑瓶坯作为坯料。将其装载于吹塑模具中，吹入空气，使其延伸膨胀。此时应将温度调节至适于延伸的温度。瓶坯的壁在延伸过程中被延伸，由此制作出薄壁透明且高强度的塑料瓶。当然，二轴延伸吹塑与通常的吹塑相比，前者采用的空气压力要高得多。

除此之外，应多样化的制品需求，人们还开发出各种各样的成形法。但无论哪种成形方法，都包括**可塑化—赋形—固化**这三个基本步骤。因此，在遇到新的成形法时，先将其分解为这三步，再看每一步是如何进行的，则可容易理解。

7.20.2 塑料薄膜的充气制膜

吹塑是由热塑性塑料制作中空部件和薄膜的重要加工方法。包装等用的塑料膜是用充气制膜法（inflation）生产的。从与管子同样的圆环状模具引出的熔体塑料的内侧吹入空气，使塑料膜像气球那样膨胀。在膨胀的膜层达到所定的厚度之后，经空冷、折叠、收卷，完成制品。若熔化塑料的挤出与薄膜的收卷之间达到平衡，就可以实现连续化生产。

在充气制膜法制膜工艺中，塑料从模具引出后，可以延伸许多倍，因此，采用小的设备就可以高速生产塑料薄膜，是大批量生产塑料薄膜的通用方法。这种方法既可以成卷生产大尺寸的单层农用塑料膜，又可以直接生产各种规格的小尺寸购物袋等，不仅生产效率高，而且产品质量好。

7.20.3 干法纺丝

纺丝（fiber spinning）又称化学纤维成形，是制造化学纤维的一道关键工序，是指将某些高分子化合物制成胶体溶液或熔化成熔体后，由喷丝头细孔压出，形成化学纤维的过程。

干法纺丝（dry spinning）也是化学纤维主要纺丝方法之一，简称干纺。干法纺丝和湿法纺丝都是采用成纤高聚物的浓溶液来形成纤维。与湿纺不同的是，干纺时从喷丝头毛细孔中压出的纺丝液细流不是进入凝固浴，而是进入纺丝甬道中。通过甬道中热空气流的作用，使原液细流中的溶剂快速挥发，挥发出来的溶剂蒸汽被热空气流带走。原液在逐渐脱去溶剂的同时发生固化，并在卷绕张力的作用下伸长变细而形成初生纤维。

在干纺的纺丝行程中，原液细流中溶剂的脱除通过下列三步实现：①原液一出喷丝孔立即快速挥发——闪蒸；②溶剂从原液细流内部向外扩散；③从细流表面向周围气体介质作对流传质。在靠近喷丝头的一段纺程上，传质的机理包括闪蒸、对流和扩散的综合作用，随后纯扩散就逐渐变成控制传质过程速率的因素。

干法纺丝与熔体纺丝有某些相似之处，二者都是在纺丝甬道中使高聚物流体（溶液或熔体）的粘度达到某一临界值而实现凝固。不同的是，熔纺时凝固过程是借纺丝行程中细流温度下降而实现的，而干纺则通过原液细流中溶剂挥发，高聚物浓度不断增大而凝固。

与熔纺相比，干纺适合于加工分解温度低于熔点或加热时易变色、但能溶解在适当溶剂中的成纤高聚物。对于既能用干纺又能用湿纺成形的纤维（例如聚丙烯腈纤维、聚乙烯醇纤维），干纺一般更适于纺制长丝。干纺时也需有配制纺丝溶液和溶剂回收工序，辅助设备比熔纺多。干纺的投资通常比湿纺高，但干纺的纺丝速度较高且所得纤维的结构较致密，物理机械性能和染色性也较好。

7.20.4 湿法纺丝和熔体纺丝

湿法纺丝（wet spinning）也是化学纤维主要纺丝方法之一，简称湿纺。湿纺包括的工序是：①制备纺丝原液；②将原液从喷丝孔压出形成细流；③原液细流凝固成初生纤维；④初生纤维卷装或直接进行后处理。

湿纺不仅需要种类繁多、体积庞大的原液制备和纺前准备设备，而且还要有凝固浴、循环及回收设备，其工艺流程复杂、厂房建筑和设备投资费用大、纺丝速度低，因此成本较高。

熔体纺丝（melt spinning）是化学纤维的主要成形方法之一，简称熔纺。熔纺的主要特点是卷绕速度高、不需要溶剂和沉淀剂，设备简单，工艺流程短。对于熔点低于分解温度，可熔融形成热稳定熔体的成纤聚合物，都可采用这一方法成形。

熔纺包括以下步骤：①制备纺丝熔体（将成纤高聚物切片熔融或由连续聚合制得熔体）；②熔体通过喷丝孔挤出形成熔体细流；③熔体细流冷却固化形成初生纤维；④初生纤维上油和卷绕。熔纺分直接纺丝法和切片纺丝法。直接纺丝是将聚合后的聚合物熔体直接送往纺丝；切片纺丝则需将高聚物熔体经注带、切粒等纺前准备工序而后送往纺丝。大规模工业生产上常采用直接纺丝，但切片纺丝更换品种容易，灵活性较大，在长丝生产中仍占主要地位。

本节重点

（1）介绍充气制膜成形和吹塑成形工艺，指出二者的主要区别。
（2）吹塑成形与单轴延伸相比，哪种方法所得产品的各向同性更好？并对你的结论加以解释。
（3）介绍聚合物纤维丝的制作工艺。

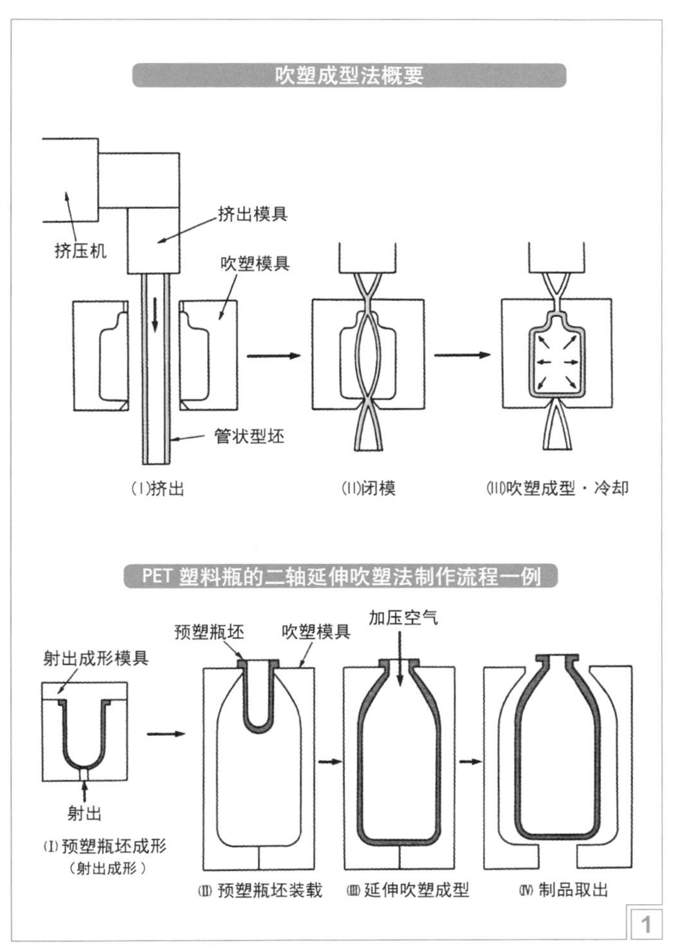

吹塑成型法概要
挤压机
挤出模具
吹塑模具
管状型坯
(I)挤出
(II)闭模
(III)吹塑成型・冷却
PET 塑料瓶的二轴延伸吹塑法制作流程一例
射出成形模具
预塑瓶坯
吹塑模具
加压空气
射出
(I) 预塑瓶坯成形
(射出成形)
(II) 预塑瓶坯装载
(III) 延伸吹塑成型
(IV) 制品取出
1

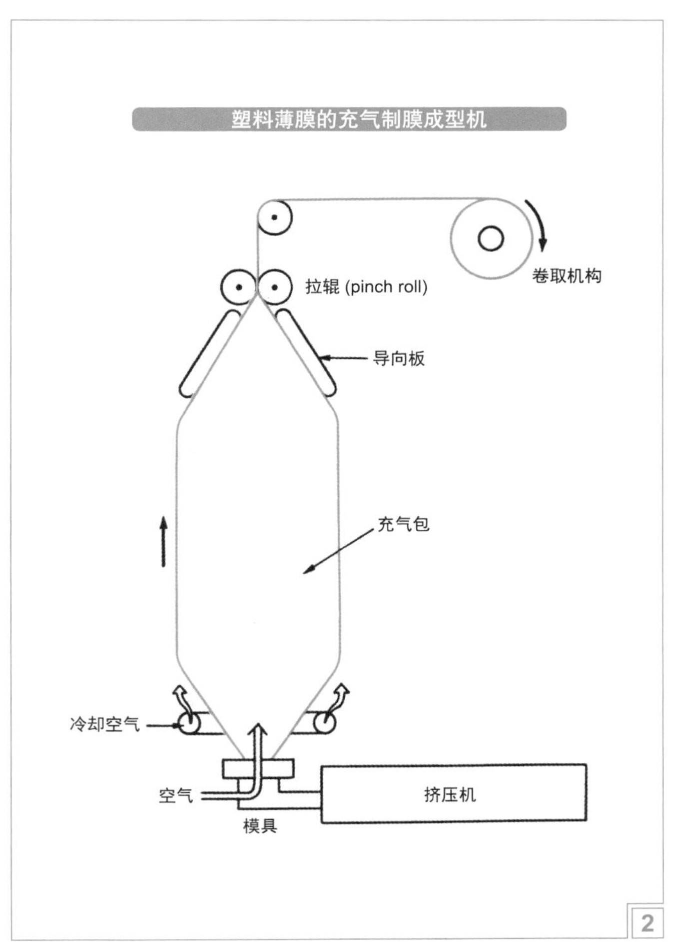

塑料薄膜的充气制膜成型机
拉辊 (pinch roll)
卷取机构
导向板
充气包
冷却空气
空气
模具
挤压机
2

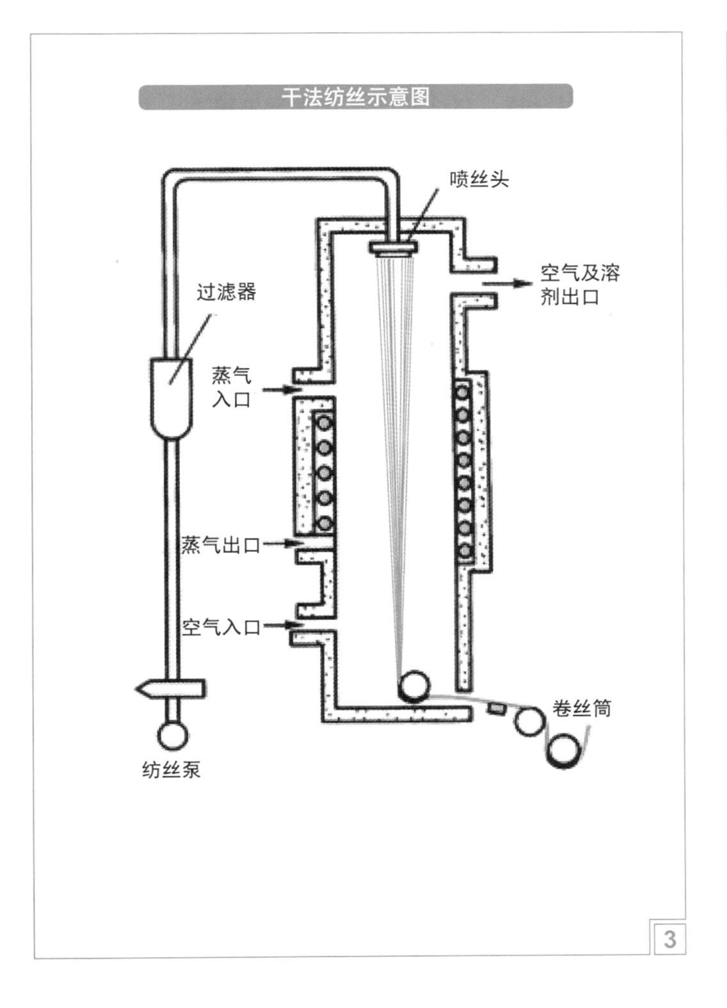

干法纺丝示意图
喷丝头
空气及溶
剂出口
过滤器
蒸气
入口
蒸气出口
空气入口
卷丝筒
纺丝泵
3

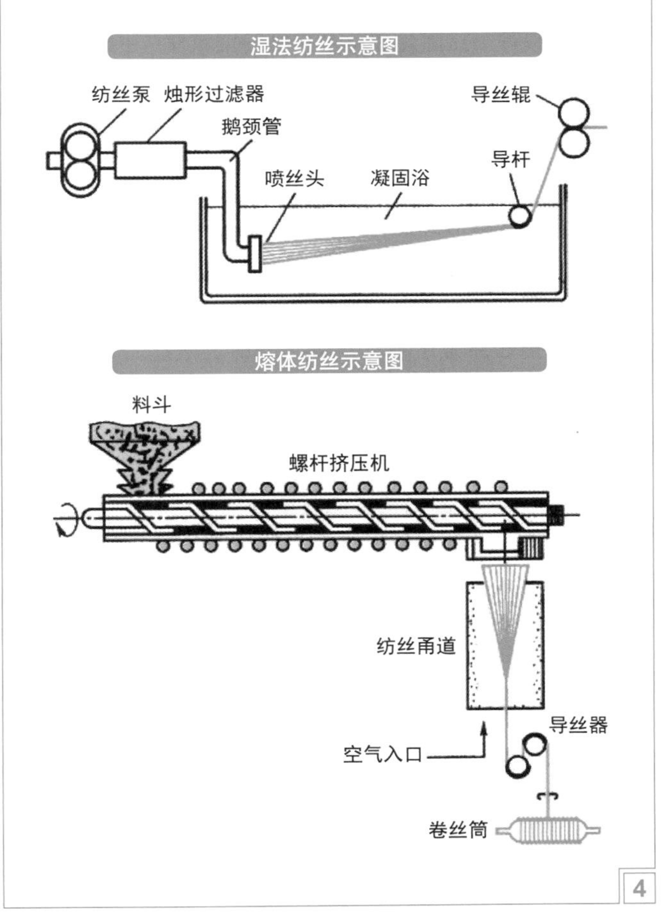

湿法纺丝示意图
纺丝泵
烛形过滤器
鹅颈管
导丝辊
导杆
喷丝头
凝固浴
熔体纺丝示意图
料斗
螺杆挤压机
纺丝甬道
导丝器
空气入口
卷丝筒
4

7.21 胶粘剂（1）——胶粘剂的构成和粘结原理

7.21.1 古人制作弓箭和雨伞等都离不开胶粘剂

人们使用胶粘剂有悠久的历史，我国是最早使用胶粘剂的国家之一。从考古发掘中发现，远在5300年前，人类就用水和粘土调和起来，把石头等固体粘接成为生活用具。4000年前我国就利用生漆作胶粘剂和涂料制成器具，既实用又有工艺价值，在3000年前的周朝已使用动物胶作为木船的嵌缝密封胶。秦朝以糯米浆与石灰制成的灰浆用作长城基石的胶粘剂，使得万里长城至今仍屹立于亚洲的北部，成为中华民族古老文明的象征。公元前200年，我国用糯米浆糊制成的棺木密封剂，再配用防腐剂及其他措施，使在2000多年后棺木出土时尸体不但不腐，而且肌肉及关节仍有弹性，从而轰动了世界。古埃及人从金合欢树中提取阿拉伯胶，从鸟蛋、动物骨骼中提取骨胶，从松树中收集松脂制成胶粘剂，还用白土与骨胶混合，再加上颜料，用于棺木的密封及饰涂。在古代的武器制造上，古人使用骨胶粘接铠甲、刀鞘，并且用来制造弓箭这类兼具韧性与弹性的复合材料制品，而且古人所用的雨伞都是用胶粘剂粘接才得以成形。总而言之，胶粘剂在我国的发展史上起着不小的作用。

7.21.2 胶粘剂按主成分的分类

胶粘剂的分类方法很多，但一般按其主成分分类为无机胶粘剂和有机胶粘剂两大类。前者包括水泥、灰泥及石膏等，后者包括木工用胶及瞬时粘接剂等。目前有机胶粘剂已成为胶粘剂的主流。尽管历史上天然系粘接剂起过重要作用，但现在使用的粘接剂几乎都是合成树脂系。在种种高分子材料作为粘接剂而使用的树脂中，按高分子的性质可分为热塑性树脂系、热固性树脂系、热塑性合成橡胶系等三大类。

热塑性胶粘剂包括纤维素酯、烯类聚合物、聚酯、聚醚、聚酰胺等；热固性胶粘剂包括三聚氰胺-甲醛树脂、有机硅树脂、呋喃树脂、不饱和聚酯等；合成橡胶型胶粘剂包括氯丁橡胶、丁苯橡胶、丁基橡胶、异戊橡胶等；复合型胶粘剂包括酚醛-丁腈胶、酚醛-聚氨酯胶、环氧-丁腈胶、环氧-聚硫胶等类，详见表中所示。

除了按主成分分类之外，还有按溶液型、乳胶型、热熔型等依粘接剂形态的分类；按室温固化型、加热固化型、UV（紫外线）固化型等依固化式样的分类；按木材用、金属等依被粘接材料的分类；按构造用、非构造用、临时粘结用等依性能的分类。

粘接剂在涂敷于被粘结物之上时为液态，最终只有变成固态才能起到粘结作用。

7.21.3 高分子只要能溶解便可做成胶粘剂

所谓胶粘剂，是指藉由其中的某一种成分（水或有机溶剂）蒸发，而实现固化粘结的胶粘材料。藉由水蒸发而实现固化的胶粘剂，以淀粉浆糊和骨胶为典型。使牛奶的蛋白质凝聚而制取的胶粘剂，即酪蛋白胶粘剂也属于此类。在水溶性的合成高分子中，聚乙烯醇及聚乙烯吡咯烷酮作为粘接剂经常使用。前者多用于透明胶及洗涤液，后者多用于胶棒。

将高分子溶于有机溶剂做成的粘接剂，以橡胶系（包括天然橡胶和热塑性合成橡胶）居多。将天然橡胶溶于汽油中做成的“胶水”，几十年前就用于自行车内胎的修理。先用木锉将内胎漏气部位和要贴附的橡胶片锉出新胶，双方涂布胶水，静置。待胶水发粘但固化前将二者贴敷，用小锤敲打使之牢固粘接。其中的关键是，要在胶水正要固化的时点贴合。这种粘接剂称为接触型粘接剂。

得益于各种合成橡胶的出现，如今溶剂型粘接剂可谓种类繁多。其中，氯丁橡胶系粘接剂对于由软质聚氯乙烯（可塑化聚氯乙烯）制作的“化学鞋”、“化学凉鞋”及壁纸的粘接已成为不可缺少的粘接剂。

在我们身边，有塑料玩具用的粘接剂。许多塑料玩具采用发泡聚苯乙烯原料由若干个聚苯乙烯部件构成。作为粘接剂，是将聚苯乙烯溶解在溶剂中而使用的。像这种，采用的粘接剂与被粘接物（称为被粘接材）为相同的高分子材料，称其为原液胶合剂。

溶剂型粘接剂的性能及其优良，但有溶剂释放于大气中，往往会造成劳动保护和环境污染等问题，因此正在开发无溶剂型粘接剂取而代之。

高分子溶液是高聚物以分子状态分散在溶剂中所形成的均相混合物，热力学上稳定的二元或多元体系。由于高分子有长的链段，在溶液中呈无规线团结构，相互缠结，所以高分子溶液具有较高的粘度（其粘度也与流变条件相关），也正因为其高粘度的特点，高分子溶液是制备高分子胶粘剂的原料。所以，只要高分子能溶解，其形成的溶液便具有高粘度，再经过后期制备上的一些加工处理，高分子胶粘剂就得以制成。

7.21.4 粘结的本质是聚合

首先应该了解聚合的意义。最早提出高分子是由单位分子重复排列而构成的巨大分子的见解，是诺贝尔奖获得者——德国化学家 Hermann Staudinger。尽管这一见解开始受到种种非难，但正是源于“链式大分子”的概念，种种高分子得以合成，高分子合成化学逐渐确立，并发展为完整的高分子科学。

Staudinger 所说的“单位分子”，即现在人们所说的单体。Mono 在希腊语中为“1”的意思。Monomer 加长就变成 polymer。Poly 在希腊语中为“多”的意思。据此，monomer 和 polymer 在汉语中分别译成单（量）体和聚合物（体）。将 monomer 变为 polymer 的过程称为聚合。

实际上，有以单体作粘接剂的情况。称其为“瞬时粘接剂”。它的主成分是被称作α-氰基丙烯酸酯的单体。由于单体的分子量小，因此它通常为稀溜溜的液体。将其盛入小的塑料容器中，使用时，经过小孔使液体滴下，涂布于被粘结材料之上。即使粘结金属，数秒之内即可固化。读者可能要问，液体中什么也没有添加，为什么会固化呢？这看起来有点不可思议。

实际上，被粘接材料上吸附的水分及空气中的水分均可以作为触媒（正确地讲是开始剂），使单体聚合，从而生成聚合物。生成的聚合物是直链状的高分子，为热塑性的，故而可在溶剂中溶解。粘在手上的粘接剂可由修指甲用的剥离剂去除。

瞬时粘接剂的α-氰基丙烯酸酯属于丙烯酸酯，它是一类容易发生聚合的单体。这类单体广泛用于防止螺丝松弛的粘接剂，作为第二代丙烯酸系粘接剂，例如紫外线固化型和电子束固化型粘接剂的主成分，正在普及应用。

本节重点

（1）合成聚合物粘接剂按主成分可分为哪几大类？
（2）请解释“高分子只要能溶解便可做成粘接剂”。
（3）为什么说“粘结的本质是聚合”？

古人制作弓箭和雨伞等都离不开粘接剂

名词解释

骨胶：将动物的结缔组织、软骨、皮革等用水煮沸、凝缩，而得到的蛋白质类黏胶。

1

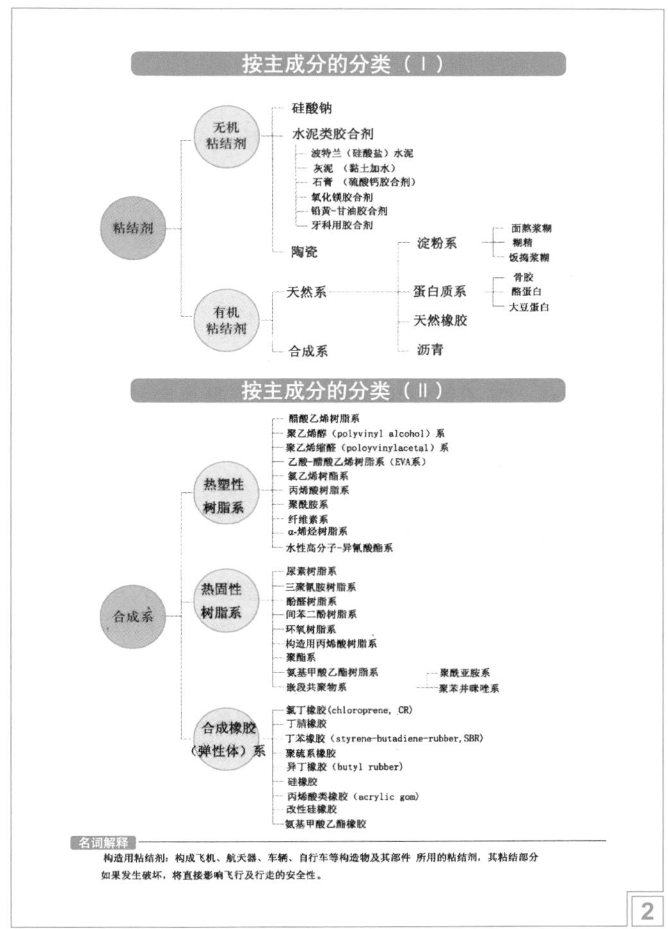

按主成分的分类（Ⅰ）

按主成分的分类（Ⅱ）

名词解释

构造用粘结剂：构成飞机、航天器、车辆、自行车等构造物及其部件 所用的粘结剂，其粘结部分如果发生破坏，将直接影响飞行及行走的安全性。

2

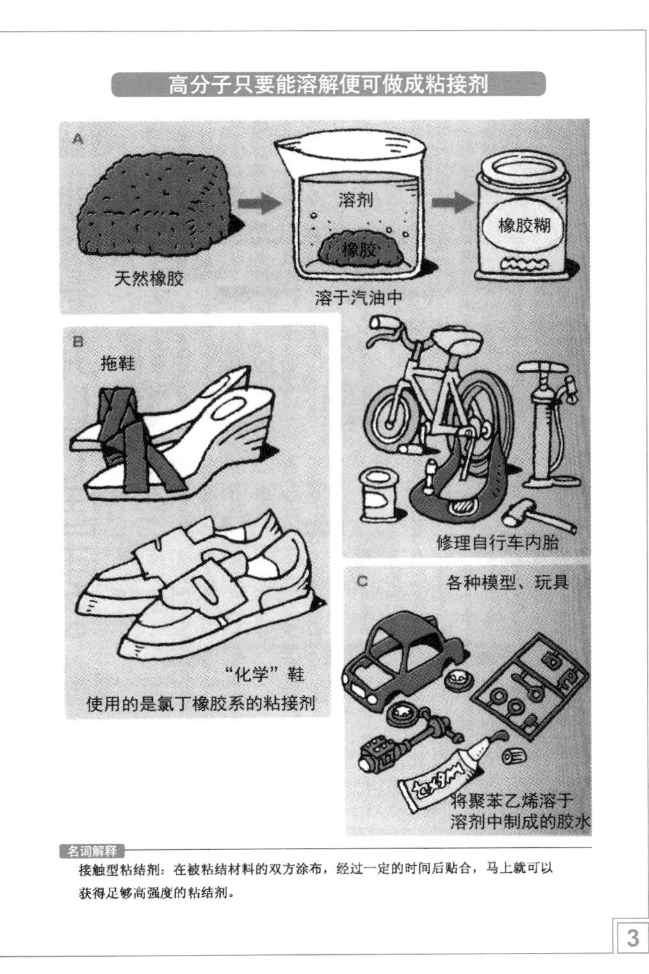

高分子只要能溶解便可做成粘接剂

名词解释

接触型粘结剂：在被粘结材料的双方涂布，经过一定的时间后贴合，马上就可以获得足够高强度的粘结剂。

3

与聚合物相关的名词术语

希腊语	含义	学术用途（用语）	汉语
mono	1	monomer	单量体（单体）
di	2	dimer	二单体（二量体）
tri	3	trimer	三单体（三量体）
tetra	4	tetramer	四单体（四量体）
⋮	⋮	⋮	⋮
poly	多	polymer	聚合物（聚合体）

何谓聚合？

单体
单体
单体
单体
开始剂
聚合
聚合物

例如，乙烯单体是分子量为28的气体，在有开始剂作用并加热的条件下，分子量可以达到数万——这便是聚乙烯。聚乙烯是乙烯经化学结合而聚合在一起的。

名词解释

聚合：生成高分子化合物的化学反应的总称。分为加聚（均加聚、共加聚）和缩聚（均缩聚、共缩聚）二大类。

4

7.22 胶粘剂（2）——胶粘剂的制造和用途

7.22.1 由有机分子的连接实现粘结

首先，针对高分子链的延长和桥架反应加以说明。所谓链延长，是指某一低分子量的聚合体（oligomer，低分子量聚合物）藉由化学反应变为高分子量的聚合体的过程。低分子量聚合物的两端存在可发生反应的官能基，利用与之发生反应的化合物，可连接低分子量聚合物。

所谓桥架，是利用与之发生反应的化合物，使高分子链与高分子链连接在一起，由此形成网络结构的高分子。只靠链延长，是热塑性的；经桥架反应，得到的聚合物既不能加热熔化，又不能利用溶液溶解，则是热固性的。

环氧树脂系粘接剂及反应性氨基甲酸乙酯系粘接剂，在链延长的同时会发生桥架反应。作为产品，有一液型的，但通常是由二液混合，通过反应聚合进行粘接。

环氧树脂系粘接剂可以在化学用品商店或超市买到，一般是以两个胶管供货。“主剂”是称作环氧树脂的低分子量聚合物。作为经常使用的树脂，是分子量大约为 380 的粘性液体。分子的两端具有称作环氧基的官能团，它可以与许多其他的官能团发生反应。

“固化剂”在工业上有广泛应用，供家庭用的是称为乙二胺的产品，它在室温下即可与环氧基发生反应。使用这种固化剂，链延长和桥架均可发生，反应可以在 24h 内完成。特别适用于金属的粘接。

反应性氨基甲酸乙酯系粘接剂主要用于工业用途。与环氧树脂相同，在其末端具有官能团的低分子量的聚合体与固化剂反应实现固化。由于富于柔软性，特别适用于柔软被覆材料的粘接。如今，人们已经开发出各式各样的粘接剂，如可发生各种变化的粘接剂，利用空气中的水分实现固化的“湿气固化型”粘接剂等。

7.22.2 由网络结构实现粘结

利用加聚反应和缩聚反应均可实现固化和粘结。酚醛树脂系、尿素树脂系、蜜胺（三聚氰胺）树脂系粘接剂等都属于此类。现以酚醛树脂系粘接剂为例加以说明。

酚醛树脂是由苯酚和甲醛（甲醛的水溶液）反应制取的。为使二者发生反应，首先要形成在苯酚中加入甲醛的“加聚体”，称这种反应为加聚反应。在此基础上，一个加聚体与另一个加聚体发生缩聚反应，脱去水，则得到缩聚体，称这种反应为缩聚反应。

在苯酚和甲醛的反应中，加聚反应和缩聚反应反复进行，分子量逐渐变大。生成的高分子，由其分子呈网络状而连接在一起。由于网络细且密，故高分子材料很硬。在溶剂中不会溶解，加热也不会软化，为非溶、非熔、高耐热性热固性树脂。

若由尿素代替苯酚，可得到尿素树脂；若使用蜜胺，则可得到蜜胺树脂。

当粘接剂需要在被覆材上涂布时，必须采用液体状的。为此，反应要中间停止，一般采用水溶液，在特殊情况下采用乙醇溶液作粘接剂。在被覆材上涂布之后，或添加或不添加触媒，进行热压，藉由其间的反应实现固化粘结。

这些粘接剂，几乎都用于胶合板和木工工艺。最近，“新建房屋症”时有发生，指入居新建房屋时，往往发生气喘、湿疹等症状。这可能是由于胶合板制造及居室装修时所使用的尿素树脂或蜜胺树脂等原因所致。

7.22.3 粘结技术在制鞋业中大显身手

鞋子的制法因粘结技术的导入而发生翻天覆地的变化。北京内联升的千层底鞋，鞋底要用麻绳纳，鞋帮和鞋底的组合要用麻线缝，费工费事，价格也高。

今天，合成橡胶底鞋已成为主流，而皮革底的皮鞋已成为高级消费品。合成橡胶底不仅耐磨性优良，特别是不像昔日的皮鞋那样鞋帮和鞋底的组合完全靠绳子缝，用粘接剂粘结即可完成，既结实又适合工厂的大批量生产，价格也便宜。可谓物美价廉。

合成橡胶底分为硬橡胶底和发泡海绵底两种。前者用于皮鞋，后者用于旅游鞋。发泡底的场合，将皮革鞋帮放入调整好的模具中，注入原料，在发泡的同时完成粘结，采用的是反应射出成型工艺。

7.22.4 浸润性的评价

无论是液态的粘接剂还是涂料，最起码要求应容易浸润固体。所谓易浸润、难浸润是如何评价的呢？下面以接触角这一便利的指标加以说明。

在固体表面存在一小液滴时，依液（L）、固（S）组合不同，液滴的形状各不相同。在刚加工的氟树脂表面上为球形，而在洗净的玻璃表面上则为完全浸润的状态。

固体表面上液滴的存在状态，可分为三种：一种几近完全的球形（a）；另一种正好与之相反，完全浸润于表面（c）；第三种介于二者中间（b）。

（a）是液滴处于球状的情况，液滴以其本来的姿态存在，说明固态表面除了支撑之外对液体未发生任何作用。

另一方面，对于（c）的情况，本来为球状的液滴，在固体表面扩展开来。这好像是液体的分子间力与固体的分子间力相互“拔河”，而固体一方占优势。（b）也属于这种情况。根据液滴的形状就可以判断固体与液体的相互作用力大小。

图（b）所示液滴的形状如何确定呢？实际上，早在 200 年前，托马斯・杨就提出“接触角”的概念。当固体表面存在小液滴时，在液体与固体的接触点，对液滴做切线，该切线与固体表面所成的角度称为接触角。根据接触角的大小，就可以确定液滴的形状。测量接触角的方法很多，目前可以在市场上买到接触角计，测量简单方便。

若着眼于液滴的端部，则液滴同时受向左、向右两个方向力的作用：向左的力为固体的表面张力，它使液滴扩张；向右的力为固体 - 液体界面张力和液体的表面张力，它使液滴收缩。液滴的形状决定于这两个力“拔河”的结果。当这两个方向的力相等时，液滴的形状不再变化，而处于平衡状态。此时满足图下方所示的托马斯・杨公式。

本节重点

（1）举出由加聚反应而形成高分子粘接剂的实例。
（2）举出由缩聚反应而形成高分子粘接剂的实例。
（3）举出粘接剂的几个典型用途。

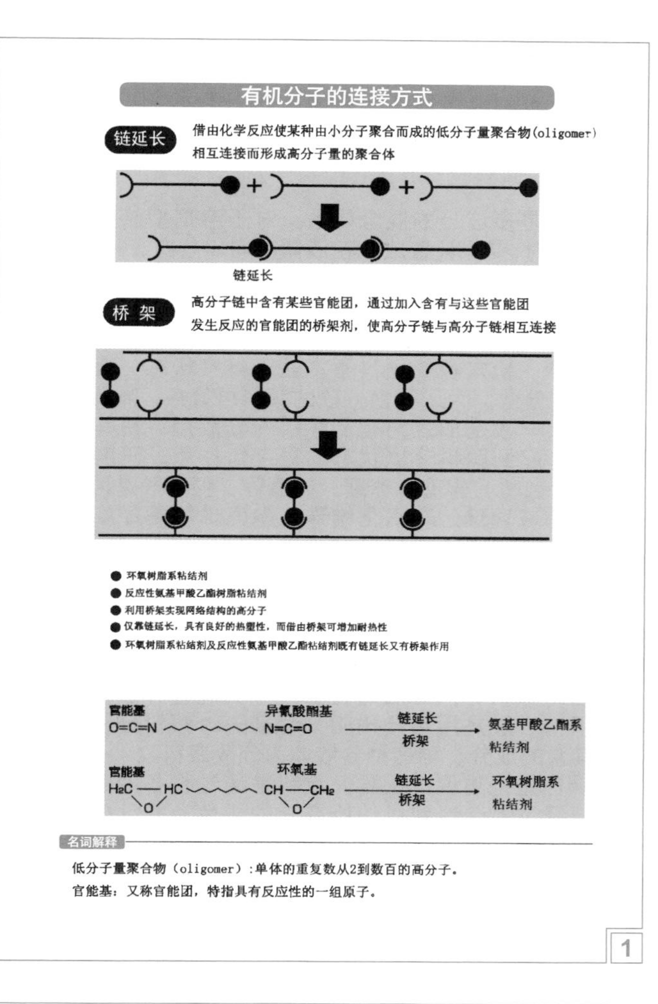
有机分子的连接方式
链延长
借由化学反应使某种由小分子聚合而成的低分子量聚合物(oligomer)相互连接而形成高分子量的聚合体
链延长
桥架
高分子链中含有某些官能团，通过加入含有与这些官能团发生反应的官能团的桥架剂，使高分子链与高分子链相互连接
● 环氧树脂系粘结剂
● 反应性氨基甲酸乙酯树脂粘结剂
● 利用桥架实现网络结构的高分子
● 仅靠链延长，具有良好的热塑性，而借由桥架可增加耐热性
● 环氧树脂系粘结剂及反应性氨基甲酸乙酯粘结剂既有链延长又有桥架作用
官能基
O=C=N
异氰酸酯基
N=C=O
链延长
桥架
氨基甲酸乙酯系粘结剂
官能基
H2C — HC
环氧基
CH — CH2
链延长
桥架
环氧树脂系粘结剂
名词解释
低分子量聚合物(oligomer)：单体的重复数从2到数百的高分子。
官能基：又称官能团，特指具有反应性的一组原子。
1

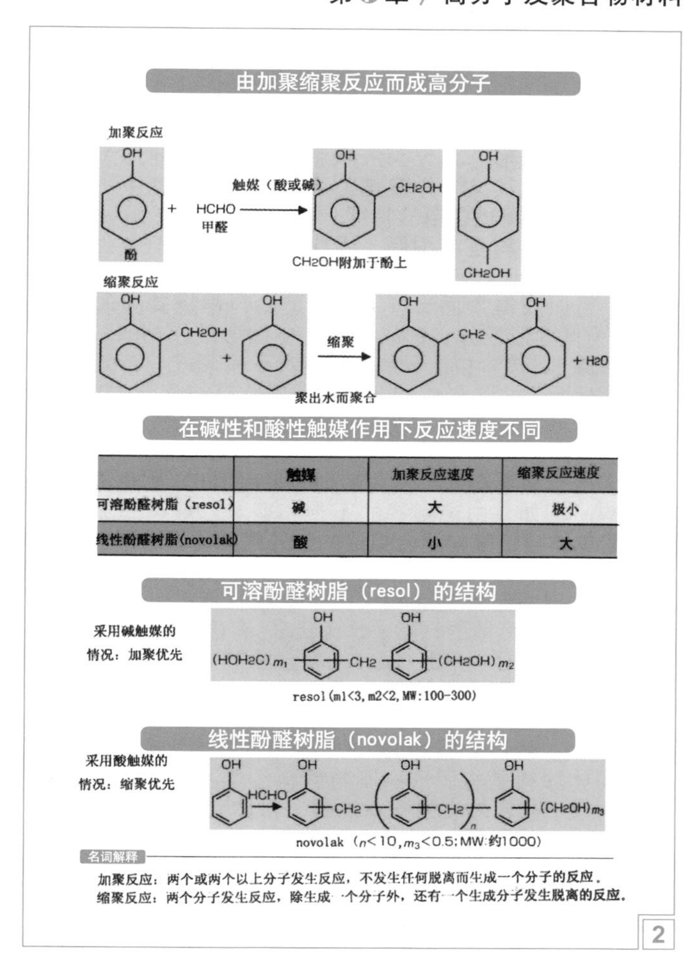
由加聚缩聚反应而成高分子
加聚反应
OH
酚
HCHO
甲醛
触媒(酸或碱)
CH2OH
CH2OH附加于酚上
缩聚反应
缩聚
+ H2O
聚出水而聚合
在碱性和酸性触媒作用下反应速度不同
	触媒	加聚反应速度	缩聚反应速度
可溶酚醛树脂(resol)	碱	大	极小
线性酚醛树脂(novolak)	酸	小	大
可溶酚醛树脂(resol)的结构
采用碱触媒的情况：加聚优先
(HOH2C)m1 CH2 (CH2OH)m2
resol(m1<3, m2<2, MW:100-300)
线性酚醛树脂(novolak)的结构
采用酸触媒的情况：缩聚优先
HCHO
CH2
(CH2OH)m3
novolak (n<10, m3<0.5; MW:约1000)
名词解释
加聚反应：两个或两个以上分子发生反应，不发生任何脱离而生成一个分子的反应。
缩聚反应：两个分子发生反应，除生成一个分子外，还有一个生成分子发生脱离的反应。
2

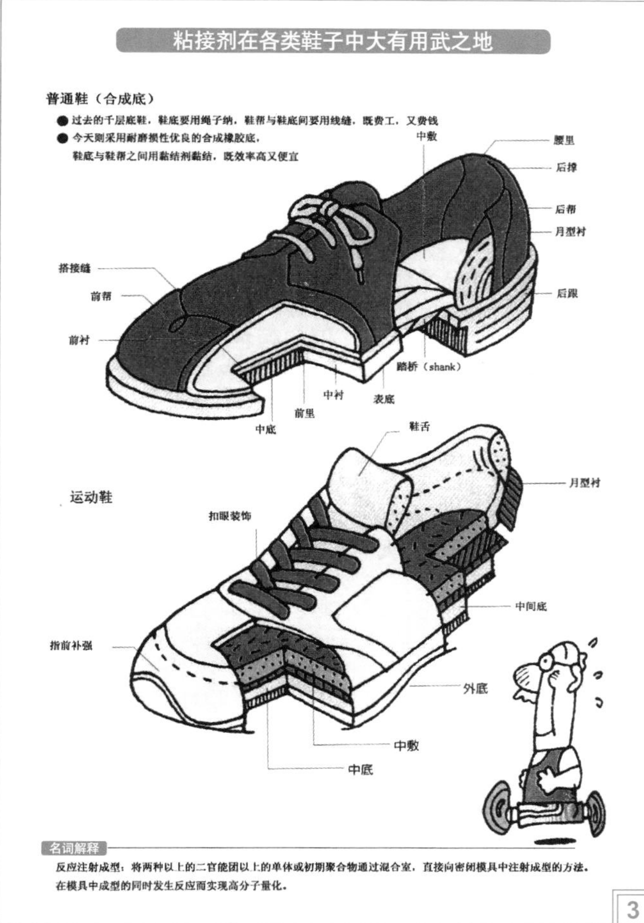
粘接剂在各类鞋子中大有用武之地
普通鞋(合成底)
● 过去的千层底鞋，鞋底要用绳子纳，鞋帮与鞋底间要用线缝，既费工，又费钱
● 今天则采用耐磨损性优良的合成橡胶底，鞋底与鞋帮之间用黏结剂黏结，既效率高又便宜
中敷
腰里
后撑
后帮
月型衬
搭接缝
前帮
前衬
后跟
踏桥(shank)
中衬
表底
前里
中底
鞋舌
月型衬
运动鞋
扣眼装饰
中间底
指前补强
外底
中敷
中底
名词解释
反应注射成型：将两种以上的二官能团以上的单体或初期聚合物通过混合室，直接向密闭模具中注射成型的方法。在模具中成型的同时发生反应而实现高分子量化。
3

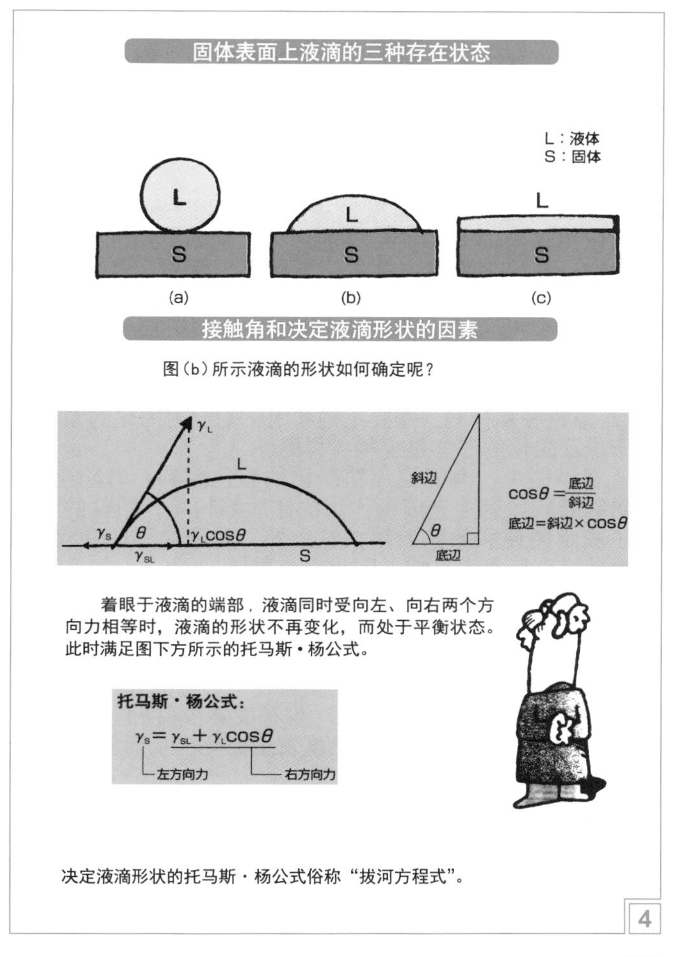
固体表面上液滴的三种存在状态
L：液体
S：固体
L
S
(a)
(b)
(c)
接触角和决定液滴形状的因素
图(b)所示液滴的形状如何确定呢？
γL
L
γS
θ
γLcosθ
γSL
S
斜边
θ
底边
cosθ = 底边/斜边
底边=斜边×cosθ
着眼于液滴的端部，液滴同时受向左、向右两个方向力相等时，液滴的形状不再变化，而处于平衡状态。此时满足图下方所示的托马斯·杨公式。
托马斯·杨公式：
γS = γSL + γLcosθ
左方向力
右方向力
决定液滴形状的托马斯·杨公式俗称“拔河方程式”。
4

7.23 涂料（1）——涂料的分类及构成

7.23.1 涂料的分类

涂料按其形态可分为液状涂料和粉体涂料。大多数涂料为液状的，其又分为溶剂型涂料、无溶剂型涂料、水性涂料等。以下简述各自的特征。

溶剂型涂料是将树脂、固化剂溶解于溶剂中，再将颜料等分散、混合，它是最一般的涂料。由于干燥性、涂装性优良，可以获得均质涂膜。溶剂型涂料根据其固形成分浓度，分为低固形成分（10%~40%）、中固形成分（40%~70%）、高固形成分（70% 以上）涂料。相对于固形成分百分数是大致的指标而言，涂料中的 VOC（挥发性有机化合物）更容易引发环境问题。因此，设法消减溶剂含量已成为涂料技术的最重要问题。

无溶剂型涂料是不使用溶剂而采用 100% 固形成分的液状涂料。例如，由苯稀释的不饱和聚苯乙烯树脂涂料、由丙烯酸单体与低聚物混合组成的紫外线固化型涂料等。

水性涂料是用水置换溶剂的涂料。采用可在水中溶解的水溶性树脂制作的涂料，由于涂膜性能差，通常采用在水中以粒子状分散的树脂。作为代表，有建筑用的乳剂涂料，它就采用了粒径为 0.1~1μm 的聚合物胶体。在工业中，聚合物粒子分散型水性涂料也多有采用。而且，即使是水性涂料，为了提高涂装作业性及成膜性，往往也加入少量的有机溶剂。对于水性涂料来说，干燥的控制极为重要。

粉体涂料是将固形树脂与颜料经熔融、混练，粉碎成粒径为数十微米左右的粉状涂料。粉体涂料在烧附时熔融，并形成均一的膜层，但由于涂料本身并未发生凝聚，而且如何得到外观性良好的涂料也是课题之一。此外，采用将固形树脂与颜料在施工现场熔融混合，而用于道路标示的涂料也属于粉体状涂料。

7.23.2 涂料的成分

涂料是由树脂、固化剂、颜料、添加剂、溶剂等组成的混合物。其中，溶剂会在涂装时蒸发而发散，因此不会作为最终成膜的成分。含有着色颜料的称为调色（enamel）涂料，不含颜料的称为透明（clear）涂料。而且，树脂、固化剂、溶剂起着体系媒体的作用，一般称其为载体（vehicle）或展色料。

树脂和固化剂的选择是决定涂料性能的最主要因素。树脂依用途不同有各种各样的选择。例如，用于金属的下层涂料一般采用附着力强的环氧树脂，而对于在太阳光照射下要求有强透明感的上层涂料，多采用丙烯酸树脂。而且，在涂料中，既有像氯化橡胶那样的，将树脂溶于溶剂中，仅靠溶剂的蒸发即可变为涂膜的涂料，又有像油变性醇酸树脂那样的，靠空气中的氧实现固化的涂料，也有像醇酸树脂•三聚氰胺那样的，需要主剂和固化剂烧附固化的涂料等，其干燥及固化的形态是各种各样的。

在颜料中，有保证涂料颜色的着色颜料，有防止锈蚀的防锈颜料，有起充填剂作用的体质颜料等。颜料的选择，除了决定色调和颜色的耐久性之外，对于涂膜的硬度及耐伸缩性能也有重大影响，因此极为重要。

溶剂对于涂料均匀化、增加流动性，从而获得均匀光滑的涂膜是必不可少的。溶剂还有帮助除泡、调整干燥速度的作用。溶剂在将树脂及固化剂溶解变为均匀溶液的同时，还有浸润颜料表面，帮助颜料均匀分散的作用。

添加剂在涂料中所加不多，但种类不少，所起作用很大。它可以使涂料的表面张力及粘度发生变化，从而发挥各种各样的特定功能。添加剂通常包括颜料分散剂、表面调整剂、垂落防止剂、消泡剂、开裂防止剂、紫外线吸收剂、防霉变剂等，可根据不同的需要合理选择。

7.23.3 溶剂型涂料的制程

涂料是多成分的混合体系，对于溶剂型涂料来说，在涂料设计时，要保证各成分在液体中均匀分布。制造涂料时，最需要注意的是颜料的分散和调色。颜料依种类不同，分散容易程度各异。一般说来，无机颜料的表面极性高，比较容易被有机溶液浸润，但有机颜料并非都容易被浸润。

通常，粉末状的颜料原本处于凝集状态，需要外加机械力使其分散。为了不使分散的颜料再凝集，需要进行稳定化处理。一般是加入树脂及颜料的分散剂，使其被染料表面吸附，起到颜料分散状态的稳定化作用。研磨分散设备有高速分散机、辊磨、球磨、砂磨等，但一般是通过称作分散介质的玻璃珠、二氧化锆珠、陶瓷珠等施加旋转、剪断力，并通过该力实现分散。如果颜料分散不充分，会造成涂膜表面凹凸粗糙、光泽不良、涂膜性能低下。涂料制成后，要用涂膜表面凹凸仪进行判定，该仪器设有连续而深度不同的沟，测量时在沟中注满涂料，再用刮刀刮，由显露出粒子的深度来判定颜料分散的优劣。

若对颜料分散之后进行全成分的混合分散，则生产效率低下，一般是用部分树脂、溶剂先对颜料分散，之后再加入其余的成分。称这种分散体为分散底料。

调色也是重要的工程。涂料是通过将各种各样的着色颜料，经过混合达到目的所要求的颜色。颜色与标准色板相比应达到色差允许范围之内。配色操作是凭经验完成的。20 世纪 80 年代已有用电子计算机代替肉眼配色，可达到快速、准确和定量化的水平。生产出的涂料，经过过滤，经粘度、色调等规格检验，确认形态、性能之后，装罐出厂。

7.23.4 粉体型涂料的制程

将固体状的树脂、固化剂、颜料等经混练、粉碎等制作的粉体涂料与溶剂型涂料相比，制作工程有所不同。

首先，利用高速旋转混料机将各原料进行预混合。这种混料机利用设于搅拌容器底部的高速旋转强力搅拌叶片使粉体原料混合。对于需要使用部分液体原料的场合，预先与树脂的一部分溶解混合，作为被粉碎物加于其中。

经预混合的原料在被称作熔融混练挤压机的装置中熔融混练。装置温度要设置在树脂的熔点以上，在不引起固化反应的前提下大致高于熔点 100℃ 为宜。粉体原料由螺杆挤出，在出口附近施加一定压力使颜料等均匀地分散。与溶剂型涂料相比，粉体涂料的颜料分散比较困难。颜料分散的良否，对涂膜的性能，例如颜色、光泽、外观性、耐气候性等均有很大影响，因此是极为重要的工程。而且，对于粉体涂料来说，后续的颜色调整难以进行，需要按预先实验确定的着色颜料比率进行计量调色。

利用熔融混练挤压机将熔融的分散物挤压成连续的条状，由冷却辊轧薄，经冷却传送带传送冷却，再由打片机造粒为丸、片、饼等粒料。进一步将粒料由锤式粉碎机等进行微粉碎。依粉碎条件而异，粉体涂料的粒度分布各不相同。若粉体涂料粒度过大，涂膜的外观不良，会产生橘皮那样的表面凹凸甚至皱褶；过小则粉体涂料的流动性低下，而且静电涂装时带电性能较差。通常，粉体涂料的粒径以数十微米为宜。

近年来，外观性改良用的微粒子粉体涂料，以及粉体涂料中结合铝粉等的粘结性粉体涂料的开发引人关注。

本节重点

（1）涂料按其形态可分为哪几类？试分别对每一类加以解释。
（2）涂料中含有哪几种成分？请指出每种成分的作用。
（3）叙述溶剂型涂料和粉体型涂料的制造工艺过程。

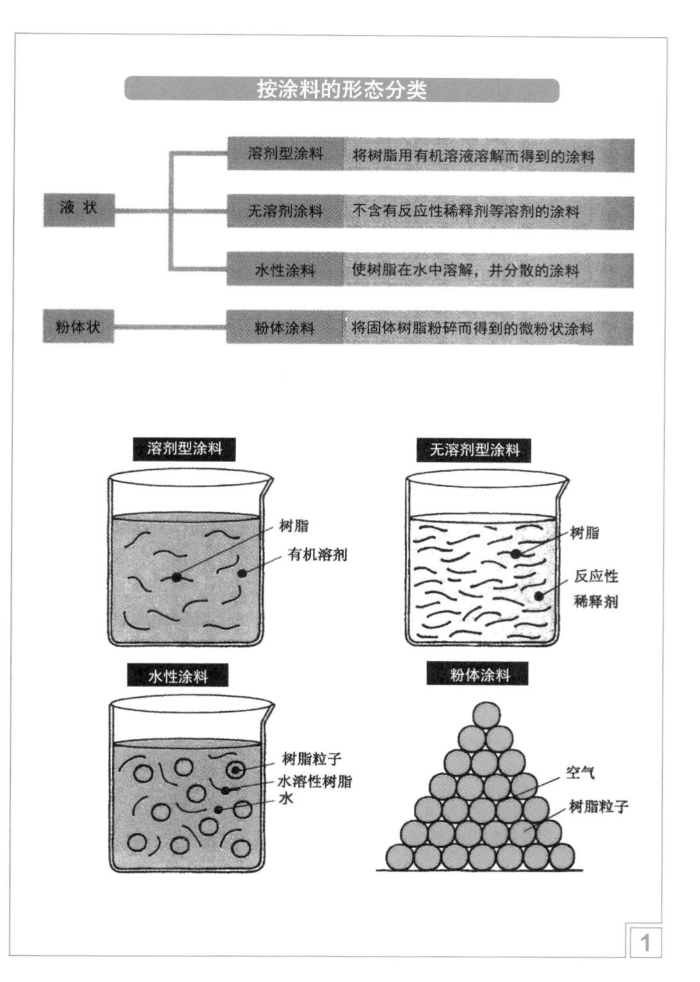
按涂料的形态分类
液 状
溶剂型涂料
将树脂用有机溶液溶解而得到的涂料
无溶剂涂料
不含有反应性稀释剂等溶剂的涂料
水性涂料
使树脂在水中溶解，并分散的涂料
粉体状
粉体涂料
将固体树脂粉碎而得到的微粉状涂料
溶剂型涂料
树脂
有机溶剂
无溶剂型涂料
树脂
反应性
稀释剂
水性涂料
树脂粒子
水溶性树脂
水
粉体涂料
空气
树脂粒子
1

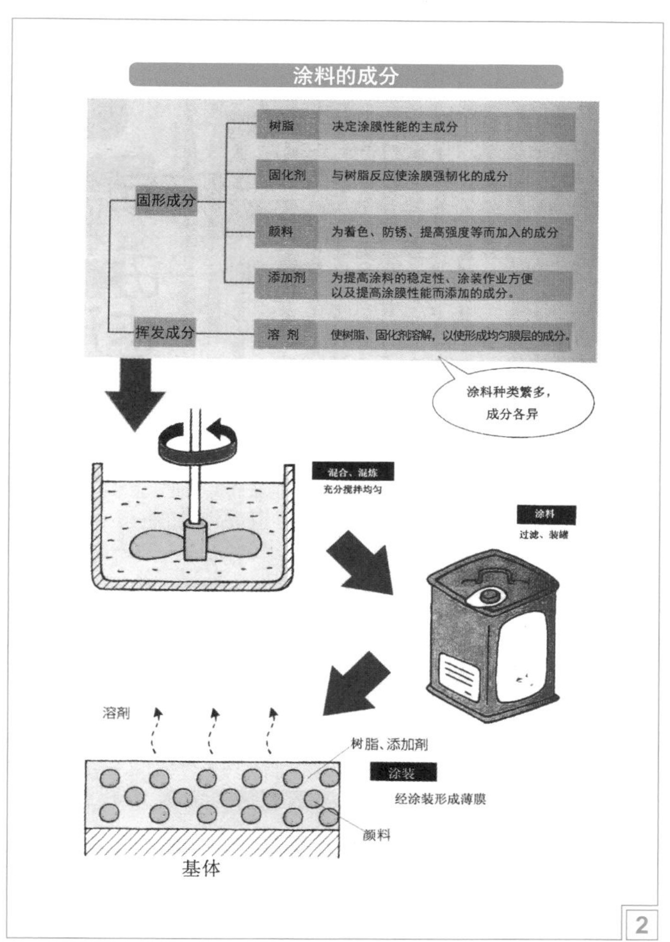
涂料的成分
固形成分
树脂
决定涂膜性能的主成分
固化剂
与树脂反应使涂膜强韧化的成分
颜料
为着色、防锈、提高强度等而加入的成分
添加剂
为提高涂料的稳定性、涂装作业方便
以及提高涂膜性能而添加的成分。
挥发成分
溶 剂
使树脂、固化剂溶解，以使形成均匀膜层的成分。
涂料种类繁多，
成分各异
混合、混炼
充分搅拌均匀
涂料
过滤、装罐
溶剂
树脂、添加剂
涂装
经涂装形成薄膜
颜料
基体
2

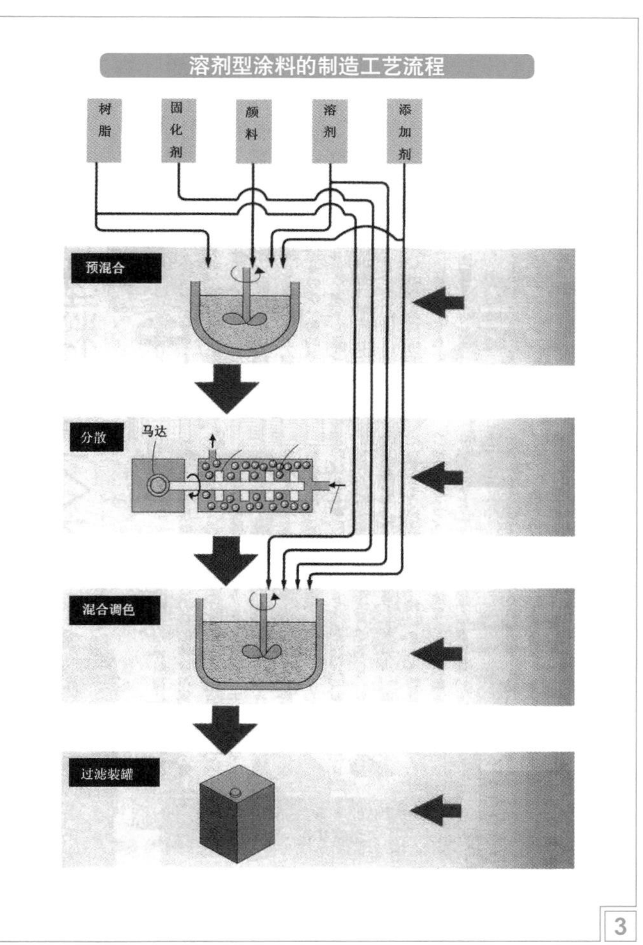
溶剂型涂料的制造工艺流程
树
脂
固
化
剂
颜
料
溶
剂
添
加
剂
预混合
分散
马达
混合调色
过滤装罐
3

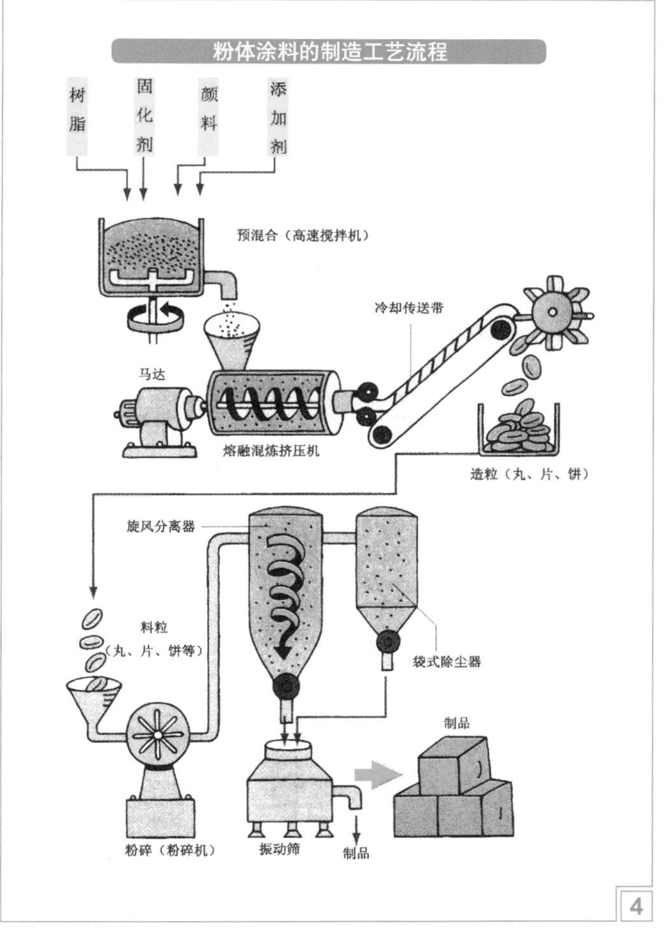
粉体涂料的制造工艺流程
树
脂
固
化
剂
颜
料
添
加
剂
预混合（高速搅拌机）
冷却传送带
马达
熔融混炼挤压机
造粒（丸、片、饼）
旋风分离器
料粒
（丸、片、饼等）
袋式除尘器
制品
粉碎（粉碎机）
振动筛
制品
4

7.24 涂料（2）——涂料中各种成分的选择

7.24.1 树脂的选择——热塑性树脂和热固性树脂

树脂和固化剂的选择是支配涂膜性能的最主要因素。今天，许多种类的树脂都可以用于粘接剂，但是应目的、用途不同应做最佳选择。树脂的分子量（分子的大小）越小越容易被溶剂溶解，但另一方面，由其制作的涂膜性能低下。而且，分子量大则难于被溶剂溶解，即使溶解，固形成分也会变低。因此，用于涂料的树脂，其分子量通常在数万以下。

树脂有热塑性树脂和热固性树脂之分。热塑性树脂是通过溶剂蒸发及加热，可以形成涂膜的树脂。树脂的特性基本上决定着涂膜的特性。因此，涂料多选用聚氯乙烯树脂、氯化橡胶树脂等大分子量的树脂。

另一方面，热固性树脂是藉由某种化学反应而固化的树脂。相对于热塑性树脂即使成膜后加热也会流动，由溶剂也能再溶解而言，热固性树脂固化后，加热也不会流动，由溶剂也不能再溶解。这是由于化学反应，在树脂分子间或树脂与固化剂间形成三维网络结构所致。据此，可以形成硬度、耐化学药品性、耐污染性、耐气候性等优良，硬且强的涂膜。而且，由于这样的树脂原料分子量比较小，溶液粘度低，操作起来比较容易。基于这些优点，工业上多采用热固性树脂涂料。

这些涂料因树脂种类的不同用途各异。例如，环氧树脂这类耐气候性差但在金属上附着力强的树脂，适用于下涂层；丙烯酸树脂及聚苯乙烯这类具有金属光泽且耐气候性好的树脂，适用于上涂层。

而且，对于使用固化剂的涂料来说，有一液型和两液型之分，后者在涂装时将主剂和固化剂混合使用。

7.24.2 溶剂的选择——溶剂的极性和相对蒸发速率

溶剂的作用是使树脂溶解或稀释，调节其为合适的粘度，以便于涂敷成为均一的膜层。因此，溶剂是涂料中十分重要的材料。

一般说来，树脂与溶剂的化学结构相似的情况易于溶解，即符合“相似相溶原理”。可选用的有机溶剂很多，有碳氢化合物系、酮系、酯系、醚系、乙醇系等。其中，碳氢化合物系的极性最低，乙醇系最高，其他介于二者中间。例如，油性涂料只能由碳氢化合物系溶剂溶解，而丙烯酸树脂、乙烯树脂等需要用酮系、酯系溶解。因此，针对具体的涂料系统，要选择最佳的溶剂组合，既要考虑溶解能力的提高，又要考虑溶解能力的平衡。

溶剂的蒸发量决定于蒸汽压与分子量的乘积。尽管溶剂的蒸发与沸点的高低相关，但后者一般不作为蒸发速度的尺度。实用中，将醋酸丁酯的蒸发速度测定为 1 时条件下各溶剂的实测相对蒸发速度作为参考。设计溶剂组合的原则是，要保证在干燥过程中涂膜中残存的溶剂不会引起树脂的溶解不良。高蒸发速度的溶剂在涂装后急速蒸发，对于提高固形组分有效，但过于急速的蒸发会造成表面温度快速下降，致使空气中水分在涂膜表面结露，发生所谓“flushing”的白化现象。因此，多采用中、低蒸发速度的溶剂，使溶剂蒸发与树脂凝固达到平衡，以形成均一的涂膜。

涂装时加入用于粘度调整的稀释剂（thinner）也按同样考虑处理，其组成要考虑溶解性和蒸发速度的平衡。

溶剂作为十分便利的材料，在涂料中广泛应用，但它容易作为光化学“烟雾”的发生原因而受到限制。从甲苯、二甲苯起，现在对所有 VOC（挥发性有机化合物）都有严格限制。消减溶剂的使用量已成为涂料工业的最大课题。

7.24.3 涂料用颜料的种类

颜料是用于着色目的，存在于树脂、溶剂、水等中不溶性粒子，可溶解的称为染料而非颜料。颜料对涂膜性能的影响极大。颜料按传统分类可分为体质颜料、防锈颜料、着色颜料，近年来又增加鳞片颜料、功能颜料等。

体质颜料如粘土、滑石等，其与树脂成分的折射率差别不大，混合后基本上为透明的颜料，添加后涂膜的硬度、强度均有提高，且具有易于研磨的效果。

防锈颜料具有抑制金属生锈的效果，多用于下层涂层。例如，锌粉类电化学防蚀颜料、铬酸锌类可提供铬离子的颜料、氰酸胺铅类可使表面碱性化的颜料等均有防锈的效果。需要注意的是，对含重金属颜料的使用限制越来越严。

在着色颜料中，有含有机着色颜料和无机着色颜料在内的许多品种。在选择颜料时，要考虑色调、着色力、对基体的隐藏性、耐化学药品性、耐气候性等多种因素。与防锈颜料同样，不能使用含黄铅、铬家族等重金属的颜料。有机颜料一般具有鲜明的颜色和很强的附着力，但对基体的隐藏性和颜料的分散性略逊一筹。

另外，鳞片颜料是采用鳞片状的铝、二氧化钛包覆的云母、着色云母、二氧化硅薄片等，可赋予汽车涂装等不可缺少的特殊色彩，越来越成为创意开发不可缺少的颜料。

功能颜料是赋予涂料各种各样功能的颜料，例如，荧光颜料、示温颜料、导电性颜料、绝热性・隔热性颜料、润滑性颜料、光触媒颜料等。

7.24.4 涂料中的各种添加剂

添加剂是涂料中少量添加，但可发挥所要求效果的材料。一般的涂料中都要添加各种各样的添加剂。在添加剂中，有涂料制造时及涂装、成膜时发挥效果的，有涂膜形成后发挥效果的。

在涂料制造、储藏时发挥效果的添加剂中，有润湿剂、颜料分散剂、沉降防止剂、增粘剂等。润湿剂浸润颜料表面，颜料分散剂被吸附于分散的颜料表面，使颜料粒子之间不发生再凝集，起到稳定化作用。沉降防止剂是为使相对密度大的颜料等不发生沉降而赋予其粘性的添加剂。

为获得良好的涂装作业性及涂膜外观性，需要添加防流落剂、调平及均匀化剂、防裂剂、防塌陷剂等。在防流落剂中，有酰胺蜡、有机膨润土、微粉二氧化硅、聚合物微凝胶等许多品种。其他主要是调整表面张力的添加剂。防裂剂是通过使局部的表面张力减低，起到使涂装时卷入的空气破泡的作用。

作为使涂膜性能提高的添加剂，有赋予其柔软性的可塑剂、利用微粉二氧化硅及聚合物微粒子的消光剂、擦伤防止剂、润滑助剂等。此外，为了防止由太阳光引起的劣化，要采用紫外线吸收剂及光稳定剂等。

进一步还要添加赋予涂膜各种功能的添加剂。例如防腐剂、防霉剂、抗菌剂，还有养藻剂等具有生物功能的添加剂，以及带电防止剂、难燃剂、防污剂等。对实际应用来说，要根据目的要求选择添加剂。选择添加剂一定要利大于弊，而不是相反。

本节重点

（1）涂料用树脂分热塑性和热固性两大类，各有什么特点，并分别举出几个应用实例。
（2）选择涂料的溶剂应考虑哪些因素？
（3）涂料中一般选用哪些添加剂，各起什么作用？

主要的涂料用树脂	下层涂敷用	上层涂敷用	主要用途
热塑性树脂			
松香（松脂，rosin）	△	—	木工、特殊用途
硝酸纤维素	—	○	木工、金属
氯乙烯	—	○	船、金属
氯化橡胶	△	○	船、构造物
醋酸乙烯乳胶	○	—	建筑内装
丙烯酸乳胶	△	○	建筑用、工业用
热固性树脂			
聚酯树脂	△	○	建筑、构造物
不饱和聚酯（2液）	—	○	土木、小艇、船
聚酯/三聚氰胺	△	○	工业用、金属、汽车
聚酯/异氰酸酯	△	○	工业用、金属、木工
丙烯酸/三聚氰胺	△	○	工业用、金属、汽车
丙烯酸/异氰酸酯（2液）	△	○	工业用、金属、自修补
酚	○	—	罐、金属
环氧树脂/乙二胺（2液）	○	—	金属、船舶、防腐蚀、工业用

△ 依基体情况而异　○ 效果良好

1

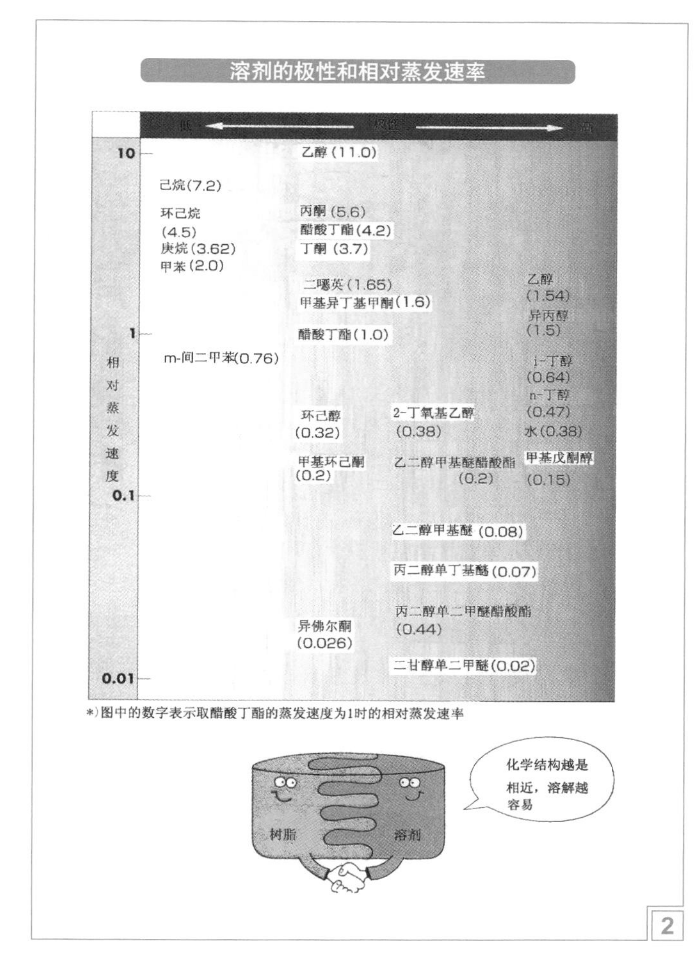

*）图中的数字表示取醋酸丁酯的蒸发速度为1时的相对蒸发速率

2

分类		代表例
体质颜料		碳酸钙、滑石、粘土、高岭土、钛酸钡等
防锈颜料		锌粉、铬酸锌、铅丹（四氧化三铅）、氰化亚铅 铬酸铅、磷钼酸系颜料，氰酰胺铅等
着色颜料	无机着色颜料	氧化钛、氧化锌、黄铅、黄色氧化铁 氧化亚铁（带黄的红色颜料）、钼红 铬绿、藏蓝、云青、炭黑等
	有机着色颜料	汉撒黄、苝（二萘嵌苯）红 喹吖啶红、硫靛红 铜钛花绿 铜钛花青蓝等
薄片（鳞片）颜料		铝薄片、云母片、着色云母片、玻璃薄片、 二氧化硅薄片
功能性颜料		荧光颜料、示温颜料、导电性颜料、绝热、隔热颜料、 润滑性颜料、光触媒颜料等

3

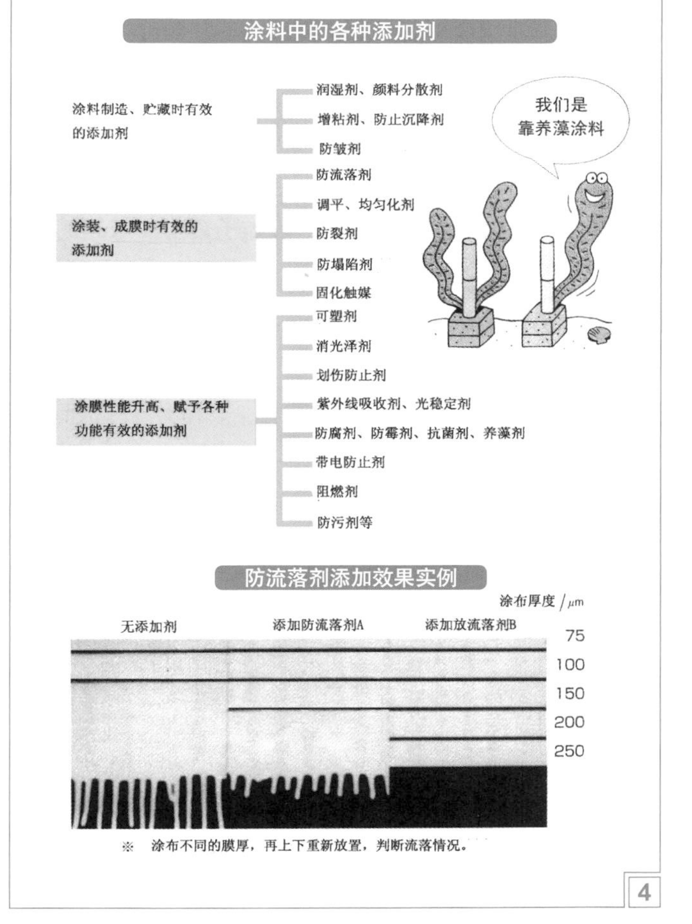

※ 涂布不同的膜厚，再上下重新放置，判断流落情况。

4

7.25 涂料（3）——涂料的成膜和固化

7.25.1 分子间力、表面张力和浸润性

清洗干净的玻璃杯表面可形成连续的水膜，但被油污染的杯子表面会排斥水。水滴落在由氟树脂处理的平底锅表面，会像珠子那样滚滚转动。这些都与分子间力和表面张力有关。

首先，作为前提，需要理解液滴在自然状态下为球形。雨滴为球形、水龙头滴下的水滴也为球形。这表明，水在自然状态下以球形最稳定。这实际上是表面自由能和表面张力造成的。

表面自由能是单位面积的能量，因此面积越小能量越小，也越稳定。在体积相同的条件下，在所有形状中，以球形的表面积最小，从而受到表面张力作用，水自然就变为球形。

如图中所示，在清洗干净的玻璃板表面上，水完全浸润玻璃，从而在全表面扩展开来。另一方面，在刚加工的氟树脂表面上，水却保持原来的球形。同样是水，这种差别是如何造成的呢？这实际上与分子间力和表面张力有关

图中以水分子为例，表示分子间力的关系。清洗干净的玻璃板表面上的水分子，由于与玻璃表面分子的间的相互作用，被束缚于全表面并在全表面扩展开来。另一方面，刚加工的氟树脂表面上的水，由于水分子之间的相互作用力同水分子与刚加工的氟树脂表面间的相互作用力相比，前者更大，因此水保持原来的球形。

如此说来，浸润还是不浸润，是由液体自身的分子间力（一般称为凝聚力）与液体和固体之间的分子间力大小决定的。浸润是涂敷和粘结的第一步。

7.25.2 涂料的成膜方法

涂料涂装后，经干燥、固化变成涂膜。一般称此为成膜过程。成膜过程可以分为物理成膜和化学成膜。下面分别介绍二者的区别和特征。

物理成膜中的一类，是溶剂由聚合物溶液直接蒸发而成膜。这种成膜方法，如硝酸纤维素涂料及氯化橡胶等，是靠溶剂单纯地由聚合物溶液蒸发而成膜的。

在另一类物理成膜方法中，是靠聚合物粒子的溶附而成膜，乳胶涂料就是其中一例。伴随水的蒸发，粒子靠近，藉由溶附而成膜。除此之外，在可塑剂中分散有乙烯树脂的乙烯凝胶涂料，以及藉由加热使粒子熔附而成膜的热塑性粉体涂料都属于此类。

化学成膜所利用的都是热固性树脂涂料的成膜。例如，醇酸树脂就是聚酯树脂的一部分不饱和脂肪酸及干性油聚合而成的。以其不饱和基（—C═C—）为起因，生成活性基（radical），再由氧的附加等而固化。不饱和聚酯树脂与含不饱和基的富马酸与树脂的一部分聚合，与作为稀释剂而使用的苯一起，利用过氧化物而使其固化。而且，丙烯基/三聚氰胺树脂涂料是含羟基（—OH）的丙烯基树脂与具有烷氧羟甲基（—NCH_2—OR）的三聚氰胺树脂发生反应制得的。同样，丙烯基/氨基甲酸乙酯基树脂涂料是含羟基（—OH）的丙烯基树脂与具有异氰酸酯基（—NCO）的聚异氰酸酯发生反应制得的。化学成膜依固化条件不同，反应速率各异，因此固化温度是极为重要的参数。

对于许多涂料来说，溶剂蒸发与固化反应是同时进行的。即使是乳胶涂料也并非单纯地靠水蒸发，而是靠与固化反应并用，由此提高涂膜性能。

7.25.3 涂料的固化模式

“皮之不存，毛将焉附”，涂料靠被涂敷基体而存在。对于任何形状的被涂敷物，涂料必须均能覆盖。为此，涂料应满足以下两个条件：①具有流动性，能被涂敷（涂料为液体或浆料）；②到一定时间便不会流动而固化（涂膜变为固体）。

目前，市场上有大量的涂料产品出售，按一般的理解，称涂料为油漆。涂料按其溶剂有水性和油性之分；按用途有屋顶用、地板用、墙壁用、门窗家具用等之分。

无论是水性涂料还是油性涂料，若不能固化形成覆膜（涂膜），便不能达到涂装的目的。说到固化，对于所有涂料，只有“巧克力型”和“饼干型”之分，即，涂膜被加热时像巧克力那样流动的类型和像饼干那样不流动的类型。那么，这种不同是如何造成的呢？

其秘密在于液体变为固体的干燥、固化过程。涂料在干燥过程中，变为涂膜的树脂成分的分子量，有的增大，有的不增大。发生化学反应而分子量增大的涂料为巧克力型，不发生化学反应（分子量不变）的涂料为饼干型。

化妆品中的指甲油是巧克力型涂料，具有速干性及容易被溶剂去除的特征。由于屋顶用的涂料需要很强的耐气候性，因此要采用牢固的饼干型涂料。几乎所有的水性涂料都是使将要变为涂膜的聚合物在水中以粒子的形式分散，在固化过程中，藉由粒子间的融合而变为连续的涂膜。涂料的固化模式如图中所示。

7.25.4 涂料的应用——汽车的涂装

汽车涂装是工业用涂料中品质要求极严的一种，需要高超的技术。在此首先针对一般的汽车外板（钢板构件）的涂装方法加以介绍。汽车的外板基本上由下涂层、中涂层、上涂层等三层构成。

按汽车形状组装而成的钢板构件，在经过脱脂、磷酸锌等防锈处理（称为化成处理）之后，进入下涂层工程。该工程采用的是电沉积涂料。所谓电沉积涂料，是将附着力、防锈能力优良的环氧树脂由水分散制成的，将车体浸渍在该涂料的浴槽中，通以电流，使涂料在车体上析出。这种方法在沟槽部位也可以涂装，作为底层涂装是最为合适。下涂层厚度通常为 20μm 左右，经 180℃ 左右的烧附制成。

中涂层的作用是为了防止汽车行走中受到小石子等的伤害，防止锈蚀的发展等。因此，一般根据具有防碎屑划伤功能的聚苯乙烯·三聚氰胺树脂以及氨基甲酸乙酯树脂类的改性品进行设计。中涂层采用喷涂法涂装，厚度通常为 35μm 左右，再经 140℃ 左右烧附制成。

上涂层主要关注外观性和耐气候性。用于着色的涂料分为两类，一类是仅由白、红等各种着色颜料构成的所谓单纯色型，另一类是含有铝粉及云母粉等鳞片颜料的所谓金属本色型。单纯色型主要用于聚苯乙烯·三聚氰胺树脂系涂料，采用单层涂装，膜厚一般为 35μm 左右。另一方面，金属本色型由丙烯酸·三聚氰胺树脂系构成，其中含有鳞片颜料的作底层，厚度约为 15μm，上面的透明层大约 35μm。两层重叠，再同时经 140℃ 左右烧附制成。上涂层不仅显示汽车的外观，而且在硬度，耐雨、光、热的持久性，耐擦伤性等许多方面，都有极高的要求。

本节重点

（1）涂料的成膜方法有物理成膜法和化学成膜法两大类，分别指出二者的成膜过程。
（2）用于涂料的颜料有哪几类，各举出一个实例。
（3）汽车涂装一般分为几层，请指出每一层的作用以及采用的材料。

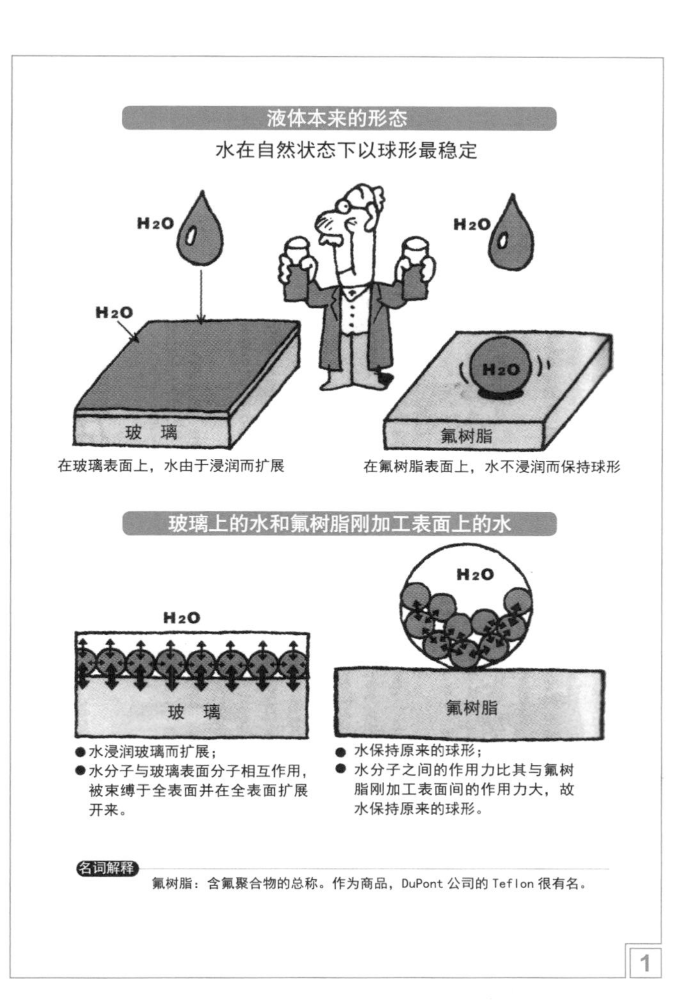
液体本来的形态
水在自然状态下以球形最稳定
H2O
H2O
H2O
玻 璃
氟树脂
在玻璃表面上，水由于浸润而扩展
在氟树脂表面上，水不浸润而保持球形
玻璃上的水和氟树脂刚加工表面上的水
H2O
H2O
玻 璃
氟树脂
●水浸润玻璃而扩展；
●水分子与玻璃表面分子相互作用，被束缚于全表面并在全表面扩展开来。
●水保持原来的球形；
●水分子之间的作用力比其与氟树脂刚加工表面间的作用力大，故水保持原来的球形。
名词解释
氟树脂：含氟聚合物的总称。作为商品，DuPont 公司的 Teflon 很有名。
1

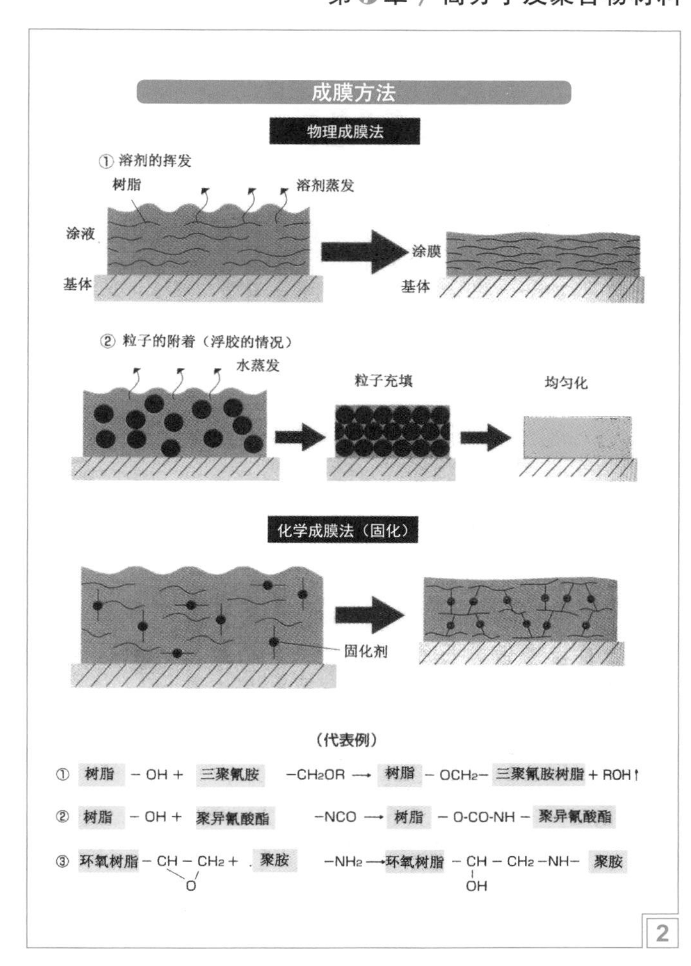
成膜方法
物理成膜法
① 溶剂的挥发
树脂
溶剂蒸发
涂液
基体
涂膜
基体
② 粒子的附着（浮胶的情况）
水蒸发
粒子充填
均匀化
化学成膜法（固化）
固化剂
（代表例）
① 树脂 – OH + 三聚氰胺 –CH2OR ⟶ 树脂 – OCH2– 三聚氰胺树脂 + ROH↑
② 树脂 – OH + 聚异氰酸酯 –NCO ⟶ 树脂 – O-CO-NH – 聚异氰酸酯
③ 环氧树脂 – CH – CH2 + 聚胺 –NH2 ⟶ 环氧树脂 – CH – CH2 –NH– 聚胺
O
OH
2

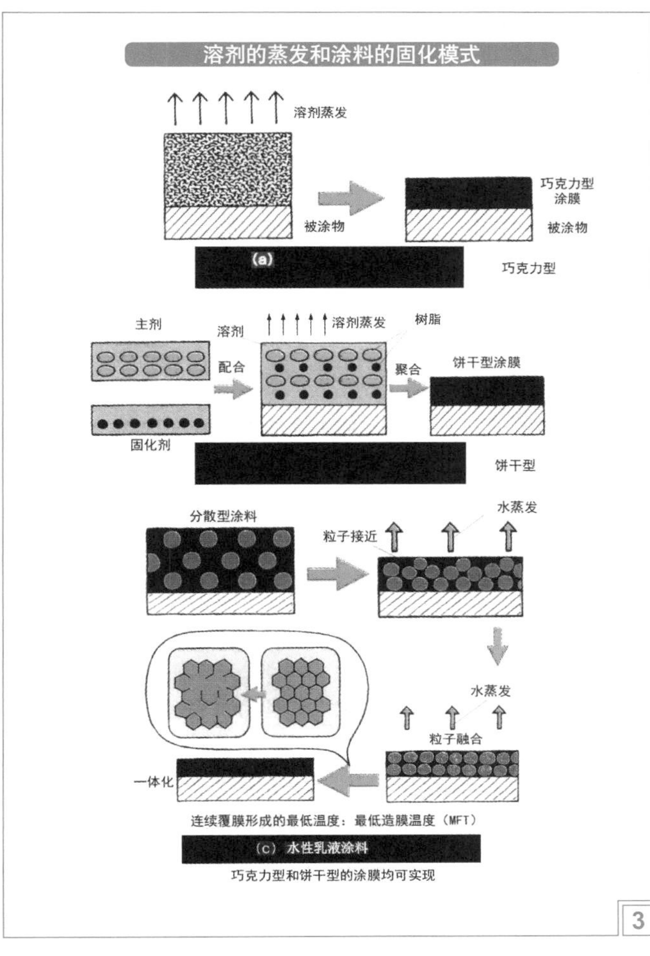
溶剂的蒸发和涂料的固化模式
溶剂蒸发
巧克力型涂膜
被涂物
被涂物
(a)
巧克力型
主剂
溶剂
溶剂蒸发
树脂
配合
聚合
饼干型涂膜
固化剂
饼干型
分散型涂料
水蒸发
粒子接近
水蒸发
粒子融合
一体化
连续覆膜形成的最低温度：最低造膜温度（MFT）
(c) 水性乳液涂料
巧克力型和饼干型的涂膜均可实现
3

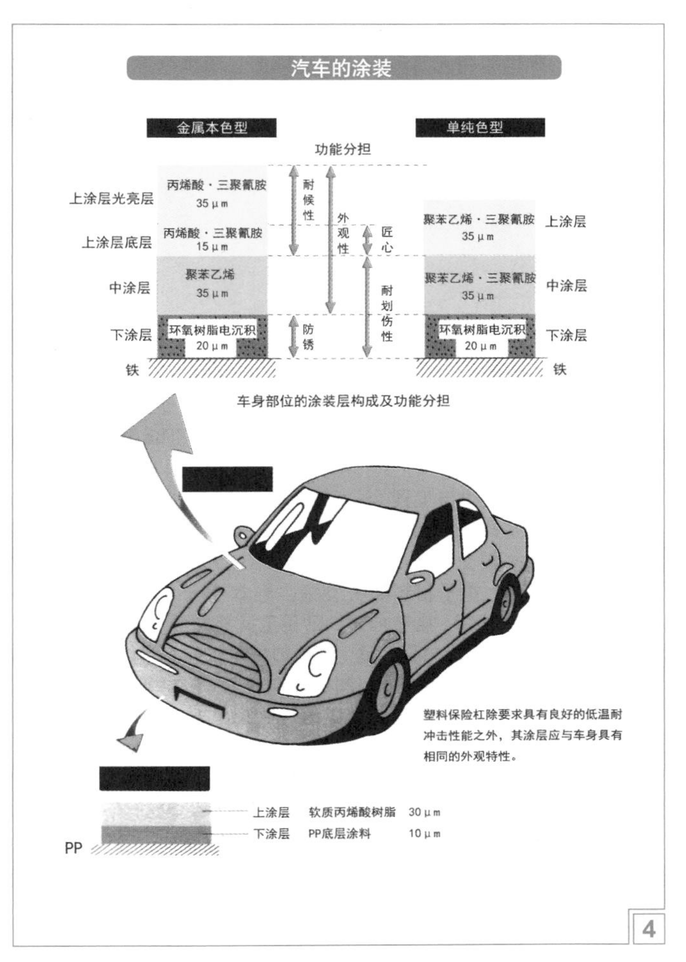
汽车的涂装
金属本色型
单纯色型
功能分担
上涂层光亮层
丙烯酸・三聚氰胺 35 μm
上涂层底层
丙烯酸・三聚氰胺 15 μm
中涂层
聚苯乙烯 35 μm
下涂层
环氧树脂电沉积 20 μm
铁
耐候性
外观性
匠心
耐划伤性
防锈
聚苯乙烯・三聚氰胺 35 μm
上涂层
聚苯乙烯・三聚氰胺 35 μm
中涂层
环氧树脂电沉积 20 μm
下涂层
铁
车身部位的涂装层构成及功能分担
塑料保险杠除要求具有良好的低温耐冲击性能之外，其涂层应与车身具有相同的外观特性。
上涂层 软质丙烯酸树脂 30 μm
下涂层 PP底层涂料 10 μm
PP
4

名词术语和基本概念

天然树脂，合成树脂，聚合物，塑料，单体，链节，聚合度，官能度，多分散性，平均相对分子量，加聚反应，缩聚反应

聚乙烯（PE），聚丙烯（PP），聚氯乙烯（PVC），聚苯乙烯（PS），聚四氟乙烯（PTFE），有机玻璃（PMMA），尼龙-66，环氧树脂，聚酯，苯酚-甲醛，聚异戊二烯，聚丁二烯，聚氯丁烯

主链，线型，无规共聚，嵌段共聚，接枝共聚，空间构型，链接方式，支化型，体型（或网型），聚烯烃的改性方法

热塑性塑料，热固性塑料，弹性体，橡胶，反发弹性，ABS塑料，五大通用塑料，五大工程塑料

压缩模塑，挤压成形，注塑成形，射出成形，充气制塑，吹塑成形，传递模塑，纺丝工艺

胶粘剂，粘结的本质，粘结反应，涂料，涂料组成，成膜过程

思考题及练习题

7.1 何谓单体、链节、聚合度、官能度、多分散性和平均相对分子量？

7.2 指出乙烯合成为聚乙烯的过程。

7.3 假定聚乙烯中两个碳原子间的距离是0.15nm，如果聚合度为550，该大分子链有多长？分子量为多少？

7.4 写出聚乙烯、聚氯乙烯、聚丙烯、聚苯乙烯、聚丙烯腈、聚醋酸乙烯酯的结构式。

7.5 画出聚丙烯的三种立体异构形成。

7.6 聚合物的分子结构对主链的柔顺性有何影响？线型聚合物和网状聚合物的单体结构特征有什么区别。

7.7 为什么聚乙烯、聚氯乙烯和聚苯乙烯塑料都可以回收利用，而电木和聚氨酯塑料则不能回收利用？

7.8 生橡胶经何种处理才能获得强反发弹性？

7.9 画出纤维晶一轴延伸和两轴延伸的效果。

7.10 何谓ABS塑料，如何调整或改变其性能？

7.11 总结聚烯烃的改性方法，包括改性手段、变化的参数与量，被改良的特性等。

7.12 何谓五大通用塑料？何谓五大工程塑料？请写出它们的分子结构式或特征基团。

7.13 画出塑料充气成形、挤压成形、射出成形的简单原理图。

7.14 合成系胶粘剂分哪几种类型？粘结的本质是什么，粘结过程中发生何种反应？

7.15 按涂料形态分为几种类型？给出每种涂料的组成及每种组成所起的作用。

参考文献

[1] 石德珂．材料科学基础．第2版．北京：机械工业出版社，2003

[2] 朱张校，姚可夫．工程材料．第4版．北京：清华大学出版社，2009

[3] Donald R. Askeland, Pradeep P. Phulé. The Science and Engineering of Materials. 4th ed. Brooks/Cole, Thomson Learning, Inco., 2003

材料科学与工程（第4版）．北京：清华大学出版社，2005年

[4] 本山 卓彦，平山 順一．プラスチックの本．日刊工業新聞社，2003年4月

[5] 沼倉 研史．よくわかるフレキシブル基板のできるまで．日刊工業新聞社，2004年6月

[6] 電気・電子材料研究会編，杉本 榮一監修．図解：エレクトロニクス用光学フィルム．工業調査会，2006年10月

[7] 三刀 基郷．接着の本．日刊工業新聞社，2003年5月

[8] 中道 敏彦，坪田 実．塗料の本．日刊工業新聞社，2008年4月

[9] 杜双明，王晓刚．材料科学与工程概论．西安：西安电子科技大学出版社，2011年8月

[9] 马小娥，王晓东，关荣峰，张海波，高爱华．材料科学与工程概论．北京：中国电力出版社，2009年6月

[10] 施惠生．材料概论（第二版）．上海：同济大学出版社，2009年8月

[11] 胡静．新材料．南京：东南大学出版社，2011年12月

[12] 齐宝森，吕宇鹏，徐淑琼．21世纪新型材料．北京：化学工业出版社，2011年7月

[13] Donald R Askland,Wendelin J Wright.The Science and Engineering of Materials.7th ed.SI EDITION.CENGAGE Learning.2014

第8章 复合材料和生物材料

8.1 复合材料的定义和分类

8.1.1 复合材料的定义

复合材料是由异质、异性、异形的有机聚合物、无机非金属、金属等材料作为连续相的基体或分散相的增强体，通过复合工艺组合而成的材料。简单地说，复合材料是由两种或两种以上不同性质或不同组织相的物体，通过物理或化学的方法，在宏观上组成新性能的材料。

在《材料科学技术百科全书》和《材料大辞典》中对复合材料的定义如下：

复合材料是由有机高分子、无机非金属、金属等几类不同材料通过复合工艺组合而成的新型材料。它与一般材料的简单混合有本质区别，既保留原组成材料的重要特色，又通过复合效应获得原组分所不具备的性能，可以通过材料设计使原组分的性能相互补充并彼此关联，从而获得更优越的性能。根据此定义可知，复合材料主要是指人工特意设计的复合材料，而不包括自然复合材料以及合金和陶瓷这一类多相体系。

对复合材料的定义和解释有许多说法，但有两点是共同和一致的：①复合材料应该是多相体系；②多相的组合必须有复合效果。各种材料在性能上互相取长补短，产生协同效应，使复合材料的综合性能优于原组成材料而满足各种不同的要求。简单地说，要做到“1+1 > 2”。

随着复合材料中分散相尺度向微细化方向进展，有人将复合材料和纳米复合材料定义为：复合材料是两种或两种以上不同材料的组合，而在组合中要使二者的性能发挥到极致；纳米复合材料是一种复合材料，其组元之一至少在一维是纳米尺度的，即在 10^{-9}m 上下，决定于处于纳米范围的维数，可分别归类为纳米颗粒、纳米纤维、纳米板等复合材料。

8.1.2 复合材料的组成

复合材料的含义有广义和狭义之分：广义的指由两个或多个物理相组成的固体材料，例如纤维增强聚合物、钢筋混凝土、石棉水泥板、橡胶制品、三合板等，甚至包括泡沫塑料或多孔陶瓷等以气体为一相的材料；狭义的指用高性能玻璃纤维、碳纤维、硼纤维、芳纶纤维等增强的塑料、金属和陶瓷材料。

实际上，就两种或两种以上不同物质组成的材料称为复合材料而言，人们与它的接触已经有几千年的历史了。如公元前二千多年人们就开始用草和泥土组成的复合材料来建造住房。公元前一百八十多年的漆器，基本上可认为是由麻丝、麻布等天然纤维为增强材料而以大漆为基体所制成的复合材料。同期也已经有了用大漆、木粉、泥土、麻布等组成的复合材料塑造寺庙的佛像（佛教于东汉年间最早传入中国）。这类材料体积大，重量轻，质地坚韧，耐久性强，类似于近代的增强复合材料。

近代复合材料的发展却是近几十年的事。由于航空、航天、核能、电子工业及通信技术的发展，对材料要求的提高，加上 20 世纪正值合成聚合物的大量开发和实现了商品化，各种人工制造的无机及有机增强材料如玻璃纤维、碳纤维、聚芳酰胺纤维等不断问世，出现了现代的复合材料。

8.1.3 复合材料的命名

复合材料根据增强材料与基体材料的名称来命名。

（1）强调基体时则以基体为主，如树脂基复合材料；金属基复合材料（metal-matrix composites，MMCs）；陶瓷基复合材料（ceramic-matrix composites，CMCs）等。

（2）强调增强材料则以增强材料为主，如碳纤维增强复合材料；玻璃纤维增强复合材料等。

（3）基体与增强材料并用，这种命名法常用于一种具体复合材料。一般将增强材料的名称放在前面，基体材料的名称放在后面，再加上“复合材料”。如碳纤维和环氧树脂组成的复合材料，可命名为“碳纤维环氧树脂复合材料”，有时叫“碳纤维增强环氧树脂树脂复合材料”，简化时常常写成“碳 / 环氧复合材料”，即在增强材料与基体材料两个名称之间加以斜线，而后加“复合材料”。

有时人们还习惯用一些通俗名称。例如玻璃纤维增强树脂复合材料统称为“玻璃钢”，因为玻璃纤维增强树脂复合材料的一些力学性能可与钢材比美而得名。注意这是我国惯用的名称，在世界上并不通用。树脂是塑料的主要成分，因此树脂基复合材料又称为增强塑料。塑料通常为各向同性材料，而纤维增强复合材料往往是各向异性的，一般应把短纤维或粉末增强材料称为增强塑料更为合理。

8.1.4 复合材料的分类

1）按性能高低分：（1）常用（普通）复合材料；（2）先进复合材料。

2）按基体材料的种类分：（1）聚合物基复合材料：①热固性，②热塑性，③橡胶。如芳纶 / 环氧复合材料、碳纤维 / 酚醛复合材料等；（2）金属基复合材料；（3）复合材料陶瓷；（4）石墨基复合材料（碳 / 碳复合材料，以下简称 C/C 复合材料）；（5）混凝土基复合材料。

3）按用途分：（1）结构复合材料——力学型复合材料，一般即指结构用复合材料。例如各种纤维增强复合材料（碳纤维 / 环氧复合材料，玻璃纤维 / 酚醛复合材料等）；（2）功能复合材料——功能型复合材料，利用其力学性能以外的所有其他性能（声、光、电、热等）的复合材料。功能型符合材料如 C/C 耐热复合材料、雷达用玻璃钢天线罩就是具有良好透过电磁波功能的复合材料。此外，还有导电塑料、光导纤维等；（3）智能复合材料。

4）按增强材料的种类分：（1）颗粒增强：①随机分布，②择优分布；（2）晶须增强；（3）纤维增强：①单层复合材料：长纤维、短纤维，②多层复合材料：层板复合、混杂复合。

5）按增强材料的形状分：（1）零维（颗粒状）；（2）一维（纤维状）；（3）二维（片状或平面织物）；（4）三维（三向编制体）。

本节重点

（1）复合材料按基体材料类型是如何分类的？
（2）复合材料按增强材料形态是如何分类的？
（3）CFRP、GFRP、MMCs、CMCs 分别代表何种复合材料，写出英文全称。

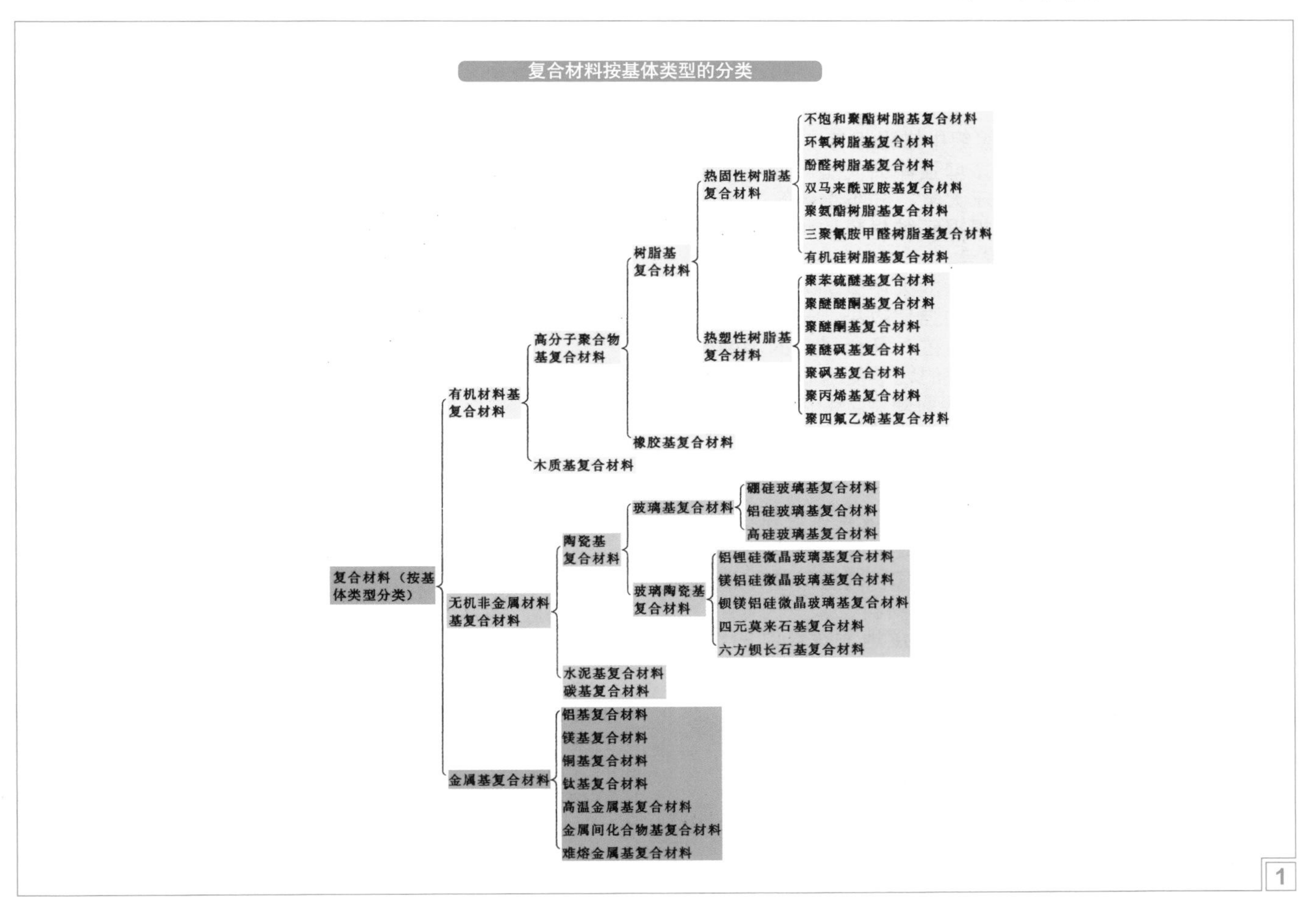
复合材料按基体类型的分类
复合材料（按基体类型分类）
有机材料基复合材料
高分子聚合物基复合材料
树脂基复合材料
热固性树脂基复合材料
不饱和聚酯树脂基复合材料
环氧树脂基复合材料
酚醛树脂基复合材料
双马来酰亚胺基复合材料
聚氨酯树脂基复合材料
三聚氰胺甲醛树脂基复合材料
有机硅树脂基复合材料
热塑性树脂基复合材料
聚苯硫醚基复合材料
聚醚醚酮基复合材料
聚醚酮基复合材料
聚醚砜基复合材料
聚砜基复合材料
聚丙烯基复合材料
聚四氟乙烯基复合材料
橡胶基复合材料
木质基复合材料
无机非金属材料基复合材料
陶瓷基复合材料
玻璃基复合材料
硼硅玻璃基复合材料
铝硅玻璃基复合材料
高硅玻璃基复合材料
玻璃陶瓷基复合材料
铝锂硅微晶玻璃基复合材料
镁铝硅微晶玻璃基复合材料
钡镁铝硅微晶玻璃基复合材料
四元莫来石基复合材料
六方钡长石基复合材料
水泥基复合材料
碳基复合材料
金属基复合材料
铝基复合材料
镁基复合材料
铜基复合材料
钛基复合材料
高温金属基复合材料
金属间化合物基复合材料
难熔金属基复合材料
1

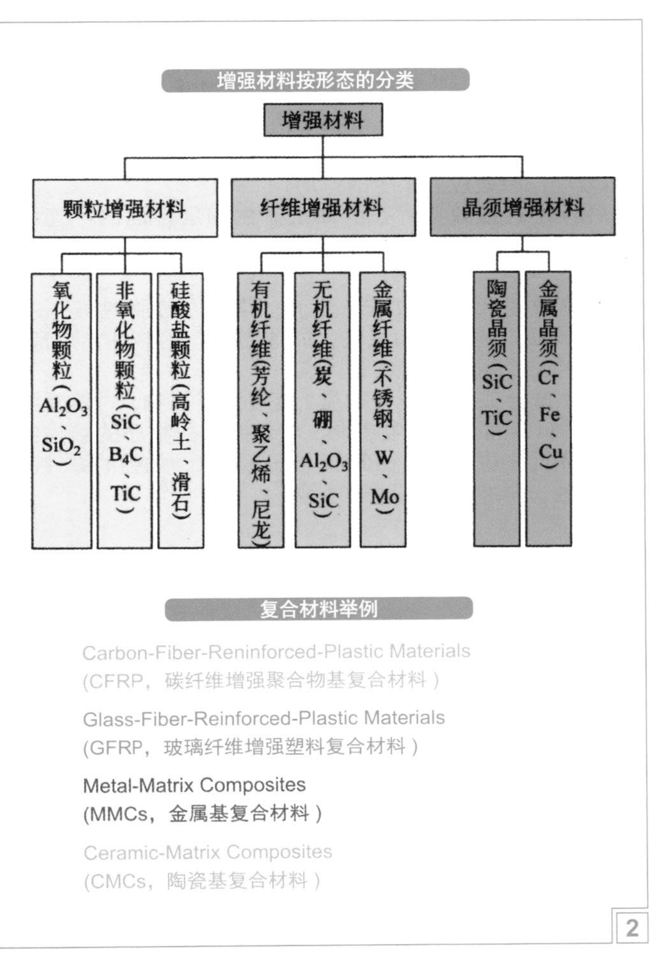
增强材料按形态的分类
增强材料
颗粒增强材料
纤维增强材料
晶须增强材料
氧化物颗粒（Al2O3、SiO2）
非氧化物颗粒（SiC、B4C、TiC）
硅酸盐颗粒（高岭土、滑石）
有机纤维（芳纶、聚乙烯、尼龙）
无机纤维（炭、硼、Al2O3、SiC）
金属纤维（不锈钢、W、Mo）
陶瓷晶须（SiC、TiC）
金属晶须（Cr、Fe、Cu）
复合材料举例
Carbon-Fiber-Reninforced-Plastic Materials
(CFRP，碳纤维增强聚合物基复合材料）
Glass-Fiber-Reinforced-Plastic Materials
(GFRP，玻璃纤维增强塑料复合材料）
Metal-Matrix Composites
(MMCs，金属基复合材料）
Ceramic-Matrix Composites
(CMCs，陶瓷基复合材料）
2

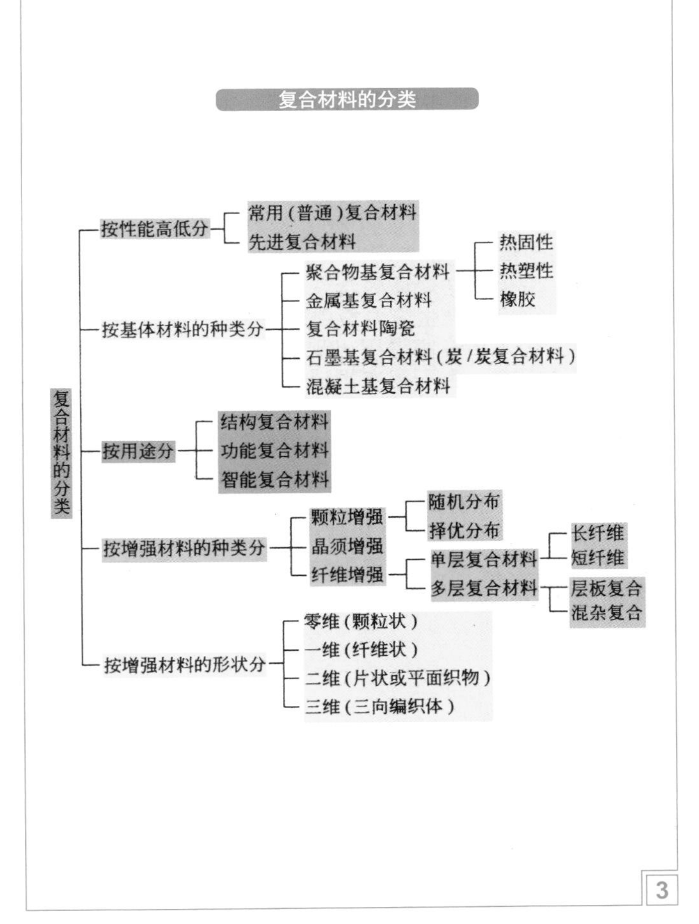
复合材料的分类
复合材料的分类
按性能高低分
常用（普通）复合材料
先进复合材料
按基体材料的种类分
聚合物基复合材料
热固性
热塑性
橡胶
金属基复合材料
复合材料陶瓷
石墨基复合材料（炭/炭复合材料）
混凝土基复合材料
按用途分
结构复合材料
功能复合材料
智能复合材料
按增强材料的种类分
颗粒增强
随机分布
择优分布
晶须增强
纤维增强
单层复合材料
长纤维
短纤维
多层复合材料
层板复合
混杂复合
按增强材料的形状分
零维（颗粒状）
一维（纤维状）
二维（片状或平面织物）
三维（三向编织体）
3

8.2 复合材料的界面

8.2.1 复合材料微观组织中增强相的存在模式

图中给出复合材料微观组织中增强相存在的九种模式。以聚合物基复合材料为例，按增强体的类型可归为颗粒增强、晶须增强、纤维增强等三大类。纤维增强又可分为连续纤维和不连续纤维增强。根据纤维材料的种类又可分为玻璃纤维、碳纤维、芳纶纤维等。

颗粒增强原理根据粒子尺寸的大小分为两类：弥散增强和颗粒增强。二者均有明显的强化效果，一般说来，颗粒尺寸越小、体积分数越高，颗粒对复合材料的增强效果越好。塑料中加入无机填料构成的粒子复合材料可以有效地改善塑料的各种性能，如增加表面硬度、减少成形收缩率、消除成形裂纹、改善阻燃性、改善外观、改进热性能和导电性等，最重要的是在不明显降低其他性能的基础上大规模降低成本。

不连续纤维增强塑料的性能除了依赖于纤维含量外，还强烈依赖于纤维的长径比、纤维取向等。通常的二维或三维无规取向短纤维复合材料的强度和模量与基体相比都有几倍的提高，但仍低于传统的金属材料。

连续纤维增强塑料可以最大限度地发挥纤维的作用，因此通常具有很高的强度和模量。按纤维在基体中分布的不同，连续纤维复合材料又分为单向复合材料、双向或角铺层复合材料、三向复合材料以及双向的织物复合材料等。

8.2.2 陶瓷材料韧性提高的几种机制

除单晶体或在高温下，陶瓷的塑性变形性能一般都很差，即弹性变形后直接断裂，这类材料称为脆性材料。使材料获得塑性从而改变断裂方式称为韧化。陶瓷材料的韧化通常有下述几种手段。

（1）相变增韧　把相变作为陶瓷增韧的手段并取得显著效果是从部分稳定 ZrO_2 提高抗热震性的研究开始的。下面以 ZrO_2 为例简单说明这一问题。从相图可知，纯 ZrO_2 在 1 000℃附近有固相转变，从高温正方 ZrO_2 变为低温单斜 ZrO_2。该相变类似钢中的马氏体相变，会产生 3%~5% 的体积膨胀，导致烧结块体开裂，所以纯 ZrO_2 不能作为结构材料。为了防止单斜 ZrO_2 晶粒开裂，可加入 CaO 等稳定剂。根据二氧化锆 - 氧化钙相图，加适当的 CaO 能在高温下得到以立方 ZrO_2 为基、含少量正方 ZrO_2 弥散相的组织。将这种组织快速冷却到室温能避免相图中的共析分解，使高温组织保留到室温。由于烧结块体内含许多显微裂纹，在外应力 σ 的作用下裂纹尖端产生应力集中，使附近的正方 ZrO_2 在应力作用下发生本该在高温下出现的马氏体相变，称为应力诱发马氏体相变。由于相变需消耗大量功，因此正方 ZrO_2 向单斜 ZrO_2 的马氏体转变使裂纹尖端应力松弛，故阻碍裂纹的进一步扩展。此外，马氏体相变的体积膨胀使周围基体受压，促使其他裂纹闭合。显然，马氏体相变的存在使裂纹扩展从纯脆性变为具有一定塑性，故材料得到韧化。

（2）纤维增韧　高强度和高模量的纤维既能为基体分担大部分外加应力，又可阻碍裂纹的扩展，并能在局部纤维发生断裂时以“拔出功”的形式消耗部分能量，起到提高断裂能并克服脆性的效果。

（3）晶须及颗粒韧化　陶瓷晶须一般指具有一定的长径比（直径为 0.3~1μm，长为 30~100μm）及缺陷很少的陶瓷小单晶，因而具有很高的强度，是一种非常理想的陶瓷基复合材料的增强增韧体。因此，近年来晶须代替短纤维的晶须增韧陶瓷基复合材料发展很快，并取得很好的韧化效果。陶瓷晶须宏观形态和粉末一样，因此制备复合材料时可直接将晶须分散后与基体粉末混合均匀即可。混好的粉末同样用热压烧结的方法即可制得致密的晶须增韧陶瓷基复合材料。陶瓷晶须目前常用的是 SiC 晶须，Si_3N_4 晶须和 Al_2O_3 晶须也开始用于陶瓷基复合材料。基体常用的有 ZrO_2、Si_3N_4、SiO_2、Al_2O_3 和莫来石等。

8.2.3 界面的定义

复合材料一般有两个相：一相为连续相，称为基体；另一相是以独立的形态分布在整个基体中的分散相，称为增强相（增强体、增强剂）。因此，复合材料是一种混合物，它由基体材料、增强材料和界面层组成。复合材料界面是指复合材料的基体与增强材料之间化学成分有显著变化的、构成彼此结合的、能起载荷等传递作用的微小区域。

复合材料中的界面并不是一个单纯的几何面，而是一个多层结构的过渡区域，界面区是从与增强剂内部性质不同的某一点开始，直到与树脂基体内整体性质相一致的点间的区域。此区域的结构与性质都不同于两相中的任一相，从结构来分，这一界面区由五个亚层组成，每一亚层的性能均与树脂基体和增强剂的性质、偶联剂的品种和性质、复合材料的成型方法等密切相关。

8.2.4 界面的效应

基体与增强材料之间大量界面的存在是复合材料的明显特征。一般说来，界面有下述效应。

（1）传递效应　界面能传递力，在基体与增强物之间起桥梁作用。

（2）阻断效应　结合适当的界面有阻止裂纹扩展、中断材料破坏、减缓应力集中的作用。

（3）不连续效应　在界面上产生物理性能的不连续性和界面摩擦的现象，如抗电性、电感应性、磁性、耐热性、尺寸稳定性等。

（4）散射和吸附效应　光波、声波、热弹性波、冲击波等在界面产生散射和吸收，如透光性、隔热性、隔音性、耐机械冲击及耐热冲击性等。

（5）诱导效应　一种物质（通常为增强物）的表面结构使另一种（通常为聚合物基体）与之接触的物质的结构由于诱导作用而发生改变，由此产生一些现象，如强的弹性、低的膨胀性、耐冲击性、耐热性等。

本节重点

（1）说出复合材料微观组织中增强相存在的九种模式。
（2）提高陶瓷材料的韧性一般有哪几种机制？
（3）复合材料中界面的定义和界面的效应。

复合材料微细组织中增强相存在形态的九种模式

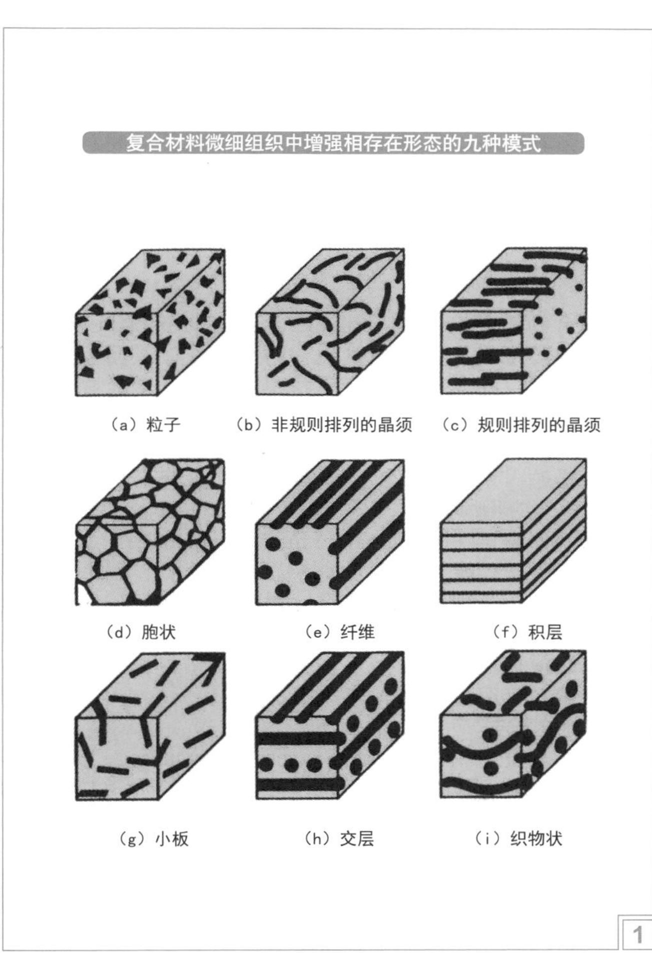

1

陶瓷材料韧性提高的几种机制

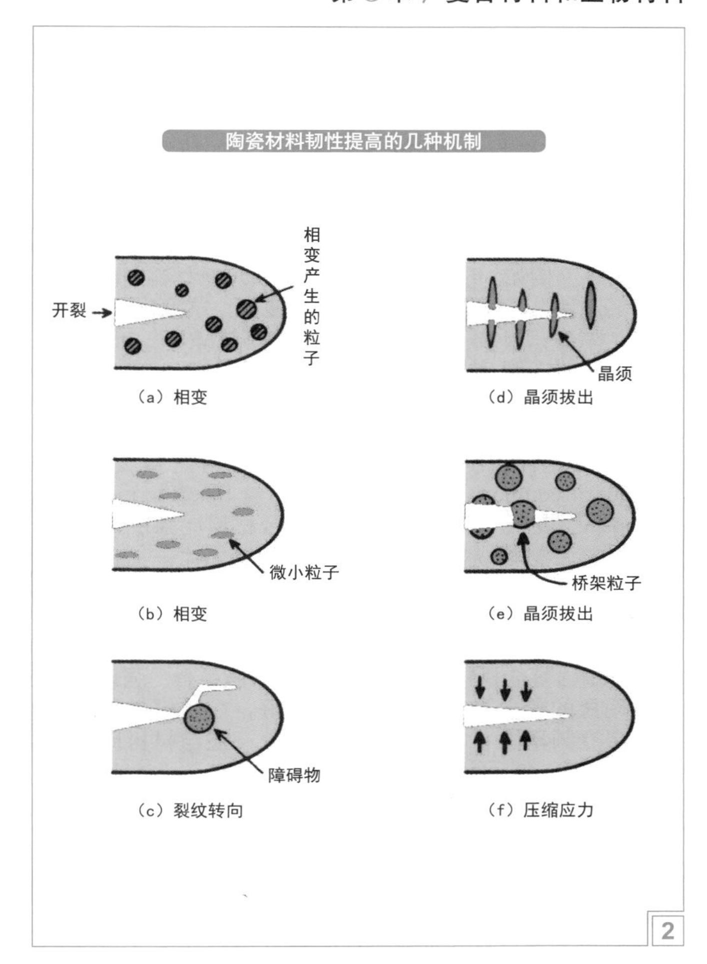

2

玻璃纤维增强毡

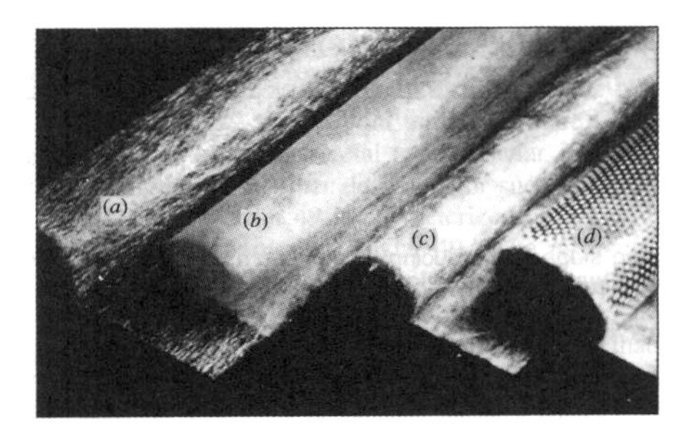

(a) 连续绞线毡，(b) 表面铺设毡，(c) 突断型毡
(d) 编织布和突断型的复合毡

5 层双向碳纤维—环氧树脂复合材料的显微照片

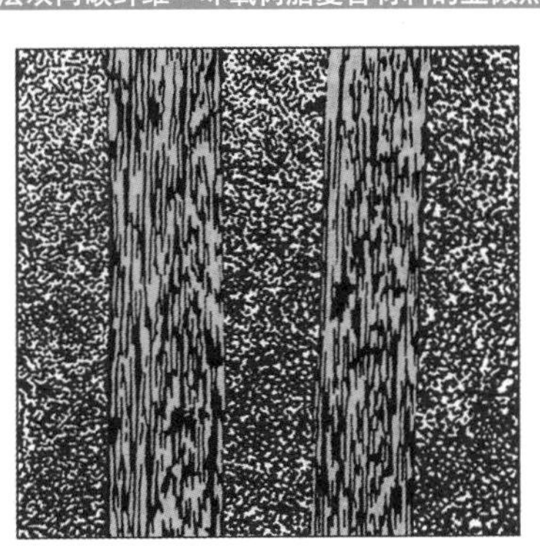

3

硬化混凝土的横截面

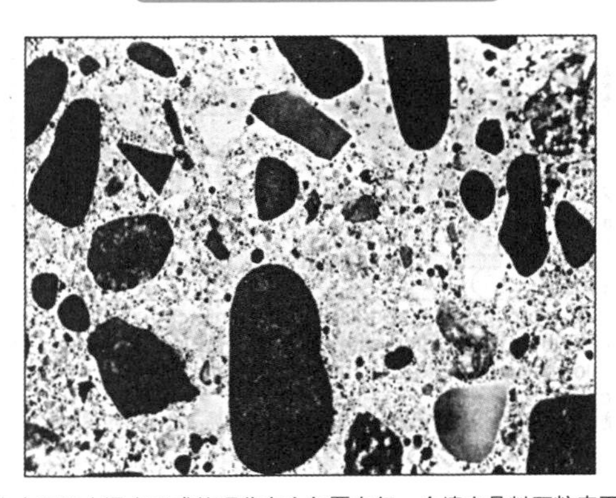

由水泥和水混合而成的泥浆完全包覆在每一个填充骨料颗粒表面并填充于颗粒与颗粒之间形成陶瓷复合材料。

混凝土理想的组织结构示意图

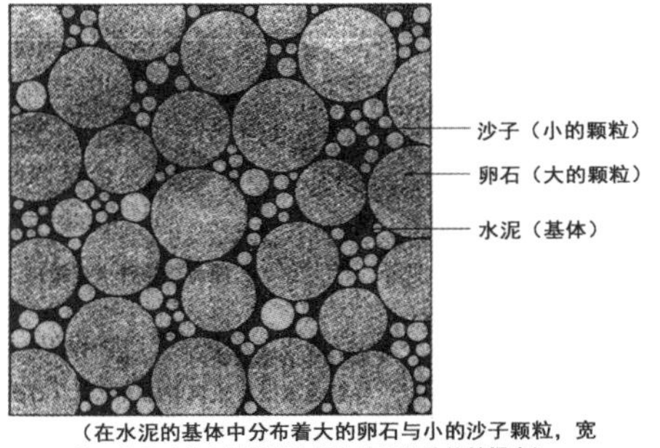

（在水泥的基体中分布着大的卵石与小的沙子颗粒，宽的颗粒尺寸分布使得强化相的体积分数能够提高）

4

8.3 复合材料的特长及优势

8.3.1 优异的力学性能

现代高科技的发展更紧密地依赖于新材料的发展，同时也对材料提出了更高、更苛刻的要求。在现代高科技迅猛发展的今天，特别是航空、航天和海洋开发领域的发展，材料的使用环境变得更加恶劣，因而对材料提出了越来越苛刻的要求。例如，现代武器系统的发展对新材料提出了如下要求：高比强、高比模；耐高温、抗疲劳、抗氧化及抗腐蚀；防热、隔热；吸波、隐身；全天候；高抗破甲、抗穿甲性；减振、降噪，稳定、隐蔽、高精度和命中率；抗激光、抗定向武器；多功能；高可靠性和低成本。显然，任何一种单一材料都无法满足以上综合要求。

先进复合材料的优异力学性能可用比强度（specific strength of composite）和比模量（specific modulus of composite）这两个参数来描述。复合材料比强度是单层纤维增强复合材料纵向拉伸强度与其密度之比；复合材料比模量是单层纤维增强复合材料纵向拉伸弹性模量与其密度之比。

先进复合材料的基本特点有：①高比强度、高比模量；②纤维增强复合材料在弹性模量、热膨胀系数、强度等方面具有明显的各向异性；③抗疲劳性好；④减振性能好，构件的自身频率除了与本身结构有关外，还与材料比模量的平方成正比；⑤可设计性强等。

8.3.2 特殊的功能特性

复合材料早期的应用主要是针对它的结构特性，即利用它来制作结构承力件。因此半个世纪以来，人们对复合材料的研究与应用主要集中在结构复合材料。然而，复合材料不仅具有优异的力学性能，设计得当的复合材料还具有其他材料不可比拟的优异功能特性。

通常把除力学性能以外，具有良好的其他物理特性（如电、磁、光、阻尼、热、摩擦、声等）的复合材料称之为功能复合材料。近些年来，人们对功能复合材料备加重视。功能复合材料是由基体与功能体构成的多相材料。基体主要起粘结作用，某些情况下也起功能作用，复合材料的功能特性主要由功能体贡献，加入不同特性的功能体可得到特性各异的功能复合材料。例如：加入导电功能体，可得到导电复合材料；加入电磁波吸收剂，可得到吸波复合材料。

8.3.3 结构及性能的稳定性

复合材料中以纤维增强材料应用最广、用量最大。其特点是相对密度小、比强度和比模量大。例如碳纤维与环氧树脂复合的材料，其比强度和比模量均比钢和铝合金大数倍，还具有优良的化学稳定性、减摩耐磨、自润滑、耐热、耐疲劳、耐蠕变、消声、电绝缘等性能。石墨纤维与树脂复合可得到膨胀系数几乎等于零的材料。纤维增强材料的另一个特点是各向异性，因此可按制件不同部位的强度要求设计纤维的排列。

碳纤维和碳化硅纤维增强的铝基复合材料，在500℃时仍能保持足够的强度和模量；碳化硅纤维与钛复合，不但钛的耐热性提高，且耐磨损，可用作发动机风扇叶片；碳化硅纤维与陶瓷复合，使用温度可达1500℃，比超合金涡轮叶片的使用温度（1100℃）高得多；碳纤维增强碳、石墨纤维增强碳或石墨纤维增强石墨，构成耐烧蚀材料，已用于航天器、火箭、导弹和核反应堆中。

而以上的这些都说明了先进的复合材料有极高的结构和性能的稳定性。

8.3.4 各类复合材料性能比较

聚合物基复合材料（polymer matrix composites）：由于它特有的高刚度比，高强度比，耐腐蚀，以及耐疲劳等各种力学性能，在与传统的金属材料竞争中，聚合物基复合材料的应用范围不断扩大。从民用到军用，从地下、水中、地上到空中都有应用。如今，聚合物基复合材料已在航空航天、船舶、汽车、建筑、体育器材、医疗器械等各方面得到广泛的应用。

陶瓷基复合材料（ceramic matrix composites）：它可以较好地满足材料能在高温下保持优良的综合性能这一要求。具有高强度、高模量、低密度、耐高温和良好韧性的陶瓷基复合材料，已在高速切削工具和内燃机部件上得到应用，而更大的潜在应用前景则是作为高温结构材料和耐磨耐蚀材料，如：航空燃气涡轮发动机的热端部件、大功率内燃机的增压涡轮等。

水泥基复合材料（cement-based composites）：它具有很多优点，价格低廉，使用当地材料即可制得，用途广泛，适应性强，并能做成几乎任何形状和表面，因此，它是一种理想的多用途的复合材料。

金属基复合材料（metal matrix composites）：在航空和航天领域，要求其具有高比强度、高比模量及良好的尺寸稳定性。因此，在选择金属基复合材料的基体金属时，要求必须选择体积质量小的金属与合金，如镁合金和铝合金。对于汽车发动机，工作环境温度较高，这就要求所使用的材料必须具有高温强度、抗气体腐蚀、耐磨、导热等性能。因此，出现了镍基，钛基等多种多样的材料。

碳/碳复合材料（carbon/carbon composites）：也称为“碳纤维增强碳复合材料”。碳/碳复合材料（以下简称C/C复合材料）完全是由碳元素组成，其主要优点是：抗热冲击和抗热诱导能力极强，具有一定的化学惰性，高温形状稳定，升华温度高，烧蚀凹陷低，在高温条件下的强度和刚度可保持不变，耐辐照，易加工制造，重量轻。因此，C/C复合材料是超热环境中高性能的耐烧蚀材料。

纳米复合材料（nanocomposites）：是指尺度为1~100nm的超微粒经压制、烧结或溅射而成的凝聚态固体。它具有断裂强度高、韧性好、耐高温等特性。纳米复合材料表现出不同于一般宏观复合材料的力学、热学、电学、磁学和光学性能，还可能具有原组分不具备的特殊性能和功能，为设计制备高性能、多功能新材料提供了新的机遇。

功能复合材料（functional composite materials）：是指除力学性能以外还提供其他物理性能并包括部分化学和生物性能的复合材料，如具有导电、超导、半导、磁性、压电、阻尼、吸声、摩擦、吸波、屏蔽、阻燃、防热等功能。它在抗激光、抗核爆、隐身等性能方面具有突出的特点，在高新技术的发展中占有重要地位，有广泛的应用前景。

本节重点

（1）与单一材料相比，复合材料可以获得哪些优异的力学性能和特殊的功能特性？
（2）说出纤维增强复合材料在阻止裂纹扩展方面功能。
（3）以波音757－200为例，了解各类复合材料在喷气客机中的应用。

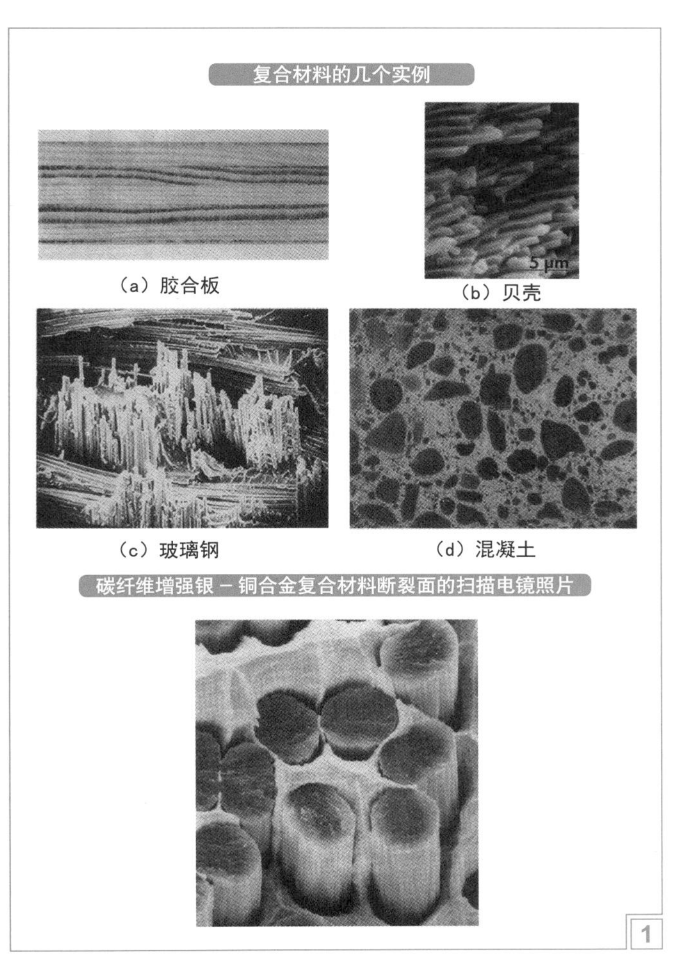
复合材料的几个实例
（a）胶合板
5 μm
（b）贝壳
（c）玻璃钢
（d）混凝土
碳纤维增强银－铜合金复合材料断裂面的扫描电镜照片
1

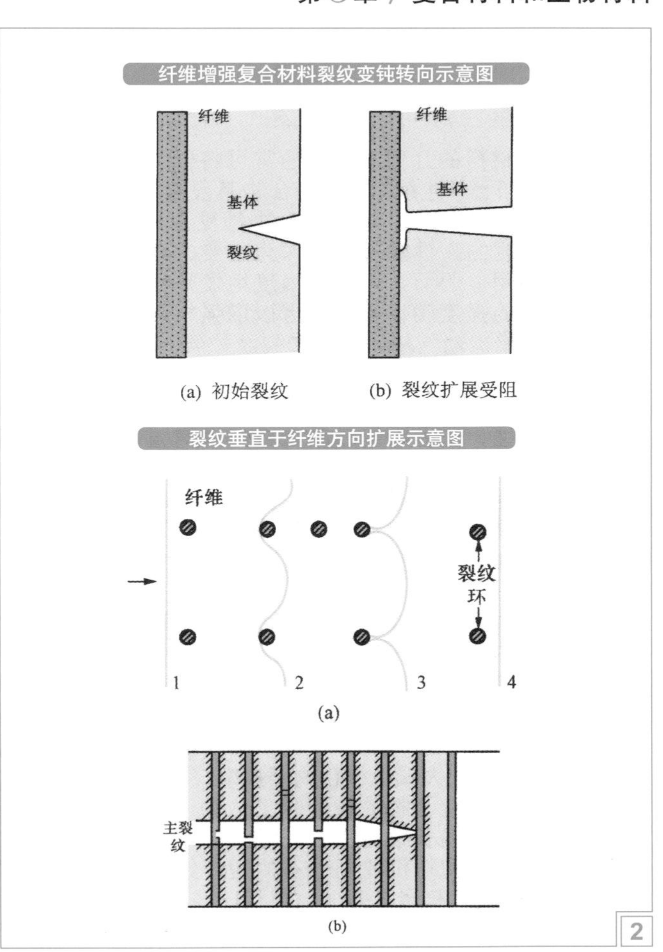
纤维增强复合材料裂纹变钝转向示意图
纤维
基体
裂纹
纤维
基体
(a) 初始裂纹
(b) 裂纹扩展受阻
裂纹垂直于纤维方向扩展示意图
纤维
裂纹
环
1
2
3
4
(a)
主裂
纹
(b)
2

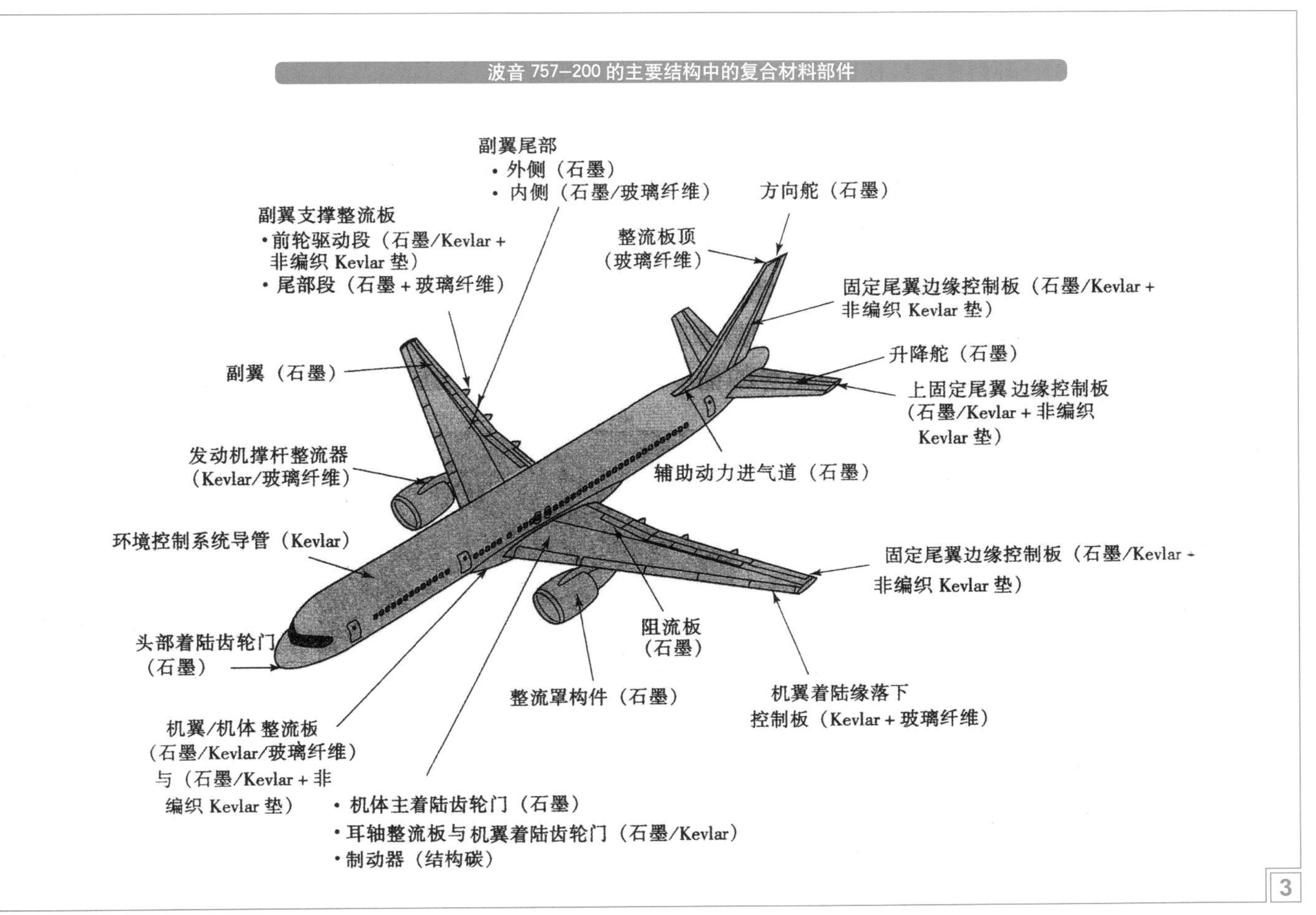
波音 757–200 的主要结构中的复合材料部件
副翼尾部
• 外侧（石墨）
• 内侧（石墨/玻璃纤维）
方向舵（石墨）
副翼支撑整流板
• 前轮驱动段（石墨/Kevlar + 非编织 Kevlar 垫）
• 尾部段（石墨 + 玻璃纤维）
整流板顶（玻璃纤维）
固定尾翼边缘控制板（石墨/Kevlar + 非编织 Kevlar 垫）
副翼（石墨）
升降舵（石墨）
上固定尾翼边缘控制板（石墨/Kevlar + 非编织 Kevlar 垫）
发动机撑杆整流器（Kevlar/玻璃纤维）
辅助动力进气道（石墨）
环境控制系统导管（Kevlar）
固定尾翼边缘控制板（石墨/Kevlar - 非编织 Kevlar 垫）
头部着陆齿轮门（石墨）
阻流板（石墨）
整流罩构件（石墨）
机翼着陆缘落下控制板（Kevlar + 玻璃纤维）
机翼/机体整流板（石墨/Kevlar/玻璃纤维）与（石墨/Kevlar + 非编织 Kevlar 垫）
• 机体主着陆齿轮门（石墨）
• 耳轴整流板与机翼着陆齿轮门（石墨/Kevlar）
• 制动器（结构碳）
3

8.4 复合材料中增强材料与基体材料的匹配

8.4.1 几种复合材料的典型结构

按增强材料的几何形状，通常可将聚合物基复合材料分类为：长纤维（连续）增强聚合物基复合材料以及颗粒、晶须、短纤维（不连续）增强聚合物基复合材料。前者以高模量、高强度的高性能长纤维作为主要的载荷承载材料而起到增强作用，因而，可最大限度地发挥纤维的性能，通常具有很高的强度和模量；后者以增强相通过自身阻止基体内部的位错运动、基体变形和裂纹扩展而起到增强作用。作为结构材料应用的聚合物基复合材料，以长纤维增强的居多。根据纤维的种类可分为：玻璃纤维增强、碳纤维增强、芳纶纤维增强、芳香族聚酰胺合成纤维增强聚合物基复合材料等。

颗粒增强聚合物基复合材料，可在有效降低材料成本的基础上，改善聚合物基体的各种性能（如增加表面硬度、减少成形收缩率、消除成形裂纹、改善阻燃性、改善外观、改进热性能和导电性等），或不明显降低主要性能。弹性体材料可通过添加炭黑或硅石以改进其强度和耐磨性，同时保持其良好的弹性。在热固性树脂中添加金属粉末则构成硬而强的低温焊料，或称导电复合材料；在塑料中加入高含量的铅粉可起到隔音和屏蔽辐射的作用；而将金属粉末用在碳氟聚合物（常用于轴承材料）中可增加导热性、降低线膨胀系数，并大大减少材料的磨损率。

短纤维增强聚合物的性能除了依赖于纤维含量外，还强烈依赖于纤维的长颈比、短纤维排列取向等。通常有二维无序或三维空间随机取向分布的短纤维增强聚合物基复合材料，其强度和模量与基体材料相比均有大幅提高。

通常所说的先进聚合物基复合材料，一般是指以碳纤维、Kevlar 纤维、聚乙烯纤维以及高性能玻璃纤维为增强体，或以聚酰亚胺（PI）、双马来酰亚胺（BMI）树脂为基体的复合材料。

印制线路板（PCB）、环氧塑封料（EMC）和电子浆料是聚合物基电子功能复合材料的典型应用。

8.4.2 骨骼就是纤维增强的天然复合材料

人体骨骼是一种天然而复杂的复合材料。与非活性的人造复合材料相比，人体骨骼有下述几个鲜明特点：

（1）具有多层次的复杂结构　人体骨骼中的羟基磷灰石（HA），由于呈骨架结构，是被人体“工程化”的生物陶瓷材料。事实上，骨骼是一种具有生物活性且结构复杂的复合材料。其中，具有称作胶原的生物活性高分子聚合物相，它占到整个骨骼重量的 36%。胶原是一种蛋白质，是哺乳动物中最丰富多彩的结构材料。尽管有几十种不同形式的胶原（被生物聚合物分子中氨基酸的特殊反应结果所区分）。骨骼中的胶原分子是Ⅰ型的，与皮肤、腱、韧带结构中的胶原分子具有相同形式。Ⅰ型胶原分子具有多层次的复杂结构，其精细层次起始于三纤维为一组的螺旋分子结构，并导致胶原纤维束的周期往复排列：64nm 为一节，280nm 为一环。胶原纤维束之间并不是力学无关的，而是藉由分子间的交联键（cross-linking）相互连接。

（2）不断生长和新陈代谢　作为结构材料，骨骼是被生物学“工程化的”，而胶原分子在形成陶瓷相——羟基磷灰石方面，起着重要作用。看来，矿物晶体的开始沉淀会部分地受到胶原分子结构的催化作用。然后，开始的晶体生长发生在胶原带中，并且逐步分散在胶原骨架（scaffold）中。

（3）具有自修复和锻炼增强功能　骨骼的力学行为不能理解为各个陶瓷构件或聚合物构件的简单组合或者它们的加权平均。需要时刻注意的事实是，骨骼富于生物活性，从而具有极强的自修复和再生功能；体力劳动者和运动员的骨骼更强韧，说明骨骼具有锻炼增强功能。在这方面，天然的聚合物胶原起着中心作用。

看来，人造复合材料与人体骨骼相比，还有许多功能需要进一步完善。

8.4.3 各种增强纤维力学性能的比较

图中表示一些常用纤维增强体的强度和模量。可以看出，高强度碳纤维和高模量碳纤维性能非常突出，碳化硅纤维、硼纤维和有机聚合物的聚芳酰胺、超高分子量聚乙烯纤维也具有很好的力学性能。

在纤维增强复合材料中，纤维增强材料和树脂基体材料的性能往往有很大差异，因此在单向复合材料层板层内，沿纤维方向的性能（称为纵向性能，它主要由纤维性能决定）和垂直于纤维方向的性能（称为横向性能，它主要由树脂基体性能决定）相差很大，从而形成正交各向异性性能。而层合复合材料又是由不同方向的单向材料层叠合而成，所以在层合复合材料层面内，各向异性的特性更为突出，呈现出比正交各向异性更为复杂。此外，垂直于层面的性能（称为层间性能，它主要由层间结合材料决定）又与层内性能有很大差异，这又进一步增加了复合材料性能的复杂性。

8.4.4 复合材料中应保证增强材料与基体材料间的匹配

聚合物基体的主要作用包括：①将增强纤维粘合成整体并使纤维位置固定，在纤维之间传递载荷，并使载荷均衡；②决定复合材料的一些性能，如复合材料的高温使用性能（耐热性）、横向性能、剪切性能、压缩性能、疲劳性能、断裂韧性、耐腐蚀性、耐水耐油性等；③聚合物类型决定着复合材料的成型工艺方法及工艺参数的选用；④保护纤维免受各种损伤。

要想发挥基体材料和增强材料双方的优势，真正做到“1+1>2”，基体材料和增强材料间的良好匹配必不可少。

纤维与基体的热膨胀系数应匹配，不能相差过大，否则会在热胀冷缩过程中引起纤维和基体结合强度降低。韧性较低的基体，纤维的线膨胀系数应大于基体的线膨胀系数；韧性较高的基体，纤维的线膨胀系数应小于基体的线膨胀系数。

纤维与基体之间要有良好的相容性。在高温作用下，纤维与基体之间不发生化学反应，基体对纤维不产生腐蚀和损伤作用。

纤维与基体的结合强度必须适当，以保证基体中承受的应力能顺利地传递到纤维上面。如果两者结合强度为零，则纤维毫无作用，整个强度反而降低；如果两者结合太强，在断裂过程中就没有纤维自基体中拔出这一吸收能量的过程，以致受力增大时出现整个构件的脆性断裂。

本节重点

（1）人体骨骼与非活性的人造复合材料相比有哪些鲜明的特点？
（2）对各种纤维增强体的拉伸强度和弹性模量进行对比。
（3）由热膨胀系数不同的材料构成复合材料会产生哪些不利影响，如何避免？

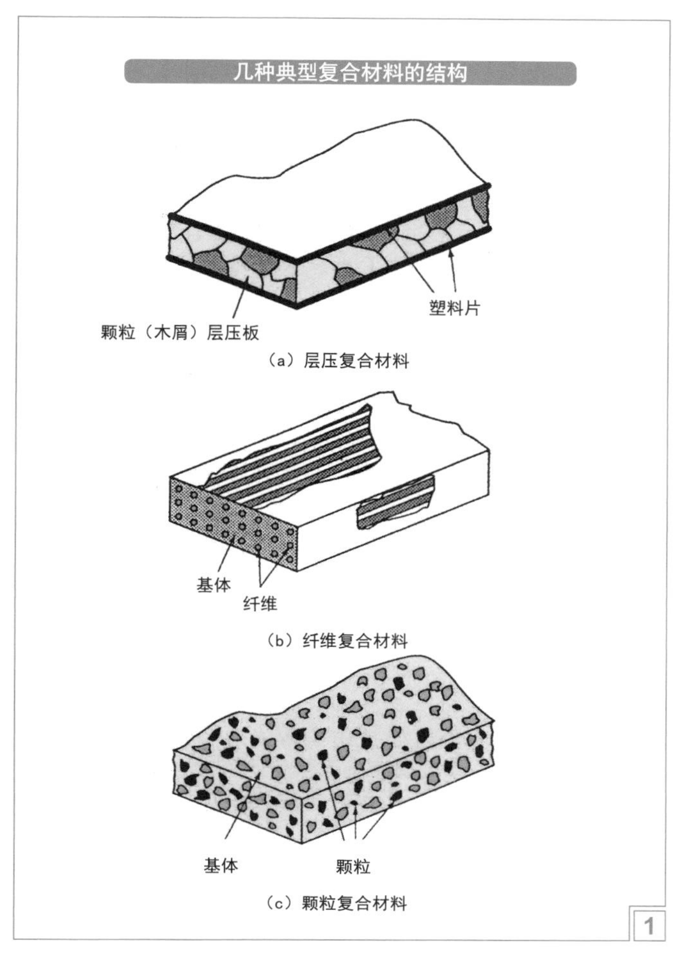

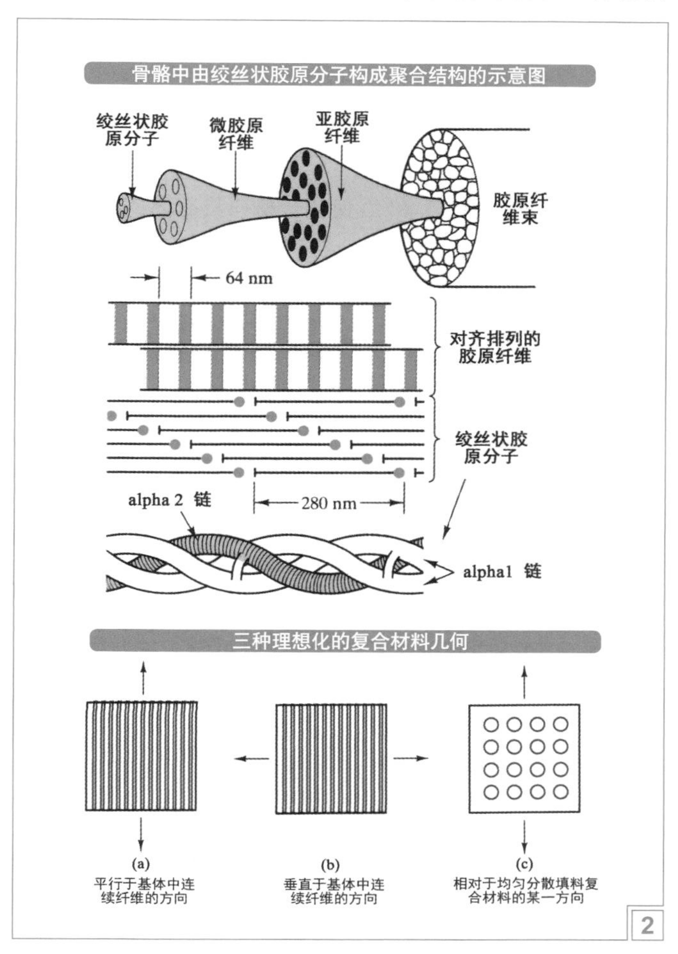

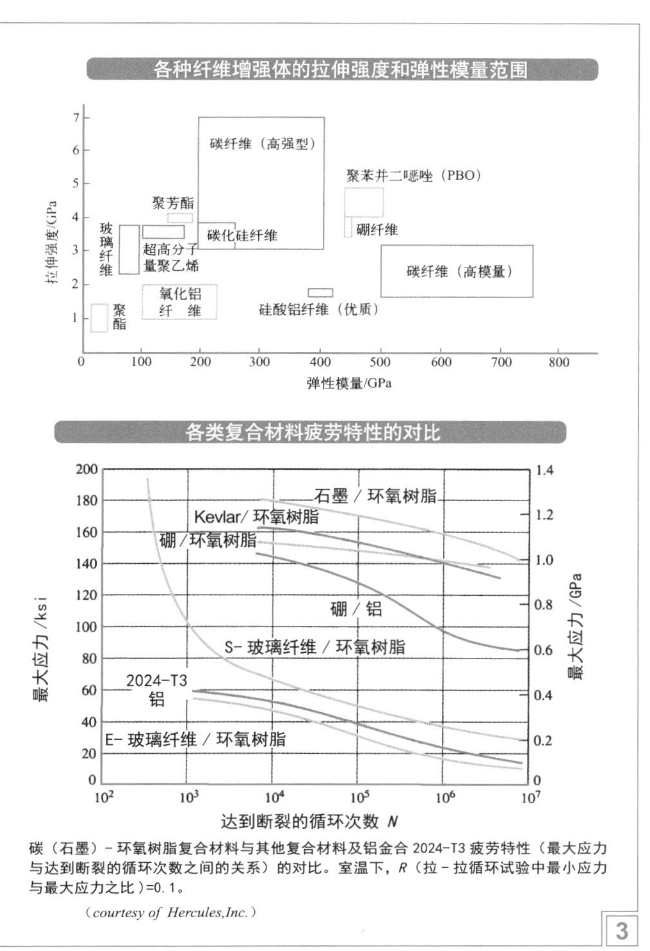

碳（石墨）-环氧树脂复合材料与其他复合材料及铝金合 2024-T3 疲劳特性（最大应力与达到断裂的循环次数之间的关系）的对比。室温下，R（拉-拉循环试验中最小应力与最大应力之比）=0.1。

(*courtesy of Hercules,Inc.*)

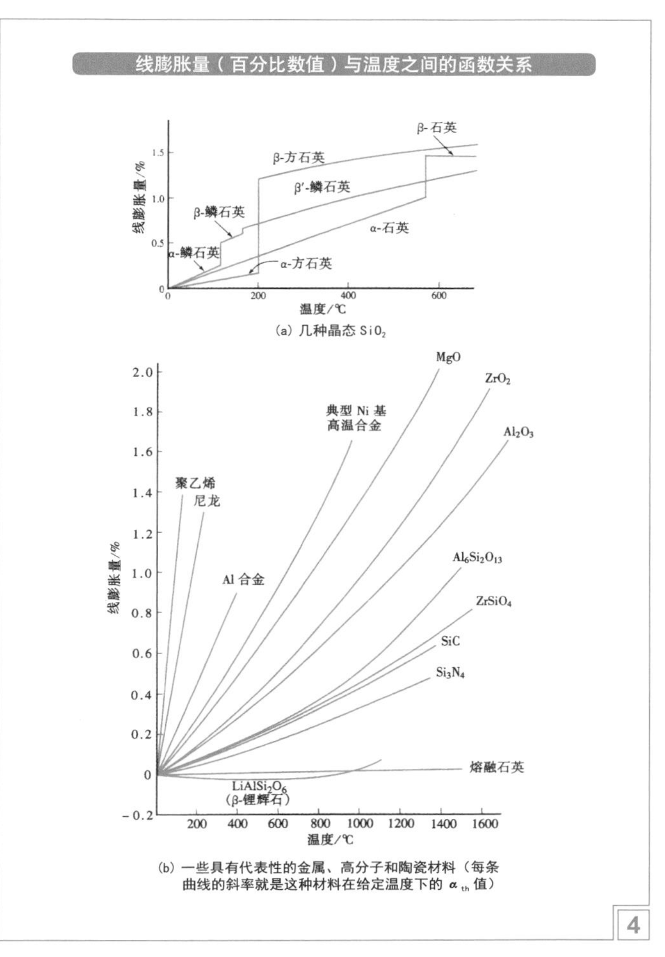

(b) 一些具有代表性的金属、高分子和陶瓷材料（每条曲线的斜率就是这种材料在给定温度下的 α_{th} 值）

8.5 增强纤维的制造

8.5.1 各种增强纤维

增强相在复合材料中起增强作用。纤维增强是复合材料中最主要的复合形式。复合材料的性能主要取决于纤维的性质、数量及状态。纤维使复合材料具有高的抗拉强度、高弹性模量和高冲击韧性等性能。

(1) 玻璃纤维　玻璃纤维工业现在已经得到了迅速发展。采用的工艺是池窑粒拉丝技术。国内生产的玻璃纤维较细，直径多半为 6~8μm，而国际上已经能生产出直径较大的玻璃纤维，直径可达到 14~24μm。玻璃纤维材料促进了现代新材料的发展与提高。

(2) 碳纤维　碳纤维已经经历了较长的发展历史。19 世纪末期电灯灯丝就是最早利用碳纤维的萌芽。20 世纪 50 年代末期出现了大规模的碳纤维工业化生产。1959 年，美国制备了纤维素基碳纤维；1962 年，日本生产出聚丙烯腈基碳纤维；后来又以沥青和木质素为原料制造出通用型碳纤维；随后碳纤维很快在全世界发展起来。

(3) 有机纤维　有机纤维（芳纶纤维）起源于 1968 年（美国），发展速度很快，到了 20 世纪 80 年代，世界上年产量已达到 2 万 t。应用于橡胶增强（制造轮胎、三角皮带等）、电缆、绳索，还用在航空、航天、船舶上的复合材料件。有机纤维的密度小，1.44~1.45g/cm^3，具有高的抗拉强度（达到 3000MPa 以上），冲击韧性也非常好，为石墨纤维的 6 倍，硼纤维的 3 倍；有机纤维还具有高的弹性模量，达到 (1.27~1.577) × 10^{5}MPa，是玻璃纤维的 2 倍。所以有机纤维具有高的比强度和比模量。

(4) 碳化硅纤维　碳化硅纤维主要产于美国和日本。它是以碳和硅为主要成分的陶瓷纤维。碳化硅纤维可以用两种工艺来制取：化学气相沉积法（制取的碳化硅纤维直径 99~140μm）；烧结法（制取的碳化硅纤维直径 10μm）。碳化硅纤维的强度高（2800MPa），弹性模量大（200GPa），高温性能好，在 1000℃时，力学性能保持不变，直到 1300℃以上，性能才有所下降，所以能在高温条件下长期使用。

(5) 硼纤维　硼纤维是最近才研究发展的一种新的增强纤维。目前硼纤维是用硼制成三氯化硼，再与氢混合，加热到 2000℃以上，让纯硼沉积在直径为 12~25μm 的钨丝上制得的。硼纤维的直径为 0.1 mm。由此可见，硼纤维制取的价格十分昂贵。

(6) 晶须　目前已知的纤维材料中晶须是强度最高的一种。由于晶须的直径非常细，所以空隙、位错等缺陷几乎不存在，晶体结构不会被削弱，它的强度几乎等于相邻原子间的作用力。晶须分为金属晶须和陶瓷晶须两类。其中陶瓷晶须是用作复合材料的增强相。陶瓷晶须的直径才几个微米，长度为几厘米。它兼有玻璃纤维和硼纤维的优良性能。陶瓷晶须的延伸率为 3%~4%，弹性模量为 (4.2~7.0)× 10^{5}MPa，分别与玻璃纤维和硼纤维的弹性模量相同。陶瓷晶须的高温性能非常好，如氧化铝晶须在 2070℃高温下，仍具有 7000MPa 的抗拉强度。由于晶须复合材料的价格异常昂贵，所以它目前主要是用在空间和尖端技术上，而较少用于民用产品。

8.5.2 球法生产玻璃纤维工艺

玻璃球法，又称坩埚拉丝法。是将石英砂、石灰石和硼砂等玻璃原料按配比干混，在大约 1260℃熔炼炉中熔融后，流入造球机制成玻璃球，把玻璃球再在坩埚中熔化拉丝而得。

8.5.3 池窑拉丝法生产纤维工艺

直接熔融法，又称池窑拉丝法。即在熔炼炉中熔化了的玻璃直接流入拉丝炉中拉丝。省去了制球工序，提高了热能利用率，生产能力大，成本低。

连续纤维的生产过程是：熔融玻璃在铂坩埚拉丝炉中，借助自重从漏板孔中流出，快速冷却并借助绕丝筒以 1000~3000m/min 线速度转动，拉成直径很小的玻璃纤维。单丝经过浸润剂槽集束成原纱。原纱经排纱器以一定角速度规则地缠绕在纱筒上。原纱的粗细与单丝直径及漏板孔数有关；单丝直径则与熔融玻璃的温度和粘度、拉丝速度有关。

玻璃纤维的直径受坩埚内玻璃熔液的高度、漏板孔直径和绕丝速度控制。在制造过程中，为了避免玻璃纤维因相互摩擦造成损伤，需在绕丝之前给纤维上浆。上浆是将含乳化聚合物的水溶液喷涂在纤维表面，形成一层薄膜。浆料也称浸润剂，浸润剂的作用包括：润滑作用，使纤维得到保护；粘结作用，使单丝集束成原纱或丝束；防止纤维表面集聚静电荷；为纤维提供进一步加工所需性能；使纤维获得能与基体材料良好粘结的表面性质。

短纤维的生产更多的是采用吹制法。即在熔融的玻璃液从熔炉中流出时，立即受到喷射空气流或蒸气流冲击；将玻璃液吹拉成短纤维，将飞散的短纤维收集在一起，并均匀喷涂粘接剂，进而可制成玻璃棉或玻璃毡。玻璃纤维质地柔软，可以纺织成玻璃布、玻璃带与织物，其制品主要有玻璃纱、无捻粗纱、玻璃带、玻璃毡、短切纤维和玻璃布以及一些特殊形式的制品，如编制夹层织物及三向织物等。

8.5.4 纤维预制体的制作方法和基本结构

针织用于复合材料的增强结构始于 20 世纪 90 年代。由于它的方向强度、冲击抗力较机织复合材料好，且针织物的线圈结构有很大的可伸长性，易于制造非承力的复杂形状构件。目前国外已生产了先进的工业针织机，能够快速生产复杂的近无余量结构，而且材料浪费少。用这种方法制造的预成形体可以加入定向纤维有选择地用于某些部位增强结构的机械性能。另外，这种线圈的针织结构在受到外力时很容易变形，因此适于在复合材料上成形孔，比钻孔具有很大优势。但其较低的机械性能也影响了它的广泛应用。

针织在航空航天工业的应用很有潜力。而采用经向针织技术，并与纤维铺放概念相结合，制造的多轴多层经向针织织物一般称为经编织物。这种材料由于不弯曲，因此纤维能以最佳形式排列。经编技术可以获得厚的多层织物且按照期望确定纤维方向，由于不需要铺放更多的层数，极大提高经济效益。国外目前已经能够在市场上获得各种宽幅的玻璃和碳纤维经编织物。这种预成形体有两个优点：一是与其他纺织复合材料预成形体相比成本低；二是它有潜力超过传统的二维预浸带层压板，因为它的纤维是直的，能够在厚度方向增强从而提高材料的层间性能。但是目前限制其应用的主要原因是原材料成本高以及市场化程度不够。国外航空航天工业部门正在研究将这种技术用于次承力和主承力构件，已经在飞机机翼桁条和机翼壁板上进行了验证，预计未来将在飞机制造中广泛应用 。

针对以上预成形体制造技术，国外近年还开展了多种研究，如美空军实施复合材料结构斜织预成形体开发计划，取消铺层工序，以降低加工整体复合材料结构的复杂程度及成本。

本节重点

（1）了解球法生产玻璃纤维工艺过程。
（2）了解池窑拔丝生产玻璃纤维工艺过程。
（3）纤维预制体的类型及制作方法。

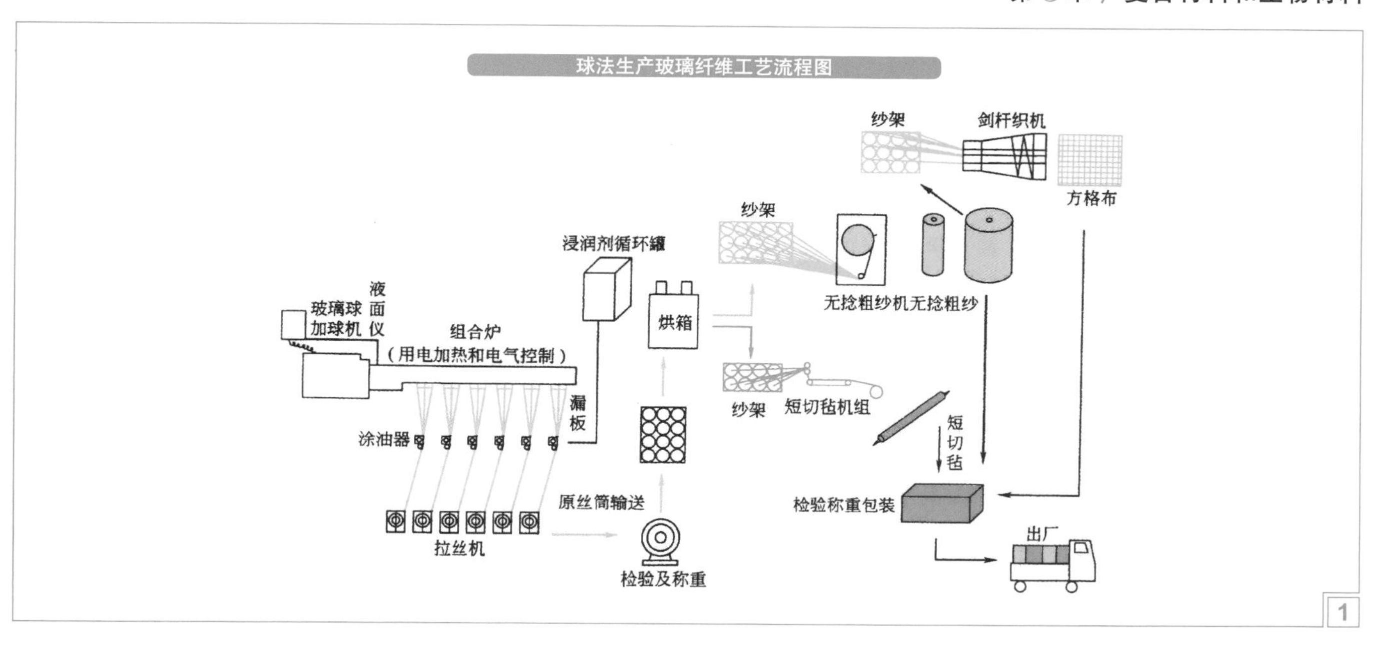

球法生产玻璃纤维工艺流程图

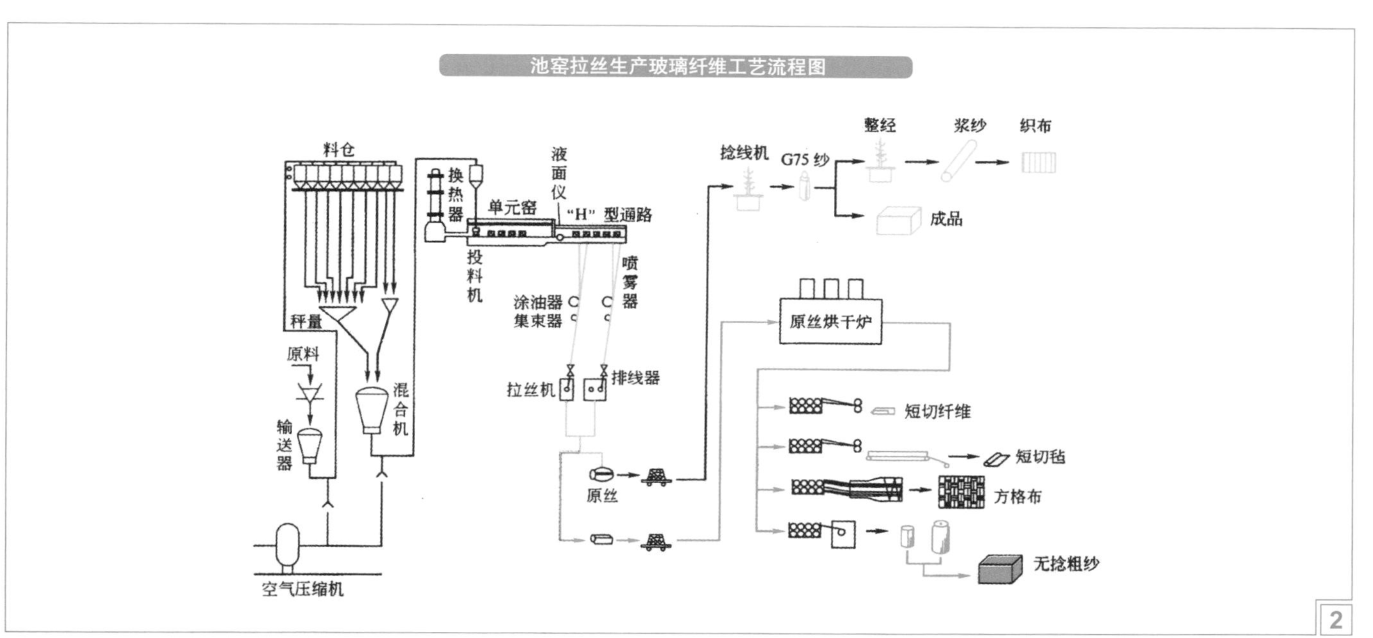

池窑拉丝生产玻璃纤维工艺流程图

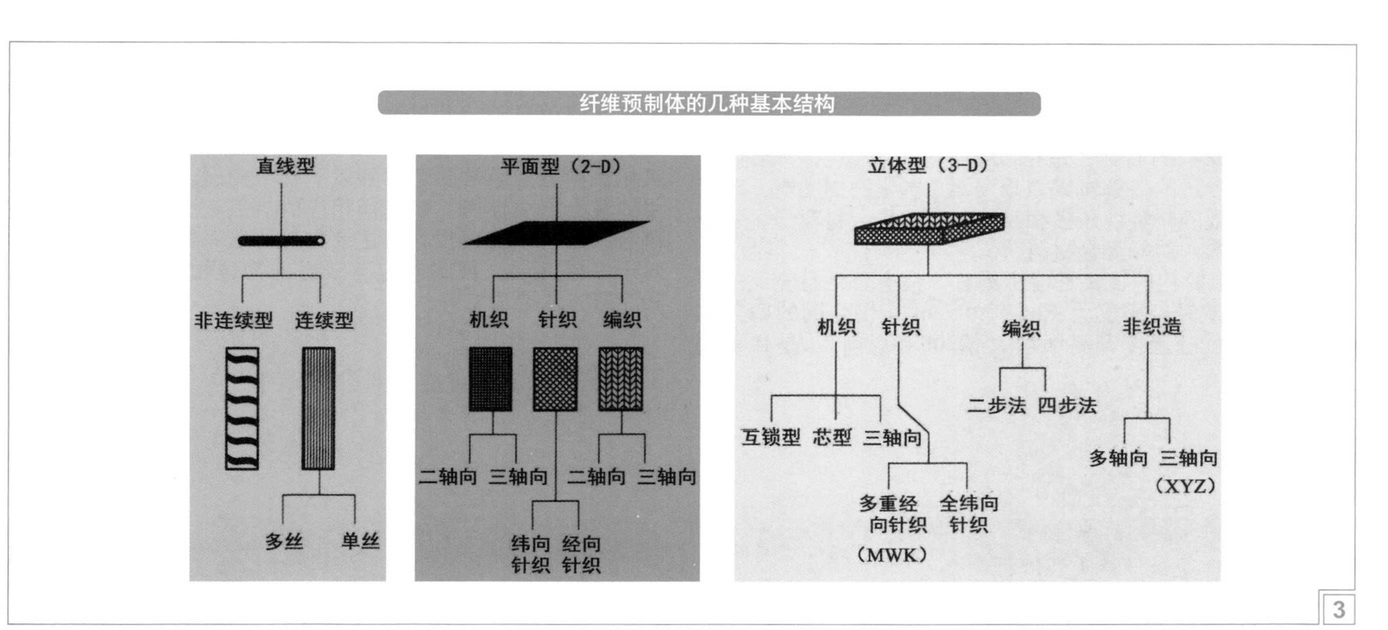

纤维预制体的几种基本结构

8.6 碳纤维及碳 / 碳复合材料

8.6.1 碳纤维及制作方法

碳纤维是由有机纤维或低分子烃气体原料在惰性气氛中经高温（1500℃）炭化而成的纤维状碳化合物，其含碳量在 90% 以上。碳纤维的相关性质如下。

（1）力学性能：碳纤维是一种力学性能优异的新材料，它的相对密度不到钢的 1/4，碳纤维树脂复合材料抗拉强度一般都在 3500MPa 以上，是钢的 7~9 倍，抗拉弹性模量为 230~430GPa 亦高于钢。由以上数据不难推测，碳纤维材料的强度密度比非常高（通常可达到 $2000MPa/(g/cm^3)$ 以上），而 A3 钢的比强度仅为 $59MPa/(g/cm^3)$ 左右，其比模量也比钢高。通常来说，材料的比强度越高，则构件自重越小，比模量越高，则构件的刚度越大。

（2）化学性质：碳纤维是含碳量高于 90% 的无机高分子纤维。其中含碳量高于 99% 的称石墨纤维。碳纤维的轴向强度和模量高，无蠕变，耐疲劳性好，比热及导电性介于非金属和金属之间，热膨胀系数小，耐腐蚀性好，纤维的密度低，X 射线透过性好。但其耐冲击性较差，容易损伤，在强酸作用下发生氧化，与金属复合时会发生金属碳化、渗碳及电化学腐蚀现象。因此，碳纤维在使用前必须进行表面处理。

碳纤维的制作有气相法和有机纤维炭化法两种。前者是在惰性气氛中将小分子有机物（如烃或芳烃等）在高温下沉积成纤维。此法只适用于制造晶须或短纤维，不能用于制造长纤维。后者是将有机纤维经稳定化处理后变成耐焰纤维，然后再在惰性气体的气氛下高温焙烧炭化，使有机纤维失去部分碳和非碳原子，形成以碳为主的纤维状物。此法适用于制造连续长纤维。

8.6.2 碳纤维的应用

碳纤维可加工成织物、毡、席、带、纸及其他材料。传统使用中，碳纤维除用作绝热保温材料外，一般不单独使用，多作为增强材料加入到树脂、金属、陶瓷、混凝土等材料中，构成复合材料。碳纤维增强的复合材料可用作飞机结构材料、电磁屏蔽材料、人工韧带等身体代用材料以及用于制造火箭外壳、导弹头尾、机动船、工业机器人、汽车板簧和驱动轴等。

长度较短的天然纤维或化学纤维的切段纤维称为短纤维，主要是三维随机排列的；长度约为 51~65mm，细度在 2.78~3.33 dtex，介于棉型纤维和毛型纤维之间的化学纤维称为中长纤维。排列方式有一维排列，二维排列，三维排列。

8.6.3 碳 / 碳复合材料的性能

碳 / 碳复合材料（以下简称 C/C 复合材料）是碳纤维增强碳基复合材料的简称，是指以碳纤维或其织物为增强相，以化学气相渗透的热解炭或液相浸渍 - 炭化的树脂炭、沥青炭为基体组成的一种纯碳多相结构。C/C 复合材料是一种新型高性能结构、功能复合材料。

C/C 复合材料的优良性能主要有：具有灵活且宽泛的可设计性；质量轻，密度为 $1.65\sim2.0g/cm^3$，仅为钢的四分之一；力学特性随温度升高而增大（2200℃ 以前），是目前唯一能在 2200℃ 以上保持高温强度的工程材料；线膨胀系数小，高温尺寸稳定性好；优异的耐烧蚀性能；损伤容限高，良好的抗热震性能；摩擦特性好，摩擦系数稳定，并可在 0.2~0.45 范围内调整；承载水平高，过载能力强，高温下不会熔化，也不会发生粘接现象；使用寿命长，在同等条件下的磨损量约为粉末冶金刹车材料的 1/3~1/7；导热系数高、比热容大，是热库的优良材料；优异的抗疲劳能力；具有一定的韧性；维修方便等。

因此，C/C 复合材料在机械、电子、化工、冶金和核能等领域中得到广泛应用，并且在航天、航空和国防领域中的关键部件上大量应用。

8.6.4 碳 / 碳复合材料制造

（1）碳纤维与基体的选择　在制造 C/C 复合材料时，对碳纤维的基本要求是碱金属等杂质含量低、高强度、高模量和较大的断裂伸长，至于是否要进行表面处理则需根据实际情况而定。表面处理对 C/C 复合材料有着显著的影响，在炭化过程中由于两相断裂应变不同而在收缩过程中纤维受到剪切应力或被剪切断裂；同时基体收缩产生的裂纹在通过粘结很强的界面时，纤维产生应力集中，严重时导致纤维断裂。未经表面处理的碳纤维，两相界面粘结薄弱，基体的收缩使两相界面脱粘，纤维不会损伤；当基体中裂纹传播到两相界面时，薄弱界面层可缓冲裂纹传播速度或改变裂纹传播方向，或界面剥离吸收掉集中的应力，从而使碳纤维免受损伤而充分发挥其增强作用，使 C/C 复合材料的强度得到提高。石墨化处理正相反，这可能是因基体树脂炭经石墨化处理后转化为具有一定塑性的石墨化炭，使炭化过程中产生的裂纹枝化，从而缓和或消除了集中的应力，使纤维免受损伤，强度得到提高。

（2）预成形（坯体）　在制造 C/C 复合材料之前，首先将增强纤维制成各种类型，形状的坯体。坯体的制造方法很多，有预浸润缠绕，叠层和各种二维、三维及多维编制，其中主要以多维编织为主，而编织物的织态结构和性能对 C/C 复合材料有显著影响。

（3）致密化　多向编织物或者炭毡等坯体都是碳纤维的骨架基材，需用基体炭（树脂炭和沉积炭）把它们定位，填孔并连接成整体，使其保持一定的形状和成为能够承受外力的整体，再转化为 C/C 复合材料。为实现以上目的就需进行致密化处理。致密化工序主要包括浸渍树脂，化学气相沉积，化学气相浸渗，炭化和石墨化等，致密化工序往往需要反复进行多次，以提高密度和弯曲强度等性能。

（4）抗氧化处理　C/C 复合材料用于耐烧蚀材料或刹车制动等高温环境使用的材料时，需进行抗氧化处理。在 C/C 复合材料外表面均匀涂敷较薄的抗氧化物质，为其提供氧化保护层。通常要考虑到以下几个问题：C/C 复合材料使用的最高温度环境，以选择相应的抗氧化涂层；C/C 复合材料与涂层剂的物理相容性主要是热膨胀系数尽可能相匹配；对于多层涂层，彼此间应有较好的物理相容性；涂层工艺和涂层方法要适宜等。

本节重点

（1）碳纤维是如何制造的？
（2）C/C 复合材料是如何制造的？
（3）C/C 复合材料有哪些优异特性，举出几个实用实例。

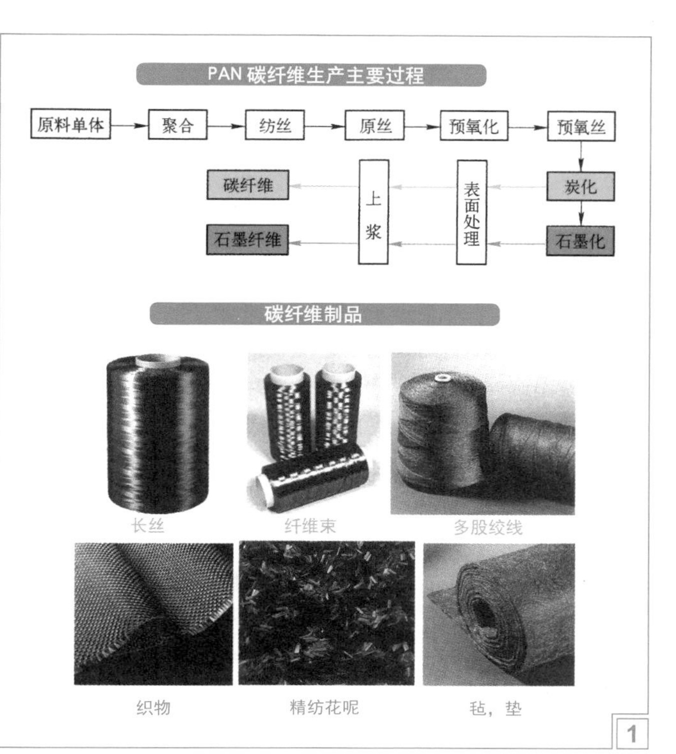
PAN 碳纤维生产主要过程
原料单体
聚合
纺丝
原丝
预氧化
预氧丝
炭化
石墨化
表面处理
上浆
碳纤维
石墨纤维
碳纤维制品
长丝
纤维束
多股绞线
织物
精纺花呢
毡，垫

1

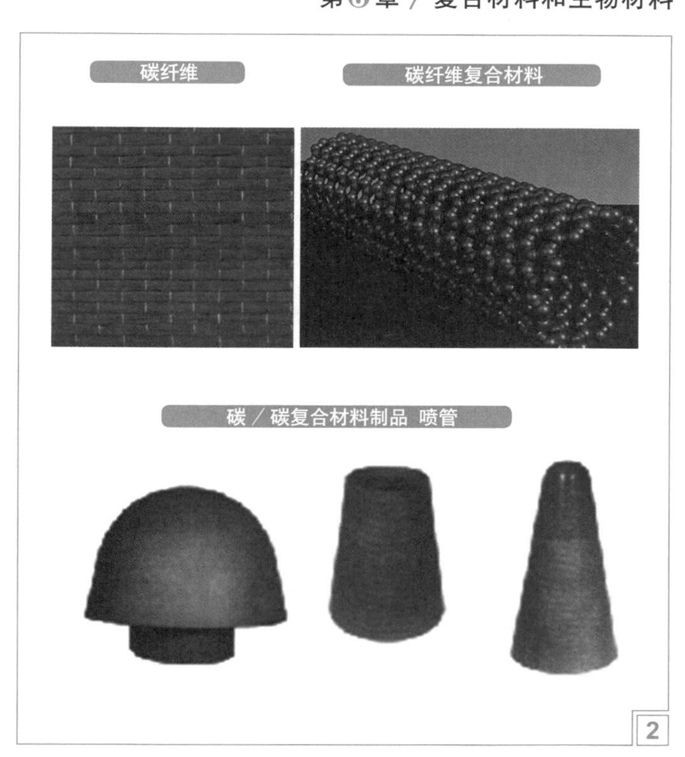
碳纤维
碳纤维复合材料
碳／碳复合材料制品 喷管

2

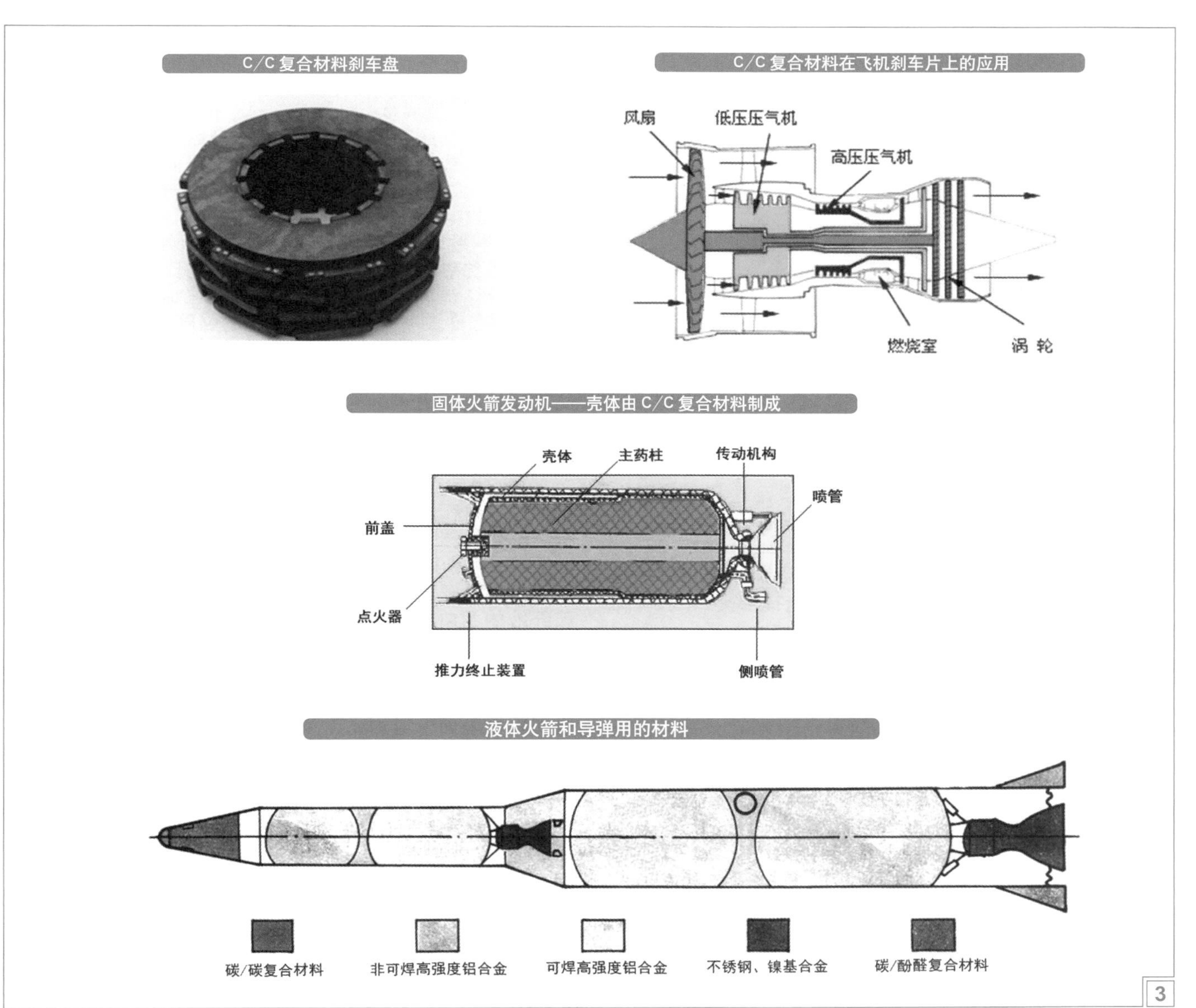
C/C 复合材料刹车盘
C/C 复合材料在飞机刹车片上的应用
风扇
低压压气机
高压压气机
燃烧室
涡 轮
固体火箭发动机——壳体由 C/C 复合材料制成
壳体
主药柱
传动机构
喷管
前盖
点火器
推力终止装置
侧喷管
液体火箭和导弹用的材料
碳/碳复合材料
非可焊高强度铝合金
可焊高强度铝合金
不锈钢、镍基合金
碳/酚醛复合材料

3

8.7 增强纤维的编织和铺展

8.7.1 定向复合材料中纤维排列方式

单向层压板是由单向无编织的纤维预浸料铺层片沿同一方向叠合、压制而成的层压板。它是复合材料最基本的一种层压结构单元。单向层压板是一种正交各向异性层压板，在层压板平面内，存在两个互相垂直的对称面，相对于对称面的对称方向上的各坐标点的力学性能相同；与常规各向同性材料不同，层压板沿纤维方向（纵向，0° 方向）的性能与垂直于纤维方向（横向，90° 方向）的性能差别极大。

多向层压板也称角交层压板，由单向无编织的纤维预浸料铺层片按方向角相等、符号相反 $\theta=\pm\varphi$，且沿每个方向的铺层数相等的铺设方式叠合、压制而成的层压板。正交层压板是这种层压板的一种特殊形式，另一种特殊形式是 ±45° 的层压板。均衡的斜交层压板呈正交各向异性。

定向复合纤维中，连续的纤维在基体中呈同向平行等距排列。排列方式有多种，主要有斜四边形，矩形，正方形，六边形等。其横向性能的各向同性依次递增。但即使是正六边形，仍然存在各向异性。

复合材料中纤维含量越高，抗拉强度、弹性模量越大。纤维直径对其强度有较大影响，纤维越细，则材料缺陷越小，强度越高；同时细纤维的比表面积大，有利于增强与基体的结合力。纤维越长，对增强越有利。连续纤维比短切纤维的增强效果好得多。

8.7.2 叠层复合材料中纤维排列方式

由两种以上层片状（二维的）材料重叠构成的材料就称为层叠复合材料。这种复合方法可以综合各组分层的最佳性能。如很高的比强度、比刚度、耐磨性和耐蚀性等。表面被覆层、涂层、双金属和由不同材料组成的层压板等都是层叠复合材料。

叠层复合材料中纤维排列方式有单向排列，交叉排列等。纤维排列方式应符合构件的受力要求。由于纤维的纵向比横向的抗拉强度高几十倍，应尽量使纤维的排列方向平行于应力作用方向。受力比较复杂时，纤维采用不同方向交叉层叠排列，以使之沿几个不同方向产生增强效果。

叠层复合材料可以满足不同的性能的要求。如用石墨纤维与 Al_2O_3 纤维增强 Al 合金，其中石墨纤维可提供较高的比强度，Al_2O_3 纤维可以提供很高的压缩强度。

8.7.3 纤维的二维编织结构

编织织物是交捻纱线结构，具有稳定性和可成形性，可制成空心管、填充管、板和不规则形状管材。带有轴向或径向纱线的编织结构具有纱线体系方向的拉伸稳定性。然而，编织结构的轴压稳定性较弱，三维编织能提高压缩性能。机械编织的宽度、直径、厚度和形状选择都受到限制。三维编织工艺较复杂。

二维编织由三根及其以上的纱线体系交织在一起制成平面或管状织物。编织织物的斜纹交织特性，使其具有高的可成型性、抗剪切和良好的冲击损伤容限。加入 0° 纱线构成三轴编织加强了轴向性能。

二维编织纤维的基本结构有平纹，斜纹和缎纹三种。它们之间的区别在于纱线交织的频率和纱线链段的线性度。平纹机织纱线交织频率最高，而缎纹机织的纱线交织数最少，斜纹机织居中。因此，平纹机织物中纱线交织的卷曲形状，使之具有高度的结构整体性和韧性。而缎纹机织纱线交织度低和高线性度，使之具有由纤维传递到织物的强度和模量的有效率较高，而且在纤维体积含量高的情况下也允许纱线有迁移的自由度。

传统的二维编织工艺能用于制造复杂的管状、凹陷或平面零件的预成形体，它与其他纺织技术相比成本相对较低。它的研究主要集中在研发自动化编织机来减少生产成本和扩大应用范围。它的关键技术包括质量控制、纤维方向和分布、芯轴设计等。它在航空工业的应用包括制造飞机进气道和机身 J 型隔框。该技术通常与 RTM 和 RFI 技术结合使用，另外也可以与挤压成形和模压成形联合使用。其应用水平在洛克希德 · 马丁公司生产 F-35 战斗机进气道制造中最能体现其先进性，加强筋与进气道壳体是整体结构，减少了 95% 的紧固件，提高了气动性能和信号特征，并简化了装配工艺。为了克服二维编织厚度方面强度低的问题，开发了三维编织技术，为制造无余量预成形体提供了可能。但是该技术同样受到设备尺寸限制 。

8.7.4 增强纤维的排列和编织方式

常用于纺织结构复合材料的几种主要的增强纤维增强纤维包括麻、玻璃、碳、芳纶、超高模聚乙烯、陶瓷和金属纤维或纤维束。除了麻纤维，一般是高性能的人造纤维。下面以玻璃纤维为例具体介绍增强纤维的排列和编织方式。

（1）平纹玻璃布：这种布的每一根经纱和纬纱都从一根纱下穿过，并压在另一根纱上。玻璃纱的卷曲最大，因此强度较斜纹或缎纹布的低。由于它的经向与纬向强度几乎一致，因此适用于制造各方向强度要求一致的玻纤增强塑料制品，如电绝缘用的玻璃布层压板材。

（2）斜纹玻璃布：斜纹是一根或多根经纱，从二到三根或更多根纬纱中上下有规律地通过，它比平纹具有更好的变形性能。铺覆性良好，适用于手糊法铺覆双曲面或凹凸面的制品，布的各个方向都有较高的强度。

（3）缎纹玻璃布：是由一根经纱从三根、五根，七根或更多根纬纱之上及一根纬纱之下通过交织而成。可织成高密度织物，由于这种玻璃布中经纱基本上是直的，卷曲只发生在纬纱上，所以强度较大。该布与斜纹玻璃布相似，也具有良好的铺覆性，适用于手糊法铺覆型面复杂的制品。

（4）单向布：指在一个方向（一般是经向）有大量粗股纱通过，而在另一方向（纬向）只有较少的较细纱通过，可根据制品要求，预先确定经纬强度比。布的结构不同，由于玻纤卷曲大小等的不同，对机械强度有一定影响。除此之外，玻璃布的厚度对机械强度也有影响。如玻璃布的厚度增加，玻纤纱的卷曲影响相应增大，压缩强度降低，但因玻璃厚布采用大束玻纤纱组成，冲击强度反而增加。

（5）表面席和表面绢：表面席是用聚苯乙烯作粘接剂将纤维粘结而成。厚度很薄，约 0.375~0.75mm，用于覆盖增强塑料的表面，增加光滑度。表面绢的制造方法与表面席相同，但树脂与纤维的粘结力要求比表面席大，厚度更薄，约 0.3~0.375mm，亦用于表面覆层。

本节重点

（1）定向和叠层复合材料中纤维排列方式各有哪几种？考虑的原则是什么？
（2）纤维的二维编织结构共有哪几种？考虑的原则是什么？
（3）介绍几种“三明治”结构夹层板。

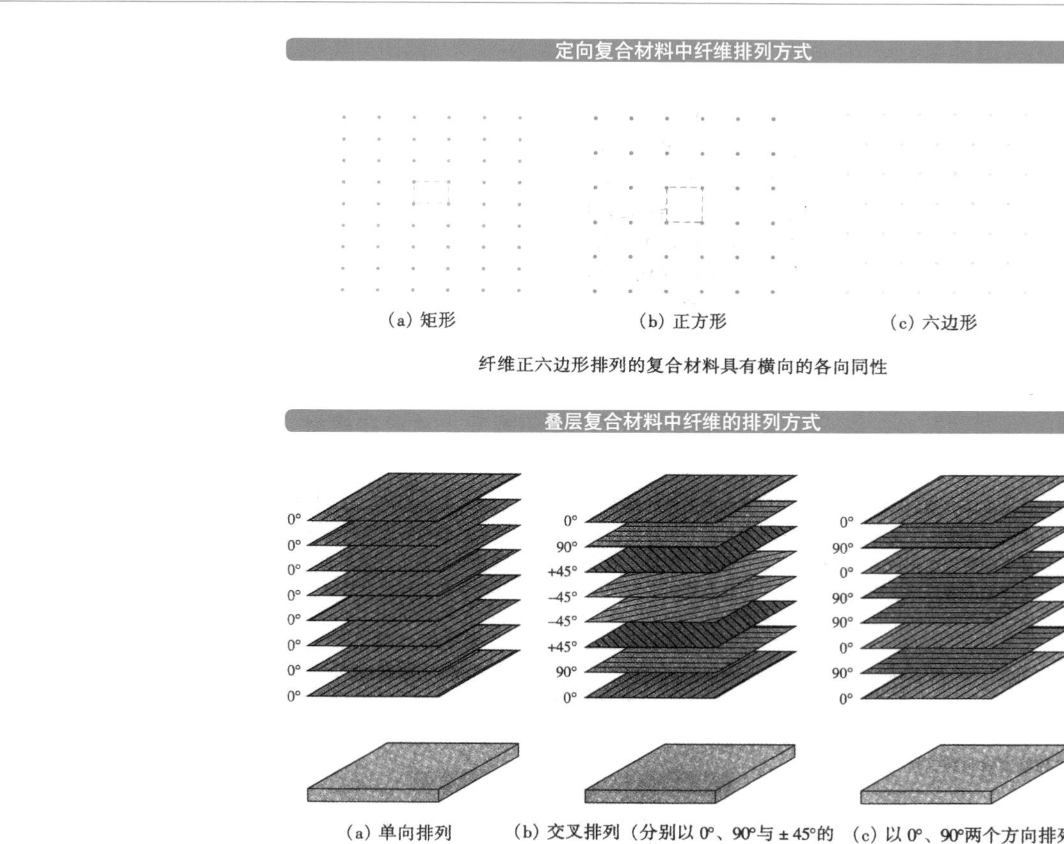

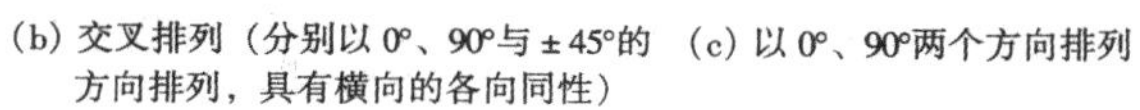

(a) 单向排列　(b) 交叉排列（分别以 0°、90°与 ± 45°的方向排列，具有横向的各向同性）　(c) 以 0°、90°两个方向排列

1

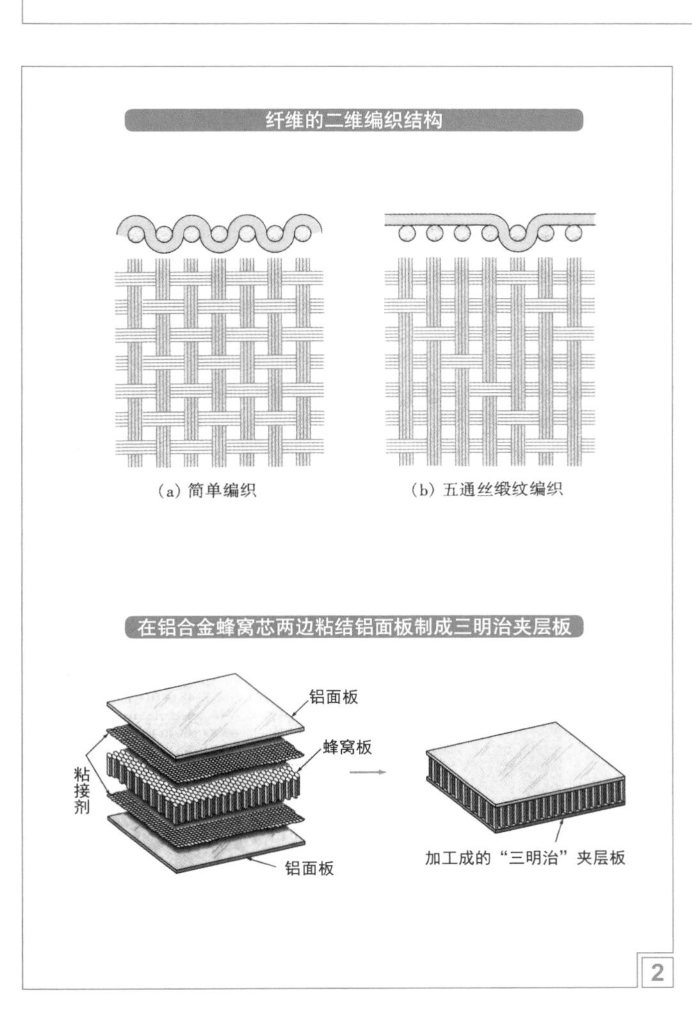

2

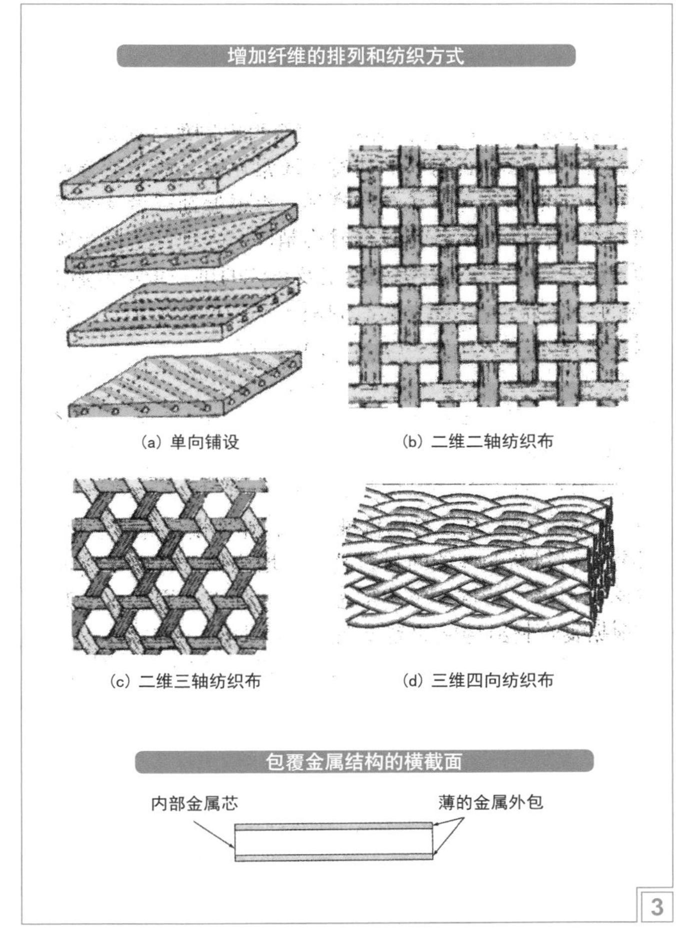

3

8.8 复合材料的成形制造

8.8.1 层压成形工艺

用或不用粘接剂，藉由加热、加压把相同或不相同材料的两层或多层结合为整体的方法，又称层压成型法。常用于塑料加工，也用于橡胶加工。在塑料加工中，对于热塑性塑料，常用于生产人造革类产品或复合薄膜；对于热固性塑料，是制造增强塑料和制品的一种重要方法。把浸有热固性树脂的增强材料如纸张、织物、玻璃布、特种纤维等层叠起来，加热、加压而得到各种层压制品，如层压板。在橡胶加工中可将叠合的胶料和织物层压成胶带。层压按加工压力可分为高压法（高压层压成型）和低压法（低压层压成型）两种。

碳纤维增强复合材料或碳纤维增强塑料（CFRP 或 CRP 或经常简称碳纤维），是一类强度高，重量轻的包含碳纤维的纤维增强聚合物。聚合物最常用的是环氧树脂，但是，有时也使用其他聚合物，如聚酯，乙烯基酯或尼龙。碳（石墨）纤维是以有机纤维，如聚丙烯腈（PAN）纤维、粘胶纤维、沥青纤维等原丝经过预氧化、碳化、石墨化等高温固相反应工艺过程制备而成，由有择优取向的石墨微晶构成，因而具有很高的强度和弹性模量（刚性）。它的相对密度一般为 $1.70 \sim 1.80 g/cm^3$，强度为 $1200 \sim 7000 MPa$，弹性模量为 $200 \sim 400 GPa$，热膨胀系数接近于零，甚至可为负值 (-1.5×10^{-6})。

由于碳纤维增强复合材料具有高强度、高模量，特别是具有良好的耐烧蚀性，已在航天航空等领域广泛使用，是制造卫星、导弹、飞机的重要结构零部件的关键结构材料。

8.8.2 三明治夹层板

夹层板是由两块高强度的薄表层和充填于表层间的轻质夹心组成的板。近年来国际上出现的新型复合材料三明治板结构，由于相对于传统的金属板结构有着质量特轻，而同时具有良好机械特性以及保温隔音等功能，而且便于大规模制造的特点，使其越来越广泛应用于车辆工程。

普通的绝缘板是由绝缘泡沫板和两层塑料表层组成的。夹在两个表层之间的核心层一般都具有较高的硬度质量比和绝缘质量的比值，同时，中间层也具有吸湿、消声等性能。在少数情况下，层与层之间可以采用不同的材料，例如金属和橡胶之间根据特有的方向进行交替排列，以达到控制产品弹性的目的。层与层之间以球状形态排列能使材料达到最大的自由度。三层产品一般都采用好几种不同组分的物质。一般而言，三明治式复合材料的重量比层压材料要轻，而其硬度和抗弯曲强度则是层压材料的好几倍。

将两个由增强树脂或一些金属做成的涂层或表皮与表层牢固地粘贴在中间的泡沫、木板、发泡材料、聚合物、塑料或弹性体的两个表层。中间层和两个表层可以是任意形状的：很多的核心层面板都是平行六面体，但也有采用其他各种各样形状的。而且，这个技术可以扩展到多层，而不仅仅局限于三层。

核心层可以采用各种不同的材料，例如泡沫：可以是柔性的，也可以是硬性的；可以是开孔的，也可以是闭孔的；可以是增强的，也可以是不增强的。 这些可以根据用途来进行分类：普通应用领域，如采用聚苯乙烯、聚脲、聚酰胺、氯化聚乙烯；技术含量较高的领域，如采用聚乙烯、聚丙烯、有机玻璃；特殊用途，如采用聚醚、聚砜等。蜂巢状材料主要是用铝、热塑性塑料、聚丙烯、醋酸纤维素等做成的；高密度材料是类似于木材、木质纤维、纸板、硬纸板、复合板、钢、铝等材料。核心层的性能取决于化学结构和形态，如高密度材料、泡沫还是蜂巢状材料、加工工艺 、密度等。考虑到核心层、表层和三明治复合材料的加工工艺，有很多不同的加工方法可供选择。

三明治式复合材料是复合材料里的一个典型的代表性材料，作为复合材料的应用也已经有很长的时间，其应用领域主要为绝缘板、船板、车身、赛车等。这种材料的主要优点是具有较高的硬度 / 质量的比值以及其他的优异性能等。三明治式复合材料在建材、建筑、汽车、造船工业的应用领域越来越广。

8.8.3 McDonnell Douglas 复合材料工厂的车间

航空复合材料从诞生到现在，经历了近 30 年的发展，目前已经进入了应用成熟阶段。欧美是航空复合材料研制和推广的佼佼者。美国航空复合材料的应用大致经历了 4 个阶段，首先应用在非承力或者受力较小的构件，如口盖、前缘、扰流板、整流罩等；第二阶段用于一级的次承力部件，如方向舵、升降舵、襟副翼等，并形成了一定的规模；第三阶段用于主要的次承力的部件，如水平、垂直尾翼等部件；现阶段，飞机机翼等主承力机构频繁采用复合材料，并出现全复合材料机身，复合材料在飞机中的用量越来越大。

美国在复合材料方面具有强大的，全面的研究和生产基地，综合实力最强。在战机用复合材料方面，其规模和技术都走在世界前列。早在 1974 年美国的 F-I5A 战斗机就使用了复合材料，比例为 2%。1976 年美国原麦道公司（McDonnell Douglas Corporation）研制成功的 F/A-18 复合材料机翼就是飞机复合材料发展过程中的一个重要的里程碑，其复合材料的用量已占军用飞机结构质量的 13%。

1995 年首飞的 F/A-18E/F 战机，复合材料的比例达到了 22%，襟翼采用碳—碳复合材料，机翼蒙皮也采用碳纤维—环氧复合材料。目前在战斗机和直升机上，先进复合材料不仅是轻质高强的结构材料，而具兼具隐身功能。

8.8.4 飞机部件装入高压釜进行成型处理

航空复合材料生产包括纺布、铺叠、预装、胶接、固化成型、切割、表面处理、无损检测、装配、终检等几个典型的生产阶段。在整个过程中又以铺叠、热压成型、装配三个阶段最为重要。

热压固化成型是整个复合材料制件生产的核心，通常也是整个生产过程的瓶颈，在这个阶段需要用到热压罐（热压罐属于大型精密设备，技术要求高）。本阶段的工作主要是将已经铺叠好的复合材料制件送入热压罐中，根据技术要求对热压罐设定温度压力等参数，对制件均匀地施加压力和温度，进行固化处理。这个过程中，要根据热压罐容积和复合材料制件的体积考虑多件制件同时进罐，提高设备利用率。固化过程一般时间比较长，少则 2h，多则十几个小时，固化过程中需要时刻监测热压罐内环境参数的变化情况。预吸胶过程时间相对比较短，工艺过程相对简单。

本节重点

（1）举出几种典型复合材料的结构及应用。
（2）说出聚合物基复合材料制品的典型生产流程。
（3）以喷涂积层法、拉拔成形法、片压复合法为例，介绍纤维增强塑料复合材料的成形工艺。

聚合物基复合材料制品的典型生产流程图

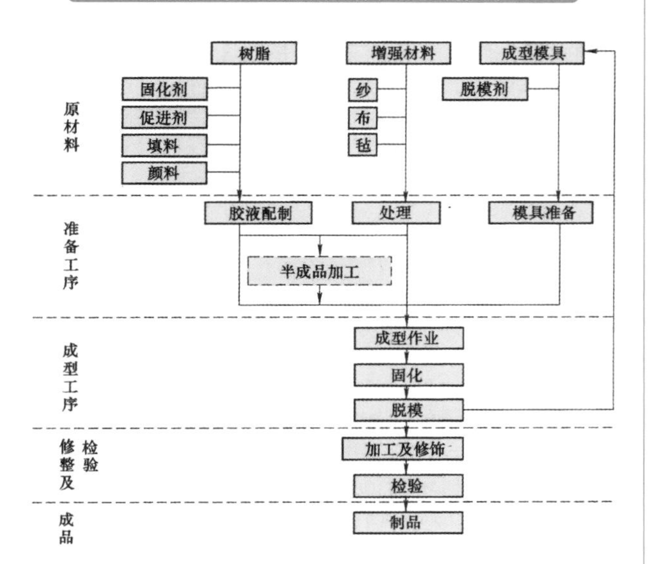

片压复合材料（sheet-molding compound, SMC）的制作过程

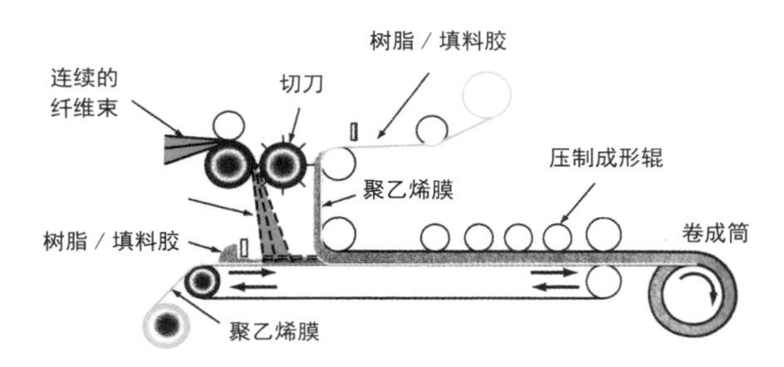

图中的机器正在生产由玻璃纤维和树脂 / 填料胶夹在两层聚乙烯膜中间构成的“三明治” SMC。所产生的 SMC 复合材料必须在最终压模成形前进行时效处理。

(Courtesy of Owens Corning.)

1

模塑纤维增强塑料复合材料的喷涂积层法

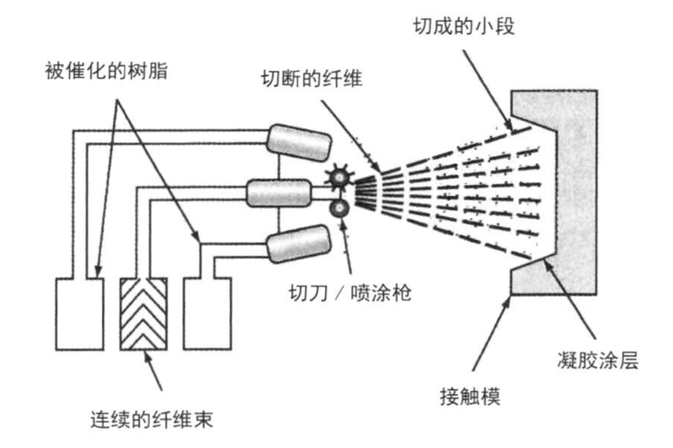

这一工艺的优点是可模塑高复杂性的大型部件，并便于自动化生产。

(Courtesy of Owens Corning.)

纤维增强塑料（型）复合材料的拉拔成形工艺

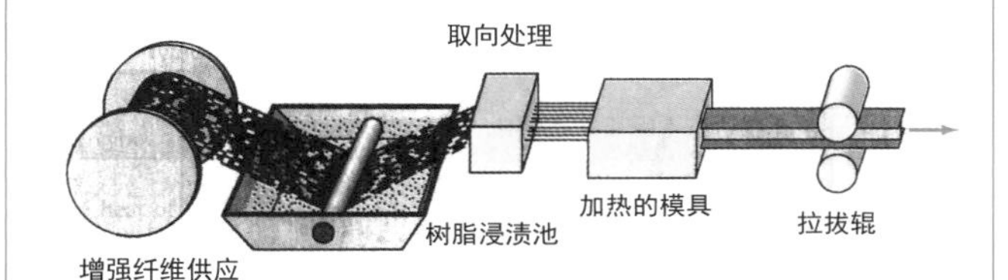

用树脂浸渍过的纤维被送进一个加热模具中，然后缓慢拉拔形成具有相同横截面形状的固化复合材料。

(From H.G. De Young, "Plastic Composites Fight for Status," High Technol, October 1983, p. 63.)

2

碳纤维 - 环氧树脂半固化的裁切

在 McDonnell Douglas 复合材料工厂，碳纤维 - 环氧树脂半固化片（prepreg sheet）被计算机控制的设备切成特定尺寸的片。

(Courtesy of McDonnell Douglas Corp.)

3

机翼用复合材料层压板的高压斧处理

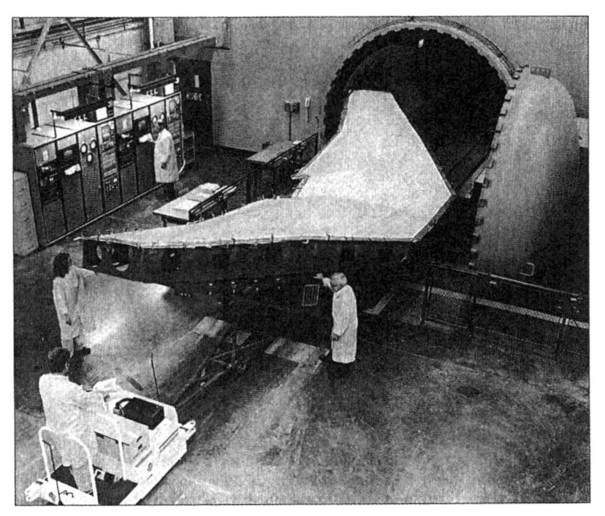

AV-8B 机翼和其他辅助部分用的碳纤维 - 环氧树脂层压板正在 McDonnell 飞机制造公司工厂装入高压斧准备进行成形处理。

(Courtesy of McDonnell Douglas Corp.)

4

8.9 复合材料在航空航天领域的应用

8.9.1 沿海巡航艇所用的复合材料

复合材料的特有性质使船艇具有更快的速度、更好的性能。复合材料在娱乐船业中的应用得到了好的认可和确立。独木舟、皮艇、帆船、动力艇及表演船都是很好的例子，他们的构造几乎全部采用了复合材料。玻璃钢结构或其他复合材料结构的另一大优点是比木制或金属结构更容易修复，特别是应用在娱乐船只上时。商用玻璃钢船最早是在捕鱼业中使用的，早在 20 世纪 60 年代就有玻璃钢拖网渔船建成并下海捕鱼，一些早期的船只现在仍在使用，为玻璃钢船的长寿提供了证据。今天，大约 50% 的商业渔船都采用了玻璃钢结构。

篷帆需要具有耐老化能力和良好的防水性能。过去的篷帆多数采用桐油涂浸过的棉麻布等，其色泽晦暗且多有不均匀处，有衰败破落的感觉，耐用性也较差。而现在，合成聚合物纤维被大量地使用到篷帆的制作中。与天然纤维和人造纤维相比，合成纤维的原料是由人工合成方法制得的，生产不受自然条件的限制。合成纤维除了具有化学纤维的一般优越性能，如强度高、质轻、易洗快干、弹性好、不怕霉蛀等外，不同品种的合成纤维各具有某些独特性能，使得篷帆的性能有了明显的改善。

8.9.2 大型客机中使用的各种复合材料

与军用飞机相比，民用飞机在安全性、可靠性、舒适性和经济性方面有更高的综合性能要求，因此与军机相隔 20 年后才出现大型飞机的复合材料机翼和机身，在这一阶段时间一是在发展相关技术，二是在努力降低成本，使之能与对应的金属结构竞争，条件具备了才有第二阶段迈向第三阶段的应用。例如，碳纤维复合材料不久前还只在军用飞机上用做主结构如机身和机翼。但是，近年来先进复合材料已开始用于大型民航客机上用做主结构，玻纤增强塑料也大量使用在一些较为次要的部位。以 2003 年波音 787 的推出为标志，大型客机应用材料进入了一个新时代，即全复合材料飞机时代，其意义不亚于 20 世纪飞机结构材料从木材、帆布进入以铝合金为主流材料的时代。

在美国，碳纤维复合材料主要用于航空航天工业；在欧洲，碳纤维复合材料在航空航天领域的使用量达到 33%，仅次于其他工业用途。例如，无人驾驶飞机上，目前已经大量使用碳纤维复合材料。

新近推出的波音公司新型民航客机 787 和空中客车公司 A380，都开始采用航空航天复合材料作飞机的主结构。这是因为复合材料能提供目前制铝工业所能提供的铝合金大致相同的性能，而且复合材料还能进一步降低成本。此外，复合材料还有耐久性好，所需保护少，零部件可以整合，耐腐蚀性强，通过利用智能纤维材料和嵌入式传感器进行结构监测等优点。

新研制的波音 787，机翼、机身等主承力结构均由复合材料制成，复合材料用量达全机结构总重的 50% 以上，其中约 45% 为碳纤维复合材料，5% 为玻璃纤维复合材料，是世界上第一架采用复合材料机身、机翼的大型商用飞机。A380 也使用通常的复合材料结构，例如机翼包皮的 40% 采用碳纤维增强塑料，减轻质量 1.5t，减轻全装配结构 11.6t。尾翼的大部分包括尾翼的安定面是碳纤维复合材料，仿照老式空中客车客机。未增强的后机身由连接到复合材料机架上的复合材料与合金架的组合体上的碳纤维蒙皮构成。一架飞机用复合材料总计将占全机架质量的大约 16%，因此可大大减轻同种规格的全金属结构（空飞机的总质量将约为 170t）。

8.9.3 航天飞机用的热保护系统

航天飞机重返大气层时，外层温度高达 1300～1700℃。为防止氧化，必须施行表面防护。航天飞机轨道器的热防护系统必须满足可靠性高、重量轻和可重复使用三项要求。

航天飞机轨道器实用的防热方案有以下三种：①非烧蚀型非金属材料隔热辐射防热结构；②金属材料辐射防热结构；③ C/C 复合材料辐射防热结构。例如，美国第一代航天飞机轨道器所采用的是第一种结构与第三种结构相结合的热防护系统；英国的 HOTOL 航天飞机计划采用第二种结构（即钛合金热防护系统）；美国第二代航天飞机有可能采用第二种和第三种结构相结合的热防护系统，更有可能采用第三种结构的整体式高级 C/C 复合材料热防护系统。

美国第一代航天飞机在轨道器上安装了专门的热防护系统，主要使用高纯度非晶形氧化硅纤维制成的陶瓷瓦、C/C 复合材料和聚芳酰胺防热毡，根据轨道器各部分的工作温度不同，采用不同的防热材料。

在温度为 1540℃ 以上的机身鼻锥部和机翼前沿，采用 C/C 复合材料结构块；在温度为 700～1480℃ 的区域采用高温可重复使用的表面隔热陶瓷瓦（HRSI）；在温度为 450～600℃ 的区域，采用可重复使用的表面隔热陶瓷瓦（LRSI）；在温度 450℃ 以下的部位，采用柔性可重复使用表面隔热块。

8.9.4 航天飞机的前锥体是由碳 / 碳复合材料做成的

在航天飞机重返大气层时，前锥体的温度可达到 1540℃ 以上，大多采用 C/C 复合材料结构块。C/C 复合材料具有低密度（$<2.0g/cm^3$）、高比强、高比模量、高导热性、低膨胀系数，以及抗热冲击性能好、尺寸稳定性高等优点，是目前在 1650℃ 以上应用的唯一备选材料，最高理论使用温度更高达 2600℃。

美国第二代航天飞机计划采用目前最先进的设计方案，高级 C/C 复合材料作外壳。高级 C/C 复合材料是一种极耐高温，在 1650℃ 的高温下仍能保持其各种机械性能的新型复合材料。与现在航天飞机的使用的增强 C/C 复合材料相比，高级 C/C 复合材料的强度要高两倍，抗氧化能力要高一倍。用高级 C/C 复合材料作整体式外壳，使防热系统与机壳融为一体，据估计，对于相同大小的轨道器而言，至少可减轻重量 10%，具有不透雨不风化的优点，并具有非常光滑的气动表面，其使用寿命至少可达 100 次往返飞行，甚至可使用 1000 次。

本节重点

（1）有帆赛艇中哪些部位使用了何种复合材料？
（2）根据航天飞机重返地球通过大气层时的表面温度分布选择合适的材料。
（3）航天飞机的前锥体和尾喷管为什么要用 C/C 复合材料制成？

沿海巡游中的巡航艇——以 GFRP 复合材料为船体、铝合金为桅杆、合成聚合物纤维为帆

A sailing cruiser, with composite (GFRP) hull, aluminum alloy mast and sails made from synthetic polymer fibers.

1

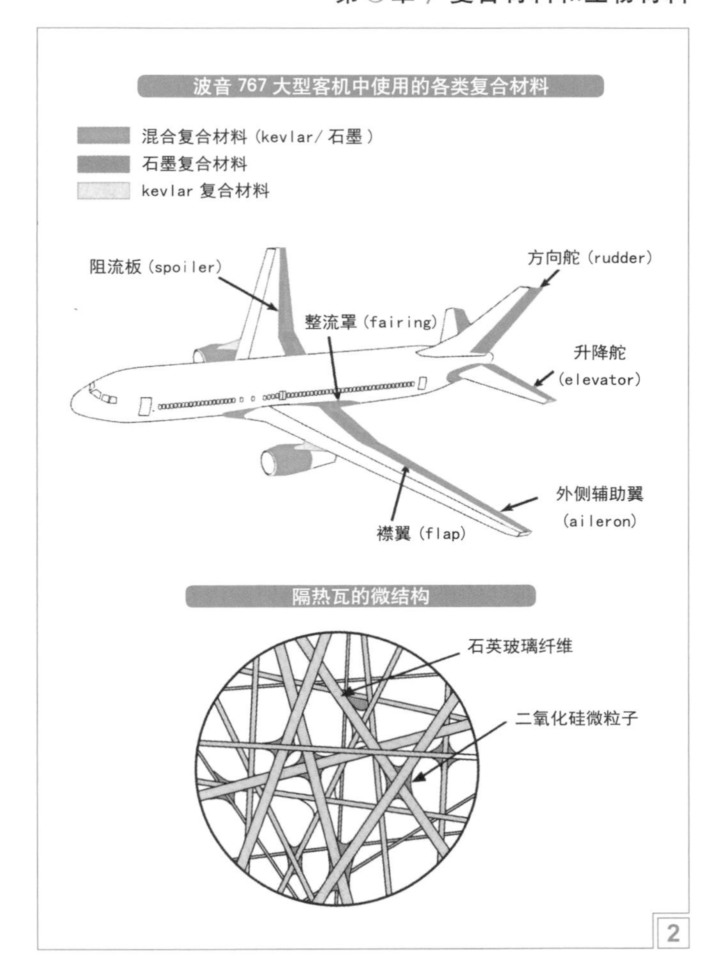

2

航天飞机重返地球通过大气层时的表面温度分布

1250°C
1400°C
1100°C
1000°C
1100°C
1100°C
1250°C
1250°C
1450°C

下表面

400°C
1150°C
1220°C
430°C
650°C
1400°C
1100°C

侧视图

航天飞机用的热保护系统

上面

下面

增强碳-碳复合材料（RCC）
高温可再使用的表面隔热材料（HRSI）
低温可再使用的表面隔热材料（LRSI）
可再使用的隔热毡（FRSI）
金属或玻璃

3

航天飞机的前锥体是由 C/C 复合材料做成的

4

8.10 天然复合材料（1）——木材的断面组织

8.10.1 典型树干的横截面

一段典型的树干横截面包括以下结构：树皮、韧皮部（又称内树皮）、形成层、木质部、髓心。下面详细介绍各层的结构和作用。

（1）树皮：指树茎以外的所有组织（广义的树皮包含韧皮部），由死的细胞和组织构成，是树干最外层的结构，起保护的作用。

（2）韧皮部：指树皮和形成层之间的组织，由筛管、伴胞、筛分子韧皮纤维和韧皮薄壁细胞等组成。韧皮部中含有筛管，主要起输送有机物质的作用。

（3）形成层：指位于木质部和韧皮部之间的一种分生组织。形成层的细胞可以分裂，不断产生新的木质部与韧皮部，使茎或根不断加粗。（只有木本植物才有形成层，一般存在于裸子、双子叶植物中。）

（4）木质部：围绕着髓心的有一圈圈的颜色深浅不同的同心圆，这就是此树木的木质部。木质部由导管、管胞、木纤维和木薄壁组织细胞以及木射线组成。木质部中含有生活的细胞和贮存物质、并具输导水分和无机盐功能的部分，称为边材。在木质部内部已经停止储藏和输导作用的部分，称心材。与边材相比心材颜色较深也较为坚硬。

（5）髓心：指位于树干中心的由细胞薄壁细胞组成的髓，髓心为木质部所包围，组织松软，沟通内外营养物质的横向运输，并且具有储藏营养物质的作用。

8.10.2 一段软木（长叶松）横断面的扫描电镜照片

软木的扫描电镜照片清楚地展现了木材的横切面（C）、弦切面（T）、径切面（R）。图中近面为早材部位，远面为晚材部位。而图中较粗的细胞为早材，较细的为晚材。早材（又称春材）是木本植物春天所生的木质部。而晚材（又称秋材），是在生长季后期所形成的木质部，这时期气候逐渐变得干冷，形成层活动减弱，以至停止。从照片中可以看出早材部分的木材细胞较大，较为疏松，细胞壁薄；而晚材部位的木材细胞小而细，排列也更为紧密，细胞壁也更厚。此外图中还能看到垂直于纵线的维管射线，这部分细胞承担了储存养分，并且横向运输的任务。

8.10.3 软木中的年轮

年轮是生长轮（生长层）的俗称，包含春材与秋材，通常情况下每一个生长季产生一个年轮（因树木所处环境的剧烈变换而产生的生长层称为假年轮，有些树种一个生长季可出现两个或多个生长轮，即双轮或复轮）。

（1）年轮的成因：木本植物的形成层活动的活跃程度受到外界环境影响，以温带树木的形成层为例，形成层在春天开始活动，主要进行平周分裂（平行于表皮方向发生的分裂），向内和向外同时产生新细胞，分别构成次生木质部和次生韧皮部。而冬季时形成层的原始细胞处于休眠状态，到次年春天又开始活动，如此年复一年。由于这种季节性的生长，在树茎的横断面上形成年轮。位于热带或者亚热带的树木，由于季节变化不明显，形成层整年都处于活跃期，分裂形成木质部的速度并无明显的变化，故难以产生年轮或年轮不明显。

（2）影响年轮形成的因素：影响年轮形成的主要因素是植物激素。激素中最重要的是生长素，它控制着形成层的是分化。此外植物体内的赤霉素和细胞分裂素等内源激素，对于形成层原始细胞的分裂、分化，木质部分子细胞壁的加厚，以及早材至晚材的过渡等也有密切关系。除激素外，碳水化合物也是影响年轮形成的因素之一。例如晚材中细胞壁显著加厚，则与碳水化合物的供应增多有着密切的关系。

（3）生长轮的组成：①春材。春季，形成层活动时，原始细胞迅速向内分裂形成大量的木质部分子，此时形成的细胞的直径大，数目多，壁较薄，木纤维数量较少，因此材质显得比较疏松，颜色也较浅；②秋材。到了同年秋季，形成层的活动逐渐减弱，原始细胞的分裂的速度也相应地减慢，分化形成的细胞直径较小，数量少，而木纤维的数量相应增多，这部分的材质比较致密，颜色一般也较深。

一般而言由于形成层分裂速度是逐渐变化的，同一年的春材与秋材之间没有明显的界线。不过在上一个生长季的秋材与下一个生长季的春材之间存在着明显的界线。

8.10.4 木材生长中的变异

随着树木的生长，同一种树的生长轮的密度（反映木材的结构与强度），宽度（反映树木生长的快慢）等指标有着共性的变异，表现为径向的收缩与畸变和高度方向上的变异。

杉木生长轮间的密度差异不大，基本处于同一水平（约为 500kg），只有第二年的密度较大。随后生长轮密度逐渐上升，直到 30 年以后开始下降。其中，晚材密度（约为 600kg）明显高于早材密度（约为 400kg）。

杉木生长轮宽度随着生长轮的增加而减小，特别是第六至十六年，生长轮宽度有着明显的下降，其后的下降就较为缓慢。

早材的宽度明显大于晚材宽度，但是早材宽度的变化趋势与生长轮宽度的变化趋势的基本相同，而晚材宽度随生长轮的增加也呈下降趋势，只是下降速度较慢。

杉木生长轮的宽度随着树高的增加先增大后减小，大约在 2.3m 处达到最大值 2.2mm，之后随着树高的增加开始减小，约在 4.3m 处达到最小值 1.46mm。

与生长轮宽度的变化趋势相反，生长轮密度随着树高的增加先减小后增大，约在 2.3m 处达到最小值 469 kg。

此外，还发生特性的变异。由于树木所处环境的不同，及外力、砍伐、折断等的影响，树木的生长轮并非规则的圆形，而是有凹有凸的曲线。此种变异因特定的环境不同而不同，并无明显的规律可循。

本节重点

（1）画出树干的典型横断面结构并指出各部位的名称。
（2）从软木横断面的扫描电镜（SEM）照片，可以发现年轮结构的哪些特征？
（3）人们常说的“立木承千斤”反映了木材结构的哪些特征？

树干的典型横断面及各部分的名称

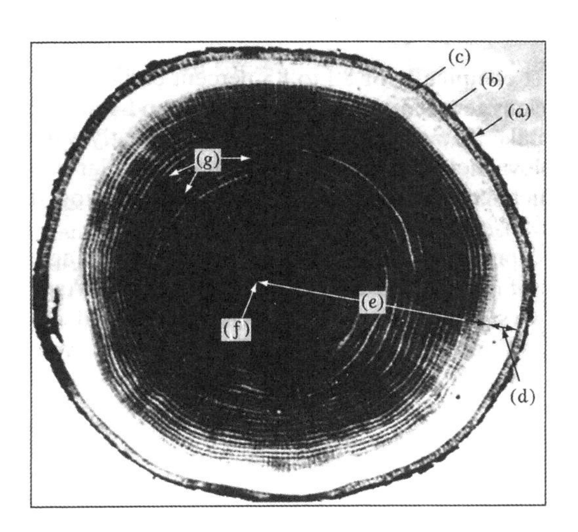

(a) 外树皮，(b) 内树皮，(c) 形成（新生）层，(d) 边材（白木质）(e) 心材（实木质），(f) 木髓，(g) 年轮。

(After "U.S. Department of Agriculture Handbook No. 72," revised 1974, p. 2-2.)

1

一段软木（长叶松）横断面的扫描电镜（SEM）照片

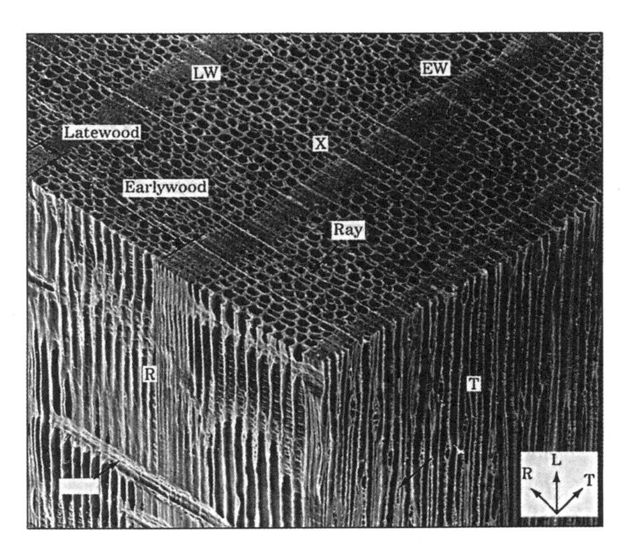

显示出三段完整的年轮结构。特别注意到早材中细胞的尺寸明显大于晚材中的细胞。由储存养分的细胞相连而成的射线垂直于纵线。（放大位数 75X）

(Courtesy of the N C. Brown Center for Ultrastructure Studies, SUNY College of Environmental Science and Forestry.)

2

软木中的年轮

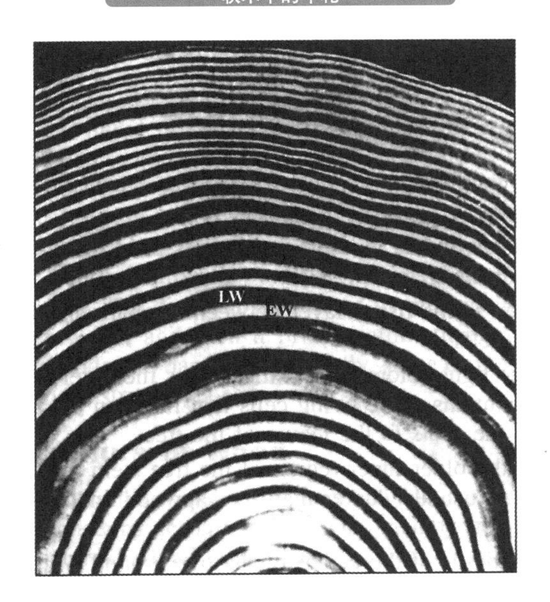

年轮中早材（EW）部分的颜色要浅于晚材（LW）部分的颜色。
[After R.J. Thomas, J. Educ. Module Mater. Sci., ***2****:56(1980). Used by permission, the Journal of Materials Education, University Park, Pa.]*

3

木材当中的一组轴。纵向轴平行于木纹；切向轴平行于年轮；径向轴垂直于年轮

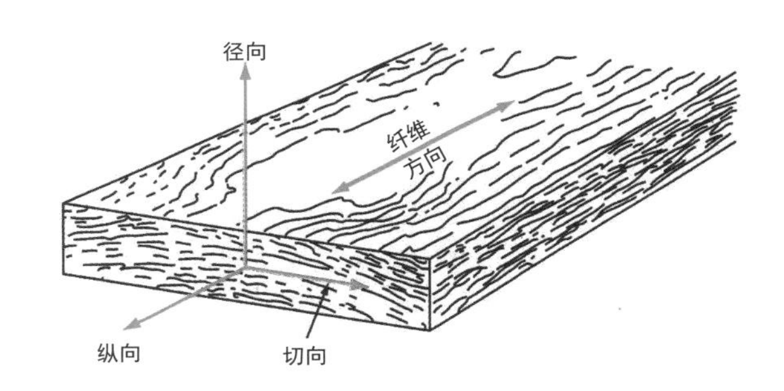

一段树干的横断面，可以看出在切向、径向和沿年轮方向上的收缩与畸变

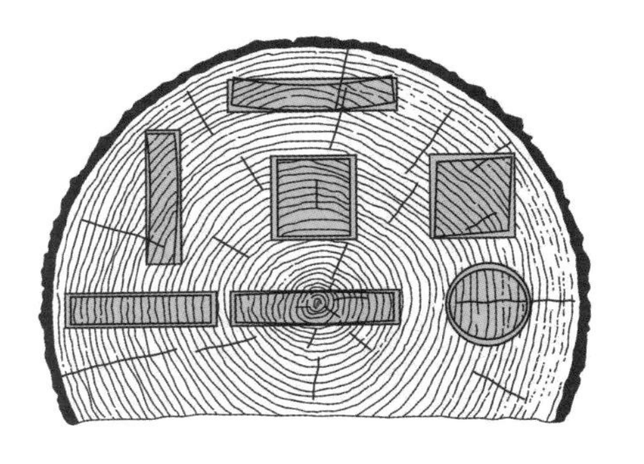

4

8.11 天然复合材料（2）——木材的微观结构

8.11.1 一段散孔硬木（糖枫）横断面的扫描电镜照片

糖枫（sugar maple），学名为 *Acer Saccharum*，又名美洲糖槭，槭树科槭属。栖所：落叶林，美洲东北部；糖枫和黑糖枫的木材叫做硬枫木（hard maple）。硬枫木木质坚硬，强韧，密度大。它的纹理细密，木质颜色很淡，抛光之后木材十分光滑。硬枫木被用于制作家具，单板，地板，鞋楦头，工具手柄和乐器。

图 1 是一段散孔硬木（糖枫）横断面的扫描电镜（SEM）照片。从照片中可以看出，通过年轮的气孔的直径几乎相同。由单个气孔单元连接而成的导管结构清晰可见。

8.11.2 一段环孔硬木（美国榆）横断面的扫描电镜照片

美国榆（American elm），学名为 *Ulmusamericana Linn*，原产美国，我国山东、北京、江苏等地有引种。树干很少通直，木材为散孔材，心材淡黄色，与边材区别不明显，边材色浅。木材具光泽，无特殊气味和滋味，纹理直或略交错，结构细而均匀，木材重量中，强度中。木材纹理细腻而具较强的立体感。

图2是一段环孔硬木（美国榆）横断面的扫描电镜（SEM）照片。从照片中可以看出，早材与晚材中的气孔的直径存在显著差异。前者较大，后者较小。

相比之下，散孔硬木气孔较大，排列疏松，木质部致密。规则致密的结构使散孔硬木拥有较大的强度和密度。而环孔硬木气孔较小但排列紧密，呈带状或环状，在垂直于年轮的走向上气孔大小间隔排列。木质部不如散孔硬木紧密，所以硬度、强度、密度都比散孔硬木小。

8.11.3 三维多孔材料

多孔材料是指固相与大量孔隙共同构成的多相材料，最为普遍的是由大量多面体形状的孔洞在空间聚集形成的三维结构，通常称之为“泡沫”材料。按照孔径大小的不同，多孔材料可以分为微孔（孔径小于 2 nm）材料、介孔（孔径 2～50 nm）材料和大孔（孔径大于 50 nm）材料。相对连续介质材料而言，多孔材料一般具有相对密度低、比强度高、比表面积高、重量轻、隔音、隔热、渗透性好等优点。具体表现及应用有：

（1）机械性能的改变　应用多孔材料能提高强度和刚度等机械性能，同时降低密度，这样应用在航天、航空业就有一定的优势，据测算，如果将现在的飞机用部分材料改用多孔材料，在同等性能条件下，飞机重量减小到原来的一半。应用多孔材料另一机械性能的改变是冲击韧性的提高，应用于汽车工业能有效降低交通事故对乘客造成的伤害。

（2）对机械波及机械振动的传播性能的改变　波传播至两种介质的界面上时，会发生反射和折射。由于多孔的存在，增大了反射和折射的可能，同时衍射的可能也增多了。所以多孔材料能起到阻波的作用。利用这种性质，多孔材料可以用作隔音材料、减振材料和抗爆炸冲击的材料。

（3）对光电性能改变　多孔材料具有独特的光学性能，微孔多孔硅材料在激光的照射下可以发出可见光，将成为制造新型光电子元件的理想材料。多孔材料的特殊光电性能还可以制出燃料电池的多孔电极，这种电池被认为是下一代汽车最有前途的能源装置。

（4）选择渗透性　由于目前人们已经能制造出规则孔型而且排列规律的多孔材料，并且，孔的尺寸和方向已经可以控制。利用这种性能可以制成分子筛，比如高效气体分离膜、可重复使用的特殊过滤装置等。

（5）选择吸附性　由于每种气体或液体分子的直径不同，其运动的自由程不同，所以不同孔径的多孔材料对不同气体或液体的吸附能力就不同。可以利用这种性质制作出用于空气或水净化的高效气体或液体分离膜，这种分离膜甚至还可重复使用。

（6）化学性能的改变　多孔材料由于密度的变小，一般材料的活性都将增加。基于具有分子识别功能的多孔材料而产生的人造酶，能大大提高催化反应速度。

在众多的多孔材料中，从制备角度，无序多孔材料的制备较易，成本较低，易于大量推广和使用。例如泡沫金属。目前常见的方法有 5 种：①粉末冶金法，它又可分为松散烧结和反应烧结两种；②渗流法；③喷射沉积法；④熔体发泡法；⑤共晶定向凝固法。以渗流法为例，将一定粒径的可溶性盐粒装填在模具中压实，并随模具一起放入炉内加热，同时在电阻式坩埚炉内配制所需的合金，待合金熔化完毕，出炉浇入模具中，通过在金属液表面施加一定的压力使其渗透到粒子之间的缝隙之中；当金属液凝固后便可得到金属合金与粒子的复合体，用水将复合体中的盐粒溶去，即可制得具有三维连通泡孔的泡沫合金。但是这种方法生产的材料性能不均匀，质量很难控制。

可控孔多孔材料的制备过程相对复杂，且技术条件要求较高。从前面分析的特性来看，可控孔多孔材料拥有许多无序孔多孔材料所不具备的特性，随着新技术的发展，可控孔多孔材料的制备方法将越来越成熟，这类方法必将成为今后多孔材料科学的发展趋势。

8.11.4 天然多孔材料

由于多孔材料在机械性能、光电性能、化学性能、渗透性、吸附性等方面存在诸多优势，因此大量存在于动物、植物体中，如木材、软木、海绵和珊瑚等。多孔材料的应用使在减小自身重量的同时增强了强度与韧性，使水分、养分、神经信号有充分的传递空间，增强催化活性并增大反应接触面积，使一些生命体中必需的生物化学反应大量、迅速地进行。这些都使动植物体能够更好地适应生长环境。人们应以自然为师，从中找寻灵感，以便将来研制出功能更加强大的多孔材料。

本节重点

（1）散孔硬木和环孔硬木的微观结构与软木的微观结构有哪些不同？
（2）三维多孔材料有哪些特殊的功能和应用？
（3）为什么天然多孔材料在动物、植物体中广泛存在？

一段散孔硬木（糖枫）横断面的扫描电子显微镜（SEM）照片

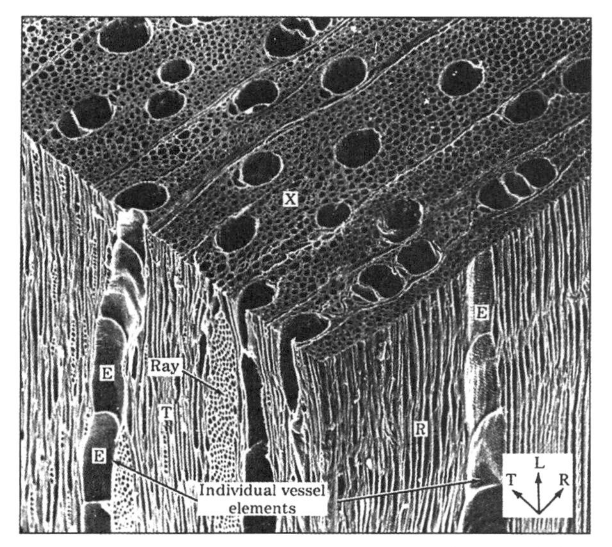

照片从中可以看出，通过年轮的气孔的直径几乎相同。由单个气孔单元连接而成的导管结构清楚可见。
（放大倍数 100X）

(Courtesy of the N.C. Brown Center for Ultrastructure Studies, SUNY College of Environmental Science and Forestry.)

1

一段环孔硬木（美国榆）横断面的扫描电子显微镜（SEM）照片

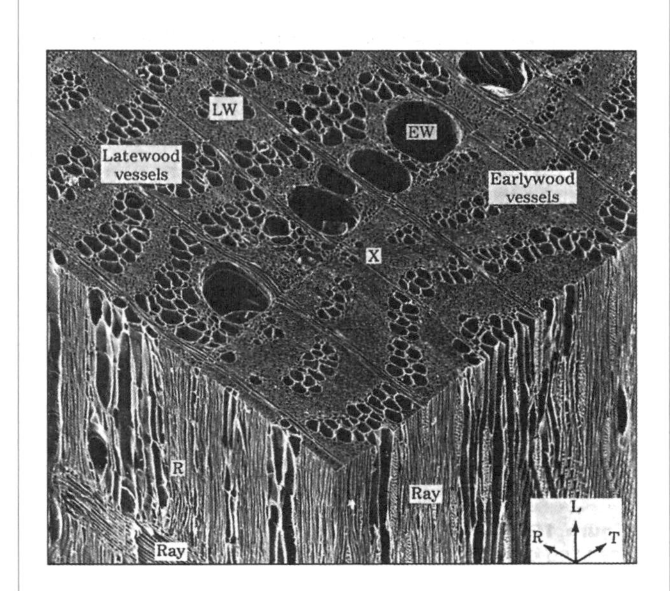

照片从中可以看出早材与晚材中气孔的直径存在显著的差异。
（放大倍数 54X）

(Courtesy of the N.C. Brown Center for Ultrastructure Studies, SUNY College of Environmental Science and Forestry.)

2

三维多孔材料

1 mm
(a)开孔聚氨酯

1 mm
(b)闭孔聚乙烯

1 mm
(c)镍

1 mm
(d)铜

2 mm
(e)锆

2 mm
(f)莫来石

1 mm
(g)玻璃

1 mm
(h)兼有开孔和闭孔的聚醚

3

天然多孔材料

100 μm
(a)软木

100 μm
(b)轻木

200 μm
(c)海绵

1 mm
(d)网状骨质

2 mm
(e)珊瑚

1 mm
(f)墨鱼骨质

50 μm
(g)鸢尾叶

250 μm
(h)植物茎

4

8.12 生物材料的定义和范畴

8.12.1 生物材料的定义

从广义讲，一切与生命有关的材料，不论是合成材料还是天然材料，均可称为生物材料。我国学者提出的生物材料的定义是：能够替代、增强、修复或矫正生物体内器官、组织、细胞或细胞主要成分的功能材料。生物类材料包括：①仿生材料，如蛛丝、昆虫翼、生物钢（蛋白质）材料等；②生物医用材料，如骨、血管、血液、心脏瓣膜材料等；③生物灵性材料，即在电、光、磁等作用下具有伸缩等功能的类似智能材料。

在生物环境中，生物材料所接触的除了无生物物质外，更有器官、组织、细胞、细胞器以及生物大分子等不同层次的大量有机体。因此，作为生物材料，首先应能与这些活的有机体相互容纳；另外，还应根据其使用目的而具备必要的物理力学性能和不同层次的生物功能。在科学上，生物材料已成为现代生物工程、医学工程以及药物制剂等进一步发展的重要物质支柱；同时，生物材料与生命物质间相互作用的本质的阐明以及两者间界面分子结构的探索对于生命科学的发展也有十分重要的意义。

8.12.2 生物材料按其生物性能分类

根据材料的生物性能，生物材料可分为生物惰性材料、生物活性材料、生物解体材料和生物复合材料四类。根据材料的种类，生物材料大致上可以分为医用金属材料、医用高分子材料、生物陶瓷及玻璃材料、生物医学复合材料、生物医学衍生材料等数种。

8.12.3 生物材料按其属性的分类

（1）金属及合金生物材料　尽管金属与人体组织的性质迥异，其之所以被用在人体，乃是因为金属具有很高的强度、硬度或导电性，而这些特性是当人体某部分或器官被取代时所必需的。目前移植用的金属大约有一半是由不锈钢制成，另外一半是由钴-铬合金制成，不锈钢如果处理得当，具有很好的抗腐蚀性，可以利用到很多方面的移植。

钴-铬合金的机械性质稍优于不锈钢，且在生物体内具有很高的抗蚀性，主要用在矫形术上，如骨夹板、骨钉、人造关节、牙科移植及电刺激用线等。钛及其合金具有高度的抗蚀性及较低的密度，已被广泛用于移植器材的制作上，大部分用在骨科及牙科的移植上。

（2）聚合物生物材料　目前已有很多种聚合材料被用于临床医疗上，大部分是作为软组织的取代物。这是因为聚合材料可以制成各种形式以符合所要取代之软组织的物理及化学性质。聚合物材料具有下列优点：①很容易制成各种用途的形式，如油性、固体、胶状体或者是薄膜；②与金属及合金相比较，其在体内较不易受到侵蚀，但并不意味它不会产生退化变质；③由于聚合材料和体内组织中的胶原很类似，使得它在植入体内后能和组织直接结合；④用于接着方面的聚合材料，可以取代过去传统式的缝合方法，将体内受损的柔软组织及器官予以接合；⑤聚合材料的密度和人体组织很接近（$1g/cm^3$）。

聚合材料也有一些缺点：①其弹性模量（modulus of elasticity）较低，使得聚合材料很难用于需要承受较大负载的用途；③由于聚合程度很难达到百分之百，使得它们在体内长久使用下，仍不免会产生退化的现象。④想得到不含其他添加剂如抗氧化剂、抗变色剂或可塑剂之高纯度医用级的聚合材料是很困难的，因为大部分的聚合材料均经由大量的生产途径来制造。

（3）陶瓷及玻璃生物材料　陶瓷在牙冠的使用上已经有很长一段时间，另外如玻璃陶瓷会与骨骼组织形成特殊接合，生物能分解的磷酸钙陶瓷可用于永久移植，这些应用是因为陶瓷对体液不发生作用，并且具有较高的压缩强度及美观好看等特性。

没有活性并具有相当大小孔径的陶瓷材料会诱使骨骼组织向孔内生长，因此可以用来作为关节的弥补物，而不必用骨粘合剂。生物能分解的磷酸钙陶瓷其成分与骨骼组织近似，植入骨内不会引起任何反应。玻璃陶瓷其表面会释出离子与骨骼组织直接接合，以增进弥补物的固定性。

陶瓷材料在医学上的应用如下：脸部骨头因癌症而切除，失去原来形状时，可利用陶瓷材料整容、牙齿拔除后，将有孔隙的陶瓷材料填入，当软组织长入孔隙中，便可安装假牙、耳后海绵状的乳突骨因病切除后，可用陶瓷材料填补整形，另外陶瓷也可以镀在金属表面用于关节，可以使用较长的时间。

8.12.4 生物材料的发展

金属及合金材料在人体的应用方面主要是利用其优异的机械强度特性，以承受较大的应力变化，其次才是利用其导电的特性；聚合材料在医学领域里已被广泛地应用，但仍有很多其他方面的应用，聚合材料比不上其他材料，尤其在硬组织的替代方面显出聚合材料不适合用于需要承受重力或磨损的用途，即使是软组织的替代，也尚需加强材料和人体组织的适应性；陶瓷材料最大的优点是在人体中很稳定，且有适当孔隙的陶瓷可以让软组织及硬组织生长到里面，形成内部互相连接的结构，适合于长期的移植，但陶瓷无法适用于所有移植，对于承受重力部分必须与金属或合金配合，有时必须与聚合材料一起使用才能发挥它的功效。

总而言之，当人体的组织或内部器官因疾病或意外伤害所造成的缺损或残废而影响到外形或功能的完整性时，其最大的希望是同种器官的移植，但是同种器官移植除了不容易找到外，还会遭遇到生物体的自然抗体、免疫反应及对外来物的排斥性等，所以其最后希望便是换一个由生物材料所制成的人造器官。外形的缺损也可以利用生物材料加以整形，如日常生活上常见的换肤、整容、隆乳等，使失去的功能恢复，让人恢复正常的生活及生命活力，这是医学史上的一大进展，已被公认为健康医疗上的伟大成就，并将继续取得进步。

本节重点

（1）请给出生物材料的定义。
（2）生物材料按其结构性能的分类，分别给出实例。
（3）生物材料按其属性的分类，分别给出实例。

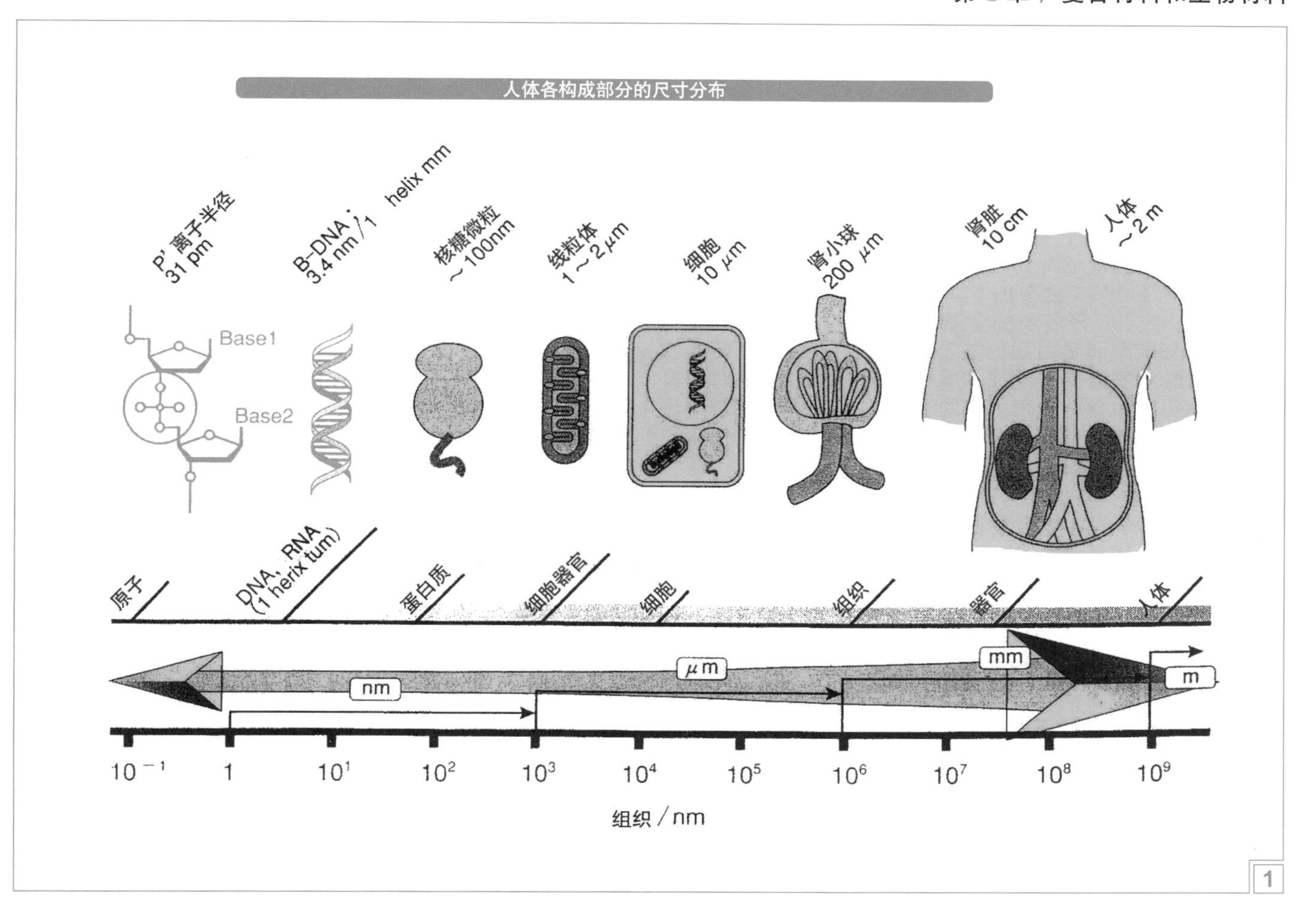
人体各构成部分的尺寸分布
P' 离子半径 31 pm
B-DNA：3.4 nm / 1 helix mm
核糖微粒 ~100nm
线粒体 1~2 μm
细胞 10 μm
肾小球 200 μm
肾脏 10 cm
人体 ~2 m
Base1
Base2
原子
DNA、RNA (1 herix turn)
蛋白质
细胞器官
细胞
组织
器官
人体
nm
μm
mm
m
10⁻¹
1
10¹
10²
10³
10⁴
10⁵
10⁶
10⁷
10⁸
10⁹
组织 / nm

1

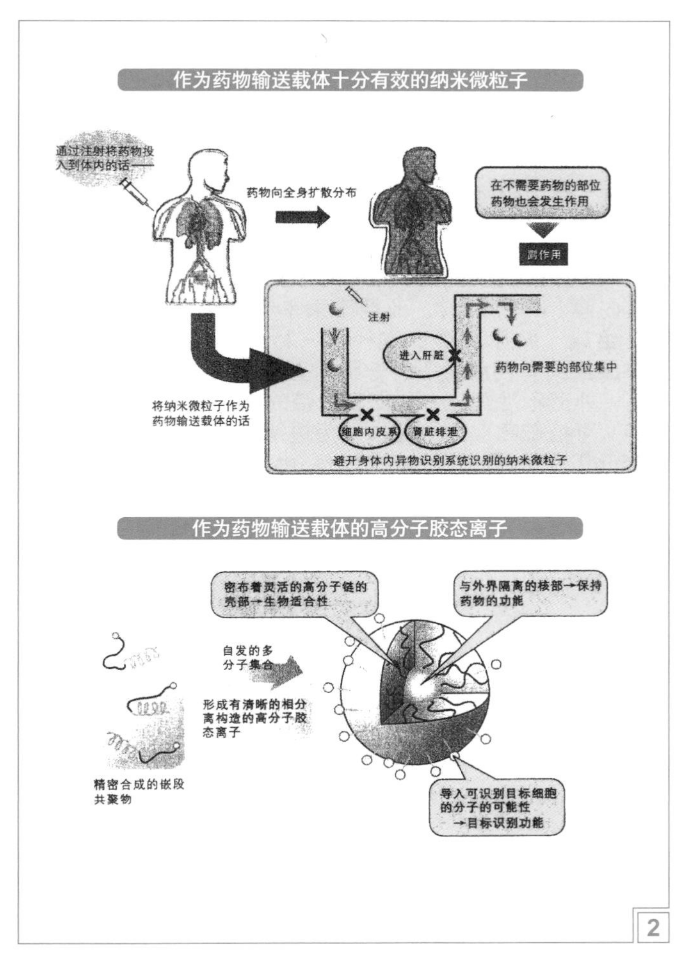
作为药物输送载体十分有效的纳米微粒子
通过注射将药物投入到体内的话——
药物向全身扩散分布
在不需要药物的部位药物也会发生作用
副作用
注射
进入肝脏
药物向需要的部位集中
将纳米微粒子作为药物输送载体的话
细胞内皮系
肾脏排泄
避开身体内异物识别系统识别的纳米微粒子
作为药物输送载体的高分子胶态离子
密布着灵活的高分子链的壳部→生物适合性
与外界隔离的核部→保持药物的功能
自发的多分子集合
形成有清晰的相分离构造的高分子胶态离子
精密合成的嵌段共聚物
导入可识别目标细胞的分子的可能性→目标识别功能

2

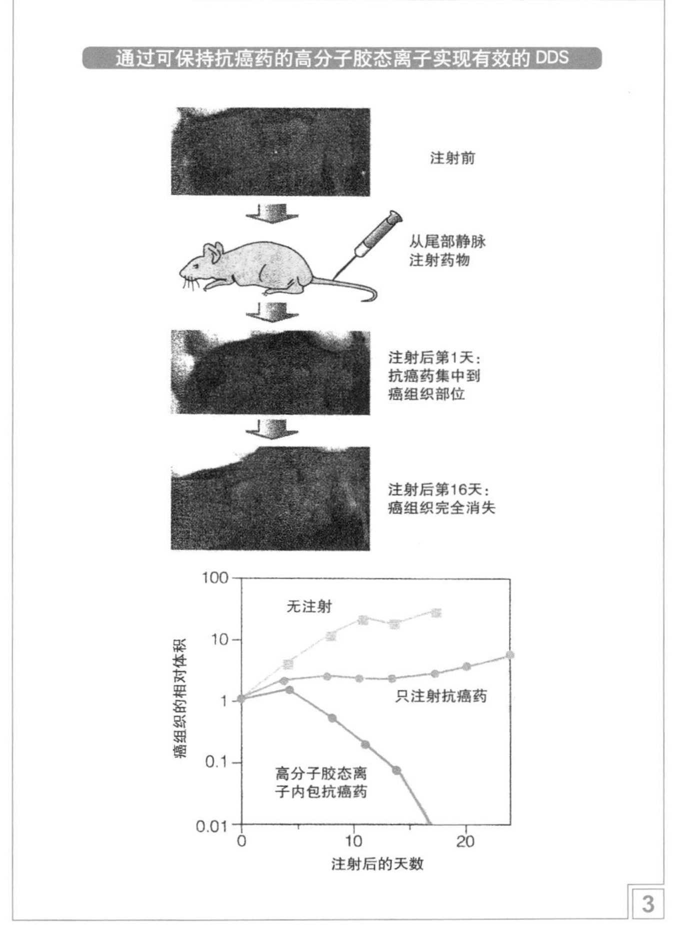
通过可保持抗癌药的高分子胶态离子实现有效的DDS
注射前
从尾部静脉注射药物
注射后第1天：抗癌药集中到癌组织部位
注射后第16天：癌组织完全消失
100
10
1
0.1
0.01
癌组织的相对体积
无注射
只注射抗癌药
高分子胶态离子内包抗癌药
0
10
20
注射后的天数

3

8.13 骨骼、筋和韧带组织

8.13.1 成人股骨的纵断面

骨组织由数种细胞成分和大量钙化的细胞间质组成。骨的钙化细胞间质又称骨基质，由有机成分和无机成分构成。

(1) 有机成分　包括胶原纤维和无定形基质，约占骨干重的 35%，是由骨细胞分泌形成的。有机成分的 95% 是胶原纤维（骨胶纤维），主要由 I 型胶原蛋白构成，还有少量 V 型胶原蛋白。无定形基质的含量只占 5%，呈凝胶状，化学成分为糖胺多糖和蛋白质的复合物。糖胺多糖包括硫酸软骨素、硫酸角质素和透明质酸等。而蛋白质成分中有些具有特殊作用，如骨粘连蛋白可将骨的无机成分与骨胶原蛋白结合起来；而骨钙蛋白是与钙结合的蛋白质，其作用与骨的钙化及钙的运输有关。有机成分使骨具有韧性。

(2) 无机成分　主要为钙盐，又称骨盐，约占骨干重的 65%。主要成分是羟基磷灰石结晶 $[Ca_{10}(PO_4)_6(OH)_2]$，电镜下，结晶体为细针状，长约 10~20nm，它们紧密而有规律地沿着胶原纤维的长轴排列。骨盐一旦与有机成分结合后，骨基质则十分坚硬，以适应其支持功能。

成熟骨组织的骨基质均以骨板的形式存在，即胶原纤维平行排列成层并借无定形基质粘合在一起，其上有骨盐沉积，形成薄板状结构，称为骨板。同一层骨板内的胶原纤维平行排列，相邻两层骨板内的纤维方向互相垂直，如同多层木质胶合板一样，这种结构形式，能承受多方压力，增强了骨的支持力。

由骨板逐层排列而成的骨组织称为板层骨。成人的骨组织几乎都是板层骨。按照骨板的排列形式和空间结构不同而分为骨松质和骨密质。骨松质构成扁骨的板障和长骨骨骺的大部分；骨密质构成扁骨的皮质、长骨骨干的大部分和骨髓的表层。

覆盖在长骨两端的软骨称为关节软骨，软骨下方的一段区域称为骺板，骺板处的软骨细胞增殖形成软骨细胞柱，并将成熟的细胞推向骨干的中部。由于软骨细胞的增大并死亡，该空间被新的骨细胞（成骨细胞）填充并占据。新的血管又来营养新的细胞，骨骼就是这样生长的。骨在形成的过程中，无机物（主要为钙盐）沉积于胶原纤维形成的有机基质中。骨细胞形成骨胶原，同时促进钙盐沉积。根据激素对人体需要的调节，骨内的小管可使钙盐从血管内流入或流出，这就是骨骼无机物的代谢。

8.13.2 松质骨、有皮外骨的显微组织

松质骨是由接近杆状或平板状的骨小梁组成，骨小梁在三维空间呈连续性的交错网络分布，构成了松质骨的显微结构。近年来，随着生物力学的研究从宏观逐渐深入至微观，大量研究证实，松质骨的显微结构是影响骨力学性能的重要因素。对骨质疏松的研究表明，现唯一可用于临床诊断骨质疏松症的影像学检测手段即骨密度测量，因其无法检测骨的显微结构而不足以评估骨的力学强度和预测骨质疏松性骨折的风险。因此，在骨生物力学和骨质疏松的相关研究领域，松质骨的显微结构研究是一个不容忽视的重要内容。

软骨组织由软骨细胞、基质及纤维构成。根据软骨组织所含纤维的不同，可将软骨分为透明软骨、纤维软骨和弹性软骨三种。其中以透明软骨的分布较广，结构也较典型。软骨是具有某种程度硬度和弹性的支持器管。在脊椎动物中非常发达，一般见于成体骨骼的一部分和呼吸道等的管状器官壁、关节的摩擦面等。发生初期骨骼的大部分一度由软骨构成，后来被骨组织所取代。软骨鱼类的成体大部分骨骼也是软骨。在无脊椎动物中，软体动物的头足类的软骨很发达。软骨的周围一般被覆以纤维结缔组织的软骨膜，它在软骨被骨取代时转化为骨膜。软骨是身体里唯一不会发生癌变的组织。

8.13.3 腱、韧带的宏观图像和微细组织

腱（或称肌腱）是一坚韧的结缔组织带，通常将肌肉连接到骨骼，并可承受张力。腱类似韧带和筋膜，都是由胶原蛋白组成；不过，韧带是连接骨骼，而筋膜则连接肌肉。肌腱与肌肉一起作用产生动作。

正常健康的腱大多是由平行的紧密胶原组成。腱大约 30% 的总质量是水，其余质量组成如下：约 86% 的胶原蛋白、2% 弹性纤维、1%~5% 蛋白多糖和 0.2% 无机成分，如铜、锰和钙。胶原部分是由 97%~98% 的 I 型胶原蛋白，与少量其他类型的胶原蛋白组成。

韧带连接骨与骨，为明显的纤维组织，或附于骨的表面或与关节囊的外层融合，以加强关节的稳固性，以免损伤，相对肌腱连接的是骨和肌肉；韧带既限制膝关节的活动范围，又引导膝关节依照一定的规则或规律进行运动，称此作用为制导；韧带还是支持内脏，富有坚韧性的纤维带，多为增厚的腹膜皱襞，使内脏固定于正常位置或限制其活动范围；此外还有为某些胚胎器官的残存遗迹，如动脉导管韧带。

韧带来自于胶原。若韧带超过其生理范围地被弯曲（如扭伤），可以导致韧带的延长或是断裂。

8.13.4 韧带、腱、软骨的微结构

前交叉韧带具有与其他结缔组织类似的超微结构。它由多个纤维束组成，基本单位为胶原，250μm 至数毫米不等，被一层结缔组织包绕，这层结缔组织为腱围。每个纤维束又由 3~20 个亚纤维束组成为腱鞘包绕。组成亚纤维束的是亚纤维束单位，直径 100~250μm，由一层疏松结缔组织包绕，即腱内膜（Ⅱ型胶原）。亚纤维束单位由直径 1~20μm 胶原纤维组成。胶原纤维由直径 25~250nm 胶原原纤维组成。胶原原纤维有两种类型，一种为直径 35nm、50nm 或 75nm 不等，外形不规则，占前交叉韧带的 50.3%，由成纤维细胞分泌，可抵御高应力；另一种为边缘光滑，直径统一（最大为 45nm），占前交叉韧带的 43.7%，由纤维 - 成软骨细胞分泌，主要作用为维持韧带三维结构组成。其余 6% 为细胞和基质成分。

本节重点

（1）以人体肾脏为例，从大到小指出人体各构成的尺寸分布。
（2）以韧带和腱为例，指出从宏观到微观的组织结构图。
（3）指出作为生物材料的各种药物载体的应用。

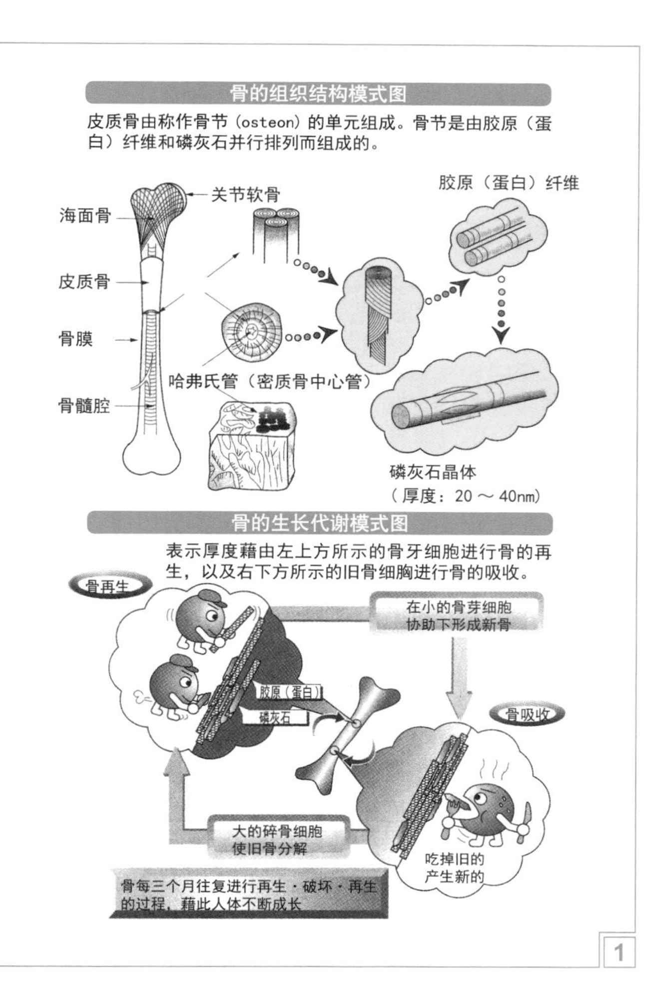

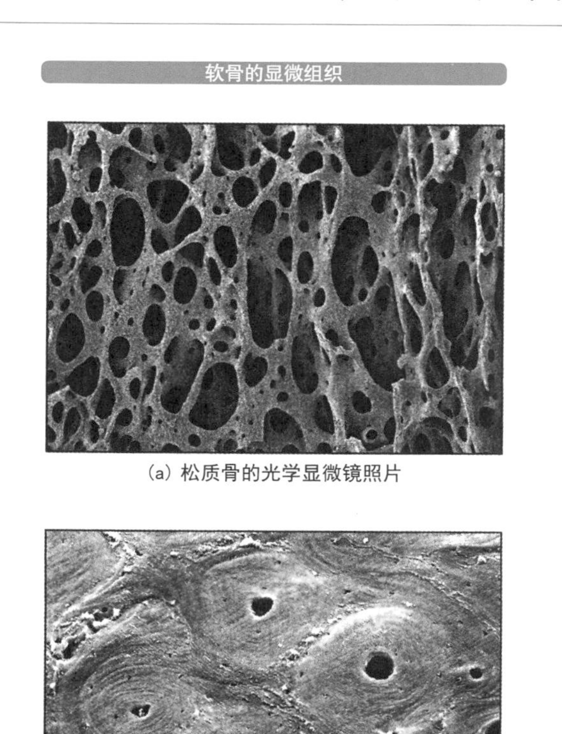

(a) 松质骨的光学显微镜照片

(b) 从人的胫骨取下的有外皮骨的 SEM 图像

2

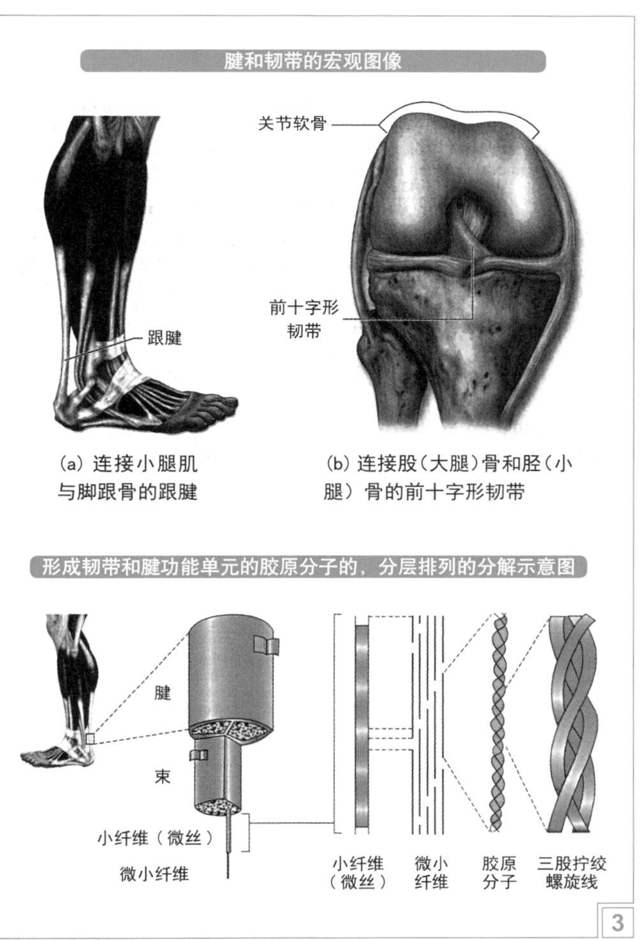

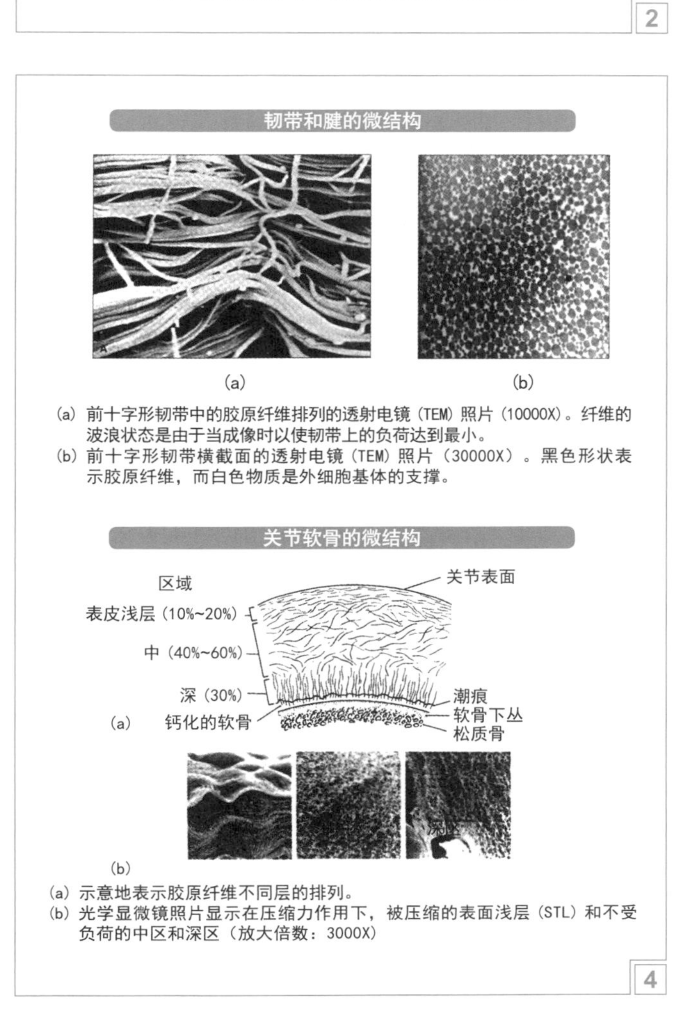

(a) (b)

(a) 前十字形韧带中的胶原纤维排列的透射电镜（TEM）照片（10000X）。纤维的波浪状态是由于当成像时以使韧带上的负荷达到最小。
(b) 前十字形韧带横截面的透射电镜（TEM）照片（30000X）。黑色形状表示胶原纤维，而白色物质是外细胞基体的支撑。

(a)

(b)

(a) 示意地表示胶原纤维不同层的排列。
(b) 光学显微镜照片显示在压缩力作用下，被压缩的表面浅层（STL）和不受负荷的中区和深区（放大倍数：3000X）

4

8.14 骨骼固定和关节修复

8.14.1 膝盖骨病变

膝关节的主要结构（如图）含股骨、胫骨及髌骨的关节面，膝关节之所以能活动自如又不会发生脱位，主要是前、后十字韧带、内侧韧带、外侧韧带、关节囊及附着于关节附近的肌腱提供了关节稳定性。此外，关节中间内外侧各有一块重要的半月板除了可以吸收部分关节承受的负重外，亦可增加关节的稳定性。另外，藉由位于关节前后肌肉群的拉动，让关节可以弯曲及伸直。关节长骨两端为关节处，有软骨覆盖，正常关节软骨为自然界能找到摩擦系数最低的物质，加上关节囊所分泌的关系液，保证关节的灵活运动而且不磨损。关节由关节囊所包覆，囊内面有滑液膜，能分泌和吸收关节液；关节液的作用除了润滑关节外，还可提供关节软骨所需的养分，以及可形成液膜吸收传至关节的撞击力量。

膝关节炎是膝关节的常见疾病，常见的关节炎可分为三种类型：骨关节炎、创伤后关节炎和类风湿性关节炎。倘若软骨结构（系统）受损，关节活动就受障碍，即产生了“骨关节炎”。骨关节炎的主要特征包括有软骨退行性病变和关节边缘骨赘（即骨刺）的形成。病变由软骨及骨组织开始，逐渐影响到滑膜与韧带甚至关节囊等关节的各部分。软骨破坏伴随有修复与增生即骨骼生长代谢过程，故滑膜与韧带的病变会使它们在附着点发生骨质增生，附着与增生的位置都在关节的边缘，在X射线照片上可看到关节边缘有唇状骨质增生。这是骨性关节炎病理过程中的一种代偿反应。如图X射线照片所示，患有骨关节炎的膝盖骨上长有骨刺，而且作为连接空间的关节囊变窄，有的关节内有游离体。

8.14.2 胫（小腿）骨的固定板

骨骼固定方法可概括为两大类：外固定及内固定。外固定包括石膏、小夹板、外固定架固定和牵引。随着工业的迅速发展，固定器械及器材的日益优化，无菌技术的明显改进和手术操作的不断提高，内固定的方法治疗骨折已成为十分重要的手段。内固定术是用金属螺钉、钢板、髓内针、钢丝或骨板以及各种异形钉板，如L形钢板，滑动加压钉等内固定器材直接在断骨内或外面将断骨连接固定起来的手术，称为内固定术。这种手术多用于骨折切开复位术及切骨术，以保持折端的复位。AO（Associationfor Osteosynthesis）学派所推行的骨折内固定系统在理论、器械、器材和技术操作上均有创新。其主要内容是以骨折片之间的加压作为基础以取得牢固的固定，在术后可早期使用患肢，骨折愈合为一期愈合。理想的内固定尽管有复位准确，固定牢靠，便于早期活动等优点，但手术本身终究是较大的创伤，骨折部位的骨膜剥离，髓腔扩大等操作又不同程度地破坏了血运，影响骨折愈合，因此仍需掌握适应证。对内固定板的要求是，金属质量应无电解作用，不锈，硬度适当，规格合适。不宜同时应用两种不同金属的制品，避免产生电解作用，导致骨质吸收、内固定物松动，影响愈合。内固定板的表面应光滑，损坏的或折弯后又复原的不宜使用，并应对骨折的性质、形态、部位及病人情况作充分研究，再决定内固定物的品种。

8.14.3 用压骨板和螺钉可靠固定

用接骨板和螺钉的作用是为骨干骨折提供更好的稳定性，为即刻功能锻炼及理疗提供条件。螺钉是重建关节面或干骺端骨折的最佳器械。接骨板按用途分为中和、加压、张力带、桥接和支撑接骨板。Krettek等于20世纪90年代提出微创接骨板固定技术，最初用于股骨转子下骨折及股骨下段骨折固定，随着技术的发展逐步被应用于多个部位。锁定加压钢板（locking compression plate，LCP）因螺钉锁定在接骨板上，避免将骨折块拉向接骨板，因此接骨板即使未达充分的解剖塑形，仍可维持骨折端复位后的位置。此外，LCP更似一个内固定支架，其位于骨膜外，与骨膜之间有一缝隙。因此，可将LCP看作是一种与骨膜不接触的钢板，属于生物学钢板范畴，最大限度减少对骨折局部血供的损伤。其革新之处在于一种内植物结合了两种完全不同的内固定技术，可作加压钢板、锁定内支架或两种结合用。

8.14.4 利用髓内钉和锁紧螺钉固定胫骨裂缝

髓内钉属医疗器械中的骨科内固定器械。结构具有髓内钉杆，在髓内钉杆近端设有近端锁定螺钉孔，在髓内钉杆表面设置有减压平面。在髓内钉杆表面设有一条以上呈长条形的减压平面，减压平面可从髓内钉杆近端直至髓内钉杆远端。在髓内钉杆近端设置有锁紧螺杆定位螺孔、连接套定位槽。

有关生物材料的一般性能要求有：生物相容性、力学性能、耐生物老化性能和成型加工性能。生物相容性包括血液相容性、组织相容性，要求在人体内无不良反应，不引起凝血溶血现象，活体组织不发生炎症、排异、致癌等。现在运用于骨骼固定的材料都能较好地满足这些性能上的要求。聚乳酸是一种无毒、有较好生物相容性的可降解生物高分子，能在体内降解为小分子乳酸，然后分解为二氧化碳和水排出体外。其中一种构型的聚合物L-PLA具有优良的力学强度，降解吸收时间长，适用于承载的装置，是制作骨内固定装置的较好材料。作为生物活性无机非金属材料的羟基磷灰石含有钙、磷，能在人体内与组织表面发生化学键合在体内完全被吸收降解，诱发新生骨的生长，具有极好的生物相容性。Na_2O-CaO-P_2O_5-SiO_2系的生物活性玻璃，与人体相容性好，能与骨骼牢固地结合在一起。生物金属材料的相容性也能通过表面处理如等离子喷涂、电解法、化学处理等方法而改善，从而与人骨牢固结合。生物复合材料是通过多相材料的组合，获得原材料不具备的优良性能，比如使高弹性模量、高刚性的陶瓷材料与低弹性模量、柔软的高分子相结合，就可以获得力学性能与人骨特性近似的骨修复材料。

本节重点

（1）说明骨骼从宏观到微观的组织结构。
（2）说明骨骼生长代谢过程。
（3）了解骨的各种固定结构及所用材料的生物相容性。

膝盖骨的放射线照片

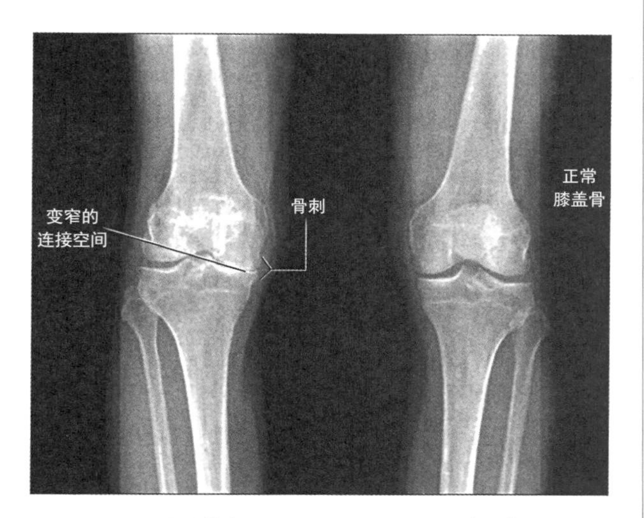

(a) 骨关节炎 (b) 正常膝盖骨

(National Human Genome Research Institute.)

1

胫（小脚）骨的固定板

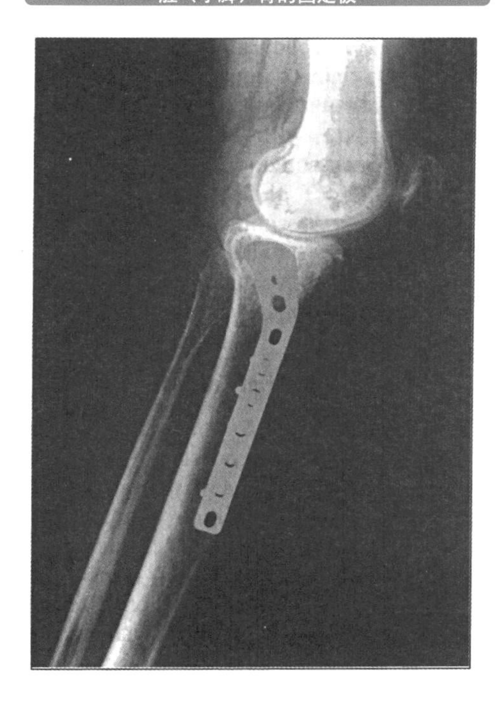

(© Science Photo Library/Photo Researchers, Inc.)

2

用压骨板和螺钉减少骨裂

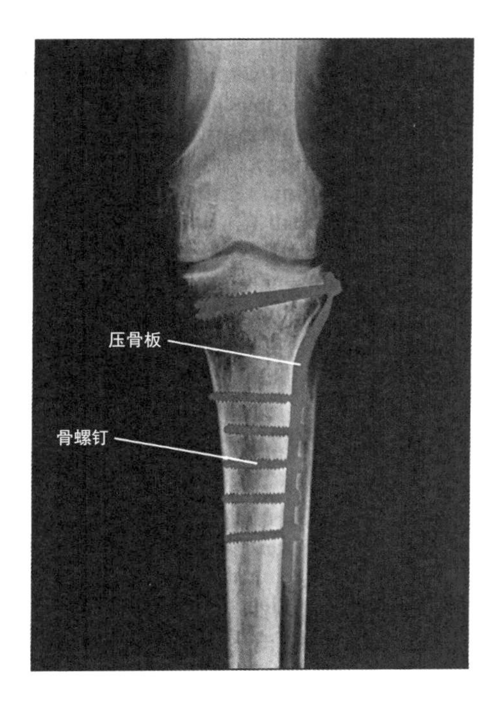

(© Science Photo Library/Photo Researchers, Inc.)

3

利用髓内钉和锁紧螺钉固定胫骨裂缝

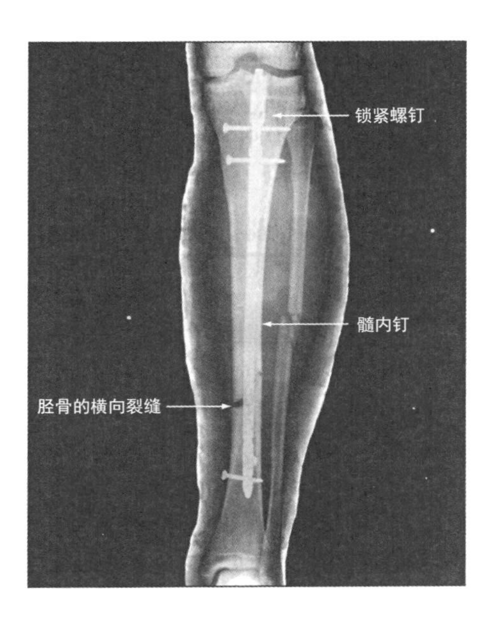

(© Science Photo Library/Photo Researchers, Inc.)

4

8.15 各种植入人体的材料

8.15.1 人造的眼镜内透镜——人工晶体

在第二次世界大战期间，英国医生 Harold Ridley 观察眼内溅入飞机座舱盖碎片的飞行员时，发现用 PMMA 制成的舱盖碎片在眼内没有发生异物反应。它与人体组织有非常好的相容性，因而用此材料制造人工晶体。他为人工晶体植入奠定了基础。

人工晶体（IOL）是一种植入眼内的人工透镜，起取代天然晶状体的作用。第一枚人工晶体是由 John Pike，John Holt 和 Hardold Ridley 于 1949 年 11 月 29 日共同设计的，Ridley 医生在伦敦 St.Thomas 医院为病人植入了首枚人工晶体。

按照硬度分类，人工晶体可以分为硬质人工晶体和软性人工晶体。软晶体又可以分为丙烯酸类晶体和硅凝胶类晶体，是可折叠晶体。

玻璃也曾被用来制造人工晶体的镜片。玻璃的透明度好，屈光指数大。比 PMMA 优越的地方是它更耐久，而且可以耐受高压消毒。但玻璃人工晶体比较重，易导致镜心偏移和脱位。近年来也用硅胶和水凝胶（hydrogels）制造人工晶体。由于其质软且具有充足的柔韧性，故又称为软性人工晶体，可通过小切口植入眼内。水凝胶又根据聚合体中含水率的多少和其性质，分成两种：聚甲基丙烯酸羟乙酯（PHEMA）和高含水率的水凝胶。目前在临床上使用最广泛的软性人工晶体是硅胶，其次是 PHEMA，有折叠式和非折叠式。

8.15.2 人造心脏瓣膜

人造心脏瓣膜（heart valve prosthesis）是可植入心脏内代替心脏瓣膜（主动脉瓣、肺动脉瓣、三尖瓣、二尖瓣），能使血液单向流动，具有天然心脏瓣膜功能的人工器官。当心脏瓣膜病变严重而不能用瓣膜分离手术或修补手术恢复或改善瓣膜功能时，则须采用人工心脏瓣膜置换术。换瓣病例主要有风湿性心脏病、先天性心脏病、马凡氏综合症等。

人工瓣膜的类型有：机械瓣（mechanical prosthesis 或 mechanical heart valve），球笼型瓣（caged ball valve），碟型瓣（disk valve），单叶倾碟瓣（tilting disk valve），双叶瓣（bileaflet valve），组织瓣（生物瓣）（tissue valve 或 bioprosthetic valve），支架生物瓣（stent tissue valve），无支架生物瓣（stentless tissue valve），人体组织瓣（human tissue valve），动物组织瓣（animal tissue valve）等。

8.15.3 钴 - 铬合金人造膝盖替换件

人造膝盖替换件，包括一个胫骨构件和一个股骨构件。胫骨构件相对于股骨构件一方面可绕一基本水平的轴线转动，以便腿部能够进行弯曲和伸展运动，另一方面可绕一垂直轴线转动，以使胫骨绕其轴线进行有限的转动。人造膝盖还有一个销，该销轴向滑动地安装在为其转动作支承的孔中。

人工膝关节通常使用骨水泥来固定，骨水泥很快变硬，立刻在植入物和骨骼间形成粘结。骨水泥在植入手术后不久就被固定并能承受重力。此外，还有非骨水泥固定，骨骼做好准备，植入物就被紧紧压入。最大的植入物稳定性经由骨骼生长融合到植入物的表面这一方式来获得。

人工膝关节构件使用具高度抗腐蚀性和优异的生物兼容性的材料。金属构件以钴-铬合金制作。塑料构件，如支承板（或译为“轴承座板”），以超高分子量聚乙烯（UHMWPE）制造。生物诱导性的涂层在非骨水泥的固定中促进了骨骼在植入物上的“长入”。

纯钛和钛合金（Ti-6Al-4V）在人工膝关节中的使用量也很大。它的强度虽然不及钴合金，但耐腐蚀性优异。与人体组织反应性低，相对密度较不锈钢和钴合金小得多。

8.15.4 牙科植入构件和髋关节假肢总成

齿科材料是指以口腔医疗、修复、矫形为目的，修补缺损的颌面部硬组织，以恢复其形态、功能和美观，以及用于口腔预防保健和对畸形的矫治等医疗活动中的材料。

早期的牙科材料一般采用贵金属合金，NiCr 合金和不锈钢等，但均存在着一些问题，如不具备优良的耐腐蚀性、有金属味道等，不符合人们的要求。钛及其合金具有良好的生物相容性和力学性能，耐腐蚀性和抗疲劳性好、强度高、质量轻，因而钛合金在作为牙科材料方面越来越显示出其优越性，并被广泛应用于医学临床。

陶瓷材料是最自然逼真的牙体组织人工替代材料。除了美学性能之外，它还具有良好的生物相容性、耐磨性、蚀刻粘结性和低导热性等。陶瓷材料可以制成全冠、贴面、全瓷固定局部义牙，以满足医学临床的需求。但其最致命的弱点仍然是脆性较高。牙科铸造陶瓷主要有云母系铸造陶瓷和磷酸钙结晶类铸造陶瓷两类。

为了克服单纯烤瓷材料强度不足、脆性较大的缺点，20 世纪 50 年代开发了金属烤瓷材料，研制出金属烤瓷修复体。它是在金属冠核表面熔附上一种线膨胀系数与其相匹配的金属烤瓷材料，又称为金属烤瓷粉。烤瓷粉可分为釉瓷、体瓷、不透明瓷等。常用金合金、钯银合金、镍钴合金等作为烤瓷的金属材料

人工髋关节假体仿照人体髋关节的结构，将假体柄部插入股骨髓腔内，利用头部与关节臼或假体金属杯形成旋转，实现股骨的曲伸和运动。

股骨头柄采用钛合金、钴铬钼合金、超低碳不锈钢、纳米复合陶瓷材料制造，塑料内臼、髋臼采用无毒超高分子聚乙烯、陶瓷制造，金属杯采用钛合金（与钛合金、钴铬钼合金股骨头柄配合）和超低碳不锈钢材料制造。

钛合金产品毛坯采用热等静压的加工方法，钴铬钼合金采用铸造的加工方法，不锈钢采用锻造的加工方法，后经机加工成型，并经过表面处理而成。

本节重点

（1）用于人眼睛的人工晶体采用何种材料制造？
（2）用于人心脏手述的心脏瓣膜和动脉支架分别由何种材料制作？
（3）用于牙齿植入的构件分别由何种材料制作？

白内障患者手术前后观视效果的对比

(a) 手术前

(Corbis/RF)

(b) 手术后

1

一个人造的眼睛内透镜（人工晶体）

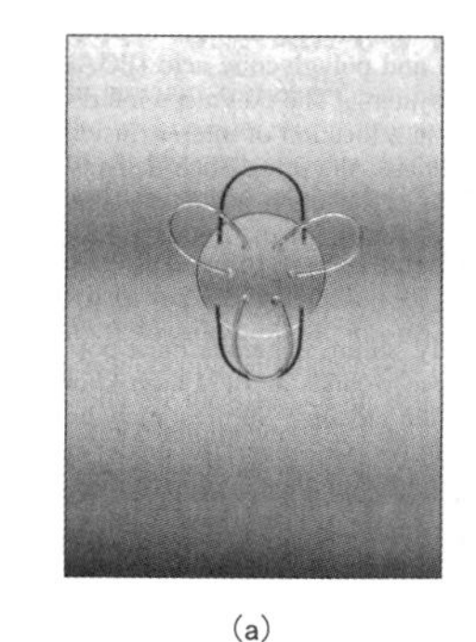

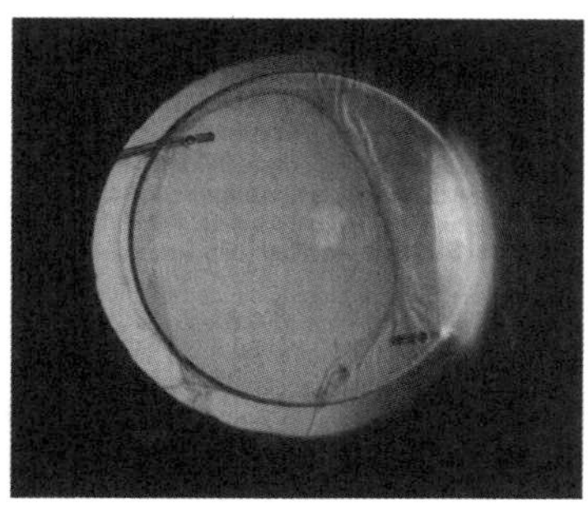

(a) (b)

(a) Steve Allen/Photo Researchers. (b) Chrts Barry/Phototake NYC.

一个人造心脏瓣膜

(Courtesy of Sımmer, Inc.)

2

一个钴－铬合金人造膝盖替换件

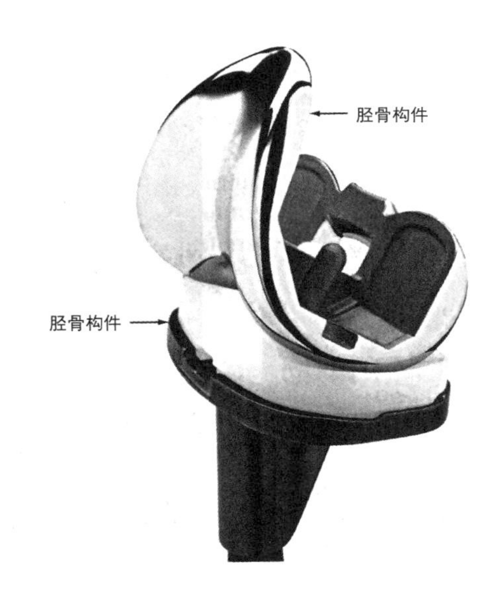

注意股骨构件坐落在胫骨构件之上。一个聚乙烯“轴承”表面将股骨构件和胫骨构件分开，从而减少了摩擦。
(Courtesy of Zımmer, Inc.)

3

牙科植入构件

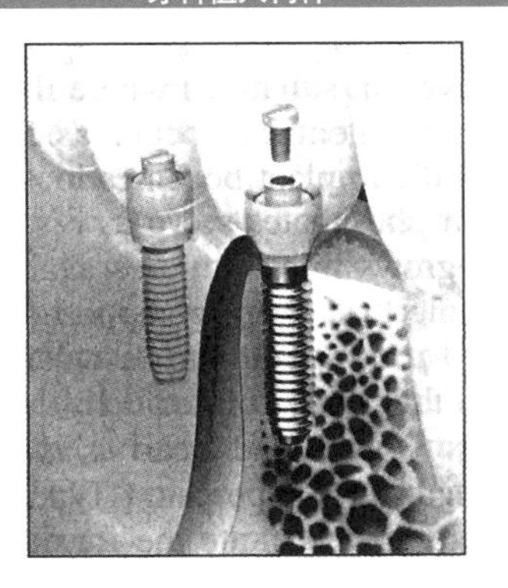

(© Custom Medical Stock Photo)

髋关节假肢总成的各种构件

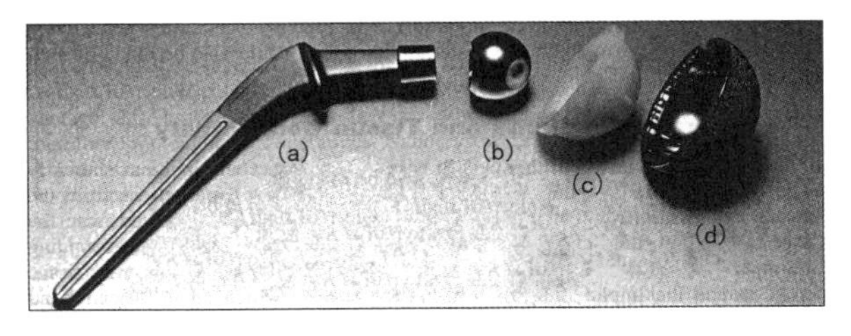

包括：(a) 股骨轴 (b) 股骨端头
(c) 氧化铝制 AC 杯 (d) AC 杯的金属基
(Getty/RF)

4

8.16 植入人体材料的损伤与防止

8.16.1 髋关节植入

随着外科医学和材料科学的进步，有越来越多的人工关节植入人体。因病患和受伤而需要替换的人工关节如图 1（左）所示。现在全世界每年大约有一百万的患者接受人工关节移植（图 1（右））。植入件必须由生物相容性的材料制作，这类材料应具有很高的断裂韧性和优异的疲劳寿命，而且必须耐体液环境的腐蚀并且具有与骨骼相类似的刚度。以钛为基的有色合金常担此重任，有些情况下也采用钴-铬合金。

髋关节植入主要用于治疗严重的关节疼痛或关节损伤。一个完全的髋关节置换手术包括对损伤的髋臼和股骨头的置换。目前，髋关节植入是一种较常见的手术形式，然而，病人的长短期满意度却相差甚远。其中，由于置换体的磨损导致的骨溶解、金属置换体导致的金属中毒、组织坏死占术后不良反应的相当一部分。由此可见，改进植入材料任重而道远。

8.16.2 植入髋关节的磨损和溶解

目前，科学家发现了若干种可能的由于植入髋关节导致骨溶解的机制。其中被广泛接受的解释是：关节头处的人造骨骼由于反复摩擦导致碎屑脱落，当人体尝试清除这些碎屑（通常是塑料或金属）时，一种特殊的自体免疫系统将被启动。这种免疫系统的启动最终导致了骨组织的溶解。骨溶解最早发生在术后 12 个月左右，一般会随时间推移而加重。这种情况通常需要假体的置换，即植入新的人工髋关节。

可做更详细的说明，由于反复摩擦磨损（其中的一些不可避免），人造骨骼碎屑脱落并在关节液中聚集。当碎屑达到一定浓度时，自体免疫系统将会启动。在碎屑中，聚合物材料占了 70%~90%。大多数碎屑的直径都在 1μm 以下。人体对碎屑的反应主要由碎屑直径决定。超过 50μm 的碎屑会直接被纤维蛋白包裹，而更小的碎屑会被白细胞吞噬。碎屑种类也影响应答，钛合金导致白细胞介素的释放，聚合物导致的反应比起其他材料更加温和，而钡会加重发炎。陶瓷材料是导致不良反应最小的假体材料。需要说明的是，虽然聚合物导致的反应较为温和，但是聚合物碎屑的量远远超过其他材料，而且聚合物更难被人体分解，所以造成的危害其实更大。

假体磨损的速率和骨溶解的发生率有着紧密的关系。50μm / 年的磨损率几乎不会导致任何骨溶解症状，而 0.2mm/年的磨损率几乎与骨溶解直接相关联。10~20 年的长期跟踪调查表明，传统的假体导致的骨溶解发生率在 10% 以上，而无骨水泥假体方面传来的消息更加振奋人心。据报道，HGP 多孔材料导致的骨溶解发生率可在 7% 左右，其中超过 50 岁的患者的骨溶解发生率更低。不过，不同的无骨水泥假体的表现差异也很大，现有的数据从 1% 至 36% 都有报道。

8.16.3 植入髋关节的裂隙和沉积

钴-铬合金在半个多世纪以来都是整形外科假体的常用材料。铸造和用粉末冶金方式得到的合金在机械性能上略有差异，然而它们对腐蚀的反应却大致相同。最近的趋势是组件式的关节假体，它能够减少部件的数目，从而减少成本。

使用一段时间的假体往往会产生磨损。宏观上，一些假体的表面会变得粗糙，并有黑色沉积物附着。关节处的聚合物也会产生明显的磨损。有时，腐蚀产生的沉积物也会在 X 光片中体现，因为辐射无法透过这些沉积物。

晶粒较大的合金往往会在内部产生较大的空隙，形成多孔的结构，而小晶粒的合金相对情况较好。组件式假体的表面没有明显的变色，电子显微检测也没有显示腐蚀的迹象。与此形成对比的是，铸造合金在体液作用下，会产生明显的腐蚀，甚至会产生最深达 4mm 的洞。这种腐蚀和更加宏观的腐蚀（如酸对金属的腐蚀）十分类似。而且，假体表面还会产生黑色沉积物。钴、铬、磷、钙、铁元素均在沉积物中有检出。

植入材料的性状的改变对手术的效果有很大影响，据报道，一位患者因植入的髋关节因腐蚀、松动，导致病理性耻骨裂缝，不得不进行进一步治疗。

8.16.4 植入生物材料的腐蚀磨损与测量

植入生物材料的磨损分为三种：①支撑面 - 支撑面（如髋臼内衬与股骨头间），这种磨损是意料之中的，也是必然的；②支撑面 - 非支撑面（如髋臼外壳与股骨头间），这种磨损是有害的；③非支撑面 - 非支撑面（如股骨与髋臼外壳）。同时，植入的生物材料也会因为电化学原因被腐蚀，其中磷酸铬是最常见的产物。

由于电化学原因，使用不同种金属制作的构件更容易被腐蚀，最早的腐蚀迹象可在植入后 2.5 个月就产生（相对应的，使用同种金属制作的构建最早也要在术后 11 个月后才显示腐蚀迹象）。不同种金属组合产生腐蚀的比率、程度也都要比使用同种金属更高。

对于植入生物材料腐蚀磨损的测量，可以采用体内测量，即植入小动物体内后取出的方式测量材料对腐蚀的反应。然而，这种方式既不能检测精细的电化学过程，测量的方式也不直接。试管中的测量对我们理解腐蚀过程、评估材料损毁风险、发展新材料具有更加重要的意义。为此，各种宏观与微观的电化学发展逐步发展，为研究材料的腐蚀提供了可能。

通常，在电化学作用下，植入人体的金属材料会产生氧化膜，这可以为材料提供一定的防腐蚀能力，然而这并不能阻止特定局部的严重腐蚀。在氯离子环境下，这种情况经常发生。

动电位极化测量是腐蚀测量的常用方法。把两种金属浸于腐蚀性溶液（如血浆），保持一定间距，并测量电势、电流变化。突然的电势降低表明新一阶段的腐蚀开始。

另外一种测量方法需要用到扫频仪产生缓慢变化的电势，使用电脑记录电流，不过这种办法可能会很快扫过腐蚀电势，导致测量不准确。

另外，测量植入材料的质量变化、尺寸变化也是腐蚀测量的常用方法。

本节重点

（1）用于髋关节填入的人造关节一般选用何种材料制作？请举实例说明。
（2）请分析人造髋关节的工作状况，如何保证生物相容性？
（3）如何提高人造髋关节的耐磨损特性？

可植入人体的人工关节

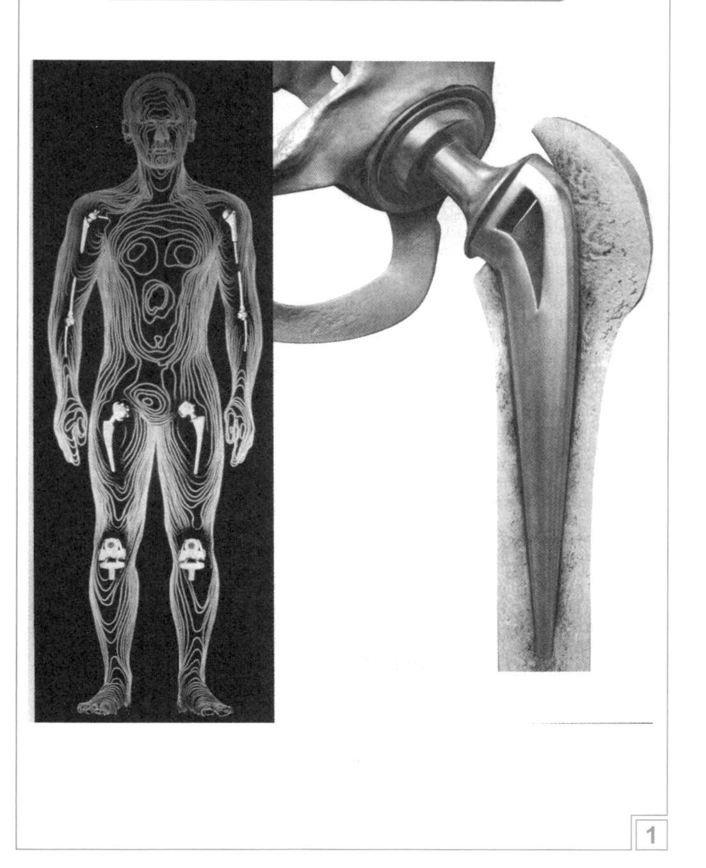

(a) 患有大范围关节炎

(b) 人工髋关节植入（THR）后的髋关节照片

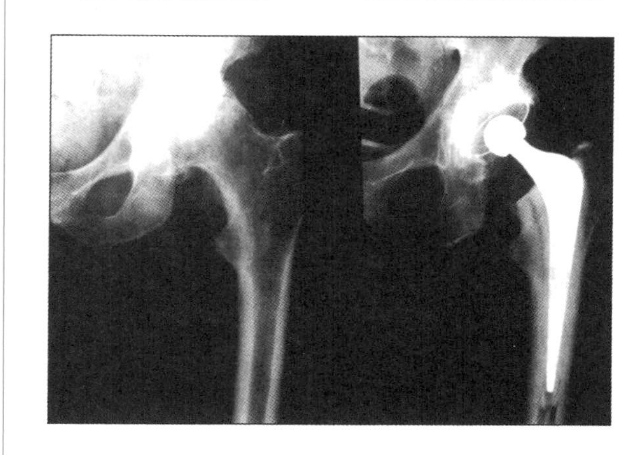

人工肝

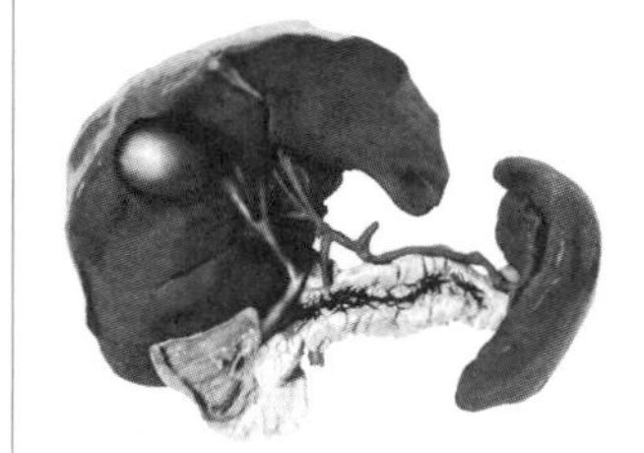

人工耳蜗

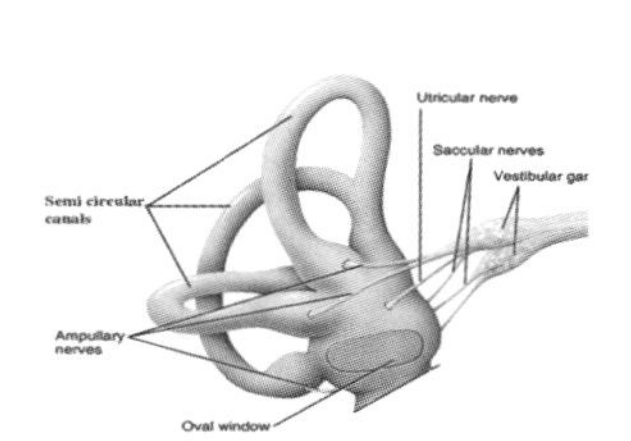

由钴－铬合金制作的组合式髋关节植入件中发生的裂隙（缝）

(a) 腐蚀产物沿盘骨边沿的沉积

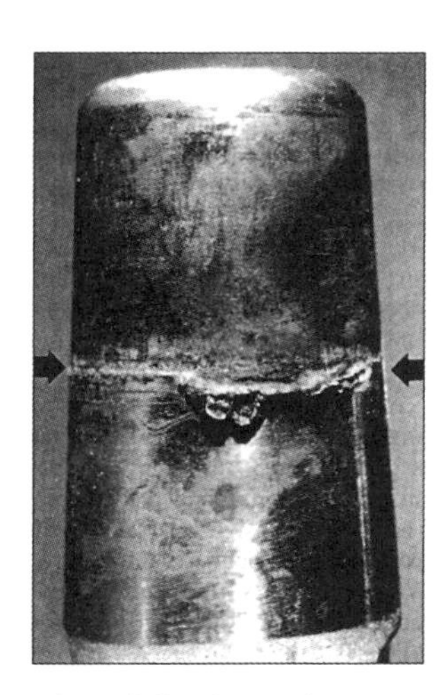

(b) 腐蚀产物沿盘颈连接处的沉积

(From R.M. Urban, J.J. Jacobs, J.L. Gilbert, and J.O. Galante. Migration of corrosion products from modular hip prostheses. Particle microanalysis and histopathological findings. J Bone Joint Surg Am, ***76(9)****:1345–1359, 1994.)*

植入人工关节的磨料磨损

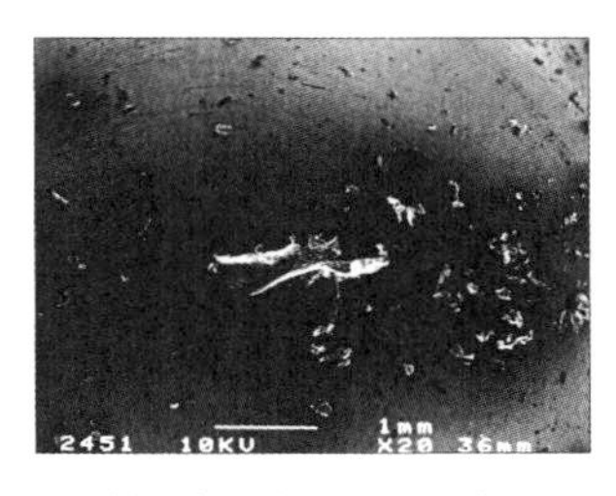

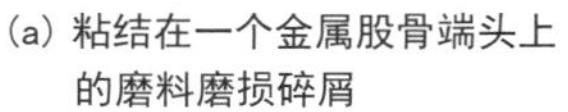

(a) 粘结在一个金属股骨端头上的磨料磨损碎屑

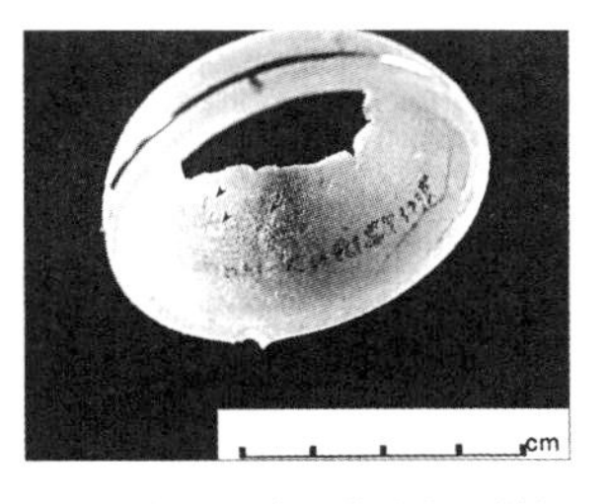

(b) 一个植入髋关节的聚乙烯杯发生了严重的磨料磨损

一个多工位髋关节模拟器可用来同时测量不同植入元件设计的磨损情况并对其进行比较。

名词术语和基本概念

复合材料，基体材料，增强材料，混合法则，界面，增韧机制

玻璃钢，聚合物基复合材料，金属基复合材料，陶瓷基复合材料，碳/碳复合材料，颗粒增强材料，纤维增强材料，晶须增强材料，玻璃纤维，芳纶纤维，碳纤维，硼纤维，碳化硅纤维，晶须结构复合材料，功能复合材料，智能复合材料

纤维编织，喷涂积层法，拉拔成形工艺，半固化片，片压复合材料，叠压复合材料，木材，天然多孔材料，天然复合材料

生物材料的定义，生物材料按其生物性能的分类，生物材料按其属性的分类，生物材料的发展概况

骨的模式图，骨的代谢模式图，韧带、腱、软骨的微结构，组织工程学，人工关节，人造心脏瓣膜，人造膝盖替换件、牙科植入构件，髋关节假肢总成，磨料磨损和溶解，生物相容性

思考题及练习题

8.1 何为复合材料？按基体类型，复合材料是如何分类的？增强材料按形态又是如何分类的？
8.2 在复合材料中，界面是如何定义的，界面在复合材料中有何效应？
8.3 何谓玻璃钢？作为复合材料的纤维增强材料，为什么有了物美价廉的玻璃纤维后还要开发其他纤维呢？
8.4 有机纤维，如芳纶纤维、聚乙烯纤维等可以与金属基体或陶瓷基体复合吗？为什么？
8.5 各举出一种现代聚合物基、金属基、陶瓷基复合材料，并说明它们的用途。
8.6 大型客机波音 757-200 在何处使用了什么类型的复合材料？最新型的波音 787 呢？
8.7 航天飞机的前锥体是由什么复合材料制作的，目的是什么？
8.8 分别画出聚合物基复合材料及 C/C 复合材料的制作工艺流程。
8.9 简要说明金属基复合材料的性能特点和存在的主要问题。
8.10 简述陶瓷基复合材料的性能和应用。
8.11 请画图并解释“人的骨骼是由不同尺寸的复合材料构成的”。
8.12 画出小腿跟腱和韧带的宏观图像及微观组织。
8.13 何谓组织工程学？如何按组织工程学开发人工器官？
8.14 植入人体的人工关节应考虑哪些生物相容性问题？

参考文献

[1] 冯庆玲．生物材料概论．北京：清华大学出版社，2009 年 9 月
[2] 杜彦良，张光磊．现代材料概论．重庆：重庆大学出版社，2009 年 2 月
[3] 雅菁，吴芳，周彩楼．材料概论．重庆：重庆大学出版社，2006 年 8 月
[4] 王周让，王晓辉，何西华．航空工程材料．北京：北京航空航天大学出版社，2010 年 2 月
[5] 胡静．新材料．南京：东南大学出版社，2011 年 12 月
[6] 齐宝森，吕宇鹏，徐淑琼 .21 世纪新型材料．北京：化学工业出版社，2011 年 7 月
[7] 杜双明，王晓刚．材料科学与工程概论．西安：西安电子科技大学出版社，2011 年 8 月
[8] 马小娥，王晓东，关荣峰，张海波，高爱华．材料科学与工程概论．北京：中国电力出版社，2009 年 6 月
[9] 王高潮．材料科学与工程导论．北京：机械工业出版社，2006 年 1 月
[10] 周达飞．材料概论（第二版）．北京：化学工业出版社，2009 年 2 月
[11] 施惠生．材料概论（第二版）．上海：同济大学出版社，2009 年 8 月
[12] William F. Smith, Javad Hashemi. Foundations of Materials Science and Engineering. 5th ed. New York, McGraw-Hill, Inco. Higher Education, 2010.
材料科学与工程基础（第 5 版）．北京：机械工业出版社，2011 年
[13] Donald R Askland,Wendelin J Wright.The Science and Engineering of Materials.7th ed.SI EDITION.CENGAGE Learning.2014

第9章 磁性及磁性材料

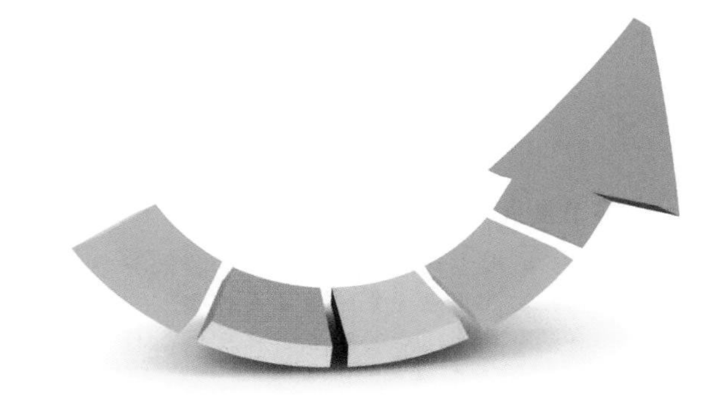

9.1 磁性源于电流

9.1.1 “慈石召铁，或引之也”

早在公元前3世纪，《吕氏春秋·季秋记》中就有“慈石招铁，或引之也”的记述，形容磁石对于铁片犹如慈母对待幼儿一样慈悲、慈爱。而今，汉语中“磁铁”中的“磁”，日语中“磁石”中的“磁”即起源于当初的“慈”。

司马迁在《史记》中，有黄帝在作战中使用指南车的记述，如果确实，这可能是世界上关于磁石应用的最早记载。

公元1044年出版的北宋曾公亮《武经总要》中描述了用人造磁铁片制作指南鱼的过程：将铁片或者钢片剪裁成鱼状，放入炭火烧红，尾指北方斜放入水，便形成带剩磁的指南针，可放在盛水的碗内，藉由剩磁与地磁感应作用而指南。《武经总要》记载该装置与纯机械的指南车并用于导航。宋朝的沈括在其1088年著述《梦溪笔谈》中是第一位准确地描述磁偏角（即磁北与正北间的差异）和利用磁化的绣花针做成指南针的人，而朱彧在其1119年发表的《萍洲可谈》中，是第一位具体提到利用指南针在海上航行的人。有一种说法认为，马可·波罗带着中国人发明的罗盘返回欧洲，并对欧洲的航海业发挥了巨大作用。

指南针作为中国人引以为豪的四大发明之一，其中的关键就是磁性材料。

9.1.2 磁性源于电流，物质的磁性源于原子中电子的运动

早在1820年，丹麦科学家奥斯特就发现了电流的磁效应，第一次揭示了磁与电存在着联系，从而把电学和磁学联系起来。为了解释永磁和磁化现象，安培提出了分子电流假说。安培认为，任何物质的分子中都存在着环形电流，称为分子电流，而分子电流相当一个基元磁体。当物质在宏观上不存在磁性时，这些分子电流形成的取向是无规则的，它们对外界所产生的磁效应互相抵消，故使整个物体不显磁性。

在外磁场作用下，等效于基元磁体的各个分子电流将倾向于沿外磁场方向取向，而使物体显示磁性。这说明，磁性源于电流，而物质的磁性源于原子中电子的运动。

人们常用磁矩来描述磁性。运动的电子具有磁矩，电子磁矩由电子的轨道磁矩和自旋磁矩组成。在晶体中，电子的轨道磁矩受晶格的作用，其方向是变化的，不能形成一个联合磁矩，对外没有磁性作用。因此，物质的磁性不是由电子的轨道磁矩引起，而是主要由自旋磁矩引起。每个电子自旋磁矩的近似值等于一个波尔磁子。波尔磁子是原子磁矩的单位。

因为原子核比电子约重1840倍，其运动速度仅为电子速度的几千分之一，故原子核的磁矩仅为电子的千分之几，可以忽略不计。孤立原子的磁矩决定于原子的结构。原子中如果有未被填满的电子壳层，其电子的自旋磁矩未被抵消，原子就具有“永久磁矩”。

按物质对磁极（场）的响应对其可分为四类：①强烈吸引的物质：铁磁性（包括亚铁磁性）；②轻微吸引的物质：顺磁性、反铁磁性（弱磁性）；③轻微排斥的物质：抗磁性；④强烈排斥的物质：完全抗磁性（超导体）；

9.1.3 磁性分类及其产生机制

（1）铁磁性　对诸如Fe、Co、Ni等物质，在室温下磁化率χ可达10^2~10^6数量级，称这类物质的磁性为铁磁性。铁磁性物质即使在较弱的磁场内，也可得到极高的磁化强度，而且当外磁场移去后，仍可保留极强的磁性。其磁化率为正值，但当外场增大时，由于磁化强度迅速达到饱和，其磁化率χ变小。铁磁性物质具有很强的磁性，主要起因于它们具有很强的内部交换场。铁磁物质的交换能为正值，而且较大，使得相邻原子的磁矩平行取向（相应于稳定状态），在物质内部形成许多小区域——磁畴。每个磁畴大约有10^{15}个原子。这些原子的磁矩沿同一方向排列，且大小相等，由此产生的磁性为铁磁性；若物质中大小不等的相邻原子磁矩做反向排列，由此产生的磁性为亚铁磁性。

（2）顺磁性　顺磁性物质的主要特征是，不论外加磁场是否存在，原子内部存在永久磁矩。但在无外加磁场时，由于顺磁物质的原子做无规则的热振动，宏观看来，没有磁性；在外加磁场作用下，每个原子磁矩比较规则地取向，物质显示极弱的磁性。磁化强度与外磁场方向一致，为正，而且严格地与外磁场H成正比。顺磁性物质的磁性除了与H有关外，还依赖于温度。其磁化率χ与绝对温度T成反比。顺磁性物质的磁化率χ一般也很小，室温下χ大致在10^{-3}~10^{-5}。一般含有奇数个电子的原子或分子，电子未填满壳层的原子或离子，如ⅠA族、ⅡA族及部分过渡元素、稀土元素、锕系元素，还有铝、铂等金属，都属于顺磁物质。

（3）反铁磁性　反铁磁性是指由于电子自旋反向平行排列，在同一子晶格中有自发磁化强度，电子磁矩是同向排列的；在不同子晶格中，电子磁矩反向排列。两个子晶格中自发磁化强度大小相同，方向相反。反铁磁性物质大都是非金属化合物，如MnO。不论在什么温度下，都不能观察到反铁磁性物质的任何自发磁化现象，因此其宏观特性是顺磁性的，M与H处于同一方向，磁化率χ为正值。温度很高时，χ极小；温度降低，χ逐渐增大。在一定温度T_c时，χ达最大值。称T_c为反铁磁性物质的居里点或尼尔点。对尼尔点存在的解释是：在极低温度下，由于相邻原子的自旋完全反向，其磁矩几乎完全抵消，故磁化率χ几乎接近于0。当温度上升时，使自旋反向的作用减弱，故磁化率χ增加。当温度升至居里点或尼尔点以上时，热骚动的影响较大，此时反铁磁体与顺磁体有相同的磁化行为。

（4）抗磁性　当磁化强度M为负时，固体表现为抗磁性。Bi、Cu、Ag、Au等金属具有这种性质。在外磁场中，这类磁化了的介质内部的磁感应强度小于真空中的磁感应强度M。抗磁性物质的原子（离子）的磁矩应为零，即不存在永久磁矩。当抗磁性物质放入外磁场中，外磁场使电子轨道改变，感生一个与外磁场方向相反的磁矩，表现为抗磁性。所以抗磁性来源于原子中电子轨道状态的变化。抗磁性物质的抗磁性一般很微弱，磁化率χ一般约为-10^{-5}。注意其为负值。

本节重点

（1）中国古代四大发明之一的指南针中使用的是何种磁性材料？
（2）磁性及磁现象的根源是什么？
（3）用原子磁矩的观点解释反铁磁性、顺磁性、铁磁性、亚铁磁性、反磁性。

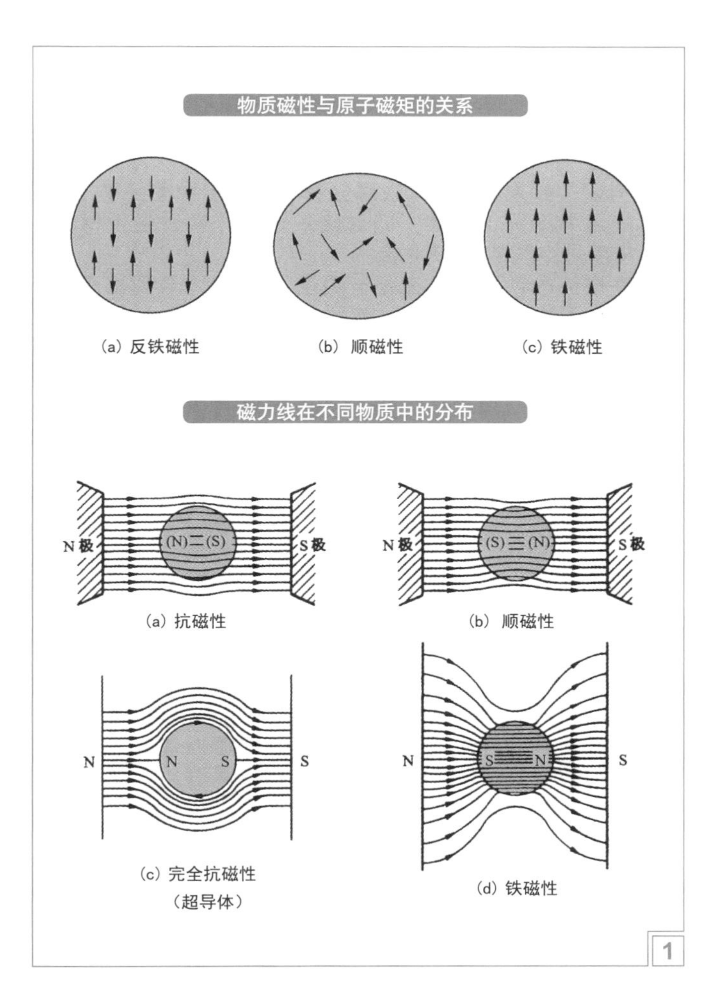

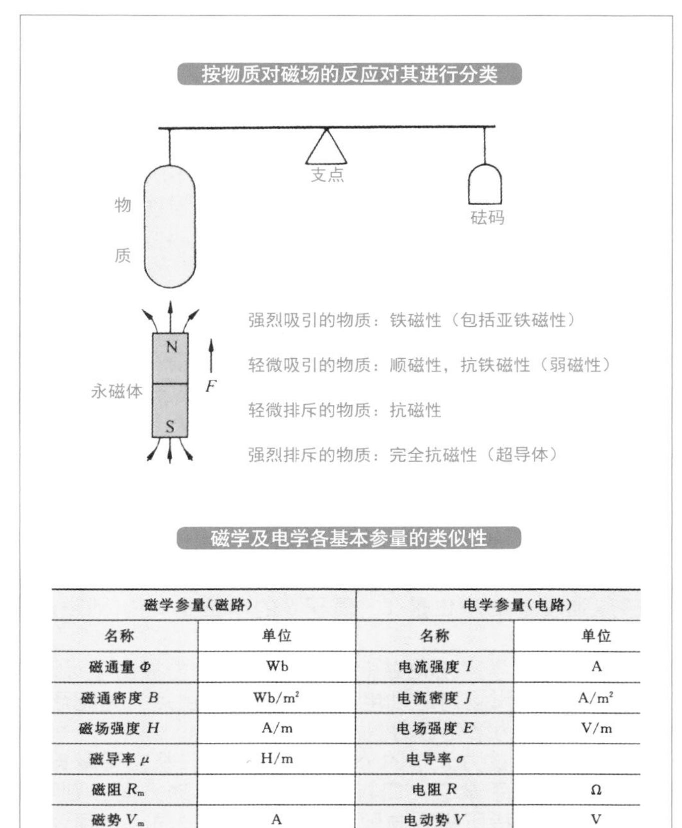

磁学及电学各基本参量的类似性

磁学参量（磁路）		电学参量（电路）	
名称	单位	名称	单位
磁通量 Φ	Wb	电流强度 I	A
磁通密度 B	Wb/m²	电流密度 J	A/m²
磁场强度 H	A/m	电场强度 E	V/m
磁导率 μ	H/m	电导率 σ	
磁阻 R_m		电阻 R	Ω
磁势 V_m	A	电动势 V	V

2

司南——中国发明的指南针

地磁场示意图

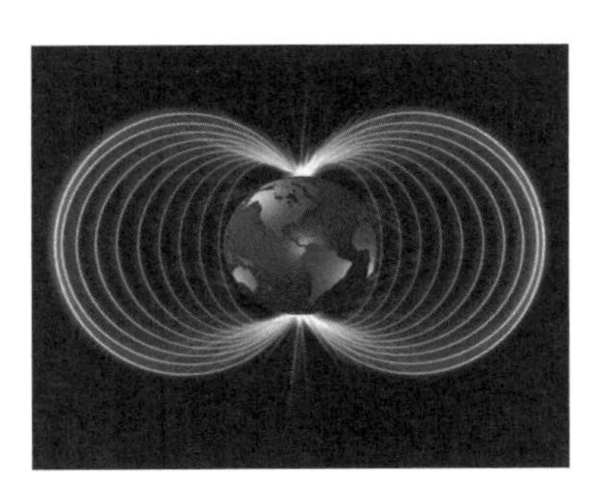

磁性分类及其产生机制

分类		原子磁矩	M-H 特性	M_s①, $\frac{1}{\chi}$ 随温度 T 的变化	物质实例
强磁性	铁磁性		M, M_s, O, H	M_s, $1/\chi$; $1/\chi$, $\chi=10^2\sim10^6$; M_s, T_c, T	Fe, Co, Ni, Gd, Tb, Dy 等元素及其合金、金属间化合物等。FeSi, NiFe, CoFe, SmCo, NdFeB, CoCr, CoPt 等
	亚铁磁性	A B A B	M, M_s, O, H	M_s, $1/\chi$; M_s^{-1}, $\chi=10\sim10^3$; T_c, T	·各种铁氧体系材料（Fe, Ni, Co 氧化物） ·Fe, Co 等与重稀土类金属形成的金属间化合物（TbFe 等）
弱磁性	顺磁性		M, $\chi>0$, O, H	$1/\chi$, $\chi=10^{-3}\sim10^{-5}$, T	O_2, Pt, Rh, Pd 等 ⅠA族（Li, Na, K 等） ⅡA族（Be, Mg, Ca 等） NaCl, KCl 的 F 中心
	反铁磁性②	A B A B	M, $\chi>0$, O, H	$1/\chi$, T_N, T	Cr, Mn, Nd, Sm, Eu 等 3d 过渡元素或稀土元素，还有 MnO、MnF_2 等合金、化合物等
抗磁性		轨道电子的拉摩回旋运动	M, $\chi\approx-10^{-5}$, O, H, $\chi<0$		Cu, Ag, Au C, Si, Ge, α-Sn N, P, As, Sb, Bi S, Te, Se, F, Cl, Br, I He, Ne, Ar, Kr, Xe, Rn

① 关于 M_s，请参照P365中的图3和图4；
② 单独存在时不显示铁磁性，但与其他非铁磁性元素或铁磁性元素构成的合金或化合物显示出一定程度的铁磁性。

3

9.2 磁矩、磁导率和磁化率

9.2.1 磁通密度、洛伦兹力和磁矩

磁通密度是磁感应强度的一个别名。垂直穿过单位面积的磁力线条数叫做磁通量密度，简称磁通密度或磁密，它从数量上反映磁力线的疏密程度。磁场的强弱通常用磁感应强度 B 来表示，哪里磁场越强，哪里 B 的数值越大，磁力线就越密。

按照国际单位制，磁感应强度的单位是特斯拉，其符号为 T。磁感应强度还有一个非国际单位制单位：高斯，其符号为 Gs。1T = 10000 Gs。在处理与磁性有关问题时，除了要用到磁感应强度外，常常还要讨论穿过一块面积的磁力线条数，称其为磁通量，简称磁通，由 Φ 表示。磁通量的国际单位制单位是韦伯（Wb），应废除的常见计量单位是麦克斯韦（Mx，$1\text{Mx} \approx 10^{-8}\text{Wb}$）。如果磁场中某处的磁感应强度为 B，在该处有一与磁通垂直的面积 S，则穿过该面积的磁通量就是 $\Phi = BS$。注意，若式中磁感应强度 B 的单位是 Gs，面积 S 的单位是 cm^2，则磁通量的单位 Mx；若式中磁感应强度 B 的单位是 T，面积 S 的单位是 m^2，则磁通量的单位是 Wb。

荷兰物理学家洛伦兹（1853—1928）首先提出了运动电荷产生磁场和磁场对运动电荷有作用力的观点，为纪念他，人们称这种力为洛伦兹力。

表示洛伦兹力大小的公式为 $\boldsymbol{F}=Q\boldsymbol{v}\times\boldsymbol{B}$。将左手掌摊平，让磁力线穿过手掌心，四指表示正电荷运动方向，则和四指垂直的大拇指所指方向即为洛伦兹力的方向。但须注意，运动电荷是正的，大拇指的指向即为洛伦兹力的方向。反之，如果运动电荷是负的，仍用四指表示电荷运动方向，那么大拇指的指向的反方向为洛伦兹力方向。

洛伦兹力有以下性质：洛伦兹力方向总与运动方向垂直；洛伦兹力永远不做功（在无束缚情况下）；洛伦兹力不改变运动电荷的速率和动能，只能改变电荷的运动方向使之偏转。

磁矩是描述载流线圈或微观粒子磁性的物理量。平面载流线圈的磁矩定义为 $m=iSn$。式中，i 为电流强度；S 为线圈面积；n 为与电流方向成右手螺旋关系的单位矢量。

9.2.2 磁导率和磁化率及温度的影响

磁导率是表征磁介质磁性的物理量。常用符号 μ 表示，μ 为介质的磁导率，或称绝对磁导率。μ 等于磁介质中磁感应强度 B 与磁场强度 H 之比，即 $\mu=B/H$。通常使用的是磁介质的相对磁导率 μ_r，其定义为磁导率 μ 与真空磁导率 μ_0 之比，即 $\mu_r=\mu/\mu_0$。相对磁导率 μ_r 与磁化率 χ 的关系是：$\mu_r=1+\chi$。

磁化率是表征磁介质属性的物理量。常用符号 χ 表示，χ 等于磁化强度 M 与磁场强度 H 之比，即 $M = \chi H$。对于顺磁质，$\chi > 0$；对于抗磁质，$\chi < 0$，两种情况下 χ 的值都很小。对于铁磁质，χ 很大，且 χ 的大小还与 H 有关（即 M 与 H 之间有复杂的非线性关系）。对于各向同性磁介质，χ 是标量；对于各向异性磁介质，磁化率是一个二阶张量。

磁导率 μ，相对磁导率 μ_r 和磁化率 χ 都是描述磁介质磁性的物理量。

对于顺磁质，$\mu_r >1$；对于抗磁质，$\mu_r<1$，但两者的 μ_r 都与 1 相差无几。在铁磁质中，B 与 H 的关系是非线性的磁滞回线，μ_r 不是常量，与 H 有关，其数值远大于 1。

例如，如果空气（非铁磁性材料）的磁导率是 1，而铁氧体的磁导率为 10 000。即当比较时，可通过磁性材料的磁通密度是空气的 10 000 倍。

铁磁体的铁磁性只在某一温度 T_c 以下才表现出来，超过 T_c，由于物质内部热骚动破坏电子自旋磁矩的平行取向，致使自发磁化强度变为 0，铁磁性消失。温度 T_c 称为居里点。在居里点 T_c 以上，材料表现为强顺磁性，其磁化率与温度的关系服从居里—外斯定律。有些气体、液体和固体的顺磁性磁化率 χ 与温度 T 的关系，不符合居里定律（$\chi=c/T$）的情况，而往往符合所谓居里—外斯定律：$\chi=c/(T+\Delta)$，式中 Δ 是常数。

9.2.3 亚铁磁体及磁矩结构实例

亚铁磁性指某些物质中大小不等的相邻原子磁矩做反向排列发生自发磁化的现象。

在无外加磁场的情况下，磁畴内由于相邻原子间电子的交换作用或其他相互作用，使它们的磁矩在克服热运动的影响后，处于部分抵消的有序排列状态，以致还有一个合磁矩。当施加外磁场后，其磁化强度随外磁场的变化与铁磁性物质相似。 亚铁磁性与反铁磁性具有相同的物理本质，只是亚铁磁体中反平行的自旋磁矩大小不等，因而存在部分抵消不尽的自发磁矩，类似于铁磁体。

由于组成亚铁磁性物质的成分必需分别具有至少两种不同的磁矩，只有化合物或合金才会表现出亚铁磁性。常见的亚铁磁性物质有尖晶石结构的磁铁矿（Fe_3O_4）、铁氧体等。

磁铁矿是人类最初接触的永磁材料，其分子式可用 Fe_3O_4，即 $Fe^{2+}Fe_2^{3+}O_4^{2-}$ 来表示，若用 2 价的其他金属（例如 Mn，Ni，Cu，Mg 等）置换其中的 2 价铁离子 Fe^{2+}，则可得到尖晶石型铁氧体 $M^{2+}Fe_2^{3+}O_4^{2-}$。由于 O^{2-} 造成的 M^{2+} 和 Fe3+ 轨道电子的耦合作用，使 M^{2+} 与 Fe^{3+} 的大小不等的磁矩发生反平行排列，从而导致尖晶石型铁氧体的亚铁磁性。

9.2.4 元素的磁化率及磁性类型

3d 过渡族金属的磁性，由于 3d 不成对电子运动的回游性使轨道磁矩消失，而自旋磁矩起主导作用，但后面将要讨论的稀土类金属的磁性，一般以合金和化合物的形态显示出铁磁性。在这种情况下，处于 4f 轨道而受原子核束缚很强的内侧不成对电子也起作用，从而轨道磁矩也会对磁性产生贡献，并表现为各向异性能很强的铁磁性。

常温下稀土元素属于顺磁物质（表现为磁力极小），低温下，大多数稀土元素具有铁磁性，尤其是中、重稀土的低温铁磁性更大，比如 Gd，Tb，Dy，Ho，Er。

稀土与 3d 过渡族金属 Fe、Co、Ni 等可形成 3d-4f 二元系化合物，它们大多具有较强的铁磁性，是稀土永磁材料的主要组成相，例如 $SmCo_5$，Sm_2Co_{17}。再加入第三个或更多的元素，则可形成三元和多元化合物，有的也具有铁磁性，如 $Nd_2Fe_{14}B$，是钕铁硼的基础相。

本节重点

（1）何为磁性体的磁化强度和磁化率？

（2）写出磁性材料中，磁通密度 B 与磁场强度 H 和磁化强度 M 之间的关系。

（3）何为相对磁化率（relative susceptibility）和相对磁导率（relative permeability）。

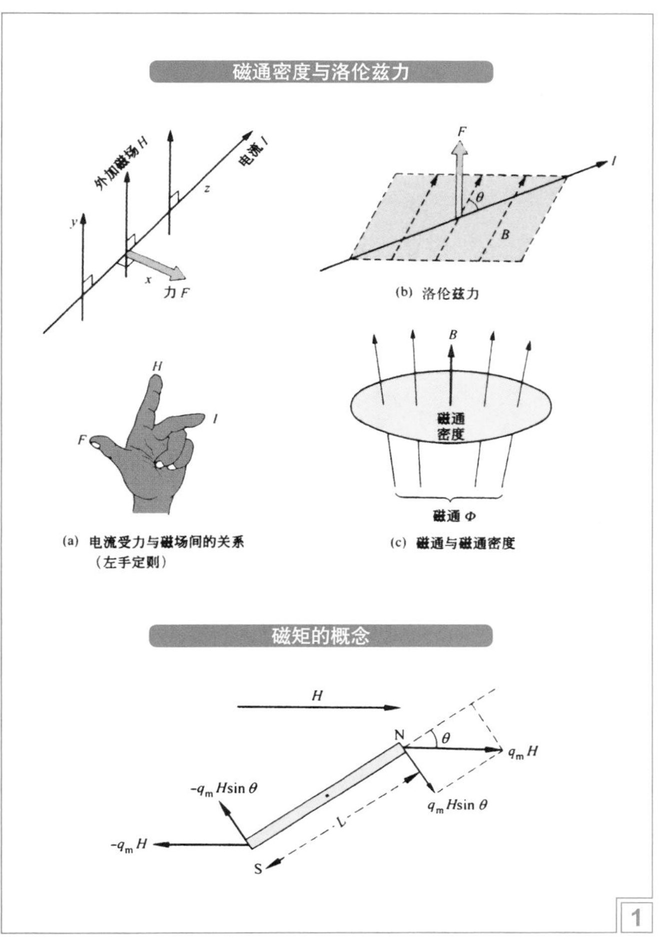
磁通密度与洛伦兹力
外加磁场 H
电流 I
力 F
(b) 洛伦兹力
磁通密度
磁通 Φ
(a) 电流受力与磁场间的关系（左手定则）
(c) 磁通与磁通密度
磁矩的概念
1

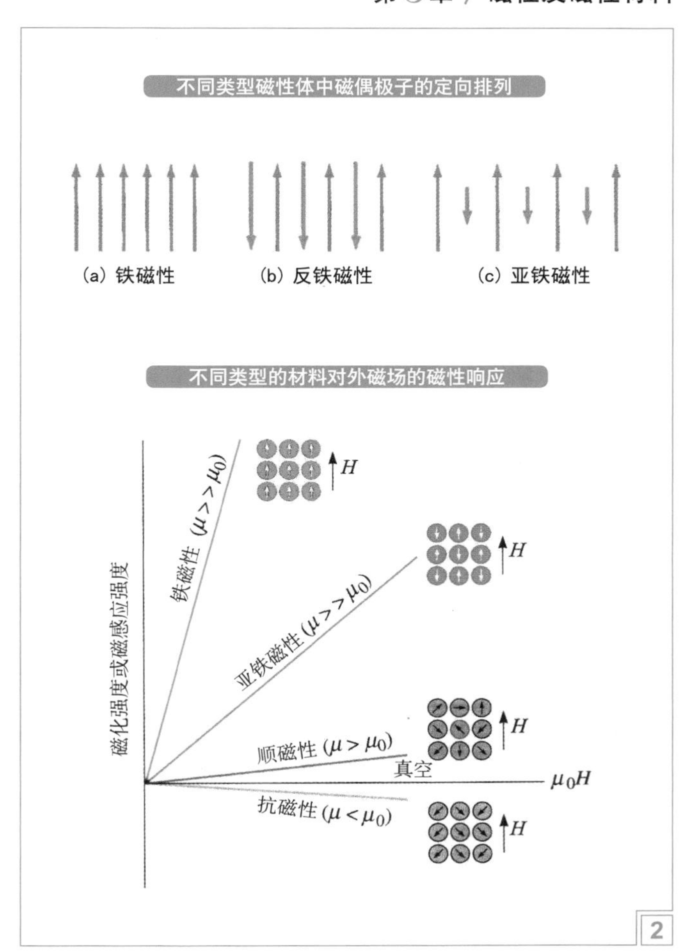
不同类型磁性体中磁偶极子的定向排列
(a) 铁磁性
(b) 反铁磁性
(c) 亚铁磁性
不同类型的材料对外磁场的磁性响应
磁化强度或磁感应强度
铁磁性 (μ>>μ0)
亚铁磁性 (μ>>μ0)
顺磁性 (μ>μ0)
真空
抗磁性 (μ<μ0)
μ0H
2

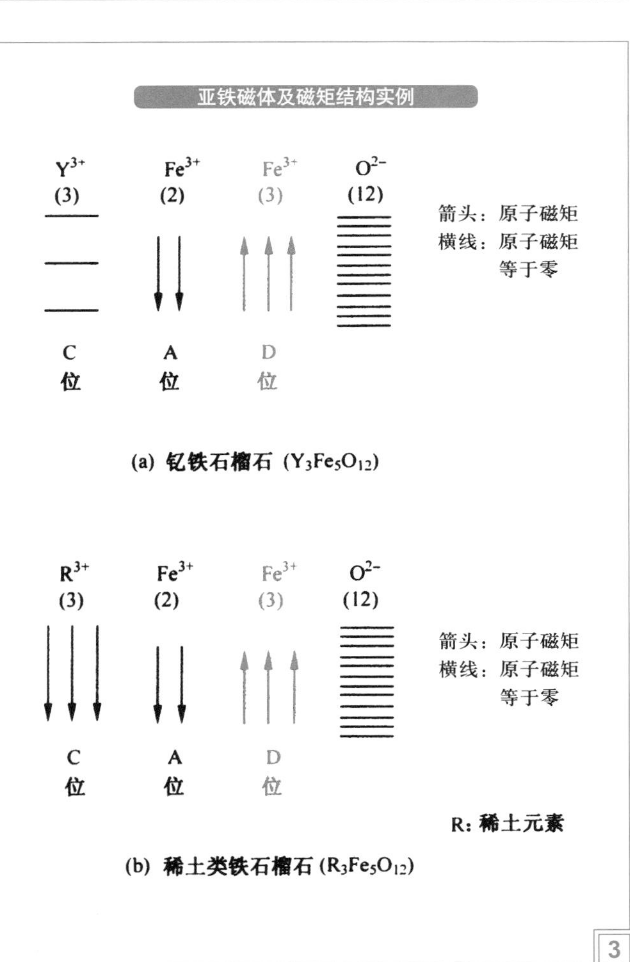
亚铁磁体及磁矩结构实例
箭头：原子磁矩
横线：原子磁矩等于零
C 位
A 位
D 位
(a) 钇铁石榴石 (Y3Fe5O12)
R: 稀土元素
(b) 稀土类铁石榴石 (R3Fe5O12)
3

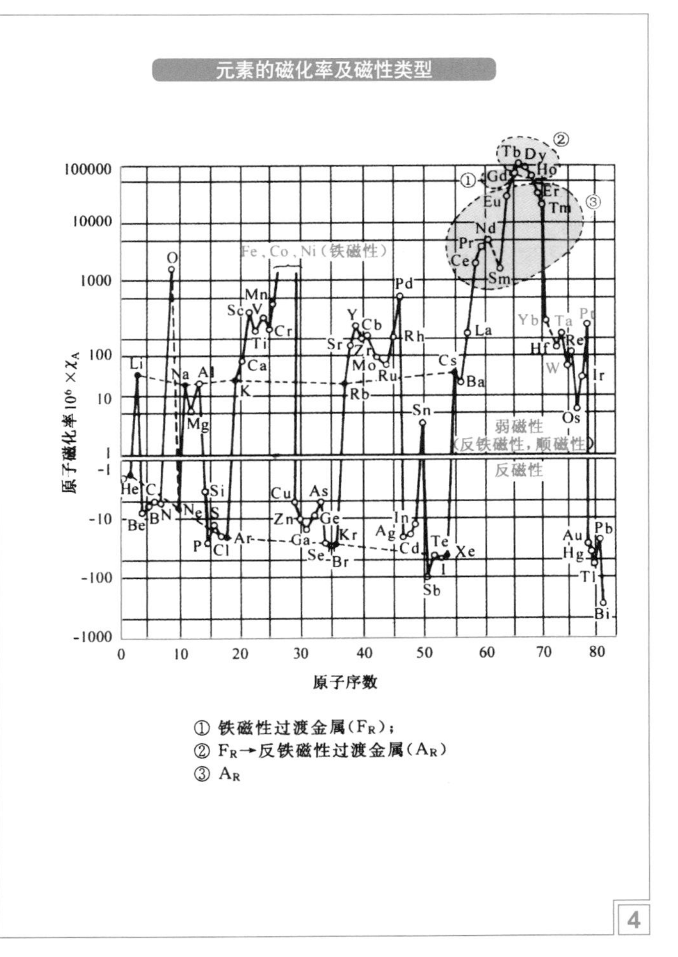
元素的磁化率及磁性类型
原子磁化率 10⁶ ×χA
原子序数
Fe、Co、Ni（铁磁性）
弱磁性
（反铁磁性，顺磁性）
反磁性
① 铁磁性过渡金属(FR)；
② FR→反铁磁性过渡金属(AR)
③ AR
4

9.3 过渡金属元素 3d 壳层的电子结构与其磁性的关系

9.3.1 3d 壳层的电子结构

第四周期过渡元素包括 Sc、Ti、V、Cr、Mn、Fe、Co、Ni、Cu、Zn。它们核外电子排布有一定共性，内层电子排布均为 $1s^22s^22p^63s^23p^6$，闭壳层；外层电子排布随原子核电荷数增加而变化，表现在 3d 壳层上电子数依次增多。以 Fe 为例，其 $3d^6$ 轨道有 6 个电子占据，但 $3d^6$ 轨道有 10 个位置（轨道数 5），因此为非闭壳层；$4s^2$ 轨道 2 个电子满环，为闭壳层。

可见，Fe 的 3d 轨道为非闭壳层，尚有 4 个空余位置。3d 轨道上，最多可以容纳自旋磁矩方向向上的 5 个电子和向下的 5 个电子，但电子的排布要服从泡利不相容原理和洪德准则，即一个电子轨道上可以同时容纳一个自旋方向向上的电子和一个自旋方向向下的电子，但不可以同时容纳 2 个自旋方向相同的电子；同一亚层（角量子数）的电子排布总是尽可能分占不同的轨道，且自旋方向相同。表中汇总了 3d 轨道的电子数及电子在该轨道的排布方式。对于 Fe 来说，为了满足洪德准则，电子可能的排布方式是，5 个同方向的自旋电子和一个不同方向的电子相组合，二者相抵，剩余的 4 个自旋磁矩对磁化产生贡献。

实际上，由于 3d 轨道和 4s 轨道的能量十分接近，8 个电子有可能相互换位。人们发现，按统计分布，3d 轨道上排布 7.88 个电子，4s 轨道上排布 0.12 个。因此，在对原子磁矩有贡献的 3d 轨道上（4s 轨道电子容易成为自由电子，而不受局域原子核的束缚），同方向自旋电子排布 5 个，异方向自旋电子排布 2.88 个。这与表中按洪德准则给出的 3d 电子的排布有较大出入。对于 Fe，3d 不成对电子数为 5−2.88=2.12 个，而表中给出的数据为 4。与 Fe 同属 3d 过渡族铁磁性金属的 Co、Ni，其 3d 不成对电子数分别为 1.7 和 0.6，三者都比按洪德准则预测的数据低得多。

但值得注意的是，这 10 种过渡元素中铬 Cr 和铜 Cu 的 3d 壳层电子数分别为 5、10，4s 壳层电子排布为 $4s^1$，这是由于洪特规则的特例。

9.3.2 某些 3d 过渡族金属原子及离子的电子排布及磁矩

3d 过渡金属最外壳层轨道的 4s 电子很容易脱离原子核的束缚成为自由电子，致使 3d 轨道裸露在最外层，从而易受周围金属离子（正极性）的影响而变成邻接轨道。与 3d 电子在其受束缚的原子核的特定轨道运动相比，进入周围金属离子 3d 轨道的几率更高，从而沿固定原子核周围的轨道运动已不明显，同时还应特别强调离子回游型的运动特征（这就是为什么难以测出准确的轨道角动量的原因）。这样，由 3d 不成对电子轨道运动造成的磁性变得很小。因此，原子及离子的永磁矩主要是由电子的自旋造成的。

理论上，永磁矩 μ 与原子或离子中未成对电子数 n 有如下近似关系：

$$\mu = \sqrt{n(n+1)}\ \mu_B \tag{9-1}$$

式中，μ_B 的单位是玻尔磁子（B.M.），

$$1\text{B.M.} = \frac{e\hbar}{2mc} \tag{9-2}$$

式中，m 是电子质量，e 为电子电荷，c 是真空中光速，$\hbar=h/2\pi$。物质磁矩的大小反映了原子或离子中未成对电子数目的多少。

9.3.3 3d 原子磁交换作用能与比值 a/d 的关系

a/d 是某些 3d 过渡族元素的平衡原子间距 a 与其 3d 电子轨道直径 d 之比，通过 a/d 的大小，可计算得知两个近邻电子接近距离（即 $r_{ab}-2r$）的大小，进而由 Bethe-Slater 曲线得出交换积分 J 及原子磁交换能 E_{ex} 的大小。

原子磁交换作用能的海森伯（Heisenberg）交换模型：

$$E_{ex} = -2J\sum_{i<j} \boldsymbol{S}_i \cdot \boldsymbol{S}_j \tag{9-3}$$

在此基础上，奈尔总结出各种 3d，4d 及 4f 族金属及合金的交换积分 J 与两个近邻电子接近距离的关系，即 Bethe-Slater 曲线。从图中可以看出，当电子的接近距离由大减小时，交换积分为正值并有一个峰值，Fe，Ni，Ni-Co，Ni-Fe 等铁磁性物质正处于这一段位置。但当接近距离再减小时，则交换积分变为负值，Mn，Cr，Pt，V 等反铁磁物质正处于该段位置。当 $J>0$ 时，各电子自旋的稳定状态（E_{ex} 取极小值）是自旋方向一致平行的状态，因而产生了自发磁矩。这就是铁磁性的来源。当 $J<0$ 时，则电子自旋的稳定状态是近邻自旋方向相反的状态，因而无自发磁矩。这就是反铁磁性。

9.3.4 Fe 的电子壳层和电子轨道，合金的磁性斯拉特 - 泡林（Slater-Pauling）曲线

由周期表上相互接近的元素组成的合金，其平均磁矩是外层电子数的函数。将 3d 过渡族金属二元合金的磁矩相对于每个原子平均电子数（e/a）的作图，得到的曲线称为 Slater-Pauling 曲线。

铁磁性元素 Fe，Co，Ni 为 3d 过渡族元素的最后三个，其 3d 电子按洪德规则和泡利不相容原则排布，存在不成对电子，由此产生原子磁矩。实际上，对原子磁矩有贡献的不成对电子数，Fe 为 2.12，Co 为 1.7，Ni 为 0.6。按每个原子磁矩产生的自发磁化相比，铁最大。图中给出的斯拉特 - 泡林（Slater-Pauling）曲线清楚地表示了上述事实。该曲线给出了元素周期表中 Fe、Co、Ni 附近元素合金系统的有关数据。以 Fe-Co 系统（图中用黑点表示）为例，从 Fe 的 2.12 开始，随着 Co 含量的增加，原子磁矩增加，成分正好为 $Fe_{70}Co_{30}$ 时取最大值，大约为 $2.5\mu_B$（μ_B 为玻尔磁子），而后下降。根据 Slater-Pauling 曲线可以得出如下结论：

（1）迄今为止，由合金化所能达到的原子磁矩，最大值约为 $2.5\mu_B$。

（2）合金由周期率上相接近的元素组成时，其原子磁矩与合金元素无关，仅取决于平均电子数。

（3）当比 Cr 的电子数少（3d 轨道电子数不足 5）时，不会产生铁磁性。

本节重点

（1）3d 过度金属的磁性主要取决于轨道磁矩还是自旋磁矩？
（2）同属 3d 过渡金属，为什么 Fe、Co、Ni 具有铁磁性，而其他具有反铁磁性或顺磁性？
（3）解释在 3d 铁磁性金属中，Fe 的磁性最强，Co 次之，Ni 最弱。

3d 壳层的电子结构

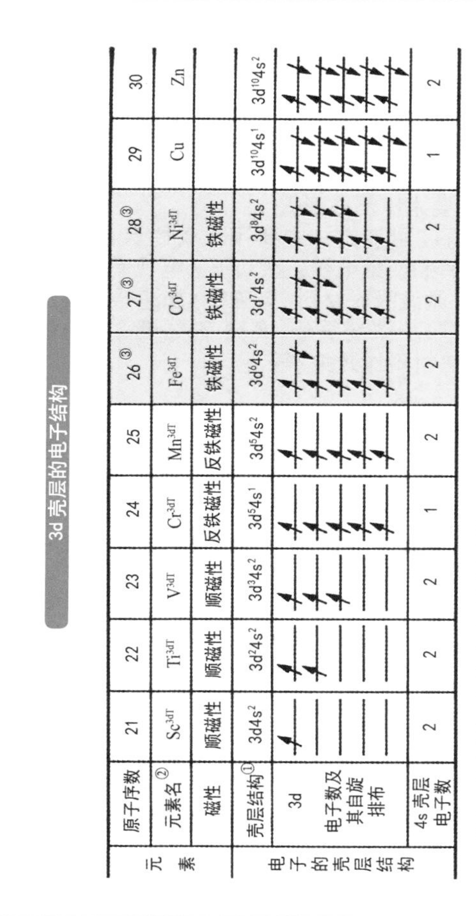

元素	原子序数	21	22	23	24	25	26③	27③	28③	29	30
	元素名②	Sc^{3dT}	Ti^{3dT}	V^{3dT}	Cr^{3dT}	Mn^{3dT}	Fe^{3dT}	Co^{3dT}	Ni^{3dT}	Cu	Zn
	磁性	顺磁性	顺磁性	顺磁性	反铁磁性	反铁磁性	铁磁性	铁磁性	铁磁性		
电子的壳层结构	壳层结构①	$3d4s^2$	$3d^24s^2$	$3d^34s^2$	$3d^54s^1$	$3d^54s^2$	$3d^64s^2$	$3d^74s^2$	$3d^84s^2$	$3d^{10}4s^1$	$3d^{10}4s^2$
	3d 电子数及其自旋排布										
	4s 壳层电子数	2	2	2	1	2	2	2	2	1	2

① 每一种元素的 $1s^22s^22p^63s^23p^6$ 壳层均省略；
② 上角标为 3dT 的元素称为 3d 壳层过渡元素；
③ 铁磁性元素晶体中不成对电子数的实测值比按洪德准则预测的值要小。

1

3d 过渡族元素中性原子的磁矩

不成对的 3d 电子数	原子	总电子数	3d 轨道电子的排布					4s 电子数
3	V	23	↑	↑	↑			2
5	Cr	24	↑	↑	↑	↑	↑	1
5	Mn	25	↑	↑	↑	↑	↑	2
4	Fe	26	↑↓	↑	↑	↑	↑	2
3	Co	27	↑↓	↑↓	↑	↑	↑	2
2	Ni	28	↑↓	↑↓	↑↓	↑	↑	2
0	Cu	29	↑↓	↑↓	↑↓	↑↓	↑↓	1

某些 3d 过渡族元素离子的电子排布和离子磁矩

离子	电子数	3d 轨道电子排布					离子磁矩（玻尔磁子）
Fe^{3+}	23	↑	↑	↑	↑	↑	5
Mn^{2+}	23	↑	↑	↑	↑	↑	5
Fe^{2+}	24	↑↓	↑	↑	↑	↑	4
Co^{2+}	25	↑↓	↑↓	↑	↑	↑	3
Ni^{2+}	26	↑↓	↑↓	↑↓	↑	↑	2
Cu^{2+}	27	↑↓	↑↓	↑↓	↑↓	↑	1
Zn^{2+}	28	↑↓	↑↓	↑↓	↑↓	↑↓	0

在正尖晶石和反尖晶石铁氧体中，每个分子的离子排列和净磁矩

铁氧体	结构	四面体间隙占位	八面体间隙点位		净磁矩 /（μ_s/分子）
$FeO\cdot Fe_2O_3$	反尖晶石	Fe^{3+} 5 ←	Fe^{2+} 4 →	Fe^{3+} 5 →	4
$ZnO\cdot Fe_2O_3$	正尖晶石	Zn^{2+} 0	Fe^{3+} 5 ←	Fe^{3+} 5 →	0

2

磁交换作用能与比值 a/d 的函数关系

$$\frac{a}{d}=\frac{\text{原子平衡间距}}{\text{3d 轨道直径}}$$

a/d 是某些 3d 过渡族元素的平衡原子间距与其 3d 电子轨道直径之比。存在正交换作用能的元素为铁磁性的，存在负交换作用能的元素为反铁磁性的。

表示原子间距离与海森伯 (Heisenberg) 交换积分 J 之间关系的 Bethe-Slater 曲线

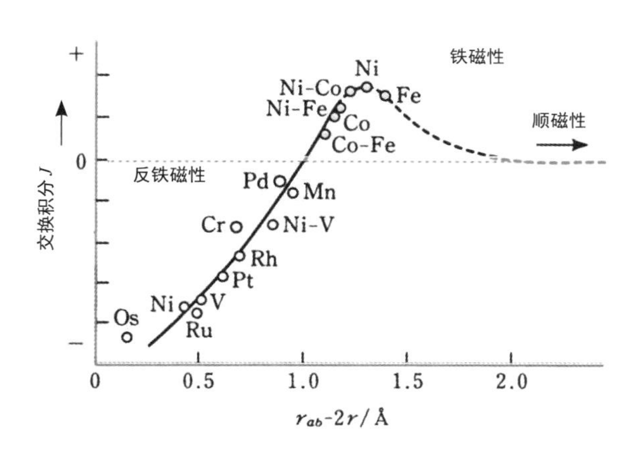

横轴表示从原子间距 r_{ab} 减去电子轨道的大小 $2r$ 的差，纵轴表示从实验数据定性推定的（由 Néel）

3

质量为 m，电荷为 $-e$ 的电子的轨道运动和自旋运动

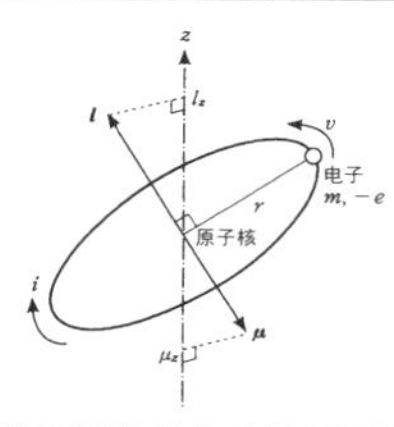

(a) 轨道运动产生的角动量 l 和磁矩

$$\mu=-\frac{e\hbar}{2m}\frac{l}{\hbar}=-\mu_B\frac{l}{\hbar}$$

(b) 自旋运动产生的自旋磁矩

$$\mu_s=-2\mu_B\frac{s}{\hbar}$$

3d 过渡族金属二元合金的 Slater-Pauling 曲线

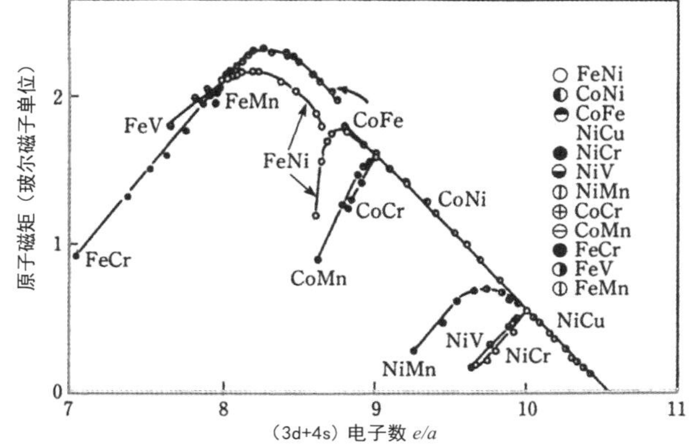

3d 过渡族金属二元合金的磁矩相对于每个原子平均电子数 (e/a) 的作图。

4

9.4 高磁导率材料、高矫顽力材料及半硬质磁性材料

9.4.1 何谓软磁材料和硬磁材料

磁性材料冠以“软”和“硬”始于何时，已无从考证，也许是从软铁和磁钢作为磁性材料正式投入工业应用开始的。软铁硬度低，且易于充磁、退磁，机械上质软与磁性上“柔软”、“柔顺”相统一，故称其为“软磁材料”；磁钢硬度高，且难于充磁、退磁，机械上质硬与磁性上“顽固”、“顽强”相统一，故称其为“硬磁材料”。

20世纪中期，磁性材料获得迅猛发展，各式各样的磁性材料纷纷涌现。有些磁性材料机械性能的软硬与磁性的“软硬”已无必然联系。例如，同样是铁氧体，有的是软磁的，有的却是硬磁的。

粘结磁体的出现彻底颠覆了磁性材料机械性能软硬与磁学性能“软硬”的相关性。粘结磁体是将磁性粉末与塑料及橡胶等混合，再经成型制成的。它不仅软而富于挠性（可弯曲甚至折叠），使用起来与橡胶或塑料具有相同感觉。但它却是硬磁的，广泛用于受振动冲击大的车辆用马达、电冰箱中的密封条、广告牌用的压钮、各种文具中的盖板等。

在这里，所谓“软磁材料”，是指磁导率非常高、矫顽力非常小的磁性材料，主要用于线圈及变压器等的铁芯（core）等，具有五种主要的磁特性：

（1）高的磁导率 μ。磁导率是对磁场响应灵敏度的量度；

（2）低的矫顽力 H_c。显示磁性材料既容易受外加磁场磁化，又容易受外加磁场或其他因素退磁，而且磁损耗也低；

（3）高的饱和磁通密度 B_s 和高的饱和磁化强度 M_s。这样较容易得到高的磁导率 μ 和低的矫顽力 H_c，也可以提高磁能密度；

（4）低的磁损耗和电损耗。这就要求低的矫顽力 H_c 和高的电阻率；

（5）高的稳定性，这就要求上述的软磁特性对于温度和震动等环境因素有高的稳定性。

所谓“硬磁材料”，是指磁通密度高、矫顽力非常大的磁性材料，俗称永磁材料、“磁钢”等，主要用于强力永磁体等，具有四种主要的磁特性：

（1）高的矫顽力 H_c。矫顽力是硬磁材料抵抗磁的和非磁的干扰而保持其硬磁性的量度

（2）高的剩余磁通密度（符号为 B_r）和高的剩余磁化强度（符号为 M_r）。它们是具有空气隙的硬磁材料的气隙中磁场强度的量度；

（3）高的最大磁能积。最大磁能积 $(BH)_{max}$ 是硬磁材料单位体积存储和可利用的最大磁能量密度的量度；

（4）高的稳定性，即对外加干扰磁场和温度、震动等环境因素变化的高稳定性。

9.4.2 高磁导率材料

高磁导率材料即所谓的软磁材料。其主要功能是导磁、电磁能量的转换与传输。因此，要求这类材料有较高的磁导率和磁感应强度，同时磁滞回线的面积或磁损耗要小。与永磁材料相反，其 B_r 和 ${}_bH_c$ 越小越好，但饱和磁感应强度 B_s 越大越好。表现为磁滞回线瘦而高。

从制作和应用角度，软磁材料大体上可分为三大类：①合金薄带或薄片：FeNi(Mo)、FeSi、FeAl 等；②非晶态合金薄带：Fe 基、Co 基、FeNi 基或 FeNiCo 基等配以适当的 Si、B、P 和其他掺杂元素，又称磁性玻璃；③磁介质（铁粉芯）：FeNi(Mo)、FeSiAl、羰基铁和铁氧体等粉料，经电绝缘介质包覆和粘合后按要求压制成形。

软磁材料的应用甚广，主要用于磁性天线、电感器、变压器、磁头、耳机、继电器、振动子、电视偏转轭、电缆、延迟线、传感器、微波吸收材料、电磁铁、加速器高频加速腔、磁场探头、磁性基片、磁场屏蔽、高频淬火、聚能、电磁吸盘、磁敏元件（如磁热材料作开关）等。

9.4.3 高矫顽力材料

高矫顽力材料即所谓的硬磁材料、永磁材料、磁钢等。永磁材料一经外磁场磁化以后，即使在相当大的反向磁场作用下，仍能保持一部或大部原磁化方向的磁性。对这类材料的要求是剩余磁感应强度 B_r 高，矫顽力 ${}_bH_c$（即抗退磁能力）强，磁能积（BH）（即给空间提供的磁场能量）大。表现为磁滞回线很胖。

从制作和应用角度，永磁材料分合金、铁氧体和金属间化合物三大类。①合金类：包括铸造、烧结和可加工合金。铸造合金的主要品种有：AlNi(Co)、FeCr(Co)、FeCrMo、FeAlC、FeCo(V)(W)；烧结合金有：Re-Co（Re 代表稀土元素）、Re-Fe 以及 AlNi（Co）、FeCrCo 等；可加工合金有：FeCrCo、PtCo、MnAlC、CuNiFe 和 AlMnAg 等，后两种中 ${}_bH_c$ 较低者亦称半永磁材料。②铁氧体类（硬磁铁氧体）：主要成分为 $MO \cdot 6Fe_2O_3$，M 代表 Ba、Sr、Pb 或 SrCa、LaCa 等复合组分。③稀土类和金属间化合物类：主要以 Sm_2Co_{17}、$Nd_2Fe_{14}B$ 和 MnBi 为代表。

永磁材料有多种用途：①基于电磁力作用原理的应用主要有：扬声器、话筒、电表、按键、电机、继电器、传感器、开关等。②基于磁电作用原理的应用主要有：磁控管和行波管等微波电子管、显像管、钛泵、微波铁氧体器件、磁阻器件、霍尔器件等。③基于磁力作用原理的应用主要有：磁轴承、选矿机、磁力分离器、磁性吸盘、磁密封、磁黑板、玩具、标牌、密码锁、复印机、控温计等。其他方面的应用还有：磁疗、磁化水、磁麻醉等。

根据使用的需要，永磁材料可有不同的结构和形态。有些材料还有各向同性和各向异性之别。

9.4.4 半硬质磁性材料

半硬磁性材料是指矫顽力 H_c 介于 800A/m~20kA/m 之间的永磁材料。其磁性能介于软磁和硬磁之间。其特点是矫顽力值虽不高，但磁滞回线方形度和矩形比 B_r/B_s 都较高。工作时靠外磁场改变其磁化状态。材料种类多，多数塑性较好，可冷加工制成薄带、细丝。按合金结构和热处理分为三类：①淬火硬化型马氏体磁钢有碳钢、铬钢、钨钢和钴钢；②热处理相变型有铁钴钒、铁锰、铁镍、铁钴钼、钴铁系合金；③铸造弥散硬化型有铝镍钴系合金等。

本节重点

（1）通常所说的软磁材料和硬磁材料所指为何？铁氧体都是软磁或硬磁材料吗？
（2）尽量多地举出高磁导率材料和高矫顽力材料的实例。
（3）在磁记录系统中，磁头和记录介质采用的软磁还是硬磁材料？

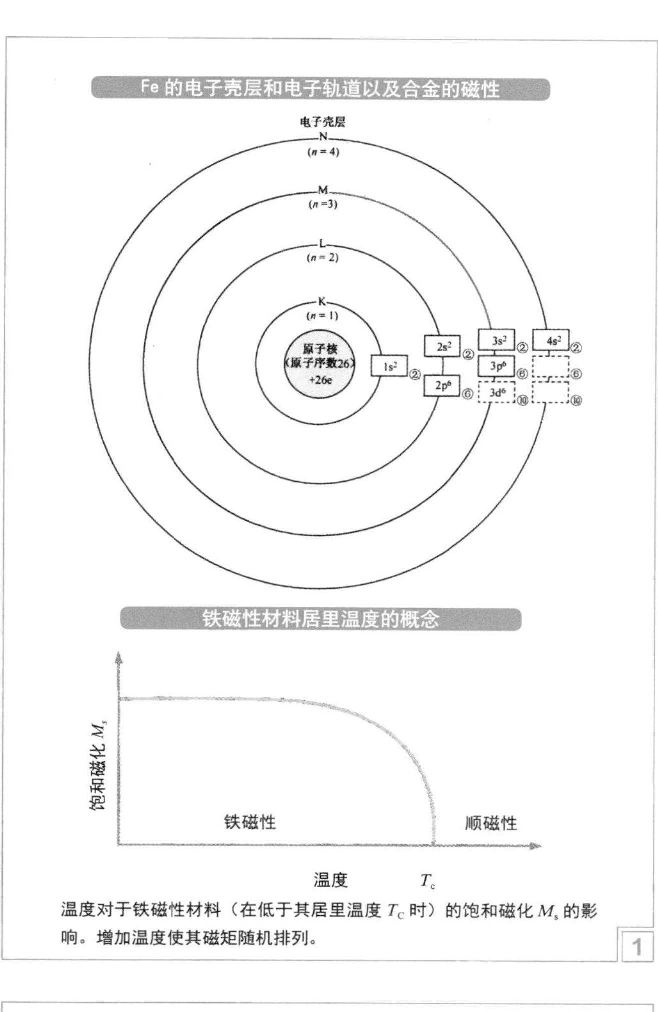

温度对于铁磁性材料（在低于其居里温度 T_C 时）的饱和磁化 M_s 的影响。增加温度使其磁矩随机排列。

1

主要的高磁导率材料

系统	材料名称	组成(质量比)	磁导率 初始 μ_i	磁导率 最大 μ_{max}	饱和磁通密度 B_r/T	矫顽力 H_c/(A·m⁻¹)	电阻率 /μΩ·m	居里温度 T_c/℃
铁及铁系合金	电工软铁	Fe	300	8 000	2.15	64	0.11	770
	硅钢	Fe-3Si	1 000	30 000	2.0	24	0.45	750
	铁铝合金	Fe-3.5Al	500	19 000	1.51	24	0.47	750
	Alperm（阿尔帕姆高磁导率铁镍合金）	Fe-16Al	3 000	55 000	0.64	3.2	1.53	
	Permendur（珀明德铁钴系高磁导率合金）	Fe-50Co-2V	650	6 000	2.4	160	0.28	980
	仙台斯特合金	Fe-9.5Si-5.5Al	30 000	120 000	1.1	1.6	0.8	500
坡莫合金	78 坡莫合金	Fe-78.5Ni	8 000	100 000	0.86	4	0.16	600
	超坡莫合金	Fe-79Ni-5Mo	100 000	600 000	0.63	0.16	0.6	400
	Mumetal（镍铁铜系高磁导率合金）	Fe-77Ni-2Cr-5Cu	20 000	100 000	0.52	4	0.6	350
	Hardperm（镍铁铌系高磁导率合金）	Fe-79Ni-9Nb	125 000	500 000	0.1	0.16	0.75	350
铁氧体化合物	Mn-Zn 系铁氧体	32MnO,17ZnO 51Fe_2O_3	1 000	4 250	0.425	19.5	0.01～0.1 Ω·m	185
	Ni-Zn 系铁氧体	15NiO,35ZnO 51Fe_2O_3	900	3 000	0.2	24	10^3～10^7 Ω·m	70
	Cu-Zn 系铁氧体	22.5CuO 27.5ZnO 50Fe_2O_3	400	1 200	0.2	40	约 10^3 Ω·m	90
非晶态	金属玻璃 2605SC	Fe-3B-2Si-0.5C	2 500	300 000	1.61	3.2	1.25	370
	金属玻璃 2605S2	Fe-3B-5Si	5 000	500 000	1.56	2.4	1.30	415

2

主要的高矫顽力材料

材料		残留磁通密度 B_r/T	矫顽力/(kA·m⁻¹) H_{cI}	矫顽力/(kA·m⁻¹) H_{cB}	最大磁能积 $(BH)_{max}$/(kJ·m⁻³)
钢系	马氏体钢,9% Co	0.75	11	10	3.3
	马氏体钢,40% Co	1.00	21	19	8.2
Fe-Cr-Co	各向同性	0.80	42	40	12
	各向异性	1.00	46	45	28
		1.30	49	47	43
铝镍钴系	铝镍钴 5,JIS-MCB500	1.25	—	50.1	39.8
	JIS-MCB750	1.35	—	61.7	63.7
	铝镍钴 6	1.065	—	62.9	31.8
	铝镍钴 8(Ticonall 500)	0.80	—	111	31.8
	Ticonal 2000	0.74	—	167	47.7
铁氧体系	$BaFe_{12}O_{19}$ 各向同性	0.22～0.24	255～310	143～159	7.96～10.3
	$BaFe_{12}O_{19}$ 湿式各向异性（高磁能积型）	0.40～0.43	143～175	143～175	28.6～31.8
	$BaFe_{12}O_{19}$ 湿式各向异性（高矫顽力型）	0.33～0.37	239～279	223～255	19.9～23.9
	$SrFe_{12}O_{19}$ 湿式各向异性（高磁能积型）	0.39～0.42	199～239	191～223	26.3～30.2
	$SrFe_{12}O_{19}$ 湿式各向异性（高矫顽力型）	0.35～0.39	223～279	215～255	20.7～26.3
稀土素	Sm_2Co_{17}	1.12	550	520	250
	$Nd_2Fe_{14}B$	1.23	960	880	360

主要的磁存储、磁记录材料

磁记录，磁存储

- 记录，再生材料（磁头）
  - 坡莫合金系(79Ni-4Mo-17Fe 等)
  - Fe-Al-Si 系(仙台斯特合金等)
  - 非晶态合金系(Co-Fe-B-Si,Co-Nb-Zr 等)
  - 铁氧体系(Mn-Zn 铁氧体系)
  - 薄膜(坡莫合金,仙台斯特合金,Co 系非晶态合金,Fe-C/Ni-Fe 多层膜,Fe-M-C 等)
- 记录，存储介质
  - 磁带(ATR,VTR 等)
    γ-Fe_2O_3,CrO_2,CoO-Fe_2O_3,Fe,Ba 铁氧体等的磁性粉以及 CoNi(O),CoCr(O) 等的蒸镀膜、溅射膜
  - 磁盘(软盘,硬盘等)
    γ-Fe_2O_3 微粉末,CoNiP 电镀膜,CoCrTa 溅射膜等
  - 磁芯存储器(电算机)
    Mn,Mg,Zn,Ni 系铁氧体,Li 系铁氧体磁心等
  - 垂直磁记录
    Ba 铁氧体,Co-Cr 系合金等的溅射薄膜等
  - 磁泡
    正交铁氧体($RFeO_3$),磁性石榴石($R_3Fe_5O_{12}$) 等
  - 光磁记录
    GdTbFe,TbFeCo 等非晶态薄膜,Mn-Bi 多晶膜等

3

各种半硬质磁性材料的实例

类型	材料 系统	材料 成分(质量分数,%)(其余为 Fe)	磁通密度 B_r/T	矫顽力 H_c/(kA·m⁻¹)	矩形比	用途
淬火硬化型	碳素钢	0.5C	1.2～1.5	1.2～1.6	0.7～0.9	
	Cr 钢	0.9C-0.3Mn-3Cr	1.2	2.8		
	Co-Cr 钢	0.8C-4.5Cr-15Co-0.5Mn	1.1	4.6～5.8	0.6～0.7	
	Vicalloy（维加洛铁钴钒永磁合金）	52Co-9V	1.2	7.2	0.92	磁滞式马达
	Remendur（雷门德铁钴钒永磁合金）	49Co-3V	1.7	1.6～4.8	0.9	开关器件
	P6	45Co-6Ni-4V	1.1～1.4	3.2～5.6	0.8	
	Fe-Mn-Ni	9.5Mn-6.5Ni-0.2Ti	1.5	5.1	0.97	
	Fe-Ni-Mo	20Ni-5Mo	1.0	10	0.88	
Spinodal 分解型	铝镍钴	8.5Al-14Ni-5Co	0.95	12	0.8	磁滞式马达
	Fe-Cr-Co	28Cr-9Co	0.95	19		
析出型	Co-Fe-Au	84Co-4Au	1.42	0.74	0.88	半固定存储器件
	尼布克洛依铁钴铌永磁合金	85Co-3Nb	1.45	1.6	0.95	开关器件 半固定存储器件
	Fe-Co-Nb	20Co-2Nb-3Mo	1.91	2.1	0.95	开关器件

不同磁性材料的饱和磁化强度和矫顽力

饱和磁化强度
2.5 2.0 1.5 1.0 0.5 0
CoFe
Fe, FeSi
C-steels
CoFeNb
CrCoFe
$Fe_{78}B_{13}Si_9$
Medium Ni
Fe
CoFeV
NdFeB
AlNiCo
Cr, Co STLS
$Fe_{40}Ni_{38}Mo_4B_8$
Powder cores
RCO
High Ni
NiFe
CoFeNi
NiFe
CuNiFe
PtCo
ESD
Soft ferrites
Hard ferrites
MnAlC
10^{-1} 10^0 10^1 10^2 10^3 10^4 10^5 10^6
矫顽力 (A m⁻¹)
软磁 ← | 半硬磁 | → 硬磁

4

9.5 亚铁磁性和软磁铁氧体磁性材料

9.5.1 软磁铁氧体的晶体结构及正离子超相互作用模型

软磁铁氧体（soft magnetic ferrite）是以 Fe_2O_3 为主成分的亚铁磁性氧化物，它用制陶法制成，所以有“黑瓷”的俗称。软磁铁氧体的晶体结构为尖晶石结构，属于立方晶系（天然的尖晶石是 $MgAl_2O_4$）。尖晶石型的通式是 AB_2O_4，其中 A 是+2价离子，B是+3价离子，有正尖晶石与反尖晶石型之分。软磁材料中+2价离子有 Mn^{2+}、Zn^{2+}、Ni^{2+} 等，有时+2价离子是复合的，如 $Mg_{1-x}Mn_xFe_2O_4$，+3价离子是铁。这种尖晶石结构可以记作 $M^{2+}(Fe^{3+})_2O_4$，为正尖晶石型，其中 O^{2-} 占据面心立方的位置，两个 Fe^{3+} 离子填于 O^{2-} 形成的八面体空隙，一个 M^{2+}（其他金属离子）填于四面体空隙，代表性物质有顺磁性的 Zn 铁氧体；若在正尖晶石型中，处于八面体间隙的一半的 Fe^{3+} 与处于四面体间隙的全部的 M^{2+} 互换位置，则形成了反尖晶石结构，习惯表示为 $Fe^{3+}(Fe^{3+}M^{2+})O_4$，代表性物质有 Mn-Zn 铁氧体、Ni-Zn 铁氧体、Cu-Zn 铁氧体、磁铁矿 Fe_3O_4 等，既有铁磁性物质，也有亚铁磁性物质。

软磁铁氧体晶体结构中存在正离子超相互作用。在一个晶面上可以看成晶体有两种亚点阵组合而成，由氧离子分开。氧离子在磁性相互作用中起媒介作用和传递作用，称这种作用为超相互作用，或间接相互作用、超交换相互作用。

9.5.2 多晶铁氧体的微细组织

多晶铁氧体中存在大量**磁畴**，所谓磁畴（magnetic domain），是指铁磁性和亚铁磁性物质在居里（Curie）温度以下，其内部所形成的自发磁化区，畴的尺寸约几十纳米到几厘米。**在每一个畴内，电子的自旋磁矩平行排列（磁有序），达到饱和磁化的程度**。畴与畴之间称为**磁畴壁**，是自旋磁矩取向逐渐改变的过渡层，为高能量区，其厚度取决于交换能和磁结晶各向异性能平衡的结果，一般为 10^{-5}cm。对于多晶体来说，可能其中的每一个晶粒都是由一个以上的磁畴组成的。因此一个宏观样品中包含许许多多个磁畴。每一个磁畴都有特定的磁化方向，整块样品的磁化强度则是所有磁畴磁化强度的向量和。未经外磁场磁化时，磁畴的取向是无序的，因此磁畴的磁化向量之和为零，宏观表现为无磁性。有外加磁场时，会发生畴壁的移动及磁畴内磁矩的转向，即被**磁化**。而当外加磁场的大小和方向发生变化时，软磁材料由于矫顽力较小，磁畴壁易移动，而材料中的非磁相颗粒和空洞之类的缺陷会限制磁畴壁的运动，从而会影响材料的磁性。

9.5.3 微量成分对 Mn-Zn 铁氧体的影响效果

Mn-Zn 系铁氧体具有高的起始磁导率，较高的饱和磁感应强度，在无线电中频或低频范围有低的损耗，它是1兆赫兹以下频段范围磁性能最优良的铁氧体材料。其内掺杂的微量成分的影响效果举例有：CaO、SiO 可促进烧结，用于高性能铁氧体的制备中；Ta_2O_3、ZrO_2 可抑制晶粒生长，用于需要较小晶粒、低损耗的材料；而 V_2O_5、Bi_2O_3、In_2O_3 可促进晶粒生长，用于需要较大晶粒、高磁导率的材料等。

按晶格类型，铁氧体磁性材料主要分为尖晶石铁氧体（软磁铁氧体），六方晶铁氧体（硬磁铁氧体），石榴石铁氧体和钙钛矿型铁氧体。尖晶石型铁氧体的化学分子式为 MFe_2O_4，M 是指离子半径与二价铁离子相近的二价金属离子（Mn^{2+}、Zn^{2+}、Cu^{2+}、Ni^{2+}、Mg^{2+}、Co^{2+} 等）或平均化学价为二价的多种金属离子组（如 $Li^{+0.5}Fe^{3+0.5}$）。使用不同的替代金属，可以合成不同类型的铁氧体（以 Zn^{2+} 替代 Fe^{2+} 所合成的复合氧化物 $ZnFe_2O_4$ 称为锌铁氧体，以 Mn^{2+} 替代 Fe^{2+} 所合成的复合氧化物 $MnFe_2O_4$ 称为锰铁氧体）。通过控制替代金属，可以达到控制材料磁特性的目的。由一种金属离子替代而成的铁氧体称为单组分铁氧体。由两种或两种以上的金属离子替代可以合成出双组分铁氧体和多组分铁氧体。锰锌铁氧体（$(Mn\text{-}Zn)Fe_2O_4$）和镍锌铁氧体（$(Ni\text{-}Zn)Fe_2O_4$）就是双组分铁氧体，而锰镁锌铁氧体（$(Mn\text{-}Mg\text{-}Zn)Fe_2O_4$）则是多组分铁氧体。

9.5.4 软磁铁氧体的代表性用途

软磁材料的特性是有较高的磁导率、较高的饱和磁感应强度、较小的矫顽力和较低的磁滞损耗。这种材料在磁场作用下非常容易磁化，而取消磁场后又容易退磁化，磁滞回线很窄。根据使用周波数范围、要求特性，软磁铁氧体主要应用于通讯用线圈、各类变压器、偏转轭、天线、磁头、隔离器、单向波导相位器和感温开关等。由于这些用途与信号处理相关，大多用的是铁氧体在弱磁场下的特性。

右表给出了各类铁氧体的用途。在数兆赫以下，用得最多的是饱和磁通密度及磁导率均较高的 Mn-Zn 铁氧体。在此系统中，存在晶体磁各向异性及磁致伸缩均为零的成分范围，而且通过增加晶粒尺寸等可使磁畴壁容易运动。在这种尖晶石型铁氧体中，既能获得最高的磁导率，又能获得最高的饱和磁通密度。但是，这种成分的 Mn-Zn 铁氧体，由于电阻率很低，在高周波段损失急剧增加而不能使用，而需要采用 Mn-Mg-Al、YIG 等铁氧体。

近年来，铁氧体用于强磁场的情况越来越多，从而软磁铁氧体中饱和磁通密度最高的 Mn-Zn 铁氧体的特性得以发挥，作为电源变压器及扼流线圈的磁芯等用得越来越多。在这些用途中，饱和磁通密度高是最重要的条件。当然，在工作周波数比较低的场合，硅钢、钼坡莫合金等金属系磁性材料有其固有优越性，但在数千赫到数兆赫的高周波带域，由于涡流损耗增加，只能采用 Mn-Zn 铁氧体等。特别称这种用途的铁氧体为功率型铁氧体。

电信用铁氧体的磁导率一般在 750~2300 范围内。这种铁氧体应具有低损耗因子、高品质因数 Q、稳定的磁导率随温度/时间关系，要求磁导率在工作中下降慢，约每10年下降3%~4%。广泛应用于高 Q 滤波器、调谐滤波器、负载线圈、阻抗匹配变压器、接近传感器。

宽带铁氧体（高磁导率铁氧体）的磁导率有5000、10000、15000等几种类型，其共同特性为具有低损耗因子、高磁导率、高阻抗/频率特性，广泛应用于共模滤波器、饱和电感、电流互感器、漏电保护器、绝缘变压器、信号及脉冲变压器，在宽带变压器和 EMI 上多用。

功率铁氧体具有高的饱和磁感应强度，为 4000~5000Gs，特别要求具有低损耗/频率关系和低损耗/温度关系，也就是说，随频率增大、损耗上升不大；随温度提高、损耗变化不大，广泛应用于功率扼流圈、并列式滤波器、开关电源变压器、开关电源电感、功率因数校正电路。

本节重点

（1）分析 Fe_3O_4 具有亚铁磁性的原因。
（2）举出软磁铁氧体的代表性用途。
（3）微量成分对 Mn-Zn 铁氧体的影响效果。

软磁铁氧体的晶体结构

氧离子

(A)

(B)

(16d位)

(8a位)

○ O^{2-}占据面心立方阵点位置

● 16d位置(B)
8个小立方体顶角上没有被氧占据的位置，即面心立方点阵的八面体间隙位置

× 8a位置(A)
8个小立方体的体心位置，即面心立方点阵的四面体间隙位置

(a) 尖晶石结构

(b) 以金属正离子为中心的氧离子亚晶格（正离子位于被氧离子亚晶格包围的环境中）

正离子的超相互作用模型

氧离子 O^{2-}

2p轨道（虚线）

由于负的相互作用自旋为相反方向

磁性正离子(1) M_1

磁性正离子(2) M_2

（该例是基于M_1、M_2的3d轨道电子数都为5个以上的情况）

1

正尖晶石铁氧体和反尖晶石铁氧体

	正尖晶石铁氧体（一个分子）	反尖晶石铁氧体（一个分子）
16d位置（八面体间隙）	$2\times Fe^{3+}$	$1\times Me^{2+}+1\times Fe^{3+}$
8a位置（四面体间隙）	$1\times Me^{2+}$	$1\times Fe^{3+}$
习惯表示	$Me^{2+}[Fe_2^{3+}]O_4$	$Fe^{3+}[Fe^{3+}Me^{2+}]O_4$
代表性物质	Zn铁氧体（顺磁性）	Mn-Zn铁氧体 Ni-Zn铁氧体 Cu-Zn铁氧体 磁铁矿(Fe_3O_4) （铁磁性→亚铁磁性）

多晶铁氧体的微细组织

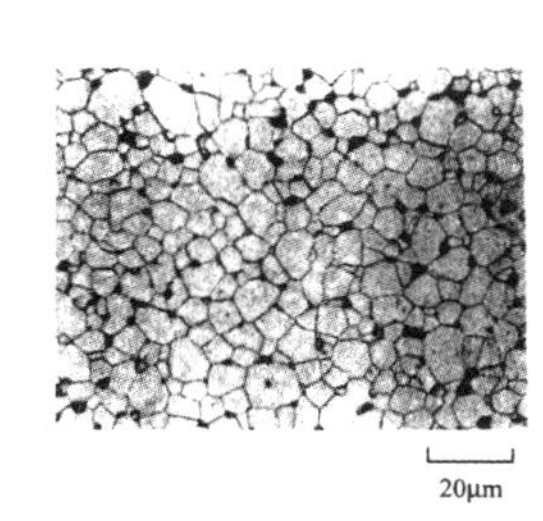

(a) Mn-Zn铁氧体的微细组织

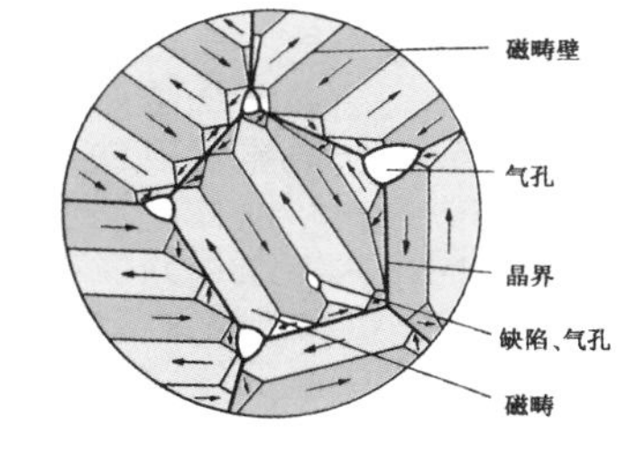

(b) 多晶铁氧体的磁畴结构模型

2

微量成分对Mn-Zn铁氧体的影响效果

群	代表性化合物	作用效果	备注
1群	CaO，SiO_2	形成晶界高电阻层促进烧结	用于高性能铁氧体的制造中，效果显著
2群	V_2O_5，Bi_2O_3，In_2O_3	促进晶粒生长	用于需要较大晶粒、要求高磁导率的材料
3群	Ta_2O_5，ZrO_2	抑制晶粒生长	用于需要较小晶粒、要求低损耗的材料
4群	B_2O_3，P_2O_5	微量添加即能明显促进晶粒生长；降低电阻率	即使添加50×10^{-6}左右，也有明显效果
5群	MoO_3，Na_2O	抑制第4群的效果	与第4群相互配合添加
6群	SnO_2，TiO_2，Cr_2O_3，CoO，Al_2O_3，MgO，NiO，CuO	置换主成分，固溶于尖晶石晶格中	添加的目的是有选择地控制饱和磁通密度、居里温度、温度特性、热膨胀系数等

主要软磁铁氧体的相对初始磁导率及使用周波数带域

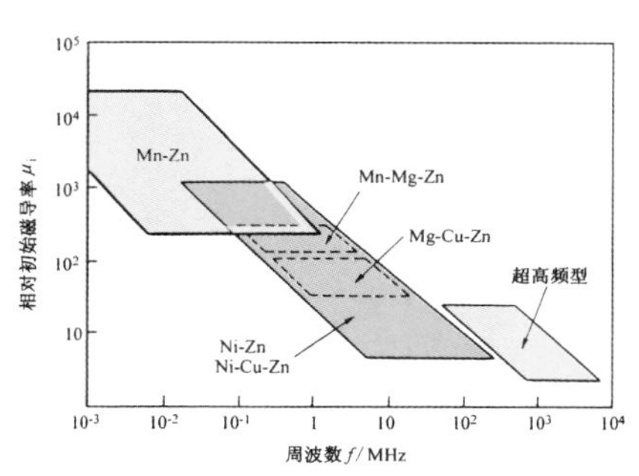

3

软磁铁氧体的代表性用途

用途	使用周波数	铁氧体的种类	要求的特性
通讯用线圈	1 kHz～1 MHz	MnZn	低损耗 低温度系数 感抗调整
	0.5～80 MHz	NiZn	
脉冲变压器		MnZn NiZn	高磁导率 低损耗 低温度系数
各种变压器	300 kHz左右	MnZn	高磁导率 高饱和磁通密度 低损耗
回描变压器	15.75 kHz	MnZn	高磁导率 高饱和磁通密度 低电力损耗
偏转轭	15.75 kHz	MnZn MnMgZn NiZn	精密形状 高磁导率 高电阻率
天线	0.4～50 MHz	NiZn	μQ积大 温度特性
中周变压器	0.3～200 MHz	NiZn	μQ积大 温度特性 感抗调整
磁　头	1 kHz～10 MHz	MnZn	高饱和磁通密度 高磁导率 耐磨损性
隔离器、单向波导相位器	30 MHz～30 GHz	MnMgAl YIG YIG	张量磁导率 饱和磁通密度 共振半高宽
感温开关		MnCuZn	居里温度

4

9.6 铁氧体永磁体的制作

9.6.1 铁氧体永磁体与各向异性铝镍钴永磁体制作工艺的对比

铁氧体永磁体的制作主要是将氧化物粉末经过高温烧结，然后再粉碎，造粒，整粒后压缩成型，最后烧成。而各向异性铝镍钴永磁体的制作是将金属材料熔炼，铸锭，固溶化后再冷却，经过一段时间后再稍稍加工即可。在流程步骤上，前者的生产只需用到粉体的加工装置（球磨机，砂磨机，以及高温预烧用回转窑等），后者的生产除需要高温外，还需在磁场中冷却处理，对设备的要求较高，需时也较长（时效处理需要在600℃下保持10h左右）。

9.6.2 铁氧体磁性材料的分类

一提到铁氧体，若泛泛而论，它属于陶瓷类材料。但一说到陶瓷，读者可能马上想到饭碗、茶杯之类。但铁氧体属于精细陶瓷，它与日用陶瓷的主要差别在于成分，即二者的构成材料不同。日用陶瓷一般是由优质的粘土、石英和长石粉体，经混合烧结而成。与之相对，铁氧体以氧化铁为主成分，一般显示亚铁磁性。因此，作为与电力、电子相关的磁性材料而被广泛使用。而且，这种铁氧体按晶体结构不同，大体上可分为右图中所示的三种类型：①尖晶石铁氧体，②六方晶铁氧体，③石榴石铁氧体。

首先讨论尖晶石铁氧体，其晶体结构的化学组成式是$A\text{-}Fe_2\text{-}O_4$（其中A代表Co、Mn、Ni、Cu等）。而且，这种铁氧体是最常见的铁氧体，其中典型的有Mn-Zn铁氧体、Ni-Zn铁氧体、Cu-Zn铁氧体等。其特征是磁导率高，电阻大从而在磁性体中产生的涡流损失小。因此，这种铁氧体作为高频线圈及变压器中的磁芯材料，应用广泛。

接着讨论六方晶铁氧体。这种铁氧体具有磁铅石矿（magneto-plumbite）型六方晶型晶体结构，化学式是$A\text{-}Fe_{12}\text{-}O_{19}$（其中A代表Sr、Ba等）。这种铁氧体又称作铁磁铅矿型铁氧体、M型铁氧体等，与前面谈到的尖晶石铁氧体相比，基于其六方结构，因此磁各向异性大，从而具有很大的矫顽力。代表性的六方晶铁氧体中，锶（Sc）铁氧体和钡（Ba）铁氧体作为永磁体已有广泛应用。

最后介绍石榴石铁氧体。这种铁氧体具有石榴石型结构，化学式是$R\text{-}Fe_5\text{-}O_{12}$（其中R代表稀土元素）。这种铁氧体也称为稀土类铁石榴石，其典型代表是YIG，即钇铁石榴石，属于软磁材料。

9.6.3 铁氧体永磁体的制作工艺流程

为了制作铁氧体永磁体，首先，将作为铁氧体的起始原料而使用的原材料粉体，进行混合和分散①。下一步是预烧②，这是决定铁氧体磁特性的重要的一道工序，在该工序中，将按预先设定的晶粒尺寸、分布状态而制备的原材料粉体，进行相互间的固相反应，由此获得锶（Sr）铁氧体晶体：$SrO\cdot 6Fe_2O_3$和钡（Ba）铁氧体：$BaO\cdot 6Fe_2O_3$。

接着是粉碎③，在这道工序中，将预烧工序得到的预烧粒子（具有多个磁畴且尺寸为5~10μm左右的铁氧体晶粒的集合体）经一次粉碎、二次粉碎进行微细化，直到获得尺寸为1μm程度的单磁畴粒子。此道工序与后续成形中的磁场取向及正烧（烧结）中晶体的致密化具有很大的相关性。

再下一步是将微粒子状的材料按干式工艺④-1和湿式工艺④-2两条工艺路线进行。其中，在④-1的干式工艺中，将从二次粉碎机取出的与水混合的湿料，经干燥机干燥，成为粉末状，再与尼龙等粘接剂均匀混合备用。

而在④-2的湿式工艺中，将从二次粉碎机取出与混合的湿料，经脱水机浓缩，再进一步由混炼机均匀混合。

下面是成形工艺⑤。在这道工序中，要将由于干式工艺或湿式工艺调整好的材料制成所要求的制品形状，为此要采用预先制备的未用模具并在磁场中成形。

而后是正烧（烧结）工序⑥。在这道工序中，要将压制成形的坯料由自动机排列，藉由传送带输送到隧道式烧结炉中。随着坯料在炉内通过，单磁畴内的粒子相发生再结晶，变为均匀的结晶组织。

最后还要进一步进行研削加工、清洗和干燥工序⑦。在此要对烧结体的尺寸偏差进行修正，对必要的部位进行精密加工等。

9.6.4 硬磁铁氧体的晶体结构（六方晶）及在磁场中取向

即使是同样的磁性材料，如果对磁畴内的小磁体（电子自旋）进行磁场取向，则材料的磁特性会得到显著改善。这里所谓磁场取向，是使磁性材料磁畴内的自旋，沿所定方向集中的成形过程。而且，在这种处理中要使用磁场成形机，以制作出具有方向性的磁性材料。

这种磁性材料的充磁要使用专用的充磁机，但由于充磁方向是由磁场取向决定的，因此，必须在与磁性材料的取向相同的方向上充磁。磁场取向可按图1所示的方法分类，但对于各向同性的情况，如图2（a）所示，不需要进行磁场取向。因此，要进行磁场取向的，全部像图2（b）所示的那样，都会变成各向异性的。而且，各向异性因磁性材料的固化方式不同而异，还可分为湿式各向异性和干式各向异性两大类。前者是在浆料状的粒子状态下，使结晶取向趋向一致；后者是在粉末状态下，使结晶取向趋向一致。

而且，湿式各向异性是藉由水分使磁性材料的微粉末固化成形时实现的，在烧结过程中水分挥发，磁性材料逐渐密实，密度升高。其结果，可以制作出磁性很强的永磁体。与之相对，干式各向异性不是藉由水分，而是利用尼龙等粘接剂（结合剂），在微粉末固化成形时实现的。由于粘接剂一直存在，磁性材料本身不能完全密实，密度难以提高，从而磁特性较低。

如此说来，磁场取向的目的，是在磁畴范围内，使原子磁矩一致部分的自旋方向，按所定方向趋向一致。但在这种情况下，只是使磁畴内的自旋方向趋向统一，因此进行这种处理后的磁性材料，并不能直接变为永磁体。也就是说，在此阶段，从磁性材料的整体看，如图3给出的磁畴模式所示，其自旋方向仍然是各式各样的。为了制成完全的永磁体，在成形之后，还需要进行充磁处理。

本节重点

（1）分别叙述铁氧体永磁体和铝镍钴永磁体的制作工艺流程，指出二者的最大差异。
（2）哪些材料的铁氧体为软磁性的？哪些材料的铁氧体为硬磁性的？它们分别取何种晶体结构？
（3）六方晶铁氧体的磁各向异性是如何取得的？

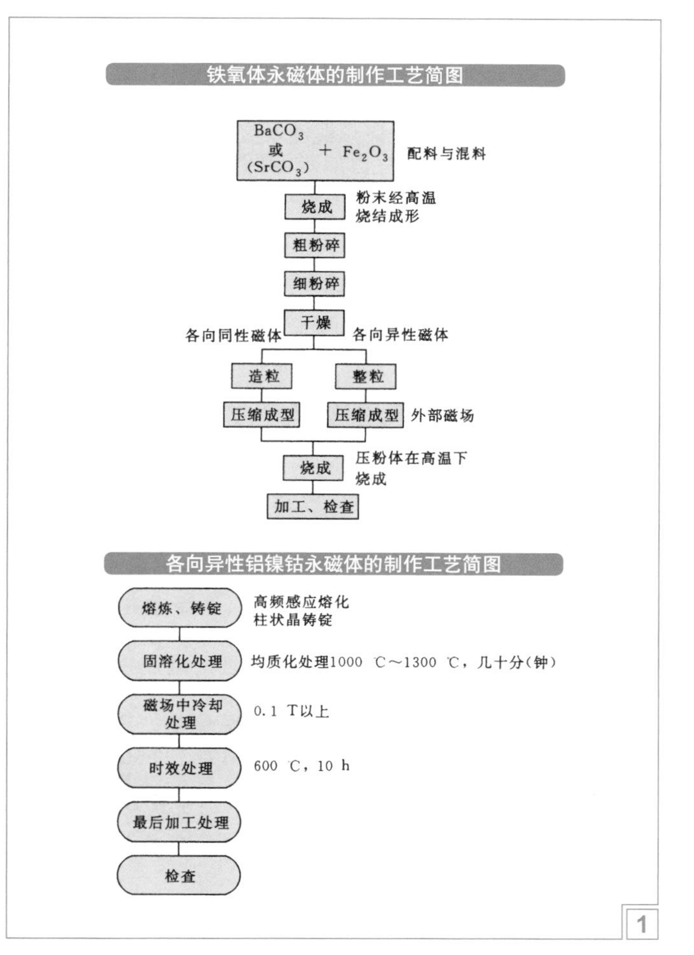

铁氧体永磁体的制作工艺简图
BaCO₃ 或 (SrCO₃) + Fe₂O₃
配料与混料
烧成
粉末经高温烧结成形
粗粉碎
细粉碎
干燥
各向同性磁体
各向异性磁体
造粒
整粒
压缩成型
压缩成型
外部磁场
烧成
压粉体在高温下烧成
加工、检查
各向异性铝镍钴永磁体的制作工艺简图
熔炼、铸锭
高频感应熔化
柱状晶铸锭
固溶化处理
均质化处理1000 ℃～1300 ℃，几十分(钟)
磁场中冷却处理
0.1 T以上
时效处理
600 ℃，10 h
最后加工处理
检查
1

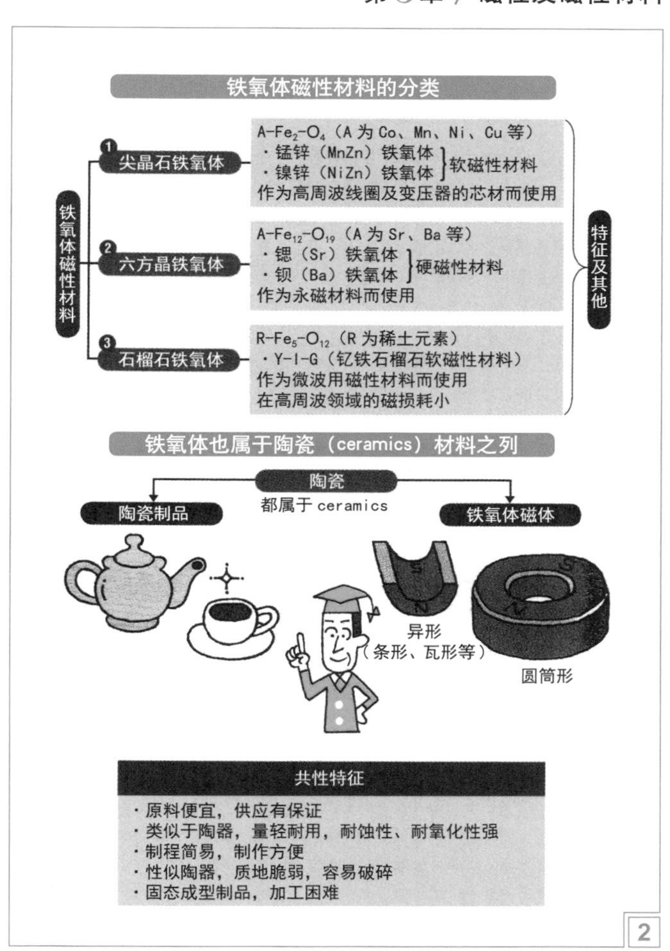

铁氧体磁性材料的分类
铁氧体磁性材料
1 尖晶石铁氧体
A-Fe₂-O₄（A 为 Co、Mn、Ni、Cu 等）
・锰锌（MnZn）铁氧体
・镍锌（NiZn）铁氧体
软磁性材料
作为高周波线圈及变压器的芯材而使用
2 六方晶铁氧体
A-Fe₁₂-O₁₉（A 为 Sr、Ba 等）
・锶（Sr）铁氧体
・钡（Ba）铁氧体
硬磁性材料
作为永磁材料而使用
3 石榴石铁氧体
R-Fe₅-O₁₂（R 为稀土元素）
・Y-I-G（钇铁石榴石软磁性材料）
作为微波用磁性材料而使用
在高周波领域的磁损耗小
特征及其他
铁氧体也属于陶瓷（ceramics）材料之列
陶瓷
都属于 ceramics
陶瓷制品
铁氧体磁体
异形
（条形、瓦形等）
圆筒形
共性特征
・原料便宜，供应有保证
・类似于陶器，量轻耐用，耐蚀性、耐氧化性强
・制程简易，制作方便
・性似陶器，质地脆弱，容易破碎
・固态成型制品，加工困难
2

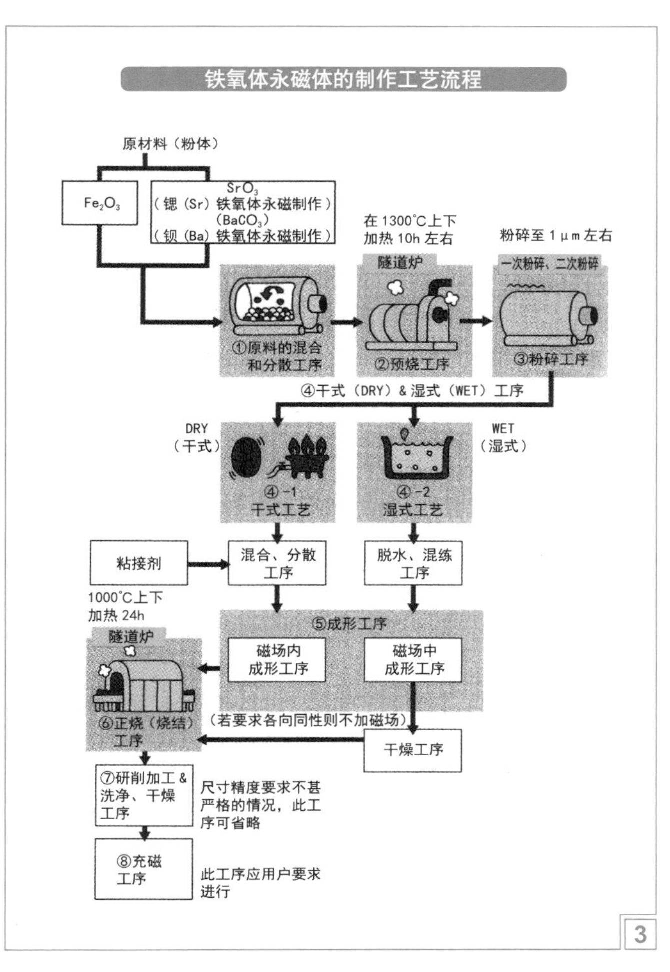

铁氧体永磁体的制作工艺流程
原材料（粉体）
Fe₂O₃
SrO₃
（锶（Sr）铁氧体永磁制作）
(BaCO₃)
（钡（Ba）铁氧体永磁制作）
在 1300℃上下
加热 10h 左右
粉碎至 1 μm 左右
隧道炉
一次粉碎、二次粉碎
①原料的混合和分散工序
②预烧工序
③粉碎工序
④干式（DRY）& 湿式（WET）工序
DRY
（干式）
WET
（湿式）
④-1
干式工艺
④-2
湿式工艺
粘接剂
混合、分散工序
脱水、混练工序
1000℃上下
加热 24h
隧道炉
⑤成形工序
磁场内成形工序
磁场中成形工序
⑥正烧（烧结）工序
（若要求各向同性则不加磁场）
干燥工序
⑦研削加工 & 洗净、干燥工序
尺寸精度要求不甚严格的情况，此工序可省略
⑧充磁工序
此工序应用户要求进行
3

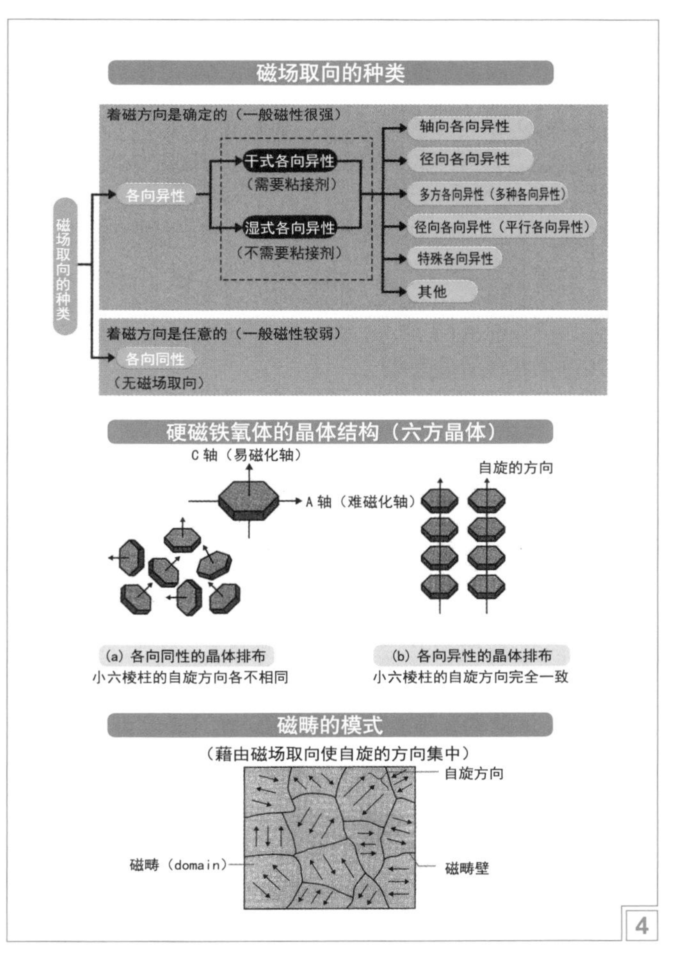

磁场取向的种类
磁场取向的种类
着磁方向是确定的（一般磁性很强）
各向异性
干式各向异性
（需要粘接剂）
湿式各向异性
（不需要粘接剂）
轴向各向异性
径向各向异性
多方各向异性（多种各向异性）
径向各向异性（平行各向异性）
特殊各向异性
其他
着磁方向是任意的（一般磁性较弱）
各向同性
（无磁场取向）
硬磁铁氧体的晶体结构（六方晶体）
C 轴（易磁化轴）
A 轴（难磁化轴）
自旋的方向
(a) 各向同性的晶体排布
小六棱柱的自旋方向各不相同
(b) 各向异性的晶体排布
小六棱柱的自旋方向完全一致
磁畴的模式
（藉由磁场取向使自旋的方向集中）
自旋方向
磁畴（domain）
磁畴壁
4

9.7 从铁系合金到铁氧体材料

9.7.1 常用的软磁合金材料——硅钢和坡莫合金

常见软磁合金材料分为两组，一组为 Fe 系合金，另一组为坡莫（Fe-Ni）合金。材料的磁学特性通过合金化得到改善的方面有：(1) 电阻升高，铁损得到改善；(2) 可降低晶体磁各向异性常数和磁致伸缩常数，直至为零（由此也有可能使低磁场强度下的磁导率增大、矫顽力降低）。但是，合金化也可能带来不利的结果，如可使饱和磁通密度降低等。

硅钢是碳的质量分数 w_C 在 0.02% 以下，硅的质量分数 w_{Si} 为 1.5%~4.5% 的 Fe 合金。常温下 Si 在 Fe 中的固溶度大约为 15%，但 Fe-Si 系合金随 Si 量的增加加工性变差，因此硅 w_{Si} 约为 5% 是一般硅钢制品的上限。随 Si 添加量的增加，硅钢的晶体磁各向异性常数 K 下降（磁致伸缩常数 λ_s 也下降），在保证磁畴内的均匀性、各向同性的前提下，可以达到矫顽力低、磁导率高等所期望的特性。因此，硅钢是非常优秀的软磁性材料之一。而且，添加 Si 可显著地提高电阻率，减少铁损，因此硅钢也是交流电器用的较理想的材料。

另外从实用方面考虑，为符合使用条件，常选用某一方向为易磁化方向，这样更容易磁化。例如，大量生产的硅钢片就是通过对变形再结晶组织轧板，使其产生板织构，大多数晶粒的 {110} 面平行于轧面，<100> 方向平行于轧向。而 <100> 方向正是铁的易磁化方向。

坡莫合金（Permalloy：该名称的意思为具有高磁导率的合金）是指成分为 Fe（w_{Fe}=35%~80%）-Ni 的合金，具有面心立方点阵。坡莫合金具有很高的磁导率，但依 Ni 含量及冷却条件等的不同，其磁性能有很大的变化。

Fe-Ni 系合金在 w_{Ni}=70%~80% 的范围内，具有最佳的综合软磁特性。此时，致伸缩常数 λ_s=0（w_{Ni} 在 81% 附近），磁各向异性常数 K=0（w_{Ni} 在 76% 附近）。Fe（w_{Fe}=50%~85%）-Ni 二元合金在 490℃ 发生有序—无序转变，缓冷时会形成 Ni_3Fe 有序结构相，致使晶体磁各向异性常数 K 增大，磁导率 μ 下降。因此，必须从 600℃ 急冷以抑制有序相的出现，增加无序结构相，急冷的坡莫合金的磁导率在 w_{Ni} 为 80% 附近出现极大值。通过添加第三元素可有效地抑制上述有序结构相的形成。例如，通过添加 Mo，Cr，Cu 等开发多元系坡莫合金，并出现了超坡莫合金。

9.7.2 软（soft）磁铁氧体和硬（hard）磁铁氧体

一般说来，名称前面一带“软”和“硬”，往往指物理感观上的软和硬。例如棉（绵有软之意）花是软的，钢（刚有硬之意）铁是硬的。但“软”和“硬”加在磁性材料名称之前，专指其磁学特性的软和硬。

那么，磁性材料的“硬”和“软”所指为何呢？所谓硬，指“硬”质磁性材料，表示它可以大量地存储磁能，换句话说，由其可以制造出强力永磁体。与之相对，所谓软，指“软”质磁性材料，表示它的磁导率高，可以透过大量的磁力线。若用磁滞回线表示，所谓硬磁铁氧体指图所示具有高磁通密度、高矫顽力等磁学特性的磁性材料。

顺便指出，在硬磁材料中还有所谓粘结磁体，它在物理感观上富于挠性。在粘结磁体中进一步还有橡胶磁体，它不仅是软的，而且还有橡胶特有的伸缩性。

软磁铁氧体的磁学特性如磁滞回线（图 (a)）所示，其磁导率非常大而矫顽力非常小。常用的软磁铁氧体是尖晶石铁氧体，其晶体结构属于立方晶系，化学式可表示为 $A\text{-}Fe_2\text{-}O_4$。其特征是磁导率高、电阻率大，作为高频用磁性体产生的涡流损失小，因此多用于高频线圈及变压器用的磁芯材料。

硬磁铁氧体的磁学特性如磁滞回线（图 (b)）所示，其磁通密度高且矫顽力非常大。磁铅石型铁氧体是与天然矿物——磁铅石 $Pb(Fe_{7.5}Mn_{3.5}Al_{0.5}Ti_{0.5})O_{19}$ 有类似晶体结构的铁氧体，属于六方晶系，分子式为 $MFe_{12}O_{19}$，M 为二价金属离子 Ba^{2+}、Sr^{2+}、Pb^{2+} 等。通过控制替代金属，可以获得性能改善的多组分铁氧体。

9.7.3 软磁铁氧体的磁学特征及应用领域

软磁铁氧体多采用尖晶石等晶体结构（属于立方晶系），化学式为 $A\text{-}Fe_2\text{-}O_4$（其中 A 代表 Co、Mn、Zn、Ni、Cu 等），其特征是磁导率高、电阻率大，因此，磁性体中产生的损失小。再加上其成型特性好，因此作为高频线圈及变压器铁芯材料（磁芯），在各种领域广泛采用。图 1 表示软磁铁氧体的磁学特性，图 2 分类列出软磁铁氧体的应用领域。

在磁芯用材料中，虽然也有低频下使用的磁导率高、饱和磁通密度大的硅钢片及坡莫合金（合金软磁材料）等，但是，与软磁铁氧体比较，由于电阻率小，随着使用频率变高，涡流损失增加，效率变低。而且，涡流损失也会使永磁体发热。

与之相对，软磁铁氧体属于铁的氧化物，磁性体的电阻率非常高，涡流损很小。正因为具有这种特征，软磁铁氧体特别适合用于高频领域。特别是，软磁铁氧体制作如同陶瓷那样，先成型后烧结，可以预先形成各种各样的形状，便于大批量制作复杂形状的磁芯等。图 2 分类列出软磁铁氧体的应用领域。

顺便指出，软磁铁氧体烧结体最初是以 Cu-Zn 系为中心开始生产的，其后，荷兰飞利浦公司开发出 Ni-Zn 系，日本公司开发出 Mn-Zn 系。随着软磁铁氧体磁学性能的不断提高，其作为今日电子元器件及电子产品的重要支撑，产量不断扩大。

9.7.4 硬磁铁氧体的磁学特征及应用领域

硬磁铁氧体具有磁铅石矿（magneto-plumbite）型晶体结构（属于六方晶系），化学式为 $AFe_{12}O_{19}$（其中 A 代表 Sr、Ba 等）。这种铁氧体又称为磁铁铅矿型铁氧体、M 型铁氧体等，它与尖晶石型铁氧体（软磁铁氧体的代表）相比，由于磁各向异性大，因此具有大矫顽力，作为强力永磁体而使用。典型的有锶铁氧体和钡铁氧体。 特别是，硬磁铁氧体制作如同陶瓷那样，先成型后烧结，可以预先形成各种各样的形状，便于大批量制作复杂形状的永磁体。图 1 表示硬磁铁氧体的磁学特性，图 2 分类列出硬磁铁氧体的应用领域。

另外，钙钛矿型铁氧体是指一种与钙钛矿（$CaTiO_3$）有类似晶体结构的铁氧体，分子式为 $MFeO_3$，M 表示三价稀土金属离子。其他金属离子 M^{3+} 或（M^{2+}+M^{4+}）也可以置换部分 Fe^{3+}，组成复合钙钛矿型铁氧体。

铁氧体也属于陶瓷材料，具有陶瓷材料所具有的共性，如原料便宜，储量大，供应有保证；量轻耐用，耐腐蚀、耐氧化性强；制程简单，制作方便；但性似陶瓷，质地脆弱，容易破碎；属于固态成型制品，加工困难等。

本节重点

(1) 电机及变压器用硅钢片中为什么要加入硅？通常加入硅的百分比是多少？
(2) 指出硬磁铁氧体的磁学特征及应用领域。
(3) 指出软磁铁氧体的磁学特征及应用领域。

多晶 Fe-(3% ~ 4%)Si 合金片中的定向排列情况

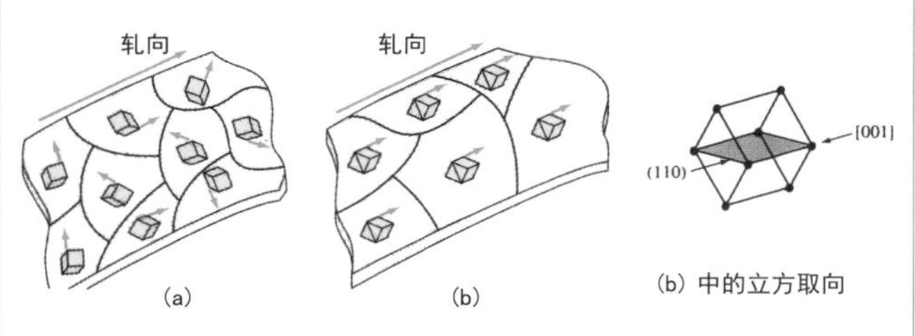
轧向
轧向
[001]
(110)
(a)
(b)
(b) 中的立方取向

(a) 随机取向，(b) 具有 (110) [001] 织构的定向排列。右侧的小立方体表示每个晶粒的取向。

(From R.M. Rose, L.A. Shepard, and J. Wulff, "Structure and Properties of Materials," vol. IV: "Electronic Properties," Wiley, 1966, p. 211.)

常见软磁材料的几个选定磁性能

材料和组成	饱和磁感应强度 B_s/T	矫顽力 H_c/(A/cm)	起始相对磁导率 μ_i
Magnetic iron, 0.2-cm sheet	2.15	0.88	250
M36 cold-rolled Si-Fe (random)	2.04	0.36	500
M6 (110) [001], 3.2% Si-Fe (oriented)	2.03	0.06	1,500
45 Ni-55 Fe (45 Permalloy)	1.6	0.024	2,700
75 Ni-5 Cu-2 Cr-18 Fe (Mumetal)	0.8	0.012	30,000
79 Ni-5 Mo-15 Fe-0.5 Mn (Supermalloy)	0.78	0.004	100,000
48% MnO-Fe_2O_3, 52% ZnO-Fe_2O_3 (soft ferrite)	0.36		1,000
36% NiO-Fe_2O_3, 64% ZnO-Fe_2O_3 (soft ferrite)	0.29		650

Source. G.Y. Chin and J.H. Wernick, "Magnetic Materials, Bulk," vol. 14: *Kirk-Othmer Encyclopedia of Chemical Technology*, 3rd ed. Wiley, 1981, p. 686.

1

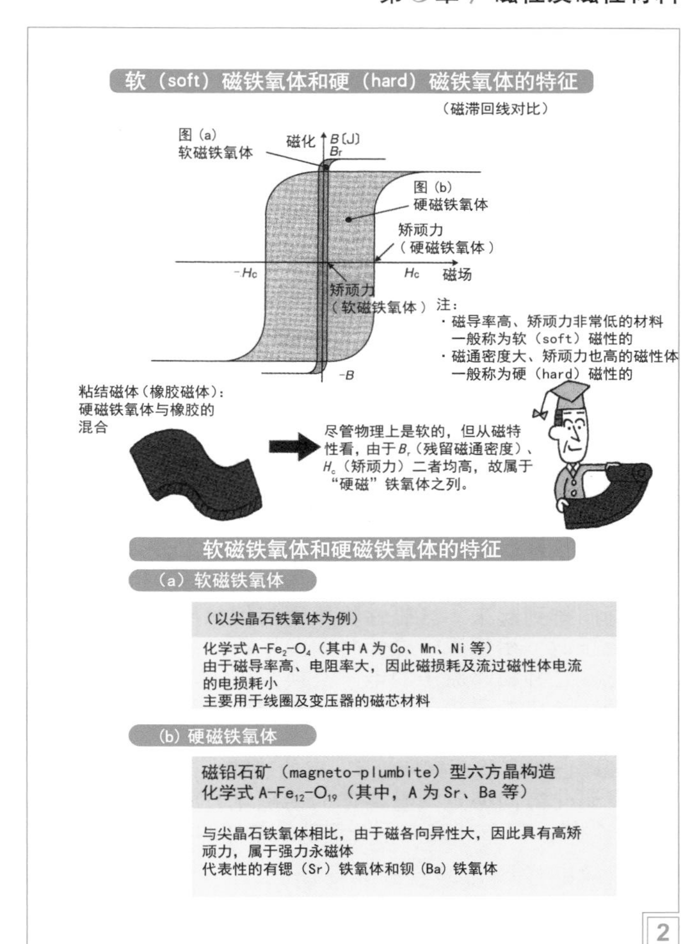
软（soft）磁铁氧体和硬（hard）磁铁氧体的特征
（磁滞回线对比）
图 (a)
软磁铁氧体
磁化
B [J]
Br
图 (b)
硬磁铁氧体
矫顽力
（硬磁铁氧体）
-Hc
Hc
磁场
矫顽力
（软磁铁氧体）
注：
・磁导率高、矫顽力非常低的材料一般称为软（soft）磁性的
・磁通密度大、矫顽力也高的磁性体一般称为硬（hard）磁性的
-B
粘结磁体（橡胶磁体）：
硬磁铁氧体与橡胶的混合
尽管物理上是软的，但从磁特性看，由于 Br（残留磁通密度）、Hc（矫顽力）二者均高，故属于“硬磁”铁氧体之列。
软磁铁氧体和硬磁铁氧体的特征
(a) 软磁铁氧体
（以尖晶石铁氧体为例）
化学式 A-Fe2-O4（其中 A 为 Co、Mn、Ni 等）
由于磁导率高、电阻率大，因此磁损耗及流过磁性体电流的电损耗小
主要用于线圈及变压器的磁芯材料
(b) 硬磁铁氧体
磁铅石矿（magneto-plumbite）型六方晶构造
化学式 A-Fe12-O19（其中，A 为 Sr、Ba 等）
与尖晶石铁氧体相比，由于磁各向异性大，因此具有高矫顽力，属于强力永磁体
代表性的有锶（Sr）铁氧体和钡（Ba）铁氧体

2

软磁铁氧体的磁学特性

$H_H >> H_F$

磁化　磁导率　硬磁材料　硬磁材料该幅度很宽　H_H　硬磁材料的矫顽力　$-H_c$　$+H_c$　磁场　矫顽力（软磁材料）软磁材料矫顽力　软磁材料该幅度很窄　H_S

尖晶石铁氧体群
- 锰锌（MnZn）铁氧体
- 镍锌（NiZn）铁氧体
- 铜锌（CuZn）铁氧体

→ 一般高周波用

石榴石铁氧体群
- YIG：钇铁石榴石

→ 微波用

软磁铁氧体的应用领域

软磁铁氧体主要的应用领域

- **开关电源用**：主变压器、驱动器用变压器、电流变换器；E 芯、RM 芯、SMD 芯、环形芯、平面芯
- **接触器用（线圈铁芯）**：高周波用电感器、去耦用电感器、DC-DC 换流器用电感器、径向导引电感器、变压器耦合用线圈
- **传送用**：调制解调变压器用、磁圈芯用、RM 芯、EP 芯、SMD 芯、圆环芯
- **大电力用**：高周波大电力变压器、通用变换器、高周波电磁加热器、扼流圈（电抗器）
- **电磁兼容（EMC）对策用**：芯片载承、3 端子滤波器、共模（态）滤波器、非线性电阻、共态轭流圈、AC 电源用 EMC 滤波器
- **超声波发生用**：磁致伸缩振子用铁氧体（强力超声波发生用）、π 形磁致伸缩振动子
- **其　他**：电气分解用铁氧体、铁氧体电极；高周波焊接用铁氧体（二端阻抗元件芯）

近年来，软磁铁氧体在应对高周波应用方面的新技术开发，极为活跃

3

硬磁铁氧体的磁学特性

$H_H >> H_S$

磁化　磁通密度　硬磁材料　H_H　硬磁铁氧体该幅度很宽　矫顽力（硬磁铁氧体）　$-H_c$　$+H_c$　磁场　矫顽力（软磁铁氧体）　H_S

六方晶型晶体结构
$A\text{-}Fe_{12}\text{-}O_{19}$
（A 为 Sr、Ba）
- 锶（Sr）铁氧体
- 钡（Ba）铁氧体

硬磁铁氧体的应用领域

硬磁体的氧体的应用

- **马达类**：DC 马达、DD 马达、步进马达；无刷马达、通用马达；同步马达（电感器型）、旋转传感器
- **扬声器、磁头**：扬声器、耳机、消去用磁头、头戴式受话器；磁辊（magnet roll）、VCM（音频线圈马达）
- **磁记录**：磁卡、硬盘、磁带
- **磁力吸附**：文具、玩具用永磁体，磁簧、磁锁、磁扣，磁吸着器（工作机用磁锁等）、磁吸盘（磁锁等）
- **其　他**：磁选别机、磁轴承、保健器具（磁化水、磁颈圈、磁护带、磁枕、磁腰带等）

以上分类不是从源头上而仅依具体应用，仅供参考。

4

9.8 磁畴及磁畴壁的运动

9.8.1 磁畴——所有磁偶极子（磁矩）同向排列的区域

法国科学家外斯系统地提出了铁磁性假说：铁磁物质内部存在很强的“分子场”，在分子场的作用下，**原子磁矩**趋于同向平行排列，及自发磁化至饱和，称为**自发磁化**；铁磁体自发磁化成若干个小区域，这种自发磁化至饱和的小区域称为**磁畴**。磁畴的磁化方向各不相同，其磁性彼此相互抵消，所以大块铁磁体对外不显示磁性。

实验证明，铁磁性物质自发磁化的根源是原子磁矩，而且在原子磁矩中起主要作用的是**电子自旋磁矩**。原子的电子壳层中存在没有被电子填满的状态是产生铁磁性的必要条件。另外，产生铁磁性还要考虑形成晶体时，原子直接的互相键和的作用是否对形成铁磁性有利。原子互相接近形成分子时，电子云要相互重叠，电子要相互交换位置。对于过渡族金属，原子的 3d 状态和 s 状态能量相差不大，电子云也会重叠，引起 s、d 电子的再分配。这种交换产生交换能，这种交换可能使得相邻原子内 d 层未抵消的自旋磁矩同向排列起来。当磁性物质内部相邻原子的**电子交换积分**为正时，相邻原子磁矩将同向平行排列，从而实现自发磁化。这种相邻原子的电子交换效应，其本质仍是静电力迫使电子自旋磁矩平行排列，其作用效果好像强磁场一样。外斯分子场就因此得名。

磁畴已被实验观察所证实，有的磁畴大而长，称为主畴，其自发磁化方向必定沿着晶体的易磁化方向。小而短的磁畴叫做副畴，其磁化方向不一定就是晶体的易磁化方向。

9.8.2 磁畴结构及磁畴壁的移动

相邻磁畴的界限称为**磁畴壁**，磁畴壁是一个过渡区，具有一定的厚度。磁畴的磁化方向在畴壁处不能突然转一个很大的角度（主要有 180° 和 90° 两种），而是经过畴壁一定厚度逐步转过去的，即在这个过渡区中原子磁矩是逐步改变方向的。畴壁内部的能量总比畴内的能量高，壁的厚薄和面积大小都使它具有一定能量。

磁畴的形状尺寸、畴壁的类型与厚度总称为磁畴结构。同一磁性材料，如果磁畴结构不同，则其磁化行为也不同，所以磁畴结构不同是铁磁性物质磁性千差万别的原因之一。磁畴结构受到**交换能、各向异性能、磁弹性能、磁畴壁能、退磁能**的影响。平衡状态时的畴结构，**这些能量之和应具有最小值**。

根据**自发磁化理论**，在冷却到居里点以下而不受外磁场作用的铁磁晶体中，由于交换作用使得整个晶体自发磁化达到饱和，显然，磁化方向应该沿着晶体的易轴，因为这样交换能和磁晶能才都处于最小值。但因为晶体有一定的大小与形状，整个晶体均匀磁化的结果必然产生磁极，磁极的退磁场却给系统增加了一部分退磁能。对于“单畴”，从能量观点，把磁体分为 n 个区域时，退磁能降为原来的 $1/n$，减少退磁能是分畴的基本动力。但由于两个相邻磁畴间存在畴壁，又需要增加一定的畴壁能，因此自发磁化区域的划分不能无限小，而是以畴壁能及退磁能相加等于极小值为条件。为了降低能量，晶体边缘表面附近为**封闭磁畴**，它们使得退磁能降为零。一个系统从高磁能的饱和组态变为低磁能的分畴组态，从而导致系统能量降低的可能性是形成磁畴结构的原因。

对于多晶体来说，晶界、第二相、晶体缺陷、夹杂、应力、成分的不均匀性等对畴结构有显著的影响。每一个晶粒会包含许多畴，在一个磁畴内，磁化强度一般都沿着晶体的易磁化方向。对于非织构的多晶体，各晶粒的取向是不同的，因此在不同晶粒内部磁畴的取向是不同的。为了减少退磁场能，在夹杂物附近会出现附加畴。在平衡状态时，畴壁一般都跨越夹杂物。

9.8.3 顺应外磁场的磁畴生长、长大和旋转，不顺应的磁畴收缩

当一个外加磁场作用在一个已完全退磁的铁磁性材料上时，那些初始磁矩平行于外加磁场的磁畴会长大，而那些初始磁矩不利的磁畴会缩小。磁畴生长采取**磁畴壁移动**的方式，如图中所示；且随着磁场 H 的增加，B 或 M 快速增加（表现为曲线上升很快）。畴生长之所以首先采取畴壁移动的方式，是由于这种过程比畴旋转需要的能量要小。当磁畴生长完成后，如果外加磁场继续增加，则**畴旋转**开始。畴旋转与畴生长相比需要大得多的能量，因此，在畴旋转所需要的高磁场下，B 或 M 相对于 H 的曲线斜率变小。当外加磁场去除时，被磁化的材料仍保持被磁化状态，即使由于有些磁畴有趋势旋转回其原始排列而会损失部分磁化。

在外加磁场的作用下，磁畴壁的迁移使得各个磁畴的磁矩方向转到外磁场的方向。具体过程是，在未加外磁场时，材料例如由自发磁化形成两个磁畴，磁畴壁通过夹杂相。当外磁场逐渐增加时，与外磁场方向相同的那个磁畴的壁将有所移动，壁移动的过程就是壁内原子的磁矩依次转向的过程。最后可能变成几段圆弧线，但它暂时还离不开夹杂物。如果此时取消外磁场，畴壁又会迁移到原位，因为原位状态能量低。此为可逆迁移。图中显示当一个退磁的铁磁性材料被外加磁场磁化并达到饱和的过程中，磁畴的生长、旋转和长大。

9.8.4 外加磁场增加时，磁畴的变化规律——顺者昌，逆者亡

在可迁移阶段之后，外加磁场继续增加时，畴壁会脱离夹杂物而迁移到两夹杂物之间的地方，为了处于稳态，又会自动迁移到下一排夹杂物的位置。畴壁的这种迁移，不会因为磁场的取消而自动迁移返回到原来的位置，**为不可逆迁移。磁矩瞬时转向易磁化方向**。结果是整个材料成为一个大磁畴，其磁化强度方向是晶体易磁化方向。

图中显示铁单晶晶须内的畴壁在外加磁场作用下是如何移动的。磁畴壁藉由 Bitter 技术显露出——将已抛光的铁试样表面浸泡在铁氧化物的胶体溶液中。畴壁的运动通过光学显微镜观察跟踪。运用这种技术，畴壁在外加磁场下运动的许多信息都可以得到。

从图中可以看出，随着外加磁场增加，那些磁矩方向与外磁场方向一致的磁畴变大，而那些磁矩方向与外磁场方向相反的磁畴变小。随着外磁场的增加，在磁场中静磁能最小的磁畴开始长大，逐渐“吃掉”能量上不利的磁畴。继续增加外磁场，则促使整个磁畴的磁矩方向转向外磁场方向，称此为**磁畴的旋转**。结果是，**磁畴的磁化强度方向与外磁场方向平行**，材料宏观磁性最大，以后再增加磁场，材料的磁化强度也不会增加。

本节重点

（1）何谓磁畴？画出消磁状态下多晶体中磁畴与晶粒之间的关系。
（2）在外磁场作用下，磁畴壁是如何运动的？请画图表示。
（3）某一消磁状态的铁磁性材料，当外加磁场增加时，磁畴是如何变化的？请画图表示。

何谓磁畴——所有磁偶极子同向排列的区域

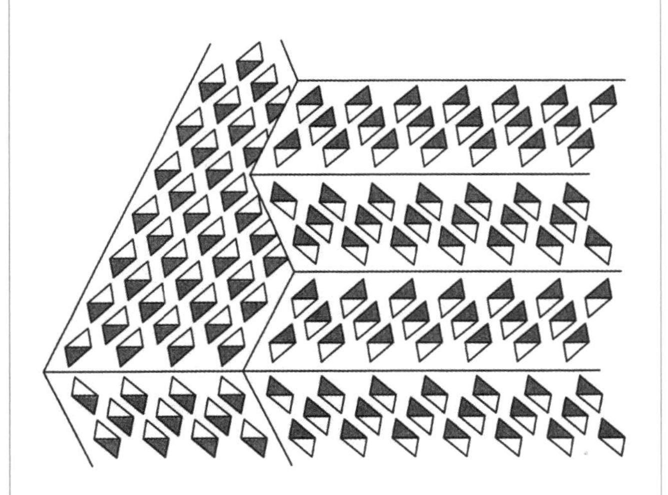

每个磁畴中的所有磁偶极子同向排列，但畴与畴之间随机排列，所以不存在净磁矩。
(From R.M. Rose, L.A. Shepard, and J. Wulff, "Structure and Properties of Materials," vol. IV: "Electronic Properties," Wiley, 1966, p. 193.)

1

磁畴结构及磁畴壁的移动

磁畴结构实例

磁畴壁的移动

磁畴　磁畴壁　磁畴

磁场方向

← 磁畴壁的移动方向

2

顺应外磁场的磁畴生长、长大和旋转，不顺应的磁畴收缩

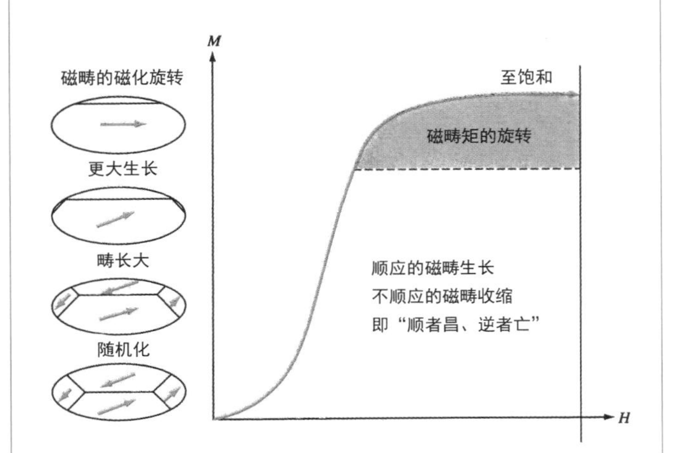

当一个消磁的铁磁性材料被外加磁场磁化并达到饱和的过程中，磁畴的生长、旋转和长大。
(From R.M. Rose, L.A. Shepard, and J. Wulff, "Structure and Properties of Materials," vol. IV: "Electronic Properties," Wiley, 1966, p. 193.)

3

外加磁场增加时，磁畴的变化规律——顺者昌，逆者亡

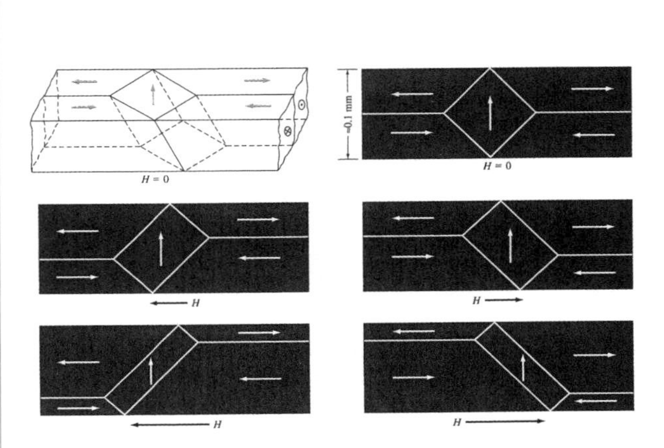

在外加磁场作用下，铁晶体中磁畴壁的运动。需要注意的是，当外加磁场增加时，那些磁矩方向与外磁场方向一致的磁畴变大，而那些方向相反的则变小(左图与右图的外加磁场自上而下增加)。
(Courtesy of R.W. DeBlois, The General Electric Co., and C.D. Graham, the University of Pennsylvania.)

4

9.9 决定磁畴结构的能量类型

9.9.1 决定磁畴结构的能量类型之一——静磁能

磁畴理论最早由 Landau 和 Liftshitz 在 1935 年提出，他们使用能量极小值法给出了磁畴存在的理论基础，并进而讨论磁畴的运动和磁导率问题。磁畴的存在可以说是铁磁体中各种能量（包括**静磁能、交换作用能、磁晶各向异性能、磁致伸缩能**）相互折中的结果，最终的磁畴分布状态会使总能量达到最小值。为了降低交换作用能和磁晶各向能，铁磁体的自发磁化方向会沿着易磁化轴方向。这样，这两种能量可以降低到最低。而磁化的过程中产生的磁荷会增加静磁相互作用能，为了减少静磁相互作用能，铁磁体分为若干个磁畴，使得铁磁体整体不显磁性。磁畴内部的磁矩方向一致，磁畴与磁畴之间存在着畴壁，比较典型的畴壁为 Bloch 畴壁和 Neel 畴壁，这两种畴壁与材料的几何形状相关，分别存在于薄膜和块体材料中。

研究磁畴问题，即要研究材料中磁畴的大小、形状和分布及其在外场作用下的变化。磁畴对研究铁磁材料中自发磁化以及技术磁化有着十分重要的意义。

静磁场具有能量。其中由永磁体产生的静磁场所具有的能量可以表示为 $W_m = 1/2\int B \cdot H\mathrm{d}V$，式中，$B$ 为磁感应强度，H 为磁场强度，V 为体积。

磁畴的成因说到底，是为了降低由于自发磁化所产生的静磁能。图（a）示意地表示整个铁磁体均匀磁化而不分畴的情形。在这种情况下，正负磁荷分别集中在两端，所产生的磁场（称为退磁场）分布在整个铁磁体附近的空间内，因而有较高的静磁能。图（b）、（c）表示分割成若干个磁化相反的小区域。这时，退磁场主要局限在铁磁体两端附近，从而使静磁能降低。计算表明，如果分为 n 个区域，能量约可以降至 $1/n$。

9.9.2 决定磁畴结构的能量类型之二——交换作用能

交换作用是电子间的一种量子力学效应，这种作用从性质上说，是一种静电相互作用，它使得自旋平行的一对电子和自旋反平行的一对电子具有不同的能量。在固体中，磁性电子往往从属于相应的磁性离子。因此通常也有两个磁性离子之间或两个磁矩之间的交换作用这样的说法。

各向异性交换作用的强度比各向同性交换作用小，它是磁性材料中磁晶各向异性的重要来源。交换作用是造成固体磁有序的决定性因素。

单纯从静磁能看，自发磁化趋向于分割成为磁化方向不同的磁畴，分割越细，静磁能越低。但是，形成磁畴也是要付出代价的。相邻磁畴之间，破坏了两边磁矩的平行排列，使交换能增加。为减少交换能的增加，相邻磁畴之间的原子磁矩，不是骤然转向的，而是经过一个磁矩方向逐渐变化的过渡区域。这种过渡的区域叫做畴壁，如图 a 所示。在畴壁内，原子磁矩不是平行排列的，同时也偏离了易磁化方向，所以在过渡区域内增加了交换能和各向异性能，这就是建立畴壁所需的畴壁能。磁畴分割得越细，所需畴壁数目越多，总的畴壁能越高。由于这个缘故，磁畴的分割并不会无限地进行下去，而是进行到再分割所增加的畴壁能超过静磁能的减少时为止。此时体系的总自由能最低。

一般地说，大块铁磁物体分成磁畴的原因是短程强交换作用和长程静磁相互作用共同作用的结果。根据相邻磁畴磁化方向的不同，可把畴壁区分为 180° 壁和 90° 壁。畴壁具有一定的厚度 δ_0，如铁晶体的畴壁约含 1000 个原子层。畴壁厚度取决于交换能和各向异性能的比值，某些稀土金属间化合物在低温下可形成一至几个原子层的窄畴壁。

9.9.3 决定磁畴结构的能量类型之三——磁晶各向异性能

单晶体中原子排列的各向异性往往会导致其许多物理和化学性能具有各向异性，磁性为其中一种。单晶体沿不同晶轴方向上磁化所测得的磁化曲线和磁化到饱和的难易程度不同。即，在某些晶轴方向的晶体容易磁化，而沿某些晶轴方向不容易磁化，这种现象称为磁晶各向异性。

通常最容易磁化的晶轴方向称为易磁化方向，所在的轴称为**易磁化轴**；最难磁化的是难磁化方向和**难磁化轴**。在三种铁磁性元素中，Fe 为体心立方（bcc）结构，其 <100> 的 3 个轴为易磁化轴，<111> 的 4 个轴为难磁化轴（如图所示）；Ni 为面心立方（fcc）结构，其 <111> 的 4 个轴为易磁化轴，<100> 的 3 个轴为难磁化轴；Co 为密排六方（hcp）结构，其 <0001> 为易磁化轴，<1120> 的 3 个轴为难磁化轴。

对于铁磁性单晶体来说，未加外部磁场时，其自发磁化方向与其易磁化轴方向一致，要使自发磁化的方向从易磁化轴方向向其他方向旋转，必须要施加外部磁场，即需要能量。或者说晶体在磁化过程中沿不同晶轴方向所增加的自由能不同，通常沿易磁化轴方向最小，沿难磁化轴方向最大。我们称这种与磁化方向有关的自由能为磁晶各向异性能

若仅从磁晶各向异性角度看，其小对作为软磁材料有利，其大对作为硬磁材料有利。取决于晶体结构，不同晶体学方向的磁晶各向异性的差异是不同的。体心立方的差异最小，因此纯铁多作为软磁材料使用；密排六方的差异最大，因此钴多作为硬磁材料使用。

9.9.4 决定磁畴结构的能量类型之四——磁致伸缩能

铁磁性物质在外磁场作用下，其尺寸伸长（或缩短），去掉外磁场后，其又恢复原来的长度，这种现象称为**磁致伸缩现象**（或效应）。磁致伸缩效应可用磁致伸缩系数（或应变）λ 来描述，$\lambda=(l_H-l_0)/l_0$，l_0 为原来的长度，l_H 为物质在外磁场作用下伸长（或缩短）后的长度。一般铁磁性物质的 λ 很小，约百万分之一，通常用 ppm 代表。例如金属镍（Ni）的 λ 约 40ppm。

发生磁致伸缩的原因是磁性离子之间的相互作用能随磁性离子的间距及磁矩的取向而变化，于是当磁矩取向改变时，磁性离子的间距将发生变化，以调整其磁相互作用能，使整个系统的能量回到极小。在技术磁化过程中，磁畴结构改变并趋向同一方向时，便能观察到磁致伸缩的宏观效应。

较小的磁畴结构可以降低磁致伸缩应力。

本节重点

（1）决定铁磁畴结构的能量类型有哪些？
（2）对于软磁材料，如何根据决定铁磁畴结构的各种能量来改善材料的结构和性能？
（3）对于硬磁材料，如何根据决定铁磁畴结构的各种能量来改善材料的结构和性能？

决定铁磁畴结构的能量类型之一——静磁能

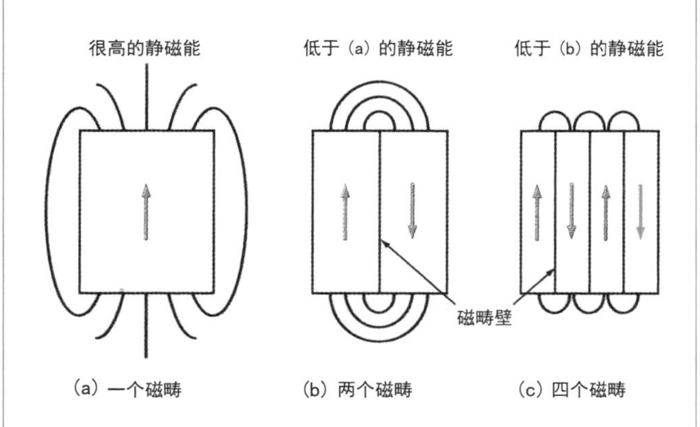

图中示意性地表明，减小磁性材料的畴尺寸如何通过减小外部磁场来降低静磁能。

1

决定铁磁畴结构的能量类型之二——交换能

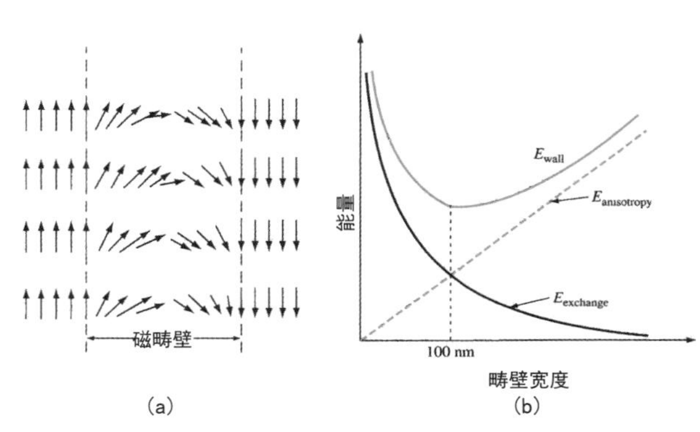

(a) 磁畴（Bloch）壁内的磁偶极子排列
(b) 磁交换作用能、磁晶各向性能和畴壁宽度之间的关系。
平衡畴壁宽度大约 100nm。

(C.R. Barrett, A.S. Tetelman, and W.D. Nix, "The Principles of Engineering Materials," 1st ed., © 1973. Adapted by permission of Pearson Education, Inc., Upper Saddle River, NJ.)

2

单晶铁的起始磁化曲线显示出很强的各向异性

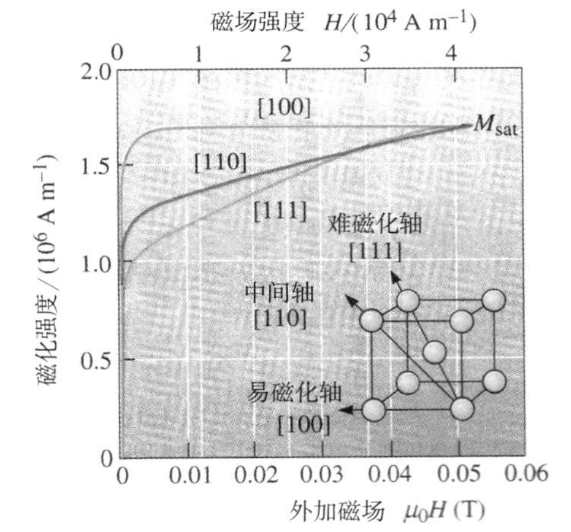

Fe 的晶体结构及易磁化轴和难磁化轴

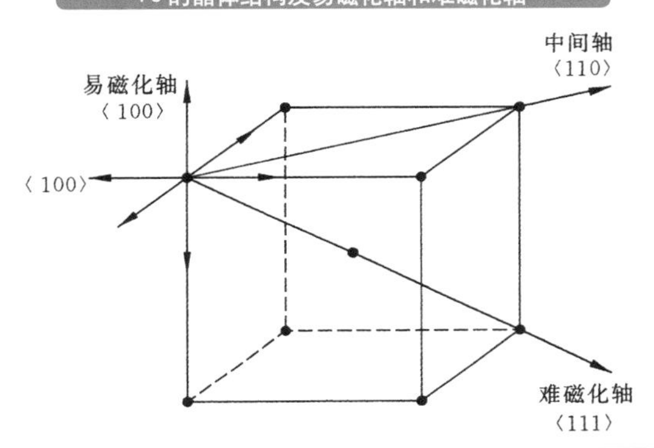

3

决定铁磁畴结构的能量类型之四——磁致伸缩能

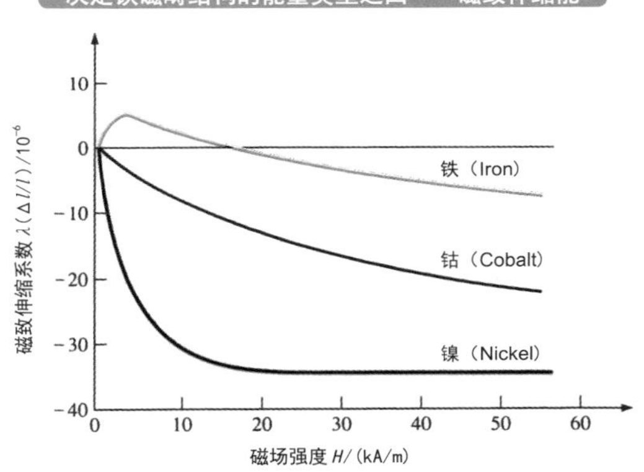

铁、钴、镍铁磁性元件的磁致伸缩特性。磁致伸缩是以分数表示的相对伸长（或相对收缩），图中它是微米每米为单位表示的。

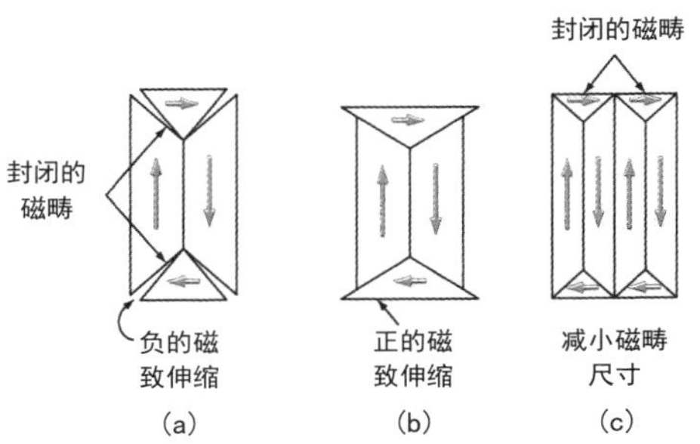

立方磁性材料的磁致伸缩。图中用夸张的方式表示负的（a）和正的（b）磁致伸缩将磁性材料的畴壁拉开距离。（c）较小的磁畴尺寸结构的建立降低了磁致伸缩应力。

4

9.10 磁滞回线及其决定因素

9.10.1 磁滞回线的描画及磁滞回线的意义

当铁磁质达到磁饱和状态后，如果减小磁化场 H，介质的磁化强度 M（或磁感应强度 B）并不沿着起始磁化曲线减小，M（或 B）的变化滞后于 H 的变化。这种现象叫**磁滞**。在磁场中，铁磁体的磁感应强度与磁场强度的关系可用曲线来表示，当磁化磁场作周期的变化时，铁磁体中的磁感应强度与磁场强度的关系是一条闭合线，这条闭合线叫做**磁滞回线**，如图 1 所示。

由于磁性材料对外加磁场作用的磁滞现象，磁性材料在磁场中反复正向、反向磁化时会发热，这些热量的产生当然由外加磁场来付出，磁性材料在反复磁化过程中能量损耗的大小直接和磁滞回线所包围的面积大小成正比。

对于一般铁磁材料，测量磁滞回线主要是测量**静态的饱和态的磁滞回线**，回线上有材料的 B_r、H_c 和饱和磁密 B_s 这几个非常有效的磁性静态参数，对使用者对材料的判断有非常大的用处。另外，对铁磁材料，还有**初始磁导率** μ_i，**最大磁导率** μ_m，这些静态参数也比较重要。

9.10.2 软磁材料和硬磁材料的磁滞回线对比

图中给出软磁材料（a）和硬磁材料（b）的磁滞回线。软磁材料具有细长（瘦高）的磁滞回线，从而容易使其磁化和反磁化；硬磁材料具有短宽（矮胖）的磁滞回线，从而很难使其磁化和反磁化。从（a）、（b）两条磁滞回线的对比，可以看出软磁材料和硬磁材料的下述差别：

（1）**磁导率不同**。以完全退磁后初次磁化做比较，软磁材料的磁化曲线比硬磁材料上升得快，说明软磁材料的初始磁导率 μ_i、最大磁导率 μ_m 都大于硬磁材料的。

（2）**饱和磁密不同**。软磁材料的磁化曲线比硬磁材料的高（即 B_s 大），说明软磁材料的饱和磁密（或饱和磁化强度）大。

（3）**剩磁大小不同**。软磁材料磁化曲线与 B 轴的交点（即 B_r）比硬磁材料的高，说明软磁材料的剩磁（即磁化场强 H=0 时的磁场强度或磁化强度）比硬磁材料的大。

（4）**矫顽力大小不同**。使软磁材料的磁化（或磁密）等于零的反向磁场强度（即 H_c）比硬磁材料的小得多，说明软磁材料更容易退磁。软磁材料的 H_c 一般为 1A/m 左右，而硬磁材料的 H_c>100A/m。

（5）**正、反向充磁的难易度不同**。软磁材料的磁滞回线细（瘦），硬磁材料的磁滞回线宽（胖），说明软磁材料正向达到磁饱和和反向达到磁饱和比硬磁材料要容易得多。

（6）**磁损耗不同**。磁损耗可由磁滞回线所包围的面积来比较。矮胖型磁滞回线（硬磁材料的）所包围的的面积显然大于瘦高型磁滞回线（硬磁材料的）所包围的面积。

9.10.3 铁磁体的磁化及磁畴、磁畴壁结构

铁磁体由上述称为磁畴的小磁体构成。容易理解，在消磁状态，由于小磁体随机取向，其磁化彼此相抵消，总体磁化为零。如图（a）ⓐ所示的状态，自发磁化 M_s 平均总合为零。设想在图中所示方向施加弱磁场，磁化方向与该磁场方向接近的磁畴④将逐渐扩大，磁畴壁相应移动，ⓐ→ⓑ。图（b）表示了磁畴壁的结构，畴壁中原子磁矩逐渐向外磁场方向转化，对于铁来说，其厚度大约为 100 到几十个原子层。图（a）中只表示了磁化强度（M）- 磁场强度（H）曲线的第一象限部分。M-H 曲线或 B-H 曲线的全部即为右图所示的磁滞回线（hysteresis loop），又称履历曲线。M-H、B-H 关系不唯一，这也是铁磁体的特征之一。

磁化效应，是用外磁铁将铁变得有磁性的效应。铁均有磁性，只因内部分子结构凌乱，正负两极互相抵消，故显示不出磁性。若用磁铁引导后，铁分子就会变得有序，从而产生磁性，这一现象就是**磁化效应**。磁化，就是物体从不表现磁性变为具有一定的磁性，其根本原因是物质内原子磁矩按同一方向整齐地排列。

所谓**磁畴**（magnetic domain），是指磁性材料内部的一个个小区域，每个区域内部包含大量原子，这些原子的磁矩都像一个个小磁铁那样整齐排列，但相邻的不同区域之间原子磁矩排列的方向不同。各个磁畴之间的交界面称为**磁畴壁**。宏观物体一般总是具有很多磁畴，这样，磁畴的磁矩方向各不相同，结果相互抵消，矢量和为零，整个物体的磁矩为零，它也就不能吸引其他磁性材料。也就是说磁性材料在正常情况下并不对外显示磁性。只有当磁性材料被磁化以后，它才能对外显示出磁性。

9.10.4 铁磁体的磁滞回线及磁畴壁移动模式

下面，进一步讨论磁滞现象。如图 4（a）ⓐ区域所示，当磁场很弱时，随磁场强度增加，磁化强度变大；反之，磁化强度减小；H=0 时，M=0。在该范围内，二者的关系是可逆的。此时磁畴也能恢复到原来状态。磁感应强度 B 与磁场强度 H 间也有相同的关系。在此范围内，$\Delta B/\Delta H=\mu_i$ 称为**初始磁导率**，它是表征软磁性的重要特征之一。

随着磁场强度增加，磁化强度由ⓐ经ⓑ到达ⓒ区域，并在ⓓ点达到饱和，称此时的磁化强度为**饱和磁化强度** M_s，它是铁磁体极为重要的特性之一。在区域ⓑ，随磁场强度增加，磁畴④的畴壁移动，磁畴增大。如图 3 所示。一旦进入该区域，即使磁场强度减少，M-H 也不会沿原曲线返回，而是按图（b）所示划出 $B \leftarrow B'$ 的环形，表明 M-H，B-H 曲线是不可逆的。如此，$\Delta B/\Delta H$ 存在最大值，称其为最大磁导率 μ_{max}，μ_{max} 是与 μ_i 同样重要的软磁特性。在该区域，磁化强度相对于磁场强度是不连续的，磁畴壁受障碍物（钉扎点等）的阻止作用。一旦畴壁脱离阻止，磁化强度随即增加，如图（c）所示。因此，磁畴壁完全消失的状态对应着图（b）行程的终点，此时磁畴④完全并吞其他磁畴，但磁化方向与外磁场方向并不完全一致。

再看退磁过程。如图（a）所示，若从饱和磁化强度 M_s 处，减小外加磁场，曲线将从 d 变到 e，即当 H=0，外加磁场强度为零时，磁化强度 M_r（=B_r）并不等于零。称 M_r 为**剩余磁化强度**，它是重要的磁学参数。特别是，外加反向磁场并使其逐渐增加，如图中第二象限退磁曲线所示，M-H，B-H 曲线逐渐达到 f 点，即磁化强度及磁感应强度达到零。称此时对应的磁场强度为**矫顽力** H_c（又称抗磁力、保磁力），其大小对磁学应用很重要。对于永磁材料来说，第二象限的退磁曲线极为重要。矫顽力有 $_BH_c$，$_MH_c$ 之说，前者称为**磁感矫顽力**，后者称为**内禀矫顽力**。但通常多用磁感矫顽力 $_BH_c$。

本节重点

（1）对某一磁性材料循环充磁和退磁达到磁饱和，请描绘出磁滞回线并指出每一段的意义。
（2）分别画出软磁和硬磁的磁滞回线，由此给出软磁材料和硬磁材料的定义。
（3）与连续磁化的磁滞回线相比，不连续磁化的磁滞回线更“胖”些，请解释原因。

磁滞回线的描画及磁滞回线的意义

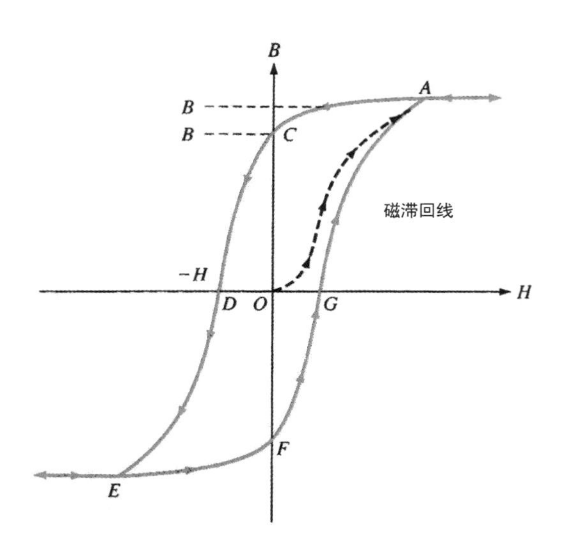

对于某一磁性材料磁感应强度 B 相对于外加磁场强度 H 的闭合回线。曲线 OA 描绘出了退磁试样磁化时的最初 B-H 关系。循环起磁和退磁至饱和磁感应描绘出磁滞回线 $ACDEFGA$.

1

软磁材料和硬磁材料磁滞回线的对比

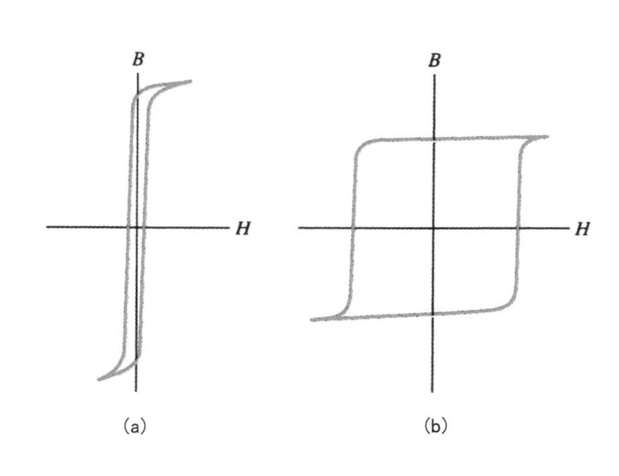

软磁材料 (a) 和硬磁材料 (b) 的磁滞回线。软磁材料具有细长（瘦高）的磁滞回线，从而易于使其磁化和反磁化，而硬磁材料则具有宽短（胖矮）的磁滞回线，从而很难使其磁化和反磁化。

2

铁磁体的磁化及磁畴、磁畴壁结构

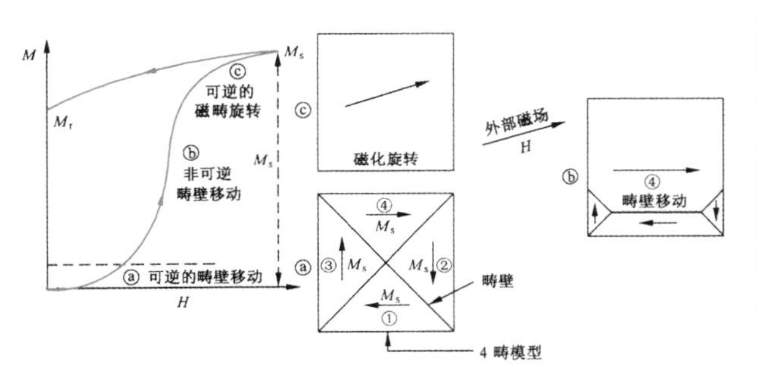

(a) 铁磁性体的磁化曲线及磁畴模型

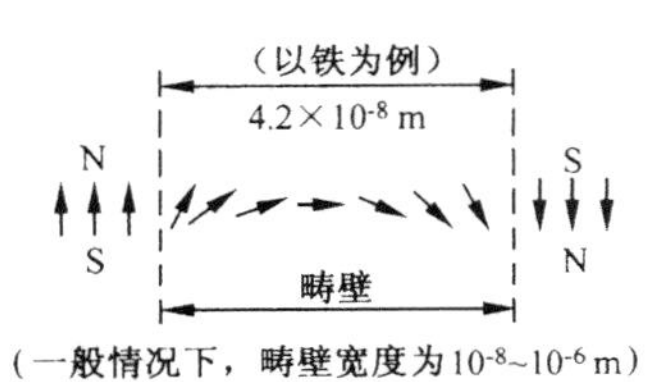

（一般情况下，畴壁宽度为 10^{-8}~10^{-6} m）

(b) 磁畴壁的磁矩模型

3

铁磁体的磁滞回线及磁畴壁移动模式

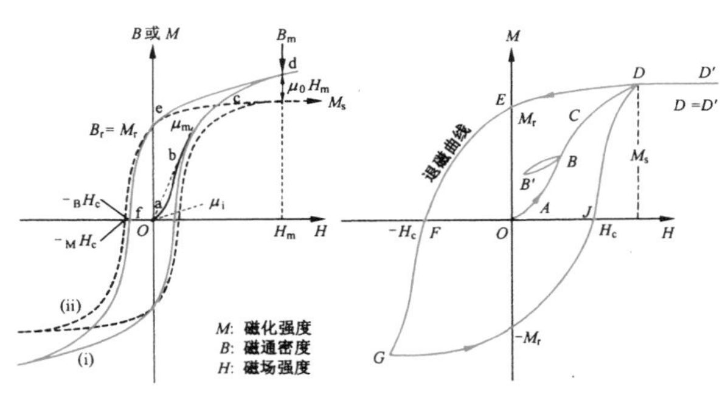

(a) 磁滞回线

(b) 不连续磁化

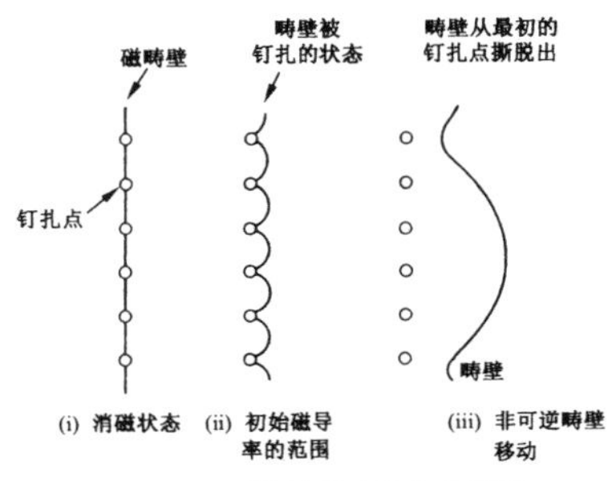

(c) 不连续磁畴壁移动模型

4

9.11 非晶态高磁导率材料

9.11.1 磁畴壁的种类和单磁畴的磁化曲线

理论和实验都证明，在两个相邻畴壁之间的原子层的自旋取向由于交换作用的缘故，不可能发生突变，而是逐渐地发生变化，从而形成一个有一定厚度的过渡层，这个过渡层被称作畴壁。

按畴壁两边磁化矢量的夹角来分类，可以把畴壁分为180°壁和90°壁两种类型。在具有单轴各向异性的理想晶体中，只有180°畴壁。在 $K>0$ 的理想立方晶体中有180°和90°畴壁两种类型。在 $K<0$ 的理想立方晶体中除去180°畴壁外，还有可能有109°和71°畴壁，实际晶体中，由于不均匀性，情况要复杂得多，但在理论上仍常以180°和90°畴壁为例进行讨论。

在大块晶体中，当磁化矢量从一个磁畴内的方向过度到相邻磁畴内的方向时，转动的仅仅是平行于畴壁的分量，垂直于畴壁的分量保持不变。这样就避免了在磁畴的两侧产生“磁荷”，防止了退磁能的产生。这种结构的磁畴叫做Bloch壁（图1（a））。

畴壁内原子自旋取向变化的方式除去Bloch方式外，还在薄膜样品中发现了另一种Néel壁的变化形式（图1（b））。前者壁内自旋取向始终平行于畴壁面的转向，多发生在大块材料中，后者壁内的自旋取向始终平行于薄膜表面转向，在畴壁面内产生了磁荷和退磁能，但在表面没有了退磁场。

单磁畴微粒的磁化曲线如图1（下）所示。在某一宏观方向（如水平方向、垂直方向等）生长的单磁畴粒子，且其自发磁化强度被约束在该方向内，但在该方向施加磁场时，会显示出直角型的磁滞回线，而在与此垂直的方向施加磁场时，磁滞回线缩成线型。一般说来，软磁材料各向异性越小越好，而硬磁应用多采用各向异性大的材料。

9.11.2 非晶态金属与软磁铁氧体的对比

若对铁氧体做大的分类，可分为以永磁体使用的硬磁铁氧体和以电子元器件芯材使用的软磁铁氧体两大类。前者的特点是磁通密度 B_r 高，矫顽力 H_c 大，后者的特点是饱和磁通密度 B_s，矫顽力 H_c 小，磁导率大。

与之相对，所谓非晶态（amorphous）金属是指，由Fe、Co、Ni等铁磁性金属与Si、B等半金属共熔，藉由冷却辊急冷而制成的薄膜（10~25μm）状合金，它不具有金属通常所具有的晶态结构。

由于非晶态金属的晶体磁各向异性小，从而显示出优秀的软磁特性，如高的磁导率、小的矫顽力等，再加上很高的电阻率，其高频特性极为优良，因此成为节能效果显著的磁性材料。当然，非晶态金属也有固有的缺点，它的晶化温度在500℃附近，一旦超过晶化温度便失去非晶态的特性，返回通常的晶态金属状态。

另外，在制作非晶态金属时，以前只能形成厚度为几十微米的金属薄带，为了得到厚度大的板形材料，需要将金属薄带重叠使用。

作为解决该问题的方法，1994年日本东北大学金属材料研究所的井上明久研究团队发表了井上的三个经验规则。后来也能制作出比之更大的块体状非晶态金属。上图表示软磁铁氧体与非晶态金属之间的差别；下图列出二者的主要特征。

9.11.3 利用熔融合金甩带法制作非晶薄带

非晶态材料处于结晶化前的中间状态，可由气相急冷法，液相急冷法，缺陷导入法、扩散反应法制取。从原理上讲，只要将转变过程中某些非平衡状态“冻结”下来，则可能得到非晶态。

薄膜离心急冷法（splat cooling），也称“泼冷法”，是德韦茨（P.Duwez）等在1960年发明的。该法的原理是，利用高速气流冲击一小滴熔融金属，使之在高速旋转的冷铜盘表面上凝固成一薄膜。此时金属的冷却速度比普通的冷铸冷却速度高几个数量级。

单辊急冷法（MS法）：将合金熔体喷射到一个快速转动的冷却铜辊表面，形成薄而连续的非晶合金条带。具体操作是：将合金样品置于石英管底部，调节石英管位置，使合金样品处于感应圈中部，启动中频电源，利用感应加热融化合金样品，启动铜辊，调节其转速并设定值后，降低石英管，高压氩气推动合金熔体至冷却铜辊表面，剥离气嘴中喷出的高压气流将铜辊表面的合金条带吹离铜辊，便可制得连续的非晶合金条带。

双辊薄带浇铸法：双辊薄带浇铸法可以说是连续制造非晶态合金薄板的一种很有前途的生产方法。该法结合了浇铸与热轧于一道工序，能够一步生产平板轧材，在生产成本效益上显著优越于传统生产方法。

9.11.4 非晶态高磁导率材料的特性

严格地说，“非晶态固体”不属于固体，因为固体专指晶体；它可以看作一种极粘稠的液体。因此，“非晶态”可以作为另一种物态提出来。玻璃内部结构没有“空间点阵”特点，而与液态的结构类似。只不过“类晶区”彼此不能移动，造成玻璃没有流动性。通常将这种状态称为“非晶态”。

作为一类特殊结构的刚性固体，金属玻璃具有比一般金属都高的强度（如非晶态 $Fe_{80}B_{20}$，断裂强度 σ_F 达3700MPa，为一般结构钢的7倍多）；而且强度的尺寸效应很小。它的弹性也比一般金属好，弯曲形变可达50%以上。硬度和韧性也很高（维氏硬度HV一般在1000~2000左右）。低含铬的铁基金属玻璃（如 $Fe_{27}Cr_8P_{13}C_7$）的抗腐蚀性远比不锈钢为好。由于原子排列的长程无序，声子对传导电子散射的贡献很小，使其电阻率很高，室温下一般在100μΩ·cm以上；电阻率的温度系数很小，在0K时具有很高的剩余电阻。

以过渡金属（铁、钴、镍）为基质的金属玻璃具有优异的软磁性能，高磁导率和低交流损耗，远优于商用硅钢片，可同坡莫合金相比，如 $(Fe_4Co_{96})(P_{16}B_6Al_3)$ 非晶态合金的矫顽力 $H_c\approx0.13$Oe（约10A/m），剩磁 $B_r\approx4500$G（0.45T），有可能广泛应用于高、低频变压器（部分代替硅钢片和坡莫合金）、磁传感器、记录磁头、磁屏蔽材料等。

本节重点

（1）何谓Bloch畴壁和Néel畴壁，描述两种畴壁的移动过程。
（2）试对非晶态金属与软磁铁氧体的特性加以比较。
（3）非晶态高导磁薄带是如何制作的，其组成和性能如何？

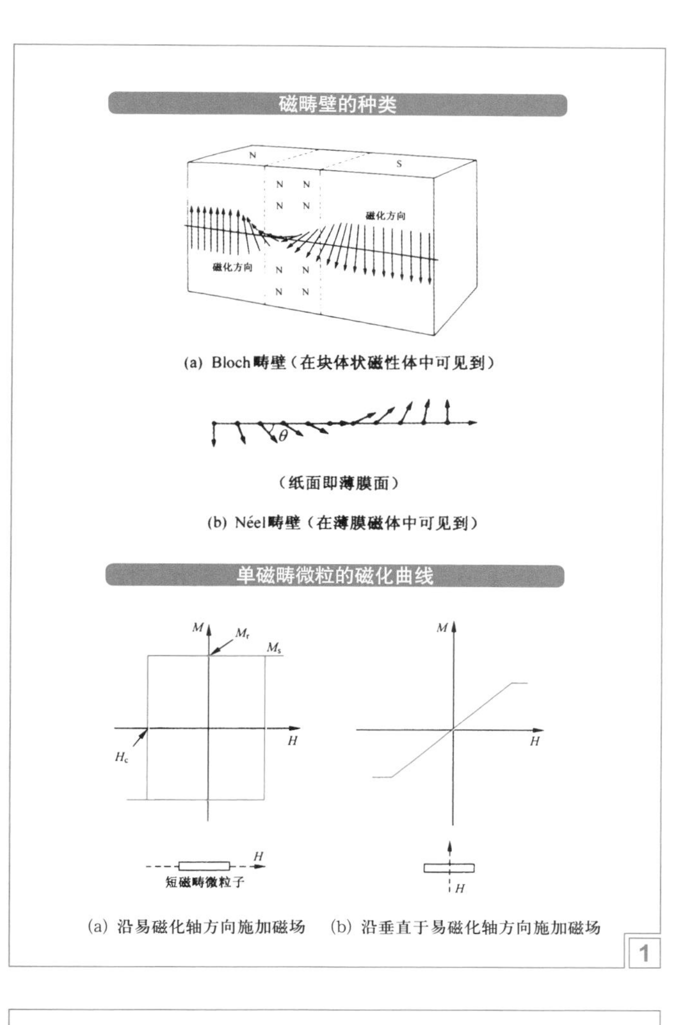

(a) 沿易磁化轴方向施加磁场　(b) 沿垂直于易磁化轴方向施加磁场

1

软磁铁氧体与非晶态金属的比较

软磁铁氧体的构造

原子位置规则有序，呈周期性排列的固体

晶体结构（晶态）

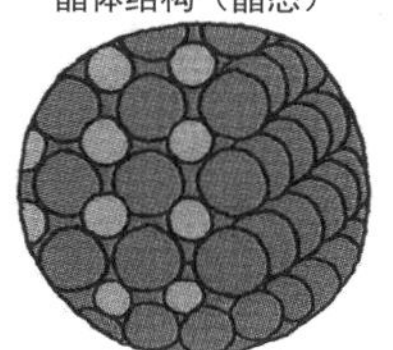

非晶态金属的构造

构成物质的原子的排列不具有规则性（长程无序）

非晶体结构（非晶态）

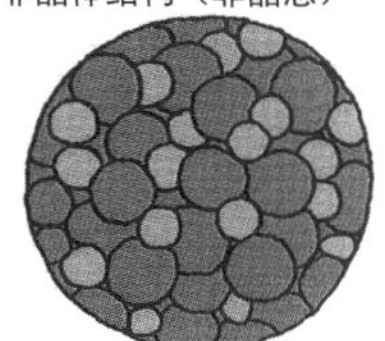

非晶态金属的特征

- 在非晶态材料中不存在像金属晶体那样的滑移面
- 均匀性高，不存在晶界
- 藉由在组成内添加铁磁性金属可获得优良品质的软磁材料
- 由于不存在各向异性，故磁畴壁的移动较容易
- 非晶态金属多用于低周波变压器、噪声滤波器等
- 磁导率非常高
- 主要是在低周波下使用
- 价格贵

软磁铁氧体的特征

- 磁导率高
- 由于是氧化物，电阻率非常高，故涡流损失小
- 由于涡流损失小，因此作为高频领域的磁性材料，广泛采用
- 由于是烧结体（如同陶瓷那样），烧结前易于形成各式各样的形状
- 由于是烧结体（如同陶瓷那样），性脆而容易破碎
- 量轻且具有优良的耐腐蚀性、耐氧化性
- 原材料易得到且价格便宜，不受供应限制

2

利用熔融合金甩带法制作非晶薄带

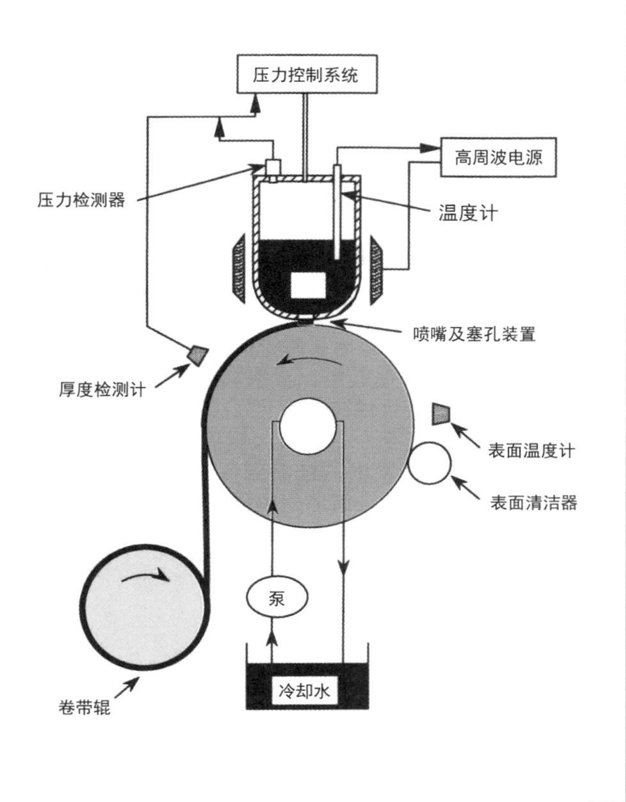

3

利用熔融合金急冷法制作非晶合金薄带的原理

熔融合金　熔融合金　熔融合金

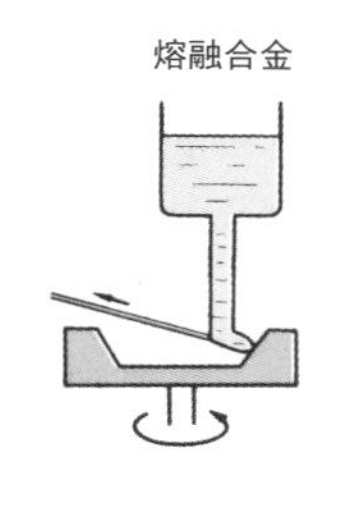

（a）离心急冷法　（b）单辊甩带法

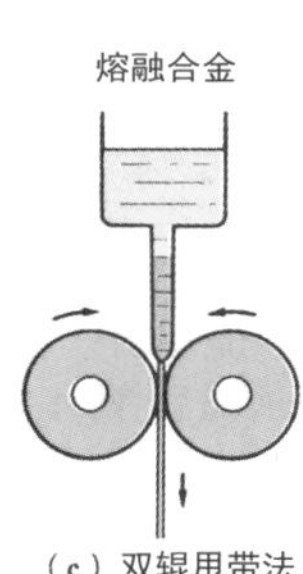

（c）双辊甩带法

非晶态高磁导率材料的静磁学特性

种类	材料	特性测定条件	B_S/T	B_r/T	B_r/B_s	H_c/(A/m)	$\mu_{sm}/10^3$	$\lambda_s/10^{-6}$	ρ/μΩ·cm	T_c/℃
高磁导率用	$Fe_5Co_{70}Si_{15}B_{10}$	急冷 磁界中冷却	0.67 0.67	0.23 0.55	0.35 0.82	0.79 1.19	130 200～300	≅0	–	430
	$Fe_{40}Ni_{40}P_{14}B_6$	急冷 张力印加	0.83 0.83	0.41 0.77	0.49 0.93	0.79 0.56	410 1100	11	–	–
高密磁度通用	$Fe_{80}B_{16}P_1C_3$	急冷 张力印加	1.71 1.71	0.40 1.46	0.23 0.85	51.7 3.2	62 365	29	–	292

形成非晶态合金需要内因和外因。以非晶态高磁导率材料为例，内因是选用有利于形成非晶态的合金元素与Fe组成合金，如表中所示；外因是采用急冷，如上图所示。这有点像合金钢淬火形成马氏体的情况。

4

9.12 永磁材料及其进展

9.12.1 高矫顽力材料的进步

人们认识永磁体源于天然磁铁，即磁铁矿（Fe_3O_4）的发现。但它的磁力很弱，现在作为永磁体鲜有使用。另一方面，人工制造的实用永磁体是 20 世纪初登场的。特别是 1910—1930 年前后 KS 钢、MK 钢的出现，在实用永磁体的进步道路上迈出坚实的步伐。

以此为始，随着时间推移，又先后发明了铝镍钴、铁氧体、钐钴、钕铁硼永磁，其最大磁能积 $(BH)_{max}$ 如图所示，不断提高。

铝镍钴永磁是由金属铝、镍、钴、铁和其他微量金属元素构成的一种合金。依其金属成分的构成不同，磁性能不同，从而用途也不同。铝镍钴永磁有两种不同的生产工艺：铸造和烧结。铸造工艺可以加工生产成不同的尺寸和形状，与铸造工艺相比，烧结产品局限于小的尺寸，毛坯产品尺寸公差小，而铸造制品的可加工性好。在永磁材料中，铸造铝镍钴永磁有着最低可逆温度系数，工作温度可高达 500℃以上。

稀土永磁材料是指稀土金属和过渡族金属形成的合金经一定的工艺制成的，先后经历了第一代（$RECo_5$）、第二代（RE_2TM_{17}）和第三代稀土永磁材料（NdFeB）。新的稀土过渡金属系和稀土铁氮系永磁合金材料正在开发研制中，有可能成为新一代稀土永磁合金。

9.12.2 从最大磁能积 $(BH)_{max}$ 看永磁材料的进展

利用退磁曲线可以依据 $(BH)_{max}$ 确定各种永磁体的最佳形状。在最佳状态下，再根据能获得磁场的大小来比较不同永磁体的强度。即，$(BH)_{max}$ 最高的磁体，产生同样磁场所需的体积最小；而在相同体积下，$(BH)_{max}$ 最高的磁体获得的磁场最强。因此，$(BH)_{max}$ 是评价永磁体强度的最主要指标。

从永磁材料的发展历史来看，19 世纪末使用的碳钢，最大磁能积 $(BH)_{max}$ 不足 1MGOe（兆高奥）。经过一个世纪的发展，永磁体材料先后迈上十余个台阶，至今最大磁能积已达到 50MGOe（$400kJ/m^3$）的水平。

铝镍钴系永磁合金是以铁、镍、铝为主要成分，还含有铜、钴、钛等元素的永磁合金。具有高剩磁和低温度系数，磁性稳定等特征。分铸造合金和粉末烧结合金两种。20 世纪 30~60 年代应用较多，现多用于仪表工业中制造磁电系仪表、流量计、微特电机、继电器等。

永磁铁氧体主要有钡铁氧体和锶铁氧体，其电阻率高、矫顽力大，能有效地应用在大气隙磁路中，特别适于作小型发电机和电动机的永磁体，但其最大磁能积较低，温度稳定性差，质地较脆、易碎，不耐冲击振动，不宜作测量仪表及有精密要求的磁性器件。

稀土永磁材料主要是稀土钴永磁材料和钕铁硼永磁材料。前者是稀土元素钐、镨、镧、钕等和钴形成的金属间化合物，其磁能积可达碳钢的 150 倍、铝镍钴永磁材料的 3~5 倍，永磁铁氧体的 8~10 倍，温度系数低，磁性稳定，矫顽力高达 800 kA/m。

9.12.3 实用永磁体的种类及特性范围

一般说来，所谓优良的永磁体是指对铁等吸引力很强的永磁体，但若略加详细地说明，应该是残留磁通密度、矫顽力均大，且温度特性优秀的永磁体。作为附加要求，还应具有坚固且优良的加工特征，尽量小型，轻量，低价格等优势。

但在现实中，完全满足这些条件的永磁体等是不存在的。例如，磁力强的往往温度相关性大，而磁力弱的往往价格才低。结果是，优点和缺点往往相互折衷（trade-off）存在。因此，实际在选择永磁体时，往往要根据使用目的、性能要求，价格因素等选择最合适的品种。

为此，需要对主要的永磁体及其性能有概要性的了解。图 1 汇总了主要永磁体的种类及其主要特征。如图中所示，无论哪种永磁体都有长有短，并不存在全能冠军。

下面，再比较永磁体的强度指标，即按不同永磁体的剩余磁通密度 B_r 和矫顽力 H_c，如图 2 所示，将其范围表示在相应的坐标系中。图中所表示的永磁体特性，越靠近纵轴的上侧，剩余磁通密度 B_r 越大，而越靠近横轴的右侧，矫顽力 H_c 越高。

从图中可以看出，Ne-Fe-B 永磁体的 B_r 和 H_c 都是很高的。而且，尽管铝镍钴永磁体的剩余磁通密度 B_r 很高，但矫顽力 H_c 却相当低。

由于矫顽力小的铝镍钴永磁体容易退磁，因此在制成磁回路（器件）之后必须对其充磁（后充磁）。与之相对，由于铁氧体永磁及稀土永磁（钕系永磁、钐系永磁）的矫顽力大，永磁体单体也可以先充磁。如此看来，根据图 1、图 2 给出的信息进行综合判断，对于一般应用来说，铁氧体永磁属于现有使用永磁体中性能价格比相当优秀的一类。

9.12.4 永磁体的历史变迁

Nd-Fe-B 具有极高的磁能积（大约 $400kJ/m^3$）和矫顽力（850kA/m），是 20 世纪永磁材料最重要的进展。而且，钐中混入氮的 Sm-Fe-N 合金的射出成形粘结磁体也已出现，从而进一步扩大了永磁体的应用范围。这种永磁体不仅具有与钐钴合金相匹敌的磁能积，由于是粘结磁体，既可用剪刀等剪断又能弯曲甚至折叠。因此，一改传统永磁体易破损易断裂的缺点，在强振动、易跌落等环境下也可安心使用。由于质地柔软且富伸缩性，作为垫圈等橡胶永磁体也有广泛应用。

右图给出使用永磁体的历史变迁。可以看出，在不到 100 年的较短时期内，永磁材料获得飞跃性进展，进而对电子设备的小型化、高性能化做出巨大贡献。

从材料类型讲，铁氧体是陶瓷的一种，更像早期的陶器。因此质地脆弱，易破损断裂，具有陶瓷固有的缺点。但是，由于原材料价格低廉且供应有保证，且具有轻量、耐腐蚀性优良等诸多优点，直至今日仍有大量应用。顺便指出，1950 年飞利浦公司成功开发出的结晶磁各向异性大的钡铁氧体，仍然是今天大量使用的铁氧体永磁体的原型。

本节重点

（1）叙述永磁材料的几个发展阶段及最新进展。为什么用最大磁能积表征永磁材料的性能指标？
（2）实用永磁材料包括哪几种？试对比各自的特性。
（3）请介绍稀土永磁的最新进展。

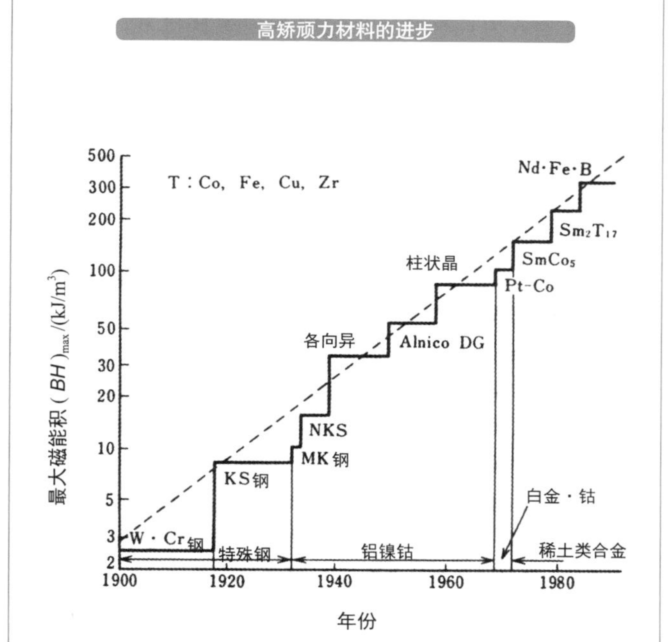

从图中可以看出，高矫顽力材料的最大磁能积随年代呈直线上升趋势。先后经历了钢系列、铁氧体、铝镍钴、钐钴、钕铁硼等几个阶段。开始进步的台阶宽、高差大，近年来台阶变窄且高差变小，这反映出技术进步的特征。

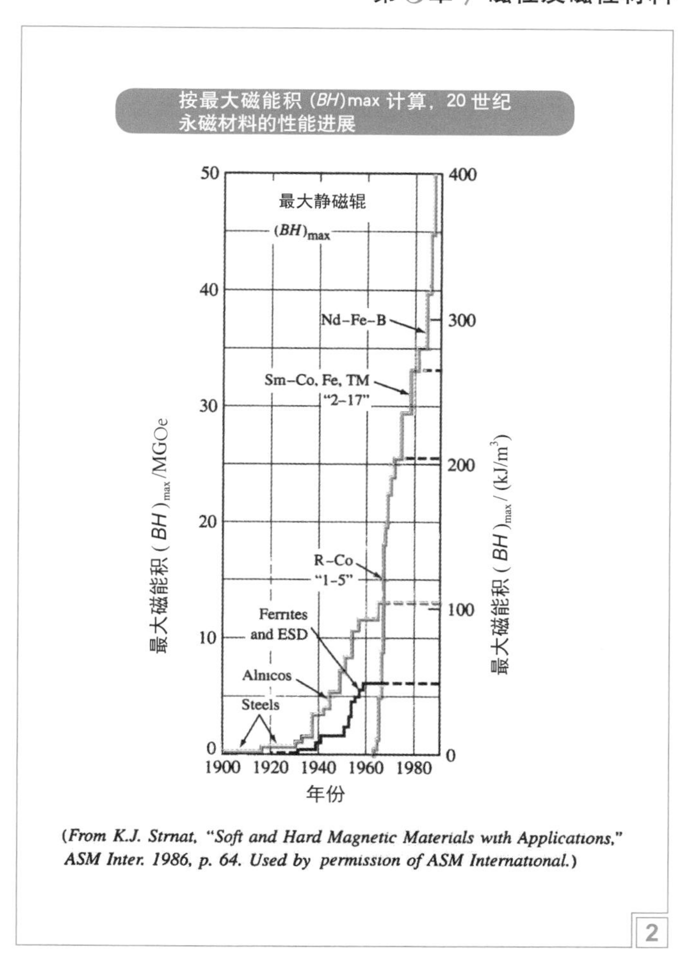

(From K.J. Strnat, "Soft and Hard Magnetic Materials with Applications," ASM Inter. 1986, p. 64. Used by permission of ASM International.)

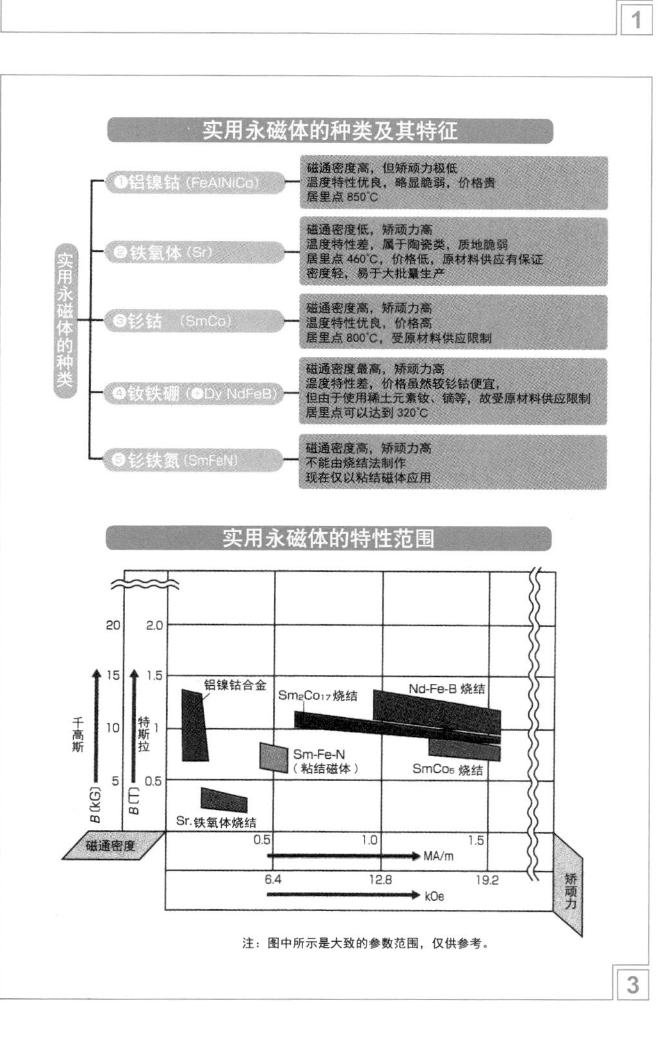

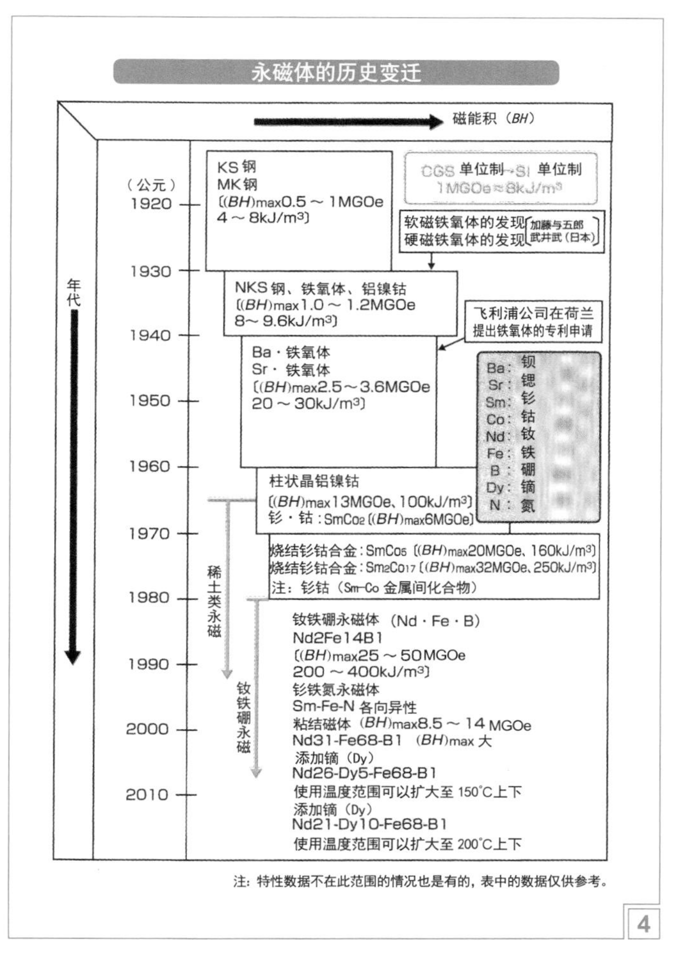

9.13 钕铁硼稀土永磁材料及制备工艺

9.13.1 Nd-Fe-B 系烧结磁体的制作工艺及金相组织

按制造方法不同，Nd-Fe-B 永磁体分为两大类：一类是烧结永磁体，另一类是超急冷永磁体。前者多为块体状，主要满足高矫顽力、高磁能积的要求；后者作为粘结永磁体，主要用于电子、电气设备的小型化应用领域。制造 Nd-Fe-B 烧结永磁体的工艺流程如图 1 所示。Nd-Fe-B 系烧结磁体的制作的一般工艺流程为：合金熔炼→凝固→粗粉碎→细粉碎（平均粒径数 μm）→磁场中压缩成型（实现磁各向异性）→烧结（真空或氩气氛，约 1100℃）→时效热处理（600℃左右）→表面处理。

其典型的化学成分比为 $Nd_{15}Fe_{77}B_8$，如图 2 所示，$Nd_2Fe_{14}B$（称为 T_1 的铁磁性相）为主相，非磁性 $Nd_{1.1}Fe_4B_4$ 相（称为 T_2 相）及富 Nd 相围在主相的晶粒边界。在实际应用中，为了提高该系列的热稳定性，往往添加适量的 Dy 置换 Nd；为了改善其另一个缺点，即 Nd 相的耐蚀性很差，往往采取用 Co 置换部分 Fe 等方法。

Nd-Fe-B 分为磁性相（T_1）和非磁性相（T_2），磁性相又称富 Nd 相。前者的成分为 $Nd_2Fe_{14}B$，后者成分为 $Nd_{1.1}Fe_4B_4$。T_1 相，T_2 相的晶粒的典型尺寸约 10μm。

9.13.2 Nd-Fe-B 系快淬磁体的制作工艺及金相组织

制备高性能的 Nd-Fe-B 烧结和粘结磁体，制粉是极其关键的一个环节。磁粉的最终性能与粉末的微观组织形貌、晶粒的大小、晶粒的完整性、杂质含量、氧含量密切相关；从磁体成形来看，磁粉的形状、粒度及粒度分布、松装密度、压坯密度、理论密度、流动性、取向度、磁性能等也会影响到磁体的性能。而这两方面的参数都由制粉的方法来决定。Nd-Fe-B 烧结磁体要求磁粉是取向良好的单畴粉末，即粉末粒度小、分布窄、呈单晶体、具有较好的球形度、颗粒表面缺陷较少、氧的质量分数不高于 1500×10^{-6}，吸附气体量和夹杂尽可能少。粘结磁体则要求粉末具有良好的稳定性、表面完整、具有高的剩磁、良好的流动性和恰当的粉末配比以获得高的粉末／粘接剂充填率，对于各向异性磁粉要求具有良好的取向性。

Nd-Fe-B 制粉方法较多，但归结起来都是将原料各组分通过熔炼方法制得具有高度磁晶各向异性的 Nd-Fe-B 金属间化合物，再经过物理或者物理化学方法破碎成合适粒度的粉末。Nd-Fe-B 制粉技术的革新，沿着运用 $Nd_2Fe_{14}B$ 金属间化合物的硬脆的物理性质（普通盘磨、气流磨），到引人快速凝固技术、稀土金属的氢化反应技术这一方向发展。

粘结 NdFeB 磁粉的制备主要有熔体快淬法（MQ）、气喷雾法（GM）、机械合金化法（MA）和氢处理法（HDDR），其中以 MQ 法和 HDDR 法的使用最为广泛。以 HDDR 法为例，将合金片放入氢碎装置中，抽真空，加热到 700~800℃，保持一段时间，便发生吸氢歧化反应：

$$Nd_2Fe_{14}B+H_2 \longrightarrow 2NdH_2+12Fe+Fe_2B \tag{9-4}$$

若此时将氢气抽出，发生以下反应：

$$2NdH_2+12Fe+Fe_2B \longrightarrow Nd_2Fe_{14}B+H_2\uparrow \tag{9-5}$$

就又合成为具有较小晶粒的 $Nd_2Fe_{14}B$ 粉末。这样就达到将铸片粉碎的目的。

超急冷法处理下的 $Nd_2Fe_{14}B$ 晶粒平均粒径约为 50nm，烧结法处理下的 $Nd_2Fe_{14}B$ 晶粒平均粒径约 10μm，HDDR 处理法处理下的 $Nd_2Fe_{14}B$ 晶粒平均粒径约 0.3μm。

9.13.3 一个 $Nd_2Fe_{14}B$ 单胞内的原子排布

各类 Nd-Fe-B 磁体的主要成分是硬磁性的 $Nd_2Fe_{14}B$ 相，它的内禀磁性决定了 Nd-Fe-B 磁体的硬磁性质。

$Nd_2Fe_{14}B$ 相具有正方点阵，空间群 P42/pm，晶格常数 a=0.882nm，b=1.224nm，具有单轴磁晶各向异性；c 轴为易磁化轴。其晶体结构如图所示。每个单胞含有 4 个分子式的 68 个原子。它们分别在 9 个晶位上：Nd 原子占据（4f，4g）两个晶位，Fe 原子占据（$16k_1$，$16k_2$，$8j_1$，$8j_2$，4e，4c）6 个晶位，B 原子占据（4g）一个晶位。其中 $8j_2$ 晶位上的 Fe 原子处于其他 Fe 原子组成的六棱锥的顶点，其最近邻 Fe 原子数最多，对磁性有很大影响。4e 和 $16k_1$ 晶位上的 Fe 原子组成三棱柱，B 原子大概处于棱柱的中央，通过棱柱的三个侧面与最近邻的 3 个 Nd 原子相连，这个三棱柱使 Nd、Fe、B 三种原子组成晶格的骨架，具有连接 Nd-B 原子层上下方 Fe 原子的作用。这样的微结构致使 $Nd_2Fe_{14}B$ 具有很强的单轴磁晶各向异性。

$Nd_2Fe_{14}B$ 晶粒的饱和磁化强度主要由 Fe 原子磁矩决定。Nd 原子是轻稀土原子，其磁矩与 Fe 原子磁矩平行取向，属铁磁性耦合，对饱和磁化强度也有贡献。Fe 原子磁矩最大 2.80μ_B，最小 1.95μ_B，平均 2.10μ_B。Nd 原子磁矩在平行于 c 轴方向的投影为 2.30μ_B。

9.13.4 稀土元素 4f 轨道以外的电子壳层排列与其磁性的关系

稀土元素周期系ⅢB 族中原子序数为 21、39 和 57~71 的 17 种化学元素的统称。其中原子序数为 57~71 的 15 种化学元素又统称为镧系元素。稀土元素包括钪、钇、镧、铈、镨、钕、钷、钐、铕、钆、铽、镝、钬、铒、铥、镱、镥。分为轻稀土元素和重稀土元素。

“轻稀土元素”指原子序数较小的钪 Sc、钇 Y 和镧 La、铈 Ce、镨 Pr、钕 Nd、钷 Pm、钐 Sm、铕 Eu。“重稀土元素”指原子序数比较大的钆 Gd、铽 Tb、镝 Dy、钬 Ho、铒 Er、铥 Tm、镱 Yb、镥 Lu。

稀土金属的磁性主要与其未充满的 4f 壳层有关，金属的晶体结构也影响着它们的磁性变化。由于稀土金属的 4f 电子处在内层，其金属态的 $5d^1$、$6s^2$ 电子为传导电子，因此大多数稀土金属（除了 Sm、Eu、Yb 外）的有效磁矩与失去 $5d^1$、$6s^2$ 电子的三价离子磁矩几乎相同。

在常温下稀土金属均为顺磁物质，其中 La、Yb、Lu 的磁矩＜1。随着温度的降低，它们会发生有顺磁性变为铁磁性或反铁磁性的有序变化。有序状态的自旋不是一简单的平行或反平行方式取向，而以蜷线型或螺旋型结构取向。一些重稀土元素（如 Tb、Dy、Ho、Er、Tm 等）在较低温度是由反铁磁性转变为铁磁性，而 Gd 则是由顺磁性直接转变为铁磁性。

本节重点

（1）何谓轻稀土和重稀土元素？说明前者作为永磁体的重要元素，后者作为磁记录介质元素的重要理由。

（2）对比超急冷法、烧结法、HDDR 处理法制作的 NdFe 永磁体的微细组织。

（3）了解 $Nd_2Fe_{14}B$ 晶胞的原子排布。

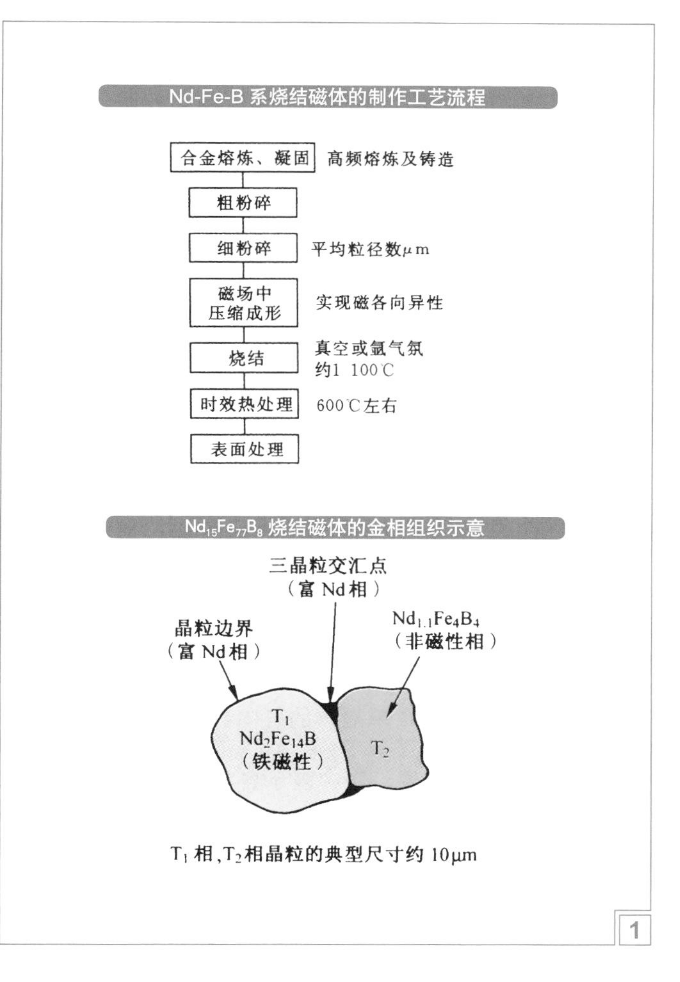

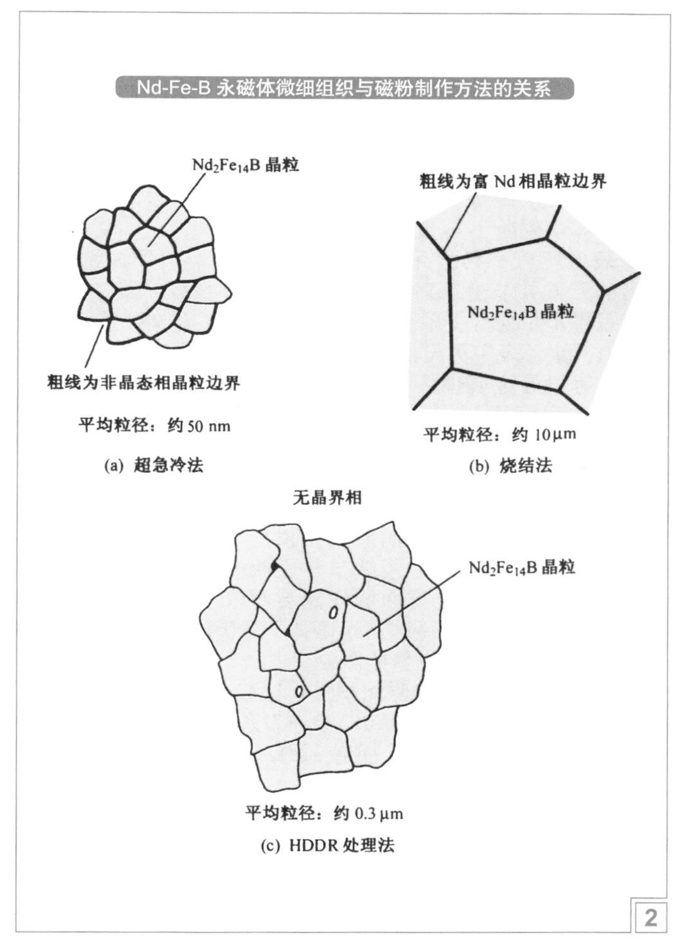

一个 $Nd_2Fe_{14}B$ 晶胞内的原子排布

a a c

Nd_f Nd_g

Fe_c Fe_e Fe_{j1} Fe_{j2} Fe_{k1} Fe_{k2} B_g

3

4f 轨道以外的电子壳层排列

	原子序数	元素(符号)	4f 轨道以外的电子壳层结构	磁性及应用
轻稀土元素(永磁体的重要元素)	58	Ce(铈)	$4f^1 5s^2 5p^6 5d^1 6s^2$	反铁磁性
	59	Pr(镨)	$4f^{(3)} 5s^2 5p^6 5d^{(0)} 6s^2$	反铁磁性
	60	Nd(钕)	$4f^4 5s^2 5p^6 5d^0 6s^2$	反铁磁性
	62	Sm(钐)	$4f^6 5s^2 5p^6 5d^0 6s^2$	反铁磁性
	63	Eu(铕)	$4f^7 5s^2 5p^6 5d^0 6s^2$	反铁磁性
重稀土元素(磁记录介质的重要元素)	64	Gd(钆)	$4f^7 5s^2 5p^6 5d^1 6s^2$	铁磁性
	65	Tb(铽)	$4f^8 5s^2 5p^6 5d^1 6s^2$	铁磁性→螺旋磁性(反铁磁性)
	66	Dy(镝)	$4f^9 5s^2 5p^6 5d^{(1)} 6s^2$	铁磁性→螺旋磁性(反铁磁性)
	67	Ho(钬)	$4f^{(10)} 5s^2 5p^6 5d^{(1)} 6s^2$	铁磁性→螺旋磁性(反铁磁性)
	68	Er(铒)	$4f^{(11)} 5s^2 5p^6 5d^{(1)} 6s^2$	铁磁性→螺旋磁性(反铁磁性)
	69	Tm(铥)	$4f^{13} 5s^2 5p^6 5d^0 6s^2$	铁磁性→螺旋磁性(反铁磁性)

除了铁磁性元素 Fe、Co、Ni 之外，作为另一类磁性材料，一些稀土元素适合以合金组元与其他组元构成重要的磁性合金。其中轻稀土元素可以构成永磁材料，重稀土元素可以构成磁记录介质。

4

9.14 钕铁硼永磁材料性能的提高和改进

9.14.1 稀土元素在永磁材料中的作用和所占比例

所谓稀土类系永磁体，是指永磁材料中加入稀土类元素而制成的永磁体，其代表有钐钴（Sm_2Co_{17}）、钕铁硼（$Nd_2Fe_{14}B$）永磁等。无论哪一种，$(BH)_{max}$ 都很高，具有一般铁氧体永磁所不具备的优良磁学特性。

表 1 汇总了稀土元素及其在永磁材料中的作用。表中列出的元素并非全都对 $(BH)_{max}$ 的提高有贡献，其中几个对温度系数（可逆温度系数）的降低有效果。另外，为了提高矫顽力，除了表中列出的稀土元素之外，铌（Nb）、钼（Mo）、钒（V）等过渡金属也是有效的。

图 1 表示不同稀土永磁中各种元素所占比率。其中，1~5 系钐钴永磁 $SmCo_5$（图（a））的组成比为：钐 36%，钴 64%。与之相对，钕铁硼永磁 $Nd_2Fe_{14}B$（图（b））组成比为：钕 33%，铁 66%，硼 1%。

在此，首先对二者的原材料供应状态进行对比。钐和钴的产量都很少，供应紧缺。与之相对，以铁为主体的钕系永磁，原材料供应方面的问题要缓和些。但是，对于高温环境下使用的汽车马达用永磁体（图（c））来说，受产量很少的稀土元素镝的供应量的限制。

再与钐系永磁体的磁能积进行比较。1~5 系永磁（$SmCo_5$）的 $(BH)_{max}$ 上限为 200kJ/m^3，2~17 系永磁（Sm_2Co_{17}）的 $(BH)_{max}$ 上限为 250kJ/m^3。而钕系永磁（$Nd_2Fe_{14}B$）的 $(BH)_{max}$ 达 400kJ/m^3，有飞跃性提高。

此外，作为新型磁性材料，还有 $Sm_2Fe_{17}N_{2.5}$ 及 $NdTiFe_{11}N_{0.8}$ 等所谓氮化物混入型稀土类永磁。但是，这些都会在 500℃ 附近的高温下发生氮与铁的分解，因此不能采用 1000℃ 以上的粉末烧结法制作。

9.14.2 $R_2Fe_{14}B$ 单晶体的各向异性磁场与温度的关系

物质结构各层次的相互作用与材料磁性能密切相关，近邻原子间的交换相互作用是物质磁性的来源。稀土 (R)-过渡族金属（TM）化合物中，R 亚晶格与 TM 亚晶格之间的交换相互作用影响各向异性和磁化行为。晶粒之间的相互作用（包括长程静磁相互作用和近邻晶粒的交换耦合相互作用）影响磁体的矫顽力、剩磁和磁能积等宏观磁性。因此，凡是影响 $Nd_2Fe_{14}B$ 晶粒中 R-TM 两种亚晶格之间的相互作用以及晶粒之间相互作用的因素都会对 Nd-Fe-B 磁体的性能产生影响。

稀土永磁体不仅具有很高的剩磁感应强度，很高的磁能积，而且具有很高的矫顽力，这一点是当今任何永磁材料所无法相比的。目前，采用烧结法制造的钴基稀土永磁体的矫顽力可达 800kA/m；铁基烧结稀土永磁体的矫顽力可做到 850kA/m。

研究表明，要达到高性能永磁条件有三个：① 饱和磁化强度尽可能大；② 矫顽力大；③居里温度 T_c 应远高于室温。过渡族元素 3d 电子具有大的磁矩，并行排列，因此具有高的 T_c，可满足①、③条件，但由于 Fe、Co 磁晶各向异性小，所以提高矫顽力困难。研究表明要提高矫顽力，必须有大的各向异性场 H_a，也就是具有大的磁晶各向异性常数 K_1。目前作为最强的 Nd-Fe-B 永磁体的主要成分为 $Nd_2Fe_{14}B$，相应的其他稀土类成分为 $R_2Fe_{14}B$，其中 R= Y、Gd、Sm、Dy 、Nd 等。日本东北大学加藤宏朗详细测定了 $R_2Fe_{14}B$ 在室温及 4.2K 下的磁化曲线，结果表明：$Y_2Fe_{14}B$，$Gd_2Fe_{14}B$ 的磁化曲线相近。这就说明了稀土元素在永磁材料中提高矫顽力、改善可逆温度系数的重要作用。

9.14.3 Nd-Fe-B 永磁体中各种添加元素所起的作用及其原因

添加元素既可影响主相的内禀磁性，又可影响磁体的微结构，可望提高磁体的 B_r，H_c，J，T_c 等。添加元素可分为两类：

（1）代换元素　其主要作用是改变主相的内禀磁性，其中又有两种：①过渡元素 Co 代换主相中的 Fe；②重稀土元素 Dy 和 Tb 代换主相中的 Nd。

（2）掺杂元素　其中也有两种：①晶界改变元素 M1（Cu，Al，Ga，Sn，Ge，Zn）。它们在主相中有一定的溶解度，可局部溶于主相代换 Fe，主要作用是形成非磁性的 Nd-M1 或 Nd-Fe-M1 晶界相（NbCu 或 $NbCu_2$；$Nd_6Fe_{13}M1$（M1=Al，Ga，Cu，δ 相）；$Nd_3(Fe, Ga)$+ $Nd_5(Fe, Ga)_3$）；②难溶元素 M2（Nb，Mo，V，W，Cr，Ti）。它们在主相中溶解度极低，因此，以非磁性硼化物 M2-B 相（TiB_2，ZrB_2）析出，或者形成非磁性硼化物 M2-Fe-B 晶界相（NdFeB，WFeB，V_2FeB_2，Mo_2FeB_2）。

图中表示 $Nd_2Fe_{14}B$ 单晶体的各向异性磁场与温度的关系，从中可以定性地了解 Dy 和 Tb 等重稀土元素代换 Nd 对内禀特性产生的效果。表中表示各种添加元素所起的作用及其原因。

添加 Dy 可以改善磁体的微观组织，提高阳极过电位，有利于矫顽力、耐蚀性能提高。

添加 Zr 元素，可以降低钕铁硼磁体对烧结温度的敏感性，提高磁体的耐烧结温度，并且不发生晶粒的异常长大。复合添加 Zr 和 Nb 克服了烧结炉内温度场分布不均匀引起的磁体性能稳定性差的问题，最终可制备高磁能积且性能稳定的磁体。

添加适量的 Gd，可以抑制 α-Fe 的生成，从而可在高氧含量工艺下制作烧结钕铁硼磁体，但 Gd 的含量应小于 5%，否则，Gd 将大幅降低钕铁硼磁体的磁性能。在磁体中，Gd 除了进入主相外，还进入 Gd 富稀土相，Gd 进入主相是降低磁体矫顽力的主要原因。

9.14.4 提高 Nd-Fe-B 永磁体矫顽力的方法

Nd-Fe-B 磁体的矫顽力远低于 $Nd_2Fe_{14}B$ 硬磁性相各向异性场的理论值，是由于具体的微结构及其缺陷造成的。晶粒微结构缺陷和晶粒之间的相互作用是限制 Nd-Fe-B 磁体性能的主要控制因素。近几年来就减小晶粒结构缺陷和限制晶粒相互作用方面，包括添加替代和掺杂元素，改进和完善工艺过程，提高硬磁性相的内禀磁性，使晶粒细化，表面光洁，粒度均匀，减少缺陷，用非磁性层充分隔离磁性晶粒界面，从而使磁体的硬磁性能及其温度稳定有了很大提高。

Nd-Fe-B 永磁体的矫顽力一般认为是受反磁畴发生左右的生核型。因此，提高矫顽力的方法主要有：①晶粒细化：在制备粉体时，使粉料颗粒均匀地达到单畴粒子状态，在单畴状态下，磁矩不会转动，反磁畴难以发生；②晶界控制：杂乱的界面有利于在晶粒中出现反磁畴，通过界面控制获得较为规则平滑的晶界致使反磁畴不易发生。

本节重点

（1）说明 Nd-Fe-B 系烧结磁体的制作工艺流程并指出烧结体的金相组织。
（2）介绍 Nd-Fe-B 永磁体中各种添加元素所起的作用并说明原因。
（3）提高稀土永磁材料矫顽力的方法有哪两种？解释其提高矫顽力的原因。

稀土元素及其在永磁材料中的作用

稀土元素的作用	元素名称	元素符号	原子序数	
稀土永磁的主原料或辅助原料	铈（Cerium）	Ce	58	
	镨（Praseodymium）	Pr	59	
	钕（Neodymium）	Nd	60	
	钐（Samarium）	Sm	62	
矫顽力的提高	铽（Terbium）	Tb	65	添加元素
	镝（Dysprosium）	Dy	66	
	钬（Holmium）	Ho	67	
	镱（Ytterbium）	Yb	70	
可逆温度系数的改善	钆（Gadolinium）	Gd	64	
	镝（Dysprosium）	Dy	66	
	铒（Erbium）	Er	68	

稀土永磁中各元素所占比例

钐钴永磁

(a) $SmCo_5$（1-5系永磁）

钐钴永磁：钐 Sm 36%；钴 Co 64%

钕铁硼永磁

(b) 33Nd-66Fe-1B

钕铁硼永磁：钕 Nd 33%；铁 Fe 66%；硼 B 1%

(c) 26Nd-5Dy-68Fe-1B（高温环境用）

钕铁硼镝永磁：钕 Nd 26%；镝 Dy 5%；铁 Fe 68%；硼 B 1%

1

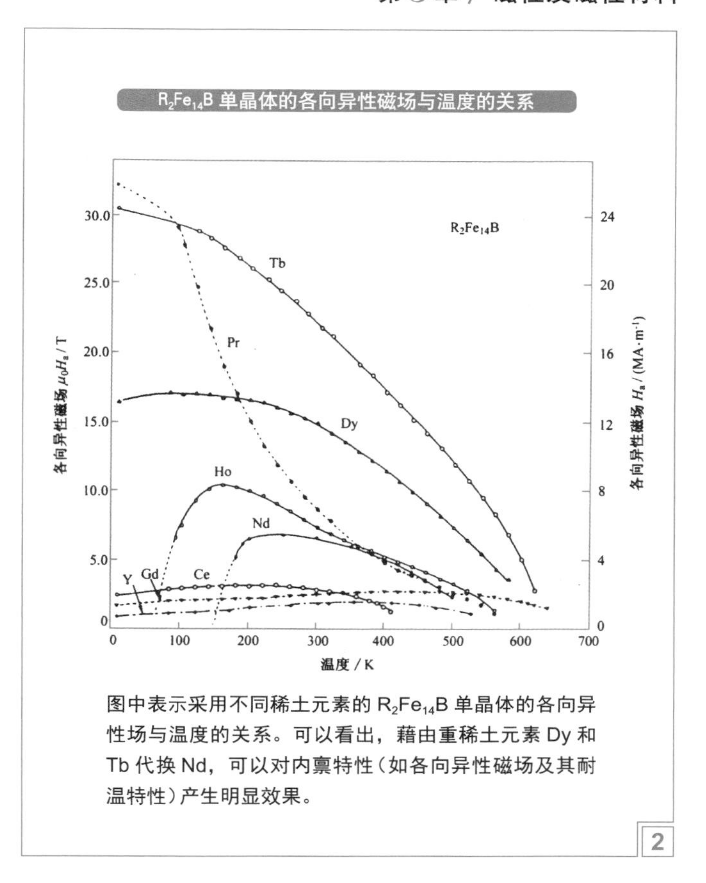

图中表示采用不同稀土元素的 $R_2Fe_{14}B$ 单晶体的各向异性场与温度的关系。可以看出，藉由重稀土元素 Dy 和 Tb 代换 Nd，可以对内禀特性（如各向异性磁场及其耐温特性）产生明显效果。

2

Nd-Fe-B 永磁体各种添加元素所起的作用及其原因

添加元素	正效果	原因	负效果	原因
Co 代换 Fe	T_c↑，α_{B_r}↓；抗蚀性↑	Co 的 T_c 比 Fe 的高；新的 Nd_3Co 晶界相代替了原来易蚀的富 Nd 相	B_r↓ H_{cJ}↓	Co 的 M_s 比 Fe 的低；新的晶界相 Nd_3Co 或 $Nd(Fe,Co)_2$ 是软磁性的，不起磁去耦作用
Dy，Tb 代换 Nd	H_{cJ}↑	Dy 起主相晶粒细化作用；$Dy_2Fe_{14}B$ 的 H_a 比 $Nd_2Fe_{14}B$ 的高	B_r↓，$(BH)_{max}$↓	Dy 的原子磁矩比 Fe 的高，但与 Fe 呈亚铁磁性耦合，使主相 M_s 下降
晶界改进元素 M1（Cu，Al，Ga，Sn，Ge，Zn）	H_{cJ}↑；抗蚀性↑	形成非磁性晶界相，使主相磁去耦，同时还抑制主相晶粒长大；而且代替原来易蚀的富 Nd 相	B_r↓，$(BH)_{max}$↓	非磁性元素 M1 局部溶于主相代替 Fe，使主相 M_s 下降
难熔元素 M2（Nb，Mo，V，W，Cr，Zr，Ti）	H_{cJ}↑；抗蚀性↑	抑制软磁性 α-Fe、$Nd(Fe,Co)_2$ 相生成，从而增强磁去耦，同时抑制主相晶粒长大；新的硼化物晶界相代替原来易蚀的富 Nd 相	B_r↓，$(BH)_{max}$↓	在晶界或晶粒内生成非磁性硼化物相，使主相体积分数下降

3

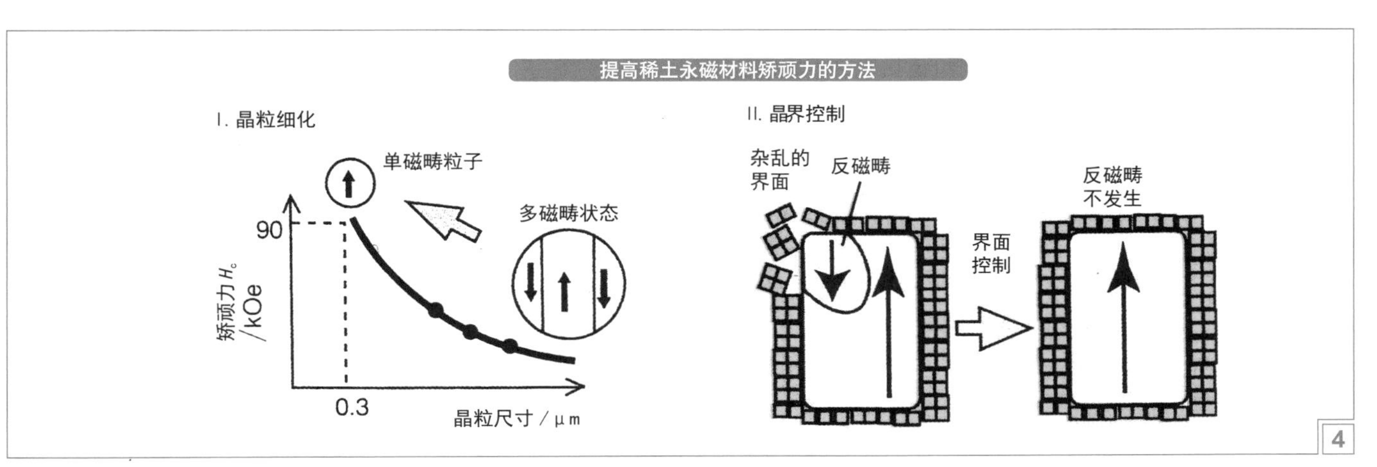

4

9.15 添加 Dy 的 Nd-Fe-B 系合金（1）——细化晶粒以提高矫顽力

9.15.1 添加 Dy 的 Nd-Fe-B 系永磁材料的研究开发现状

Nd-Fe-B 系永磁显示出最高的磁能积（$(BH)_{max}$），因此在各种领域得到广泛应用。特别是近年来作为混合动力汽车（HEV）、电动汽车（EV）的马达用永磁体，得到推广使用，从保护环境角度，其用量更会迅速增长。但是，由于 Nd-Fe-B 系烧结磁体的主相 $Nd_2Fe_{14}B$ 的温度系数过大，对于那些使用环境处于高温的用途，则不能产生很强的磁力，即难以达到所希望的磁能积。作为这一问题的对策，是添加镝（Dy）：既可以实现室温下的高矫顽力，在高温也能确保某种程度的矫顽力。但是，镝的添加会造成 $(BH)_{max}$ 的下降，而且 Dy 在稀土类矿石中的含量很少，产地受限。因此，迫切需要含 Dy 量少却具有高矫顽力的 Nd-Fe-B 系稀土永磁。世界上许多机构都在进行这方面的研究开发。

烧结 Nd-Fe-B 永磁材料在工作温度（室温附近）下的矫顽力机理属于形核型的，即合金的矫顽力是由反磁畴的形核场控制的。晶粒大时，会有反磁畴存在。要产生反磁畴，首先要发生磁矩旋转并形成磁畴壁。为了形成磁畴壁，需要磁矩从易磁化轴方向发生旋转，致使磁各向异性能增加。而且，由于邻近原子间的磁矩不再平行，也会造成耦合能增加。因此，为产生反磁畴需要的磁场肯定要比仅考虑磁各向异性能增加的各向异性磁场大。但是，由于晶界附近的结构不完整性以及杂质的吸附等，会造成磁各向异性及耦合能等的下降，从而易产生磁畴壁。而且，晶粒内缺陷及非磁性杂质的存在，也会产生局部的反磁场。因此，使粒子尺寸变细可以使矫顽力增加。

另外，保持 $Nd_2Fe_{14}B$ 相与富 Nd 相之间界面状态的良好也是提高矫顽力的重要途径之一。

由于存在于晶界的富钕相在高温下处于液相，利用液相烧结，不仅可以提高充填率，提高致密性，而且通过对存在于 $Nd_2Fe_{14}B$ 相表面的缺陷进行修复，还能起到抑制逆磁畴发生的效果。因此，为使矫顽力增加，减少反磁畴的发生几率是极为重要的。为此，如图 1 所示，需要采取的措施有：（1）尽量减少磁体的晶粒直径，使其接近单磁畴晶粒；（2）使 $Nd_2Fe_{14}B$ 与富钕相的界面保持完整；（3）通过 Nd-Fe-B 系永磁体的界面结构分析和矫顽力产生机制的判明，获得指导性原则；（4）通过在汽车中的实际应用，对马达用永磁体作出评价。

9.15.2 藉由晶粒细微化、原料粉末最适化提高矫顽力的技术开发

烧结钕铁硼系永磁材料是用粉末冶金方法制造的，其工艺流程如下：原材料准备→冶炼→铸片→氢碎→磁场取向与压型→烧结。对此，如图 2 所示，分三个方面进行研究开发。

（1）**下一代烧结永磁体用原料合金的研究开发**：通过对晶粒直径和元素分布进行控制，以能引发出高矫顽力的铸片（strip cast，SC）材料等的原料合金的开发为目的。到目前为止，已经获得有关晶核发生数和枝晶直径等方面的信息，通过采用新型铸造装置及结晶生长过程的控制等，已能制作粒径 2μm 以下的合金铸片。

（2）**超微细晶粒烧结永磁体制作工艺的开发**：通过晶粒直径微细化，以能制作出高矫顽力的烧结磁体的工艺开发为目的。到目前为止，采用已有的气流磨（JM）技术，已经实现微粉末粒径从 5~2.7μm 的微细化水平，即使无添加 Dy 的合金，也可使其矫顽力达到 17kOe，这标志着成功制作出具有与 Dy 量削减 20%~30% 磁学性能相当的烧结磁体。进一步导入 He 循环式 JM 技术等，采用粒径 1.2μm 以下、氧含量 1500ppm 以下的微粉末，已经确立烧结磁体制作工艺。

（3）**关于高矫顽力永磁体烧结组织最佳化的研究**：以实现富钕相等的烧结组织的最佳化为目的。到目前为止，虽然已经使 SC 中富钕相的层间距和 JM 粉末的平均粒径达到均匀一致，但 JM 粉末中富钕相附着率的增加和烧结组织均匀性的向上更为重要，基于这种认识，提出原料合金的新的制作方法。进一步还进行了富钕相的浸润性评价及界面模型的探讨。根据浸润性评价，发现添加铜可以提高浸润性，且有促进氧向液相的固溶度增加的效果；根据界面模型的探讨，发现矫顽力回复试样的 $Nd_2Fe_{14}B$ 相和富钕相的界面上，有形成非晶相的情况。

9.15.3 关于磁性材料的一些名词术语和基本概念（1）

为了表示磁性体及磁性材料的各种特性，需要使用不少的专业名词。对于这些名词术语，非专业人员一般不太熟悉，多数往往是一知半解，遇到之后满头雾水的情况也不在少数。要透彻理解与磁性相关的制品的性能，想绕开这些专业名词是绝无可能的。在此，选择若干个在实际使用磁性体时经常遇到的专业用语，对其进行简单明了的注解与说明。

磁势、磁压、起磁力（F_m）：产生磁场的外界动力。起磁力的 SI 单位是安培 [A]，但一般使用电流与线圈匝数的乘积 [安・匝]。

饱和磁通密度、饱和磁密（B_s）：磁性材料中可能的最大的磁通密度。

磁场强度（H）：单位长度的起磁力 [AT/m]。若在每单位长度导线绕 N 圈的螺旋管中流过电流强度为 I[A] 的电流，螺旋管内部产生磁场强度为 NI [A/m] 的磁场。

磁化力（magnetisering force）（H）：表示磁场的强度。

磁通量（magnetic flux）（Φ）：贯穿磁场中的单位面积的磁力线法线方向分量的总和，单位为韦伯 [Wb]。

磁通密度，磁密，磁感应强度：表示磁场的强度。

磁场（magnetic field）：磁场所涉及的领域。

磁滞回线（hysteresis loop）：是一条关于 B-H 关系的履历曲线。藉由反复施加的正、负磁场强度（H），致使磁性体中的磁感应强度（磁通密度，B）发生滞后的变化。并在直角坐标中描画的曲线。

磁能积：相对于退磁曲线上一点，磁通密度（B_d）与退磁场强度（H_d）的乘积。

最大磁能积（$(BH)_{max}$）：磁能积的最大值。

退磁曲线：磁滞回线的第 2 象限的部分。

奥斯特 [Oe]：磁化力（磁场强度）的 CGS 制单位。$1Oe \approx (1000/4\pi)$ A/m。

退磁场的强度：在使被磁化材料中残留的磁通量减少的方向施加的磁场的强度。

残留磁通密度（残留磁密、残留磁感应强度，B_r）：磁滞回线上，磁场强度取零情况下的磁通密度，即残留磁感应强度。

矫顽力（保磁力，H_c）：磁化至饱和，而使该磁通密度达到零所必须的退磁场强度。

本节重点

（1）从决定铁磁畴结构的能量类型（见 9.9 节）角度，如何提高永磁体的矫顽力？

（2）为什么通过细化晶粒可以提高永磁体材料的矫顽力？

（3）采取哪些措施可以细化 Nd-Fe-B 合金的晶粒？

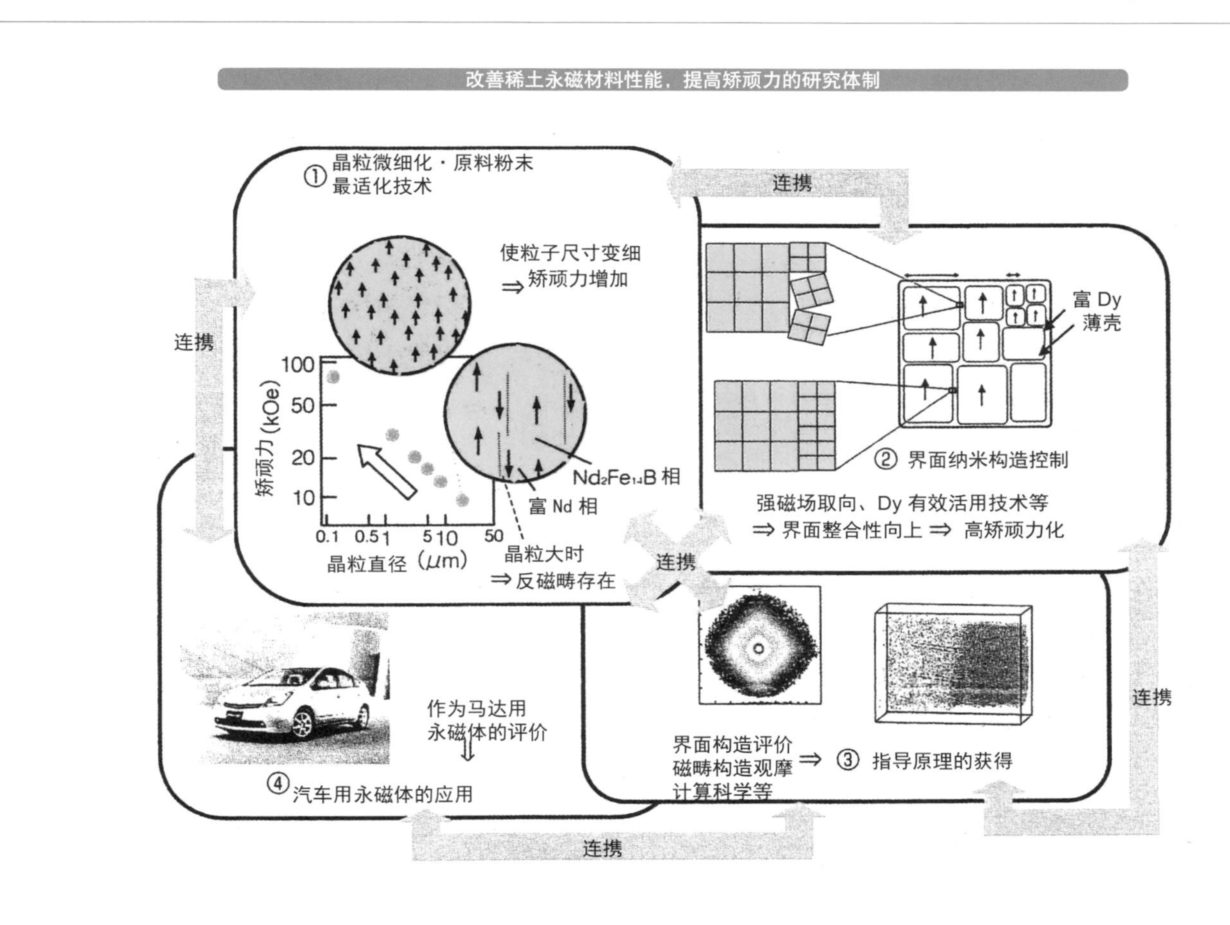
改善稀土永磁材料性能，提高矫顽力的研究体制
① 晶粒微细化・原料粉末最适化技术
使粒子尺寸变细
⇒矫顽力增加
矫顽力(kOe)
晶粒直径（μm）
Nd₂Fe₁₄B 相
富 Nd 相
晶粒大时
⇒反磁畴存在
连携
富 Dy
薄壳
② 界面纳米构造控制
强磁场取向、Dy 有效活用技术等
⇒界面整合性向上 ⇒ 高矫顽力化
界面构造评价
磁畴构造观摩
计算科学等
⇒ ③ 指导原理的获得
作为马达用
永磁体的评价
④汽车用永磁体的应用

1

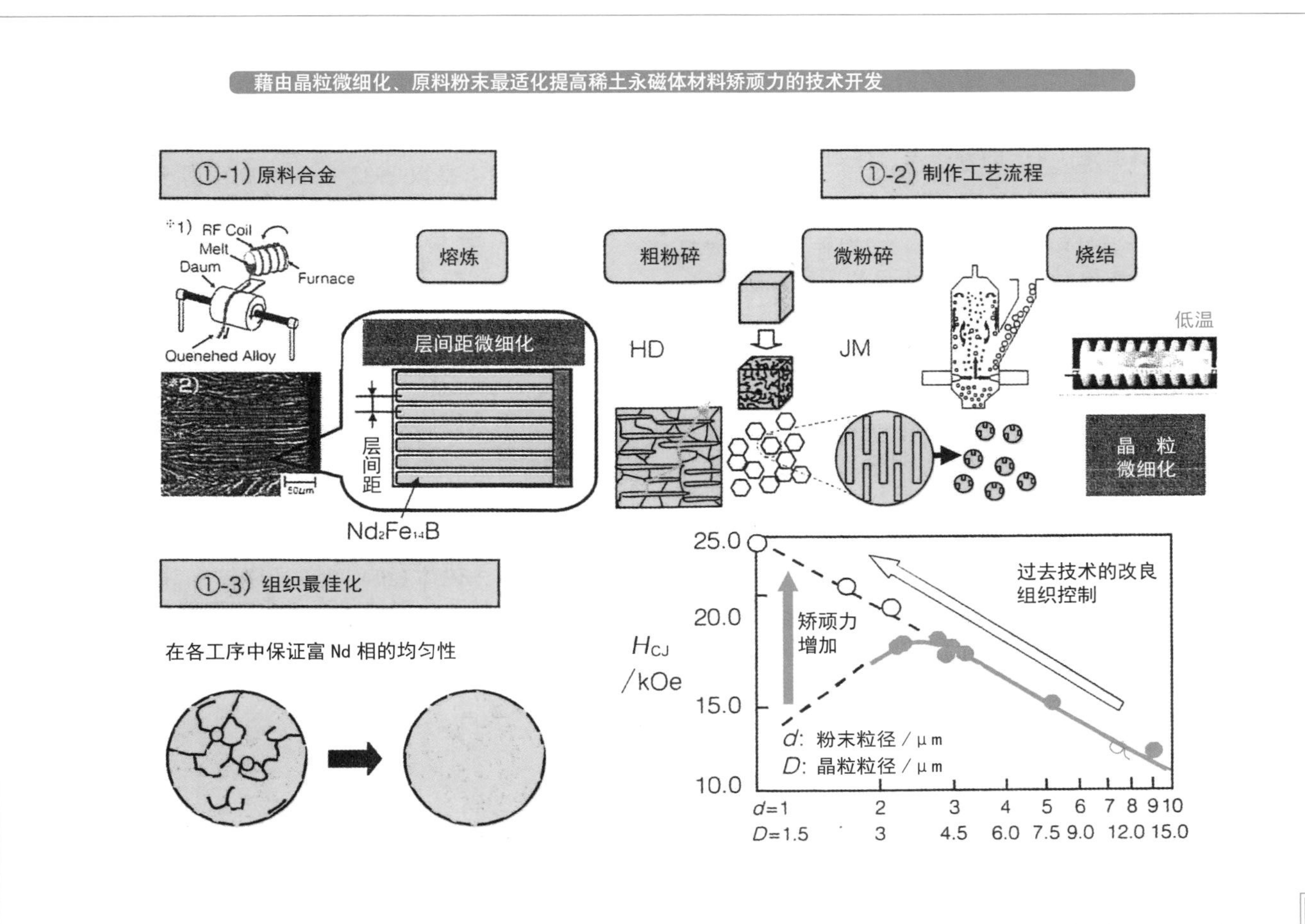
藉由晶粒微细化、原料粉末最适化提高稀土永磁体材料矫顽力的技术开发
①-1) 原料合金
①-2) 制作工艺流程
熔炼
粗粉碎
微粉碎
烧结
RF Coil
Melt
Daum
Furnace
Quenehed Alloy
层间距微细化
层间距
Nd₂Fe₁₄B
HD
JM
低温
晶 粒
微细化
①-3) 组织最佳化
在各工序中保证富 Nd 相的均匀性
过去技术的改良
组织控制
矫顽力
增加
H_{CJ}
/kOe
d: 粉末粒径 / μm
D: 晶粒粒径 / μm

2

9.16 添加 Dy 的 Nd-Fe-B 系合金（2）——界面控制以提高矫顽力

9.16.1 藉由界面纳米构造控制提高矫顽力的技术开发

（1）**通过强磁场下的界面结构控制进行提高矫顽力的研究**：通过强磁场中热处理实现界面结构的均匀性，以达到高矫顽力化。到目前为止，通过在 140kOe 以上的强磁场中进行热处理，在不含 Dy 的晶粒微细化磁体中观察到有 15%，比原来磁体有 52% 的矫顽力的提高。特别是通过添加 Al、Cu，经 500℃或 550℃温度的热处理，这种倾向更为明显。这些温度，与晶界中存在的 Nd-Cu 相及 Al-Cu 相的共晶温度相一致，因此被认为与磁场效果相关。

（2）**通过薄膜工艺过程控制的理想界面进行提高矫顽力的研究**：在理想的磁体薄膜上，形成晶界相物质的膜层，用以制作界面模型，以此来探明矫顽力的机制。到目前为止，已在蓝宝石单晶基板或 SiO_2 基板上成功制作出 3~5μm 左右的 $Nd_2Fe_{14}B$ 单晶薄膜，进一步在这种薄膜上沉积 Nd 覆盖层（Nd over-layer），并在 500℃进行热处理，确认矫顽力有 12kOe 的上升。

（3）**通过烧结磁体的组织控制进行界面纳米结构最佳化的研究**：通过 Dy 的扩散控制技术的探讨，使 Dy 在晶界优先偏析，以制作高矫顽力的烧结磁体为目的。到目前为止，通过对富 Dy 原料种类的探讨，以及做成比原来更微细的粉末与主相粉末相混合，在烧结前已成功实现对 Dy 的高分散。进一步也确认，烧结后 Dy 分布，的确受到烧结前 Dy 分布的影响，并实现了磁体粒子的表面被富 Dy 区域覆盖的粒子比例超过 82% 的组织形态。此时的磁特性，在具有各种矫顽力的烧结磁体中，已超过 Dy 消减率 20% 的等价线。

9.16.2 界面构造解析和矫顽力产生机制的理解和探索

（1）**通过纳米组织分析、原子水平的元素分析进行界面构造评价**：在原子水平解析烧结磁体的晶界纳米结构，以搞清楚晶界结构与矫顽力间的因果关系为目的。到目前为止，随着 Nd-Fe-B 烧结磁体中晶界相、富 Nd 相的多层次（multiscale）组织解析的进行，已经判明：晶界相的组成、氧含量等是影响矫顽力的有效因素。而且，通过对含 Dy 磁体的组织分析，搞清楚了 Dy 的分布等，得到了降低 Dy 的指导方针。

（2）**通过中子小角散射进行平均界面构造评价并探讨与矫顽力的关系**：通过中子小角散射，以对作为矫顽力起源的磁体内部的平均界面构造明确化为目的。到目前为止，已经发现在由于不同的低温热处理温度、不同的磁场过程所引发的矫顽力的变化与小角散射强度间，存在明确的相关性。特别是确认了由于粉末粒径及矫顽力的不同所造成的中子小角散射花样的变化。

（3）**微小晶粒集团中的磁化反转机制及控制法的研究开发**：通过磁化反转机构的解析，以判明矫顽力的决定因素为目的。到目前为止，在磁气测定中已经有可能稳定地进行 10^{-6}emu 高感度的测定，根据磁畴观察也已经确认，以比较大的结晶粒子集团为单位发生磁化反转。今后需要进一步在粒子集团尺寸与磁化反转机制间建立关系。

（4）**关于稀土永磁矫顽力机制的理论研究**：基于第一原理计算，从微观立场，以阐明矫顽力产生机制为目的。到目前为止，针对 $Nd_2Fe_{14}B$ 块体状态，进行了第一原理能带计算，得到了磁各向异性常数 K_u 等于 10^7（J/m^3）左右与实验事实相符合的结果。而且，对于 $Nd_2Fe_{14}B$ 磁体来说，表面附近的 Nd 磁矩的各向异性显著受到晶粒的晶面方位的影响，同时显示出，Nd 和其周围 Fe 的磁矩作为逆磁畴的生核起点。特别是最初发现，晶粒表面 Nd 的磁各向异性常数 K_u 依晶面方位不同而异，可以取负值，这为矫顽力机制的判明提供了重要线索。

9.16.3 关于磁性材料的一些名词术语和基本概念（2）

磁导率（透磁率，μ）：磁通密度（磁感应强度，B）与其对应的磁化力（磁场强度，H）之比，$\mu = B/H = \mu_0\mu_r$。其中，μ_0 为真空中的磁导率，μ_r 为相对磁导率（relative permeablity）。

磁导（permeance，P）：表示磁通量通过的难易程度的物理量，亦可表示为磁阻 R 的倒数（$P=1/R$）。另外，在磁回路中，若磁导为 A，线圈匝数为 N，电感为 L，则电感可表示为 $L=N^2/A$。

磁导系数（permeance coefficient，P_c）：其大小等于外部的全磁导与硬磁体所占空间的磁导之比 B_d/H_d。

磁阻（magnetic-resistance，R）：磁导 P 的倒数，即 $R=1/P$。磁阻表示磁回路的磁阻抗。

居里点（居里温度，T_c）：对于铁磁性体，其磁性急剧消失所对应的温度。因此，即使是强力磁铁，在居里点之上也会变为顺磁性体。

铁磁性体（强磁性体）：具有强磁性作用的物质，作为元素铁磁性体的代表有铁（Fe）、钴（Co）、镍（Ni）等。而且，含有这些金属的合金也可做成铁磁性体。

静磁场：磁场的状态不随时间而变化的磁场，其中，除了由永久磁体而产生的之外，还有由电磁体而产生的静磁场。

剩磁（remanence，又称顽磁，B_d）：在磁回路中，将外加的起磁力取消之后残存的磁通密度即为剩磁（感应强度）B_d，它不同于残留磁通密度 B_r。也就是说，对于 B_d 来说，磁极自身的作用存在抵消磁场。

铝镍钴永磁：以铝、镍、钴（Al-Ni-Co）为主成分的铁系合金永磁体，是以 1932 年三岛良积博士发明的 MK 钢（Fe-Ni-Al）为基础而开发成功的。

铁氧体永磁体（ferrite magnet）：分子式可记为 $MO \cdot Fe_2O_3$，其中 M 表示 2 价的金属离子，一般以 $BaO \cdot 6Fe_2O_3$ 或 $SrO \cdot 6Fe_2O_3$ 等为主成分，以粉末冶金法制造的氧化物永磁体的总称，其中又有各向同性永磁体和各向异性永磁体之分。顺便指出，铁氧体永磁体是从 1930 年由加藤与五郎、武井武氏等发明的 Co 系铁氧体永磁体开始的。

稀土钴系永磁体（统称钐钴永磁体）：是由稀土元素和钴构成的金属间化合物永磁体，其矫顽力、最大磁能积二者兼优。顺便指出，稀土钴系永磁体是 1996 年 Hoffer 等人发现 YCo_5 的磁晶各向异性比之铁氧体永磁的要大得多，并以此为契机开始研究开发的。

稀土铁系永磁体（统称钕铁永磁体）：相对于钴系永磁体而言，稀土铁系永磁体具有更高的磁能积，其主成分为钕（Nd）- 铁（Fe）- 硼（B），是具有正方晶体结构的各向异性烧结合金永磁体。

本节重点

（1）为什么通过界面纳米结构控制可以提高 Nd-Fe-B 永磁体材料的矫顽力？
（2）采取哪些措施可以控制 Nd-Fe-B 永磁体材料的界面纳米结构？
（3）解释界面纳米结构与矫顽力之间的关系。

藉由界面纳米结构控制提高稀土永磁材料矫顽力的技术开发

②-1) 强磁制程

无磁场

~5μm ~2μm

富 Nd 薄壳

$Nd_2Fe_{14}B$

富 Nd

强磁场

②-2) 薄膜制程

富 Nd 层

μm 尺度的 $Nd_2Fe_{14}B$ 单晶

模型界面

阻挡层

基板

②-3) 富 Dy 薄壳

$Nd_2Fe_{14}B$ 合金

Dy 源

粗粉碎

粗粉碎

① 粉体控制・高分散化技术

② Dy 包覆技术

微粉碎 / 分散时

微粉碎 分散包覆

在烧结前阶段 Dy 高分散化

磁场中成型

烧结・时效

富 Dy 层（富 Dy 薄壳）

贫 Dy 芯部

主相界面的偏析

1

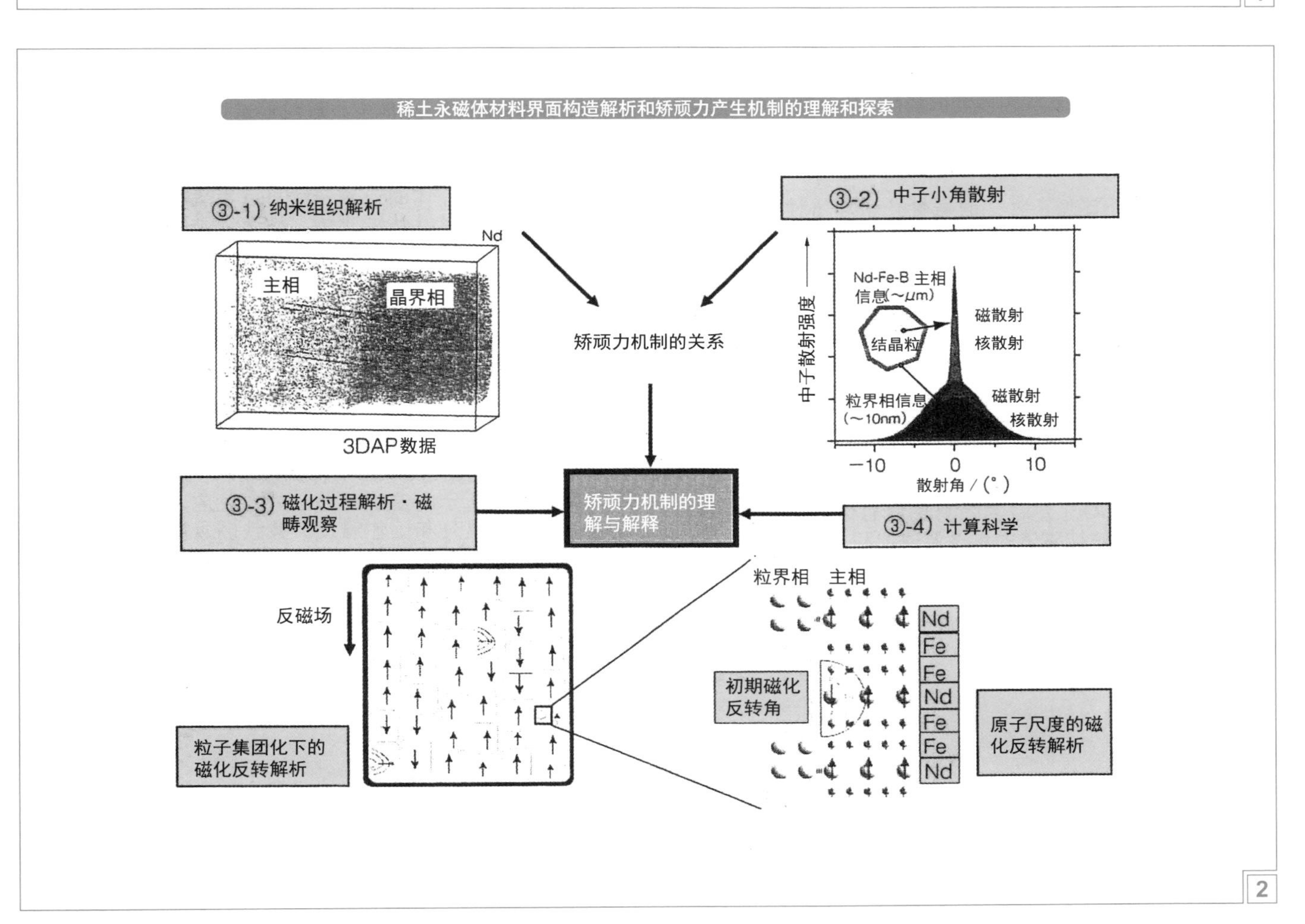

9.17 粘结磁体

9.17.1 粘结磁体的优点及粘结磁体的分类

永磁体一般硬而脆，而且加工困难。受材料及制作方法限制而生产出的永磁体构件，在使用上多有不便。特别是在尺寸精度要求高的领域，还要进行研削加工，致使构件价格上升。为了克服这些缺点，人们开发出粘结磁体。

所谓粘结磁体，是使磁性粉末与橡胶或塑料等粘结材料（结合材料）相混合，成形为所要求的制品。其主要特征是富于挠性（可弯曲甚至折叠），使用起来与橡胶与塑料具有相同的感觉。作为磁性粉末，多选用磁学性能优良的锶铁氧体、钐钴、钕铁硼、钐铁氮等稀土永磁。当然，由于粘结磁体中混入大量的粘结（结合）材料，磁能级不会很高，磁力强度也比不上烧结型永磁体。但由于其加工性、耐震动性、耐冲击性优良，目前在越来越广阔的范围内使用。例如，受振动冲击大的车辆用马达、电冰箱中的密封条、广告牌用的压钮、各种文具中的盖板等，所用的都是粘结磁体。尽管是粘结磁体，但磁能积 $(BH)_{max}$ 达 140kJ/m^3 以上的强力永磁材料也是有的，其应用范围不断扩展，正逐渐置换传统型的烧结永磁。粘结磁体是将磁性粉末与塑料及橡胶等混合，再经成型制成的，因此，依结合材料及磁性粉末种类不同而异，有各种不同的种类。图 1 汇总了粘结永磁体的分类。

9.17.2 橡胶磁体和塑料磁体

一般情况下，一提到永磁体，往往给人以硬而重的感觉。这是由于所使用的原料及制作方法造成的。这种永磁体对于使用来说多有不便。特别是对于尺寸精度要求高的领域，只能进行研削加工来保证精度，势必造成永磁体价格高涨。

随着磁性材料向高性能化进展，人们开发出的粘结磁体就可以克服上述缺点。粘结磁体与烧结磁比较，它可一次成形，无须二次加工、可以做成各种形状复杂的磁体，应用它可大大减少电机的体积及重量。作为粘结磁体所使用的原料，一般选用磁学性能优异的钐钴、钕铁硼等稀土永磁。但由于粘结磁体中混入了大量粘结材料（5wt%~15wt%），故能量密度不可能太高，也就是说磁力强度比不上烧结型永磁体。

但是，由于其加工性、耐振性、耐冲击性优良，因此在家电制品、家具、文具、玩具，特别是汽车电机等领域广有应用。

图 1 是可弯曲卷绕、可切断型橡胶永磁体的应用实例，图中表示在铁质杯状转子内表面布置粘结磁体的操作过程。而图 2 表示，将作为磁性材料的稀土系烧结永磁做成粉末状，并与尼龙或环氧树脂等粘接剂混（复）合，再与铁盘架一体化成形的构件结构。

由于粘结磁体的加工性、耐振动性、耐冲击性优异，目前已在越来越广阔的范围内使用。粘结磁体的磁能级 $(BH)_{max}$ 也逐渐增加，其中 $(BH)_{max}$ 从 60kJ/m^3（9.5MGOe）到 120kJ/m^3（150MGOe）左右的强力粘结磁体的应用越来越广泛。表 1 汇总了粘结磁体的种类及磁能积数据。

9.17.3 粘结磁体的制作工艺

粘结磁体的制作工艺分为磁粉制备方法和粘结成形制作方法两部分。

磁粉制备方法，以 Nd-Fe-B 为例，常见的的有以下 4 种：①熔淬法；②气体喷雾法；③机械合金化法；④ HDDR 法。

这 4 种制备方法，融合了合金的制备与粉碎工艺。其他永磁体磁粉的制备方法类似。

粘结成形制作方法，或者说粘结成形工艺，受到工程前半部原料制造、配合、混合和搅拌的限制。因而在完成了前半部的工程中，后半部的成形制作考虑到批量生产成本问题，常见的只有下述四种：

压缩成形：用 750MPa 的压力成形，在约 150~170℃固化。磁粉填充率高达 80%（体积分数），因此产品的磁性比其他成形法的高尺寸精度与注射成形法的相近，不需二次加工。

注射成形：将加热的混炼料强制通过通道注入模腔，在模腔中固化。可制作形状复杂的产品及组件，产品尺寸精度高，国外称其为近终形成形工艺。

挤压成形：将混炼料加压挤过一个加热的嘴，并在冷却时控制外形。磁粉填充率可达 75%（体积分数）。挤压模具应有良好的耐蚀性。

压延成形：将混炼料通过轧辊形成连续的薄带状产品，长度可达上百米，厚度为 0.3~6.3mm，使用时按需要切割。

注射成形法和压延成形法的磁粉填充率约为 70%（体积分数），有较多的粘接剂可保证成形时料的流动性，或保证产品强度和柔软性。

9.17.4 各类粘结磁体的退磁曲线

所谓磁化曲线是表征物质磁化强度或磁感应强度与磁场强度的依赖关系的曲线。而在永磁材料的磁性曲线中重要的是其处于第二（或第四）象限的磁滞回线部分，即介于剩余磁通密度 B_b 和矫顽力 $-H_c$ 之间的部分，又称退磁曲线。在永磁材料的退磁曲线上，当反向磁场 H 增大到某一值 $_bH_c$ 时，磁体的磁感应强度 B 为 0，称该反向磁场 H 值为该材料的矫顽力 $_bH_c$；在反向磁场 $H={}_bH_c$ 时，磁体对外不显示磁通，因此矫顽力 $_bH_c$ 表征永磁材料抵抗外部反向磁场或其他退磁效应的能力。矫顽力 $_bH_c$ 是磁路设计中的一个重要参量之一。

从各类粘结磁体的退磁曲线可以看出，钕铁硼粘结磁体的性能远高于钐钴粘结磁体、铁氧体粘结磁体等。粘结磁体可提供几乎无限多种机械、物理和磁性的组合；可直接形成或加工成形状复杂、薄壁型结构的部件，可采用粘贴或压入等方法进行组合，简单易行；便于成形后加工，而且可高精度加工；具有很高的韧性，不易破损、开裂等；作为永磁体的性能偏差小；显著高的性价比；特别适用于小型化等。粘结磁体的这些优点使其在精密马达、小型发电机等各种小型回转机械，扩音器、耳机等小型音响器件、小型计策、控制设备等领域的应用不断扩大。

不仅包括粘结磁体，在选择永磁材料、设计磁极结构时，除了考虑图中所示的退磁曲线之外，还应考虑磁体的工作环境，特别是温升和工作温度。钕铁硼永磁在这方面的不足近年来正不断得到改进。

本节重点

（1）分别按粘接剂和永磁体材料分类，粘结磁体有哪些类型？
（2）试比较粘结磁体与烧结磁体的优缺点。
（3）试介绍粘结磁体的制作工艺。

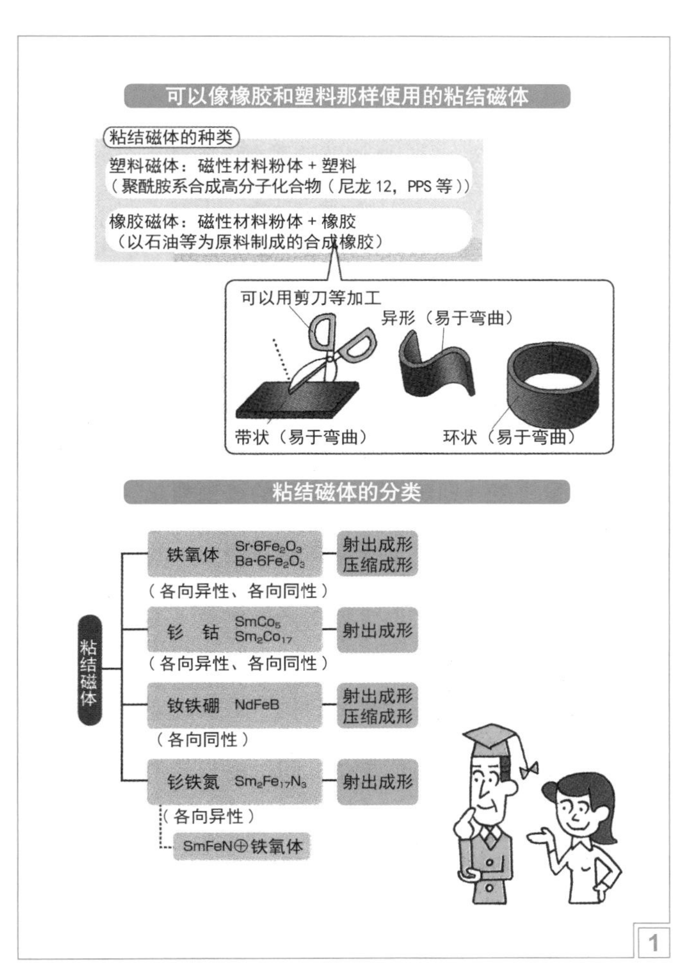

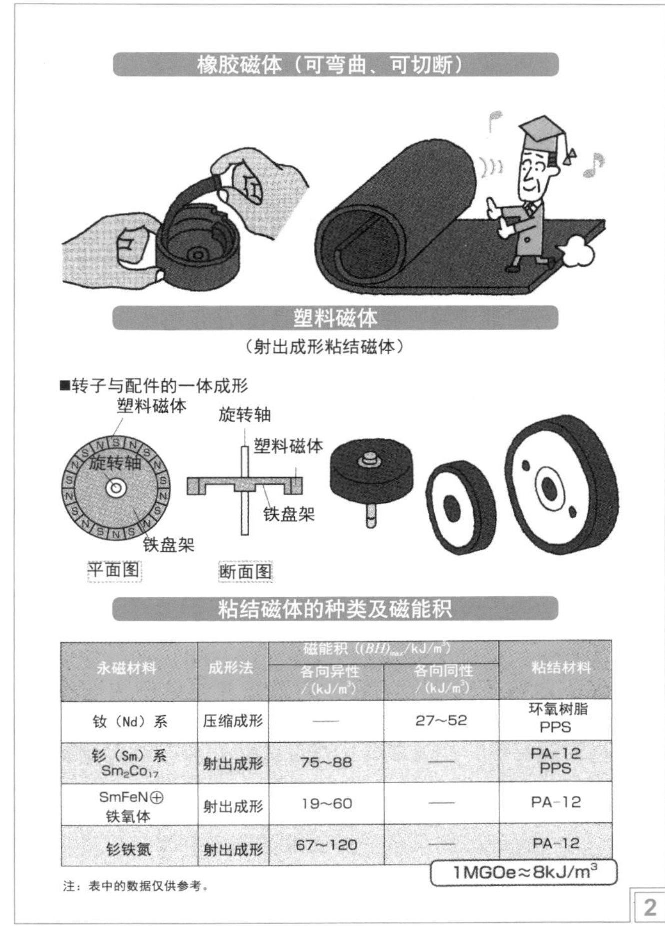

永磁材料	成形法	磁能积（$(BH)_{max}$/kJ/m³） 各向异性/(kJ/m³)	各向同性/(kJ/m³)	粘结材料
钕（Nd）系	压缩成形	—	27~52	环氧树脂 PPS
钐（Sm）系 Sm_2Co_{17}	射出成形	75~88	—	PA-12 PPS
SmFeN⊕铁氧体	射出成形	19~60	—	PA-12
钐铁氮	射出成形	67~120	—	PA-12

注：表中的数据仅供参考。

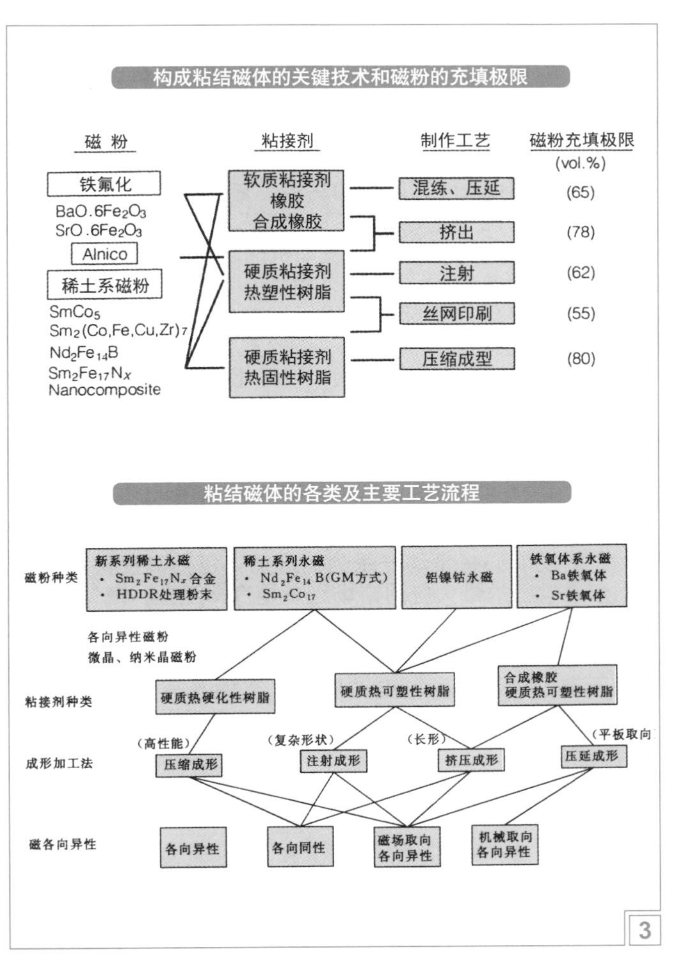

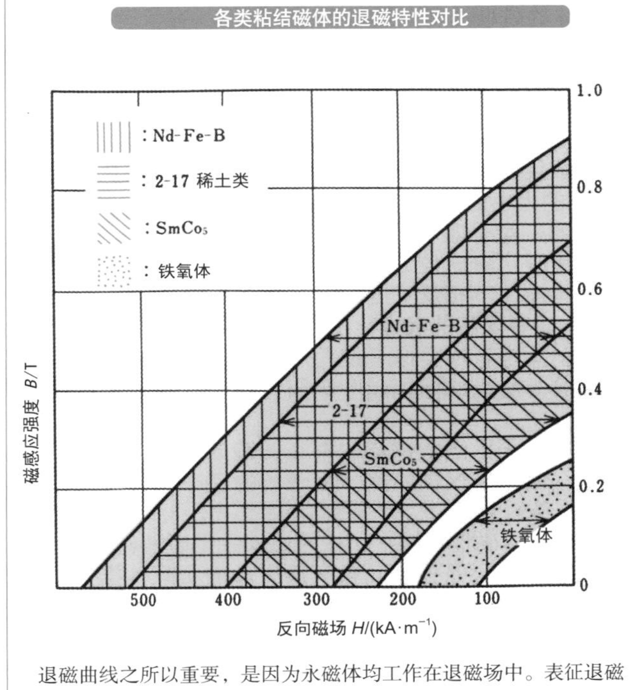

退磁曲线之所以重要，是因为永磁体均工作在退磁场中。表征退磁曲线的主要参数有三个：一是剩余磁通密度 B_r，即退磁曲线与纵坐标的交点；二是该材料的矫顽力 $_bH_c$，即退磁曲线与横坐标的交点；三是曲线下内接正方形的面积，它表征单位体积永磁体的承载能力，一般用最大磁能积 $(BH)_{max}$ 表示。基于 Nd-Fe-B 永磁优异的磁特性，由其制作的粘结磁体也优于其他材料的。

4

9.18 永磁材料的应用和退磁曲线

9.18.1 稀土永磁材料的磁化曲线和退磁曲线

所谓磁化曲线是表征物质磁化强度或磁感应强度与磁场强度的依赖关系的曲线。

磁性材料是由铁磁性物质或亚铁磁性物质组成的，在外加磁场 H 作用下，必有相应的磁化强度 M 或磁感应强度 B，它们随磁场强度 H 的变化曲线称为磁化曲线（M-H 或 B-H 曲线）。磁化曲线一般来说是非线性的，具有两个特点：磁饱和现象及磁滞现象。即当磁场强度 H 足够大时，磁化强度 M 达到一个确定的饱和值 M_s，继续增大 H，M_s 保持不变；以及当材料的 M 值达到饱和后，外磁场 H 降低为零时，M 并不恢复为零，而是沿 M_s~M_r 曲线变化。材料的工作状态相当于 M-H 曲线或 B-H 曲线上的某一点，该点常称为工作点。

而在永磁材料的磁性曲线中重要的是其处于第二（或第四）象限的磁滞回线部分，即介于剩余磁通密度 B_r 和矫顽力 $-H_c$ 之间的部分，又称退磁曲线。退磁曲线之所以重要，是因为永磁体均工作在退磁场中。表征退磁曲线的主要参数有三个：一是剩余磁通密度 B_b，即退磁曲线与纵坐标的交点；二是该材料的矫顽力 $_bH_c$，即退磁曲线与横坐标的交点；三是曲线下内接正方形的面积，它表征单位体积永磁体的承载能力，一般用最大磁能积 $(BH)_{max}$ 表示。基于 Nd-Fe-B 永磁优异的磁特性，由其制作的粘结磁体也优于其他材料的。

设此曲线上各点坐标为 B_d、H_d，则 B_d 与 H_d 的乘积称磁能积，$B_d\,H_d$ 与 B 的关系曲线称磁能积曲线。此两条曲线的 B_d、H_c 和 (BH) 是永磁材料最重要的三个磁性参量。

9.18.2 反磁场 $\mu_0 H_d$ 与永磁体内的磁通密度 B_d

图 2（左）图表示永磁体磁滞回线的一部分。永磁体受磁场 $\mu_0 H$ 的作用而磁化，而当磁场变为 0 时，永磁体保留的磁场为磁极化强度 J_r（残留磁化强度）。但是，J_r 并不等同于永磁体的磁场强度。如图 2（中）所示，在具有 N，S 磁极的永磁体中，会产生与永磁体的磁极化强度 J 相反方向的反磁场 $\mu_0 H_d$，从而造成永磁体磁场强度的变化。

反磁场 $\mu_0 H_d$ 是由 J 和反磁场系数 N_d 按关系 $\mu_0 H_d = -N_d J$ 决定的。式中，μ_0 为真空中的磁导率 $4\pi\times10^{-7}$H/m，负号表示反磁场的方向与永磁体的磁化方向相反。反磁场系数 N_d 的大小因永磁体的形状不同而变化。

例如，对于圆柱或旋转椭球体来说，设长为 L，直径为 D，其形状随比值 L/D 而变化。当 L/D=0 时，为无限薄磁体，其 N_d=1；相反，当 L 很长时，N_d=0；对于球体来说，N_d=1/3。随着磁体的尺寸比变大，反磁场系数变小，从而反磁场变小。这有点类似于使两个条形磁铁的 N 极与 S 极接近的情况，两级的间隔越窄吸引力越强，间隔越宽吸引力越弱。

正是由于上述反磁场的存在，造成可从磁体取出的磁场变低，但并非仅仅如此。反磁场的存在还会造成磁极化强度 J 本身的下降。

在永磁体磁性材料中，按习惯都采用磁通密度 B，B 中既含有外加磁场的贡献又含有反磁场的贡献。据此，考虑到反磁场 $\mu_0 H_d$，磁体的磁场可用磁通密度表示为 $B_d = J_d + \mu_0 H_d$ 或 $B_d = (1 - N_d)\,J_d$。即，B_d 可以用 J_d 和 N_d 表示。从 N_d=0~1 的变化过程中，构成了 $B_d - \mu_0 H$ 的曲线，称此为**退磁曲线**。显然，因磁体形状不同，其形成的磁场会发生变化。

还应指出，$B_d/\mu_0 H_d$ 为**磁穿透系数** p，对于长形磁体来说，H_d 小从而 p 高，B_d 取 $B_r = H_r$ 附近的值；对于 p 系数小的形状的磁体，B_d 要比 B_r 的值小得多。例如，对于薄板磁体，沿厚度方向即使被磁化，由于 N_d=1，则 B_d 也几乎等于 0，尽管是磁体，却难以发挥永磁体的功能；但是，对部分的微小面积磁化，只要保证磁化方向在相对较长的方向，由于 N_d 较小，该微小部分也可以发挥永磁体的功能。

9.18.3 退磁曲线与最大磁能积的关系

关于**最大磁能积**，可以这样来理解。$(BH)_{max}$ 退磁曲线上任何一点的 B 和 H 的乘积即代表了磁铁在气隙空间所建立的磁能量密度，即气隙单位体积的静磁能量，由于这项能量等于磁铁 B_m 与 H_m 的乘积 BH，因此称为磁能积，磁能积随 B 而变化的关系曲线称为磁能积曲线，其中有一点对应的 B_d 与 H_d 的乘积有最大值，称为最大磁能积 $(BH)_{max}$。

对于永磁体来说，单位体积磁场取最大的形状是确定的。该形状随由退磁曲线所表示的永磁体的磁学特性不同而异，但永磁体单位体积磁场能取最大值的形状与其单位体积的磁场取最大的形状是一致的。即反磁场与永磁体工作点磁通密度 B_d 之间相互作用的磁场能，与 B_dH_d 的乘积成比例。若某一形状对应的单位体积的磁场能取最大，则其对应的磁场也取最大值。

如果永磁体的尺寸比取 $(BH)_{max}$ 的形状，则能保证该永磁体单位体积的磁场能为最大。如上所述，可以根据 $(BH)_{max}$ 确定各种永磁体的最佳形状。在最佳形状下根据能获得磁场的大小来比较不同永磁体的强度。即，$(BH)_{max}$ 最高的磁体，产生同样磁场所需的体积最小；而在相同体积下，$(BH)_{max}$ 最高的磁体获得的磁场最强。因此，$(BH)_{max}$ 是评价永磁体强度的最主要指标。

而 $(BH)_{max}$ 则可以在退磁曲线上找到，即是说退磁曲线上能够找到最佳的形状。

9.18.4 马达使用量多少是高级轿车性能的重要参数

起动机（starter）又叫起动马达，它由直流电动机产生动力，经起动齿轮传递动力给飞轮齿环，带动飞轮、曲轴转动而起动发动机。众所周知，发动机的起动需要外力的支持，汽车起动机就是在扮演着这个角色。大体上说，起动机用三个部件来实现整个起动过程。直流电动机引入来自蓄电池的电流并且使起动机的驱动齿轮产生机械运动；传动机构将驱动齿轮啮合入飞轮齿圈，同时能够在发动机起动后自动脱开；起动机电路的通断则由一个电磁开关来控制。其中，电动机是起动机内部的主要部件。

而汽车上所需的马达个数可以作为衡量其性能的重要指标。

由于汽车工业已经成为国民经济发展的第五大支柱产业，它的发展必将带动一系列的产业，包括磁性材料行业。稀土永磁电机的最大应用市场之一是汽车工业。汽车工业是钕铁硼永磁应用最多的领域之一。在每辆汽车中，一般可以有几十个部位要使用永磁电机，如电动座椅、电动后视镜、电动天窗、电动雨刮、电动门窗、空调器等。随着汽车电子技术要求的不断提高，其使用电机的数量将越来越多。

本节重点

（1）何谓钉轧型和形核型的充磁退磁曲线？
（2）根据永磁体的退磁曲线，可以发现该材料的哪些重要特征？
（3）汽车用电机大多数为何种类型的马达，为什么采用这种类型的马达？

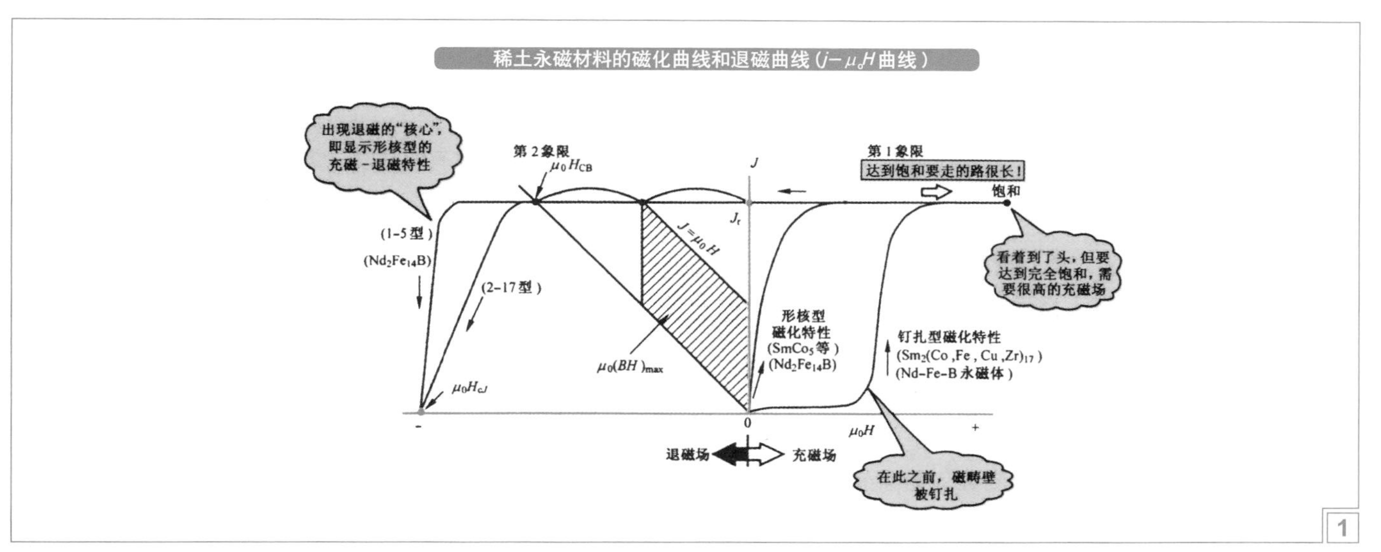
稀土永磁材料的磁化曲线和退磁曲线（$J-\mu_0H$ 曲线）
出现退磁的"核心"，即显示形核型的充磁－退磁特性
第 2 象限
μ_0H_{CB}
J
第 1 象限
达到饱和要走的路很长！
饱和
J_r
$J=\mu_0H$
(1-5 型)
($Nd_2Fe_{14}B$)
(2-17 型)
看着到了头，但要达到完全饱和，需要很高的充磁场
形核型磁化特性
($SmCo_5$ 等)
($Nd_2Fe_{14}B$)
钉扎型磁化特性
($Sm_2(Co,Fe,Cu,Zr)_{17}$)
(Nd-Fe-B 永磁体)
$\mu_0(BH)_{max}$
μ_0H_{cJ}
-
0
μ_0H
+
退磁场
充磁场
在此之前，磁畴壁被钉扎
1

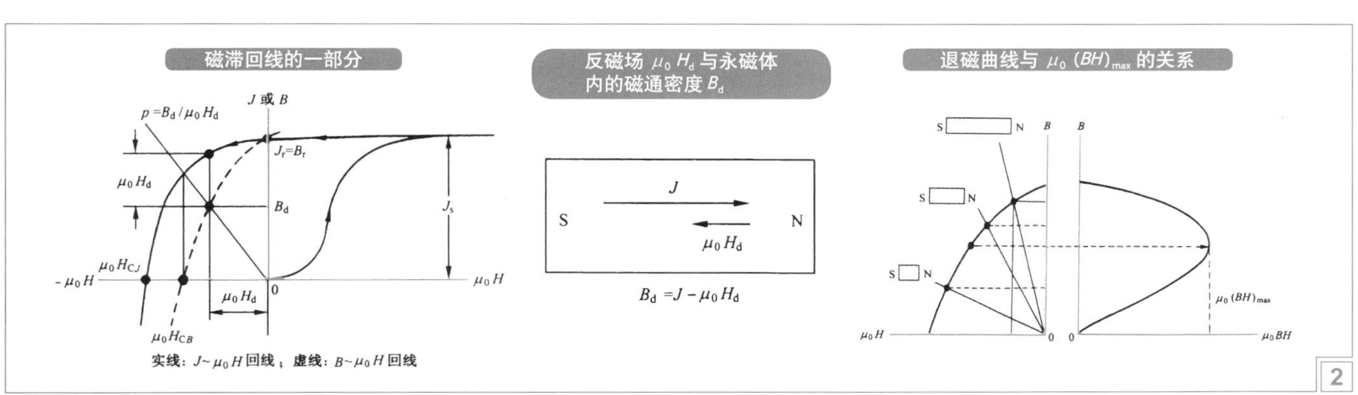
磁滞回线的一部分
$p=B_d/\mu_0H_d$
J 或 B
μ_0H_d
$J_r=B_r$
B_d
J_s
μ_0H_{CJ}
$-\mu_0H$
μ_0H
0
μ_0H_d
μ_0H_{CB}
实线：$J\sim\mu_0H$ 回线；虚线：$B\sim\mu_0H$ 回线
反磁场 μ_0H_d 与永磁体内的磁通密度 B_d
J
S
N
μ_0H_d
$B_d=J-\mu_0H_d$
退磁曲线与 $\mu_0(BH)_{max}$ 的关系
S N
B
B
$\mu_0(BH)_{max}$
μ_0H
0
0
μ_0BH
2

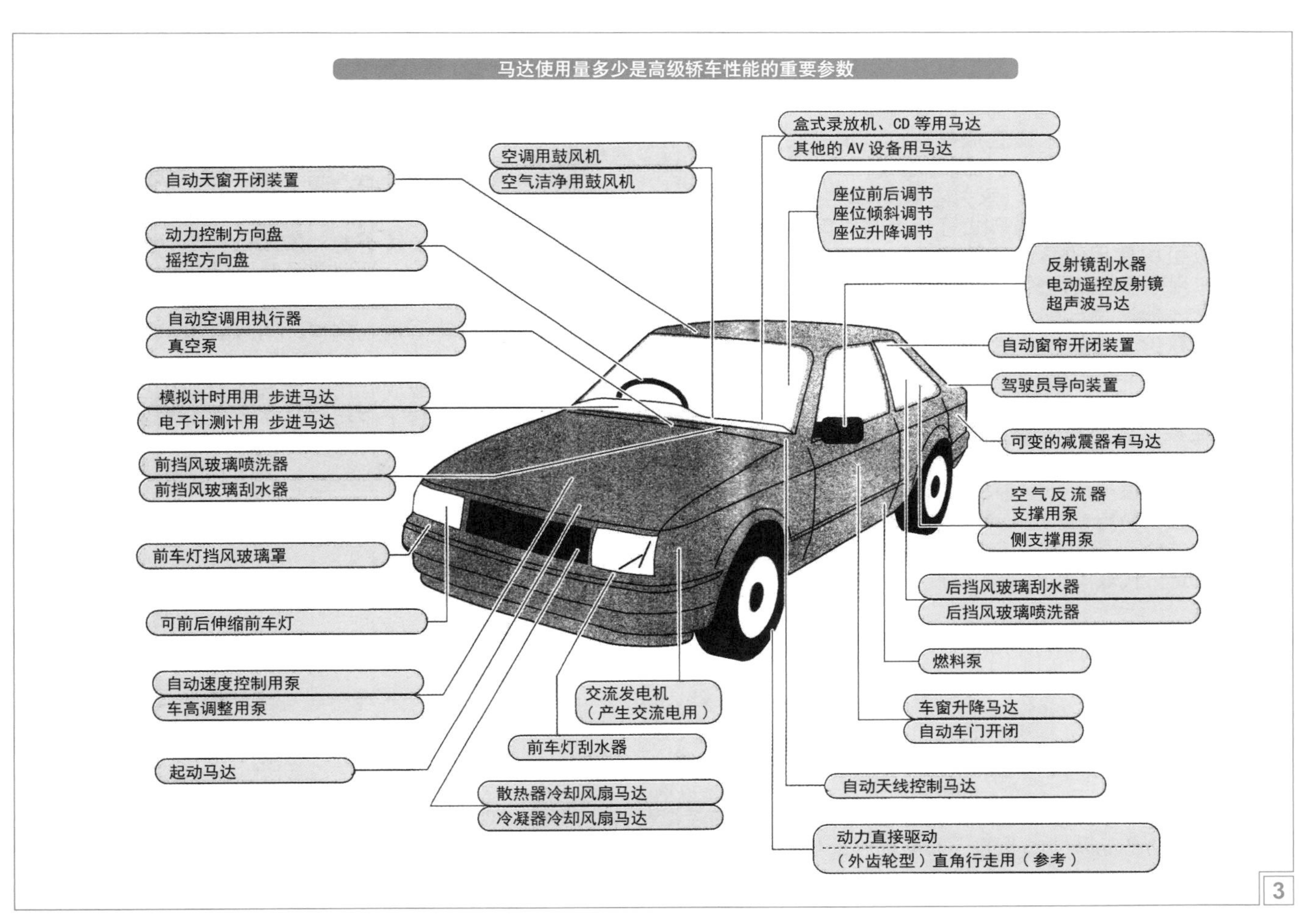
马达使用量多少是高级轿车性能的重要参数
盒式录放机、CD 等用马达
其他的 AV 设备用马达
空调用鼓风机
空气洁净用鼓风机
自动天窗开闭装置
座位前后调节
座位倾斜调节
座位升降调节
动力控制方向盘
摇控方向盘
反射镜刮水器
电动遥控反射镜
超声波马达
自动空调用执行器
真空泵
自动窗帘开闭装置
模拟计时用用 步进马达
电子计测计用 步进马达
驾驶员导向装置
可变的减震器有马达
前挡风玻璃喷洗器
前挡风玻璃刮水器
空气反流器
支撑用泵
侧支撑用泵
前车灯挡风玻璃罩
后挡风玻璃刮水器
后挡风玻璃喷洗器
可前后伸缩前车灯
燃料泵
自动速度控制用泵
车高调整用泵
交流发电机
（产生交流电用）
车窗升降马达
自动车门开闭
前车灯刮水器
起动马达
自动天线控制马达
散热器冷却风扇马达
冷凝器冷却风扇马达
动力直接驱动
（外齿轮型）直角行走用（参考）
3

9.19 各种各样的电机都离不开磁铁

9.19.1 软磁材料和硬磁材料在电机中的应用

软磁材料和硬磁材料在电机制造中都有广泛应用。没有磁性材料便没有发动机、电动机、变压器、各种各样的感应器件、记录存储器件等。

软磁材料（soft magnetic material）一般指具有低矫顽力和高磁导率的磁性材料。软磁材料易于磁化，也易于退磁，广泛用于电工设备和电子设备中。应用最多的软磁材料是铁硅合金（硅钢片）、铁镍合金（坡莫合金）以及各种软磁铁氧体等。

硬磁材料（hard magnetic material）一般指磁化后不易退磁，而能长期保留磁性的一种磁性材料。对硬磁材料的磁特性主要有四方面的要求：高的最大磁能积 $(BH)_{max}$、高的矫顽力 (H_c)、高的剩余磁通密度 (B_r) 和高的剩余磁化强度 (M_r)、高的磁性能稳定性。

软磁材料可在准静态或低频，大电流下使用，所以常用来制作电机、变压器、电磁铁等电器的铁芯。而硬磁材料则常常用于制作永磁电机中的磁铁，比如稀土永磁体用于制造电机。因稀土永磁电机没有激磁线圈与铁心，磁体体积较原来所占空间小，损耗小，发热少，因此为得到同样输出功率整机的体积、重量可减小 30% 以上，或者同样体积、重量，输出功率大 50% 以上。

永磁电机，尤其是微电机，每年世界产量约几亿台之多，主要用在汽车、办公自动化设备和家用电器中。所使用的多为高性能的铁氧体和稀土永磁体。

9.19.2 DC 马达和空心马达中使用的磁性材料

电动机有多种类型，直流电动机（DC 马达）是其中的一种。直流电动机按结构及工作原理可分为无刷直流电动机和有刷直流电动机。有刷直流电动机可分为永磁直流电动机和电磁直流电动机。电磁直流电动机又分为串励直流电动机、并励直流电动机、他励直流电动机和复励直流电动机。永磁直流电动机又分为稀土永磁直流电动机、铁氧体永磁直流电动机和铝镍钴永磁直流电动机。永磁式直流电动机由定子磁极、转子、电刷、外壳等组成。

定子磁极采用永磁体（永久磁钢），有铁氧体、铝镍钴、钕铁硼等材料。按其结构形式可分为圆筒型和瓦块型等几种。录放机中使用的马达多数采用圆筒型磁体，而电动工具及汽车用电器中使用的马达多数采用瓦块型磁体。

转子一般采用硅钢片叠压而成，较电磁式直流电动机转子的槽数少。录放机中使用的小功率电动机多数为 3 槽，较高档的为 5 槽或 7 槽。漆包线绕在转子铁心的两槽之间（三槽即有三个绕组），其各接头分别焊在换相器的金属片上。电刷是连接电源与转子绕组的导电部件，具备导电与耐磨两种性能。永磁电动机的电刷使用单性金属片或金属石墨电刷、电化石墨电刷。空心马达（coreless motor）属于直流、永磁、伺服微特电机。空心杯电动机具有突出的节能特性、灵敏方便的控制特性和稳定的运行特性，作为高效率的能量转换装置，代表了电动机的发展方向。空心杯电机在结构上突破了传统电机的转子结构形式，采用的是无铁芯转子。空心马达具有十分突出的节能、控制和拖动特性。空心马达中的杯状转子中有永磁体，常见的有稀土永磁和钴合金永磁等。

9.19.3 旋转马达、直线马达、振动马达中使用的磁性材料

旋转电机有直流电机与交流电机两大类，交流电机又有同步电机与异步电机之分，异步电机又可分为异步发电机与异步电动机。异步电动机按相数不同，可分为三相异步电动机和单相异步电动机。

最常用的直线电机类型有平板式、U 形槽式和管式。线圈的典型组成是三相，由霍尔元件实现无刷换相。

这三种马达本质上都是由动子和定子两部分组成的，其中直线电机也称线性电机，经常简单描述为旋转电机被展平，而工作原理相同。

动子是用环氧材料把线圈压缩在一起制成的。而且，磁轨是把磁铁（通常是高能量的稀土磁铁）固定在钢上。在旋转电机中，动子和定子需要旋转轴承支撑动子以保证相对运动部分的气隙。同样的，直线电机需要直线导轨。

9.19.4 感应式电动机的原理和使用的磁性材料

感应电机（induction motor）置转子于转动磁场中，因涡电流的作用，使转子转动的装置。感应电机在结构上主要由定子、转子、气隙组成。

定子由机座、定子铁心和定子绕组三个部分组成。定子铁心是电动机磁路的一部分，装在机座里。为了降低定子铁心损耗，定子铁心是用 0.5mm 厚的硅钢片叠压而成的，在硅钢片的两面还应涂上绝缘漆。定子绕组用绝缘的铜或铝导线（电磁线）绕成，嵌在定子槽内。机座主要是为了固定与支撑定子铁心。端盖轴承还要支撑电机的转子部分。因此，机座应有足够的机械强度和刚度。对中、小型感应电动机，通常用铸铁或铸铝机座。对大型电机，一般采用钢板焊接的机座。

转子主要由转子铁心、转子绕组和转子轴组成。转子铁心是磁路的一部分，它用 0.5mm 厚的硅钢片叠压而成，固定在转轴上，整个转子的外表呈圆柱形。转子绕组：分为笼型和绕线型两类。笼型转子是在转子的每个槽里放上一根导体，在铁心的两端用端环连接起来，形成一个闭合的绕组。如果把转子铁心拿掉，则可看出，剩下来的绕组形状像个松鼠笼子。导条的材料有用铜的，也有用铸铝的。绕线型转子的槽内嵌放有用绝缘导线组成的三相绕组，一般都连接成 Y 形。转子绕组的三条引线分别接到三个集电环（滑环）上，用一套电刷装置引出来。

本节重点

（1）设计一采用整流子的直流马达，其中何处采用硬磁材料？何处采用软磁材料？
（2）说明鼠笼转子三相异步电动机的工作原理，其鼠笼、定子、导线分别采用何种材料？
（3）采用永磁材料，如何实现无（电）刷直流电动机？

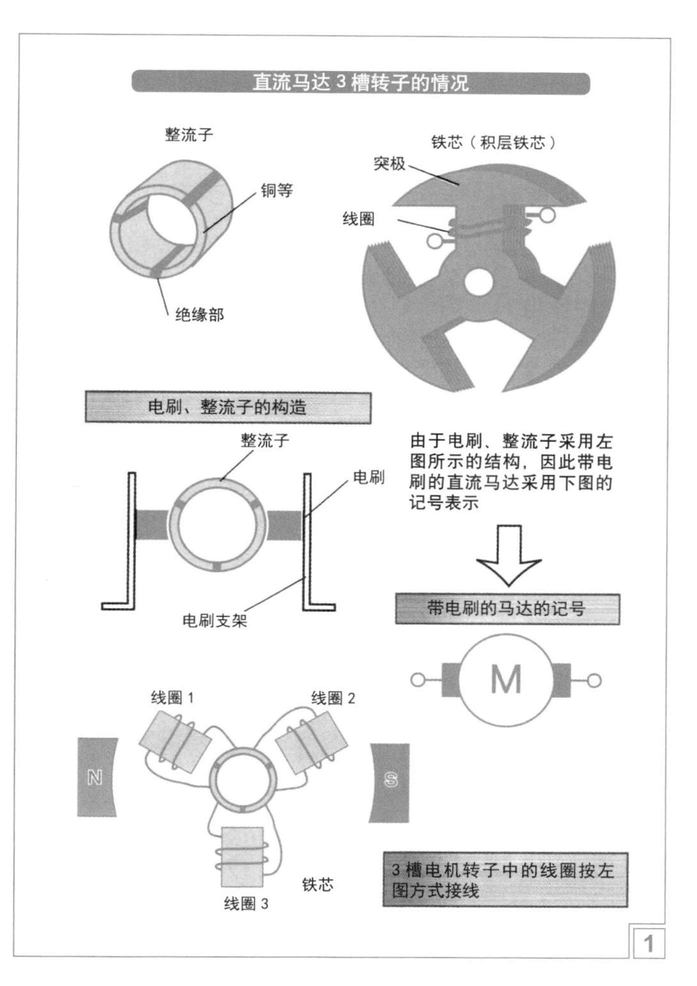
直流马达 3 槽转子的情况
整流子
铜等
绝缘部
铁芯（积层铁芯）
突极
线圈
电刷、整流子的构造
整流子
电刷
电刷支架
由于电刷、整流子采用左图所示的结构，因此带电刷的直流马达采用下图的记号表示
带电刷的马达的记号
M
线圈 1
线圈 2
N
S
线圈 3
铁芯
3 槽电机转子中的线圈按左图方式接线
1

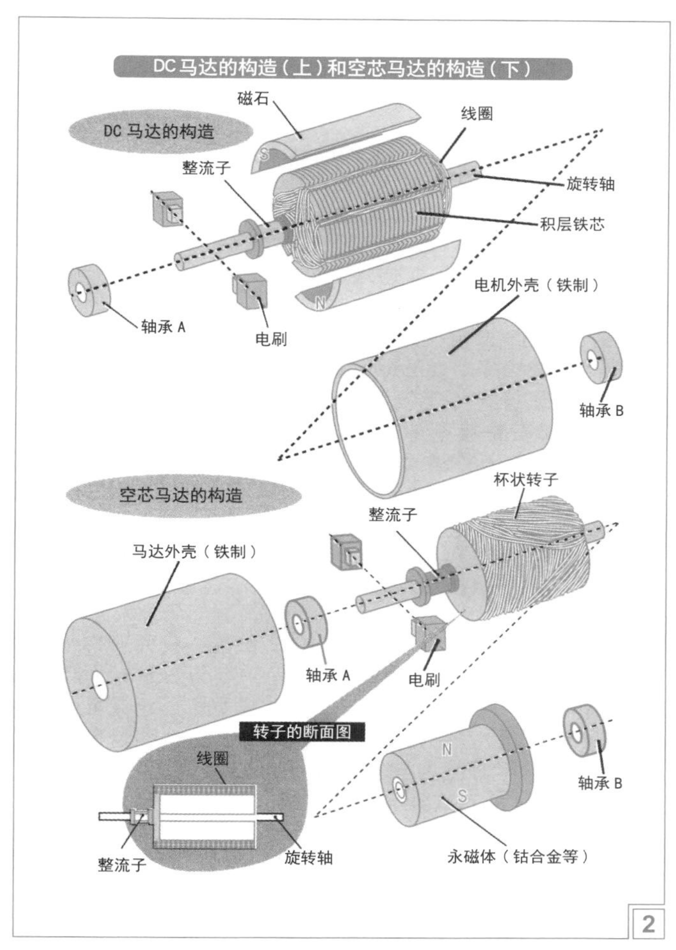
DC 马达的构造（上）和空芯马达的构造（下）
磁石
DC 马达的构造
线圈
整流子
旋转轴
积层铁芯
电机外壳（铁制）
轴承 A
电刷
轴承 B
空芯马达的构造
杯状转子
整流子
马达外壳（铁制）
轴承 A
电刷
转子的断面图
线圈
整流子
旋转轴
轴承 B
永磁体（钴合金等）
2

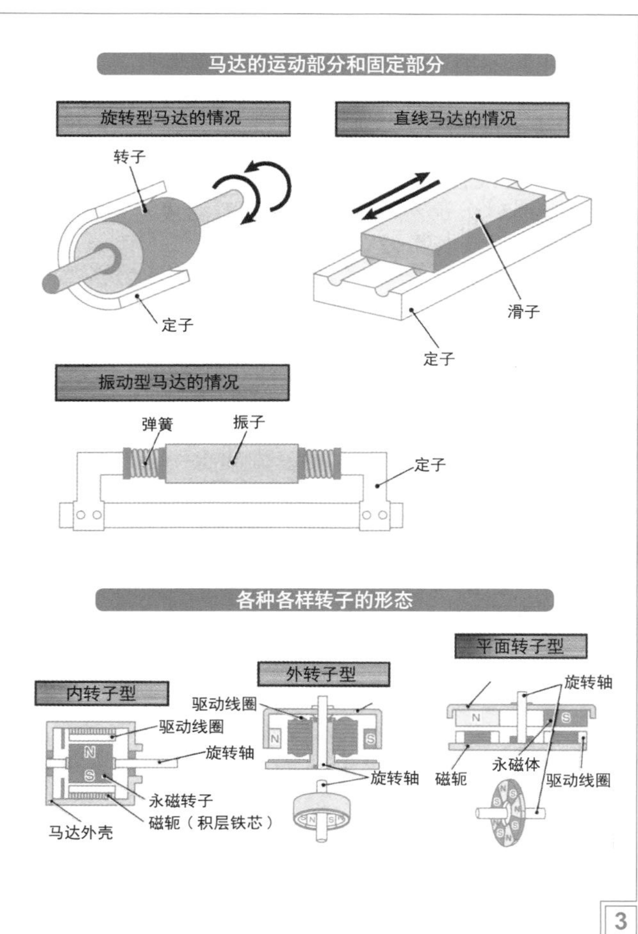
马达的运动部分和固定部分
旋转型马达的情况
直线马达的情况
转子
定子
滑子
定子
振动型马达的情况
弹簧
振子
定子
各种各样转子的形态
内转子型
外转子型
平面转子型
驱动线圈
驱动线圈
旋转轴
永磁转子
磁轭（积层铁芯）
马达外壳
旋转轴
旋转轴
磁轭
永磁体
驱动线圈
3

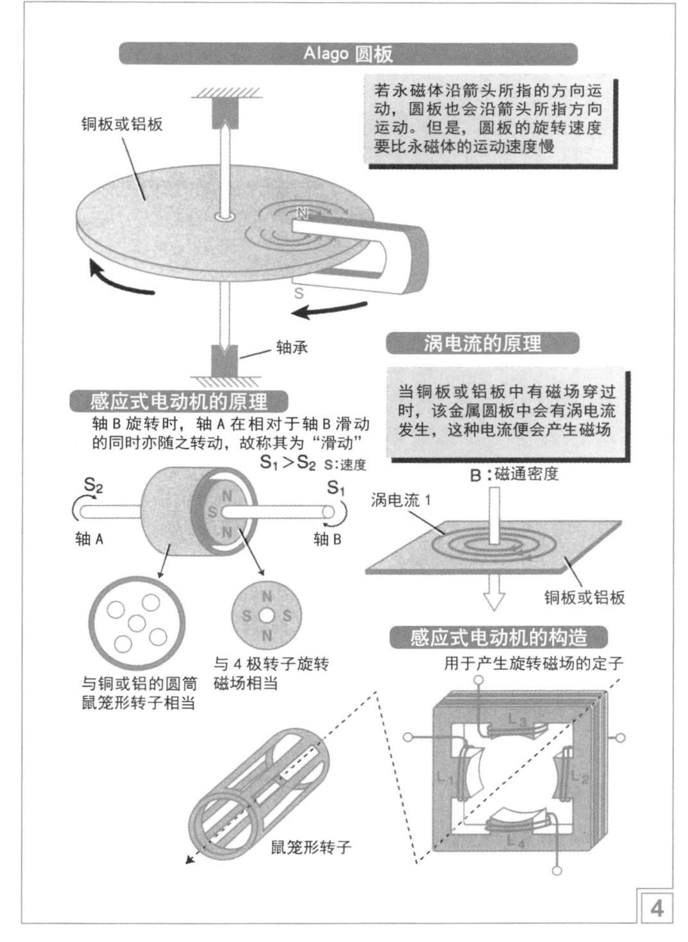
Alago 圆板
若永磁体沿箭头所指的方向运动，圆板也会沿箭头所指方向运动。但是，圆板的旋转速度要比永磁体的运动速度慢
铜板或铝板
N
S
轴承
涡电流的原理
当铜板或铝板中有磁场穿过时，该金属圆板中会有涡电流发生，这种电流便会产生磁场
感应式电动机的原理
轴 B 旋转时，轴 A 在相对于轴 B 滑动的同时亦随之转动，故称其为“滑动”
S1 > S2 S:速度
S2
S1
轴 A
轴 B
与铜或铝的圆筒鼠笼形转子相当
与 4 极转子旋转磁场相当
B：磁通密度
涡电流 1
铜板或铝板
感应式电动机的构造
用于产生旋转磁场的定子
鼠笼形转子
4

9.20 磁记录材料

9.20.1 磁记录密度随年代的推移

1898 年，丹麦工程师 Paulsen 利用可磁化的钢丝记录声音，发明了磁记录技术。1932 年 Ruben 用 Fe_3O_4 粉末和粘合剂涂成磁带。1954 年 M.Cameras 发明了制造针状 γ-Fe_2O_3 磁粉的工艺，随后，渐渐代替了粒状的 Fe_3O_4 磁粉，使磁带的性能稳定，易于长期使用和存放，价格低廉，为磁记录迅速发展打下了基础。

最早的计算机硬盘是 20 世纪 50 年代末由 IBM 公司生产的 RAMAC（random access method of accounting and control）。最初的几代硬盘采用的存储媒介是将 γ-Fe_2O_3 磁性颗粒散布在粘接剂中所形成的颗粒膜，利用环形磁头的电磁感应效应来实现读写，磁性颗粒中的磁矩平行于硬盘表面方向，称为水平磁记录方式。随后，用连续 CoCr 基磁性薄膜替代了 γ-Fe_2O_3 颗粒膜，进一步提高了水平磁记录的性能和密度。2005 年，垂直磁记录方式的硬盘记录密度超过 $130Gb/in^2$，已接近水平磁记录方式的超顺磁极限（$150Gb/in^2$）。

纵观硬盘的发展历程，从 1957 年第一代体积庞大、价格昂贵、存储容量限于 5Mb、记录面密度为 $2kb/in^2$ 的“IBM 305 RAMAC”，到现今直径 3.5 英寸或更小、记录面密度达 178 Gb/in^2（实验室中已超过 600 Gb/in^2）的大容量硬盘，在短短的 50 多年时间内硬盘记录密度已提高逾亿倍！同时，硬盘这种磁记录方式具有性能可靠、使用方便、成本低廉、易于保存和适合多次数的重复写入等特点，从而使得它较之固态硬盘（SSD）、闪存（flash memory）、光盘等存储方式具有绝对优势。

9.20.2 硬盘记录装置的构成

硬盘记录装置由磁头、盘片、主轴、电机、接口及其他附件组成，其中磁头盘片组件是构成硬盘的核心，它封装在硬盘的净化腔体内，包括有浮动磁头组件、磁头驱动机构、盘片、主轴驱动装置及前置读写控制电路等几个部分。

磁头组件是硬盘中最精密的部位之一，它由读写磁头、传动手臂、传动轴三部分组成。磁头的作用就类似于在硬盘盘体上进行读写的“笔尖”，通过全封闭式的磁致电阻感应读写，将信息记录在硬盘内部特殊的介质上。硬盘磁头的发展先后经历了“亚铁盐类磁头”、“MIG 磁头”和“薄膜磁头”、“MR 磁头（磁（致电）阻磁头）”等几个阶段。前三种传统的磁头技术都是采取了读写合一的电磁感应式磁头，造成了硬盘在设计方面的局限性。第四种磁阻磁头在设计方面引入了全新的分离式磁头结构，写入磁头仍沿用传统的磁感应磁头，而读取磁头则应用了新型的 MR 磁头，即所谓的感应写、磁致电阻读，针对读写的不同特性分别进行优化，以达到最好的读、写性能。现在的磁头实际上是集成工艺制成的多个磁头的组合，它采用了非接触式头、盘结构，加电后在高速旋转的磁盘表面移动，与盘片之间的间隙只有 0.1~0.3 μm，这样可以获得很好的数据传输率。

硬盘的盘片大都是由金属薄膜磁盘构成，这种金属薄膜磁盘较之普通的金属磁盘具有更高的剩磁和高矫顽力，因此也被大多数硬盘厂商所普遍采用。除金属薄膜磁盘以外，目前已经有一些硬盘厂商开始尝试使用玻璃作为磁盘基片。

9.20.3 垂直磁记录及其材料

1979 年岩崎俊一等人研制双层薄膜（Co-Cr 与 Fe-Ni）磁记录介质获得成功，这被认为对垂直磁记录的研究有关键意义的作用。

垂直磁记录得名于所记录的磁信号是垂直于磁记录介质表面。或者说，被记录信号所磁化的“小磁体”是处在磁介质厚度方向上。它跟目前常用的纵向磁记录相比，具有两个极为突出的特点：一是随着记录波长的缩短即记录密度的提高，它几乎不存在自退磁效应，退磁场为零。二是它不存在环形磁化现象，因此，它可以有极高的磁记录线密度。

图 1 所示为水平磁记录方式与垂直磁记录方式的对比。在水平磁记录介质中，随着磁密度的增加，退磁场增强，形成环形磁矩（circular magnetization），导致读出信号严重衰减；而在垂直磁记录介质中，两个相邻的、反向排布的磁记录单元会由于静磁相互作用而变得更稳定。此外，由于垂直磁记录中采用单极写磁头结合软磁层（SUL）的写入方式，使得写入场及其梯度有效增加，有利于高密度数据写入。

9.20.4 热磁记录及其材料

对于垂直磁记录技术，随着面密度增长到 $600Gb/in^2$，要想进一步突破 $1Tb/in^2$ 的目标，以 CoCrPt-SiO_2 为磁记录介质同样会面临热稳定性问题。热稳定性极限与 K_uV/k_BT 成正比（K_u 为磁晶各向异性系数，V 为晶粒或记录单元体积，k_B 为玻耳兹曼常数 1.38×10^{-23}J/K，T 为绝对温度），因此，克服热干扰的方法是在垂直磁记录方式的基础上，改进材料性能，引进新的记录技术，即增大 K_u 或 V。具体包括：采用 K_u 大的 $L1_0$-FePt 材料作为记录介质，并将激光加热与磁性写入结合，即采用热辅助磁记录方式（heai-assisted magnetic recording，HAMR）解决写入问题；或者制备体积 V 均匀的比特图形介质（bit patterned media，BPM），材料为 $L1_0$-FePt 或 CoCrPt 基薄膜。

热辅助磁记录利用了铁磁介质的温度对磁化的影响，采用加温的方法改善存储介质写入时特性的技术。记录介质在升温后矫顽力下降，以便来自磁头的磁场改变记录介质的磁化方向从而实现数据记录。与此同时记录单元也迅速冷却下来使写入后的磁化方向得到保存。

磁记录存在“三难点”（trilemma）之说，分别为写能力（write-ability），信噪比（signal-to-noise-ratio，SNR）和热衰减（thermal decay）。这三个要素之间相互制约、相互影响，是研究改善磁记录技术的基础和着手点。人们预测下一代磁记录方式的发展方向主要有叠层瓦片式存储（shingled recording）、图形介质存储（bit patterned media）、热辅助磁存储（heat assisted magnetic recording）。而这些可能的磁记录方式中，垂直磁记录的本质并没有改变，而写磁头仍将使用单极型写磁头。

本节重点

（1）对各种记录方式的最新进展（包括原理、记录密度等）进行对比。
（2）了解硬盘记录装置的结构、工作原理和所用材料。
（3）对垂直磁记录与水平磁记录按结构、工作原理和所用材料进行对比。

面记录密度随年代的推移

第4世代：PMR Writer＋TMR Reader
面记录密度扩展范围
第3世代：GMR Reader
CGR =100%
第2世代：AMR Reader
CGR=60%
第1世代：Thin Film Head
CGR=30%
● 产品
● RW 验证试样
面记录密度 / (Mb/in²)
10^{6} 10^{5} 10^{4} 10^{3} 10^{2} 10^{10} 10^{1} 10^{-1} 10^{-2} 10^{-3}
1960 1970 1980 1990 2000 2010
投入市场的年份

图中缩略语解释：

Thin Film Head：薄膜磁头
AMR Reader：各向异性磁（致电）阻磁头
GMR Reader：巨磁电阻读出磁头
PMR Writer+TMR Reader：垂直磁记录写磁头＋隧道磁（致电）阻读磁头
CGR：compound density growth rate，表示存储密度年增长率
RW 验证：read-write 验证，即读写验证

1

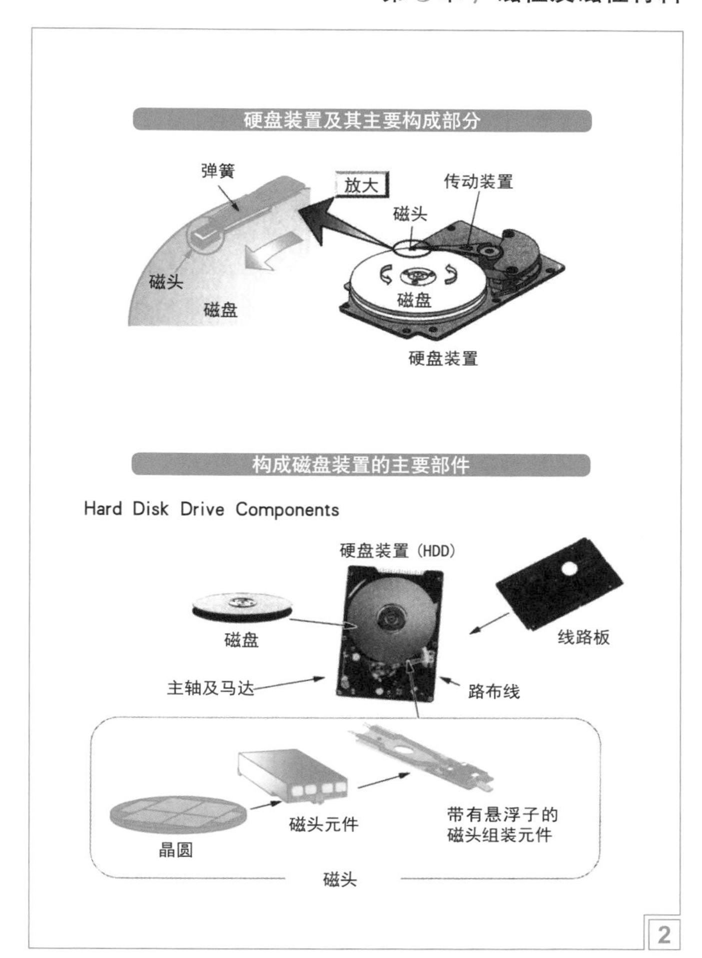

水平磁记录与垂直磁记录的对比

下部磁极
上部磁极
再生元件
线圈
漏磁场
记录层
辅助磁极
磁头元件部分
主磁极
磁盘记录膜
软磁性下地层

(a) 水平磁记方式　(b) 垂直磁记方式

开发中的 CPP 型技术

膜面内水平方向电流型（CIP）
上部
电流方向
GMR 膜
电极
引线间隙
下部
垂直膜面方向电流型（CPP）
上部
TMP 膜
电流方向
上部
下部
电极　电极
电流方向
上部
电流方向
下部

两种正在开发的电流垂直膜面的磁头器件：

（1）TMR 隧道结，当存储密度为 100~300Gbit 时，可用“Fe/MgO/Fe”这种构型的隧道结（三明治结构，中间为绝缘层）。

（2）CPP-GMR 巨磁电阻器件，中间需要用导电性材料，当存储密度为 300~500Gbit 时，可选用“FeCo/Cu/FeCo 的磁致电阻结构。

3

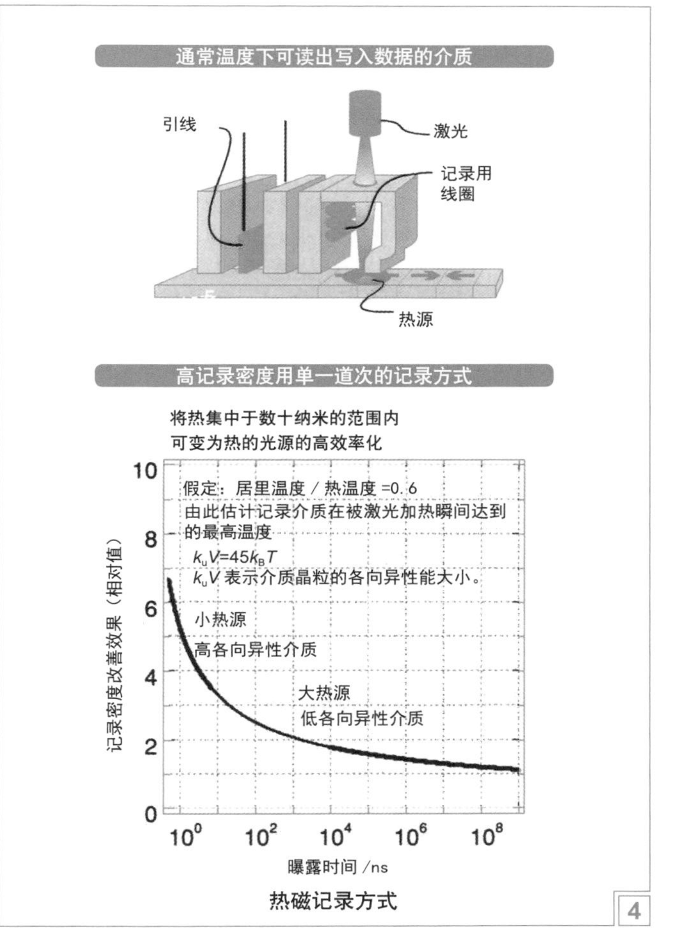

9.21 光磁记录材料

9.21.1 光盘与磁盘记录特性的对比

光盘存储具有非常优良的性能，且随着其性能的不断提高和性价比的改进，近几年已在消费电子领域和计算机中获得广泛的应用，占据了相当大的市场份额。与磁存储技术相比，光盘存储技术的特点如下。

存储密度高。光盘的道密度比磁盘高十几倍。

存储寿命长。只要光盘存储介质稳定，一般寿命在10年以上，而磁存储的信息一般只能保存3~5年。

非接触式读写。光盘中激光头与光盘间约有1~2mm距离，激光头不会磨损或划伤盘面，因此光盘可以自由更换。而高密度的磁盘机，由于磁头飞行高度（只有几微米）的限制，较难更换磁盘。

信息的载噪比（CNR）高。载噪比为载波电平与噪声电平之比，以分贝（dB）表示。光盘的载噪比可达到50分贝以上，而且经过多次读写不降低。因此经光盘多次读出的音质和图像的清晰度是磁盘和磁带无法比拟的。

信息位的价格低。由于光盘的存储密度高，而且只读式光盘如CD或LV唱片可以大量复制，它的信息位价格是磁记录的几十分之一。

读取速度受限。光盘在具有1Gb以上容量时，其记录读出速度一般为400~800kb/s，与同一水平的磁盘的速度相比，要慢得多。读取速度的瓶颈问题，限制了光盘性能的发挥。

光盘在擦拭、重写的性能上还远不能与磁盘竞争。

9.21.2 光盘信息存储的记录原理

光盘存储技术是利用激光在介质上写入并读出信息。这种存储介质最早是非磁性的，以后发展为磁性介质。在光盘上写入的信息不能抹掉，是不可逆的存储介质。用磁性介质进行光存储记录时，可以抹去原来写入的信息，并能够写入新的信息，可擦可写反复使用。

有一类非磁性记录介质，经激光照射后可形成小凹坑，每一凹坑为一位信息。这种介质的吸光能力强、熔点较低，在激光束的照射下，其照射区域由于温度升高而被熔化，在介质膜张力的作用下熔化部分被拉成一个凹坑，此凹坑可用来表示一位信息。因此，可根据凹坑和未烧蚀区对光反射能力的差异，利用激光读出信息。

工作时，将主机送来的数据经编码后送入光调制器，调制激光源输出光束的强弱，用以表示数据1和0；再将调制后的激光束通过光路写入系统到物镜聚焦，使光束成为1大小的光点射到记录介质上，用凹坑代表1，无坑代表0。读取信息时，激光束的功率为写入时功率的1/10即可。读光束为未调制的连续波，经光路系统后，也在记录介质上聚焦成小光点。无凹处，入射光大部分返回；在凹处，由于坑深使得反射光与入射光抵消而不返回。这样，根据光束反射能力的差异将记录在介质上的"1"和"0"信息读出。制作时，先在有机玻璃盘基上做出导向沟槽，沟间距约1.65μm，同时做出道地址、扇区地址和索引信息等，然后在盘基上蒸发一层碲硒膜。系统中有两个激光源，一个用于写入和读出信息，另一个用于抹除信息。

碲硒薄膜构成光吸收层，当激光照射膜层接近熔化而迅速冷却时，形成很小的晶粒，它对激光的反射能力比未照射区的反射能力小得多，因而可根据反射光强度的差别来区分是否已记录信息。

记录信息的抹除可采用低功率的激光长时间照射记录信息的部位来进行。

9.21.3 光盘记录、再生系统

可擦除重写的光盘存储器中接近商品化的记录机理主要有光磁记录与非晶态⇌晶态转换记录两种。两者相比，又以光磁记录更为成熟并且最早实用化。

所谓光磁记录就是在磁化方向一致的记录介质上，被激光照射的局部温度上升到居里点时，在一个恒定的外部磁场的作用下，使原来与外部磁场方向相反的磁化方向M在局部范围转向外磁场的方向。这样在读出时，用偏振激光照射在不同磁化方向的膜层上。由于克尔效应（反射光检出）或法拉第效应（透射光检出），其反射光或透射光将因局部范围的磁化方向与一般方向相反，其偏振方向旋转角度为二倍克尔旋转角。这样在通过检偏镜时，光强将产生变化而读出信息。而需再生时，只需将光盘重新磁化。

利用居里温度（T_c）写入，磁性膜中需要记录的部分被激光照射加热，温度上升到T_c以上，该部分变为非磁性的，在其冷却的过程中，受其周围基体反磁场作用，会发生磁化反转。例如温度达到上图（a）中所示的T_L时，若通过线圈或永磁体外加磁场，则可实现磁化的完全反转。

利用补偿温度（T_{comp}）写入，铁磁体垂直磁化膜的磁补偿温度T_{comp}应在室温附近。当这种铁磁体被激光加热到较高温度，例如上图（b）所示的T_L，该温度下对应的矫顽力H_{cL}比室温时的矫顽力H_{cr}要低得多，这样，在较弱的外磁场下即可容易地实现磁化反转。

图中所示两种情况的共同特点是：记录温度T_L下矫顽力H_{cl}比室温T_r下的矫顽力H_{cr}要低得多。

9.21.4 信息存储的竞争

目前，计算机存储系统的性能远远不能满足许多实际应用的需求，因而如何建立高性能的存储系统成为人们关注的焦点，从而极大地推动了新的和更好的存储技术的发展，并导致了存储区域网络、网络附属存储设备、磁盘阵列等存储设备的出现。信息存储技术旨在研究大容量数据存储的策略和方法，其追求的目标在于扩大存储容量、提高存取速度、保证数据的完整性和可靠性、加强对数据（文件）的管理和组织等。而今，在科技发展的推动下，除了传统的半导体存储，磁存储与光存储外，磁盘阵列技术与网络存储技术也开始逐步发展，在信息储存的竞争大流下，信息储存技术或许即将进入新的时代。

现存的几种信息存储方式——磁存储、光存储、半导体存储等，各有优缺点，各有各的应用领域。目前，还看不出谁代替谁的明显趋势。以半导体固态存储（solid state disk，SSD）为例，它是通过对三极管导通与否的控制来实现0和1的记录，它的每个记录单元即一个三极管。可想而知，三极管的大小直接决定了存储的密度。虽然多层记录可以提高记录密度，但是多层单元之间的相互影响会导致存储数据的长期不稳定性。因此磁记录作为一个较为成熟的记录方式，将仍有很大的发展前景。

本节重点

（1）何谓磁记录介质的法拉第效应和克尔效应？何谓居里点方式和补偿点方式写入？

（2）说出光盘信息存储的原理。

（3）介绍再生专用或直读型、一次写入型、可擦除重写型光盘的工作原理和所用材料。

光盘记录、再生系统的概念

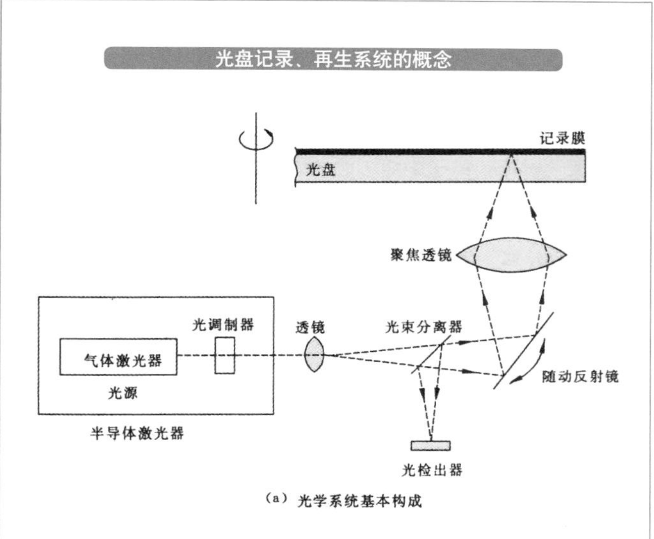

（a）光学系统基本构成

		半导体激光器㊀	气体激光器	
			Ar离子	He-Ne
功能		记录/再生	记录	再生
波长/μm		0.78～0.83	0.458	0.633
直接调制		可	不可	不可
光出力/mW	记录	20～30	～300	—
	再生	1～10	—	～5
偏光特性		直线	直线	直线/椭圆

㊀ 由一个半导体激光器即可完成记录、再生、消除等，而且还能实现直接调制。因此，半导体激光器正成为光磁记录的主要激光光源。

（b）光源用激光器的特性实例

1

居里点方式和补偿点方式写入

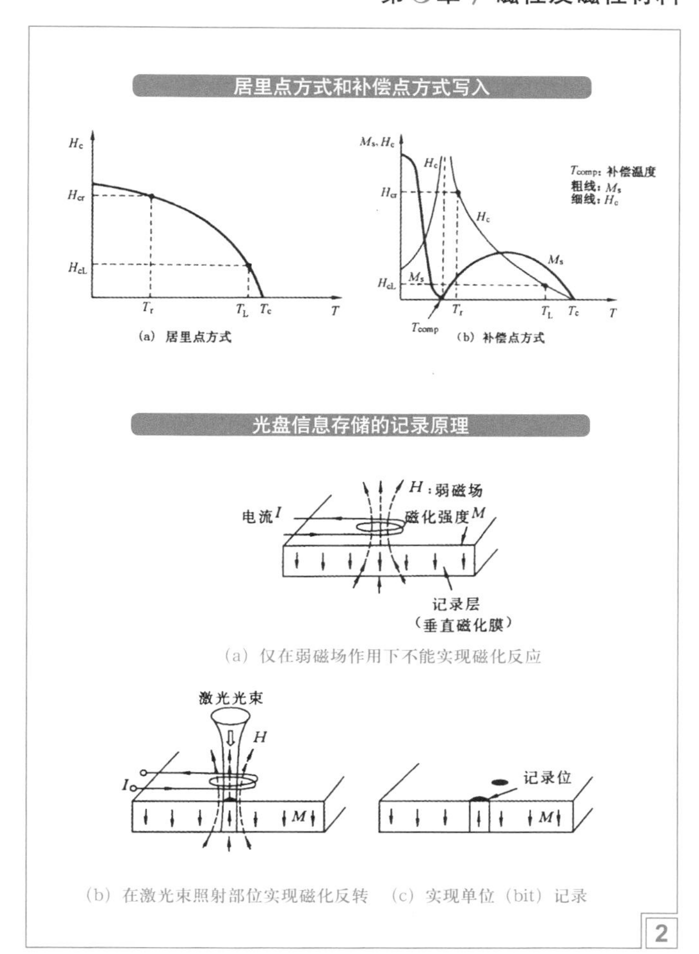

（a）仅在弱磁场作用下不能实现磁化反应

（b）在激光束照射部位实现磁化反转　（c）实现单位（bit）记录

2

各类光盘记录、再生、擦除的原理及主要记录材料

光盘类型	记　录	再生	消除	主要的记录材料
再生专用或直读型	(a) 形成沟槽（凹坑） 记录用　反射膜　基板 （光强度大）（光强度小）	光强度变化	—	反射膜 Al
一次写入型	(b) 开孔 记录膜　记录用　基板　光 （光强度大）（光强度小）	光强度变化	—	① 长寿命（100 年左右） ② Te-Se 系，Te-C 溅射膜 花青染料
	(c) 内部变形 记录用（气泡）　记录膜　基板　光 （光强度大）（光强度小）	光强度变化	—	金属反射膜：Au，Al 色素膜：花青染料
	(d) 发生相变 记录用　记录膜　基板 （光强度小）（光强度大）	光强度变化	—	TeOx+Pb
	(e) 相互扩散 记录用（合金层（Ⅲ））　合金层（Ⅰ）　合金层（Ⅱ）　基板 （光强度小）（光强度大）	光强度变化	—	① 长寿命 ② 记录层：Bi_2Te_3（合金层(Ⅰ)） 反射・隔热层：Sb_2Se_3（合金层(Ⅱ)）

3

各类光盘记录、再生、擦除的原理及主要记录材料

续表

光盘类型	记　录	再生	消除	主要的记录材料
可擦除重写型	(f) 光磁记录（高温+反向磁场） 记录用　垂直磁化膜　基板	磁克尔效应	高温+正向磁场	① 对于重写是必不可少的 ② 铁磁性体 MnBi GdTbFe TbFeCo
	(g) 相变型（高温+急冷） 记录用（非晶态）　相变制导膜　基板 （光强度大）（光强度小）	光强度变化	结晶化（低温-徐冷）	① 对于重写是必不可少的 ② Ge-Tb-Sb 系 （例如 $GeTe\text{-}Sb_2Te_3$） Ge-Te-Sn 系 In-Sb-Te 系 （例如 $In_{22}Sb_{37}Te_{43}$）

光盘与磁盘特征的对比

项　目	对比项目	光盘	磁盘
功能及特性	系统容量	大	
	记录密度	大	小㊀
	存取速度	慢	快
	数据传送速度	慢	快
可靠性及使用方便性	耐环境（如灰尘等）性	高	低
	耐振动性	高	低
	寿命	长	
	记录头与记录介质间的间距	大	小
	记录头大小	大	小

㊀ 巨磁电阻效应（GMR）、超巨磁电阻效应（CMR）磁头的实用化，使磁记录的记录密度产生飞跃性提高。

4

名词术语和基本概念

磁性的起源，顺磁性，抗磁性，铁磁性，亚铁磁性，反铁磁性，磁通、磁通密度，罗仑磁力、磁矩，磁化、磁化率、磁化强度，导（透）磁率，饱和磁化强度，磁感应强度，居里温度，原子磁矩，离子磁矩，波尔磁子，海森伯交换积分，Bethe-Slater 曲线，Alater-Pauling 曲线，铁磁性材料，铁（Fe），钴（Co），镍（Ni）

磁畴、磁畴壁，静磁能、交换作用能、磁晶各向异性能、磁致伸缩能，消磁状态，初始导（透）磁率，磁滞回线，Bloch 畴壁，Néel 畴壁，畴壁移动、畴壁钉扎、不连续磁化，矫顽力，软磁材料，硬磁材料，退磁曲线，非晶态高导率材料，离心急冷法，单辊甩带法、双辊甩带法

尖晶石铁氧体、六方晶铁氧体、石榴石铁氧体，软磁铁氧体、硬磁铁氧体，锶（Sr）铁氧体、钡（Ba）铁氧体

铁钴镍永磁、铁氧体永磁、钐钴永磁、钕铁硼永磁，$Nd_2Fe_{14}B$ 铁磁相，超急冷法、烧结法、HDDR 法，轻稀土元素、重稀土元素，晶粒细化、晶界控制，钐铁氮永磁，粘结磁体，橡胶磁体、塑料磁体

电机，变压器，扬声器，磁头，磁记录，磁盘，光盘、巨磁电阻效应（GMR）、超巨磁电阻效应（CMR）

思考题及练习题

9.1 物质按其磁性状态可分为哪几类？各有什么磁性表现？

9.2 磁性产生的根本原因是什么？分析 Fe、Co、Ni 具有铁磁性的原因。

9.3 什么是软磁材料，什么是硬磁材料？各举出两例。

9.4 举出软磁铁氧体和硬磁铁氧体的实例，它们各取何种晶体结构？说出各自的应用。

9.5 何谓磁畴？决定铁磁畴结构的能量类型有哪几种？

9.6 外加磁场增加时，磁畴会如何变化？变化难易程度与哪些因素有关？

9.7 描绘铁磁体的磁滞回线。为什么由不连续磁化得到的磁滞回线更“胖”些？

9.8 非晶合金高磁导率薄带是由何种材料以何种方法制取的？试与普通软磁材料做全面对比。

9.9 叙述硬磁材料的发展过程。试对各种硬磁材料进行对比。

9.10 针对 Nd-Fe-B 永磁体，请写出铁磁性相的化学式，并画出其晶体结构。Nd-Fe-B 永磁体中添加 Dy 的目的是什么？

9.11 对于 Nd-Fe-B 永磁体，采用哪些措施可进一步提高矫顽力？

9.12 何谓粘结磁体？它有什么有缺点，是如何制造的？

9.13 汇总软磁和硬磁材料在各类电机上的应用。

9.14 汇总软磁和硬磁材料在磁记录领域的应用。

参考文献

[1] 田民波．磁性材料．北京：清华大学出版社，2001

[2] 小沼 稔．磁性材料．工学図書株式会社，1996 年 4 月

[3] 本間 基文，日口章．磁性材料読本．工業調査会，1998 年 3 月

[4] Donald R. Askeland, Pradeep P. Phulé. The Science and Engineering of Materials. 4th ed. Brooks/Cole, Thomson Learning, Inco. , 2003
材料科学与工程（第 4 版）．北京：清华大学出版社，2005 年

[5] Michael F Ashby, David R H Jones. Engineering Materials 1—An Introduction to Properties, Applications and Design. 3rd ed. Elsevier Butterworth-Heinemann, 2005
工程材料（1）——性能、应用、设计引论（第 3 版）．北京：科学出版社，2007 年

[6] William F. Smith, Javad Hashemi. Foundations of Materials Science and Engineering. 5th ed. New York, McGraw-Hill, Inco. Higher Education, 2010
材料科学与工程基础（第 5 版）．北京：机械工业出版社，2011 年

[7] 谷腰 欣司．フェライトの本．日刊工業新聞社，2011 年 2 月

[8] 谷腰 欣司．モータの本．日刊工業新聞社，2002 年 5 月

[9] Sam Zhang. Hand of Nanostructured Thin Films and Coatings—Functional Properties. CRC Press, Taylor & Francis Group, 2010.
纳米结构的薄膜和涂层——功能特性．北京：科学出版社，2011 年

[10] Donald R Askland,Wendelin J Wright.The Science and Engineering of Materials.7th ed.SI EDITION.CENGAGE Learning.2014

第10章

薄膜材料及薄膜制备技术

10.1 薄膜的定义和薄膜材料的特殊性能

10.2 获得薄膜的三个必要条件

10.3 真空获得

10.4 薄膜是如何沉积的

10.5 气体放电

10.6 等离子体与薄膜沉积

10.7 物理气相沉积（1）——真空蒸镀

10.8 物理气相沉积（2）——离子镀和激光熔射

10.9 物理气相沉积（3）——溅射镀膜

10.10 物理气相沉积（4）——磁控溅镀靶

10.11 物理气相沉积（5）——溅射镀膜的应用

10.12 化学气相沉积（1）——原理及设备

10.13 化学气相沉积（2）——各类 CVD 的应用

10.14 超硬涂层

10.15 金刚石及类金刚石涂层

10.16 电镀 Cu 膜用于集成电路芯片制作

10.17 薄膜的图形化——湿法刻蚀和干法刻蚀

10.18 反应离子刻蚀和反应离子束刻蚀

10.19 平坦化技术和大马士革工艺

10.1 薄膜的定义和薄膜材料的特殊性能

10.1.1 薄膜的应用就在我们身边

当今信息社会，人们通过电视机、收音机、手机、互联网等，可即时看到或听到世界上所发生的"鲜"、"活"新闻，如同长上了千里眼、顺风耳。之所以能做到这一点，首先需要摄像机、数码相机、录音机、存储装置等采集图像及声音信息，并对其进行编辑加工。更重要的是，需要由微波、光缆、通信卫星、计算机等构成的互联网，并通过天线及光缆等将这些互联网与一般家庭、办公室、车辆等交通工具相连接，构成通信网络。在上述采集、处理信息及通信网络设备中，都需要数量巨大的元器件、电子回路、集成电路等。而薄膜技术是制作这些元器件、电子回路、集成电路的基础。

我们现在的所用的家用电器，如电视机、空调、电炊具、洗衣机都具有遥控功能，采用笔记本电脑及手机等便携终端设备，从出差或上班地点也能操作上述家电设备，这种系统有些已达到实用化。今后，随着互联网的进展扩充以及数字家电价格的继续下降，这种远距离控制系统会逐渐普及。按计划、远距离、随心所欲地操纵自宅家务已不是遥远的事情。如果着眼于未来，那么接近人类步行方式的机器人、能表现感情的机器人也将纷纷登场。不久的将来，随着具有更优秀的控制能力，具有与人类相同五官能力的机器人开发成功，它们可以从事家务及车间劳动，从而大大减轻人类的负担。届时，可代替人工作的机器人将出现在我们面前。为实现这些梦想，薄膜也起着举足轻重的作用。

10.1.2 薄膜形成方法——干法成膜和湿法成膜

若按薄膜形成的环境和采用的介质（原料）进行分类，薄膜形成有干法成膜和湿法成膜之分：前者是在气相环境中，成膜源于气体；后者是在液相环境中，成膜源于溶液。

电镀是最常用的湿法成膜工艺。它是以被镀件金属为阴极，在外电流作用下，使镀液中欲镀金属的阳离子沉积在被镀件金属表面上的成膜方法。电镀层常用于防护、装饰、耐磨、抗高温氧化、导电、磁性、焊接、修复等用途。湿法成膜工艺成熟、价格低廉，其主要问题是镀液对环境的污染。

干法成膜即气相沉积，它是利用气相中发生的物理、化学过程，在材料表面形成具有特殊性能的金属或化合物薄膜。干法成膜又分为物理气相沉积法和化学气相沉积法两种。与湿法成膜相比，干法成膜耗材少、基板材料不受限制、成膜均匀致密、与基体附着力强，特别是无污染、环境友好，广泛用于包装、光学、微电子、显示器等领域。

在大规模集成电路（LSI）及微机械加工（MEMS）等领域，往往需要藉由微细加工将薄膜加工成特定的图形，所采用的刻蚀工艺可以看作是成膜工艺的反面。如果说成膜是从下至上（bottom-up）的加工，则刻蚀则是从上至下（top-down）的加工，后者也有湿法刻蚀和干法刻蚀之分。湿法成膜与干法成膜各有长处和短处，并无先进和落后之分。在许多应用中可以取长补短、相互代替。例如，在集成电路（IC）加工中，得益于水溶液电镀铜代替真空蒸镀铝工艺以及干法刻蚀代替湿法刻蚀，使其特征线宽由深亚微米顺利进入到 100nm 甚至更精细的水平。

10.1.3 物理吸附和化学吸附

气体与固体的结合分化学结合（或化学吸附）和物理结合（或物理吸附）两种。化学结合的典型实例是燃烧，燃烧时伴随着大量放热；水汽在窗玻璃上凝结为水是物理结合的例子，这时伴随有人难以感觉到的少量放热。

物理吸附和化学吸附的机理通常用"键"理论来解释。化学吸附的情况，物体表面的原子键不饱和，它们与接近表面的原子或分子组成一次键（共价键、离子键、原子键、金属键等）的形式实现结合；物理吸附时，物体表面的原子键是饱和的从而表面是非活性的，与接近表面的原子、分子只是以范德瓦尔斯力（分子力）、电偶极子或电四极子等的静电相互作用（二次键）而吸附。气体分子和固体表面之间因引力作用而互相接近，接近至一定距离，斥力又会起作用，而且这个斥力随距离的变小而急剧增加。

化学吸附往往首先需要外界提供能量加以激活，一旦开始便会发生较之物理吸附更为激烈的化学反应，分子也会发生化学变化。一般说来，与表面接近的分子首先发生物理吸附，一旦由于某种原因而获得了足够的能量而越过临界点，则发生化学吸附，与此同时，放出大量的热。薄膜与基板的结合，除了物理吸附和化学吸附之外，还有机械锚连和相互扩散等。

10.1.4 薄膜的定义和薄膜材料的特殊性能

相对于三维块体材料，从一般意义上讲，所谓膜，由于其厚度很薄，可以看作是物质的二维形态。在膜中又有薄膜和厚膜之分。薄膜和厚膜如何划分，有下面一些见解。

按膜厚对膜的经典分类，小于 1μm 为薄膜，大于 10μm 为厚膜。这种分法并非尽然。

按制作方法分类，由块体材料制作的，例如经轧制、捶打、碾压等为厚膜；而由膜的构成物（species）逐层堆积而成的为薄膜。

按膜的存在形态分类，只能成形于基体之上的为薄膜（包覆膜）；不需要基体而能独立成形的为厚膜（自立膜，如铜箔、塑料薄膜等）。

薄膜、涂层、和层等是代表准二维系统的重要一类，其特征是，一维（厚度）远小于另外两维（膜面）。薄膜材料有别于块体材料的许多特殊性能即源于其薄（包括纳米薄膜）。薄膜材料的特殊性能包括：①由于表面能影响，使熔点降低；②干涉效应引起光的选择性透射和反射；③表面上由于电子的非弹性散射使电导率发生变化；④平面磁各向异性的产生；⑤表面能级的产生；⑥由于量子尺寸效应引起输运现象的变化等。此外，成膜过程往往会造成异常结构、特殊的表面形貌、非化学计量特性和内应力等。

电子学半导体器件和光学涂层是得益于薄膜结构的主要应用，集成电路、平板显示器、LED 固体照明、OCED、染料敏化太阳电池、锂离子电池和电化学超级电容器、储氢器件，以及化学、气体、生物体感器等都离不开薄膜技术和薄膜材料。

本节重点

（1）说出身边几个应用薄膜的实例。
（2）薄膜的定义。
（3）薄膜的各种形成方法，并给出具体实例。

薄膜的各种应用就在我们身边
（提供：日本コーティングセンター（株））
1

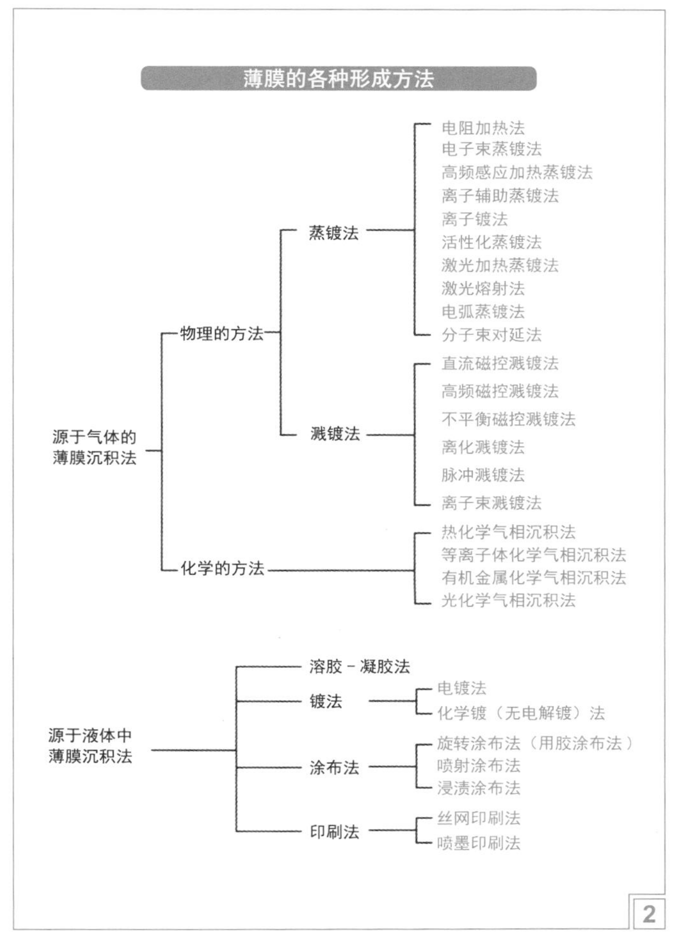
薄膜的各种形成方法
源于气体的薄膜沉积法
物理的方法
蒸镀法
电阻加热法
电子束蒸镀法
高频感应加热蒸镀法
离子辅助蒸镀法
离子镀法
活性化蒸镀法
激光加热蒸镀法
激光熔射法
电弧蒸镀法
分子束对延法
溅镀法
直流磁控溅镀法
高频磁控溅镀法
不平衡磁控溅镀法
离化溅镀法
脉冲溅镀法
离子束溅镀法
化学的方法
热化学气相沉积法
等离子体化学气相沉积法
有机金属化学气相沉积法
光化学气相沉积法
源于液体中薄膜沉积法
溶胶－凝胶法
镀法
电镀法
化学镀（无电解镀）法
涂布法
旋转涂布法（用胶涂布法）
喷射涂布法
浸渍涂布法
印刷法
丝网印刷法
喷墨印刷法
2

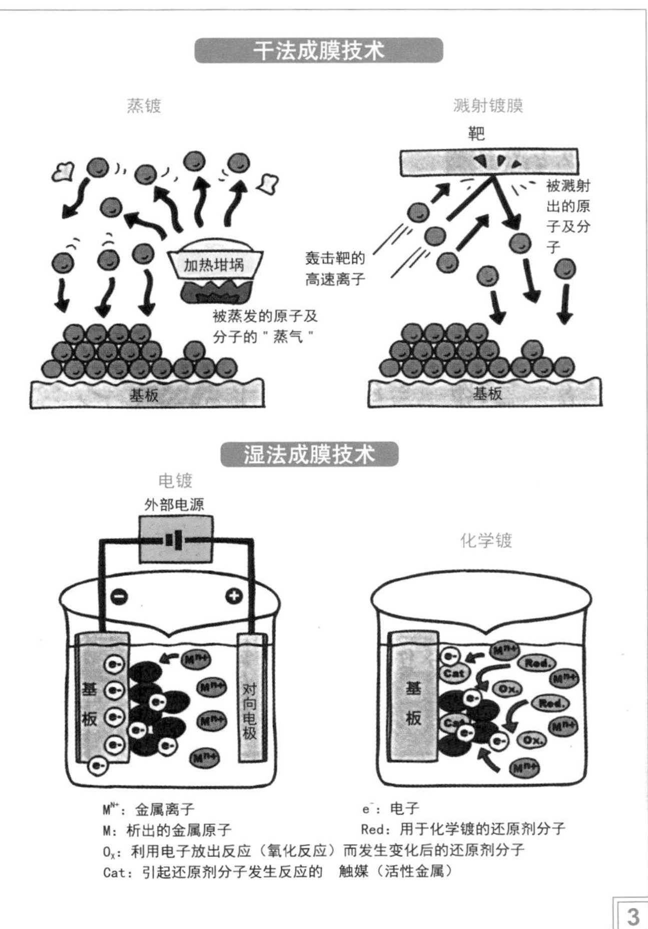
干法成膜技术
蒸镀
加热坩埚
被蒸发的原子及分子的"蒸气"
基板
溅射镀膜
靶
轰击靶的高速离子
被溅射出的原子及分子
基板
湿法成膜技术
电镀
外部电源
基板
对向电极
化学镀
基板
Red.
Ox.
Cat
M^{n+}：金属离子
M：析出的金属原子
O_X：利用电子放出反应（氧化反应）而发生变化后的还原剂分子
Cat：引起还原剂分子发生反应的 触媒（活性金属）
e^-：电子
Red：用于化学镀的还原剂分子
3

物理结合和化学结合
寒冷的冬天窗玻璃上结雾或结霜
燃烧乃化学结合也！
燃烧 → 化学结合
各种各样的薄膜及制成厚度
膜层厚度
膜的种类
(mm) 0.1 0.01 0.001
(μm) 10 1 0.1 0.01 0.001
(nm) 10 1 0.1
材料
涂装膜 有机物
金箔 金
铝箔 Al
电镀膜 金属
精密电镀
薄膜 几乎所有
其他
毛发直径
花粉
可见光
病毒
X射线波长
电子的直径
4

10.2 获得薄膜的三个必要条件

10.2.1 获得薄膜的三个必要条件——热的蒸发源、冷的基板和真空环境

薄膜的气相沉积一般需要**三个基本条件：热的气相源、冷的基板和真空环境**。

在寒冷的冬天，玻璃窗上往往结霜；人们乍一进入温暖的房间，眼镜片上会结露。不妨将上述“霜”和“露”看作气相沉积沉积的“膜”，则火炉上沸腾水壶中冒出的蒸汽则是“热的气相源”，冰冷的窗玻璃和眼镜片则是“冷的基板”。那么，为什么真空环境也是薄膜气相沉积的必要条件呢？

一般说来，工业上利用真空基于下述几条理由：①化学非活性，②热导低，③与残留气体分子间的碰撞少，④压力低等。薄膜沉积中采用真空环境的理由有：①减少蒸发物质被散射，提高成膜速率；②防止镀料、被蒸发原子以及膜层的氧化；③提高膜层纯度；④减少气体混入；⑤提高膜层与基板之间的附着力；⑥提高膜层的结晶质量及表面光洁度。

采用热的蒸发源的理由：提供足够的热量使蒸发源中的镀料气化或升华；在蒸发源温度下，被蒸发材料有较高的**饱和蒸气压**；在蒸发源温度下，被蒸发原子以较高的能量沉积在基板上。采用冷的基板的理由：基板作为薄膜沉积的衬底，其主要作用是实现气相到固相的冷凝，冷的基板便于吸收热量，防止再蒸发。试想，若基板的温度等于或高于蒸发源的温度，薄膜不仅不能沉积，甚至还要减薄。

10.2.2 物理气相沉积和化学气相沉积

在真空环境下，作为薄膜原料的气化源方式有多种，而从薄膜形成过程中有无发生化学反应，可分为化学气相沉积和物理气相沉积两大类，而后者又包括真空蒸镀、离子镀、溅射镀膜等三种，分别介绍如下。

（1）真空蒸镀法：通过加热使镀料蒸发，镀料以分子或原子的形态飞出，并在基板上附着沉积而形成薄膜。

（2）离子镀（IP）法：在基板和气化源之间通过不同方法（如直流二极放电或高频放电）形成等离子体，使气氛中的氩及被蒸发原子部分离子化。基板上加有负电压，使被加速的离子碰撞基板。这种伴随有离子轰击的薄膜沉积方法即为离子镀。

（3）溅射镀膜法：作为气化源的靶材上加有负电压，藉由气体放电产生等离子体，其中产生的离子（通常是氩离子）激烈碰撞靶材，并使靶中的原子或分子被溅射出。被溅射出原子或分子的速度比蒸发原子的高几十倍，因此膜层的附着力强，且可进行反应溅射。由于靶材可以做得较大，除了膜层分布均匀外，还可长期使用，特别适合连续性生产。

（4）化学气相沉积（CVD）法：使含有薄膜中应有元素的气体，例如制作硅（Si）薄膜时采用硅烷（SiH_4），输送至被加热到数百度（℃）高温的基板表面，藉由热分解、氧化、还原、置换等反应沉积薄膜的方法。由于是高温下的反应，故可以形成质量良好的薄膜，但不能采用塑料等耐热性差的基板。由于 CVD 法的反应压力较高，工件背面及深孔中也能成膜。

10.2.3 真空的定义——压强低、分子密度小、平均自由程大

最早使真空成为“眼见为实”的是意大利的托里拆利。他用 1m 左右长的管子装满水银，在堵住管口的情况下，将其倒立于水银槽中。托里拆利发现，一旦打开管口，水银便会立即下降，而且水银在高度为 760mm 左右时便不再下降。由于开始管中的水银是满的，即使打开管口，空气也不会进入管中。那么，水银下降后管子上方留出的空间是什么呢？托里拆利将这种“什么也不存在的空间”解释为“真空”。这是 1643 年的事。

随着此后的科学进步，人们逐步认识到，托里拆利的所谓“真空”并非“真的空”，其中至少含有水蒸气及水银蒸气等。现在一般将真空定义为“**由低于一个大气压的气体所充满的特定空间的状态。**”此定义看起来粗糙，实则很科学。

如此看来，人的呼吸是靠提升肋骨使肺扩张，致使肺中的压力比大气压低，从而使空气吸入，此时肺中也可以称作是真空了。

实用上可达到的最高真空度是 1×10^{-8}Pa 左右。即使在这种状态下，每毫升中的气体分子数（分子密度）也在 355 万个左右。而且，这些气体分子在彼此不断的碰撞中在空间内快速飞行。在 25℃ 的条件下，从一次碰撞到下一次碰撞飞行距离的平均值（平均自由程）大约为 509km，这相当北京到大连或北京到青岛的距离。

1 毫升中有 355 万个气体分子，而在 509km 的飞行距离中才碰撞一次，这听起来似乎很矛盾。其原因在于分子实在是太小了。实际上，形成一个高真空远不是一件容易的事。

10.2.4 气体分子的运动速率、平均动能和入射壁面的频度

真空泛指低于一个大气压的气体状态。与普通的大气状态相比，分子密度较为稀薄，从而气体分子与气体分子，气体分子与器壁之间的碰撞几率要低些。

真空中的残余气体可以按理想气体来处理。所谓理想气体，是除了气体分子之间的弹性碰撞，不考虑分子之间相互作用的气体。关于理想气体，下述几点需要理解和记忆。

（1）理想气体在平衡状态服从理想气体状态方程；在相同压强和温度下，各种气体单位体积所含分子数相同；对于混合气体，总压强等于分压强之和。

（2）理想气体分子热运动服从麦克斯韦速率分布定律；由此可求出最概然速率$\upsilon_p=\sqrt{2kT/m}=\sqrt{2RT/\mu}$、算术平均速率$\overline{\upsilon}=\sqrt{8kT/\pi m}=\sqrt{8RT/\pi\mu}$、方均根速率$\sqrt{\overline{\upsilon^2}}=\sqrt{3kT/m}=\sqrt{3RT/\mu}$，且有$\sqrt{\overline{\upsilon^2}}>\overline{\upsilon}>\upsilon_p$；无论哪种速度，都随温度的增加而增加，随气体分子质量的增加而减小。

（3）按均方根速率（更接近实际情况）算出的气体分子热运动平均动能 $E=3/2\cdot kT$。

（4）对于 25℃ 的空气，平均自由程 $\overline{\lambda}[\mathrm{cm}]\approx5\times10^{-3}/p[\mathrm{Toor}]=0.667/p[\mathrm{Pa}]$。

（5）单位时间内，碰撞于器壁单位面积上的分子数（入射壁面的频度）$J=n\overline{\upsilon}/4$。

（6）分子从表面的反射按克努曾定律，碰撞于固体表面的分子其飞离表面的方向与飞来的方向无关，而是呈余弦分布的方式漫反射。

本节重点

（1）对“获得薄膜的三个必要条件——热的蒸发源、冷的基板和真空环境”加以解释。
（2）何谓真空？从气体分子运动论角度，说明真空的几个特性。
（3）请证明：单位时间、向单位面积壁面入射的气体分子数$\Gamma=1/4n\overline{\upsilon}$，$\overline{\upsilon}$为分子的算术平均速率。

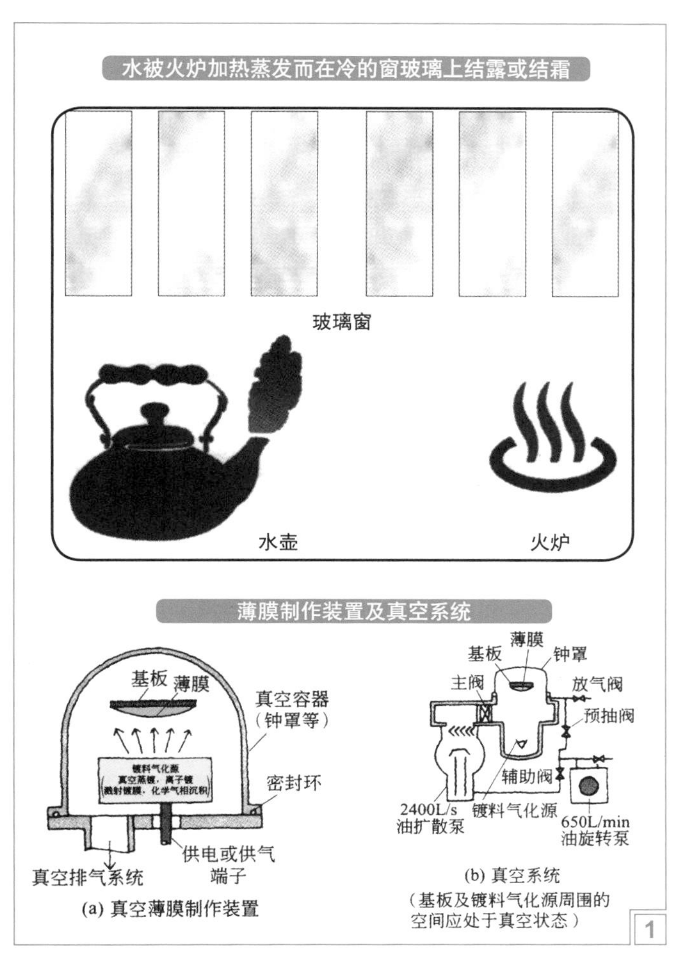
水被火炉加热蒸发而在冷的窗玻璃上结露或结霜
玻璃窗
水壶
火炉
薄膜制作装置及真空系统
基板
薄膜
真空容器
（钟罩等）
密封环
供电或供气
端子
真空排气系统
(a) 真空薄膜制作装置
薄膜
钟罩
基板
主阀
放气阀
预抽阀
辅助阀
2400L/s
油扩散泵
镀料气化源
650L/min
油旋转泵
(b) 真空系统
（基板及镀料气化源周围的
空间应处于真空状态）
1

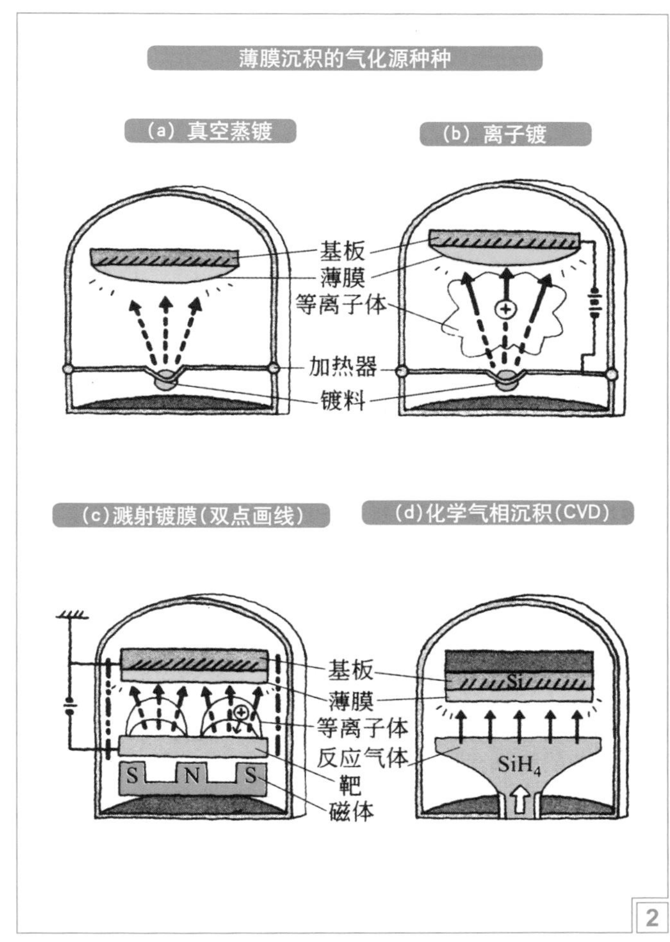
薄膜沉积的气化源种种
(a) 真空蒸镀
(b) 离子镀
基板
薄膜
等离子体
加热器
镀料
(c)溅射镀膜(双点画线)
(d)化学气相沉积(CVD)
基板
薄膜
等离子体
反应气体
靶
磁体
S
N
S
Si
SiH_4
2

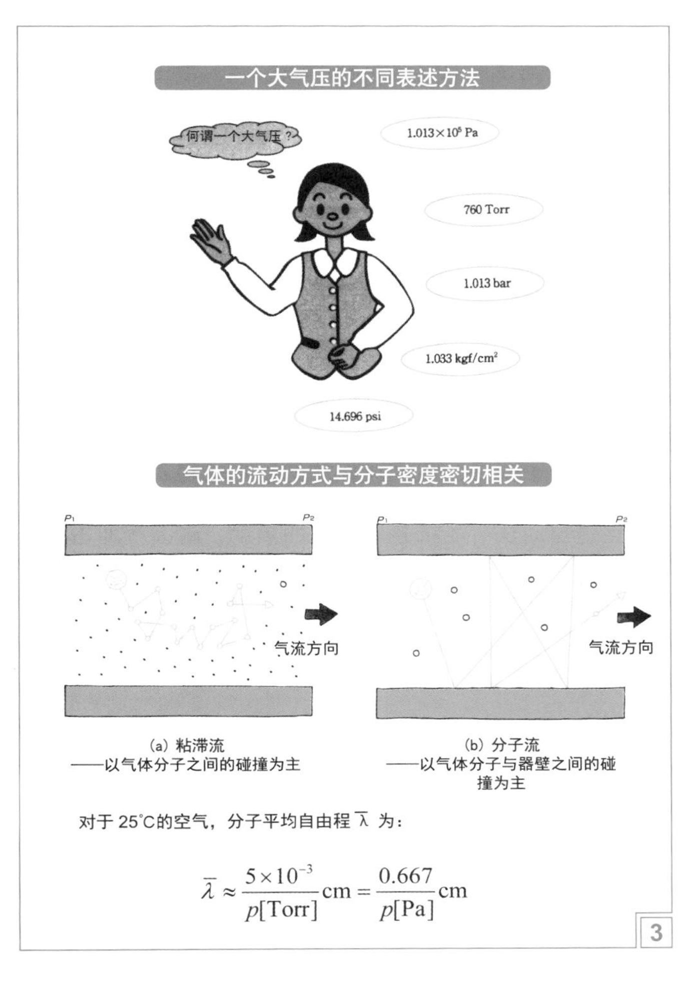
一个大气压的不同表述方法
何谓一个大气压？
1.013×10^5 Pa
760 Torr
1.013 bar
1.033 kgf/cm²
14.696 psi
气体的流动方式与分子密度密切相关
p_1
p_2
气流方向
(a) 粘滞流
——以气体分子之间的碰撞为主
(b) 分子流
——以气体分子与器壁之间的碰撞为主
对于25°C的空气，分子平均自由程 $\overline{\lambda}$ 为：
$\overline{\lambda}\approx\frac{5\times10^{-3}}{p[\mathrm{Torr}]}\mathrm{cm}=\frac{0.667}{p[\mathrm{Pa}]}\mathrm{cm}$
3

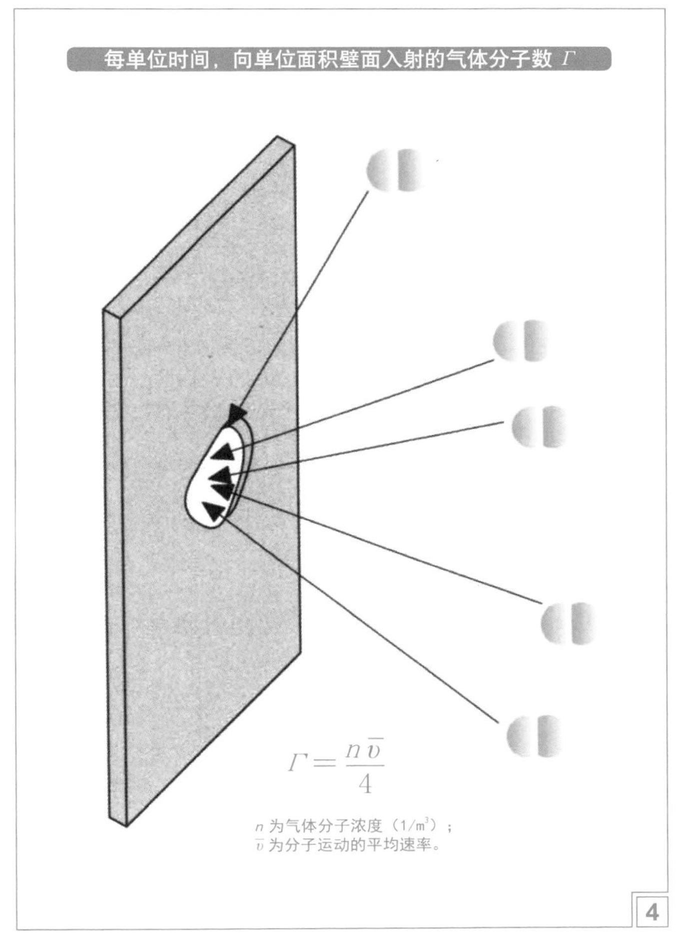
每单位时间，向单位面积壁面入射的气体分子数 Γ
$\Gamma=\frac{n\overline{v}}{4}$
n 为气体分子浓度（1/m³）；
$\overline{v}$ 为分子运动的平均速率。
4

10.3 真空获得

10.3.1 真空区域的划分及应用

迄今为止，采用最高超的真空技术所能达到的最低压力状态大致为 10^{-12}Pa，大气压、大约为 10^{5}Pa，因此，17 个数量级的广阔的压力范围均在真空技术所涉及的范畴之内。

按真空获得的难易程度及真空的应用，一般将其分为 5 个区域：①低真空：$10^{5}\sim10^{2}$Pa；②中真空：$10^{2}\sim10^{-1}$Pa；③高真空：$10^{-1}\sim10^{-5}$Pa；④超高真空：$10^{-5}\sim10^{-9}$ Pa；⑤极高真空：10^{-9}Pa 以下。

$10^{5}\sim10^{2}$Pa 低真空是利用低（粗）真空获得的压力差来夹持、提升和运输物料，以及吸尘和过滤，如吸尘器、真空吸盘。

$10^{2}\sim10^{-1}$Pa 中真空范围内，气体的流动状态逐渐由粘滞流过渡到分子流，对流现象完全消失。在电场作用下，会产生辉光放电和弧光放电，离子镀、溅射镀膜等都在此压力范围内开始。此外，10^{-1}Pa 对应的气体分子平均自由程大约为 10cm，也是一般机械泵能达到的极限真空度。

$10^{-1}\sim10^{-5}$Pa 高真空范围内，气体分子在运动过程中相互间的碰撞很少，平均自由程已大于一般真空容器的线度，以气体分子与器壁的碰撞为主。被蒸发原子（或微粒）受残余气体碰撞被散射的作用很小，故可按直线飞行。沉积的薄膜中杂质和气孔少，膜层质量高。另外，$10^{-5}\sim10^{-6}$ Pa 也是扩散泵能达到的极限真空度。

$10^{-5}\sim10^{-9}$ Pa 超高真空范围内，每立方厘米的气体分子数在 10^{9} 个以下。不仅分子间的碰撞极少，入射固体表面的分子数达到单分子层需要的时间也较长，在此真空度下解理（单晶体按特定的晶面劈开）的表面，在一定时间内可保持清洁。因此，可以进行分子束外延、表面分析及其他表面物理学研究。

10^{-9}Pa 以下极高真空范围内，气体入射固体表面的频率已经很低，可以保持表面清洁，因此适合分子尺寸的加工及纳米科学的研究。

10.3.2 主要真空泵的工作压力范围及抽速比较

真空泵是用各种方法在某一封闭空间中产生、改善和维持真空的装置。真空泵可以定义为：利用机械、物理、化学或物理化学的方法对被抽容器进行抽气而获得真空的器件或设备。

真空泵有各种不同的种类，要从大气压达到制作目的薄膜所需要的压力，只用一种泵往往难以奏效。用于从大气压到 1Pa 左右排气的真空泵类型称为“粗真空泵”，用于更高真空排气的真空泵类型称为“高真空泵”。通常需要这两种真空泵组合使用。

真空泵依种类不同，其抽速从每秒零点几升到每秒几十万、数百万升。极限压力（极限真空）从粗真空直到 10^{-10}Pa 的超高真空范围。

真空泵按其工作压力范围（从高到低）及抽速（从低到高），主要包括：①旋片机械泵：工作压力范围为 $10^{-2}\sim10^{5}$Pa，抽速为 1~100L/s；②低温吸附泵：工作压力范围为 $10^{-2}\sim10^{5}$Pa，抽速为 1~100L/s；③扩散泵：工作压力范围为 $10^{-6}\sim10$Pa，抽速为 1~1000L/s；④涡轮分子泵：工作压力范围为 $10^{-9}\sim100$Pa，抽速为 1~100L/s；⑤钛升华泵：工作压力范围为 $10^{-8}\sim10^{-1}$Pa，抽速为 1~100L/s；⑥离子泵：工作压力范围为 $10^{-10}\sim10^{-1}$Pa，抽速为 1~100L/s；⑦低温泵：工作压力范围为 $10^{-10}\sim10^{3}$Pa，抽速为 1~100L/s。

10.3.3 机械泵及其排气原理

凡是利用机械运动（转动或滑动）以获得真空的泵，称为机械真空泵。它是利用泵腔容积的周期变化来完成吸气和排气以达到抽气目的的真空泵。气体在排出泵腔前被压缩。这种泵分为往复式及旋转式两种。

（1）往复式真空泵：利用泵腔内活塞往复运动，将气体吸入、压缩并排出。又称为活塞式真空泵。

（2）旋转式真空泵：利用泵腔内转子部件的旋转运动将气体吸入、压缩并排出。它大致有如下几种分类：①油封式真空泵 它是利用真空泵油密封泵内各运动部件之间的间隙，减少泵内有害空间的一种旋转变容真空泵。这种泵通常带有气镇装置。它主要包括旋片式真空泵、定片式真空泵、滑阀式真空泵、余摆线真空泵等；②液环真空泵 将带有多叶片的转子偏心装在泵壳内。当它旋转时，把工作液体抛向泵壳形成与泵壳同心的液环，液环同转子叶片形成了容积周期变化的几个小的旋转变容吸排气腔。工作液体通常为水或油，所以亦称为水环式真空泵或油环式真空泵；③干式真空泵 它是一种泵内不用油类（或液体）密封的变容真空泵；④罗茨真空泵泵内装有两个相反方向同步旋转的双叶形或多叶形的转子。转子间、转子同泵壳内壁之间均保持一定的间隙。

10.3.4 扩散泵和涡轮分子泵

扩散泵是目前获得高真空的最广泛、最主要的工具之一。扩散泵是一种次级泵，它需要机械泵作为前级泵。高真空扩散泵主要结构有泵体、冷却帽、喷嘴、蒸气导流管、加热器和冷却器等。扩散泵中的油在真空中加热到沸腾温度（约 200℃）产生大量的油蒸气，油蒸气经导流管由各级喷嘴定向高速喷出。由于扩散泵进气口附近被抽气体的分压强高于蒸气流中该气体的分压强，这样，被抽气体分子沿着蒸气方向高速运动，气体分子碰到泵壁又反射回来，再受到蒸气流碰撞而重新沿蒸气流方向流向泵壁。经过几次碰撞后，气体分子被压缩到低真空端，再由下几级喷嘴喷出的蒸气进气多级压缩，最后由前级泵抽走，而油蒸气在冷却的泵壁上被冷凝后又返回到下层重新被加热，如此循环工作达到抽气目的。

涡轮分子泵是利用高速旋转的动叶轮将动量传给气体分子，使气体产生定向流动而抽气的真空泵。涡轮分子泵的优点是启动快，能抗各种射线的照射，耐大气冲击，无气体存储和解吸效应，无油蒸气污染或污染很少，能获得清洁的超高真空。涡轮分子泵广泛用于高能加速器、可控热核反应装置、重粒子加速器和高级电子器件制造等方面。

本节重点

（1）每种真空泵都有其适应的工作压力范围及抽速最高区域。
（2）油封机械泵为什么不能抽到较高的真空度？
（3）说明扩散泵的工作原理，为什么扩散泵要接前级泵？

真空区域的划分及应用
压力/Pa/，真空区域划分
应用真空特性
典型的物理参数
应用实例
薄膜技术中的应用
10^5
10^2
10^{-1}
10^{-5}
10^{-9}
低真空
中真空
高真空
超高真空
极高真空
宏观压力差
减小空气粘滞阻力的手段
真空干燥
热电子源防止高温金属氧化
避免残留气体分子的碰撞
减少残留气体的混入
防止残留气体分子在表面的吸附存留
分子平均自由程 ≈ 10cm
入射固体表面的分子数达到单分子层所需要的时间 ≈ 30s
在0.03μm见方的固体表面（其分子数约为10000个）气体分子的入射频率 ≈ 1个/30s
吸尘器
液体输运及过滤
塑料挤压脱气
食品冷冻干燥
熔炼金属脱气
金属熔化铸造
拉制单晶
白炽灯制造
表面镀膜
电子管生产
薄膜沉积
表面分析
粒子加速器
低温制冷
空间模拟
纳米技术
化学气相沉积及等离子化学气相沉积
离子镀
真空蒸镀
分子束外延
二极及磁控溅射
离子束辅助沉积
表面物理学
分子尺寸加工技术
纳米科学技术
1

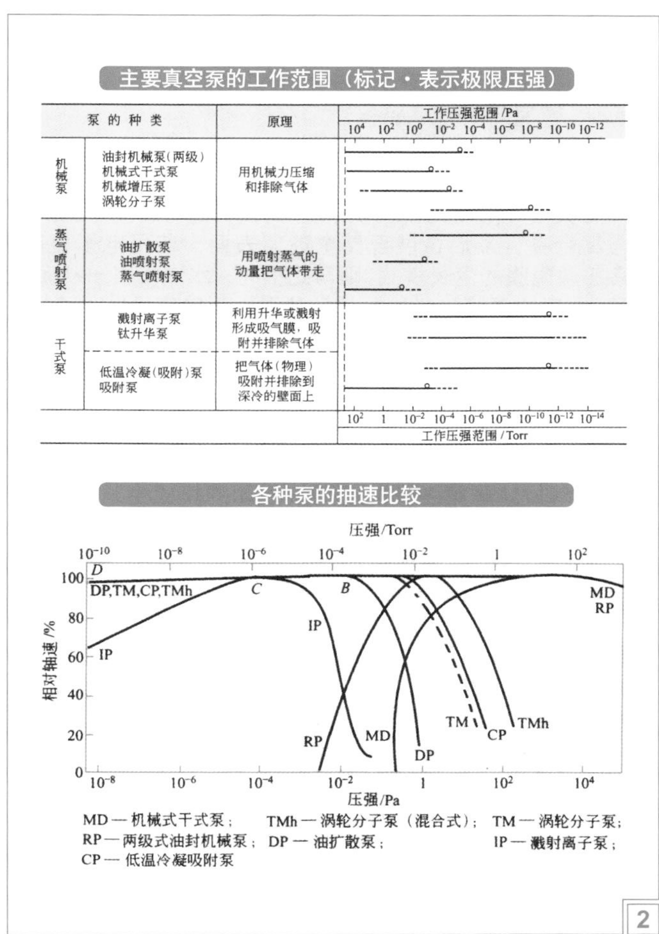
主要真空泵的工作范围（标记·表示极限压强）
泵的种类
原理
工作压强范围/Pa
机械泵
油封机械泵(两级)
机械式干式泵
机械增压泵
涡轮分子泵
用机械力压缩和排除气体
蒸气喷射泵
油扩散泵
油喷射泵
蒸气喷射泵
用喷射蒸气的动量把气体带走
干式泵
溅射离子泵
钛升华泵
利用升华或溅射形成吸气膜，吸附并排除气体
低温冷凝(吸附)泵
吸附泵
把气体(物理)吸附并排除到深冷的壁面上
工作压强范围/Torr
各种泵的抽速比较
压强/Torr
相对抽速/%
压强/Pa
DP,TM,CP,TMh
MD
RP
IP
MD—机械式干式泵；
TMh—涡轮分子泵（混合式）；
TM—涡轮分子泵；
RP—两级式油封机械泵；
DP—油扩散泵；
IP—溅射离子泵；
CP—低温冷凝吸附泵
2

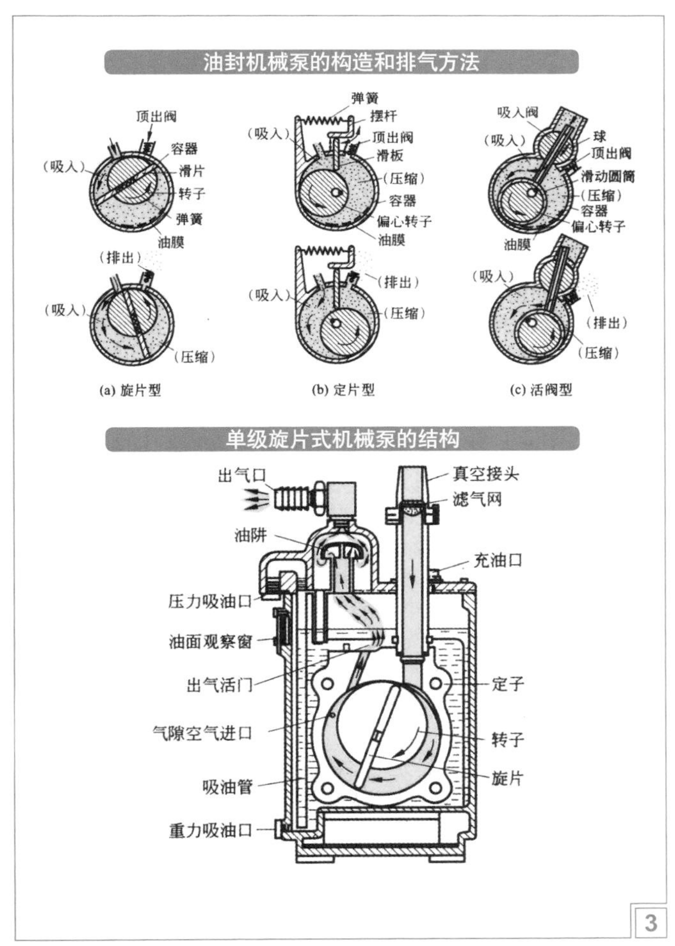
油封机械泵的构造和排气方法
顶出阀
容器
滑片
转子
弹簧
油膜
（吸入）
（排出）
（压缩）
(a) 旋片型
弹簧
摆杆
顶出阀
滑板
容器
偏心转子
(b) 定片型
吸入阀
球
滑动圆筒
(c) 活阀型
单级旋片式机械泵的结构
出气口
真空接头
滤气网
油阱
充油口
压力吸油口
油面观察窗
出气活门
定子
气隙空气进口
转子
吸油管
旋片
重力吸油口
3

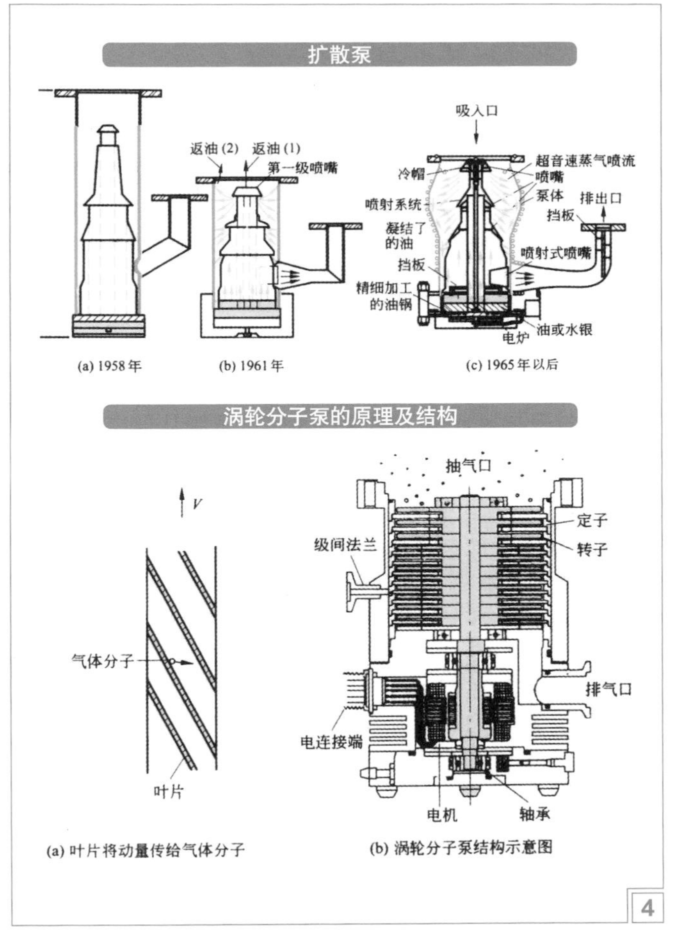
扩散泵
返油(2)
返油(1)
第一级喷嘴
(a) 1958年
(b) 1961年
吸入口
冷帽
超音速蒸气喷流
喷嘴
泵体
喷射系统
排出口
挡板
凝结了的油
喷射式喷嘴
精细加工的油锅
电炉
油或水银
(c) 1965年以后
涡轮分子泵的原理及结构
V
气体分子
叶片
(a) 叶片将动量传给气体分子
抽气口
定子
级间法兰
转子
排气口
电连接端
电机
轴承
(b) 涡轮分子泵结构示意图
4

10.4 薄膜是如何沉积的

10.4.1 薄膜的生长过程

若用喷雾器在玻璃上喷雾形成水滴，最初水滴细小且稀疏；随着水滴数量不断增加，不久相邻的水滴相互接触、合并而长大；合并的水滴逐渐成长为岛，岛与岛间形成海峡；岛与岛合并，最后铺展至整个玻璃表面。若用电子显微镜观察普通薄膜的生长模式，则与此相同。水滴相当于从源（气化源）飞出的薄膜材料的原子、分子，而玻璃相当于基板。

当薄膜的平均厚度达到 5nm（原子直径的大约 10 倍）左右时，可以在基板上看到小的晶核；这种晶核（如同液滴）合并，形成岛（厚度为 8nm 时）；这种岛相互接触、合并，依次形成岛 - 峡结构（厚度为 11~15nm 时）、彼此分割的湖泊结构、微孔结构；不久成长为连续的薄膜结构（厚度为 22nm 时）。薄膜生长的初期按液体的模式生长，由于急剧冷却，岛的周围呈液 - 固混合存在的生长模式。

那么，在形成晶核前的过程又是如何呢？原子以高速在真空中飞来并与基板发生碰撞（图（1）（a）的 A）。一部分（如 F）被反射，但大部分到达基板面及其附近。原子将热传给基板致使其本身温度下降，但仍像气体或液体那样自由运动，进而构成原子对或团簇的形式（B~D）。它们被基板表面上存在的原子大小量级的凹坑、棱角、台阶等称为捕获中心的位置所捕获，成为薄膜生长的晶坯。晶坯吸收迟到的原子及邻近晶坯的一部分或全体，构成一个整体。达到 10 个原子以上，便构成稳定晶核，表现为显微照片上的小点。这样的生长称为形核、长大方式，这是薄膜生长最常见的模式。

另一方面，称基板面上逐层生长的方式为层状生长。只有基板为单晶体，才容易生长成单晶薄膜。

10.4.2 薄膜生长的三种模式——岛状、层状、层状 + 岛状

从热力学讲，薄膜生长采取何种模式，取决于衬底的表面能、沉积薄膜的表面能、沉积薄膜与衬底间界面能三者之间的相互关系。一般说来，薄膜生长可取以下三种方式：

（1）岛状生长（Volmer-Weber 型）模式：成膜初期按三维形核方式，生长为一个个孤立的岛，再由岛合并成薄膜，例如 SiO_2 基板上的 Au 薄膜。这一生长模式表明，被沉积物质的原子或分子更倾向于彼此相互键合起来，而避免与衬底原子键合，即被沉积物质与衬底之间的浸润性较差。

（2）层状生长（Frank-van der Merwe 型）模式：从成膜初期开始，一直按二维层状生长，例如硅基板上的硅薄膜。当被沉积物质与衬底之间浸润性很好时，被沉积物质的原子更倾向于与衬底原子键合。因此，薄膜从形核阶段开始即采取二维扩展模式。显然，在随后的过程中，只要沉积物原子间的键合倾向仍大于形成外表面的倾向，则薄膜生长将一直保持这种层状生长模式。

（3）先层状而后岛状的复合生长（Stranski-Krastanov 型）模式：又称为层状 - 岛状中间生长模式。在成膜初期，按二维层状生长，形成数层之后，生长模式转化为岛状模式。例如 Si 基板上的 Ag 薄膜。导致这种生长模式的转变，可能与①已沉积膜层（已作为基板表面）的表面能，②正沉积膜层的表面能，③二者界面点阵常数匹配状况（界面能）等的变化有关，致使开始时层状生长的自由能较低，但其后，岛状生长在能量上变得更为有利。

10.4.3 多晶薄膜的结构及热处理的改善

相对于薄膜材料而言，作为其构成材料的原物质的块，称为块体材料。例如，相对于铝薄膜，普通的铝材称为铝块体。日常生活中见到的铝、铁、不锈钢等多以块体材料的形式存在，它们一般是由矿石提取金属，去除杂质，添加必要的合金元素，最终制成产品。这种块体材料的内部缺陷一般是非常少的。由气相沉积法沉积的薄膜又是如何呢？

薄膜生长过程可比作乘客（原子及分子）挤公共汽车。刚上车的要寻找座位，已有座位的要更换更好的座位，由于秩序混乱，免不了拥挤和碰碰撞撞。这相当于原子排列缺乏规则性，得到的是充满缺陷的膜层。在这种情况下，如果汽车开起来（相当于热处理），乘客反倒会逐步安顿下来。这相当于原子规则排列，得到的是缺陷较少的多晶膜。

在薄膜内部，存在大量这样的缺陷和畸变等。为了追求器件的轻薄短小化，薄膜的厚度往往在微米甚至纳米级，这就对薄膜提出更高的要求。为使薄膜达到接近块体材料的性能，要采取各种手段（主要是热处理），使缺陷减低到最少。

10.4.4 如何获得理想的单晶薄膜

薄膜按其晶体结构，有单晶、多晶、非晶薄膜之分。单晶薄膜需要在单晶基板上通过外延（epitaxy）的方法才能做出。藉由外延生长的薄膜称为外延膜。所谓外延，是指在单晶基板上按特定的方位（晶面、晶向）生长出单晶薄膜，若薄膜与基板为相同材料，则为同质外延（homo-epitaxy）；若薄膜与基板为不同材料，则为异质外延（hetero-epitaxy）。同质外延晶格失配率 $m=(a_s-a_s)/a_s=0$。Si 在 Si（100）和 Si（111）衬底上面外延温度分别在室温 ~380℃和 450~550℃条件下，生长出完整和优质的单晶薄膜。对于异质外延来说，要求薄膜晶体应与衬底单晶具有相近的热膨胀系数，具晶格类型和晶格常数相互匹配。晶格失配率 <7% 时保持单一处延关系。目前蓝光 LED 就是在蓝宝石上外延 GaN 系单晶膜得到的。

如何才能获得理想的外延膜呢？（1）首先，作为单晶基板的表面要“新鲜”（清洁）。基板表面上不能吸附各种各样的气体及杂质等，最好是在高真空条件下使基板单晶解理（劈开），在露出新鲜的表面的同时进行薄膜沉积；（2）温度要高。对于不同金属（不限于金属），一般在某一温度之上才能形成外延膜，称此温度为该材料的外延温度；（3）尽量高的真空度。以防止被沉积原子氧化，保证被沉积材料清洁，防止气体混入。（4）沉积速率（薄膜的生长速度）要低。配合前几个因素，以便于沉积原子有足够的空间、时间和活力，通过扩散、迁移、重排等，实现有序化排列。

获得单晶薄膜的外延方法有：①分子束外延（MBE），②金属有机物化合物气相沉积（MOCVD），③脉冲激光沉积（PLD），④电子束沉积（EBD），⑤原子束沉积（ABD），⑥早期还有电泳沉积、化学气相沉积、液相外延法等。

本节重点

（1）薄膜生长的三种模式——岛状、层状、层状 + 岛状取决于哪些因素，如何控制？
（2）以真空蒸镀为例，说明薄膜形核、生长、并形成连续膜层的过程。
（3）何谓同质外延和异质外延，如何才能获得高质量的外延膜？

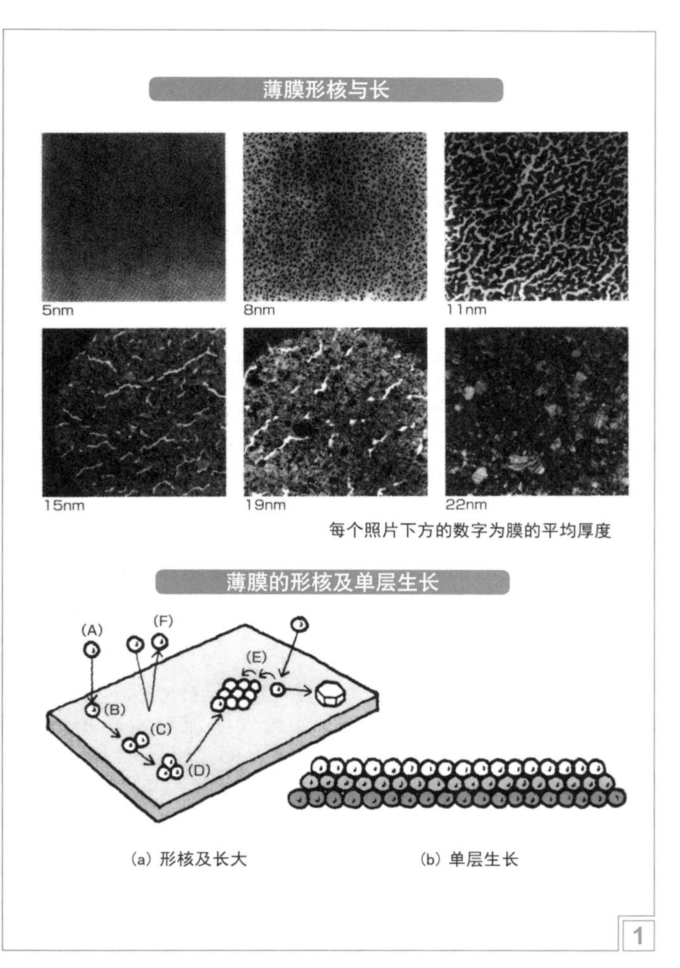

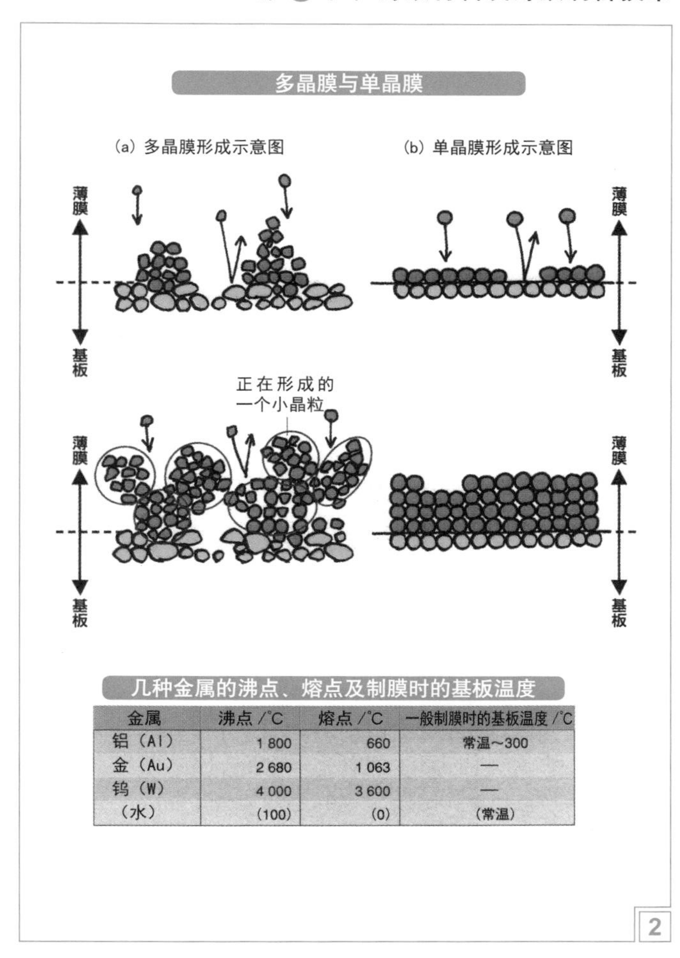

几种金属的沸点、熔点及制膜时的基板温度

金属	沸点/℃	熔点/℃	一般制膜时的基板温度/℃
铝 (Al)	1 800	660	常温～300
金 (Au)	2 680	1 063	—
钨 (W)	4 000	3 600	—
(水)	(100)	(0)	(常温)

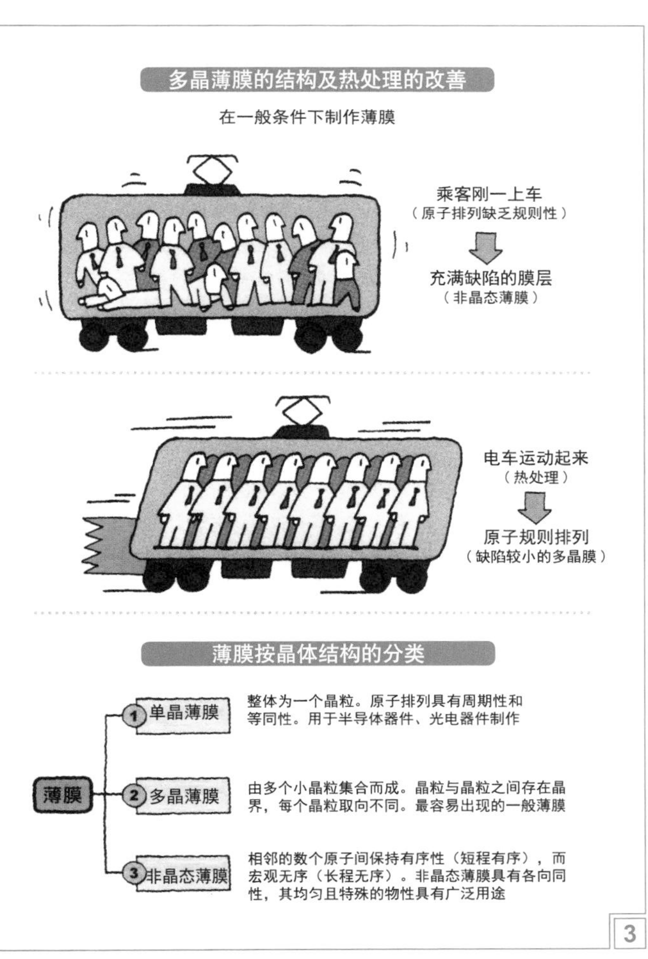

多晶薄膜的结构及热处理的改善
在一般条件下制作薄膜
乘客刚一上车
(原子排列缺乏规则性)
充满缺陷的膜层
(非晶态薄膜)
电车运动起来
(热处理)
原子规则排列
(缺陷较小的多晶膜)
薄膜按晶体结构的分类
薄膜
①单晶薄膜
整体为一个晶粒。原子排列具有周期性和等同性。用于半导体器件、光电器件制作
②多晶薄膜
由多个小晶粒集合而成。晶粒与晶粒之间存在晶界，每个晶粒取向不同。最容易出现的一般薄膜
③非晶态薄膜
相邻的数个原子间保持有序性（短程有序），而宏观无序（长程无序）。非晶态薄膜具有各向同性，其均匀且特殊的物性具有广泛用途
3

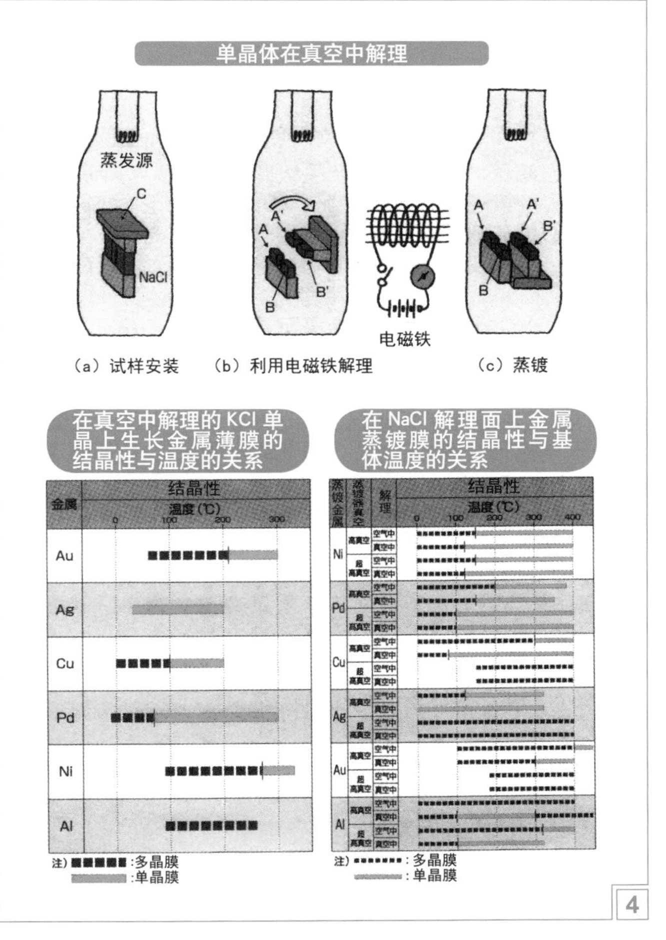

10.5 气体放电

10.5.1 气体放电是如何产生的

凡是电流通过气体的现象都称为气体放电。日光灯、霓虹灯、人体静电放电、雷鸣闪电、电火花、电弧、聚变堆中的高温等离子体等都属于气体放电。薄膜气相沉积采用的是低温、低气压下的气体放电。

众所周知，干燥的气体是良好的绝缘体。若有电流通过其中，说明气体已非绝缘体，而变成了导体，但是这种导体的电压 - 电流（伏安）特性是非线性的。气体放电的许多应用就是基于这种非线性。

气体放电依放电气体、放电气压、电极布置等内因，和外加电压高低及有无外致电离源等外因的不同而异。其中，若去掉外致电离源，仍能继续维持稳定放电的称为自持放电，不能维持放电的称为非自持放电。

自持放电是指，由外致电离源产生的离子在外加电压作用下，加速碰撞阴极表面而产生溅射作用，在阴极原子被溅射出的同时，还会产生二次电子。二次电子向阳极方向飞行的同时，与气体原子频繁碰撞，其中一些碰撞可能导致原子电离，得到一个正离子和一个电子。新产生的电子与原有电子一起，在加速电场作用下继续前进，又能引起原子的电离，电子数目便雪崩式地增长。外观表现为，当放电管两端的电压增加到某一特定值时，放电管内电流突然增大，致使气体击穿。此时，即使去掉外致电离源，放电仍能维持。非自持放电是指，若去掉外致电离源，虽然电极上仍加有原电压，但电流很快减小，以致放电不能维持而熄灭。

气体放电总的过程由一些基本过程构成，包括气体粒子的激发与电离、迁移、扩散、带电粒子的转化和消失等。基本过程的相互制约决定放电的具体形式和性状。

10.5.2 辉光放电等离子体的形态及放电区间各部分的名称

低压气体在着火之后一般都产生辉光放电。若电极是安装在玻璃管内，在气体压力约为 100Pa 且所加电压适中时，放电就呈现出明暗相间的八个区域。由阴极到阳极依次称为阿斯顿暗区、阴极辉区、阴极暗区（克鲁克斯暗区）、负辉区、法拉第暗区、正光柱区、阳极暗区、阳极辉区。

阿斯顿暗区是阴极前面的很薄的一层暗区，是阿斯顿于 1968 年在实验中发现的。在本区中，电子刚刚离开阴极，飞行距离尚短，从电场得到的能量不足以激发气体原子，因此没有发光。阴极光层紧接于阿斯顿暗区，由于电子通过阿斯顿暗区后已具有足以激发原子的能量，在本区造成激发而形成的区域，当激发态原子恢复为基态时就发光。阴极暗区，又称克鲁克斯暗区，抵达本区域的电子，能量较高，有利于电离而不利于激发，因此发光微弱。负辉区紧邻阴极暗区，且与阴极暗区有明显的分界。在分界线上发光最强，后逐渐变弱，并转入暗区，负辉区中的电子能量较为分散，既富于低能电子也富于高能电子。法拉第暗区是负辉区到正柱区的过渡区域。在本区中，电子能量很低，不发生激发或电离。正光柱区中电子、离子浓度很高。正柱区电位分布是线性的，电场是均匀分布的且较弱，因此迁移运动很弱，扩散运动占优势。正柱区具有良好的导电性能，一般发光均匀。阳极辉区和阳极暗区在放电中不是典型的区域。阳极位降一般很小，甚至可以为负。阳极辉区为激发较强的区域，阳极暗区为电离较强的区域。在辉光放电中，各参量与各种粒子在两极间的分布如图所示。

10.5.3 气体放电的伏安特性曲线

通常把通过放电管的电流随放电管两极间所加电压的变化关系称为放电管的伏安特性，而电流随电压的变化关系曲线称为伏安特性曲线。

当电源电压从零开始增加的低电压范围内，测得的放电电流极微弱，约 10^{-13}A 的量级，如 *OA* 段。*AB* 段电流随电压增加改变极微小，称为饱和电流区域，饱和电流的大小随外界电离源的强弱而变化，外电离源越强，饱和电流越大。*OB* 段称为非自持暗放电区，只能观察到极微弱的光辐射。当电压增加到 *B* 点时，若限流电阻不是很大，可观察到电流迅速增大，有较弱的光辐射，*B* 点电压称为击穿电压，*BC* 段称为自持暗放电。*CE* 段曲线表明了管压降随电流的增大而减小，放电发展到 *E* 点达到稳定状态，*CE* 段包括了电晕放电区和前期辉光放电区。若外线路没有变化，这时放电管可维持稳定放电，如果使限流电阻减小，放电电流可继续增大，而管压降却维持不变，出现了 EF 段水平曲线，*EF* 的放电状态称为正常辉光放电。当再调节限流电阻，使电阻继续减小，则电流继续增大，其管压降不再维持稳定，而是随着电流的增大而增大，*FG* 段称为异常辉光放电区。当电流增大到 *G* 点时，再继续减小限流电阻或提高电源电压，放电电流极速增大，管压降也猛然下降，出现了负伏安特性的 *GHI* 段曲线，这时可观察到耀眼的较强光辐射。*GH* 段称为辉弧过渡区，*HI* 段称为弧光放电区。

10.5.4 磁控气体放电

磁控放电是指在二极放电中增加一个平行于靶表面的封闭磁场，借助于靶表面上形成的正交电磁场，把二次电子束缚在靶表面特定区域来增强电离效率，增加离子密度和能量，从而实现高速率放电的过程。

磁控放电的基本原理，就是以磁场来改变电子的运动方向，并束缚和延长电子的运动轨迹，从而提高了电子对工作气体的电离几率和有效地利用了电子的能量。因此，使正离子对靶材轰击所引起的靶材溅射更加有效。同时，受正交电磁场束缚的电子，又只能在其能量要耗尽时才耗散在基片上。即电子在电场 *E* 的作用下，在飞向基片过程中与氩原子发生碰撞，使其电离产生出 Ar 正离子和新的电子；新电子飞向基片，Ar 离子在电场作用下加速飞向阴极靶，并以高能量轰击靶表面，使靶材发生溅射。

磁控放电包括很多种类。各有不同工作原理和应用对象。但有一共同点：利用磁场与电场交互作用，使电子在靶表面附近成圆滚线（螺旋状）运动，从而增大电子撞击氩气产生离子的概率。所产生的离子在电场作用下撞向靶面从而溅射出靶材。

本节重点

（1）何谓气体放电？气体放电是如何产生的？
（2）说出辉光放电区间各部分的名称及特点。
（3）画出气体放电的伏安特性曲线，说出曲线各区段的名称及特点。

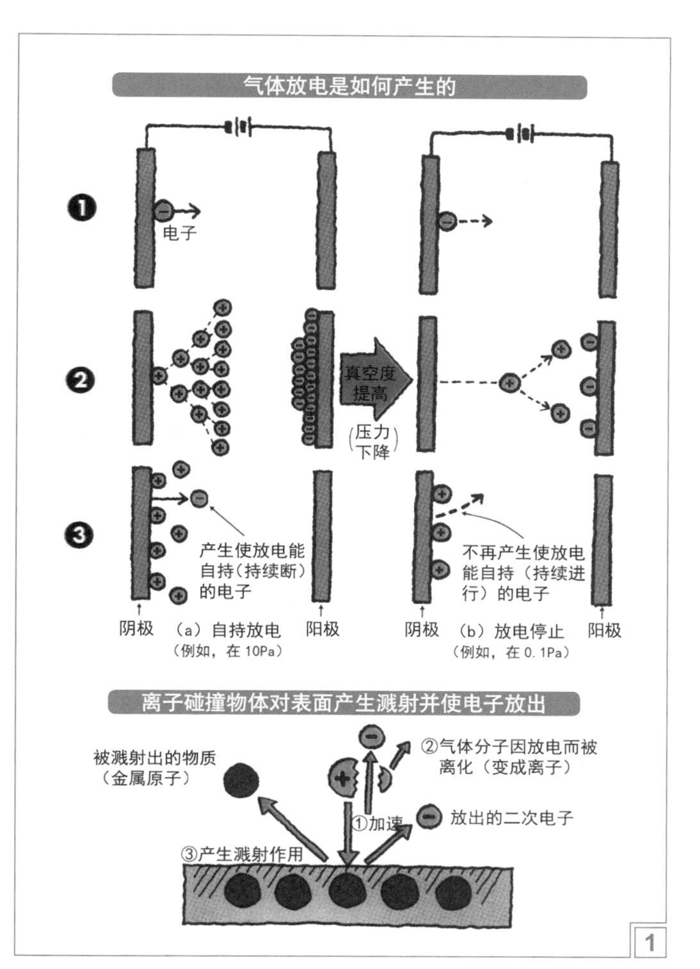

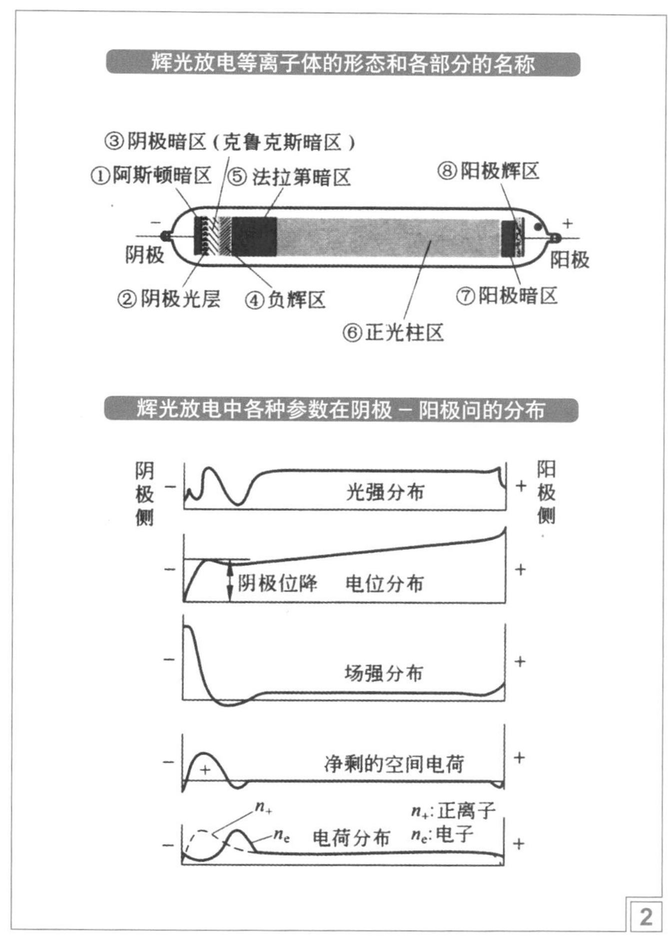

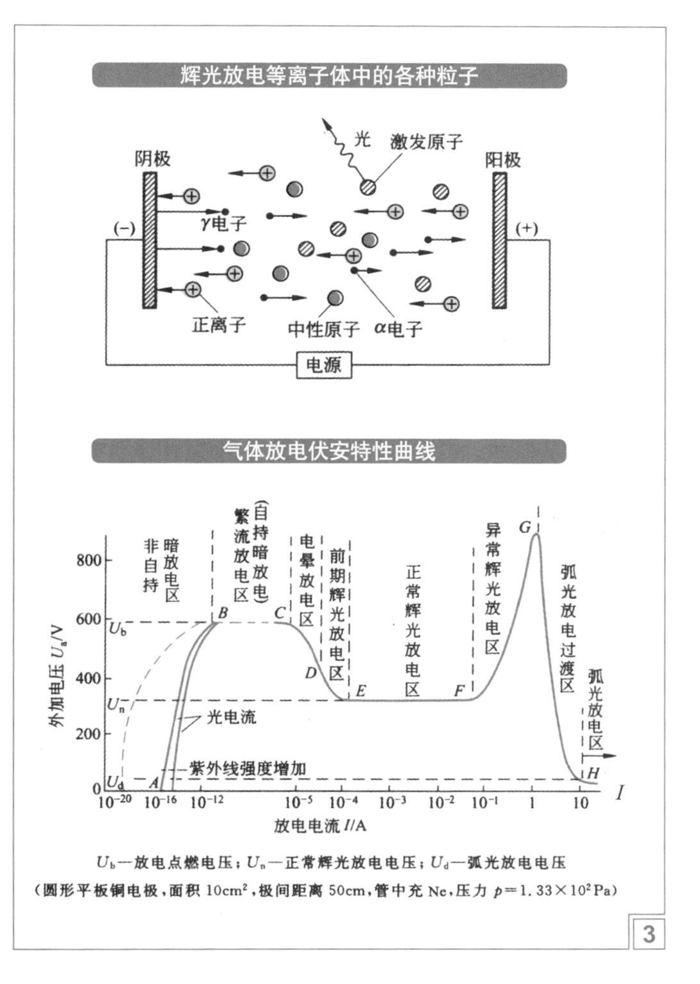

U_b—放电点燃电压；U_n—正常辉光放电电压；U_d—弧光放电电压
(圆形平板铜电极，面积10cm²，极间距离50cm，管中充Ne，压力 $p=1.33\times10^2$ Pa)

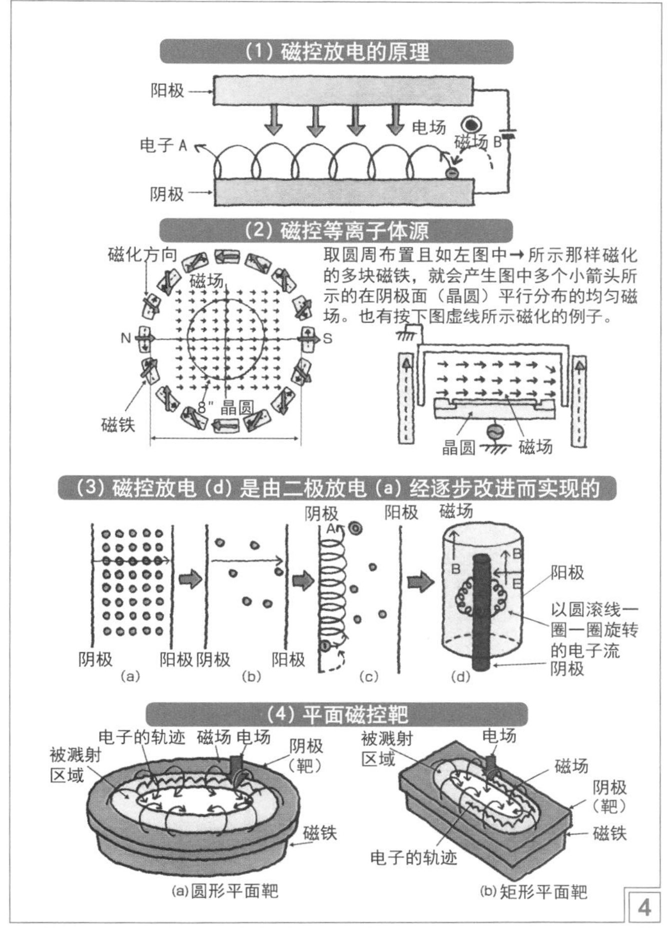

10.6 等离子体与薄膜沉积

10.6.1 等离子体的特性参数

等离子体又叫做电浆（plasma），由原子的部分电子被剥离或原子被电离产生，是由相等的正负带电粒子组成的气态物质。它广泛存在于宇宙中，除固、液、气之外，常被视为物质的第四态。广义上，等离子体可定义为：带正电的粒子与带负电的粒子具有几乎相同的密度，整体呈电中性状态的粒子集合体。按电离程度，等离子体可分为部分电离及弱电离等离子体和完全电离等离子体两大类。前者气体中大部分为中性粒子，只有部分或极少量中性粒子被电离；后者气体中几乎所有中性粒子都被电离，而呈离子态、电子态，带电粒子密度 10^{10}~10^{15} 个 /cm^3。

在薄膜技术中，所利用的几乎都是部分电离及弱电离等离子体，由气体放电产生，故称其为气体放电等离子体。在这种离子体中，只要电离度达到 1%，其导电率就与完全电离等离子体相同。在等离子体中，除了离子、电子之外，还有处于激发状态的原子、分子以及由分子离解而形成的活性基（radical）。此外，被激发原子和分子等在返回基态的过程（回复）中，会产生原子固有的发光。同时，在等离子体中或反应器壁面上，也不断发生着离子与电子间的复合。等离子体处于上述电离与复合的平衡状态。

等离子体是一种很好的导电体，利用经过巧妙设计的磁场可以捕捉、移动和加速等离子体。等离子体具有很高的电导率，与电磁场存在极强的耦合作用。等离子体主要的特性参量有气体离化率，电子、离子密度，电子、离子温度，等离子体频率和德拜长度等。但是根据气体放电的形式不同，比如 ICP、CCP、微波等，所关注特性参量的侧重点也不尽相同。

10.6.2 薄膜沉积技术中的等离子体

现代薄膜沉积与等离子体密不可分。等离子体的产生方法有图中所示的五种类型。

（1）二极放电型　采用 10.5.1 节所述的气体放电，是最早采用的方法。由于结构简单，可以形成大面积的等离子体，已广泛用于溅射镀膜、干法刻蚀、化学气相沉积等。缺点是工作压力相对较高，低于 1Pa 难以产生气体放电。

（2）热电子放电型　由热阴极发生的大量热电子在向阳极运动的过程中，与气体分子发生碰撞，产生等离子体。这种方法是为了降低二极放电型的放电气压而开发的。缺点是热阴极易与氧等发生反应，寿命较短，反应产物会造成真空气氛沾污等。

（3）磁控放电型　利用靶表面互相垂直的电磁场，使二次电子在靶表面做圆滚线运动，提高溅射效率。可显著降低二极放电型的放电气压。由于不采用热阴极，故在氧、氯等活性气体中也可使用。已广泛用于溅射镀膜，与化学气相沉积一起，已成为薄膜制作的主要方式。

（4）无电极放电型　在石英管等绝缘管的外部绕以高频线圈，由于高频感应在放电容器内部形成等离子体。通过对放电空间中高频波放射方法的改进，已取得重大进展。由于在等离子体空间中无金属电极，几乎不会发生金属被溅射而造成的污染。已广泛用于干法刻蚀、化学气相沉积等。

（5）ECR 放电型　在共振室中送入微波，调整轴向磁场强度和微波的频率，使二者达到最佳化，引起内部的电子共振（electron cyclotron resonance，ECR），可在低压力下获得高密度等离子体。也可采用冷阴极，已广泛用于溅射镀膜、干法刻蚀、溅射镀膜等。

等离子体的应用已涵盖广阔的领域。等离子体的研究正集中于高密度、低压力、大面积、均匀化等方面。

10.6.3 离子参与的薄膜沉积法及沉积粒子的能量分布

在理想气体中，气体分子热运动的平均动能 $E=3/2 \cdot kT$。在室温（300K）下，E 仅为约 0.04eV，即使在热蒸发温度（例如 2000K）下，E 也只有约 0.26 eV。热蒸发原子以这样低的能量沉积在基板上，往往达不到理想的附着力。使离子参与薄膜沉积过程，既可提高沉积原子的能量又可以增加其活性，不仅能提高膜层的附着力，还可藉由气相化学反应沉积化合物薄膜。

例如，离子镀是在被镀基板上加负偏压，在一定放电压力下，藉由气体放电产生等离子体，使蒸发原子部分电离，同时产生许多高能量的中性原子。这样，在负偏压作用下，离子以很高的能量沉积在基板上。

10.6.4 超净工作间（无尘室）

普通实验条件下在玻璃表面上形成薄膜后，若对着太阳仔细观看，则会发现不少透光小洞，称此为针孔。对于薄膜制作者来说，针孔可谓大敌，因为针孔往往造成致命的断线。针孔的产生，几乎都是由于存在于基板上的固体沾污（颗粒、灰尘等）所致。

制作薄膜的房间需要用过滤器将灰尘去除，以保证成膜环境清洁。工作室的清洁度由图中所示的规格来表示。1 级表示在每立方米的空间中，0.3μm 的灰尘要在 1 个以下、0.1μm 的灰尘要在 10 个以下。

为保持清洁度，使房间中不发生灰尘是第一要务。由于灰尘易动，一处发出的灰尘会污染整个房间。人是产生灰尘的最大原因。因此，身着无尘服，实现无人化是重要的防尘措施。此外，还要将普通纸改为塑料纸，由铅笔改为圆珠笔等。

对于真空装置，例如油回转泵等的运动部分也要置于超净工作间的外面。对于不能外设的情况，要用特设的管路将泵排出的混有油污小颗粒的尾气排出室外。即使真空室中，也存在由于薄膜剥离、掉落而造成的灰尘。这些灰尘若不彻底去除，当真空阀快速开启时会在真空室中产生紊流，造成灰尘泛起，成为针孔的原因。即使超净工作间中使用的水、化学药品等也必须去除灰尘。这些是实现超微细加工，获得超密度化的前提。

本节重点

（1）何谓等离子体？等离子体中，T_e、T_i、T_g 是如何如何定义的？
（2）比较常用的薄膜沉积方法中，沉积粒子所带的能量。
（3）超净工作间中空气的洁净度等级是如何定义的？

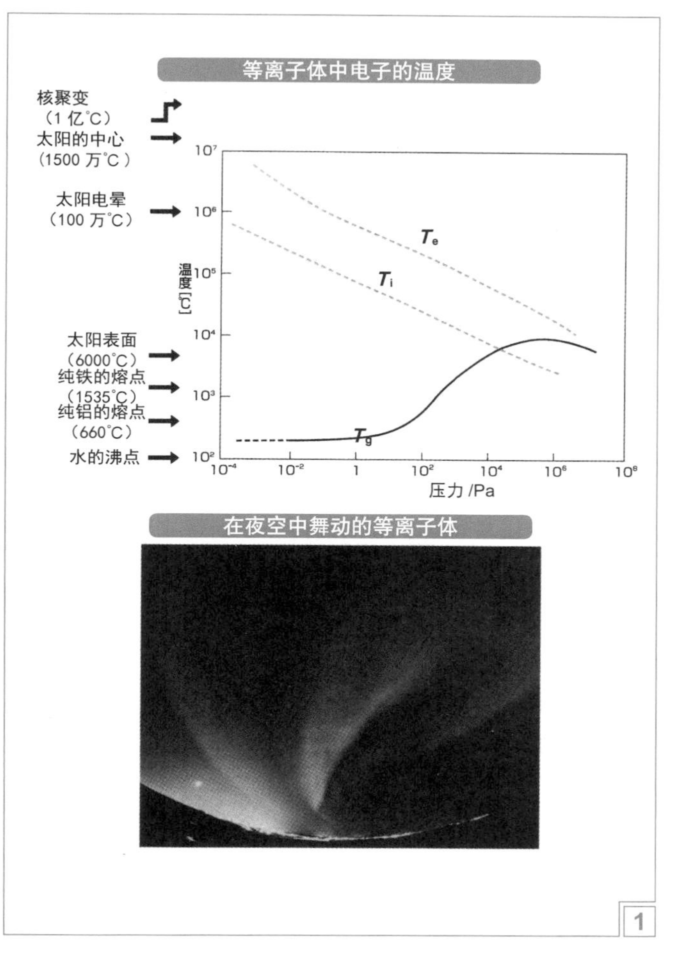

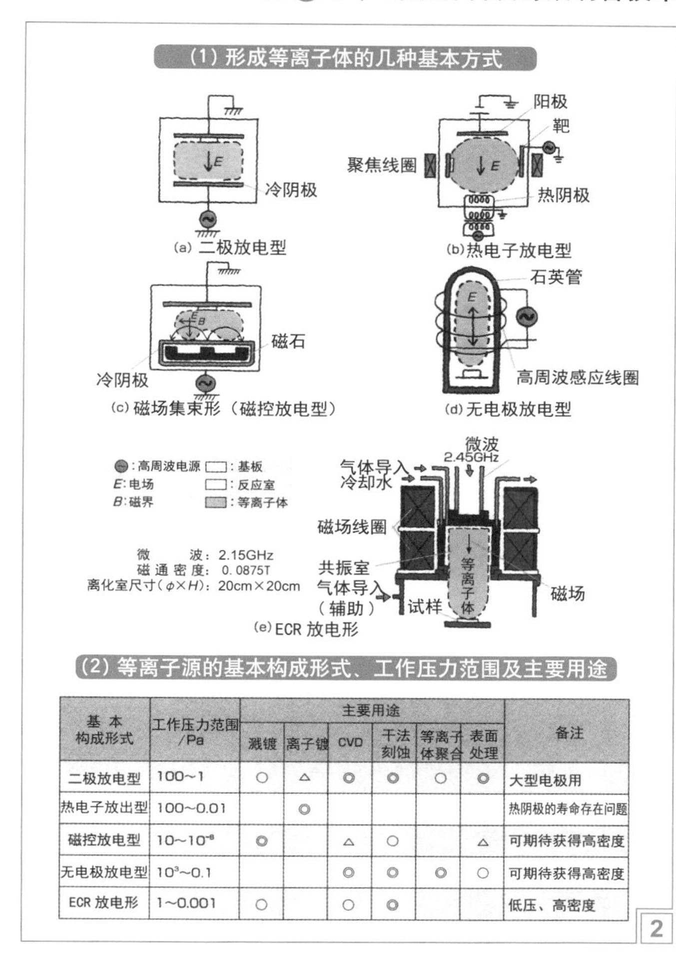

基本构成形式	工作压力范围/Pa	主要用途：溅镀	离子镀	CVD	干法刻蚀	等离子体聚合	表面处理	备注
二极放电型	100~1	○	△	◎	◎	○	◎	大型电极用
热电子放出型	100~0.01		◎					热阴极的寿命存在问题
磁控放电型	10~10⁻⁸	◎		△	○		△	可期待获得高密度
无电极放电型	10³~0.1			◎	◎	◎	○	可期待获得高密度
ECR 放电形	1~0.001	○		○	◎			低压、高密度

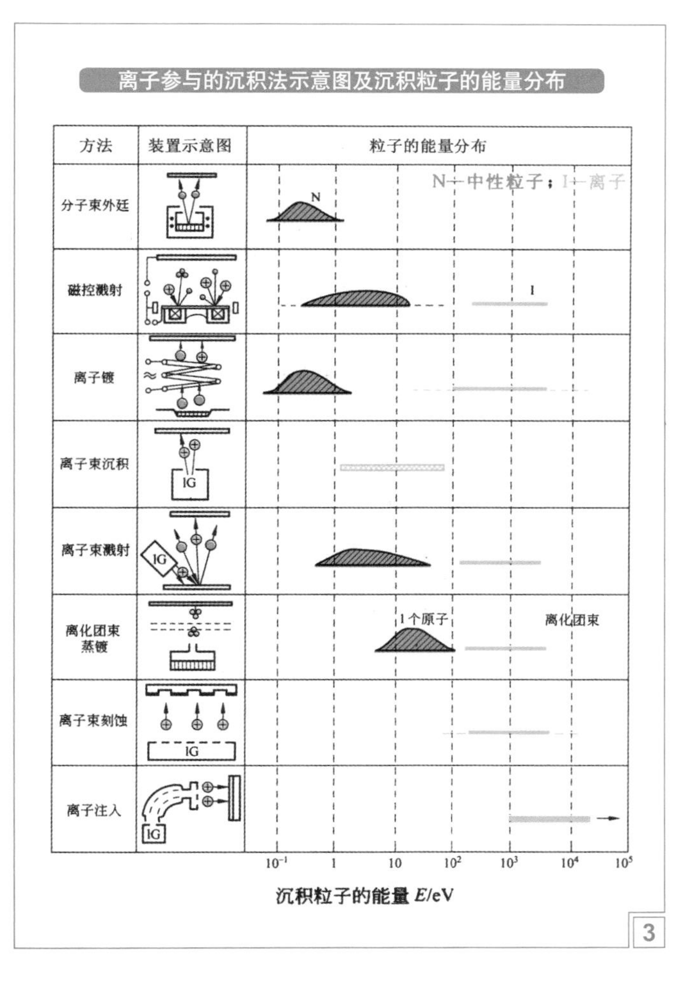

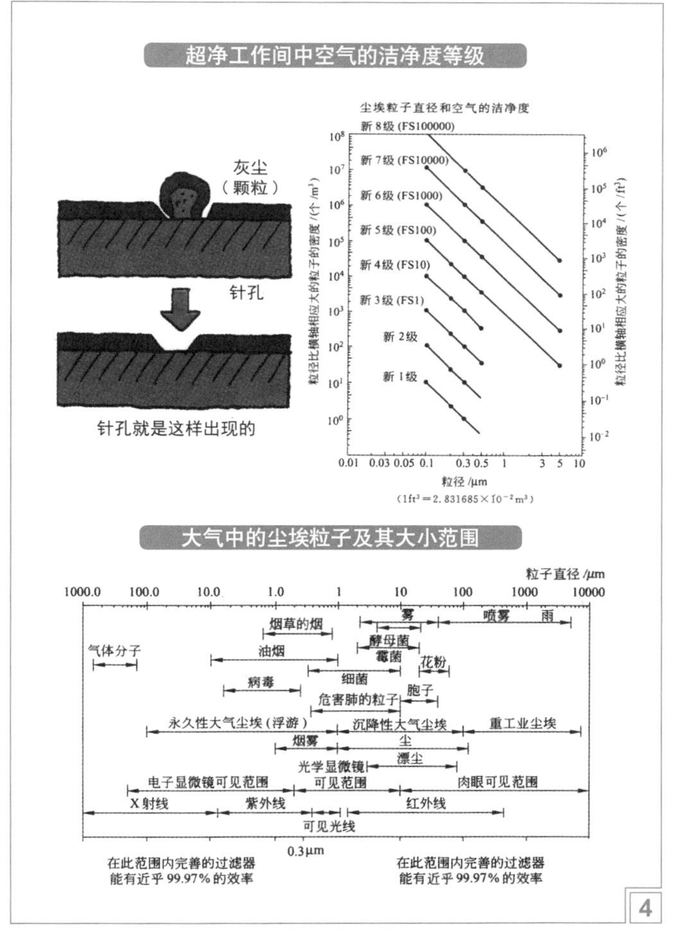

10.7 物理气相沉积（1）——真空蒸镀

10.7.1 各种类型的蒸发源

为了使蒸气压达到 1Pa（约 10^{-2}Torr）量级，需要将待蒸发的材料（镀料）加热到比熔点稍高的温度。当然，有的物质（Cr，Mo，Si，Mg，Mn 等）在比熔点低的温度下就发生升华，而有的物质（Al，In，Ga 等）在比熔点高得多的温度下才能升华。一般来说，要获得高蒸发速率，就需要加热到更高的温度。

为了加热，需要利用加热丝（细丝）、板（蒸发舟）、容器（坩埚）等，其上放置镀料。可是，一旦这些坩埚之类的蒸发源材料与镀料起反应，形成了合金，就再也不能使用了，必须更换。另外，若以形成的合金和坩埚材料蒸发出来，还会降低膜的纯度。要想避免这种情况，需要正确选择蒸发源材料和形状。

一般说来，蒸发低熔点材料采用电阻蒸发法；蒸发高熔点材料，特别是在纯度要求很高的情况下，则选用能量密度高的电子束蒸发法；当蒸发速率大时，可考虑采用高频法。此外，近年来还开发出脉冲激光法，反应蒸镀法，空心阴极电子束法等。

10.7.2 电阻加热蒸发源

电阻蒸发源通常适用于熔点低于 1500℃ 的镀料。灯丝和蒸发舟等加热体所需电功率一般为 $(150\sim500)\text{A}\times10\text{V}$，为低电压大电流方式。通过电流的焦耳热使镀料熔化、蒸发或升华。电阻蒸发源采用 W、Ta、Mo、Nb 等难熔金属（用于 Ag、Al、Cu、Cr、Au、Ni 等的蒸发），有时也用 Fe、Ni、镍铬合金（用于 Bi、Cd、Mg、Pb、Sb、Se、Sn、Ti 等的蒸发）和 Pt（Cu）等，做成适当的形状，其上装上镀料，让电流通过，对镀料进行直接加热蒸发；或者把待蒸发材料放入 Al_2O_3、BeO 等坩埚中进行间接加热蒸发。电阻蒸发源的形状随要求不同各异。

通常对电阻蒸发源的要求有：①熔点要高；②饱和蒸气压要低，以防止和减少在高温下蒸发源材料会随蒸发材料而成为杂质进入蒸镀膜层中；③化学性能稳定，在高温下不应与蒸发材料发生化学反应；④具有良好的耐热性，功率密度变化较小；⑤原料丰富，经济耐用。

电阻蒸发源结构简单，造价低廉，操作方便，使用相当普遍；但加热所达最高温度有限、蒸发速率较低、蒸发面积大、不适用于高纯和高熔点物质的蒸发。

10.7.3 电子束蒸发源

电子束蒸发克服了一般电阻加热蒸发的许多缺点，特别适合制作高熔点薄膜材料和高纯薄膜材料。

热电子由灯丝发射后，被加速阳极加速，获得动能轰击到处于阳极的被蒸发材料上，使其加热气化，而实现蒸发镀膜。若不考虑发射电子的初速度，被电场加速后的电子动能为 $1/2\cdot mv^2$，它应与初始位置时电子的电势能相等，即 $1/2\cdot mv^2=eU$。其中，m 是电子质量（9.1×10^{-31}kg）；e 是电子电量（1.6×10^{-16}C）；U 是加速电压（V）。由此得出电子轰击镀料的速度 $v=5.93\times10^5U$（m/s）。假如 U=10kV，则电子速度可达 6×10^4km/s。这样高速运动的电子流在一定的电磁场作用下，汇聚成束轰击到蒸发材料表面，动能变为热能。电子束的功率 $W=neU$。其中，n 是电子流量（s^{-1}）；$I=ne$ 是电子束的束流强度（A）。若 t 为束流作用的时间（s），则其产生的热量为 Q（J）=$0.24Wt$。

在加速电压很高时，由上式所产生的热能可足以使镀料气化蒸发，从而成为真空技术中的一种良好热源。电子束蒸发的优点为：

（1）电子束轰击热源的束流密度高，能获得远比电阻加热源更大的能量密度。可在一个不太大的面积上达到 $10^4\sim10^9\text{W/cm}^2$ 的功率密度，因此可以使高熔点（可高达 3000℃ 以上）材料蒸发，并且能有较高的蒸发速率。例如可蒸发 W、Mo、Ge、SiO_2、Al_2O_3 等。

（2）镀料置于水冷铜坩埚内，可避免容器材料的蒸发，以及容器材料与镀料之间的反应，这对提高镀膜的纯度极为重要。

（3）热量可直接加热到蒸发材料表面，因此热效率高，热传导和热辐射的损失少。

10.7.4 e 型电子枪的结构和工作原理

电子束蒸发源所采用电子枪，按电子束聚焦方式的不同分类：直式电子枪、环枪（电偏转）、e 型枪（磁偏转）。实际上，后者多为采用。

e 型电子枪即 270° 偏转的电子枪，它克服了直枪的缺点，是目前应用较多的电子束蒸发源。热电子由灯丝发射后，被阳极加速。在与电子束垂直的方向设置均匀磁场。电子在正交电磁场的作用下受洛伦兹力的作用偏转 270°，e 型枪因此得名。

常用 e 型枪的电压为 10kV，束流 300mA~1A。通过调整阴阳极寸、相对位置和磁场的设置可以调整电子束束斑的直径和位置。电子束偏转半径 r_m 由洛伦兹力即为向心力的关 $evB=mv^2/r_m$ 确定，得 $r_m=mv/eB$。利用 $v=\sqrt{2eU/m}$ 的关系代入上式并代入 e、m 的数据，得 $r_m=3.37\times10^{-6}\sqrt{v}/B$[m]。式中，$U$ 为加速电压（V）；B 为偏转磁场的磁感应强度（T）。因此调整 U 和 B 可以调整电子束斑点的位置，使电子束准确地具焦在坩埚中心。

e 型枪的优点是正离子的偏转方向与电子的偏转方向相反，因此可以避免直枪中正离子对镀层的污染。

电子枪一般在高真空条件下才能正常发射电子束。若真空度太低，电子束在运动过程中会与气体分子发生碰撞，使后者电离，将电子枪阴阳极之间的空隙击穿，使电子枪不能正常发射电子。

e 型枪电子束蒸发源的优点：直接加热，能量密度大，效率高、可蒸发高熔点材料；电子束焦斑大小可调，位置可控；灯丝易屏蔽保护，不受污染，寿命长；水冷坩埚，避免反应、不易污染，提高薄膜纯度；成膜质量较好。缺点：要求高真空、设备成本高；装置复杂、残余气体和部分蒸气电离、对薄膜性能产生影响。

本节重点

（1）通常采用的热蒸发源共有哪几种，分别简述。
（2）电阻蒸发源的结构和所用材料。
（3）电子蒸发源功率、电子束偏转半径、束斑直径是如何调节与控制的？

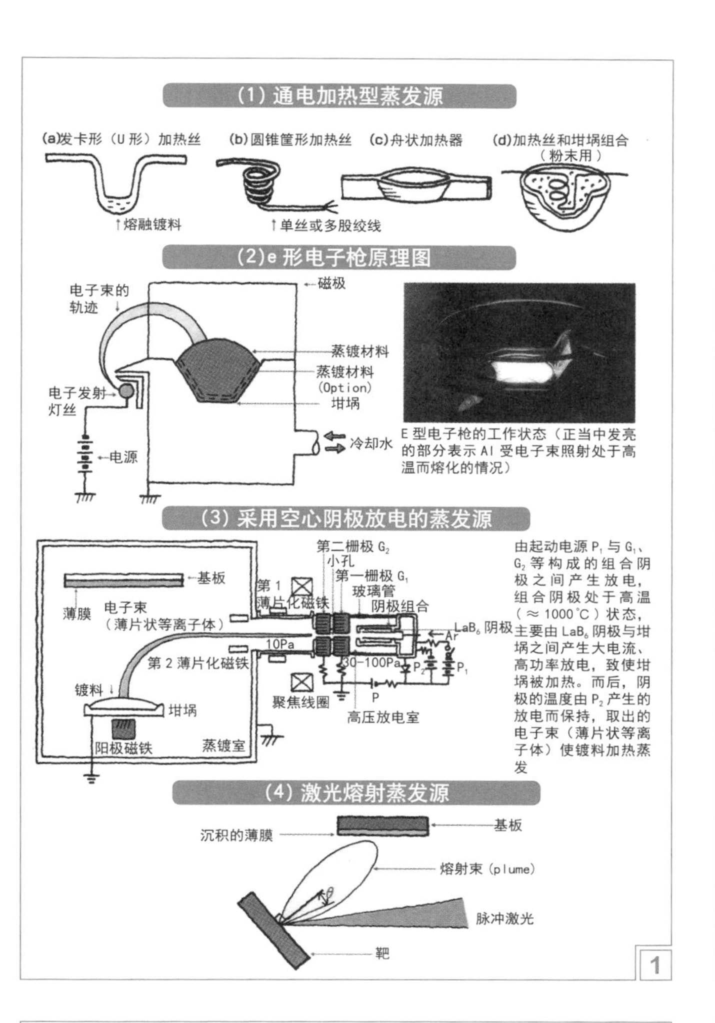

1

各种不同类型的电阻加热式蒸发源

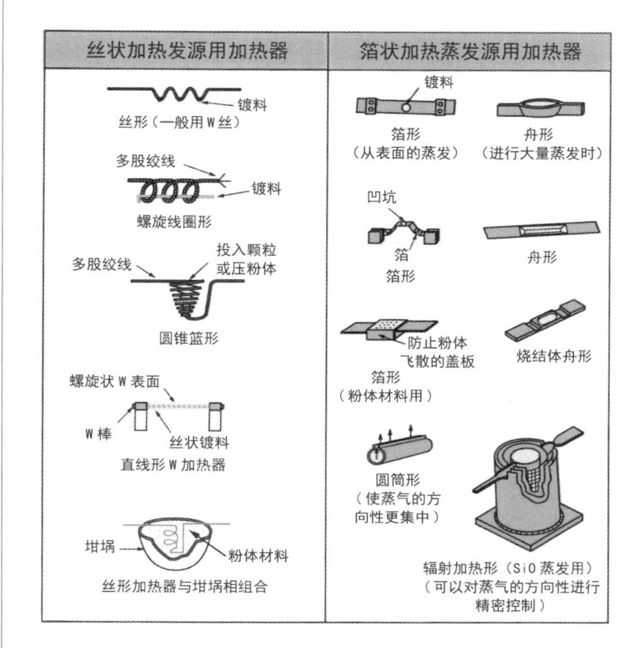

说明：

（1）电阻蒸发源通常适用于熔点低于1500℃的镀料。采用低电压大电流供电方式。

（2）对电阻蒸发源材料的要求有：熔点高，饱和蒸气压低，化学性能稳定，在高温下不与被蒸发材料发生化学反应，耐热性好，原料丰富。

（3）常用的蒸发源材料有W、Mo、Ta等难熔金属，或耐高温的金属氧化物、陶瓷以及石墨坩埚。

2

电子束蒸发源的基本构造

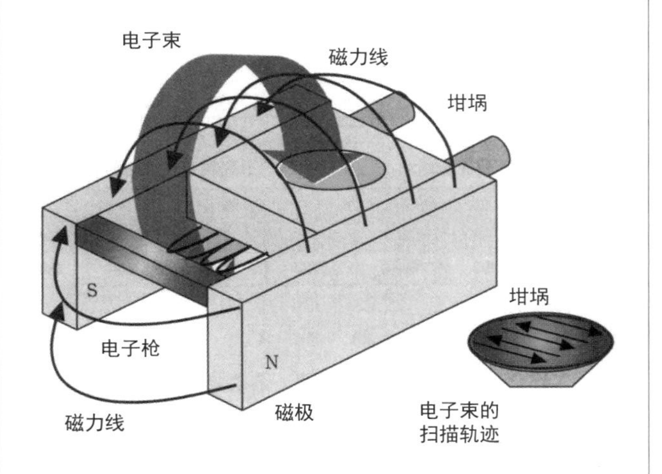

（1）由 $\frac{1}{2}mv^2 = eU$，得

$$v = \sqrt{\frac{2eU}{m}} = 5.93\times10^5\sqrt{U}\,(\mathrm{m/s})$$

（2）由 $evB = \frac{mv^2}{r_m}$，得

$$r_m = \frac{mv}{eB} = 3.37\times10^{-6}\frac{\sqrt{U}}{B}\,(\mathrm{m})$$

3

电子束蒸发源的外观

e型电子枪的结构和工作原理

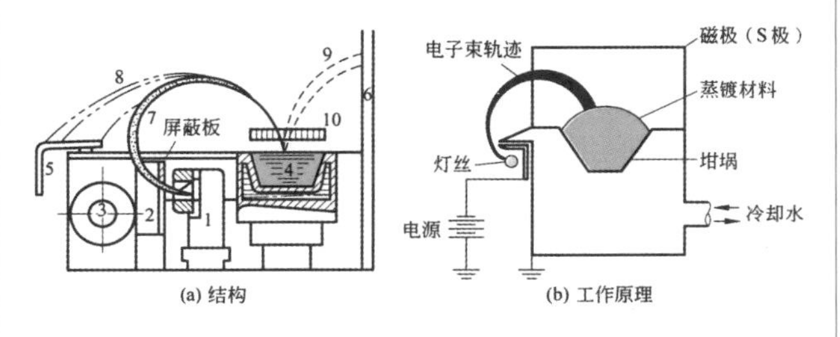

(a) 结构　　(b) 工作原理

1—发射体；2—阳极；3—电磁线圈；4—水冷坩埚；5—收集极；6—吸收极；7—电子轨迹；8—正离子轨迹；9—散射电子轨迹；10—等离子体

4

10.8 物理气相沉积（2）——离子镀和激光熔射

10.8.1 如何实现膜厚均匀性

由蒸发源飞出的原子或分子，在真空中以声速沿直线前进。其前进方向，或说发射特性，依源的不同而异。U 字形灯丝的情况，熔融的材料为如图所示的球状，由此如同点光源发出的光那样向着四面八方，按空间均等飞行，称此为点源。

另一方面，在采用舟状灯丝的情况，蒸发材料仅在舟的上方飞出，受加热器（舟形状）的影响，蒸发材料难以在水平方向飞出。称此为小平面源。从小平面源飞出蒸发材料量的空间分布不均等，设飞出方向与表面垂线所成角度为 Φ，则飞出量与 $\cos\Phi$ 成正比。源的正上方 $\cos 0=1$；45° 方向 $\cos 45°=0.7$，为正上方的 70%；而在水平方向 $\cos 90°=0$，即飞出蒸发材料量为 0。将上述关系用图表示，即为图（1）（b）所示的圆（立体看为球）。

现在，看一看源上方距源中心为 h 的平面上的膜厚分布。若源正上方的膜厚为 t_0，则 Φ 角（表现为 δ/h，δ 为离开源中心的水平距离）处对应的相对膜厚 t/t_0 如图（2）所示。打一个比方，在点光源的上方隔着一张纸看，可发现中心亮而周围逐渐变暗。这说明，简单地按平面状来布置基板，难以实现均匀的膜厚。

通常藉由以下措施实现膜厚均匀化：①采用行星式基板托架，在托架公转的同时，基板自转；②蒸发源环形配置；③蒸发源固定，基片旋转方式；④对于薄膜状基材，幅度很宽的情况，可采用平行放置的细长平面蒸发源，或者上、下并行放置平面蒸发源，使基膜在中间沿 y 轴方向行走而成膜。

10.8.2 离子参与的薄膜沉积——离子镀和离子束辅助沉积

有离子参与的气相沉积可明显改善膜层的附着强度。离子镀就是其中之一。由源发出的原子或分子在飞行途中一部分被电离，由于电场加速，使其速度达到原来的数万倍、数百万倍，以很高的能量碰撞基板。在成膜过程中还有轰击效果，可明显改善膜层的结晶性。离子镀有下述四种类型：

（1）直流二极型，见 10.6.2（1）。

（2）高频型。在直流二极型的基板和蒸发源之间置入高频（RF）线圈，在压力下降一个数量级（真空度提高一个数量级）的气氛下也可以放电镀膜。

（3）离化团簇型。将加热器蒸发的材料通过坩埚上方的小孔喷出，并采用热阴极发出的电子使其离化，向着负电位的基板被加速，在碰撞基板的同时成膜。

（4）热阴极型。不是采用团簇而是采用原子或分子的形式被离化沉积。

还有多种藉由离子的沉积方法，将其统称为离子辅助沉积（见图（2））。其中，（a）为蒸镀的同时用离子束照射，（b）为使蒸镀的材料作为离子束，（c）为用离子束溅射靶材而制作薄膜。图（3）表示使用离子对基板及薄膜的表面进行改性的方法（表面改性）。（a）例如采用氧离子就可以在表面形成氧化膜；（b）使做成的薄膜与母材混合；（c）是与图（2）（a）相同的方法。采用这些方法可获得附着强度更好的薄膜。

10.8.3 脉冲激光熔射

在氧化物高温超导膜研究如火如荼之时，为保证薄膜材料与原材料的组成一致，所采用的方法是可实现瞬时蒸发的脉冲激光熔射（pulsed laser ablation，PLA）。

如图（1）（a）所示，用激光束照射靶（欲形成薄膜的材料），则产生称作熔射束的发光，并由其在基板上形成薄膜。众所周知，激光的能量密度极高，一个脉冲瞬间即可在照射位置产生高温，使镀料蒸发（图（1）（b））。这与板状材料的闪蒸法十分类似，从而可获得组成变化小的薄膜。这种脉冲也可以在 1s 内发射数千次，由此制作出连续的薄膜。

图（2）表示，由这种方法做出的高温超导膜 YBaCuO（钇钡铜氧）的膜厚和组成比，同与靶表面法线所成角度的关系。在图（a）所示膜厚分布与 θ 角的关系中可明显看出，与 B 表示的微小平面源的发射特性服从余弦定律相比较，A 表示出尖锐的指向性（$\cos^{11}\theta$）。这说明脉冲激光熔射的蒸发并不是按微小平面源进行的。估计蒸发是按图（1）（b）所示的熔孔方式进行的。详细的机理可考虑如下：①由于吸收激光，镀料局部温度急剧上升；②急剧温升导致材料的急剧液化、气化。局部的表面由于辐射冷却及材料的汽化热，造成比其内部低的温度（内部的温度高）；③比最表面温度高的局部发生爆炸，此时，最表面层等低温层也会被吹起。

图（2）（b）所示是组成随 θ 角的变化关系，发现在指向性锐（θ 角小）的范围内，可以制作出组成变化小的薄膜。

PLA 的设备昂贵，操作也不太容易，这是脉冲激光熔射法的缺点。

10.8.4 磁性膜和 ITO 透明导电膜

音响、视频、计算机等用的磁带、磁盘等采用的是由金属磁性体蒸镀制作的磁性膜。

对磁性体外加磁场，磁性体被磁化。一旦磁化，即使外磁场变为 0，仍有磁化残留。图（1）所示即为磁场强度（H）从 0 到施加的各种数值时所对应的磁化状态，表现为一回线，称其为磁滞回线。随着磁场逐渐变强，磁化强度经 a 向着 b 移动，并在 b 达到饱和。由此，H 向着减小的方向变化，在 c 点即使 $H=0$，仍残留大小为 B_r 的磁化（残留磁化强度）。由此，若加反向磁场，达到 d 点对应的磁场大小，残留磁化消失，在 e 点达到逆饱和，减弱反向磁场，经 f、g、b 描出一条完整的回线。回线中 d 点所对应的磁场 H_c，由于表示保持残留磁化强度的能力，故称其为矫顽力。对于硬磁材料来说，矫顽力越大越好。这是由于，对于永磁体及磁记忆装置来说，即使施加逆磁场，其磁性也不会消除。图（2）表示磁性膜（Ni）的矫顽力与膜厚的关系。从希望矫顽力与膜厚无关而保持一定的要求看，B-47 和 74 较好。二者对应 p/r，即蒸镀时的压力 / 蒸镀速度的比值，较小的情况。另一方面，B-83（真空度低）的情况从 B 到 C 的膜厚下矫顽力大，这也有利用价值。它是由反应蒸镀法得到的。

微机、电脑、手机等显示屏以及液晶电视都要使用既透明又导电的薄膜。按一般常识，透明的材料往往不导电，但由铟（In）和锡（Sn）的氧化物（ITO）就可以实现既透明又导电。图（3）表示随着 SnO_2 添加率的变化，光的透射率在可见光波长范围内的变化。可以看出，在添加量为 2.5%~5% 范围时，透射率最高。图（4）表示薄膜电阻与添加量的关系，可以看出，在添加量为 2.5%~5% 范围时，电阻率也最低。这说明该范围的添加量适合于透明导电膜。

本节重点

（1）在实际的镀膜过程中，从蒸发源和基片支架两方面考虑，如何保证膜厚均匀性？

（2）形成等离子体有哪几种基本方式？离子镀有哪几种方法？

（3）激光熔射的原理以及激光熔射在 YBCO 超导体膜、磁性膜和 ITO 透明导电膜制作中的应用。

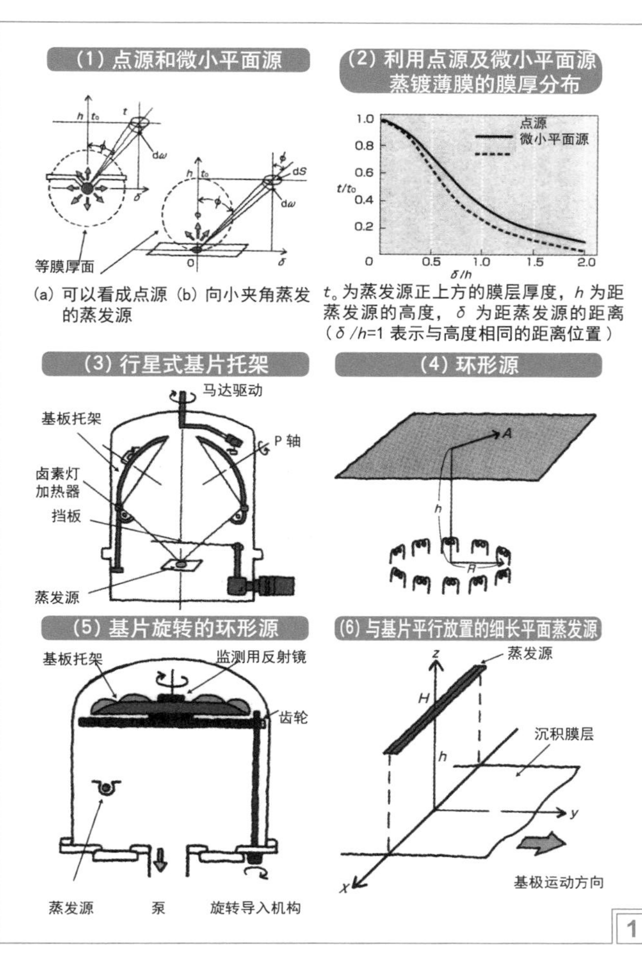

1

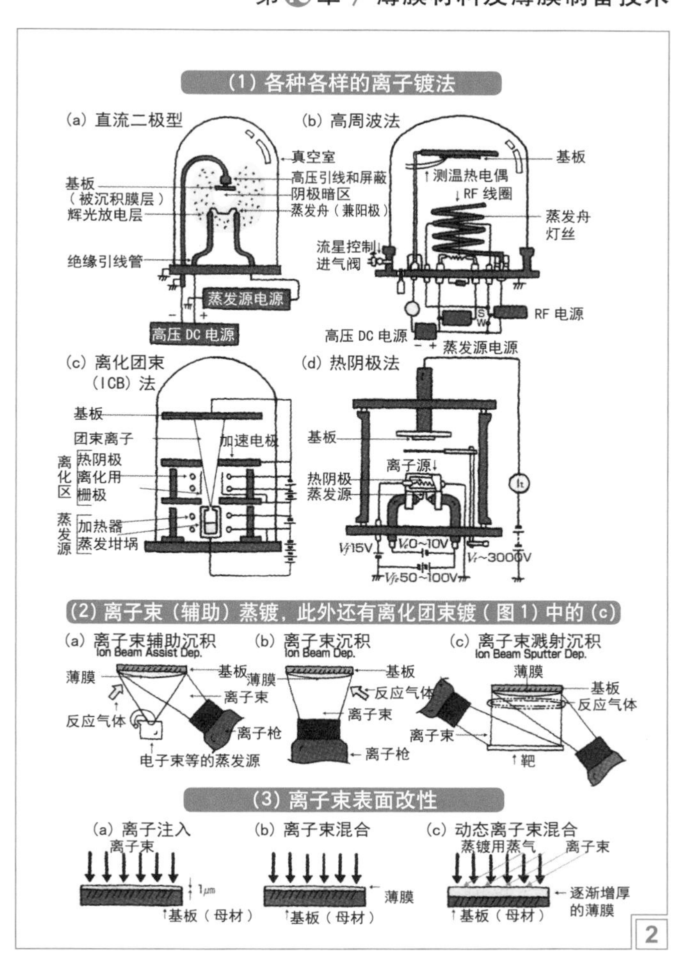

2

(1) 激光熔射的原理

基板

熔射束

薄膜

激光束

靶

激光脉冲（1个脉冲）

(a) 镀料（靶）受到脉冲激光束照射时所产生的熔射束

(b) 被激光脉冲照射的部位会发生爆发性蒸发

(2) 激光熔射膜的组成变化小

以激光注量（能量密度）1.5J/cm² 沉积的 YBCO 超导薄膜的膜厚分厚 (a) 和组成分布 (b)。

(a) 中的虚线表示偏离靶法线角度 θ 的余弦 $\cos\theta$ 关系。

(b) 中的实线、虚线分别表示不同组元的组成比

$\cos^{11}\theta$ 规则的区域

服从 $\cos\theta$ 规则的区域

A ($\cos^{11}\theta$ 规则)

B ($\cos\theta$ 规则)

膜厚/μm

组成变化小的区域

组成变化大的区域

Cu/Y

Ba/Y

Cu/Ba

组成比

偏离靶表面法线的角度 θ/°C

(a) 膜厚变化与角度 θ 的关系

(b) 组成变化与角度 θ 的关系

3

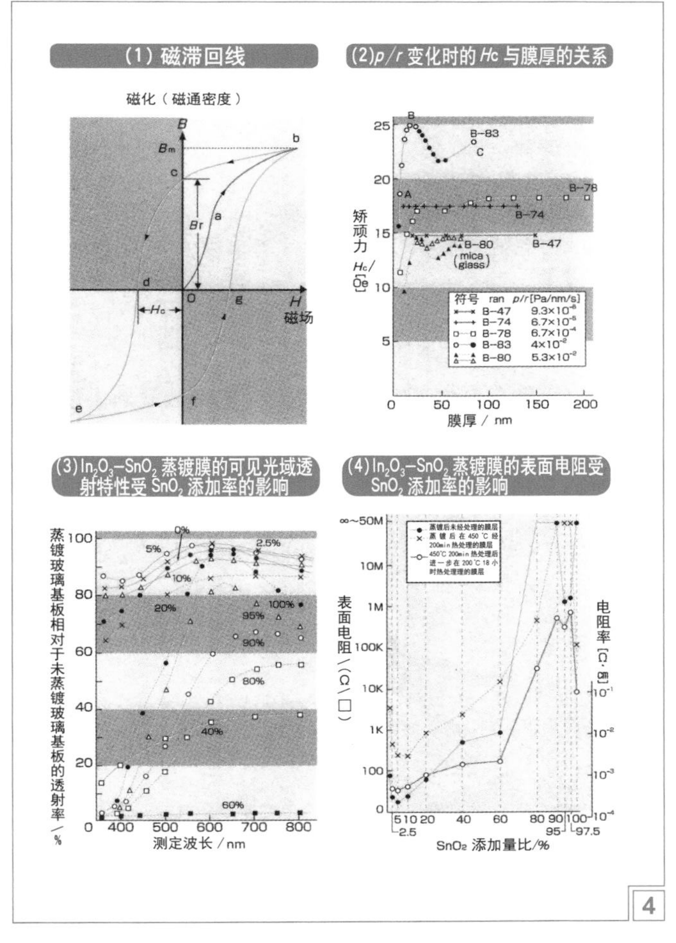

4

10.9 物理气相沉积（3）——溅射镀膜

10.9.1 何谓溅射？

离子轰击固体表面，可能引发图(1)所示各种各样的现象。荷能粒子轰击固体表面，打出离子和中性原子的现象称为溅射。由于离子易于在电磁场中加速或偏转，所以荷能粒子一般为离子，称这种溅射为离子溅射。随着真空技术、薄膜技术、表面分析技术以及表面科学的发展。离子溅射的用途越来越广泛，其重要性也日益为人们所共知。如今，离子溅射在溅射离子源、二次离子质谱分析(SIMS)、离子束分析、溅射镀膜、离子镀、离子和离子束刻蚀、表面微细加工等领域有广泛的应用。同时，溅射理论在分析核材料的辐照损伤、防止聚变堆中的等离子体沾污、研究离子注入、离子束混合等方面也有重要意义。离子溅射理论经历了漫长的发展过程。

相对于一个入射离子所溅射出的原子数称为溅射产额S。图(2)表示溅射产额与离子能量的关系。发现在离子能量低于15eV左右时，溅射产额几乎不能被发现。称该值为溅射阈值能量。

溅射产额同入射离子种类相关，同被溅射靶材按元素周期表呈周期性关系。

10.9.2 溅射镀膜的主要方式

溅射镀膜的方式有多种，表中给出至今常使用的主要方式。其中①～⑤是在电极上采取措施，⑥～⑨是在溅射镀膜工艺上采取措施。具体简述如下。

①二极溅射：构造简单，在大面积的基板上可以制取均匀的薄膜，缺点是放电需要高电压且溅射压力高(真空度低)；②三极或四极溅射：由于采用了热电子发射电极等，故可实现低气压、低电压溅射，放电电流和轰击靶的离子能量可独立调节控制，缺点是靶的面积难以做大且热阴极在反应气体中容易烧损；③磁控溅射(高速低温溅射)：可实现低气压、低电压溅射，放电电流和轰击靶的离子能量可独立调节控制；④对向靶溅射：可以对磁性材料进行高速低温溅射；⑤ECR溅射：采用ECR等离子体，可在高真空中进行各种溅射沉积；⑥射频溅射：可制取绝缘体如石英、玻璃、氧化铝，也可溅射镀制金属膜；⑦自溅射：溅射时不用氩气，沉积速率高，被溅射原子飞行轨迹成束状；⑧反应溅射：制作阴极物质的化合物薄膜；⑨离子束溅射：在高真空下，利用离子束溅射镀膜，是非等离子体状态下的成膜过程。

10.9.3 射频溅镀

用交流电源代替直流电源就构成了交流溅射系统，由于常用的交流电源的频率在射频段，如13.56MHz，所以称为射频溅射。在直流射频装置中，如果使用绝缘材料靶，轰击靶面的正离子会在靶面上累积，使其带正电，靶电位从而上升，使得电极间的电场逐渐变小，直至辉光放电熄灭和溅射停止。所以直流溅射装置不能用来溅射沉积绝缘介质薄膜。为了溅射沉积绝缘材料，人们将直流电源换成交流电源。由于交流电源的正负性发生周期交替，当溅射靶处于正半周时，电子流向靶面，中和其表面积累的正电荷，并且积累电子，使其表面呈现负偏压，导致在射频电压的负半周期时吸引正离子轰击靶材，从而实现溅射。由于离子比电子质量大，迁移率小，不像电子那样很快地向靶表面集中，所以靶表面的点位上升缓慢。由于在靶上会形成负偏压，所以射频溅射装置也可以溅射导体靶。在射频溅射装置中，等离子体中的电子容易在射频场中吸收能量并在电场内振荡，因此，电子与工作气体分子碰撞并使之电离产生离子的概率变大，故使得击穿电压、放电电压及工作气压显著降低。

10.9.4 磁控溅镀

为了提高溅射过程的等离子密度，通常是设法延长二次电子飞向阳极的路径，以增加其与气体分子产生碰撞电离的概率，磁控溅射就是最行之有效的方法。磁控溅射的基本原理是在阴极靶表面上方形成一个正交电磁场。当溅射产生的二次电子在阴极位降区内被加速为高能电子后，并不直接飞向阳极，而是在正交电磁场作用下做来回震荡的近似摆线的运动。在运动中高能电子不断地与气体分子发生碰撞，并向后者转移能量，使之电离而本身变为低能电子。这些低能电子最终沿磁力线漂移到阴极附近的辅助阳极而被吸收，从而避免了高能电子对基板的强烈轰击，消除了二级溅射中基板被轰击加热和被电子辐射引起损伤的根源。

为用磁控溅射法制作薄膜，首先对含有磁控电极和基板在内的溅镀室进行良好的真空排气。此后，在排气状态下导入氩气等，并按所定的压力(溅射压力)，边调整边导入。达到所定压力，并对基板进行加热和表面处理后，在靶上施加电压引发气体放电，溅射开始。基板上若有薄膜形成，表面颜色会有变化。图(1)表示磁控溅射的放电形貌。沿靶表面磁场通道，显示出一个明亮的环形放电轨道。

定义单位时间内薄膜的生长厚度为溅镀速率，放电电流越大，则溅镀速率越大。图(2)表示各种溅镀方法中，放电电流密度与放电电压(溅射用靶电压)的关系。注意纵轴为对数坐标，可以看出，在不很高的电压下，磁控法可以获得比其他方法高得多的放电电流密度。

图(3)表示磁控溅射中靶材被溅射刻蚀的情况。由于放电呈环状，靶材表面也相应地按环形沟状被溅射刻蚀。被溅射刻蚀最深的部位被称为刻蚀沟。刻蚀沟的存在意味着靶材的利用率不佳，对于贵金属及高纯度材料等高价材料，这一问题更需要解决。为了提高利用率，可采用使靶背面的磁铁运动，这样，整个靶表面均可以被溅射。采用这种措施，与磁铁固定的情况做比较，靶材的利用率可以提高2~3倍，靶材的三分之二左右均可变为薄膜。

为制作大型平板电视中所需的各种薄膜，需要采用数米见方的大型平面靶，为使整个靶表面均匀刻蚀，如图(5)示，使靶背面的磁铁左右、上下运动。

本节重点

(1) 溅射产额的定义，溅射产额与哪些因素有关？
(2) 溅射镀膜的方式有哪些？各适用于哪些膜层的镀制？
(3) 试解释射频溅射能镀制绝缘靶形成介质膜的原理。

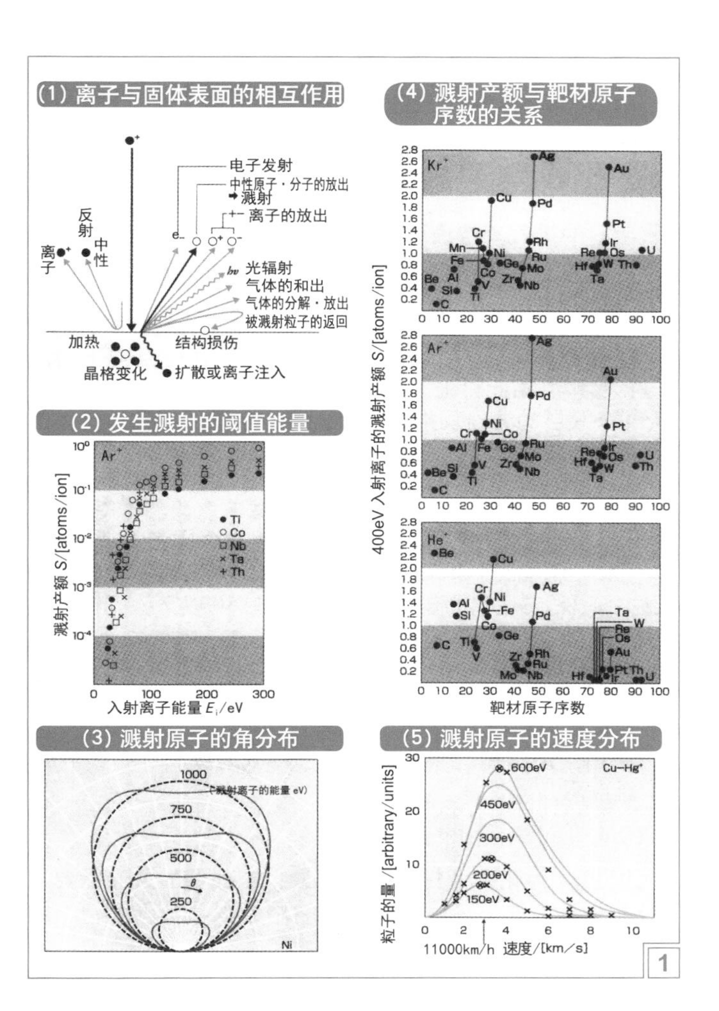

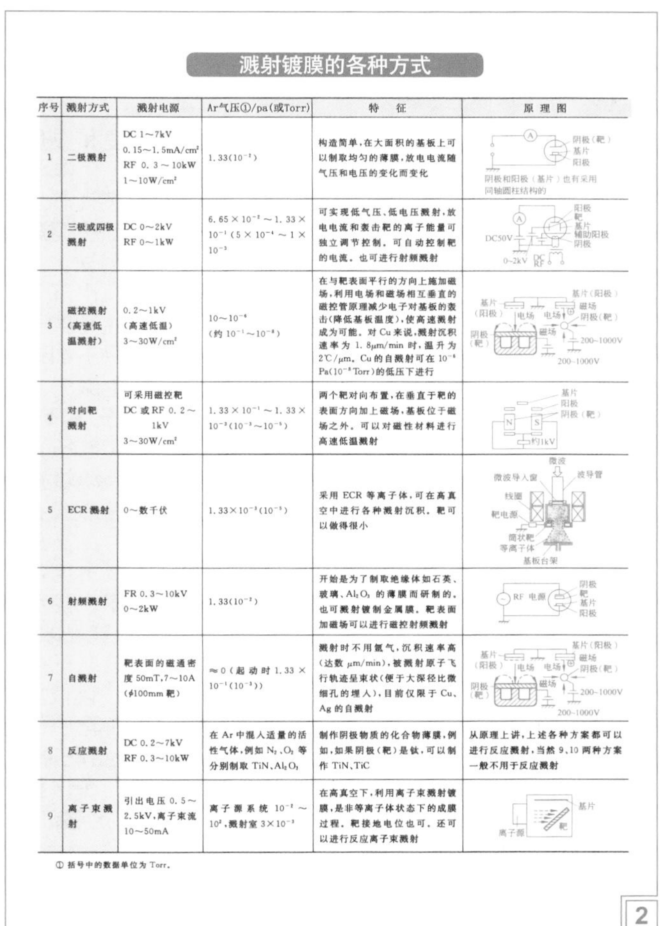

溅射镀膜的各种方式

序号	溅射方式	溅射电源	Ar气压①/pa(或Torr)	特征	原理图
1	二极溅射	DC 1～7kV 0.15～1.5mA/cm² RF 0.3～10kW 1～10W/cm²	1.33(10⁻²)	构造简单，在大面积的基板上可以制取均匀的薄膜，放电电流随气压和电压的变化而变化	阴极（靶） 基片 阳极 阴极和阳极（基片）也有采用同轴圆柱结构的
2	三极或四极溅射	DC 0～2kV RF 0～1kW	6.65×10⁻²～1.33×10⁻¹(5×10⁻⁴～1×10⁻³	可实现低气压、低电压溅射，放电电流和轰击靶的离子能量可独立调节控制。可自动控制靶的电流。也可进行射频溅射	阳极 靶 基片 辅助阳极 阴极 DC50V 0~2kV DC RF
3	磁控溅射（高速低温溅射）	0.2～1kV （高速低温） 3～30W/cm²	10～10⁻⁶ （约10⁻¹～10⁻⁸）	在与靶表面平行的方向上施加磁场，利用电场和磁场相互垂直的磁控管原理减少电子对基板的轰击（降低基板温度），使高速溅射成为可能。对Cu来说，溅射沉积速率为1.8μm/min时，温升为2℃/μm。Cu的自溅射可在10⁻⁶Pa(10⁻⁸Torr)的低压下进行	基片（阳极） 磁场 电场 阴极（靶） 200~1000V
4	对向靶溅射	可采用磁控靶 DC或RF 0.2～1kV 3～30W/cm²	1.33×10⁻¹～1.33×10⁻³(10⁻³～10⁻⁵)	两个靶对向布置，在垂直于靶的表面方向加上磁场，基板位于磁场之外。可以对磁性材料进行高速低温溅射	基片 阳极 阴极（靶） N S 约1kV
5	ECR溅射	0～数千伏	1.33×10⁻³(10⁻⁵)	采用ECR等离子体，可在高真空中进行各种溅射沉积。靶可以做得很小	微波 微波导入窗 波导管 线圈 靶电源 筒状靶 等离子体 基板台架
6	射频溅射	FR 0.3～10kV 0～2kW	1.33(10⁻²)	开始是为了制取绝缘体如石英、玻璃、Al_2O_3的薄膜而研制的。也可溅射镀制金属膜。靶表面加磁场可以进行磁控射频溅射	RF 电源 阴极 靶 基片 阳极
7	自溅射	靶表面的磁通密度50mT，7～10A（φ100mm靶）	≈0（起动时1.33×10⁻¹(10⁻³)）	溅射时不用氩气，沉积速率高（达数μm/min），被溅射原子飞行轨迹呈束状（便于大深径比微细孔的埋入），目前仅限于Cu、Ag的自溅射	基片（阳极） 磁场 电场 阴极（靶） 200~1000V
8	反应溅射	DC 0.2～7kV RF 0.3～10kW	在Ar中混入适量的活性气体，例如N_2、O_2等分别制取TiN、Al_2O_3	制作阴极物质的化合物薄膜，例如，如果阴极（靶）是钛，可以制作TiN、TiC	从原理上讲，上述各种方案都可以进行反应溅射，当然9、10两种方案一般不用于反应溅射
9	离子束溅射	引出电压0.5～2.5kV，离子束流10～50mA	离子源系统10⁻²～10²，溅射室3×10⁻³	在高真空下，利用离子束溅射镀膜，是非等离子体状态下的成膜过程。靶接地电位也可。还可以进行反应离子束溅射	基片 靶 离子源

① 括号中的数据单位为Torr。

2

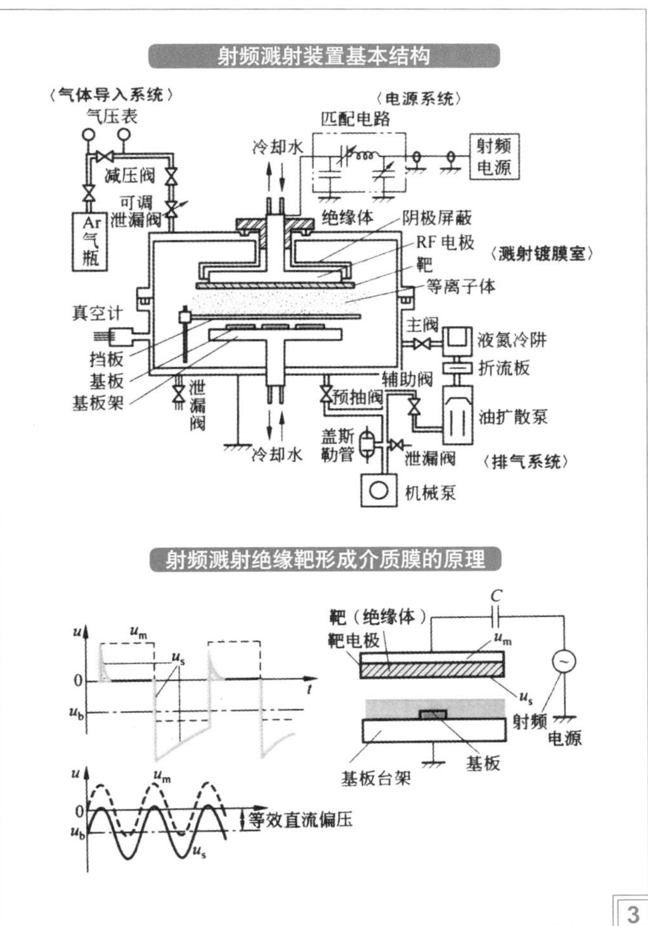

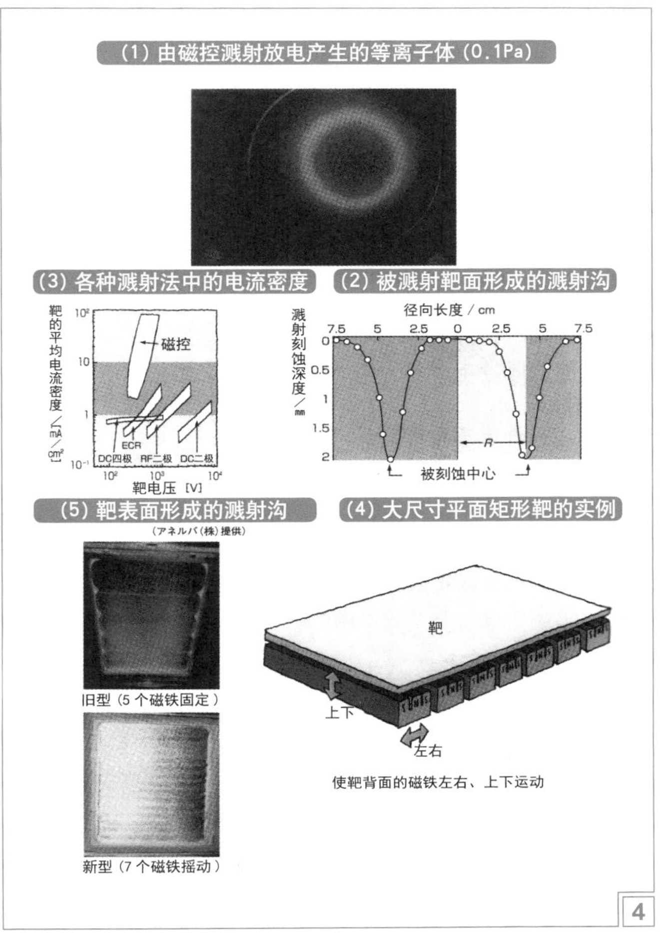

10.10 物理气相沉积（4）——磁控溅镀靶

10.10.1 平面磁控溅镀源和溅镀靶

磁控溅射包括很多种类。各有不同工作原理和应用对象。但有一共同点：利用磁场与电场交互作用，使电子在靶表面附近成螺旋状运行，从而增大电子撞击氩气产生离子的概率。所产生的离子在电场作用下撞向靶面从而溅射出靶材。可以分为直流磁控溅射法和射频磁控溅射法。

磁控溅射的工作原理是指电子在电场 E 的作用下，在飞向基片过程中与氩原子发生碰撞，使其电离产生正离子和新的电子；新电子飞向基片，Ar 离子在电场作用下加速飞向阴极靶，并以高能量轰击靶表面，使靶材发生溅射。在溅射粒子中，中性的靶原子或分子沉积在基片上形成薄膜，而产生的二次电子会受到电场和磁场作用，产生 $\boldsymbol{E}$(电场)$\times\boldsymbol{B}$（磁场）所指的方向漂移，简称 $\boldsymbol{E}\times\boldsymbol{B}$ 漂移，其运动轨迹近似一条摆线。若为环形磁场则电子就以近似摆线形式在靶表面做圆周运动，它们的运动路径不仅很长，而且被束缚在靠近靶表面的等离子体区域内，并且在该区域中电离出大量的 Ar 来轰击靶材，从而实现了高的沉积速率。随着碰撞次数的增加，二次电子的能量消耗殆尽，逐渐远离靶表面，并在电场 $\boldsymbol{E}$ 的作用下最终沉积在基片上。由于该电子的能量很低，传递给基片的能量很小，致使基片温升较低。磁控溅射是入射粒子和靶的碰撞过程。入射粒子在靶中经历复杂的散射过程，和靶原子碰撞，把部分动量传给靶原子，此靶原子又和其他靶原子碰撞，形成级联过程。在这种级联过程中某些表面附近的靶原子获得向外运动的足够动量，离开靶被溅射出来。

10.10.2 大批量生产用流水线式溅镀装置

磁控溅射具有高速、低温、低损伤等优点、特别是易于连续制作大面积膜层、便于实现自动化和大批量生产。近年来磁控溅射已在规模集成电路、电子元器件、磁及光磁记录、平板显示器、以及光学、能源、机械工业等产业化领域广泛应用。

大批量生产用流水线式溅镀装置广泛用于平板玻璃、塑料薄膜、织物等的金属化。溅镀机由真空室，排气系统，溅射源和控制系统组成。溅射源又分为电源和溅射靶（sputter target）。磁控溅射靶分为平面型和圆柱型，其中平面型分为矩型和圆型，靶材料利用率 30%~40%，圆柱型靶材料利用率大于 50% 。溅射电源用于导体靶的有：直流（DC）、射频（RF）、脉冲（pulse）等。用于导体靶的直流电源多为 800~1000V。用于非导体靶的射频电源多为 13.56MHz。最新发展出的脉冲电源既可以用于导体靶又可用于非导体靶。

溅镀时须控制参数有溅射电流，电压或功率，以及溅镀压力。若各参数皆稳定，可由镀膜时间近似估计膜厚。

10.10.3 铝合金的溅镀

在 1980 年以前，集成电路（IC）中的铝（Al）布线都是由真空蒸镀法制作的。当时的最小加工尺寸（特征线宽）为 2.5μm，为了提高集成度，需要解决：①台阶覆盖度要好，②不发生由于电迁移引发的断线，③布线的寿命要长等。当时，人们认为铝合金的溅射膜有希望解决这些问题，并进行了实用化实验，但由于遇到①键合困难，②难以刻蚀等缺点而未能实现。但人们在实验中推测，这些问题的产生与溅射前的排气真空度不良有关。当时有一个错误的观点，认为反正溅射时要通入 0.1Pa 的氩气，基础真空达到 10^{-4}Pa 也就足够了。

于是，以提高电迁移耐性为目的，采用含硅 2% 的铝合金，在达到超高真空（10^{-6}Pa 以下）的基础真空条件下再进行溅射镀膜。由此得出下述结果。

（1）膜层的镜面反射率与氧、氮、水蒸气等杂质气体的混入率密切相关，从混入率超过 0.1% 起，镜面反射率急剧下降。从真空蒸镀的经验看，镜面反射率好的膜层，其键合特性和刻蚀特性均好。因此，为了获得良好的键合特性，杂质气体的混入率要控制在 0.1% 以下（真空度越高越优）。

（2）基板温度达到 150℃ 以上制膜，膜层的显微硬度在 50 左右而保持一定。膜的显微硬度若在 50 以下，则键合的不良率几乎为 0。

（3）膜层固有电阻从 150℃ 左右起与基板温度无关，而保持一定。在此温度以下，电阻变高。因此，需要在此以上的温度溅射镀膜。

藉由上述措施，今天采用铝合金溅射膜制作布线的 IC 已广泛应用。

10.10.4 Ta 膜、TaN 膜的溅镀

钽（Ta）为化学活性很强的金属，制作钽的薄膜需要在良好的真空条件下进行。而且钽的熔点很高（2990℃），除溅镀之外很难用其他方法成膜。

图（1）表示在制作 Ta 的薄膜时，使各种反应气体混入，气体压力与所形成薄膜的电阻率的关系。引人注目的是，与氮反应所产生的氮化钽（TaN）膜，即使氮气的量发生变化，却存在电阻率不变化的区域。

图（2）中略微详细地表示 TaN 的电气特性。在 N_2 分压为 $(4\sim13)\times10^{-2}$Pa 区域，薄膜的电阻温度系数 TCR（温度变化 1℃ 时电阻的变化率）、电阻率 ρ、强制寿命试验得到的电阻变化 ΔR 都显示出稳定值。

图（3）表示 ΔR 随时间的变化。从图中可以看出由氮化钽制作的电阻膜极为稳定，经时变化小，在室温（25℃），若在一般条件下使用，10 年后的电阻值变化可推定在 +0.05% 以内。

这种氮化钽薄膜，藉由阳极氧化法在常温这种电解液中进行氧化，利用氧化膜还可对电阻值进行精密调整。还可以制作电容器。

图（4）表示在生产氮化钽膜的连续溅镀装置中，N_2 流入量与作为性能指标的 TCR 关系的测试结果。相对于流量，TCR 有一平坦区域，这相当于图（1）所示电阻率不变化的区域。这说明，若在该领域中导入氮气，即使发生少许的流量变化，也可进行稳定的生产，这特别适合大批量生产。

本节重点

（1）磁控溅镀的原理，与普遍二极溅镀相比，磁控溅镀有哪些优点？
（2）分析二次电子在靶表面互相垂直的电磁场作用下的运动轨迹。
（3）磁控溅镀用于铝合金膜、Ta 膜、TaN 膜沉积的实例。

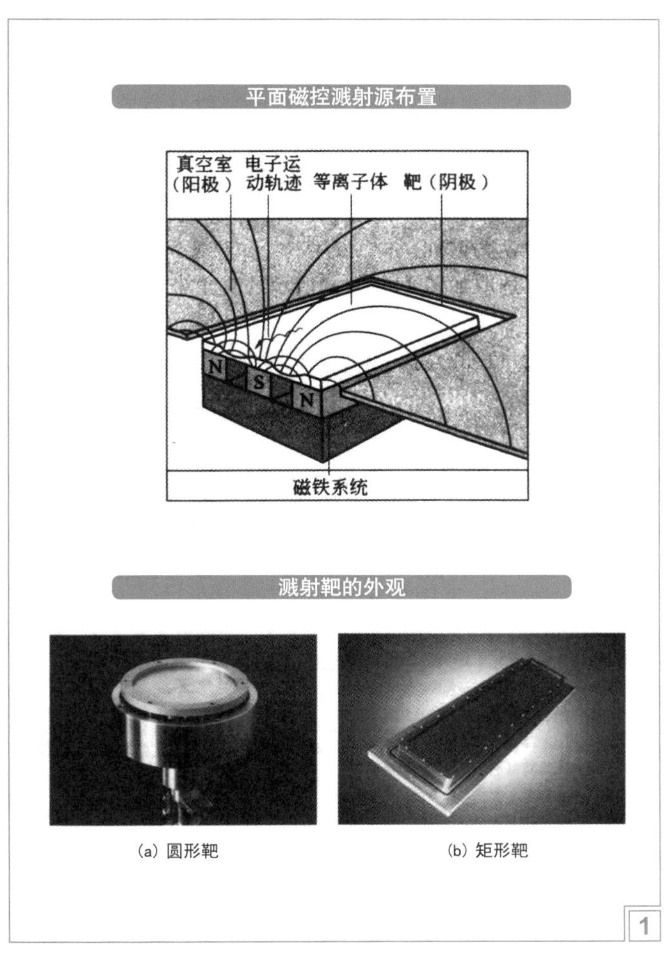
平面磁控溅射源布置
真空室（阳极）
电子运动轨迹
等离子体
靶（阴极）
N
S
N
磁铁系统
溅射靶的外观
(a) 圆形靶
(b) 矩形靶
1

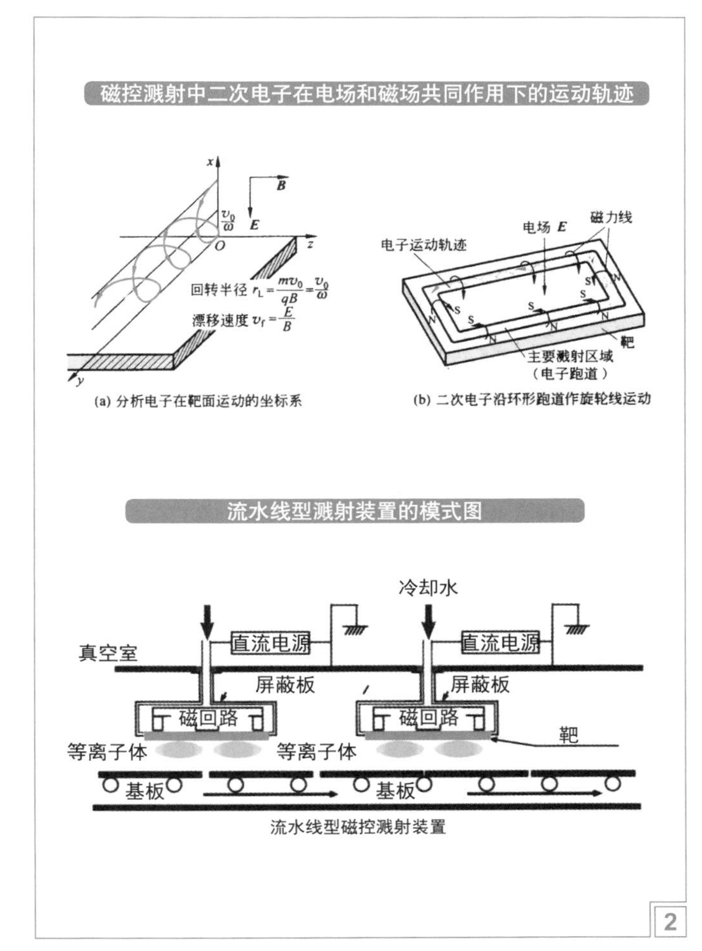
磁控溅射中二次电子在电场和磁场共同作用下的运动轨迹
回转半径 $r_L=\frac{mv_0}{qB}=\frac{v_0}{\omega}$
漂移速度 $v_f=\frac{E}{B}$
电子运动轨迹
电场 E
磁力线
靶
主要溅射区域（电子跑道）
(a) 分析电子在靶面运动的坐标系
(b) 二次电子沿环形跑道作旋轮线运动
流水线型溅射装置的模式图
冷却水
真空室
直流电源
屏蔽板
磁回路
等离子体
靶
基板
流水线型磁控溅射装置
2

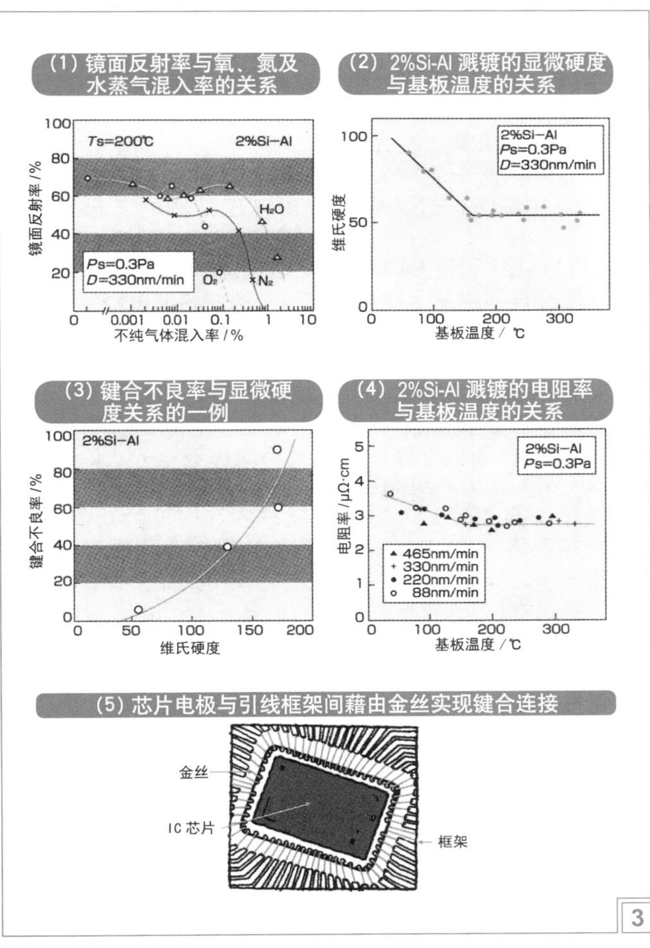
(1) 镜面反射率与氧、氮及水蒸气混入率的关系
Ts=200℃
2%Si-Al
Ps=0.3Pa
D=330nm/min
镜面反射率 / %
不纯气体混入率 / %
(2) 2%Si-Al 溅镀的显微硬度与基板温度的关系
维氏硬度
基板温度 / ℃
(3) 键合不良率与显微硬度关系的一例
键合不良率 / %
维氏硬度
(4) 2%Si-Al 溅镀的电阻率与基板温度的关系
电阻率 / μΩ·cm
465nm/min
330nm/min
220nm/min
88nm/min
基板温度 / ℃
(5) 芯片电极与引线框架间藉由金丝实现键合连接
金丝
IC 芯片
框架
3

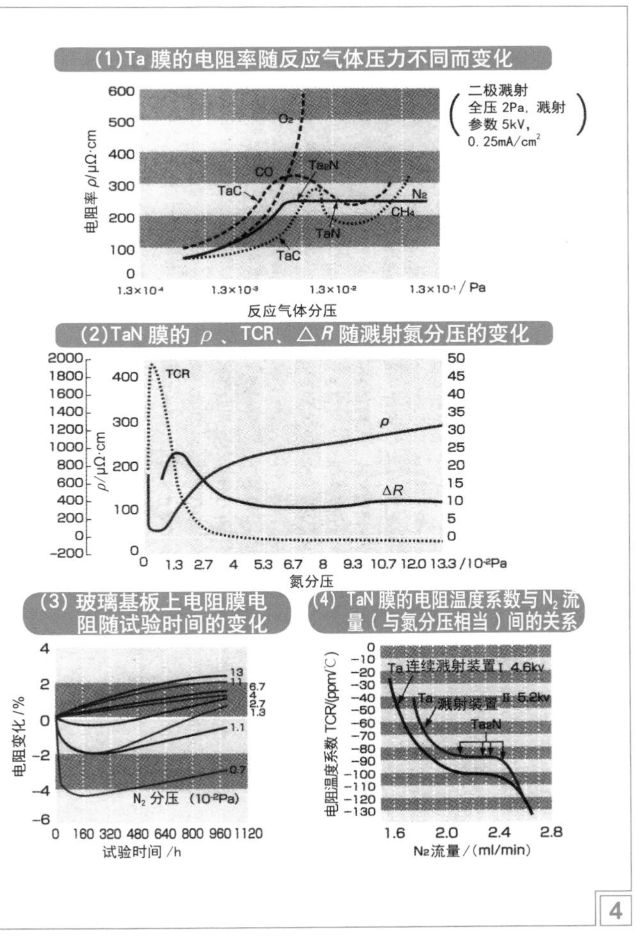
(1) Ta 膜的电阻率随反应气体压力不同而变化
二极溅射 全压 2Pa，溅射参数 5kV，0.25mA/cm²
电阻率 ρ/ μΩ·cm
反应气体分压
(2) TaN 膜的 ρ、TCR、△R 随溅射氮分压的变化
TCR
ρ
ΔR
氮分压
(3) 玻璃基板上电阻膜电阻随试验时间的变化
电阻变化 / %
N₂ 分压 (10⁻²Pa)
试验时间 /h
(4) TaN 膜的电阻温度系数与 N₂ 流量（与氮分压相当）间的关系
Ta 连续溅射装置 I 4.6kv
Ta 溅射装置 II 5.2kv
Ta₂N
电阻温度系数 TCR/(ppm/℃)
N₂流量 /(ml/min)
4

10.11 物理气相沉积（5）——溅射镀膜的应用

10.11.1 高温超导膜和透明超导膜

氧化物高温超导薄膜的材料是 $Y_1Ba_2Cu_3O_7$（钇、钡、铜的氧化物）。在制作这种薄膜时，往往会偏离 Y:Ba:Cu=1:2:3 的成分比。图（1）表示采用按预先估计的膜层成分变化所做的靶与实际溅射得到的薄膜成分分布的对比。可以看出，膜层成分与靶成分相比发生明显偏离。特别是在与靶的刻蚀中心对应处，这种偏离更甚。

通过对刻蚀中心对应处入射的电荷体进行分析发现，除了电子之外，O^- 也会射入膜层，其数量可达到溅射电流的 13%（图（2）上）。由于其能量与靶电压 V_T 相当，必然会对膜层产生反溅射。这种反溅射不同于 Ar^+ 对靶的溅射，前者对膜层发生显著的选择溅射现象。如图（1）所示，在与靶的刻蚀中心对应处，铜减少到 1/2，钡减少到 1/3。

同样的现象也在溅射得到的透明导电膜 ITO（铟锡氧化物）中出现（图（2）下）。其组成变化的影响可由所得薄膜电阻率的分布来表征（图（3））。造成这种变化的原因也是由于 O^- 对膜层的反溅射作用。

作为对策，是设法不使 O^- 离子飞入，例如，使基板垂直于靶表面放置。另一个对策是减小向基板入射的 O^- 离子的能量。对于透明导电膜来说，按图（3）、图（4）表示的电阻率，在 100V 左右的低电压下溅射，几乎不产生影响。透射率也达到较高的值（图（5））。

10.11.2 微细孔中埋入布线（1）

在集成电路（IC）制作中，需要像电容器所要求的那样，在深而细的微细孔中埋入布线或填充导体。其数量很大，要在 1.5cm × 1.5cm 的芯片上，做出上百亿个。而且不是一层，需要多层布线。利用溅射实现超微细孔的埋入已有各种方案（图（1））。

在溅射法用于 IC 布线的当初，表面凹凸及台阶覆盖度等似乎都不存在问题。但是随着深径比（AR）增大，从斜方向飞来的原子只能到达入口处，因此仅直入射的原子才能进入孔中。当时人们采取的方法是使基板（wafer）与靶之间的距离加长（图（2）），这正像将光源远置会产生平行效果的光那样，溅射原子也能在孔内直行。称此为长距离溅射。其结果，孔底涂敷率明显改善（图（3））。

再看（图（1）（a）），在溅镀过程中若将基板温度提高到 200~400℃，则已形成的膜或成膜过程的材料（液体）会发生流动，藉由这种流动化可以提高孔底涂敷率。一般称此为回流（re-flow）埋入。

通过将真空度进一步提高，以便在超微细孔中涂敷铜薄膜的方法称为自溅射（图（4））。在高真空领域，使通常的氩溅射的电压提高，则靶电流急剧上升，在达到饱和的附近停止导入氩。尽管氩停止导入，但溅射仍能自持。这是因为，被溅射的铜原子在飞行途中被离化，从而返回来轰击靶，即铜原（离）子自身对靶进行溅射所致（图（5））。由于发生自溅射的真空度高，被溅射出铜原子的飞行轨道不发生弯曲，而以直线飞行的方式进入到微细孔中，对于 AR=2 的微细孔，其孔底涂敷率可实现 100%。

10.11.3 微细孔中埋入布线（2）

上节图（1）（b）所示是使溅射原子离子化，利用处于负电位的基板的吸引力，在基板中埋入的方法。称其为离子化溅射法。已开发出多种实现离子化溅射的方式，其代表模式如图（1）所示。

（a）为在高密度等离子体中，使离子化的被溅射原子的离子（本例为 Cu^+），向着处于负电位的基板加速，这类似于离子镀中的直流二极法；（b）是在等离子体中放置一环形线圈，对其施加高频电压促进离子化；（c）是为使（a）、（b）及上节所述的自溅射法中所产生的离子不向外扩散，设置离子收束电极加以汇聚。

图（2）表示 AR=7 的孔中用电镀铜进行埋入的实例，在电镀埋入前，先用相当于磁控溅射气压 100 倍左右的 14Pa 的压力，预沉积铜膜（左）。这是由于，要想电镀，必须先沉积导电的膜层，称其为打底层或籽（seed）层。右图为电镀埋入孔的情况，这是在高压力下才能引发放电的特殊装置下进行的，采用了在基板背面设置小磁铁的方法。

前项的图（1）（c）是在作为溅射气体的氩气中加入微量的润滑气体，首先使其在孔端吸附，形成润滑层，利用该润滑层，使溅射原子向孔内滑入的方法。对于图（3）所示 AR=5 的孔，采用 1% 的润滑气体氮，利用高真空溅射法，只需 20nm 的铜薄膜就能实现细孔埋入。

所谓高真空溅射，是使磁控溅射的电压及磁场提高 10 倍，而实现的高真空放电和溅射方法（图（4）（5））。在这种情况下，由于氮不与铜发生反应，因此铜的电阻率不发生变化。

10.11.4 场效应型三极管的制作

下面介绍经常使用的 MOS（金属 - 氧化物 - 半导体）场效应管的制作。作为基板，一般采用 p 型 Si 半导体晶圆或纯净 Si 晶圆。首先，在 Si 晶圆表面离子注入适量的 B^+ 得到 p 型 Si。藉由图（1）（a）表面热氧化，得到高品质的薄氧化膜（约 20nm）。接着，如图（1）（b）所示，在氧化膜上藉由热 CVD 法形成多晶硅膜。由于硅膜的电阻率高，因此离子注入 As^+ 以降低电阻。再藉由超微细加工的基本循环，在栅极的位置做出图形。图（1）（c）表示经刻蚀形成栅极，再藉由基本循环在作为源、栅、漏以外的部位覆盖光刻胶。下一步离子注入 As^+，形成源和漏，再经退火处理。这样，源和漏间流过的电流受栅电压控制的三极管基本形成。

图（1）（d）利用 CVD 法制作氧化膜，对器件进行全氧化膜覆盖。再利用基本循环，在栅、源、漏部位对氧化膜开窗口。图（1）（e）表示全面溅镀铝，再利用基本循环和刻蚀技术形成三极管的电极。在实际的超 LSI 制作流程中，要在 1.5cm × 1.5cm 的芯片上，一次做出百亿个三极管。如果按每秒做十个的高速度一个一个地制作这些三极管，大概要花 30 余年。而像上面所述，采用同样流程一次做出，总共才用一天。二者不可同日而语。

除了三极管以外，还要做出电容和必要的功能电路。进一步还要将上百亿个三极管相互连接。所用布线的总长度有数千米之多。布线由下至上的空间排列如图（2）所示（布线间为绝缘物）。这些布线最粗的也只有 1~2μm。从三极管至最上层的厚度只不过 20μm。要在这样薄的膜层中形成这些布线，需要高超的薄膜形成技术、优异的布线技术以及平坦化技术等。

本节重点

（1）何谓反应溅镀？反应溅镀制作 YBaCuO、ITO 膜的实例。
（2）自溅镀和离子化溅镀的原理和应用。
（3）MOS 场效应型三极管的结构及制作工艺。

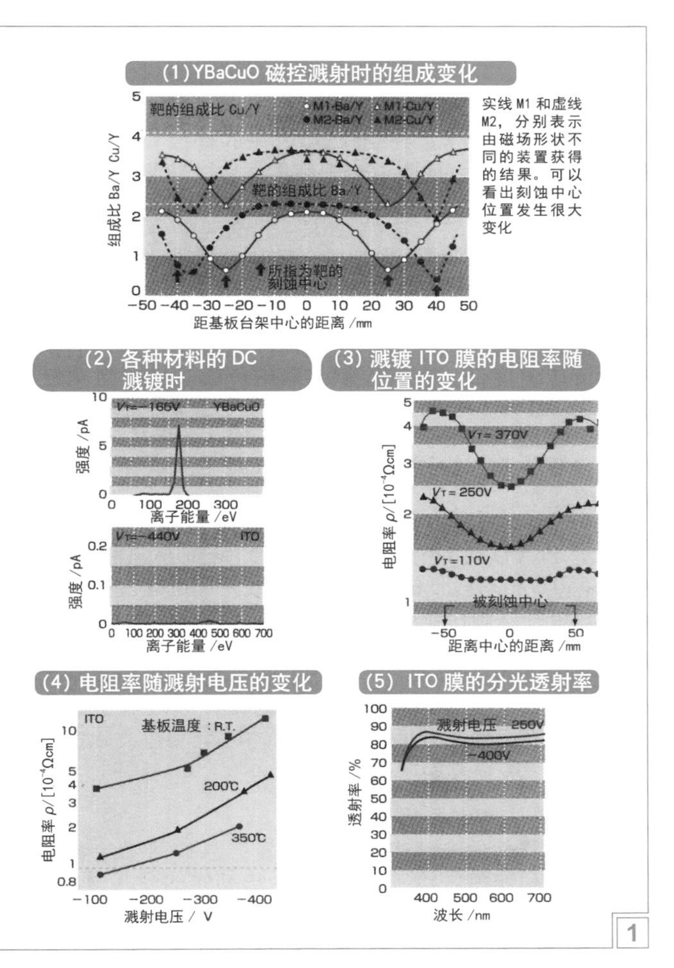

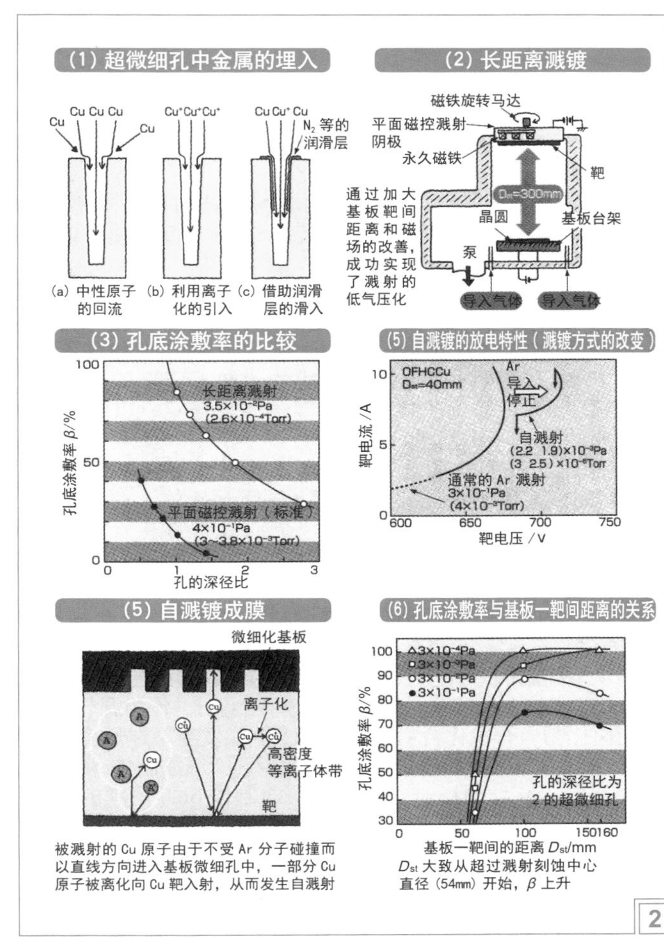

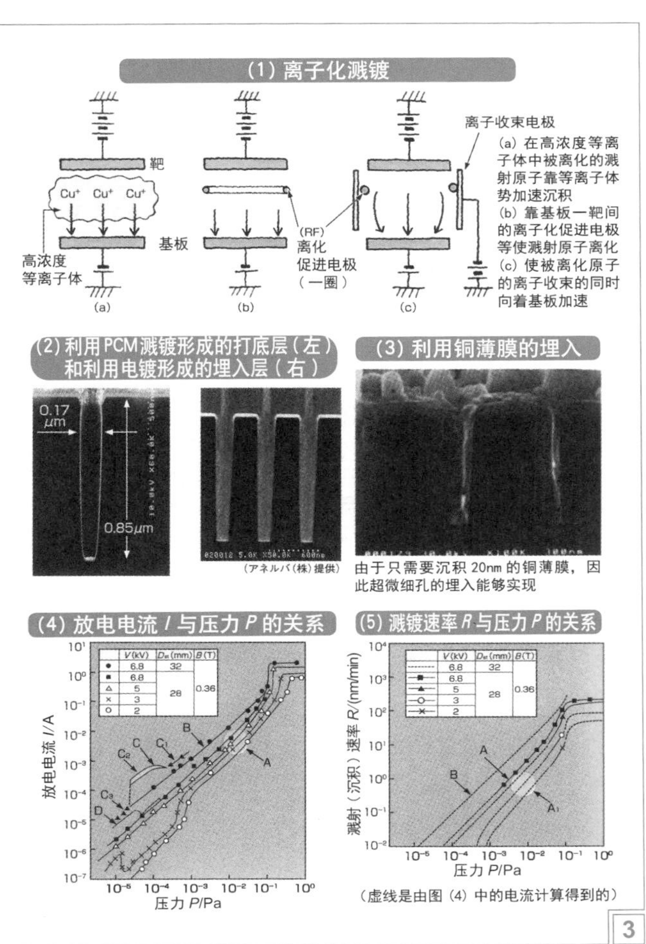

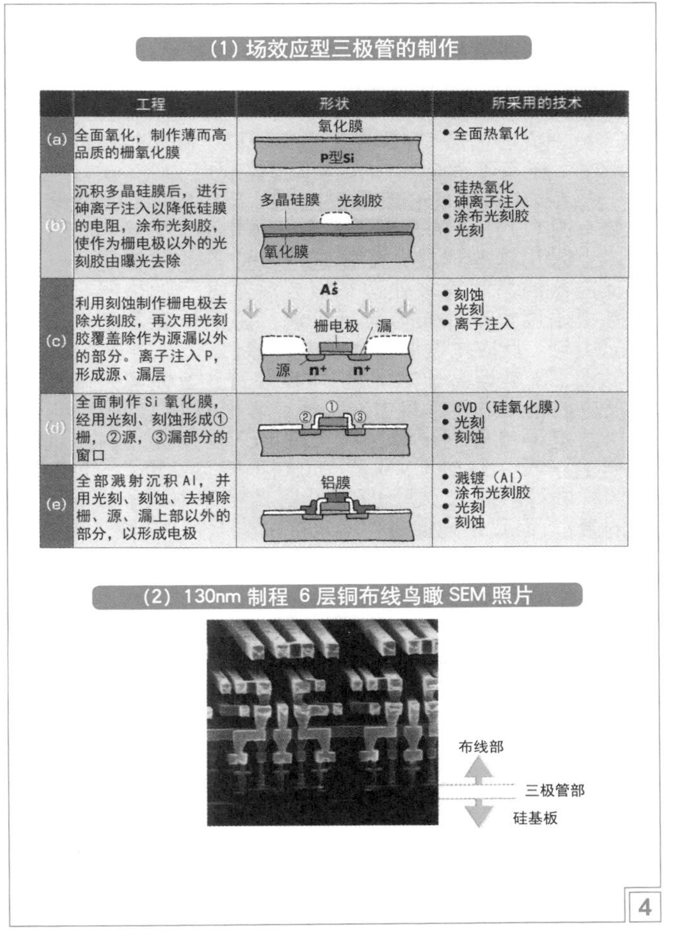

	工程	形状	所采用的技术
(a)	全面氧化，制作薄而高品质的栅氧化膜	氧化膜 / P型Si	• 全面热氧化
(b)	沉积多晶硅膜后，进行砷离子注入以降低硅膜的电阻，涂布光刻胶，使作为栅电极以外的光刻胶由曝光去除	多晶硅膜 光刻胶 氧化膜	• 硅热氧化 • 砷离子注入 • 涂布光刻胶 • 光刻
(c)	利用刻蚀制作栅电极去除光刻胶，再次用光刻胶覆盖除作为源漏以外的部分。离子注入 P，形成源、漏层	As 栅电极 漏 源 n+ n+	• 刻蚀 • 光刻 • 离子注入
(d)	全面制作 Si 氧化膜，经用光刻、刻蚀形成①栅，②源，③漏部分的窗口	① ② ③	• CVD（硅氧化膜） • 光刻 • 刻蚀
(e)	全部溅射沉积 Al，并用光刻、刻蚀、去掉除栅、源、漏上部以外的部分，以形成电极	铝膜	• 溅镀（Al） • 涂布光刻胶 • 光刻 • 刻蚀

10.12 化学气相沉积（1）——原理及设备

10.12.1 何谓化学气相沉积

化学气相沉积（chemical vapor deposition，简称 CVD）是反应物质在气态条件下发生化学反应，生成固态物质沉积在加热的固态基体表面，进而制得固体材料的工艺技术。它本质上属于原子范畴的气态传质过程。与之相对的是物理气相沉积（PVD）。

一般情况下，为引起气相间的化学反应，犹如干柴点火，需要对反应系统输入反应活化能，如图（1）所示。依提供反应活化能的方式不同，化学气相沉积分为各种不同类型。升高温度，以热提供活化能的为热 CVD（即一般所说的 CVD），采用等离子体的为等离子体增强 CVD（PECVD），采用光的为光 CVD（photo-CVD）。

根据反应室的压力可分为常压 CVD（NP-CVD）和低压 CVD（LP-CVD）。最早是从常压 CVD 开始的。此后，为了改善沉积膜的厚度分布、电阻率分布及提高生产效率，逐步开发出低压 CVD。进一步，为了实现器件制程的低温化，进一步又开发出等离子体增强 CVD。

在 CVD 中，把含有要生成膜材料的挥发性化合物（称为源）气化，或者使之与氢、氮等载带气体混合，尽可能均匀地送到加热至高温的基片上，在基片上进行分解、还原、氧化、置换等化学反应，并在基片上形成薄膜（图（2））。作为源气体，常使用卤化物、有机化合物等。基板上例如发生下述反应：①制作 Si 薄膜的热分解反应：$SiH_4 \longrightarrow Si+2H_2\uparrow$；②制作 Si 薄膜的还原反应：$SiCl_4+2H_2 \longrightarrow Si+4HCl$；③制作 SiO_2 薄膜的氧化反应：$SiH_4+O_2 \longrightarrow SiO_2+2H_2\uparrow$；④制作 Cr 薄膜的置换反应：$CrCl_4+2Fe \longrightarrow Cr+2FeCl_2$ 等。

10.12.2 热 CVD、PECVD 和光 CVD

热 CVD 具有下述特长：①由于是表面反应，因此覆盖特性好，小而深的孔中也能涂敷；②高温下成膜，膜层的附着强度高、延展性好、应变小；③膜层的生长速度快；④采用多种成分的气体可以制作合金膜及多组分的组合膜；⑤也能方便地制取 TiC、SiC、BN 等耐磨性、耐蚀性优良的超硬膜。

另一方面，热 CVD 在高温下成膜，耐热性差的基板难以承受，还有不适合制作高纯度膜等缺点。

热 CVD 装置的心脏是反应器。反应器的种类繁多，但主要有图（1）所示的几种。等离子体增强 CVD、光 CVD 也基本上采用这些形式。配置这些反应器的关键是，一次装入反应器的晶圆等被处理基板要尽量多；加热器布置要保证基板温度恒定、均匀而且可调；源气体在各基板表面要分配均匀；反应尾气要迅速扩散排除。

图（2）是等离子体增强 CVD 装置，其用意是降低温度而反应能正常进行。藉由在基板前面形成（a）二极放电，（b）无极放电形成等离子体，可实现 PCVD 反应。例如沉积氮化硅的情况，从热 CVD 的 750℃ 下降到 250℃，PCVD 反应照样进行。图（2）是为了防止等离子体中电子和离子对基板的轰击，而藉由光促进化学反应的光 CVD 装置。其中，（a）为激光描画成膜，（b）一次成膜。

10.12.3 硅系薄膜的 CVD

硅系薄膜在集成电路（IC）、液晶显示器用薄膜三极管等领域有极广泛的应用。图（1）列出 CVD 法硅系薄膜的典型实例。

单晶硅膜通常是在制作 IC 等用的基板，即硅晶圆上藉由外延生长得到。晶圆也是由硅单晶棒经切割、研磨制作的，但其中含有缺陷。而由热 CVD 法制作的单晶膜中缺陷要少得多。采用的方法有硅烷（SiH_4）的高温热分解和四氯化硅（$SiCl_4$）的氢还原等。

多晶硅膜是由硅烷热分解形成的，多用于 IC 中三极管的栅极、布线等。

硅氧化膜是在硅烷中加氧气，由氧化法制作的，其特点是反应温度低。还有以氢为载带气体，由一氧化氮及二氧化碳，在 700~900℃ 比较高的温度下经氧化制作的。

氮化硅膜可由二氯二氢硅（SiH_2Cl_2）及硅烷经氮化制作。氮化硅膜作为保护用膜层及工艺过程中的掩模，具有举足轻重的作用。

以上是藉由热 CVD 的薄膜制作方法，但利用上节提到的 PCVD 法可以实现低温化。特别是氮化硅膜，在 450~550℃ 相对较低的温度即可形成。通过硅烷的等离子体分解，也可以制作非晶硅（a-Si）膜。

随着 IC 的高密度化，电容器等也必须超小型化。HSG（hemispherical grained，半球形）硅膜就是用于这种目的的膜层。在硅的基板上依次沉积硅的氮化膜或非晶硅膜，使硅烷（SiH_4）气体短时间内分解而成核（图（a）），获得凹凸的半球形的表面积大的膜层（图（b））。

10.12.4 金属及导体的 CVD

电子器件的布线多使用金属及多晶硅薄膜。金属薄膜以溅镀法制作为主流，但以 CVD 法制作的金属薄膜（金属 CVD）制作布线的研究正取得进展。图（1）给出 CVD 法制作的金属及导体的种类及所使用的源气体等概要。

钨薄膜已成功用于布线与布线间连接用的钨塞（W plug）。采用的方法有两种，一种是仅在硅基板上生长薄层的选择生长法，另一种是不管基板为何种材料，都沉积同样膜层的掩盖（blanket）生长法。后者生长速度快，刻蚀掉不需要的部分即可使用。

铝膜也可以由氯化物制作，但主要由有机化合物在比较低的温度下由分解法制作。图（2）表示在反应气体导入途中使其热活化等，并使之反应成膜的装置。采用这种装置在单晶硅基板面上外延生长的铝膜，耐电迁移（EM）性优良，但是，由于在绝缘膜上未能生长成单晶膜，故仍未达到实用化。

与铝膜相比，铜的 CVD 膜具有电阻率低、耐电迁移性好等优点。采用图（3）下所示的装置，以同图中所示的有机化合物为原料，在 150~300℃ 温度、13~650Pa 压力下，由热分解反应即可形成。最近，通过提高基板表面的源气体流速、减少反应气体的滞留损失用的漏斗形气体导向罩（图（4）（a））。图（b）是由这种方式实现的埋入。现在，尽管铜薄膜沉积以电镀为主流，但在需要布线的绝缘物的表面要想电镀，必须先沉积一层能导电的打底层。由于电镀受此限制，估计早晚会被 CVD 法所取代。

所谓阻挡金属层，是为了防止铝与铜间、硅与硅氧化物间易于扩散而设置的扩散防止膜（阻挡层）。最常使用的是钛及钽的氮化物。

本节重点

（1）给出 CVD 的定义。CVD 法沉积膜层的反应类型及 CVD 反应器的实例。
（2）PECVD 与普通 CVD 相比有哪些优点？
（3）各种方式的 CVD 法在集成电路及 TFT LCD 产业中的应用。

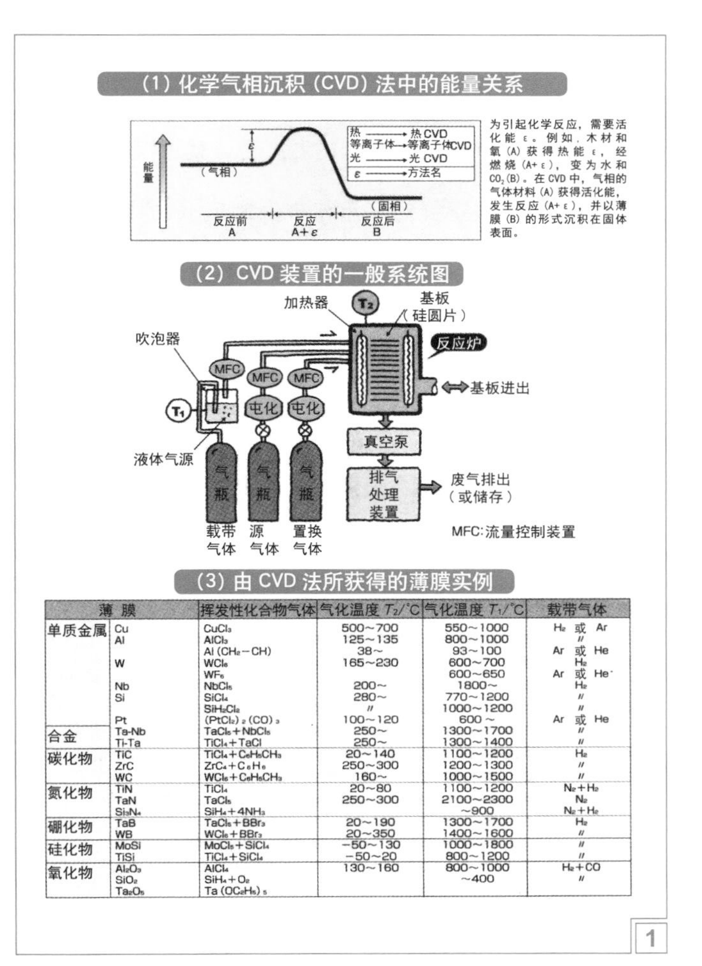

薄膜		挥发性化合物气体	气化温度 T_2/℃	气化温度 T_1/℃	载带气体
单质金属	Cu	$CuCl_3$	500～700	550～1000	H_2 或 Ar
	Al	$AlCl_3$	125～135	800～1000	〃
		Al (CH_2－CH)	38～	93～100	Ar 或 He
	W	WCl_6	165～230	600～700	H_2
		WF_6		600～650	Ar 或 He
	Nb	$NbCl_5$	200～	1800～	H_2
	Si	$SiCl_4$	280～	770～1200	〃
		SiH_2Cl_2	〃	1000～1200	〃
	Pt	$(PtCl_2)_2(CO)_3$	100～120	600～	Ar 或 He
合金	Ta-Nb	$TaCl_5+NbCl_5$	250～	1300～1700	〃
	Ti-Ta	$TiCl_4+TaCl$	250～	1300～1400	〃
碳化物	TiC	$TiCl_4+C_6H_5CH_3$	20～140	1100～1200	H_2
	ZrC	$ZrC_4+C_6H_6$	250～300	1200～1300	〃
	WC	$WCl_6+C_6H_5CH_3$	160～	1000～1500	〃
氮化物	TiN	$TiCl_4$	20～80	1100～1200	N_2+H_2
	TaN	$TaCl_5$	250～300	2100～2300	N_2
	Si_3N_4	SiH_4+4NH_3		～900	N_2+H_2
硼化物	TaB	$TaCl_5+BBr_3$	20～190	1300～1700	H_2
	WB	WCl_6+BBr_3	20～350	1400～1600	〃
硅化物	MoSi	$MoCl_5+SiCl_4$	－50～130	1000～1800	〃
	TiSi	$TiCl_4+SiCl_4$	－50～20	800～1200	〃
氧化物	Al_2O_3	$AlCl_4$	130～160	800～1000	H_2+CO
	SiO_2	SiH_4+O_2		～400	〃
	Ta_2O_5	$Ta(OC_2H_5)_5$			

1

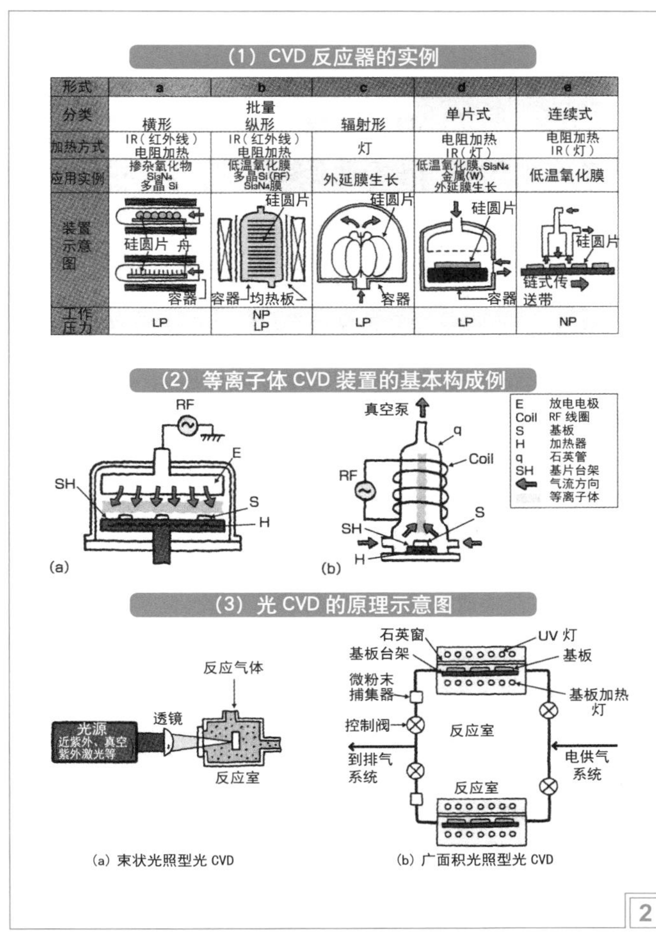

形式	a	b	c	d	e
分类	横形	批量 纵形	辐射形	单片式	连续式
加热方式	IR(红外线) 电阻加热	IR(红外线) 电阻加热	灯	电阻加热 IR(灯)	电阻加热 IR(灯)
应用实例	掺杂氧化物 Si_3N_4 多晶 Si	低温氧化膜 多晶Si(RF) Si_3N_4膜	外延膜生长	低温氧化膜、Si_3N_4 金属(W) 外延膜生长	低温氧化膜
装置示意图	硅圆片 舟 容器	硅圆片 容器 均热板	硅圆片 容器	硅圆片 容器	硅圆片 链式传送带
工作压力	LP	NP LP	LP	LP	NP

(a) 束状光照型光 CVD

(b) 广面积光照型光 CVD

2

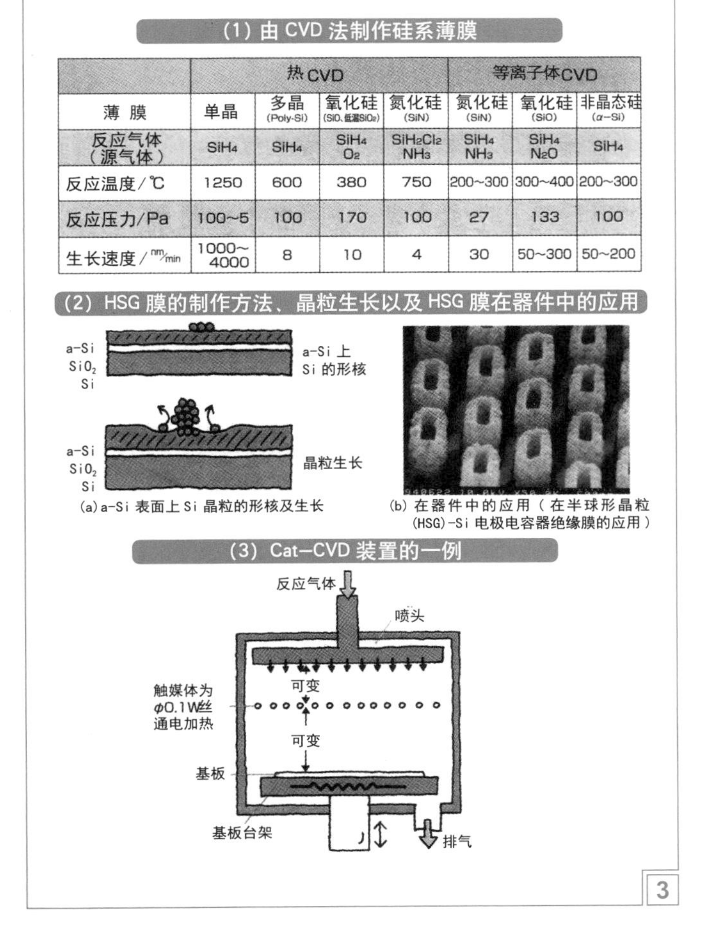

薄膜	热CVD 单晶	热CVD 多晶 (Poly-Si)	热CVD 氧化硅 (SiO_2 低温SiO_2)	热CVD 氮化硅 (SiN)	等离子体CVD 氮化硅 (SiN)	等离子体CVD 氧化硅 (SiO)	等离子体CVD 非晶态硅 (α-Si)
反应气体(源气体)	SiH_4	SiH_4	SiH_4 O_2	SiH_2Cl_2 NH_3	SiH_4 NH_3	SiH_4 N_2O	SiH_4
反应温度/℃	1250	600	380	750	200～300	300～400	200～300
反应压力/Pa	100～5	100	170	100	27	133	100
生长速度/ $^{nm}/_{min}$	1000～4000	8	10	4	30	50～300	50～200

(a) a-Si 表面上 Si 晶粒的形核及生长

(b) 在器件中的应用（在半球形晶粒 (HSG)-Si 电极电容器绝缘膜的应用）

3

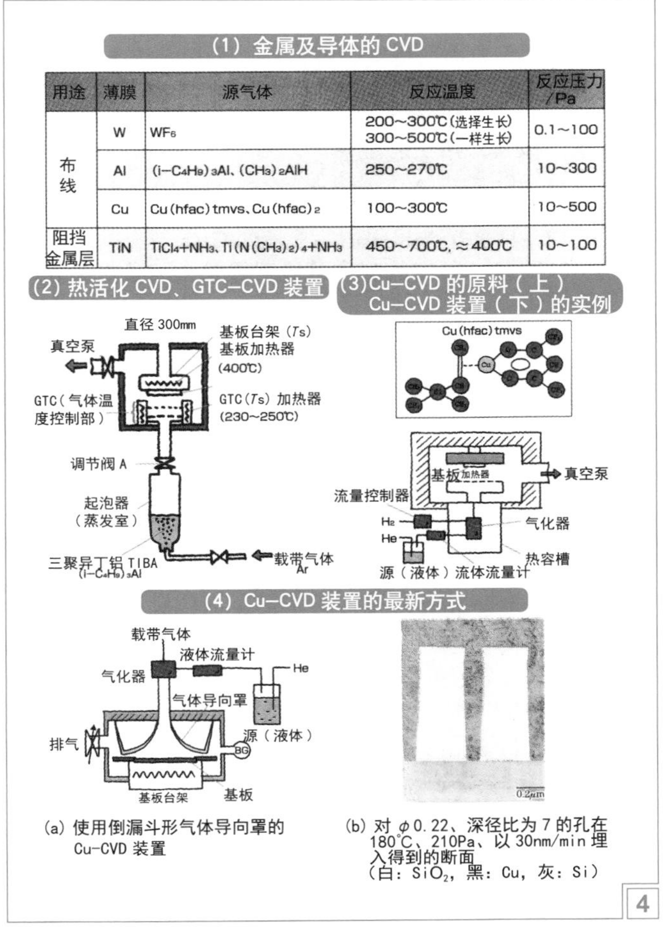

用途	薄膜	源气体	反应温度	反应压力/Pa
布线	W	WF_6	200～300℃(选择生长) 300～500℃(一样生长)	0.1～100
	Al	$(i-C_4H_9)_3Al$、$(CH_3)_2AlH$	250～270℃	10～300
	Cu	Cu(hfac)tmvs、$Cu(hfac)_2$	100～300℃	10～500
阻挡金属层	TiN	$TiCl_4+NH_3$、$Ti(N(CH_3)_2)_4+NH_3$	450～700℃, ≈400℃	10～100

(a) 使用倒漏斗形气体导向罩的 Cu-CVD 装置

(b) 对 φ0.22、深径比为 7 的孔在 180℃、210Pa、以 30nm/min 埋入得到的断面（白：SiO_2，黑：Cu，灰：Si）

4

10.13 化学气相沉积（2）——各类 CVD 的应用

10.13.1 高介电常数膜和低介电常数膜的 CVD

CVD 法的特征之一是，可以沉积合金及多组分的膜层。正是基于此，CVD 法广泛用于制作高介电常数（high-*k*）和低介电常数（low-*k*）的膜层。

high-*k* 膜用于超 LSI 中极微小电容器的制作。上节谈到的 HSG 膜就是适应高密度化的进展，使电容器尽量少占表面积所采用的对策。电容器的容量 $C=\varepsilon_r\varepsilon_0 S/t$。其中，$\varepsilon_r$ 是相对介电常数，ε_0 是真空介电常数，S 是电容器的面积，t 是绝缘层的厚度。绝缘层的厚度 t 由于维持耐压的要求而不能太小。表面积 S 由于高密度化的要求也只能小，不能大。眼下的出路只有采用相对介电常数 ε_r 大的膜层。

图（1）表示高介电常数膜层制作方法概要。最初是硅氧化物 SiO_2 膜（$\varepsilon_r=4$），接着是采用与硅氮化物 SiN 膜构成三明治结构的膜层（$\varepsilon_r=8$）。而后多采用氧化钽 Ta_2O_5 的膜（$\varepsilon_r=24$）。目前正在开发 BST、PLZT 等所谓铁电体类相对介电常数极大的膜层。如何提高这些膜层的结晶性是开发重点。

低介电常数膜层的需求在于布线中信号的高速（高频）化进展。图（2）表示细长延伸，彼此靠得很近的两条布线间的简单模拟电路。当有高速信号输入时，要求该电路：①信号延迟要小，②信号失真要低，③两条布线间尽可能不发生串扰（cross-talk）。要满足这些要求，*RC* 越小越好。为了减小 *RC*，*R* 和 *C* 都要减小。真空的介电常数 $\varepsilon_0=1$，但真空中难以布线，因此需要寻找相对介电常数 ε_r 接近 1 的材料。

图（3）表示低介电常数膜层的开发概要。其中涉及无机、有机等各种类型的材料。"制作材料者制作技术"，材料的突破意味技术的跨越。

10.13.2 液晶电视用的非晶硅（a-Si）薄膜

在 21 世纪初，由于液晶电视在相应速度、视角、对比度、鲜艳度等方面取得突破性进展，再加上液晶轻量薄型、低功耗的优点，目前液晶电视处于无与伦比的地位。

液晶电视的每个亚像素中都设有一个采用非晶硅（a-Si）的薄膜三极管，用于有源驱动。为了提高图像分辨率，薄膜三极管的数量飞跃性地增加（已有 4k×8k 产品）。为此，薄膜三极管需要尺寸缩小，数密度增加。

目前采取的工艺是先由等离子体 CVD 法制作大面积的均质 a-Si 薄膜，再由其制作薄膜三极管。随着液晶显示器的多功能化，由于 a-Si 材料只能形成 n 型而不能形成 p 型，a-Si 的电子迁移率太低等，a-Si 材料与 IC 电路不相容的矛盾日益突出。理想的情况是采用单晶硅膜，但制作如此大面积的单晶硅膜谈何容易。因此，当下的目标是采用单晶与非晶中间的多晶硅薄膜。

但是，制作大面积的多晶硅薄膜并非容易做到。目前采用的方法是先制好 a-Si 膜之后再藉由激光照射实现多晶硅化。存在的问题是，由硅烷等离子体分解得到的 a-Si 中，在制作过程中会进入最多达 40% 的氢。当激光照射 a-Si 时，被照射的部分液化，其再次固化时变成多晶硅。但此时，会发生氢沸腾冒泡现象。因此，人们对低含氢量的 a-Si 进行了不懈的开发，通过 400~500℃ 较高温度下等离子体 CVD，已达到降低氢含有率的明显效果（图（1））。

另外，不用等离子体照射，而采用钨丝的触媒反应使硅烷分解，在 300℃ 左右较低的温度下，就可以获得氢含量 3% 以下的 a-Si 膜（图（2））。

CVD 的研究正针对满足将来高密度 IC 的需要，如何做出极薄，且可靠性高的氧化膜。如图（3）所示，在别的等离子体室中使硅烷分解，但仅向基板引出活性基，以形成氧化硅（SiO_2）膜，这种极薄的膜层漏电流极小，质量很高（图（4））。

10.13.3 由表面改性形成薄膜

在基板上涂敷薄膜，不免会有薄膜剥离脱落的担心。如果藉由表面改性，由基板"长出"薄膜，薄膜与基板有机地连接在一起，则不会有薄膜剥离脱落的担心。

图（1）表示用于表面改性的装置实例。（a）为反应室横向、基板纵向并排放置的方式；（b）为反应室纵向、基板横向并排放置的方式。由于后者反应器内部的气流和温度分布均匀、污染物的发生少，因此这种纵型方式正成为主流。

图（2）仅取出这些装置的供气方式分别表示。（a）使高纯度的去离子水蒸发，将其水蒸气导入由均热管等加热的基板（wafer）表面，进行氧化，若是硅基板，则形成 SiO_2 膜；（b）在上述工程中进一步导入氧气；（c）只利用氧进行氧化的方式。在（c）中，若用氮气，例如藉由反应式 $3Si+4NH_3 \longrightarrow Si_3N_4+6H_2\uparrow$，即可在硅基板上生长出氮化膜。同样，采用碳素系气体，例如藉由反应式 $Si+CH_4 \longrightarrow SiC+2H_2\uparrow$，则可得到碳化膜。

图（3）是这些表面改性方式的汇总。若想高速氧化，可采用水蒸气的方式；在重视电气特性而进行氧化、氮化时，可采用干式氧系或臭氧系的方式。若采用等离子体的离子氧化、氮化、碳化法（图（4）），则可在 100~300℃ 的低温下成膜。

10.13.4 TFT LCD 中应用的各种膜层

薄膜晶体管液晶显示器（thin film transistor liquid crystal display，TFT LCD）广泛应用于手机屏幕，电脑、电视显示屏以及大型投影设备中，它具有轻、薄的特点，加上完美的画面及快速的相应特征，充分迎合了当今显示器设备的发展需求。

TFT LCD 的制作工艺包括基板清洗、成膜、光刻、检查修复等，其中成膜方式可分为化学成膜和物理成膜两大类，物理成膜的主要方法为溅射，用于制备合金模；化学成膜则主要应用 CVD 成膜技术生成非金属膜。此处只介绍 CVD 技术下生成的各种膜层。

TFT LCD 中的栅极绝缘膜是通过常压 CVD 技术制得，有时用它在栅极与玻璃基板之间形成保护底层，这种薄膜的特点是阶梯覆盖性良好，层间绝缘性能好。而低压 CVD 技术常用来制作高温多晶硅 TFT LCD 膜，包括 poly-Si 形成用的 a-Si（非晶硅）薄膜、栅极绝缘用的硅氧化膜（SiO_2）、栅极的 n^+- poly-Si、层间绝缘膜（SiO_2）薄膜等。

在高分辨率、低功耗显示面板应用方面，低温多晶硅（LTPS）和金属氧化物（Oxide）薄膜三极管比传统的 a-Si TFT 更具优势，所以近年来众多厂商正将新生产线的建设转到 LTPS 或 Oxide 方向。

本节重点

（1）在集成电路中，高介电常数（high-*k*）膜和低介电常数（low-*k*）膜用在什么地方？各有哪些材料？
（2）在集成电路中，绝缘（介质）膜有哪些用途，多采用何种材料，是如何制作的？
（3）TFT LCD 中薄膜三极管（TFT）是如何制作的，哪一步采用 PECVD 工艺，为什么要采用 PECVD？

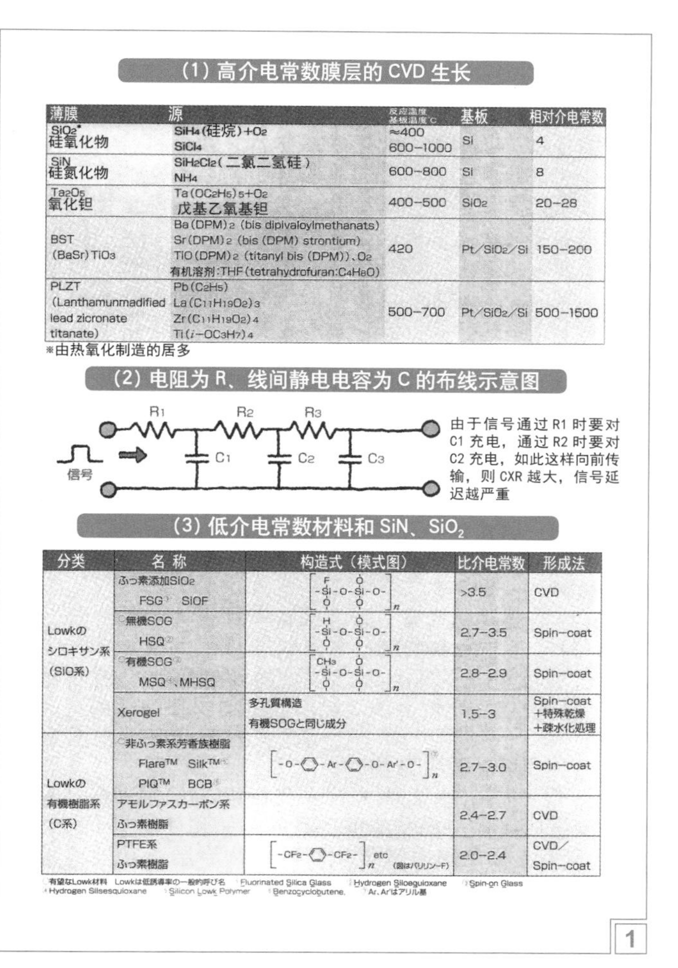

(1) 高介电常数膜层的CVD生长

薄膜	源	反应温度 基板温度℃	基板	相对介电常数
SiO_2* 硅氧化物	SiH_4(硅烷)+O_2 $SiCl_4$	≈400 600–1000	Si	4
SiN 硅氮化物	SiH_2Cl_2(二氯二氢硅) NH_4	600–800	Si	8
Ta_2O_5 氧化钽	$Ta(OC_2H_5)_5+O_2$ 戊基乙氧基钽	400–500	SiO_2	20–28
BST $(BaSr)TiO_3$	$Ba(DPM)_2$ (bis dipivaloylmethanats) $Sr(DPM)_2$ (bis (DPM) strontium) $TiO(DPM)_2$ (titanyl bis (DPM))、O_2 有机溶剂:THF(tetrahydrofuran:C_4H_8O)	420	Pt/SiO_2/Si	150–200
PLZT (Lanthamunmadified lead zicronate titanate)	$Pb(C_2H_5)$ $La(C_{11}H_{19}O_2)_3$ $Zr(C_{11}H_{19}O_2)_4$ $Ti(i\text{-}OC_3H_7)_4$	500–700	Pt/SiO_2/Si	500–1500

※由热氧化制造的居多

(2) 电阻为R、线间静电电容为C的布线示意图

由于信号通过R1时要对C1充电，通过R2时要对C2充电，如此这样向前传输，则CXR越大，信号延迟越严重

(3) 低介电常数材料和SiN、SiO_2

分类	名称	构造式(模式图)	比介电常数	形成法
Lowkのシロキサン系(SiO系)	ふっ素添加SiO_2 FSG[1] SiOF	$[-Si(F)(O)-O-Si(O)(O)-O-]_n$	>3.5	CVD
	○無機SOG HSQ[2]	$[-Si(H)(O)-O-Si(O)(O)-O-]_n$	2.7–3.5	Spin-coat
	○有機SOG[3] MSQ[4]、MHSQ	$[-Si(CH_3)(O)-O-Si(O)(O)-O-]_n$	2.8–2.9	Spin-coat
	Xerogel	多孔質構造 有機SOGと同じ成分	1.5–3	Spin-coat +特殊乾燥 +疎水化処理
Lowkの有機樹脂系(C系)	○非ふっ素系芳香族樹脂 Flare™ Silk™[5] PIQ™ BCB[6]	$[-O-⌬-Ar-⌬-O-Ar'-O-]_n$[7]	2.7–3.0	Spin-coat
	アモルファスカーボン系 ふっ素樹脂		2.4–2.7	CVD
	PTFE系 ふっ素樹脂	$[-CF_2-⌬-CF_2-]_n$ etc (図はパリレン-F)	2.0–2.4	CVD/Spin-coat

○有望なLowk材料 Lowkは低誘導率の一般的呼び名 [1]Fluorinated Silica Glass [2]Hydrogen Siloequioxane [3]Spin-on Glass [4]Hydrogen Silsesquioxane [5]Silicon Lowk Polymer [6]Benzocyclobutene, [7]Ar、Ar'はアリル基

1

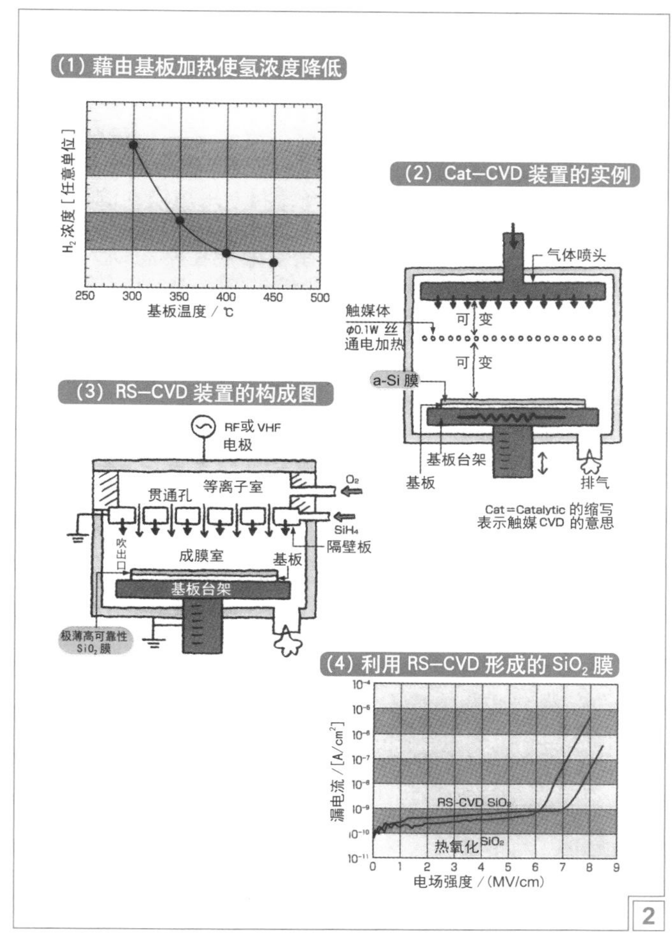

2

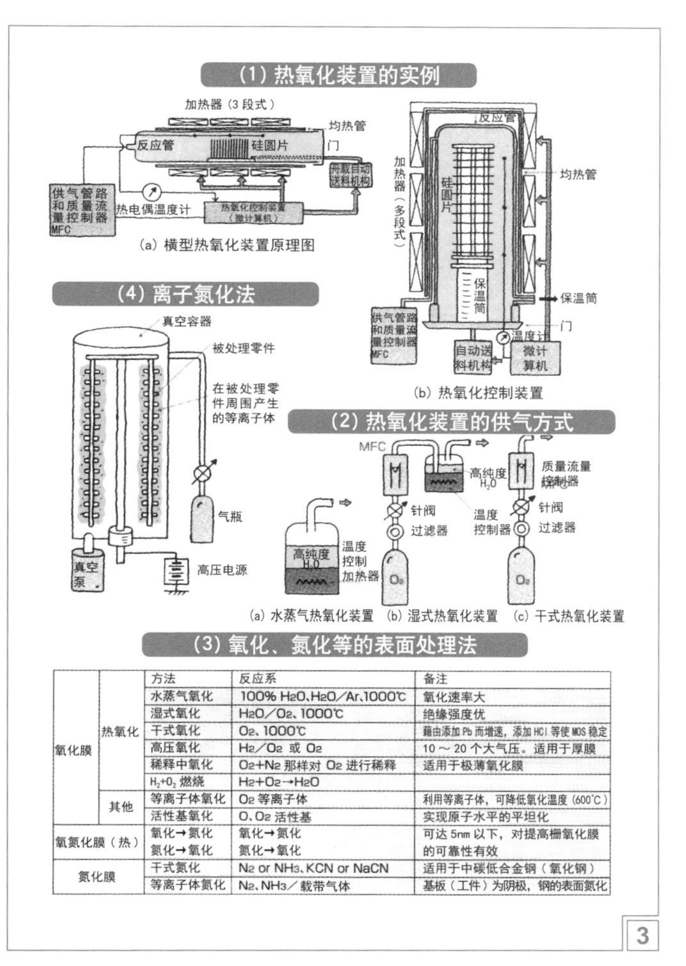

(3) 氧化、氮化等的表面处理法

		方法	反应系	备注
氧化膜	热氧化	水蒸气氧化	100% H_2O、H_2O/Ar、1000℃	氧化速率大
		湿式氧化	H_2O/O_2、1000℃	绝缘强度优
		干式氧化	O_2、1000℃	藉由添加Pb而增速，添加HCl等使MOS稳定
		高压氧化	H_2/O_2 或 O_2	10～20个大气压。适用于厚膜
		稀释中氧化	O_2+N_2 那样对 O_2 进行稀释	适用于极薄氧化膜
		H_2+O_2 燃烧	$H_2+O_2 \rightarrow H_2O$	
	其他	等离子体氧化	O_2 等离子体	利用等离子体，可降低氧化温度(600℃)
		活性基氧化	O、O_2 活性基	实现原子水平的平坦化
氧氮化膜(热)		氧化→氮化 氮化→氧化	氧化→氮化 氮化→氧化	可达5nm以下，对提高栅氧化膜的可靠性有效
氮化膜		干式氮化	N_2 or NH_3、KCN or NaCN	适用于中碳低合金钢(氧化钢)
		等离子体氮化	N_2、NH_3/载带气体	基板(工件)为阴极，钢的表面氮化

3

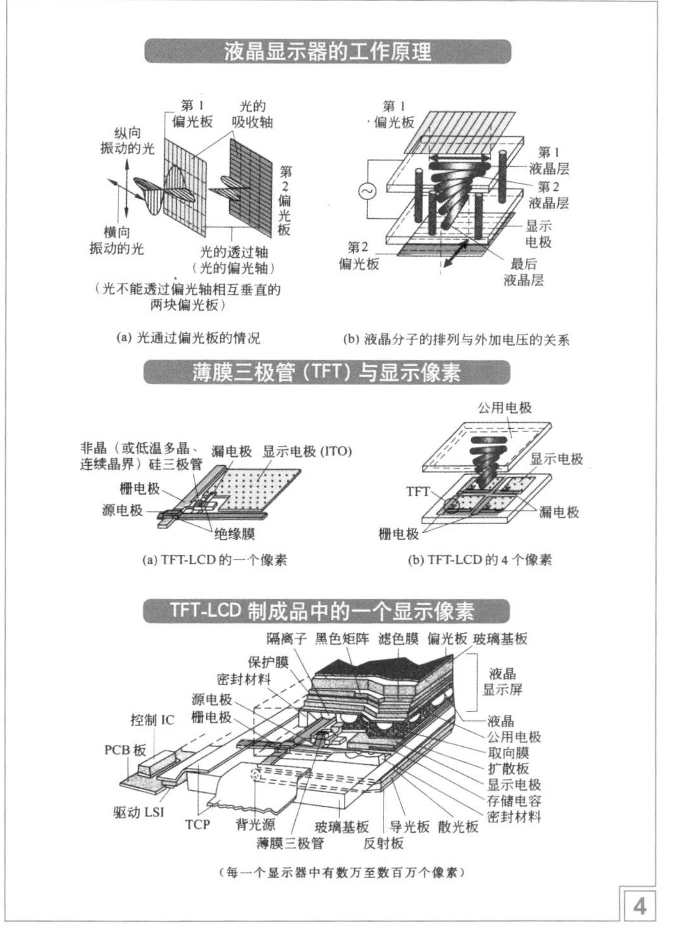

4

10.14 超硬涂层

10.14.1 切削刀具的工作原理

当用厨刀切海苔卷等时，厨刀锋利与否，厨师可清楚地感觉到。那么，刀具的锋利度所指为何呢？

磨损的刀具经过研磨而变得锋利。采用锐利的刀头（前刀角大）切削钢材等工件，会产生薄而长的切屑；另一方面，若采用前刀角小的刀头进行切削，即使在相同切入深度的场合，也会产生厚而短的切屑。

通过观看刀具切削工件时材料变形状态的录像，可以发现在刃尖附近材料中所发生的是剪切变形。这种剪切变形是以四角形“匹配箱”的形式不断按平行四边形的方式发生的。

刃尖附近不断发生剪切变形的面称为剪切面，而剪切面与工件被加工面的夹角称为剪切角。该剪切角的大小可以作为刀具锋利程度的指标。

如果刀具的前角小，即切削时的剪切角小，则产生厚的切屑；相反，如果前角大，刀刃锋利，则剪切角大，从而产生薄而长的切屑。

切削时如果切屑发生大的变形，则切削阻力大，而且发热量也多。

为改善切削时刀具的锋利度，除前刀角之外，切削速度及润滑条件也是重要的因素。

10.14.2 切削刀具磨损机理

刀具磨损主要包括正常磨损和非正常磨损。正常磨损的主要由于机械磨损、磨粒磨损（机械擦伤）、粘结磨损、扩散磨损、相变磨损、氧化磨损、热电磨损、热裂磨损、热塑性变形等原因；非正常磨损主要是由于使机械冲击力的作用或受热后内应力的作用，切削力过大或切削温度过高，积屑瘤脱落而引起大面积剥落，刀具材料硬度低、韧性差；刀具几何参数选择不合理，切削用量选用不当，刀具焊接或刃磨时因骤冷骤热而产生热应力造成的细微裂纹，以及操作使用或保管不当等。

高速切削的趋势涉及更高的切削速度下操作，并在干式或极小量润滑剂（MQL）的工况下操作，从而对切削过程中刀具材料的力学性能提出更严格的要求。为了改善用于切削刀具涂层的质量和耐磨损性能并延长刀具的寿命，有必要使涂层微观结构、耐氧化性、热稳定性、热硬性、力学性能等最优化，而且在刀具的整个寿命期，扩展稳定的而非不稳定的磨损。因为涂层硬度与韧性的最佳组合是随着接触条件的严酷性而变化，因此实现起来是很难的。

在切削过程中，复杂的多因素（摩擦、磨损、粘接相互作用、氧化、热循环等）同时且相互起作用。纳米力学已经用来评价影响硬质涂层刀具寿命的三个关键和相互关联的因素：①在室温和高温下的塑性指标（PI，在压痕过程中所做的塑性功 / 总功）；②热硬度；③疲劳断裂阻力。

10.14.3 各种超硬涂层的性能对比和硬质涂层的世代进展

为数众多的硬质材料可以其按化学键分成三个组：金属键（M）、共价键（C）和离子键（I），并表现出相应的特性：

（1）共价键材料具有最高的硬度，金刚石、立方氮化硼和碳化硼均在此组内。

（2）离子键材料具有较好的化学稳定性。

（3）金属键材料具有较好的综合性能。

过渡族金属的氮化物、碳化物和硼化物在超硬材料中占有特别重要的地位。图 2 给出这三类材料性能的比较。可以根据具体的使用要求，利用这些图表及有关相图来寻找最合适的膜层和膜—基组合。

通常，TiN（也被称为第一代硬质涂层）已被广泛用于保护涂层以增加刀具和成型工具的寿命和性能。

三元金属化硬质氮化物和碳化物涂层通常被称为第二代硬质涂层。TiAlN 涂层在周围环境下的耐磨损特性并未表现出明显的改善，这是由于它的脆性和高摩擦系数（例如，TiN 为 0.45±0.1 而 TiAlN 为 0.65±0.1）所致。

超硬涂层也被称为第三代硬质涂层，它是近年来开发出的硬度在 40~80GPa 范围的硬质涂层。这些涂层可分为：（1）内禀（本征）的，例如金刚石（硬度 80~100GPa）和立方氮化硼（c-BN，硬度 80~100GPa）；（2）外禀（非本征）的，它们的力学性能被其微观结构所控制。

各世代典型硬质涂层的性能

世 代	涂 层	颜色	硬度 (HV)	厚度 /μm	摩擦系数	最高使用温度 /℃	说明
第一代	① TiN 单层	金黄	2300	1~4	0.4	500	高性价比涂层
	② CrN	银亮	2000	3~15	0.5	700	适用加工铜、钛、模具
第二代	③ TiCN	灰黑	3000	1~4	0.4	400	高韧性通用涂层
	④ ZrCN 复合	蓝灰	2500	1~4	0.3	550	通用性强
	⑤ TiAlN 复合	紫色	3200	1~4	0.5	800	通用性强
	⑥ AlTiN 复合	黑	3400	1~4	0.5	300	高速、高硬度加工
	⑦ TiAlCrN	亚黑	3500	1~4	0.6	1000	特殊加工领域
第三代	⑧ DLC	黑彩	1000~4000	0.5~2	0.05	400	适用于有色金属、石墨、塑胶

10.14.4 超硬涂层的应用

超硬涂层主要分为两类，金刚石类和立方氮化硼类。

金刚石具有更高的硬度及其他优异性能用，它所制作的刀具，应用范围更为广泛。对有色金属，主要对铜、铝及其合金，进行超精密切削加工；切削纯钨、纯钼；切削工程陶瓷、硬质合金、工业玻璃；切削石墨、各种塑料；切削各种复合材料，包括金属基与非金属基的、纤维加强和颗粒加强的；用于牙科、骨科所用的各种医疗器械工具；用于各种木材加工刀具和石材加工工具。

立方氮化硼具有高硬度、高热稳定性，对铁族元素呈惰性，故最适合制作切削下列材料的刀具：淬硬钢，包括碳素工具钢、合金工具钢、高速钢、轴承钢、模具钢等；各种铁基、镍基、钴基和其他热喷涂（焊）零件。

本节重点

（1）分析刀具前刀面（月牙槽）和后刀面的状态，应分别沉积何种镀层加以改善？
（2）与 TiN（第一代硬质涂层）相比，TiAlN（第二代硬质涂层）在结构和性能上有哪些改进？
（3）介绍超硬、极硬涂层（硬度在 40 ~ 80GPa 及以上）的开发进展。

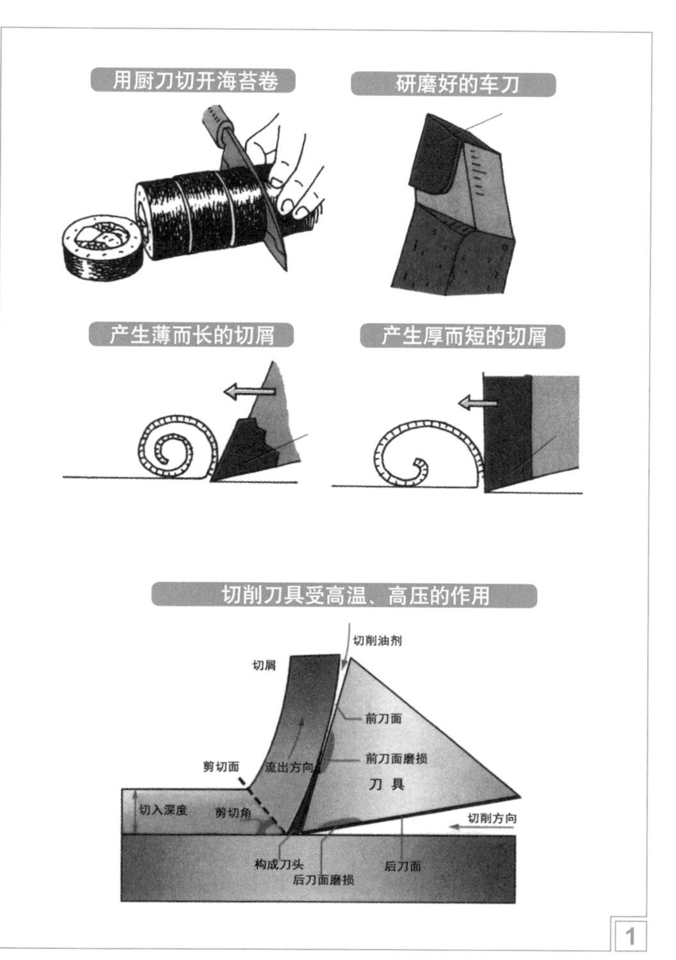

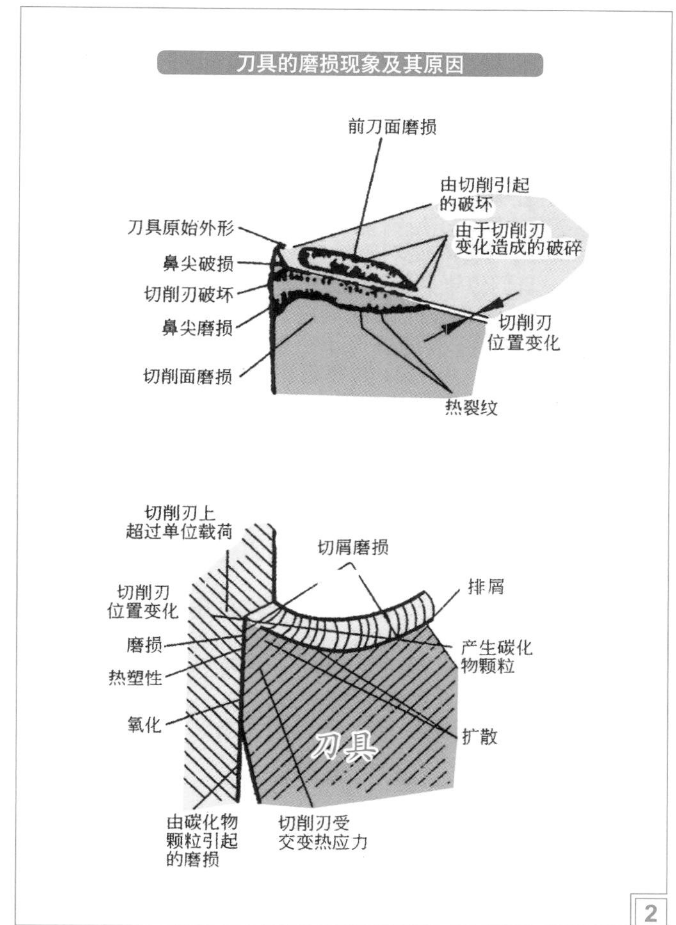

三组硬质材料发到性能的比较

	增加 →
硬度	I M C
脆性	M C I
熔点	I C M
热膨胀系数	C M I
稳定性(以 $-\Delta G$ 作比较)	C M I
膜与金属基体结合	C I M
交互作用趋势	I C M
多层匹配性	C I M

I—离子键；C—共价键；M—金属键

氮气物 (N)、碳化物 (C) 和硼化物 (B) 性能的比较

	→
硬度	N C B
脆性	B C N
熔点	N B C
稳定性(以 $-\Delta G$ 作比较)	B C N
热膨胀系数	B C N
膜与金属基体结合	N C B
交互作用趋势	N C B

共价键硬质材料的性能

相	密度 /(g/cm³)	熔点 /℃	硬度 (HV)	弹性模量 /GPa	电阻率 /(μΩ·cm)	热膨胀系数 /$10^{-6}K^{-1}$
B_4C	2.52	2450	3000～4000	441	0.5×10^6	4.5(5.6)
立方 BN	3.48	2730	约 5000	660	10^{18}	—
C(金刚石)	3.52	3800	约 8000	910	10^{20}	1.0
B	2.34	2100	2700	490	10^{12}	8.3
AlB_{12}	2.58	2150	2600	430	2×10^{12}	—
SiC	3.22	2760	2600	480	10^5	5.3
SiB_6	2.43	1900	2300	330	10^7	5.4
Si_3N_4	3.19	1900	1720	210	10^{18}	2.5
AlN	3.26	2250	1230	350	10^{15}	5.7

离子键硬质材料的性能

相	密度 /(g/cm³)	熔点 /℃	硬度 (HV)	弹性模量 /GPa	电阻率 /(μΩ·cm)	热膨胀系数 /$10^{-6}K^{-1}$
Al_2O_3	3.98	2047	2100	400	10^{20}	8.4
Al_2TiO_5	3.68	1894	—	13	10^{16}	0.8
TiO_2	4.25	1867	1100	205	—	9.0
ZrO_2	5.76	2677	1200	190	10^{16}	11(7.6)
HfO_2	10.2	2900	789	—	—	6.5
ThO_2	10.0	3300	950	240	10^{16}	9.3
BeO	3.03	2550	1500	390	10^{23}	9.0
MgO	3.77	2827	750	320	10^{12}	13.0

3

10.15 金刚石及类金刚石涂层

10.15.1 碳在元素周期表中居王者之位

尽管金刚石的“皇家之尊”（royal status）归因于它形成**四面体键**的能力（参照 2.6 节），但这种能力实际上来源于碳在元素周期表中的“王者之位”（crown position）。碳位于中心族（Ⅳ族），且处于所有能形成固体化学键的元素的顶部。由于在中心族，碳不偏不倚地位于价电子稀少的金属（**配位数 >4**）——它们位于周期表左边，和价电子充裕的绝缘体（**配位数 <4**）——它们位于周期表右边的中间位置。左边的元素（Ⅰ、Ⅱ、Ⅲ族）有许多电子空缺，所以它们吸引更多的近邻（配位数 =6，8，12）共享它们的少数价电子。由于许多原子共享少数价电子的结果，形成了各向同性的**金属键**。

另一方面，右边的元素（Ⅴ、Ⅵ、Ⅶ族）有许多价电子，它们相互排斥。作为结果，它们允许少数的近邻（配位数 =1，2，3）共享它们的少数价电子。由于少数原子共享许多价电子的结果，形成有方向性的共价键。由无选择性的金属元素和选择性的共价元素形成的化合物具有处于金属键和**共价键**之间的**离子键**。

共价键在原子之间具有最高浓度的电子云，所以它们要比金属键和离子键强得多。金刚石和硅所处的中心族元素具有四个共价键（**配位数 =4**），键强远在那些进一步增加配位数而成为金属的金属键之上。由于共价键的高密度，金刚石和硅与同一周期或更高周期元素相比，具有最刚硬的晶体结构。

碳位于中间族元素的顶部，其原子是最小的。因此，金刚石在所有材料中具有最高的键能密度。因此，位于周期表中王者之位并非偶然，金刚石确实具有使其他许多材料黯然失色的奇特性能。

10.15.2 金刚石超越其他材料的特性

在动物王国中，人类远比任何其他动物聪明。在材料世界，金刚石可以承受任何其他材料所不能承受的极限条件。

碳在宇宙富有的元素中排行第四，位于三个气体元素，氢、氦、氧之后。因此，它是宇宙中体积最庞大的固体。碳原子形成有机化合物的骨架，致使有机化合物的多样性远甚于所有其他元素的组合。碳也是生物细胞（例如，形成 DNA 和蛋白质）和活性生命的精髓。碳在形成有机化合物时表现出的富于多样性的功能是基于其独特的形成线型（sp）、面型（sp^2）、体型（sp^3）键的能力，特别是金刚石的刚性结构。

金刚石属于面心立方点阵，每个阵点上有两个碳原子。其中一个相对于另一个沿体对角线方向移动四分之一对角线长度。点阵常数为 3.5670Å。金刚石表现出超常的物理性能是源于强 σ 键，包括最高的原子密度、很宽的带隙（5.5eV）、超越所有固体的块体弹性模量、最高的室温导热率、最小的热膨胀系数、璀璨夺目的外观、高力学强度、高耐磨损性、高刃口锋利性、高德拜温度、高声速、高击穿电压、高空穴迁移率、高化学惰性、高光学透射性、高耐辐射性、容易电子发射、高表面光洁性、低摩擦系数等。这些极端的特性可使金刚石在许多超常应用中非其莫属。

金刚石有**天然金刚石**和**人造金刚石**两种。金刚石是目前世界上已知的最硬的工业材料，硬度高、耐磨、热稳定性好，优秀的抗压强度、散热速率、传声速率、电流阻抗、防蚀能力、透光、低热胀率等性能使其成为不可替代的材料。金刚石是自然界中最坚硬的物质，具有高硬度、高强度，摩氏硬度为 10，因而被用作高硬切割工具、各类钻头、拉丝模，还被作为很多精密仪器的部件。通过提高金刚石等级、粒度和浓度，可以制造出锋利度较高的金刚石刀头；天然金刚石刀具刀刃可以极其锋利，用于制作眼科和神经外科手术刀、加工隐形眼镜曲面等。天然单晶金刚石耐磨性极好，制成刀具在切削中可长时间保持尺寸稳定。金刚石因为具有极高的反射率（折射率为 2.417），其反射临界角较小（全内反射临界角 24.5°），全反射的范围宽，光容易发生全反射，反射光量大，从而产生很高的亮度。折射率高使得闪闪发光的钻石为人喜爱。金刚石热导率一般为 1361.6W/(m · K)，其中 IIa 型金刚石热导率极高，在液氮温度下为铜的 25 倍，并随温度升高而急剧下降。此外，金刚石还具有耐热冲击性、耐辐照性、绝缘耐电压性、低摩擦系数等特点。

10.15.3 非晶态碳涂层的改性

三元相图中 sp^3、sp^2 和 H 分别代表金刚石、石墨和碳氢化合物。H 附近区域内非晶态碳不成膜，距不成膜区域稍远处为聚合物。沿 sp^2 到 sp^3 分别为玻璃碳、溅射的 a-C 和 ta-C 区域。三元相图中间部分分别为溅射的 a-C:H、ta-C:H 和 a-C:H 区域。

类金刚石（diamond like carbon，DLC）**薄膜**是一种含有一定量金刚石键的非晶碳的亚稳类型的薄膜，其主要成分为碳。类金刚石具有类似于金刚石的性能特点，硬度和耐磨性仅次于金刚石，具有极高的电阻率、电绝缘强度、热导率和光学性能，同时具有良好的化学稳定性和生物相容性等独特的性能特点。通过掺杂各种原子到非晶态碳涂层中，可以改变非晶态碳的附着力、摩擦系数、耐磨性、表面能、电阻率、生物相容性、内应力、热稳定性等性能。类金刚石薄膜可应用于机械方面，改良刀具；应用于光电方面，如掺杂磷制成的半导体是硅和锗光电器件理想减反射膜；生物医学方面，可对人工心脏瓣袋、血管支架进行表面改性 DLC。其新用途还在不断开发之中，有诱人的应用前景。

10.15.4 类金刚石薄膜

随着大面积金刚石膜和精制类金刚石碳（DLC）涂层的开发成功，金刚石的许多功能应用已变为现实。如此，金刚石有可能制作散热最快的散热器（例如，用于封装 200W 功耗的 CPU，或用于粘接数百万个半导体芯片）；可获得最高频率的共振器（例如，用于 100kHz 高频扬声器膜片或 10GHz 声表面波滤波器）；得以制作功能最强的半导体，又称为“硬半导体”，可工作在严酷环境下（例如，近年来日本着手开发一种超级计算机，其速度是硅芯片计算机的 20 倍）；可以制作透明性最好的辐射窗（例如，兆瓦微波传送，或六马赫导弹自动瞄准头整流罩）；发明最具化学惰性的阻挡层（例如，用于高温下的腐蚀气氛探测）；最大能量粒子的探测器（例如，监测宇宙射线）；已知最有效的冷阴极（例如，用于场发射显示器）等。

另外，DLC 涂层已经成为计算机硬盘和各种化学—机械零件的最有效保护（例如，藉由在硅圆片上的薄膜沉积或集成电路的酸性软膏抛光）。涂敷 DLC 的盒装磁盘和剃须刀片也是今天最普通的消费性产品。DLC 涂层对于医疗器械（例如，心脏阀、人造关节、可膨胀绷带等）的可靠性保证也是十分严格的。

本节重点

（1）为什么说碳在元素周期表中居王者之位？
（2）举出类金刚石（DLC）涂层的典型应用。
（3）针对不同的目的和应用，如何对非晶态碳涂层进行改性？

碳在周期表中居王者之位

Li	Be	B	C	N	O	F
Na	Mg	Al	Si	P	S	Cl
K	Ca	Ga	Ge	As	Se	Br
Rb	Sr	In	Sn	Sb	Te	I
Cs	Ba	Tl	Pb	Bi	Po	At

金刚石超越其他材料的特性

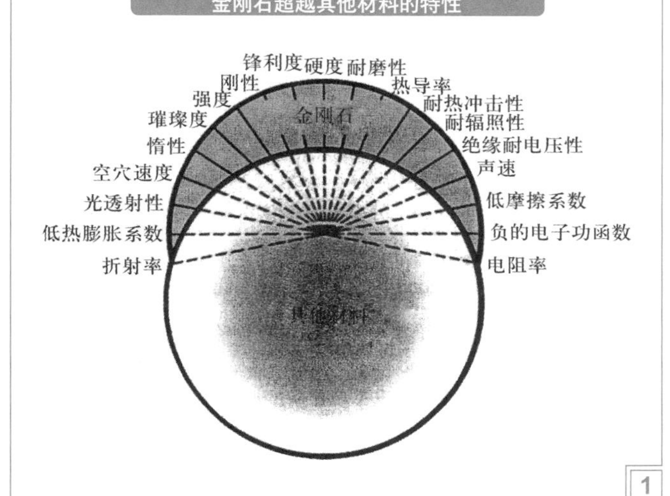

1

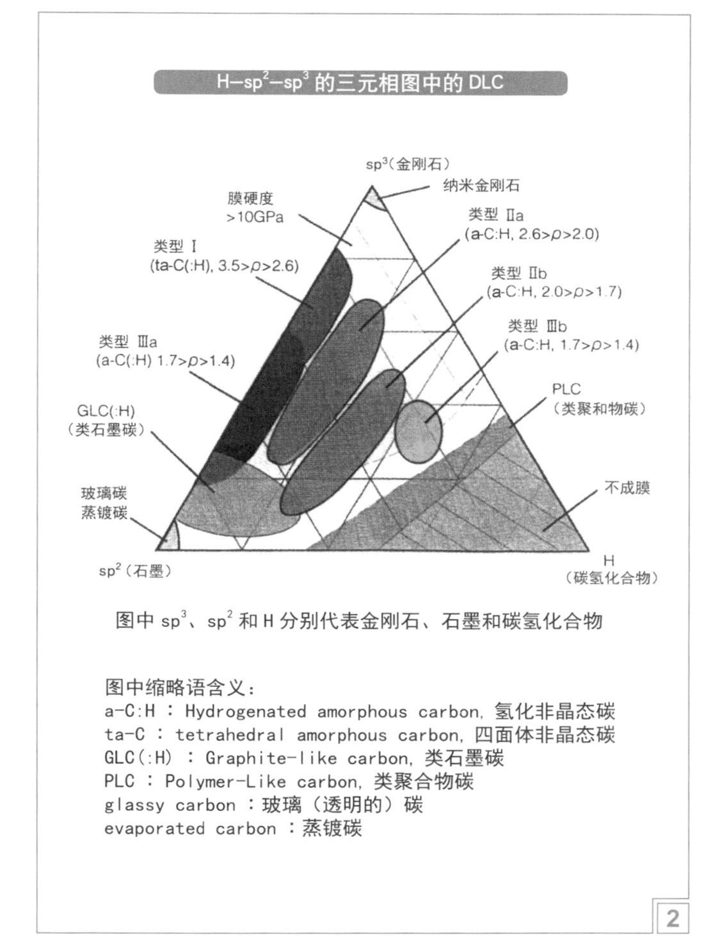

2

非晶态碳的 VID 图

金刚石

ta-C:H

ta-C

a-C:H
a-C:H:Me
a-C:H:X

等离子体聚合物

a-C
a-C:Me

石墨

纵轴：sp^3 键百分数 / %（0～100）

横轴：氢原子浓度（0～100）

针对不同的目的和应用，各种掺杂原子已引入非晶态碳涂层中

附着力	Ti	Nb	Cr	Ag	电阻率
	Cu	Ni	Mo	Au	
摩擦系数	W	改性的非晶态碳		Pt	生物相容性
耐磨性	Fe			Ta	内应力
表面能	Ta	B	N	Co	热稳定性
	O	P	Si	Al	

3

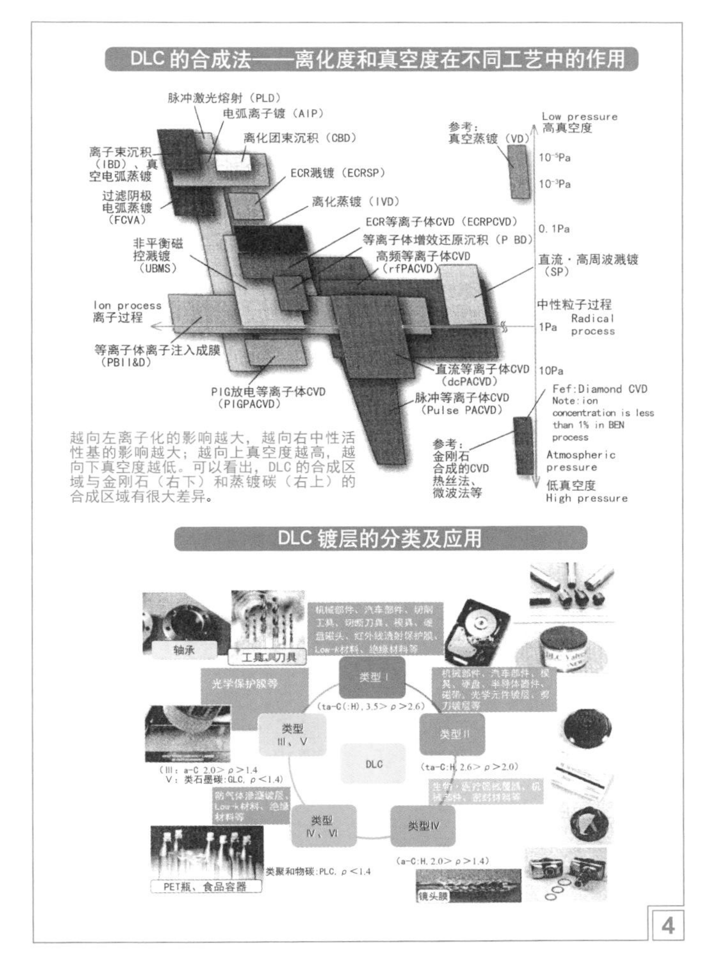

4

10.16 电镀 Cu 膜用于集成电路芯片制作

10.16.1 电镀技术的新生——电镀 Cu 膜用于集成电路布线制作

在真空沉积铝薄膜时，一旦真空变差，铝膜质量马上下降，或表面变黑或出现彩虹般的晕。能否在水溶液中制作出性能良好的薄膜呢？这是人们长期以来梦寐以求的。幸好，在 1997 年 9 月发布了“IBM 公司在 IC 铜布线中成功采用电镀铜膜”这一振奋人心的消息。特别是，微细孔中电镀铜膜埋入也极为成功。至此，电镀技术获得新生，同时开创了 IC 制作技术的新纪元。

电镀技术按大的分类如图 1 所示，属于湿法成膜技术，与之相对的是干法成膜技术，后者包括真空蒸镀、离子镀、溅射镀膜等。

电镀是采用电解液的镀膜技术。图 2 以电镀铜为例表示电镀的原理。电镀液应选择适于电镀的材料。例如，电镀铜时采用硫酸铜（$CuSO_4$）等含铜的化合物，这与气相沉积法相似。镀液中要加入的添加剂及平滑剂等属于各个厂家的技术秘密（know-how）。将电极放入电解液中，一旦有电流流动，作为阳离子的 Cu^{2+} 流向负极（阴极），便在此处沉积。阳极处有 SO_4^{2-} 及 OH^- 等阴离子流入，使阳极的铜溶出。

化学镀是不采用电解液的湿法镀膜技术。通过银镜反应制作镜子所采用的就是化学镀。将清洗干净的玻璃板，放入由硝酸银的氨水溶液（银离子）和福尔马林及葡萄糖等还原剂组成的化学镀液中，在玻璃板表面发生氢气的同时析出银膜，即得到银镜。

化学镀的突出优点是在绝缘物上也可成膜，自 1946 年前后开始，成为急速发展的领域，在磁盘、磁头、以及塑料成型品金属化等方面应用广泛。

10.16.2 电镀膜生长过程分析

图 1 是将图 2 所示铜电镀膜生长的阴极表面情况，放大到原子尺度的模式图。在电镀液中，离子与水分子构成团簇，形成水化离子。后者藉由扩散、泳动、对流、搅拌、电气力的作用等，向电极附近移动。一旦到达被称为亥姆霍兹二重层的原子尺度（0.2~0.3nm）宽度的层内，水化离子在强电场作用下被加速，其中的水分子被剥离掉而只剩下 Cu^{2+} 离子，后者进一步被加速。途中，Cu^{2+} 离子从阴极引出电荷而变成中性的，并向镀面碰撞。由于碰撞的铜原子仍带有一定的能量，因此在镀面上运动，与其他原子构成原子对，形核，并长大。

图 2 是铁板上电镀金时，镀层生长阶段的示意图。电镀时间（a）为 1s，（b）为 4s，（c）为 7s，（d）为 30s。这种生长过程与 10.4.1 节所示的真空中的形核长大过程极为相似。这说明，镀液中的薄膜生长与真空中的薄膜生长以同样的方式进行。为什么二者方式相同？为什么铜膜不会被水等氧化呢？

在接近图 1 所示镀面（阴极）的亥姆霍兹二重层，在原子尺度的距离上加有几伏的电压，但其场强极高，达到 10^9V/m 的程度。在此强电场中，作为镀液中的阳离子 Cu^{2+} 和 H^+ 朝阴极方向加速。另一方面，作为负离子而氧化性很强的 SO_4^{2-} 及 OH^- 等向反方向加速，从镀面附近被排除。

也就是说，在镀面近距离内，氧化性离子被排除、还原性离子被集中的亥姆霍兹二重层是一个强还原性的空间。在此空间中，铜离子被还原为铜而生长为电镀膜。这好比方是，表面上看尽管是在氧和水中生长，而实际上是在氢等还原性很强的气体中生长。电镀膜光泽明亮也基于此。

10.16.3 精密电镀工艺

印制线路板布线用的电镀铜，磁盘、磁头用的磁性膜，超大规模集成电路超微细孔埋入用的电镀铜等，用于高技术领域的电镀技术总称精密电镀。

精密电镀的一种方式是图 1 所示的框架电镀法。将由光刻胶制作的框架覆盖在基板上，将电镀液注入框架中央的凹槽中形成薄膜回路，进行位置更加精准、工艺更加精密的电镀。电镀后，由于框架由光刻胶制成，在曝光后框架的溶解性发生改变，经适当的溶剂处理即可去除，简单易行，又可达到精密电镀的目的。

图 2 所示为搅拌电镀法，此方法在电镀铜时应用的最为普遍。在镀铜过程中需要不停地用空气进行搅拌，因为化学镀铜液在工作中会产生氧化亚铜微粒，这种微粒对镀液有害，采用空气搅拌可将氧化亚铜重新氧化成可溶性的二价铜离子，氧化亚铜减少，镀液稳定性提高。另外，采用空气搅拌可使沉铜过程中产生并附着在镀件表面的微细氢气泡，迅速脱离镀件表面，逸出液面，减少镀层气泡出现的可能性，获得更加致密，结合力良好的镀层。还有，在不工作时，空气搅拌也可防止化学镀铜溶液分解。

空气搅拌电镀法，已被诸多厂家运用于生产流水线上，取得较明显的技术效果。该工艺体系是采用印制电路板在磁铁或线圈的作用下来回移动，搅拌导槽中的溶液，使孔内的溶液得到及时交换，同时又采用高酸低铜的电解液，通过提高酸浓度增加溶液的电导率，降低铜浓度达到减小孔内溶液的欧姆电阻，并借助优良的添加剂的配合，确保高纵横比印制电路板电镀的可靠性和稳定性。

图 3、图 4 所示为孔底电镀法。根据电解液的特性，要使得深孔电镀达到技术要求，就必须限制电流密度的取值，原因是欧姆电阻的直接影响，而不是物质的传递。重要的是确保孔内要有足够的电流，使电极反应的控制区扩大到整个孔内表面，使铜离子很快的转化成金属铜，为此应把常规使用的电流密度值降低到 50%，使电镀通孔内的过电位比高电流密度电镀时，孔内可以获得足够的电流。

10.16.4 电解铜箔制作方法

电解铜箔生产工序简单，主要工序有三道：溶铜生箔、表面处理和产品分切。其生产过程看似简单，却是集电子、机械、电化学为一体，并且是对生产环境要求极为严格的一个生产过程。

造液过程是在造液槽中，通过加入硫酸和铜料，在加热条件（一般是 70~90℃）下进行化学反应，并通过多道工序的过滤，而生成硫酸铜液。再用了用泵打入电解液储槽中。生产电解铜箔对其电解液（硫酸铜溶液）的洁净度要求非常严格，在生产工艺中需要使用多道过滤系统和上液泵。采用一台上液泵和旋转阴极，根据不同的电位差进行自动控制，既可溶铜又可生产毛箔，生产成本可大大降低。采用“弧面”的阴极和旋转阴极，也可使总的溶液体积相对减少，容易控制生产工艺参数。

本节重点

（1）近年来的集成电路制作中，为什么要用 Cu 布线代替 Al 布线？Cu 布线是如何制作的？
（2）以水溶液电镀铜为例，分析电镀膜的析出，阴极附近的反应情况。
（3）介绍电解铜箔的制作过程。

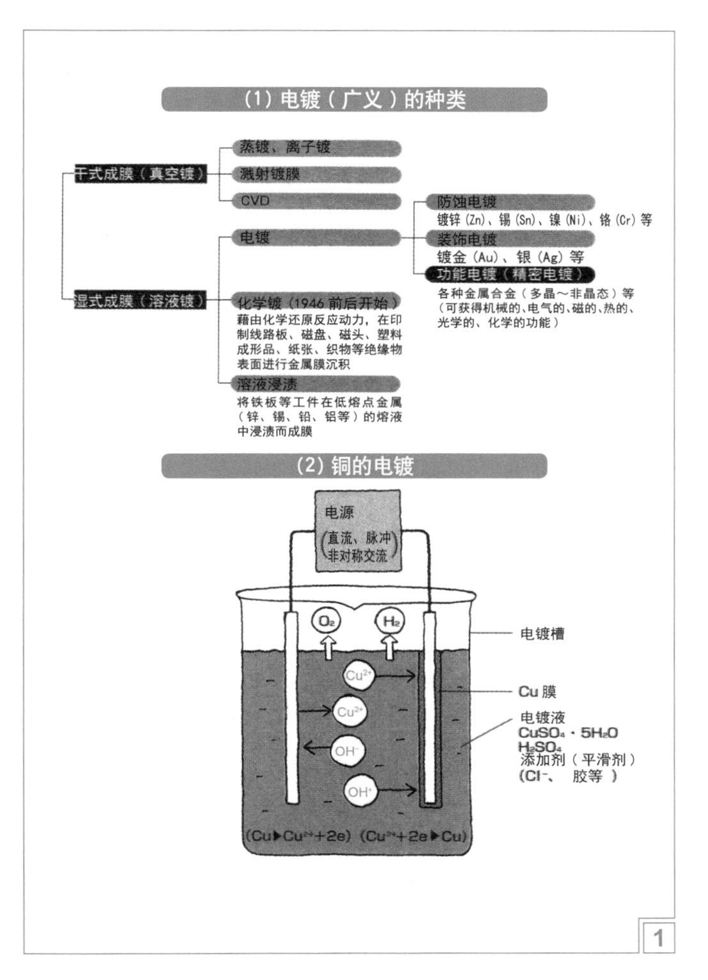
(1) 电镀（广义）的种类
干式成膜（真空镀）
蒸镀、离子镀
溅射镀膜
CVD
湿式成膜（溶液镀）
电镀
防蚀电镀
镀锌 (Zn)、锡 (Sn)、镍 (Ni)、铬 (Cr) 等
装饰电镀
镀金 (Au)、银 (Ag) 等
功能电镀（精密电镀）
各种金属合金（多晶～非晶态）等
（可获得机械的、电气的、磁的、热的、光学的、化学的功能）
化学镀（1946 前后开始）
藉由化学还原反应动力，在印制线路板、磁盘、磁头、塑料成形品、纸张、织物等绝缘物表面进行金属膜沉积
溶液浸渍
将铁板等工件在低熔点金属（锌、锡、铅、铝等）的熔液中浸渍而成膜
(2) 铜的电镀
电源
（直流、脉冲非对称交流）
电镀槽
Cu 膜
电镀液
CuSO₄ · 5H₂O
H₂SO₄
添加剂（平滑剂）
(Cl⁻、 胶等)
(Cu▶Cu²⁺+2e) (Cu²⁺+2e▶Cu)
1

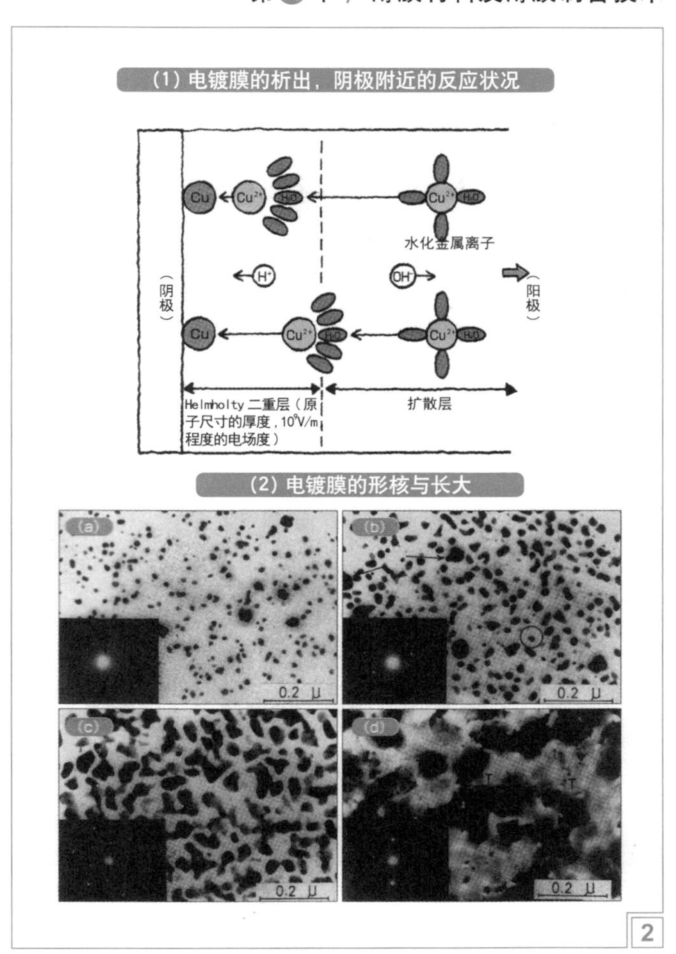
(1) 电镀膜的析出，阴极附近的反应状况
水化金属离子
（阴极）
（阳极）
Helmholty 二重层（原子尺寸的厚度，10⁷V/m 程度的电场度）
扩散层
(2) 电镀膜的形核与长大
(a)
(b)
(c)
(d)
0.2 μ
2

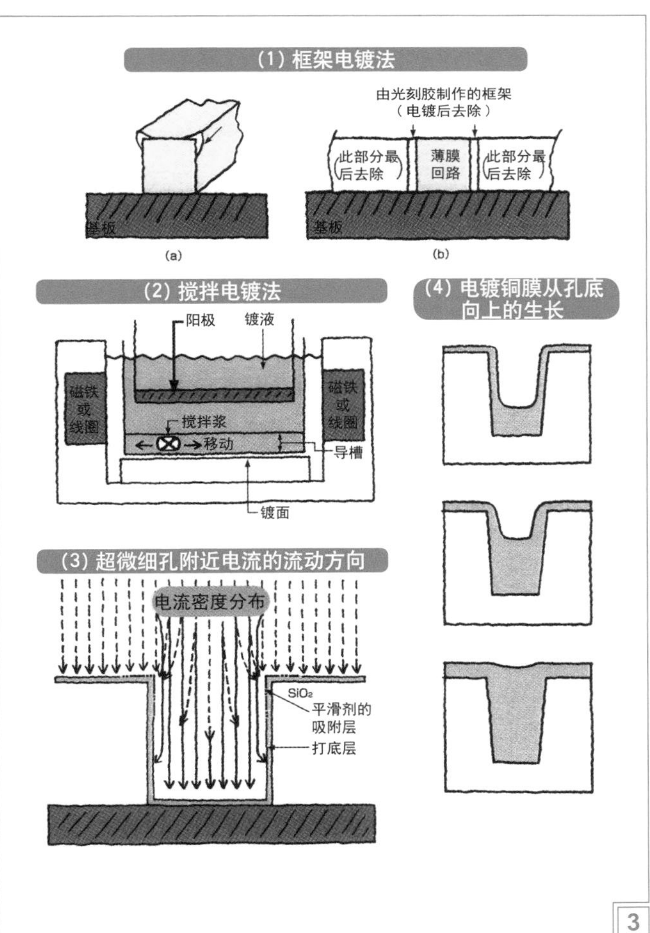
(1) 框架电镀法
由光刻胶制作的框架
（电镀后去除）
此部分最后去除
薄膜回路
此部分最后去除
基板
(a)
(b)
(2) 搅拌电镀法
阳极
镀液
磁铁或线圈
搅拌浆
移动
导槽
镀面
(3) 超微细孔附近电流的流动方向
电流密度分布
SiO₂
平滑剂的吸附层
打底层
(4) 电镀铜膜从孔底向上的生长
3

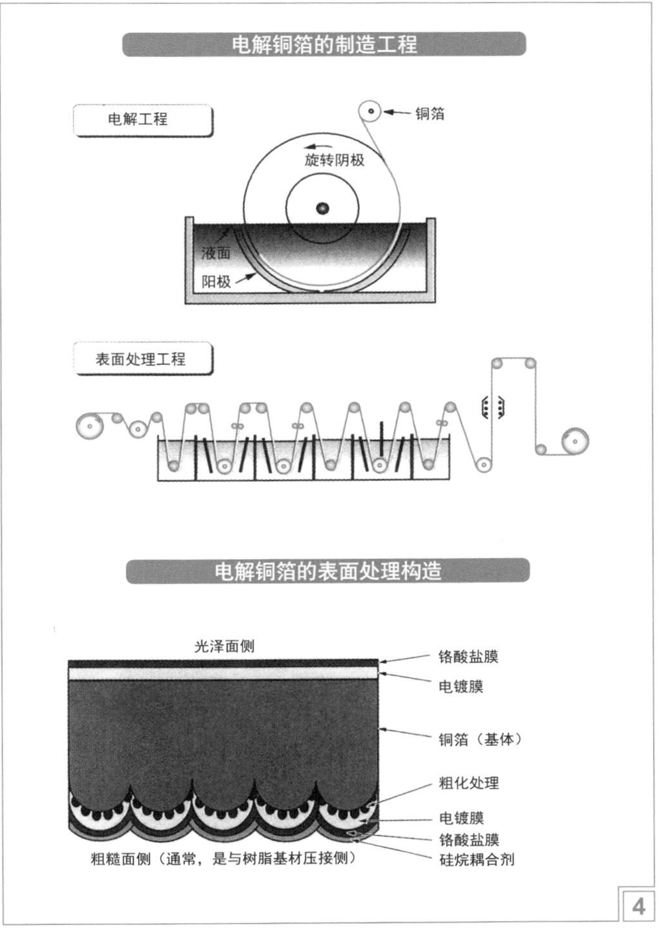
电解铜箔的制造工程
电解工程
铜箔
旋转阴极
液面
阳极
表面处理工程
电解铜箔的表面处理构造
光泽面侧
铬酸盐膜
电镀膜
铜箔（基体）
粗化处理
电镀膜
铬酸盐膜
硅烷耦合剂
粗糙面侧（通常，是与树脂基材压接侧）
4

10.17 薄膜的图形化——湿法刻蚀和干法刻蚀

10.17.1 薄膜图形化的主要方法

(1) 填平法：先将光刻胶涂敷(甩胶)或将光刻胶干膜贴附(贴膜)于基板表面，经光刻形成“负”的电路图形，即没有电路的部分保留光刻胶。以此与此负图形为“模型”，在其槽内印入导电浆料或沉积金属膜层，即所谓“填平”。最后将残留的光刻胶剥离。这种方法的缺点是，采用印刷法填平时，导电胶膜中容易混入气泡。

(2) 蚀刻法：藉由利用化学溶液的湿法或利用放电气体的干法，去除不需要的部分，留下需要的图形。

(3) 掩模法：先用机械或光刻等方法制作“正”的掩模，将掩模按需要的电路图形位置定位，再由真空蒸镀等方法成膜。借助“正”的掩模，基板表面即可形成所需要的电路图形。这种方法的优点是工序少、图形精细度高。缺点是需要预先制作掩模，而且有些薄膜沉积技术，如溅射镀膜、离子镀等，不便于掩模沉积。

(4) 厚膜印刷法：通过网版在基板表面印刷厚膜浆料，形成与网版对应的图形，经干燥或烧结形成图形。由于浆料仅印刷在需要的部位，因此材料的利用率高。印刷机的价格较低，也可以降低设备总投资。厚膜印刷法的缺点是线条精细度差，图形分辨率低，多次印刷难以保持图形的一致性。

(5) 喷沙法：喷沙原本用于石碑刻字、玻璃雕刻等。电路图形制作中借用此方法。先在基板全表面由电路图形材料成膜，再在表面形成光刻胶图形，经喷沙去除掉不需要的材料部分，保留光刻胶图形覆盖的部分，剥离光刻胶后得到所需要的电路图形。喷沙法采用光刻制版技术，能形成精细的电路图形，但在喷沙过程中会产生灰尘。

10.17.2 电路图形的刻蚀加工

电路图形的蚀刻加工如图所示，(a) 使沉积有薄膜并打算对其进行微细加工的基板高速旋转，与此同时，滴上光刻胶。使样品表面形成一层厚度为微米量级的光刻胶膜(甩胶)；(b) 在样品上叠放光刻掩模，再进行曝光(通常用紫外线或近紫外线)；(c) 溶解去除感过光的光刻胶；(d) 用只溶解膜材料的溶液把不被光刻胶覆盖的膜层去掉；最后，如 (e) 所示，再去除光刻胶。在步骤 (d) 中，除了化学腐蚀(包括电解腐蚀)之外，还可采用干法刻蚀。而在步骤 (e) 中，还可采用氧气氛下的等离子体刻蚀装置进行灰化处理等。

在实际操作中往往发生刻蚀失败的情况，如图所示进行分析。对于 A1 来说，要求刻蚀加工成侧壁上下平直的孔或槽，得到的却是如 B1 所示，侧蚀严重，侧壁不平直，底部不平整的坑或沟；对于 A2 来说，要求刻蚀加工成锥形孔，得到的却是如 B2 所示的燕尾形孔；对于 A3 来说，要求刻蚀加工成锥形孔，而不能刻蚀底层，但实际刻蚀的结果如 B3 所示，底层受到刻蚀或损伤，严重时底层会刻蚀成通孔；对于 A4 来说，要求刻蚀加工成略带锥度，底部呈球面的细孔或深槽，得到的却是如 B4 所示的腰鼓形孔，或如 B5 所示的锥度较大且底部呈倒球面的孔或沟；对于 A5~A7 来说，要求刻蚀加工成深度相同孔径不同的细孔，得到的却是如图 B6~B8 所示，深度不同，孔径亦发生变化的孔。

10.17.3 湿法刻蚀和干法刻蚀

湿法刻蚀所发生的是各向同性刻蚀，这既是它的最大优点，又是最大缺点。虽然湿法刻蚀不适合微细加工，但对于去除表面上的沾污和异物、表面平坦化、厚物减薄及某些形状的成型加工等方面具有很大优势。湿法刻蚀具有广泛应用的领域：①硅圆片购入后及扩散前的清洗；②高选择比的刻蚀；③对通孔等的形状调整；④微机械的制作等。实际上，在 PCB 行业，目前普遍采用的是湿法刻蚀。

干法刻蚀一般是通过气体放电，使刻蚀气体分解、电离，由产生的活性基及离子对基板进行刻蚀。活性基的运动是随机的，而离子可由电磁场对其运动方向及能量进行控制，因此，干法刻蚀既可实现各向同性刻蚀有可实现各向异性刻蚀。干法刻蚀机制可分为下述三种：

①物理机制：利用离子碰撞被刻蚀表面的溅射效应；②化学机制：通过反应气体与被刻蚀材料的化学反应，产生挥发性化合物而达到刻蚀的目的；③物理化学机制：通过等离子体中的离子或活性基与被刻蚀材料间的相互作用达到刻蚀目的。

在基于物理机制的干法刻蚀中，又有等离子体刻蚀和离子束刻蚀两种：前者直接利用等离子体中的离子进行溅射；后者由离子束溅射进行刻蚀。

在同时存在离子和活性基的反应离子刻蚀 (RIE) 技术中是如何实现各向异性刻蚀的呢？在 RIE 的等离子体中，存在大量反应气体的激活原子的活性基，如果仅考虑其产生的化学刻蚀，似乎应该是各向同性的。但考虑到离子几乎垂直于基板表面入射，可以认为，在平行于基板方向，只有活性基参与刻蚀，而在垂直于基板表面方向，有离子和活性基双方参与刻蚀。也就是说，在垂直于基板表面方向上，除了物理效应(由离子轰击产生的溅射效应)之外，由于物理化学效应(活性基造成的化学反应 + 离子轰击)而产生各向异性刻蚀。

10.17.4 干法刻蚀用等离子体的产生方法

作为干法刻蚀用离子源，应满足下述三个基本要求：流向基板的带电粒子的密度要高，特别是分布均匀；带电粒子所带的能量要适度(从现状看，要求其所带的能量为零不太现实，但要尽量低，一般以几个电子伏为宜)；结构简单，不发生颗粒、灰尘等污染。

感应耦合等离子体 (ICP) 刻蚀，是通过绕在介电体刻蚀容器外周的高频线圈，由电磁感应激发刻蚀容器内的气体放电，产生等离子体。若将内部的等离子体看作是电阻，则这种激发等离子体的方式可以认为是高频加热。

Helicon 波刻蚀装置，是利用特殊的天线，向石英钟罩内发射高频电磁波，使其中的气体发生等离子体，将等离子体引向试样进行刻蚀。

平面螺旋线圈耦合等离子体 (TCP) 刻蚀，是在平坦的感应板外表面，设有平面螺旋状线圈，由其通过电磁感应激发内部的气体放电，产生等离子体。

本节重点

(1) 电路图形的形成方法有哪几种？请分别加以介绍。
(2) 近年来的集成电路制作中，为什么要用于法刻蚀代替湿法刻蚀？常用的干法刻蚀有哪几种？
(3) 介绍几种干法刻蚀用等离子体的产生方法。

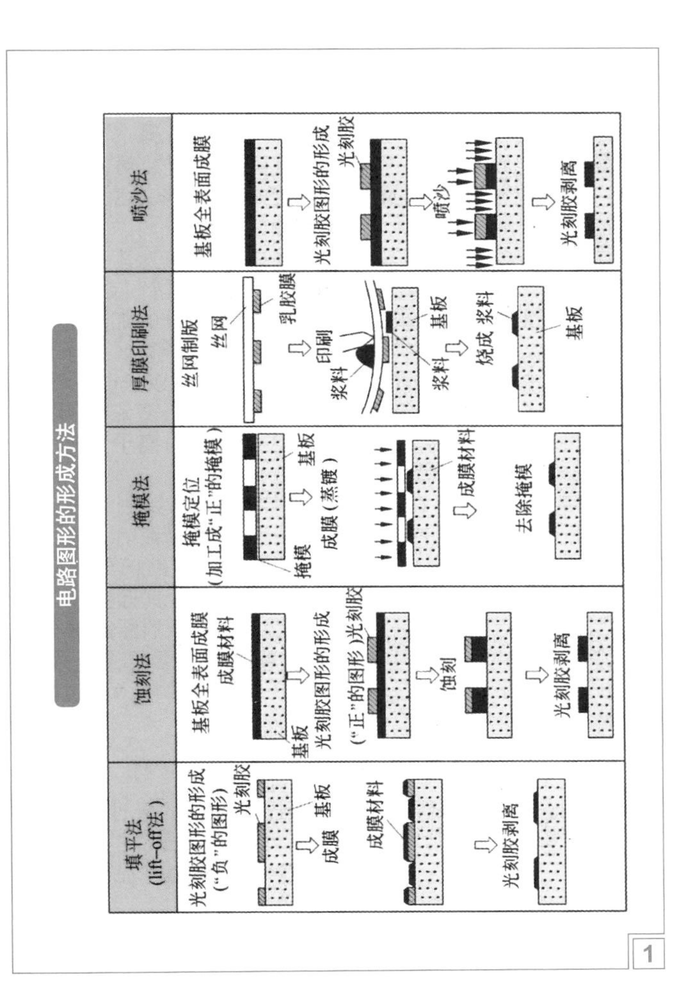

电路图形的形成方法
喷沙法
基板全表面成膜
光刻胶图形的形成
光刻胶
喷沙
光刻胶剥离
厚膜印刷法
丝网制版
丝网
乳胶膜
印刷
浆料
基板
烧成
浆料
基板
掩模法
掩模定位
(加工成"正"的掩模)
掩模
基板
成膜(蒸镀)
成膜材料
去除掩模
蚀刻法
基板全表面成膜
成膜材料
基板
光刻胶图形的形成
("正"的图形)
光刻胶
蚀刻
光刻胶剥离
填平法
(lift-off法)
光刻胶图形的形成
("负"的图形)
光刻胶
基板
成膜
成膜材料
光刻胶剥离
1

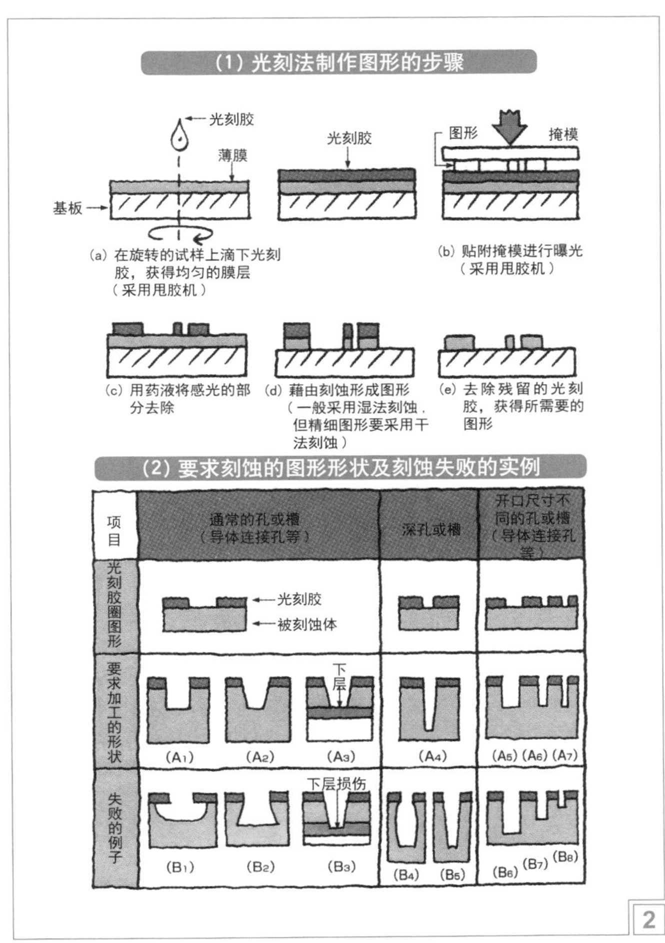

(1) 光刻法制作图形的步骤
光刻胶
薄膜
基板
光刻胶
图形
掩模
(a) 在旋转的试样上滴下光刻胶，获得均匀的膜层（采用甩胶机）
(b) 贴附掩模进行曝光（采用甩胶机）
(c) 用药液将感光的部分去除
(d) 藉由刻蚀形成图形（一般采用湿法刻蚀，但精细图形要采用干法刻蚀）
(e) 去除残留的光刻胶，获得所需要的图形
(2) 要求刻蚀的图形形状及刻蚀失败的实例
项目
通常的孔或槽（导体连接孔等）
深孔或槽
开口尺寸不同的孔或槽（导体连接孔等）
光刻胶图形
光刻胶
被刻蚀体
要求加工的形状
下层
(A1) (A2) (A3) (A4) (A5) (A6) (A7)
失败的例子
下层损伤
(B1) (B2) (B3) (B4) (B5) (B6) (B7) (B8)
2

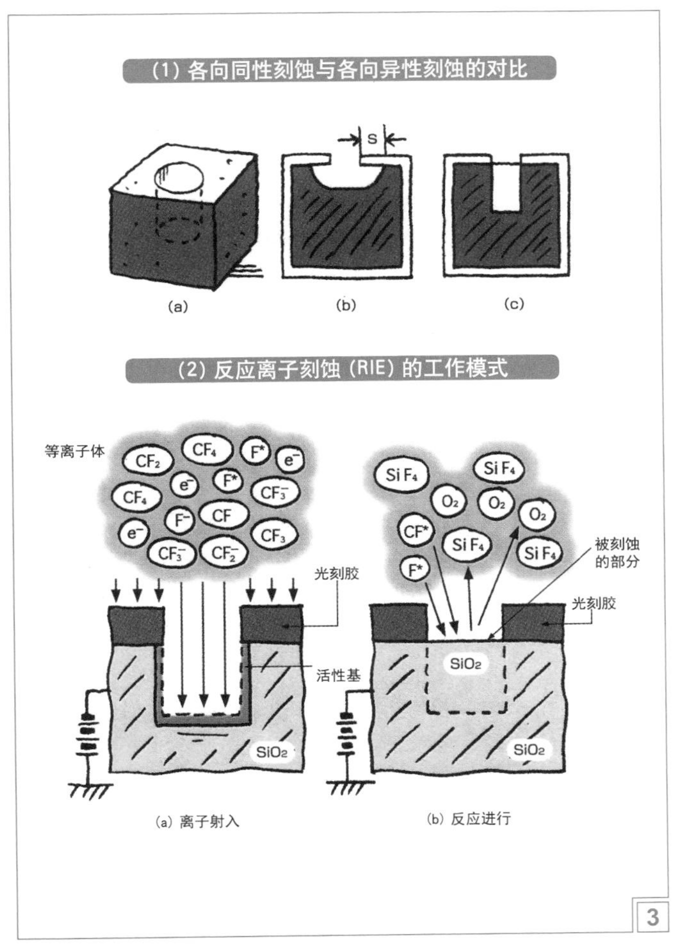

(1) 各向同性刻蚀与各向异性刻蚀的对比
s
(a)
(b)
(c)
(2) 反应离子刻蚀 (RIE) 的工作模式
等离子体
光刻胶
活性基
SiO2
被刻蚀的部分
光刻胶
SiO2
SiO2
(a) 离子射入
(b) 反应进行
3

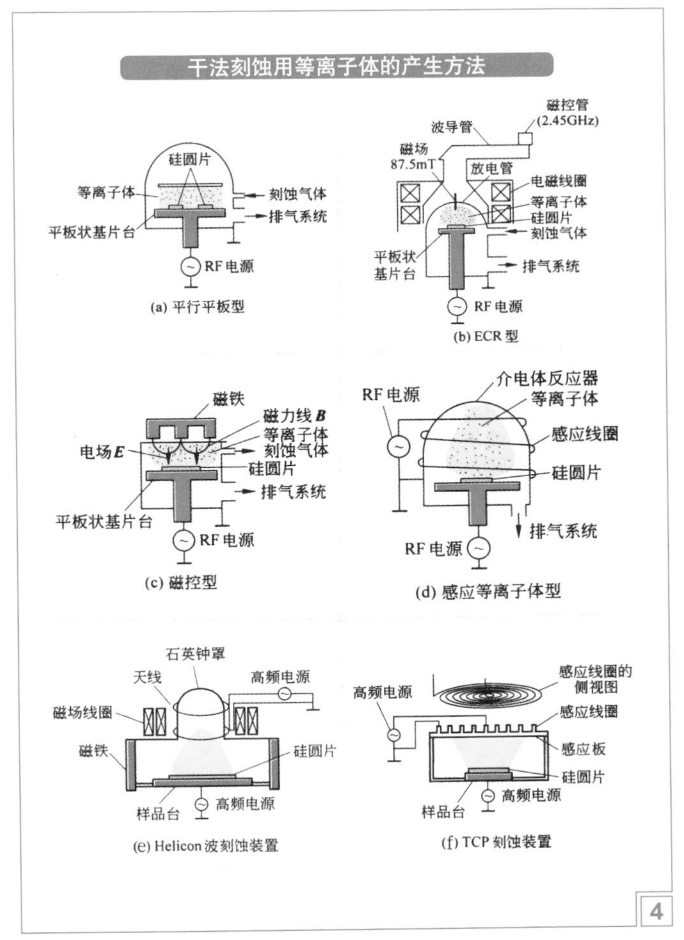

干法刻蚀用等离子体的产生方法
硅圆片
等离子体
刻蚀气体
排气系统
平板状基片台
RF电源
(a) 平行平板型
磁控管 (2.45GHz)
波导管
磁场 87.5mT
放电管
电磁线圈
等离子体
硅圆片
刻蚀气体
平板状基片台
排气系统
RF电源
(b) ECR型
磁铁
磁力线B
等离子体
刻蚀气体
电场E
硅圆片
排气系统
平板状基片台
RF电源
(c) 磁控型
RF电源
介电体反应器
等离子体
感应线圈
硅圆片
排气系统
RF电源
(d) 感应等离子体型
石英钟罩
天线
高频电源
磁场线圈
磁铁
硅圆片
样品台
高频电源
(e) Helicon波刻蚀装置
感应线圈的侧视图
高频电源
感应线圈
感应板
硅圆片
样品台
高频电源
(f) TCP刻蚀装置
4

10.18 反应离子刻蚀和反应离子束刻蚀

10.18.1 反应离子刻蚀（RIE）的原理

干法刻蚀是因应大规模集成电路生产的需要而被开发出的精细加工技术，它具有各向异性的特点，在最大限度上保证了纵向刻蚀，还控制了横向刻蚀。目前流行的典型设备为反应离子刻蚀（reactive ion etch,RIE）系统。它已被广泛应用于微处理器（CPU）、存储（DRAM）和各种逻辑电路的制造中。其分类按照刻蚀的材料分为介电材料刻蚀（dielectric etch）、多晶硅刻蚀（poly-silicon etch）和金属刻蚀（metal etch）。反应离子刻蚀技术的刻蚀精度主要是用保真度（profile）、选择比（selectivity）、均匀性（uniformity）、刻蚀速率（etch rate）等参数来衡量。

反应离子刻蚀系统中，包含了一个高真空的反应腔，腔内有两个呈平行板状之电极。其中一个电极与腔壁接地，另一个电极则接在射频产生器上，如图1所示。由于此形态的刻蚀系统可藉由存在电极表面及等离子间的电位差来加速离子，使其产生方向性并撞击待刻蚀物表面，因此刻蚀过程中包含了物理及化学反应。通过物理溅射实现纵向刻蚀，同时应用化学反应来达到所要求的选择比，从而很好地控制了保真度。刻蚀气体（主要是含F基和Cl基的气体）在高频电场（频率通常为13.56MHz）作用下产生辉光放电，使气体分子或原子发生电离，形成“等离子体”（plasma）。在等离子体中，包含有正离子（ion^+）、负离子（ion^-）、游离基（radical）和自由电子（e）。游离基在化学上是很活泼的，它与被刻蚀的材料发生化学反应，生成能够由气流带走的挥发性化合物，从而实现化学刻蚀。

10.18.2 如何确定RIE的刻蚀条件

离子刻蚀制程参数一般包括了射频（RF）功率、压力、气体种类及流量、刻蚀温度及腔体的设计等因素。射频（RF）功率是用来产生等离子体及提供离子能量的来源，因此功率的改变将影响等离子中离子的密度及撞击能量，从而改变刻蚀的结果。压力也会影响离子的密度及撞击能量，另外也会改变化学聚合的能力；刻蚀反应物滞留在腔体内的时间正比于压力的大小，一般说来，延长反应物滞留的时间将会提高化学刻蚀的几率并且提高聚合速率。气体流量的大小会影响反应物滞留在腔体内的时间；增加气体流量将加速气体的分布并可提供更多未反应的刻蚀反应物，因此可降低负载效应（loading effect）；改变气体流量也会影响刻蚀速率。原则上温度会影响化学反速率及反应物的吸附系数（adsorption coefficient），提高晶圆温度将使得聚合物的沉积速率降低，导致侧壁的保护减低，但表面在刻蚀后会较为干净；增加腔体的温度可减少聚合物沉积于管壁的几率，以提升刻蚀制程的再现性。晶圆背部氦气循环流动可控制刻蚀时晶圆的温度与湿度的均匀性，以避免光刻胶烧焦或刻蚀轮廓变形。

10.18.3 利用极细的离子束修理掩模和芯片的故障

电路图形越是微细化，越容易发生图1中所示的断路和短路故障，前者该有导体的地方没有，后者不该有导体的地方却有了。若IC制品的内部发现这样的不良部位，必当废弃。但是对于掩模这样的仅有一层的情况，可利用由液体金属离子源取出离子束，藉由离子束刻蚀对故障进行修理。所谓离子束刻蚀（RIBE），是使离子形成束状（在飞行方向进行聚焦的离子流）进行刻蚀的技术。

作为液体金属离子源这种技术中的一种，其基本构成如图2所示，由一个尖端半径为几纳米的金属针（或毛细管，capillary），和为了其前端被熔融金属浸润而设的加热器及熔融金属微滴组成，由此尖端即可引出细的离子束。由于离子材料可以由金属熔体不间断地供给补充，故可以长时间使用。这种束同电子显微镜一样可以与透镜组合进行聚焦，例如可以获得40nm以下的极细离子束。这样得到的离子束称为聚焦离子束（focused ion beam，FIB）。

在有卤素气体存在的条件下用这种FIB照射试样，则只有照射的部位被刻蚀。利用非活性气体的溅射，也可以进行刻蚀。藉由此，可以削除图（1）B所示的短路部分。而且，通过选择熔融金属的种类改变束的条件，由其照射析出金属形成薄膜。藉由此，可以修补图（1）A所示的断路部分。

这种技术也可以用于制品的故障诊断。要想修复故障，首先必须判断是断路还是短路。FIB像探针那样，通过探测断面形状进行诊断。

10.18.4 平坦化——实现微细化至关重要的技术

为了提高电子器件的性能，相同面积内的元件数按每3年4倍的速度增加（摩尔定律）。与此相应，元件的尺寸（面积）也缩小为二分之一。但这只是对平面而言。在厚度方向按比例缩小会出现问题。

例如，绝缘膜为保持耐压无论如何也需要一定程度的厚度。尽管电子元件中所使用的电压高的也在5V上下，但是，就是这5V的电压，施加在5μm厚度与施加在5mm厚度相比，前者的场强要提高1000倍。这样，材料的耐压裕度便荡然无存。实际上，即使厚度减半，绝缘耐压的可靠性便难以保证。

布线也是同样。在截面积1μm×1μm的布线中流过1mA的微弱电流，若等量地换算到截面积1cm×1cm的布线中，则要流过10万安培的巨大电流。在这种情况下，必须考虑由于电迁移引起的断线。

以上情况说明，随着电子器件的高密度化，必须考虑厚度方向难以缩小这一制约因素。那么，若厚度方向如同表面那样等比例缩小会发生什么情况呢？这可以由图1做示意性说明。

图1是从扩散层引出接触用布线所设想的情况。（a）属于正常情况。（b）是平面尺寸减半的情况，在“o”点所示的位置回路处于几乎断线的状态。而且空洞（void）的存在也会影响可靠性。（c）是横向尺寸进一步减小为（b）的1/2，则发生明显断线，这种情况无论如何也是不能用的。但若藉由（d）的方式实现平坦化，就可以达到理想的连接状态。在其上制作多少层布线都是可以的。图2给出平坦化技术的概要，详细介绍请见下节。

本节重点

（1）反应离子刻蚀（RIE）的原理和应用。
（2）分析RIE各向异性刻蚀的机制。
（3）反应离子束刻蚀（RIBE）的原理和应用。

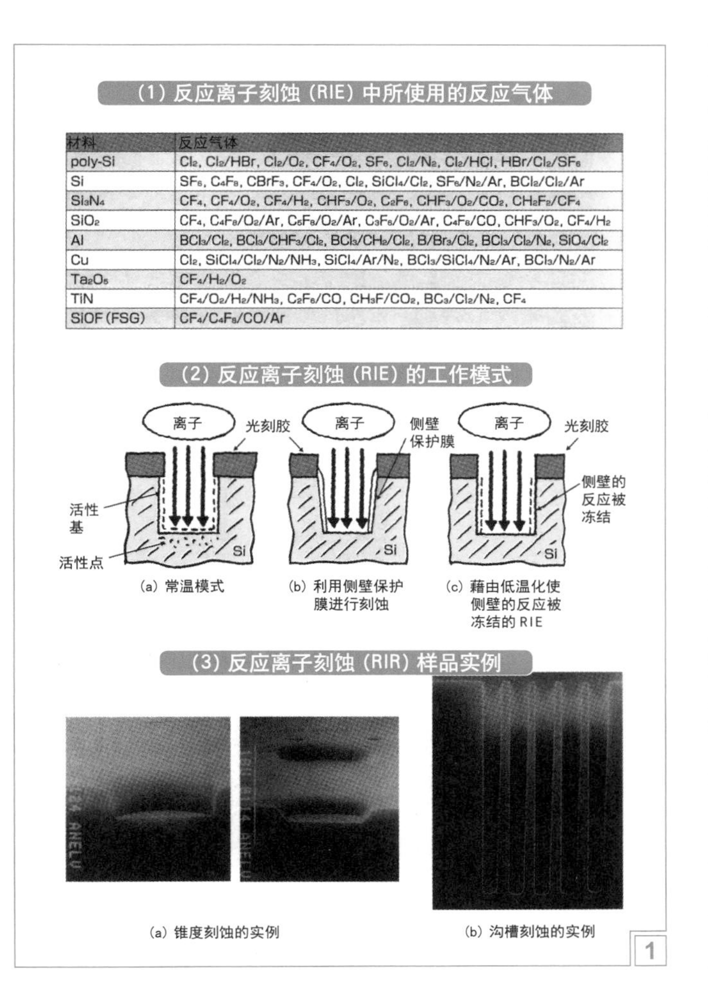

材料	反应气体
poly-Si	Cl_2, Cl_2/HBr, Cl_2/O_2, CF_4/O_2, SF_6, Cl_2/N_2, Cl_2/HCl, $HBr/Cl_2/SF_6$
Si	SF_6, C_4F_8, $CBrF_3$, CF_4/O_2, Cl_2, $SiCl_4/Cl_2$, $SF_6/N_2/Ar$, $BCl_2/Cl_2/Ar$
Si_3N_4	CF_4, CF_4/O_2, CF_4/H_2, CHF_3/O_2, C_2F_6, $CHF_3/O_2/CO_2$, CH_2F_2/CF_4
SiO_2	CF_4, $C_4F_8/O_2/Ar$, $C_5F_8/O_2/Ar$, $C_3F_6/O_2/Ar$, C_4F_8/CO, CHF_3/O_2, CF_4/H_2
Al	BCl_3/Cl_2, $BCl_3/CHF_3/Cl_2$, $BCl_3/CH_2/Cl_2$, $B/Br_3/Cl_2$, $BCl_3/Cl_2/N_2$, SiO_4/Cl_2
Cu	Cl_2, $SiCl_4/Cl_2/N_2/NH_3$, $SiCl_4/Ar/N_2$, $BCl_3/SiCl_4/N_2/Ar$, $BCl_3/N_2/Ar$
Ta_2O_5	$CF_4/H_2/O_2$
TiN	$CF_4/O_2/H_2/NH_3$, C_2F_6/CO, CH_3F/CO_2, $BC_3/Cl_2/N_2$, CF_4
SiOF (FSG)	$CF_4/C_4F_8/CO/Ar$

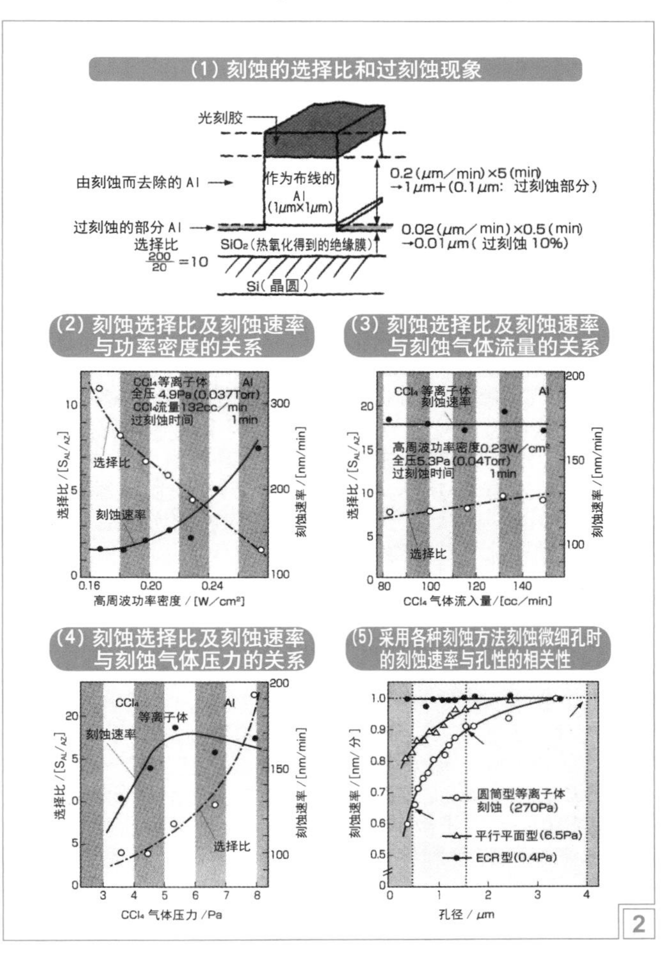

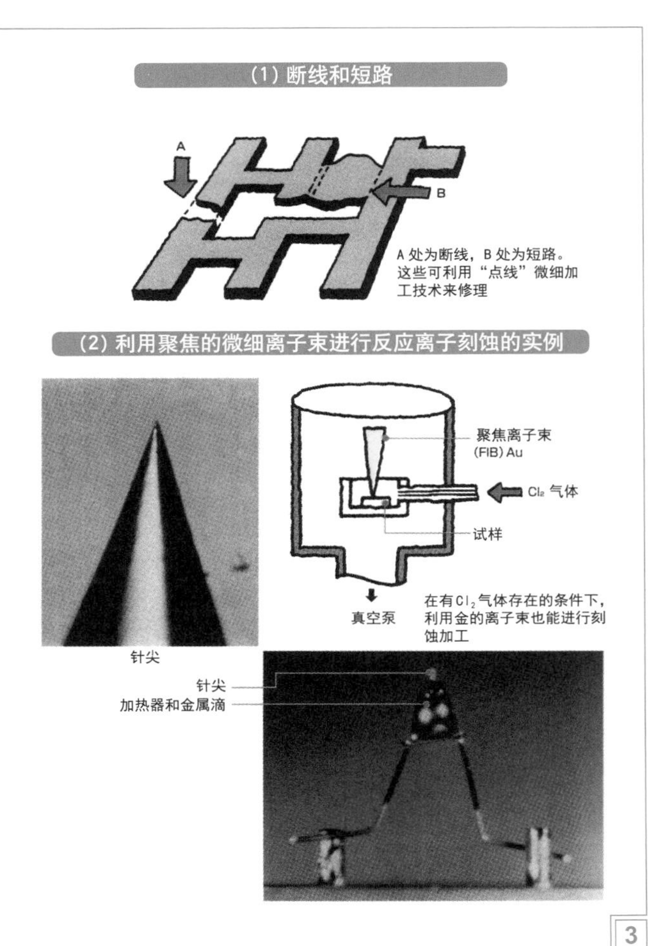

(a) Al 合金布线与半导体扩散层的接触状态。(b) 横向尺寸变为 (a) 所示的 1/2，在标有 0 的位置，有可能发生断线。而且，孔洞 (viod) 的存在也会影响可靠性。(c) 横向尺寸进一步为 (b) 的 1/2，发生明显断线。这种情况无论如何也是不能用的。(d) 使 Al 布线平坦化，就可以实现理想的连接状态。

(2) 平坦化技术概要

分类	实现平坦化的方式 方式（薄膜形成方式）		工艺过程概要	特征	存在的问题
不发生凹凸的薄膜成长	1	选择生长 (CVD)	反向刻蚀	简单 简单	孔深度有差异时平坦性差 需要反向刻蚀
	2	回流埋孔（溅射回流）	反向刻蚀	可使用原有的装置	膜质和可靠性需要评价
	3	回流平坦化		工艺简单	难以实现多层平坦化
	4	偏压溅射		可使用原有的装置	对膜质有损伤
	5	涂布		工艺简单	难以实现多层平坦化
	6	氧化物的埋入		良好的平坦性	难以实现多层平坦化
后加工	7	刻蚀平坦化反向刻蚀	光刻胶	原有技术的组合	难以实现多层平坦化
	8	激光平坦化	激光	工艺较简单	控制性和再现性存在问题
	9	CMP (Chemical Mechanical Polishing)		可实现多层平坦化	工艺较复杂

10.19 平坦化技术和大马士革工艺

10.19.1 表面无凹凸的平坦化膜制作

许多平坦化(planarization)技术都曾在IC工艺中得到应用，如基于淀积技术的选择沉积、旋涂玻璃(spin-on glass，SOG)、低压CVD(chemical vapor deposition)，等离子增强CVD、偏压溅射和属于结构型的溅射反向刻蚀(etch back)，电子回旋共振(electron cyclotron resonance)、热回流(thermal reflux)，沉积—刻蚀—沉积等，但是，这些技术都是属于局部平坦化技术，不能做到全局平坦化，为此必须发展新的全局平坦化技术。

在集成电路(IC)制造中，化学机械抛光(CMP)技术在单晶硅衬底和多层金属互连结构的层间全局平坦化方面得到了广泛应用，成为制造主流芯片的关键技术之一。近年来，人们在不断完善CMP技术的同时，又开发出固结磨料CMP、无磨料CMP、电化学机械平坦化、无应力抛光、接触平坦化和等离子辅助化学蚀刻等几种新的平坦化技术。

10.19.2 如何制作绝缘材料的平坦化膜

从最尖端的逻辑LSI来看，随着门电路规模的增大，布线层数势必逐渐增加。除布线层数增加外，微细化也使布线间隔变窄，致使布线寄生容量增大，这会导致信号延迟、信号失真以及交叉噪声(cross talk)的发生。为了解决这一问题，逻辑LSI厂商大多首先在90nm工艺上使低介电常数材料SiOCH的low-*k*膜达到实用水平，然后在65nm以后，在low-*k*膜中导入扩散有空孔的多孔膜(分子细孔膜)。但是，这样一来机械强度和绝缘耐久性就会下降，从而使这种多孔膜难以应用于32nm工艺逻辑LSI。

从生产与设计两个方面追求使用铜和低介电常数膜，从而达到多层布线的高速化，已受到重视。迄今主要通过改善生产工艺来实现高速化。今后，除了生产工艺外，设计技巧也需改进。通过准确提取布线的寄生分量，尽量减少多余的设计估计值，把布线本来具有的性能优势最大限度地发挥出来，就能实现芯片运行最快速化。

10.19.3 利用CMP技术实现全局平坦化和大马士革工艺

20世纪60年代以前，半导体基片抛光大都采用机械抛光技术，化学机械抛光技术(chemical mechanical polishing，CMP)于1965年由Walsh和Herzog首次提出，之后被逐渐应用起来。在半导体行业，CMP最早应用于IC硅晶片衬底的抛光。1990年，IBM公司率先提出了CMP全局平坦化技术，并于1991年成功应用于64 Mb DRAM的生产中，在此之后，CMP技术得到了快速发展。CMP技术可以有效地兼顾表面的全局和局部平坦度，目前，它不仅在材料制备阶段用于加工单晶硅衬底，更主要用来对多层布线金属互连结构中层间电介质(inter-level dielectric，ILD)、浅沟槽隔离(shallowtrench isolation，STI)、绝缘体、导体和镶嵌金属(W、Al、Cu、Au)等进行抛光，实现每层的全局平坦化，成为制造主流IC芯片的关键技术之一。

在大马士革结构的互连技术中，CMP工艺要满足：①对Cu的磨蚀损伤很小；②对介质和Cu无腐蚀；③对小尺寸图形不敏感；④在金属和介质界面有好的工艺停止特性。实际上，抛光工艺用来抛光硅单晶片已有数十年，但是抛光介质层与其不同。单晶片表面的抛光只利用机械摩擦使表面形成镜面，不需要精确控制被去掉表面物质的厚度。而介质层的CMP工艺的目的是去除掉光刻胶并使整个芯片表面均匀平坦，同时还要避免层间介质表面的机械损伤，其精度控制要求更高。

双大马士革工艺是Cu互连技术普遍采用的工艺，具有互连引线沟槽与互连通孔同时淀积填充的特点，而且只需要进行导电金属层的CMP工艺，所以减少了互连工艺的步骤和时间，使制造成本得以降低。

双大马士革工艺的具体步骤：①淀积第1层电介质层，进行化学机械抛光(最终的厚度就是通孔的深度)；②进行氮化物的淀积；③光刻形成通孔图形；④通孔图形刻蚀；⑤淀积第2层电介质层，进行化学机械抛光(最终的厚度是金属线的深度)；⑥光刻形成通孔和金属互连线的图形；⑦刻蚀电介质层；⑧淀积阻挡层；⑨填充Cu金属；⑩CMP加工Cu金属层。

在双大马士革技术中，通孔和引线填充淀积同时进行，填充金属层之前，首先要形成通孔和引线的图形。由于在0.18μm以下工艺技术中存在光刻工艺的套刻和对准误差，将会造成通孔电阻的增加或产率的损失，所以需要对这种不重叠现象设置较高的容限。目前的工艺方案主要有：自对准的双大马士革结构工艺、通孔先形成的双大马士革结构工艺和沟槽先形成的双大马士革工艺。

10.19.4 集成电路中多层布线间的连接

使用上述技术制作导通柱(condact plug)的工艺过程及其断面的SEM照片示于图(1)。所谓导通柱，是用于元件及布线间的接触，通过埋入方式而制作的导体柱。无论采用何种方式，都要在左上角所示绝缘物的孔中埋入导体，完成右上角所示的布线及柱塞(导通柱)

(a)工艺是由刻蚀制孔，首先利用等离子体等清洗导通孔的内表面((b)、(c)、(d)同此)。藉由孔中W的选择性生长实现埋孔。为防止布线材料与导通柱材料间发生扩散，在导通柱表面溅射沉积一层TiN阻挡层。再在其上溅射沉积作为布线材料的铝，最后完成导通柱和布线过程。(b)工艺是在清洗导通孔后，先在孔底溅射沉积一层Ti膜，经热处理形成钛的合金(TiSi)以消除自然氧化膜。这是因为，在底部存在硅(Si)的情况，表面上说不定会存在自然氧化膜，这种氧化膜就有可能形成局部电容。在钛合金膜的表面溅射沉积TiN阻挡膜，全面生长埋入W，将不要的部分反向刻蚀去除，再溅射铝膜完成导通柱和布线过程。(c)工艺是在沉积阻挡金属膜之后，藉由铝的回流埋入完成导通柱和布线过程。(d)工艺是在沉积TiN的阻挡金属膜时，不是采用溅射而是采用CVD法，并将TiN埋入。

随着器件的高密度化，层间接触导体直径已小到0.1μm以下。图(2)表示几种应对措施。(a)是沿用传统技术而失败的例子。(b)是将布线预先用与氧化硅(SiO_2)的刻蚀选择比高的氮化硅(Si_3N_4)覆盖，在其上沉积氧化硅。这样，通过开较大的孔，可以自动对准接触。(c)是在布线后，做成大的垫，利用较大尺寸的接触来布线。

本节重点

(1)介绍集成电路制作工艺中平坦化技术的发展历程。
(2)何谓CMP，介绍CMP的操作及应用。
(3)说明单大马士革和双大马士革平坦化工艺。

(1) 钨 (W) 的选择生长
(2) 掩盖 (blanket) 生长 CVD-W 膜
W
SiO₂
Al
SiO₂
W
PSG
Al
（左）仅在 Si 之上的 SiO₂ 孔中生长 W 实现平坦化
（右）仅在 Al 之上的 SiO₂ 孔中生长 W 实现平坦化
反应:WF₆+1.5Si→W+1.5SiF₄
(200～300℃ 0.1Pa 量级)
(アネルバ(株)提供)
在 Si 之上的 SiO₂ 孔中及 SiO₂ 表面上生长 W 薄膜实现平坦化
反应:WF₆+3H₂→W+6HF
(300～500℃ 100Pa 量级)
(アネルバ(株)提供)
(3) 由 Al-5%Ge 进行回流溅射实现平坦化
（左）开口宽度为 0.35μm，深宽比为 1.4 的情况
（右）开口宽度为 0.25μm，深宽比为 4 的情况
(日本電気(株)提供)
(4) 利用偏压溅射实现平坦化
溅射电源
石英靶
基板
偏压电源
A⁺
Al
(a) 偏压溅射装置示意图
(b) Al 因受反溅射作用而不断进入孔中
(c) 达到平坦化
SiO₂膜
A
B
A
配线
(d) 第 1 步为溅射镀膜
(e) 第 2 步为偏压溅射平坦化
1

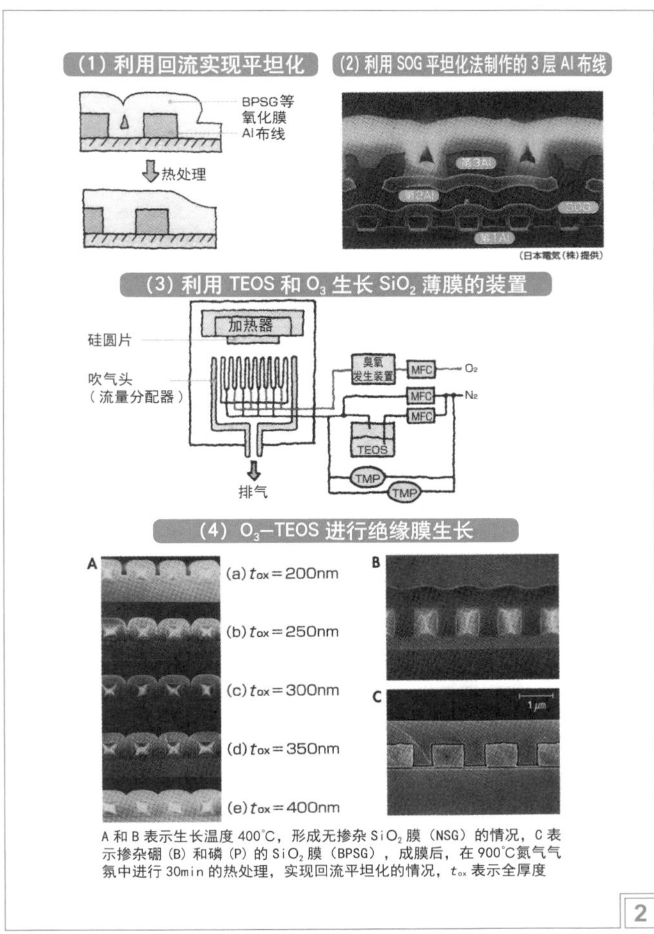
(1) 利用回流实现平坦化
BPSG等
氧化膜
Al布线
热处理
(2) 利用 SOG 平坦化法制作的 3 层 Al 布线
第3Al
第2Al
SOG
第1Al
(日本電気(株)提供)
(3) 利用 TEOS 和 O₃ 生长 SiO₂ 薄膜的装置
加热器
硅圆片
吹气头
（流量分配器）
臭氧发生装置
MFC
O₂
N₂
TEOS
TMP
排气
(4) O₃-TEOS 进行绝缘膜生长
A
(a) t_{ox}=200nm
(b) t_{ox}=250nm
(c) t_{ox}=300nm
(d) t_{ox}=350nm
(e) t_{ox}=400nm
B
C
1μm
A 和 B 表示生长温度 400℃，形成无掺杂 SiO₂ 膜（NSG）的情况，C 表示掺杂硼（B）和磷（P）的 SiO₂ 膜（BPSG），成膜后，在 900℃氮气气氛中进行 30min 的热处理，实现回流平坦化的情况，t_{ox} 表示全厚度
2

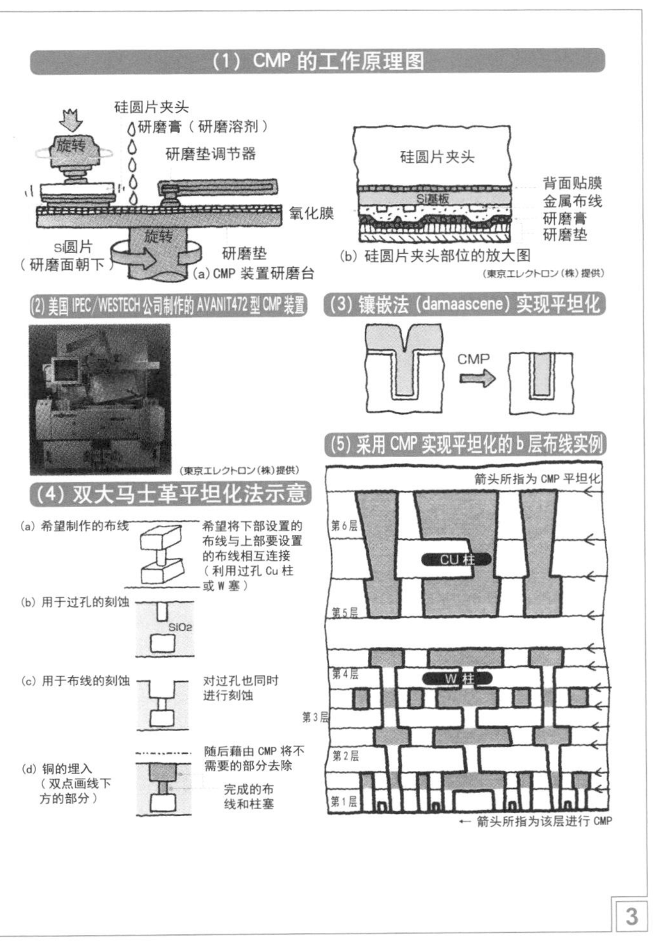
(1) CMP 的工作原理图
硅圆片夹头
研磨膏（研磨溶剂）
研磨垫调节器
旋转
氧化膜
旋转
Si圆片
（研磨面朝下）
研磨垫
(a) CMP 装置研磨台
硅圆片夹头
Si基板
背面贴膜
金属布线
研磨膏
研磨垫
(b) 硅圆片夹头部位的放大图
(東京エレクトロン(株)提供)
(2) 美国 IPEC/WESTECH 公司制作的 AVANIT472 型 CMP 装置
(東京エレクトロン(株)提供)
(3) 镶嵌法 (damaascene) 实现平坦化
CMP
(4) 双大马士革平坦化法示意
(a) 希望制作的布线
希望将下部设置的布线与上部要设置的布线相互连接（利用过孔 Cu 柱或 W 塞）
(b) 用于过孔的刻蚀
SiO₂
(c) 用于布线的刻蚀
对过孔也同时进行刻蚀
(d) 铜的埋入（双点画线下方的部分）
随后藉由 CMP 将不需要的部分去除
完成的布线和柱塞
(5) 采用 CMP 实现平坦化的 b 层布线实例
箭头所指为 CMP 平坦化
第6层
CU 柱
第5层
第4层
W 柱
第3层
第2层
第1层
← 箭头所指为该层进行 CMP
3

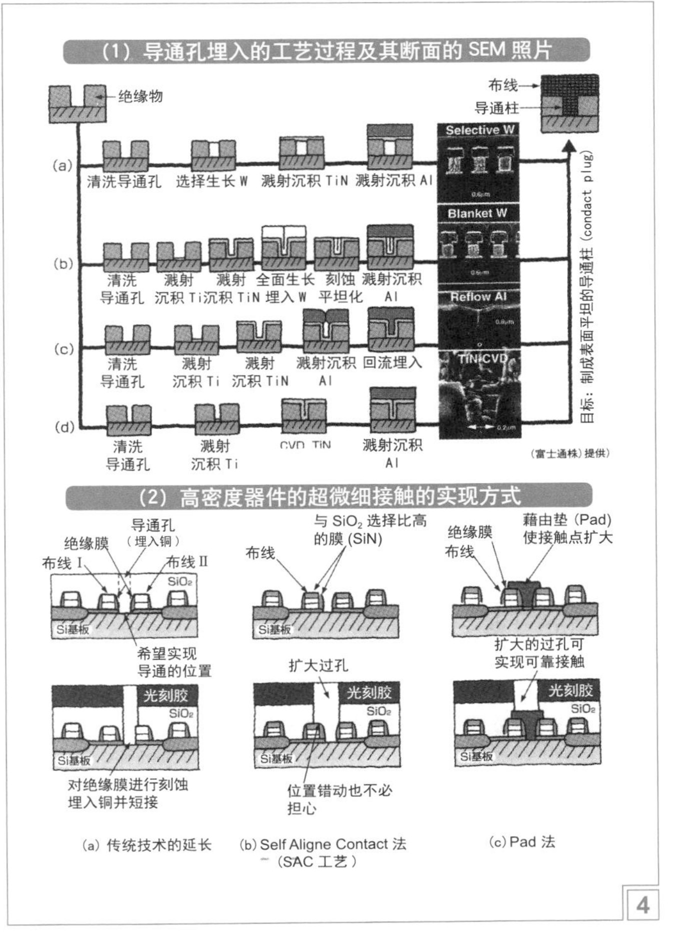
(1) 导通孔埋入的工艺过程及其断面的 SEM 照片
绝缘物
布线
导通柱
(a)
清洗导通孔
选择生长 W
溅射沉积 TiN
溅射沉积 Al
Selective W
(b)
清洗导通孔
溅射沉积 Ti
溅射沉积 TiN
全面生长埋入 W
刻蚀平坦化
溅射沉积 Al
Blanket W
(c)
清洗导通孔
溅射沉积 Ti
溅射沉积 TiN
溅射沉积 Al
回流埋入
Reflow Al
(d)
清洗导通孔
溅射沉积 Ti
CVD TiN
溅射沉积 Al
TiN CVD
目标：制成表面平坦的导通柱 (condact plug)
(富士通(株)提供)
(2) 高密度器件的超微细接触的实现方式
导通孔（埋入铜）
绝缘膜
布线 I
布线 II
SiO₂
Si基板
希望实现导通的位置
光刻胶
对绝缘膜进行刻蚀埋入铜并短接
与 SiO₂ 选择比高的膜 (SiN)
布线
扩大过孔
位置错动也不必担心
绝缘膜
布线
藉由垫 (Pad) 使接触点扩大
扩大的过孔可实现可靠接触
(a) 传统技术的延长
(b) Self Aligne Contact 法 -（SAC 工艺）
(c) Pad 法
4

名词术语和基本概念

薄膜，气相沉积，薄膜沉积的气相源，气相沉积薄膜需要的三个条件，真空，帕（Pa），平均自由程，每单位时间向单位面积入射的气体分子数，真空区域的划分及应用，机械泵，机械增压泵，扩散泵，涡流分子泵，极限真空，真空机组，热传导真空计、电离真空计

薄膜生长的三种模式：岛状生长、层状生长、先层状后岛状生长，多晶膜、单晶膜、非晶态薄膜，外延膜，同质外延、异质外延，电阻蒸镀，电子束蒸镀，激光熔射，蒸发速率，蒸镀原子所带能量

碰撞、电离、激发、回复、解离、附着、复合，气体放电，电离系数 α 和二次电子发射系数 γ，帕邢定律，非自持放电和自持放电，正常辉光放电和反常辉光放电，气体放电伏安特性曲线，等离子体，德拜长度，高频放电，微波 ECR 放电

离子溅射，溅射产额，溅射原子的能量分布和角分布，二极直流溅射、二极射频溅射，磁控溅射，磁控溅射靶，ECR 溅射，对向靶溅射，离子束溅射

CVD，热 CVD，等离子体 CVD（PCVD），CVD 反应，CVD 装置，电镀法，涂布法、印刷法

干法刻蚀和湿法刻蚀，等离子体刻蚀，反应离子刻蚀 (RIE)，反应离子束刻蚀 (RIBE)，平坦化技术

思考题及练习题

10.1 给出薄膜的定义。薄膜材料具有哪些特殊性能？气相沉积薄膜需要哪三个必要条件？

10.2 求 0℃时空气分子的均方根速率及一个大气压下的平均自由程。计算中取空气的摩尔质量为 29g/mol，空气分子的平均直径为 3.74×10^{-10}m。

10.3 估计 20℃、1000℃、2000℃时气体分子的平均动能（eV 表示）。

10.4 证明：单位时间内，碰撞于单位面积上的气体分子数 $\Gamma = 1/4 \cdot n\bar{v}$ 。

10.5 画出示意图说明旋片式机械泵、罗茨泵、扩散泵的工作原理。

10.6 画出 e 型电子枪真空蒸镀金属薄膜的装置示意图。

10.7 画出低气压气体放电的伏安特性曲线，指出每个放电区域的特点。

10.8 离子轰击固体表面会发生哪些现象？请说明并画图表示。何谓溅射产额？溅射产额与哪些因素有关？

10.9 何谓磁控溅射，画出磁控靶的溅射原理。

10.10 举例说明 CVD 的 5 种基本反应。等离子体 CVD（PCVD）与热 CVD 相比，在原理上有什么差别，有哪些优越性？

10.11 何谓同质外延和异质外延？何谓 MOCVD 和 MBE?

10.12 画出丝网印刷工作原理，并指出其成膜过程。

10.13 试比较干法刻蚀和湿法刻蚀的优缺点。试比较物理干法刻蚀和化学干法刻蚀的机制。

10.14 常用的 RIE 有哪几种类型？请解释 RIE 中增强各向异性刻蚀的机制。

参考文献

[1] 田民波，刘德令．薄膜科学与技术手册（上、下册）．北京：机械工业出版社，1991
[2] 田民波．薄膜技术与薄膜材料．北京：清华大学出版社，2006
[3] 田民波編著，顔怡文修訂．薄膜技術與薄膜材料．臺北：臺灣五南圖書出版有限公司，2007
[4] 田民波，李正操．薄膜技术与薄膜材料．北京：清华大学出版社，2011
[5] 權田 俊一，監修 .21 世纪版：薄膜作製応用ハンドブック．エヌ・ティー・エス，2003
[6] 唐伟忠．薄膜材料制备原理、技术及应用（第 2 版）．北京：冶金工业出版社，2003
[7] 麻蒔 立男．超微細加工の本．日刊工業新聞社，2004
[8] 麻蒔 立男．薄膜の本．日刊工業新聞社，2002
[9] 麻蒔 立男．薄膜作成の基礎（第 3 版）．日刊工業新聞社，2000
[10] 平尾 孝，吉田 哲久，早川 茂．薄膜技術の新潮流．工業調査会，1997
[11] 伊藤 昭夫．薄膜材料入門．東京裳華房，1998
[12] 井上 泰宣，鎌田 喜一郎，濱崎 勝義．薄膜物性入門．内田老鶴圃，1994
[13] 岡本 幸雄．プラズマプロセシングの基礎．電気書院，1997
[14] 小林 春洋．スパッタ薄膜基礎と応用．日刊工業新聞社，1998
[15] 高村 秀一．プラズマ理工學入門．森北出版株式会社，1997
[16] 飯島 徹穗，近藤 信一，青山 隆司．はじめてのプラズマ技術．工業調査会，1999

作者简历

田民波，男，1945 年 12 月生，研究生学历，清华大学材料学院教授。

1964 年 8 月考入清华大学工程物理系。1970 年毕业留校一直任教于清华大学工程物理系、材料科学与工程系、材料学院等。1981 年在工程物理系获得改革开放后第一批研究生学位。自 1994 年起，数十次赴日本京都大学等从事合作研究三年以上。

长期从事材料科学与工程领域的教学科研工作，曾任副系主任等。承担包括国家自然科学基金重点项目在内的科研项目多项，在国内外刊物发表论文 120 余篇，正式出版著作 38 部（其中 10 部在台湾以繁体版出版），多部被海峡两岸选为大学本科及研究生用教材。

担任大学本科及研究生课程数十门。主持并主讲的《材料科学基础》先后被评为清华大学精品课、北京市精品课，并于 2007 年获得国家级精品课称号。

邮编：100084；E-mail：tmb@mail.tsinghua.edu.cn。

作者书系

[1] 田民波，刘德令．薄膜科学与技术手册（上册，150 万字）．北京：机械工业出版社，1991 年
[2] 田民波，刘德令．薄膜科学与技术手册（下册，185 万字）．北京：机械工业出版社，1991 年
[3] 汪泓宏，田民波．离子束表面强化（30 万字）．北京：机械工业出版社，1992 年
[4] 田民波．校内讲义：薄膜技术基础（45 万字）．1995 年
[5] 潘金生，仝健民，田民波．材料科学基础（102 万字）．北京：清华大学出版社，1998 年
[6] 田民波．磁性材料（45 万字）．北京：清华大学出版社，2001 年
[7] 田民波．电子显示（51 万字）．北京：清华大学出版社，2001 年
[8] 李恒德．现代材料科学与工程词典（98 万字），基础部分由潘金生，田民波编写．济南：山东科学技术出版社，2001 年
[9] 田民波．电子封装工程（89 万字）．北京：清华大学出版社，2003 年
[10] 田民波，林金堵，祝大同．高密度封装基板（98 万字）．北京：清华大学出版社，2003 年
[11] 刘培生译，田民波校．多孔固体——结构与性能（54 万字）．北京：清华大学出版社，2003 年
[12] 范群成，田民波．材料科学基础学习辅导（35 万字）．北京：机械工业出版社，2005 年
[13] 田民波．半導體電子元件構裝技術（89 萬字）．顏怡文修訂．臺北：臺灣五南圖書出版有限公司，2005 年
[14] 田民波．薄膜技术与薄膜材料（120 万字）．北京：清华大学出版社，2006 年
[15] 田民波．薄膜技術與薄膜材料（120 萬字）．顏怡文修訂．臺北：臺灣五南圖書出版有限公司，2007 年
[16] 田民波．材料科学基础——英文教案（42 万字）．北京：清华大学出版社，2006 年
[17] 陈金鑫，黄孝文．OLED 有机电致发光材料与组件（33 万字）．田民波修订．北京：清华大学出版社，2007 年
[18] 戴亚翔．TFT LCD 面板的驱动与设计（32 万字）．田民波修订．北京：清华大学出版社，2007 年
[19] 范群成，田民波．材料科学基础考研试题汇编：2002—2006（34 万字）．北京：机械工业出版社，2007 年
[20] 西久保 靖彦．圖解薄型顯示器入門（30 萬字）．田民波譯．臺北：臺灣五南圖書出版有限公司，2007 年
[21] 田民波．TFT 液晶顯示原理與技術（44 萬字）．林怡欣修訂．臺北：臺灣五南圖書出版有限公司，2008 年
[22] 田民波．TFT LCD 面板設計與構裝技術（49 萬字）．林怡欣修訂．臺北：臺灣五南圖書出版有限公司，2008 年
[23] 田民波．平面顯示器之技術發展（47 萬字）．林怡欣修訂．臺北：臺灣五南圖書出版有限公司，2008 年

[24] 田民波．集成电路（IC）制程简论（31 万字）．北京：清华大学出版社，2009 年
[25] 赵乃勤，杨志刚，冯运莉．田民波主审．合金固态相变（48 万字）．长沙：中南大学出版社，2008 年
[26] 范群成，田民波．材料科学基础考研试题汇编：2007 － 2009（24 万字）．北京：机械工业出版社，2010 年
[27] 田民波，叶锋．TFT 液晶显示原理与技术（44 万字）．北京：科学出版社，2010 年
[28] 田民波，叶锋．TFT LCD 面板设计与构装技术（49 万字）．北京：科学出版社，2010 年
[29] 田民波，叶锋．平板显示器的技术发展（47 万字）．北京：科学出版社，2010 年
[30] 潘金生，仝健民，田民波．材料科学基础（修订版）（106 万字）．北京：清华大学出版社，2011 年
[31] 田民波，吕輝宗，溫坤禮．白光 LED 照明技術（45 萬字）．臺北：臺灣五南圖書出版有限公司，2011 年
[32] 田民波，李正操．薄膜技术与薄膜材料（70 万字）．北京：清华大学出版社，2011 年
[33] 田民波，朱焰焰．白光 LED 照明技术（45 万字）．北京：科学出版社，2011 年
[34] 田民波．创新材料学（85 万字）．北京：清华大学出版社，2015 年
[35] 刘培生，田民波，朱永法译，田民波校．固体缺陷（60 万字）．北京：北京大学出版社，2013 年
[36] 田民波，張勁燕校訂．材料學概論．臺北：臺灣五南圖書出版有限公司．2015 年
[37] 田民波，張勁燕校訂．創新材料學．臺北：臺灣五南圖書出版有限公司．2015 年

作者对下列引进图书写过书评或导读

[1] Donald R.Askeland,Pradeep P.Phulé.The Science and Engineering of Materials.4th Ed.Brooks/Cole, Thomson Learning,Inco.,2003.
材料科学与工程（第 4 版）．北京：清华大学出版社，2005 年
[2] Michael F Ashby,David R H Jones.Engineering Materials 1——An Introduction toProperties, Applications and Design.3rd Ed.Elsevier Butterworth-Heinemann，2005.
工程材料（1）——性能、应用、设计引论（第 3 版）．北京：科学出版社，2007 年
[3] William F.Smith,Javad Hashemi.Foundations of Materials Science and Engineering.5th Ed. New York,McGraw-Hill,Inco.Higher Education,2010.
材料科学与工程基础（第 5 版）．北京：机械工业出版社，2011 年
[4] Sam Zhang. Nanostructured Thin Films and Coatings——Functional Properties.CRC Press, Taylor and Francis Group,2010.
纳米结构的薄膜和涂层——功能特性．北京：科学出版社，2011 年
[5] Sam Zhang. Nanostructured Thin Films and Coatings——Mechanical Properties. CRC Press, Taylor and Francis Group,2010.
纳米结构的薄膜和涂层——力学特性．北京：科学出版社，2011 年
[6] Augustin McEvoy,Tom Markvart,Luis Castaner.Practical Handbook of Photovoltaics. Fundamentals and Applications. Elsevier,Academic Press,2012
光伏发电手册——基础和应用．北京：科学出版社，2012 年